건설안전기사
필기＋실기

KB194198

예문사

급격한 시대의 변화에 따라 안전분야에 대한 관심이 최고에 달하고 있습니다. 특히, 건설분야는 각종 재해를 열거할 때 가장 취약한 부분으로 인식되고 있어 안전관련 분야는 건설업 최고의 자격증으로 거론되고 있습니다. 이러한 사유로 건설안전기사, 건설안전산업기사, 산업안전지도사 중 건설안전부문, 건설안전기술사는 건설업에 근무하는 모든 임직원들의 희망 자격증 1위로 등극하였습니다.

건설안전기사 및 건설안전산업기사 합격을 목표로 학습하시는 모든 수험생 여러분, 부디 기사·산업기사 합격에 만족하지 마시고 본 교재 학습을 토대로 산업안전지도사 또는 건설안전기술사로 업그레이드하기 위한 하나의 과정이라 여기시고 단순 암기보다는 이해와 통찰력을 키워 하나의 과정으로 생각하고 학습하시길 바랍니다.

본 교재는 2025년 시험의 출제기준을 기반으로 정확한 내용으로 편집되었습니다. 분야에 따라 다소 어려운 부분도 있을 것으로 사료되나, 모든 것을 이해하기가 힘드신 경우 본인의 능력껏 이해를 토대로 순차적으로 학습하신다면 합격의 목표는 어렵지 않게 달성하실 수 있을 것입니다. 물론, 당분간은 인력수급의 문제를 해소하기 위해 기출문제를 기본으로 출제되는 점도 감안할 필요가 있겠습니다.

본 교재로 학습하시는 모든 수험생 여러분과 부모님, 가족에게 평화와 행운이 함께 하시기를 기원합니다. 감사합니다. 꼭 합격하십시오.

저자 Willy. H

건설안전기사(필기)

직무 분야	안전관리	중직무 분야	안전관리	자격 종목	건설안전기사	적용 기간	2021.1.1.~ 2025.12.31.

○ 직무내용 : 건설현장의 생산성 향상과 인적 · 물적 손실을 최소화하기 위한 안전계획을 수립하고, 그에 따른 작업환경의 점검 및 개선, 현장 근로자의 교육계획 수립 및 실시, 작업환경 순회감독 등 안전관리 업무를 통해 인명과 재산을 보호하고, 사고 발생 시 효과적이며 신속한 처리 및 재발 방지를 위한 대책안을 수립, 이행하는 등 안전에 관한 기술적인 관리 업무를 수행하는 직무이다.

필기검정방법	객관식	문제수	120	시험시간	3시간

필기 과목명	출제 문제수	주요항목	세부항목	세세항목
산업 안전 관리론	20	1. 안전보건 관리 개요	1. 기업경영과 안전관리 및 안전의 중요성	1. 안전과 위험의 개요 2. 안전의 가치 3. 안전의 목적 4. 생산성 및 경제적 안전도 5. 제조물 책임과 안전
			2. 산업재해 발생 메커니즘	1. 재해발생의 형태 2. 재해발생의 연쇄이론
			3. 사고예방 원리	1. 산업안전의 원리 2. 사고예방의 원리
			4. 안전보건에 관한 제반이론 및 용어해설	1. 안전보건관리 제반이론 2. 안전보건 관련 용어
			5. 무재해운동 등 안전활동 기법	1. 무재해의 정의 2. 무재해운동의 목적 3. 무재해운동 이론 4. 무재해 소집단 활동 5. 위험예지훈련 및 진행방법
		2. 안전보건 관리 체제 및 운영	1. 안전보건관리조직 형태	1. 안전보건관리조직의 종류 2. 안전보건관리조직의 특징
			2. 안전업무 분담 및 안전보건관리규정과 기준	1. 산업안전보건위원회 등의 법적 체제
			3. 안전보건관리 계획수립 및 운영	1. 운용요령 2. 안전보건경영시스템
			4. 안전보건 개선계획	1. 안전보건관리규정 2. 안전보건관리계획 3. 안전보건개선계획

필기 과목명	출제 문제수	주요항목	세부항목	세세항목
산업 안전 관리론	20	3. 재해 조사 및 분석	1. 재해조사 요령	1. 재해조사의 목적 2. 재해조사 시 유의사항 3. 재해발생 시 조치사항
			2. 원인분석	1. 재해의 원인분석 2. 재해 조사기법 3. 재해사례 분석절차
			3. 재해 통계 및 재해 코스트	1. 재해율의 종류 및 계산 2. 재해손실비의 종류 및 계산 3. 재해통계 분류방법
		4. 안전점검 및 검사	1. 안전점검	1. 안전점검의 정의 2. 안전점검의 목적 3. 안전점검의 종류 4. 안전점검 기준의 작성 5. 안전진단
			2. 안전검사 · 인증	1. 안전검사 2. 안전인증
		5. 보호구 및 안전보건 표지	1. 보호구	1. 보호구의 개요 2. 보호구의 종류별 특성 3. 보호구의 성능기준 및 시험방법
			2. 안전보건표지	1. 안전보건표지의 종류 2. 안전보건표지의 용도 및 적용 3. 안전표지의 색채 및 색도기준
		6. 안전 관계 법규	1. 산업안전보건법령	1. 법에 관한 사항 2. 시행령에 관한 사항 3. 시행규칙에 관한 사항 4. 관련 기준에 관한 사항
			2. 건설기술진흥법령	1. 건설안전에 관한 사항
			3. 시설물의 안전 및 유지관 리에 관한 특별법령	1. 시설물의 안전 및 유지관리에 관한 사항
			4. 관련 지침	1. 가설공사 표준안전작업지침 등 각종 지침에 관한 사항
산업 심리 및 교육	20	1. 산업심리 이론	1. 산업심리 개념 및 요소	1. 산업심리의 개요 2. 심리검사의 종류 3. 산업안전 심리의 요소
			2. 인간관계와 활동	1. 인간관계 2. 인간관계 메커니즘 3. 집단행동
			3. 직업적성과 인사심리	1. 직업적성의 분류 2. 적성검사의 종류 3. 적성발견 방법 4. 인사관리

필기 과목명	출제 문제수	주요항목	세부항목	세세항목
산업 심리 및 교육	20	1. 산업심리 이론	4. 인간행동 성향 및 행동 과학	1. 인간의 일반적인 행동 특성 2. 사회행동의 기초 3. 동기부여 4. 주의와 부주의
		2. 인간의 특성과 안전	1. 동작특성	1. 사고경향 2. 안전사고 요인
			2. 노동과 피로	1. 피로의 증상 및 대책 2. 피로의 측정법 3. 작업강도와 피로 4. 생체리듬
			3. 집단관리와 리더십	1. 리더십의 유형 2. 리더십의 기법 3. 헤드십 4. 사기와 집단역학
			4. 착오와 실수	1. 착상심리 2. 착오 3. 착시 4. 착각현상
		3. 안전보건 교육	1. 교육의 필요성	1. 교육의 개념 2. 교육의 목적 3. 학습지도 이론 4. 학습목적의 3요소
			2. 교육의 지도	1. 교육지도의 원칙 2. 교육지도의 단계 3. 교육훈련의 평가방법
			3. 교육의 분류	1. 교육훈련기법에 따른 분류 2. 교육방법에 따른 분류
			4. 교육심리학	1. 교육심리학의 정의 2. 교육심리학의 연구방법 3. 성장과 발달 4. 학습이론 5. 학습조건 6. 적응기제
		4. 교육방법	1. 교육의 실시방법	1. 교육법의 4단계 2. 강의법 3. 토의법 4. 실연법 5. 기타 교육 실시방법
			2. 교육대상	1. 교육대상별 교육방법
			3. 안전보건교육	1. 안전보건교육의 기본방향 2. 안전보건교육 계획 3. 안전보건교육 내용 4. 안전보건교육의 단계별 교육과정

필기 과목명	출제 문제수	주요항목	세부항목	세세항목
인간 공학 및 시스템 안전 공학	20	1. 안전과 인간공학	1. 인간공학의 정의	1. 정의 및 목적 2. 배경 및 필요성 3. 작업관리와 인간공학 4. 사업장에서의 인간공학 적용분야
			2. 인간-기계체계	1. 인간-기계 시스템의 정의 및 유형 2. 시스템의 특성
			3. 체계설계와 인간 요소	1. 목표 및 성능명세의 결정 2. 기본설계 3. 계면설계 4. 촉진물 설계 5. 시험 및 평가 6. 감성공학
		2. 정보입력 표시	1. 시각적 표시장치	1. 시각과정 2. 시식별에 영향을 주는 조건 3. 정량적 표시장치 4. 정성적 표시장치 5. 상태표시기 6. 신호 및 경보등 7. 묘사적 표시장치 8. 문자-숫자 표시장치 9. 시각적 암호 10. 부호 및 기호
			2. 청각적 표시장치	1. 청각과정　　　2. 청각적 표시장치 3. 음성통신　　　4. 합성음성
			3. 촉각 및 후각적 표시장치	1. 피부감각 2. 조종장치의 촉각적 암호화 3. 동적인 촉각적 표시장치 4. 후각적 표시장치
			4. 인간요소와 휴먼에러	1. 인간실수의 분류 2. 형태적 특성 3. 인간실수 확률에 대한 추정기법 4. 인간실수 예방기법
		3. 인간계측 및 작업 공간	1. 인체계측 및 인간의 체계제어	1. 인체계측 2. 인체계측 자료의 응용원칙 3. 신체반응의 측정 4. 표시장치 및 제어장치 5. 제어장치의 기능과 유형 6. 제어장치의 식별 7. 통제표시비 8. 특수 제어장치 9. 양립성 10. 수공구

필기 과목명	출제 문제수	주요항목	세부항목	세세항목
인간 공학 및 시스템 안전 공학	20	3. 인간계측 및 작업 공간	2. 신체활동의 생리학적 측정법	1. 신체반응의 측정 2. 신체역학 3. 신체활동의 에너지 소비 4. 동작의 속도와 정확성
			3. 작업 공간 및 작업자세	1. 부품배치의 원칙 2. 활동분석 3. 부품의 위치 및 배치 4. 개별 작업 공간 설계지침 5. 계단 6. 의자설계 원칙
			4. 인간의 특성과 안전	1. 인간 성능 2. 성능 신뢰도 3. 인간의 정보처리 4. 산업재해와 산업인간공학 5. 근골격계 질환
		4. 작업환경 관리	1. 작업조건과 환경조건	1. 조명기계 및 조명수준 2. 반사율과 휘광 3. 조도와 광도 4. 소음과 청력손실 5. 소음노출한계 6. 열교환과정과 열압박 7. 고열과 한랭 8. 기압과 고도 9. 운동과 방향감각 10. 진동과 가속도
			2. 작업환경과 인간공학	1. 작업별 조도 및 소음기준 2. 소음의 처리 3. 열교환과 열압박 4. 실효온도와 Oxford 지수 5. 이상환경 노출에 따른 사고와 부상
		5. 시스템 위험분석	1. 시스템 위험분석 및 관리	1. 시스템 위험성의 분류 2. 시스템 안전공학 3. 시스템 안전관리 4. 위험분석과 위험관리
			2. 시스템 위험 분석 기법	1. PHA　　　　2. FHA 3. FMEA　　　4. ETA 5. CA　　　　6. THERP 7. MORT　　　8. OSHA 등
		6. 결함수 분석법	1. 결함수 분석	1. 정의 및 특징 2. 논리기호 및 사상기호 3. FTA의 순서 및 작성방법 4. Cut Set & Path Set

필기 과목명	출제 문제수	주요항목	세부항목	세세항목
인간 공학 및 시스템 안전 공학	20	6. 결함수 분석법	2. 정성적, 정량적 분석	1. 확률사상의 계산 2. Minimal Cut Set & Path Set
		7. 위험성평가	1. 위험성평가의 개요	1. 정의 2. 안전성평가의 단계 3. 평가항목
			2. 신뢰도 계산	1. 신뢰도 및 불신뢰도의 계산
		8. 각종 설비의 유지 관리	1. 설비관리의 개요	1. 중요 설비의 분류 2. 설비의 점검 및 보수의 이력관리 3. 보수자재관리 4. 주유 및 윤활관리
			2. 설비의 운전 및 유지관리	1. 교체주기 2. 청소 및 청결 3. MTBF 4. MTTF 5. MTTR
			3. 보전성 공학	1. 예방보전 2. 사후보전 3. 보전예방 4. 개량보전 5. 보전효과평가
건설 재료학	20	1. 건설재료 일반	1. 건설재료의 발달	1. 구조물과 건설재료 2. 건설재료의 생산과 발달과정
			2. 건설재료의 분류와 요구 성능	1. 건설재료의 분류 2. 건설재료의 요구 성능
			3. 새로운 재료 및 재료 설계	1. 신재료의 개발 2. 재료의 선정과 설계
			4. 난연재료의 분류와 요구 성능	1. 난연재료의 특성 및 종류 2. 난연재료의 요구 성능
		2. 각종 건설 재료의 특성, 용도, 규격에 관한 사항	1. 목재	1. 목재일반 2. 목재제품
			2. 점토재	1. 일반적인 사항 2. 점토제품
			3. 시멘트 및 콘크리트	1. 시멘트의 종류 및 성질 2. 시멘트의 배합 등 사용법 3. 시멘트 제품 4. 콘크리트 일반사항 5. 골재
			4. 금속재	1. 금속재의 종류, 성질 2. 금속제품
			5. 미장재	1. 미장재의 종류, 특성 2. 제조법 및 사용법

필기 과목명	출제 문제수	주요항목	세부항목	세세항목
건설 재료학	20	2. 각종 건설 재료의 특성, 용도, 규격에 관한 사항	6. 합성수지	1. 합성수지 및 관련 제품 2. 실런트 및 관련 제품
			7. 도료 및 접착제	1. 도료 2. 접착제
			8. 석재	1. 석재의 종류 및 특성 2. 석재제품
			9. 기타 재료	1. 유리 2. 벽지 및 휘장류 3. 단열 및 흡음재료
			10. 방수	1. 방수재료의 종류와 특성 2. 방수 재료별 용도
건설 시공학	20	1. 시공일반	1. 공사시공방식	1. 직영공사 2. 도급의 종류 3. 도급방식 4. 도급업자의 선정 5. 입찰집행 6. 공사계약 7. 시방서
			2. 공사계획	1. 제반확인절차 2. 공사기간의 결정 3. 공사계획 4. 재료계획 5. 노무계획
			3. 공사현장관리	1. 공사 및 공정관리 2. 품질관리 3. 안전 및 환경관리
		2. 토공사	1. 흙막이 가시설	1. 공법의 종류 및 특성 2. 흙막이 지보공
			2. 토공 및 기계	1. 토공기계의 종류 및 선정 2. 토공기계의 운용계획
			3. 흙파기	1. 기초 터파기 2. 배수 3. 되메우기 및 잔토처리
			4. 기타 토공사	1. 흙깎기, 흙쌓기, 운반 등 기타 토공사
		3. 기초공사	1. 지정 및 기초	1. 지정 2. 기초
		4. 철근 콘크리트 공사	1. 콘크리트공사	1. 시멘트 2. 골재 3. 물 4. 혼화재료
			2. 철근공사	1. 재료시험 2. 가공도 3. 철근가공 4. 철근의 이음, 정착길이 및 배근 간격, 피복두께 5. 철근의 조립 6. 철근 이음 방법

필기 과목명	출제 문제수	주요항목	세부항목	세세항목
건설 시공학	20	4. 철근 콘크리트 공사	3. 거푸집공사	1. 거푸집, 동바리 2. 긴결재, 격리재, 박리제, 전용회수 3. 거푸집의 종류 4. 거푸집의 설치 5. 거푸집의 해체
		5. 철골공사	1. 철골작업공작	1. 공장작업　　　2. 원척도, 본뜨기 등 3. 절단 및 가공　　4. 공장조립법 5. 접합방법　　　6. 녹막이칠 7. 운반
			2. 철골세우기	1. 현장세우기 준비　2. 세우기용 기계설비 3. 세우기　　　　4. 용접접합 5. 현장 도장
		6. 조적공사	1. 벽돌공사	1. 벽돌쌓기
			2. 블록공사	1. 블록쌓기 2. 철근콘크리트 보강블록 쌓기, 거푸집 블록공사
			3. 석공사	1. 돌쌓기 2. 대리석, 인조석, 테라조 공사
건설 안전 기술	20	1. 건설공사 안전개요	1. 공정계획 및 안전성 심사	1. 안전관리 계획　　2. 건설재해 예방대책 3. 건설공사의 안전관리 4. 도급인의 안전보건조치
			2. 지반의 안정성	1. 지반의 조사 2. 토질시험방법 3. 토공계획 4. 지반의 이상현상 및 안전대책
			3. 건설업 산업안전 보건관리비	1. 건설업 산업안전보건관리비의 계상 및 사용 2. 건설업 산업안전보건관리비의 사용기준 3. 건설업 산업안전보건관리비의 항목별 사용 내역 및 기준
			4. 사전안전성검토 (유해위험방지 계획서)	1. 위험성평가 2. 유해위험방지계획서를 제출해야 될 건설공사 3. 유해위험방지계획서의 확인사항 4. 제출 시 첨부서류
		2. 건설공구 및 장비	1. 건설공구	1. 석재가공 공구 2. 철근가공 공구 등
			2. 건설장비	1. 굴삭장비 2. 운반장비 3. 다짐장비 등
			3. 안전수칙	1. 안전수칙

필기 과목명	출제 문제수	주요항목	세부항목	세세항목
건설 안전 기술	20	3. 양중 및 해체공사의 안전	1. 해체용 기구의 종류 및 취급안전	1. 해체용 기구의 종류 2. 해체용 기구의 취급안전
			2. 양중기의 종류 및 안전 수칙	1. 양중기의 종류 2. 양중기의 안전 수칙
		4. 건설재해 및 대책	1. 떨어짐(추락)재해 및 대책	1. 분석 및 발생원인　 2. 방호 및 방지설비 3. 개인보호구
			2. 무너짐(붕괴)재해 및 대책	1. 토석 및 토사 붕괴 위험성 2. 토석 및 토사 붕괴 시 조치사항 3. 붕괴의 예측과 점검 4. 비탈면 보호공법 5. 흙막이공법 6. 콘크리트구조물 붕괴안전대책, 터널굴착
			3. 떨어짐(낙하), 날아옴 (비래)재해대책	1. 발생원인 2. 예방대책
			4. 화재 및 대책	1. 발생원인 2. 예방대책
		5. 건설 가시설물 설치기준	1. 비계	1. 비계의 종류 및 기준 2. 비계 작업 시 안전조치 사항
			2. 작업통로 및 발판	1. 작업통로의 종류 및 설치기준 2. 작업 통로 설치 시 준수사항 3. 작업발판 설치기준 및 준수사항 4. 가설발판의 지지력 계산
			3. 거푸집 및 동바리	1. 거푸집의 필요조건 2. 거푸집 재료의 선정방법 3. 거푸집동바리 조립 시 안전조치사항 4. 거푸집 존치기간
			4. 흙막이	1. 흙막이 설치기준 2. 계측기의 종류 및 사용목적
		6. 건설 구조물공사 안전	1. 콘크리트 구조물공사 안전	1. 콘크리트 타설작업의 안전
			2. 철골 공사 안전	1. 철골공사 작업의 안전
			3. PC(Precast Concrete) 공사안전	1. PC 운반 · 조립 · 설치의 안전
		7. 운반, 하역 작업	1. 운반작업	1. 운반작업의 안전수칙 2. 취급운반의 원칙　 3. 인력운반 4. 중량물 취급운반　 5. 요통 방지대책
			2. 하역작업	1. 하역작업의 안전수칙 2. 기계화해야 될 인력작업 3. 화물취급작업 안전수칙 4. 고소작업 안전수칙

건설안전기사(실기)

직무 분야	안전관리	중직무 분야	안전관리	자격 종목	건설안전기사	적용 기간	2021.1.1.~ 2025.12.31.

○직무내용 : 건설현장의 생산성 향상과 인적·물적 손실을 최소화하기 위한 안전계획을 수립하고, 그에 따른 작업환경의 점검 및 개선, 현장 근로자의 교육계획 수립 및 실시, 작업환경 순회감독 등 안전관리 업무를 통해 인명과 재산을 보호하고, 사고 발생 시 효과적이며 신속한 처리 및 재발 방지를 위한 대책안을 수립, 이행하는 등 안전에 관한 기술적인 관리 업무를 수행하는 직무이다.

○수행준거 : 1. 안전관리에 관한 이론적 지식을 바탕으로 안전관리 계획을 수립하고, 재해조사 분석을 하며 안전교육을 실시할 수 있다.
2. 각종 건설공사 현장에서 발생할 수 있는 유해·위험요소를 인지하고 이를 예방 조치를 할 수 있다.
3. 안전에 관련한 규정사항을 인지하고, 이를 현장에 적용할 수 있다.

실기검정방법	복합형	시험시간	2시간 20분 정도 (필답형 : 1시간 30분, 작업형 : 50분 정도)

실기 과목명	주요항목	세부항목	세세항목
건설안전 실무	1. 안전관리	1. 안전관리 조직 이해하기	1. 안전보건관리조직의 유형을 이해할 수 있어야 한다. 2. 안전책임과 직무 및 안전보건관리 규정을 알고 적용할 수 있어야 한다.
		2. 안전관리계획 수립하기	1. 공사에 필요한 안전관리 계획을 수립하기 위하여 건설안전 관련법령에서 정하는 사항을 확인할 수 있다. 2. 공종별 안전 시공계획, 안전 시공절차, 주의사항에 대하여 구체적으로 제시할 수 있다. 3. 안전점검계획은 재해예방지도기관, 안전진단기관과 계약을 체결하여 공사기간 중 안전점검이 이루어지도록 계획할 수 있다. 4. 각종 관련서식, 안전점검표를 건설안전 관련법령을 참조하여 작성하고, 현장의 특수성을 검토하여 계획 확인 단계까지 보완할 수 있다. 5. 건설안전 관련법령 외의 안전관리사항을 안전관리계획서에 반영할 수 있다. 6. 안전관리계획 수립에 있어서 중대사고 예방에 관한 사항을 우선으로 고려하여 계획에 반영할 수 있다.
		3. 산업재해발생 및 재해조사 분석하기	1. 재해발생모델을 알고 이해할 수 있어야 한다. 2. 사고예방원리를 이해할 수 있어야 한다. 3. 재해조사를 실시할 수 있어야 한다. 4. 재해발생의 구조를 이해할 수 있어야 한다. 5. 재해분석을 실시할 수 있어야 한다. 6. 재해율을 분석할 수 있어야 한다.

실기 과목명	주요항목	세부항목	세세항목
건설안전 실무	1. 안전관리	4. 재해 예방대책 수립하기	1. 사고장소에 대한 증거물과 관련자와의 면담 등을 통하여 사고와 관련된 기인물과 가해물을 규명할 수 있다. 2. 사고조사를 통해 근본적인 사고원인을 규명하여 개선대책을 제시할 수 있다.
		5. 개인보호구 선정하기	1. 산업안전보건법령에 의해 안전인증 받은 보호구를 선정하고, 성능 시험의 적합 여부를 확인할 수 있다. 2. 개인보호구를 근로자가 적정하게 착용하고 있는지를 확인할 수 있다.
		6. 안전 시설물 설치하기	1. 건설공사의 기획, 설계, 구매, 시공, 유지관리 등 모든 단계에서 건설안전 관련자료를 수집하고, 세부공정에 맞게 위험요인에 따른 안전 시설물 설치계획을 수립할 수 있다. 2. 산업안전보건법령에 기준하여 안전인증을 취득한 자재를 사용할 수 있다.
		7. 안전보건교육 계획하기	1. 안전교육에 관련한 법령을 검토할 수 있다. 2. 교육종류에 따른 교육 대상자를 선정할 수 있다.
		8. 안전보건교육 실시하기	1. 안전보건교육의 연간 일정계획에 따라 교육을 실시할 수 있다. 2. 작업 상황사진, 동영상을 참고하여 불안전한 행동, 상태를 예방하기 위한 안전기술과 시공을 교육프로그램에 반영할 수 있다. 3. 건설안전 관련법령에 따라 교육일지를 작성하고 피교육자의 서명과 사진을 부착하여 교육 실시 여부를 기록할 수 있다. 4. 법적자료를 고려하여 교육대상자, 적정 시간과 횟수를 제대로 준수하고 있는지를 확인할 수 있다. 5. 작업공종을 기준으로 해당 안전담당자를 지정하고, 교육대상자가 의식과 행동의 변화를 가져올 때까지 교육을 실시할 수 있다.
	2. 건설공사 안전	1. 건설공사 특수성 분석하기	1. 설계도서에서 요구하는 특수성을 확인하여 안전관리계획 시 반영할 수 있다. 2. 공정관리계획 수립 시 해당 공사의 특수성에 따라 세부적인 안전지침을 검토할 수 있다. 3. 공사장 주변 작업환경이나 공법에 따라 안전관리에 적용해야 하는 특수성을 도출할 수 있다. 4. 공사의 계약조건, 발주처 요청 등에 따라 안전관리상의 특수성을 도출할 수 있다.
		2. 가설공사 안전을 이해하기	1. 가설공사 안전에 관한 일반을 이해할 수 있어야 한다. 2. 통로의 안전에 관한 사항을 이해할 수 있어야 한다. 3. 비계공사의 안전에 관한 사항을 이해할 수 있어야 한다.
		3. 토공사 안전을 이해하기	1. 사전점검 사항을 알고 적용할 수 있어야 한다. 2. 굴착작업의 안전조치 사항을 적용할 수 있어야 한다. 3. 붕괴재해 예방대책을 수립할 수 있어야 한다.

실기 과목명	주요항목	세부항목	세세항목
건설안전 실무	2. 건설공사 안전	4. 구조물공사 안전을 이해 하기	1. 철근공사의 안전에 관한 사항을 이해할 수 있어야 한다. 2. 거푸집공사의 안전에 관한 사항을 이해할 수 있어야 한다. 3. 콘크리트공사의 안전에 관한 사항을 이해할 수 있어야 한다. 4. 철골공사의 안전에 관한 사항을 이해할 수 있어야 한다.
		5. 마감공사 안전을 이해 하기	1. 마감공사의 안전에 관한 사항을 이해할 수 있어야 한다.
		6. 건설기계, 기구 안전을 이해하기	1. 차량계 건설기계에 관한 안전을 이해할 수 있어야 한다. 2. 토공기계에 관한 안전을 이해할 수 있어야 한다. 3. 차량계 하역운반기계에 관한 안전을 이해할 수 있어야 한다. 4. 양중기에 관한 안전을 이해할 수 있어야 한다.
		7. 사고형태별 안전을 이해 하기	1. 떨어짐(추락)재해에 관한 안전을 이해할 수 있어야 한다. 2. 낙하물 재해에 관한 안전을 이해할 수 있다. 3. 토사 및 토석 붕괴 재해에 관한 안전을 이해할 수 있다. 4. 감전재해에 관한 안전을 이해할 수 있다. 5. 건설 기타 재해에 관한 안전을 이해할 수 있다. 6. 사고조사 후 도출된 각각의 사고원인들에 대하여 사고 가 능성 및 예상 피해를 감소시키기 위해 필요한 사항들을 검토할 수 있다. 7. 사고조사를 통해 근본적인 사고원인을 규명하여 개선대 책을 제시할 수 있다.
	3. 안전기준	1. 건설안전 관련법규 적용 하기	1. 산업안전보건법을 적용할 수 있어야 한다. 2. 산업안전보건법 시행령을 적용할 수 있어야 한다. 3. 산업안전보건법 시행규칙을 적용할 수 있어야 한다.
		2. 안전기준에 관한 규칙 및 기술지침 적용하기	1. 작업장의 안전기준을 적용할 수 있어야 한다. 2. 기계기구 설비에 의한 위험예방에 관한 안전기준 및 기술 지침을 적용할 수 있어야 한다. 3. 양중기에 관한 안전기준 및 기술 지침을 적용할 수 있어 야 한다. 4. 차량계 하역운반 기계에 관한 안전기준 및 기술 지침을 적용할 수 있어야 한다. 5. 컨베이어에 관한 안전기준 및 기술 지침을 적용할 수 있 어야 한다. 6. 차량계 건설기계 등에 관한 안전기준 및 기술 지침을 적 용할 수 있어야 한다. 7. 전기로 인한 위험 방지에 관한 안전기준 및 기술 지침을 적용할 수 있어야 한다. 8. 건설작업에 의한 위험예방에 관한 안전기준 및 기술 지침 을 적용할 수 있어야 한다. 9. 중량물 취급 시 위험방지에 관한 안전기준 및 기술 지침 을 적용할 수 있어야 한다. 10. 하역작업 등에 의한 위험방지에 관한 안전기준 및 기술 지침을 적용할 수 있어야 한다. 11. 기타 기술 지침을 적용할 수 있어야 한다.

CONTENTS 차례

I권 필기

제1편 산업안전관리론

CONTENTS 차례

제2편 산업심리 및 교육

CONTENTS 차례

제4편　건설재료학

CONTENTS 차례

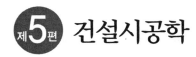

제5편 건설시공학

제1장 시공일반

제2장 토공사

제3장 기초공사

제4장 철근콘크리트공사

제6편 건설안전기술

CONTENTS 차례

제7편 과년도 기출문제

제8편 CBT 복원 기출문제

CONTENTS 차례

Ⅱ권 실기

제1편 실기 필답형

제2편 실기 필답형 과년도 기출문제

제3편 실기 작업형

제4편 실기 작업형 과년도 기출문제

I권 필기

Engineer Construction Safety

PART

01

산업안전
관리론

ENGINEER CONSTRUCTION SAFETY

산업안전관리론

001 산업재해 발생 메커니즘

1 개요

작업의 종류에 따라 위험의 요인은 다르지만 4M의 구체적인 내용을 각각의 작업에 적합하도록
위험요인을 배제함으로써 안전을 확보하는 것이 가능하다.

2 4M에 의한 재해발생 Mechanism

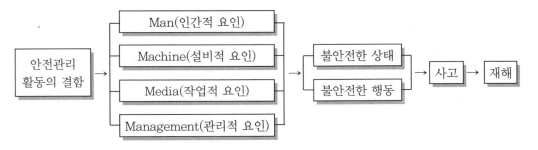

3 안전관리대상 4M

구분	기본 원인 내용	
(1) Man(인적 요인)	① 심리적 원인 : 망각, 주변적 동작, 고민, 무의식 행동, 착오, 생략행위 등 ② 생리적 원인 : 피로, 질병, 수면부족, 신체기능 등 ③ 직장의 원인 : 인간관계, 의사소통 등	
(2) Machine (설비적 요인)	① 기계, 설비의 설계상의 결함 ③ 근본적으로 안전화 미흡	② 위험방호의 불량 ④ 점검, 정비의 불량 등
(3) Media (작업적 요인)	① 작업정보의 부족 ③ 작업공간의 불량	② 작업자세, 작업동작의 결함 ④ 작업환경조건의 불량 등
(4) Management (관리적 요인)	① 안전관리조직의 결함 ③ 안전관리계획의 미비 ⑤ 적성배치 부적절 ⑦ 부하에 대한 지도·감독 부족 등	② 안전관리규정의 미비 ④ 안전교육, 훈련의 부족 ⑥ 건강관리의 불량

002 사고예방 원리

1 개요

하비(J. H. Harvey)는 3E 이론을 통해 기술(Engineering)·교육(Education)·규제(Enforcement)에 의한 대책으로 재해를 예방 및 최소화할 수 있다는 이론을 제시하였다.

2 하비(J. H. Harvey)의 3E 이론

(1) 기술적(Engineering) 대책

① 기술적 원인에 대한 설비·환경 개선과 작업방법의 개선

② 기술 기준을 작성하고 그것을 활용하여 대책을 추진

③ 기술적 대책

  ㉠ 안전 설계

  ㉡ 작업 행정의 개선

  ㉢ 안전 기준의 선정

  ㉣ 환경, 설비의 개선

  ㉤ 점검, 보존의 확립

(2) 교육적(Education) 대책

① 교육적 원인에 대한 안전교육과 훈련의 실시

② 지식, 기술 등을 이해시켜 그 사용방법을 가르치고 숙련시킴

(3) 규제적(Enforcement) 대책

① 엄격한 규칙의 제도적 시행

② 적절한 조직 및 조직활동을 위한 관리계획이 필요

③ 규제적 대책

  ㉠ 안전관리조직 정비

  ㉡ 적합한 기준 설정

  ㉢ 각종 규준 및 수칙의 준수

  ㉣ 적정 인원배치 및 지시

1 안전관리

(1) 개요

'안전관리'란 모든 과정에 내포되어 있는 위험한 요소의 조기 발견 및 예측으로 재해를 예방하려는 안전활동을 말하며 안전관리의 근본이념은 인명존중에 있다.

(2) 안전관리의 목적

① 인도주의가 바탕이 된 인간존중(안전제일 이념)
② 기업의 경제적 손실예방(재해로 인한 인적·재산 손실예방)
③ 생산성 향상 및 품질 향상(안전태도 개선 및 안전동기 부여)
④ 대외 여론 개선으로 신뢰성 향상(노사협력의 경영태세 완성)
⑤ 사회복지의 증진(경제성의 향상)

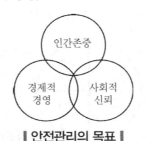

‖ 안전관리의 목표 ‖

(3) 안전관리의 대상 4M

① Man(인적 요인) : 인간의 과오, 망각, 무의식, 피로 등
② Machine(설비적 요인) : 기계설비의 결함, 기계설비의 안전장치 미설치 등
③ Media(작업적 요인) : 작업순서, 작업동작, 작업방법, 작업환경, 정리정돈 등
④ Management(관리적 요인) : 안전관리조직·안전관리규정·안전교육 및 훈련 미흡 등

(4) 안전관리 순서

대상(4M)
• Man(인적 요인)
• Machine(설비적 요인)
• Media(작업적 요인)
• Management(관리적 요인)

안전관리 수준 향상

① 제1단계(Plan : 계획)
- 안전관리 계획의 수립
- 현장 실정에 맞는 적합한 안전관리방법 결정

② 제2단계(Do : 실시)
- 안전관리 활동의 실시
- 안전관리 계획에 대해 교육·훈련 및 실행

③ 제3단계(Check : 검토)
- 안전관리 활동에 대한 검토 및 확인
- 실행된 안전관리 활동에 대한 결과 검토

④ 제4단계(Action : 조치)
- 검토된 안전관리 활동에 대한 수정 조치
- 개선된 안전관리내용을 차기 실행계획에 반영

⑤ P → D → C → A 과정의 Cycle화
- 목표달성을 위한 끊임없는 개선과 유지관리
- Cycle의 운용으로 안전관리수준의 지속개선

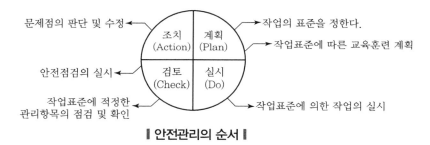

‖ 안전관리의 순서 ‖

2 안전업무의 순서

(1) 개요

'안전업무'란 인적·물적 모든 재해의 예방 및 재해의 처리대책을 행하는 작업을 말하며, 크게 5단계로 분류할 수 있다.

(2) 안전업무의 5단계 Flow Chart

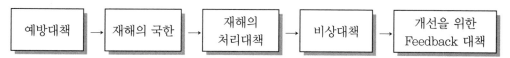

(3) 안전업무의 5단계 분류

① 제1단계[예방대책]

인적 재해나 물적 재해를 일으키지 않도록 사전대책을 행하는 작업

② 제2단계[재해를 국한(Localization)하는 대책]

예방대책으로 막을 수 없었던 부분에 대해 재해 발생 시 그것의 정도나 규모 등을 국한시켜 피해를 최소한으로 하는 대책작업

③ 제3단계[재해의 처리대책]

제2단계의 대책 적용 후에도 재해가 발생할 시 신속하게 재해를 처리하는 작업

④ 제4단계[비상대책]

상기의 대책으로 재해를 진압할 수 없을 때 사람의 피난이나 2, 3차의 큰 재해를 막기 위해 시설의 비상처리를 하는 작업

⑤ 제5단계[개선을 위한 Feed Back 대책]

재해 발생 시 직접·간접 원인의 분석 및 그 발생과 경과를 분명히 하여 재차 유사재해가 일어나지 않도록 대책을 수립하는 작업

❸ 안전(Safety)과 재해(Disaster)

(1) 안전(Safety)

① 정의

㉠ '안전'이란 사람의 사망, 상해 또는 설비나 재산의 손실 등 상실의 요인이 전혀 없는 상태, 즉 재해, 질병, 위험 및 손실(Loss)로부터 자유로운 상태를 말한다.

㉡ '안전'이란 재해 발생이 없는 동시에 위험 또한 없어야 한다는 것으로, 사업장에서 위험요인을 없애려는 노력 속에서 얻어진 무재해 상태를 말한다.

㉢ '무재해'란 위험이 존재하고 있어도 재해가 일어나지 않으면 되는 것이 아니라 위험요인이 없는 상태를 말한다.

② 안전개념의 전개

㉠ 정신주의적 안전의 시대 : 안전의 초기 개념으로 인간적 대책만 있던 시대

㉡ 의학적·심리학적 안전대책과 기술분야의 대책이 상호 진전된 시대 : 재해예방의 물적·인적 안전대책의 기초를 마련하게 된 시대

㉢ 인간−기계 System적 관점에 의한 안전대책의 시대 : 인적 요인과 물적 요인의 상호 관계를 중시한 시대

㉣ System 안전으로서 결합된 종합적 안전을 구하는 관리기술적 안전의 시대 : 인간−기계 System의 결합을 더욱 발전시켜 System 안전기술로서의 신뢰성 공학, System 공학 등을 결합한 시대

(2) 재해(Calamity, Disaster)

① 정의

'재해'란 안전사고의 결과로 일어난 인명과 재산의 손실을 말하며, '산업재해'란 근로자가 업무에 관계되는 건설물·설비·원재료·Gas·증기·분진 등이나 기타 업무에 기인한 사망, 부상, 질병에 이환되는 것을 말한다.

② 재해의 종류

㉠ 자연적 재해(천재) : 전체 재해의 2%
- 천재지변에 의한 불가항력적인 재해
- 천재 발생을 미연에 방지한다는 것은 불가능하므로, 예측을 통해 피해 경감 대책 수립
- 종류
  - 지진
  - 태풍
  - 홍수
  - 번개
  - 기타 : 이상기온, 가뭄, 적설, 동결 등

㉡ 인위적 재해(인재)
- 인위적인 사고에 의한 재해
- 예방이 가능한 재해
- 종류
  - 건설재해
  - 공장재해
  - 광산재해
  - 교통재해
  - 항공재해
  - 선박재해(해난)
  - 학교재해
  - 도시재해(화재, 공해 등)
  - 가정재해
  - 공공재해(군중재해)

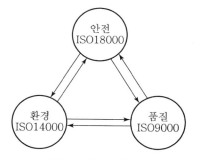

‖ 안전·품질·환경 ‖

(3) 재해발생의 기본 메커니즘

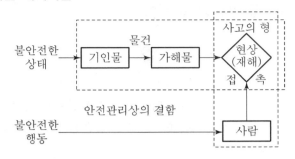

4 사고(Accident)와 재해(Disaster)

(1) 정의

① '사고'란 고의성이 없는 불안전한 행동이나 상태가 선행되어 직접 또는 간접적으로 인명이나 재산의 손실을 유발하게 되는 상태를 말한다.

② '재해'란 안전사고의 결과로 나타난 인명과 재산의 손실을 말하며, '산업재해'란 근로자가 업무에 관계되는 건설물·설비·원재료·Gas·증기·분진 등이 작업 기타 업무에 기인한 사망, 부상, 질병에 이환되는 것을 말한다.

(2) 사고와 재해의 분류

① 사고

인적 사고 : 사고 발생이 직접 사람에게 상해를 주는 것

• 사람의 동작에 의한 사고 : 추락, 충돌, 협착, 전도, 무리한 동작 등

• 물체의 운동에 의한 사고 : 낙하·비래, 붕괴·도괴 등

• 접촉·흡수에 의한 사고 : 감전, 이상온도 접촉, 유해물 접촉 등

② 재해

㉠ 자연적 재해(천재) : 전체 재해의 2%

• 천재지변에 의한 불가항력적인 재해

• 천재 발생은 미연에 방지가 불가능하므로, 예측을 통해 피해경감대책 수립

• 종류 : 지진, 태풍, 홍수, 번개, 이상기온, 가뭄, 적설, 동결 등

㉡ 인위적 재해(인재) : 전체 재해의 98%

• 인위적인 사고에 의한 재해

• 예방이 가능한 재해

• 종류 : 건설재해, 공장재해, 광산재해, 교통재해, 항공재해, 선박재해, 공공재해 등

004 무재해운동 등 안전활동 기법

1 개요

'무재해운동'이란 사업주와 근로자가 다같이 참여하여 산업재해예방을 위한 자율적인 운동을 촉진함으로써, 사업장 내의 모든 잠재적 요인을 사전에 발견·파악하여 근원적으로 산업재해를 근절하기 위한 운동을 말한다.

2 무재해 1배수 목표시간 산정

$$무재해목표시간(1배수) = \frac{연간 \ 총 \ 근로시간}{연간 \ 총 \ 재해자 \ 수}$$

$$= \frac{연평균 \ 근로자 \ 수 \times 1인당 \ 연평균 \ 근로시간}{연간 \ 총 \ 재해자 \ 수}$$

$$= \frac{1인당 \ 연평균 \ 근로시간 \times 100}{재해율}$$

※ 연평균 근로시간은 고용노동부 사업체 임금근로시간 조사자료를, 재해율은 최근 5년간 평균 재해율을 적용
※ 공사규모별 직종별 재해율을 고려하여 노동부장관이 매년도 공표

3 무재해운동의 3요소

(1) 직장의 자율활동의 활성화
(2) 라인(관리감독자)화
(3) 최고경영자의 안전경영철학

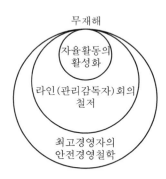

▌무재해운동 추진의 3요소 ▌

4 무재해운동의 기본이념(3원칙)

(1) **무의 원칙**

   불휴재해는 물론 일체의 잠재요인을 사전에 발견·파악·해결함으로써 근원적으로 산업재해를 제거

(2) **선취의 원칙**

   직장의 위험요인을 행동하기 전에 미리 발견·파악·해결하여 재해를 예방·방지

(3) 참가의 원칙

작업에 따르는 잠재적인 위험요인을 발견·해결하기 위하여 전원이 각각의 입장에서 적극적으로 문제나 위험을 해결

5 무재해운동의 추진방법(무재해 실천 4단계)

(1) 제1단계(인식 단계)

최고경영자의 안전·보건에 대한 확고한 경영방침 설정

(2) 제2단계(준비 단계)

무재해운동의 추진도 작성 및 추진체제 구축

(3) 제3단계(개시 및 시행 단계)

개시 선포식(전체 종업원 참석) 및 무재해운동의 적극 추진

(4) 제4단계(목표달성 및 시상)

무재해 목표달성 보고 및 시상(무재해 달성장 수여)

6 무재해운동의 의의

> 무재해운동 > 위험예지훈련 > TBM(Tool Box Meeting)

(1) 인간 존중
(2) 합리적인 기업경영
(3) 일체의 산업재해 근절
(4) 직장의 각종 위험이나 문제점에 대해 전원 참가로 해결
(5) 안전·보건의 선취

SECTION 02 안전보건관리 체제 및 운영

001 안전관리조직의 형태

1 개요

'안전관리조직'이란 원활한 안전활동, 안전관리 및 안전조직의 확립을 위해 필요한 조직으로 사업장의 규모 및 목적에 따라 Line형, Staff형, Line·Staff형의 3가지 형태로 분류할 수 있다.

2 안전관리조직의 목적

(1) 기업의 손실을 근본적으로 방지
(2) 조직적인 사고 예방 활동
(3) 모든 위험의 제거
(4) 위험 제거 기술의 수준 향상
(5) 재해예방률 상승

3 안전관리조직의 3형태

(1) Line형 조직(직계식 조직)

① 안전관리에 관한 계획에서 실시·평가에 이르기까지 안전의 모든 것을 Line을 통하여 이행하는 관리방식
② 생산조직 전체에 안전관리 기능 부여
③ 안전을 전문으로 분담하는 조직이 없음
④ 근로자수 100명 이하의 소규모 사업장에 적합

(2) Staff형 조직(참모식 조직)

① 안전관리를 담당하는 Staff(안전관리자)를 통해 안전관리에 대한 계획, 조사, 검토, 권고, 보고 등을 하도록 하는 안전조직
② 안전과 생산을 분리된 개념으로 취급할 우려가 있음
③ Staff의 성격상 계획안의 작성, 조사, 점검 결과에 따른 조언 및 보고 수준에 머물 수 있음
④ 근로자 수 100명 이상~500명 미만의 중규모 사업장에 적합

(3) Line · Staff형(직계 · 참모식 조직)

① Line형과 Staff형의 장점을 취한 조직 형태

② 안전업무를 전담하는 Staff 부분을 두는 한편, 생산 Line의 각 층에도 겸임 또는 전임의 안전담당자를 배치해 기획은 Staff에서, 실무는 Line에서 담당하도록 한 조직 형태

③ 안전관리 · 계획 수립 및 추진이 용이

④ 근로자수 1,000명 이상의 대규모 사업장에 적합

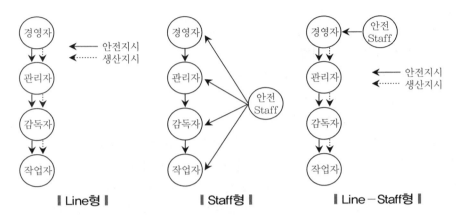

∥ Line형 ∥   ∥ Staff형 ∥   ∥ Line−Staff형 ∥

4 안전관리조직의 특징 비교표

라인형(직계형)	Staff형(참모형)	라인−Staff형(혼합형)
• 100명 이하 소규모 사업장에 적합 • 명령 · 지시의 신속 · 정확 전달 가능 • 안전관련 지식 및 기술축적이 어려움(안전정보 불충분, 내용 빈약) • 안전정보의 전문성 부족	• 100명 이상~1,000명 미만 중규모 사업장에 적합 • 전문가에 의한 조치 및 경영자 조언과 자문 역할 가능 • 안전관리와 생산활동이 독립된 영역으로 생산부문은 안전관리에 관한 책임과 권한이 없음 • 안전정보 수집 신속 · 용이하며, 안전관리 기술축적이 가능	• 1,000명 이상 대규모 사업장에 적합 • 라인형과 Staff형의 단점을 보완한 형태 • 계획수립, 평가는 Staff, 실질적 활동은 라인에서 실시하는 형태 • 명령계통과 조언 · 권고적 참여가 혼돈되며, Staff의 월권이 발생될 수 있음

1 규정의 작성 🔧 제25조

① 사업주는 사업장의 안전 및 보건을 유지하기 위하여 다음 각 호의 사항이 포함된 안전보건관리규정을 작성하여야 한다.

1. 안전 및 보건에 관한 관리조직과 그 직무에 관한 사항
2. 안전보건교육에 관한 사항
3. 작업장의 안전 및 보건 관리에 관한 사항
4. 사고 조사 및 대책 수립에 관한 사항
5. 그 밖에 안전 및 보건에 관한 사항

② 제1항에 따른 안전보건관리규정(이하 "안전보건관리규정"이라 한다)은 단체협약 또는 취업규칙에 반할 수 없다. 이 경우 안전보건관리규정 중 단체협약 또는 취업규칙에 반하는 부분에 관하여는 그 단체협약 또는 취업규칙으로 정한 기준에 따른다.

③ 안전보건관리규정을 작성하여야 할 사업의 종류, 사업장의 상시근로자 수 및 안전보건관리규정에 포함되어야 할 세부적인 내용, 그 밖에 필요한 사항은 고용노동부령으로 정한다.

2 규정의 변경 절차 🔧 제26조

사업주는 안전보건관리규정을 작성하거나 변경할 때에는 산업안전보건위원회의 심의·의결을 거쳐야 한다. 다만, 산업안전보건위원회가 설치되어 있지 아니한 사업장의 경우에는 근로자대표의 동의를 받아야 한다.

003 안전보건관리 계획수립 및 운영

1 작성·제출 🏛 제42조

① 사업주는 다음 각 호의 어느 하나에 해당하는 경우에는 이 법 또는 이 법에 따른 명령에서 정하는 유해·위험 방지에 관한 사항을 적은 계획서(이하 "유해위험방지계획서"라 한다)를 작성하여 고용노동부령으로 정하는 바에 따라 고용노동부장관에게 제출하고 심사를 받아야 한다. 다만, 제3호에 해당하는 사업주 중 산업재해발생률 등을 고려하여 고용노동부령으로 정하는 기준에 해당하는 사업주는 유해위험방지계획서를 스스로 심사하고, 그 심사결과서를 작성하여 고용노동부장관에게 제출하여야 한다. 〈개정 2020. 5. 26.〉

1. 대통령령으로 정하는 사업의 종류 및 규모에 해당하는 사업으로서 해당 제품의 생산 공정과 직접적으로 관련된 건설물·기계·기구 및 설비 등 전부를 설치·이전하거나 그 주요 구조부분을 변경하려는 경우

2. 유해하거나 위험한 작업 또는 장소에서 사용하거나 건강장해를 방지하기 위하여 사용하는 기계·기구 및 설비로서 대통령령으로 정하는 기계·기구 및 설비를 설치·이전하거나 그 주요 구조부분을 변경하려는 경우

3. 대통령령으로 정하는 크기, 높이 등에 해당하는 건설공사를 착공하려는 경우

② 제1항 제3호에 따른 건설공사를 착공하려는 사업주(제1항 각 호 외의 부분 단서에 따른 사업주는 제외한다)는 유해위험방지계획서를 작성할 때 건설안전 분야의 자격 등 고용노동부령으로 정하는 자격을 갖춘 자의 의견을 들어야 한다.

③ 제1항에도 불구하고 사업주가 제44조 제1항에 따라 공정안전보고서를 고용노동부장관에게 제출한 경우에는 해당 유해·위험설비에 대해서는 유해위험방지계획서를 제출한 것으로 본다.

④ 고용노동부장관은 제1항 각 호 외의 부분 본문에 따라 제출된 유해위험방지계획서를 고용노동부령으로 정하는 바에 따라 심사하여 그 결과를 사업주에게 서면으로 알려 주어야 한다. 이 경우 근로자의 안전 및 보건의 유지·증진을 위하여 필요하다고 인정하는 경우에는 해당 작업 또는 건설공사를 중지하거나 유해위험방지계획서를 변경할 것을 명할 수 있다.

⑤ 1항에 따른 사업주는 같은 항 각 호 외의 부분 단서에 따라 스스로 심사하거나 제4항에 따라 고용노동부장관이 심사한 유해위험방지계획서와 그 심사결과서를 사업장에 갖추어 두어야 한다.

⑥ 제1항 제3호에 따른 건설공사를 착공하려는 사업주로서 제5항에 따라 유해위험방지계획서 및 그 심사결과서를 사업장에 갖추어 둔 사업주는 해당 건설공사의 공법의 변경 등으로 인하여 그 유해위험방지계획서를 변경할 필요가 있는 경우에는 이를 변경하여 갖추어 두어야 한다.

2 이행의 확인 📕 제43조

① 제42조 제4항에 따라 유해위험방지계획서에 대한 심사를 받은 사업주는 고용노동부령으로 정하는 바에 따라 유해위험방지계획서의 이행에 관하여 고용노동부장관의 확인을 받아야 한다.

② 제42조 제1항 각 호 외의 부분 단서에 따른 사업주는 고용노동부령으로 정하는 바에 따라 유해위험방지계획서의 이행에 관하여 스스로 확인하여야 한다. 다만, 해당 건설공사 중에 근로자가 사망(교통사고 등 고용노동부령으로 정하는 경우는 제외한다)한 경우에는 고용노동부령으로 정하는 바에 따라 유해위험방지계획서의 이행에 관하여 고용노동부장관의 확인을 받아야 한다.

③ 고용노동부장관은 제1항 및 제2항 단서에 따른 확인 결과 유해위험방지계획서대로 유해·위험방지를 위한 조치가 되지 아니하는 경우에는 고용노동부령으로 정하는 바에 따라 시설 등의 개선, 사용중지 또는 작업중지 등 필요한 조치를 명할 수 있다.

④ 제3항에 따른 시설 등의 개선, 사용중지 또는 작업중지 등의 절차 및 방법, 그 밖에 필요한 사항은 고용노동부령으로 정한다.

3 유해위험방지계획서 제출 대상 📗 제42조

① 법 제42조 제1항 제1호에서 "대통령령으로 정하는 사업의 종류 및 규모에 해당하는 사업"이란 다음 각 호의 어느 하나에 해당하는 사업으로서 전기 계약용량이 300킬로와트 이상인 경우를 말한다.
  1. 금속가공제품 제조업(기계 및 가구 제외)
  2. 비금속 광물제품 제조업
  3. 기타 기계 및 장비 제조업
  4. 자동차 및 트레일러 제조업
  5. 식료품 제조업
  6. 고무제품 및 플라스틱제품 제조업
  7. 목재 및 나무제품 제조업
  8. 기타 제품 제조업
  9. 1차 금속 제조업
  10. 가구 제조업
  11. 화학물질 및 화학제품 제조업
  12. 반도체 제조업
  13. 전자부품 제조업

② 법 제42조 제1항 제2호에서 "대통령령으로 정하는 기계·기구 및 설비"란 다음 각 호의 어느 하나에 해당하는 기계·기구 및 설비를 말한다. 이 경우 다음 각 호에 해당하는 기계·기구

및 설비의 구체적인 범위는 고용노동부장관이 정하여 고시한다. 〈개정 2021. 11. 19.〉

1. 금속이나 그 밖의 광물의 용해로
2. 화학설비
3. 건조설비
4. 가스집합 용접장치
5. 근로자의 건강에 상당한 장해를 일으킬 우려가 있는 물질로서 고용노동부령으로 정하는 물질의 밀폐·환기·배기를 위한 설비
6. 삭제 〈2021. 11. 19.〉

③ 법 제42조 제1항 제3호에서 "대통령령으로 정하는 크기 높이 등에 해당하는 건설공사"란 다음 각 호의 어느 하나에 해당하는 공사를 말한다.

1. 다음 각 목의 어느 하나에 해당하는 건축물 또는 시설 등의 건설·개조 또는 해체(이하 "건설 등"이라 한다) 공사

   가. 지상높이가 31미터 이상인 건축물 또는 인공구조물

   나. 연면적 3만 제곱미터 이상인 건축물

   다. 연면적 5천 제곱미터 이상인 시설로서 다음의 어느 하나에 해당하는 시설

      1) 문화 및 집회시설(전시장 및 동물원·식물원은 제외한다)

      2) 판매시설, 운수시설(고속철도의 역사 및 집배송시설은 제외한다)

      3) 종교시설

      4) 의료시설 중 종합병원

      5) 숙박시설 중 관광숙박시설

      6) 지하도상가

      7) 냉동·냉장 창고시설

2. 연면적 5천 제곱미터 이상인 냉동·냉장 창고시설의 설비공사 및 단열공사
3. 최대 지간(支間)길이(다리의 기둥과 기둥의 중심사이의 거리)가 50미터 이상인 다리의 건설 등 공사
4. 터널의 건설 등 공사
5. 다목적댐, 발전용댐, 저수용량 2천만톤 이상의 용수 전용 댐 및 지방상수도 전용 댐의 건설 등 공사
6. 깊이 10미터 이상인 굴착공사

4 첨부서류

■ 산업안전보건법 시행규칙 [별표 10] 〈개정 2021. 11. 19〉

유해위험방지계획서 첨부서류(제42조 제3항 관련)

1. 공사 개요 및 안전보건관리계획

   가. 공사 개요서(별지 제101호서식)
   나. 공사현장의 주변 현황 및 주변과의 관계를 나타내는 도면(매설물 현황을 포함한다)
   다. 전체 공정표
   라. 산업안전보건관리비 사용계획서(별지 제102호서식)
   마. 안전관리 조직표
   바. 재해 발생 위험 시 연락 및 대피방법

2. 작업 공사 종류별 유해위험방지계획

대상 공사	작업 공사 종류	주요 작성대상	첨부 서류
영 제42조 제3항 제1호에 따른 건축물 또는 시설 등의 건설·개조 또는 해체(이하 "건설 등"이라 한다) 공사	1. 가설공사 2. 구조물공사 3. 마감공사 4. 기계 설비공사 5. 해체공사	가. 비계 조립 및 해체 작업(외부 비계 및 높이 3미터 이상 내부비계만 해당한다) 나. 높이 4미터를 초과하는 거푸집동바리[동바리가 없는 공법(무지주공법으로 데크플레이트, 호리빔 등)과 옹벽 등 벽체를 포함한다] 조립 및 해체작업 또는 비탈면 슬래브(판 형상의 구조부재로서 구조물의 바닥이나 천장)의 거푸집동바리 조립 및 해체 작업 다. 작업발판 일체형 거푸집 조립 및 해체 작업 라. 철골 및 PC(Precast Concrete) 조립 작업 마. 양중기 설치·연장·해체 작업 및 천공·항타 작업 바. 밀폐공간 내 작업 사. 해체 작업 아. 우레탄폼 등 단열재 작업[취급장소와 인접한 장소에서 이루어지는 화기(火器) 작업을 포함한다] 자. 같은 장소(출입구를 공동으로 이용하는 장소를 말한다)에서 둘 이상의 공정이 동시에 진행되는 작업	1. 해당 작업공사 종류별 작업개요 및 재해예방계획 2. 위험물질의 종류별 사용량과 저장·보관 및 사용 시의 안전작업계획 [비고] 1. 바목의 작업에 대한 유해위험방지계획에는 질식·화재 및 폭발 예방 계획이 포함되어야 한다. 2. 각 목의 작업과정에서 통풍이나 환기가 충분하지 않거나 가연성 물질이 있는 건축물 내부나 설비 내부에서 단열재 취급·용접·용단 등과 같은 화기작업이 포함되어 있는 경우에는 세부계획이 포함되어야 한다.

대상 공사	작업 공사 종류	주요 작성대상	첨부 서류
영 제42조 제3항 제2호에 따른 냉동·냉장 창고시설의 설비공사 및 단열공사	1. 가설공사 2. 단열공사 3. 기계 설비공사	가. 밀폐공간 내 작업 나. 우레탄폼 등 단열재 작업(취급장소와 인접한 곳에서 이루어지는 화기 작업을 포함한다) 다. 설비 작업 라. 같은 장소(출입구를 공동으로 이용하는 장소를 말한다)에서 둘 이상의 공정이 동시에 진행되는 작업	1. 해당 작업공사 종류별 작업개요 및 재해예방계획 2. 위험물질의 종류별 사용량과 저장·보관 및 사용 시의 안전작업계획 [비고] 1. 가목의 작업에 대한 유해위험방지계획에는 질식·화재 및 폭발 예방계획이 포함되어야 한다. 2. 각 목의 작업과정에서 통풍이나 환기가 충분하지 않거나 가연성 물질이 있는 건축물 내부나 설비 내부에서 단열재 취급·용접·용단 등과 같은 화기작업이 포함되어 있는 경우에는 세부계획이 포함되어야 한다.

영 제42조 제3항 제3호에 따른 다리 건설 등의 공사	1. 가설공사
	2. 다리 하부(하부공) 공사
	3. 다리 상부(상부공) 공사
		가. 하부공 작업
		  1) 작업발판 일체형 거푸집 조립 및 해체 작업
		  2) 양중기 설치·연장·해체 작업 및 천공·항타 작업
		  3) 교대·교각 기초 및 벽체 철근조립 작업
		  4) 해상·하상 굴착 및 기초 작업
		나. 상부공 작업
		  1) 상부공 가설작업[압출공법(ILM), 캔틸레버공법(FCM), 동바리설치공법(FSM), 이동지보공법(MSS), 프리캐스트 세그먼트 가설공법(PSM) 등을 포함한다]
		  2) 양중기 설치·연장·해체 작업
		  3) 상부슬래브 거푸집동바리 조립 및 해체(특수작업대를 포함한다) 작업
			1. 해당 작업공사 종류별 작업개요 및 재해예방계획
			2. 위험물질의 종류별 사용량과 저장·보관 및 사용 시의 안전작업계획

대상 공사	작업 공사 종류	주요 작성대상	첨부 서류
영 제42조 제3항 제4호에 따른 터널 건설 등의 공사	1. 가설공사 2. 굴착 및 발파 공사 3. 구조물공사	가. 터널굴진(掘進)공법(NATM) 　1) 굴진(갱구부, 본선, 수직 갱, 수직구 등을 말한다) 및 막장 내 붕괴·낙석방지 계획 　2) 화약 취급 및 발파 작업 　3) 환기 작업 　4) 작업대(굴진, 방수, 철근, 콘크리트 타설을 포함한다) 사용 작업 나. 기타 터널공법[(TBM)공법, 쉴드(Shield)공법, 추진(Front Jacking)공법, 침매공법 등을 포함한다] 　1) 환기 작업 　2) 막장 내 기계·설비 유지·보수 작업	1. 해당 작업공사 종류별 작업개요 및 재해예방 계획 2. 위험물질의 종류별 사용량과 저장·보관 및 사용 시의 안전작업계획 [비고] 1. 나목의 작업에 대한 유해위험방지계획에는 굴진(갱구부, 본선, 수직 갱, 수직구 등을 말한다) 및 막장 내 붕괴·낙석 방지 계획이 포함되어야 한다.
영 제42조 제3항 제5호에 따른 댐 건설 등의 공사	1. 가설공사 2. 굴착 및 발파 공사 3. 댐 축조공사	가. 굴착 및 발파 작업 나. 댐 축조[가(假)체절 작업을 포함한다] 작업 　1) 기초처리 작업 　2) 둑 비탈면 처리 작업 　3) 본체 축조 관련 장비 작업(흙쌓기 및 다짐만 해당한다) 　4) 작업발판 일체형 거푸집 조립 및 해체 작업(콘크리트 댐만 해당한다)	1. 해당 작업공사 종류별 작업개요 및 재해예방 계획 2. 위험물질의 종류별 사용량과 저장·보관 및 사용 시의 안전작업계획
영 제42조 제3항 제6호에 따른 굴착공사	1. 가설공사 2. 굴착 및 발파 공사 3. 흙막이 지보공(支保工) 공사	가. 흙막이 가시설 조립 및 해체 작업(복공작업을 포함한다) 나. 굴착 및 발파 작업 다. 양중기 설치·연장·해체 작업 및 천공·항타 작업	1. 해당 작업공사 종류별 작업개요 및 재해예방 계획 2. 위험물질의 종류별 사용량과 저장·보관 및 사용 시의 안전작업계획

[비고] 작업 공사 종류란의 공사에서 이루어지는 작업으로서 주요 작성대상란에 포함되지 않은 작업에 대해서도 유해위험방지계획서를 작성하고, 첨부서류란의 해당 서류를 첨부해야 한다.

004 안전보건개선계획

1 대상 📖 제49조

① 고용노동부장관은 다음 각 호의 어느 하나에 해당하는 사업장으로서 산업재해 예방을 위하여 종합적인 개선조치를 할 필요가 있다고 인정되는 사업장의 사업주에게 고용노동부령으로 정하는 바에 따라 그 사업장, 시설, 그 밖의 사항에 관한 안전 및 보건에 관한 개선계획(이하 "안전보건개선계획"이라 한다)을 수립하여 시행할 것을 명할 수 있다. 이 경우 대통령령으로 정하는 사업장의 사업주에게는 제47조에 따라 안전보건진단을 받아 안전보건개선계획을 수립하여 시행할 것을 명할 수 있다.

  1. 산업재해율이 같은 업종의 규모별 평균 산업재해율보다 높은 사업장
  2. 사업주가 필요한 안전조치 또는 보건조치를 이행하지 아니하여 중대재해가 발생한 사업장
  3. 대통령령으로 정하는 수 이상의 직업성 질병자가 발생한 사업장
  4. 제106조에 따른 유해인자의 노출기준을 초과한 사업장

② 사업주는 안전보건개선계획을 수립할 때에는 산업안전보건위원회의 심의를 거쳐야 한다. 다만, 산업안전보건위원회가 설치되어 있지 아니한 사업장의 경우에는 근로자대표의 의견을 들어야 한다.

2 계획서의 제출 📖 제50조

① 제49조 제1항에 따라 안전보건개선계획의 수립·시행 명령을 받은 사업주는 고용노동부령으로 정하는 바에 따라 안전보건개선계획서를 작성하여 고용노동부장관에게 제출하여야 한다.

② 고용노동부장관은 제1항에 따라 제출받은 안전보건개선계획서를 고용노동부령으로 정하는 바에 따라 심사하여 그 결과를 사업주에게 서면으로 알려 주어야 한다. 이 경우 고용노동부장관은 근로자의 안전 및 보건의 유지·증진을 위하여 필요하다고 인정하는 경우 해당 안전보건개선계획서의 보완을 명할 수 있다.

③ 사업주와 근로자는 제2항 전단에 따라 심사를 받은 안전보건개선계획서(같은 항 후단에 따라 보완한 안전보건개선계획서를 포함한다)를 준수하여야 한다.

SECTION 03

재해조사 및 분석

001 재해조사 요령

1 재해예방 4원칙

(1) 개요

① 재해가 발생하면 인명과 재산손실이 발생하므로 최소화하기 위한 방법이 필수적이다.

② 재해예방의 원칙으로 손실 우연, 원인 계기, 예방 가능, 대책 선정이 있으며 계획적이고 체계적인 안전관리가 중요하다.

(2) 재해예방 4원칙

① 손실 우연의 원칙

　㉠ 재해손실은 사고 발생 시 사고 대상의 조건에 따라 달라지므로 재해손실의 크기는 우연성에 의하여 결정

　㉡ H. W. Heinrich의 1 : 29 : 300 법칙

　　• 330회의 사고 가운데 사망 또는 중상 1회, 경상 29회, 무상해사고 300회의 비율로 발생

　　• 재해의 배후에는 상해를 수반하지 않는 많은 수(300건/90.9%)의 사고가 발생

　　• 300건의 사고, 즉 아차사고의 관리가 중요함

② 원인 계기의 원칙

　㉠ 사고와 손실과의 관계는 우연적이지만, 사고와 원인과의 관계는 필연적이다.

　㉡ 사고발생의 원인은 간접원인과 직접원인으로 분류된다.

③ 예방 가능의 원칙

　㉠ 재해는 원칙적으로 원인만 제거되면 예방이 가능하다.

　㉡ 인재(불안전한 상태 10%, 불안전한 행동 88%)는 미연에 방지 가능하다.

　㉢ 재해의 사전 방지에 중점을 두는 것은 '예방 가능의 원칙'에 기초한다.

④ 대책 선정의 원칙

　㉠ 재해예방을 위한 가능한 안전대책은 반드시 존재한다.

　㉡ 3E 대책

　　• 기술적(Engineering) 대책 : 기술적 원인에 대한 설비·환경·작업방법 개선

　　• 교육적(Education) 대책 : 교육적 원인에 대한 안전교육과 훈련실시

　　• 규제적(Enforcement) 대책 : 엄격한 규칙에 의해 제도적으로 시행

　㉢ 안전사고의 예방은 3E를 모두 활용함으로써 합리적인 관리가 가능하다.

② 재해조사 3원칙

(1) 재해조사 3원칙

① 제1단계 : 현장 보존
- ㉠ 재해발생 시 즉각적인 조치
- ㉡ 현장보존에 유의

② 제2단계 : 사실의 수집
- ㉠ 현장의 물리적 흔적(물적 증거)을 수집
- ㉡ 재해 현장은 사진을 촬영하여 기록

③ 제3단계 : 목격자, 감독자, 피해자 등의 진술
- ㉠ 목격자, 현장책임자 등 많은 사람들로부터 사고 시의 상황을 청취
- ㉡ 재해 피해자로부터 재해 직전의 상황 청취
- ㉢ 판단이 어려운 특수재해·중대재해는 전문가에게 조사 의뢰

(2) 재해발생 시 처리절차

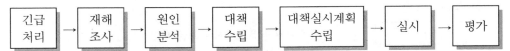

긴급처리 → 재해조사 → 원인분석 → 대책수립 → 대책실시계획수립 → 실시 → 평가

(3) 조치순서

① 긴급처리
② 재해조사
③ 원인분석
④ 대책수립
⑤ 평가

③ 재해조사 4단계, 조치 7단계

(1) 개요

'재해조사'란 재해의 원인과 자체의 결함 등을 규명함으로써 동종 재해 및 유사 재해의 발생을 막기 위한 예방대책을 강구하기 위하여 실시하는 것을 말하며, 재해원인에 대한 사실을 파악하는 데 그 목적이 있다.

(2) 재해조사의 목적

① 동종 재해 방지
② 유사 재해 방지

(3) 재해조사 3원칙

① 1단계 : 현장보존
② 2단계 : 사실의 수집
③ 3단계 : 피해자, 감독자, 목격자 진술

(4) 재해조사 4단계

① 제1단계(사실의 확인)

ㄱ 재해 발생까지의 경과 확인

ㄴ 인적, 물적, 관리적인 면에 관한 사실 수집

② 제2단계(재해요인의 확인) : 직접원인의 확정 및 문제점의 유무

ㄱ 인적, 물적, 관리적인 면에서 재해요인 파악

ㄴ 파악된 사실에서 재해의 직접원인의 확정 및 문제점의 유무

③ 제3단계(재해요인의 결정) : 기본원인(4M)과 기본적 문제의 결정

ㄱ 재해요인의 상관관계와 중요도를 고려

ㄴ 불안전 상태 및 행동의 배후에 있는 기본원인을 4M의 각 요인에 따라 분석·결정

④ 제4단계(대책의 수립)

ㄱ 대책은 최선의 효과를 가져 올 수 있는 구체적이고 실시 가능한 것

ㄴ 재해원인 및 근본 문제점을 중심으로 동종 재해 및 유사 재해의 예방대책 수립

(5) 조치 7단계

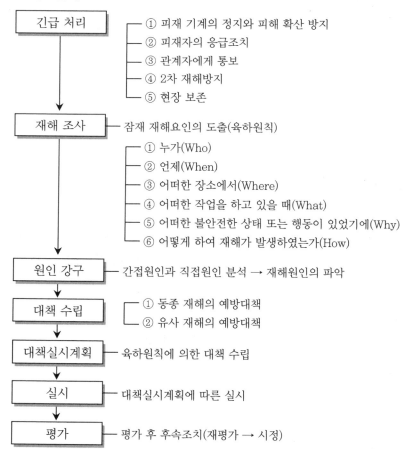

긴급 처리
— ① 피재 기계의 정지와 피해 확산 방지
— ② 피재자의 응급조치
— ③ 관계자에게 통보
— ④ 2차 재해방지
— ⑤ 현장 보존

재해 조사 — 잠재 재해요인의 도출(육하원칙)
— ① 누가(Who)
— ② 언제(When)
— ③ 어떠한 장소에서(Where)
— ④ 어떠한 작업을 하고 있을 때(What)
— ⑤ 어떠한 불안전한 상태 또는 행동이 있었기에(Why)
— ⑥ 어떻게 하여 재해가 발생하였는가(How)

원인 강구 — 간접원인과 직접원인 분석 → 재해원인의 파악

대책 수립
— ① 동종 재해의 예방대책
— ② 유사 재해의 예방대책

대책실시계획 — 육하원칙에 의한 대책 수립

실시 — 대책실시계획에 따른 실시

평가 — 평가 후 후속조치(재평가 → 시정)

⑹ **재해조사 시 유의사항**

① 사실을 수집한다.

② 목격자 등이 증언하는 사실 이외의 추측은 참고만 한다.

③ 조사는 신속하게 행하고 긴급 조치로 2차 재해를 방지한다.

④ 인적·물적 재해요인을 모두 도출한다.

⑤ 객관적인 입장에서 공정하게 조사하며, 조사는 2인 이상이 한다.

⑥ 책임 소재 파악보다 재발 방지를 우선으로 한다.

⑦ 피해자에 대한 구급 조치를 우선으로 한다.

⑧ 2차 재해의 예방과 위험성에 대비해 보호구를 착용한다.

002 재해원인의 분석방법

1 개요

'재해원인 분석'이란 재해현상을 구성하는 요소를 도출하는 것으로 '재해원인의 분석방법'에는 개별적 원인분석, 통계적 원인분석, 문답방식에 의한 원인분석 방법이 있으며, 과학적으로 재해 원인을 분석하여 동종재해 및 유사재해의 방지대책에 활용할 수 있도록 한다.

2 재해원인 분석방법

(1) 개별적 원인분석

① 개개의 재해를 하나하나 분석하는 것으로 상세 원인을 규명할 수 있다.
② 간혹 발생하는 특수재해나 중대재해, 건수가 적은 중소기업분석에 적합하다.

(2) 통계적 원인분석

① 파레토도(Pareto Diagram)
  ㉠ 사고의 유형, 기인물 등 분류 항목을 크기 순으로 도표화
  ㉡ 중점관리대상 선정에 유리하며 재해원인의 크기·비중 확인이 가능
② 특성 요인도(Causes and Effects Diagram)
  재해특성과 이에 영향을 주는 원인과의 관계를 생선뼈 형태로 세분화
③ 크로스도(Cross Diagram)
  재해발생 위험도가 큰 조합을 발견하는 것이 가능
④ 관리도(Control Chart)
  월별 재해 발생 수를 그래프화한 뒤 관리선을 설정하여 관리하는 방법
⑤ 기타
  파이도표, 오일러도표 등

(3) 문답방식에 의한 원인분석

Flow Chart를 이용한 재해원인 분석

1 재해통계 업무처리규정

(1) 개요

산업안전보건법에 따른 산업재해에 관한 조사 및 통계의 유지·관리를 위하여 산업재해조사표 제출과 전산입력·통계업무 처리 시 산업안전보건법의 적용을 받는 사업장에 적용한다.

(2) 산업재해통계의 산출방법

① 재해율

$$재해율 = \frac{재해자수}{산재보험적용근로자수} \times 100$$

- '재해자수'는 근로복지공단의 유족급여가 지급된 사망자 및 근로복지공단에 최초요양신청서(재진 요양신청이나 전원요양신청서는 제외한다)를 제출한 재해자 중 요양승인을 받은 자(지방고용노동관서의 산재 미보고 적발 사망자 수를 포함한다)를 말함. 다만, 통상의 출퇴근으로 발생한 재해는 제외함
- '산재보험적용근로자수'는 산업재해보상보험법이 적용되는 근로자수를 말함. 이하 같음

② 사망만인율

$$사망만인율 = \frac{사망자수}{산재보험적용근로자수} \times 10,000$$

'사망자수'는 근로복지공단의 유족급여가 지급된 사망자(지방고용노동관서의 산재미보고 적발 사망자를 포함한다)수를 말함. 다만, 사업장 밖의 교통사고(운수업, 음식숙박업은 사업장 밖의 교통사고도 포함)·체육행사·폭력행위·통상의 출퇴근에 의한 사망, 사고발생일로부터 1년을 경과하여 사망한 경우는 제외함

③ 휴업재해율

$$휴업재해율 = \frac{휴업재해자수}{임금근로자수} \times 100$$

- '휴업재해자수'란 근로복지공단의 휴업급여를 지급받은 재해자수를 말함. 다만, 질병에 의한 재해와 사업장 밖의 교통사고(운수업, 음식숙박업은 사업장 밖의 교통사고도 포함)·체육행사·폭력행위·통상의 출퇴근으로 발생한 재해는 제외함
- '임금근로자수'는 통계청의 경제활동인구조사상 임금근로자수를 말함

④ 도수율(빈도율)

$$도수율(빈도율) = \frac{재해건수}{연 근로시간수} \times 1,000,000$$

⑤ 강도율

$$강도율 = \frac{총요양근로손실일수}{연 근로시간수} \times 1,000$$

'총요양근로손실일수'는 재해자의 총 요양기간을 합산하여 산출하되, 사망, 부상 또는 질병이나 장해자의 등급별 요양근로손실일수 산정요령에 따른다.

(3) 사망사고 제외기준

'재해조사 대상 사고사망자수'는 「근로감독관 집무규정(산업안전보건)」에 따라 지방고용노동관서에서 법상 안전·보건조치 위반 여부를 조사하여 중대재해로 발생보고한 사망사고 중 업무상 사망사고로 인한 사망자수를 말한다. 다만, 다음의 업무상 사망사고는 제외한다.

① 「산업안전보건법」 제3조 단서에 따라 법의 일부적용대상 사업장에서 발생한 재해 중 적용조항 외의 원인으로 발생한 것이 객관적으로 명백한 재해[「중대재해처벌 등에 관한 법률」(이하 "중처법"이라 한다) 제2조 제2호에 따른 중대산업재해는 제외한다]

② 고혈압 등 개인지병, 방화 등에 의한 재해 중 재해원인이 사업주의 법 위반, 경영책임자 등의 중처법 위반에 기인하지 아니한 것이 명백한 재해

③ 해당 사업장의 폐지, 재해발생 후 84일 이상 요양 중 사망한 재해로서 목격자 등 참고인의 소재불명 등으로 재해발생에 대하여 원인규명이 불가능하여 재해조사의 실익이 없다고 지방관서장이 인정하는 재해

(4) 요양근로손실일수 산정요령

신체장해등급이 결정되었을 때는 다음과 같이 등급별 근로손실일수를 적용한다.

구분	사망	신체장해자 등급											
		1~3	4	5	6	7	8	9	10	11	12	13	14
근로손실일수(일)	7,500	7,500	5,500	4,000	3,000	2,200	1,500	1,000	600	400	200	100	50

※ 부상 및 질병자의 요양근로손실일수는 요양신청서에 기재된 요양일수를 말한다.

❷ 재해코스트 평가방식

(1) 개요

'재해코스트'란 업무상의 재해로서 인적 상해를 수반하는 재해에 의해서 생기는 손실 비용으로, 재해가 발생하지 않았다면 지출하지 않아도 되었을 직접 또는 간접적으로 발생된 손실 비용을 말한다.

(2) 평가방식

① 하인리히(H. W. Heinrich) 방식

총재해비용 = 직접비 + 간접비 → 직접비 : 간접비 = 1 : 4

- 총재해코스트는 직접비와 간접비의 합
- 산재보험료와 보상금을 합산하지 않음

② 버드(F. E. Bird) 방식

총재해비용 = 직접비 + 간접비 → 직접비 : 간접비 = 1 : 5

③ 시몬스(R. H. Simonds) 방식

총재해비용 = 산재보험비용 + 비보험비용(산재보험비용 < 비보험비용)

- 보험코스트와 비보험코스트로 구분
- 총재해코스트는 산재보험코스트와 비보험코스트의 합
- 산재보험료와 보상금을 보험코스트에 합산

④ 콤페스(Compes) 방식

총재해비용 = 개별비용비 + 공용비용비

- 총재해손실비용은 공동비용과 개별비용의 합
- 직접비와 간접비 외 기업의 활동능력 손실을 감안해야 한다는 주장

⑤ 노구치 방식

총재해손실비용은 공동비용과 개별비용의 합

SECTION 04 안전점검 및 검사

001 안전검사

1 안전검사 대상 영 제78조

① 법 제93조 제1항 전단에서 "대통령령으로 정하는 것"이란 다음 각 호의 어느 하나에 해당하는 것을 말한다.

1. 프레스
2. 전단기
3. 크레인(정격 하중이 2톤 미만인 것은 제외한다)
4. 리프트
5. 압력용기
6. 곤돌라
7. 국소 배기장치(이동식은 제외한다)
8. 원심기(산업용만 해당한다)
9. 롤러기(밀폐형 구조는 제외한다)
10. 사출성형기[형 체결력(型 締結力) 294킬로뉴턴(kN) 미만은 제외한다]
11. 고소작업대(「자동차관리법」 제3조 제3호 또는 제4호에 따른 화물자동차 또는 특수자동차에 탑재한 고소작업대로 한정한다)
12. 컨베이어
13. 산업용 로봇
14. 혼합기
15. 파쇄기 또는 분쇄기

② 법 제93조 제1항에 따른 안전검사대상기계 등의 세부적인 종류, 규격 및 형식은 고용노동부장관이 정하여 고시한다.

2 안전검사주기 칙 제126조

① 법 제93조 제3항에 따른 안전검사대상기계 등의 안전검사 주기는 다음 각 호와 같다.

1. 크레인(이동식 크레인은 제외한다), 리프트(이삿짐운반용 리프트는 제외한다) 및 곤돌라 : 사업장에 설치가 끝난 날부터 3년 이내에 최초 안전검사를 실시하되, 그 이후부터

2년마다(건설현장에서 사용하는 것은 최초로 설치한 날부터 6개월마다)

2. 이동식 크레인, 이삿짐운반용 리프트 및 고소작업대 : 「자동차관리법」 제8조에 따른 신규등록 이후 3년 이내에 최초 안전검사를 실시하되, 그 이후부터 2년마다

3. 프레스, 전단기, 압력용기, 국소 배기장치, 원심기, 롤러기, 사출성형기, 컨베이어 및 산업용 로봇, 혼합기, 파쇄기 또는 분쇄기 : 사업장에 설치가 끝난 날부터 3년 이내에 최초 안전검사를 실시하되, 그 이후부터 2년마다(공정안전보고서를 제출하여 확인을 받은 압력용기는 4년마다)

❸ 안전검사기관 ⑲ 제79조

법 제96조 제1항에 따른 안전검사기관(이하 "안전검사기관"이라 한다)으로 지정받을 수 있는 자는 다음 각 호의 어느 하나에 해당하는 자로 한다.

1. 공단
2. 다음 각 목의 어느 하나에 해당하는 기관으로서 별표 24에 따른 인력·시설 및 장비를 갖춘 기관
   가. 산업안전·보건 또는 산업재해 예방을 목적으로 설립된 비영리법인
   나. 기계 및 설비 등의 인증·검사, 생산기술의 연구개발·교육·평가 등의 업무를 목적으로 설립된 「공공기관의 운영에 관한 법률」에 따른 공공기관

002 안전인증

1 인증기준 법 제83조

① 고용노동부장관은 유해하거나 위험한 기계·기구·설비 및 방호장치·보호구(이하 "유해·위험기계 등"이라 한다)의 안전성을 평가하기 위하여 그 안전에 관한 성능과 제조자의 기술 능력 및 생산 체계 등에 관한 기준(이하 "안전인증기준"이라 한다)을 정하여 고시하여야 한다.

② 안전인증기준은 유해·위험기계 등의 종류별, 규격 및 형식별로 정할 수 있다.

2 안전인증 및 면제 법 제84조

① 유해·위험기계 등 중 근로자의 안전 및 보건에 위해(危害)를 미칠 수 있다고 인정되어 대통령령으로 정하는 것(이하 "안전인증대상기계 등"이라 한다)을 제조하거나 수입하는 자(고용노동부령으로 정하는 안전인증대상기계 등을 설치·이전하거나 주요 구조 부분을 변경하는 자를 포함한다. 이하 이 조 및 제85조부터 제87조까지의 규정에서 같다)는 안전인증대상기계 등이 안전인증기준에 맞는지에 대하여 고용노동부장관이 실시하는 안전인증을 받아야 한다.

② 고용노동부장관은 다음 각 호의 어느 하나에 해당하는 경우에는 고용노동부령으로 정하는 바에 따라 제1항에 따른 안전인증의 전부 또는 일부를 면제할 수 있다.

1. 연구·개발을 목적으로 제조·수입하거나 수출을 목적으로 제조하는 경우
2. 고용노동부장관이 정하여 고시하는 외국의 안전인증기관에서 인증을 받은 경우
3. 다른 법령에 따라 안전성에 관한 검사나 인증을 받은 경우로서 고용노동부령으로 정하는 경우

③ 안전인증대상기계 등이 아닌 유해·위험기계 등을 제조하거나 수입하는 자가 그 유해·위험기계 등의 안전에 관한 성능 등을 평가받으려면 고용노동부장관에게 안전인증을 신청할 수 있다. 이 경우 고용노동부장관은 안전인증기준에 따라 안전인증을 할 수 있다.

④ 고용노동부장관은 제1항 및 제3항에 따른 안전인증(이하 "안전인증"이라 한다)을 받은 자가 안전인증기준을 지키고 있는지를 3년 이하의 범위에서 고용노동부령으로 정하는 주기마다 확인하여야 한다. 다만, 제2항에 따라 안전인증의 일부를 면제받은 경우에는 고용노동부령으로 정하는 바에 따라 확인의 전부 또는 일부를 생략할 수 있다.

⑤ 제1항에 따라 안전인증을 받은 자는 안전인증을 받은 안전인증대상기계 등에 대하여 고용노동부령으로 정하는 바에 따라 제품명·모델명·제조수량·판매수량 및 판매처 현황 등의 사항을 기록하여 보존하여야 한다.

⑥ 고용노동부장관은 근로자의 안전 및 보건에 필요하다고 인정하는 경우 안전인증대상기계 등을 제조·수입 또는 판매하는 자에게 고용노동부령으로 정하는 바에 따라 해당 안전인증 대상기계 등의 제조·수입 또는 판매에 관한 자료를 공단에 제출하게 할 수 있다.

⑦ 안전인증의 신청 방법·절차, 제4항에 따른 확인의 방법·절차, 그 밖에 필요한 사항은 고용 노동부령으로 정한다.

인증대상 ⑲ 제74조

① 법 제84조 제1항에서 "대통령령으로 정하는 것"이란 다음 각 호의 어느 하나에 해당하는 것을 말한다.

1. 다음 각 목의 어느 하나에 해당하는 기계 또는 설비
    가. 프레스
    나. 전단기 및 절곡기(折曲機)
    다. 크레인
    라. 리프트
    마. 압력용기
    바. 롤러기
    사. 사출성형기(射出成形機)
    아. 고소(高所) 작업대
    자. 곤돌라

2. 다음 각 목의 어느 하나에 해당하는 방호장치
    가. 프레스 및 전단기 방호장치
    나. 양중기용(揚重機用) 과부하 방지장치
    다. 보일러 압력방출용 안전밸브
    라. 압력용기 압력방출용 안전밸브
    마. 압력용기 압력방출용 파열판
    바. 절연용 방호구 및 활선작업용(活線作業用) 기구
    사. 방폭구조(防爆構造) 전기기계·기구 및 부품
    아. 추락·낙하 및 붕괴 등의 위험 방지 및 보호에 필요한 가설기자재로서 고용노동부장 관이 정하여 고시하는 것
    자. 충돌·협착 등의 위험 방지에 필요한 산업용 로봇 방호장치로서 고용노동부장관이 정하여 고시하는 것

3. 다음 각 목의 어느 하나에 해당하는 보호구
    가. 추락 및 감전 위험방지용 안전모
    나. 안전화
    다. 안전장갑
    라. 방진마스크
    마. 방독마스크
    바. 송기(送氣)마스크
    사. 전동식 호흡보호구

아. 보호복

자. 안전대

차. 차광(遮光) 및 비산물(飛散物) 위험방지용 보안경

카. 용접용 보안면

타. 방음용 귀마개 또는 귀덮개

② 안전인증대상기계 등의 세부적인 종류, 규격 및 형식은 고용노동부장관이 정하여 고시한다.

안전인증 및 면제 🕮 제109조

① 법 제84조 제1항에 따른 안전인증대상기계 등(이하 "안전인증대상기계 등"이라 한다)이 다음 각 호의 어느 하나에 해당하는 경우에는 법 제84조 제1항에 따른 안전인증을 전부 면제한다. 〈개정 2024. 6. 28.〉

1. 연구·개발을 목적으로 제조·수입하거나 수출을 목적으로 제조하는 경우

2. 「건설기계관리법」 제13조 제1항 제1호부터 제3호까지에 따른 검사를 받은 경우 또는 같은 법 제18조에 따른 형식승인을 받거나 같은 조에 따른 형식신고를 한 경우

3. 「고압가스 안전관리법」 제17조 제1항에 따른 검사를 받은 경우

4. 「광산안전법」 제9조에 따른 검사 중 광업시설의 설치공사 또는 변경공사가 완료되었을 때에 받는 검사를 받은 경우

5. 「방위사업법」 제28조 제1항에 따른 품질보증을 받은 경우

6. 「선박안전법」 제7조에 따른 검사를 받은 경우

7. 「에너지이용 합리화법」 제39조 제1항 및 제2항에 따른 검사를 받은 경우

8. 「원자력안전법」 제16조 제1항에 따른 검사를 받은 경우

9. 「위험물안전관리법」 제8조 제1항 또는 제20조 제3항에 따른 검사를 받은 경우

10. 「전기사업법」 제63조 또는 「전기안전관리법」 제9조에 따른 검사를 받은 경우

11. 「항만법」 제33조 제1항 제1호·제2호 및 제4호에 따른 검사를 받은 경우

12. 「소방시설 설치 및 관리에 관한 법률」 제37조 제1항에 따른 형식승인을 받은 경우

② 안전인증대상기계 등이 다음 각 호의 어느 하나에 해당하는 인증 또는 시험을 받았거나 그 일부 항목이 법 제83조 제1항에 따른 안전인증기준(이하 "안전인증기준"이라 한다)과 같은 수준 이상인 것으로 인정되는 경우에는 해당 인증 또는 시험이나 그 일부 항목에 한정하여 법 제84조 제1항에 따른 안전인증을 면제한다.

1. 고용노동부장관이 정하여 고시하는 외국의 안전인증기관에서 인증을 받은 경우

2. 국제전기기술위원회(IEC)의 국제방폭전기기계·기구 상호인정제도(IECEx Scheme)에 따라 인증을 받은 경우

3. 「국가표준기본법」에 따른 시험·검사기관에서 실시하는 시험을 받은 경우

4. 「산업표준화법」 제15조에 따른 인증을 받은 경우

5. 「전기용품 및 생활용품 안전관리법」 제5조에 따른 안전인증을 받은 경우

③ 법 제84조 제2항 제1호에 따라 안전인증이 면제되는 안전인증대상기계 등을 제조하거나 수입하는 자는 해당 공산품의 출고 또는 통관 전에 별지 제43호서식의 안전인증 면제신청서에 다음 각 호의 서류를 첨부하여 안전인증기관에 제출해야 한다.

1. 제품 및 용도설명서

2. 연구·개발을 목적으로 사용되는 것임을 증명하는 서류

④ 안전인증기관은 제3항에 따라 안전인증 면제신청을 받으면 이를 확인하고 별지 제44호서식의 안전인증 면제확인서를 발급해야 한다.

③ 인증의 표시 📖 제85조

① 안전인증을 받은 자는 안전인증을 받은 유해·위험기계 등이나 이를 담은 용기 또는 포장에 고용노동부령으로 정하는 바에 따라 안전인증의 표시(이하 "안전인증표시"라 한다)를 하여야 한다.
② 안전인증을 받은 유해·위험기계 등이 아닌 것은 안전인증표시 또는 이와 유사한 표시를 하거나 안전인증에 관한 광고를 해서는 아니 된다.
③ 안전인증을 받은 유해·위험기계 등을 제조·수입·양도·대여하는 자는 안전인증표시를 임의로 변경하거나 제거해서는 아니 된다.
④ 고용노동부장관은 다음 각 호의 어느 하나에 해당하는 경우에는 안전인증표시나 이와 유사한 표시를 제거할 것을 명하여야 한다.
　　1. 제2항을 위반하여 안전인증표시나 이와 유사한 표시를 한 경우
　　2. 제86조 제1항에 따라 안전인증이 취소되거나 안전인증표시의 사용 금지 명령을 받은 경우

④ 인증의 취소 📖 제86조

① 고용노동부장관은 안전인증을 받은 자가 다음 각 호의 어느 하나에 해당하면 안전인증을 취소하거나 6개월 이내의 기간을 정하여 안전인증표시의 사용을 금지하거나 안전인증기준에 맞게 시정하도록 명할 수 있다. 다만, 제1호의 경우에는 안전인증을 취소하여야 한다.
　　1. 거짓이나 그 밖의 부정한 방법으로 안전인증을 받은 경우
　　2. 안전인증을 받은 유해·위험기계 등의 안전에 관한 성능 등이 안전인증기준에 맞지 아니하게 된 경우
　　3. 정당한 사유 없이 제84조 제4항에 따른 확인을 거부, 방해 또는 기피하는 경우
② 고용노동부장관은 제1항에 따라 안전인증을 취소한 경우에는 고용노동부령으로 정하는 바에 따라 그 사실을 관보 등에 공고하여야 한다.
③ 제1항에 따라 안전인증이 취소된 자는 안전인증이 취소된 날부터 1년 이내에는 취소된 유해·위험기계 등에 대하여 안전인증을 신청할 수 없다.

⑤ 제조 등의 금지 📖 제87조

① 누구든지 다음 각 호의 어느 하나에 해당하는 안전인증대상기계 등을 제조·수입·양도·대여·사용하거나 양도·대여의 목적으로 진열할 수 없다.

1. 제84조 제1항에 따른 안전인증을 받지 아니한 경우(같은 조 제2항에 따라 안전인증이 전부 면제되는 경우는 제외한다)
2. 안전인증기준에 맞지 아니하게 된 경우
3. 제86조 제1항에 따라 안전인증이 취소되거나 안전인증표시의 사용 금지 명령을 받은 경우

② 고용노동부장관은 제1항을 위반하여 안전인증대상기계 등을 제조·수입·양도·대여하는 자에게 고용노동부령으로 정하는 바에 따라 그 안전인증대상기계 등을 수거하거나 파기할 것을 명할 수 있다.

SECTION 05 보호구 및 안전보건표지

001 보호구

⊡ 보호구

(1) 개요

'보호구'란 각종 위험요인으로부터 근로자를 보호하기 위한 보조기구로 작업자의 신체 일부 또는 전체에 착용되도록 하여야 하며, 사용 목적에 적합하여야 한다.

(2) 보호구의 분류

① 안전보호구

⊙ 두부 보호 : 추락 및 감전위험 방지용 안전모

⊙ 추락 방지 : 안전대

⊙ 발 보호 : 안전화

⊙ 손 보호 : 안전장갑

⊙ 얼굴 보호 : 용접용 보안면

② 위생 보호구

⊙ 유해화학물질 흡입방지 : 방진마스크, 방독마스크, 송기마스크

⊙ 눈 보호 : 차광 및 비산물 위험방지용 보안경

⊙ 소음 차단 : 방음용 귀마개 또는 귀덮개

⊙ 몸 전체 방호 : 보호복

⊙ 전동식 호흡 보호구

③ 기타 : 근로자의 작업상 필요한 것

(3) 보호구의 구비조건

① 착용이 간편할 것

② 작업에 방해가 되지 않도록 할 것

③ 유해 위험요소에 대한 방호성능이 충분할 것

④ 품질이 양호할 것

⑤ 구조와 끝마무리가 양호할 것

⑥ 겉모양과 표면이 섬세하고 외관이 좋을 것

(4) 보호구의 보관방법

① 직사광선을 피하고 통풍이 잘되는 장소에 보관할 것
② 부식성, 유해성, 인화성, 기름, 산과 통합하여 보관하지 말 것
③ 발열성 물질이 주위에 없을 것
④ 땀으로 오염된 경우 세척하여 보관할 것
⑤ 모래, 진흙 등이 묻은 경우는 세척 후 그늘에서 건조할 것

(5) 보호구 사용 시 유의사항

① 정기적으로 점검할 것
② 작업에 적절한 보호구 선정
③ 작업장에 필요한 수량의 보호구 비치
④ 작업자에게 올바른 사용법을 가르칠 것
⑤ 사용 시 불편이 없도록 관리를 철저히 할 것
⑥ 사용 시 필요 보호구를 반드시 사용할 것
⑦ 검정 합격 보호구 사용

(6) 보호구 종류와 적용작업

보호구의 종류	구분	적용 작업 및 작업장
호흡용 보호구	방진마스크	분체작업, 연마작업, 광택작업, 배합작업
	방독마스크	유기용제, 유해가스, 미스트, 흄 발생작업장
	송기마스크, 산소 호흡기, 공기호흡기	저장조, 하수구 등 청소 및 산소결핍위험작업장
청력 보호구	귀마개, 귀덮개	소음발생작업장
안구 및 시력보호구	전안면 보호구	강력한 분진비산작업과 유해광선 발생작업
	시력 보호 안경	유해광선 발생 작업보호의와 장갑, 장화
안전화, 안전장갑	장갑	피부로 침입하는 화학물질 또는 강산성 물질을 취급하는 작업
	장화	피부로 침입하는 화학물질 또는 강산성 물질을 취급하는 작업
보호복	방열복, 방열면	고열발생 작업장
	전신보호복	강산 또는 맹독유해물질이 강력하게 비산되는 작업
	부분보호복	상기 물질이 심하게 비산되지 않는 작업
피부보호크림	–	피부염증 또는 홍반을 일으키는 물질에 노출되는 작업장

2 안전모

(1) 개요

① '안전모'란 물체의 낙하, 비래 또는 추락에 의한 위험을 방지 또는 저감하거나 감전에 의한 위험을 방지 또는 저감하기 위하여 사용하는 보호구를 말한다.

② 안전모는 AB, AE, ABE의 3종이 있으며 작업의 사용구분에 따라 적정한 안전모를 착용하여 위험을 방지하여야 한다.

(2) 안전모의 구비조건

① 모체의 재료는 내전성, 내열성, 내한성, 내수성, 난연성 등이 높을 것

② 원료의 값이 싸고 대량생산이 가능할 것

③ 안전모는 내충격성이 높고, 가벼우며, 사용하기 쉬울 것

④ 외관이 미려할 것

(3) 안전모의 종류 및 사용구분

종류	사용구분	모체의 재질	비고
AB	물체의 낙하 또는 비래 및 추락에 의한 위험을 방지 또는 경감시키기 위한 것(낙하 · 비래 · 추락)	합성수지	
AE	물체의 낙하 및 비래에 의한 위험을 방지 또는 경감하고 머리 부위에 감전에 의한 위험을 방지하기 위한 것(낙하 · 비래, 감전)	합성수지	내안정성[1]
ABE	물체의 낙하 또는 비래 및 추락에 의한 위험을 방지 또는 경감하고, 머리 부위 감전에 의한 위험을 방지하기 위한 것(낙하 · 비래, 추락, 감전)	합성수지	내전압성[2]

주 : 1) 추락이란 높이 2m 이상의 고소작업, 굴착작업 및 하역작업 등에서의 추락을 의미한다.
　　 2) 내전압성이란 7,000 Bolt 이하의 전압에 대한 내전압성을 말한다.

3 안전모의 성능시험

(1) 개요

안전모란 머리를 보호하기 위한 것으로 내관통성, 충격흡수성, 내전압성, 내수성, 난연성 등의 요구성능을 충족시키며 또한 성능검사에 합격한 제품을 사용하여 머리에 가해지는 충격 및 위험으로부터 작업자를 보호할 수 있어야 한다.

(2) 안전모의 요구성능

① 내관통성　　　　　　　　② 충격흡수성

③ 내전압성　　　　　　　　④ 내수성

⑤ 난연성

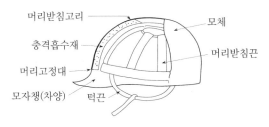

‖ 안전모의 구조 ‖

(3) 안전모의 성능시험

① 내관통성 시험(대상 안전모 : AB, AE, ABE)

  ㉠ 시험방법

  시험 안전모를 땀방지대가 느슨한 상태로 사람머리 모형에 장착하고 0.45kg(1Pound)의 철제추를 높이 3.04m(10ft)에서 자유낙하시켜 관통거리 측정

  ㉡ 성능기준(관통거리는 모체 두께를 포함하여 철제추가 관통한 거리)

  • AB 안전모 : 관통거리가 11.1mm 이하

  • AE, ABE 안전모 : 관통거리가 9.5mm 이하

② **충격흡수성 시험(대상 안전모 : AB, ABE)**

  ㉠ 시험방법

  시험장치에 따라 땀방지대가 느슨한 상태로 사람머리 모형에 장착하고 3.6kg(1Pounds)의 철제추를 높이 1.52m(5ft)에서 자유낙하시켜 전달충격력 측정

  ㉡ 성능기준

  • 최고 전달충격력이 4,450N(1,000Pounds)을 초과해서는 안 됨

  • 모체와 장착제의 기능이 상실되지 않을 것

③ 내전압성 시험(대상 안전모 : AE, ABE)

  ㉠ 시험방법

  안전모의 모체 내외의 수위가 동일하게 되도록 물을 넣고 이 상태에서 모체 내외의 수중에 전극을 담그고 20kV의 전압을 가해 충전 전류를 측정

  ㉡ 성능기준

  교류 20kV에서 1분간 절연파괴 없이 견뎌야 하고 또한 누설되는 충격 전류가 10mA 이내이어야 함

④ 내수성 시험(대상 안전모 : AE, ABE)

  ㉠ 시험방법

  • 안전모의 모체를 20~25℃의 수중에 24시간 담갔다가 마른 천 등으로 표면의 수분을 제거 후 질량 증가율(%)을 산출

• 질량증가율(%) = $\dfrac{\text{담근 후의 무게} - \text{담그기 전의 무게}}{\text{담그기 전의 무게}} \times 100$

ⓒ 성능기준 : 질량증가율이 1% 이내이어야 함

⑤ 난연성 시험

ㄱ 시험방법

프로판 Gas를 사용한 분젠버너(직경 10mm)로 모체의 연소 부위가 불꽃 접촉면과 수평이 된 상태에서 10초간 연소시킨 다음 불꽃을 제거한 후 모체의 재료가 불꽃을 내고 계속 연소되는 시간을 측정

ㄴ 성능기준 : 불꽃을 내며 5초 이상 타지 않을 것

⑥ 일반구조

ㄱ AB종 안전모는 일반 구조조건에 적합하고 충격흡수재를 갖춰야 하며, 리벳 등 기타 돌출부가 모체의 표면에서 5mm 이상 돌출되지 않아야 한다.

ㄴ 모체, 착장체를 포함한 질량은 440g을 초과하지 않을 것

ㄷ 머리받침끈이 섬유인 경우 각각의 폭은 15mm 이상이어야 하며, 교차 폭 합은 72mm 이상이어야 한다.

ㄹ 턱끈의 폭은 10mm 이상일 것

4 안전대 종류, 최하사점, 로프직경

(1) 종류

종류	등급	사용구분
벨트식(B식) 안전그네식(H식)	1종	U자 걸이 전용
	2종	1개 걸이 전용
	3종	1개 걸이, U자 걸이 공용
	4종	안전블록
	5종	추락방지대

(2) 최하사점

최하사점 = 로프길이 + 로프신장길이 + 작업자 키의 1/2

(3) 사용장소

추락 위험 작업이나 장소 중

① 작업발판이 없는 장소

② 작업발판이 있어도 난간대가 없는 장소

③ 난간대로부터 상체를 내밀어 작업해야 하는 경우

④ 작업발판과 구조체 사이가 30cm 이상인 경우

(4) 직경기준

안전대 부착설비로 로프 사용 시

① 와이어로프 9~10mm

② 합성섬유로프 중 나일론로프 12,14,16mm

③ PP로프(비닐론로프) 16mm

④ 기타 2,340kg 이상의 인장강도를 갖는 직경

5 안전대 폐기기준

(1) 개요

안전대는 책임자를 정하여 정기적으로 점검하여 폐기시켜야 하며, 손상·변형·녹 등이 있는 Rope, Belt, 재봉, D링, 버클 부속은 폐기하여야 한다.

(2) 안전대 폐기기준

① 로프
- 소선에 손상이 있는 것
- 페인트, 기름, 약품, 오물 등으로 변형된 것
- 비틀림이 있는 것
- 횡마로 된 부분이 헐거워진 것

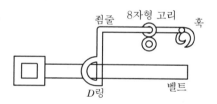

▮ 1개 걸이 전용 안전대 ▮

② 벨트
- 끝 또는 폭에 1mm 이상의 손상 또는 변형이 있는 것
- 양끝의 해짐이 심한 것

③ 재봉부
- 재봉 부가 이완된 것
- 재봉실이 1개소 이상 절단되어 있는 것
- 재봉실 마모가 심한 것

④ D링
- 깊이 1mm 이상 손상이 있는 것
- 눈에 보일 정도로 변형이 심한 것
- 전체적으로 부식이 발생된 것

▮ D링 ▮

⑤ 훅, 버클
- 훅 갈고리 안쪽에 손상이 발생된 것
- 훅 외측에 1mm 이상의 손상이 있는 것
- 이탈방지 장치의 작동이 나쁜 것

▮ 훅 ▮

- 전체적으로 녹이 슬어 있는 것
- 변형되어 있거나 버클의 체결 상태가 나쁜 것

6 최하사점

(1) 개요
'최하사점'이란 추락방지용 보호구로 사용되는 1개걸이 안전대 사용 시 적정 길이의 Rope를 사용하여야 추락 시 근로자의 안전을 확보할 수 있다는 이론을 말한다.

(2) 벨트식 안전대 착용 시 추락거리
① 최하사점의 공식

$$H > h = \text{로프길이}(l) + \text{로프의 신장 길이}(l \cdot \alpha) + \text{작업자 키의 } \frac{1}{2}(T/2)$$

여기서, h : 추락 시 로프지지 위치에서 신체 최하사점까지의 거리(최하사점)
H : 로프 지지 위치에서 바닥면까지의 거리

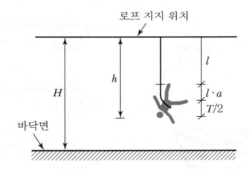

② Rope 거리(길이)에 따른 결과
- $H > h$: 안전
- $H = h$: 위험
- $H < h$: 중상 또는 사망

(3) 그네식 안전대 착용 시의 추락거리

$$RD = LL + DD + HH + C$$

여기서, LL : 죔줄의 길이
DD : 충격흡수장치의 감속거리(1m)
HH : D링에서 작업자 발까지의 거리(약 1.5m)
C : 추락 저지 시 바닥까지의 여유공간
(75cm, 여유거리 45cm와 부착된 부재의 늘어나는 길이 30cm 정도)

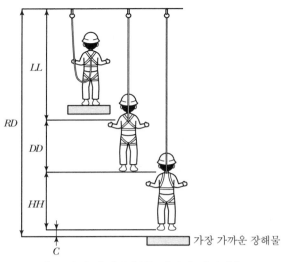

가장 가까운 장해물

┃ 그네식 안전대 착용 시의 추락거리 ┃

(4) 추락재해 방지를 위한 안전시설

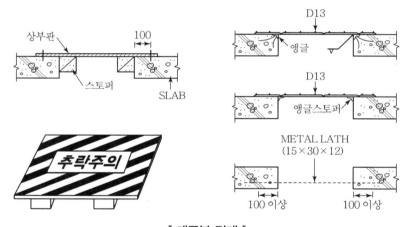

┃ 개구부 덮개 ┃

(5) 추락재해 예방을 위한 계획수립 단계

① STEP 1 : 추락 위험성이 있는 작업이나 지역에 대한 위험요인 분석을 실시한다.

② STEP 2 : 가능한 기술적인 방법에 의하여 위험요인을 제거한다(안전한 공법이나 작업방법의 선정을 통한 위험요인 제거).

③ STEP 3 : 가능한 한 안전난간, 접근금지조치와 같은 추락 자체가 일어날 수 없는 추락 방호 시스템 적용을 계획한다.

④ STEP 4 : 사업장의 추락 위험 장소에 추락방지망 설치 또는 작업자의 안전대 착용 등 적합한 추락방지 시스템 적용을 계획한다.

⑤ STEP 5 : 추락 위험 장소에 필요한 수평·수직 추락방지 조치에 따른 적합한 고정점 (Anchorages)을 확보하기 위해 전문적인 분석을 실시한다.

⑥ STEP 6 : 추락이 발생할 경우 추락한 근로자를 구조(Rescue)하기 위한 설비나 장비 등을 계획한다.

⑦ STEP 7 : 추락방지와 구조 등 모든 상황을 대비한 훈련 프로그램을 수립한다.

⑧ STEP 8 : 위의 모든 사항이 포함된 추락방지계획을 문서화한다.

7 추락방지대

(1) 개요

추락재해 방지를 위한 추락방지대는 수직이동 작업 시에 사용하며, 와이어로프형과 레일블록형이 있다.

(2) 추락방지대의 종류

① 와이어로프형(Wire Rope System)
- 수직구명줄의 재질은 Steel Wire나 섬유 Rope 등이 있음
- Rope의 어떤 위치에서도 탈·부착이 가능

② 레일블록형(Railblock System)
- 특수레일을 이용하는 추락방지장치
- 작업자 움직임에 따라 이동하며 추락 시 자동으로 잠김

(3) 추락방지대의 구성

① 수직구명줄
Rope 또는 레일 등과 같은 유연하거나 단단한 고정줄로서 추락방지대를 지탱해 주는 로프 형상의 부재

② 추락방지대
자동잠김장치가 있는 죔줄과 수직구명줄에 연결된 부재

③ 죔줄
벨트 또는 안전그네를 구명줄 또는 구조물 등 기타 걸이설비와 연결하기 위한 로프 형상의 부재

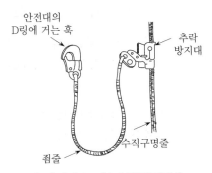

┃ 와이어로프형 추락방지대 ┃

(4) 추락방지대의 기능

승·하강 시, 수평이동 시 추락재해 방지

8 구명줄(Safety Rope)

(1) 개요

① '구명줄'이란 안전대 부착설비의 일종으로 근로자가 잡고 이동할 수 있는 안전난간의 기능과 안전대를 착용한 근로자가 추락 시 추락을 방지하는 기능을 한다.

② 구명줄은 설치방향에 따라 수평 및 수직구명줄이 있으며 1인 1가닥 사용을 원칙으로 한다.

(2) 수평구명줄

① 수평구명줄은 추락에 의해 발생되는 진자운동 Energy가 최소화되도록 설치되어야 함

② 수평구명줄의 기능

- 근로자가 잡고 이동할 수 있는 안전난간의 기능
- 추락방지 기능

③ 수평구명줄의 구성

- 양측 고정철물
- 와이어로프(Wire Rope)
- 긴장기

④ 수평구명줄의 설치위치

작업자의 허리높이보다 높은 곳에 설치

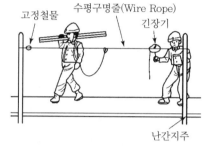

┃ 수평구명줄 ┃

(3) 수직구명줄

① Rope 또는 레일 등과 같은 유연하거나 단단한 고정줄로서 추락 발생 시 추락을 저지시키는 추락방지대를 지탱해 주는 로프 형상의 부재

② 수직구명줄의 종류

- 와이어로프(Wire Rope)
- 레일

③ 수직구명줄의 기능

수직이동 작업 시 사용

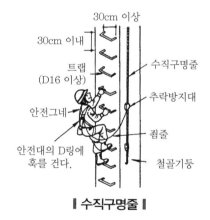

┃ 수직구명줄 ┃

9 안전화의 종류

(1) 개요

'안전화'란 물체의 낙하, 충격 또는 날카로운 물체로 인한 위험이나 화학약품 등으로부터 발 또는 발등을 보호하거나 감전 또는 인체대전을 방지하기 위하여 착용하는 보호구를 말하며, 성능에 따라 분류할 수 있다.

(2) 보호구의 구비조건

① 착용이 간편할 것

② 작업에 방해가 되지 않도록 할 것

③ 유해 위험요소에 대한 방호성능이 충분할 것

④ 품질이 양호할 것

⑤ 구조와 끝마무리가 양호할 것

⑥ 겉모양과 표면이 섬세하고 외관상 좋을 것

(3) 안전화의 종류

종류	성능구분
가죽제 안전화	물체의 낙하, 충격 및 바닥의 날카로운 물체에 의해 찔릴 위험으로부터 발 보호
고무제 안전화	물체의 낙하, 충격 및 바닥으로부터 찔릴 경우 발 보호·방수·내화학성을 겸한 것
정전기 안전화	물체의 낙하, 충격 및 바닥으로부터 찔릴 경우 발 보호 및 정전기의 인체 대전을 방지
발등 안전화	물체의 낙하, 충격 및 바닥으로부터 찔릴 경우 발 보호 및 발등 보호
절연화	물체의 낙하, 충격 및 바닥으로부터 찔릴 경우 발 보호 및 저압 전기에 의한 감전방지
절연 장화	고압에 의한 감전방지 및 방수를 겸한 것

(4) 안전화의 명칭

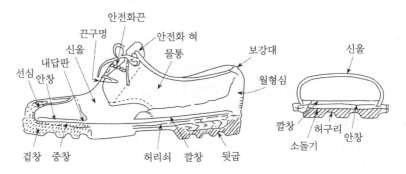

⑩ 안전화의 성능시험

(1) 개요

안전화는 물체의 낙화·충격·찔림·감전 등으로부터 근로자를 보호하기 위한 보호구이므로 내압박성, 내충격성, 박리저항성, 내압발생 등의 성능을 갖추어야 한다.

(2) 가죽제 안전화의 시험

① 가죽의 두께 측정
- 지름 5mm의 원형 가압면이 있고 0.01mm의 눈금을 가진 평활한 두께 측정기를 사용하여 측정
- 두께 측정 시 가압하중은 393±10g

② 가죽의 결렬시험
- 강구파열 시험장치를 이용하여 15kgf/cm²의 압박하중을 가한 후 가죽의 결렬판정
- 결렬의 판정 시에는 직사광선을 피하고 광선 또는 반사광을 이용하여 육안판정

③ 가죽의 인열시험
- 100±20mm/min의 인장속도로 시험편이 절단될 때까지 인장하여 강도를 구함
- 가죽의 인열강도 값은 3개 시험편의 산술평균값

④ 강재선심의 부식시험

강재선심을 8%의 끓는 식염수에 15분간 담근 후 미지근한 물로 세척하여 실온 중에 48시간 방치 후 육안에 의해 부식의 유무 조사

⑤ 겉창의 시험
- 인장강도 시험 : 인장시험기를 사용하여 시험편이 끊어질 때까지 인장강도 측정
- 인열시험 : 인장시험기를 사용하여 시험편이 절단될 때까지 인장하고 인열강도를 계산
- 노화시험 : 시험편은 70±3℃가 유지되는 항온조의 연속 120시간 촉진 후 인장강도 측정
- 내유시험 : 시험편을 시험용 기름에 담근 후 공기 중과 실온의 증류수 중에서 각각 질량을 달아 체적변화율 산출

⑥ 봉합사의 인장시험
- 내외 봉합사를 약 330mm 길이로 채취하여 실인장 시험기를 이용하여 인장시험
- 인장속도는 300±15mm/min, 인장강도는 kgf/본으로 함

(3) 안전화의 성능시험

① 내압박성 시험
  ㉠ 시험방법
  시료를 선심의 가장 높은 부분의 압박시험장치의 하중축과 일직선이 되도록 놓고, 안창과 선심의 가장 높은 곡선부의 중간에 원주형의 왁스 또는 유점토를 넣은 후 규정 압박하중을 서서히 가하여 유점토의 최저부 높이를 측정
  ㉡ 성능기준
  - 중작업용, 보통작업용 및 경작업용 : 15mm 이상
  - 시험 후 선심의 높이 : 22mm 이상

② 내충격성 시험

  ㉠ 시험방법

    안창과 선심의 중간에 유점토를 넣은 후, 무게 23±0.2kgf의 강재추를 소정의 높이 에서 자유낙하시킨 후 유점토의 변형된 높이를 측정

  ㉡ 성능기준

    • 중작업용, 보통 작업용 및 경작업용 : 15mm 이상

    • 시험 후 선심의 높이 : 22mm 이상

③ 박리저항시험

  ㉠ 시험방법

    시험편을 안전화 선심 후단부로부터 절단하여 안창 또는 헝겊 등을 제거 후 겉창과 가 죽의 길이를 15±5mm로 하여 그 가장자리를 인장시험기의 그립으로 고정시킨 후 서로 반대방향으로 잡아당겨 박리 측정

  ㉡ 성능기준

    • 중작업용 및 보통작업용 : 0.41kgf/mm 이상

    • 경작업용 : 0.3kgf/mm 이상

④ 내답발성 시험

  ㉠ 시험방법

    압박시험장치를 이용하여 규정 철못을 겉창의 허구리 부분에 수직으로 세우고 50kgf 의 정하중을 걸어서 관통 여부 조사

  ㉡ 성능기준

    중작업용 및 보통작업용 : 철못에 관통되지 않을 것

11 보안경

(1) 개요

차광보안경은 유해광선을 차단하는 원형의 필터렌즈(플레이트)와 분진, 칩, 액체약품 등 비 산물로부터 눈을 보호하기 위한 커버렌즈로 구성되어 있다.

(2) 보안경의 종류와 기능

① 차광안경

  ㉠ 스펙터클형(Spectacle)

    • 분진, 칩(Chip), 유해광선을 차단하여 눈을 보호

    • 쉴드(Shield)가 있는 것은 눈 양옆으로 비산하는 물질 방호

  ㉡ 프론트형(Front) : 스펙터클형의 일반 안경에 차광능력이 있는 프론트형 안경 부착 사용

ⓒ 고글형(Goggle) : 액체 약품 취급 시 비산물로부터 눈을 보호

② 유리보호안경

③ 플라스틱 보호안경

④ 도수렌즈 보호안경

(3) 사용구분에 따른 차광보안경의 분류

분류	사용구분
자외선용	자외선이 발생하는 장소
적외선용	적외선이 발생하는 장소
복합용	자외선 및 적외선이 발생하는 장소
용접용	산소용접작업 등과 같이 자외선, 적외선 및 강렬한 가시광선이 발생하는 장소

(4) 보안경의 안전기준

① 모양에 따라 특정한 위험에 대해서 적절한 보호를 할 수 있을 것

② 착용했을 때 편안할 것

③ 견고하게 고정되어 쉽게 탈착 또는 움직이지 않을 것

④ 내구성이 있을 것

⑤ 충분히 소독되어 있을 것

⑥ 세척이 쉬울 것

⑦ 깨끗하고 잘 정비된 상태로 보관되어 있을 것

⑧ 비산물로 인한 위험, 직접 또는 반사에 의한 유해광선과 복합적인 위험이 있는 작업장에서는 적절한 보안경 착용

⑨ 시력교정용 안경을 착용한 근로자 중 보호구를 착용할 경우 고글(Goggles)이나 스펙터클(Spectacles) 사용

(5) 보안경 사용 시 유의사항

① 정기적으로 점검할 것

② 작업에 적절한 보호구 선정

③ 작업장에 필요한 수량의 보호구 비치

④ 작업자에게 올바른 사용법을 가르칠 것

⑤ 사용 시 불편이 없도록 철저히 관리

⑥ 작업 시 필요 보호구 반드시 사용

⑦ 검정 합격 보호구 사용

⑫ 내전압용 절연장갑

(1) 일반구조

절연장갑은 고무로 제조하여야 하며 핀 홀(Pin Hole), 균열, 기포 등의 물리적인 변형이 없어야 한다. 여러 색상의 층들로 제조된 합성 절연장갑이 마모되는 경우에는 그 아래의 다른 색상의 층이 나타나야 한다.

(2) 절연장갑의 등급 및 색상

등급	최대사용전압		비고
	교류(V, 실효값)	직류(V)	
00	500	750	갈색
0	1,000	1,500	빨간색
1	7,500	11,250	흰색
2	17,000	25,500	노란색
3	26,500	39,750	녹색
4	36,000	54,000	등색

(3) 고무의 최대 두께

등급	두께(mm)	비고
00	0.50 이하	• 두께가 균일해야 할 것
0	1.00 이하	• 기포 등 변형이 없을 것
1	1.50 이하	
2	2.30 이하	
3	2.90 이하	
4	3.60 이하	

(4) 절연내력

최소내전압 시험 (실효치, kV)			00등급	0등급	1등급	2등급	3등급	4등급
			5	10	20	30	30	40
절연 내력	누설전류 시험 (실효값 mA)	시험전압 (실효치, kV)	2.5	5	10	20	30	40
		표준길이 mm　460	미적용	18 이하	18 이하	18 이하	18 이하	18 이하
		410	미적용	16 이하	16 이하	16 이하	16 이하	16 이하
		360	14 이하	14 이하	14 이하	14 이하	14 이하	미적용
		270	12 이하	12 이하	미적용	미적용	미적용	미적용

⑬ 보안면

(1) 개요

용접용 보안면은 용접작업 시 머리와 안면을 보호하기 위한 보호구로 의무안전 인증대상이며 지지대를 이용해 고정하여 필터로 눈과 안면부를 보호하는 구조로 되어 있다.

(2) 보안면의 분류

분류	구조
헬멧형	안전모 또는 착용자 머리에 지지대, 헤드밴드 등으로 고정해 사용하는 형으로 자동용접필터형과 일반용접필터형이 있다.
핸드실드형	손으로 들고 사용하는 보안면으로 필터를 장착해 눈과 안면부를 보호한다.

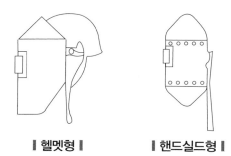

‖ 헬멧형 ‖   ‖ 핸드실드형 ‖

(3) 투과율 기준

① 커버플레이트 : 89% 이상

② 자동용접필터 : 낮은 수준의 최소시감투과율기준 0.16% 이상

(4) 보안면 사용 시 유의사항

① 정기적으로 점검할 것

② 작업에 적절한 보호구 선정

③ 작업장에 필요한 수량의 보호구 비치

④ 작업자에게 올바른 사용법을 지도할 것

⑤ 사용 시 불편이 없도록 철저히 관리할 것

⑥ 작업 시 필요 보호구 반드시 사용

⑦ 검정 합격 보호구 사용

⑭ 방진마스크

(1) 방진마스크의 등급 및 사용장소

등급	특급	1급	2급
사용 장소	• 베릴륨 등과 같이 독성이 강한 물질들을 함유한 분 진 등 발생장소 • 석면 취급장소	• 특급마스크 착용장소를 제 외한 분진 등 발생장소 • 금속흄 등과 같이 열적으로 생기는 분진 등 발생장소 • 기계적으로 생기는 분진 등 발생장소(규소 등과 같이 2 급 방진마스크를 착용하여 도 무방한 경우는 제외한다)	• 특급 및 1급 마스크 착용 장소를 제외한 분진 등 발 생장소
	배기밸브가 없는 안면부 여과식 마스크는 특급 및 1급 장소에 사용해서는 안 된다.		

▼ 여과재 분진 등 포집효율

형태 및 등급		염화나트륨(NaCl) 및 파라핀 오일(Paraffin oil) 시험(%)
분리식	특급	99.95 이상
	1급	94.0 이상
	2급	80.0 이상
안면부 여과식	특급	99.0 이상
	1급	94.0 이상
	2급	80.0 이상

(2) 안면부 누설률

형태 및 등급		누설률(%)
분리식	전면형	0.05 이하
	반면형	5 이하
안면부 여과식	특급	5 이하
	1급	11 이하
	2급	25 이하

(3) 전면형 방진마스크의 항목별 유효시야

형태		시야(%)	
		유효시야	겹침시야
전동식 전면형	1 안식	70 이상	80 이상
	2 안식	70 이상	20 이상

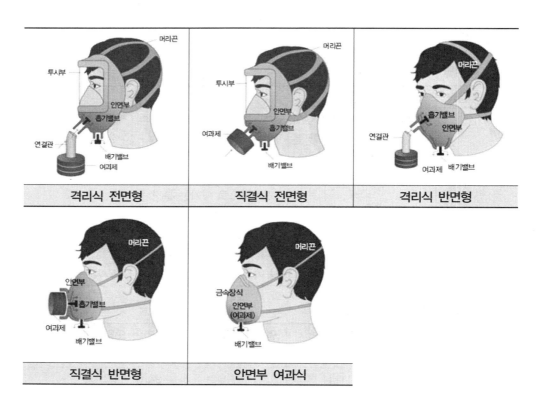

| 격리식 전면형 | 직결식 전면형 | 격리식 반면형 |

| 직결식 반면형 | 안면부 여과식 |

(4) 방진마스크의 형태별 구조분류

형태	분리식		안면부 여과식
	격리식	직결식	
구조 분류	여과재에 의해 분진 등이 제거된 깨끗한 공기를 연결관으로 통하여 흡기밸브로 흡입되고 체내의 공기는 배기밸브를 통하여 외기 중으로 배출하게 되는 것이며 자유롭게 부품을 교환할 수 있는 것을 말한다.	여과재에 의해 분진 등이 제거된 깨끗한 공기가 흡기밸브를 통하여 흡입되고 체내의 공기는 배기밸브를 통하여 외기 중으로 배출하게 되는 것으로 자유롭게 부품을 교환할 수 있는 것을 말한다.	여과재인 안면부에 의해 분진 등을 여과한 깨끗한 공기가 흡입되고 체내의 공기는 여과재인 안면부를 통해 외기 중으로 배기되는 것으로 (배기밸브가 있는 것은 배기밸브를 통하여 배출) 부품이 교환 가능한 것을 말한다.

(5) 방진마스크의 일반구조 조건

① 착용 시 이상한 압박감이나 고통을 주지 않을 것

② 전면형은 호흡 시에 투시부가 흐려지지 않을 것

③ 분리식 마스크에 있어서는 여과재, 흡기밸브, 배기밸브 및 머리끈을 쉽게 교환할 수 있고 착용자 자신이 안면과 분리식 마스크의 안면부와의 밀착성 여부를 수시로 확인할 수 있어야 할 것

④ 안면부 여과식 마스크는 여과재로 된 안면부가 사용기간 동안 변형되지 않을 것

⑤ 안면부 여과식 마스크는 여과재를 안면에 밀착시킬 수 있어야 할 것

(6) 방진마스크의 재료 조건

① 안면에 밀착하는 부분은 피부에 장해를 주지 않을 것

② 여과재는 여과성능이 우수하고 인체에 장해를 주지 않을 것

③ 방진마스크에 사용하는 금속부품은 내식성이나 부식방지를 위한 조치가 되어 있을 것

④ 전면형의 경우 사용할 때 충격을 받을 수 있는 부품은 충격 시에 마찰 스파크가 발생되어 가연성의 가스혼합물을 점화시킬 수 있는 알루미늄, 마그네슘, 티타늄 또는 이의 합금을 사용하지 않을 것

⑤ 반면형의 경우 사용할 때 충격을 받을 수 있는 부품은 충격 시에 마찰 스파크가 발생되어 가연성의 가스혼합물을 점화시킬 수 있는 알루미늄, 마그네슘, 티타늄 또는 이의 합금을 최소한 사용할 것

(7) 방진마스크 선정기준(구비조건)

① 분진포집효율(여과효율)이 좋을 것

② 흡기·배기저항이 낮을 것

③ 사용적이 적을 것

④ 중량이 가벼울 것

⑤ 시야가 넓을 것

⑥ 안면밀착성이 좋을 것

15 방연마스크

(1) 방연마스크의 종류별 특징

기준	공기정화식	자급식
사용제한	산소농도 17~19.5% 장소	작업용, 구조용, 다이빙장비
정량제한	최대 1.0kg	최대 7.5kg
착용성능	30초 이내 착용 (착용 후 바로 사용)	30초 이내 착용 및 작동 (착용 후 별도 조작)
유독가스 보호성능	최소 15분간 6종 가스 차단	최소 5~6분간 산소 직접 공급
호흡	흡기저항 최대 1.1kPa	흡기저항 최대 1.6kPa
	외부공기를 여과하여 호흡 편함	폐쇄순환구조로 호흡 난해
열적 보호성능	공통적으로 가연성 및 난연성 시험항목 존재	
	복사열 차단 시험 기준 존재	복사열 시험기준 불명확

(2) 선정 시 고려사항

① 어두운 곳에서도 개봉이 가능하도록 포장

② 연기와 화염으로부터 눈을 보호하는 후드형 사용

③ 난연제품 사용(두건재질 시험성적서 구비)

④ 필터의 제독성능 확인

⑤ 방연마스크에 필터 밀착 후 호흡 편리성 확인

(3) 사용 시 지도사항

① 매월 또는 100시간 사용 후 점검

② 사용 후에는 반드시 필터 고체

③ 방연마스크 착용장소 방독 또는 방진 마스크 착용 금지

16 방독마스크

(1) 방독마스크의 종류

종류	시험가스
유기화합물용	시클로헥산(C_6H_{12})
할로겐용	염소가스 또는 증기(Cl_2)
황화수소용	황화수소가스(H_2S)
시안화수소용	시안화수소가스(HCN)
아황산용	아황산가스(SO_2)
암모니아용	암모니아가스(NH_3)

(2) 방독마스크의 등급

등급	사용 장소
고농도	가스 또는 증기의 농도가 100분의 2(암모니아에 있어서는 100분의 3) 이하의 대기 중에서 사용하는 것
중농도	가스 또는 증기의 농도가 100분의 1(암모니아에 있어서는 100분의 1.5) 이하의 대기 중에서 사용하는 것
저농도 및 최저농도	가스 또는 증기의 농도가 100분의 0.1 이하의 대기 중에서 사용하는 것으로서 긴급용이 아닌 것

※ 방독마스크는 산소농도가 18% 이상인 장소에서 사용하여야 하고, 고농도와 중농도에서 사용하는 방독 마스크는 전면형(격리식, 직결식)을 사용해야 한다.

(3) 방독마스크의 형태 및 구조

형태		구조
격리식	전면형	정화통, 연결관, 흡기밸브, 안면부, 배기밸브 및 머리끈으로 구성되고, 정화통에 의해 가스 또는 증기를 여과한 청정공기를 연결관을 통하여 흡입하고 배기는 배기밸브를 통하여 외기 중으로 배출하는 것으로 안면부 전체를 덮는 구조
	반면형	정화통, 연결관, 흡기밸브, 안면부, 배기밸브 및 머리끈으로 구성되고, 정화통에 의해 가스 또는 증기를 여과한 청정공기를 연결관을 통하여 흡입하고 배기는 배기밸브를 통하여 외기 중으로 배출하는 것으로 코 및 입 부분을 덮는 구조
직결식	전면형	정화통, 흡기밸브, 안면부, 배기밸브 및 머리끈으로 구성되고, 정화통에 의해 가스 또는 증기를 여과한 청정공기를 흡기밸브를 통하여 흡입하고 배기는 배기밸브를 통하여 외기 중으로 배출하는 것으로 정화통이 직접 연결된 상태로 안면부 전체를 덮는 구조
	반면형	정화통, 흡기밸브, 안면부, 배기밸브 및 머리끈으로 구성되고, 정화통에 의해 가스 또는 증기를 여과한 청정공기를 흡기밸브를 통하여 흡입하고 배기는 배기밸브를 통하여 외기 중으로 배출하는 것으로 안면부와 정화통이 직접 연결된 상태로 코 및 입 부분을 덮는 구조

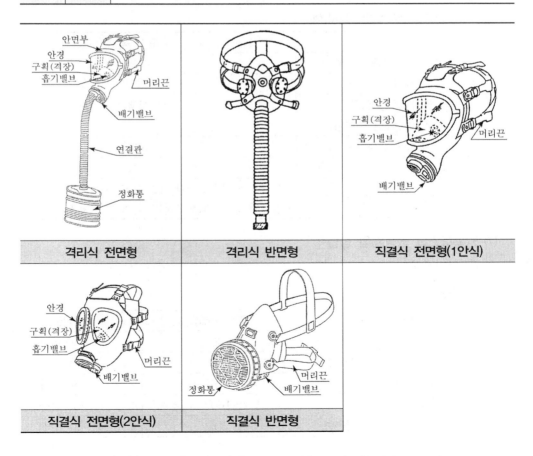

격리식 전면형	격리식 반면형	직결식 전면형(1안식)

직결식 전면형(2안식)	직결식 반면형

(4) 방독마스크의 일반구조 조건

① 착용 시 이상한 압박감이나 고통을 주지 않을 것
② 착용자의 얼굴과 방독마스크의 내면 사이의 공간이 너무 크지 않을 것
③ 전면형은 호흡 시에 투시부가 흐려지지 않을 것
④ 격리식 및 직결식 방독마스크에 있어서는 정화통·흡기밸브·배기밸브 및 머리끈을 쉽게 교환할 수 있고, 착용자 자신이 스스로 안면과 방독마스크 안면부와의 밀착성 여부를 수시로 확인할 수 있을 것

(5) 방독마스크의 재료조건

① 안면에 밀착하는 부분은 피부에 장해를 주지 않을 것
② 흡착제는 흡착성능이 우수하고 인체에 장해를 주지 않을 것
③ 방독마스크에 사용하는 금속부품은 부식되지 않을 것
④ 충격 시에 마찰 스파크가 발생되어 가연성의 가스혼합물을 점화시킬 수 있는 알루미늄, 마그네슘, 티타늄 또는 이의 합금으로 만들지 말 것

(6) 방독마스크 표시사항

▼정화통의 외부 측면의 표시 색

종류	표시 색
유기화합물용 정화통	갈색
할로겐용 정화통	회색
황화수소용 정화통	
시안화수소용 정화통	
아황산용 정화통	노란색
암모니아용(유기가스) 정화통	녹색
복합용 및 겸용의 정화통	• 복합용의 경우 : 해당 가스 모두 표시(2층 분리) • 겸용의 경우 : 백색과 해당 가스 모두 표시(2층 분리)

(7) 방독마스크 성능시험 방법

① 기밀시험
② 안면부 흡기저항시험

형태 및 등급		유량(l/min)	차압(Pa)
격리식 및 직결식	전면형	160	250 이하
		30	50 이하
		95	150 이하
	반면형	160	200 이하
		30	50 이하
		95	130 이하

③ 안면부 배기저항시험

형태	유량(l/min)	차압(Pa)
격리식 및 직결식	160	300 이하

🔟 송기마스크

(1) 송기마스크의 종류 및 등급

종류	등급		구분
호스 마스크	폐력흡인형		안면부
	송풍기형	전동	안면부, 페이스실드, 후드
		수동	안면부
에어라인마스크	일정유량형		안면부, 페이스실드, 후드
	디맨드형		안면부
	압력디맨드형		안면부
복합식 에어라인마스크	디맨드형		안면부
	압력디맨드형		안면부

(2) 송기마스크의 종류에 따른 형태 및 사용범위

종류	등급	형태 및 사용범위
호스 마스크	폐력 흡인형	호스의 끝을 신선한 공기 중에 고정시키고 호스, 안면부를 통하여 착용자가 자신의 폐력으로 공기를 흡입하는 구조로서, 호스는 원칙적으로 안지름 19mm 이상, 길이 10m 이하이어야 한다.
	송풍기형	전동 또는 수동의 송풍기를 신선한 공기 중에 고정시키고 호스, 안면부 등을 통하여 송기하는 구조로서, 송기 풍량의 조절을 위한 유량조절 장치(수동 송풍기를 사용하는 경우는 공기조절 주머니도 가능) 및 송풍기에는 교환이 가능한 필터를 구비하여야 하며, 안면부를 통해 송기하는 것은 송풍기가 사고로 정지된 경우에도 착용자가 자기 폐력으로 호흡할 수 있는 것이어야 한다.
에어라인 마스크	일정 유량형	압축 공기관, 고압 공기용기 및 공기압축기 등으로부터 중압호스, 안면부 등을 통하여 압축공기를 착용자에게 송기하는 구조로서, 중간에 송기 풍량을 조절하기 위한 유량조절장치를 갖추고 압축공기 중의 분진, 기름미스트 등을 여과하기 위한 여과장치를 구비한 것이어야 한다.
	디맨드형 및 압력디맨드형	일정 유량형과 같은 구조로서 공급밸브를 갖추고 착용자의 호흡량에 따라 안면부 내로 송기하는 것이어야 한다.
복합식 에어라인 마스크	디맨드형 및 압력디맨드형	보통의 상태에서는 디맨드형 또는 압력디맨드형으로 사용할 수 있으며, 급기의 중단 등 긴급 시 또는 작업상 필요시에는 보유한 고압공기용기에서 급기를 받아 공기호흡기로서 사용할 수 있는 구조로서, 고압공기용기 및 폐지밸브는 KS P 8155(공기 호흡기)의 규정에 의한 것이어야 한다.

⑱ 전동식 호흡보호구

(1) 전동식 호흡보호구의 분류

분류	사용 구분
전동식 방진마스크	분진 등이 호흡기를 통하여 체내에 유입되는 것을 방지하기 위하여 고효율 여과재를 전동장치에 부착하여 사용하는 것
전동식 방독마스크	유해물질 및 분진 등이 호흡기를 통하여 체내에 유입되는 것을 방지하기 위하여 고효율 정화통 및 여과재를 전동장치에 부착하여 사용하는 것
전동식 후드 및 전동식 보안면	유해물질 및 분진 등이 호흡기를 통하여 체내에 유입되는 것을 방지하기 위하여 고효율 정화통 및 여과재를 전동장치에 부착하여 사용함과 동시에 머리, 안면부, 목, 어깨 부분까지 보호하기 위해 사용하는 것

(2) 전동식 방진마스크의 형태 및 구조

형태	구조
전동식 전면형	전동기, 여과재, 호흡호스, 안면부, 흡기밸브, 배기밸브 및 머리끈으로 구성되며 허리 또는 어깨에 부착한 전동기의 구동에 의해 분진 등이 여과된 깨끗한 공기가 호흡호스를 통하여 흡기밸브로 공급하고 호흡에 의한 공기 및 여분의 공기는 배기밸브를 통하여 외기 중으로 배출하게 되는 것으로 안면부 전체를 덮는 구조
전동식 반면형	전동기, 여과재, 호흡호스, 안면부, 흡기밸브, 배기밸브 및 머리끈으로 구성되며 허리 또는 어깨에 부착한 전동기의 구동에 의해 분진 등이 여과된 깨끗한 공기가 호흡호스를 통하여 흡기밸브로 공급하고 호흡에 의한 공기 및 여분의 공기는 배기밸브를 통하여 외기 중으로 배출하게 되는 것으로 코 및 입 부분을 덮는 구조
사용조건	산소농도 18% 이상인 장소에서 사용해야 한다.

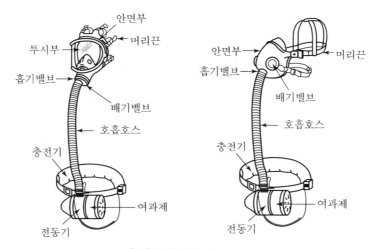

┃ 전동식 방진마스크 ┃

🔢 국소배기장치

(1) 개요

유해물질 발생원에서 이탈해 작업장 내 비오염지역으로 확산되거나 근로자에게 노출되기 전에 포집·제거·배출하는 장치를 말하며 후드, 덕트, 공기정화장치, 배풍기, 배출구로 구성된다.

(2) 물질의 상태구분

① 가스상태 : 유해물질의 상태가 가스 혹은 증기일 경우
② 입자상태 : Fume, 분진, 미스트인 상태

(3) 국소배기장치의 용어

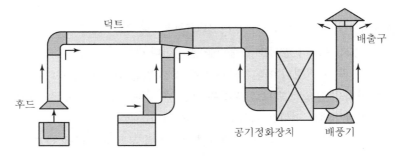

(4) 종류

① 포위식 포위형

오염원을 가능한 최대로 포위해 오염물질이 후드 밖으로 투출되는 것을 방지하고 필요한 공기량을 최소한으로 줄일 수 있는 후드

② 외부식 흡인형

발생원과 후드가 일정 거리 떨어져 있는 경우 후드의 위치에 따라 측방 흡인형, 상방 흡인형, 하방 흡인형으로 구분된다.

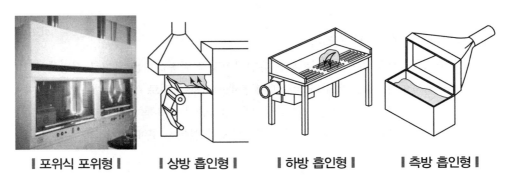

‖ 포위식 포위형 ‖ ‖ 상방 흡인형 ‖ ‖ 하방 흡인형 ‖ ‖ 측방 흡인형 ‖

(5) 관리대상 유해물질 국소배기장치 후드의 제어풍속

물질의 상태	후드형식	제어풍속(m/sec)
가스상태	포위식 포위형	0.4
	외부식 측방 흡인형	0.5
	외부식 하방 흡인형	0.5
	외부식 상방 흡인형	1.0
입자상태	포위식 포위형	0.7
	외부식 측방 흡인형	1.0
	외부식 하방 흡인형	1.0
	외부식 상방 흡인형	1.2

(6) 설계기준

① 송풍기에서 가장 먼 쪽의 후드부터 설계한다.

② 설계 시 먼저 후드의 형식과 송풍량을 결정한다.

③ 1차 계산된 덕트 직경의 이론치보다 작은 것(시판용 덕트)을 선택하고 선정된 시판용 덕트의 단면적을 산출해 덕트의 직경을 구한 후 실제 덕트의 속도를 구한다.

④ 합류관 연결부에서 정압은 가능한 한 같게 한다.

⑤ 합류관 연결부 정압비가 1.05 이내이면 정압차를 무시하고 다음 단계 설계를 진행한다.

(7) 국소배기장치의 환기효율을 위한 기준

① 사각형관 덕트보다는 원형관 덕트를 사용한다.

② 공정에 방해를 주지 않는 한 포위형 후드로 설치한다.

③ 푸시 – 풀 후드의 배기량은 급기량보다 많아야 한다.

④ 공기보다 증기밀도가 큰 유기화합물 증기에 대한 후드는 발생원보다 높은 위치에 설치한다.

⑤ 유기화합물 증기가 발생하는 개방처리조 후드는 일반적인 사각형 후드 대신 슬롯형 후드를 사용한다.

(8) 배기장치의 설치 시 고려사항

① 국소배기장치 덕트 크기는 후드 유입공기량과 반송속도를 근거로 결정한다.

② 공조시설의 공기유입구와 국소배기장치 배기구는 서로 이격시키는 것이 좋다.

③ 공조시설에서 신선한 공기의 공급량은 배기량의 10%를 넘도록 해야 한다.

④ 국소배기장치에서 송풍기는 공기정화장치와 떨어진 곳에 설치한다.

20 정성적 밀착도 검사(QLFT)

(1) 개요

밀착형 호흡보호구가 기대 성능을 발휘하기 위해서는 착용자 얼굴에 밀착되어야 한다. 미국 산업안전보건청은 매년 최소 1회 호흡보호구 밀착검사를 받도록 하고 있다.

(2) 밀착검사 대상

① 크기, 형태, 모델 또는 제조원이 다른 호흡보호구를 사용할 때

② 상당한 체중 변동이나 치아 교정 같은 밀착에 영향을 줄 수 있는 안면변화가 있을 때

(3) 밀착도검사 분류

정성밀착검사(QLFT)	정량밀착검사(QNFT)
• 음압식, 공기정화식 호흡보호구(단, 유해인자가 개인노출한도의 10배 미만인 대기에서만 사용) • 전동식 및 송기식 호흡보호구와 함께 사용되는 밀착식 호흡보호구	모든 종류의 밀착형 호흡보호구에 대한 밀착 검사용 사용 가능

(4) 세부검사방법

① 정성밀착검사(QLFT)

  ㉠ 아세트산 이소아밀(바나나 향) : 유기증기 정화통이 장착되는 호흡보호구만 검사

  ㉡ 사카린(달콤한 맛) : 미립자 방진 필터가 장착된 모든 등급의 호흡보호구 검사 가능

  ㉢ Bitrex(쓴 맛) : 미립자 방진 필터가 장착된 모든 등급의 호흡보호구 검사 가능

  ㉣ 자극적인 연기(비자발적 기침반사) : 미국 기준 수준 100(또는 한국방진 특급) 미립자 방진 필터가 장착된 호흡보호구만 검사

  ㉤ 초산 이소아밀법 : 톨루엔 노출 작업자의 호흡보호구 검사

② 정량밀착검사(QNFT)

  ㉠ Generated Aerosoluses : 검사 챔버에서 발생된 옥수수 기름 같은 위험하지 않은 에어로졸 사용

  ㉡ Condensation Nuclei Counter(CNC) : 주변 에어로졸을 사용하며 검사 챔버가 필요 없음

  ㉢ Controlled Negative Pressure(CNC) : 일시적으로 공기를 차단해 진공 상태를 만드는 검사

(5) 정성밀착검사 요령(각 동작을 1분간 수행)

① 정상 호흡

② 깊은 호흡

③ 머리 좌우로 움직이기

④ 머리 상하로 움직이기

⑤ 허리 굽히기

⑥ 말하기

⑦ 다시 정상 호흡

21 보호복

(1) 형식 분류

① 1형식

1a형식	1b형식	1c형식
보호복 내부에 개방형 공기호흡기와 같은 대기와 독립적인 호흡용 공기공급이 있는 가스 차단 보호복	보호복 외부에 개방형 공기호흡기와 같은 호흡용 공기공급이 있는 가스 차단 보호복	공기라인과 같은 양압의 호흡용 공기가 공급되는 가스 차단 보호복

② 2형식

공기라인과 같은 양압의 호흡용 공기가 공급되는 가스 비차단 보호복

③ 3형식

액체 차단 성능을 갖는 보호복으로 후드, 장갑, 부츠, 안면창 및 호흡용 보호구가 연결되는 경우에는 액체 차단 성능을 유지해야 한다.

④ 4형식

분무 차단 성능을 갖는 보호복으로 후드, 장갑, 부츠, 안면창 및 호흡용 보호구가 연결되는 경우에는 액체 차단 성능을 유지해야 한다.

⑤ 5형식

분진 등과 같은 에어로졸에 대한 차단 성능을 갖는 보호복

⑥ 6형식

미스트에 대한 차단 성능을 갖는 보호복

(2) 방열복의 종류 및 질량

종류	착용 부위	질량(kg)
방열상의	상체	3.0 이하
방열하의	하체	2.0 이하
방열일체복	몸체(상·하체)	4.3 이하
방열장갑	손	0.5 이하
방열두건	머리	2.0 이하

| 방열상의 | 방열하의 | 방열일체복 | 방열장갑 | 방열두건 |

┃ 방열복의 종류 ┃

(3) 부품별 성능기준

부품	용도	성능 기준	적용대상
내열원단	겉감용 및 방열장갑의 등감용	• 질량 : 500g/m² 이하 • 두께 : 0.70mm 이하	방열상의·방열하의·방열일체복·방열장갑·방열두건
	안감	• 질량 : 330g/m² 이하	
내열펠트	누빔 중간층용	• 두께 : 0.1mm 이하 • 질량 : 300g/m² 이하	
면포	안감용	• 고급면	
안면렌즈	안면보호용	• 재질 : 폴리카보네이트 또는 이와 동등 이상의 성능이 있는 것에 산화동이나 알루미늄 또는 이와 동등 이상의 것을 증착하거나 도금필름을 접착한 것 • 두께 : 3.0mm 이상	방열두건

22 방음용 귀마개 또는 귀덮개

(1) 방음용 귀마개 또는 귀덮개의 종류·등급

종류	등급	기호	성능	비고
귀마개	1종	EP-1	저음부터 고음까지 차음하는 것	귀마개의 경우 재사용 여부를 제조특성으로 표기
	2종	EP-2	주로 고음을 차음하고 저음(회화음 영역)은 차음하지 않는 것	
귀덮개	-	EM	-	-

┃ 귀덮개의 종류 ┃

(2) 귀마개 또는 귀덮개의 차음성능기준

차음성능	중심주파수(Hz)	차음치(dB)		
		EP-1	EP-2	EM
	125	10 이상	10 미만	5 이상
	250	15 이상	10 미만	10 이상
	500	15 이상	10 미만	20 이상
	1,000	20 이상	20 미만	25 이상
	2,000	25 이상	20 이상	30 이상
	4,000	25 이상	25 이상	35 이상
	8,000	20 이상	20 이상	20 이상

※ 귀덮개의 충격성능(저온포함)시험 시 깨지거나 분리되지 않을 것(다만, 탈부착 가능한 쿠션부분은 제외한다.)

(3) 소음노출기준

① 작업시간별

작업현장 소음강도	90dB	95dB	100dB	105dB	110dB	115dB
작업시간	8시간	4시간	2시간	1시간	2/4시간	1/4시간

② 충격소음작업

소음강도	120dB	130dB	140dB
소음발생횟수제한(1일)	1만 회	1천 회	1백 회

🔳 개요

근로자의 안전 및 보건을 확보하기 위하여 근로자의 판단이나 행동의 착오로 인하여 산업재해를 일으킬 우려가 있는 작업장의 특정장소·시설·물체에 설치 또는 부착하는 표지를 말한다.

🔳 안전·보건표지의 구분

(1) **금지표지** : 위험한 행동을 금지하는 표지(8개 종류)
(2) **경고표지** : 위해 또는 위험물에 대해 경고하는 표지(15개 종류)
(3) **지시표지** : 보호구 착용 등을 지시하는 표지(9개 종류)
(4) **안내표지** : 구명, 구호, 피난의 방향 등을 알리는 표지(8개 종류)

🔳 종류와 형태

1. 금지표지	101 출입금지	102 보행금지	103 차량통행금지	104 사용금지	105 탑승금지
	106 금연	107 화기금지	108 물체이동금지		
2. 경고표지	201 인화성물질경고	202 산화성물질경고	203 폭발성물질경고	204 급성독성물질경고	205 부식성물질경고
	206 방사성물질경고	207 고압전기경고	208 매달린물체경고	209 낙하물경고	210 고온경고
	211 저온경고	212 몸균형상실경고	213 레이저광선경고	214 발암성·변이원성·생식독성·전신독성·호흡기과민성물질경고	215 위험장소경고

3. 지시표지	301 보안경착용	302 방독마스크착용	303 방진마스크착용	304 보안면착용	305 안전모착용
	306 귀마개착용	307 안전화착용	308 안전장갑착용	309 안전복착용	

4. 안내표지	401 녹십자표지	402 응급구호표지	403 들것	404 세안장치	405 비상용기구
	406 비상구	407 좌측비상구	408 우측비상구		

5. 관계자 외 출입금지	501 허가대상물질 작업장	502 석면 취급/해체 작업장	503 금지대상물질의 취급실험실 등
	관계자 외 출입금지 (허가물질 명칭) 제조/사용/보관 중 보호구/보호복 착용 흡연 및 음식물 섭취 금지	관계자 외 출입금지 석면 취급/해체 중 보호구/보호복 착용 흡연 및 음식물 섭취 금지	관계자 외 출입금지 발암물질 취급 중 보호구/보호복 착용 흡연 및 음식물 섭취 금지

4 안전보건표지 색채, 색도기준

색채	색도기준	용도	사용 예
빨간색	7.5R 4/14	금지	정지신호, 소화설비 및 그 장소, 유해행위의 금지
		경고	화학물질 취급장소에서의 유해·위험 경고
노란색	5Y 8.5/12	경고	화학물질 취급장소에서의 유해·위험경고 이외의 위험경고, 주의표지 또는 기계방호물
파란색	2.5PB 4/10	지시	특정 행위의 지시 및 사실의 고지
녹색	2.5G 4/10	안내	비상구 및 피난소, 사람 또는 차량의 통행표지
흰색	N9.5		파란색 또는 녹색에 대한 보조색
검은색	N0.5		문자 및 빨간색 또는 노란색에 대한 보조색

SECTION 06 안전 관계 법규

001 산업안전보건법

[시행 2024. 5. 17.] [법률 제19591호, 2023. 8. 8., 타법개정]

1 산업안전보건법령

(1) 제정목적 법 제1조

이 법은 산업 안전 및 보건에 관한 기준을 확립하고 그 책임의 소재를 명확하게 하여 산업재해를 예방하고 쾌적한 작업환경을 조성함으로써 노무를 제공하는 사람의 안전 및 보건을 유지·증진함을 목적으로 한다.

(2) 용어의 정의 법 제2조

① 산업재해

노무를 제공하는 사람이 업무에 관계되는 건설물·설비·원재료·가스·증기·분진 등에 의하거나 작업 또는 그 밖의 업무로 인하여 사망 또는 부상하거나 질병에 걸리는 것을 말한다.

② 중대재해

산업재해 중 사망 등 재해 정도가 심하거나 다수의 재해자가 발생한 경우로서 고용노동부령으로 정하는 재해를 말한다.

③ 근로자

「근로기준법」 제2조 제1항 제1호에 따른 근로자를 말한다.

④ 사업주

근로자를 사용하여 사업을 하는 자를 말한다.

⑤ 근로자대표

근로자의 과반수로 조직된 노동조합이 있는 경우에는 그 노동조합을, 근로자의 과반수로 조직된 노동조합이 없는 경우에는 근로자의 과반수를 대표하는 자를 말한다.

⑥ 도급

명칭에 관계없이 물건의 제조·건설·수리 또는 서비스의 제공, 그 밖의 업무를 타인에게 맡기는 계약을 말한다.

⑦ **도급인**

물건의 제조·건설·수리 또는 서비스의 제공, 그 밖의 업무를 도급하는 사업주를 말한다. 다만, 건설공사발주자는 제외한다.

⑧ **수급인**

도급인으로부터 물건의 제조·건설·수리 또는 서비스의 제공, 그 밖의 업무를 도급받은 사업주를 말한다.

⑨ **관계수급인**

도급이 여러 단계에 걸쳐 체결된 경우에 각 단계별로 도급받은 사업주 전부를 말한다.

⑩ **건설공사발주자**

건설공사를 도급하는 자로서 건설공사의 시공을 주도하여 총괄·관리하지 아니하는 자를 말한다. 다만, 도급받은 건설공사를 다시 도급하는 자는 제외한다.

⑪ **건설공사**

다음 각 목의 어느 하나에 해당하는 공사를 말한다.

가. 「건설산업기본법」 제2조 제4호에 따른 건설공사

나. 「전기공사업법」 제2조 제1호에 따른 전기공사

다. 「정보통신공사업법」 제2조 제2호에 따른 정보통신공사

라. 「소방시설공사업법」에 따른 소방시설공사

마. 「국가유산수리 등에 관한 법률」에 따른 국가유산 수리공사

⑫ **안전보건진단**

산업재해를 예방하기 위하여 잠재적 위험성을 발견하고 그 개선대책을 수립할 목적으로 조사·평가하는 것을 말한다.

⑬ **작업환경측정**

작업환경 실태를 파악하기 위하여 해당 근로자 또는 작업장에 대하여 사업주가 유해인자에 대한 측정계획을 수립한 후 시료(試料)를 채취하고 분석·평가하는 것을 말한다.

(3) 적용범위 📖 제3조

이 법은 모든 사업에 적용한다. 다만, 유해·위험의 정도, 사업의 종류, 사업장의 상시근로자 수(건설공사의 경우에는 건설공사 금액을 말한다. 이하 같다) 등을 고려하여 대통령령으로 정하는 종류의 사업 또는 사업장에는 이 법의 전부 또는 일부를 적용하지 아니할 수 있다.

2 정부의 책무, 사업주 등의 의무, 근로자의 의무

(1) 정부의 책무 **법** 제4조

① 정부는 이 법의 목적을 달성하기 위하여 다음 각 호의 사항을 성실히 이행할 책무를 진다.
1. 산업 안전 및 보건 정책의 수립 및 집행
2. 산업재해 예방 지원 및 지도
3. 「근로기준법」 제76조의2에 따른 직장 내 괴롭힘 예방을 위한 조치기준 마련, 지도 및 지원
4. 사업주의 자율적인 산업 안전 및 보건 경영체제 확립을 위한 지원
5. 산업 안전 및 보건에 관한 의식을 북돋우기 위한 홍보·교육 등 안전문화 확산 추진
6. 산업 안전 및 보건에 관한 기술의 연구·개발 및 시설의 설치·운영
7. 산업재해에 관한 조사 및 통계의 유지·관리
8. 산업 안전 및 보건 관련 단체 등에 대한 지원 및 지도·감독
9. 그 밖에 노무를 제공하는 사람의 안전 및 건강의 보호·증진
② 정부는 제1항 각 호의 사항을 효율적으로 수행하기 위하여 「한국산업안전보건공단법」에 따른 한국산업안전보건공단(이하 "공단"이라 한다), 그 밖의 관련 단체 및 연구기관에 행정적·재정적 지원을 할 수 있다.

(2) 사업주 등의 의무 **법** 제5조

① 사업주(제77조에 따른 특수형태근로종사자로부터 노무를 제공받는 자와 제78조에 따른 물건의 수거·배달 등을 중개하는 자를 포함한다. 이하 이 조 및 제6조에서 같다)는 다음 각 호의 사항을 이행함으로써 근로자(제77조에 따른 특수형태근로종사자와 제78조에 따른 물건의 수거·배달 등을 하는 사람을 포함한다. 이하 이 조 및 제6조에서 같다)의 안전 및 건강을 유지·증진시키고 국가의 산업재해 예방정책을 따라야 한다. 〈개정 2020. 5. 26.〉
1. 이 법과 이 법에 따른 명령으로 정하는 산업재해 예방을 위한 기준
2. 근로자의 신체적 피로와 정신적 스트레스 등을 줄일 수 있는 쾌적한 작업환경의 조성 및 근로조건 개선
3. 해당 사업장의 안전 및 보건에 관한 정보를 근로자에게 제공
② 다음 각 호의 어느 하나에 해당하는 자는 발주·설계·제조·수입 또는 건설을 할 때 이 법과 이 법에 따른 명령으로 정하는 기준을 지켜야 하고, 발주·설계·제조·수입 또는 건설에 사용되는 물건으로 인하여 발생하는 산업재해를 방지하기 위하여 필요한 조치를 하여야 한다.
1. 기계·기구와 그 밖의 설비를 설계·제조 또는 수입하는 자
2. 원재료 등을 제조·수입하는 자
3. 건설물을 발주·설계·건설하는 자

(3) 근로자의 의무 🏛제6조

근로자는 이 법과 이 법에 따른 명령으로 정하는 산업재해 예방을 위한 기준을 지켜야 하며, 사업주 또는 「근로기준법」 제101조에 따른 근로감독관, 공단 등 관계인이 실시하는 산업재해 예방에 관한 조치에 따라야 한다.

③ 산업재해 예방에 관한 기본계획의 수립 공표

(1) 수립 공표 절차 🏛제7조

① 고용노동부장관은 산업재해 예방에 관한 기본계획을 수립하여야 한다.
② 고용노동부장관은 제1항에 따라 수립한 기본계획을 「산업재해보상보험법」 제8조 제1항에 따른 산업재해보상보험 및 예방심의위원회의 심의를 거쳐 공표하여야 한다. 이를 변경하려는 경우에도 또한 같다.

(2) 협조 요청 등 🏛제8조

① 고용노동부장관은 제7조 제1항에 따른 기본계획을 효율적으로 시행하기 위하여 필요하다고 인정할 때에는 관계 행정기관의 장 또는 「공공기관의 운영에 관한 법률」 제4조에 따른 공공기관의 장에게 필요한 협조를 요청할 수 있다.
② 행정기관(고용노동부는 제외한다. 이하 이 조에서 같다)의 장은 사업장의 안전 및 보건에 관하여 규제를 하려면 미리 고용노동부장관과 협의하여야 한다.
③ 행정기관의 장은 고용노동부장관이 제2항에 따른 협의과정에서 해당 규제에 대한 변경을 요구하면 이에 따라야 하며, 고용노동부장관은 필요한 경우 국무총리에게 협의·조정 사항을 보고하여 확정할 수 있다.
④ 고용노동부장관은 산업재해 예방을 위하여 필요하다고 인정할 때에는 사업주, 사업주단체, 그 밖의 관계인에게 필요한 사항을 권고하거나 협조를 요청할 수 있다.
⑤ 고용노동부장관은 산업재해 예방을 위하여 중앙행정기관의 장과 지방자치단체의 장 또는 공단 등 관련 기관·단체의 장에게 다음 각 호의 정보 또는 자료의 제공 및 관계 전산망의 이용을 요청할 수 있다. 이 경우 요청을 받은 중앙행정기관의 장과 지방자치단체의 장 또는 관련 기관·단체의 장은 정당한 사유가 없으면 그 요청에 따라야 한다.
  1. 「부가가치세법」 제8조 및 「법인세법」 제111조에 따른 사업자등록에 관한 정보
  2. 「고용보험법」 제15조에 따른 근로자의 피보험자격의 취득 및 상실 등에 관한 정보
  3. 그 밖에 산업재해 예방사업을 수행하기 위하여 필요한 정보 또는 자료로서 대통령령으로 정하는 정보 또는 자료

4 산업재해 예방 지원

(1) 산업재해 예방 통합정보시스템 구축·운영 등 **법** 제9조

① 고용노동부장관은 산업재해를 체계적이고 효율적으로 예방하기 위하여 산업재해 예방 통합정보시스템을 구축·운영할 수 있다.

② 고용노동부장관은 제1항에 따른 산업재해 예방 통합정보시스템으로 처리한 산업 안전 및 보건 등에 관한 정보를 고용노동부령으로 정하는 바에 따라 관련 행정기관과 공단에 제공할 수 있다.

③ 제1항에 따른 산업재해 예방 통합정보시스템의 구축·운영, 그 밖에 필요한 사항은 대통령령으로 정한다.

(2) 산업재해 발생건수 등의 공표 **법** 제10조

① 고용노동부장관은 산업재해를 예방하기 위하여 대통령령으로 정하는 사업장의 근로자 산업재해 발생건수, 재해율 또는 그 순위 등(이하 "산업재해발생건수 등"이라 한다)을 공표하여야 한다.

② 고용노동부장관은 도급인의 사업장(도급인이 제공하거나 지정한 경우로서 도급인이 지배·관리하는 대통령령으로 정하는 장소를 포함한다. 이하 같다) 중 대통령령으로 정하는 사업장에서 관계수급인 근로자가 작업을 하는 경우에 도급인의 산업재해발생건수 등에 관계수급인의 산업재해발생건수 등을 포함하여 제1항에 따라 공표하여야 한다.

③ 고용노동부장관은 제2항에 따라 산업재해발생건수 등을 공표하기 위하여 도급인에게 관계수급인에 관한 자료의 제출을 요청할 수 있다. 이 경우 요청을 받은 자는 정당한 사유가 없으면 이에 따라야 한다.

④ 제1항 및 제2항에 따른 공표의 절차 및 방법, 그 밖에 필요한 사항은 고용노동부령으로 정한다.

공표대상 사업장 **영** 제10조

① 법 제10조 제1항에서 "대통령령으로 정하는 사업장"이란 다음 각 호의 어느 하나에 해당하는 사업장을 말한다.
1. 산업재해로 인한 사망자(이하 "사망재해자"라 한다)가 연간 2명 이상 발생한 사업장
2. 사망만인율(死亡萬人率 : 연간 상시근로자 1만 명당 발생하는 사망재해자 수의 비율을 말한다)이 규모별 같은 업종의 평균 사망만인율 이상인 사업장
3. 법 제44조 제1항 전단에 따른 중대산업사고가 발생한 사업장
4. 법 제57조 제1항을 위반하여 산업재해 발생 사실을 은폐한 사업장
5. 법 제57조 제3항에 따른 산업재해의 발생에 관한 보고를 최근 3년 이내 2회 이상 하지 않은 사업장

② 제1항 제1호부터 제3호까지의 규정에 해당하는 사업장은 해당 사업장이 관계수급인의 사업장으로서 법 제63조에 따른 도급인이 관계수급인 근로자의 산업재해 예방을 위한 조치의무

를 위반하여 관계수급인 근로자가 산업재해를 입은 경우에는 도급인의 사업장(도급인이 제공하거나 지정한 경우로서 도급인이 지배·관리하는 제11조 각 호에 해당하는 장소를 포함한다. 이하 같다)의 법 제10조 제1항에 따른 산업재해발생건수 등을 함께 공표한다.

(3) 산업재해 예방시설의 설치·운영 🅱 제11조

고용노동부장관은 산업재해 예방을 위하여 다음 각 호의 시설을 설치·운영할 수 있다. 〈개정 2020. 5. 26.〉

1. 산업 안전 및 보건에 관한 지도시설, 연구시설 및 교육시설
2. 안전보건진단 및 작업환경측정을 위한 시설
3. 노무를 제공하는 사람의 건강을 유지·증진하기 위한 시설
4. 그 밖에 고용노동부령으로 정하는 산업재해 예방을 위한 시설

(4) 산업재해 예방의 재원 🅱 제12조

다음 각 호의 어느 하나에 해당하는 용도에 사용하기 위한 재원(財源)은 「산업재해보상보험법」 제95조 제1항에 따른 산업재해보상보험 및 예방기금에서 지원한다.

1. 제11조 각 호에 따른 시설의 설치와 그 운영에 필요한 비용
2. 산업재해 예방 관련 사업 및 비영리법인에 위탁하는 업무 수행에 필요한 비용
3. 그 밖에 산업재해 예방에 필요한 사업으로서 고용노동부장관이 인정하는 사업의 사업비

(5) 기술 또는 작업환경에 관한 표준 🅱 제13조

① 고용노동부장관은 산업재해 예방을 위하여 다음 각 호의 조치와 관련된 기술 또는 작업환경에 관한 표준을 정하여 사업주에게 지도·권고할 수 있다.

  1. 제5조 제2항 각 호의 어느 하나에 해당하는 자가 같은 항에 따라 산업재해를 방지하기 위하여 하여야 할 조치
  2. 제38조 및 제39조에 따라 사업주가 하여야 할 조치

② 고용노동부장관은 제1항에 따른 표준을 정할 때 필요하다고 인정하면 해당 분야별로 표준제정위원회를 구성·운영할 수 있다.

③ 제2항에 따른 표준제정위원회의 구성·운영, 그 밖에 필요한 사항은 고용노동부장관이 정한다.

5 안전보건관리체제

(1) 이사회 보고 및 승인 등 🅱 제14조

① 「상법」 제170조에 따른 주식회사 중 대통령령으로 정하는 회사의 대표이사는 대통령령으로 정하는 바에 따라 매년 회사의 안전 및 보건에 관한 계획을 수립하여 이사회에 보고하고 승인을 받아야 한다.

② 제1항에 따른 대표이사는 제1항에 따른 안전 및 보건에 관한 계획을 성실하게 이행하여야 한다.

③ 제1항에 따른 안전 및 보건에 관한 계획에는 안전 및 보건에 관한 비용, 시설, 인원 등의 사항을 포함하여야 한다.

이사회 보고·승인 대상 회사 등 영 제13조

① 법 제14조 제1항에서 "대통령령으로 정하는 회사"란 다음 각 호의 어느 하나에 해당하는 회사를 말한다.
1. 상시근로자 500명 이상을 사용하는 회사
2. 「건설산업기본법」 제23조에 따라 평가하여 공시된 시공능력(같은 법 시행령 별표 1의 종합공사를 시공하는 업종의 건설업종란 제3호에 따른 토목건축공사업에 대한 평가 및 공시로 한정한다)의 순위 상위 1천위 이내의 건설회사

② 법 제14조 제1항에 따른 회사의 대표이사(「상법」 제408조의2 제1항 후단에 따라 대표이사를 두지 못하는 회사의 경우에는 같은 법 제408조의5에 따른 대표집행임원을 말한다)는 회사의 정관에서 정하는 바에 따라 다음 각 호의 내용을 포함한 회사의 안전 및 보건에 관한 계획을 수립해야 한다.
1. 안전 및 보건에 관한 경영방침
2. 안전·보건관리 조직의 구성·인원 및 역할
3. 안전·보건 관련 예산 및 시설 현황
4. 안전 및 보건에 관한 전년도 활동실적 및 다음 연도 활동계획

⑥ 안전보건관리책임자 법 제15조

① 사업주는 사업장을 실질적으로 총괄하여 관리하는 사람에게 해당 사업장의 다음 각 호의 업무를 총괄하여 관리하도록 하여야 한다.
1. 사업장의 산업재해 예방계획의 수립에 관한 사항
2. 제25조 및 제26조에 따른 안전보건관리규정의 작성 및 변경에 관한 사항
3. 제29조에 따른 안전보건교육에 관한 사항
4. 작업환경측정 등 작업환경의 점검 및 개선에 관한 사항
5. 제129조부터 제132조까지에 따른 근로자의 건강진단 등 건강관리에 관한 사항
6. 산업재해의 원인 조사 및 재발 방지대책 수립에 관한 사항
7. 산업재해에 관한 통계의 기록 및 유지에 관한 사항
8. 안전장치 및 보호구 구입 시 적격품 여부 확인에 관한 사항
9. 그 밖에 근로자의 유해·위험 방지조치에 관한 사항으로서 고용노동부령으로 정하는 사항

② 제1항 각 호의 업무를 총괄하여 관리하는 사람(이하 "안전보건관리책임자"라 한다)은 제17조에 따른 안전관리자와 제18조에 따른 보건관리자를 지휘·감독한다.

③ 안전보건관리책임자를 두어야 하는 사업의 종류와 사업장의 상시근로자 수, 그 밖에 필요한 사항은 대통령령으로 정한다.

■ 산업안전보건법 시행령 [별표 2] 〈개정 2024. 3. 12〉

안전보건관리책임자를 두어야 하는 사업의 종류 및 사업장의 상시근로자 수(제14조 제1항 관련)

사업의 종류	사업장의 상시근로자 수
1. 토사석 광업 2. 식료품 제조업, 음료 제조업 3. 목재 및 나무제품 제조업(가구 제외) 4. 펄프, 종이 및 종이제품 제조업 5. 코크스, 연탄 및 석유정제품 제조업 6. 화학물질 및 화학제품 제조업(의약품 제외) 7. 의료용 물질 및 의약품 제조업 8. 고무 및 플라스틱제품 제조업 9. 비금속 광물제품 제조업 10. 1차 금속 제조업 11. 금속가공제품 제조업(기계 및 가구 제외) 12. 전자부품, 컴퓨터, 영상, 음향 및 통신장비 제조업	상시근로자 50명 이상
13. 의료, 정밀, 광학기기 및 시계 제조업 14. 전기장비 제조업 15. 기타 기계 및 장비 제조업 16. 자동차 및 트레일러 제조업 17. 기타 운송장비 제조업 18. 가구 제조업 19. 기타 제품 제조업 20. 서적, 잡지 및 기타 인쇄물 출판업 21. 해체, 선별 및 원료 재생업 22. 자동차 종합 수리업, 자동차 전문 수리업	
23. 농업 24. 어업 25. 소프트웨어 개발 및 공급업 26. 컴퓨터 프로그래밍, 시스템 통합 및 관리업 27. 정보서비스업 28. 금융 및 보험업 29. 임대업(부동산 제외) 30. 전문 과학 및 기술 서비스업(연구개발업 제외) 31. 사업지원 서비스업 32. 사회복지 서비스업	상시근로자 300명 이상
33. 건설업	공사금액 20억 원 이상
34. 제1호부터 제33호까지의 사업을 제외한 사업	상시근로자 100명 이상

7 관리감독자 🏛 제16조

① 사업주는 사업장의 생산과 관련되는 업무와 그 소속 직원을 직접 지휘·감독하는 직위에 있는 사람(이하 "관리감독자"라 한다)에게 산업 안전 및 보건에 관한 업무로서 대통령령으로 정하는 업무를 수행하도록 하여야 한다.

관리감독자의 업무 등 📖 제15조

① 법 제16조 제1항에서 "대통령령으로 정하는 업무"란 다음 각 호의 업무를 말한다. 〈개정 2021. 11. 19.〉

1. 사업장 내 법 제16조 제1항에 따른 관리감독자(이하 "관리감독자"라 한다)가 지휘·감독하는 작업(이하 이 조에서 "해당작업"이라 한다)과 관련된 기계·기구 또는 설비의 안전·보건 점검 및 이상 유무의 확인

2. 관리감독자에게 소속된 근로자의 작업복·보호구 및 방호장치의 점검과 그 착용·사용에 관한 교육·지도

3. 해당작업에서 발생한 산업재해에 관한 보고 및 이에 대한 응급조치

4. 해당작업의 작업장 정리·정돈 및 통로 확보에 대한 확인·감독

5. 사업장의 다음 각 목의 어느 하나에 해당하는 사람의 지도·조언에 대한 협조

   가. 법 제17조 제1항에 따른 안전관리자(이하 "안전관리자"라 한다) 또는 같은 조 제5항에 따라 안전관리자의 업무를 같은 항에 따른 안전관리전문기관(이하 "안전관리전문기관"이라 한다)에 위탁한 사업장의 경우에는 그 안전관리전문기관의 해당 사업장 담당자

   나. 법 제18조 제1항에 따른 보건관리자(이하 "보건관리자"라 한다) 또는 같은 조 제5항에 따라 보건관리자의 업무를 같은 항에 따른 보건관리전문기관(이하 "보건관리전문기관"이라 한다)에 위탁한 사업장의 경우에는 그 보건관리전문기관의 해당 사업장 담당자

   다. 법 제19조 제1항에 따른 안전보건관리담당자(이하 "안전보건관리담당자"라 한다) 또는 같은 조 제4항에 따라 안전보건관리담당자의 업무를 안전관리전문기관 또는 보건관리전문기관에 위탁한 사업장의 경우에는 그 안전관리전문기관 또는 보건관리전문기관의 해당 사업장 담당자

   라. 법 제22조 제1항에 따른 산업보건의(이하 "산업보건의"라 한다)

6. 법 제36조에 따라 실시되는 위험성평가에 관한 다음 각 목의 업무

   가. 유해·위험요인의 파악에 대한 참여

   나. 개선조치의 시행에 대한 참여

7. 그 밖에 해당작업의 안전 및 보건에 관한 사항으로서 고용노동부령으로 정하는 사항

② 관리감독자에 대한 지원에 관하여는 제14조 제2항을 준용한다. 이 경우 "안전보건관리책임자"는 "관리감독자"로, "법 제15조 제1항"은 "제1항"으로 본다.

---

② 관리감독자가 있는 경우에는 「건설기술 진흥법」 제64조 제1항 제2호에 따른 안전관리책임자 및 같은 항 제3호에 따른 안전관리담당자를 각각 둔 것으로 본다.

8 안전관리자 **법** 제17조

① 사업주는 사업장에 제15조 제1항 각 호의 사항 중 안전에 관한 기술적인 사항에 관하여 사업주 또는 안전보건관리책임자를 보좌하고 관리감독자에게 지도·조언하는 업무를 수행하는 사람(이하 "안전관리자"라 한다)을 두어야 한다.

② 안전관리자를 두어야 하는 사업의 종류와 사업장의 상시근로자 수, 안전관리자의 수·자격·업무·권한·선임방법, 그 밖에 필요한 사항은 대통령령으로 정한다.

③ 대통령령으로 정하는 사업의 종류 및 사업장의 상시근로자 수에 해당하는 사업장의 사업주는 안전관리자에게 그 업무만을 전담하도록 하여야 한다. 〈신설 2021. 5. 18.〉

④ 고용노동부장관은 산업재해 예방을 위하여 필요한 경우로서 고용노동부령으로 정하는 사유에 해당하는 경우에는 사업주에게 안전관리자를 제2항에 따라 대통령령으로 정하는 수 이상으로 늘리거나 교체할 것을 명할 수 있다. 〈개정 2021. 5. 18.〉

⑤ 대통령령으로 정하는 사업의 종류 및 사업장의 상시근로자 수에 해당하는 사업장의 사업주는 제21조에 따라 지정받은 안전관리 업무를 전문적으로 수행하는 기관(이하 "안전관리전문기관"이라 한다)에 안전관리자의 업무를 위탁할 수 있다. 〈개정 2021. 5. 18.〉

안전관리자의 선임 **영** 제16조

① 법 제17조 제1항에 따라 안전관리자를 두어야 하는 사업의 종류와 사업장의 상시근로자 수, 안전관리자의 수 및 선임방법은 별표 3과 같다.

② 법 제17조 제3항에서 "대통령령으로 정하는 사업의 종류 및 사업장의 상시근로자 수에 해당하는 사업장"이란 제1항에 따른 사업 중 상시근로자 300명 이상을 사용하는 사업장[건설업의 경우에는 공사금액이 120억 원(「건설산업기본법 시행령」 별표 1의 종합공사를 시공하는 업종의 건설업종란 제1호에 따른 토목공사업의 경우에는 150억 원) 이상인 사업장]을 말한다. 〈개정 2021. 11. 19.〉

③ 제1항 및 제2항을 적용할 경우 제52조에 따른 사업으로서 도급인의 사업장에서 이루어지는 도급사업의 공사금액 또는 관계수급인의 상시근로자는 각각 해당 사업의 공사금액 또는 상시근로자로 본다. 다만, 별표 3의 기준에 해당하는 도급사업의 공사금액 또는 관계수급인의 상시근로자의 경우에는 그렇지 않다.

④ 제1항에도 불구하고 같은 사업주가 경영하는 둘 이상의 사업장이 다음 각 호의 어느 하나에 해당하는 경우에는 그 둘 이상의 사업장에 1명의 안전관리자를 공동으로 둘 수 있다. 이 경우 해당 사업장의 상시근로자 수의 합계는 300명 이내[건설업의 경우에는 공사금액의 합계가 120억 원(「건설산업기본법 시행령」 별표 1의 종합공사를 시공하는 업종의 건설업종란 제1호에 따른 토목공사업의 경우에는 150억 원) 이내]이어야 한다.
  1. 같은 시·군·구(자치구를 말한다) 지역에 소재하는 경우
  2. 사업장 간의 경계를 기준으로 15킬로미터 이내에 소재하는 경우

⑤ 제1항부터 제3항까지의 규정에도 불구하고 도급인의 사업장에서 이루어지는 도급사업에서 도급인이 고용노동부령으로 정하는 바에 따라 그 사업의 관계수급인 근로자에 대한 안전관리를 전담하는 안전관리자를 선임한 경우에는 그 사업의 관계수급인은 해당 도급사업에 대한 안전관리자를 선임하지 않을 수 있다.

⑥ 사업주는 안전관리자를 선임하거나 법 제17조 제5항에 따라 안전관리자의 업무를 안전관리 전문기관에 위탁한 경우에는 고용노동부령으로 정하는 바에 따라 선임하거나 위탁한 날부터 14일 이내에 고용노동부장관에게 그 사실을 증명할 수 있는 서류를 제출해야 한다. 법 제17조 제4항에 따라 안전관리자를 늘리거나 교체한 경우에도 또한 같다. 〈개정 2021. 11. 19.〉

■ 산업안전보건법 시행령 [별표 4] 〈개정 2024. 3. 12〉

안전관리자의 자격(제17조 관련)

안전관리자는 다음 각 호의 어느 하나에 해당하는 사람으로 한다.

1. 법 제143조 제1항에 따른 산업안전지도사 자격을 가진 사람
2. 「국가기술자격법」에 따른 산업안전산업기사 이상의 자격을 취득한 사람
3. 「국가기술자격법」에 따른 산업안전산업기사 이상의 자격을 취득한 사람
4. 「고등교육법」에 따른 4년제 대학 이상의 학교에서 산업안전 관련 학위를 취득한 사람 또는 이와 같은 수준 이상의 학력을 가진 사람
5. 「고등교육법」에 따른 전문대학 또는 이와 같은 수준 이상의 학교에서 산업안전 관련 학위를 취득한 사람
6. 「고등교육법」에 따른 이공계전문대학 또는 이와 같은 수준 이상의 학교에서 학위를 취득하고, 해당 사업의 관리감독자로서의 업무(건설업의 경우는 시공실무경력)를 3년(4년제 이공계 대학 학위 취득자는 1년) 이상 담당한 후 고용노동부장관이 지정하는 기관일 실시하는 교육(1998년 12월 31일까지의 교육만 해당하나다)을 받고 정해진 시험에 합격한 사람. 다만, 관리감독자로 종사한 사업과 같은 업종(한국표준산업분류에 따른 대분류를 기준으로 한다)의 사업장이면서, 건설업의 경우를 제외하고는 상시근로자 300명 미만인 사업장에서만 안전관리자가 될 수 있다.
7. 「초·중등교육법」에 따른 공업계고등학교 또는 이와 같은 수준 이상의 학교를 졸업하고, 해당 사업의 관리감독자로서의 업무(건설업의 경우는 시공실무경력)를 5년 이상 담당한 후 고용노동부장관이 지정하는 기관이 실시하는 교육(1998년 12월 31일까지의 교육만 해당하나다)을 받고 정해진 시험에 합격한 사람. 다만, 관리감독자로 종사한 사업과 같은 업종(한국표준산업분류에 따른 대분류를 기준으로 한다)의 사업장이면서, 건설업의 경우를 제외하고는 별표 3 제27호 또는 제36호의 사업을 하는 사업장(상시근로자 50명 이상 1천 명 미만인 경우만 해당한다)에서만 안전관리자가 될 수 있다.
7의2. 「초·중등교육법」에 따른 공업계고등학교를 졸업하거나 「고등교육법」에 따른 학교에서 공학 또는 자연과학 분야 학위를 취득하고, 건설업을 제외한 사업에서 실무경력이 5년 이상인 사람으로서 고용노동부장관이 지정하는 기관이 실시하는 교육(2028년 12월 31일까지의 교육만 해당한다)을 받고 정해진 시험에 합격한 사람. 다만, 건설업을 제외한 사업의 사업장이면서 상시근로자 300명 미만인 사업장에서만 안전관리자가 될 수 있다.
8. 다음 각 목의 어느 하나에 해당하는 사람. 다만, 해당 법령을 적용받은 사업에서만 선임될 수 있다.
   가. 「고압가스 안전관리법」 제4조 및 같은 법 시행령 제3조 제1항에 따른 허가를 받은 사업자 중 고압가스를 제조·저장 또는 판매하는 사업에서 같은 법 제15조 및 같은 법 시행령 제12조에 따라 선임하는 안전관리책임자

나. 「액화석유가스의 안전관리 및 사업법」 제5조 및 같은 법 시행령 제3조에 따른 허가를 받은 사업자 중 액화석유가스 충전사업·액화석유가스 집단공급사업 또는 액화석유가스 판매사업에서 같은 법 제34조 및 같은 법 시행령 제15조에 따라 선임하는 안전관리 책임자

다. 「도시가스사업법」 제29조 및 같은 법 시행령 제15조에 따라 선임하는 안전관리 책임자

라. 「교통안전법」 제53조에 따라 교통안전관리자의 자격을 취득한 후 해당 분야에 채용된 교통안전관리자

마. 「총포·도검·화약류 등의 안전관리에 관한 법률」 제2조 제3항에 따른 화약류를 제조·판매 또는 저장하는 사업에서 같은 법 제27조 및 같은 법 시행령 제54조·제55조에 따라 선임하는 화약류제조보안책임자 또는 화약류관리보안책임자

바. 「전기안전관리법」 제22조에 따라 전기사업자가 선임하는 전기안전관리자

9. 제16조 제2항에 따라 전담 안전관리자를 두어야 하는 사업장(건설업은 제외한다)에서 안전 관련 업무를 10년 이상 담당한 사람

10. 「건설산업기본법」 제8조에 따른 종합공사를 시공하는 업종의 건설현장에서 안전보건관리 책임자로 10년 이상 재직한 사람

11. 「건설기술 진흥법」에 따른 토목·건축 분야 건설기술인 중 등급이 중급 이상인 사람으로서 고용노동부장관이 지정하는 기관이 실시하는 산업안전교육(2025년 12월 31일까지의 교육만 해당한다)을 이수하고 정해진 시험에 합격한 사람

12. 「국가기술자격법」에 따른 토목산업기사 또는 건축산업기사 이상의 자격을 취득한 후 해당 분야에서의 실무경력이 다음 각 목의 구분에 따른 기간 이상인 사람으로서 고용노동부장관 이 지정하는 기관이 실시하는 산업안전교육(2025년 12월 31일까지의 교육만 해당한다) 을 이수하고 정해진 시험에 합격한 사람

가. 토목기사 또는 건축기사 : 3년

나. 토목산업기사 또는 건축산업기사 : 5년

⑨ 보건관리자 (법) 제18조

① 사업주는 사업장에 제15조 제1항 각 호의 사항 중 보건에 관한 기술적인 사항에 관하여 사업 주 또는 안전보건관리책임자를 보좌하고 관리감독자에게 지도·조언하는 업무를 수행하는 사람(이하 "보건관리자"라 한다)을 두어야 한다.

② 보건관리자를 두어야 하는 사업의 종류와 사업장의 상시근로자 수, 보건관리자의 수·자격 ·업무·권한·선임방법, 그 밖에 필요한 사항은 대통령령으로 정한다.

③ 대통령령으로 정하는 사업의 종류 및 사업장의 상시근로자 수에 해당하는 사업장의 사업주 는 보건관리자에게 그 업무만을 전담하도록 하여야 한다. 〈신설 2021. 5. 18.〉

④ 고용노동부장관은 산업재해 예방을 위하여 필요한 경우로서 고용노동부령으로 정하는 사유 에 해당하는 경우에는 사업주에게 보건관리자를 제2항에 따라 대통령령으로 정하는 수 이상 으로 늘리거나 교체할 것을 명할 수 있다. 〈개정 2021. 5. 18.〉

⑤ 대통령령으로 정하는 사업의 종류 및 사업장의 상시근로자 수에 해당하는 사업장의 사업주

는 제21조에 따라 지정받은 보건관리 업무를 전문적으로 수행하는 기관(이하 "보건관리전문기관"이라 한다)에 보건관리자의 업무를 위탁할 수 있다. 〈개정 2021. 5. 18.〉

■ 산업안전보건법 시행령 [별표 6]

보건관리자의 자격(제21조 관련)

보건관리자는 다음 각 호의 어느 하나에 해당하는 사람으로 한다.
1. 법 제143조 제1항에 따른 산업보건지도사 자격을 가진 사람
2. 「의료법」에 따른 의사
3. 「의료법」에 따른 간호사
4. 「국가기술자격법」에 따른 산업위생관리산업기사 또는 대기환경산업기사 이상의 자격을 취득한 사람
5. 「국가기술자격법」에 따른 인간공학기사 이상의 자격을 취득한 사람
6. 「고등교육법」에 따른 전문대학 이상의 학교에서 산업보건 또는 산업위생분야의 학위를 취득한 사람(법령에 따라 이와 같은 수준 이상의 학력이 있다고 인정되는 사람을 포함한다)

보건관리자의 업무 등 ⑬ 제22조

① 보건관리자의 업무는 다음 각 호와 같다.
1. 산업안전보건위원회 또는 노사협의체에서 심의·의결한 업무와 안전보건관리규정 및 취업규칙에서 정한 업무
2. 안전인증대상기계 등과 자율안전확인대상기계 등 중 보건과 관련된 보호구(保護具) 구입 시 적격품 선정에 관한 보좌 및 지도·조언
3. 법 제36조에 따른 위험성평가에 관한 보좌 및 지도·조언
4. 법 제110조에 따라 작성된 물질안전보건자료의 게시 또는 비치에 관한 보좌 및 지도·조언
5. 제31조 제1항에 따른 산업보건의의 직무(보건관리자가 별표 6 제2호에 해당하는 사람인 경우로 한정한다)
6. 해당 사업장 보건교육계획의 수립 및 보건교육 실시에 관한 보좌 및 지도·조언
7. 해당 사업장의 근로자를 보호하기 위한 다음 각 목의 조치에 해당하는 의료행위(보건관리자가 별표 6 제2호 또는 제3호에 해당하는 경우로 한정한다)
   가. 자주 발생하는 가벼운 부상에 대한 치료
   나. 응급처치가 필요한 사람에 대한 처치
   다. 부상·질병의 악화를 방지하기 위한 처치
   라. 건강진단 결과 발견된 질병자의 요양 지도 및 관리
   마. 가목부터 라목까지의 의료행위에 따르는 의약품의 투여
8. 작업장 내에서 사용되는 전체 환기장치 및 국소 배기장치 등에 관한 설비의 점검과 작업방법의 공학적 개선에 관한 보좌 및 지도·조언
9. 사업장 순회점검, 지도 및 조치 건의
10. 산업재해 발생의 원인 조사·분석 및 재발 방지를 위한 기술적 보좌 및 지도·조언
11. 산업재해에 관한 통계의 유지·관리·분석을 위한 보좌 및 지도·조언

12. 법 또는 법에 따른 명령으로 정한 보건에 관한 사항의 이행에 관한 보좌 및 지도·조언
13. 업무 수행 내용의 기록·유지
14. 그 밖에 보건과 관련된 작업관리 및 작업환경관리에 관한 사항으로서 고용노동부장관이 정하는 사항

② 보건관리자는 제1항 각 호에 따른 업무를 수행할 때에는 안전관리자와 협력해야 한다.
③ 사업주는 보건관리자가 제1항에 따른 업무를 원활하게 수행할 수 있도록 권한·시설·장비·예산, 그 밖의 업무 수행에 필요한 지원을 해야 한다. 이 경우 보건관리자가 별표 6 제2호 또는 제3호에 해당하는 경우에는 고용노동부령으로 정하는 시설 및 장비를 지원해야 한다.
④ 보건관리자의 배치 및 평가·지도에 관하여는 제18조 제2항 및 제3항을 준용한다. 이 경우 "안전관리자"는 "보건관리자"로, "안전관리"는 "보건관리"로 본다.

보건관리자 업무의 위탁 등 ⑨ 제26조

① 법 제18조 제5항에 따라 보건관리자의 업무를 위탁할 수 있는 보건관리전문기관은 지역별 보건관리전문기관과 업종별·유해인자별 보건관리전문기관으로 구분한다. 〈개정 2021. 11. 19.〉
② 법 제18조 제5항에서 "대통령령으로 정하는 사업의 종류 및 사업장의 상시근로자 수에 해당하는 사업장"이란 다음 각 호의 어느 하나에 해당하는 사업장을 말한다. 〈개정 2021. 11. 19.〉
   1. 건설업을 제외한 사업(업종별·유해인자별 보건관리전문기관의 경우에는 고용노동부령으로 정하는 사업을 말한다)으로서 상시근로자 300명 미만을 사용하는 사업장
   2. 외딴곳으로서 고용노동부장관이 정하는 지역에 있는 사업장
③ 보건관리자 업무의 위탁에 관하여는 제19조 제2항을 준용한다. 이 경우 "법 제17조 제5항 및 이 조 제1항"은 "법 제18조 제5항 및 이 조 제2항"으로, "안전관리자"는 "보건관리자"로, "안전관리전문기관"은 "보건관리전문기관"으로 본다. 〈개정 2021. 11. 19.〉

🔟 안전보건관리담당자 🔵 제19조

① 사업주는 사업장에 안전 및 보건에 관하여 사업주를 보좌하고 관리감독자에게 지도·조언하는 업무를 수행하는 사람(이하 "안전보건관리담당자"라 한다)을 두어야 한다. 다만, 안전관리자 또는 보건관리자가 있거나 이를 두어야 하는 경우에는 그러하지 아니하다.
② 안전보건관리담당자를 두어야 하는 사업의 종류와 사업장의 상시근로자 수, 안전보건관리담당자의 수·자격·업무·권한·선임방법, 그 밖에 필요한 사항은 대통령령으로 정한다.
③ 고용노동부장관은 산업재해 예방을 위하여 필요한 경우로서 고용노동부령으로 정하는 사유에 해당하는 경우에는 사업주에게 안전보건관리담당자를 제2항에 따라 대통령령으로 정하는 수 이상으로 늘리거나 교체할 것을 명할 수 있다.
④ 대통령령으로 정하는 사업의 종류 및 사업장의 상시근로자 수에 해당하는 사업장의 사업주는 안전관리전문기관 또는 보건관리전문기관에 안전보건관리담당자의 업무를 위탁할 수 있다.

안전보건관리담당자의 선임 등 ⑬ 제24조

① 다음 각 호의 어느 하나에 해당하는 사업의 사업주는 법 제19조 제1항에 따라 상시근로자 20명 이상 50명 미만인 사업장에 안전보건관리담당자를 1명 이상 선임해야 한다.

1. 제조업
2. 임업
3. 하수, 폐수 및 분뇨 처리업
4. 폐기물 수집, 운반, 처리 및 원료 재생업
5. 환경 정화 및 복원업

② 안전보건관리담당자는 해당 사업장 소속 근로자로서 다음 각 호의 어느 하나에 해당하는 요건을 갖추어야 한다.

1. 제17조에 따른 안전관리자의 자격을 갖추었을 것
2. 제21조에 따른 보건관리자의 자격을 갖추었을 것
3. 고용노동부장관이 정하여 고시하는 안전보건교육을 이수했을 것

③ 안전보건관리담당자는 제25조 각 호에 따른 업무에 지장이 없는 범위에서 다른 업무를 겸할 수 있다.

④ 사업주는 제1항에 따라 안전보건관리담당자를 선임한 경우에는 그 선임 사실 및 제25조 각 호에 따른 업무를 수행했음을 증명할 수 있는 서류를 갖추어 두어야 한다.

안전보건관리담당자의 업무 ⑬ 제25조

안전보건관리담당자의 업무는 다음 각 호와 같다. 〈개정 2020. 9. 8.〉

1. 법 제29조에 따른 안전보건교육 실시에 관한 보좌 및 지도·조언
2. 법 제36조에 따른 위험성평가에 관한 보좌 및 지도·조언
3. 법 제125조에 따른 작업환경측정 및 개선에 관한 보좌 및 지도·조언
4. 법 제129조부터 제131조까지의 규정에 따른 각종 건강진단에 관한 보좌 및 지도·조언
5. 산업재해 발생의 원인 조사, 산업재해 통계의 기록 및 유지를 위한 보좌 및 지도·조언
6. 산업 안전·보건과 관련된 안전장치 및 보호구 구입 시 적격품 선정에 관한 보좌 및 지도·조언

안전보건관리담당자 업무의 위탁 등 ⑬ 제26조

① 법 제19조 제4항에서 "대통령령으로 정하는 사업의 종류 및 사업장의 상시근로자 수에 해당하는 사업장"이란 제24조 제1항에 따라 안전보건관리담당자를 선임해야 하는 사업장을 말한다.

② 안전보건관리담당자 업무의 위탁에 관하여는 제19조 제2항을 준용한다. 이 경우 "법 제17조 제5항 및 이 조 제1항"은 "법 제19조 제4항 및 이 조 제1항"으로, "안전관리자"는 "안전보건관리담당자"로, "안전관리전문기관"은 "안전관리전문기관 또는 보건관리전문기관"으로 본다. 〈개정 2021. 11. 19.〉

11 안전관리전문기관

(1) 안전관리전문기관 등의 지정 요건 영 제27조

① 법 제21조 제1항에 따라 안전관리전문기관으로 지정받을 수 있는 자는 다음 각 호의 어느 하나에 해당하는 자로서 별표 7에 따른 인력·시설 및 장비를 갖춘 자로 한다.
  1. 법 제145조 제1항에 따라 등록한 산업안전지도사(건설안전 분야의 산업안전지도사는 제외한다)
  2. 안전관리 업무를 하려는 법인
② 법 제21조 제1항에 따라 보건관리전문기관으로 지정받을 수 있는 자는 다음 각 호의 어느 하나에 해당하는 자로서 별표 8에 따른 인력·시설 및 장비를 갖춘 자로 한다.
  1. 법 제145조 제1항에 따라 등록한 산업보건지도사
  2. 국가 또는 지방자치단체의 소속기관
  3. 「의료법」에 따른 종합병원 또는 병원
  4. 「고등교육법」 제2조 제1호부터 제6호까지의 규정에 따른 대학 또는 그 부속기관
  5. 보건관리 업무를 하려는 법인

(2) 안전관리전문기관 등의 지정 취소 등의 사유 영 제28조

① 안전관리 또는 보건관리 업무 관련 서류를 거짓으로 작성한 경우
② 정당한 사유 없이 안전관리 또는 보건관리 업무의 수탁을 거부한 경우
③ 위탁받은 안전관리 또는 보건관리 업무에 차질을 일으키거나 업무를 게을리한 경우
④ 안전관리 또는 보건관리 업무를 수행하지 않고 위탁 수수료를 받은 경우
⑤ 안전관리 또는 보건관리 업무와 관련된 비치서류를 보존하지 않은 경우
⑥ 안전관리 또는 보건관리 업무 수행과 관련한 대가 외에 금품을 받은 경우
⑦ 법에 따른 관계 공무원의 지도·감독을 거부·방해 또는 기피한 경우

12 명예산업안전감독관

(1) 위촉 영 제32조

① 고용노동부장관은 다음 각 호의 어느 하나에 해당하는 사람 중에서 법 제23조 제1항에 따른 명예산업안전감독관(이하 "명예산업안전감독관"이라 한다)을 위촉할 수 있다.
  1. 산업안전보건위원회 구성 대상 사업의 근로자 또는 노사협의체 구성·운영 대상 건설공사의 근로자 중에서 근로자대표(해당 사업장에 단위 노동조합의 산하 노동단체가 그 사업장 근로자의 과반수로 조직되어 있는 경우에는 지부·분회 등 명칭이 무엇이든 관계없이 해당 노동단체의 대표자를 말한다. 이하 같다)가 사업주의 의견을 들어 추천하는 사람

2. 「노동조합 및 노동관계조정법」 제10조에 따른 연합단체인 노동조합 또는 그 지역 대표기구에 소속된 임직원 중에서 해당 연합단체인 노동조합 또는 그 지역 대표기구가 추천하는 사람

3. 전국 규모의 사업주단체 또는 그 산하조직에 소속된 임직원 중에서 해당 단체 또는 그 산하조직이 추천하는 사람

4. 산업재해 예방 관련 업무를 하는 단체 또는 그 산하조직에 소속된 임직원 중에서 해당 단체 또는 그 산하조직이 추천하는 사람

② 명예산업안전감독관의 업무는 다음 각 호와 같다. 이 경우 제1항 제1호에 따라 위촉된 명예산업안전감독관의 업무 범위는 해당 사업장에서의 업무(제8호는 제외한다)로 한정하며, 제1항 제2호부터 제4호까지의 규정에 따라 위촉된 명예산업안전감독관의 업무 범위는 제8호부터 제10호까지의 규정에 따른 업무로 한정한다.

1. 사업장에서 하는 자체점검 참여 및 「근로기준법」 제101조에 따른 근로감독관(이하 "근로감독관"이라 한다)이 하는 사업장 감독 참여

2. 사업장 산업재해 예방계획 수립 참여 및 사업장에서 하는 기계·기구 자체검사 참석

3. 법령을 위반한 사실이 있는 경우 사업주에 대한 개선 요청 및 감독기관에의 신고

4. 산업재해 발생의 급박한 위험이 있는 경우 사업주에 대한 작업중지 요청

5. 작업환경측정, 근로자 건강진단 시의 참석 및 그 결과에 대한 설명회 참여

6. 직업성 질환의 증상이 있거나 질병에 걸린 근로자가 여러 명 발생한 경우 사업주에 대한 임시건강진단 실시 요청

7. 근로자에 대한 안전수칙 준수 지도

8. 법령 및 산업재해 예방정책 개선 건의

9. 안전·보건 의식을 북돋우기 위한 활동 등에 대한 참여와 지원

10. 그 밖에 산업재해 예방에 대한 홍보 등 산업재해 예방업무와 관련하여 고용노동부장관이 정하는 업무

③ 명예산업안전감독관의 임기는 2년으로 하되, 연임할 수 있다.

④ 고용노동부장관은 명예산업안전감독관의 활동을 지원하기 위하여 수당 등을 지급할 수 있다.

⑤ 제1항부터 제4항까지에서 규정한 사항 외에 명예산업안전감독관의 위촉 및 운영 등에 필요한 사항은 고용노동부장관이 정한다.

(2) 해촉 🟢 제33조

① 근로자대표가 사업주의 의견을 들어 제32조 제1항 제1호에 따라 위촉된 명예산업안전감독관의 해촉을 요청한 경우

② 제32조 제1항 제2호부터 제4호까지의 규정에 따라 위촉된 명예산업안전감독관이 해당 단체 또는 그 산하조직으로부터 퇴직하거나 해임된 경우

③ 명예산업안전감독관의 업무와 관련하여 부정한 행위를 한 경우

④ 질병이나 부상 등의 사유로 명예산업안전감독관의 업무 수행이 곤란하게 된 경우

13 산업안전보건위원회 🏛 제24조

① 사업주는 사업장의 안전 및 보건에 관한 중요 사항을 심의·의결하기 위하여 사업장에 근로자위원과 사용자위원이 같은 수로 구성되는 산업안전보건위원회를 구성·운영하여야 한다.

② 사업주는 다음 각 호의 사항에 대해서는 제1항에 따른 산업안전보건위원회(이하 "산업안전보건위원회"라 한다)의 심의·의결을 거쳐야 한다.

1. 제15조 제1항 제1호부터 제5호까지 및 제7호에 관한 사항

   (1) 사업장의 산업재해 예방계획의 수립에 관한 사항

   (2) 제25조 및 제26조에 따른 안전보건관리규정의 작성 및 변경에 관한 사항

   (3) 제29조에 따른 안전보건교육에 관한 사항

   (4) 작업환경측정 등 작업환경의 점검 및 개선에 관한 사항

   (5) 제129조부터 제132조까지에 따른 근로자의 건강진단 등 건강관리에 관한 사항

   (6) 산업재해의 원인 조사 및 재발 방지대책 수립에 관한 사항

   (7) 산업재해에 관한 통계의 기록 및 유지에 관한 사항

   (8) 안전장치 및 보호구 구입 시 적격품 여부 확인에 관한 사항

   (9) 그 밖에 근로자의 유해·위험 방지조치에 관한 사항으로서 고용노동부령으로 정하는 사항

2. 제15조 제1항 제6호에 따른 사항 중 중대재해에 관한 사항

3. 유해하거나 위험한 기계·기구·설비를 도입한 경우 안전 및 보건 관련 조치에 관한 사항

4. 그 밖에 해당 사업장 근로자의 안전 및 보건을 유지·증진시키기 위하여 필요한 사항

③ 산업안전보건위원회는 대통령령으로 정하는 바에 따라 회의를 개최하고 그 결과를 회의록으로 작성하여 보존하여야 한다.

④ 사업주와 근로자는 제2항에 따라 산업안전보건위원회가 심의·의결한 사항을 성실하게 이행하여야 한다.

⑤ 산업안전보건위원회는 이 법, 이 법에 따른 명령, 단체협약, 취업규칙 및 제25조에 따른 안전보건관리규정에 반하는 내용으로 심의·의결해서는 아니 된다.

⑥ 사업주는 산업안전보건위원회의 위원에게 직무 수행과 관련한 사유로 불리한 처우를 해서는 아니 된다.

⑦ 산업안전보건위원회를 구성하여야 할 사업의 종류 및 사업장의 상시근로자 수, 산업안전보건위원회의 구성·운영 및 의결되지 아니한 경우의 처리방법, 그 밖에 필요한 사항은 대통령령으로 정한다.

산업안전보건위원회를 구성해야 할 사업의 종류 및 사업장의 상시근로자 수(제34조 관련)

사업의 종류	사업장의 상시근로자 수
1. 토사석 광업 2. 목재 및 나무제품 제조업(가구 제외) 3. 화학물질 및 화학제품 제조업(의약품 제외 ; 세제, 화장품 및 광택제 제조업과 화학섬유 제조업은 제외한다) 4. 비금속 광물제품 제조업 5. 1차 금속 제조업 6. 금속가공제품 제조업(기계 및 가구 제외) 7. 자동차 및 트레일러 제조업 8. 기타 기계 및 장비 제조업(사무용 기계 및 장비 제조업은 제외한다) 9. 기타 운송장비 제조업(전투용 차량 제조업은 제외한다)	상시근로자 50명 이상
10. 농업 11. 어업 12. 소프트웨어 개발 및 공급업 13. 컴퓨터 프로그래밍, 시스템 통합 및 관리업 14. 정보서비스업 15. 금융 및 보험업 16. 임대업(부동산 제외) 17. 전문, 과학 및 기술 서비스업(연구개발업 제외) 18. 사업지원 서비스업 19. 사회복지 서비스업	상시근로자 300명 이상
20. 건설업	공사금액 120억 원 이상(「건설산업기본법」 시행령 별표1의 종합공사를 시공하는 업종의 건설업종란 제1호에 따른 토목공사업의 경우에는 150억 원 이상)
21. 제1호부터 제20호까지의 사업을 제외한 사업	상시근로자 100명 이상

산업안전보건위원회의 구성   영 제35조

① 산업안전보건위원회의 근로자위원은 다음 각 호의 사람으로 구성한다.
  1. 근로자대표
  2. 명예산업안전감독관이 위촉되어 있는 사업장의 경우 근로자대표가 지명하는 1명 이상의 명예산업안전감독관

3. 근로자대표가 지명하는 9명(근로자인 제2호의 위원이 있는 경우에는 9명에서 그 위원의 수를 제외한 수를 말한다) 이내의 해당 사업장의 근로자

② 산업안전보건위원회의 사용자위원은 다음 각 호의 사람으로 구성한다. 다만, 상시근로자 50명 이상 100명 미만을 사용하는 사업장에서는 제5호에 해당하는 사람을 제외하고 구성할 수 있다.
1. 해당 사업의 대표자(같은 사업으로서 다른 지역에 사업장이 있는 경우에는 그 사업장의 안전보건관리책임자를 말한다. 이하 같다)
2. 안전관리자(제16조 제1항에 따라 안전관리자를 두어야 하는 사업장으로 한정하되, 안전관리자의 업무를 안전관리전문기관에 위탁한 사업장의 경우에는 그 안전관리전문기관의 해당 사업장 담당자를 말한다) 1명
3. 보건관리자(제20조 제1항에 따라 보건관리자를 두어야 하는 사업장으로 한정하되, 보건관리자의 업무를 보건관리전문기관에 위탁한 사업장의 경우에는 그 보건관리전문기관의 해당 사업장 담당자를 말한다) 1명
4. 산업보건의(해당 사업장에 선임되어 있는 경우로 한정한다)
5. 해당 사업의 대표자가 지명하는 9명 이내의 해당 사업장 부서의 장

③ 제1항 및 제2항에도 불구하고 법 제69조 제1항에 따른 건설공사도급인(이하 "건설공사도급인"이라 한다)이 법 제64조 제1항 제1호에 따른 안전 및 보건에 관한 협의체를 구성한 경우에는 산업안전보건위원회의 위원을 다음 각 호의 사람을 포함하여 구성할 수 있다.
1. 근로자위원 : 도급 또는 하도급 사업을 포함한 전체 사업의 근로자대표, 명예산업안전감독관 및 근로자대표가 지명하는 해당 사업장의 근로자
2. 사용자위원 : 도급인 대표자, 관계수급인의 각 대표자 및 안전관리자

산업안전보건위원회의 위원장 ⑱ 제36조

산업안전보건위원회의 위원장은 위원 중에서 호선(互選)한다. 이 경우 근로자위원과 사용자위원 중 각 1명을 공동위원장으로 선출할 수 있다.

산업안전보건위원회의 회의 등 ⑱ 제37조

① 법 제24조 제3항에 따라 산업안전보건위원회의 회의는 정기회의와 임시회의로 구분하되, 정기회의는 분기마다 산업안전보건위원회의 위원장이 소집하며, 임시회의는 위원장이 필요하다고 인정할 때에 소집한다.
② 회의는 근로자위원 및 사용자위원 각 과반수의 출석으로 개의(開議)하고 출석위원 과반수의 찬성으로 의결한다.
③ 근로자대표, 명예산업안전감독관, 해당 사업의 대표자, 안전관리자 또는 보건관리자는 회의에 출석할 수 없는 경우에는 해당 사업에 종사하는 사람 중에서 1명을 지정하여 위원으로서의 직무를 대리하게 할 수 있다.
④ 산업안전보건위원회는 다음 각 호의 사항을 기록한 회의록을 작성하여 갖추어 두어야 한다.
1. 개최 일시 및 장소
2. 출석위원
3. 심의 내용 및 의결·결정 사항
4. 그 밖의 토의사항

의결되지 않은 사항 등의 처리 🕲 제38조

① 산업안전보건위원회는 다음 각 호의 어느 하나에 해당하는 경우에는 근로자위원과 사용자위원의 합의에 따라 산업안전보건위원회에 중재기구를 두어 해결하거나 제3자에 의한 중재를 받아야 한다.
  1. 법 제24조 제2항 각 호에 따른 사항에 대하여 산업안전보건위원회에서 의결하지 못한 경우
  2. 산업안전보건위원회에서 의결된 사항의 해석 또는 이행방법 등에 관하여 의견이 일치하지 않는 경우
② 제1항에 따른 중재 결정이 있는 경우에는 산업안전보건위원회의 의결을 거친 것으로 보며, 사업주와 근로자는 그 결정에 따라야 한다.

회의 결과 등의 공지 🕲 제39조

산업안전보건위원회의 위원장은 산업안전보건위원회에서 심의·의결된 내용 등 회의 결과와 중재 결정된 내용 등을 사내방송이나 사내보(社內報), 게시 또는 자체 정례조회, 그 밖의 적절한 방법으로 근로자에게 신속히 알려야 한다.

🔢 노사협의체

(1) 노사협의체의 설치 대상 🕲 제63조

법 제75조 제1항에서 "대통령령으로 정하는 규모의 건설공사"란 공사금액이 120억 원(「건설산업기본법 시행령」 별표 1의 종합공사를 시공하는 업종의 건설업종란 제1호에 따른 토목공사업은 150억 원) 이상인 건설공사를 말한다.

(2) 노사협의체의 구성 🕲 제64조

① 노사협의체는 다음 각 호에 따라 근로자위원과 사용자위원으로 구성한다.
  1. 근로자위원
     가. 도급 또는 하도급 사업을 포함한 전체 사업의 근로자대표
     나. 근로자대표가 지명하는 명예산업안전감독관 1명. 다만, 명예산업안전감독관이 위촉되어 있지 않은 경우에는 근로자대표가 지명하는 해당 사업장 근로자 1명
     다. 공사금액이 20억 원 이상인 공사의 관계수급인의 각 근로자대표
  2. 사용자위원
     가. 도급 또는 하도급 사업을 포함한 전체 사업의 대표자
     나. 안전관리자 1명
     다. 보건관리자 1명(별표 5 제44호에 따른 보건관리자 선임대상 건설업으로 한정한다)
     라. 공사금액이 20억 원 이상인 공사의 관계수급인의 각 대표자
② 노사협의체의 근로자위원과 사용자위원은 합의하여 노사협의체에 공사금액이 20억 원 미만인 공사의 관계수급인 및 관계수급인 근로자대표를 위원으로 위촉할 수 있다.

③ 노사협의체의 근로자위원과 사용자위원은 합의하여 제67조 제2호에 따른 사람을 노사협의체에 참여하도록 할 수 있다.

(3) 노사협의체의 운영 🅥 제65조

① 노사협의체의 회의는 정기회의와 임시회의로 구분하여 개최하되, 정기회의는 2개월마다 노사협의체의 위원장이 소집하며, 임시회의는 위원장이 필요하다고 인정할 때에 소집한다.

② 노사협의체 위원장의 선출, 노사협의체의 회의, 노사협의체에서 의결되지 않은 사항에 대한 처리방법 및 회의 결과 등의 공지에 관하여는 각각 제36조, 제37조 제2항부터 제4항까지, 제38조 및 제39조를 준용한다. 이 경우 "산업안전보건위원회"는 "노사협의체"로 본다.

위임장 선임 · 회의록

① 위원장은 위원 중에서 호선(互選)한다. 이 경우 근로자위원과 사용자위원 중 각 1명을 공동위원장으로 선출할 수 있다.

② 회의는 근로자위원 및 사용자위원 각 과반수의 출석으로 개의(開議)하고 출석위원 과반수의 찬성으로 의결한다.

③ 근로자대표, 명예산업안전감독관, 해당 사업의 대표자, 안전관리자 또는 보건관리자는 회의에 출석할 수 없는 경우에는 해당 사업에 종사하는 사람 중에서 1명을 지정하여 위원으로서의 직무를 대리하게 할 수 있다.

④ 산업안전보건위원회는 다음 각 호의 사항을 기록한 회의록을 작성하여 갖추어 두어야 한다.
  1. 개최 일시 및 장소
  2. 출석위원
  3. 심의 내용 및 의결·결정 사항
  4. 그 밖의 토의사항

---

15 안전보건관리규정

(1) 규정의 작성 🅛 제25조

① 사업주는 사업장의 안전 및 보건을 유지하기 위하여 다음 각 호의 사항이 포함된 안전보건관리규정을 작성하여야 한다.
  1. 안전 및 보건에 관한 관리조직과 그 직무에 관한 사항
  2. 안전보건교육에 관한 사항
  3. 작업장의 안전 및 보건 관리에 관한 사항
  4. 사고 조사 및 대책 수립에 관한 사항
  5. 그 밖에 안전 및 보건에 관한 사항

② 제1항에 따른 안전보건관리규정(이하 "안전보건관리규정"이라 한다)은 단체협약 또는 취업규칙에 반할 수 없다. 이 경우 안전보건관리규정 중 단체협약 또는 취업규칙에 반하

는 부분에 관하여는 그 단체협약 또는 취업규칙으로 정한 기준에 따른다.

③ 안전보건관리규정을 작성하여야 할 사업의 종류, 사업장의 상시근로자 수 및 안전보건 관리규정에 포함되어야 할 세부적인 내용, 그 밖에 필요한 사항은 고용노동부령으로 정한다.

(2) 규정의 변경 절차 📖 제26조

사업주는 안전보건관리규정을 작성하거나 변경할 때에는 산업안전보건위원회의 심의·의결을 거쳐야 한다. 다만, 산업안전보건위원회가 설치되어 있지 아니한 사업장의 경우에는 근로자대표의 동의를 받아야 한다.

16 안전보건교육

(1) 근로자 교육 📖 제29조

① 사업주는 소속 근로자에게 고용노동부령으로 정하는 바에 따라 정기적으로 안전보건교육을 하여야 한다.

② 사업주는 근로자를 채용할 때와 작업내용을 변경할 때에는 그 근로자에게 고용노동부령으로 정하는 바에 따라 해당 작업에 필요한 안전보건교육을 하여야 한다. 다만, 제31조 제1항에 따른 안전보건교육을 이수한 건설 일용근로자를 채용하는 경우에는 그러하지 아니하다. 〈개정 2020. 6. 9.〉

③ 사업주는 근로자를 유해하거나 위험한 작업에 채용하거나 그 작업으로 작업내용을 변경할 때에는 제2항에 따른 안전보건교육 외에 고용노동부령으로 정하는 바에 따라 유해하거나 위험한 작업에 필요한 안전보건교육을 추가로 하여야 한다.

④ 사업주는 제1항부터 제3항까지의 규정에 따른 안전보건교육을 제33조에 따라 고용노동부장관에게 등록한 안전보건교육기관에 위탁할 수 있다.

(2) 안전보건교육의 면제 📖 제30조

① 사업주는 제29조 제1항에도 불구하고 다음 각 호의 어느 하나에 해당하는 경우에는 같은 항에 따른 안전보건교육의 전부 또는 일부를 하지 아니할 수 있다.
  1. 사업장의 산업재해 발생 정도가 고용노동부령으로 정하는 기준에 해당하는 경우
  2. 근로자가 제11조 제3호에 따른 시설에서 건강관리에 관한 교육 등 고용노동부령으로 정하는 교육을 이수한 경우
  3. 관리감독자가 산업 안전 및 보건 업무의 전문성 제고를 위한 교육 등 고용노동부령으로 정하는 교육을 이수한 경우

② 사업주는 제29조 제2항 또는 제3항에도 불구하고 해당 근로자가 채용 또는 변경된 작업에 경험이 있는 등 고용노동부령으로 정하는 경우에는 같은 조 제2항 또는 제3항에 따른 안전보건교육의 전부 또는 일부를 하지 아니할 수 있다.

(3) 기초안전보건교육 📙 제31조

　① 건설업의 사업주는 건설 일용근로자를 채용할 때에는 그 근로자로 하여금 제33조에 따른 안전보건교육기관이 실시하는 안전보건교육을 이수하도록 하여야 한다. 다만, 건설 일용근로자가 그 사업주에게 채용되기 전에 안전보건교육을 이수한 경우에는 그러하지 아니하다.

　② 제1항 본문에 따른 안전보건교육의 시간·내용 및 방법, 그 밖에 필요한 사항은 고용노동부령으로 정한다.

(4) 안전보건관리책임자 직무교육 📙 제32조

　① 사업주(제5호의 경우는 같은 호 각 목에 따른 기관의 장을 말한다)는 다음 각 호에 해당하는 사람에게 제33조에 따른 안전보건교육기관에서 직무와 관련한 안전보건교육을 이수하도록 하여야 한다. 다만, 다음 각 호에 해당하는 사람이 다른 법령에 따라 안전 및 보건에 관한 교육을 받는 등 고용노동부령으로 정하는 경우에는 안전보건교육의 전부 또는 일부를 하지 아니할 수 있다.

　　1. 안전보건관리책임자
　　2. 안전관리자
　　3. 보건관리자
　　4. 안전보건관리담당자
　　5. 다음 각 목의 기관에서 안전과 보건에 관련된 업무에 종사하는 사람
　　　　가. 안전관리전문기관
　　　　나. 보건관리전문기관
　　　　다. 제74조에 따라 지정받은 건설재해예방전문지도기관
　　　　라. 제96조에 따라 지정받은 안전검사기관
　　　　마. 제100조에 따라 지정받은 자율안전검사기관
　　　　바. 제120조에 따라 지정받은 석면조사기관

　② 제1항 각 호 외의 부분 본문에 따른 안전보건교육의 시간·내용 및 방법, 그 밖에 필요한 사항은 고용노동부령으로 정한다.

■ 산업안전보건법 시행규칙 [별표 4] 〈개정 2024. 9. 27〉

안전보건교육 교육과정별 교육시간(제26조 제1항 등 관련)

1. 근로자 안전보건교육(제26조 제1항, 제28조 제1항 관련)

교육과정	교육대상		교육시간
가. 정기교육	1) 사무직 종사 근로자		매반기 6시간 이상
	2) 그 밖의 근로자	가) 판매업무에 직접 종사하는 근로자	매반기 6시간 이상
		나) 판매업무에 직접 종사하는 근로자 외의 근로자	매반기 12시간 이상

교육과정	교육대상	교육시간
나. 채용 시 교육	1) 일용근로자 및 근로계약기간이 1주일 이하인 기간제 근로자	1시간 이상
	2) 근로계약기간이 1주일 초과 1개월 이하인 기간제 근로자	4시간 이상
	3) 그 밖의 근로자	8시간 이상
다. 작업내용 변경 시 교육	1) 일용근로자 및 근로계약기간이 1주일 이하인 기간제 근로자	1시간 이상
	2) 그 밖의 근로자	2시간 이상
라. 특별교육	1) 일용근로자 및 근로계약기간이 1주일 이하인 기간제 근로자(특별교육 대상 작업 중 아래 2)에 해당하는 작업 외에 종사하는 근로자에 한정)	2시간 이상
	2) 일용근로자 및 근로계약기간이 1주일 이하인 기간제 근로자(타워크레인을 사용하는 작업 시 신호업무를 하는 작업에 종사하는 근로자에 한정)	8시간 이상
	3) 일용근로자 및 근로계약기간이 1주일 이하인 기간제 근로자를 제외한 근로자(특별교육 대상 작업에 한정)	가) 16시간 이상(최초 작업에 종사하기 전 4시간 이상 실시하고 12시간은 3개월 이내에서 분할하여 실시 가능) 나) 단기간 작업 또는 간헐적 작업인 경우에는 2시간 이상
마. 건설업 기초안전 보건교육	건설 일용근로자	4시간 이상

1. 위 표의 적용을 받는 "일용근로자"란 근로계약을 1일 단위로 체결하고 그 날의 근로가 끝나면 근로관계가 종료되어 계속 고용이 보장되지 않는 근로자를 말한다.
2. 일용근로자가 위 표의 나목 또는 라목에 따른 교육을 받은 날 이후 1주일 동안 같은 사업장에서 같은 업무의 일용근로자로 다시 종사하는 경우에는 이미 받은 위 표의 나목 또는 라목에 따른 교육을 면제한다.
3. 다음 각 목의 어느 하나에 해당하는 경우는 위 표의 가목부터 라목까지의 규정에도 불구하고 해당 교육과정별 교육시간의 2분의 1 이상을 그 교육시간으로 한다.
   가. 영 별표 1 제1호에 따른 사업
   나. 상시근로자 50명 미만의 도매업, 숙박 및 음식점업
4. 근로자가 다음 각 목의 어느 하나에 해당하는 안전교육을 받은 경우에는 그 시간만큼 위 표의 가목에 따른 해당 반기의 정기교육을 받은 것으로 본다.

가. 「원자력안전법 시행령」제148조 제1항에 따른 방사선작업종사자 정기교육

나. 「항만안전특별법 시행령」제5조 제1항 제2호에 따른 정기안전교육

다. 「화학물질관리법 시행규칙」제37조 제4항에 따른 유해화학물질 안전교육

5. 근로자가 「항만안전특별법 시행령」제5조 제1항 제1호에 따른 신규안전교육을 받은 때에는 그 시간만큼 위 표의 나목에 따른 채용 시 교육을 받은 것으로 본다.

6. 방사선 업무에 관계되는 작업에 종사하는 근로자가 「원자력안전법 시행규칙」제138조 제1항 제2호에 따른 방사선작업종사자 신규교육 중 직장교육을 받은 때에는 그 시간만큼 위 표의 라목에 따른 특별교육 중 별표 5 제1호 라목의 33.란에 따른 특별교육을 받은 것으로 본다.

1의2. 관리감독자 안전보건교육(제26조 제1항 관련)

교육과정	교육시간
가. 정기교육	연간 16시간 이상
나. 채용 시 교육	8시간 이상
다. 작업내용 변경 시 교육	2시간 이상
라. 특별교육	16시간 이상(최초 작업에 종사하기 전 4시간 이상 실시하고 12시간은 3개월 이내에서 분할하여 실시 가능)
	단기간 작업 또는 간헐적 작업인 경우에는 2시간 이상

2. 안전보건관리책임자 등에 대한 교육(제29조 제2항 관련)

교육과정	교육시간	
	신규교육	보수교육
가. 안전보건관리책임자	6시간 이상	6시간 이상
나. 안전관리자, 안전관리전문기관의 종사자	34시간 이상	24시간 이상
다. 보건관리자, 보건관리전문기관의 종사자	34시간 이상	24시간 이상
라. 건설재해예방전문지도기관의 종사자	34시간 이상	24시간 이상
마. 석면조사기관의 종사자	34시간 이상	24시간 이상
바. 안전보건관리담당자	–	8시간 이상
사. 안전검사기관, 자율안전검사기관의 종사자	34시간 이상	24시간 이상

3. 특수형태근로종사자에 대한 안전보건 교육(제29조 제1항 관련)

교육과정	교육시간
가. 최초 노무 제공 시 교육	2시간 이상(단기간 작업 또는 간헐적 작업에 노무를 제공하는 경우에는 1시간 이상 실시하고, 특별교육을 실시한 경우는 면제)
나. 특별교육	16시간 이상(최초 작업에 종사하기 전 4시간 이상 실시하고 12시간은 3개월 이내에서 분할하여 실시 가능)
	단기간 작업 또는 간헐적 작업인 경우에는 2시간 이상

[비고] 영 제67조 제13호라목에 해당하는 사람이 「화학물질관리법」제33조 제1항에 따른 유해화학물질 안전교육을 받은 경우에는 그 시간만큼 가목에 따른 최초 노무제공 시 교육을 실시하지 않을 수 있다.

4. 검사원 성능검사 교육(제131조 제2항 관련)

교육과정	교육대상	교육시간
성능검사 교육	–	28시간 이상

■ 산업안전보건법 시행규칙 [별표 5] 〈개정 2023. 9. 27〉

안전보건교육 교육대상별 교육내용(제26조 제1항 등 관련)

1. 근로자 안전보건교육(제26조 제1항 관련)
   가. 정기교육
   • 산업안전 및 사고 예방에 관한 사항
   • 산업보건 및 직업병 예방에 관한 사항
   • 위험성평가에 관한 사항
   • 건강증진 및 질병 예방에 관한 사항
   • 유해·위험 작업환경 관리에 관한 사항
   • 산업안전보건법령 및 산업재해보상보험 제도에 관한 사항
   • 직무스트레스 예방 및 관리에 관한 사항
   • 직장 내 괴롭힘, 고객의 폭언 등으로 인한 건강장해 예방 및 관리에 관한 사항
   나. 삭제〈2023. 9. 27〉
   다. 채용 시 교육 및 작업내용 변경 시 교육
   • 산업안전 및 사고 예방에 관한 사항
   • 산업보건 및 직업병 예방에 관한 사항
   • 위험성평가에 관한 사항
   • 산업안전보건법령 및 산업재해보상보험 제도에 관한 사항
   • 직무스트레스 예방 및 관리에 관한 사항
   • 직장 내 괴롭힘, 고객의 폭언 등으로 인한 건강장해 예방 및 관리에 관한 사항
   • 기계·기구의 위험성과 작업의 순서 및 동선에 관한 사항
   • 작업 개시 전 점검에 관한 사항
   • 정리정돈 및 청소에 관한 사항
   • 사고 발생 시 긴급조치에 관한 사항
   • 물질안전보건자료에 관한 사항
   라. 특별교육 대상 작업별 교육

작업명	교육내용
고압실 내 작업(잠함공법이나 그 밖의 압기공법으로 대기압을 넘는 기압인 작업실 또는 수갱 내부에서 하는 작업만 해당한다)	• 고기압 장해의 인체에 미치는 영향에 관한 사항 • 작업의 시간·작업방법 및 절차에 관한 사항 • 압기공법에 관한 기초지식 및 보호구 착용에 관한 사항 • 이상 발생 시 응급조치에 관한 사항 • 그 밖에 안전·보건관리에 필요한 사항

작업명	교육내용
아세틸렌 용접장치 또는 가스 집합 용접장치를 사용하는 금속의 용접·용단 또는 가열작업(발생기·도단 등에 의하여 의하여 구성되는 용접장치만 해당한다)	• 용접흄, 분진 및 유해광선 등의 유해성에 관한 사항 • 가스용접기, 압력조정기, 호스 및 취관두 등의 기기점검에 관한 사항 • 작업방법·순서 및 응급처치에 관한 사항 • 안전기 및 보호구 취급에 관한 사항 • 화재예방 및 초기 대응에 관한 사항 • 그 밖에 안전·보건관리에 필요한 사항
밀폐된 장소에서 하는 용접작업 또는 습한 장소에서 하는 전기용접 작업	• 작업순서, 안전작업방법 및 수칙에 관한 사항 • 환기설비에 관한 사항 • 전격 방지 및 보호구 착용에 관한 사항 • 질식 시 응급조치에 관한 사항 • 작업환경 점검에 관한 사항 • 그 밖에 안전·보건관리에 필요한 사항
목재가공용 기계를 5대 이상 보유한 작업장에서 해당 기계로 하는 작업	• 목재가공용 기계의 특성과 위험성에 관한 사항 • 방호장치의 종류와 구조 및 취급에 관한 사항 • 안전기준에 관한 사항 • 안전작업방법 및 목재 취급에 관한 사항 • 그 밖에 안전·보건관리에 필요한 사항
1톤 이상의 크레인을 사용하는 작업 또는 1톤 미만의 크레인 또는 호이스트를 5대 이상 보유한 사업장에서 해당 기계로 하는 작업	• 방호장치의 종류, 기능 및 취급에 관한 사항 • 걸고리, 와이어로프 및 비상정지장치 등의 기계·기구 점검에 관한 사항 • 화물의 취급 및 안전작업방법에 관한 사항 • 신호방법 및 공동작업에 관한 사항 • 인양 물건의 위험성 및 낙하·비래(飛來)·충돌재해 예방에 관한 사항 • 인양물이 적재될 지반의 조건, 인양하중, 풍압 등이 인양물과 타워크레인에 미치는 영향 • 그 밖에 안전·보건관리에 필요한 사항
건설용 리프트, 곤돌라를 이용한 작업	• 방호장치의 기능 및 사용에 관한 사항 • 기계, 기구, 달기체인 및 와이어 등의 점검에 관한 사항 • 화물의 권상, 권하 작업방법 및 안전작업 지도에 관한 사항 • 기계·기구의 특성 및 동작원리에 관한 사항 • 신호방법 및 공동작업에 관한 사항 • 그 밖에 안전·보건관리에 필요한 사항

작업명	교육내용
전압이 75볼트 이상인 정전 및 활선작업	• 전기의 위험성 및 전격방지에 관한 사항 • 해당 설비의 보수 및 점검에 관한 사항 • 정전작업, 활선작업 시의 안전작업방법 및 순서에 관한 사항 • 절연용 보호구, 절연용 보호구 및 활선작업용 기구 등의 사용에 관한 사항 • 그 밖에 안전·보건관리에 필요한 사항
굴착면의 높이가 2미터 이상이 되는 지반굴착작업	• 지반의 형태, 구조 및 굴착요령에 관한 사항 • 지반의 붕괴재해 예방에 관한 사항 • 붕괴방지용 구조물 설치 및 작업방법에 관한 사항 • 보호구의 종류 및 사용에 관한 사항 • 그 밖에 안전·보건관리에 필요한 사항
흙막이 지보공의 보강 또는 동바리를 설치하거나 해체하는 작업	• 작업안전 점검요령과 방법에 관한 사항 • 동바리의 운반, 취급 및 설치 시 안전작업에 관한 사항 • 해체작업 순서와 안전기준에 관한 사항 • 보호구 취급 및 사용에 관한 사항 • 그 밖에 안전·보건관리에 필요한 사항
터널 안에서의 굴착작업 또는 같은 작업에서의 터널 거푸집 지보공의 조립 또는 콘크리트 작업	• 작업환경의 점검요령과 방법에 관한 사항 • 붕괴방지용 구조물 설치 및 안전작업 방법에 관한 사항 • 재료의 운반 및 취급, 설치의 안전기준에 관한 사항 • 보호구의 종류 및 사용에 관한 사항 • 소화설비의 설치장소 및 사용방법에 관한 사항 • 그 밖에 안전·보건관리에 필요한 사항
굴착면의 높이가 2미터 이상이 되는 암석의 굴착작업	• 폭발물 취급요령과 대피요령에 관한 사항 • 안전거리 및 안전기준에 관한 사항 • 방호물의 설치 및 기준에 관한 사항 • 보호구 및 신호방법 등에 관한 사항 • 그 밖에 안전·보건관리에 필요한 사항
거푸집 동바리의 조립 또는 해체 작업	• 동바리의 조립방법 및 작업절차에 관한 사항 • 조립재료의 취급방법 및 설치기준에 관한 사항 • 조립·해체 시의 사고 예방에 관한 사항 • 보호구 착용 및 점검에 관한 사항 • 그 밖에 안전·보건관리에 필요한 사항
비계의 조립·해체 또는 변경 작업	• 비계의 조립순서 및 방법에 관한 사항 • 비계작업의 재료취급 및 설치에 관한 사항 • 추락재해 방지에 관한 사항 • 보호구 착용에 관한 사항 • 비계 상부 작업 시 최대 적재하중에 관한 사항 • 그 밖에 안전·보건관리에 필요한 사항

작업명	교육내용
건축물의 골조, 다리의 상부구조 또는 탑의 금속제의 부재로 구성되는 것의 조립·해체 또는 변경작업	• 건립 및 버팀대의 설치순서에 관한 사항 • 조립·해체 시의 추락재해 및 위험요인에 관한 사항 • 건립용 기계의 조작 및 작업신호 방법에 관한 사항 • 안전장비 착용 및 해체순서에 관한 사항 • 그 밖에 안전·보건관리에 필요한 사항
처마높이가 5미터 이상인 목조 건축물의 구조부재의 조립이나 건축물의 지붕 또는 외벽 밑에서의 설치작업	• 붕괴·추락 및 재해 방지에 관한 사항 • 부재의 강도·재질 및 특성에 관한 사항 • 조립설치 순서 및 안전작업방법에 관한 사항 • 보호구 착용 및 작업 점검에 관한 사항 • 그 밖에 안전·보건관리에 필요한 사항
콘크리트 인공구조물(그 높이가 2미터 이상인 것만 해당한다)의 해체 또는 파괴작업	• 콘크리트 해체기계의 점검에 관한 사항 • 파괴 시의 안전거리 및 대피요령에 관한 사항 • 작업방법, 순서 및 신호방법 등에 관한 사항 • 해체·파괴 시의 작업안전기준 및 보호구에 관한 사항 • 그 밖에 안전·보건관리에 필요한 사항
타워크레인을 설치·해체하는 작업	• 붕괴, 추락 및 재해방지에 관한 사항 • 설치·해체순서 및 안전작업방법에 관한 사항 • 부재의 구조, 재질 및 특성에 관한 사항 • 신호방법 및 요령에 관한 사항 • 이상 발생 시 응급조치에 관한 사항 • 그 밖에 안전·보건관리에 필요한 사항
밀폐공간에서의 작업	• 산소농도 측정 및 작업환경에 관한 사항 • 사고 시의 응급처치 및 비상시 구출에 관한 사항 • 보호구 착용 및 사용방법에 관한 사항 • 작업내용·안전작업방법 및 절차에 관한 사항 • 장비·설비 및 시설 등의 안전점검에 관한 사항 • 그 밖에 안전·보건관리에 필요한 사항
석면해체·제거작업	• 석면의 특성과 위험성 • 석면해체·제거의 작업방법에 관한 사항 • 장비 및 보호구 사용에 관한 사항 • 그 밖에 안전·보건관리에 필요한 사항
가연물이 있는 장소에서 하는 화재위험 작업	• 작업준비 및 작업절차에 관한 사항 • 작업장 내 위험물, 가연물의 사용·보관·설치 현황에 관한 사항 • 화재위험작업에 따른 인근 인화성 액체에 대한 방호조치에 관한 사항 • 화재위험작업으로 인한 불꽃, 불티 등의 비산방지조치에 관한 사항

작업명	교육내용
	• 인화성 액체의 증기가 남아 있지 않도록 환기 등의 조치에 관한 사항 • 화재감시자의 직무 및 피난교육 등 비상조치에 관한 사항 • 그 밖에 안전·보건관리에 필요한 사항
타워크레인을 사용하는 작업 시 신호업무를 하는 작업	• 타워크레인의 기계적 특성 및 방호장치 등에 관한 사항 • 화물의 취급 및 안전작업방법에 관한 사항 • 신호방법 및 요령에 관한 사항 • 인양 물건의 위험성 및 낙하, 비래, 충돌재해예방에 관한 사항 • 인양물이 적재될 지반의 조건, 인양하중, 풍압 등이 인양물과 타워크레인에 미치는 영향 • 그 밖에 안전·보건관리에 필요한 사항
콘크리트 파쇄기를 사용하는 파쇄작업(2미터 이상인 구축물의 파쇄작업만 해당)	• 콘크리트 해체 요령과 방호거리에 관한 사항 • 작업안전조치 및 안전기준에 관한 사항 • 파쇄기의 조작 및 공통작업 신호에 관한 사항 • 보호구 및 방호장비 등에 관한 사항 • 그 밖에 안전·보건관리에 필요한 사항
높이가 2미터 이상인 물건을 쌓거나 무너뜨리는 작업(하역 기계로만 하는 작업은 제외)	• 원부재료의 취급방법 및 요령에 관한 사항 • 물건의 위험성·낙하 및 붕괴재해 예방에 관한 사항 • 적재방법 및 전도 방지에 관한 사항 • 보호구 착용에 관한 사항 • 그 밖에 안전·보건관리에 필요한 사항

1의2. 관리감독자 안전보건교육(제26조 제1항 관련)
  가. 정기교육
    • 산업안전 및 사고 예방에 관한 사항
    • 산업보건 및 직업병 예방에 관한 사항
    • 위험성평가에 관한 사항
    • 유해위험 작업환경 관리에 관한 사항
    • 산업안전보건법령 및 산업재해보상보험 제도에 관한 사항
    • 직무스트레스 예방 및 관리에 관한 사항
    • 직장 내 괴롭힘, 고객의 폭언 등으로 인한 건강장해 예방 및 관리에 관한 사항
    • 작업공정의 유해위험과 재해 예방대책에 관한 사항
    • 사업장 내 안전보건관리체제 및 안전보건조치 현황에 관한 사항
    • 표준안전 작업방법 결정 및 지도감독 요령에 관한 사항
    • 현장근로자와의 의사소통능력 및 강의능력 등 안전보건교육 능력 배양에 관한 사항
    • 그 밖의 관리감독자의 직무에 관한 사항
  나. 채용 시 교육 및 작업내용 변경 시 교육
    • 산업안전 및 사고 예방에 관한 사항
    • 산업보건 및 직업병 예방에 관한 사항

- 위험성평가에 관한 사항
- 산업안전보건법령 및 산업재해보상보험 제도에 관한 사항
- 직무스트레스 예방 및 관리에 관한 사항
- 직장 내 괴롭힘, 고객의 폭언 등으로 인한 건강장해 예방 및 관리에 관한 사항
- 기계·기구의 위험성과 작업의 순서 및 동선에 관한 사항
- 작업 개시 전 점검에 관한 사항
- 사업장 내 안전보건관리체제 및 안전보건조치 현황에 관한 사항
- 표준안전 작업방법 결정 및 지도감독 요령에 관한 사항
- 비상시 또는 재해 발생 시 긴급조치에 관한 사항
- 그 밖의 관리감독자의 직무에 관한 사항

다. 특별교육 대상 작업별 교육

작업별	교육내용
〈공통내용〉	나목과 같은 내용
〈개별내용〉	제1호 라목에 따른 교육내용(공통내용은 제외한다)과 같음

2. 건설업 기초안전보건교육에 대한 내용 및 시간(제28조 제1항 관련)

교육내용	시간
가. 건설공사의 종류(건축, 토목 등) 및 시공 절차	1시간
나. 산업재해 유형별 위험요인 및 안전보건조치	2시간
다. 안전보건관리체제 현황 및 산업안전보건 관련 근로자 권리·의무	1시간

3. 안전보건관리책임자 등에 대한 교육(제29조 제2항 관련)

교육대상	교육내용	
	신규과정	보수과정
가. 안전보건관리책임자	1) 관리책임자의 책임과 직무에 관한 사항 2) 산업안전보건법령 및 안전·보건조치에 관한 사항	1) 산업안전·보건정책에 관한 사항 2) 자율안전·보건관리에 관한 사항
나. 안전관리자 및 안전관리전문기관 종사자	1) 산업안전보건법령에 관한 사항 2) 산업안전보건개론에 관한 사항 3) 인간공학 및 산업심리에 관한 사항 4) 안전보건교육방법에 관한 사항 5) 재해 발생 시 응급처치에 관한 사항 6) 안전점검·평가 및 재해 분석기법에 관한 사항	1) 산업안전보건법령 및 정책에 관한 사항 2) 안전관리계획 및 안전보건개선계획의 수립·평가·실무에 관한 사항 3) 안전보건교육 및 무재해운동 추진실무에 관한 사항 4) 산업안전보건관리비 사용기준 및 사용방법에 관한 사항

교육대상	교육내용	
	신규과정	보수과정
	7) 안전기준 및 개인보호구 등 분야별 재해예방 실무에 관한 사항 8) 산업안전보건관리비 계상 및 사용기준에 관한 사항 9) 작업환경 개선 등 산업위생 분야에 관한 사항 10) 무재해운동 추진기법 및 실무에 관한 사항 11) 위험성평가에 관한 사항 12) 그 밖에 안전관리자의 직무 향상을 위하여 필요한 사항	5) 분야별 재해 사례 및 개선 사례에 관한 연구와 실무에 관한 사항 6) 사업장 안전 개선기법에 관한 사항 7) 위험성평가에 관한 사항 8) 그 밖에 안전관리자 직무 향상을 위하여 필요한 사항
다. 보건관리자 및 보건관리전문기관 종사자	1) 산업안전보건법령 및 작업환경측정에 관한 사항 2) 산업안전보건개론에 관한 사항 3) 안전보건교육방법에 관한 사항 4) 산업보건관리계획 수립·평가 및 산업역학에 관한 사항 5) 작업환경 및 직업병 예방에 관한 사항 6) 작업환경 개선에 관한 사항(소음·분진·관리대상 유해물질 및 유해광선 등) 7) 산업역학 및 통계에 관한 사항 8) 산업환기에 관한 사항 9) 안전보건관리의 체제·규정 및 보건관리자 역할에 관한 사항 10) 보건관리계획 및 운용에 관한 사항 11) 근로자 건강관리 및 응급처치에 관한 사항 12) 위험성평가에 관한 사항 13) 감염병 예방에 관한 사항 14) 자살 예방에 관한 사항 15) 그 밖에 보건관리자의 직무 향상을 위하여 필요한 사항	1) 산업안전보건법령, 정책 및 작업환경 관리에 관한 사항 2) 산업보건관리계획 수립·평가 및 안전보건교육 추진 요령에 관한 사항 3) 근로자 건강 증진 및 구급환자 관리에 관한 사항 4) 산업위생 및 산업환기에 관한 사항 5) 직업병 사례 연구에 관한 사항 6) 유해물질별 작업환경 관리에 관한 사항 7) 위험성평가에 관한 사항 8) 감염병 예방에 관한 사항 9) 자살 예방에 관한 사항 10) 그 밖에 보건관리자 직무 향상을 위하여 필요한 사항

교육대상	교육내용	
	신규과정	보수과정
라. 건설재해예방 전문지도기관 종사자	1) 산업안전보건법령 및 정책에 관한 사항 2) 분야별 재해사례 연구에 관한 사항 3) 새로운 공법 소개에 관한 사항 4) 사업장 안전관리기법에 관한 사항 5) 위험성평가의 실시에 관한 사항 6) 그 밖에 직무 향상을 위하여 필요한 사항	1) 산업안전보건법령 및 정책에 관한 사항 2) 분야별 재해사례 연구에 관한 사항 3) 새로운 공법 소개에 관한 사항 4) 사업장 안전관리기법에 관한 사항 5) 위험성평가의 실시에 관한 사항 6) 그 밖에 직무 향상을 위하여 필요한 사항
마. 석면조사기관 종사자	1) 석면 제품의 종류 및 구별 방법에 관한 사항 2) 석면에 의한 건강유해성에 관한 사항 3) 석면 관련 법령 및 제도(법,「석면안전관리법」및「건축법」등)에 관한 사항 4) 법 및 산업안전보건 정책방향에 관한 사항 5) 석면 시료채취 및 분석 방법에 관한 사항 6) 보호구 착용 방법에 관한 사항 7) 석면조사결과서 및 석면지도 작성 방법에 관한 사항 8) 석면 조사 실습에 관한 사항	1) 석면 관련 법령 및 제도(법,「석면안전관리법」및「건축법」등)에 관한 사항 2) 실내공기오염 관리(또는 작업환경측정 및 관리)에 관한 사항 3) 산업안전보건 정책방향에 관한 사항 4) 건축물·설비 구조의 이해에 관한 사항 5) 건축물·설비 내 석면함유 자재 사용 및 시공·제거 방법에 관한 사항 6) 보호구 선택 및 관리방법에 관한 사항 7) 석면해체·제거작업 및 석면 흩날림 방지 계획 수립 및 평가에 관한 사항 8) 건축물 석면조사 시 위해도평가 및 석면지도 작성·관리 실무에 관한 사항 9) 건축 자재의 종류별 석면조사실무에 관한 사항
바. 안전보건관리 담당자		1) 위험성평가에 관한 사항 2) 안전·보건교육방법에 관한 사항 3) 사업장 순회점검 및 지도에 관한 사항 4) 기계·기구의 적격품 선정에 관한 사항 5) 산업재해 통계의 유지·관리 및 조사에 관한 사항

교육대상	교육내용	
	신규과정	보수과정
		6) 그 밖에 안전보건관리담당자 직무 향상을 위하여 필요한 사항
사. 안전검사기관 및 자율안전 검사 기관	1) 산업안전보건법령에 관한 사항 2) 기계, 장비의 주요장치에 관한 사항 3) 측정기기 작동 방법에 관한 사항 4) 공통점검 사항 및 주요 위험요인별 점검내용에 관한 사항 5) 기계, 장비의 주요안전장치에 관한 사항 6) 검사 시 안전보건 유의사항 7) 기계·전기·화공 등 공학적 기초지식에 관한 사항 8) 검사원의 직무윤리에 관한 사항 9) 그 밖에 종사자의 직무 향상을 위하여 필요한 사항	1) 산업안전보건법령 및 정책에 관한 사항 2) 주요 위험요인별 점검내용에 관한 사항 3) 기계, 장비의 주요장치와 안전장치에 관한 심화과정 4) 검사 시 안전보건 유의 사항 5) 구조해석, 용접, 피로, 파괴, 피해예측, 작업환기, 위험성평가 등에 관한 사항 6) 검사대상 기계별 재해 사례 및 개선 사례에 관한 연구와 실무에 관한 사항 7) 검사원의 직무윤리에 관한 사항 8) 그 밖에 종사자의 직무 향상을 위하여 필요한 사항

4. 특수형태근로종사자에 대한 안전보건교육(제95조 제1항 관련)

가. 최초 노무제공 시 교육

아래의 내용 중 특수형태근로종사자의 직무에 적합한 내용을 교육해야 한다.

- 산업안전 및 사고 예방에 관한 사항
- 산업보건 및 직업병 예방에 관한 사항
- 건강증진 및 질병 예방에 관한 사항
- 유해·위험 작업환경 관리에 관한 사항
- 산업안전보건법령 및 산업재해보상보험 제도에 관한 사항
- 직무스트레스 예방 및 관리에 관한 사항
- 직장 내 괴롭힘, 고객의 폭언 등으로 인한 건강장해 예방 및 관리에 관한 사항
- 기계·기구의 위험성과 작업의 순서 및 동선에 관한 사항
- 작업 개시 전 점검에 관한 사항
- 정리정돈 및 청소에 관한 사항
- 사고 발생 시 긴급조치에 관한 사항
- 물질안전보건자료에 관한 사항
- 교통안전 및 운전안전에 관한 사항
- 보호구 착용에 관한 사항

나. 특별교육 대상 작업별 교육 : 제1호 라목과 같다.

5. 검사원 성능검사 교육(제131조 제2항 관련)

설비명	교육과정	교육내용	
가. 프레스 및 전단기	성능검사 교육	• 관계 법령 • 프레스 및 전단기 개론 • 프레스 및 전단기 구조 및 특성 • 검사기준 • 방호장치	• 검사장비 용도 및 사용방법 • 검사실습 및 체크리스트 작성 요령 • 위험검출 훈련
나. 크레인	성능검사 교육	• 관계 법령 • 크레인 개론 • 크레인 구조 및 특성 • 검사기준 • 방호장치	• 검사장비 용도 및 사용방법 • 검사실습 및 체크리스트 작성 요령 • 위험검출 훈련 • 검사원 직무
다. 리프트	성능검사 교육	• 관계 법령 • 리프트 개론 • 리프트 구조 및 특성 • 검사기준 • 방호장치	• 검사장비 용도 및 사용방법 • 검사실습 및 체크리스트 작성 요령 • 위험검출 훈련 • 검사원 직무
라. 곤돌라	성능검사 교육	• 관계 법령 • 곤돌라 개론 • 곤돌라 구조 및 특성 • 검사기준 • 방호장치	• 검사장비 용도 및 사용방법 • 검사실습 및 체크리스트 작성 요령 • 위험검출 훈련 • 검사원 직무
마. 국소배기 장치	성능검사 교육	• 관계 법령 • 산업보건 개요 • 산업환기의 기본원리 • 국소배기장치 및 제진장치 검사기준	• 국소환기장치의 설계 및 실습 • 검사실습 및 체크리스트 작성 요령 • 검사원 직무
바. 원심기	성능검사 교육	• 관계 법령 • 원심기 개론 • 원심기 종류 및 구조 • 검사기준	• 방호장치 • 검사장비 용도 및 사용방법 • 검사실습 및 체크리스트 작성 요령
사. 롤러기	성능검사 교육	• 관계 법령 • 롤러기 개론 • 롤러기 구조 및 특성 • 검사기준	• 방호장치 • 검사장비의 용도 및 사용방법 • 검사실습 및 체크리스트 작성 요령
아. 사출 성형기	성능검사 교육	• 관계 법령 • 사출성형기 개론 • 사출성형기 구조 및 특성 • 검사기준	• 방호장치 • 검사장비 용도 및 사용방법 • 검사실습 및 체크리스트 작성 요령

설비명	교육과정	교육내용	
자. 고소 작업대	성능검사 교육	• 관계 법령 • 고소작업대 개론 • 고소작업대 구조 및 특성 • 검사기준	• 방호장치 • 검사장비의 용도 및 사용방법 • 검사실습 및 체크리스트 작성 요령
차. 컨베이어	성능검사 교육	• 관계 법령 • 컨베이어 개론 • 컨베이어 구조 및 특성 • 검사기준	• 방호장치 • 검사장비의 용도 및 사용방법 • 검사실습 및 체크리스트 작성 요령
카. 산업용 로봇	성능검사 교육	• 관계 법령 • 산업용 로봇 개론 • 산업용 로봇 구조 및 특성 • 검사기준	• 방호장치 • 검사장비 용도 및 사용방법 • 검사실습 및 체크리스트 작성 요령
타. 압력용기	성능검사 교육	• 관계 법령 • 압력용기 개론 • 압력용기의 종류, 구조 및 특성 • 검사기준 • 방호장치	• 검사장비 용도 및 사용방법 • 검사실습 및 체크리스트 작성 요령 • 이상 시 응급조치

6. 물질안전보건자료에 관한 교육(제169조 제1항 관련)
   • 대상화학물질의 명칭(또는 제품명)
   • 물리적 위험성 및 건강 유해성
   • 취급상의 주의사항
   • 적절한 보호구
   • 응급조치 요령 및 사고시 대처방법
   • 물질안전보건자료 및 경고표지를 이해하는 방법

안전보건교육기관의 등록 및 취소 영 제40조

① 법 제33조 제1항 전단에 따라 법 제29조 제1항부터 제3항까지의 규정에 따른 안전보건교육에 대한 안전보건교육기관(이하 "근로자안전보건교육기관"이라 한다)으로 등록하려는 자는 법인 또는 산업 안전·보건 관련 학과가 있는 「고등교육법」 제2조에 따른 학교로서 별표 10에 따른 인력·시설 및 장비 등을 갖추어야 한다.

② 법 제33조 제1항 전단에 따라 법 제31조 제1항 본문에 따른 안전보건교육에 대한 안전보건교육기관으로 등록하려는 자는 법인 또는 산업 안전·보건 관련 학과가 있는 「고등교육법」 제2조에 따른 학교로서 별표 11에 따른 인력·시설 및 장비를 갖추어야 한다.

③ 법 제33조 제1항 전단에 따라 법 제32조 제1항 각 호 외의 부분 본문에 따른 안전보건교육에 대한 안전보건교육기관(이하 "직무교육기관"이라 한다)으로 등록할 수 있는 자는 다음 각 호의 어느 하나에 해당하는 자로 한다.
1. 「한국산업안전보건공단법」에 따른 한국산업안전보건공단(이하 "공단"이라 한다)

2. 다음 각 목의 어느 하나에 해당하는 기관으로서 별표 12에 따른 인력·시설 및 장비를 갖춘 기관
   가. 산업 안전·보건 관련 학과가 있는 「고등교육법」 제2조에 따른 학교
   나. 비영리법인
④ 법 제33조 제1항 후단에서 "대통령령으로 정하는 중요한 사항"이란 다음 각 호의 사항을 말한다.
   1. 교육기관의 명칭(상호)
   2. 교육기관의 소재지
   3. 대표자의 성명
⑤ 제1항부터 제3항까지의 규정에 따른 안전보건교육기관에 관하여 법 제33조 제4항에 따라 준용되는 법 제21조 제4항 제5호에서 "대통령령으로 정하는 사유에 해당하는 경우"란 다음 각 호의 경우를 말한다.
   1. 교육 관련 서류를 거짓으로 작성한 경우
   2. 정당한 사유 없이 교육 실시를 거부한 경우
   3. 교육을 실시하지 않고 수수료를 받은 경우
   4. 법 제29조 제1항부터 제3항까지, 제31조 제1항 본문 또는 제32조 제1항 각 호 외의 부분 본문에 따른 교육의 내용 및 방법을 위반한 경우

17 유해·위험 방지조치

(1) 근로자대표의 통지 요청 ⓛ 제35조

근로자대표는 사업주에게 다음 각 호의 사항을 통지하여 줄 것을 요청할 수 있고, 사업주는 이에 성실히 따라야 한다.

1. 산업안전보건위원회(제75조에 따라 노사협의체를 구성·운영하는 경우에는 노사협의체를 말한다)가 의결한 사항
2. 제47조에 따른 안전보건진단 결과에 관한 사항
3. 제49조에 따른 안전보건개선계획의 수립·시행에 관한 사항
4. 제64조 제1항 각 호에 따른 도급인의 이행 사항
5. 제110조 제1항에 따른 물질안전보건자료에 관한 사항
6. 제125조 제1항에 따른 작업환경측정에 관한 사항
7. 그 밖에 고용노동부령으로 정하는 안전 및 보건에 관한 사항

(2) 법령의 게시 ⓛ 제34조

사업주는 이 법과 이 법에 따른 명령의 요지 및 안전보건관리규정을 각 사업장의 근로자가 쉽게 볼 수 있는 장소에 게시하거나 갖추어 두어 근로자에게 널리 알려야 한다.

18 안전보건조치

(1) 안전조치 ⓛ 제38조

① 사업주는 다음 각 호의 어느 하나에 해당하는 위험으로 인한 산업재해를 예방하기 위하여 필요한 조치를 하여야 한다.

1. 기계·기구, 그 밖의 설비에 의한 위험
2. 폭발성, 발화성 및 인화성 물질 등에 의한 위험
3. 전기, 열, 그 밖의 에너지에 의한 위험

② 사업주는 굴착, 채석, 하역, 벌목, 운송, 조작, 운반, 해체, 중량물 취급, 그 밖의 작업을 할 때 불량한 작업방법 등에 의한 위험으로 인한 산업재해를 예방하기 위하여 필요한 조치를 하여야 한다.

③ 사업주는 근로자가 다음 각 호의 어느 하나에 해당하는 장소에서 작업을 할 때 발생할 수 있는 산업재해를 예방하기 위하여 필요한 조치를 하여야 한다.

1. 근로자가 추락할 위험이 있는 장소
2. 토사·구축물 등이 붕괴할 우려가 있는 장소
3. 물체가 떨어지거나 날아올 위험이 있는 장소
4. 천재지변으로 인한 위험이 발생할 우려가 있는 장소

④ 사업주가 제1항부터 제3항까지의 규정에 따라 하여야 하는 조치(이하 "안전조치"라 한다)에 관한 구체적인 사항은 고용노동부령으로 정한다.

(2) 보건조치 ⓛ 제39조

① 사업주는 다음 각 호의 어느 하나에 해당하는 건강장해를 예방하기 위하여 필요한 조치(이하 "보건조치"라 한다)를 하여야 한다.

1. 원재료·가스·증기·분진·흄(Fume, 열이나 화학반응에 의하여 형성된 고체증기가 응축되어 생긴 미세입자를 말한다)·미스트(Mist, 공기 중에 떠다니는 작은 액체방울을 말한다)·산소결핍·병원체 등에 의한 건강장해
2. 방사선·유해광선·고온·저온·초음파·소음·진동·이상기압 등에 의한 건강장해
3. 사업장에서 배출되는 기체·액체 또는 찌꺼기 등에 의한 건강장해
4. 계측감시(計測監視), 컴퓨터 단말기 조작, 정밀공작(精密工作) 등의 작업에 의한 건강장해
5. 단순반복작업 또는 인체에 과도한 부담을 주는 작업에 의한 건강장해
6. 환기·채광·조명·보온·방습·청결 등의 적정기준을 유지하지 아니하여 발생하는 건강장해

② 제1항에 따라 사업주가 하여야 하는 보건조치에 관한 구체적인 사항은 고용노동부령으로 정한다.

방호조치를 해야 하는 유해하거나 위험한 기계·기구에 대한 방호조치 🔲 제80조

① 누구든지 동력(動力)으로 작동하는 기계·기구로서 대통령령으로 정하는 것은 고용노동부령으로 정하는 유해·위험 방지를 위한 방호조치를 하지 아니하고는 양도, 대여, 설치 또는 사용에 제공하거나 양도·대여의 목적으로 진열해서는 아니 된다.

② 누구든지 동력으로 작동하는 기계·기구로서 다음 각 호의 어느 하나에 해당하는 것은 고용노동부령으로 정하는 방호조치를 하지 아니하고는 양도, 대여, 설치 또는 사용에 제공하거나 양도·대여의 목적으로 진열해서는 아니 된다.

　1. 작동 부분에 돌기 부분이 있는 것

　2. 동력전달 부분 또는 속도조절 부분이 있는 것

　3. 회전기계에 물체 등이 말려 들어갈 부분이 있는 것

③ 사업주는 제1항 및 제2항에 따른 방호조치가 정상적인 기능을 발휘할 수 있도록 방호조치와 관련되는 장치를 상시적으로 점검하고 정비하여야 한다.

④ 사업주와 근로자는 제1항 및 제2항에 따른 방호조치를 해체하려는 경우 등 고용노동부령으로 정하는 경우에는 필요한 안전조치 및 보건조치를 하여야 한다.

■ 산업안전보건법 시행령 [별표 21] 〈개정 2023. 1. 5〉

대여자 등이 안전조치 등을 해야 하는 기계, 기구, 설비 및 건축물 등(제71조 관련)

1. 사무실 및 공장용 건축물	2. 이동식 크레인
3. 타워크레인	4. 불도저
5. 모터 그레이더	6. 로더
7. 스크레이퍼	8. 스크레이퍼 도저
9. 파워 셔블	10. 드래그라인
11. 클램셸	12. 버킷굴착기
13. 트렌치	14. 항타기
15. 항발기	16. 어스드릴
17. 천공기	18. 어스오거
19. 페이퍼드레인머신	20. 리프트
21. 지게차	22. 롤러기
23. 콘크리트 펌프	24. 고소작업대

25. 그 밖에 산업재해보상보험 및 예방심의위원회 심의를 거쳐 고용노동부장관이 정하여 고시하는 기계, 기구, 설비 및 건축물 등

---

⑲ 유해위험방지계획서

(1) 작성·제출 🔲 제42조

① 사업주는 다음 각 호의 어느 하나에 해당하는 경우에는 이 법 또는 이 법에 따른 명령에서 정하는 유해·위험 방지에 관한 사항을 적은 계획서(이하 "유해위험방지계획서"라 한다)를 작성하여 고용노동부령으로 정하는 바에 따라 고용노동부장관에게 제출하고 심사를

받아야 한다. 다만, 제3호에 해당하는 사업주 중 산업재해발생률 등을 고려하여 고용노동부령으로 정하는 기준에 해당하는 사업주는 유해위험방지계획서를 스스로 심사하고, 그 심사결과서를 작성하여 고용노동부장관에게 제출하여야 한다. 〈개정 2020. 5. 26.〉

1. 대통령령으로 정하는 사업의 종류 및 규모에 해당하는 사업으로서 해당 제품의 생산공정과 직접적으로 관련된 건설물·기계·기구 및 설비 등 전부를 설치·이전하거나 그 주요 구조부분을 변경하려는 경우

2. 유해하거나 위험한 작업 또는 장소에서 사용하거나 건강장해를 방지하기 위하여 사용하는 기계·기구 및 설비로서 대통령령으로 정하는 기계·기구 및 설비를 설치·이전하거나 그 주요 구조부분을 변경하려는 경우

3. 대통령령으로 정하는 크기, 높이 등에 해당하는 건설공사를 착공하려는 경우

② 제1항 제3호에 따른 건설공사를 착공하려는 사업주(제1항 각 호 외의 부분 단서에 따른 사업주는 제외한다)는 유해위험방지계획서를 작성할 때 건설안전 분야의 자격 등 고용노동부령으로 정하는 자격을 갖춘 자의 의견을 들어야 한다.

③ 제1항에도 불구하고 사업주가 제44조 제1항에 따라 공정안전보고서를 고용노동부장관에게 제출한 경우에는 해당 유해·위험설비에 대해서는 유해위험방지계획서를 제출한 것으로 본다.

④ 고용노동부장관은 제1항 각 호 외의 부분 본문에 따라 제출된 유해위험방지계획서를 고용노동부령으로 정하는 바에 따라 심사하여 그 결과를 사업주에게 서면으로 알려 주어야 한다. 이 경우 근로자의 안전 및 보건의 유지·증진을 위하여 필요하다고 인정하는 경우에는 해당 작업 또는 건설공사를 중지하거나 유해위험방지계획서를 변경할 것을 명할 수 있다.

⑤ 1항에 따른 사업주는 같은 항 각 호 외의 부분 단서에 따라 스스로 심사하거나 제4항에 따라 고용노동부장관이 심사한 유해위험방지계획서와 그 심사결과서를 사업장에 갖추어 두어야 한다.

⑥ 제1항 제3호에 따른 건설공사를 착공하려는 사업주로서 제5항에 따라 유해위험방지계획서 및 그 심사결과서를 사업장에 갖추어 둔 사업주는 해당 건설공사의 공법의 변경 등으로 인하여 그 유해위험방지계획서를 변경할 필요가 있는 경우에는 이를 변경하여 갖추어 두어야 한다.

(2) 이행의 확인 📖 제43조

① 제42조 제4항에 따라 유해위험방지계획서에 대한 심사를 받은 사업주는 고용노동부령으로 정하는 바에 따라 유해위험방지계획서의 이행에 관하여 고용노동부장관의 확인을 받아야 한다.

② 제42조 제1항 각 호 외의 부분 단서에 따른 사업주는 고용노동부령으로 정하는 바에 따라 유해위험방지계획서의 이행에 관하여 스스로 확인하여야 한다. 다만, 해당 건설공사

중에 근로자가 사망(교통사고 등 고용노동부령으로 정하는 경우는 제외한다)한 경우에는 고용노동부령으로 정하는 바에 따라 유해위험방지계획서의 이행에 관하여 고용노동부장관의 확인을 받아야 한다.

③ 고용노동부장관은 제1항 및 제2항 단서에 따른 확인 결과 유해위험방지계획서대로 유해·위험방지를 위한 조치가 되지 아니하는 경우에는 고용노동부령으로 정하는 바에 따라 시설 등의 개선, 사용중지 또는 작업중지 등 필요한 조치를 명할 수 있다.

④ 제3항에 따른 시설 등의 개선, 사용중지 또는 작업중지 등의 절차 및 방법, 그 밖에 필요한 사항은 고용노동부령으로 정한다.

(3) 유해위험방지계획서 제출 대상 ⑳ 제42조

① 법 제42조 제1항 제1호에서 "대통령령으로 정하는 사업의 종류 및 규모에 해당하는 사업"이란 다음 각 호의 어느 하나에 해당하는 사업으로서 전기 계약용량이 300킬로와트 이상인 경우를 말한다.

1. 금속가공제품 제조업(기계 및 가구 제외)
2. 비금속 광물제품 제조업
3. 기타 기계 및 장비 제조업
4. 자동차 및 트레일러 제조업
5. 식료품 제조업
6. 고무제품 및 플라스틱제품 제조업
7. 목재 및 나무제품 제조업
8. 기타 제품 제조업
9. 1차 금속 제조업
10. 가구 제조업
11. 화학물질 및 화학제품 제조업
12. 반도체 제조업
13. 전자부품 제조업

② 법 제42조 제1항 제2호에서 "대통령령으로 정하는 기계·기구 및 설비"란 다음 각 호의 어느 하나에 해당하는 기계·기구 및 설비를 말한다. 이 경우 다음 각 호에 해당하는 기계·기구 및 설비의 구체적인 범위는 고용노동부장관이 정하여 고시한다. 〈개정 2021. 11. 19.〉

1. 금속이나 그 밖의 광물의 용해로
2. 화학설비
3. 건조설비
4. 가스집합 용접장치
5. 근로자의 건강에 상당한 장해를 일으킬 우려가 있는 물질로서 고용노동부령으로 정

하는 물질의 밀폐·환기·배기를 위한 설비

6. 삭제 〈2021. 11. 19.〉

③ 법 제42조 제1항 제3호에서 "대통령령으로 정하는 크기 높이 등에 해당하는 건설공사"
란 다음 각 호의 어느 하나에 해당하는 공사를 말한다.

1. 다음 각 목의 어느 하나에 해당하는 건축물 또는 시설 등의 건설·개조 또는 해체(이하
"건설 등"이라 한다) 공사

가. 지상높이가 31미터 이상인 건축물 또는 인공구조물

나. 연면적 3만 제곱미터 이상인 건축물

다. 연면적 5천 제곱미터 이상인 시설로서 다음의 어느 하나에 해당하는 시설

1) 문화 및 집회시설(전시장 및 동물원·식물원은 제외한다)

2) 판매시설, 운수시설(고속철도의 역사 및 집배송시설은 제외한다)

3) 종교시설

4) 의료시설 중 종합병원

5) 숙박시설 중 관광숙박시설

6) 지하도상가

7) 냉동·냉장 창고시설

2. 연면적 5천 제곱미터 이상인 냉동·냉장 창고시설의 설비공사 및 단열공사

3. 최대 지간(支間)길이(다리의 기둥과 기둥의 중심 사이의 거리)가 50미터 이상인 다리
의 건설 등 공사

4. 터널의 건설 등 공사

5. 다목적댐, 발전용댐, 저수용량 2천만톤 이상의 용수 전용 댐 및 지방상수도 전용 댐
의 건설 등 공사

6. 깊이 10미터 이상인 굴착공사

(4) 첨부서류

■ 산업안전보건법 시행규칙 [별표 10] 〈개정 2021. 11. 19〉

유해위험방지계획서 첨부서류(제42조 제3항 관련)

1. 공사 개요 및 안전보건관리계획
   가. 공사 개요서(별지 제101호서식)
   나. 공사현장의 주변 현황 및 주변과의 관계를 나타내는 도면(매설물 현황을 포함한다)
   다. 전체 공정표
   라. 산업안전보건관리비 사용계획서(별지 제102호서식)
   마. 안전관리 조직표
   바. 재해 발생 위험 시 연락 및 대피방법

---

2. 작업 공사 종류별 유해위험방지계획

대상 공사	작업 공사 종류	주요 작성대상	첨부 서류
영 제42조 제3항 제1호에 따른 건축물 또는 시설 등의 건설·개조 또는 해체(이하 "건설 등"이라 한다) 공사	1. 가설공사 2. 구조물공사 3. 마감공사 4. 기계 설비공사 5. 해체공사	가. 비계 조립 및 해체 작업(외부 비계 및 높이 3미터 이상 내부비계만 해당한다) 나. 높이 4미터를 초과하는 거푸집동바리[동바리가 없는 공법(무지주공법으로 데크플레이트, 호리빔 등)과 옹벽 등 벽체를 포함한다] 조립 및 해체작업 또는 비탈면 슬래브(판 형상의 구조부재로서 구조물의 바닥이나 천장)의 거푸집동바리 조립 및 해체 작업 다. 작업발판 일체형 거푸집 조립 및 해체 작업 라. 철골 및 PC(Precast Concrete) 조립 작업 마. 양중기 설치·연장·해체 작업 및 천공·항타 작업 바. 밀폐공간 내 작업 사. 해체 작업 아. 우레탄폼 등 단열재 작업[취급장소와 인접한 장소에서 이루어지는 화기(火器) 작업을 포함한다] 자. 같은 장소(출입구를 공동으로 이용하는 장소를 말한다)에서 둘 이상의 공정이 동시에 진행되는 작업	1. 해당 작업공사 종류별 작업개요 및 재해예방 계획 2. 위험물질의 종류별 사용량과 저장·보관 및 사용 시의 안전작업계획 [비고] 1. 바목의 작업에 대한 유해위험방지계획에는 질식·화재 및 폭발 예방 계획이 포함되어야 한다. 2. 각 목의 작업과정에서 통풍이나 환기가 충분하지 않거나 가연성 물질이 있는 건축물 내부나 설비 내부에서 단열재 취급·용접·용단 등과 같은 화기작업이 포함되어 있는 경우에는 세부계획이 포함되어야 한다.
영 제42조 제3항 제2호에 따른 냉동·냉장창고시설의 설비공사 및 단열공사	1. 가설공사 2. 단열공사 3. 기계 설비공사	가. 밀폐공간 내 작업 나. 우레탄폼 등 단열재 작업(취급장소와 인접한 곳에서 이루어지는 화기 작업을 포함한다) 다. 설비 작업	1. 해당 작업공사 종류별 작업개요 및 재해예방 계획 2. 위험물질의 종류별 사용량과 저장·보관 및 사용 시의 안전작업계획

대상 공사	작업 공사 종류	주요 작성대상	첨부 서류
			라. 같은 장소(출입구를 공동으로 이용하는 장소를 말한다)에서 둘 이상의 공정이 동시에 진행되는 작업 [비고] 1. 가목의 작업에 대한 유해위험방지계획에는 질식·화재 및 폭발 예방계획이 포함되어야 한다. 2. 각 목의 작업과정에서 통풍이나 환기가 충분하지 않거나 가연성 물질이 있는 건축물 내부나 설비 내부에서 단열재 취급·용접·용단 등과 같은 화기작업이 포함되어 있는 경우에는 세부계획이 포함되어야 한다.
영 제42조 제3항 제3호에 따른 다리 건설 등의 공사	1. 가설공사 2. 다리 하부(하부공) 공사 3. 다리 상부(상부공) 공사	가. 하부공 작업 1) 작업발판 일체형 거푸집 조립 및 해체 작업 2) 양중기 설치·연장·해체 작업 및 천공·항타 작업 3) 교대·교각 기초 및 벽체 철근조립 작업 4) 해상·하상 굴착 및 기초 작업 나. 상부공 작업 1) 상부공 가설작업[압출공법(ILM), 캔틸레버공법(FCM), 동바리설치공법(FSM), 이동지보공법(MSS), 프리캐스트 세그먼트 가설공법(PSM) 등을 포함한다] 2) 양중기 설치·연장·해체 작업 3) 상부슬래브 거푸집동바리 조립 및 해체(특수작업대를 포함한다) 작업	1. 해당 작업공사 종류별 작업개요 및 재해예방계획 2. 위험물질의 종류별 사용량과 저장·보관 및 사용 시의 안전작업계획

대상 공사	작업 공사 종류	주요 작성대상	첨부 서류
영 제42조 제3항 제4호에 따른 터널 건설 등의 공사	1. 가설공사 2. 굴착 및 발파 공사 3. 구조물공사	가. 터널굴진(掘進)공법(NATM) 　1) 굴진(갱구부, 본선, 수직갱, 수직구 등을 말한다) 및 막장 내 붕괴·낙석방지 계획 　2) 화약 취급 및 발파 작업 　3) 환기 작업 　4) 작업대(굴진, 방수, 철근, 콘크리트 타설을 포함한다) 사용 작업 나. 기타 터널공법[(TBM)공법, 쉴드(Shield)공법, 추진(Front Jacking)공법, 침매공법 등을 포함한다] 　1) 환기 작업 　2) 막장 내 기계·설비 유지·보수 작업	1. 해당 작업공사 종류별 작업개요 및 재해예방 계획 2. 위험물질의 종류별 사용량과 저장·보관 및 사용 시의 안전작업계획 [비고] 1. 나목의 작업에 대한 유해위험방지계획에는 굴진(갱구부, 본선, 수직갱, 수직구 등을 말한다) 및 막장 내 붕괴·낙석방지 계획이 포함되어야 한다.
영 제42조 제3항 제5호에 따른 댐 건설 등의 공사	1. 가설공사 2. 굴착 및 발파 공사 3. 댐 축조공사	가. 굴착 및 발파 작업 나. 댐 축조[가(假)체절 작업을 포함한다] 작업 　1) 기초처리 작업 　2) 둑 비탈면 처리 작업 　3) 본체 축조 관련 장비 작업(흙쌓기 및 다짐만 해당한다) 　4) 작업발판 일체형 거푸집 조립 및 해체 작업(콘크리트 댐만 해당한다)	1. 해당 작업공사 종류별 작업개요 및 재해예방 계획 2. 위험물질의 종류별 사용량과 저장·보관 및 사용 시의 안전작업계획
영 제42조 제3항 제6호에 따른 굴착공사	1. 가설공사 2. 굴착 및 발파 공사 3. 흙막이 지보공(支保工) 공사	가. 흙막이 가시설 조립 및 해체 작업(복공작업을 포함한다) 나. 굴착 및 발파 작업 다. 양중기 설치·연장·해체 작업 및 천공·항타 작업	1. 해당 작업공사 종류별 작업개요 및 재해예방 계획 2. 위험물질의 종류별 사용량과 저장·보관 및 사용 시의 안전작업계획

[비고] 작업 공사 종류란의 공사에서 이루어지는 작업으로서 주요 작성대상란에 포함되지 않은 작업에 대해서도 유해위험방지계획서를 작성하고, 첨부서류란의 해당 서류를 첨부해야 한다.

⑳ 공정안전보고서

(1) 작성·제출 🅱 제44조

① 사업주는 사업장에 대통령령으로 정하는 유해하거나 위험한 설비가 있는 경우 그 설비로 부터의 위험물질 누출, 화재 및 폭발 등으로 인하여 사업장 내의 근로자에게 즉시 피해를 주거나 사업장 인근 지역에 피해를 줄 수 있는 사고로서 대통령령으로 정하는 사고(이하 "중대산업사고"라 한다)를 예방하기 위하여 대통령령으로 정하는 바에 따라 공정안전보고서를 작성하고 고용노동부장관에게 제출하여 심사를 받아야 한다. 이 경우 공정안전보고서의 내용이 중대산업사고를 예방하기 위하여 적합하다고 통보받기 전에는 관련된 유해하거나 위험한 설비를 가동해서는 아니 된다.

② 사업주는 제1항에 따라 공정안전보고서를 작성할 때 산업안전보건위원회의 심의를 거쳐야 한다. 다만, 산업안전보건위원회가 설치되어 있지 아니한 사업장의 경우에는 근로자대표의 의견을 들어야 한다.

(2) 심사 🅱 제45조

① 고용노동부장관은 공정안전보고서를 고용노동부령으로 정하는 바에 따라 심사하여 그 결과를 사업주에게 서면으로 알려 주어야 한다. 이 경우 근로자의 안전 및 보건의 유지·증진을 위하여 필요하다고 인정하는 경우에는 그 공정안전보고서의 변경을 명할 수 있다.

② 사업주는 제1항에 따라 심사를 받은 공정안전보고서를 사업장에 갖추어 두어야 한다.

(3) 이행 🅱 제46조

① 사업주와 근로자는 제45조 제1항에 따라 심사를 받은 공정안전보고서(이 조 제3항에 따라 보완한 공정안전보고서를 포함한다)의 내용을 지켜야 한다.

② 사업주는 제45조 제1항에 따라 심사를 받은 공정안전보고서의 내용을 실제로 이행하고 있는지 여부에 대하여 고용노동부령으로 정하는 바에 따라 고용노동부장관의 확인을 받아야 한다.

③ 사업주는 제45조 제1항에 따라 심사를 받은 공정안전보고서의 내용을 변경하여야 할 사유가 발생한 경우에는 지체 없이 그 내용을 보완하여야 한다.

④ 고용노동부장관은 고용노동부령으로 정하는 바에 따라 공정안전보고서의 이행 상태를 정기적으로 평가할 수 있다.

⑤ 고용노동부장관은 제4항에 따른 평가 결과 제3항에 따른 보완 상태가 불량한 사업장의 사업주에게는 공정안전보고서의 변경을 명할 수 있으며, 이에 따르지 아니하는 경우 공정안전보고서를 다시 제출하도록 명할 수 있다.

공정안전보고서의 제출 대상 ⑧ 제43조

① 법 제44조 제1항 전단에서 "대통령령으로 정하는 유해하거나 위험한 설비"란 다음 각 호의 어느 하나에 해당하는 사업을 하는 사업장의 경우에는 그 보유설비를 말하고, 그 외의 사업을 하는 사업장의 경우에는 별표 13에 따른 유해·위험물질 중 하나 이상의 물질을 같은 표에 따른 규정량 이상 제조·취급·저장하는 설비 및 그 설비의 운영과 관련된 모든 공정설비를 말한다.

1. 원유 정제처리업
2. 기타 석유정제물 재처리업
3. 석유화학계 기초화학물질 제조업 또는 합성수지 및 기타 플라스틱물질 제조업. 다만, 합성수지 및 기타 플라스틱물질 제조업은 별표 13 제1호 또는 제2호에 해당하는 경우로 한정한다.
4. 질소 화합물, 질소·인산 및 칼리질 화학비료 제조업 중 질소질 비료 제조
5. 복합비료 및 기타 화학비료 제조업 중 복합비료 제조(단순혼합 또는 배합에 의한 경우는 제외한다)
6. 화학 살균·살충제 및 농업용 약제 제조업[농약 원제(原劑) 제조만 해당한다]
7. 화약 및 불꽃제품 제조업

② 제1항에도 불구하고 다음 각 호의 설비는 유해하거나 위험한 설비로 보지 않는다.

1. 원자력 설비
2. 군사시설
3. 사업주가 해당 사업장 내에서 직접 사용하기 위한 난방용 연료의 저장설비 및 사용설비
4. 도매·소매시설
5. 차량 등의 운송설비
6. 「액화석유가스의 안전관리 및 사업법」에 따른 액화석유가스의 충전·저장시설
7. 「도시가스사업법」에 따른 가스공급시설
8. 그 밖에 고용노동부장관이 누출·화재·폭발 등의 사고가 있더라도 그에 따른 피해의 정도가 크지 않다고 인정하여 고시하는 설비

③ 법 제44조 제1항 전단에서 "대통령령으로 정하는 사고"란 다음 각 호의 어느 하나에 해당하는 사고를 말한다.

1. 근로자가 사망하거나 부상을 입을 수 있는 제1항에 따른 설비(제2항에 따른 설비는 제외한다. 이하 제2호에서 같다)에서의 누출·화재·폭발 사고
2. 인근 지역의 주민이 인적 피해를 입을 수 있는 제1항에 따른 설비에서의 누출·화재·폭발 사고

공정안전보고서의 내용 ⑧ 제44조

① 법 제44조 제1항 전단에 따른 공정안전보고서에는 다음 각 호의 사항이 포함되어야 한다.

1. 공정안전자료
2. 공정위험성 평가서
3. 안전운전계획
4. 비상조치계획

5. 그 밖에 공정상의 안전과 관련하여 고용노동부장관이 필요하다고 인정하여 고시하는 사항

② 제1항 제1호부터 제4호까지의 규정에 따른 사항에 관한 세부 내용은 고용노동부령으로 정한다.

공정안전보고서의 제출 영 제45조

① 사업주는 제43조에 따른 유해하거나 위험한 설비를 설치(기존 설비의 제조·취급·저장 물질이 변경되거나 제조량·취급량·저장량이 증가하여 별표 13에 따른 유해·위험물질 규정량에 해당하게 된 경우를 포함한다)·이전하거나 고용노동부장관이 정하는 주요 구조부분을 변경할 때에는 고용노동부령으로 정하는 바에 따라 법 제44조 제1항 전단에 따른 공정안전보고서를 작성하여 고용노동부장관에게 제출해야 한다. 이 경우 「화학물질관리법」에 따라 사업주가 환경부장관에게 제출해야 하는 같은 법 제23조에 따른 화학사고예방관리계획서의 내용이 제44조에 따라 공정안전보고서에 포함시켜야 할 사항에 해당하는 경우에는 그 해당 부분에 대한 작성·제출을 같은 법 제23조에 따른 화학사고예방관리계획서 사본의 제출로 갈음할 수 있다. 〈개정 2020. 9. 8.〉

② 제1항 전단에도 불구하고 사업주가 제출해야 할 공정안전보고서가 「고압가스 안전관리법」 제2조에 따른 고압가스를 사용하는 단위공정 설비에 관한 것인 경우로서 해당 사업주가 같은 법 제11조에 따른 안전관리규정과 같은 법 제13조의2에 따른 안전성향상계획을 작성하여 공단 및 같은 법 제28조에 따른 한국가스안전공사가 공동으로 검토·작성한 의견서를 첨부하여 허가 관청에 제출한 경우에는 해당 단위공정 설비에 관한 공정안전보고서를 제출한 것으로 본다.

21 안전보건진단 법 제47조

① 고용노동부장관은 추락·붕괴, 화재·폭발, 유해하거나 위험한 물질의 누출 등 산업재해 발생의 위험이 현저히 높은 사업장의 사업주에게 제48조에 따라 지정받은 기관(이하 "안전보건진단기관"이라 한다)이 실시하는 안전보건진단을 받을 것을 명할 수 있다.

② 사업주는 제1항에 따라 안전보건진단 명령을 받은 경우 고용노동부령으로 정하는 바에 따라 안전보건진단기관에 안전보건진단을 의뢰하여야 한다.

③ 사업주는 안전보건진단기관이 제2항에 따라 실시하는 안전보건진단에 적극 협조하여야 하며, 정당한 사유 없이 이를 거부하거나 방해 또는 기피해서는 아니 된다. 이 경우 근로자대표가 요구할 때에는 해당 안전보건진단에 근로자대표를 참여시켜야 한다.

④ 안전보건진단기관은 제2항에 따라 안전보건진단을 실시한 경우에는 안전보건진단 결과보고서를 고용노동부령으로 정하는 바에 따라 해당 사업장의 사업주 및 고용노동부장관에게 제출하여야 한다.

⑤ 안전보건진단의 종류 및 내용, 안전보건진단 결과보고서에 포함될 사항, 그 밖에 필요한 사항은 대통령령으로 정한다.

안전보건진단기관의 지정 요건 ❸ 제47조

법 제48조 제1항에 따라 안전보건진단기관으로 지정받으려는 자는 법인으로서 제46조 제1항 및 별표 14에 따른 안전보건진단 종류별로 종합진단기관은 별표 15, 안전진단기관은 별표 16, 보건진단기관은 별표 17에 따른 인력·시설 및 장비 등의 요건을 각각 갖추어야 한다.

■ 산업안전보건법 시행령 [별표 14]

안전보건진단의 종류 및 내용(제46조 제1항 관련)

종류	진단내용
종합 진단	1. 경영·관리적 사항에 대한 평가 　가. 산업재해 예방계획의 적정성 　나. 안전·보건 관리조직과 그 직무의 적정성 　다. 산업안전보건위원회 설치·운영, 명예산업안전감독관의 역할 등 근로자의 참여 정도 　라. 안전보건관리규정 내용의 적정성 2. 산업재해 또는 사고의 발생 원인(산업재해 또는 사고가 발생한 경우만 해당한다) 3. 작업조건 및 작업방법에 대한 평가 4. 유해·위험요인에 대한 측정 및 분석 　가. 기계·기구 또는 그 밖의 설비에 의한 위험성 　나. 폭발성·물반응성·자기반응성·자기발열성 물질, 자연발화성 액체·고체 및 인화성 액체 등에 의한 위험성 　다. 전기·열 또는 그 밖의 에너지에 의한 위험성 　라. 추락, 붕괴, 낙하, 비래(飛來) 등으로 인한 위험성 　마. 그 밖에 기계·기구·설비·장치·구축물·시설물·원재료 및 공정 등에 의한 위험성 　바. 법 제118조 제1항에 따른 허가대상물질, 고용노동부령으로 정하는 관리대상 유해물질 및 온도·습도·환기·소음·진동·분진, 유해광선 등의 유해성 또는 위험성 5. 보호구, 안전·보건장비 및 작업환경 개선시설의 적정성 6. 유해물질의 사용·보관·저장, 물질안전보건자료의 작성, 근로자 교육 및 경고표시 부착의 적정성 7. 그 밖에 작업환경 및 근로자 건강 유지·증진 등 보건관리의 개선을 위하여 필요한 사항
안전 진단	종합진단 내용 중 제2호·제3호, 제4호가목부터 마목까지 및 제5호 중 안전 관련 사항
보건 진단	종합진단 내용 중 제2호·제3호, 제4호바목, 제5호 중 보건 관련 사항, 제6호 및 제7호

종합진단기관의 인력시설 및 장비 등의 기준(제47조 관련)

1. 인력기준

안전 분야	보건 분야
다음 각 목에 해당하는 전담 인력 보유 가. 기계·화공·전기 분야의 산업안전지도사 또는 안전기술사 1명 이상 나. 건설안전지도사 또는 건설안전기술사 1명 이상 다. 산업안전기사 이상의 자격을 취득한 사람 2명 이상 라. 기계기사 이상의 자격을 취득한 사람 1명 이상 마. 전기기사 이상의 자격을 취득한 사람 1명 이상 바. 화공기사 이상의 자격을 취득한 사람 1명 이상 사. 건설안전기사 이상의 자격을 취득한 사람 1명 이상	다음 각 목에 해당하는 전담 인력 보유 가. 의사(별표 30 제1호의 특수건강진단기관의 인력기준에 해당하는 사람)·산업보건지도사 또는 산업위생관리기술사 1명 이상 나. 분석전문가(고등교육법에 따른 대학에서 화학, 화공학, 약학 또는 산업보건학 관련 학위를 취득한 사람 또는 이와 같은 수준 이상의 학력을 가진 사람) 2명 이상 다. 산업위생관리기사(산업위생관리기사 이상의 자격을 취득한 사람 또는 산업위생관리산업기사 이상의 자격을 취득한 사람 각 1명 이상) 2명 이상

2. 시설기준
    가. 안전 분야 : 사무실 및 장비실
    나. 보건 분야 : 작업환경상담실, 작업환경측정 준비 및 분석실험실

3. 장비기준
    가. 안전 분야 : 별표 16 제2호에 따라 일반안전진단기관이 갖추어야 할 장비
    나. 보건 분야 : 별표 17 제3호에 따라 보건진단기관이 갖추어야 할 장비

4. 장비의 공동활용
    별표 17 제3호아목부터 러목까지의 규정에 해당하는 장비는 해당 기관이 법 제126조에 따른 작업환경측정기관 또는 법 제135조에 따른 특수건강진단기관으로 지정을 받으려고 하거나 지정을 받아 같은 장비를 보유하고 있는 경우에는 분석 능력 등을 고려하여 이를 공동으로 활용할 수 있다.

안전보건진단기관의 지정 취소 등의 사유 영 제48조

법 제48조 제4항에 따라 준용되는 법 제21조 제4항 제5호에서 "대통령령으로 정하는 사유에 해당하는 경우"란 다음 각 호의 경우를 말한다.
1. 안전보건진단 업무 관련 서류를 거짓으로 작성한 경우
2. 정당한 사유 없이 안전보건진단 업무의 수탁을 거부한 경우
3. 제47조에 따른 인력기준에 해당하지 않은 사람에게 안전보건진단 업무를 수행하게 한 경우
4. 안전보건진단 업무를 수행하지 않고 위탁 수수료를 받은 경우

5. 안전보건진단 업무와 관련된 비치서류를 보존하지 않은 경우
6. 안전보건진단 업무 수행과 관련한 대가 외의 금품을 받은 경우
7. 법에 따른 관계 공무원의 지도·감독을 거부·방해 또는 기피한 경우

안전보건진단을 받아 안전보건개선계획을 수립할 대상 <영> 제49조

법 제49조 제1항 각 호 외의 부분 후단에서 "대통령령으로 정하는 사업장"이란 다음 각 호의 사업장을 말한다.
1. 산업재해율이 같은 업종 평균 산업재해율의 2배 이상인 사업장
2. 법 제49조 제1항 제2호에 해당하는 사업장
3. 직업성 질병자가 연간 2명 이상(상시근로자 1천 명 이상 사업장의 경우 3명 이상) 발생한 사업장
4. 그 밖에 작업환경 불량, 화재·폭발 또는 누출 사고 등으로 사업장 주변까지 피해가 확산된 사업장으로서 고용노동부령으로 정하는 사업장

22 건설업 산업안전보건관리비 계상 및 사용기준

[시행 2024. 1. 1.] [고용노동부고시 제2023-49호, 2023. 10. 5., 일부개정]

(1) 정의

① 이 고시에서 사용하는 용어의 뜻은 다음과 같다.

1. "건설업 산업안전보건관리비"(이하 "산업안전보건관리비"라 한다)란 산업재해 예방을 위하여 건설공사 현장에서 직접 사용되거나 해당 건설업체의 본점 또는 주사무소(이하 "본사"라 한다)에 설치된 안전전담부서에서 법령에 규정된 사항을 이행하는 데소요되는 비용을 말한다.

2. "산업안전보건관리비 대상액"(이하 "대상액"이라 한다)이란 「예정가격 작성기준」(기획재정부 계약예규) 및 「지방자치단체 입찰 및 계약집행기준」(행정안전부 예규)등 관련 규정에서 정하는 공사원가계산서 구성항목 중 직접재료비, 간접재료비와 직접노무비를 합한 금액(발주자가 재료를 제공할 경우에는 해당 재료비를 포함한다)을 말한다.

3. "건설공사발주자"(이하 "발주자"라 한다)란 법 제2조 제10호에 따른 건설공사발주자를 말한다.

4. "건설공사도급인"이란 발주자에게 건설공사를 도급받은 사업주로서 건설공사의 시공을 주도하여 총괄·관리하는 자를 말한다.

5. "자기공사자"란 건설공사의 시공을 주도하여 총괄·관리하는 자(발주자로부터 건설공사를 최초로 도급받은 수급인은 제외한다)를 말한다.

6. "감리자"란 다음 각 목의 어느 하나에 해당하는 자를 말한다.
   가. 「건설기술진흥법」 제2조 제5호에 따른 감리 업무를 수행하는 자
   나. 「건축법」 제2조 제1항 제15호의 공사감리자

다. 「문화재수리 등에 관한 법률」 제2조 제12호의 문화재감리원

라. 「소방시설공사업법」 제2조 제3호의 감리원

마. 「전력기술관리법」 제2조 제5호의 감리원

바. 「정보통신공사업법」 제2조 제10호의 감리원

사. 그 밖에 관계 법률에 따라 감리 또는 공사감리 업무와 유사한 업무를 수행하는 자

② 그 밖에 이 고시에서 사용하는 용어의 정의는 이 고시에 특별한 규정이 없으면 「산업안전보건법」(이하 "법"이라 한다), 같은 법 시행령(이하 "영"이라 한다), 같은 법 시행규칙(이하 "규칙"이라 한다), 예산회계 및 건설관계법령에서 정하는 바에 따른다.

(2) 적용범위

이 고시는 법 제2조 제11호의 건설공사 중 총공사금액 2천만 원 이상인 공사에 적용한다. 다만, 다음 각 호의 어느 하나에 해당되는 공사 중 단가계약에 의하여 행하는 공사에 대하여는 총계약금액을 기준으로 적용한다.

1. 「전기공사업법」 제2조에 따른 전기공사로서 저압·고압 또는 특별고압 작업으로 이루어지는 공사

2. 「정보통신공사업법」 제2조에 따른 정보통신공사

(3) 계상의무 및 기준

① 발주자가 도급계약 체결을 위한 원가계산에 의한 예정가격을 작성하거나, 자기공사자가 건설공사 사업 계획을 수립할 때에는 다음 각 호에 따라 산정한 금액 이상의 산업안전보건관리비를 계상하여야 한다. 다만, 발주자가 재료를 제공하거나 일부 물품이 완제품의 형태로 제작·납품되는 경우에는 해당 재료비 또는 완제품 가액을 대상액에 포함하여 산출한 산업안전보건관리비와 해당 재료비 또는 완제품 가액을 대상액에서 제외하고 산출한 산업안전보건관리비의 1.2배에 해당하는 값을 비교하여 그중 작은 값 이상의 금액으로 계상한다.

1. 대상액이 5억 원 미만 또는 50억 원 이상인 경우 : 대상액에 별표 1에서 정한 비율을 곱한 금액

2. 대상액이 5억 원 이상 50억 원 미만인 경우 : 대상액에 별표 1에서 정한 비율을 곱한 금액에 기초액을 합한 금액

3. 대상액이 명확하지 않은 경우 : 제4조 제1항의 도급계약 또는 자체사업계획상 책정된 총공사금액의 10분의 7에 해당하는 금액을 대상액으로 하고 제1호 및 제2호에서 정한 기준에 따라 계상

② 발주자는 제1항에 따라 계상한 산업안전보건관리비를 입찰공고 등을 통해 입찰에 참가하려는 자에게 알려야 한다.

③ 발주자와 법 제69조에 따른 건설공사도급인 중 자기공사자를 제외하고 발주자로부터 해당 건설공사를 최초로 도급받은 수급인(이하 "도급인"이라 한다)은 공사계약을 체결할 경우 제1항에 따라 계상된 산업안전보건관리비를 공사도급계약서에 별도로 표시하여야 한다.

④ 별표 1의 공사의 종류는 별표 5의 건설공사의 종류 예시표에 따른다. 다만, 하나의 사업장 내에 건설공사 종류가 둘 이상인 경우(분리발주한 경우를 제외한다)에는 공사금액이 가장 큰 공사종류를 적용한다.

⑤ 발주자 또는 자기공사자는 설계변경 등으로 대상액의 변동이 있는 경우 별표 1의3에 따라 지체 없이 산업안전보건관리비를 조정 계상하여야 한다. 다만, 설계변경으로 공사금액이 800억 원 이상으로 증액된 경우에는 증액된 대상액을 기준으로 제1항에 따라 재계상한다.

■ 건설업 산업안전보건관리비 계상 및 사용기준 [별표 1]

공사종류 및 규모별 산업안전보건관리비 계상기준

구분	대상액 5억 원 미만 적용비율(%)	대상액 5억 원 이상 50억 원 미만인 경우		대상액 50억 원 이상 적용비율(%)	보건관리자 선임대상 건설공사의 적용비율(%)
		적용비율(%)	기초액		
건축공사	3.11	2.28	4,325,000원	2.37	2.64
토목공사	3.15	2.53	3,300,000원	2.60	2.73
중건설공사	3.64	3.05	2,975,000원	3.11	3.39
특수건설공사	2.07	1.59	2,450,000원	1.64	1.78

※ 공사종류 개편 사항은 2024. 7. 1.부터 시행

■ 건설업 산업안전보건관리비 계상 및 사용기준 [별표 5]

건설공사의 종류 예시표

공사종류	내용 예시
1. 건축공사	가. 「건설산업기본법 시행령」(별표 1) 제1호 '나'목 종합적인 계획, 관리 및 조정에 따라 토지에 정착 하는 공작물 중 지붕과 기둥(또는 벽)이 있는 것과 이에 부수되는 시설물을 건설하는 공사 및 이와 함께 부대하여 현장 내에서 행하는 공사 나. 「건설산업기본법 시행령」(별표 1) 제2호의 전문공사로서 건축물과 관련하여 분리하여 발주되었고 시간적·장소적으로도 독립하여 행하는 공사
2. 토목공사	가. 「건설산업기본법 시행령」(별표 1) 제1호 '가'목 종합적인 계획·관리 및 조정에 따라 토목 공작물을 설치하거나 토지를 조성·개량하는 공사, '라'목 종합적인 계획, 관리 및 조정에 따라 산업의 생산시설, 환경오염을 예방·제거 재활용하기 위한 시설, 에너지 등의 생산·저장·공급시설 등의 건설공사 및 이와 함께 부대하여 현장 내에서 행하는 공사 나. 「건설산업기본법 시행령」(별표 1) 제2호의 전문공사로서 같은 표 제1호 건축공사 외의 시설물과 관련하여 분리하여 발주되었고 시간적·장소적으로도 독립하여 행하는 공사

공사종류	내용 예시
3. 중건설공사	「건설산업기본법 시행령」(별표 1) 제1호 '가'목 및 '라'목에 해당되는 공사 중 다음과 같은 공사 및 이와 함께 부대하여 현장 내에서 행하는 공사 가. 고제방 댐 공사 등 댐 신설공사, 제방신설공사와 관련한 제반 시설공사 나. 화력, 수력, 원자력, 열병합 발전시설 등 설치공사 화력, 수력, 원자력, 열병합 발전시설과 관련된 신설공사 및 제반시설공사 다. 터널신설공사 등 도로, 철도, 지하철 공사로서 터널, 교량, 토공사 등이 포함된 복합시설물로 구성된 공사에 있어 터널 공사비 비중이 가장 큰 비중을 차지하는 건설공사
4. 특수건설 공사	「건설산업기본법 시행령」(별표 1) 제1호 '마'목 종합적인 계획·관리 및 조정에 따라 수목원, 공원, 녹지, 숲의 조성 등 경관 및 환경을 조성·개량 등의 건설공사로서 같은 법 시행규칙(별표 3)에서 구분한 조경공사에 해당하는 공사와 아래 각목에 따른 건설공사 중 다른 공사와 분리하여 발주되었고 시간적·장소적으로도 독립하여 행하는 공사 가. 「전기공사업법」에 의한 공사 나. 「정보통신공사업법」에 의한 공사 다. 「소방공사업법」에 의한 공사 라. 「문화재수리공사업법」에 의한 공사

[비고]
1. 건축물과 관련하여 공사가 수행된다 하더라도 독립하여 행하는 공사가 토목공사, 중건설공사가 명백한 경우 해당 공사 종류로 분류한다.
2. 건축공사, 토목공사 및 중건설공사와 함께 부대하여 현장 내에서 이루어지는 공사는 개별 법령에 따라 수행되는 공사를 포함한다.

(4) 사용기준

① 도급인과 자기공사자는 산업안전보건관리비를 산업재해예방 목적으로 다음 각 호의 기준에 따라 사용하여야 한다.

  1. 안전관리자·보건관리자의 임금 등

     가. 법 제17조 제3항 및 법 제18조 제3항에 따라 안전관리 또는 보건관리 업무만을 전담하는 안전관리자 또는 보건관리자의 임금과 출장비 전액

     나. 안전관리 또는 보건관리 업무를 전담하지 않는 안전관리자 또는 보건관리자의 임금과 출장비의 각각 2분의 1에 해당하는 비용

     다. 안전관리자를 선임한 건설공사 현장에서 산업재해 예방 업무만을 수행하는 작업지휘자, 유도자, 신호자 등의 임금 전액

     라. 별표 1의2에 해당하는 작업을 직접 지휘·감독하는 직·조·반장 등 관리감독자의 직위에 있는 자가 영 제15조 제1항에서 정하는 업무를 수행하는 경우에 지급하는 업무수당(임금의 10분의 1 이내)

2. 안전시설비 등

　가. 산업재해 예방을 위한 안전난간, 추락방지망, 안전대 부착설비, 방호장치(기계·기구와 방호장치가 일체로 제작된 경우, 방호장치 부분의 가액에 한함) 등 안전시설의 구입·임대 및 설치를 위해 소요되는 비용

　나. 「산업재해예방시설자금 융자금 지원사업 및 보조금 지급사업 운영규정」(고용노동부고시) 제2조 제12호에 따른 "스마트안전장비 지원사업" 및 「건설기술 진흥법」 제62조의3에 따른 스마트 안전장비 구입·임대 비용의 5분의 2에 해당하는 비용. 다만, 제4조에 따라 계상된 산업안전보건관리비 총액의 10분의 1을 초과할 수 없다.

　다. 용접 작업 등 화재 위험작업 시 사용하는 소화기의 구입·임대비용

3. 보호구 등

　가. 영 제74조 제1항 제3호에 따른 보호구의 구입·수리·관리 등에 소요되는 비용

　나. 근로자가 가목에 따른 보호구를 직접 구매·사용하여 합리적인 범위 내에서 보전하는 비용

　다. 제1호 가목부터 다목까지의 규정에 따른 안전관리자 등의 업무용 피복, 기기 등을 구입하기 위한 비용

　라. 제1호 가목에 따른 안전관리자 및 보건관리자가 안전보건 점검 등을 목적으로 건설공사 현장에서 사용하는 차량의 유류비·수리비·보험료

스마트 안전장비 구입·임대 비용지원 비율의 단계적 확대 🔵 제7조 제1항

현행 40%인 스마트 안전장비 구입·임대 비용 지원 비율을 100%까지 단계적으로 확대
① 스마트 안전장비 구입·임대비용의 10분의 7에 해당하는 비용 : 2025년 1월 1일
② 스마트 안전장비 구입·임대비용의 100% : 2026년 1월 1일
※ 단, 총액의 10% 제한은 기존대로 유지

4. 안전보건진단비 등

　가. 법 제42조에 따른 유해위험방지계획서의 작성 등에 소요되는 비용

　나. 법 제47조에 따른 안전보건진단에 소요되는 비용

　다. 법 제125조에 따른 작업환경 측정에 소요되는 비용

　라. 그 밖에 산업재해예방을 위해 법에서 지정한 전문기관 등에서 실시하는 진단, 검사, 지도 등에 소요되는 비용

5. 안전보건교육비 등

　가. 법 제29조부터 제32조까지의 규정에 따라 실시하는 의무교육이나 이에 준하여 실시하는 교육을 위해 건설공사 현장의 교육 장소 설치·운영 등에 소요되는 비용

　나. 가목 이외 산업재해 예방 목적을 가진 다른 법령상 의무교육을 실시하기 위해 소요되는 비용

다. 「응급의료에 관한 법률」제14조 제1항 제5호에 따른 안전보건교육 대상자 등에게 구조 및 응급처치에 관한 교육을 실시하기 위해 소요되는 비용

라. 안전보건관리책임자, 안전관리자, 보건관리자가 업무수행을 위해 필요한 정보를 취득하기 위한 목적으로 도서, 정기간행물을 구입하는 데 소요되는 비용

마. 건설공사 현장에서 안전기원제 등 산업재해 예방을 기원하는 행사를 개최하기 위해 소요되는 비용. 다만, 행사의 방법, 소요된 비용 등을 고려하여 사회통념에 적합한 행사에 한한다.

바. 건설공사 현장의 유해·위험요인을 제보하거나 개선방안을 제안한 근로자를 격려하기 위해 지급하는 비용

6. 근로자 건강장해예방비 등

가. 법·영·규칙에서 규정하거나 그에 준하여 필요로 하는 각종 근로자의 건강장해 예방에 필요한 비용

나. 중대재해 목격으로 발생한 정신질환을 치료하기 위해 소요되는 비용

다. 「감염병의 예방 및 관리에 관한 법률」제2조 제1호에 따른 감염병의 확산 방지를 위한 마스크, 손소독제, 체온계 구입비용 및 감염병병원체 검사를 위해 소요되는 비용

라. 법 제128조의2 등에 따른 휴게시설을 갖춘 경우 온도, 조명 설치·관리기준을 준수하기 위해 소요되는 비용

마. 건설공사 현장에서 근로자 심폐소생을 위해 사용되는 자동심장충격기(AED) 구입에 소요되는 비용

7. 법 제73조 및 제74조에 따른 건설재해예방전문지도기관의 지도에 대한 대가로 제2조 제1항 제5호의 자기공사자가 지급하는 비용

8. 「중대재해 처벌 등에 관한 법률 시행령」제4조 제2호 나목에 해당하는 건설사업자가 아닌 자가 운영하는 사업에서 안전보건 업무를 총괄·관리하는 3명 이상으로 구성된 본사 전담조직에 소속된 근로자의 임금 및 업무수행 출장비 전액. 다만, 제4조에 따라 계상된 산업안전보건관리비 총액의 20분의 1을 초과할 수 없다.

9. 법 제36조에 따른 위험성평가 또는 「중대재해 처벌 등에 관한 법률 시행령」제4조 제3호에 따라 유해·위험요인 개선을 위해 필요하다고 판단하여 법 제24조의 산업안전보건위원회 또는 법 제75조의 노사협의체에서 사용하기로 결정한 사항을 이행하기 위한 비용. 다만, 제4조에 따라 계상된 산업안전보건관리비 총액의 10분의 1을 초과할 수 없다.

② 제1항에도 불구하고 도급인 및 자기공사자는 다음 각 호의 어느 하나에 해당하는 경우에는 산업안전보건관리비를 사용할 수 없다. 다만, 제1항 제2호 나목 및 다목, 제1항 제6호 나목부터 마목, 제1항 제9호의 경우에는 그러하지 아니하다.

1. 「(계약예규)예정가격작성기준」제19조 제3항 중 각 호(단, 제14호는 제외한다)에 해당되는 비용

2. 다른 법령에서 의무사항으로 규정한 사항을 이행하는 데 필요한 비용
3. 근로자 재해예방 외의 목적이 있는 시설·장비나 물건 등을 사용하기 위해 소요되는 비용
4. 환경관리, 민원 또는 수방대비 등 다른 목적이 포함된 경우

③ 도급인 및 자기공사자는 별표 3에서 정한 공사진척에 따른 산업안전보건관리비 사용기준을 준수하여야 한다. 다만, 건설공사발주자는 건설공사의 특성 등을 고려하여 사용기준을 달리 정할 수 있다.

④ 〈삭제〉

⑤ 도급인 및 자기공사자는 도급금액 또는 사업비에 계상된 산업안전보건관리비의 범위에서 그의 관계수급인에게 해당 사업의 위험도를 고려하여 적정하게 산업안전보건관리비를 지급하여 사용하게 할 수 있다.

(5) 사용금액의 감액·반환 등

발주자는 도급인이 법 제72조 제2항에 위반하여 다른 목적으로 사용하거나 사용하지 않은 산업안전보건관리비에 대하여 이를 계약금액에서 감액조정하거나 반환을 요구할 수 있다.

(6) 사용내역의 확인

① 도급인은 산업안전보건관리비 사용내역에 대하여 공사 시작 후 6개월마다 1회 이상 발주자 또는 감리자의 확인을 받아야 한다. 다만, 6개월 이내에 공사가 종료되는 경우에는 종료 시 확인을 받아야 한다.

② 제1항에도 불구하고 발주자, 감리자 및 「근로기준법」 제101조에 따른 관계 근로감독관은 산업안전보건관리비 사용내역을 수시 확인할 수 있으며, 도급인 또는 자기공사자는 이에 따라야 한다.

③ 발주자 또는 감리자는 제1항 및 제2항에 따른 산업안전보건관리비 사용내역 확인 시 기술지도 계약 체결, 기술지도 실시 및 개선 여부 등을 확인하여야 한다.

(7) 실행예산의 작성 및 집행 등

① 공사금액 4천만 원 이상의 도급인 및 자기공사자는 공사실행예산을 작성하는 경우에 해당 공사에 사용하여야 할 산업안전보건관리비의 실행예산을 계상된 산업안전보건관리비 총액 이상으로 별도 편성해야 하며, 이에 따라 산업안전보건관리비를 사용하고 별지 제1호서식의 산업안전보건관리비 사용내역서를 작성하여 해당 공사현장에 갖추어 두어야 한다.

② 도급인 및 자기공사자는 제1항에 따른 산업안전보건관리비 실행예산을 작성하고 집행하는 경우에 법 제17조와 영 제16조에 따라 선임된 해당 사업장의 안전관리자가 참여하도록 하여야 한다.

23 안전보건개선계획

(1) 대상 **법** 제49조

① 고용노동부장관은 다음 각 호의 어느 하나에 해당하는 사업장으로서 산업재해 예방을 위하여 종합적인 개선조치를 할 필요가 있다고 인정되는 사업장의 사업주에게 고용노동부령으로 정하는 바에 따라 그 사업장, 시설, 그 밖의 사항에 관한 안전 및 보건에 관한 개선계획(이하 "안전보건개선계획"이라 한다)을 수립하여 시행할 것을 명할 수 있다. 이 경우 대통령령으로 정하는 사업장의 사업주에게는 제47조에 따라 안전보건진단을 받아 안전보건개선계획을 수립하여 시행할 것을 명할 수 있다.

1. 산업재해율이 같은 업종의 규모별 평균 산업재해율보다 높은 사업장
2. 사업주가 필요한 안전조치 또는 보건조치를 이행하지 아니하여 중대재해가 발생한 사업장
3. 대통령령으로 정하는 수 이상의 직업성 질병자가 발생한 사업장
4. 제106조에 따른 유해인자의 노출기준을 초과한 사업장

② 사업주는 안전보건개선계획을 수립할 때에는 산업안전보건위원회의 심의를 거쳐야 한다. 다만, 산업안전보건위원회가 설치되어 있지 아니한 사업장의 경우에는 근로자대표의 의견을 들어야 한다.

(2) 계획서의 제출 **법** 제50조

① 제49조 제1항에 따라 안전보건개선계획의 수립·시행 명령을 받은 사업주는 고용노동부령으로 정하는 바에 따라 안전보건개선계획서를 작성하여 고용노동부장관에게 제출하여야 한다.

② 고용노동부장관은 제1항에 따라 제출받은 안전보건개선계획서를 고용노동부령으로 정하는 바에 따라 심사하여 그 결과를 사업주에게 서면으로 알려 주어야 한다. 이 경우 고용노동부장관은 근로자의 안전 및 보건의 유지·증진을 위하여 필요하다고 인정하는 경우 해당 안전보건개선계획서의 보완을 명할 수 있다.

③ 사업주와 근로자는 제2항 전단에 따라 심사를 받은 안전보건개선계획서(같은 항 후단에 따라 보완한 안전보건개선계획서를 포함한다)를 준수하여야 한다.

24 작업중지

(1) 사업주의 작업중지 **법** 제51조

사업주는 산업재해가 발생할 급박한 위험이 있을 때에는 즉시 작업을 중지시키고 근로자를 작업장소에서 대피시키는 등 안전 및 보건에 관하여 필요한 조치를 하여야 한다.

(2) 근로자의 작업중지 🏛 제52조

① 근로자는 산업재해가 발생할 급박한 위험이 있는 경우에는 작업을 중지하고 대피할 수 있다.

② 제1항에 따라 작업을 중지하고 대피한 근로자는 지체 없이 그 사실을 관리감독자 또는 그 밖에 부서의 장(이하 "관리감독자 등"이라 한다)에게 보고하여야 한다.

③ 관리감독자 등은 제2항에 따른 보고를 받으면 안전 및 보건에 관하여 필요한 조치를 하여야 한다.

④ 사업주는 산업재해가 발생할 급박한 위험이 있다고 근로자가 믿을 만한 합리적인 이유가 있을 때에는 제1항에 따라 작업을 중지하고 대피한 근로자에 대하여 해고나 그 밖의 불리한 처우를 해서는 아니 된다.

(3) 고용노동부장관의 시정조치 🏛 제53조

① 고용노동부장관은 사업주가 사업장의 건설물 또는 그 부속건설물 및 기계·기구·설비·원재료(이하 "기계·설비 등"이라 한다)에 대하여 안전 및 보건에 관하여 고용노동부령으로 정하는 필요한 조치를 하지 아니하여 근로자에게 현저한 유해·위험이 초래될 우려가 있다고 판단될 때에는 해당 기계·설비 등에 대하여 사용중지·대체·제거 또는 시설의 개선, 그 밖에 안전 및 보건에 관하여 고용노동부령으로 정하는 필요한 조치(이하 "시정조치"라 한다)를 명할 수 있다.

② 제1항에 따라 시정조치 명령을 받은 사업주는 해당 기계·설비 등에 대하여 시정조치를 완료할 때까지 시정조치 명령 사항을 사업장 내에 근로자가 쉽게 볼 수 있는 장소에 게시하여야 한다.

③ 고용노동부장관은 사업주가 해당 기계·설비 등에 대한 시정조치 명령을 이행하지 아니하여 유해·위험 상태가 해소 또는 개선되지 아니하거나 근로자에 대한 유해·위험이 현저히 높아질 우려가 있는 경우에는 해당 기계·설비 등과 관련된 작업의 전부 또는 일부의 중지를 명할 수 있다.

④ 제1항에 따른 사용중지 명령 또는 제3항에 따른 작업중지 명령을 받은 사업주는 그 시정조치를 완료한 경우에는 고용노동부장관에게 제1항에 따른 사용중지 또는 제3항에 따른 작업중지의 해제를 요청할 수 있다.

⑤ 고용노동부장관은 제4항에 따른 해제 요청에 대하여 시정조치가 완료되었다고 판단될 때에는 제1항에 따른 사용중지 또는 제3항에 따른 작업중지를 해제하여야 한다.

25 중대재해 발생 시 조치

(1) 사업주의 조치 🏛 제54조

① 사업주는 중대재해가 발생하였을 때에는 즉시 해당 작업을 중지시키고 근로자를 작업장소에서 대피시키는 등 안전 및 보건에 관하여 필요한 조치를 하여야 한다.

② 사업주는 중대재해가 발생한 사실을 알게 된 경우에는 고용노동부령으로 정하는 바에 따라 지체 없이 고용노동부장관에게 보고하여야 한다. 다만, 천재지변 등 부득이한 사유가 발생한 경우에는 그 사유가 소멸되면 지체 없이 보고하여야 한다.

(2) 고용노동부장관의 조치 🏛 제55조

① 고용노동부장관은 중대재해가 발생하였을 때 다음 각 호의 어느 하나에 해당하는 작업으로 인하여 해당 사업장에 산업재해가 다시 발생할 급박한 위험이 있다고 판단되는 경우에는 그 작업의 중지를 명할 수 있다.
  1. 중대재해가 발생한 해당 작업
  2. 중대재해가 발생한 작업과 동일한 작업

② 고용노동부장관은 토사·구축물의 붕괴, 화재·폭발, 유해하거나 위험한 물질의 누출 등으로 인하여 중대재해가 발생하여 그 재해가 발생한 장소 주변으로 산업재해가 확산될 수 있다고 판단되는 등 불가피한 경우에는 해당 사업장의 작업을 중지할 수 있다.

③ 고용노동부장관은 사업주가 제1항 또는 제2항에 따른 작업중지의 해제를 요청한 경우에는 작업중지 해제에 관한 전문가 등으로 구성된 심의위원회의 심의를 거쳐 고용노동부령으로 정하는 바에 따라 제1항 또는 제2항에 따른 작업중지를 해제하여야 한다.

④ 제3항에 따른 작업중지 해제의 요청 절차 및 방법, 심의위원회의 구성·운영, 그 밖에 필요한 사항은 고용노동부령으로 정한다.

(3) 원인조사 🏛 제56조

① 고용노동부장관은 중대재해가 발생하였을 때에는 그 원인 규명 또는 산업재해 예방대책 수립을 위하여 그 발생 원인을 조사할 수 있다.

② 고용노동부장관은 중대재해가 발생한 사업장의 사업주에게 안전보건개선계획의 수립·시행, 그 밖에 필요한 조치를 명할 수 있다.

③ 누구든지 중대재해 발생 현장을 훼손하거나 제1항에 따른 고용노동부장관의 원인조사를 방해해서는 아니 된다.

④ 중대재해가 발생한 사업장에 대한 원인조사의 내용 및 절차, 그 밖에 필요한 사항은 고용노동부령으로 정한다.

1 건설안전에 관한 사항

(1) 개요

건설공사 착공 전 건설사업자 등이 시공과정의 위험요소를 발굴하고, 건설사고 방지를 위한 적합한 안전관리계획을 수립·유도함으로써 건설공사 중 안전사고를 예방하여 현장 중심의 실질적인 안전관리 계획을 수립하는 데 목적이 있다.

(2) 제출대상

① 1종 시설물 및 2종 시설물 시설물의 안전 및 유지관리에 관한 특별법 제7조 제1호 및 제2호에 따른 1종 시설물 및 2종 시설물의 건설공사(같은 법 제2조 제11호에 따른 유지관리를 위한 건설공사는 제외한다)

② 지하 10미터 이상을 굴착하는 건설공사. 이 경우 굴착 깊이 산정 시 집수정(集水井), 엘리베이터 피트 및 정화조 등의 굴착 부분은 제외하며, 토지에 높낮이 차가 있는 경우 굴착 깊이의 산정방법은 건축법 시행령 제119조 제2항을 따른다.

③ 폭발물을 사용하는 건설공사폭발물을 사용하는 건설공사로서 20미터 안에 시설물이 있거나 100미터 안에 사육하는 가축이 있어 해당 건설공사로 인한 영향을 받을 것이 예상되는 건설공사

④ 10층 이상 16층 미만인 건축물의 건설공사

⑤ 다음과 같은 리모델링 또는 해체공사
　　㉠ 10층 이상인 건축물의 리모델링 또는 해체공사
　　㉡ 주택법 제2조 제25호 다목에 따른 수직증축형 리모델링

⑥ 건설기계관리법 제3조에 따라 등록된 다음의 어느 하나에 해당하는 건설기계가 사용되는 건설공사
　　㉠ 천공기(높이가 10미터 이상인 것만 해당한다)
　　㉡ 항타 및 항발기
　　㉢ 타워크레인

⑦ 영 제101조의2 제1항에 따라 다음의 가설구조물을 사용하는 건설공사
　　㉠ 높이가 31미터 이상인 비계
　　㉡ 브래킷(bracket) 비계
　　㉢ 작업발판 일체형 거푸집 또는 높이가 5미터 이상인 거푸집 및 동바리
　　㉣ 터널의 지보공(支保工) 또는 높이가 2미터 이상인 흙막이 지보공
　　㉤ 동력을 이용하여 움직이는 가설구조물

ⓗ 높이 10m 이상에서 외부 작업하기 위하여 작업발판 및 안전시설물을 일체화하여 설치하는 가설 구조물

ⓢ 공사현장에서 제작·설치하여 조립·설치하는 복합형 가설구조물

ⓞ 그 밖에 발주자 또는 인·허가기관의 장이 필요하다고 인정하는 가설구조물

⑧ ①부터 ⑦까지 건설공사 외의 건설공사로서 다음의 어느 하나에 해당하는 공사

ⓐ 발주자가 안전관리가 특히 필요하다고 인정하는 건설공사

ⓑ 해당 지방자치단체의 조례로 정하는 건설공사 중에서 인·허가기관의 장이 안전관리가 특히 필요하다고 인정하는 건설공사

(3) 업무처리절차

① 건설업자와 주택건설등록업자는 안전점검 및 안전관리조직 등 건설공사 안전관리계획을 수립하고 착공 전에 이를 발주자에게 제출하여 승인을 받아야 한다.

② 이 경우 발주청이 아닌 발주자는 미리 안전관리계획서 사본을 인허가기관의 장에게 제출하여 승인을 받아야 한다.

③ 안전관리계획을 제출받은 발주청 또는 인허가기관의 장은 안전관리계획서의 내용을 검토하여 그 결과를 건설업자와 주택건설 등록업자에게 통보하여야 한다.

④ 발주청 또는 인허가기관의 장은 제출받아 승인한 안전관리계획서 사본과 검토결과를 국토교통부장관에게 제출하여야 한다.

(4) 작성·제출주체·제출시기·제출처

① 제출처 : 건설공사 안전관리 종합정보망(http://www.cis.co.kr)

② 작성 주체 : 건설사업자 및 주택건설등록업자(시공사)

③ 제출 주체 : 발주청 및 인허가기관의 장

④ 제출 시기 : 건설사업자 등에게 통보한 날로부터 7일 이내

ⓐ 발주청 또는 인·허가기관의 장은 건설기술 진흥법 제62조 제3항에 따른 안전관리 계획서 사본 및 검토결과를 제3항에 따라 건설사업자 또는 주택건설 등록업자에게 통보한 날부터 7일 이내에 국토교통부장관에게 제출해야 한다.

ⓑ 시정명령 등 필요한 조치를 하도록 요청받은 발주청 및 인·허가기관의 장은 건설사업자 및 주택건설등록업자에게 안전관리계획서 및 계획서 검토결과에 대한 수정이나 보완을 명해야 하며, 수정이나 보완조치가 완료된 경우에는 7일 이내에 국토교통부장관에게 제출해야 한다.

(5) 안전관리계획의 부적정 판정의 처리

발주청 또는 인·허가기관의 장은 심의결과 건설사업자 또는 주택건설등록업자가 제출한 안전관리계획서가 부적정 판정을 받은 경우에는 안전관리계획의 변경 등 필요한 조치를 하여야 한다.

(6) 수립기준

① 총괄 안전관리계획

⑦ 건설공사의 개요 : 공사 전반에 대한 개략을 파악하기 위한 위치도, 공사개요, 전체 공정표 및 설계도서 [단, 안전관리계획의 검토를 위하여 필요한 배치도, 입면도, 층별 평면도(기준층, 변경층), 종·횡단면도(세부 단면도 포함), 그 외 공사현황 및 주요공 법이나 중점위험 관련 도면 등]은 반드시 제출하여야 한다.

ⓛ 현장특성 분석

가) 현장 여건 분석 주변 지장물 여건(지하 매설물, 인접 시설물 제원 등 포함), 지반조건 (지질특성, 지하수위, 시추주상도 등), 현장시공 조건, 주변 교통여건, 환경요소 등

나) 시공단계의 위험요소, 위험성 및 그에 대한 저감대책

⑦ 핵심관리가 필요한 공정으로 선정된 공정의 위험 요소, 위험성 및 그에 대한 저 감대책

ⓛ 시공단계에서 반드시 고려해야 하는 위험 요소, 위험성 및 그에 대한 저감대책 (건설기술 진흥법 시행령 제75조의2제1항에 따라 설계의 안전성 검토를 실시 한 경우에는 같은 조 제2항제1호의 사항을 작성하되, 같은 조 제4항에 따라 설 계도서의 보완 변경 등 필요한 조치를 한 경우에는 해당 조치가 반영된 사항을 기준으로 작성한다)

ⓒ ⑦ 및 ⓛ 외에 시공자가 시공단계에서 위험 요소 및 위험성을 발굴한 경우에 대한 저감대책 마련 방안

다) 공사장 주변 안전관리대책공사 중 지하매설물의 방호, 인접 시설물 및 지반의 보 호 등 공사장 및 공사현장 주변에 대한 안전관리에 관한 사항(주변 시설물 안전 관 련 협의서류, 지반침하 등 계측계획 포함)

라) 통행안전시설의 설치 및 교통소통계획공사장 주변의 교통소통대책, 교통안전시 설물, 교통사고예방대책 등 교통안전관리에 관한 사항(현장차량 운행계획, 교통 안내원 배치계획, 교통안전시설물 점검, 손상, 유실, 작동 이상 등에 대한 보수 관 리계획

ⓒ 현장운영계획

가) 안전관리조직(법 제64조 및 동법 시행령 제102조)
공사관리조직 및 임무에 관한 사항으로서 시설물의 시공안전 및 공사장 주변 안 전에 대한 점검·확인 등을 위한 관리조직표 구성(비상시의 경우를 별도로 구분하 여 작성한다)

나) 공정별 안전점검계획(영 제101조의4)

⑦ 자체안전점검, 정기안전점검의 시기·내용, 안전점검 공정표, 안전점검체크 리스트 등 실시계획 등에 관한 사항

ⓛ 시공단계에서 반드시 고려해야 하는 위험 요소, 위험성 및 그에 따른 저감대책

(영 제75조의2 제1항에 따라 설계의 안전성 검토를 실시한 경우에는 같은 조 제2항 제1호의 사항을 작성하되, 같은 제4항에 따라 설계도서의 보완·변경 등 필요한 조치를 한 경우에는 해당 조치가 반영된 사항을 기준으로 작성한다)

다) 안전관리비 집행계획(법 제63조 및 동법 시행규칙 제60조)

안전관리비의 공사비 계상, 산출·집행계획, 사용계획 등에 관한 사항

라) 안전교육계획(법 제103조)

㉠ 안전교육계획표, 대상공종의 종류·내용 및 교육 관리에 관한 사항

㉡ 건설기술 진흥법 안전교육은 매일 공사 착수 전에 실시하는 것으로 당일 작업공법의 이해, 시공상세도면에 따른 세부 시공순서 및 시공기술상의 주의사항 및 기술사고 위험공종에 대한 교육

마) 안전관리계획 이행보고 계획 : 안전관리계획에 수립된 위험공정에 대해 감독관 (감리) 등의 작업허가가 필요한 공정(공종 및 시기) 지정, 안전관리계획 승인권자에게 계획 이행 여부 등에 대한 정기적 보고계획 등

㉣ 비상시 긴급조치계획

가) 공사현장에서의 사고, 재난, 기상이변 등 비상사태에 대비한 내부·외부 비상연락망, 비상동원조직, 경보체제, 응급조치 및 복구 등에 관한 사항

나) 건축공사 중 화재발생을 대비한 대피로 확보 및 비상대피 훈련계획에 관한 사항 (단열재 시공 시점부터는 월 1회 이상 비상대피훈련을 실시해야 한다)

(7) 건설공사별 안전관리계획 수립 항목

총괄 안전관리계획	대상 시설물별 세부안전관리 계획
가. 건설공사 개요 나. 현장 특성 분석 다. 현장운영계획 라. 비상시 긴급조치계획	가. 가설공사 나. 굴착 및 발파공사 다. 콘크리트공사 라. 강구조물공사 마. 성토 및 절토공사 바. 해체공사 사. 건축설비공사 아. 타워크레인 사용공사

1 1종, 2종, 3종 시설물의 범위

(1) 시설물 분야

구분		시설물의 안전 및 유지관리에 관한 특별법(시설물안전법)		
		1종	2종	3종
도로시설	교량	도로교량		
		• 상부구조형식이 현수교·사장교·아치교·트러스교인 교량 • 최대 경간장 50m 이상 교량(한 경간 교량은 제외) • 연장 500m 이상의 교량, 폭 12m 이상이고 연장 500m 이상인 복개구조물	• 최대 경간장 50m 이상인 한 경간 교량 • 1종 시설물에 해당하지 아니하는 연장 100m 이상의 교량 • 1종 시설물에 해당하지 않는 복개구조물로서 폭 6m 이상이고 연장 100m 이상인 복개구조물	준공 후 10년이 경과된 교량으로 – 도로법상 도로교량 연장 20m 이상~100m 미만 교량 – 농어촌도로정비법상 도로교량 연장 20m 이상 교량 – 비법정도로상 도로교량 연장 20m 이상 교량
		철도교량		
		• 고속철도 교량 • 도시철도의 교량 및 고가교 • 상부구조형식이 트러스교, 아치교인 교량 • 연장 500m 이상의 교량	1종 시설물에 해당하지 아니하는 연장 100m 이상의 교량	준공 후 10년이 경과된 연장 100m 미만 철도교량
	터널	도로터널		
		• 연장 1천 m 이상의 터널 • 3차로 이상의 터널	• 1종 시설물에 해당하지 아니하는 터널로서 고속·일반국도 및 특별·광역시도의 터널 • 연장 300m 이상의 지방도·시도·군도·구도의 터널	준공 후 10년이 경과된 터널로 – 연장 300m 미만의 지방도, 시도, 군도 및 구도의 터널 – 농어촌도로의 터널
		철도터널		
		• 고속철도 터널 • 도시철도 터널 • 연장 1천 m 이상의 터널	1종 시설물에 해당하지 아니하는 터널로서 특별시 또는 광역시 안에 있는 터널	준공 후 10년이 경과된 터널로 법 1, 2종 시설물에 해당하지 않는 철도터널
	방음시설			「도로법 시행령」 제3조 제7호의 방음시설 중 터널 구조로 된 시설

구분		시설물의 안전 및 유지관리에 관한 특별법(시설물안전법)		
		1종	2종	3종
도로시설	육교	-	-	설치된 지 10년 이상 경과된 보도육교
	지하차도	터널구간의 연장이 500m 이상인 지하차도	1종 시설물에 해당하지 않는 지하차도로서 터널구간의 연장이 100m 이상인 지하차도	설치된 지 10년 이상 경과된 연장 100m 미만의 지하차도
옹벽/절토사면		-	• 지면으로부터 노출된 높이가 5m 이상인 부분의 합이 100m 이상인 옹벽 • 지면으로부터 연직높이 50m 이상을 포함한 절토부로서 단일 수평연장 200m 이상인 절토사면	• 지면으로부터 노출된 높이가 5m 이상인 부분이 포함된 연장 100m 이상인 옹벽 • 지면으로부터 노출된 높이가 5m 이상인 부분이 포함된 연장 40m 이상인 복합식 옹벽
댐		다목적댐, 발전용댐, 홍수전용댐 및 총저수용량 1천만 톤 이상의 용수전용댐	1종 시설물에 해당하지 않는 댐으로서 지방상수도전용댐 및 총저수용량 1백만 톤 이상의 용수전용댐	-
하천		하구둑		
		• 하구둑 • 포용조수량 8천만 m³ 이상의 방조제	1종 시설물에 해당하지 않는 포용조수량 1천만 m³ 이상의 방조제	-
		수문 및 통문		
		특별시 및 광역시에 있는 국가하천의 수문 및 통문(通門)	• 1종 시설물에 해당하지 않는 국가하천의 수문 및 통문 • 특별시, 광역시 및 시에 있는 지방하천의 수문 및 통문	-
		제방		
			국가하천의 방[부속시설인 통관(通管) 및 안(護岸)을 포함한다]	-
		보		
		국가하천에 설치된 높이 5m 이상인 다기능 보	1종 시설물에 해당하지 않는 보로서 국가하천에 설치된 다기능 보	-

구분		시설물의 안전 및 유지관리에 관한 특별법(시설물안전법)		
		1종	2종	3종
하천		배수펌프장		
		특별시 및 광역시에 있는 국가하천의 배수펌프장	• 1종 시설물에 해당하지 않는 배수펌프장으로서 국가하천의 배수펌프장 • 특별시, 광역시, 특별자치시 및 시에 있는 지방하천의 배수펌프장	–
상하수도		• 광역상수도 • 공업용수도 • 1일 공급능력 3만 m³ 이상의 지방상수도	• 1종 시설물에 해당하지 않는 지방상수도 • 공공하수처리시설(1일 최대 처리용량 500m³ 이상인 시설만 해당됨)	–
항만	갑문	갑문시설	–	–
	방파제 ·호안	연장 1,000미터 이상인 방파제	• 1종시설물에 해당하지 않는 방파제로서 연장 500미터 이상의 방파제 • 연장 500미터 이상의 방파제 • 방파제 기능을 하는 연장 500미터 이상의 호안	–
	계류 시설	• 20만톤 급 이상 선박의 하역시설로서 원유부이(BUOY)식 계류시설(부대시설인 해저송유관을 포함한다) • 말뚝구조의 계류시설(5만 톤급 이상의 시설만 해당한다)	• 1종 시설물에 해당하지 않는 원유부이(BUOY)식 계류시설로서 1만 톤급 이상의 원유부이(BUOY)식 계류시설(부대시설인 해저송유관을 포함한다) • 1종 시설물에 해당하지 않는 말뚝구조의 계류시설로서 1만 톤급 이상의 말뚝구조의 계류시설 • 1만 톤급 이상의 중력식 계류시설	–
기타		–	–	안전관리가 필요한 시설로 교량·터널·옹벽·항만·댐·하천·상하수도 등의 구조물(부대시설을 포함한다)과 이와 구조가 유사한 시설물

(2) 건축물 분야

구분		시설물의 안전 및 유지관리에 관한 특별법(시설물안전법)		
		1종	2종	3종
공동주택	아파트 연립주택	–	16층 이상의 공동주택	준공 후 15년이 경과된 – 5층 이상 15층 이하인 아파트 – 연면적이 660제곱미터를 초과하고 4층 이하인 연립주택 – 연면적 660제곱미터 초과인 기숙사
공동주택 외 건축물	대형건축물	• 21층 이상 또는 연면적 5만 m² 이상 • 연면적 3만 m² 이상의 철도역시설 및 관람장	• 16층 이상 또는 연면적 3만 m² 이상 • 연면적 5,000m² 이상 (문화 및 집회, 종교, 판매, 여객, 의료, 노유자, 수련, 운동, 관광숙박, 관광휴게)	–
	중형건축물	–	–	준공 후 15년이 경과된 11층 이상 16층 미만 또는 연면적 5천 제곱미터 이상 3만 제곱미터 미만인 건축물(동물 및 식물 관련 시설 및 자원순환 관련 시설은 제외한다)
	판매, 숙박, 운수, 의료, 문화 및 집회, 장례식장, 수련, 노유자, 교육시설			준공 후 15년이 경과된 연면적 1,000m² 이상~5,000m² 미만
	공연장, 집회장, 종교시설, 운동시설			준공 후 15년이 경과된 연면적 500m² 이상~1,000m² 미만
	위락시설, 관광휴게시설			준공 후 15년이 경과된 연면적 300m² 이상~1,000m² 미만
	중형건축물			준공 후 15년이 경과된 11층 이상~16층 미만 또는 연면적 5,000m² 이상~30,000m² 미만
	공공청사	–	–	준공 후 15년이 경과된 연면적 1,000m² 이상
	지하도상가	연면적 1만 m² 이상 (지하보도 면적 포함)	연면적 5천 m² 이상 (지하보도 면적 포함)	연면적 5천 m² 미만 (지하보도 면적 포함)
기타		–	–	안전관리가 필요한 시설

2 시설물의 안전등급

(1) 개요

시설물안전에 관한 특별법에 의한 점검결과에 따라 A, B, C, D, E 등급으로 구분해 시설물의 상태를 분류하고 있으며, 등급에 따라 적절한 보수·보강의 수준과 우선순위를 정하고 있다.

(2) 안전등급

안전등급	시설물의 상태
A(우수)	문제점이 없는 최상의 상태
B(양호)	보조부재에 경미한 결함이 발생하였으나 기능 발휘에는 지장이 없으며 내구성 증진을 위하여 일부의 보수가 필요한 상태
C(보통)	주요 부재에 경미한 결함 또는 보조부재에 광범위한 결함이 발생하였으나 전체적인 시설물의 안전에는 지장이 없으며, 주요 부재의 내구성·기능성 저하 방지를 위한 보수가 필요하거나 보조부재에 간단한 보강이 필요한 상태
D(미흡)	주요 부재에 결함이 발생하여 긴급한 보수·보강이 필요하며 사용제한 여부를 결정하여야 하는 상태
E(불량)	주요 부재에 발생한 심각한 결함으로 인하여 시설물의 안전에 위험이 있어 즉각 사용을 금지하고 보강 또는 개축을 하여야 하는 상태

(3) 보수·보강 방법

보수는 시설물의 내구성능을 회복 또는 향상시키는 것을 목적으로 한 유지·관리대책을 말하며, 보강이란 부재나 구조물의 내하력과 강성 등의 역학적인 성능을 회복 혹은 향상시키는 것을 목적으로 한 대책을 말한다.

(4) 보수·보강 수준의 결정

① 현상유지
② 사용상 지장이 없는 성능까지 회복
③ 초기 수준 이상으로 개선
④ 개축

(5) 보수·보강 우선순위의 결정

① 보수보다 보강을, 보조부재보다 주부재를 우선하여 실시한다.
② 시설물 정체에서의 우선순위 결정은 각 부재가 갖는 중요도, 발생한 결함의 심각성 등을 종합 검토하여 결정한다.

❸ 시설물안전법상 안전점검 · 진단

(1) 안전점검 및 진단의 종류

종류	점검시기	점검내용
정기 점검	(1) A·B·C 등급 : 반기당 1회 (2) D·E 등급 : 해빙기·우기·동절기 등 　　연간 3회	(1) 시설물의 기능적 상태 (2) 사용요건 만족도
정밀 점검	(1) 건축물 　① A : 4년에 1회 　② B·C : 3년에 1회 　③ D·E : 2년에 1회 　④ 최초실시 : 준공일 또는 사용승인일 　　기준 3년 이내(건축물은 4년 이내) 　⑤ 건축물에는 부대시설인 옹벽과 절 　　토사면을 포함한다. (2) 기타 시설물 　① A : 3년에 1회 　② B·C : 2년에 1회 　③ D·E : 1년마다 1회 　④ 항만시설물 중 썰물 시 바닷물에 항 　　상 잠겨있는 부분은 4년에 1회 이상 　　실시한다.	(1) 시설물 상태 (2) 안전성 평가
긴급 점검	(1) 관리주체가 필요하다고 판단 시 (2) 관계 행정기관장이 필요하여 관리주체 　에게 긴급점검을 요청한 때	재해, 사고에 의한 구조적 손상 상태
정밀 진단	최초실시 : 준공일, 사용승인일로부터 10년 경과 시 1년 이내 * A 등급 : 6년에 1회 * B·C 등급 : 5년에 1회 * D·E 등급 : 4년에 1회	(1) 시설물의 물리적, 기능적 결함 발견 (2) 신속하고 적절한 조치를 취하기 위해 　구조적 안전성과 결함 원인을 조사, 측 　정, 평가 (3) 보수, 보강 등의 방법 제시

(2) 실시주기

① **최초 정밀점검** : 준공일이나 사용일로부터 시설물 3년, 건축물 4년 이내

② **최초 정밀안전진단** : 준공일이나 사용일로부터 10년 경과 시 1년 이내

③ 건축물의 정밀점검에는 건축물 부대시설인 옹벽과 절토사면을 포함하며, 항만 시설 중 썰물 시 바닷물에 항상 잠겨있는 부분의 정밀점검은 4년에 1회 실시

④ 증축, 개축 및 리모델링 등을 위하여 공사 중 또는 철거 예정 시설물은 국토교통부장관의 협의를 거쳐 안전점검 및 정밀안전진단을 생략 가능

(3) 점검 · 진단 실시 자격등급

구분	등급 및 경력관리	
	자격등급	교육이수 및 경력사항
정기점검	안전 · 건축 · 토목 직무분야 초급기술자 이상	국토교통부장관이 인정하는 안전점검 교육 이수
정밀점검 · 긴급점검	안전 · 건축 · 토목 직무분야 고급기술자 이상	국토교통부장관이 인정하는 안전점검 교육 이수
	연면적 5천제곱미터 이상 건축물의 설계 · 감리 실적이 있는 건축사	국토교통부 장관이 인정하는 건축분야 안전점검교육 이수
정밀안전 진단	건축 · 토목 직무분야 특급기술자 이상	국토교통부장관이 인정하는 해당 분야 (교량 · 터널 · 수리 · 항만 · 건축) 정밀안전 진단교육을 이수한 후 그 분야의 정밀점 검 · 정밀안전진단업무 경력 2년 이상
	연면적 5천 제곱미터 이상 건축물의 설계 · 감리 실적이 있는 건축사	국토교통부장관이 인정하는 안전점검 교육 이수

1 산업안전보건기준에 관한 규칙

(1) 강관비계의 구조 ❸ 제60조

사업주는 강관을 사용하여 비계를 구성하는 경우 다음 각 호의 사항을 준수해야 한다. 〈개정 2012. 5. 31., 2019. 10. 15., 2019. 12. 26., 2023. 11. 14.〉

1. 비계기둥의 간격은 띠장 방향에서는 1.85미터 이하, 장선(長線) 방향에서는 1.5미터 이하로 할 것. 다만, 다음 각 목의 어느 하나에 해당하는 작업의 경우에는 안전성에 대한 구조검토를 실시하고 조립도를 작성하면 띠장 방향 및 장선 방향으로 각각 2.7미터 이하로 할 수 있다.
   가. 선박 및 보트 건조작업
   나. 그 밖에 장비 반입·반출을 위하여 공간 등을 확보할 필요가 있는 등 작업의 성질상 비계기둥 간격에 관한 기준을 준수하기 곤란한 작업
2. 띠장 간격은 2.0미터 이하로 할 것. 다만, 작업의 성질상 이를 준수하기가 곤란하여 쌓기둥틀 등에 의하여 해당 부분을 보강한 경우에는 그러하지 아니하다.
3. 비계기둥의 제일 윗부분으로부터 31미터되는 지점 밑부분의 비계기둥은 2개의 강관으로 묶어 세울 것. 다만, 브래킷(Bracket, 까치발) 등으로 보강하여 2개의 강관으로 묶을 경우 이상의 강도가 유지되는 경우에는 그러하지 아니하다.
4. 비계기둥 간의 적재하중은 400킬로그램을 초과하지 않도록 할 것

2 표준안전작업지침

(1) 강관틀비계 〔지침〕 제9조

사업주는 강관틀비계를 조립하여 사용함에 있어서 다음 각 호의 사항을 준수하여야 한다.

1. 비계기둥의 밑둥에는 밑받침첨물을 사용하여야 하며 밑받침에 고저차가 있는 경우 조절형 밑받침철물을 사용하여, 각각의 강관틀비계가 항상 수평·수직을 유지하여야 한다.
2. 전체높이는 40미터를 초과할 수 없으며, 20미터를 초과할 경우 주틀의 높이를 2미터 이내로 하고 주틀간의 간격은 1.8미터 이하로 하여야 한다.
3. 주틀 간에 교차가새를 설치하고 최상층 및 5층 이내마다 수평재를 설치하여야 한다.
4. 벽연결은 구조체와 수직방향으로 6미터, 수평방향으로 8미터 이내마다 연결하여야 한다.
5. 띠장방향으로 길이가 4미터 이하이고 높이 10미터를 초과하는 경우 높이 10미터 이내마다 띠장방향으로 버팀기둥을 설치하여야 한다.
6. 그 외의 다른 사항은 강관비계에 준한다.

(2) 달비계 [지침] 제10조

사업주는 달비계를 조립하여 사용함에 있어서 다음 각 호의 사항을 준수하여야 한다.

1. 안전담당자의 지휘하에 작업을 진행하여야 한다.
2. 와이어로프 및 강선의 안전계수는 10 이상이어야 한다.
3. 와이어로프의 일단은 권양기에 확실히 감겨져 있어야 한다.
4. 와이어로프를 사용함에 있어 다음 각 목에 정하는 것은 사용할 수 없다.
   - 가. 와이어로프 소선이 10퍼센트 이상 절단된 것
   - 나. 지름이 공칭지름의 7퍼센트 이상 감소된 것
   - 다. 몹시 변형되었거나 비틀어진 것
5. 승강하는 경우 작업대는 수평을 유지하도록 하여야 한다.
6. 허용하중 이상의 작업원이 타지 않도록 하여야 한다.
7. 권양기에는 제동장치를 설치하여야 한다.
8. 작업발판은 40센티미터 이상의 폭이어야 하며, 움직이지 않게 고정하여야 한다.
9. 발판 위 약 10센티미터 위까지 발끝막이판을 설치하여야 한다.
10. 난간은 안전난간을 설치하여야 하며, 움직이지 않게 고정하여야 한다.
11. 작업성질상 안전난간을 설치하는 것이 곤란하거나 임시로 안전난간을 해체하여야 하는 경우에는 방망을 치거나 안전대를 착용하여야 한다.
12. 안전모와 안전대를 착용하여야 한다.
13. 달비계 위에서는 각립사다리 등을 사용해서는 안 된다.
14. 난간 밖에서 작업하지 않도록 하여야 한다.
15. 달비계의 동요 또는 전도를 방지할 수 있는 장치를 하여야 한다.
16. 급작스런 행동으로 인한 비계의 동요, 전도 등을 방지하여야 한다.
17. 추락에 의한 근로자의 위험을 방지하기 위하여 달비계에 구명줄을 설치하여야 한다.

(3) 이동식비계 [지침] 제13조

사업주는 이동식비계를 조립하여 사용함에 있어서 다음 각 호의 사항을 준수하여야 한다.

1. 안전담당자의 지휘하에 작업을 행하여야 한다.
2. 비계의 최대높이는 밑변 최소폭의 4배 이하이어야 한다.
3. 작업대의 발판은 전면에 걸쳐 빈틈없이 깔아야 한다.
4. 비계의 일부를 건물에 체결하여 이동, 전도 등을 방지하여야 한다.
5. 승강용 사다리는 견고하게 부착하여야 한다.
6. 최대적재하중을 표시하여야 한다.
7. 부재의 접속부, 교차부는 확실하게 연결하여야 한다.
8. 작업대에는 안전난간을 설치하여야 하며 낙하물 방지조치를 설치하여야 한다.
9. 불의의 이동을 방지하기 위한 제동장치를 반드시 갖추어야 한다.

10. 이동할 때에는 작업원이 없는 상태이어야 한다.

11. 비계의 이동에는 충분한 인원배치를 하여야 한다.

12. 안전모를 착용하여야 하며 지지로프를 설치하여야 한다.

13. 재료, 공구의 오르내리기에는 포대, 로프 등을 이용하여야 한다.

14. 작업장 부근에 고압선 등이 있는가를 확인하고 적절한 방호조치를 취하여야 한다.

15. 상하에서 동시에 작업을 할 때에는 충분한 연락을 취하면서 작업을 하여야 한다.

(4) 경사로 지침 제14조

사업주는 경사로를 설치, 사용함에 있어서 다음 각 호의 사항을 준수하여야 한다.

1. 시공하중 또는 폭풍, 진동 등 외력에 대하여 안전하도록 설계하여야 한다.

2. 경사로는 항상 정비하고 안전통로를 확보하여야 한다.

3. 비탈면의 경사각은 30도 이내로 하고 미끄럼막이 간격은 다음 표에 의한다.

경사각	미끄럼막이 간격	경사각	미끄럼막이 간격
30도	30센티미터	22도	40센티미터
29도	33센티미터	19도 20분	43센티미터
27도	35센티미터	17도	45센티미터
24도 15분	37센티미터	14도	47센티미터

4. 경사로의 폭은 최소 90센티미터 이상이어야 한다.

5. 높이 7미터 이내마다 계단참을 설치하여야 한다.

6. 추락방지용 안전난간을 설치하여야 한다.

7. 목재는 미송, 육송 또는 그 이상의 재질을 가진 것이어야 한다.

8. 경사로 지지기둥은 3미터 이내마다 설치하여야 한다.

9. 발판은 폭 40센티미터 이상으로 하고, 틈은 3센티미터 이내로 설치하여야 한다.

10. 발판이 이탈하거나 한쪽 끝을 밟으면 다른 쪽이 들리지 않게 장선에 결속하여야 한다.

11. 결속용 못이나 철선이 발에 걸리지 않아야 한다.

(5) 사다리식 통로 등의 구조 칙 제24조

① 사업주는 사다리식 통로 등을 설치하는 경우 다음 각 호의 사항을 준수하여야 한다. 〈개정 2024. 6. 28.〉

1. 견고한 구조로 할 것

2. 심한 손상·부식 등이 없는 재료를 사용할 것

3. 발판의 간격은 일정하게 할 것

4. 발판과 벽과의 사이는 15센티미터 이상의 간격을 유지할 것

5. 폭은 30센티미터 이상으로 할 것

6. 사다리가 넘어지거나 미끄러지는 것을 방지하기 위한 조치를 할 것

7. 사다리의 상단은 걸쳐놓은 지점으로부터 60센티미터 이상 올라가도록 할 것

8. 사다리식 통로의 길이가 10미터 이상인 경우에는 5미터 이내마다 계단참을 설치할 것

9. 사다리식 통로의 기울기는 75도 이하로 할 것. 다만, 고정식 사다리식 통로의 기울기는 90도 이하로 하고, 그 높이가 7미터 이상인 경우에는 다음 각 목의 구분에 따른 조치를 할 것

   가. 등받이울이 있어도 근로자 이동에 지장이 없는 경우 : 바닥으로부터 높이가 2.5미터 되는 지점부터 등받이울을 설치할 것

   나. 등받이울이 있으면 근로자가 이동이 곤란한 경우 : 한국산업표준에서 정하는 기준에 적합한 개인용 추락 방지 시스템을 설치하고 근로자로 하여금 한국산업표준에서 정하는 기준에 적합한 전신안전대를 사용하도록 할 것

10. 접이식 사다리 기둥은 사용 시 접혀지거나 펼쳐지지 않도록 철물 등을 사용하여 견고하게 조치할 것

② 잠함(潛函) 내 사다리식 통로와 건조·수리 중인 선박의 구명줄이 설치된 사다리식 통로(건조·수리작업을 위하여 임시로 설치한 사다리식 통로는 제외한다)에 대해서는 제1항 제5호부터 제10호까지의 규정을 적용하지 아니한다.

산업심리 및 교육

SECTION 01 산업심리이론

001 인간관계와 활동

1 산업심리에서 인간관계의 중요성

(1) Hawthorne 실험

① 1924~1932년까지 미국의 일리노이주 Hawthorne Works 공장에서 수행된 실험에서 얻어진 결과에서 유래됨

② 내용 : 작업능률에 영향을 주는 것은 휴식시간이나 임금 등의 물리적 여건이 아닌 인간관계 요인이 절대적임을 발견함

(2) Taylor 방식

동작연구로 인간 노동력을 분석함으로써 생산성 향상에 크게 기여한 이론이나 개인적 특성을 간과하고, 인간의 기계화와 단순반복형 직무만을 적용하였다.

2 인간관계 유형

(1) 동일화 : 타인의 행동이나 태도를 자신에게 투영해 타인에게서 자신과 비슷한 점을 발견해 냄으로써 타인과 자신의 동질성을 발견하는 것

(2) 투사 : 자신의 내재된 억압을 타인의 것으로 생각하는 것

(3) 의사소통 : 다양한 행동양식 또는 기호를 매개로 제3자 간 소통이 이루어지는 과정

(4) 모방 : 타인의 행동 또는 판단을 모델로 삼아 모방하려는 심리

(5) 암시 : 타인의 판단이나 행동을 여과하지 않고 있는 그대로 받아들임으로써 논리나 사실적 근거가 결여된 심리

3 인간관계 방식

(1) 전제적 방식 : 억압적인 방법에 의해 생산성을 높이는 방식

(2) 온정적 방식 : 온정을 베푸는 생산성 향상 방법으로 가족주의적 사고방식

(3) 과학적 방식 : 경영관리기법을 도입해 능률의 논리를 체계화한 방식(Taylor에 의해 연구됨)

⁴ 조직구조 이론

이론 제안자	특징
우드워드(J. Woodward)	• 기술의 구분은 단위생산기술, 대량생산기술, 연속공정기술 • 대량생산에는 기계적 조직구조가 적합 • 연속공정에는 유기적 조직구조가 적합
번스(T. Burns), 스톨커(G. Stalker)	• 안정적 환경 : 기계적인 조직 • 불확실한 환경 : 유기적인 조직이 효과적
톰슨(J. Thompson)	• 단위작업 간의 상호의존성에 따라 기술을 구분 • 중개형, 장치형, 집약형으로 유형화
페로(C. Perrow)	• 기술구분을 다양성 차원과 분석가능성 차원으로 구분 • 일상적 기술, 공학적 기술, 장인기술, 비일상적 기술로 유형화
블라우(P. Blau)	사회학적 이론 연구
차일드(J. Child)	전략적 선택이론 연구

⁵ 파스칼(R. Pascale)과 에토스(A. Athos)의 7S 조직문화 구성요소

(1) **전략(Strategy)** : 기업의 장기적 비전과 기본 경영이념을 결정하는 요소
(2) **공유가치(Shared Value)** : 기업 구성원의 공동체적 가치관, 이념 등의 핵심적인 요소
(3) **구성원(Staff)** : 기업 구성원의 전문성은 기업의 경영전략에 의해 결정
(4) **구조(Structure)** : 조직구조, 경영방침 등 구성원 간의 상호관계를 지배하는 요소
(5) **시스템(System)** : 기업운영의 각종 제도와 체계
(6) **기술(Skill)** : 하드웨어와 소프트웨어의 적용 정도
(7) **스타일(Style)** : 조직관리 스타일

⁶ 노동조합

(1) **직종별 노동조합** : 산업이나 기업에 관계없이 같은 직종이나 직업에 종사하는 사람들에 의해 결성된다.
(2) **산업별 노동조합** : 기업과 직종을 초월해 산업 중심으로 결성된 노동조합으로 직종 간·회사 간의 이해 조정이 용이하지 않다.
(3) **기업별 노동조합** : 동일한 기업에 근무하는 근로자들에 의해 결성된 노동조합으로 근로자의 직종·숙련도가 고려되지 않는다.

1 직무분석

(1) 직무분석에서 직무정보를 제공하는 자원

① 협업 전문가

직무분석에서 직무에 대한 정보를 제공하는 가장 중요한 자원은 현업 전문가(SME ; Subject Matter Expert)이다. 현업 전문가의 자격 요건이 명확하게 정해져 있는 것은 아니지만, 최소 요건으로서 직무가 수행하는 모든 과제를 잘 알고 있을 만큼 충분히 오랜 경험을 갖고 최근에 종사한 사람이어야 한다(Thompson & Thompson, 1982). 따라서 직무를 분석할 때 가장 적절한 정보를 제공할 수 있는 사람은 현재 직무와 관련된 일을 하고 있는 현업 전문가이며, 특히 현재 직무에 종사하고 있는 현직자(Job Incumbent)이다. 현직자는 자신들의 직무에 관해 가장 상세하게 알고 있기 때문이다. 하지만 모든 현직자들이 자신의 직무를 잘 표현할 수 있는 것은 아니므로 직무분석을 위해 정보를 잘 전달할 만한 사람을 선택해야 한다.

② 경험 많은 현직자

랜디와 베이시(Landy & Vasey, 1991)는 어떤 현직자가 직무를 분석하는지가 중요하다는 것을 발견했다. 그리고 경험 많은 현직자들이 가장 가치 있는 정보를 제공한다는 것을 알아냈다. 현직자들의 언어 능력, 기억력, 협조성과 같은 개인적 특성도 그들이 제공하는 정보의 질을 좌우한다. 또한 만일 현직자가 직무분석을 하는 이유에 관해 의심한다면 그들의 자기방어 전략으로서 자신의 능력이나 일의 문제점을 과장하여 말하는 경향이 있다.

③ 직무 관리자

직무의 관리자 또한 정보의 중요한 출처이다. 관리자들은 해당 직무에 종사하며 승진한 경우가 많기 때문에 직무에서 요구하는 것이 무엇인지 정확하게 알려줄 수 있다. 그러나 관리자들은 현직자들에 비해 좀 더 객관적인 직무 정보를 제공할 수 있지만 현직자들과 의견 차이가 있을 수 있다. 이러한 의견 차이는 해당 직무에서 요구하는 중요한 능력을 현직자와 관리자들이 서로 다르게 판단할 수 있기 때문에 발생한다. 직무에서 요구되는 중요한 능력과 상사들이 언급하는 중요한 능력이 다를 수 있다.

④ 문헌자료

마지막으로 직무분석에 필요한 정보의 중요한 출처는 문헌자료이다. 기존 문헌자료를 통해 사람들에게서 얻을 수 없는 정보를 얻을 수 있다. 예를 들어 기존의 업무 편람이나 작업 일지, 국가에서 발행되는 직업사전과 같은 기록물로부터 직무에 관한 기초 정보를 얻을 수 있다.

(2) 직무분석 단계

① 직무분석을 위한 행정적 준비

② 직무분석의 설계

③ 직무에 관한 자료 수집과 분석

④ 직무기술서와 작업자 명세서 작성 및 결과 정리

⑤ 각 관련 부서에서 직무분석의 결과 제공

⑥ 시간 경과에 따른 직무 변화 발생 시 직무기술서나 작업자 명세서에 최신 직무 정보를 반영하여 수정

(3) 직무분석의 용도

직무분석의 결과로부터 얻은 정보는 여러 용도로 사용된다. 애시(Ash, 1988)는 직무분석과 관련된 여러 문헌을 토대로 직무분석의 용도를 다음과 같이 정리하였다.

① 직무에서 이루어지는 과제나 활동과 작업 환경을 알아내어 조직 내 직무들의 상대적 가치를 결정하는 직무 평가(Job Evaluation)의 기초 자료를 제공한다.

② 모집 공고와 인사 선발에 활용된다. 직무분석을 통해 각 직무에서 일할 사람에게 요구되는 지식, 기술, 능력 등을 알 수 있기 때문에 직무 종사자의 모집 공고에서 자격 조건을 명시할 수 있고 선발에 사용할 방법이나 검사를 결정할 수 있다.

③ 종업원의 교육 및 훈련에 활용된다. 각 직무에서 이루어지는 활동이 무엇이고 요구되는 지식, 기술, 능력이 무엇인지를 알아야 교육 내용과 목표를 결정할 수 있다.

④ 인사 평가에 활용된다. 직무분석을 통해 직무를 구성하고 있는 요소들을 알아내고 실제 종업원들이 각 요소에서 어떤 수준의 수행을 나타내는지 평가한다. 평가의 결과는 승인, 임금 결정 및 인상, 상여금 지급, 전직 등의 인사 결정에 활용된다.

⑤ 직무에 소요되는 시간을 추정해 해당 직무에 필요한 적정 인원을 산출할 수 있기 때문에 조직 내 부서별 적정 인원 산정이나 향후의 인력수급 계획을 수립할 수 있다.

⑥ 선발된 사람의 배치와 경력 개발 및 진로 상담에 활용된다. 선발된 사람들을 적합한 직무에 배치하고 경력 개발에 관한 기초 자료를 제공한다.

(4) 직무설계 시 고려사항

① **직무분석** : 직무의 내용을 체계적으로 분석해 인사관리에 필요한 직무정보를 제공하는 과정이다.

② **직무설계** : 직무설계 시에는 직무담당자의 만족감·성취감·업무동기 및 생산성 향상을 목표로 이루어져야 한다.

③ **직무충실화** : 직무설계 시에 직무담당자의 만족감·성취감·업무동기 및 생산성 향상을 목표로 설계하는 방법 중 작업자의 권한과 책임을 확대하는 직무설계방법이다.

④ **과업중요성** : 직무수행이 고객에게 영향을 주는 정도를 말하는 것으로 조직 내·외에서 과업이 미치는 영향력의 크기이다.

⑤ **직무평가** : 직무의 상대적 가치를 평가하는 활동이며, 직무평가 결과는 직무급의 상정에 활용된다.

(5) 효과

기업에서 필요로 하는 업무의 특성과 근로자의 자질 파악이 가능하며, 근로자들에게 필요한 교육훈련을 계획하고 실시할 수 있게 되어 결과적으로 근로자에게 유용하고 공정한 수행평가를 실시하기 위한 준거를 획득할 수 있다.

2 경영참가

(1) 개요

기업경영에 따른 의사결정과정에 근로자나 노동조합이 참여해 경영자와 상호 간의 정보를 교환하고 협의 및 결정함으로써 민주적인 조직구성과 의사결정이 가능한 제도로 종업원지주제, 성과배분제 등으로 구분할 수 있다.

(2) 특징

① 노사공동체에 의한 경영방침의 수립, 단체교섭 등의 문제를 함께 결정하는 제도로 종업원지주제, 의사결정참가제를 통해 산업민주주의를 실현할 수 있다.

② 스캔론 플랜(J. Scanlon에 의해 제안됨)
  ㉠ 근로자들의 원가절감 아이디어 창출을 목적으로 창안
  ㉡ 실제로 기여한 생산성 향상 정도에 따라 보상을 실시

(3) 리더십 이론

① 블레이크
리더십 관리격자모형에 의하면 일에 대한 관심과 사람에 대한 관심이 모두 높은 리더가 이상적 리더

② 피들러
  ㉠ 과업지향형 : 과업지향적인 통제형 리더십
  ㉡ 관계지향형 : 대인관계의 원만한 형성으로 과업을 성취하도록 하는 배려형 리더십

③ 리더 – 부하 교환이론
효율적인 리더는 믿을 만한 부하들을 내집단으로 구분하여 그들에게 더 많은 정보를 제공하고, 경력개발 지원 등의 특별한 대우를 한다.

④ 변혁적 리더
기대 이상의 성과가 가능하도록 리더가 아닌 하위자가 예외적인 사항에 대해 개입하는 등 조직 전체를 위해 일하게 함으로써 성과를 발휘하도록 한다.

⑤ **카리스마 리더**

강한 자기확신, 인상관리, 매력적인 비전 제시로 동기부여를 하는 리더십

⑷ 조직구조의 유형

① **기능별 구조** : 부서 간 협력과 조정이 용이하지 않고 환경변화에 대한 대응에 오랜 시간이 소요되는 구조

② **사업별 구조** : 부서 간 협력과 조정 중 기능 간의 조정이 활성화된 구조로 전문적인 지식과 기술의 축적이 쉽지 않음

③ **매트릭스 구조** : 여러 제품라인에 인적자원을 유연하게 활용·공유하는 구조의 특성상 보고체계의 혼선이 야기될 가능성이 높은 구조

⑸ J. Hackman, G. Oldham이 제시한 직무특성모델의 5가지 핵심직무차원

① **기술다양성** : 직무특성상 필요한 다양한 활동범위

② **과업정체성** : 과업수행자가 정확한 정체성으로 과업을 파악할 수 있는 정도

③ **자율성** : 직무수행에 따른 자율성 정도

④ **피드백** : 직무수행 후 적절성 정도에 대한 정보

⑤ **과업중요성** : 직무가 목표달성에 미치는 정도

⑹ 직무급(Job-based Pay)

직무의 난이도, 중요성, 상대적 가치 등에 따라 지급하는 임금형태를 말하는 것으로 직무를 평가하고 임금을 산정하는 절차가 복잡하다.

① 동일노동 동일임금의 원칙이 적용된다.

② 유능한 인력을 확보하고 활용하는 것이 가능하다.

③ 직무의 상대적 가치를 기준으로 하여 임금을 결정한다.

④ 직무를 중심으로 한 합리적인 인적자원관리가 가능하게 됨으로써 인건비의 효율성을 증대시킬 수 있다.

⑺ 직무급의 비교

분류	특징
직무급	직무의 난이도, 중요성, 상대적 가치 등에 따라 지급하는 임금형태를 말하는 것으로 직무를 평가하고 임금을 산정하는 절차가 복잡하다.
직능급	과거 일본기업에서 적용했던 방식으로 직무급과 연공급이 혼합된 형태로 연공과 연계가 가능하며 직무급의 완전한 도입이 힘든 상황에 적합한 제도
연공급	근속년수를 중시하는 방식으로 연공서열, 무사안일, 인건비 부담 등의 문제점이 있는 반면, 고용안정, 노사관계의 원만함 등이 장점인 제도

003 인간의 일반적인 행동특성

1 개요

(1) 안전심리의 5대 요소는 인간의 행동·특성에 영향을 미치는 중요한 요인으로 여겨지고 있다.

(2) 안전사고의 예방을 위해서는 안전심리 5대 요소의 파악과 통제가 매우 중요하다.

2 인간의 행동

(1) 인간 행동은 내적·외적 요인에 의해 발생되며 환경과의 상호관계에 의해 결정된다.

(2) **K. Lewin의 행동 방정식**

$$B = f(P \cdot E)$$

여기서, B(Behavior) : 인간의 행동
f(Function) : 함수관계
P(Person) : 인적 요인
E(Environment) : 외적 요인

① P(Person, 인적 요인)를 구성하는 요인

지능, 시각기능, 성격, 감각운동기능, 연령, 경험, 심신상태(피로) 등

② E(Environment, 외적 요인)를 구성하는 요인

가정·직장 등의 인간관계, 온습도·조명·먼지·소음 등의 물리적 환경조건

3 인간의 심리 특성

(1) **간결성**

최소한의 Energy로 목표에 도달하려는 심리적 특성

(2) **주의의 일점집중**

돌발사태 직면 시 주의가 일점에 집중되어 정확한 판단을 방해하는 현상

(3) **리스크 테이킹(Risk Taking)**

① 객관적인 위험을 자기 나름대로 판단하여 행동에 옮기는 것

② 안전태도가 양호한 자는 Risk Taking의 정도가 적음

4 안전심리의 5대 요소

(1) 동기(Motive)
① 능동적인 감각에 의한 자극에서 일어나는 사고의 결과를 동기라 함
② 사람의 마음을 움직이는 원동력을 말함

(2) 기질(Temper)
① 인간의 성격, 능력 등 개인적인 특성
② 성장 시 생활환경에서 영향을 받으며 주위환경에 따라 달라짐

(3) 감정(Feeling)
① 지각, 사고와 같이 대상의 성질을 아는 작용이 아니고, 희로애락 등의 의식을 말함
② 인간의 감정은 안전과 밀접한 관계를 가지며, 사고를 일으키는 정신적 동기

(4) 습성(Habit)
동기, 기질, 감정 등과 밀접한 관계를 형성하여 인간의 행동에 영향을 미칠 수 있는 요인

(5) 습관(Custom)
성장 과정을 통해 형성된 특성 등이 자신도 모르게 습관화된 현상

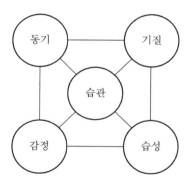

┃ 안전심리의 5대 요소 ┃

004 동기부여

1 동기부여 이론의 분류

(1) Maslow의 욕구단계 이론(5단계)

① 생리적 욕구 : 갈증, 호흡 또는 급여, 시급 등 인간의 가장 기초적인 욕구

② 안전 욕구 : 안정적인 욕구로서 정규직으로의 갈망 욕구 등

③ 사회적 욕구 : 애정, 소속에 대한 욕구 등 사회관계 욕구

④ 인정받으려는 욕구 : 자존심, 명예, 성취, 지위에 대한 욕구

⑤ 자아실현의 욕구 : 잠재적인 능력을 실현하고자 하는 성취 욕구

(2) Alderfer의 ERG 이론

① 생존(Existence) 욕구 : 신체적인 차원에서 생존과 유지에 관련된 욕구

② 관계(Relatedness) 욕구 : 타인과의 상호작용을 통해 만족되는 대인 욕구

③ 성장(Growth) 욕구 : 개인적인 발전과 증진에 관한 욕구

(3) McGregor의 X, Y 이론

① 환경 개선보다는 업무의 자유화 추구 및 불필요한 통제 등에 대한 배제 욕구

② X 이론 : 인간불신감, 물질욕구(저차원적 욕구), 명령·통제에 의한 관리, 저개발국형

③ Y 이론 : 상호신뢰감, 정신욕구(고차원적 욕구), 자율관리, 선진국형

(4) Herzberg의 위생-동기 이론

① 위생 요인(유지 욕구) : 인간의 동물적인 욕구를 반영(생리, 감정, 비합리)

② 동기 요인(만족 욕구) : 자아실현 경향을 반영(경험, 지식, 합리)

③ 위생 요인은 불만족 요인이며, 동기부여 요인은 만족 요인에 해당됨

2 동기부여 이론의 비교

Maslow (욕구의 5단계)	Alderfer (ERG 이론)	McGregor (X, Y 이론)	Herzberg (위생-동기 이론)
1단계 : 생리적 욕구 2단계 : 안전욕구	생존(Existence)욕구	X 이론	위생 요인
3단계 : 사회적 욕구(친화욕구)	관계(Relatedness)욕구		
4단계 : 인정받으려는 욕구(존경욕구) 5단계 : 자아실현의 욕구(성취욕구)	성장(Growth)욕구	Y 이론	동기 요인

❸ Maslow의 5단계 욕구

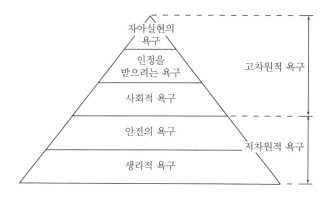

❹ Maslow의 7단계 욕구

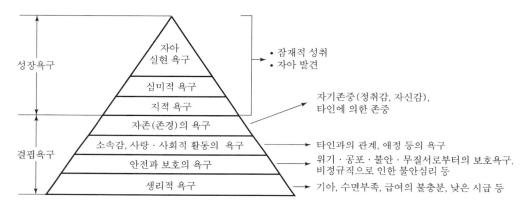

❺ 동기부여 이론 정리

(1) 알더퍼(C. Alderfer)의 ERG 이론은 내용이론이다.

(2) 맥클리랜드(D. McClelland)의 성취동기이론에서 성취욕구를 측정하기에 가장 적합한 것은 TAT(주제통각검사)이다.

(3) 허즈버그(F. Herzberg)의 위생－동기이론에 따르면 동기유발이 되기 위해서는 위생요인이 충족되어야 동기요인을 추구할 수 있다.

(4) 브룸(V. Vroom)의 기대이론은 기대감, 수단성, 유의성에 의해 노력의 강도가 결정되며 이들 중 하나라도 0이면 동기부여가 안 된다.

(5) 아담스(J. Adams)는 페스팅거(L. Festinger)의 인지부조화 이론을 동기유발과 연관시켜 공정성이론을 체계화하였다.

005 주의와 부주의

1 주의

(1) 주의의 특징
① 선택성 : 여러 종류의 자극을 자각할 때 소수의 특정한 것에 한하여 선택하는 기능
② 방향성 : 주시점만 인지하는 기능
③ 변동성 : 고도의 주의는 장시간 지속할 수 없다는 기능적 특징

2 부주의

(1) 부주의의 특징
① 대부분의 재해는 불안전한 상태에 불안전한 행동이 겹쳤을 때 발생된다.
② 부주의는 결과적으로 실패한 동작을 하였을 때의 정신 상태를 총칭하는 것이다.
③ 여러 가지 부주의라는 정신상태에 들어가는 데에는 각각의 원인이 존재한다.
④ 부주의는 무의식 상태와 무의식에 가까운 의식 수준에서 발생된다.

(2) 의식수준 5단계

의식수준	주의 상태	신뢰도	비고
Phase 0	수면 중	0(zero)	의식의 단절, 의식의 우회
Phase 1	졸음 상태	0.9 이하	의식수준의 저하
Phase 2	일상생활	0.99~0.99999	정상상태
Phase 3	적극 활동 시	0.99999 이상	주의집중상태(15분 이상 지속불가)
Phase 4	과긴장 시	0.9 이하	의식의 과잉

(3) 부주의의 발생원인
① 외적 요인
  ㉠ 작업, 환경조건 불량 : 불쾌감이나 신체적 기능 저하가 발생되어 주의력의 지속 곤란
  ㉡ 작업순서의 부적당 : 판단의 오차 및 조작 실수 발생
② 내적 요인
  ㉠ 소질적 조건 : 질병 등의 재해발생원인 요소를 갖고 있는 자
  ㉡ 의식의 우회 : 걱정, 고민, 불만 등으로 인한 부주의
  ㉢ 경험부족, 미숙련 : 억측 및 경험 부족으로 인한 대처방법의 실수

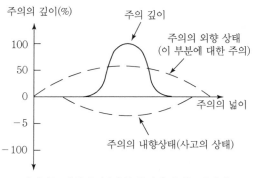

감시하는 대상이 많을수록 주의의 넓이는 좁아지고
깊이는 깊어진다.

‖ 주의의 집중과 배분 ‖

(4) 부주의의 예방대책

① 외적 요인
- ㉠ 작업환경 조건의 정비
- ㉡ 근로조건의 개선
- ㉢ 신체 피로 해소
- ㉣ 작업순서 정비
- ㉤ 능력에 맞는 설비·기계의 제공
- ㉥ 안전작업방법 습득

② 내적 요인
- ㉠ 적정 작업 배치
- ㉡ 정기적인 건강진단·임상검사
- ㉢ Counseling
- ㉣ 안전교육
- ㉤ 주의력 집중훈련
- ㉥ 스트레스 해소대책 수립 및 실시

SECTION 02 인간의 특성과 안전

001 동작경제

1 개요

(1) '동작경제'란 작업자의 불필요한 동작으로 인한 위험요인을 찾아내고 작업자의 동작을 세밀하게 분석하여, 가장 경제적이고 적합한 표준 동작을 설정하는 것을 말한다.

(2) 작업 시 동작의 실패는 사고 및 재해로 연결되므로 작업자의 동작을 세밀하게 관찰·분석하여 동작 실패의 요인을 찾아내고 이를 개선시켜 위험요인으로부터 작업자를 보호하여야 한다.

2 동작분석의 방법

(1) 관찰법

작업자의 동작을 육안으로 현지 관찰하면서 분석하는 방법

(2) Film 분석법

작업자의 동작을 카메라 촬영에 의해 분석하는 방법

3 동작경제의 3원칙

(1) 동작능력 활용의 원칙

① 발 또는 왼손으로 할 수 있는 것은 오른손을 사용하지 않는다.
② 양손으로 동시에 작업을 시작하고 동시에 끝낸다.
③ 양손이 동시에 쉬지 않도록 함이 좋다.

(2) 작업량 절약의 원칙

① 적게 움직인다.
② 재료나 공구는 취급하는 부근에 정돈한다.
③ 동작의 수를 줄인다.
④ 동작의 양을 줄인다.
⑤ 물건을 장시간 취급할 경우에는 장구를 사용한다.

(3) 동작 개선의 원칙

① 동작이 자동적으로 이루어지는 순서로 한다.

② 양손은 동시에 반대의 방향으로, 좌우 대칭적으로 운동한다.

③ 관성, 중력, 기계력 등을 이용한다.

④ 작업장의 높이를 적당히 하여 피로를 줄인다.

4 동작 실패의 요인

(1) 물건을 잘못 잡는 오동작

(2) 물건을 잘못 보는 오동작

(3) 판단을 잘못하는 오동작

(4) 의식적 태만

(5) 작업 기피 및 생략 행위

5 동작 실패에 대한 대책

(1) 착각을 일으킬 수 있는 외부조건이 없을 것

(2) 감각기의 기능이 정상일 것

(3) 올바른 판단을 내리기 위한 필요한 지식을 가지고 있을 것

(4) 대뇌의 명령으로부터 근육의 활동이 일어나기까지의 신경계의 저항이 작을 것

(5) 시간적·수량적 및 정도적으로 능력을 발휘할 수 있는 체력이 있을 것

(6) 의식동작을 필요로 할 때에는 무의식 동작을 행하지 않을 것

002 피로

1 개요

피로의 발생은 과소평가되는 경향이 있으나 모든 질병의 원인으로 발전될 수 있는 개연성이 있으므로 발생원인이 무엇인지 정확하게 파악할 필요가 있으며 그 예방을 위해서는 좀 더 과학적인 접근이 필요하다.

2 피로현상의 분류

전신피로	국소피로
• 혈중 포도당 농도 저하가 가장 큰 원인 • 산소공급의 부족으로 작업부담 증가	단순반복작업에 의한 피로

3 발생 3단계

보통피로 → 과로 → 곤비

(1) **보통피로** : 일시적 휴식으로 완전하게 회복되는 단계
(2) **과로** : 피로현상 발생 다음날까지 피로상태가 지속되는 단계로 단기간 휴식으로 회복 불가능한 단계
(3) **곤비** : 질병에 이환된 단계

4 발생요인

(1) **내적 요인**

① 신체적 조건
② 영양상태
③ 적응능력
④ 숙련도

(2) **외적 요인**

① 작업환경
② 작업자세, 긴장도
③ 작업량
④ 생활패턴

5 예방대책

(1) 교육

(2) **적성검사**

  ① 생리적 기능검사 : 감각기능검사, 심폐기능검사, 체력검사

  ② 심리학적 검사 : 지능검사, 지각동작검사, 인성검사, 기능검사

(3) **직무스트레스 관리**

  ① 작업계획 수립 시 근로자 의견 반영

  ② 건강진단 결과에 의한 근로자 배치

  ③ 직무스트레스 요인에 대한 평가

(4) 작업환경개선

(5) **직업성 질환의 예방**

  ① 1차 예방 : 새로운 유해인자의 통제 및 노출관리에 의한 예방

  ② 2차 예방 : 발병 초기에 질병을 발견함으로써 만성질환의 예방이 가능

  ③ 3차 예방 : 치료와 재활로 의학적 치료가 필요한 단계

(6) **작업환경측정**

  ① 작업공정 신규가동 또는 변경 시 30일 이내에 최초 측정

  ② 이후 반기에 1회 이상 정기 측정

  ③ 단, 화학적인자의 노출치가 노출기준을 초과하거나(고용노동부 고시물질) 화학적인자의
    노출치가 노출기준을 2배 이상 초과(고용노동부 고시물질 제외)하는 경우

  ④ 상기 ①, ②, ③에 해당되었으나 작업방법의 변경 등 작업환경측정 결과에 변화가 없는
    경우로서 아래의 범위에 해당될 경우 유해인자에 대한 작업환경측정을 연 1회 이상 할 수
    있다.

    ㉠ 소음측정결과 2회 연속 85dB 미만

    ㉡ 소음 외 모든 인자의 측정결과가 2회 연속 노출기준 미만

(7) 질병자 근로금지

6 직무스트레스 모델의 분류

(1) 인간-환경 모델

동기부여상태와 작업의 수준과 근로자 능력의 차이에 의한 스트레스 발생 모델

(2) NIOSH 모델

스트레스 요인과 근로자 개인의 상호작용하는 조건으로 나타나는 급성 심리적 파괴나 행동적 반응이 나타나는 상황으로 급성반응으로 나타남에 따라 다양한 질병을 유발한다는 모델

(3) 직무요구-통제모델

직무요구와 직무통제가 상호작용한다는 이론으로 직무요구가 스트레스를 유발하는 것에 비해, 직무통제는 정신적인 해소를 불러일으킨다는 모델

(4) 노력-보상 불균형 모델

아담스의 동기부여 이론에 기반을 두고 있는 모델로 본인의 노력과 성과가 타인과 비교된다는 모델

003 집단관리와 리더십

1 이론

(1) **특성이론** : 리더의 자질이 궁극적으로 리더십의 성공을 이룬다는 이론

(2) **행동이론** : 리더십의 발현은 훈련으로 습득된다는 이론

(3) **상황이론** : 리더십은 그때그때 상황적 변수에 따라 변화한다는 이론

(4) **변혁이론** : 리더가 제시한 장기비전을 구성원이 목표달성을 위한 성취의지와 자신감을 고취하는 과정으로 보는 리더십 이론

(5) **거래이론** : 성과에 대한 보상개념에 기본을 둔 리더십 이론

(6) **셀프리더십 이론** : 구성원의 자율에 중심을 둔 리더십 이론

(7) **서번트리더십(Servant Leadership) 이론** : 구성원에게 목표를 공유하고 구성원들의 성장을 도모하며 리더와 구성원 간 신뢰를 형성시켜 궁극적으로 조직성과를 달성하는 리더십 이론

(8) **리더-부하 교환이론** : 리더와 구성원 간의 상호작용이 중요하다는 이론

(9) **소통형 리더십 이론** : 전문성을 바탕으로 공명정대함이 중요하다는 이론

2 특성이론

1930~1940년대 연구된 리더십 이론으로 리더십을 발휘할 수 있도록 하는 주요인은 개인적 특성과 자질에 있다는 이론

(1) **리더가 갖추어야 할 특성**

항목	내용
육체적 특성	연령, 신장, 외모
사회적 특성	교육, 사회적 지위, 출신배경
지능	능력, 판단력, 결단력, 설득력
성격	독립심, 지배력, 자신감
과업 특성	성취욕, 책임감, 과업지향성
사회적 특성	통합력, 협동성, 대인관계

(2) **특징**

성공적 리더는 근본적으로 일반인과 차이가 있다는 이론으로, 유능한 리더들이 갖고 있는 특성의 공통점을 파악해 리더의 유효성을 파악하고자 연구되었다.

3 행동이론(The Style Approach)

(1) 특징

Stogdill(1948)의 연구를 바탕으로 리더의 행동유형 연구로서 1940년대 말 오하이오 주립 대와 미시간대학교의 주도로 연구되었다. 리더의 주요 행동유형은 과업 지향적 행동과 관계 지향적 행동(후일 변화 지향적 행동이 추가됨)이며 1960년대 초, Blake &Mouton에 의해 관리격자(Managerial Grid) 이론으로 발전되었다. 이후 일본의 미스미(Mismi) 쥬지에 의해 PM이론으로 확장되었다.

① 행동유형연구 : '효과적인 리더는 어떻게 행동하나?'
② 행동유형연구의 의의 : 리더십 개발 및 훈련의 지표 제공(부족한 부분의 행동을 교육 훈련)

(2) 아이오와 대학모델

리더의 권한 사용방법에 따라 3유형으로 분류

독재적 리더	일방적으로 명령하고 결과에 따라 보상이나 처벌함으로써 직무 수행성과가 높음
민주적 리더	의사결정에 조직원의 의견을 반영함으로써 구성원의 만족도가 높고 지지층 확보가 수월함
자유방임형 리더	완벽한 자유를 제공하고 조직원 스스로 의사결정을 하도록 방임하는 유형

(3) 미시간 대학모델

직무중심적 리더	과업을 중시하고 공식적 권한과 권력에 의존하며 조직원을 감독하는 유형으로 조직원은 만족도가 낮으나 생산성은 높은 유형
부하중심적 리더	부하와의 관계를 중시해 권한위임과 심리적 측면을 배려하는 유형으로 조직원 만족도는 높으나 성과가 낮은 유형

4 상황이론(Contingency Theory)

피들러(F. Fiedler)의 상황적합성 이론은 리더십 상황이론 중 최초의 이론으로 리더십이 필요한 상황에 따라 리더십을 구분하였다.

(1) 리더십의 유형분류

LPC (Least Preferred Co Worker)	리더가 과거 함께 일하기 싫었던 사람이 갖고 있던 특성을 답하는 방식으로 진행하는 설문지로 단일연속선 개념을 전제로 하고 있다.
관계지향적 리더	LPC 점수가 높게 나타나며 대인관계를 통해 높은 수준의 만족감을 얻는 성향
과업지향적 리더	LPC 점수가 낮게 나타나며 과업 성과에서 보다 높은 수준의 만족감을 추구한다.

(2) 상황변수

① **리더와 구성원의 관계** : 리더를 신뢰하고 따르려는 정도

② **과업구조** : 과업의 구조화 정도(목표의 명확성, 경로의 다양성, 검증 가능성, 구체성)

③ **리더의 지휘권력** : 조직원들이 지시를 수용할 수 있게 만드는 힘(합법적 권력, 보상적 권력, 강제적 권력)

5 변혁이론

거래적 리더십과 비교되는 이론으로 미국의 정치학자 번즈(Burns, J. M)에 의해 제시된 변혁적 리더십은 1985년 조직학자인 베스(Bass, B. M)에 의해 알려졌다.

(1) 특징

매슬로우의 욕구단계설이론 시작되는 인간의 욕구를 고차원의 욕구를 바꿔주는 리더의 역할을 강조하였다. 과거의 거래적 리더십이 부하와 리더 간 거래에 초점이 맞추어져 있기 때문에 발전의 한계가 있다고 평가하고, 대안으로 제시하였다.

(2) 거래적 리더십과 변혁적 리더십의 차이점

거래적 리더십	변혁적 리더십
구성원 역할과 업무요구사항을 명확하게 한 후, 이에 따른 목표달성을 위한 동기를 지도한다.	리더의 행동이 구성원 자각에 의한 변화를 촉진하고, 이에 따른 결과가 구성원의 동기를 촉진한다.

(3) 변혁적 리더십의 구성요소

① 리더가 구성원들과의 소통을 통해 비전을 제시하는 영감적 동기부여(Inspirational Motivation)의 특징

② 이상적 역할모델(Idealized Onfluence) 행동을 통해 조직의 일체감을 강화함

③ 조직원의 감정과 욕구를 파악하고 동기를 부여하는 개별적 배려(Individualized Consideration)

④ 조직원들이 새로운 시각으로 문제를 바라볼 수 있도록 지적 자극(Intellectual Stimulation)의 구성요소를 가짐

(4) 변혁적 리더십의 평가

구성원들의 조직에 대한 몰입감과 소속감, 직무만족 등 조직에 대한 긍정적 요소를 높이를 효과를 나타내며 거래적 리더십과 양립해 두 개의 리더십을 조절할 수 있는 장점이 있다. 반면, 평가방법이 모호하며, 상황변수를 제시하지 못하는 것이 단점으로 거론된다.

6 거래이론(Transcational Leadership)

지도자와 구성원 간 비용과 효과의 거래로 수행되는 리더십

(1) 특징

① 거래리더는 할당된 업무를 효과적으로 수행할 수 있도록 부하들의 욕구를 파악해 부하들이 적절한 수준의 노력과 성과를 보이면 이에 대한 보상을 하는 것이다.

② 리더와 구성원 간의 교환거래관계에 바탕을 둔 리더십을 말한다.

③ 리더가 구성원에게 지시한 목표와 목표를 달성했을 때의 보상내용을 명확히 알리고 구성원은 보상의 가치를 명확히 인식하여 성과를 달성하도록 노력하는 일련의 과정으로 이루어진다.

(2) 거래적 리더십과 변혁적 리더십의 목표 등에 관한 비교

구별기준	거래적 리더십	변혁적 리더십
목표	교환관계	변혁 또는 변화
성격	소극적	적극적
초점	하급관리자	최고관리층
관심대상	단기적 효율성과 타산	장기적 효과와 가치의 창조

7 셀프리더십 이론

1980년대 미국 제조업의 경영혁신 과정에서 맨츠(Charles Manz, 1986)가 '구성원들이 자기관리를 잘한다면 리더가 필요할 것인가?'에 대한 의문을 제기하며 시작된 것으로 알려져 있다.

(1) 특징

(1) 자기 영향력 발휘를 위해 사용되는 행위와 인지전략을 총칭한다.

(2) 자기 자신으로부터 리더십을 발휘하도록 하는 새로운 관점의 리더십이다.

(3) 자신들의 생활을 스스로 통제할 수 있는 자율권과 책임이 주어지면 구성원들이 자율과 책임에서 오는 도전에 대해 구체적으로 무엇을 할 것인가를 제시하는 것이다.

(2) 구성요소

(1) 과업이나 직무수행을 스스로 주도하고 스스로 동기를 부여해 자신에게 영향력을 행사하는 과정으로 특정행동의 결과와 성과를 만들어내는 원천이 된다.

(2) 행동적 전략과 인지적 전략으로 구분되며, 인지적 전략은 전설적 사고전략과 자연적 보상전략으로 세분화된다.

(3) 장단점

장점	단점
• 조직 구성원들이 변화와 혁신을 두려워하지 않고 수용하게 해준다. • 구성원에게 권한이 부여되어 최고경영진은 업무부담이 해소되고 분권화로 신속 유연한 의사결정이 가능하다. • 구성원들에게 주인의식과 책임감을 불어 넣어 능력 외에도 자아실현과 성과를 향상시킬 수 있다.	• 개인의 역량과 책임이 확대되며 조직의 운영과 조화와 충돌된다. • 많은 비용과 시간이 요구된다. • 조직원 개인의 목표·실행·통제 의사결정이 원하는 결과가 도출되지 못할 경우 좌절한다.

8 서번트리더십(Servant Leadership) 이론

(1) 특징

'하인 리더십'이라는 의미이며 헌신적으로 직원들을 섬기며 조직을 이끌어나가는 형태의 리더십으로 로버트 그린리프(Robert K. Greenleaf)가 처음 사용하였다.

(2) 다른 리더십과의 차이점

공감, 경청, 자각, 치유, 미래 개념화, 설득력, 봉사정신, 예측력, 공동체 건설, 타인의 성장을 위한 헌신

9 리더 — 부하 교환(Leader — Member Exchange) 이론

(1) 특징

리더와 부하가 서로 영향관계를 교환한다는 이론으로 부하들의 능력, 기술 및 책임의식 등 동기수준의 차원에 따라 리더가 자신의 부하들을 내집단과 외집단으로 구분해 서로 다르게 대우하며 리더와 부하가 사용하는 세력의 유형 및 강도가 달라진다.

(2) 발전단계

단계	이론	분석수준	내용
1	수직적 양자관계	작업집단에서 양자관계	작업집단 안에서 차별의 타당도
2	리더 — 부하 교환관계	양자관계	조직의 결과물을 위한 차별적 관계의 타당도
3	리더십 결정	양자관계	양자적 관계 개발의 이론과 연구
4	팀을 만드는 역량 네트워크	양자관계의 집단으로서 집단	더 큰 수준의 집단으로 향하는 양자관계집합을 연구

⑩ 소통형 리더십 이론

(1) 전문성을 바탕으로 공명정대함을 중요하게 생각하는 현시대에 가장 적합한 리더십

(2) 방향으로 카리스마 또는 지도력보다 서번트 리더십과 셀프 리더십의 적절한 조화로 구성원들을 이끄는 리더십

(3) 이끌어 거래적 리더십을 발휘시켜 공정성은 유지하되 진정성 있는 행동을 지속적으로 창출해내는 리더십

004 착오와 실수

1 착오 발생 3요소

(1) 개요

착오란 사물의 사실과 관념이 서로 다른 상태를 말하는 것으로 이러한 착오는 불안전한 행동을 일으키는 주요 요인으로 작용한다.

(2) 착오 발생 메커니즘

```
인지과정 에러 → 판단과정 에러 → 조작과정 에러 → 착오 발생
```

(3) 착오의 종류

위치, 순서, 패턴, 기억, 모양의 착오

(4) 착오 발생 원인

① 심리적 능력의 한계
② 정보량 저장의 한계
③ 감각기능의 차단

(5) 착오 발생 3요소

① 인지과정 착오
  ㉠ 외부정보가 감각기능으로 인지되기까지의 에러
  ㉡ 심리 불안정, 감각 차단

② 판단과정 착오
  ㉠ 의사결정 후 동작명령까지의 에러
  ㉡ 정보 부족, 자기 합리화

③ 조작과정 착오
  ㉠ 동작을 나타내기까지의 조작 실수에 의한 에러
  ㉡ 작업자 기능 부족, 경험 부족

2 가현운동

(1) 개요

'가현운동'이란 실제로는 움직이지 않는 물체가 착각현상에 의해 마치 움직이고 있는 것처럼 보이는 현상으로 재해발생의 한 원인으로 작용할 수 있다.

(2) 착각현상의 분류

① 자동운동

ⓐ 광점 및 광의 강도가 작거나 대상이 단조로울 때, 또는 시야의 다른 부분이 어두울 때 나타나는 착각현상

ⓑ 암실 내에서 정지된 소광점을 응시하고 있으면 그 광점이 움직이는 것처럼 보이는 현상

② 유도운동

ⓐ 실제로는 움직이지 않는 것이 어느 기준의 이동에 유도되어 움직이는 것처럼 느껴지는 현상

ⓑ 예시

- 구름에 둘러싸인 달이 반대 방향으로 움직이는 것처럼 보이는 현상
- 플랫폼의 출발열차 등

③ 가현운동

ⓐ 일정한 위치에 있는 물체가 착시에 의해 움직이는 것처럼 보이는 현상

ⓑ 종류 : α운동, β운동, γ운동, δ운동, ε운동

(3) 가현운동

① α 운동

ⓐ 화살표 방향이 다른 두 도형을 제시할 때, 화살표의 운동으로 인해 선이 신축되는 것처럼 보이는 현상

ⓑ Müller Lyer의 착시현상

② β 운동

ⓐ 시각적 자극을 제시할 때, 마치 물체가 처음 장소에서 다른 장소로 움직이는 것처럼 보이는 현상

ⓑ 대상물이 영화의 영상과 같이 운동하는 것처럼 인식되는 현상

③ γ 운동

하나의 자극을 순간적으로 제시할 경우 그것이 나타날 때는 팽창하는 것처럼 보이고 없어질 때는 수축하는 것처럼 보이는 현상

④ δ 운동

강도가 다른 두 개의 자극을 순간적으로 가할 때, 자극 제시 순서와는 반대로 강한 자극에서 약한 자극으로 거슬러 올라가는 것처럼 보이는 현상

⑤ ε 운동

한쪽에는 흰 바탕에 검은 자극을, 다른 쪽에는 검은 바탕에 백색 자극을 순간적으로 가할 때, 흑에서 백으로 또는 백에서 흑으로 색이 변하는 것처럼 보이는 현상

③ 착시(Optical Illusion)

(1) 개요

'착시(Optical Illusion)'란 어떤 대상의 실제와 보이는 것이 일치하지 않는 시각의 착각현상으로 가현운동과 더불어 재해발생의 한 원인으로 작용한다.

(2) 착시현상의 분류

학설	그림	현상
Müller－Lyer의 착시		(a)가 (b)보다 길어 보인다. 실제 (a)＝(b)
Helmholtz의 착시		(a)는 세로로 길어보이고, (b)는 가로로 길어 보인다.
Hering의 착시		가운데 두 직선이 곡선으로 보인다.
Köhler의 착시		우선 평행의 호(弧)를 본 경우에 직선은 호의 반대 방향으로 굽어보인다.
Poggendorf의 착시		(a)와 (c)가 일직선상으로 보인다. 실제는 (a)와 (b)가 일직선이다.
Zöller의 착시		세로의 선이 굽어보인다.
Orbigon의 착시		안쪽 원이 찌그러져 보인다.
Sander의 착시		두 점선의 길이가 다르게 보인다.
Ponzo의 착시		두 수평선부의 길이가 다르게 보인다.

안전 · 보건교육

001 교육의 필요성

1 학습

(1) 개요

학습은 지식, 기능, 태도교육의 필요성에 의해 실시하는 것으로, 의도한 학습효과를 거두기 위해서는 학습지도의 원리에 의한 단계별 학습을 통해 최대의 학습효과를 거둘 수 있도록 하는 것이 중요하다.

(2) 학습의 필요성

① 지식의 교육
② 기능의 교육
③ 태도의 교육

(3) 학습지도 5원칙

자발성의 원칙	학습참여자 자신의 자발적 참여가 이루어지도록 한다.
개별화의 원칙	학습참여자 개개인의 능력에 맞는 학습기회의 제공 원칙
사회성 향상의 원칙	학습을 통해 습득한 지식의 상호 교류를 위한 원칙
통합의 원칙	부분적 지식의 통합을 위한 원칙
목적의 원칙	학습목표가 분명하게 인식될 때 자발적이며 적극적인 학습에 임하게 되는 원칙

(4) 학습정도 4단계

인지단계	새로운 사실을 인지하는 단계
지각단계	새로운 사실을 깨닫는 단계
이해단계	학습내용을 이해하는 단계
적용단계	학습내용을 적절한 요소에 적용할 수 있는 단계

(5) 5감의 효과 정도와 신체활용별 이해도

① 5감의 효과 정도

5감	시각	청각	촉각	미각	후각
효과	60%	20%	15%	3%	2%

② 신체활용별 이해도

신체 구분	귀	눈	귀와 눈	귀, 눈, 입의 활용	머리, 손, 발의 활용
이해도	20%	40%	60%	80%	90%

2 학습이론

(1) 개요

학습은 자극(S)으로 인해 유기체가 나타내는 특정한 반응(R)의 결합으로 이루어진다는 손다이크(Thorndike)의 이론을 시초로 파블로프(Pavlov), 스키너(Skinner) 등의 학자에 의해 제시되었다.

(2) 학습이론의 학자별 분류

① 자극과 반응이론
  ㉠ 손다이크의 학습법칙(시행착오설) : 학습은 맹목적인 시행을 되풀이하는 가운데 생성되는 자극과 반응의 결합과정이다.
    • 준비성의 법칙
    • 반복연습의 법칙
    • 효과의 법칙
  ㉡ 파블로프의 조건반사설(S-R이론) : 유기체에 자극을 주면 반응하게됨으로써 새로운 행동이 발달된다.
    • 일관성의 원리
    • 계속성의 원리
    • 시간의 원리
    • 강도의 원리
  ㉢ 스키너의 조작적 조건화설
    • 간헐적으로 강도를 높이는 것이 반응할 때마다 강도를 높이는 것보다 효과적이다.
    • 벌칙보다 칭찬, 격려 등의 긍정적 행동이 학습에 효과적이다.
    • 반응을 보인 때 즉시 강도를 높이는 것이 효과적이다.
  ㉣ 반두라의 사회학습이론
    • 사람은 관찰을 통해서 학습할 수 있으며, 대부분의 학습이 타인의 행동을 관찰함에 따른 모방의 결과로 나타난다.

- 타인이 보상 또는 벌을 받는 것을 관찰함으로써 간접적인 강도 상승의 영향을 받는다.

② 톨만의 기호형태설

ㄱ 학습은 환경에 대한 인지 지도를 신경조직 속에 형성시키는 과정이다.

ㄴ 학습은 자극과 자극 사이에 형성되는 결속이다(Sign-Signification 이론).

ㄷ 톨만은 문제에 대한 인지가 학습에 있어서 가장 필요한 조건이라고 하였다.

③ 하버드학파의 교수법

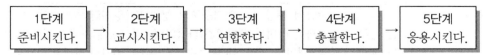

1단계		2단계		3단계		4단계		5단계
준비시킨다.	→	교시시킨다.	→	연합한다.	→	총괄한다.	→	응용시킨다.

④ 파블로프의 조건반사설

ㄱ 강도의 원리 : 자극이 강할수록 학습이 더 잘 된다.

ㄴ 시간의 원리 : 조건자극을 무조건자극보다 조금 앞서거나 동시에 주어야 강화가 잘 된다.

ㄷ 계속성의 원리 : 자극과 반응의 관계는 횟수가 거듭될수록 강화가 잘 된다.

ㄹ 일관성의 원리 : 일관된 자극을 사용하여야 한다.

(3) 학습목적의 3요소

① 목표 : 학습목적의 핵심을 달성하기 위한 목표

② 주제 : 목표달성을 위한 테마

③ 학습정도 : 주제를 학습시킬 범위와 내용의 정도

(4) 이론 분류

① S-R이론(행동주의)

분류	내용	학습원리
조건반사(반응)설 (Pavlov)	행동의 성립을 조건화에 의해 설명. 즉, 일정한 훈련을 통하여 반응이나 새로운 행동의 변용을 가져올 수 있다(후천적으로 얻게 되는 반사작용).	• 일관성의 원리 • 강도의 원리 • 시간의 원리 • 계속성의 원리
시행착오설 (Thorndike)	학습이란 맹목적으로 탐색하는 시행착오의 과정을 통하여 선택되고 결합되는 것(성공한 행동은 각인되고 실패한 행동은 배제)	• 효과의 법칙 • 연습의 법칙 • 준비성의 법칙
조작적 조건 형성이론 (Skinner)	어떤 반응에 대해 체계적이고 선택적으로 강화를 주어 그 반응이 반복해서 일어날 확률을 증가시키는 것	• 강화의 원리 • 소거의 원리 • 조형의 원리 • 자발적 회복의 원리 • 변별의 원리

② 인지이론(형태주의)

분류	내용	학습원리
통찰설 (Kohler)	문제해결의 목적과 수단의 관계에서 통찰이 성립되어 일어나는 것	• 문제해결은 갑자기 일어나며 환전하다. • 통찰에 의한 수행은 원활하고 오류가 없다. • 통찰에 의한 문제는 쉽게 다른 문제에 적용된다.
장이론 (Lewin)	하급에 해당하는 인지구조의 성립 및 변화는 심리적 생활공간(환경영역, 내적·개인적 영역, 내적 욕구, 동기 등)에 의한다.	장이란 역동적인 상호관련 체제(형태 자체를 장이라 할 수 있고 인지된 환경은 장으로 생각할 수 있다)
기호 – 형태설 (Tolman)	어떤 구체적인 자극(기호)은 유기체적 측면에서 볼 때 일정한 형의 행동결과로서의 자극대상(의미체)을 도출한다.	형태주의 이론과 행동주의 이론의 혼합(수단 – 목표와의 의미관계를 파악하고 인지구조를 형성)

3 학습의 전이

(1) 개요

학습의 전이란 앞서 실시한 학습의 결과가 이후 실시되는 학습효과에 긍정적이거나 부정적인 효과를 유발하는 현상을 말한다. 선행학습이 올바르지 못할 경우 목표달성을 위한 학습효과에 방해가 될 수 있다는 점에 유의해야 한다.

(2) 학습전이의 분류

① 긍정적 효과(적극적 효과)
② 부정적 효과(소극적 효과)

(3) 학습전이의 조건(영향요소)

① 과거의 경험
② 학습방법
③ 학습의 정도
④ 학습태도
⑤ 학습자료의 유사성
⑥ 학습자료의 게시 방법
⑦ 학습자의 지능요인
⑧ 시간적인 간격의 요인 등

(4) 전이이론

분류	내용
동일요소설 (E. L. Thorndike)	선행학습과 이후 학습에 동일한 요소가 있을 때 연결현상이 발생된다는 이론
일반화설 (C. H. Judd)	학습자가 어떤 경험을 하면 이후 비슷한 상황에서 유사한 태도를 취하려는 경향이 발생되는 전이현상이 발생된다는 이론
형태 이조(移調)설 (K. Koffka)	학습경험의 심리적 상태가 유사한 경우 선행학습 시 형성된 심리상태가 그대로 옮겨가는 전이현상이 발생된다는 이론

4 교육의 3요소와 3단계, 교육진행의 4단계, 교육지도 8원칙

(1) 개요

교육목표 달성을 위해서는 교육의 주체와 객체, 매개체가 상호 유기적으로 연결될 때 그 효과가 극대화될 수 있으며 교육 참여자가 최대의 효과를 달성할 수 있도록 단계별 교육내용의 요소를 이해하는 것이 중요하다.

(2) 교육의 3요소

구분	형식적 교육	비형식적 교육
교육 주체	교수(강사)	부모, 형, 선배, 사회인사
교육의 객체	학생(수강자)	자녀, 미성숙자
매개체	교재(학습내용)	환경, 인간관계

(3) 교육의 3단계

① 제1단계 : 지식의 교육
② 제2단계 : 기능교육
③ 제3단계 : 태도교육

(4) 교육진행의 4단계

교육진행 단계		교육내용
제1단계	도입	학습할 준비를 시키는 단계
제2단계	제시	작업의 설명단계
제3단계	적용	작업을 시켜보는 단계
제4단계	확인	작업상태를 살펴보는 점검단계

(5) 교육의 8원칙

① 안전교육의 기본방향

    ㉠ 사고·사례 중심의 교육

    ㉡ 안전작업(표준작업)을 위한 교육

    ㉢ 안전의식 향상을 위한 교육

② 교육(지도)의 8원칙

    ㉠ 상대방의 입장에서

       • 피교육자 중심으로

       • 교육대상자의 지식이나 기능 정도에 맞도록

    ㉡ 동기유발(동기부여)

       • 관심과 흥미를 갖도록 동기를 부여

       • 동기유발 방법 : 근본이념 인식, 목표설정, 결과를 알려줌, 상과 벌 부여, 경쟁 유도

    ㉢ 인상의 강화

       • 보조재의 활용

       • 견학 및 현장사진 등의 활용

    ㉣ 5감의 활용(시각, 청각, 촉각, 미각, 후각)

구분	시각효과	청각효과	촉각효과	미각효과	후각효과
감지효과	60%	20%	15%	3%	2%

    ㉤ 기능적인 이해 : 교육을 기능적으로 이해시켜 기억에 남게 함

    ㉥ 쉬운 내용에서 시작해 점차 심도 있는 내용으로 진행

    ㉦ 반복해서 교육

    ㉧ 한 번의 강의(교육) 시 한 가지씩 중요 내용 강조

002 교육의 지도

1 게시판의 활용

(1) 자료는 최근의 것으로 간단·명료하면서도 문제의 핵심을 다루는 내용으로 한다.

(2) 모든 근로자가 잘 보일 수 있도록 장소 선정에 유의한다.

2 간행물의 발간

(1) News는 가치 있는 최신의 내용을 포함시킨다.

(2) 흥미를 유발할 수 있도록 시기적절한 내용을 담고 있어야 한다.

3 경진대회의 개최

(1) 경진대회를 통하여 모든 근로자의 안전의식을 고취시킨다.

(2) 부서별로 경쟁의식을 유발시킨다.

4 표어, 포스터 등의 모집

(1) 눈에 잘 띄고 단순해야 한다.

(2) 그 의미와 내용이 명확해야 한다.

(3) 응모를 통해 안전보건에 대한 관심과 참여를 유도한다.

5 집단교육의 실시

(1) 신규 및 보수교육, 특별교육을 통한 집단교육을 실시한다.

(2) 안전지식에 관한 교육은 집단교육을 실시해 효율의 극대화를 도모한다.

6 현장안전교육 및 Program식 교육

(1) 현장안전교육

근로자 간의 개인차 및 작업 특성, 위험 내용을 고려해 실시한다.

(2) Program식 교육

작업 전 안전에 대한 문답형식의 항목을 점검표로 만들어 점검·수정하는 것이 가능하며, 공간이나 장소에 제한을 받지 않는 장점이 있다.

1 강의법(Lecture Method) : 최적 인원 40~50명

(1) 개념

많은 인원을 단기간에 교육하기 위한 방법

(2) 강의법의 종류

① 강의식

② 문답식

③ 문제 제시식

2 토의법(Group Discussion Method) : 최적 인원 10~20명

(1) 개념

쌍방 의사전달방식에 의한 교육으로 적극성·지도성·협동성을 함양시키는 방법

(2) 토의법의 종류

① **문제법(Problem Method)** : '문제의 인식 → 해결방법의 연구계획 → 자료의 수집 → 해결방법의 실시 → 정리와 결과 검토'의 5단계로 토의하는 방법

② **자유토의법(Free Discussion Method)** : 참가자가 자유로이 과제에 대해 토의함으로써 각자가 가진 지식, 경험 및 의견을 교환하는 방법

③ **포럼(Forum)** : 새로운 자료나 교재를 제시하고 문제 제기 또는 의견을 토의하는 방법

④ **심포지엄(Symposium)** : 몇 사람의 전문가가 과제를 발표한 뒤 참가자가 의견 발표 및 질문을 하게 하여 토의하는 방법

⑤ **패널 디스커션(Panel Discussion)** : Panel Member(교육과제에 정통한 전문가 4~5명)가 피교육자 앞에서 자유롭게 토의한 후 피교육자 전원이 사회자의 사회에 따라 토의하는 방법

⑥ **버즈 세션(Buzz Session : 분임토의)** : 먼저 사회자와 기록계를 선출한 후 나머지 참여자를 6명씩 소집단으로 구분하고 소집단별로 각각 사회자를 선발하여 6분씩 자유토의를 행하여 의견을 종합하는 방법으로 '6-6회의'라고도 함

⑦ **사례 토의(Case Method)** : 먼저 사례를 제시하고 문제 사실들과 상호관계에 대해서 검토한 후 대책을 토의하는 방법

⑧ **역할 연기법(Role Playing)** : 참가자에게 일정한 역할을 주어서 연기를 시켜봄으로써 자기 역할을 보다 확실하게 인식시키는 방법

❸ 역할연기법(Role Playing)

(1) 개요
'역할연기법(Role playing)'이란 심리극(Psychodrama)이라고 하는 정신병 치료법에서 발달한 것으로, 하나의 역할을 상정하고 이것을 피교육자로 하여금 실제로 체험케 하여 체험학습을 시키는 안전교육과 관련되는 교육의 일종이다.

(2) 역할연기법의 장단점
① 장점
- ㉠ 하나의 문제에 대하여 관찰능력과 수감성이 동시에 향상됨
- ㉡ 자기 태도에 대한 반성과 창조성이 싹트기 시작함
- ㉢ 적극적인 참가와 흥미로 다른 사람의 장단점을 파악함
- ㉣ 사람에 대해 신중하고 관용을 베풀게 되며 스스로의 능력을 자각함
- ㉤ 의견 발표에 자신이 생기고 관찰력이 풍부해짐

② 단점
- ㉠ 목적을 명확하게 하고 계획적으로 실시하지 않으면 학습으로 연결되지 않음
- ㉡ 정도가 높은 의지결정의 훈련으로서의 기대는 못함

(3) 진행순서 Flow Chart

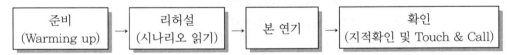

(4) 진행방법
① 준비
- ㉠ 간단한 상황이나 역할을 일러 주어 자유로이 예비적인 거동을 취함
- ㉡ 훈련의 주제에 따른 역할분담

② 리허설(시나리오 읽기)
- ㉠ 자신의 대사 확인
- ㉡ 선 채로 원진을 만들어 시나리오를 읽으면서 역할 연기 리허설

③ 본 연기
- ㉠ 각자에게 부여된 역할에 따라 사실적으로 절도 있게 연기
- ㉡ 단기간의 체험을 통한 학습
- ㉢ 서로의 역할을 교환하거나 즉석 연기를 실시하여도 됨

④ 확인
- ㉠ 역할연기가 끝난 뒤 연기자와 청중이 함께 토의
- ㉡ 지적·확인 항목 설정 및 Touch & Call로 마무리

(5) 교육 시 유의사항

① 피교육자의 지식이나 수준에 맞게 교육 실시

② 체계적이고 반복적인 안전교육 실시

③ 사례 중심의 안전교육 실시

④ 인상의 강화

⑤ 교육 후 평가 실시

4 프로젝트 교수법(Project Method)

(1) 개요

'프로젝트 교수법'이란 분명한 목적을 가지고 행하는 활동으로 참가자 스스로의 계획과 행동을 통해서 학습을 하게 되므로 학습 효과가 자연스럽게 살아나고 실무에 연결되며, 안전교육과 관련되는 교육의 일종이다.

(2) 프로젝트 교수법의 장단점

① 장점

㉠ 동기부여가 충분

㉡ 스스로 계획하고 실시하므로 주체적으로 책임을 가지고 학습 이행

㉢ 실제 문제를 연구하므로 현실적인 학습이 됨

㉣ 작업에 대한 책임감이나 인내력 향상

㉤ 작업에 대한 창의력 발생

㉥ 중소기업에서도 용이하게 진행

② 단점

㉠ 시간과 Energy 투입이 지나치게 많음

㉡ 실무나 이론에도 충분한 능력이 있는 지도자가 필요함

㉢ 교육목표, 교과목 불명확 시 이론의 일관성이 결여됨

(3) 진행순서 및 방법

① 진행순서 Flow Chart

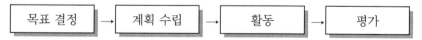

목표 결정 → 계획 수립 → 활동 → 평가

② 진행방법

㉠ 목표 결정(목표 선정)

• 참가자에게 흥미를 주는 과제 제시

• 좋은 자료를 주게 하여 동기부여

ⓛ 계획 수립
  • 담당 그룹이 협력하여 계획을 수립
  • 필요한 조언을 잊지 않도록 지도
ⓒ 활동(실행)
  • 목표를 향해 모두가 노력하며 적극적으로 행동하도록 지도, 조언
  • 실행 시 중간 Check 필요
ⓔ 평가
  • 그룹 전체를 상호 평가하면 효과적
  • 평가 시 직장에도 응용될 수 있도록 강조

5 카운슬링(Counseling)

(1) 개요

① 사고의 발생은 불안전 행동 및 불안전 상태에 기인하며, 재해를 수반하는 대부분의 사고는 예방이 가능하다.
② 카운슬링이란 대화를 나눔으로써 불안전한 행동 및 불안전한 심리를 해소시켜 문제를 해결하는 방법을 말한다.

(2) 카운슬링 방법

① **직접 충고** : 안전수칙 불이행 시 조치 등의 직접적인 방법
② **설득적 방법** : 비지시적인 방법
③ **설명적 방법** : 비지시적인 방법

(3) 카운슬링 순서

장면순서 → 내담자와의 대화 → 의견 분석 → 감정 표출
→ 감정의 명확화 → 해결방안 제시

(4) 카운슬링 효과

① 정신적인 스트레스 해소
② 동기부여
③ 올바른 태도 형성
④ 부주의 현상 개선
⑤ 목표의식 부여

6 교육방법에 의한 분류

(1) 하버드학파의 사례연구 중심 5단계 교육법

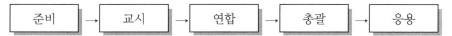

준비 → 교시 → 연합 → 총괄 → 응용

(2) Jone Dewey의 5단계 사고

시사 받음 → 지식화 → 가설 설정 → 추론 → 행동으로 가설 검토

(3) 파블로프 조건반사설의 학습원리

① 강도의 원리 : 자극이 강할수록 학습이 보다 더 잘된다.

② 시간의 원리 : 조건자극을 무조건자극보다 조금 앞서거나 동시에 주어야 강화가 잘된다.

③ 계속성의 원리 : 자극과 반응의 관계는 횟수가 거듭될수록 강화가 잘 된다.

④ 일관성의 원리 : 일관된 자극을 사용하여야 한다.

(4) 교육의 방법

① 기업 외 교육

　㉠ 피교육자가 기업 외부로 나가서 교육을 받는 형태

　㉡ 종류

　　• Seminar　　　　　　　　• 외부 단체가 주최하는 강습회

　　• 관계 회사 파견　　　　• 국내에서의 위탁교육 등

② 기업 내 정형교육

　㉠ 기업 내에서 실시하는 교육으로 지도방법이나 교재의 표준이 예비되어 행하는 교육

　㉡ 종류

　　• ATP(Administration Training Program)

　　• ATT(American Telephone & Telegraph Company)

　　• MTP(Management Training Program)

　　• TWI(Training Within Industry)

(5) 지식교육 4단계와 하버드학파의 5단계 교수법

지식교육 4단계	하버드학파 5단계 교수법
① 도입(준비) : 학습 준비를 시킨다.	① 준비시킨다.
② 제시(설명) : 작업을 설명한다.	② 교시(교육, 설명)한다.
※ 능력에 따른 교육, 급소강조, 주안점, 체계적 반복교육	③ 연합시킨다.
	④ 총괄시킨다.
③ 적용(응용) : 작업을 지켜본다.	⑤ 응용시킨다.
④ 확인(평가) : 가르친 뒤 살펴본다.	

1 Hermann Ebbinghaus의 망각곡선

(1) 개요

독일의 심리학자 Hermann Ebbinghaus는 1885년 저서를 통해 학습 직후 19분 경과 시 학습내용의 58%를 망각하고 하루가 경과되면 33%만을 기억하며, 학습 직후 망각이 시작되어 9시간 경과 시까지 급격한 망각이 이루어진 후 완만해짐을 관찰하였고, 복습의 중요성에 대해 강조하였다.

(2) 기억의 과정

① 기억의 과정 순서 Flow Chart

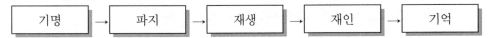

기명 → 파지 → 재생 → 재인 → 기억

② 기억 과정

ⓐ 기명 : 사물의 인상을 보존하는 단계

ⓑ 파지 : 간직한 인상이 보존되는 단계

ⓒ 재생 : 보존된 인상이 다시 의식으로 떠오르는 단계

ⓓ 재인 : 과거에 경험하였던 것과 같은 비슷한 상태에 부딪쳤을 때 떠오르는 것

ⓔ 기억 : 과거의 경험이 미래의 행동에 영향을 주는 단계

③ 기억률(H. Ebbinghaus)

$$기억률(\%)(절약점수) = \frac{최초에\ 기억하는\ 데\ 소요된\ 시간 - 그\ 후에\ 기억에\ 소요된\ 시간}{최초에\ 기억하는\ 데\ 소요된\ 시간} \times 100$$

(3) 망각곡선의 특징

① 망각곡선(Curve of Forgetting)

파지율과 시간의 경과에 따른 망각률을 나타내는 결과를 도표로 표시한 것

② 경과시간에 따른 파지율과 망각률

경과시간	파지율	망각률
0.33시간	58.2%	41.8%
1	44.2%	55.8%
24	33.7%	66.3%
48	27.8%	72.2%
6일×24	25.4%	74.6%
31일×24	21.2%	78.9%

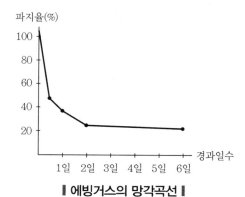

┃ 에빙거스의 망각곡선 ┃

(4) 복습의 중요성

　① 빨리 복습하면 효과가 매우 좋다. 즉, 더 높은 기억률을 유지할 수 있다.

　② 한 번 학습하고 반복하지 않는 것과 한 번 더 확인하는 것의 차이는 크게 나타난다.

　③ 복습은 학습이 끝난 직후에 하는 것이 효과적이다.

(5) 파지능력 향상방안

　① 반복효과

　② 간격효과

SECTION 04 교육방법

001 교육의 실시방법

1 학습이론

(1) 사회적 학습

① 개인 간의 관계를 통해 습득되는 학습방법

② 타인의 행동을 모방해 자신이 행동할 롤모델로 활용하는 방법

(2) 작동적 조건화

① 자발적인 반응의 결과로 발생된 환경자극의 변화가 반응으로 나타나게 되는 방법

② 개체에 의한 자발적 반응

(3) 조작적 조건화

① 행동주의 심리학의 이론

② 어떤 반응에 대해 선택적으로 보상함으로써 그 반응이 일어날 확률을 증가시키거나 감소시키는 방법

(4) 액션러닝

① 중상급 관리자들에게 적합한 훈련방법

② 피훈련자들에게 자신들이 해결할 수 없는 조직의 복잡한 실제 문제를 할당하고 해결책을 제시하기를 요구해 피훈련자들이 문제 분석에서부터 해답을 발견하기까지 과정에서 경영능력을 발전시키고 어떻게 학습할 것인가에 대한 학습을 하게 하는 방법

2 학습평가 기본기준

(1) 타당성

한 개의 검사나 평가도구가 측정하려고 하는 것을 어느 정도 충실하게 측정하고 있는가의 정도

(2) 신뢰성

측정대상을 어떠한 방법으로 오차를 최소화하였는가, 즉 평가도구나 검사결과의 일관성 정도

(3) 객관성

여러 채점자가 채점한 결과 오차가 최소화되었는가, 즉 평점자나 채점자의 채점에 대한 일관성 정도

(4) 실용성

문항, 채점, 평가를 할 때 얼마만큼의 노력과 비용, 시간이 절감되었는지 나타내는 척도

❸ 재해예방을 위한 연쇄성 이론

(1) 하인리히의 연쇄성 이론

① 연쇄성 이론은 보험회사 직원이었던 하인리히에 의해 최초로 발표되었으며 도미노 이론이라고 불리기도 한다.

② 사고를 예방하는 방법은 연쇄적으로 발생되는 원인들 중에서 어떤 원인을 제거하면 연쇄적인 반응을 차단할 수 있다는 이론에 근거를 두고 있다.

③ 연쇄성 이론에 의하면 5개의 도미노가 있다.

    ㉠ 사회적·유전적 요소

    ㉡ 개인적 결함

    ㉢ 불안전한 상태 및 행동

    ㉣ 사고

    ㉤ 재해

④ 사고 발생의 직접적인 원인은 불안전한 행동과 불안전한 상태이다.

⑤ 연쇄성 이론에서 첫 번째 도미노는 사회적·유전적 요소이다.

(2) 버드의 수정 도미노 이론

하인리히의 도미노 이론을 수정한 것으로 사고 발생의 근본원인을 관리부족으로 수정하였다.

(3) 아담스의 사고연쇄반응 이론

불안전한 행동과 불안전한 상태를 유발하거나 방치하는 오류가 재해의 직접적인 원인이다.

(4) 리던의 스위스 치즈모델

스위스 치즈 조각들에 뚫려 있는 구멍들이 모두 관통되는 것처럼 모든 요소의 불안전함이 겹쳐져 재해가 발생된다는 이론

(5) 하돈의 매트릭스 모델

교통사고로 인한 재해의 저감을 줄이기 위한 것으로 기능의 파악에 중점을 둔 이론

002 교육대상

1 개요

기업 내의 교육은 정형교육과 비정형교육으로 나누어지며, '정형교육'이란 지도 방법이나 교재의 표준을 준비해 실시하는 교육으로 직무(담당업무)에 따라 TWI·MPT·ATT·ATP 등이 있다. 한편, 비정형교육은 업무수행상 필요할 때마다 수시로 이루어지는 교육으로 OJT, OFF JT 등이 대표적이다.

2 기업 내 정형교육

(1) ATP(Administration Training Program)

① 대상 : 최고 경영자

② 교육내용

㉠ 정책의 수립

㉡ 조직 : 경영, 조직형태, 구조 등

㉢ 통제 : 조직통제, 품질관리, 원가관리

㉣ 운영 : 운영조직, 협조에 의한 회사 운영

(2) ATT(American Telephone & Telegraph Company)

① 대상 : 대상 계층이 한정되어 있지 않으며, 한 번 교육을 이수한 자는 부하 감독자에 대한 지도 가능(예 안전관리자 양성교육 등)

② 교육내용

㉠ 계획적 감독

㉡ 작업의 계획 및 인원배치

㉢ 작업의 감독

㉣ 공구 및 자료 보고 및 기록

㉤ 개인 작업의 개선 및 인사관계

③ 전체 교육시간 : 1차 훈련은 1일 8시간씩 2주간, 2차 과정은 문제 발생 시 실시

④ 진행방법 : 토의법

(3) MTP(Management Training Program)

① 대상 : TWI보다 높은 계층(관리자 교육)

② 교육내용

㉠ 관리의 기능

㉡ 조직의 운영

ⓒ 회의의 주관

ⓔ 시간 관리학습의 원칙과 부하지도법

ⓜ 작업의 개선 및 안전한 작업

③ **전체 교육시간** : 40시간으로 2시간씩 20회

④ **진행방법** : 강의법에 토의법 가미

(4) TWI(Training Within Industry)

① **대상** : 일선 감독자

② **일선 감독자의 구비요건**

ⓖ 직무 지식

ⓛ 직책 지식

ⓒ 작업을 가르치는 능력

ⓔ 작업방향을 개선하는 기능

ⓜ 사람을 다루는 기량

③ **교육내용**

ⓖ JIT(Job Instruction Training) : 작업지도훈련(작업지도기법)

ⓛ JMT(Job Method Training) : 작업방법훈련(작업개선기법)

ⓒ JRT(Job Relation Training) : 인간관계훈련(인간관계 관리기법)

ⓔ JST(Job Safety Training) : 작업안전훈련(작업안전기법)

④ **전체 교육시간** : 10시간으로 1일 2시간씩 5일간

⑤ **진행방법** : 토의법

❸ 비정형 교육

(1) OJT(On the Job Training)

① 직장 중심의 교육 훈련

② 관리·감독자 등 직속상사가 부하직원에 대해서 일상업무를 통해서 지식, 기능, 문제해
결능력, 태도 등을 교육 훈련하는 방법

③ 개별 교육 및 추가지도에 적합

④ 상사의 지도, 조회 시의 교육, 재직자의 개인지도 등

(2) OFF J T(On the Job Training)

① 직장 외 교육훈련

② 다수의 근로자에게 조직적인 훈련 시행이 가능하며 각 직장의 근로자가 많은 지식이나
경험을 교류할 수 있다.

③ 초빙강사교육, 사례교육, 관리·감독자의 집합교육, 신입자의 집합기초교육 등

인간공학 및 시스템안전공학

SECTION 01 안전과 인간공학

001 정의 및 목적

1 개요

(1) '인간공학'이란 인간과 기계를 하나의 계(Man-Machine System)로 취급하여 인간의 능력이나 한계에 일치하도록 기계기구, 작업방법, 작업환경을 개선하는 방법에 관한 공학이라고 할 수 있다.

(2) '인간공학'은 기계와 그 조작 및 환경조건을 인간의 특성, 능력과 한계에 목적한 대로 조화할 수 있도록 설계하기 위한 기법을 연구하는 학문으로, 인간과 기계를 조화시켜 일체관계로 연결시키는 것이 인간공학의 최대 목적이다.

2 인간공학의 목표

(1) 안전성의 향상과 사고 방지
(2) 기계조작의 능률성과 생산성 향상
(3) 쾌적성

3 인간과 기계의 장단점

구분	인간(Man)	기계(Machine)
장점	• 상황의 예측, 판단, 유연한 적응처리 • 질적 처리에 우수 • 숙련에 의한 능력 함양 • 저에너지 자극 감지 • 복잡 다양한 자극 식별 • 원칙 적용으로 다양한 문제해결 • 독창력 발휘기능 • 관찰을 통한 귀납적 추정기능	• 획일적 정상처리, 고속, 고에너지 출력 • 양적 처리에 우수 • X선, 레이더, 초음파 등에 무관 • 장기간 중량작업 • 반복작업 수행기능 • 연역적 추정기능

구분	인간(Man)	기계(Machine)
단점	• 처리능력에 한계 • 특성이 시간적으로 변동(피로·졸음·과긴장·감정에 좌우되기 쉬움) • 실수를 범하기 쉬움(막대한 정보처리의 과정에서 부적절한 혼란을 일으킴) • 주위환경(소음·공해 등) 영향을 받음	• 고장에 대한 적응 곤란 • 경직성, 단순성, 자기회복 능력이 없음 • 위험성에 대한 우선순위 적용 곤란 • 주관적 추정기능 미흡

4 인간공학의 연구과정 4단계

(1) **제1단계** : 인간의 외부로부터의 자극에 대한 반응 및 반응 방법에 어떠한 원리나 법칙이 있는가를 연구

(2) **제2단계** : 기계·기구 장치를 어떤 방법으로 인간에게 적합하도록 할 것인가에 대한 연구

(3) **제3단계** : 장신구, 기계, 환경을 포함한 모든 System을 어떠한 방법으로 인간에게 적합하도록 할 것인가에 대한 연구

(4) **제4단계** : 기계장치와 그것을 사용하는 인간의 System의 기능에 대한 연구

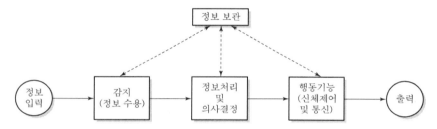

❙ 인간 – 기계 통합 시스템의 인간 또는 기계에 의해서 수행되는 기본 기능의 유형 ❙

5 인간 – 기계 System 안전의 4M

구분	사고	주요 현상과 원인	안전의 4M
기계 사용 시 불안전한 현상(사고)	공학적 사고	설계·제작 착오, 재료 피로·열화, 고장, 오조작, 배치·공사 착오	기계 (Machine)
	인간 – 기계 계의 사고	잘못 사용, 오조작, 착오, 실수, 논리 착오, 협조 미흡, 불안 심리	인간 (Man)
		작업정보 부족·부적절, 협조 미흡, 작업환경 불량, 불안전한 접촉	작업매체 (Media)
		안전조직 미비, 교육·훈련 부족, 오판단, 계획 불량, 잘못된 지시	관리 (Management)

002 작업관리와 인간공학

1 개요

작업설계를 할 때 작업 확대 및 작업 강화를 통해 인간공학적인 면을 고려하면 더 높은 수준의 작업만족도 실현이 가능하며, 작업자에게 책임을 부여하거나 작업자 자신이 작업방법을 선택할 수 있도록 하는 등의 방법을 고려할 수 있다.

2 작업설계에 의한 방법

(1) 작업설계 시 인간공학 차원의 고려대상

① 작업자 자신에게 작업물에 대한 검사책임을 준다.
② 수행할 활동 수를 증가시킨다.
③ 부품보다 Unit에 대한 책임을 부여한다.
④ 작업자 자신이 작업방법을 선택할 수 있도록 한다.

(2) 직무분석에 의한 방법

① 인간능력 특성과 모순되는 설계오류 발견
② 설계요소 기준 설정

(3) 인간요소의 평가

① 인간이 수행하는 것이 적절한지 여부 판단
② 신체기능 중 어느 부분을 사용할 것인가의 판단

(4) 체계분석

① 낭비요소 배제로 손실 감소
② 사용자 적응성 향상
③ 최적 설계로 교육 및 훈련비용 절감
④ 대중화된 기술 적용으로 인력효율 향상
⑤ 적절한 장비 및 환경 제공으로 성능 향상
⑥ 설계 단순화로 경제성 증대

1 인간공학 적용 분야

적용 분야	내용
인체공학	인간의 신체적 활동과 관련된 해부학, 인체측정학, 생리학, 생체역학 등을 활용해 신체적 작업부하를 경감시키고, 사용성을 향상시키도록 제품에 반영하는 공학
인지공학	인간의 지지과적과 특성에 대한 과학적 지식을 지각 및 주의집중, 전신적 작업부하, 기억 및 학습, 의사결정 등에 적용하는 공학
감성공학	제품설계나 서비스에 인간의 감각과 감성특성을 반영하는 공학
사용자경험 설계	사용자가 제품이나 서비스를 이용하며 겪게 되는 지각, 반응, 행등에 대한 총체적 경험을 설계하는 분야

2 적용 사례

적용 분야	사례
인체공학	인체공학적용 볼펜(볼펜의 손가락이 닿는 부분에 고무나 실리콘을 성형해 손가락의 피곤함을 해소함은 물론, 글씨체의 향상을 도모한 제품)
인지공학	산업분야에 적용하는 초기단계이긴 하나, 사용자 친화형 3D 수술체계 등이 이에 해당됨
감성공학	로봇청소기를 애완동물 디자인으로 변경해 친밀감을 높인 제품
사용자경험 설계	질환자가 겪은 질환의 내용과 수요 서비스에 대한 데이터를 토대로 니즈를 파악하고 유형별 사용 매뉴얼을 개발하는 어플리케이션

3 산업분야별 발전 방향

(1) 건축업계

내장재에 유해물질을 사용하지 않은 친환경 도료나 벽지의 개발 및 시공

(2) 가전

유해물질 억제 기능을 추가한 공기청정기, 에어컨, 세탁기 등의 개발로 건강 증진 니즈에 부합되는 제품 개발

(3) 식품

식욕 해소와 더불어 피부, 몸매 관리가 가능한 제품의 개발로 소비자 니즈를 만족시키는 제품개발

SECTION 02 정보입력 표시

001 시각 표시장치인 눈의 구조

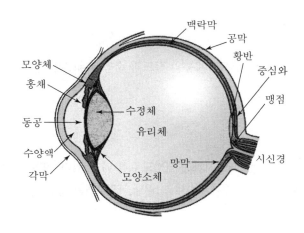

❚ 눈의 구조 ❚

(1) **모양체** : 수정체 두께 조절을 담당하는 근육

(2) **수정체** : 카메라의 렌즈에 해당하며 빛을 굴절해 상이 맺히도록 하는 역할을 함

(3) **각막** : 빛이 통과하는 부위

(4) **홍채** : 카메라의 조리개에 해당하는 역할로 들어오는 빛의 양을 조절

(5) **망막** : 상이 맺히는 곳

(6) **시신경** : 망막으로 들어온 정보를 뇌로 전달하는 신경

(7) **맥락막** : 망막을 둘러싸고 있는 검은 막

002 눈의 이상

1 암순응

갑자기 어두운 곳에 들어가거나 밝은 곳에 들어갈 경우 보이지 않는 현상이 지속되다가 일정 시간이 경과하면 점차 보이게 되는 현상으로 적응상태를 순응이라고 한다.

- 메커니즘 : 원추세포의 순응단계(5분) > 간상세포의 순응단계(35분)

2 명순응

어두운 곳에 있는 동안 민감해진 시각계통의 감도가 순응단계(2분 이내)를 거치며 적응하게 되는 현상

3 시성능

색채 식별범위는 70도이며, 정상적 시계는 200도로 알려져 있다. 또한 연령에 따라 20세의 시성능을 1.0으로 한다면, 40세 1.17배, 50세 1.58배, 65세에는 2.66배의 조명 수준이 필요하게 된다.

4 조명단위

(1) **조도** : 물체 표면에 도달하는 빛의 밀도
　① 1Lux : 1촉광 광원으로부터 1m 떨어진 빛의 밀도
　② 조도＝광도/거리^2

(2) **광도** : 단위면적당 비추는 빛의 양
(3) **휘도** : 반사되어 나오는 빛의 양

003 정량적 표시장치

1 개요

변수나 계량치와 같이 동적으로 변화하는 정보를 제공하는 장치로 기계식·전자식으로 구분되며, 정확한 정량적 값을 읽기에 적합한 장치이다.

2 기계적 분류

(1) 아날로그형

① 원형
② 수평형
③ 수직형

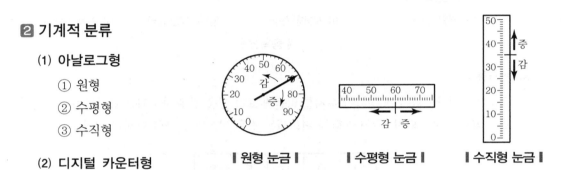

▌원형 눈금▐ ▌수평형 눈금▐ ▌수직형 눈금▐

(2) 디지털 카운터형

① 기계식 표시장치의 장점 : 정확하게 읽을 수 있다.
② 아날로그 표시장치의 장점 : 표시값의 변화방향이나 속도를 관찰하기가 용이하다.

3 표시방식에 의한 분류

(1) 동침형

고정된 눈금 위로 지침이 움직이며 값을 나타내는 것으로 자동차 계기판 등이 이에 해당된다.

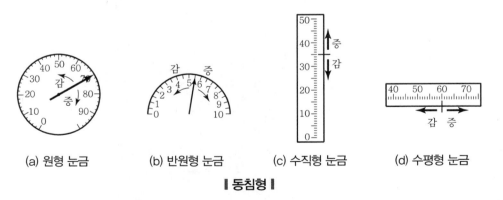

(a) 원형 눈금   (b) 반원형 눈금   (c) 수직형 눈금   (d) 수평형 눈금

▌동침형▐

(2) **동목형**

고정된 지침을 중심으로 표시된 값이 움직이는 형태로 값의 범위가 클 경우 표시하기가 유리하나 인식에 속도가 요구되는 경우 사용에 제약을 받는다.

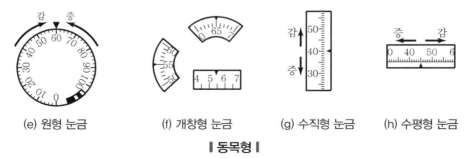

| (e) 원형 눈금 | (f) 개창형 눈금 | (g) 수직형 눈금 | (h) 수평형 눈금 |

‖ **동목형** ‖

(3) **계수형**

주유기 표시장치와 같이 정확한 수치를 읽을 필요가 있을 경우 사용되는 표시장치로 시각적으로 피로가 유발되며, 수치가 빨리 변화되는 경우 읽기가 곤란한 단점이 있다.

| 0 | 0 | 2 | 5 | 3 |

‖ **계수형 눈금** ‖

004 정성적 표시장치

1 개요

연속적으로 변하는 대략적인 값 또는 추이를 관찰할 때 유용한 장치로 정상, 비정상 정도를 판정하는 데 유리하다.

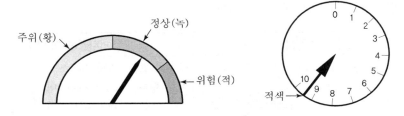

2 상태 지시계

정성적 표시장치를 별도의 독립된 형태로 사용한 것

(1) **정적 표시장치** : 도표, 그래프와 같이 시간이 경과해도 변하지 않는 표시장치
(2) **동적 표시장치** : 온도계, 속도계, 기압계 등과 같이 변수를 표시하기 위한 장치

3 기타 신호체계

(1) **배경광**

   ① 배경광이 신호표시등과 유사하게 되면 신호를 파악하기 난해하다.
   ② 배경광이 지속광이 아닐 경우 점멸신호의 기능을 할 수 없다.

(2) **색광(색광에 따라 주의집중 정도가 다름)**

   반응시간 순서 : 적색 > 녹색 > 황색 > 백색(명도가 높으면 빠르고 낮으면 둔함)

(3) **점멸속도**

   ① 주의집중을 위해서는 3~10/sec회 점멸속도와 지속시간 0.05sec 이상일 것
   ② 점멸 융합주파수 30Hz보다 작을 것

(4) **광원크기**

   광원 크기가 작을수록 광속발산도가 커야 하며, 광원이 작으면 시각도 작아진다.

1 항공기 이동표시의 분류

(1) **외견형(항공기 이동형)** : 항공기가 이동하며, 지평선이 고정된 형태
(2) **내견형(지평선 이동형)** : 지평선이 이동하며, 항공기가 고정된 형태
(3) **빈도 분리형** : 외견형과 내견형 복합형

항공기 이동형		지평선 이동형	
지평선 고정, 항공기가 움직이는 형태, outside−in(외견형), bird's eye		항공기 고정, 지평선이 움직이는 형태, inside−out(내견형), pilot's eye, 대부분의 항공기가 채택한 표시장치	

2 항공기 표시장치 설계원칙

(1) **현실성** : 묘사 이미지는 상대적 위치가 현실화되어야 쉽게 알 수 있다.
(2) **양립성** : 항공기는 이동부분 영상을 눈금 또는 좌표계에 나타내 주는 것이 좋다.
(3) **추종표시** : 원하는 방향과 실제 지표가 눈금이나 좌표계에서 이동하도록 해야 한다.
(4) **통합** : 관련 정보를 통합해 상호관계를 즉시 인식하도록 해야 한다.

3 획폭비(숫자 높이 대비 획 굵기 비율)

(1) **검은 바탕, 흰 숫자의 획폭비** : 최적비 1 : 13.3
(2) **흰 바탕, 검은 숫자의 획폭비** : 최적비 1 : 8

4 종횡비(숫자폭 대비 높이 비율)

(1) 문자 종횡비 1 : 1
(2) 숫자 종횡비 3 : 5

5 광삼현상

검은 바탕의 흰 글자는 글자가 바탕으로 번져 보이는 현상으로 검은 바탕의 흰 글자를 더 가늘게 표시해야 한다.

A B C D 검은 바탕의 흰 글씨(음각)
A B C D 흰 바탕에 검은 글씨(양각)

006 작업장 색채

1 개요

작업장 색채는 근로자 작업환경 중 하나로 안전·보건수준과 생산능률 향상에 매우 밀접한 관계가 있다.

2 외부색채

(1) **벽면** : 주변 명도 대비 2배 이상
(2) **창틀** : 주변 벽보다 명도, 채도가 1∼2배 높을 것

3 내부

(1) **바닥** : 반사가 되지 않도록 명도 4∼5, 반사율 20∼40%
(2) **천장** : 반사율 75% 이상 백색
(3) **위벽** : 회색이나 녹색 계열로 명도 8 이상
(4) **정밀작업** : 명도 7.5∼8, 회색, 녹색

4 기계배색

청록색(7.5BG 6/14), 녹색과 회색의 혼합(10G 6/2)

5 색의 심리작용

(1) **사물의 크기** : 명도가 높을수록 크게 보임
(2) **원근감** : 명도가 높을수록 가깝게 보임
(3) **안정감** : 명도가 높은 부분을 위로 할수록 안정감이 있음
(4) **속도감** : 명도가 높을수록 빠르게 느껴짐

007 청각 특성

❶ 귀의 구조

(1) **바깥귀(외이)** : 소리를 모으는 부위
(2) **가운데귀(중이)** : 고막진동을 속귀로 전달하는 부위
(3) **속귀(내이)** : 청세포 달팽이관으로 소리자극을 신경으로 전달하는 부위

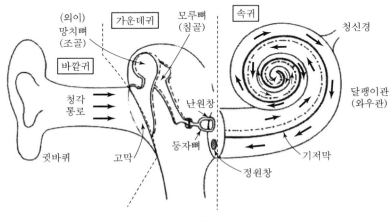

∎ 귀의 구조와 음파의 통로 ∎

❷ 음의 특성

(1) **진동수**

음의 높낮이에 따른 초당 사이클 수를 주파수라 하며 Hz 혹은 CPS(Cycle/sec)로 표시

(2) **강도**

음압수준(SPL ; Sound Pressure Level)으로 음의 강도는 단위면적당 와트(Watt/m²)로 정의된다.

$$\text{SPL(dB)} = 10\log(P_1{}^2/P_0{}^2)$$

여기서, P_1 : 측정대상 음압, P_0 : 기준음압, $\text{SPL(dB)} = 20\log(P_1/P_0)$

(3) **음력수준(Sound Power Level)**

$$\text{PWL} = 10\log(P/P_0)\text{dB}$$

3 소음의 단위

(1) 정의

① 일상생활을 방해하며, 청력을 저해하는 음

② 불쾌감과 작업능률을 저해하는 음

③ 산업안전보건법상 8hr/일 기준 85dB 이상 시 소음작업에 해당됨

(2) dB(decibel)

① 음압수준의 표시 단위

② 가청 음압은 $0.00002 \sim 20N/m^2$, dB로 표시하면 $0 \sim 100dB$

③ 소음의 크기 등을 나타내는 데 사용되는 단위로 Weber-Fechner의 법칙에 의해 사람의 감각량은 자극량에 대수적으로 변하는 것을 이용

(3) Phon(L_L)

① 감각적인 음의 크기를 나타내는 양

② Phon : 음을 귀로 들어 1,000Hz 순음의 크기와 평균적으로 같은 크기로 느껴지는 음의 세기 레벨

(4) Sone(Loudness : S)

① 음의 감각량으로서 음의 대소를 표현하는 단위

② 1,000Hz 순음이 40dB일 때 : 1sone

③ $S = 2^{(L_L - 40)/10}$(sone), $L_L = 33.3 \log S + 40$(phon)

④ S의 값이 2배, 3배, 4배로 증가하면, 감각량의 크기도 2배, 3배, 4배 증가

(5) 인식소음

① PNdB : $910 \sim 1,090Hz$대 소음음압 기준

② PLdB : 3,150Hz 1/3 옥타브대 음압 기준

(6) 은폐효과

음의 효과가 귀의 감수성을 감소시키는 현상

008 시각장치와 청각장치

1 청각표시장치가 시각표시장치보다 유리한 경우

(1) 즉각적 행동을 요구하는 정보의 처리
(2) 연속적인 정보의 변화를 알려줄 경우
(3) 조명의 간섭을 받을 경우

2 청각장치와 시각장치의 비교

(1) 청각장치의 장점

① 메시지가 간단하다.
② 메시지가 시간적 사상을 제공한다.
③ 즉각적 행동을 요구할 때 유리하다.
④ 장소가 밝거나 어두울 때 사용 가능하다.
⑤ 대상자가 움직이고 있을 때 사용 가능하다.

(2) 시각장치의 장점

① 메시지가 복잡한 경우 편리하다.
② 메시지가 긴 경우 편리하다.
③ 소음유발장소인 경우 편리하다.
④ 대상자가 한곳에 머무를 경우 편리하다.
⑤ 즉각적인 행동을 요구하지 않을 때 사용 가능하다.

3 경계, 경보신호 선택지침

(1) 경계, 경보신호는 500~3,000Hz대가 가장 효과적
(2) 300m 이상 신호에는 1,000Hz 이하 진동수가 효과적
(3) 효과를 높이려면 개시시간이 짧고 고강도 신호가 좋아야 함
(4) 주의집중을 위해서는 변조신호가 좋음
(5) 칸막이 너머에 신호를 전달하기 위해서는 500Hz 이하 진동수가 효과적
(6) 배경소음과 진동수를 다르게 하고 신호는 1초간 지속

1 피부감각점 분포량

통점 > 압점 > 냉점 > 온점

2 Weber의 법칙

감각의 변화감지역은 표준자극에 비례한다는 법칙

$$웨버 \ 비 = \frac{\Delta I}{I}$$

여기서, I : 기준자극 크기
ΔI : 변화감지역

(1) Weber의 비(작을수록 분별력이 향상됨)

감각	시각	무게	청각	후각	미각
Weber 비	1/60	1/50	1/10	1/4	1/3

(2) 감각기관 반응속도

청각 > 촉각 > 시각 > 미각 > 통각

3 촉각적 표시장치의 분류

(1) 기계적 진동 장치

진동장치 위치, 주파수, 진동세기 등에 의한 진동매개를 변수로 하는 장치

(2) 전기적 펄스 표시장치

전류자극으로 피부에 전달되는 펄스 속도, 펄스 지속시간, 강도 등을 변수로 하는 촉각적 표시장치

010 휴먼에러의 분류

1 오류에 의한 분류

(1) 착오 　　　(2) 실수 　　　(3) 건망증 　　　(4) 위반

2 원인별 단계에 의한 분류

(1) Primary Error(초기단계 에러) : 자신의 문제에 기인한 에러
(2) Secondary Error(2차 단계 에러) : 작업조건에 의해 발생된 에러
(3) Command Error(수행단계 에러) : 필요한 정보나 동력 등이 공급되지 않음으로써 발생된 에러

3 심리적 행위에 의한 분류

(1) Omission Error(생략에러) : 생략에 기인한 에러
(2) Commission Error(착오에러) : 착오에 의한 에러
(3) Sequential Error(순서에러) : 순서 착오에 의한 에러
(4) Extraneous Error(과잉행동에러) : 과잉행동에 의한 에러
(5) Timing Error(시간에러) : 정해진 시간에 완료하지 못한 에러

4 행동과정에 의한 분류

(1) **입력 에러** : 감각, 지각의 에러
(2) 정보처리 에러
(3) 의사결정 에러
(4) **출력 에러** : 신체의 반응에 나타난 에러
(5) Feed Back 에러

5 정보처리 과정에 의한 분류

(1) **인지확인 오류** : 정보를 대뇌 감각중추가 인지할 때까지의 과정에서 발생되는 오류
(2) **판단, 기억오류** : 상황 판단 후 수행하기 위한 의사결정을 통해 운동중추로부터 명령을 내릴 때까지의 대뇌과정에서 일어나는 오류
(3) **동작 및 조작오류** : 중추에서 명령을 했으나 조작 잘못으로 발생된 오류

011 실수확률기법(Human Error Probability)

1 정의

실수확률기법 : 특정한 직무에서 에러가 발생될 확률

$$HEP = \frac{\text{인간 실수의 수}}{\text{실수 발생의 전체기회수}}$$

$$\text{인간의 신뢰도}(R) = (1 - HEP) = 1 - P$$

2 THERP(Technique for Human Error Rate Prediction)

분석하고자 하는 작업을 기본행위로 행위의 성공과 실패확률을 분석하는 기법

3 FTA(Fault Tree Analysis, 결함수 분석법)

고장이나 재해요인이 정성적 분석뿐 아니라 개개의 재해요인이 발생되는 확률을 얻을 수도 있는 기법으로 활용가치가 높은 방법

(1) FTA 작성시기

① 기계 설비를 설치·가동할 시
② 위험 또는 고장의 우려가 있거나 그러한 사유가 발생할 시
③ 재해 발생 시

(2) FTA 작성방법

① 분석 대상이 되는 System의 공정과 작업내용 파악
② 재해에 관계되는 원인과 영향을 상세하게 조사하여 정보 수집
③ FT 작성
④ 작성된 FT를 수식화하여 수학적 처리에 의하여 간소화
⑤ FT에 재해의 원인이 되는 발생확률을 대입
⑥ 분석대상의 재해 발생확률을 계산
⑦ 과거의 재해 또는 재해에 이르는 중간사고의 발생률과 비교하여 그 결과가 떨어져 있으면 재검토
⑧ 완성된 FT를 분석하여 가장 효과적인 재해 방지대책 수립

(3) FTA 작성순서

① 정상사상의 선정
  ㉠ System의 안전·보건 문제점 파악
  ㉡ 사고, 재해의 모델화
  ㉢ 문제점의 중요도, 우선순위 결정
  ㉣ 해석할 정상사상 결정

② 사상마다의 재해원인·요인 규명
  ㉠ Level 1 : 기본사상의 재해원인 결정
  ㉡ Level 2 : 중간사상의 재해요인 결정
  ㉢ Level 3~n : 기본사상까지의 전개

③ FT도의 작성
  ㉠ 부분적 FT도를 다시 봄
  ㉡ 중간사상의 발생조건 재검토
  ㉢ 전체의 FT도 완성

④ 개선계획의 작성
  ㉠ 안전성이 있는 개선안의 검토
  ㉡ 제약의 검토와 타협
  ㉢ 개선안의 결정
  ㉣ 개선안의 실시계획

012 실수의 원인과 대책

1 개요

(1) 실수란 인간의 정보 감지 → 정보처리 → 판단 → 결심 → 조작의 흐름상에 있어서 발생되는 옳지 않은 상태를 뜻하며, 특히 판단, 결심 단계에서 큰 비중을 차지하고 있다.

(2) 실수는 대부분이 판단 → 결심 단계에서 많이 발생하므로 적정량의 작업배분, 작업자의 적절한 배치 및 체계적인 관리로 실수를 사전에 예방하여 안전사고를 감소시켜야 한다.

2 실수의 분류

(1) 열성에서 오는 실수

작업자가 조직에 대한 귀속성이 높아 어떤 목적을 달성하고자 지나치게 열성적이어서 발생하는 실수

(2) 확신에서 오는 실수

고도 숙련자 및 장기간의 반복 작업으로 습관화된 행동에 따라 생각, 점검기능이 생략되어 발생하는 실수

(3) 초조에서 오는 실수

Time 스트레스가 인간의 냉정과 심중을 무너뜨려 발생하는 실수

(4) 방심에서 오는 실수

단조로움, 지루함, 개인적 걱정, 의식수준 저하 등에서 기인하는 실수

(5) 바쁜 데서 오는 실수

판단·결심의 질적 저하, 조작 생략, 회복 여유 감소, 공황상태 증대 등에 의해 발생되는 실수

(6) 무지에서 오는 실수

교육훈련 부족, 이해도 불충분 등에 의해 발생되는 실수

3 실수의 원인

(1) 자기의 습관에 의한 받아들임
(2) 주의가 다른 방향으로 향하고 있어 정확하게 받아들일 수 없음
(3) 자기의 의도대로 받아들임
(4) 판단, 결심 단계에서의 심리적 구조

4 실수에 대한 대책

(1) 근로자의 심리적 압박 및 과잉된 책임감의 경감
(2) 충분한 휴식과 수면
(3) 적정량의 작업 배분
(4) 적재적소에 작업자 배치
(5) 체계적인 관리체제 확립 및 실시

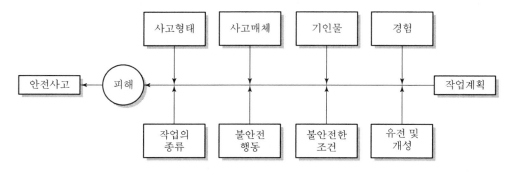

┃ 작업계획의 실수에 의한 안전사고 ┃

03 인간계측 및 작업 공간

001 신체반응 측정

1 작업종류별 측정방법

(1) **정적 근력작업** : 에너지 대사량과 심박수, 근전도 등
(2) **동적 근력작업** : 에너지 대사량과 산소소비량, CO_2 배출량, 호흡량, 심박수 등
(3) **심리적 작업** : 플리커 값
(4) **신경성 작업** : 평균호흡진폭, 맥박수, 전기피부반사 등

2 심장활동 측정방법

(1) **심박수** : 분당 심장 박동수 측정에 의한 방법
(2) **심전도(ECG)** : 심장근육 수축에 따른 전기적 변화 측정
(3) **심장주기** : 수축기와 확장기 주기로 측정하는 방법

3 산소 소비량 측정방법

(1) 호흡 시 배기 성분 분석과 배출량에 의한 측정방법
(2) Douglas Bag에 의한 배기가스 수집 · 측정방법

002 제어장치의 유형

1 개폐제어(ON/OFF에 의한 제어)

(1) 종류

① **수동식 Push Button** : 중심으로부터 30도 이하를 원칙으로 함(작동시간은 25도가 가장 짧다.)

② Foot Push

③ **Toggle Switch** : 중심으로부터 30도 이하를 원칙으로 함

④ Rotary Switch

(2) 양 조절에 의한 제어

연료공급량, 전기량 등에 의한 통제장치

① Knob

② Hand Wheel(핸들 방식)

③ Pedal

④ Crank

(3) 반응에 의한 제어

신고, 계기, 감곡 등에 의한 제어방식

2 제어장치의 코드화

시스템 제어를 효과적으로 하기 위한 형상, 크기, 위치, 색깔 등을 코드화해 제어행동을 수행하기 위한 장치

(1) 위치 코드화 : 수직면을 따라 배치되는 것이 수평면 배열보다 효과적

① 수직배열 간격 : 6.3cm 이상

② 수평배열 간격 : 102cm 이상

(2) 컬러 코드화 : 5가지 이하의 색으로 코드화

① 오염되지 않을 조건

② 양호한 조명 필요

(3) 라벨 코드화 : 적절한 학습과정으로 라벨코드 숙지 필요

(4) 형상 코드화 : 촉각기능을 활용한 코드화

(5) 기타 방식 : 조작방법 코드화, 촉감 코드화, 크기 코드화

① 통제표시비의 3요소

(1) 조절시간
(2) 통제기기 주행시간
(3) 시각 감지시간

② $\frac{C}{D}$ 비율

$\frac{C}{D}$ 비가 증가하면 조정시간은 급격히 감소하다 안정되며, $\frac{C}{D}$ 비가 적을수록 이동시간이 짧고 조정이 어려우며 민감해진다.

③ 통제표시비

$$\frac{X}{Y} = \frac{C}{D} = \frac{통제기기의\ 변위량}{표시계기지침의\ 변위량}$$

④ 조종구 통제비

$$\frac{C}{D}비 = \frac{\left(\dfrac{a}{360}\right) \times 2\pi L}{표시계기지침의\ 이동거리}$$

여기서, a : 조종장치가 움직인 각도
L : 반경(지레의 길이)

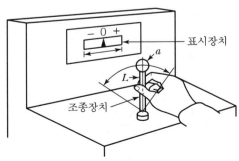

▮ **조종장치의 반경과 표시장치** ▮

5 통제표시비의 영향요소

(1) **방향성** : 안전성과 능률에 영향을 줌

(2) **조작시간** : 조작시간 지연 시 통제비가 크게 작용

(3) **계기의 크기** : 너무 작으면 오차가 크게 발생되므로 조절시간이 단축되는 크기로 선정

(4) **공차** : 짧은 주행시간 내에 공차 인정범위를 초과하지 않는 계기로 선정

(5) **목시거리** : 눈과 계기판의 거리가 길수록 정확도가 떨어지고 시간이 지연됨

6 기타 제어장치

(1) 음성제어장치

(2) 원격제어장치

004 양립성

1 개요

외부 자극과 인간의 기대가 서로 양립하는 조건, 즉 기대가 서로 상반되거나 모순되지 않아야 하며 제어장치와 표시장치에 있어서도 양립성이 일치해야 안전을 확보할 수 있다.

2 개념적 양립성

인간이 갖고 있는 개념적 양립성을 말하는 것으로 수도꼭지에서 파란색은 차가운 물, 빨간색은 뜨거운 물이라고 연상하는 것과 같은 현상을 말한다.

| 개념 양립성 |

3 운동 양립성

운동방향 양립성으로 표시장치, 조정장치 등의 조작기 운동방향과 표시장치 운동방향 간의 일치성을 말한다.

| 운동 양립성 |

4 공간 양립성

표시장치와 조정장치의 공간적 배치상 양립성을 말한다.

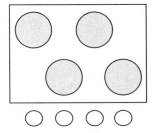

| 공간 양립성이 고려된 조작기 |

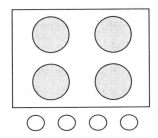

| 공간 양립성이 고려되지 못한 조작기 |

1 Energy 소비량

구분	소비량
1일 보통 사람의 소비 Energy	약 4,300kcal/day
기초대사와 여가에 필요한 Energy	약 2,300kcal/day
작업 시 소비 Energy	4,300kcal/day − 2,300kcal/day = 2,000kcal/day
분당 소비 Energy (작업 시 분당 평균 Energy 소비량)	2,000kcal/day ÷ 480분(8시간) = 약 4kcal/분

2 휴식시간 산출식

$$R = \frac{60(E-5)}{E-1.5} \text{(남성 근로자)}$$

$$R = \frac{60(E-4)}{E-1.5} \text{(여성 근로자)}$$

여기서, R : 휴식시간(분)
E : 작업 시 평균 Energy 소비량(kcal/분)
총작업시간 : 60분
작업 시 분당 평균 Energy 소비량 : 5kcal/분(2,500kcal/day ÷ 480분)
휴식시간 중의 Energy 소비량 : 1.5kcal/분(750kcal ÷ 480분)

3 에너지 필요량

(1) **20~29세** 남 : 2,600kcal/일
     여 : 2,100kcal/일

(2) **30~49세** 남 : 2,400kcal/일
     여 : 1,900kcal/일

(3) **50~64세** 남 : 2,000kcal/일
     여 : 1,800kcal/일

※ 2,500kcal/일 ÷ 480분 = 5kcal/분(남성 근로자)
    2,000kcal/일 ÷ 480분 = 4kcal/분(여성 근로자)

1 부품 배치의 원칙

(1) 중요성의 원칙
(2) 사용빈도의 원칙
(3) 사용순서의 원칙
(4) 기능별 배치의 원칙

2 활동분석

(1) **인간에 대한 자료** : 인체 측정 자료, 생체역학 자료 등 인간특성 자료
(2) **작업활동 자료** : 작업내용 등 활동에 대한 자료
(3) **작업환경 자료** : 소음, 진동, 조명 등 환경에 대한 자료

3 수평작업대의 작업영역 분류

(1) **작업공간 포락면(Envelope)**

앉아서 작업하는 작업자가 수작업을 원활하게 수행할 수 있는 전체 공간 한계

(2) **최대 작업역**

위팔(팔꿈치 윗부분, 상완)과 아래팔을 곧게 펴서 작업할 수 있는 영역(55~65cm)

(3) **정상 작업역**

위팔을 수직으로 내린 상태에서 아래팔을 편하게 뻗어 작업할 수 있는 영역(34~45cm)

4 작업대 높이

(1) **최적높이**

상완은 자연스럽게 늘어뜨리고 전완은 수평 또는 아래로 편안하게 유지할 수 있는 높이

(2) **착석식 작업대의 높이**

① 높이 조절이 가능한 의자 설계가 좋음
② 섬세작업은 작업대를 약간 높게
③ 거친 작업은 작업대를 약간 낮게
④ 작업대 하부공간은 대퇴부가 큰 사람도 자유롭게 움직일 수 있을 정도

(3) 입식 작업대의 높이

① 일반작업 : 팔꿈치 높이보다 5~10cm 낮게

② 중작업 : 팔꿈치 높이보다 10~20cm 낮게

③ 정밀작업 : 팔꿈치 높이보다 5~10cm 높게

5 의자 설계 원칙

(1) **의자 좌판 높이** : 좌판 앞부분 오금 높이보다 높지 않아야 한다(5% 되는 사람까지 수용 가능하도록 한다).

(2) **좌판 깊이와 폭** : 폭은 큰 사람에게, 길이는 대퇴를 압박하지 않게 작은 사람에게 맞도록 해야 한다.

(3) **체중분포** : 착석 시 체중이 골반뼈에 실려야 함

(4) **몸통의 안정** : 좌판 각도는 3도, 좌판 등판 간의 각도는 100도가 안정적임

6 작업장 배치 우선순위

(1) **1순위** : 주시각적 임무

(2) **2순위** : 주시각 임무와 교환되는 주조종장치

(3) **3순위** : 조정장치와 표시장치 간 관계

(4) **4순위** : 사용순서에 다른 부품의 배치

(5) **5순위** : 사용빈도가 높은 부품은 사용이 편리한 위치에 배치

(6) **6순위** : 체계 내외 배치와 일관성 있는 배치

007 인간과 기계의 신뢰도

1 개요

'Man−Machine System(인간−기계 체계)'의 신뢰도(Reliability)는 인간과 기계의 특성에 따라 다르며, 인간의 신뢰도와 기계의 신뢰도가 상승적 작용을 할 때 신뢰도는 높아진다.

2 인간 및 기계의 신뢰도 요인

(1) **인간의 신뢰도 요인** : 주의력, 긴장수준, 의식수준 등
(2) **기계의 신뢰도 요인** : 재질, 기능, 작동방법 등

3 Man−Machine System(인간−기계 체계)에서의 신뢰도

(1) **Man−Machine System에서의 신뢰도**

Man−Machine System에서의 신뢰도는 인간의 신뢰도와 기계의 신뢰도의 상승작용에 의해 나타남

$$R_s = R_H \cdot R_E$$

여기서, R_s : 신뢰도, R_H : 인간의 신뢰도, R_E : 기계의 신뢰도

(2) **직렬연결과 병렬연결 시의 신뢰도**

① **직렬배치(Series System)** : 직접운전작업

$$R_s(신뢰도) = \gamma_1 \times \gamma_2$$

여기서, $\gamma_1 < \gamma_2$일 경우 $R_s \leq \gamma_1$

예제) 인간(γ_1)=0.5, 기계(γ_2)=0.9일 때 신뢰도는?

- R_s(신뢰도)=$0.5 \times 0.9 = 0.45$
- 인간과 기계가 직렬작업, 즉 사람이 자동차를 운전하는 것 같은 경우 전체 신뢰도 (R_s)는 인간의 신뢰도보다 떨어진다.

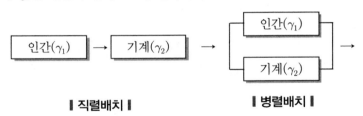

| 직렬배치 | | 병렬배치 |

② 병렬배치(Parallel System) : 계기감시작업, 열차, 항공기

$$R_s(\text{신뢰도}) = \gamma_1 + \gamma_2(1 - \gamma_1)$$

여기서, $\gamma_1 < \gamma_2$일 경우 $R_s \geq \gamma_1$

예제) 인간(γ_1)=0.5, 기계(γ_2)=0.9일 때 신뢰도는?
- $R_s(\text{신뢰도}) = 0.5 + 0.9(1 - 0.5) = 0.95$
- 인간과 기계를 병렬작업, 즉 방적기계 여러 대를 작업자 1명이 감시하는 경우에는 기계단독이나 직렬작업보다 높아진다.

4 인간과 기계의 신뢰도 유지방안

(1) 기계보다 인간의 측면을 중시
(2) Fail Safe : 안전사고를 발생시키지 않도록 2중 또는 3중으로 보완한 시스템
(3) Lock System(제어 System) : 불안전한 요소를 보완한 시스템

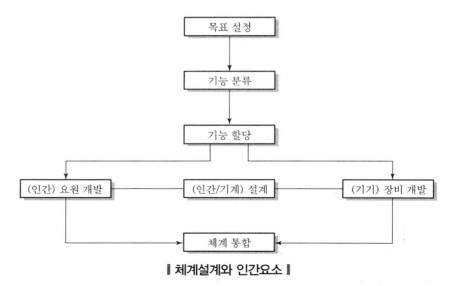

┃ 체계설계와 인간요소 ┃

008 작업표준

1 정의

(1) '작업표준(Operation Standard / Work Standard)'이란 작업조건·방법, 관리방식, 사용재료, 설비 등에 관한 취급상의 표준작업 기준 및 작업의 표준화를 말한다.

(2) 재해의 원인 중 불안전 행동은 작업행동에서 일어난 잘못된 형태로서, 이것은 작업표준을 철저히 주지시킴으로써 최소화할 수 있으며, 작업표준은 불안전 행동을 적게 하기 위한 기초라 할 수 있다.

2 작업표준의 목적 및 필요성

(1) 작업표준의 목적

① 작업의 효율성(작업의 비효율성 제거)

② 위험요인의 제거

③ 손실요인의 제거

(2) 작업표준의 필요성

① 재래형·반복형 재해의 예방

② 작업능률과 품질 향상

③ 합리적인 작업계획의 실시

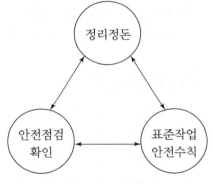

‖ 안전작업의 3원칙 ‖

3 작업표준화의 전제조건

(1) 경영자의 이해 : 경영수뇌부가 작업표준을 중요한 정책으로 책정

(2) 안전규정의 시행 : 안전에 대한 최소한도의 준수사항으로 작업표준화를 권장하기 위한 기초 조성

(3) 설비의 적정화 및 정리정돈 : 작업표준화에 앞서 설비의 안전화 및 환경 개선

(4) 작업방식의 검토 : 표준화하기 쉬운 작업방식을 선택

❹ 작업표준의 종류

(1) 기술표준
(2) 작업지도서
(3) 작업순서
(4) 동작표준
(5) 작업지시서
(6) 작업요령 등

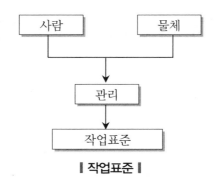

┃ 작업표준 ┃

❺ 작업표준의 작성순서(5단계)

(1) 제1단계 : 작업의 분류 및 정리
(2) 제2단계 : 작업 분석
(3) 제3단계 : 토론에 의해 동작 순서 및 요소 결정
(4) 제4단계 : 작업표준안 작성
(5) 제5단계 : 작업표준의 제정 및 교육 실시

❻ 작업표준의 운용

(1) 작업표준은 도시화하여 관계 작업자에게 배부
(2) 작업표준의 중요 항목은 발췌 후 현장에 게시
(3) 작업표준을 기초로 훈련 실시
(4) 작업 중 지속적으로 지도감독 실시
(5) 작업방법 변경 시 기존 작업표준을 실정에 맞게 조정
(6) 작업표준 변경 시 유의사항
　① 현재의 작업방법 검토 후 위험 및 유해요인 파악
　② 작업방법 개선 시 작업자의 의견 및 협조하에 진행
　③ 작업방법의 개선기법 이해 및 숙련
　④ 개선된 작업방법의 지속적인 지도

SECTION 04 작업환경 관리

001 작업조건

1 소요 조명

$$소요\ 조명(fC) = \frac{소요\ 광속발산도(fL)}{반사율(\%)} \times 100$$

2 반사율(%)

$$반사율(\%) = \frac{광도(fL)}{조도(fC)} \times 100 = \frac{\mathrm{cd/m^2} \times \pi}{\mathrm{lux}} = \frac{광속발산도}{소요\ 조명} \times 100$$

3 옥내 추천 반사율

(1) **천장** : $80 \sim 90\%$

(2) **벽** : $40 \sim 60\%$

(3) **가구** : $25 \sim 45\%$

(4) **바닥** : $20 \sim 40\%$

4 휘광(눈부심)

(1) **휘광의 발생원인**

① 광원을 장시간 바라볼 경우

② 광원과 배경의 휘도 대비가 클 경우

③ 광속이 많을 경우

(2) **휘광대책**

① 휘도를 줄이는 대신 광원 수를 늘린다.

② 휘광원 주위를 밝게 해 광도비를 감소시킨다.

③ 광원을 멀리 이격시킨다.

④ 차광막 등의 설치로 광원을 차단한다.

5 조도

물체 표면에 도달하는 빛의 밀도

$$조도(\text{lux}) = \frac{광도(\text{lumen})}{(거리(\text{m}))^2}$$

6 대비

$$대비 = 100 \times \frac{L_b - L_t}{L_b}$$

여기서, L_b : 배경의 광속 발산도
L_t : 표적의 광속 발산도

7 광도

단위면적당 표면에서 반사되는 광량

8 진동에 의한 영향

(1) 진동 시 진폭에 비례해 시력이 손상되며 10~25Hz에서 심하게 나타남

(2) 진동 시 진폭에 비례해 추적능력이 손상되며 5Hz 이하의 저진동수에서 가장 크게 나타남

(3) 안정을 요하는 작업은 진동에 의해 안정성이 저하됨

002 소음

① 음의 기본요소

(1) 음의 고저
(2) 음의 강약
(3) 음조

② 소음

(1) **가청주파수** : 20~20,000Hz
(2) **유해주파수** : 4,000Hz

③ 은폐현상

높은 음과 낮은 음이 공존할 경우 낮은 음이 들리지 않는 현상

④ 복합소음

수준이 같은 소음 2 이상이 합쳐질 경우 3dB 정도 증가하는 현상

⑤ 소음 허용한계

(1) **가청주파수** : 20~20,000Hz

① 20~500Hz : 저진동 범위
② 500~2,000Hz : 회화 범위
③ 2,000~20,000Hz : 가청범위
④ 20,000Hz 이상 : 불가청 범위

(2) **가청한계** : 2×10^{-4}dyne/cm^3(0dB)~10^{-3}dyne/cm^2(134dB)

① 심리적 불쾌감 : 40dB 이상
② 생리적 현상 : 60dB(안락한계 45~65dB, 불쾌한계 65~120dB)
③ 난청 : 90dB(8시간)
④ 음압과 허용노출한계

dB	90	95	100	105	110	115
허용노출시간	8시간	4시간	2시간	1시간	30분	15분

⑥ 소음대책

(1) **소음원의 통제** : 차량의 소음기 부착, 기계의 고무받침대 부착
(2) 차폐 및 흡음재료 사용
(3) 음향처리제 사용
(4) **방음보호구 사용** : 귀마개 사용 시 2,000Hz인 경우 20dB, 4,000Hz에서 25dB 차음 가능
(5) **배경음악(BGM) 사용** : 60dB
(6) **소음의 격리** : 장벽, 창문 등(창문으로 10dB 차음 가능)

⑦ 청력 손실 요인

(1) 진동수가 높아질수록 심해진다.
(2) 노출소음 수준에 따라 증가한다.
(3) 4,000Hz에서 크게 나타난다.
(4) 강한 소음은 노출기간에 따라 청력 손실이 증가한다.
(5) **기타** : Stress, 고연령화, 비직업적 소음의 노출

⑧ Coriolis Effect(코리올리 효과)

비행기에 탑승해 선회 중인 조종사가 머리를 선회면 밖으로 내밀면 평형감각을 상실하게 되는 현상

⑨ 소음기준(산업안전보건법령 기준)

(1) 소음작업

1일 8시간 작업기준으로 85dB 이상의 소음이 발생하는 작업

(2) 강렬한 소음작업

① 90dB 이상의 소음이 1일 8시간 이상 발생되는 작업
② 95dB 이상의 소음이 1일 4시간 이상 발생되는 작업
③ 100dB 이상의 소음이 1일 2시간 이상 발생되는 작업
④ 105dB 이상의 소음이 1일 1시간 이상 발생되는 작업
⑤ 110dB 이상의 소음이 1일 30분 이상 발생되는 작업
⑥ 115dB 이상의 소음이 1일 15분 이상 발생되는 작업

(3) 충격 소음작업

① 120dB을 초과하는 소음이 1일 1만 회 이상 발생되는 작업
② 130dB을 초과하는 소음이 1일 1천 회 이상 발생되는 작업
③ 140dB을 초과하는 소음이 1일 1백 회 이상 발생되는 작업

003 시각, 색각

1 시각의 특징

(1) 노화 진행이 가장 빠른 감각기관으로 진동에 따른 영향도 가장 빠르게 받는다.
    ① 시각 최소감지범위 : 6~10mL
    ② 시각 최대허용강도 : 104mL

(2) **시계범위**
    ① 정상범위 : 200도
    ② 색채인식범위 : 70도

2 색광의 특징

(1) **주파장** : 혼합광 색상 결정 파장
(2) **포화도** : 여러 가지 파장이 혼합광에 비해 좁은 범위의 파장이 우세한 정도
(3) **광속발산도** : 단위면적당 반사되는 빛의 양

3 완전 암조응에 소요되는 시간 : 30~40분

4 색채에 따른 심리적 반응

(1) **적색** : 열정, 용기, 애정, 공포
(2) **녹색** : 평화, 안전, 안심
(3) **황색** : 주의, 경계, 조심
(4) **청색** : 소극, 진정, 침착

5 색채별 속도반응

(1) **명도** : 명도가 높을수록 빠르고, 경쾌하게 느껴진다.
(2) **반응이 느린 색의 순서** : 백>황>녹>적

6 생물학적 반응작용

(1) **적색** : 흥분작용을 하며, 조직호흡 면에서는 환원작용을 촉진시킨다.
(2) **청색** : 진정작용을 하며, 조직호흡 면에서는 산화작용을 촉진시킨다.

1 작업별 조도기준(산업안전보건법에 의한 기준)

(1) 기타 작업 : 75lux 이상

(2) 보통작업 : 150lux 이상

(3) 정밀작업 : 300lux 이상

(4) 초정밀작업 : 750lux 이상

2 조명 설계 시 고려사항

(1) 전반조명

(2) 주광색

(3) 작업에 충분한 조도 확보

(4) 작업 진행의 속도 및 정확성이 유지될 것

3 VDT(영상표시단말기) 조명

(1) 단말기 작업이 많을수록 단말기 화면과 주변의 밝기 차이를 줄일 것

(2) 광도비

① 화면과 인접주변 간에는 1 : 3

② 화면과 먼 주변(배경) 간에는 1 : 10을 유지할 것

(3) 조명수준 : 300~500lux(밝을 경우 단말기 화면의 내용을 파악하기 곤란함)

(4) 화면반사 : 반사로 인해 단말기 화면의 정보를 읽기 곤란하므로 반사원의 위치를 바꾸거나 산란조명, 간접조명, 광도 감소 등이 필요함

4 조명의 적절성 판단요소

(1) 작업 종류

(2) 작업속도

(3) 작업시간

(4) 작업위험도

005 열균형

1 실효온도

습도, 기류 등의 조건에 의해 느껴지는 온도를 말하며, 상대습도 100%를 기준으로 느껴지는 온도감을 말함

2 실효온도(열교환) 영향요소 : 온도, 습도, 기류, 복사온도

(1) 감각온도 허용한계

① 사무작업 : 60~64°F, 15~17℃

② 경작업 : 55~60°F, 12~15℃

③ 중작업 : 50~55°F, 10~12℃

(2) 옥스퍼드(Oxford) 지수

① WD(습건지수) : 습구, 건구온도의 가중 평균치

② WD=0.85W(습구온도)+0.15D(건구온도)

3 증발에 의한 열손실

37℃ 물 1g의 증발열=2,410Joule/g(575.7cal/g)

4 열균형 방정식(열축적)

$$S(\text{열축적}) = M(\text{대사율}) - E(\text{증발}) \pm R(\text{복사}) \pm C(\text{대류}) - W(\text{한 일})$$

5 열손실률(watt)=2,410J/g×증발량(g)/증발시간(sec)

37℃ 물 1g 증발 시 필요에너지 2,410J/g(575.5cal/g)

$$R = \frac{Q}{t}$$

여기서, R : 열손실률, Q : 증발에너지, t : 증발시간(sec)

⑥ 열압박지수(Heat Stress Index) : 열평형을 위한 발한량

$$\text{HSI} = \frac{E_{req}(\text{요구되는 증발량})}{E_{max}(\text{최대증발량})} \times 100$$

⑦ 보온율

$$\text{보온율} = 0.18 \times \text{온도}/\text{kcal/m}^2 \cdot \text{hr(clo)}$$

⑧ 온도조건

(1) **안전활동 최적온도** : 18~21℃

(2) **갱내 작업장 기온** : 37℃ 이하

(3) **손가락에 영향을 주는 한계온도** : 13~15.5℃

(4) **체온 안전한계와 최고한계온도** : 38℃, 41℃

⑨ 불쾌지수

(1) **산정방법** : (건구온도+습구온도)×0.72±40.6℃

(2) **70 이하** : 모든 사람이 불쾌감을 느끼지 않음

(3) **70~75** : 10명 중 2~3명이 불쾌감을 느낌

(4) **76~80** : 10명 중 5명 이상이 불쾌감을 느낌

(5) **80 이상** : 모든 사람이 불쾌감을 느낌

⑩ 공기의 온열조건 4요소

온도, 습도, 공기유동, 복사열(이상적 습도조건 : 25~50%)

05 시스템 위험분석

001 System 안전과 Program 5단계

1 System 안전의 정의

'System 안전'이란 어떤 System의 기능, 시간, Cost 등의 제약조건에서 인원이나 설비가 받는 상해나 손상을 가장 적게 하는 것을 말한다.

2 System 안전 Program 5단계(System 안전 Program 편성의 5단계)

구상 단계 → 사양 결정 단계 → 설계 단계 → 제작 단계 → 조업 단계

▼ System 안전을 위한 Program의 5단계

제1단계 (구상)	당해 설비의 사용조건과 해당 설비에 요구되는 기능의 검토
제2단계 (사양 결정)	• 1단계에서의 검토 결과, 설비가 구비하여야 할 기능 결정 • 달성해야 할 목표(당해 설비의 안전도, 신뢰도 등) 결정
제3단계 (설계)	• System 안전 Program의 중심이 되는 단계로 Fail Safe 도입 • 기본설계와 세부설계로 분류 • 설계에 의해 안전성과 신뢰성의 목표 달성
제4단계 (제작)	• 설비를 제작하는 단계로, 이 단계에서 설계가 구현 • 사용조건의 검토 및 작업표준, 보전의 방식, 안전점검기준 등의 검토
제5단계 (조업)	• 1~4단계 후 설비는 수요자 측으로 옮겨져 조업 개시 및 시운전 실시 • 조업을 통하여 당해 설비의 안전성, 신뢰성 등을 확보함과 동시에 System 안전 Program에 대한 평가 실시

002 System 안전 프로그램

1 개요

'System 안전 Program'이란 System 안전을 확보하기 위한 기본지침으로, System의 전 수명 단계를 통하여 적시적이고 최소의 비용이라는 효과적인 방법으로 System 안전 요건에 부합되어야 한다.

2 System 안전 프로그램

(1) Flow Chart

구상 단계 → 사양 결정 단계 → 설계 단계 → 제작 단계 → 조업 단계

(2) 단계별 내용

① 제1단계(구상 단계) : 당해 설비에 요구되는 기능의 검토
② 제2단계(사양 결정 단계) : 1단계에서의 검토결과에 의거하여 당해 설비가 구비하여야 할 기능 결정
③ 제3단계(설계 단계) : System 안전 프로그램의 중심이 되는 단계 구현
④ 제4단계(제작 단계) : 설비 제작 단계에서의 안전프로그램 구현
⑤ 제5단계(조업 단계) : 시운전 및 작업 개시 단계

3 System 안전 Program의 내용

(1) 계획의 개요
(2) 안전조직
(3) 계약조건
(4) 관련 부문과의 조정
(5) 안전기준
(6) 안전해석
(7) 안전성의 평가
(8) 안전 Data의 수집 및 분석
(9) 경과 및 결과의 분석

4 System 안전을 달성하기 위한 안전수단

(1) **위험의 소멸** : 불연성 재료의 사용 및 모퉁이의 각 제거
(2) **위험 Level의 제한** : 본질적인 안전확보 및 System의 연속감시 · 자동제어
(3) **잠금, 조임, Interlock** : 운동하는 기계의 잠금 및 조임, 전기설비 Pannel의 Interlock
(4) **Fail Safe 설계** : 설계 시 Fail Safe의 도입으로 위험상태 최소화
(5) **고장의 최소화** : 안전율에 여유 부여를 통한 고장률 저감

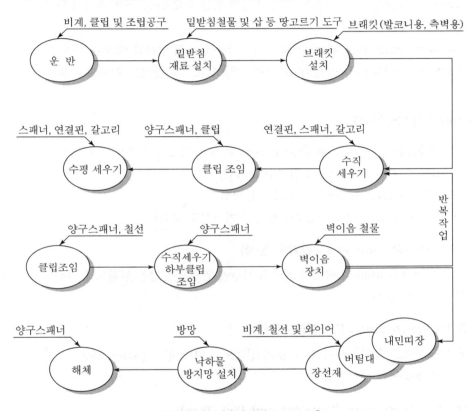

| 비계 설치 안전작업 System |

■ 위험성 강도의 분류

(1) Category 1(파국적 : Catastrophic) : 인원의 사망·중상 또는 System의 손상을 일으킴
(2) Category 2(위험 : Critical) : 인원의 상해 또는 주요 System에 손해가 생겨, 즉각적인 시정조치가 필요함
(3) Category 3(한계적 : Mariginal) : 인원, System의 상해를 배제할 수 있음
(4) Category 4(무시 : Negligible) : 인원, System의 손상에는 이르지 않음

② System 안전 해석기법

(1) FMEA(Failure Mode and Effects Analysis / FM & E : 고장의 유형과 영향 분석)
(2) FTA(Fault Tree Analysis : 결함수 분석법)
(3) ETA(Event Tree Analysis : 사고수 분석법)
(4) PHA(Preliminary Hazards Analysis : 예비사고 분석)

(5) DA(Criticality Analysis : 위험도 분석)

고장이 직접 System의 손실과 인원의 사상에 연결되는 높은 위험도를 가진 요소나 고장의 형태에 따른 분석법

(6) DT(Decision Tree : 의사결정 나무)

요소의 신뢰도를 이용하여 System의 신뢰도를 나타내는 System Model의 하나로서 귀납적이고 정량적인 분석방법

(7) MORT(Management Oversight and Risk Tree)

Tree를 중심으로 FTA와 같은 논리기법을 이용하여 관리, 설계, 생산, 보존 등의 광범위한 안전을 도모하는 것으로 원자력 산업에 이용

(8) THERP(Technique of Human Error Rate Prediction)

인간의 Error를 정량적으로 평가하기 위해 개발된 기법으로 사고의 원인 가운데 인간의 Error에 기인한 근원에 대한 분석 및 안전공학적 대책 수립에 사용

004 시스템 위험분석기법의 종류

1 PHA(Preliminary Hazards Analysis : 예비위험분석)

(1) 정의

최초 단계 분석으로 시스템 내의 위험요소가 어느 정도의 위험상태에 있는지를 평가하는 방법으로 정성적 평가방법이다.

(2) PHA의 목적

① 시스템에 대한 주요 사고 분류
② 사고 유발 요인 도출
③ 사고를 가정하고 시스템에 발생되는 결과를 명시하고 평가
④ 분류된 사고유형을 Category로 분류

(3) Category의 분류

① Class 1 : 파국적
② Class 2 : 중대
③ Class 3 : 한계적
④ Class 4 : 무시 가능

2 FHA(Fault Hazard Analysis : 결함위험분석)

(1) 정의

분업에 의해 각각의 Sub System을 분담하고 분담한 Sub System 간의 인터페이스를 조정해 각각의 Sub System과 전체 시스템 간의 오류가 발생되지 않도록 하기 위한 방법을 분석하는 방법

(2) 기재사항

① 서브시스템 해석에 사용되는 요소
② 서브시스템에서의 요소의 고장형
③ 서브시스템의 고장형에 대한 고장률
④ 서브시스템요소 고장의 운용 형식
⑤ 서브시스템고장 영향
⑥ 서브시스템의 2차고장 등

3 FMEA(Failure Mode and Effect Analysis : 고장형태와 영향분석법)

(1) 정의

전형적인 정성적·귀납적 분석방법으로 시스템에 영향을 미치는 전체 요소의 고장을 형태별로 분석해 고장이 미치는 영향을 분석하는 방법

(2) 특징

장점	• 서식이 간단하다. • 적은 노력으로 특별한 교육 없이 분석이 가능하다.
단점	• 논리성이 부족하다. • 요소 간 영향분석이 안 되기 때문에 2 이상의 요소가 고장날 경우 분석할 수 없다. • 물적 원인에 대한 영향분석으로 국한되기 때문에 인적 원인에 대한 분석은 할 수 없다.

(3) 분석 순서

단계	내용
1단계 : 대상시스템 분석	• 기본방침 결정 • 시스템 및 기능 확인 • 분석수준 결정 • 기능별 신뢰성 블록도 작성
2단계 : 고장형태와 영향 해석	• 고장형태 예측 • 고장형태에 대한 원인 도출 • 상위차원의 고장영향 검토 • 고장등급 평가
3단계 : 중요성(치명도) 해석과 개선책 검토	• 중요도(치명도) 해석 • 해석결과 정리, 개선사항 제안

(4) 고장등급 결정

① 고장 평점산출

$$C = (C_1 \times C_2 \times C_3 \times C_4 \times C_5)^{\frac{1}{5}}$$

여기서, C_1 : 기능적 고장 영향의 중요도
C_2 : 영향을 미치는 시스템의 범위
C_3 : 고장 발생 빈도
C_4 : 고장 방지 가능성
C_5 : 신규 설계 정도

② 고장등급 결정

    ⊙ Ⅰ등급(치명적)

    ⊙ Ⅱ등급(중대)

    ⊙ Ⅲ등급(경미)

    ⊙ Ⅳ등급(미소)

③ 고장 영향별 발생확률

영향	발생확률(β)
실제 손실	$\beta = 1.0$
예상 손실	$0.1 \leq \beta < 1.0$
가능한 손실	$0 < \beta < 0.1$
영향 없음	$\beta = 0$

④ 위험성 분류

구분		내용
Category – Ⅰ	파국적(Catastrophic)	인원의 사망, 중상 혹은 시스템의 손상을 일으킨다.
Category – Ⅱ	위험(Critical)	인원의 상해 또는 주요 시스템의 손상을 일으키고 혹은 인원 및 시스템의 생존을 위해 직접 시정조치를 필요로 한다.
Category – Ⅲ	한계적(Marginal)	인원의 상해 또는 주요 시스템의 손상을 일으키지 않고 배제나 억제할 수 있다.
Category – Ⅳ	무시(Negligible)	인원의 상해 또는 시스템의 손상에는 이르지 않는다.

⑤ 서식

항목	기능	고장형태	운용단계	고장영향	고장발견 방법	시정활동	위험성 분류 소견

4 CA(Criticality Analysis : 위험도 분석)

(1) 정의

정량적·귀납적 분석방법으로 고장이 직접적으로 시스템의 손실과 인적인 재해와 연결되는 높은 위험도를 갖는 경우 위험성을 연관짓는 요소나 고장의 형태에 따른 분류방법

(2) 고장형태별 위험도 분류

① Category Ⅰ : 생명 상실로 이어질 우려가 있는 고장

② Category Ⅱ : 작업 실패로 이어질 우려가 있는 고장

③ Category Ⅲ : 운용 지연이나 손실로 이어질 고장

④ Category Ⅳ : 극단적 계획의 관리로 이어질 고장

(3) 활용

항공기와 같이 각 중요 부품의 고장률과 운용형태, 사용시간비율 등을 고려해 부품의 위험도를 평가하는 데 활용하고 있다.

5 기타 기법

(1) ETA(Event Tree Analysis) : 사건수 분석기법

① 정의

시스템 위험분석기법 중 하나이며, Decision Tree에 의한 귀납적·정량적인 분석에 의해 재해 발생요인에 대한 분석을 위해 사용된다. 특히, 재해 확대요인을 분석하는 데 적합한 기법으로 알려져 있다.

② 작성방법

도식적 모델인 Decision Tree를 작성해 초기 사건으로부터 후속 사건까지의 순서 및 상관 관계를 작성한다.

③ 작성순서

㉠ 초기 사건 확인

㉡ 초기 사건 대처를 위한 안전기능 확인

㉢ Event Tree 작성

㉣ 사고사건 경로의 결과를 기술

④ 특징

㉠ 발생 가능한 고장형태에 관한 시나리오 작성에 유리

㉡ 정량적 자료가 있을 경우 고장빈도 예측 가능

㉢ 개선을 위한 설계 변경 시 유용

㉣ 작성 시 소요시간 장기간 소요

(2) THERP(Technique of Human Error Rate Prediction : 인간 과오율 추정법)

인간의 기본 과오율을 평가하는 기법으로 인간 과오에 기인해 사고를 유발하는 사고원인을 분석하기 위해 100만 운전시간당 과오도 수를 기본 과오율로 정량적 방법으로 평가하는 기법

(3) MORT(Management Oversight and Risk Tree)

FTA와 같은 유형으로 Tree를 중심으로 논리기법을 사용해 관리, 설계, 생산, 보전 등 광범위한 안전성을 확보하는 데 사용되는 기법으로 원자력산업 등에 사용된다.

005 FTA(Fault Tree Analysis, 결함수 분석법)

1 정의

시스템 오류를 논리기호를 사용해 분석함으로써 시스템 오류를 발생시키는 원인과 결과관계를 Tree 모양의 계통도로 작성하고 이를 토대로 고장확률을 구하는 기법으로, 1962년 벨연구소의 H.A. Watson에 의해 개발된 연역적 · 정성적 · 정량적 분석기법

2 FTA의 특징

장점	단점
• 연역적 · 정량적 분석 • 논리기호를 사용한 해석 • 컴퓨터로 처리도 가능 • 단기간 훈련으로 사용 가능	• 휴먼에러의 검출 난이함 • 논리기호 사용으로 대중성 부족

3 FTA 활용 시 기대효과

(1) 사고원인 규명의 간편화

(2) 사고원인 분석의 일반화

(3) 노력과 시간 절감

(4) 사고원인 분석의 정량화

4 FTA 논리기호

명칭	기호	해설
결함사항	(장방형 기호)	'장방형' 기호로 표시하고 결함이 재해로 연결되는 현상 또는 사실상황 등을 나타내며, 논리 Gate의 입력과 출력이 된다. FT 도표의 정상에 선정되는 사상, 즉 이제부터 해석하고자 하는 사상인 정상사상(Top 사상)과 중간사상에 사용한다.
기본사항	(원 기호)	'원' 기호로 표시하며, 더 이상 해석할 필요가 없는 기본적인 기계의 결함 또는 작업자의 오동작을 나타낸다(말단사상). 항상 논리 Gate의 입력이며, 출력은 되지 않는다(스위치 점검 불량, 스파크, 타이어의 펑크, 조작 미스나 착오 등의 휴먼 에러는 기본사상으로 취급된다).
이하 생략의 결함사상 (추적 불가능한 최후사상)	(다이아몬드 기호)	'다이아몬드' 기호로 표시하며, 사상과 원인의 관계를 충분히 알 수 없거나 또는 필요한 정보를 얻을 수 없기 때문에 이것 이상 전개할 수 없는 회후적 사상을 나타낼 때 사용한다(말단사상).

명칭	기호	해설
통상사상 (家形事象)		지붕형(家形)은 통상의 작업이나 기계의 상태에 재해의 발생원인이 되는 요소가 있는 것을 나타낸다. 즉, 결함사상이 아닌 발생이 예상되는 사상을 나타낸다(말단사상).
전이기호 (이행기호)	(in) (out)	삼각형으로 표시하며, FT도상에서 다른 부분에 관한 이행 또는 연결을 나타내는 기호로 사용한다. 좌측은 전입, 우측은 전출을 뜻한다.
AND Gate	출력 입력	출력 X의 사상이 일어나기 위해서는 모든 입력 A, B, C의 사상이 동시에 일어나지 않으면 안 된다는 논리조작을 나타낸다. 즉, 모든 입력사상이 공존할 때만이 출력사상이 발생한다. 이 기호는 ⬭와 같이 표시될 때도 있다.
OR Gate	출력 입력	입력사상 A, B 중 어느 하나가 일어나도 출력 X의 사상이 일어난다고 하는 논리조작을 나타낸다. 즉, 입력사상 중 어느 것이나 하나가 존재할 때 출력사상이 발생한다. 이 기호는 ⬭와 같이 표시되기도 한다.
수정기호	출력 조건 입력	제약 Gate 또는 제지 Gate라고도 하며, 이 Gate는 입력사상이 생김과 동시에 어떤 조건을 나타내는 사상이 발생할 때만 출력사상이 생기는 것을 나타내고 또한 AND Gate와 OR Gate에 여러 가지 조건부 Gate를 나타낼 경우에 이 수정기호를 사용한다.
우선적 AND 게이트	Ai Aj Ak 순으로	입력사상 중 어떤 현상이 다른 현상보다 먼저 일어날 경우에만 출력사상이 발생한다.
조합 AND 게이트	Ai, Aj, Ak Ai Aj Ak	3개 이상의 입력현상 중 2개가 일어나면 출력현상이 발생한다.
배타적 OR 게이트	동시 발생 안 한다.	OR 게이트로 2개 이상의 입력이 동시에 존재할 때는 출력사상이 생기지 않는다.
위험 지속 AND 게이트	위험 지속시간	입력현상이 생겨서 어떤 일정한 기간이 지속될 때에 출력이 생긴다.
부정 게이트 (Not 게이트)	A	부정 모디파이어(Not Modifier)라고도 하며 입력현상의 반대현상이 출력된다.
억제 게이트 (논리기호)	출력 조건 입력	입력사상 중 어느 것이나 이 게이트로 나타내는 조건이 만족하는 경우에만 출력사상이 발생한다(조건부 확률).

5 FTA 순서

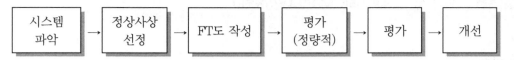

시스템 파악 → 정상사상 선정 → FT도 작성 → 평가 (정량적) → 평가 → 개선

6 단계별 내용

(1) 시스템 파악

분석대상이 되는 System의 공정 및 작업내용 파악과 예상재해 조사

(2) 정상사상 선정

① System의 문제점 파악
② 문제점의 중요도와 우선순위 결정
③ 해석할 정상사상 결정

(3) FT도 작성

① 부분적 FT도의 확인
② 중간사상의 발생조건 검토
③ 전체 FT도의 완성

(4) 정량적 평가

① 재해발생확률 산정
② 실패 대수 표시
③ 고장발생확률 산정
④ 재해로 연관될 확률 산정
⑤ 최종 검토

(5) 평가

완성된 FT도 분석으로 효과적 대책에 대한 평가

(6) 개선

최종 평가결과가 도출된 대책방안의 적용

7 D. R. Cheriton에 의한 재해사례 연구순서

Top 사상의 선정 → 사상의 재해원인 규명 → FT도 작성 → 개선계획 작성

006 위험도 관리(Risk Management)

1 개요

프로젝트의 시간, 비용, 품질 등에 영향을 미치는 위험도는 불확실한 사건이나 조건에 영향을
미치는 요소들로 위험요소의 적절한 관리는 프로젝트에 관계된 모든 당사자들이 주목해야 할
관리사항이다.

2 위험도 관리의 목적

(1) 위험 요소들의 예측·관리를 통해 해결책을 제시
(2) 시스템적으로 수행되는 활동

3 효과

(1) 각종 위험 요소들의 조기발견
(2) 위험의 대응
(3) 피해 최소화
(4) 피해의 회피

4 수행절차

```
┌──────┐    ┌─────────┐    ┌────────────┐    ┌────────────┐
│ 인지 │ →  │ 평가/분석 │ →  │ 회피 및 대응 │ →  │ 감시 및 관리 │
└──────┘    └─────────┘    └────────────┘    └────────────┘
```

용어 해설

① 인지 : 프로젝트에 영향을 줄 수 있는 위험요소들의 식별 및 분류와 기록
② 평가 : 식별된 위험 요소들의 정성적·정량적 평가
③ 분석 : 다양한 위험도를 고려한 정량적인 위험도 분석
④ 회피 및 대응 : 정성적인 평가와 정량적인 평가를 통해 식별된 고위험도 요소들에 대한 대응계
   획 수립
⑤ 배분 : 각종 계약 등을 통해 위험 요인을 관련 있는 당사자들에게 배분
⑥ 감시 및 관리 : 식별된 위험 요소들의 모니터링, 새로운 위험 요소들의 식별, 효율적인 대응계
   획의 운영

---

007 Risk Management의 위험처리기술

1 개요

Risk Management란 Risk의 확인, 측정, 제어를 통해 최소의 비용으로 Risk의 불이익 영향을 최소화하는 것을 말하며, 위험의 처리기술에는 위험의 회피·제거·보유, 보험의 전가가 있다.

2 Risk의 종류(위험의 성질에 의한 분류)

(1) 순수 위험(정태적 위험)

① 손해만을 발생시키는 위험(Loss Only Risk)
② 보험관리적 위험으로 천재, 인간의 착오가 주된 요인

(2) 투기적 위험(동태적 위험)

① 이익 또는 손해를 발생시키는 위험(Loss or Gain Risk)
② 경영관리적 위험으로 인간의 욕구, 사회환경의 변화가 주된 요인

3 Risk Management의 순서 Flow Chart

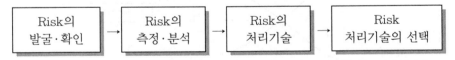

Risk의 발굴·확인 → Risk의 측정·분석 → Risk의 처리기술 → Risk 처리기술의 선택

4 위험의 처리기술

(1) 위험의 회피

① 위험의 회피로서 Risk가 있는 특정 사업에 손을 대지 않는 것
② 예상되는 위험을 차단하기 위해 그 위험에 관계되는 활동 자체를 행하지 않는 것

(2) 위험의 제거

① 위험을 적극적으로 예방하고 경감하려고 하는 수단
② 위험의 제거 포함 사항
　㉠ 위험의 방지 : 위험예방과 위험경감으로 나누어짐
　㉡ 위험의 분산 : 위험을 분산시켜 위험 단위를 증대하는 것으로, 위험의 이전도 포함
　㉢ 위험의 결합 : 기업이 동일한 위험에 대해 무엇인가의 협정을 맺고 그 위험을 제거
　㉣ 위험의 제한 : 기업이 지닌 위험 부담의 경계를 확정

(3) 위험의 보유

① 소극적 보유 : 위험에 대한 무지에서 결과적으로 보유

② 적극적 보유 : 위험을 충분히 확인한 다음에 이것을 보유

(4) 보험의 전가

① 기업은 회피 또는 제거할 수 없는 Risk는 제3자에게 전가하려 하고, 전가할 수 없는 Risk 는 부득이 보유

② 위험 전가의 전형적인 것은 보험으로 이와 유사한 것은 보증, 공제, 기금제도

⑤ 위험의 보유(예시)

(1) 작업자가 안전모를 쓰고도 턱끈을 매지 않는 습성은 위험에 대한 무지에서 오는 소극적 위험 보유로 특히 직원이나 작업반장부터 솔선수범하도록 해야 함

(2) 용접작업 시 전격방지기 미부착 및 산소 LPG 호스 불량, 전선피복 손상, 역화방지기 미설치 는 위험에 대한 소극적 보유에서 비롯됨

⑥ Risk Management의 개념 Graph

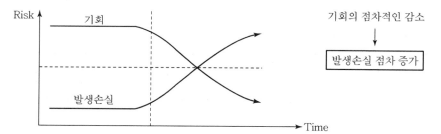

⑦ Risk Management 프로세스

008 System 안전의 위험 분류

1 개요

(1) 'System 안전'이란 어떤 System에서 기능, 시간, Cost 등의 계약 조건에 따라 인원이나 설비가 받는 상해나 손상을 가장 적게 하는 것을 말한다.

(2) System 안전에서 위험이란 여러 가지 의미가 있으며, 최소한 Risk·Peril·Hazard의 3가지 의미로 나눌 수 있다.

2 위험의 분류

(1) Risk(위험의 발생 가능성)

(2) Peril(위기)

(3) Hazard(위험의 근원)

3 위험의 분류

(1) Hazard(위험의 근원)

① '위험이 증가하였다.'라는 경우의 위험

② 위험의 근원으로 위험요소 존재

③ 사고발생조건, 상황, 요인, 환경 등 사고발생의 잠재요인

예 화재라고 하는 사고를 전제로 할 때, 건물의 구조, 용도, 보관물품, 입지, 주위의 상황, 소유자의 주의능력, 기상조건 등

(2) Risk(위험의 발생 가능성)

① '위험을 부담한다.'라고 하는 경우의 위험

② 사고발생의 가능성 또는 사고발생의 개연성

③ 손해 또는 피해의 가능성

예 화재 가능성을 위험이라고 인식하는 경우

(3) Peril(위기)

① '위험이 발생하였다.'라는 경우의 위험

② 사고 자체

예 화재, 폭발, 충돌, 사망 등의 우발적인 재해나 사건

◀1▶ 개요

(1) Lay Out이란 기계설비, 취급재료·제품의 장소, 기계의 운동범위 등의 유효한 이용을 고려하여 배치하는 것을 말한다.

(2) Lay Out은 공장 등 생산현장에서 환경정비의 기본이 되는 것으로, 기계·설비의 Lay Out이 잘못될 경우 생산 능률의 저하와 재해로 연결될 수 있으므로 Lay Out의 개선으로 안전을 확보하는 것은 매우 중요하다.

◀2▶ 환경정비의 기본요건

(1) 적절한 Lay Out

(2) 정리·정돈, 청소, 청결 유지

(3) 안전표지의 부착

◀3▶ Lay Out의 주요 사항

(1) 작업의 흐름에 따른 기계설비의 배치
① 작업 전반의 무리한 요인을 없애기 위해 불필요한 공정을 개선하는 배치
② 교차되는 동선을 배제시키는 배치

(2) 기계설비 주변의 충분한 공간 유지
기계설비 배치 시 취급재료, 가공품 크기, 기계의 운동범위 등을 고려하여 충분한 공간 확보

(3) 보수, 점검을 용이하게 할 수 있는 배치

(4) 조작성을 고려한 배치

(5) 안전한 통로의 설정

(6) 재료·제품을 두는 장소 확보

(7) 위험도 높은 설비의 설치 시 이상상태 고려

❶ n개의 독립사상일 경우

(1) **논리곱의 확률** : $q(A \cdot B \cdot C \cdots N) = qA \cdot qB \cdot qC \cdots qN$

(2) **논리합의 확률** : $q(A + B + C \cdots N) = 1 - (1 - qA)(1 - qB)(1 - qC) \cdots (1 - qN)$

❷ 배타적 사상일 경우

논리곱의 확률 : $q(A + B + C \cdots N) = qA + qB + qC \cdots qN$

❸ 불대수의 법칙(영국의 수학자 G. Bool이 만든 논리수학)

(1) **동정법칙** : $A + A = A, \ AA = A$

(2) **교환법칙** : $AB = BA, \ A + B = B + A$

(3) **흡수법칙** : $A(AB) = (AA)B = AB$

$\qquad A + AB = A \cup (A \cap B) = (A \cup A) \cap (A \cup B) = A \cap (A \cup B) = A$

$\qquad \overline{A \cdot B} = \overline{A} + \overline{B}$

(4) **분배법칙** : $A(B + C) = AB + AC, \ A + (BC) = (A + B) \cdot (A + C)$

(5) **결합법칙** : $A(BC) = (AB)C, \ A + (B + C) = (A + B) + C$

(6) **기타** : $A \cdot 0 = 0, \ A + 1 = 1, \ A \cdot 1 = A, \ A + \overline{A} = 1, \ A \cdot \overline{A} = 0$

❹ Cut Set, Path Set, Minimal Cut Set, Minimal Path Set

(1) **Cut Set**

정상사상을 발생시키는 Cut(기본사상)의 Set(집합)을 말하는 것으로 Cut(기본사상)들이 발생함으로써 정상사상을 발생시키는 Cut(기본사상)의 Set(집합)을 말한다.

(2) **Path Set**

모든 Cut(기본사상)이 일어나지 않음으로 인해 정상사상이 발생되지 않는 Cut(기본사상)의 Set(집합)을 말한다.

(3) **Minimal Cut Set**

정상사상을 일으키는 데 필요한 Minimal(최소한)의 Set(집합)을 말하며, 시스템 기능을 마비시키는 데 필요한 고장요인의 최소집합이다.

(4) Minimal Path Set

Path Set으로 인해 정상사상이 발생되지 않는 최소한의 Set으로서 정상적 시스템이 되기 위해 필요한 최소한의 Set을 말한다.

5 Minimal Cut 계산방법

(1) AND Gate : 가로방향으로 컷의 크기를 증가시켜 나열

(2) OR Gate : 세로방향으로 컷의 수를 증가시켜 나열

(3) 구한 Cut에서 중복사상이나 컷을 제거해 Minimal Cut Set을 구한다.

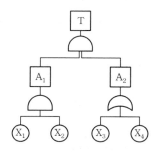

$$T = A_1 \cdot A_2 = (X_1 \cdot X_2) \cdot A_2 = \begin{matrix} X_1 \, X_2 \, X_3 \\ X_1 \, X_2 \, X_4 \end{matrix}$$

즉, 컷셋은 $(X_1 \, X_2 \, X_3)$ 또는 $(X_1 \, X_2 \, X_4)$ 중 1개이다.

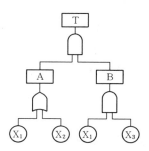

$$T = A \cdot B = \begin{matrix} X_1 \\ X_2 \end{matrix} \cdot B = \begin{matrix} X_1 \, X_1 \, X_3 \\ X_1 \, X_2 \, X_3 \end{matrix}$$

즉, 컷셋은 $(X_1 \, X_3)(X_1 \, X_2 \, X_3)$, 미니멀 컷셋은 $(X_1 \, X_3)$ 또는 $(X_1 \, X_2 \, X_3)$ 중 1개이다.

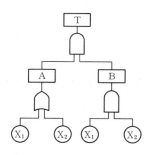

$$T = A \cdot B = \begin{matrix} X_1 \\ X_2 \end{matrix} \cdot B = \begin{matrix} X_1 \, X_1 \, X_2 \\ X_2 \, X_1 \, X_2 \end{matrix}$$

즉, 컷셋은 $(X_1 \, X_2)$, 미니멀 컷셋은 $(X_1 \, X_2)$이다.

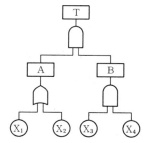

$$T = A \cdot B = \begin{matrix} X_1 \\ X_2 \end{matrix} \cdot B = \begin{matrix} X_1 \, X_3 \, X_4 \\ X_2 \, X_3 \, X_4 \end{matrix}$$

즉, 컷셋은 $(X_1 \, X_3 \, X_4)(X_2 \, X_3 \, X_4)$, 미니멀 컷셋은 $(X_1 \, X_3 \, X_4)$ 또는 $(X_2 \, X_3 \, X_4)$ 중 1개이다.

▎AND Gate와 OR Gate 조합
미니멀 컷셋의 계산 ▎

SECTION 06 위험성평가

001 위험성평가(사업장 위험성평가에 관한 지침)

[시행 2023. 5. 22.] [고용노동부고시 제2023-19호, 2023. 5. 22., 일부개정.]

1 총칙

(1) 목적 지침 제1조

이 고시는 「산업안전보건법」 제36조에 따라 사업주가 스스로 사업장의 유해·위험요인에 대한 실태를 파악하고 이를 평가하여 관리·선하는 등 필요한 조치를 통해 산업재해를 예방할 수 있도록 지원하기 위하여 위험성평가 방법, 절차, 시기 등에 대한 기준을 제시하고, 위험성평가 활성화를 위한 시책의 운영 및 지원사업 등 그 밖에 필요한 사항을 규정함을 목적으로 한다.

(2) 적용범위 지침 제2조

이 고시는 위험성평가를 실시하는 모든 사업장에 적용한다.

(3) 정의 지침 제3조

① 이 고시에서 사용하는 용어의 뜻은 다음과 같다.
   1. "유해·위험요인"이란 유해·위험을 일으킬 잠재적 가능성이 있는 것의 고유한 특징이나 속성을 말한다.
   2. "위험성"이란 유해·위험요인이 사망, 부상 또는 질병으로 이어질 수 있는 가능성과 중대성 등을 고려한 위험의 정도를 말한다.
   3. "위험성평가"란 사업주가 스스로 유해·위험요인을 파악하고 해당 유해·위험요인의 위험성 수준을 결정하여, 위험성을 낮추기 위한 적절한 조치를 마련하고 실행하는 과정을 말한다.
② 그 밖에 이 고시에서 사용하는 용어의 뜻은 이 고시에 특별히 정한 것이 없으면 「산업안전보건법」(이하 "법"이라 한다), 같은 법 시행령(이하 "영"이라 한다), 같은 법 시행규칙(이하 "규칙"이라 한다) 및 「산업안전보건기준에 관한 규칙」(이하 "안전보건규칙"이라 한다)에서 정하는 바에 따른다.

(4) 정부의 책무 참조 제4조

① 고용노동부장관(이하 "장관"이라 한다)은 사업장 위험성평가가 효과적으로 추진되도록 하기 위하여 다음 각 호의 사항을 강구하여야 한다.

  1. 정책의 수립·집행·조정·홍보
  2. 위험성평가 기법의 연구·개발 및 보급
  3. 사업장 위험성평가 활성화 시책의 운영
  4. 위험성평가 실시의 지원
  5. 조사 및 통계의 유지·관리
  6. 그 밖에 위험성평가에 관한 정책의 수립 및 추진

② 장관은 제1항 각 호의 사항 중 필요한 사항을 한국산업안전보건공단(이하 "공단"이라 한다)으로 하여금 수행하게 할 수 있다.

② 사업장 위험성평가

(1) 위험성평가 실시주체 참조 제5조

① 사업주는 스스로 사업장의 유해·위험요인을 파악하고 이를 평가하여 관리 개선하는 등 위험성평가를 실시하여야 한다.

② 법 제63조에 따른 작업의 일부 또는 전부를 도급에 의하여 행하는 사업의 경우는 도급을 준 도급인(이하 "도급사업주"라 한다)과 도급을 받은 수급인(이하 "수급사업주"라 한다)은 각각 제1항에 따른 위험성평가를 실시하여야 한다.

③ 제2항에 따른 도급사업주는 수급사업주가 실시한 위험성평가 결과를 검토하여 도급사업주가 개선할 사항이 있는 경우 이를 개선하여야 한다.

(2) 위험성평가의 대상 참조 제5조의2

① 위험성평가의 대상이 되는 유해·위험요인은 업무 중 근로자에게 노출된 것이 확인되었거나 노출될 것이 합리적으로 예견 가능한 모든 유해·위험요인이다. 다만, 매우 경미한 부상 및 질병만을 초래할 것으로 명백히 예상되는 유해·위험요인은 평가 대상에서 제외할 수 있다.

② 사업주는 사업장 내 부상 또는 질병으로 이어질 가능성이 있었던 상황(이하 "아차사고"라 한다)을 확인한 경우에는 해당 사고를 일으킨 유해·위험요인을 위험성평가의 대상에 포함시켜야 한다.

③ 사업주는 사업장 내에서 법 제2조 제2호의 중대재해가 발생한 때에는 지체 없이 중대재해의 원인이 되는 유해·위험요인에 대해 제15조 제2항의 위험성평가를 실시하고, 그 밖의 사업장 내 유해·위험요인에 대해서는 제15조 제3항의 위험성평가 재검토를 실시하여야 한다.

(3) 근로자 참여 지침 제6조

사업주는 위험성평가를 실시할 때, 법 제36조 제2항에 따라 다음 각 호에 해당하는 경우 해당 작업에 종사하는 근로자를 참여시켜야 한다.

1. 유해·위험요인의 위험성 수준을 판단하는 기준을 마련하고, 유해·위험요인별로 허용 가능한 위험성 수준을 정하거나 변경하는 경우
2. 해당 사업장의 유해·위험요인을 파악하는 경우
3. 유해·위험요인의 위험성이 허용 가능한 수준인지 여부를 결정하는 경우
4. 위험성 감소대책을 수립하여 실행하는 경우
5. 위험성 감소대책 실행 여부를 확인하는 경우

(4) 위험성평가의 방법 지침 제7조

① 사업주는 다음과 같은 방법으로 위험성평가를 실시하여야 한다.

1. 안전보건관리책임자 등 해당 사업장에서 사업의 실시를 총괄 관리하는 사람에게 위험성평가의 실시를 총괄 관리하게 할 것
2. 사업장의 안전관리자, 보건관리자 등이 위험성평가의 실시에 관하여 안전보건관리책임자를 보좌하고 지도·조언하게 할 것
3. 유해·위험요인을 파악하고 그 결과에 따른 개선조치를 시행할 것
4. 기계·기구, 설비 등과 관련된 위험성평가에는 해당 기계·기구, 설비 등에 전문 지식을 갖춘 사람을 참여하게 할 것
5. 안전·보건관리자의 선임의무가 없는 경우에는 제2호에 따른 업무를 수행할 사람을 지정하는 등 그 밖에 위험성평가를 위한 체제를 구축할 것

② 사업주는 제1항에서 정하고 있는 자에 대해 위험성평가를 실시하기 위해 필요한 교육을 실시하여야 한다. 이 경우 위험성평가에 대해 외부에서 교육을 받았거나, 관련학문을 전공하여 관련 지식이 풍부한 경우에는 필요한 부분만 교육을 실시하거나 교육을 생략할 수 있다.

③ 사업주가 위험성평가를 실시하는 경우에는 산업안전·보건 전문가 또는 전문기관의 컨설팅을 받을 수 있다.

④ 사업주가 다음 각 호의 어느 하나에 해당하는 제도를 이행한 경우에는 그 부분에 대하여 이 고시에 따른 위험성평가를 실시한 것으로 본다.

1. 위험성평가 방법을 적용한 안전·보건진단(법 제47조)
2. 공정안전보고서(법 제44조). 다만, 공정안전보고서의 내용 중 공정위험성 평가서가 최대 4년 범위 이내에서 정기적으로 작성된 경우에 한한다.
3. 근골격계부담작업 유해요인조사(안전보건규칙 제657조부터 제662조까지)
4. 그 밖에 법과 이 법에 따른 명령에서 정하는 위험성평가 관련 제도

⑤ 사업주는 사업장의 규모와 특성 등을 고려하여 다음 각 호의 위험성평가 방법 중 한 가지 이상을 선정하여 위험성평가를 실시할 수 있다.

1. 위험 가능성과 중대성을 조합한 빈도·강도법
2. 체크리스트(Checklist)법
3. 위험성 수준 3단계(저·중·고) 판단법
4. 핵심요인 기술(One Point Sheet)법
5. 그 외 규칙 제50조 제1항 제2호 각 목의 방법

(5) 위험성평가의 절차 지침 제8조

사업주는 위험성평가를 다음의 절차에 따라 실시하여야 한다. 다만, 상시근로자 5인 미만 사업장(건설공사의 경우 1억 원 미만)의 경우 제1호의 절차를 생략할 수 있다.

1. 사전준비
2. 유해·위험요인 파악
3. 삭제
4. 위험성 결정
5. 위험성 감소대책 수립 및 실행
6. 위험성평가 실시내용 및 결과에 관한 기록 및 보존

(6) 사전준비 지침 제9조

① 사업주는 위험성평가를 효과적으로 실시하기 위하여 최초 위험성평가 시 다음 각 호의 사항이 포함된 위험성평 실시규정을 작성하고, 지속적으로 관리하여야 한다.

1. 평가의 목적 및 방법
2. 평가담당자 및 책임자의 역할
3. 평가시기 및 절차
4. 근로자에 대한 참여·공유방법 및 유의사항
5. 결과의 기록·보존

② 사업주는 위험성평가를 실시하기 전에 다음 각 호의 사항을 확정하여야 한다.

1. 위험성의 수준과 그 수준을 판단하는 기준
2. 허용 가능한 위험성의 수준(이 경우 법에서 정한 기준 이상으로 위험성의 수준을 정하여야 한다)

③ 사업주는 다음 각 호의 사업장 안전보건정보를 사전에 조사하여 위험성평가에 활용할 수 있다.

1. 작업표준, 작업절차 등에 관한 정보
2. 기계·기구, 설비 등의 사양서, 물질안전보건자료(MSDS) 등의 유해·위험요인에 관한 정보
3. 기계·기구, 설비 등의 공정 흐름과 작업 주변의 환경에 관한 정보

4. 법 제63조에 따른 작업을 하는 경우로서 같은 장소에서 사업의 일부 또는 전부를 도급을 주어 행하는 작업이 있는 경우 혼재 작업의 위험성 및 작업 상황 등에 관한 정보
5. 재해사례, 재해통계 등에 관한 정보
6. 작업환경측정결과, 근로자 건강진단결과에 관한 정보
7. 그 밖에 위험성평가에 참고가 되는 자료 등

(7) 유해 · 위험요인 파악 [지침] 제10조

사업주는 사업장 내의 제5조의2에 따른 유해 · 위험요인을 파악하여야 한다. 이때 업종, 규모 등 사업장 실정에 따라 다음 각 호의 방법 중 어느 하나 이상의 방법을 사용하되, 특별한 사정이 없으면 제1호에 의한 방법을 포함하여야 한다.

1. 사업장 순회점검에 의한 방법
2. 근로자들의 상시적 제안에 의한 방법
3. 설문조사 · 인터뷰 등 청취조사에 의한 방법
4. 물질안전보건자료, 작업환경측정결과, 특수건강진단결과 등 안전보건 자료에 의한 방법
5. 안전보건 체크리스트에 의한 방법
6. 그 밖에 사업장의 특성에 적합한 방법

(8) 위험성 결정 [지침] 제11조

① 사업주는 제10조에 따라 파악된 유해 · 위험요인이 근로자에게 노출되었을 때의 위험성을 제9조 제2항 제1호에 따른 기준에 의해 판단하여야 한다.
② 사업주는 제1항에 따라 판단한 위험성의 수준이 제9조 제2항 제2호에 의한 허용 가능한 위험성의 수준인지 결정하여야 한다.

(9) 위험성 감소대책 수립 및 실행 [지침] 제12조

① 사업주는 제11조 제2항에 따라 허용 가능한 위험성이 아니라고 판단한 경우에는 위험성의 수준, 영향을 받는 근로자 수 및 다음 각 호의 순서를 고려하여 위험성 감소를 위한 대책을 수립하여 실행하여야 한다. 이 경우 법령에서 정하는 사항과 그 밖에 근로자의 위험 또는 건강장해를 방지하기 위하여 필요한 조치를 반영하여야 한다.

1. 위험한 작업의 폐지 · 변경, 유해 · 위험물질 대체 등의 조치 또는 설계나 계획 단계에서 위험성을 제거 또는 저감하는 조치
2. 연동장치, 환기장치 설치 등의 공학적 대책
3. 사업장 작업절차서 정비 등의 관리적 대책
4. 개인용 보호구의 사용
② 사업주는 위험성 감소대책을 실행한 후 해당 공정 또는 작업의 위험성의 수준이 사전에 자체 설정한 허용 가능한 위험성의 수준인지를 확인하여야 한다.

③ 제2항에 따른 확인 결과, 위험성이 자체 설정한 허용 가능한 위험성 수준으로 내려오지 않는 경우에는 허용 가능한 위험성 수준이 될 때까지 추가의 감소대책을 수립·실행하여야 한다.

④ 사업주는 중대재해, 중대산업사고 또는 심각한 질병이 발생할 우려가 있는 위험성으로서 제1항에 따라 수립한 위험성 감소대책의 실행에 많은 시간이 필요한 경우에는 즉시 잠정적인 조치를 강구하여야 한다.

⑽ 위험성평가의 공유 지침 제13조

① 사업주는 위험성평가를 실시한 결과 중 다음 각 호에 해당하는 사항을 근로자에게 게시, 주지 등의 방법으로 알려야 한다.
1. 근로자가 종사하는 작업과 관련된 유해·위험요인
2. 제1호에 따른 유해·위험요인의 위험성 결정 결과
3. 제1호에 따른 유해·위험요인의 위험성 감소대책과 그 실행 계획 및 실행 여부
4. 제3호에 따른 위험성 감소대책에 따라 근로자가 준수하거나 주의하여야 할 사항

② 사업주는 위험성평가 결과 법 제2조 제2호의 중대재해로 이어질 수 있는 유해·위험요인에 대해서는 작업 전 안전점검회의(TBM : Tool Box Meeting) 등을 통해 근로자에게 상시적으로 주지시키도록 노력하여야 한다.

⑾ 기록 및 보존 지침 제14조

① 규칙 제37조 제1항 제4호에 따른 "그 밖에 위험성평가의 실시내용을 확인하기 위하여 필요한 사항으로서 고용노동부장관이 정하여 고시하는 사항"이란 다음 각 호에 관한 사항을 말한다.
1. 위험성평가를 위해 사전조사 한 안전보건정보
2. 그 밖에 사업장에서 필요하다고 정한 사항

② 시행규칙 제37조 제2항의 기록의 최소 보존기한은 제15조에 따른 실시 시기별 위험성평가를 완료한 날부터 기산한다.

⑿ 위험성평가의 실시 시기 지침 제15조

① 사업주는 사업이 성립된 날(사업 개시일을 말하며, 건설업의 경우 실착공일을 말한다)로부터 1개월이 되는 날까지 제5조의2 제1항에 따라 위험성평가의 대상이 되는 유해·위험요인에 대한 최초 위험성평가의 실시에 착수하여야 한다. 다만, 1개월 미만의 기간 동안 이루어지는 작업 또는 공사의 경우에는 특별한 사정이 없는 한 작업 또는 공사 개시 후 지체 없이 최초 위험성평가를 실시하여야 한다.

② 사업주는 다음 각 호의 어느 하나에 해당하여 추가적인 유해·위험요인이 생기는 경우에는 해당 유해·위험요인에 대한 수시 위험성평가를 실시하여야 한다. 다만, 제5호에 해당하는 경우에는 재해발생 작업을 대상으로 작업을 재개하기 전에 실시하여야 한다.

1. 사업장 건설물의 설치·이전·변경 또는 해체
2. 기계·기구, 설비, 원재료 등의 신규 도입 또는 변경
3. 건설물, 기계·기구, 설비 등의 정비 또는 보수(주기적·반복적 작업으로서 이미 위험성평가를 실시한 경우에는 제외)
4. 작업방법 또는 작업절차의 신규 도입 또는 변경
5. 중대산업사고 또는 산업재해(휴업 이상의 요양을 요하는 경우에 한정한다) 발생
6. 그 밖에 사업주가 필요하다고 판단한 경우

③ 사업주는 다음 각 호의 사항을 고려하여 제1항에 따라 실시한 위험성평가의 결과에 대한 적정성을 1년마다 정기적으로 재검토(이때, 해당 기간 내 제2항에 따라 실시한 위험성평가의 결과가 있는 경우 함께 적정성을 재검토하여야 한다)하여야 한다. 재검토 결과 허용 가능한 위험성 수준이 아니라고 검토된 유해·위험요인에 대해서는 제12조에 따라 위험성 감소대책을 수립하여 실행하여야 한다.
1. 기계·기구, 설비 등의 기간 경과에 의한 성능 저하
2. 근로자의 교체 등에 수반하는 안전·보건과 관련되는 지식 또는 경험의 변화
3. 안전·보건과 관련되는 새로운 지식의 습득
4. 현재 수립되어 있는 위험성 감소대책의 유효성 등

④ 사업주가 사업장의 상시적인 위험성평가를 위해 다음 각 호의 사항을 이행하는 경우 제2항과 제3항의 수시평가와 정기평가를 실시한 것으로 본다.
1. 매월 1회 이상 근로자 제안제도 활용, 아차사고 확인, 작업과 관련된 근로자를 포함한 사업장 순회점검 등을 통해 사업장 내 유해·위험요인을 발굴하여 제11조의 위험성결정 및 제12조의 위험성 감소대책 수립·실행을 할 것
2. 매주 안전보건관리책임자, 안전관리자, 보건관리자, 관리감독자 등(도급사업주의 경우 수급사업장의 안전·보건 관련 관리자 등을 포함한다)을 중심으로 제1호의 결과 등을 논의·공유하고 이행상황을 점검할 것
3. 매 작업일마다 제1호와 제2호의 실시결과에 따라 근로자가 준수하여야 할 사항 및 주의하여야 할 사항을 작업 전 안전점검회의 등을 통해 공유·주지할 것

002 신뢰도 계산

1 개요

신뢰도는 시스템이나 기기, 부품 등이 정해진 사용조건에서 의도하는 기간에 정해진 기능을 수행할 확률로 계산식에서 R로 표기된다.

2 신뢰도함수

임의의 시점에서 고장 없이 사용되는 제품의 비율

신뢰도함수 $R(t) = e^{-t} = 1 - F(t)$

3 그 외 계산식

구분	내용	계산식
고장률	현재 운용 중인 제품 중 단위시간동안 고장이 발생할 제품의 비율	$h(t) = \dfrac{f(t)}{R(t)} = \lambda = \dfrac{고장건수}{가동시간}$
고장밀도함수	시간당 고장발생을 비율로 나타낸 함수	$f(t) = \lambda e^{-t}$
고장분포함수	• 최초 사용부터 임의시점까지 고장이 발생할 확률을 나타내는 함수 • 불신뢰도, 누적고장률함수라고도 함	$1 - R(t) = \displaystyle\int \lambda e^{-\lambda t}$
가용도 (가동성)	• MTTF : 평균고장시간 • MTTR : 평균수리시간	$\dfrac{MTTF}{MTBF} = \dfrac{MTTF}{(MTTF + MTTR)}$

SECTION 07 각종 설비의 유지 관리

001 보전성 공학

1 정의

보전성이란 설비가 주어진 사용환경하에서 의도하는 기간동안 정해진 기능을 성공적으로 수행하는 설비의 신뢰성을 말한다.

2 보전성과 보전도의 비교

보전성	보전도
수리 가능한 설비의 규정된 시간에 보전 완료될 수 있는 확률	보전하기 쉬운 정도를 양적으로 나타내는 것

3 보전성을 높이기 위한 유의사항

(1) 보전계획의 기본 전략은 시스템 설계 초기에 고려해야 한다.
(2) 사용자 요구조사와 적합성 검토를 통해 시스템을 효율적으로 사용할 수 있는 보전계획을 수립해 운영해야 한다.
(3) 보전전략이 설계 초기단계에서 이루어진다 해도 실제 상세계획은 현실적 제약조건에 따라 변화될 수 있다는 사실을 간과해서는 아니 된다.

4 관련계산식

(1) 고장강도율

고장으로 설비가 정지된 시간의 비율

$$고장강도율 = \frac{고장정지시간의 \ 합계}{부하시간의 \ 합계} \times 100$$

(2) 평균수리시간

사후보전에 필요한 시간의 평균치

$$\text{MTTR} = \frac{\text{고장정지시간의 합계}}{\text{고장정지 회수의 합계}}$$

$$\text{MTTR} = \int_0^\infty t m(t) dt$$

(3) 수리율

일정시간(t)까지 고장상태로 있던 시스템이 5시간 직후 즉시 수리가 완료될 비율

$$u(t) = \frac{m(t)}{1 - M(t)}$$

건설재료학

SECTION 01 건설재료 일반

001 난연재료의 분류와 요구 성능

1 난연, 불연, 준불연재료의 구분

난연재료	불연재료	준불연재료
불에 잘 타지 않는 성능을 가진 재료	불에 타지 않는 성질을 가진 재료	불연재료에 준하는 성질을 가진 재료

2 분류별 제품의 종류

(1) 난연재료

불에는 타지만 연소는 잘 되지 않는 재료로 연소 시 6분간의 화열(최고 온도 약 500℃)에서 변형, 발염, 파손이 생기지 않아야 하는 것을 기준으로 한다. 난연합판, 난연섬유판, 난연플라스틱판 등이 난연재료에 해당된다.

(2) 불연재료

불에 잘 타지 않는 성질의 재료를 말하며, 콘크리트, 석재, 벽돌, 기와, 철강, 알루미늄 유리, 시멘트콜탈 등이 해당된다.

(3) 준불연재료

석고보드, 미네랄텍스

3 성능기준

(1) 난연재료 성능기준

5분간 가열 후 시험체를 관통하는 방화상 유해한 균열, 구멍 및 용융 등이 없어야 하며, 시험체 두께의 20%를 초과하는 일부 용융 및 수축이 없어야 한다.

(2) 불연재료 성능기준

가열시험 개시 후 20분간 가열로 내 최고온도가 최종평형온도를 20K 초과 상승하지 않을 것

(3) 준불연재료 성능기준

10분간 가열 후 시험체를 관통하는 방화상 유해한 균열 및 용융 등이 없어야 하며, 시험체 두께의 20%를 초과하는 일부 용융 및 수축이 없어야 한다.

SECTION 02 각종 건설재료의 특성, 용도, 규격에 관한 사항

001 목재

1 목재의 특징

(1) 목재의 성질

장점	단점
• 가볍다. • 가공이 쉽다. • 충격, 진동, 소음 흡수율이 높다. • 열 전도율이 낮다.	• 불에 타기 쉽다. • 재질, 강도에 균일성이 없다. • 함수량이 변함에 따라 비틀림이 생긴다.

(2) 조직구조

① 변재(표피에 인접한 부분으로 부피가 크고 강도와 내구성이 떨어지는 부위)

  ㉠ 함수율이 높다.

  ㉡ 비중이 낮고 신축성이 크다.

  ㉢ 변형이 크고 내구성, 강도가 낮다.

② 심재(수심 주위에 있는 부위)

  ㉠ 세포가 고화된 부위로 수분이 적다.

  ㉡ 비중이 크고 흡수성은 낮다.

  ㉢ 변형이 적고 강도와 내구성이 높다.

③ 수심(줄기의 중심부로 함수율이 높아 이용가치가 매우 낮은 중심부위)

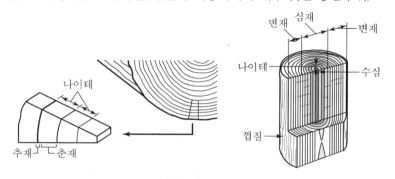

∥ 수목의 구조 ∥

(3) 물리적 성질

① 함수율

- ㉠ 포화상태 : 함수율 30% 이상, 세포 내에 자유수가 차 있고 세포막에는 결합수가 차 있는 상태
- ㉡ 섬유포화점 : 함수율 30%, 세포 속은 수분이 없고 세포막에 수분이 있는 상태
- ㉢ 기건상태 : 함수율이 12~18%로 세포막에 수분이 남아있는 상태
- ㉣ 전건상태 : 함수율 0% 상태

$$\mu = \frac{W_1 - W_2}{W_2} \times 100(\%)$$

여기서, W_1 : 전 시료 중량

W_2 : 절대건조 시 시료 중량

② 비중

- ㉠ 절건비중 : 100~110℃에서 완전건조시킨 상태의 비중
- ㉡ 기건비중 : 공기 중에서 수분을 제거한 상태의 비중
- ㉢ 진비중 : 목재 섬유질만의 비중으로 1.54로 모든 목재가 동일함

③ 공극률

$$v = \left(1 - \frac{\gamma}{1.54}\right) \times 100(\%)$$

여기서, γ : 절대건조비중

④ 강도특성

- ㉠ 강도크기 : 인장 > 휨 > 압축 > 전단
- ㉡ 포화점 이하 건조목재 : 함수율 낮을수록 증가
  포화점 이상 건조목재 : 강도변화 없음
- ㉢ 섬유방향 인장강도가 섬유방향 압축강도보다 크다.
- ㉣ 압축 및 인장강도는 섬유방향이 직각방향보다 크다.
- ㉤ 심재부가 변재부보다 크다.
- ㉥ 옹이, 혹 등 흠이 있을 경우 강도가 낮아진다.
- ㉦ 주로 압축력이 발휘되는 부위 또는 휨 저항 부재로 사용된다(인장강도가 낮고 일정하지 않으므로).

(4) 목재의 열적 특성

① 수분증발 : 100℃

② 착화점 : 260℃

③ 인화점 : 180℃

④ 발화점 : 400℃

☑ 목재의 건조

(1) 건조목적

① 수축, 변형의 방지
② 부식방지
③ 강도 증가
④ 내구성 향상
⑤ 약재, 도장성 향상
⑥ 중량 감소

(2) 건조 전 처리

건조 전 수액농도를 저하시키기 위해 이루어지는 처리과정

① **수침법** : 2주 이상 흐르는 물에 수침시키는 방법
② **증기법** : 수증기로 훈증하는 방법
③ **자비법** : 열탕에 넣는 방법

(3) 건조방법

① **자연건조**
　㉠ 대기건조법 : 옥외에 엇갈리게 수직으로 쌓거나 일광이나 비에 직접 닿지 않도록 해 실시하는 건조
　㉡ 침수건조법 : 물속에 3주 정도 침수시켜 수액을 제거한 후 대기에서 건조하는 방법

② **인공건조**
　㉠ 열기법 : 가열공기를 불어넣어 건조하는 방법
　㉡ 증기법 : 증기로 가열하는 방법
　㉢ 진공법 : 고온, 저압상태 탱크에 넣고 밀폐시켜 수분을 제거하는 방법
　㉣ 훈연법 : 연기로 건조하는 방법
　㉤ 기타 : 고주파 건조법, 자비법(열탕에 넣고 찌는 방법)
　㉥ 수액 제거 : 장기간 방치하거나 강물에 담가두는 방법

☑ 보존방법

(1) 정의

목재의 보존성 향상을 위한 보존방법으로는 방부방충법, 방부제처리법이 있으며, 방법 선정 시에는 보존성 증가를 위한 목적과 환경오염방지를 위한 최선의 방법을 선정해야 한다.

(2) 처리법 분류

① 방부·방충법

ㄱ 침지법 : 목재를 물속에 수침시켜 공기로부터 차단시켜 방충하는 방법

ㄴ 직사일광법 : 30시간 이상 자외선에 쬐어 살균처리하는 방법

ㄷ 표면피복법 : 니스 등의 도료로 피복해 공기 및 수분을 차단시키는 방법

ㄹ 표면탄화법 : 목재표면을 태워 수분을 없애는 방법

② 방부제 처리법

ㄱ 침지법 : 방부제액에 담가 처리하는 방법

ㄴ 도포법 : 작업붓으로 약액을 도포하는 방법

ㄷ 가압주입법 : 압력용기 속에 목재를 넣어 처리하는 방법

ㄹ 상압주입법 : 상시압력으로 방부제를 주입하는 방법

ㅁ 생리적 주입법 : 벌목 전 뿌리에 방부제를 주입시켜 방부재를 투입시키는 방법

(3) 목재 결함의 종류

① 옹이 : 줄기조직에 가지가 말려들어간 결함

② 껍질박이 : 성장 도중 세로방향 외상으로 수피가 말려들어간 결함

③ 썩정이 : 균이 목재 내부에 침투해 목질 섬유를 변색, 부패시킨 결함

④ 혹 : 목질섬유의 집중으로 도톰하게 튀어오른 결함

⑤ 기타 : 송진구멍, Crack 등

4 목재 가공재

(1) 합판과 집성목재

3매 이상 얇게 가공한 단판이나 판재 또는 나뭇조각을 접착시켜 가공한 목재가공재는 목재 고유의 장점은 살리고, 단점을 보완한 제품으로 폭넓게 사용되고 있다.

(2) 종류별 특징

① 합판

3매 이상의 얇은 단판을 섬유방향이 서로 직교하게 붙여 만든 가공재

장점	단점
• 판재에 비해 균일한 재질이다. • 뒤틀림이 없다. • 방향에 따른 강도차가 적다. • 곡면판이나 너비가 큰 판을 만들 수 있다.	• 천연목재에 비해 아름다움이 떨어진다. • 내수성이 낮다.

② 코펜하겐 리브

강당, 집회장 음향조절이나 장식효과를 위한 재료로 두께 50mm, 너비 100mm 정도의 긴판에 Rib로 가공한 가공품

③ Fiber Board(섬유판)

톱밥이나 펄프 등 식물섬유를 사용한 가공재로 연질 섬유판은 비중 0.4 이하, 경질 섬유판은 비중 0.8 이상으로 강도 및 경도가 크다.

④ Particle Board

나뭇조각이나 식물질을 분쇄시켜 건조한 후 접착제로 성형해 제판한 판재로 칩보드라고도 한다.

장점	단점
• 온도에 대한 변형이 적다. • 단열, 흡음 등에 의한 차단성이 좋다. • 강도에 방향성이 없다.	• 외관이 거칠다. • 못에 대한 지지력이 일반목재에 비해 낮다.

⑤ MDF(Medium Density Fibre board)

톱밥에 접착제를 투입해 압축가공한 가공재

장점	단점
• 가공이 쉽다. • 마감성이 좋다. • 무겁다.	습기에 약하다.

⑥ 집성목재

판재를 접착시켜 만든 것으로 합판과 달리 두께 15~50mm 정도 되는 것을 나뭇결과 평행하게 짝수로 붙인 것이 특징

장점	단점
• 단면이 커 보, 기둥으로 사용할 수 있다. • 감도조절이 가능하다. • 특수형태(아치형 등)로의 가공이 가능하다.	• 나뭇결과 평행으로 접합하는 특징상 변형의 우려가 있다. • 가격이 다소 비싸다.

002 점토재

1 개요

점토는 가소성과 소성, 점성이 우수해 다양한 형태의 제품으로 가공이 용이하며 혼합물질에 따라 다양한 색상 구현도 가능해 도기 및 자기로 널리 사용되고 있으며, 블록형태로 가공해 단열 및 방음, 칸막이 등의 재료로도 사용하고 있다.

2 점토의 성질

(1) 특징

① 압축강도는 크고 인장강도는 약하다.
② 적당히 물을 가하면 자유롭게 형상을 만들 수 있다.

(2) 주성분

SiO_2(50~60%), Al_2O_3(30%), Cao 및 기타 성분으로 구성됨

3 점토의 특성

항목	특성
가소성	자유로운 형태로 만들기가 용이하다.
소성	가열하면 내수성, 강도가 증가한다.
점성	적당한 수분이 가해지면 점성이 높아진다.

4 점토재 제품

구분	토기	도기	석기	자기
제품	벽돌, 기와	기와, 타일	벽돌, 타일	타일, 위생도기
흡수성	크다.	작다.	작다.	없다.
소성온도	800~900	1,100~1,200	1,000~1,200	1,000~1,300

5 점토재 벽돌

구분	1종	2종	3종
흡수율	10 이하	13 이하	15 이하
압축강도(kg/m²)	20.59 이상	15.69 이상	10.78 이상

6 특수벽돌

(1) 경량벽돌

점토에 유기질 톱밥, 겨 등을 혼합해 성형한 후 소성가공한 제품으로 비중이 낮고(1.5 정도), 절단 등의 가공이 용이하다.

(2) 유공벽돌(구멍이 있는 벽돌)

치장용재로 사용되는 벽돌로 접착력 강화를 위해 벽돌에 구멍을 낸 제품

(3) 공동벽돌

시멘트 블록과 같이 속을 비게 만든 제품으로 단열 및 칸막이 등으로 사용되는 경량벽돌

(4) 기타 벽돌

내화벽돌, 포도벽돌(포장용 벽돌) 등

003 시멘트 및 콘크리트

1 시멘트의 역사

(1) 재료로서의 역사적 배경

① 해외 건축물 역사

기원전부터 사용되었으나 수화반응 때문에 부분적으로 사용되어 기원전 27년 완공된 로마의 판테온 신전과 바티칸의 성베드로 성당(1506~1626년) 건축에도 재료로 사용되었다.

② 국내 건축물 역사

정약용의 신기술이 적용된 수원 화성(1794~1796년)의 축조에도 접착재 및 벽돌재로 사용된 역사적 배경이 있다.

$CaO + H_2O \rightarrow Ca(OH)_2$: 급격한 수화반응으로 제한적으로 사용됨

(2) 근대적 시멘트의 완성

① 현대의 시멘트는 1824년 영국의 Joseph Aspdin에 의해 대표적 혼화재 SiO_2를 사용하게 됨으로써 수화열을 조절하게 되며 건축 재료로 사용되었다.

$CaO + H_2O + SiO_2 \rightarrow$ 수화열 저감, 장기강도 증대효과

② 1876년 프랑스의 Joseph Monier의 특허출원에 의해 압축력이 강한 콘크리트와 인장력이 강한 철근의 결합으로 건축 재료로서 본격적으로 사용하게 되었다.

(3) 포틀랜드 시멘트의 등장

영국의 J. Aspdin에 의해 건축 재료의 하나로 본격적인 사용을 하게 되었으나 명확한 명칭을 갖지 못하다 이후, 콘크리트 구조물의 내구연한이 지남에 따라 영국의 Portland 섬의 암반색과 같은 계열의 색을 갖게 됨에 따라 포틀랜드 시멘트라고 널리 불린 역사적 배경을 갖고 있다.

(4) 시멘트의 생산

석회 및 점토를 혼합해 소성로에서 1,400℃로 가열한 후 급속냉각 시켜 얻어지는 Clinker에 소량의 석고를 가하며 분쇄시켜 생산하나 최근 지구 온난화의 주범으로 지목되는 CO_2가 CaO 1m³당 420kg씩 발생되어 환경문제에 직면하고 있다.

② 석회석 미분말(Lime Stone Powder)

(1) 정의

① 석회석 미분말(Lime Stone Powder)은 시멘트 생성과정에서 부산물로 분말이 매우 미세하여, 콘크리트의 재료분리방지와 공극충전에 의한 압축강도 증진 및 수밀성 향상에 도움이 되는 재료이다.

② 석회석 미분말은 콘크리트의 품질 향상과 산업 부산물의 효율적인 활용면에서 그 연구가 진행되고 있다.

(2) 석회석 미분말의 효과

(3) 석회석 미분말의 특성

① 미세한 입자 분포

㉠ 크기가 5~6μm로 미세분말

㉡ 분말도는 9,000cm^2/g 정도

② 강열감량이 적음

㉠ 강열감량(%) = $\dfrac{\text{가열 전 시료중량} - \text{가열 후 시료중량}}{\text{가열 전 시료중량}} \times 100$

　시료에 900~1,200℃로 60분간 가열

㉡ 시험결과 석회석 미분말이 함유된 시멘트의 경우 강열감량이 적은 것으로 나타남

③ 콘크리트의 품질 향상

㉠ 재료분리 방지

㉡ 콘크리트의 유동성 증가

㉢ 콘크리트의 압축강도 증가

㉣ 콘크리트의 수밀성 향상

㉤ 콘크리트의 투수 저항성 향상

③ 시멘트 구성성분과 특성

(1) Cement의 구성성분

성분	함량(%)	성분	함량(%)
CaO	60~65%	Al_2O_3	5~6%
SiO_2	20~30%	기타(Fe_2O_3, MgO 등)	미량

(2) 기타 화합물

화학성분	역할	화학성분	역할
$3CaO \cdot SiO_2$	초기강도 발현	$3CaO \cdot Al_2O_3$	수화반응이 빠르고, 초기강도 발현, 팽창재 역할
$2CaO \cdot SiO_2$	수화열 저감, 장기강도 발현	$CaO \cdot Al_2O_3 \cdot Fe_2O_3$	수화반응 지연, 팽창재 역할

(3) 특성

① 응결과 강도발현

시멘트＋물 혼합 : 1시간 경과 시 응결(고체화), 10시간 경과 시 경화(강도 발현)

② 응결속도 영향요소

시멘트 분말도, Al_2O_3, 온도가 높을수록 빨라지고 습도, 풍화도, 단위수량이 많을수록 지연됨

③ 분말도

시멘트 1g의 시멘트 입자 표면적으로 분말도가 높을수록(미세할수록) 물과의 접촉면이 커지므로 수화반응이 촉진되며 초기강도 발현도 빨라진다.

㉠ 시험방법 : Blaine 시험법(비표면적시험)

㉡ 체가름시험 : 시멘트를 체에 넣고 회전시키며 분말을 통과시켜 통과되는 정도를 측정하는 방법

(4) 저장 시 유의사항

① 지상 30cm 이상 이격시켜 저장

② 7포대 이상 쌓아 올리지 말 것

③ 방습구조의 창고 또는 사일로에 보관할 것

4 경량골재 콘크리트

(1) 경량콘크리트 분류

① 경량골재콘크리트

② 경량기포콘크리트

③ 무세골재콘크리트

(2) 경량골재콘크리트의 특징

① 구조물의 자중 경감

② 구조물의 경량화로 Pile, 철근 등의 경감에 따라 경제적

③ 굵은 골재의 비중이 작아 골재의 부상으로 인한 콜드 조인트 발생 가능

④ 충전성 불량으로 인한 흡수 · 건조수축 발생

(3) 경량골재콘크리트의 종류

사용한 골재에 의한 콘크리트의 종류	사용골재		설계기준압축 강도(kgf/cm²)	기건 단위용적중량 (tonf/m³)
	굵은 골재	잔골재		
경량골재콘크리트 1종	경량골재	모래 부순 모래 고로슬래그 잔골재	150 210 240	1.7~2.0
경량골재콘크리트 2종	경량골재	경량골재나 혹은 경량 골재의 일부를 모래, 부 순 모래, 고로슬래그 잔 골재로 대치한 것	150 180 210	1.4~1.7

(4) 시공 시 유의사항

① 표면을 마무리하고 1시간 정도 경과 후에 다지기 등으로 재마무리하여 균열 방지
② Slump 18cm 이하, 단위시멘트양의 최솟값 300kg/m³, W/C비의 최댓값 60%
③ 살수 및 표면 포장 등을 통한 습윤상태 유지
④ 굵은 골재가 떠오르는 경우가 많으므로 굵은 골재를 눌러 넣어 표면을 마무리할 것

5 유동화 콘크리트

(1) 정의

'유동화콘크리트(Super Plasticizer Concrete)'란 미리 비벼진 콘크리트(Base Concrete)에 유동화제(고성능 감수제)를 첨가·교반시켜 콘크리트의 품질이 변하지 않고 유동성을 대폭 증대시켜 작업성이 뛰어난 콘크리트를 말한다.

(2) 유동화콘크리트의 특징

① 수밀성·내구성 향상
② 단위수량이 감소하고 건조수축이 적음
③ 시멘트 입자의 분산작용에 의해 유동성 증대
④ 과잉 첨가 시 재료분리 또는 콘크리트의 응결 지연, 내구성·장기강도 등에 악영향

(3) 유동화제의 첨가 방법

① 공장 첨가 유동화 방법
　㉠ 콘크리트 플랜트(Plant)에서 트럭에지테이터에 유동화제를 첨가하여 즉시 고속으로 휘저어 유동화하는 방법
　㉡ 공사현장과의 거리가 짧은 경우에 적당
② 현장 첨가 유동화 방법
　㉠ 콘크리트 플랜트(Plant)에서 운반한 콘크리트에 공사현장에서 유동화제를 첨가하여

균일하게 될 때까지 휘저어 유동화하는 방법

ⓛ 유동화제의 과잉 첨가에 주의

③ 공장 첨가 현장 유동화 방법

ⓖ 콘크리트 플랜트(Plant)에서 트럭에지테이터에 유동화제를 첨가하여 저속으로 휘저
으면서 운반하고 공사현장 도착 후에 고속으로 휘저어 유동화하는 방법

ⓛ 일반적으로 많이 사용하는 방법

(4) 시공 시 유의사항

① 유동화콘크리트의 Slump는 작업에 적절한 범위로서 21cm 이하로 함

② Slump의 증가량은 10cm 이하를 원칙으로 하며 5~8cm가 표준

⑥ ALC

(1) 정의

'ALC'란 Autoclaved Lightweight Concrete의 약어로, 규산질 원료에 시멘트, 생석회 등
석회질 원료와 기포제를 넣은 혼합물을 고온·고압에서 증기양생시킨 경량기포콘크리트를
말한다.

(2) 특징

일반벽돌보다 크고 시공속도가 빠르며 공사기간도 일반벽돌을 사용할 때보다 월등하게 짧
은 장점이 있다.

① 단열성

내부에 70% 정도의 미세 독립기포가 열전도를 강력하게 차단하므로 열전도율을 확인해
보면 일반 콘크리트에 비해 10배 이상의 단열효과를 기대할 수 있다. 또한 별도의 단열재
가 필요 없기에 열손실 방지에도 탁월하고, 고온·고압의 오토클레이브로 굽는 과정에서
광물질이 형성되어 장기간 그 성질이나 형태가 변하지 않는다.

② 경량성

표준비중이 0.5로 일반 콘크리트보다 4~5배 정도 가벼워 비용절감과 건물 전체의 경량
화, 인건비 절감, 시공효율 등의 효과를 기대할 수 있다.

③ 시공성

일반 목재용 공구로도 절단되는 시공성을 자랑하므로 공기단축 및 공사비용의 대폭적인 절감
이 가능하다. 또한 별도의 트러스 없이 경제적으로 삼각형의 모임지붕을 구현할 수 있다.

④ 내화성

완전 불연재이나 무기질 소재로 되어 있어 화재 시에도 타지 않으며, 유독가스가 발생되
지 않아 내화성능이 우수한 자재로 평가받고 있다.

004 금속재

1 금속제품

(1) 개요

금속제품은 철과 비철금속으로 구분되며, 비중에 따라 중금속과 경금속으로 구분되며, 철의 경우 탄소량 1.7%를 기준으로 그 이상의 것을 주철, 선철, 1.7% 미만인 것을 철강으로 분류한다.

(2) 금속재료의 특징

장점	단점
• 인성, 연성이 크고 가공이 용이하다. • 부식방지처리(도금, 도장) 시 내구성이 좋다. • 합금 시 품질과 성능을 향상시키기가 용이하다.	• 비중이 큰 관계로 무게가 무겁다. • 부식방지처리를 하지 않을 경우 부식에 취약하다.

(3) 탄소량에 따른 분류

① 탄소량에 따른 분류

  ㉠ 특징 : 탄소량에 따라 연성이 좌우되며, 탄소 함유량이 많으면 강도와 경도가 높아지고 취성파괴가 쉽게 발생된다.

  ㉡ 탄소량에 따른 분류 : 주철 > 탄소강 > 연철

종류	탄소량	특징
연철	0.04% 이하	연질이며 가단성이 크다.
탄소강	0.04~1.7%	주조성, 가단성 담금질 시 효과가 크다.
주철	1.7% 이상	주조성이 좋으나 취성이 크다.

② 탄소강의 분류(탄소함유량 %)

  ㉠ 연강(0.12~0.20) : 철근, 강관, 강판으로 사용

  ㉡ 반연강(0.2~0.3) : 차량, 기계용으로 사용

  ㉢ 반경강(0.3~0.4) : 볼트, 널말뚝용으로 사용

  ㉣ 경강(0.4~0.5) : 공구용으로 사용

  ㉤ 최경강(0.5~0.6) : 스프링 등으로 사용

(4) 제조방법에 따른 분류

종류	특징
압출	철사 등 지름이 작은 철선을 고압으로 압출시켜 제조하는 방법
압연	롤러 사이에 강재를 통과시켜 얇게 가공하는 방법
단조	프레스 등의 기계로 두들겨 강성이 크게 가공하는 방법

(5) 열처리 방법에 의한 분류

종류	열처리 방법	특징
풀림	800~1,000℃로 1시간 미만 가열 후 서랭	내부응력이 제거되어 연화됨
불림	800~1,000℃로 가열 후 대기 중 서랭	조직 미세화로 변형 제거 서랭으로 조직이 균일함
담금질	800~1,000℃로 가열 후 물이나 기름에서 급랭	강도 및 경도 증가
뜨임질	담금질 후 300℃로 재가열 후 서랭	잔류응력 제거로 인성이 좋아짐

(6) 함유성분에 따른 특성 변화

① 탄소(C)
- 함유량이 증가될수록 경도와 강도가 증가되고 신도는 감소
- 함유량 1%에서 인장강도가 가장 크게 발휘됨

② 규소(Si) : 함유량 3%에서 강도가 최대로 발휘됨

③ 망간(Mn) : 1%에서 강도 및 경도가 최대로 발휘됨

② 강재의 특성

(1) 개요

강재는 일반적인 특성으로 물리적 특성, 역학적 특성, 부식 특성으로 구분할 수 있으며, 특히 역학적 특성은 건축 구조물의 구조내력 및 안정성에 직접적인 영향요인이 되므로 고려해야 할 중요한 특성이다.

(2) 강재의 물리적 특성

① 비중 : 7.85

② 열전도율 : 45.32

③ 용융점 : 1,500℃

(3) 역학적 특성

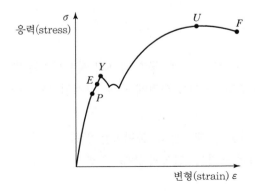

① P(Proportional Limit, 비례한도) : 응력에 비례하여 커지는 변형력의 한계

② E(Elastic Limit, 탄성한도) : 강재에 가해지는 외력을 제거하면 원형으로 돌아올 수 있는 한계

③ Y(Yielding Point) 항복점 : 외력의 증가 없이 변형이 증가했을 때의 최대응력

④ U(Ultimate Strength, 극한 강도) : 응력을 최대로 받을 때의 강도

⑤ F(Failure Point, 파괴점) : 재료가 파괴되는 한계점

(4) 온도에 따른 강도의 변화

① 500℃ : 0℃일 때 강도의 1/2

② 600℃ : 0℃일 때 강도의 1/3

③ 250∼300℃ : 최대의 강도 발현

④ 1,500℃ 이상 : 용융상태

(5) 부식 특성

① 부식의 분류

　㉠ 건식 부식 : 금속 표면에 물의 작용 없이 발생되는 부식

　㉡ 습식 부식 : 전해질과 접해 발생되는 부식

② 부식의 3요소

　㉠ 물

　㉡ 전해질

　㉢ 산소

③ 부식의 메커니즘

　㉠ 양극반응

　　$Fe \rightarrow Fe^{++} + 2e^-$(Anode 반응)

　㉡ 화학적 반응(Cathode 반응)

　　$Fe + H_2O + 1/2O_2 \rightarrow Fe(OH)_2$: 수산화 제1철

　　$Fe(OH)_2 + 1/2H_2O + 1/4O_2 \rightarrow Fe(OH)_3$: 수산화 제2철

(6) 강재의 열처리방법

① 불림

　㉠ 강재를 가열(800∼1,000℃) 후 공기 중에서 서랭시키는 방법

　㉡ 특징 : 조직의 균일화, 변형을 사전에 제거, 강철입자의 미세화

② 뜨임

　㉠ 담금질 후 200∼400℃ 재가열 후 불림하는 방법

　㉡ 특징 : 변형의 사전 제거 및 인성의 증대

③ 풀림

    ㉠ 강재를 가열한 후 용광로에서 서랭시키는 방법

    ㉡ 특징 : 강철 결정의 미세화로 연화됨

④ 담금질

    ㉠ 가열한 후 물이나 기름으로 급랭하는 방법

    ㉡ 특징 : 강도 및 경도의 증가(탄소량이 많을수록 증가)

(7) 제강방법

  ① 제선 : 철광석을 석회석, 망간, 코크스 등과 녹여 선철로 만드는 공정

  ② 제강 : 선철공정에서 불순물을 제거하고 탄소량을 저감시켜 구조용 재료로 만드는 공정

  ③ 조괴 : 용광로에서 일정한 주형에 주입시켜 강괴로 제강하는 공정

(8) 가공방법

  ① 단조 : Press 기계, Hammer 등을 사용해 두드려 강도를 높이는 방법

  ② 압연 : 강괴를 롤러를 사용해 요구되는 형태로 가공하는 방법

  ③ 인발 : 5mm 이하 철선으로 가공할 때 Dias를 통과시켜 뽑아내는 방법

3 특수강의 종류

(1) 주철

철 함유량이 92~96%이며 크롬, 규소, 망간 등으로 구성된다. 용융점이 낮아 주조는 용이하나 취성으로 기계적 가공이 불가능하며, 인장강도가 낮은 것이 특징으로 맨홀 뚜껑, 자물쇠, 창호철물 등의 재료로 사용된다.

(2) 특수강

  ① 탄소강에 니켈(Ni), 크롬(Cr), 몰리브덴 등을 첨가해 강도와 인성을 높인 것(제품 : PC 강선, 니켈강, 크롬강)

  ② 스테인리스 강 : 크롬과 니켈을 혼합시킨 저탄소강으로 내식성이 우수하나 전기적 저항이 크고 열전도율은 낮음(제품 : 식기, 가구, 배관용 등)

  ③ 동강 : 구리를 혼합시켜 내식성과 연성을 증가시킨 것(제품 : 강관 널말뚝, 새시 등)

(3) 비철금속

  ① 황동

    ㉠ 특징

      • 구리보다 단단하나 주조가 쉽고 인발가공이 용이하다.

      • 산, 알칼리에 약하나 내식성은 크다.

    ㉡ 제품 : 줄눈, 난간, 경첩 등

② 청동
  ㉠ 특징 : 황동보다 내식성이 우수하며 주조도 용이하다.
  ㉡ 제품 : 밸브, 기계용품 등

③ 알루미늄
  ㉠ 특징
    • 금속재료 중 비중이 가장 낮다.
    • 연성이 커 가공이 쉽고, 전기와 열전도율이 높다.
  ㉡ 제품 : 창문틀, 강도가 커 구조용 재료로도 사용

④ 납
  ㉠ 특징 : 비중이 커 무겁고, 연성이 크며, 열전도율이 낮다.
  ㉡ 제품 : 방사선 차폐용, 아연합금, 도장재료 등으로 사용

4 기타 금속제품

(1) 선재
① Wire Mesh : 연강철선을 장방형으로 만들어 콘크리트의 인장 및 부착 보강용으로 사용
② Wire Lath : 굵은 철선으로 엮어 철망형태로 제작해 Mortar 바름 바탕보강용으로 사용

(2) 성형 가공제품
① Metal Lath : 0.4~0.8mm 연강판에 마름모꼴로 흠을 내어 그물 모양으로 만든 것으로 천장, 벽 등 Mortar 바탕보강용으로 사용
② Expended Metal : 6~13mm 구리판을 그물모양으로 만든 것으로 콘크리트 보강용으로 사용
③ 펀칭메탈 : 연강판에 무늬를 내어 구멍을 뚫은 것으로 라디에이터 커버 등에 사용

(3) 기타 특수철물
Deck plate : 연강판에 골 모양을 내어 만든 얇은 연강판으로 슬래브 바닥판 및 지붕재로 사용됨

(4) 창호철물
① 경첩 : 문틀 여닫이의 축으로 사용되는 철물
② Floor Hinge : 중량 여닫이 종류의 출입문에 사용되는 축 철물

(5) 장식철물
① 줄눈대 : 콘크리트의 신축균열 방지를 위해 사용되는 철물로 황동제가 주로 사용됨
② 조이너 : 천장, 내벽판류 접합부에 사용되는 덮개
③ Non Slip : 계단 디딤판에 설치해 미끄럼 사고를 방지하기 위한 철물

005 미장재

1 미장재료

(1) 정의

미장재료란 건축물의 방수, 방음, 방습, 보온 등을 목적으로 벽, 바닥 등에 수밀하게 바르는 재료를 말한다.

(2) 시공순서

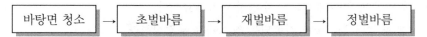

바탕면 청소 → 초벌바름 → 재벌바름 → 정벌바름

(3) 미장재료의 분류

① 고결재 : 고결시켜 주재가 되는 재료로서 시멘트, 점토, 석회, 석고 등이 사용된다.
② 결합재 : 고결재의 성능을 보완하기 위한 재료로 수축균열의 방지, 응결시간 조절을 위한 재료를 말한다.
  ㉠ 수축균열방지, 점성조절재 : 모래, 경량골재
  ㉡ 접착력, 응결시간 조절재 : 풀, 여물 등
③ 골재 : 중량을 목적으로 하기 때문에 모래를 주로 사용한다.
④ 혼화재 : 착색, 경화시간 조절을 위해 사용하는 재료(급결재료 : 염화마그네슘, 염화칼슘 등)

(4) 수축·팽창재료

① 수축재료

기경성 미장재료로 이산화탄소(CO_2)와 반응해 미장면의 수축에 사용되는 재료
📕 아스팔트 모르타르, 회반죽, 흙바름 등

② 팽창재료

수경성 미장재료로 물에 의한 수화반응으로 미장면 팽창에 사용되는 재료
📕 시멘트 모르타르, 석고 Plaster 등

(5) 미장바름 종류

① 회반죽

㉠ 소석회, 모래, 여물, 해초풀 등을 혼합해 수축균열 방지를 위해 쓰인다.
㉡ 특징
  • 여물, 석고 혼합 시 건조에 따른 균열 방지 효과가 있다.
  • 이산화탄소(CO_2)와 반응해 기경성 재료로 분류된다.

- 건조에 시간이 소요된다.

② **흙바름**

    ㉠ 진흙이나, 여물, 모래 등을 반죽해 바탕에 바른다.

    ㉡ 특징

- 이산화탄소(CO_2)와 반응해 기경성 재료로 분류된다.
- 여물 혼합 시 균열 방지 효과가 있다.

③ **석고플라스터**

    ㉠ 기경성 재료로 돌로마이트 석회에 여물이나 모래 등을 혼합해 사용한다.

    ㉡ 특징

- 수화반응에 의해 경화되는 수경성 미장재료이다.
- 물에 용해되므로 물과 접촉되는 장소에는 부적절하다.
- 경화가 가장 빠르다.

④ **회사벽**

    석회죽에 모래를 혼합해 사용하는 재료

⑤ **인조석바름**

    ㉠ 모르타르바름 바탕에 인조석을 바르고 표면을 잔다듬이나 갈기 등으로 마무리해 석재와 같은 외관으로 마무리하는 바름

    ㉡ 특징

- 종석으로는 화강석, 대리석, 석회석이 사용됨(배합비 시멘트 1 : 종석 1.5)
- 수화반응에 의해 경화되므로 수경성 재료

⑥ **테라조바름**

    ㉠ 백색시멘트와 안료, 대리석, 화강암을 섞어 정벌바름하고 연마를 통해 광택이 있는 표면을 만든 바름

    ㉡ 특징

- 수화반응에 의한 수경성 재료
- 종석으로 대리석, 화강암이 사용됨
- 인조석보다 품위가 있는 바름

⑦ **시멘트모르타르**

    ㉠ 시멘트에 모래, 물, 혼화재를 혼합한 미장재료

    ㉡ 특징

- 시공이 간편하고 내구성이 좋으며 재료 구입이 용이해 가장 널리 사용되는 바름재
- 수화반응에 의한 수경성 미장재료
- 지하나 창고 등 통풍이 잘 되지 않는 곳에도 시공 가능
- 특징타일 붙임재료로도 널리 쓰임

006 합성수지

◪ 열가소성 합성수지

(1) 정의

석유, 석탄, 유지, 천연가스 등의 재료를 합성시킨 고분자물질로 열을 가하면 고형체에서 용융하거나 연화되어 가소성 및 점성이 생기고 냉각되면 다시 고형체가 되는 수지

(2) 합성수지의 특징

장점	단점
• 내구성, 내수성, 내충격성이 우수하다.	• 내열성·내후성이 나쁘다.
• 가공이 용이하다.	• 열에 의해 수축 팽창된다.
• 성형성이 좋다.	
• 전기적 절연성이 좋다.	

(3) 열가소성 합성수지의 분류

고형체에 열을 가하면 연화 또는 용융되어 점성 또는 가소성이 생기고 냉각하면 다시 고형체로 되는 수지

[용도별 분류]

① Polyethylen(필름, 섬유, 시트, 전선피복 등에 사용)

유연성이 양호하며, 충격에 강함

② PVC(Polyvinyl Chloride)

㉠ 열에 취약하나 절연성능, 강도, 내약품성 우수

㉡ 파이프, 호스, 스펀지, 시트 등

③ Polypropylene(필름, 파이프, 섬유제품, 의료기구, 가정용품 등으로 사용)

내열성, 절연성능, 광택이 우수함

④ Polystylene

㉠ 내약품성·절연성·가공성이 양호함

㉡ 스티로폼, 도료, ABS 수지

⑤ Acrylate

㉠ 열팽창이 크며 착색이 쉬움

㉡ 유리대용품 디스플레이 재료, 도료 등

⑥ Polycarbonate
  ㉠ 투명성·내충격성·절연성이 우수함
  ㉡ 유리대용품 디스플레이 재료, 기계부품 등

② 열경화성 합성수지

(1) 정의
고형체에 열을 가해도 잘 연화되지 않는 수지

(2) 용도별 분류
① 페놀 수지 : Bakelite 등
② 멜라민 수지 : 전기기구, 식기, 치장합판, 천장판 등
③ Silicon 수지
  ㉠ 내열성, 내수성, 절연성이 우수
  ㉡ 액체 — 윤활유, 방수제 등으로 사용
  ㉢ 고무합성수지 — Gasket, Packing 재에 사용
  ㉣ 수지 — 접착제, 전기절연재로 사용
④ Epoxy 수지
  ㉠ 유리, 금속성 물질과의 접착력, 내약품성, 내열성 우수
  ㉡ 접착제, 도료 재료로 사용되어 왔으며, 내·외장재로서도 널리 사용되고 있음
⑤ 포화 Polyester 수지 : 도로의 재료
⑥ 불포화 Plyester 수지 : FRP 재료, 항공기 프레임 등

(3) 섬유소계열 합성수지 : 합성섬유소 계열의 수지
① 셀룰로오즈
  ㉠ 내화학성은 부족하나 가공성 양호
  ㉡ 도료, 접착제 등으로 사용
② 아세트산 섬유소
  ㉠ 셀룰로오즈보다 가공성과 착색이 더 용이함
  ㉡ 도료, 필름, 파이프 재료

3 기타 합성수지 제품

(1) 바닥재

① 염화비닐 타일
   ㉠ 촉감이 좋으며 마멸성이 적은 바닥재료로 복원성도 양호함
   ㉡ 염화비닐, 초산비닐 재료에 석분, 펄프, 충전제, 안료를 혼합해 성형

② 염화비닐 시트
   ㉠ 보행감이 좋고 복원력, 마모성능이 우수한 바닥마감재
   ㉡ 아스팔트, 합성수지, 광물질분말, 안료를 혼합해 판상으로 가공한 제품

③ 리놀륨
   리녹신(아마인유 산화물)에 송진, 광물질분말, 안료를 섞은 후 천에 도포해 성형한 제품으로 내구성이 뛰어나고, 탄력성이 양호한 바닥재

(2) 판상재료

① Polystyrene Transparent Board
   채광판으로 사용하는 투명판이며 착색재를 혼합해 내장재로도 사용함

② Polyster Hard Board
   유리섬유에 폴리에스테르 수지를 넣어 성형한 폴리에스테르 강화판으로 내구성이 우수해 설비재로 사용하나 알칼리와 가성소다에 취약함

③ Melamine Board
   내장재로 사용되는 치장판으로 멜라민 특성상 경도가 크나 내수성과 내열성은 취약함

④ Polyvinyl Board
   염화비닐을 가열해 투명, 착색, 골판이나 무늬판으로 가공이 가능함

⑤ Honeycomb
   페놀수지액에 적신 얇은 염화비닐판을 여러 겹으로 겹치거나 벌집모양으로 접착한 제품으로 내부흡음재 등으로 사용함

❶ 도료

(1) 정의

건축물이나 제품 표면에 도막을 형성해 색채, 광택, 방습, 내구성 등 일련의 목적을 달성하기 위한 공정에 사용되는 재료

(2) 구성원료

① 유류 : 석유화합물질

② 기타 유류

㉠ 건성유류 : 대두유, 어유(Fish Oil), 아마인유

㉡ Stand Oil : 아마인유를 가열해 점성을 높인 오일

㉢ 보일드유 : 건성유류를 가열해 점성을 높인 오일

※ Boiled Oil과 Stand Oil의 차이점
각각 건성유와 아마인유를 원료로 하는 차이와 더불어 Boiled Oil은 공기를 차단시키지 않고 가열하는 방식에 비해 Stand Oil은 공기를 차단시킨 상태로 가열하며 300℃의 비교적 높은 온도로 가열함

③ 기타 : 건조제, 가소제, 희석제, 안료, 수지 등

(3) 페인트

① 유성페인트

안료, 보일드유, 회석제를 주재료로 한 페인트

장점	단점
• 내구성, 광택이 좋다. • 목재, 철재 등 적용대상이 폭넓다.	• 건조에 시일이 소요된다. • 알칼리성에 약하다.

② 수성페인트

물을 용제로 하는 페인트로 무광택임

장점	단점
• 물을 용제로 하기 때문에 무독성이다. • 알칼리성에 강하다. • 화재의 염려가 없다.	• 내수성이 없다. • 내구성능이 제한적이다.

(4) 바니쉬

① 유성 바니쉬

유성수지, 건성유를 주재료로 하며 주로 목재에 사용

장점	단점
• 유성페인트보다 건조가 빠르다. • 광택이 있으며 단단한 층을 형성한다.	내후성이 약하다.

② 휘발성 바니쉬

휘발성 용제에 수지류를 녹인 것으로 건조가 빠르며 가구용으로 사용

장점	단점
• 도막이 얇으나 견고하다. • 건조가 극히 빠르다.	얇은 도막으로 인해 내구성이 약하다.

※ 클리어래커 : 안료가 들어가지 않은 래커로 투명도장 재료

※ 에나멜래커

　① 클리어 래커에 안료를 혼합한 것으로 연마성이 좋고 단시간에 도막이 형성된다.

　② 자동차 외장용 등으로 사용된다.

2 특수도료

(1) 정의

일반적인 도료의 색채나 무늬, 광택, 미관 향상 등의 목적 이외에 특수한 목적을 위해 사용하는 특수도료에는 부식방지를 위한 녹막이 도료가 대표적이며 이외에도 내화, Color Spray 등이 있다.

(2) 방청도료

철이 부식되는 것을 방지하기 위한 녹막이 도료

① **광명단** : Pb_3O_4를 보일드유에 녹인 유성페인트로 가격이 저렴해 대규모 강재 방청도료로 사용된다.

② **산화철** : 산화철에 아연화, 아연분말 등을 혼합한 안료를 합성수지에 녹인 것으로 내구성 향상을 위한 도료로 사용된다.

③ **징크로메이트 도료** : 크롬산 아연을 안료로 알키드 수지를 전색제로 한 도료로 알루미늄 녹막이 초벌용으로 사용된다.

④ **알루미늄 도료** : 알루미늄 분말을 안료한 도료로 방청효과와 열반사효과도 도모할 수 있다.

(3) 방화, 내화도료

가연성 물질의 연소방지를 위한 목적으로 사용되는 도료로 인산염이나 붕산염 등을 사용한다.

(4) 본타일

합성수지와 안료를 혼합해 뿜칠하는 도료로 요철무늬를 만드는 것이 특징이며, 바름면에 뿜칠 시공한다.

(5) 다채무늬 도료

콘크리트 및 모르타르면에 뿜칠 시공이 일반적이다.

(6) 바탕용 도료

오일퍼티, 오일 프라이머

3 접착제

(1) 정의

동일재료 또는 이질재료를 접합하는 데 사용하는 물질의 통칭으로 최초 접착 시에는 액상이며, 이후 고화되면 떨어지지 않아야 하고, 그 자체가 파괴되지 않는 고분자이어야 한다.

(2) 분류

① 고분자 접착제 : 녹말풀, 고무풀, 폴리아세트산비닐계
② 저분자 액상에서 경화 후 고분자액상으로 전환되는 접착제 : 시아노아크릴레이트, 비스아크릴레이트
③ 고분자 고체 가열용융 접착제

(3) 조건

① 독성이 없고, 적당한 유동성을 가질 것
② 경화 시 수축, 팽창이 없을 것
③ 내수성, 내열성, 내약품성

(4) 접착제의 종류

① 식물계
　　㉠ 콩풀 : 접착력이 낮으며 내수성용으로만 사용
　　㉡ 녹말풀 : 내수성이 없어 실내용으로 사용
　　㉢ 해초풀 : 제지, 직물 마무리용으로 사용되며, 회반죽 미장재에 첨가해 접착력을 증가시키기 위해 사용

② 동물계

    ㉠ 아교 : 동물가죽, 뼈를 삶아 석회수와 섞어 말린 것으로 접착력은 좋으나, 내수성은 없음

    ㉡ 알부민 : 동물 혈액 중 혈장을 건조시켜 만든 접착제

    ㉢ 카세인 : 우유에서 추출한 단백질을 가공한 것으로 목재, 리놀륨, 수성페인트 재료로 사용

③ 합성수지계

    ㉠ 비닐수지 : 초산비닐을 원료로 만들어 경제적이나, 내열·내수성은 없음. 목재, 도배, 창호 등에 사용

    ㉡ 페놀수지 : 포르말린을 원료로 만들었으며, 목재, 금속, 플라스틱 접착용도로 사용

    ㉢ 요소수지 : 포름알데히드를 원료로 사용해 가격은 저렴하나, 내수성은 없음. 합판, 목재가구 등에 사용

    ㉣ 멜라민수지 : 고가의 원료로 목재용으로만 한정적으로 사용

    ㉤ 기타 : 접착력이 가장 우수한 에폭시, 내수성과 신축성이 우수한 실리콘수지 접착제 등이 있음

① 석재의 분류

(1) 특징

장점	단점
• 압축강도가 크다.	• 인장강도는 압축강도의 10~30%로 낮다.
• 내구성, 내마모성이 우수하고 풍화가 적다.	• 종류에 따라 열, 산, 염기에 약하다.
• 매장량이 풍부하고, 다양한 외관을 가졌다.	• 취성재료이다.
• 연마 시 광택이 난다.	• 비중이 커서 운반 및 가공이 어렵다.

(2) 생성원인에 따른 분류

① **화성암** : 마그마가 분출되어 고결된 광물

   예 화강암, 안산암, 현무암, 부석, 관람석 등

② **수성암** : 지표면 암석이 퇴적, 침식, 풍화된 광물

   예 석회암, 점판암, 응회암, 사암, 이판암 등

③ **변성암** : 화성암이나 수성암이 지열이나 압축력에 의해 성분이 변화된 암석

   예 대리석, 석면, 편암 등

(3) 강도, 내구성, 비중, 흡수율 비교

① **압축강도** : 화강암 > 대리석 > 안산암 > 점판암 > 사문석 > 사암 > 응회암

② **내구성** : 화강암 > 대리석 > 사암

③ **비중** : 사문암 > 대리석 > 화강암 > 사암

④ **내화성** : 응회암 > 안산암 > 사암 > 대리석

⑤ **흡수율** : 응회암 > 안산암 > 화강암 > 점판암 > 대리석

② 석재의 종류별 특성

(1) 개요

석재는 생성원인에 따라 화성암, 수성암, 변성암 등으로 분류되며 내구성, 내수성, 내화성이
우수하며 압축강도가 커, 오래전부터 장중한 건축재료로 널리 사용되어 왔으며 압축강도 및
흡수율에 의해 경석, 준경석, 연석으로 구분된다.

(2) 강도에 따른 분류

① 경석 : 화강암, 대리석, 안산암

② 준경석 : 경질 응회암, 경질 사암

③ 연석 : 연질 사암, 연질 응회암

분류	흡수율(%)	압축강도(Mpa)	비중(g/cm³)
연석	15 이상	10 이하	2.0 이하
준경석	5~15	10~50	2.0~2.5
경석	5	50 이상	2.5~2.7

(3) 암석의 종류별 특성

① 화성암 : Magma가 굳어진 암석으로 규산을 주성분으로 이루어짐

  ㉠ 화강암

   • 장석, 석영, 운모가 주성분으로 압축강도가 크며, 광택이 좋다.

   • 석질이 견고해 내마모성과 내구성이 양호하다.

   • 내화도가 570℃로 낮아 사용에 제한이 있다.

  ㉡ 안산암

   • 강도, 경도, 비중이 크고 내화성이 양호하다.

   • 성암 계열 중 종류가 많고 성질이 다양하다.

  ㉢ 현무암

   • 광택이 없고 다공질이다.

   • 외장재로도 쓰이며, 단단한 것은 석축 등에 사용된다.

  ㉣ 부석

   • 마그마가 급격한 냉각을 통해 만들어진 화산석으로 다공질로 되어 있어 경량골재, 내화성재로 사용된다.

   • 열전도율이 작아 단열재, 화학장치 재료로도 사용된다.

② 수성암 : 화성암에 포함된 석회분이나 동식물의 석회분이 침전되어 형성된 암석

  ㉠ 화산암 : 마그마가 지표에서 고결된 암석으로 입자가 작다. 결정질로 강도가 작고 흡수율이 크다.

  ㉡ 응회암 : 화산재가 퇴적해 응고된 것으로 가공성이 좋아 장식재로도 사용되며 내구성은 작고 내화성은 양호하다.

  ㉢ 이판암 : 침전 점토가 지열과 압력으로 응결된 암석

  ㉣ 점판암 : 이판암이 압력으로 인해 변화된 것으로 얇게 분리되며 치밀해 지붕재로 사용된다.

  ㉤ 석회암 : 내산성, 내화성이 떨어지며 시멘트 원료로 사용되는 암석

ⓗ 사암

- 모래가 침전되어 퇴적된 것으로 점토에 의해 고결된 암석으로 실내장식재로도 사용되며 흡수율이 크고 강도가 낮다.
- 내구성은 좋으나 가공이 어렵다.

③ **변성암** : 석회암이 지열이나 지압으로 변성된 결정질의 암석

ⓖ 대리석

- 연마하면 광택이나 장식용으로 사용된다.
- 내산성, 내화성, 산에 대한 저항력이 약하다.
- 풍화되기 쉽다.

ⓛ 사문암 : 내화성, 내구성이 약해 실내장식재로 사용

ⓒ 석면

- 내화성이 우수하다.
- 열전도율이 낮고 알칼리성에 잘 견뎌 건축재, 절연재로 사용되나 발암물질로 지정되어 사용이 제한된다.

009 기타재료

1 점토제품

(1) 개요

점토는 가소성과 소성, 점성이 우수해 다양한 형태의 제품으로 가공이 용이하며 혼합물질에 따라 다양한 색상 구현도 가능해 도기 및 자기로 널리 사용되고 있으며, 블록형태로 가공해 단열 및 방음, 칸막이 등의 재료로도 사용하고 있다.

(2) 점토의 성질

① 특징

   ㉠ 압축강도는 크고 인장강도는 약하다.

   ㉡ 적당히 물을 가하면 자유롭게 형상을 만들 수 있다.

② 주성분

   SiO_2(50~60%), Al_2O_3(30%), Cao 및 기타 성분으로 구성됨

(3) 점토의 특성

항목	특성
가소성	자유로운 형태로 만들기가 용이하다.
소성	가열하면 내수성, 강도가 증가한다.
점성	적당한 수분이 가해지면 점성이 높아진다.

(4) 점토재 제품

구분	토기	도기	석기	자기
제품	벽돌, 기와	기와, 타일	벽돌, 타일	타일, 위생도기
흡수성	크다.	작다.	작다.	없다.
소성온도	800~900	1,100~1,200	1,000~1,200	1,000~1,300

(5) 점토재 벽돌

구분	1종	2종	3종
흡수율	10 이하	13 이하	15 이하
압축강도(kg/m²)	20.59 이상	15.69 이상	10.78 이상

(6) 특수벽돌

① **경량벽돌** : 점토에 유기질 톱밥, 겨 등을 혼합해 성형한 후 소성가공한 제품으로 비중이 낮고(1.5 정도), 절단 등의 가공이 용이하다.

② **유공벽돌(구멍이 있는 벽돌)** : 치장용재로 사용되는 벽돌로 접착력 강화를 위해 벽돌에 구멍을 낸 제품

③ **공동벽돌** : 시멘트 블록과 같이 속을 비게 만든 제품으로 단열 및 칸막이 등으로 사용되는 경량벽돌

④ **기타 벽돌** : 내화벽돌, 포도벽돌(포장용 벽돌) 등

② 타일제품

(1) 개요

타일이란 점토나 암석 분말을 소성 가공해 만든 판 형태의 제품으로 사용장소에 따라 외장용, 내장용으로 구분되며 오염 시 세척이 쉬운 것이 특징이다.

(2) 종류

종류	특징
클링커 타일	홈줄을 넣은 외부 바닥용 타일로 두께가 두껍고 다갈색을 띠고 있다.
스크래치 타일	외장용으로 사용되며 표면에 스크래치를 통한 무늬를 넣은 것이 특징
보더 타일	걸레받이용으로 사용되는 띠 모양의 가늘고 긴 타일

(3) 타일제품

① 테라코타

  ㉠ 도토, 고급점토 등을 혼합반죽해 만든 점토 소성품으로 석재보다 경량이다.

  ㉡ 화강암보다 내화성이 우수하고 풍화에도 강하기 때문에 외장재로도 사용된다.

  ㉢ 용도 : 장식용, 내·외벽재, 칸막이 벽, 바닥 구조용으로 사용된다.

② **위생도기** : 고령토를 사용해 유약처리한 제품으로 세면기, 욕조 등으로 사용되는 도기

③ **도관** : Ceramic Pipe로 불리며, 상수관, 배수관 등으로 사용되는 도기

④ **토관** : 배수관, 굴뚝 등으로 사용되는 도기로 가격이 저렴하여 널리 사용되는 도기

⑤ **ALC** : 생석회에 팽창제인 알루미늄 분말과 안정제를 넣어 고압증기양생으로 제조한 기포 콘크리트

  ㉠ 경량재이며 내화, 흡음, 방음성능이 우수하다.

  ㉡ 열전도율이 적어 단열재로도 사용된다.

  ㉢ 가공성이 우수하고 균열 발생이 안 되는 장점이 있다.

3 단열재

(1) 정의

일정한 온도가 유지되도록 하려는 부분의 외부를 피복해 외부로의 열손실이나 열의 유입을 줄이기 위한 재료

(2) 사용온도에 의한 분류

① 100℃ 이하 : 보냉재
② 100~500℃ : 보온재
③ 500~1,100℃ : 단열재
④ 1,100℃ 이상 : 내화단열재

(3) 조건

① 열전도율, 열흡수율이 낮을 것
② 유독가스 발생이 없고, 불연성일 것
③ 내구성과 내부식성이 좋을 것

(4) 단열재의 분류

① 무기질 : 유리면, 암면, 규조토, 펄라이트, 질석, 세라믹 파이버 등
② 유기질 : 셀룰로오즈, 발포폴리스틸렌, 폴리우레탄 폼 등

(5) 단열재의 종류

① 유리섬유 : 유리를 녹여 분사시켜 섬유형태로 가공한 것으로 내화성, 단열성, 내식성 등은 우수하나 인장강도는 낮음
② 암면 : 석회와 규사를 주성분으로 현무암, 안산암 등을 용융시킨 후 분사시켜 섬유형태로 가공한 것으로 단열, 보온, 흡음성이 우수함
③ 폴리우레탄 폼 : 스티로폼보다는 고가이나 단열성, 내화학성이 우수해 냉동·냉장창고 설비재로 사용됨
④ 발포폴리스틸렌 : 스틸로폼으로 불리며 가격은 저렴하나 내화성이 없고, 유독가스를 발생시킴

4 기타 재료

(1) 유리

① 종류

㉠ 열선흡수유리 : 유리에 철, 코발트, 니켈 등을 결합시켜 태양광선 복사에너지의 50% 정도를 차단시키는 기능성 유리

ⓛ 스테인드글라스 : 금속산화물을 녹여 붙이거나 안료를 분인 색판 유리를 접합시킨 것으로 단열성, 차단성은 없음

ⓒ 망입유리 : 판유리에 철망을 넣은 것으로 방화, 방재용으로 사용되는 유리

ⓔ 기타 : 소다회를 원료로 만든 소다석회 유리, 프리즘 효과를 발생시키는 프리즘 글라스, 화학적 방법으로 절삭해 입체감을 준 에칭유리 등이 있다.

② 특성

ⓐ 물리적 특성
- 열전도율 : 0.93(W/m·℃)
- 반사율 : 굴절률과 투사각이 클수록 크다.
- 투과율 : 광선 파장이 짧을수록 투과율도 떨어진다.

ⓑ 화학적 특성
- 염산, 질산, 황산 등 강산에 침식
- 가성알칼리, 가성소다에 침식되어 규산 성분이 상실됨

ⓒ 역학적 특성
- 비중 : 2.2~6.3
- 팽창률 : 20~400℃에서 $8 \sim 10 \times 106/℃$
- 강도 : 압축강도 500~1,200MPa, 인장강도 30~80MPa, 휨강도 25~75MPa
- 경도 : 모스경도로 알칼리 성분에 따라 많으면 감소하고, 금속류가 많을수록 증가한다.

(2) 벽지

① **천연벽지**

ⓐ 광물, 식물에서 추출한 천연소재로 만든 벽지로 초배지 시공 후 끝단만 붙여 가운데를 띄워 시공

ⓑ 천연소재로 영유아, 노약자 등에 사용

② **실크벽지**

ⓐ 종이에 PVC를 발포시킨 벽지로 초배지 시공 후 끝단만 붙여 가운데를 띄워 시공

ⓑ 세척이 쉽고, 재구성은 좋으나, 수분조절이 되지 않는다.

③ **합지벽지**

ⓐ 종이 2장을 배접한 벽지로 천연종이를 사용해 무해하고 가격도 저렴

ⓑ 초보자가 작업하기 쉬우나 색상이 변하고 습기에도 약함

010 방수

◱ 방수재료(Asphalt)

(1) 공법의 종류

① Membrane 방수 : 도막방수로 아스팔트 합성수지 등의 피막을 만드는 공법
② 피막방수법 : 시멘트 액체방수법으로 모르타르의 공극을 메우는 방법
③ 발수 : 발수제를 벽면에 바르는 공법

(2) 아스팔트 방수

① 아스팔트 종류

㉠ 천연아스팔트 : Rock, Lake, Asphaltite 등 천연재료
㉡ 석유 아스팔트 : Straight, Brown 등 원유로부터 추출한 아스팔트

② 아스팔트의 특징

항목	내용	Straight	Brown
연화도	점성을 갖게 될 때의 온도	41	98
침입도	상온에서 100g 바늘로 5초간 방치 시 관입된 깊이 0.1mm를 1로 계산하는 방법의 연성도	9	2
신율	인장력	150	3.2

(3) 제품의 종류

① Straight Asphalt : 신율은 좋으나 연화점이 낮아 지하방수 등에 사용됨
② Brown Asphalt : 연화도가 높고 열에 대한 안정성을 향상시킨 제품
③ Asphalt 유제 : 도로포장, 방수도료 등으로 사용
④ Asphalt Primer : 접착재료로 콘크리트 면에 프라임재로 사용됨
⑤ Asphalt Felt : Roll 형태로 만든 아스팔트로 방수층 중간 재료로 사용되며 바탕이나 내외벽 Lath에 사용된다.
⑥ Asphalt Roofing

㉠ 아스팔트 펠트 양면에 아스팔트 컴파운드를 피복하고 그 위에 활석이나 운모 등 돌가루를 부착시켜 Roll 형태로 만든 제품으로 투수성이 적고 내후성 내산성, 내염성이 우수함
㉡ 용도 : 평지붕 방수층, 슬레이트 평판, 금속판 지붕깔기 바탕 등에 사용됨

⑦ Asphalt Single : 지붕재료로 만든 3cm 정도 두께의 Roofing으로 방수, 내후성이 양호하며 다양한 색상으로 외관이 미려하고 시공이 간편해 널리 사용됨

② 기타 방수재료

(1) 시멘트 방수재료

시멘트 방수재료는 시멘트의 공극을 메워 방수작용을 하는 재료로 일반적으로 모르타르나 콘크리트에 혼합해 사용한다.

(2) 종류

① **액체** : 시멘트에 방수액을 침투하거나 방수제를 혼합해 만든 Paste Mortar를 덧발라 방수층을 만드는 재료
② **교질** : 방수제와 시멘트를 혼합해 반죽상태로 만들어 사용하는 것으로 시공 시에는 적당 량의 물을 섞어 사용
③ **분말** : 분말방수제를 시멘트와 혼합해 건비빔해 사용 시 물을 첨가해 덧발라 방수층을 만드는 재료

(3) 기타 방수재료

① **도막방수**
바탕면에 합성수지, 합성고무용제, 유제를 도포해 방수피막을 만드는 재료
㉠ 종류
• 유제형 : 아크릴수지, 초산비닐수지 등
• 용제형 : 우레탄, 에폭시, 아크릴 등
㉡ 특징
• 장점
– 굴곡이 많은 부위에도 시공 가능
– 접착성이 우수해 국부적 보수도 가능
• 단점 : 인화성이 커 시공 시 화재에 유의해야 함

② **Sheet 방수**
㉠ Sheet 형태로 가공한 접착재를 겹치게 붙여가며 시공하는 방수재료
㉡ 종류 : 합성고분자계 Sheet, 개량 아스팔트 Sheet

PART

05

건설시공학

SECTION 01 시공일반

001 공사시공방식

1 시방서의 분류

(1) 표준시방서

시설물의 안전 및 공사 시행의 적정성과 품질 확보를 위해 시설물별로 정한 표준적인 시공기준이다. 표준시방서는 대체로 발주자 또는 설계 등 관련 용역업자가 작성하는 시공기준이다.

(2) 전문시방서

시설물별로 작성한 표준시방서를 기준으로 삼는다. 모든 공종을 대상으로 하여 특정한 공사의 시공기준이며 공사시방서의 작성에 활용하기 위한 종합적인 시공기준이다.

(3) 공사시방서

계약도서에 포함되는 것으로 표준시방서와 전문시방서를 기본으로 참고하여 작성한다. 공사의 특수성, 지역여건, 공사방법 등을 고려하여 현장에 필요한 시공방법, 자재, 공법, 품질, 안전관리 등에 관한 시공기준을 기술한 시방서이다. 또한 공사시방서 작성 시 표준시방서와 전문시방서에 작성되지 않은 사항이나 표준시방서의 내용에 대한 삭제, 보완, 수정 또는 추가사항을 기입한다.

2 발주방식별 분류

PART 05. 건설시공학 • **303**

③ 설계, 입찰, 시공분리방식별 분류

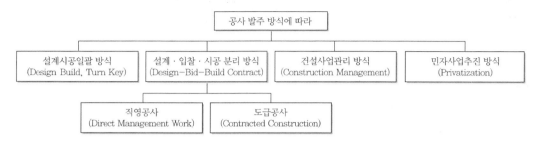

④ 도급공사 방식별 분류

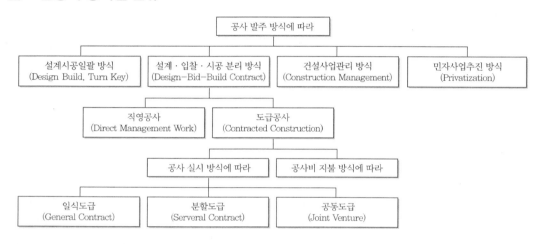

⑤ 시공방식별 내용

(1) 직영공사

발주자가 직접 재료를 구입하고 인력을 수배하여 자신의 감독하에 시공하는 방법. 대체로 공사 내용이 간단하여 시공이 용이한 경우나 시기적 여유가 있을 때 택하는 시공 방식

장점	단점
• 도급공사에 비해서는 확실한 공사가 가능 • 발주나 계약 등의 절차 간단 • 갑작스러운 변수 처리 용이 • 관리 능력이 있을 경우 공사비 절감 가능	• 관리 능력이 없는 경우 공사비 증가 • 자재의 낭비·잉여나 시공시기에 차질이 생길 수 있음 • 공사기간이 연장될 우려가 큼

(2) 일식도급

타 시공사에게 모든 시공업무를 맡기는 도급공사 중 하나인 일식도급은 공사 전체를 한 도급자에게 맡겨 모든 업무를 도급자의 책임하에 시행하는 방식

장점	단점
• 계약 및 감독의 업무가 단순하고 공사관리가 용이 • 가설재의 중복이 없으므로 공사비 절감	• 발주자의 정확한 의도가 반영이 되지 않아 의견 차이가 발생 • 도급공사를 받은 업체가 타 업체에 하도급을 줌으로써 부실 시공을 야기

(3) 분할도급

분할도급은 공사의 내용을 세분화하여 각각의 도급자에게 분할하여 도급을 주는 방식

분할방식	장단점
전문공종별 분할도급	• 전기나 기계 등의 전문적인 공사를 분할하여 전문업자에게 발주하는 방식 • 도급자가 전문화를 갖추고 있기에 시공의 질과 능률 향상
공정별 분할도급	• 시공 과정별로 나누어 도급을 주는 방식 • 부분·분할 발주가 가능하나 선행 공사가 지연될 경우 후속 공사에 영향을 미칠 수 있음
공구별 분할도급	• 대규모 공사에서 지역별로 분리 발주하는 방식 • 각 공구마다 총도급 체제로 운영해 도급업자의 기회가 균등해지고 시공기술이 향상하는 장점이 있음 • 여러 지역을 관리함으로써 사무 업무가 복잡하고 관리가 어려움
직종별, 공종별 분할도급	• 직영에 가까운 형태로 전문직종이나 각 공종별로 분할 발주하는 방식 • 건축주의 의도가 잘 반영될 수 있으나 현장 관리가 복잡해 공사비 증대의 우려가 있음

(4) 공동도급

공동도급은 대규모 공사에 기술, 시설, 자본, 능력을 갖춘 회사들이 모여 공동출자회사를 만들어 그 회사로 하여금 공사의 주체가 되게 하여 계약을 하는 형태

장점	단점
• 공사이행의 확실성을 확보하고 기술 능력을 보완하며 경험의 축적 가능 • 자본력과 신용도가 증대하고 위험 부담을 분산 가능	• 두 회사 간의 이해가 충돌하고 책임을 회피하는 등의 부정적인 상황 발생 가능 • 사무관리나 현장관리가 복잡 • 하자가 발생하였을 때 책임이 불분명하고 경비가 증가됨

(5) 턴키도급(Turn-key Contract, 일괄수주방식)

도급자가 공사의 계획, 금융, 토지 확보, 설계, 시공, 기계나 기구 설치, 시운전, 조업지도, 유지관리까지 모든 것을 포괄하는 도급방식으로 발주자가 요구하는 완전한 시설물을 인계하는 방식으로 책임한계가 명확하다. 공사기간의 단축과 공사비 절감을 기대할 수 있고, 설계와 시공 과정 사이에서 유기적인 의사소통이 가능하며, 공법의 연구개발과 기술개발을 촉

진시킨다. 그러나 발주자의 의도가 반영되기 어렵고, 규모가 큰 회사일수록 유리하며, 최저가 낙찰일 경우 공사 품질이 저하될 수 있고, 입찰 시 비용이 과다 소모된다.

(6) 성능발주방식

발주자가 요구 성능을 제시하면 그에 맞는 공법과 재료 등을 시공자가 자유로이 선택하여 완성할 수 있게 하는 방식이다. 시공자의 기술력 향상과 창조적 시공을 기대할 수 있고, 턴키도급과 마찬가지로 설계와 시공의 유기적인 관계를 도모할 수 있다. 그러나 요구 성능과 적합한 시공에 차이가 발생하여 공사비가 증대될 수 있고 성능 자체를 확인하기가 어렵다.

(7) CM방식(Construction Management, 건설사업관리)

기획, 설계, 시공, 유지관리의 건설업 전 과정에 대해 공정관리, 원가관리, 품질관리를 통합시켜 사업을 수행하기 위해 각 부분의 전문가가 발주자를 대신하여 공사 전반에 걸쳐 설계자, 시공자, 발주자를 조정하여 이익을 증대시키는 통합관리조직이다.

① CM for free 방식

프로젝트 전반에 걸쳐 발주자에게 컨설턴트 역할만 하고 보수를 받으나 공사 결과에는 책임이 없는 순수한 CM의 방식이다.

② CM at risk 방식

프로젝트의 관리업무를 수행함에 있어 공사에 일정 책임을 지는 형태로 공사결과의 이익과 손실에 대한 책임이 주어지는 방식이다.

(8) EC(Engineering Construction)

사업의 기획, 설계, 시공, 유지관리 등 건설공사 전반의 사항을 종합기획, 관리하는 기법으로 종합 건설업화라 칭한다.

(9) Partnering 방식

발주자와 수급인이 상호 신뢰를 바탕으로 팀을 이루어 프로젝트의 성공과 상호 이익 확보를 목표로 공동으로 집행·관리하는 방식으로 능률의 향상과 비용의 절감, 공기단축, 가치공학의 활성화, 건설 분쟁의 축소, 품질향상의 효과 등 장점이 있다.

(10) BOT, BOO, BTO 계약방식(개발계약방식)

발주자가 공사비를 부담하지 않고 수급인이 설계, 시공 후 운영이나 소유권 이전 등으로 투자금을 회수하는 방식이다.

구분	특징
BOT 방식 (Build Operate Transfer)	• 설계와 시공 완료 후 일정 기간 운영을 한 다음 발주자에 소유권을 이전하는 방식 • 민간 부분 수주 측이 설계·시공 후 일정 기간 시설물을 운영하여 투자금을 회수하고 시설물과 운영권을 무상으로 발주자에 이전하는 방식
BTO 방식 (Build Transfer Operate)	• 설계와 시공 완료 후 소유권을 이전한 다음 약정 기간 동안 운영하는 방식 • 사회 간접 시설을 민간부분 주도하에 설계·시공 후 소유권을 공공부분에 먼 저 이양하고 약정 기간 동안 그 시설물을 운영하여 투자 금액을 회수함
BOO 방식 (Build Operate Own)	• 설계와 시공 완료 후 운영을 한 다음 소유권도 획득하는 방식 • 민간 부분이 설계·시공 후 그 시설물의 운영과 함께 소유권도 민간에 이전 되는 방식으로 향후 소유권을 거부하거나 판매가 가능한 방식

6 도급금액 결정방식

(1) 정액도급

공사비 총액을 확정하여 계약하는 방식으로 현재 가장 많이 사용되는 방식

장점	단점
• 경쟁 입찰로 공사비를 절감할 수 있고 공사 관 리 업무가 간편하다. • 총액이 확정되므로 자금 계획도 용이하다.	• 설계도서가 필요하므로 입찰 시까지 상당한 기간이 필요하다. • 설계 변경 시 발주자와 도급자 간의 분쟁이 생 길 수 있다. • 최저 입찰 관계로 부실 공사가 우려될 수 있다.

(2) 단가도급

단위 공사 부분의 단가만을 결정하고 공사 수량의 확정에 따라 차후 정산하는 방식

장점	단점
공사를 신속하게 착공할 수 있고 설계 변경에 따라 수량의 증감이 가능하며, 설계가 미비하고 공사 수량이 불분명해도 계약이 가능하다.	계약 시 총공사비의 예측이 곤란하며, 공사비가 기준보다 증대될 수 있다.

(3) 실비정산 보수가산도급

발주자, 감독자, 시공자가 입회하여 공사에 필요한 실비와 미리 정한 보수율에 따라 공사비를 지급하는 방식으로 설계도서가 명확하지 않거나 공사비 산출이 곤란할 때 적용한다. 발주자가 양질의 공사를 원할 때 적용되기도 하며 건설업이 발달한 국가에서 많이 활용되는 방식이다.

■ 시공계획서의 분류

구분	총괄 시공계획서	공종별 시공계획서	변경 시공계획서
제출 시기	착공신고서 제출 직후	해당 공종 착수 30일 전	주요내용 변경 시
포함 내용	시공계획서 제출대상인 전 공종	해당 공종	변경된 사항
작성 수준	개략적인 내용	상세한 내용	기존 작성수준에 따름

② 시공계획서에 기재할 항목

(1) 건설공사 사업관리방식 검토기준 및 업무수행지침(국토교통부 고시)

① 현장조직표
② 공사 세부공정표
③ 주요공정의 시공절차 및 방법
④ 시공일정
⑤ 주요장비 동원계획
⑥ 주요자재 및 인력투입계획
⑦ 주요 설비사양 및 반입계획
⑧ 품질관리대책
⑨ 안전대책 및 환경대책 등
⑩ 지장물 처리계획과 교통처리 대책

(2) 표준시방서 공무행정요건(KCS 10 10 10)

① 공사개요
② 공사공정예정표
③ 현장조직표
④ 주요장비 동원계획
⑤ 주요자재 반입계획
⑥ 인력동원계획
⑦ 긴급 시의 체제
⑧ 품질관리계획 또는 품질시험계획
⑨ 안전관리계획
⑩ 환경관리계획

⑪ 교통관리계획

⑫ 가설계획(가설구조물, 가설설비, 현장사무소, 재료적치장 등 가설시설물)

⑬ 수목 가이식장 계획

⑭ 공사 관련 관계기관과의 협의계획서 및 민원처리계획서

⑮ 기타 발주자가 지정한 사항

❸ 서울특별시의 전문시방서 공무행정요건

① 공사개요

② 공사공정예정표

③ 현장조직표

④ 주요장비 동원계획

⑤ 주요자재 반입계획

⑥ 인력동원계획

⑦ 긴급 시의 체제

⑧ 품질관리계획 또는 품질시험계획

⑨ 안전관리계획

⑩ 환경관리계획

⑪ 교통관리계획

⑫ 가설계획(가설구조물, 가설설비, 현장사무소, 재료적치장 등 가설시설물)

⑬ 수목 가이식장 계획

⑭ 시공관리체제

⑮ 공정단계별 시공법 및 양생계획

⑯ 교통소통 및 환경오염방지 대책

⑰ 타 공사, 관계기관, 주변주거민 및 계약 공사의 타 공종과의 협의한 결과 조정이 이루어지지 않은 사항

⑱ 적합한 시공을 위하여 설계서의 조정 및 변경이 필요한 사항

⑲ 사용재료 및 시공결과의 품질

⑳ 기타 이 시방서 각 절에 명시되어 있는 사항

■ 현장 관리 부분

현장 개설	공사 진행 관리	준공 및 정산
• 대내업무 • 대관공서업무 • 대발주처업무	• 공정/원가/외주/품질/안전/노무/자재관리 • 환경관리 • 민원관리 • 각종행사	• 대내업무 • 대관공서업무 • 대발주처업무 • 하자보수/유지관리

■ 대내업무

업무내용	관련부처
계약통보서 접수	영업팀, 견적팀, 각 공사팀, 토목(업무팀)
현장개설 품의서	각 공사팀, 현장(T/F팀)
개설자금 청구	현장(T/F팀), 자금팀
직원발령 의뢰	각 공사팀
사용 법인인감 수령	인사팀(총무Part)
초기 협력업체 선정	현장, 각 공사팀
보험 가입여부 결정	각 공사팀, 안전팀
Kick Off Meeting 자료	현장(T/F팀), 기술부서
실행예산 확정	현장작성, 견적팀 확정
시공측량, 현장촬영	현장
환경 관련 시설물 설치(세륜대, FENCE 등)	현장
가설사무실 설치	현장
인접 피해예상 구조물 사전 안전진단 및 점검	현장(필요시)

③ 대관공사업무

업무내용	관련부처	비고
착공신고	시청, 구청 건축과	건축물이 있는 경우, 발주처가 관일 경우 착공계로 대체
굴토공사 착공신고	시청, 구청 건축과	건축현장에 한함
경계측량 의뢰	해당지역 지적공사	인접지주 입회
가설사무실 축조신고	동사무소	–
가설전기 인입신청	한전지국	가설전기업체 대행
가설용수 신청	관할 수도사업소	–
지장물 이설신청	해당지역 관청	발주처가 관일 경우 발주처에서 시행
도로 점용허가 신청	구청건설관리과 또는 동사무소	–
비산분진 발생신고	구청 환경과	착공계 제출 7일 전 접수 (착공계 제출 시 별첨사항임)
안전보건책임자 선임보고	노동부	
안전관리자 선임보고	노동부	–
유해·위험방지 계획서	노동부	해당현장
가설전화 인입신청	해당전화국	사용인감, 사업자등록증, 인입 비용
무재해 개시신고	산업안전관리공단	–
지하수 개발신고	구청 하수과	–
각종 공작물 설치신고 및 허가 (Batcher Plant, Crush Plant)	관련 공공기관	
각종 인·허가 (토취장, 골재채취, 산림훼손)	–	–

④ 대발주처업무

업무내용	관련부처	비고
착공계	영업팀, 현장	–
기공식 협의	각 공사팀, 현장	–
각종 보고	현장	주간, 월간보고 등
기성청구	현장	기성청구 업무항 참조
하도자 신고 및 통보	현장	건설업법 참조
품질관리	현장	시험관련(품질관리 업무항 참조)
설계변경	현장	설계변경 업무항 참조
안전관리비 사용실적 보고	현장	–
기타	현장	기타 발주처 요청업무

⑤ 외주관리

구분	내용 및 절차	관련부서
준비단계	현장 설명 계획서 작성	현장
	현장 설명 실시	현장
	견적서 접수 및 개봉	현장 및 공사팀
	하도자 결정	현장 및 공사팀
계약단계	하도승인 신청서 작성	현장 및 공사팀
	하도급 계약체결	공사팀
설계변경 및 정산단계	하도급 변경서 작성 및 승인	현장 및 공사팀
	하도급 변경계약(정산 포함)	공사팀

⑥ 안전관리

(1) 안전보건 총괄책임자의 직무(산업안전보건법상)

① 안전, 보건에 관한 사업주간의 협의체 구성 및 운영(월 1회 정기적 회의 개최 및 결과 기록보존)

② 작업장의 순회점검 등 안전보건 관리(작업장 매일 1회 이상 순회점검)

③ 수급인이 행하는 근로자의 안전 또는 보건교육에 대한 지도와 지원

④ 경보의 통일(발파작업, 화재발생, 토석의 붕괴 시 정보를 통일적으로 정하여 주지시켜야 함)

(2) 현장개설(착공) 전 준비사항

① 관청 제출서류

구분	대상현장	신고시기	담당
안전보건 관리규정	상시 근로자 100명 이상 현장	사유발생 30일 내 작성, 작성 후 14일 내 신고	관할 노동지방관서
유해·위험	법규에 따른 유해·위험	공사착공 30일 전	관할 노동지방관서 3부
방지계획서	가능 현장(안전팀과 협의)	–	한국산업안전공단 심사

② 관청 제출서류

신고서류	제출처	제출시기
관리책임자, 안전관리자 선임신고서	관할 노동지방관서	선임일로부터 7일 이내
산업재해 보상보험 대리인 선임신고서	관할 노동지방관서	–
직무교육 수강신청서	한국산업안전공단	–
무재해 개시 신고	관할 지도원	현장개설과 동시

SECTION 02 토공사

001 흙막이 가시설

1 개요

흙막이의 구조적 안전성 보완을 위해 사용되는 흙막이 가시설은 벽체에 가해지는 토압이 크게
작용해 자립이 불가능한 흙막이에 사용된다.

2 종류별 특징

종류	장점	단점
스트럿	• 흙막이 벽체가 토압에 견뎌야 하는 상황에서 안전성과 지지력을 높일 수 있다. • 육안으로 문제의 확인이 가능하고 보수보강이 용이하다.	• 비용이 많이 들고, 기타 가시설공법보다 복잡하다. • 스트럿 설치과정에서 부지활용도가 떨어진다. • 시공시간이 많이 소요되어 공사비용과 일정이 증가된다.
레이커	• 시공이 간단하다. • 최소한의 굴착이나 토질 안정화 작업만으로 시공이 가능하다. • 경사가 급하거나 토질이 불안정한 지역에서도 설치가 가능하다.	• 레이커 각도가 가파르게 되면 효과가 떨어진다. • 공간이 제한된 지역에서는 설치가 불가능하다. • 대규모 공사에는 적용이 불가능하다.
타이로드 공법	• 흙막이에 높은 인장강도와 안정성을 제공한다. • 작용하중에 따라 유연한 대처가 가능하다. • 설치가 쉽고 광범위한 굴착이나 지반개량을 생략할 수 있다.	• 철근이나 케이블 설치에 필요한 특수장비와 기술인력이 필요하다. • 적용대상이 매우 제한적이다.
어스앵커 공법	• 연약지반을 포함한 다양한 토양유형에 설치가 가능하다. • 인장력의 발생으로 지지력을 제공한다. • 내구성이 좋다.	• 전문장비와 전문기술인력이 필요하다. • 앵커 접지판의 설치가 부실할 경우 벽체가 파손되거나 기타 위험이 발생될 수 있다. • 암반이나 점성토지반에서 설치가 불가능하다.

③ 공법의 분류

- 흙막이 지지방식에 의한 분류
  - 자립공법
  - 버팀대공법
    - 경사(빗)버팀대식 흙막이
    - 수평버팀대식 흙막이
  - 어스앵커공법(Earth Anchor Method)
  - 타이로드공법(Tie Rod Method)
- 흙막이 구조방식에 의한 분류
  - H-pile 공법(H말뚝 흙막이판공법)
  - 버팀대공법
    - 강널말뚝공법
    - 강관널말뚝공법
  - 지하연속벽공법
    - 주열식 지하연속벽
    - 벽식 지하연속벽
  - 톱다운공법(Top Down Method, 역타공법)

1 운반장비

(1) 스크레이퍼

① 정의

굴착과 운반 기능을 조합한 토공장비로 굴착, 싣기, 운반, 하역 등의 일관된 작업 수행이 가능하며 비행장, 댐, 도로 등 대규모 작업에 유용함

② 분류

㉠ 피견인식 : 속도보다 힘을 필요로 하는 작업에 사용되는 Towed Scraper(Dozzer에 의해 견인됨)

㉡ 자주식 : 평탄한 지형이나 대토공 작업에 사용되는 Motor Scraper

┃ 자주식 모터 스크레이퍼 ┃

┃ 피견인식 스크레이퍼 ┃

(2) 그레이더

① 정의

지반을 절삭해 다듬는 장비로 하수구 파기, 경사면 다듬기, 제방 및 제설작업, 아스팔트 포장재료 배합 등의 작업에 유용함

② 구성

㉠ Blade : 지반을 깎거나 고르는 부분

㉡ Scarifier : 지반을 파서 일구는 부분

2 굴착장비

(1) 파워셔블(Power Shovel)

① 장비가 위치한 지면보다 높은 곳의 굴착작업에 적합한 장비

② 단단한 토질의 토공사, 암반, 점토 질까지의 굴착이 가능함

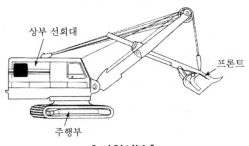

상부 선회대

프론트

주행부

┃ 파워셔블 ┃

(2) 백호(Back Hoe)

① 장비가 위치한 지면보다 낮은 곳의 작업에 적합

② 6m 깊이 이하 수중굴착도 가능

(3) 드래그 라인(Drag Line)

① 장비가 위치한 지면보다 낮은 장소 작업에 적합

② 넓은 지역의 굴착작업 가능

③ 8m 깊이 정도의 수중 굴착 및 연약지반 굴착에 적합

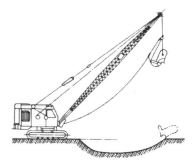 

┃ 드래그 라인 ┃

(4) 클램셸(Clamshell)

① 장비위치와 굴착지반 높이에 관계없이 작업 가능

② 수중 굴착 및 구조물 기초와 같은 협소한 장소 굴착 및 호퍼 작업에 적합

③ 정확한 작업은 불가능함

┃ 클램셸 ┃

(5) 운반거리별 적정장비

① Bulldozer : 50m 이하

② Scraper : 50~500m

③ Dump Truck : 500m 이상

(6) 건설기계 작업량 산정방법

① Dozer계

$$Q = \frac{60 \times q \times f \times E}{C_m}(\mathrm{m}^3/\mathrm{hr})$$

② Shovel계

$$Q = \frac{3{,}600 \times q \times k \times f \times E}{C_m}(\mathrm{m}^3/\mathrm{hr})$$

여기서, C_m : Cycle Time(적재부터 덮개 해체까지의 시간)
　　　　q : 1회 적재토량
　　　　E : 작업효율
　　　　Q : 시간당 운반토량
　　　　k : 버킷 계수
　　　　f : 토량환산계수

❸ 다짐장비

(1) 머캐덤 롤러(Macadam Roller)

앞에 1개의 조향륜과 뒤에 2개의 구동축을 가진 장비로, 아스팔트포장의 초기다짐과 토사의 다짐장비로 사용

∥ 머캐덤 롤러 ∥

(2) 타이어 롤러(Tire Roller)

전륜에 5개, 후륜에 6개 정도의 고무타이어로 주행하며 다짐하는 장비로, 아스팔트포장의 2차 다짐과 비행장 등 대규모 다짐공사에 적합한 정비

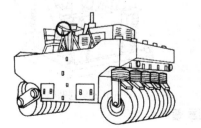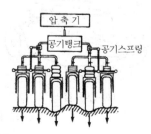

∥ 타이어 롤러 ∥

(3) 탠덤 롤러(Tandam Roller)

전륜에 큰 직경의 단일 구동롤과 후륜에 단일 틸러 롤을 사용해 다짐을 하는 장비로, 아스팔트포장의 3차 다짐이나 두꺼운 토사를 다지는 데 사용

┃2축 탠덤 롤러┃ ┃3축 탠덤 롤러┃

(4) 탬핑 롤러(Tamping Roller)

롤러 표면에 돌출물을 붙인 다짐장비로 과잉수압은 돌기물에 의해 압축되어 제거되므로 성토체 다짐에 효과적

┃탬핑 롤러┃

(5) 진동 롤러

도로 경사지 모서리의 다짐 또는 아스팔트 콘크리트의 다짐에 사용되는 소형 다짐기로, 경제적인 사용이 가능한 장비

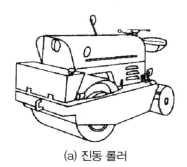 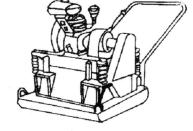

(a) 진동 롤러　　　　　　　　　(b) 소일콤팩터

┃진동 롤러┃

4 토공장비

(1) 도저(Dozzer)

① Bulldozer : Blade의 용량이 커 직선 송토작업이나 거친 배수로 매몰작업에 적합하다.

② Angledozer : Blade의 길이가 길고 높이를 30도 정도 회전시키는 것이 가능하므로 흙을 측면으로 이동시켜가며 진행하는 작업이 가능하다.

③ Tilt dozer : V형 배수로 작업이나 굳은 땅, 동결토사, 바윗돌 굴리기 등 다양한 사용이 가능한 장비이다.

(2) 트랙터(Tractor)

① 무한궤도식
   ㉠ 무한궤도식으로 큰 견인력이 발휘됨
   ㉡ 암석지에서도 작업 가능
   ㉢ 기동성이 낮음
   ㉣ 작업속도가 느림

② 차륜식
   ㉠ 기동성이 좋음
   ㉡ 견인력이 낮음
   ㉢ 암석지에서의 작업 불가
   ㉣ 평탄하지 않거나 점성토에서의 작업에 부적합

003 흙파기

1 흙파기공법의 분류

굴착공법 ┬ 사면개착공법
        ├ 개착공법 ┬ 전단면 굴착공법 ┬ 자립식 개착공법
        │   │   └ 흙막이식 개착공법
        └ 역타공법 └ 부분굴착공법 ┬ 아일랜드컷 공법
                                    └ 트랜치컷 공법

2 흙파기공법 종류별 특징

(1) 사면개착공법

사면구배를 형성하며 필요심도까지 굴착하는 공법으로 굴착심도가 깊은 경우 붕괴 등의 위험이 증가한다.

(2) 개착공법

도심지굴착 시 지상 및 지하구조물의 영향을 피하기 위해 토류벽과 지보공으로 토사붕괴를 방지하며 굴착하는 방법으로 벽체공법은 H-Pile, Steel Sheet Pile, SCW, CIP 등이 시공되며 지보공으로는 버팀보, 어스앵커, 레이커, 타이로드 등의 공법이 적용된다.

(3) 역타공법

시공순서에 따른 분류로도 볼 수 있으나, '탑다운 공법'이라 함은 굴착작업 전 흙막이 벽체를 선시공한 후, 1개 층씩 단계별로 지하층 토공사와 구조물공사를 위에서 아래로 반복해 가면서 지하구조물을 형성하는 공법을 말한다.

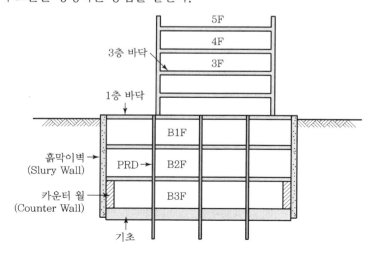

(4) 아일랜드컷 공법

① 흙파기 면을 따라 Sheet Pile을 시공한 후 널말뚝이 자립할 수 있도록 안전한 경사면을 남기고 중앙부를 굴착하여 구조물을 축조하고 버팀대를 지지시켜 주변 흙을 파내어 구조물을 완성시키는 공법

② 경사 Open Cut 공법과 흙막이 Open Cut 공법의 장점을 살린 공법

③ 특징

- 부지 전체에 구조물 설치 가능
- 지보공이 절약되며 내부 굴착작업 시 중장비 사용이 가능
- 연약지반의 경우 경사면이 길어지므로 깊은 굴착에는 부적합
- 지하공사를 2회에 나누어 시공하므로 공기가 길어짐

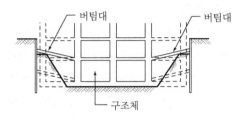

‖ Island Cut 공법 ‖

(5) Trench Cut 공법

① 구조물의 외측 부분에 널말뚝을 설치한 후 구조물을 축조한 다음 외측 구조물을 흙막이로 하여 중앙부를 굴착하여 구조물을 완성시키는 공법

② Island 공법과 반대 순서로 진행하는 공법으로, 지반이 연약하며 Open Cut 공법을 실시할 수 없을 때

③ 특징

- 연약지반에도 가능하며, 부지 전체에 구조물 설치 가능
- 지반상태가 나쁘며 깊고 넓은 굴착을 할 경우 적합
- 구조물을 2회에 나누어 축조하므로 비경제적이며 지하 본체 이음 발생

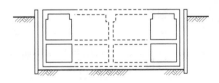

‖ Trench Cut 공법 ‖

① 강널말뚝공법(Steel Sheet Pile Method)

(1) 강재널말뚝을 연속으로 연결하여 흙막이벽을 만들어 버팀대로 지지하는 공법

(2) 특징

① 차수성이 높고 연약지반에 적합

② 시공에 따른 여러 가지 단면 선택 가능

③ 소음, 진동이 크고 경질지반에 부적합

④ 인발 시 배면토의 이동으로 지반침하 발생

② 주열식 흙막이공법

(1) **흙막이공법의 지지방식에 의한 분류**

구분	자립식	버팀대식	Earth Anchor
특징	• 양호한 지반 • 얕은 굴착깊이 • 부지의 여유가 없는 곳 • 수직굴착	• 굴착 이후 동시 작업 가능 • 협소한 곳 • 연약지반 • 지반 내 큰 응력 형성	• 시공성 좋음 • 설치 간단
장점	저렴한 공사비	• 구성재료 단순 • 설치 용이	• 작업공간 확보 가능 • 굴착 용이
단점	수평변위량이 커지면 붕괴의 위험 발생	깊이가 깊거나, 간격이 넓으면 중간기둥·띠장 설치로 본 공사에 장애가 됨	• 깊은 굴착 불가 • 인접 구조물에 영향

(2) **주열식 지중연속벽의 종류**

① Earth Drill 공법

㉠ Earth Drill(회전식 Drill Bucket)로 굴착하여 철근망 삽입 후 콘크리트를 타설하여 제자리 콘크리트 말뚝을 시공하는 공법

㉡ 토질에 따라 안정액을 사용하며, 표층 부분의 붕괴 방지를 위하여 상부에 Casing Pipe를 삽입

㉢ 특징

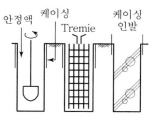

‖ Earth Drill 공법 ‖

• 지름 1.0~2.0m 정도의 대구경 말뚝으로 시공하기에 굴착속도가 빠름

• 소음·진동이 적으며, 공사비 저렴

- 지하수가 없는 점성토에 적당하며, 붕괴하기 쉬운 모래층·자갈층은 부적당
- 굴착심도는 30m 정도로 긴 말뚝에는 부적당

② Benoto(All Casing) 공법

　㉠ 케이싱 튜브(Casing Tube)를 말뚝 끝까지 압입하고 튜브 내 토사를 해머 그래브로 굴착한 후 철근망을 삽입하여 콘크리트를 타설하면서 케이싱 튜브를 뽑아내어 제자리 콘크리트 말뚝을 만드는 공법

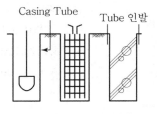

‖ ALL Casing 공법 ‖

　㉡ 말뚝 끝까지 케이싱 튜브를 사용하기 때문에 All Casing 공법이라고도 함

　㉢ 특징
- 지반조건에 관계없이 시공 가능
- 소음·진동이 적으며, 긴 말뚝(50~60m) 시공 가능
- 기계가 대형이며 굴착속도가 느림
- 극단적인 연약지대, 수상(水上)에서는 Casing Tube를 빼는 데 반력이 크므로 부적합

③ RCD 공법(Reverse Circulation Drill Method)

　㉠ 정수압으로 벽면의 붕괴를 방지하면서 비트(Bit)를 회전시켜 고속으로 굴착하여 철근망을 삽입 후 콘크리트를 타설하여 제자리 콘크리트말뚝을 만드는 공법

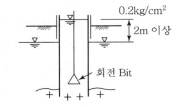

‖ RCD 역순환 공법 ‖

　㉡ 굴착구멍 내의 지하수위보다 2.0m 이상 높게 물을 채워 정수압을 유지하여야 하며, 굴착토는 물과 함께 로드(Rod)를 통하여 연속적으로 배출

　㉢ 특징
- 소음·진동이 적으며 시공속도가 빠름
- 수상작업도 가능하며 상당히 깊은 곳까지 굴착할 수 있음
- 정수압 관리가 어렵고 다량의 물 필요
- 호박돌층, 전석층 및 피압수 시 굴착 곤란

④ SCW(Soil Cement Wall) 공법

　㉠ Cement Paste와 벤토나이트의 경화제를 굴착 토사와 혼합하여 지중에 벽체를 만드는 공법으로 차수벽, 토류벽으로 이용

　㉡ 오거(1축 Auger, 3축 Auger)로 굴착하며 말뚝 내에 H-pile 등의 보강재 삽입

　㉢ 특징
- 소음·진동이 적으며 차수성이 우수

- 공기가 단축되며 공사비 저렴
- 토사의 양부가 강도 좌우
- 자갈층, 암석층은 시공 곤란

⑤ Prepacked Concrete Pile
  ㉠ CIP 말뚝(Cast-in Place Pile)
- 굴착기계(Earth Auger)로 구멍을 뚫고 그 속에 철근망과 주입관을 삽입한 다음 자갈을 넣고 주입관을 통하여 프리팩트 Mortar를 주입하여 제자리 말뚝을 시공하는 공법
- 특징
  - 지하수가 없는 경질지층에 많이 사용
  - 장비 소규모
  ㉡ MIP 말뚝(Mixed-in Place Pile)
- Auger를 말뚝 끝까지 굴진 삽입시켜 선단에 프로필러 모양의 날이 붙은 파이프를 빼내면서 프리팩트 Mortar를 분출·회전시켜 토사와 교반하여 소일(Soil) 말뚝을 시공하는 공법
- 필요에 따라 철근을 타입(소일콘크리트이기 때문에 철근망 삽입이 곤란)
- 특징
  - 비교적 연약지반에도 사용 가능
  - 토사를 골재 대용으로 사용하므로 경제적
  ㉢ PIP 말뚝(Packed-in Place Pile)
- 스크루 오거(Screw Auger)를 정해진 깊이까지 회전시켜 박고 천천히 당겨 올리면서 Auger의 선단에서 프리팩트 Mortar를 압입하여 제자리 말뚝을 시공하는 공법
- 필요시 Auger를 빼낸 후 철근망, H형강 등 삽입
- 특징
  - 소음·진동이 적음
  - 사질층, 자갈층에 유리함

SECTION 03 기초공사

001 지정 및 기초

1 지정(地定 : Foundation)

(1) 푸팅(Footing)을 보강하거나 지반의 내력을 보강한 부분으로, 얕은 기초에서 사용

(2) **종류**

    ① 잡석지정 : 지름 15~30cm 정도의 잡석을 세워서 깔고 사춤자갈로 틈새를 메우고 견고하게 다진 지정

    ② 모래지정 : 기초 밑의 지반이 연약하고 2m 이내에 굳은 지층이 있어 말뚝을 박을 필요가 없을 때 굳은 지층까지 파내어 모래를 넣고 물다짐한 지정

    ③ 자갈지정 : 5~10cm 정도의 자갈을 깔고 Rammer 등으로 다진 지정

    ④ 밑창 Concrete 지정(버림 콘크리트 지정) : 잡석지정, 자갈지정 등의 위에 기초의 먹매김을 하기 위해 두께 5cm 정도의 콘크리트를 타설한 지정

    ⑤ 긴 주춧돌 지정 : 비교적 간단한 건물에 사용되며, 지반이 깊을 때 긴 주춧돌을 세운 지정

2 기초(基礎 : Footing)

(1) 구조물의 하중을 지반(地鐘) 또는 지정(地定)에 직접 전달하는 부분

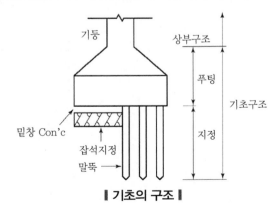

∥ 기초의 구조 ∥

(2) 종류

① 얕은기초(Shallow Foundation : 직접기초)
  ㉠ 푸팅기초(Footing Foundation) : 독립푸팅기초, 복합푸팅기초, 연속기초
  ㉡ 전면기초(Mat Foundation : 온통기초)

② 깊은기초(Deep Foundation)
  ㉠ 말뚝기초(Pile Foundation) : 기성말뚝, 현장타설 콘크리트말뚝, Prepacked Con'c Pile
  ㉡ 케이슨기초(Caisson Foundation) : Open Caisson, Pneumatic Caisson, Box Caisson

(a) 독립확대기초   (b) 복합확대기초   (c) 연속확대기초   (d) 캔틸레버기초   (e) Mat 기초

‖ 기초의 종류 ‖

철근콘크리트공사

001 콘크리트공사

■ 시방배합과 현장배합

(1) 시방배합과 현장배합의 흐름도

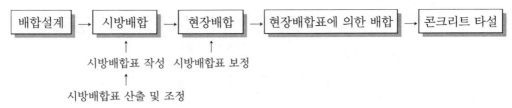

(2) 시방배합(Specified Mix)

① 설계 계산에 기초한 시방서 또는 책임 기술자에 의해 지시된 배합

② 시방배합표 작성순서(시방배합의 산출 및 조정)

ㄱ 배합설계 시 산정된 각 값으로 소요되는 재료량을 산출하여 시험 배치(Batch)를 만들어 시험비빔

ㄴ 시험 배치(Batch)에 의해 배합을 조정하고 물시멘트비(W/C) 결정

ㄷ 결과에서 얻어진 값으로 $1m^3$당 재료량을 계산하여 시방배합표를 작성

③ 골재의 함수상태 : 표면건조 포화상태(표건상태)

④ 골재의 계량 : 중량(kg)으로 표시

⑤ 단위량의 표시 : $1m^3$당

(3) 현장배합(Field Mix)

① 시험조건과 현장조건이 일정하지 않을 경우 시방배합을 현장상태에 적합하게 보정한 배합

② 시방배합을 현장배합으로 조정 시 순서

ㄱ 시방배합을 현장의 골재 흡수량 및 입도상태를 고려하여 보정

ㄴ 보정된 값으로 현장배합표 작성

③ 골재의 합수상태 공기 중 건조상태(기건상태) 또는 습윤상태

④ 골재의 계량 : 중량(kg)으로 표시하나 용적계량(W^3)일 경우도 있음

⑤ 단위량의 표시 · 믹서(Mixer) 용량에 의해 1Batch 양으로 표시

2 워커빌리티(Workability), 컨시스턴시(Consistency) 측정방법

(1) 슬럼프 시험(Slump Test)

① '슬럼프 시험'이란 슬럼프 콘(Cone)에 의한 콘크리트의 유동성 측정시험을 말하며, 컨시스턴시(Consistency)를 측정하는 방법으로서 가장 일반적으로 사용

② 시험방법

    ㉠ 수밀평판을 수평으로 설치하고 Slump Cone을 중앙에 설치

    ㉡ Slump Cone 안에 채취한 콘크리트를 용적으로 1/3씩 3층으로 나누어 채움

    ㉢ 각 층을 다짐대로 25회씩 단면 전체에 골고루 다짐

    ㉣ 조심성 있게 수직으로 들어올려 무너져 내린 높이를 측정(Slump값)

③ 슬럼프의 표준값

종류		슬럼프값(cm)
철근콘크리트	일반적인 경우	8~15
	단면이 큰 경우	6~12
무근콘크리트	일반적인 경우	5~15
	단면이 큰 경우	5~10

(2) 비비 시험(Vee-bee Test)

① '비비 시험'이란 슬럼프 시험으로 측정하기 어려운 된 비빔 콘크리트의 컨시스턴시를 측정하고 진동다짐의 난이 정도(程度)를 판정

② 시험방법

    ㉠ 진동대 위에 몰드를 놓고 채취한 시료를 몰드에 채움

    ㉡ 다짐봉으로 다져 몰드의 윗면을 고른 후 즉시 몰드를 연직으로 올려서 빼고 투명한 원판을 얹은 후 진동기를 가동

    ㉢ 진동을 계속하면 콘크리트 표면에 모르타르가 떠올라 원판에 붙음

    ㉣ 진동기가 가동한 때부터 원판 전면에 모르타르가 접촉될 때까지의 시간(時間)을 초로 측정(Vee-bee Time)하며, 측정값을 비빔값 또는 침하도라 함

(3) 흐름시험(Flow Test)

① '흐름시험'이란 콘크리트의 연도(軟度, Consistency)를 측정하기 위한 시험으로, 플로 테이블(Flow Table)에 상하 진동을 주어 면의 확산을 흐름값으로 나타냄

② 시험방법

    ㉠ Flow Table(흐름판) 중앙에 플로 콘(Flow Cone)을 놓고 채취한 시료를 몰드(Mold)에 채움

    ㉡ 다짐대로 균일하게 다진 후 Flow Cone을 연직으로 들어올림

    ㉢ Flow Table을 상하로 진동시켜 넓게 퍼진 콘크리트의 평균 직경을 측정

③ 흐름값 $= \dfrac{\text{시험 후의 직경} - 25.4\text{m}}{25.4\text{m}} \times 100\%$

(4) 다짐계수시험(Compacting Factor Test)

① '다짐계수시험'이란 다짐계수 시험장치에서 A, B, C 용기에 차례로 낙하시켜 콘크리트의 중량(w, W)을 측정하여 다짐계수를 구하는 시험으로, Slump Test보다 정확하며 진동다짐을 하여야 하는 된 비빔의 콘크리트에 효과적이다.

② 시험방법

　㉠ A용기에 콘크리트를 다진 후 밑뚜껑을 열어 B용기에 낙하시켜 콘크리트의 상태를 일정하게 한 후 C의 원통용기에 낙하시킴

　㉡ C의 원통용기에 여분의 콘크리트를 제거하고 용기 내 콘크리트 중량(W)을 측정

　㉢ C용기와 동일한 용기에 콘크리트를 충분히 채워 다진 후 중량(W)을 측정하여 다짐계수를 구함

　㉣ 다짐계수(CF) $= \dfrac{w}{W}$

(5) 리몰딩 시험(Remolding Test)

① '리몰딩 시험'이란 리몰딩 시험기를 이용하여 콘크리트의 반죽형상이 다른 반죽형상으로 변화하는 데 필요한 힘을 측정

② 슬럼프 시험·흐름시험보다 정확하게 워커빌리티(Workability)를 측정할 수 있으며, 점성이 큰 콘크리트(AE 콘크리트)에 적용 시 효과적

(6) 케리의 구(球) 관입 시험(Ball Penetration Test)

① 13.6kg의 볼(Ball)을 콘크리트 위에 놓으면 Ball이 콘크리트 속으로 관입하는데 이때의 관입깊이를 측정

② 콘크리트의 반죽질기를 측정하며 관입값의 1.5~2.0배가 Slump값이 됨

③ 굳지 않은 콘크리트의 재료분리

(1) 정의

콘크리트가 균질성을 소실하여 굵은 골재가 국부적으로 집중하거나 수분이 콘크리트의 윗면으로 모이는 현상 강도·수밀성·내구성 등이 저하되는 원인이 됨

(2) 재료분리가 콘크리트에 미치는 문제점

① 콘크리트의 강도 저하　　　　② 콘크리트의 수밀성 저하

③ 콘크리트의 내구성 저하　　　　④ 콘크리트와 철근의 부착강도 저하

⑤ 콘크리트의 Bleeding 발생

(3) 재료분리의 원인

① **시멘트양 부족** : 단위시멘트양의 부족으로 수밀성 저하

② **굵은 골재의 분리** : 굵은 골재의 분리는 비중차에 기인하므로 비중차가 크면 재료분리를 촉진

③ **단위수량** : 단위수량을 증가시키면 반죽질기(Consistency)가 크게 되고 재료분리가 발생

④ **슬럼프(Slump)치** : Slump가 클 경우 Bleeding이 많아지고 굵은 골재의 분리현상이 발생

⑤ **잔골재율** : 잔골재율이 커지면 단위시멘트양·단위수량이 증가하여 시공성은 향상되나 블리딩(Bleeding)·재료분리 현상이 발생

⑥ **부적절한 배합** : 배합이 적절하지 않을 경우 콘크리트가 불균질하게 되어 재료분리 발생

⑦ **타설시간의 지연** : 타설시간이 지연되면 콘크리트의 일체성이 저하되어 재료분리 발생

⑧ **블리딩(Bleeding) 현상 발생** : 콘크리트 타설 후 시멘트·골재 등의 침하에 따라 물이 분리 상승되어 콘크리트 표면에 떠오르는 현상으로 재료분리가 발생

(4) 재료분리의 방지대책

① **재료**

    ㉠ 시멘트 : 적정한 분말도의 시멘트 사용 및 단위시멘트양은 시험을 통해 결정

    ㉡ 적정한 골재 선택 : 적정한 입도·입형의 골재를 선택하여 재료분리 방지

    ㉢ 혼화재료 사용 : AE제나 양질의 포졸란은 콘크리트의 응집성을 증가시켜 재료분리를 적게 함

② **배합**

    ㉠ 단위수량 : 단위수량은 작업이 가능한 범위 내에서 적게 되도록 시험에 의해서 결정

    ㉡ 슬럼프(Slump)치 : 작업에 알맞은 범위 내에서 작은 Slump의 콘크리트를 사용

    ㉢ 잔골재율 : 잔골재율은 워커빌리티를 얻을 수 있는 범위 내에서 작게 하여 재료분리 방지

    ㉣ 적절한 배합 : 적절한 배합으로 콘크리트를 균등질로 만들어 재료분리 방지

③ **시공**

    ㉠ 거푸집 : Cement Paste의 누출을 방지하고 충분한 다짐에 견디도록 수밀성이 높고 견고한 거푸집 사용

    ㉡ 철근배근간격 유지 : 굵은 골재가 철근에 걸려 얹히지 않도록 적정 배근간격 유지

    ㉢ 굵은 골재의 분리 방지 : 굵은 골재의 분리가 생기면 균일하게 될 때까지 비빔을 다시 하여 타설

    ㉣ 콘크리트 타설 : 타설높이를 최소화(1.0m 이하)하고, 직타를 금지하고 바닥에 받아서 타설

    ㉤ 과도한 진동 금지 : 과도한 진동은 재료분리를 일으키므로 주의

4 블리딩(Bleeding)

(1) 정의

콘크리트 타설 후 비교적 무거운 골재나 시멘트는 침하하고 가벼운 물이나 미세한 물질(불순물)이 분리 상승하여 콘크리트 표면에 떠오르는 현상을 말한다.

(2) 블리딩이 콘크리트에 미치는 문제점

① 철근 하단의 공극 발생으로 철근과 콘크리트의 부착력 감소
② 콘크리트의 강도 저하
③ 콘크리트의 수밀성 저하
④ 흡수했던 물의 토출로 Slump 저하
⑤ 수분상승으로 인한 동해(凍害) 발생
⑥ 철근 상단의 균열 발생으로 철근 부식
⑦ Bleeding수(水) 증발 후 건조수축 발생

(3) 블리딩의 원인

① 물시멘트비가 클수록
② 반죽질기(Consistency)가 클수록
③ 타설높이가 높을수록
④ 비중차가 큰 굵은 골재 사용 시
⑤ 타설높이가 높고 타설속도가 빠를수록
⑥ 단위수량, 부재의 단면이 클수록

(4) 블리딩의 방지대책

① 재료
   ㉠ 시멘트 : 분말도가 적은 시멘트, 응결이 빠른 초속경시멘트 사용
   ㉡ 골재 : 굵은 골재는 단위수량이 적은 강자갈을 사용, 적정한 입도의 골재 사용
   ㉢ 혼화재료 : AE제, AE 감수제, 고성능 감수제 사용
② 배합
   ㉠ 단위수량 : 단위수량의 감소로 반죽질기(Consistency)를 적게
   ㉡ 잔골재율 : 잔골재율을 작게 하여 단위 시멘트양·단위수량 감소
③ 시공
   ㉠ 콘크리트 타설높이는 낮게(1m 이하)
   ㉡ 과도한 두드림이나 진동 방지
   ㉢ 적정한 타설속도 유지

⑤ 레이턴스(Laitance)

(1) 정의
블리딩(Bleeding) 현상으로 인해 콘크리트 표면에 떠올라 침전한 미세한 물질

(2) 콘크리트 타설 후의 재료분리현상
① 블리딩(Bleeding) : 콘크리트 타설 후 비교적 무거운 골재나 시멘트는 침하하고 가벼운 물이나 미세한 물질(불순물)이 분리 상승하여 콘크리트 표면에 떠오르는 현상
② 레이턴스(Laitance) : 블리딩(Bleeding)에 의하여 콘크리트 표면에 떠올라 침전한 미세한 물질

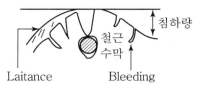

‖ Bleeding과 Laitance ‖

(3) 레이턴스(Laitance)가 콘크리트에 미치는 영향(문제점)
① 콘크리트 이음부의 강도 저하
② 콘크리트의 부착강도 저하
③ 경화력이 없어 이어붓기 부분의 일체화 방해

(4) 발생 원인
① 물시멘트비(W/C ; Water Cement Ratio)가 클수록
② 풍화한 시멘트 사용
③ 불순물(점토 등) 및 미세립분이 많은 골재의 사용
④ 콘크리트의 타설높이가 높을수록
⑤ 단위수량, 부재의 단면이 클수록

(5) 방지대책
① 물시멘트비(W/C)가 적은 콘크리트 사용
② 분말도가 적은 시멘트를 사용하고 풍화된 시멘트 사용 금지
③ 골재는 입도·입형이 고르고 불순물이 함유되지 않은 것 사용
④ 잔골재율을 작게 하여 단위수량을 감소
⑤ AE제, AE 감수제, 고성능 감수제를 사용
⑥ 콘크리트 타설높이는 낮게(1m 이하)
⑦ 과도한 두드림이나 진동 방지

6 콘크리트의 줄눈

(1) 정의

콘크리트의 줄눈(Joint)은 온도변화·건조수축·Creep 등으로 인한 균열의 발생을 방지할 목적으로 설치하는 것으로, 콘크리트 타설 시 시공상 필요에 의해 설치하는 시공줄눈(Construction Joint)과 구조물이 완성되었을 때 구조물의 다양한 변형에 대응하기 위한 기능줄눈(Function Joint)으로 대별할 수 있다.

(2) 콘크리트 줄눈(Joint)의 종류와 기능

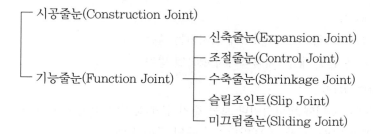

① **시공줄눈(Construction Joint)**

　㉠ 콘크리트 타설의 일정시간 중단 후 새로운 콘크리트를 이어 칠 때 발생되는 이음면

　㉡ 콘크리트 이음자리는 균열 발생, 누수, 강도상 취약하므로 가급적 발생되지 않도록 한다.

　㉢ 구조물의 강도에 큰 영향이 없는 곳, 전단력이 적은 곳에 설치

　㉣ 수직이음은 피하는 것이 좋으며, 수직이음 시 지수판 사용

② **신축줄눈(Expansion Joint)**

　㉠ 콘크리트의 수축이나 팽창에 저항하기 위한 목적으로 미리 설치하는 줄눈

　㉡ 신축줄눈의 종류

　　• Closed Joint(막힌 줄눈)

　　• Open Joint(트인 줄눈)

　　• Butt Joint(맞댄 줄눈)

　　• Settlement Joint(침하줄눈)

　㉢ 설치위치

　　• 건물길이 50m마다

　　• 팽창수축에 의해 변형이 집중되는 곳

　　• 건축물의 중량배분이 다른 곳

　　• 길이가 긴 건물과 기초가 다른 건물

③ 조절줄눈(Control Joint)
  ㉠ 콘크리트의 취약부에 줄눈을 설치하여 일정한 곳에서만 균열이 일어나도록 유도하는 줄눈
  ㉡ 콘크리트의 분리 간격 : 벽(Wall) 6~7.5m, 바닥(Slab) 3m 이내
④ 수축줄눈(Shrinkage Joint)
  ㉠ 장 Span의 구조물에 미리 수축줄눈을 설치하고 콘크리트를 타설 후 수축줄눈 부분을 타설하여 구조물을 일체화시켜 콘크리트의 건조수축 감소
  ㉡ 신축줄눈(Expansion Joint)의 설치 없이 시공 가능
⑤ 슬립조인트(Slip Joint)
  ㉠ 조적벽체와 철근콘크리트 Slab 사이에 설치되는 줄눈
  ㉡ 온도 변화에 따른 변형 대응, 내력벽의 수평균열 방지
⑥ 미끄럼줄눈(Sliding Joint)
  ㉠ 걸림턱을 만들어 그 위에 바닥판이나 보를 걸쳐 쉽게 움직일 수 있게 한 이음
  ㉡ 바닥판 하부에 아연판, 동판, 스테인리스판 등의 금속판 매입

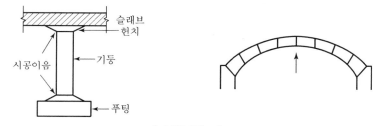

▌시공 줄눈▌

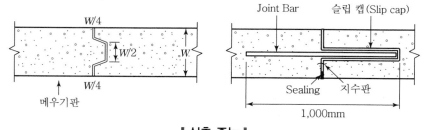

▌신축 줄눈▌

7 콜드 조인트(Cold Joint)

(1) 정의

콘크리트를 타설할 때 먼저 타설한 콘크리트와 나중에 타설한 콘크리트 사이에 완전히 일체화가 되지 않은 시공불량에 의한 이음부를 말한다.

(2) 콘크리트에 미치는 영향

① 콘크리트의 내구성 저하
② 우수(雨水)의 침입
③ 철근의 부식
④ 균열의 발생
⑤ 콘크리트의 수밀성 저하
⑥ 콘크리트의 탄산화 촉진

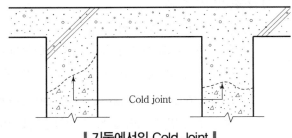

┃기둥에서의 Cold Joint┃

(3) Cold Joint의 원인

① 레미콘의 소요시간 지연
② 콘크리트 타설 시 재료분리가 된 콘크리트 사용
③ 굵은 골재의 비중이 Mortar 부분보다 작을 경우 굵은 골재가 떠올라 다음에 타설되는 콘 크리트와의 일체성 저하 유발(경량골재콘크리트에서 발생)
④ 서중(暑中)콘크리트 및 한중(寒中)콘크리트의 타설 계획 미비

(4) 방지대책

① 콘크리트 운반, 타설 순서, 타설구획에 대한 면밀한 계획
② 이음부 시공 시 진동다짐
③ 응결지연제의 사용
④ 타설에 수반되는 블리딩수나 빗물은 신속히 제거
⑤ 레이턴스 제거, 청소 등을 통해 세밀한 시공관리
⑥ 사전에 레미콘을 Remixing하여 재료분리 방지
⑦ 레미콘 소요시간 엄수
⑧ 이어치기 허용시간의 한도
　㉠ 서중(暑中)콘크리트 : 약 2시간
　㉡ 한중(寒中)콘크리트 : 약 4시간

8 콘크리트 양생

(1) 정의

① '콘크리트의 양생(Curing)'이란 타설 후의 콘크리트가 저온·건조·급격한 기온 변화에 의한 유해한 영향을 받지 않도록 하고, 또한 경화 중에 진동·충격·무리한 하중 등을 받 지 않도록 보호하는 것을 말한다.
② 콘크리트의 타설 후 습윤양생을 하기 전에 콘크리트를 건조시키면 소성수축이 발생하여 균열 등의 결함이 생기므로 콘크리트 타설 후 일정 기간 동안 습윤상태를 유지하여 콘크 리트가 충분한 강도를 발현함으로써 균열이 생기지 않도록 하여야 한다.

(2) 양생방법의 종류

① 습윤양생(Wet Curing)
- ㉠ 콘크리트의 건조방지와 수분상태를 유지시키는 양생
- ㉡ 수분상태의 유지는 살수, 분무, 젖은 거적, Sheet 피복 등의 방법을 이용

② 고압증기양생(High-pressure Steam Curing)
- ㉠ 양생실 안에 제품을 넣고 고압증기를 이용하여 양생하는 방법으로 최적양생온도는 $8.2\,\mathrm{kgf/m^2}$의 증기압으로 약 $177℃$
- ㉡ 오토클레이브(Autoclave) 양생이라고도 하며, 프리캐스트콘크리트에 이용

③ 상압증기양생(Low-pressure Steam Curing)
- ㉠ 증기를 콘크리트 주변에 보내 습윤상태로 가열하여 콘크리트의 경화를 촉진
- ㉡ 콘크리트 제품의 제조나 한중(寒中) 콘크리트에 이용

④ 피막양생(Membrane Curing)
- ㉠ 액상의 피막양생제를 콘크리트 표면에 도포하여 수분증발을 막고 습도를 유지
- ㉡ 콘크리트 속의 강재에 직접 전기를 통해 그 발열로 촉진을 양생하는 방법

⑤ 전열양생(Electric Heat Curing)
- ㉠ 전열선을 거푸집에 둘러 쳐서 콘크리트의 냉각을 막고 양생하는 방법
- ㉡ 콘크리트 속의 강재에 직접 전기를 통해 발열로 촉진 양생하는 방법

⑥ 보온양생(保溫養生)
- ㉠ 단열성이 높은 재료로 콘크리트 주위를 덮어서 시멘트의 수화열을 이용하여 소요강도가 얻어질 때까지 보온하는 방법
- ㉡ 한중(寒中)콘크리트에 사용

⑦ 온도제어양생
- ㉠ 시멘트 수화열에 의한 온도균열을 제어하기 위하여 실시하며, 서중(暑中)콘크리트, 매스콘크리트에 이용
- ㉡ 프리쿨링(Pre-cooling), 파이프쿨링(Pipe-cooling) 등의 방법이 있음

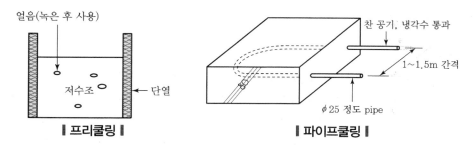

▮ 프리쿨링 ▮　　　　　**▮ 파이프쿨링 ▮**

⑶ 양생 시 유의사항

① 콘크리트 타설 후 7일 이상 거적 또는 포장 등으로 덮어 물뿌리기 또는 기타의 방법으로 수분을 보존
② 조강포틀랜드시멘트의 경우에는 5일 이상 습윤 유지
③ 기온이 높거나 직사광선을 받는 경우 콘크리트면이 건조하지 않도록 충분히 양생
④ 타설 후 3일간은 보행, 자재 적재 등의 진동이나 충격 금지
⑤ 온도가 낮은 동절기에는 보온양생 실시
⑥ 콘크리트 경화에 필요한 온도·습도조건을 유지하며 충분히 양생
⑦ 콘크리트 타설 후 습윤양생 전에 콘크리트의 건조 방지(건조 시 균열 발생)

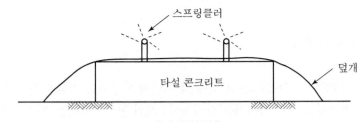

‖ 습윤양생 ‖

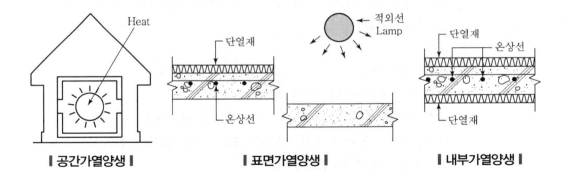

‖ 공간가열양생 ‖　　　　**‖ 표면가열양생 ‖**　　　　**‖ 내부가열양생 ‖**

1 철근의 이음

(1) 개요

철근의 이음부는 구조상 약점이 되므로 이어대지 않는 것이 원칙이나 설계도나 시방서에 규정된 경우 또는 책임기술자의 승인이 있을 경우에는 이어댈 수 있다. 이음을 할 경우에는 최대 인장응력이 작용하는 곳은 피하고 한 단면에 집중하지 말고 서로 엇갈리게 두는 것이 좋다.

(2) 이음공법

① 결속선에 의한 방법

ㄱ 겹침이음
- 철근다발의 겹침이음은 다발 내 각 철근에 요구되는 겹침 이음길이에 따라 결정됨
- 각 철근에 규정된 겹침이음 길이에서 3개의 철근다발에는 20%, 4개의 철근다발에는 33%를 증가시킴
- 휨부재에서 겹침이음으로 이어진 철근 간 순간격은 겹침 이음길이의 1/5 이하 또는 15cm 이하로 관리

ㄴ 이음길이
- 압축철근 이음길이
  - f_y가 400Mpa 이하인 경우 : $\ell_\ell = 0.072 f_y d$ 이상
  - f_y가 400Mpa 초과할 경우 : $\ell_\ell = (0.13 f_y - 24)d$ 이상
  - 이음길이는 300mm 이상이어야 한다.(단, f_{ck}가 21MPa 미만인 경우 겹침 이음의 길이를 1/3 증가시킴)
- 인장철근 이음길이
  - A급 이음 : $\ell_\ell = 1.0 \ell_d (\ell_d$: 인장철근의 정착길이) 배근량이 해석상 요구되는 철근량 2배 이상이고, 겹친 구간 이음철근량이 전체 철근량 1/2 이하인 경우
  - B급 이음 : $\ell_\ell = 1.3 \ell_d$: A급 이음에 해당되지 않는 경우

② 용접에 의한 방법

ㄱ 용접이음 : 완전용접 이음은 철근이 항복강도 125% 이상의 인장력을 발휘할 수 있는 맞댄 용접이어야 함

ㄴ Gas 압접 : 철근의 접합면을 직각으로 절단해 맞대고 압력을 가해 옥시 아세틸렌 가스의 중성염으로 가열하고, 접합부재의 양측에는 3kg/mm²로 압력을 가해 부재를 부풀어 오르게 접합하는 공법

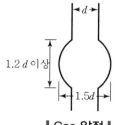

‖ Gas 압접 ‖

③ 기계적 방법

　㉠ Sleeve Joint(슬리브 압착)

　　• 철근을 맞대고 강재 Sleeve를 끼운 다음 Jack으로 압착

　　• 인장 · 압축에 대하여 완전한 전달내력 확보 가능

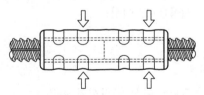

‖ Sleeve Joint ‖

　㉡ Sleeve 충진공법 : Sleeve 구멍을 통해 에폭시나 모르타르를 철근과 Sleeve 사이에 충진해 이음하는 방법

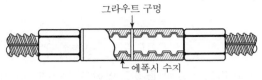

‖ Sleeve 충진공법 ‖

　㉢ 나사식 이음 : 철근에 수나사를 만들고 Coupler 양단을 Nut로 조여 이음하는 방법

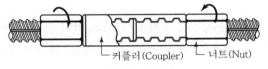

‖ 나사 이음 ‖

　㉣ G－lock Splice

　　• 깔때기 모양의 G－loc Sleeve를 하단 철근에 끼우고 이음철근을 위에서 끼워 G－loc Sleeve를 망치로 쳐서 조임

　　• 철근규격이 다를 때는 Reducer Insert를 사용한 수직 철근 전용 이음방식

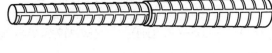

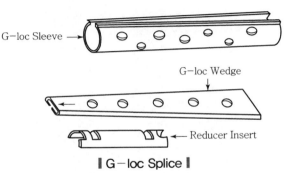

‖ G－loc Splice ‖

④ Cad Welding
  ㉠ 철근에 Sleeve를 끼워 연결한 후 철근과 Sleeve 사이 공간에 화약과 합금혼합물(Cad Weld Alloy)을 충진하고 순간적 폭발로 부재를 녹여 이음하는 방법
  ㉡ 굵은 철근에 주로 사용(D28 이상)

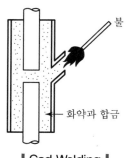

▌Cad Welding▐

(3) 이음위치
① 응력이 작은 곳에 이음
② 기둥은 하단으로부터 50cm 이상 이격시켜 이음
③ 하단으로부터 기둥높이의 3/4 이하 이격시켜 이음
④ 보는 Span 전장의 1/4 지점 압축 측에 이음

❷ 철근의 부식

(1) 정의
산화에 의한 녹과 전식(電飽)으로 발생되며, 염화물이온(Cl^-)이 철근에 침입하여 부식을 진행시킨다(부식 시 철근의 체적팽창 약 2.6배).

(2) 부식의 분류
① 건식 부식(Dry Corrosion) : 액체(물)와의 접촉 없이 금속 표면에 발생되는 부식
② 습식 부식(Wet Corrosion) : 액체인 물 또는 전해질 용액에 접하여 발생되는 부식

(3) 부식의 Mechanism
① 양극반응
$$Fe \rightarrow Fe^{++} + 2e^-$$
② 화학적 반응
$$Fe^{++} + H_2O + \frac{1}{2}O_2 \rightarrow Fe(OH)_2 : 수산화제1철(붉은 녹)$$
$$Fe(OH)_2 + \frac{1}{2}H_2O + \frac{1}{4}O_2 \rightarrow Fe(OH)_3 : 수산화제2철(검은 녹)$$
③ 부식의 3요소
  ㉠ 물(H_2O)
  ㉡ 산소(O_2)
  ㉢ 전해질($2e^-$)

(4) 철근 부식률의 한계

① 교량, 도로구조물, 주차장 구조 : 15%

② 일반 건축구조, 아파트 : 30% 이내

③ 공장, 창고 : 50% 이내

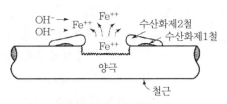

▌ 철근의 녹 발생 ▌

(5) 철근 부식에 따른 성능저하 손상도 및 보수판정기준

성능저하 손상도	철근의 상태	보수 여부
I (경미)	• 전체적으로 얇거나 부분적인 부유녹 발생 • 철근과 콘크리트의 일체성 확보됨	불필요
II (보통)	• 철근의 둘레 또는 전길이에 부유녹 발생 • 녹에 의한 팽창압으로 콘크리트의 균열 발생	필요에 따라 실시
III (과다)	• 단면결함 발생 • 콘크리트의 파손 및 철근의 단면결손	필요

(6) 철근 부식의 원인

① 동결융해

콘크리트의 팽창(체적의 약 9%)·수축작용에 의해 균열이 발생하여 철근이 부식

② 중성화

㉠ 콘크리트가 공기 중의 탄산가스의 작용을 받아 서서히 알칼리성을 잃어가는 현상

㉡ 철근의 부식을 촉진시켜 철근의 부피가 팽창(2.6배)하여 콘크리트의 균열 발생

③ 알칼리 골재반응

㉠ 골재의 반응성 물질이 시멘트의 알칼리 성분과 결합하여 일으키는 화학반응

㉡ 콘크리트 팽창에 의해 균열이 발생하여 철근을 부식

④ 염해

콘크리트 중에 골재의 염분 함량이 규정 이상 함유되어 철근을 부식

⑤ 기계적 작용(진동하중, 반복하중)

구조물에 진동 및 충격이 가해져 콘크리트에 결함이 발생하여 철근을 부식

⑥ 전류에 의한 작용(電飽)

철근콘크리트 구조물에 전류가 작용하여 철근에서 콘크리트로 전류가 흐를 때 철근(鐵筋)이 부식

(7) 방지대책

① 콘크리트 타설 시

㉠ 양질의 재료 및 혼화 재료 사용

㉡ 밀실한 콘크리트 타설 및 양생 철저

② 철근부식 방지법

    ㉠ 철근 표면에 아연도금 및 Epoxy, Tar 코팅 처리

    ㉡ 콘크리트에 방청제 혼합 및 콘크리트 표면피막제 도포

    ㉢ 철근 피복두께 증가

    ㉣ 콘크리트 균열부위 보수

③ 염화물량 허용치 이하로 사용

    ㉠ 비빔 시 콘크리트 중의 염화물이온량 : $0.3kg/m^3$ 이하

    ㉡ 상수도의 물을 혼합수로 사용할 때 염화물이온량 : $0.04kg/m^3$

    ㉢ 콘크리트 중의 염화물이온량의 허용상한치 : $0.6kg/m^3$

    ㉣ 잔골재의 염화물이온량 : 0.02%(염화나트륨(NaCl)으로 환산하면 약 0.04%)

3 거푸집의 종류

(1) 정의

'거푸집(Form)'이란 콘크리트가 응결·경화하는 동안 콘크리트를 일정한 형상과 치수로 유지시키는 가설구조물을 말하며, 일반 거푸집과 특수 거푸집으로 나눌 수 있다.

(2) 거푸집의 종류

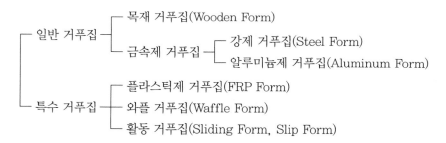

① 목재 거푸집(Wooden Form)

    ㉠ 가공이 쉽고 콘크리트에 대하여 적당한 보온성 등을 지니고 있어 거푸집 재료로 가장 널리 사용

    ㉡ 재료의 신축성이 적으며 정밀도가 높은 콘크리트의 시공이 가능

    ㉢ 무거우며 내수성이 불충분하여 표면이 손상되기 쉬움

② 강제 거푸집(Steel Form)

    ㉠ 전용성(50회 이상)이 우수하며 마무리가 양호하여 토목공사에서 널리 이용

    ㉡ 제치장 콘크리트 마감에 유리하며, 재료비가 고가(高價)임

    ㉢ 표면이 녹슬기 쉽고 중량이 무거워 취급이 곤란함

    ㉣ 표면이 매끄러워 마감재 부착이 어렵고, 열전도율이 높아 서중·한중에는 불리함

③ 알루미늄제 거푸집(Aluminum Form)
  ㉠ 특수 알루미늄(Aluminum)을 사용하여 제작한 거푸집
  ㉡ 강도가 균일하며 파손이 적고 내구성이 높아 반복 사용이 가능
  ㉢ 경량재로 작업이 용이하며 깨끗한 콘크리트면이 가능

④ 플라스틱제 거푸집(FRP Form)
  ㉠ 플라스틱의 가소성(Plasticity)을 이용하여 제작한 거푸집
  ㉡ 가볍고, 콘크리트 마감면이 깨끗하며, 내식성 우수

⑤ 와플 거푸집(Waffle Form)
  ㉠ 우물반자 형태로 된 특수한 모양의 거푸집으로 보통 합성수지(FRP)나 철판으로 제작
  ㉡ 장 스팬(Span)의 구조물에 유리하며 천장이 격자형식으로 외장상 유리
  ㉢ 초기 투자비가 고가(高價)

⑥ 활동 거푸집(Sliding Form, Slip Form)
  ㉠ 콘크리트를 부어가면서 경화 정도에 따라 거푸집을 요크(York)로 끌어올리며 연속
    으로 콘크리트 타설이 가능한 거푸집
  ㉡ 공기를 1/3 정도 단축할 수 있고 연속 타설로 콘크리트에 일체성 확보 가능
  ㉢ 굴뚝, 사일로(Silo) 등 평면형상이 일정하고 돌출부가 없는 높은 구조물에 사용

⑦ 갱폼(Gang Form)
  ㉠ 아파트 측면 시공 등 동일한 부위 시공 시 조립분해가 생략된 설치와 탈형만으로 시공
    가능한 거푸집
  ㉡ 콘크리트 이음부위 감소로 마감 단순화 및 비용 절감
  ㉢ 초기 투자비 과다 및 장비 필요

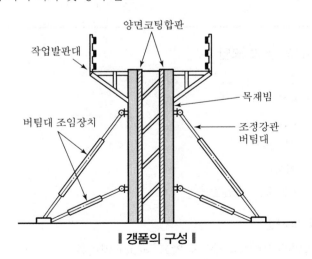

┃ 갱폼의 구성 ┃

1 거푸집 존치기간

가설공사표준시방서 거푸집동바리 일반사항 개정, 2023.1.31. 시행/콘크리트 시방서 : 콘크리트 타설 후 소요강도 확보 시까지 외력 또는 자중에 영향이 없도록 거푸집 존치

(1) 압축강도 시험을 할 경우

부재		콘크리트의 압축강도(f_{ck})
기초, 보, 기둥, 벽 등의 측면		• 5MPa 이상 • 내구성이 중요한 구조물인 경우 : 10MPa 이상
슬래브 및 보의 밑면 아치 내면	단층구조인 경우	f_{ck}의 2/3 이상(단, 14MPa 이상)
	다층구조인 경우	f_{ck} 이상(필러 동바리 구조를 이용할 경우는 구조계산에 의해 존치 기간을 단축할 수 있음. 단, 이 경우라도 최소강도는 14MPa 이상)

(2) 압축강도를 시험하지 않을 경우(기초, 보, 기둥, 벽 등의 측면)

시멘트의 종류 평균기온	조강 포틀랜드 시멘트	보통포틀랜드 시멘트 고로슬래그 시멘트(1종) 포틀랜드포졸란 시멘트(A종) 플라이애시 시멘트(1종)	고로슬래그 시멘트(2종) 포틀랜드포졸란 시멘트(B종) 플라이애시 시멘트(2종)
20℃ 이상	2일	4일	5일
20℃ 미만 10℃ 이상	3일	6일	8일

(3) 거푸집 존치기간의 영향 요인

① 시멘트의 종류

② 콘크리트의 배합기준

③ 구조물의 규모와 종류

④ 부재의 종류 및 크기

⑤ 부재가 받는 하중

⑥ 콘크리트 내부온도와 표면온도

(4) 해체작업 시 유의사항

① Slab, 보 밑면은 100% 해체하지 않고, Filler 처리함

② 중앙부를 먼저 해체하고 단부 해체

③ 다중 슬래브인 경우 아래 2개 층 이상 Filler 처리한 동바리를 존치할 것

② 거푸집동바리 설계 시 고려해야 할 하중과 구조검토사항

(1) 개요

콘크리트공사표준안전작업지침에 의한 거푸집동바리 설계 시 고려해야 할 하중과 구조검토 사항으로는 연직하중과 수평하중을 비롯해 응력·처짐 검토, 표준조립상세도가 포함되어야 한다.

(2) 거푸집동바리 설계 시 고려해야 할 하중(콘크리트공사표준안전작업지침 제4조)

① 연직방향 하중 : 콘크리트 타설높이와 관계없이 최소 5kN/m² 이상

  ㉠ 고정하중 : 철근콘크리트(보통 24kN/m³), 거푸집(최소 0.4kN/m²)

  ㉡ 활하중 : 작업하중(작업원, 경장비하중, 충격하중, 자재·공구 등 시공하중)

② 횡방향 하중

  ㉠ 작업할 때의 진동, 충격, 시공오차 등에 기인되는 횡방향 하중 이외에 필요에 따라 풍압, 유수압, 지진 등

  ㉡ MAX(고정하중의 2%, 수평방향 1.5kN/m) 이상

  ㉢ 벽체거푸집의 경우, 거푸집 측면은 0.5kN/m² 이상

③ 콘크리트의 측압

  굳지 않은 콘크리트 측압, 타설속도·타설높이에 따라 변화

④ 특수하중

  ㉠ 시공 중에 예상되는 특수한 하중

  ㉡ 편심하중, 크레인 등 장비하중, 외부 진동다짐 영향, 콘크리트 내부 매설물의 양압력

⑤ 그 밖에 수직하중, 수평하중, 측압, 특수하중에 안전율을 고려한 하중

(3) 거푸집 및 동바리 설계기준에 따른 분류

① 연직하중

② 수평하중

③ 콘크리트 측압

④ 풍하중

> 풍하중 $P = C \times q \times A$
> 풍하중(kgf) = 풍력계수 × 설계속도압(kgf/m²) × 유효풍압면적(m²)

⑤ 특수하중

(4) 구조검토사항

① 하중검토 : 작용하는 모든 하중검토

② 응력·처짐 검토 : 부재(거푸집널, 장선, 멍에, 동바리)별 응력과 처짐검토

③ 단면검토 : 부재 응력·처짐 고려 적정 단면검토

④ 표준조립상세도 : 부재의 재질, 간격, 접합방법, 연결철물 등 기재한 상세도

3 거푸집 측압

(1) 개요

콘크리트 타설 시 거푸집에는 수평압이 작용하며, 1종 시멘트, 단위중량 24kN/m^3, 슬럼프 100mm 이하, 내부 진동다짐, 혼화제를 감안하지 않는 경우 아래 산정식에 의해 산정한다.

(2) 측압의 증가요인

① 경화속도가 늦을수록(기온, 습도, Concrete 온도의 영향을 받음)

② 타설 속도가 빠를수록

③ 슬럼프가 클수록

④ 다짐이 많을수록

(3) 타설방법에 따른 측압의 변화

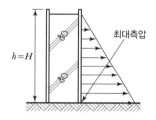

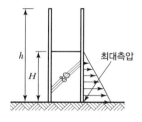

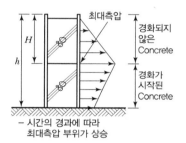

‖ 한 번에 타설하는 경우 ‖ ‖ 2회로 나누어 타설하는 경우 ‖   ‖ 2차 타설 시의 측압 ‖

(4) 측압 산정식

구분		콘크리트 측압 P(kN/m²)	
일반 콘크리트		$P = W \cdot H$	
기둥		$P = 7.2 + \dfrac{790R}{T+18} \leq 23.5H$ $(30\text{kN/m}^2 \leq P \leq 150\text{kN/m}^2)$	※ 콘크리트 측압 산정식에서 W : Concrete 단위중량(kN/m³) H : Concrete 타설 높이(m) R : Concrete 타설 속도(m/hr) $\leq 9\text{m/hr}$ T : 타설되는 Concrete 온도(℃)
벽	$R \leq 2.1$	$P = 7.2 + \dfrac{790R}{T+18} \leq 23.5H$ $(30\text{kN/m}^2 \leq P \leq 100\text{kN/m}^2)$	
	$2.1 < R \leq 3.0$	$P = 7.2 + \dfrac{1,160 + 240R}{T+18} \leq 23.5H$ $(30\text{kN/m}^2 \leq P \leq 100\text{kN/m}^2)$	

⑸ 측압의 측정방법

① 수압판에 의한 방법

수압판을 거푸집면의 바로 아래에 대고 탄성변형에 의한 측압을 측정하는 방법

② 측압계를 이용하는 방법

수압판에 Strain Gauge(변형률계)를 설치해 탄성변형량을 측정하는 방법

③ 조임철물 변형에 의한 방법

조임철물에 Strain Gauge를 부착시켜 응력변화를 측정하는 방법

④ OK식 측압계

조임철물의 본체에 유압잭을 장착하여 인장력의 변화를 측정하는 방법

SECTION 05 철골공사

001 철골작업공작도

1 개요

(1) '철골공작도(Shop Drawing)'란 설계도서와 시방서를 근거로 철골 부품의 가공·제작을 위해 그려지는 도면이다.

(2) 건립 후 가설부재나 부품을 부착하는 것은 고소작업 등의 위험한 작업이 많으므로, 사전에 계획하여 위험한 작업을 공작도에 모두 포함할 수 있도록 함으로써 재해예방이 가능하다는 것을 이해하는 것이 중요하다.

2 철골공작도 작성목적

(1) 정밀시공

(2) 안전성 확보

(3) 설계오류로 인한 문제점의 사전예방

(4) 돌관작업으로 인한 안전사고의 예방

3 철골의 공사 전 검토사항

(1) 설계도 및 공작도의 확인 및 검토사항

① 확인사항

  ㉠ 부재의 형상 및 치수

  ㉡ 접합부의 위치

  ㉢ 브래킷의 내민치수

  ㉣ 건물의 높이 등

② 검토사항

  ㉠ 철골의 건립형식

  ㉡ 건립상의 문제점

  ㉢ 관련 가설설비 등

③ 기타

  ㉠ 검토결과에 따라 건립기계의 종류를 선정하고 건립공정을 검토하여 시공기간 및 건립기계 대수 결정

  ㉡ 현장용접의 유무, 이음부의 시공 난이도를 확인하여 작업방법 결정

  ㉢ SRC조의 경우 건립순서 등을 검토하여 철골계단을 안전작업에 이용

  ㉣ 내민보가 한쪽만 많이 있는 기둥에 대한 필요한 조치

(2) 공작도(Shop Drawing)에 포함시켜야 할 사항

건립 후 가설부재나 부품을 부착하는 것은 위험한 작업이므로 사전에 계획하여 공작도에 포함시켜 고소작업 등의 위험한 작업 방지

(3) 철골의 자립도를 위한 대상 건물

풍압 등 외압에 대한 내력이 설계에 고려되었는지 확인하여야 할 철골구조물

4 철골공작도에 포함시켜야 할 사항

(1) 외부비계받이 및 화물 승강용 브래킷

(2) 기둥 승강용 Trap

(3) 구명줄 설치용 고리

(4) 건립에 필요한 Wire 걸이용 고리

(5) 난간 설치용 부재

(6) 기둥 및 보 중앙의 안전대 설치용 고리

(7) 방망 설치용 부재

(8) 비계 연결용 부재

(9) 방호선반 설치용 부재

(10) 양중기 설치용 보강재

5 철골공작도 작성 Flow-chart

002 자립도 검토대상

1 개요

(1) 철골공사는 건립 중에 강풍이나 무게중심의 이탈 등으로 도괴될 뿐만 아니라 건립 완료 후에도 완전히 구조체가 완성되기 전까지는 외력에 의한 안정성 저하요인이 발생될 수 있으므로 철골자립도에 대한 안정성 확보가 필요하다.

(2) 철골공작도 작성은 정밀시공과 안전성 확보를 위하여 매우 중요한 철골작업 전 선행될 사항이다.

2 철골의 자립도 검토 대상 건축물

(1) 높이 20m 이상의 구조물
(2) 구조물의 폭과 높이의 비(比)가 1:4 이상인 구조물
(3) 단면구조에 현저한 차이가 있는 구조물
(4) 연면적당 철골량이 50kg/m² 이하인 구조물
(5) 기둥이 타이플레이트(Tie Plate)형인 구조물
(6) 이음부가 현장용접인 구조물

3 철골공작도 작성 Flow Chart

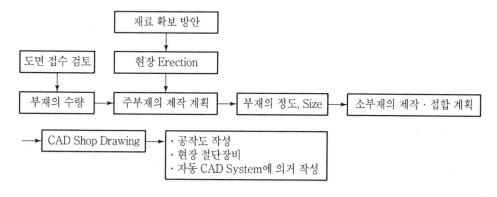

003 철골세우기

■ 철골세우기 작업순서

중심먹매김 → 앵커볼트 설치 → 기초상부고름질 → 철골세우기 → 가조립

→ 변형 바로잡기 → 본조립 → 부재접합 → 접합부검사 → 도장

☑ 건립공법의 분류

(1) Lift Up 공법

① 구조체를 지상에서 조립하여 이동식 크레인, 유압잭 등으로 건립하는 공법으로, 체육관
·공장·전시관 등의 건립에 사용되는 공법

② 특징

ㄱ 지상에서 조립하므로 고소작업이 적어 안전한 작업이 가능하다.

ㄴ 작업능률이 좋으며, 전체 조립의 시공오차 수정이 용이하다.

ㄷ Lift Up 하는 철골부재에 강성 부족 시 적용하기 곤란하다.

ㄹ Lift Up 종료까지 하부작업이 불가하며 Lift Up 시 집중적인 안전관리가 필요하다.

∥ Lift up 공법 ∥

(2) Stage 조립공법

① 파이프트러스(Pipe Truss)와 같은 용접 구조물로서, 가조립으로 달아 올리기가 불가능
한 경우 철골의 하부에 Stage를 짜고 철골의 각 부재를 Stage로 지지하면서 접합하여 전
체를 조립하는 공법

② 특징

ㄱ Stage를 작업장으로 사용할 수 있으므로 안전작업이 가능하다.

ㄴ 각 부재의 맞춤·접합 시 조정이 용이하고 Stage는 타 작업에도 이용 가능하다.

ㄷ Stage 가설비가 고가이다.

ㄹ Stage 조립작업 시간이 비교적 많이 소요된다.

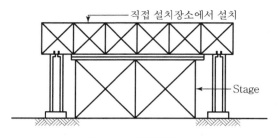

‖ Stage 조립공법 ‖

(3) Stage 조출공법

① Stage를 일부에만 설치하고 하부에 Rail을 깔아 이동하면서 순차적으로 철골 부재를 조립하는 공법

② 특징

　㉠ 부분 Stage이므로 하부 작업과 조정이 용이하다.

　㉡ 작업장소가 제한되므로 양중장비 대수의 제한이 필요하다.

　㉢ Stage 조립공법보다 공사기간이 길며 숙련도가 요구된다.

　㉣ 이 공법도 철골부재의 강성이 요구된다.

(4) 현장조립공법

① 부재의 길이, 폭, 중량 등으로 인해 전체를 조립하여 반입하지 못하는 경우 분할 반입하여 양중 위치와 가까운 곳에서 조립하여 올리는 공법

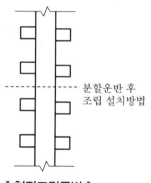

‖ 현장조립공법 ‖

분할운반 후
조립 설치방법

② 특징

　㉠ 소부재로 분할하므로 운반작업이 쉽다.

　㉡ 현장에서 조립하므로 장척 구조물이거나 중량물도 양중이 가능하다.

　㉢ 현장조립 장소가 필요하며 현장조립 공기가 추가로 소요된다.

　㉣ 대형, 대중량물을 양중함에 따라 계획상의 제약이 많이 발생한다.

(5) 병립공법

① 한쪽 면에서 일정 부분씩 계단식으로 최상층까지 철골건립을 완료하고 순차적으로 건립하는 공법

② 특징

　㉠ 조립능률의 향상이 가능하다.

　㉡ 자립 가능한 철골단면이 없을 경우 시공이 곤란하다.

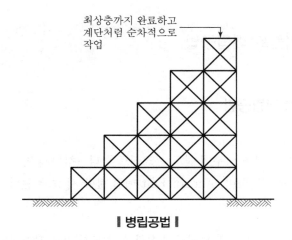

최상층까지 완료하고
계단처럼 순차적으로
작업

‖ 병립공법 ‖

(6) **지주공법**

① 부재의 길이, 중량 등의 제한으로 전체를 달아 올려 조립 불가 시 그 접합부에 지주를 세워 지주 위에서 접합을 하고 지주를 철거하는 공법

② 특징

㉠ 분할해서 달아 올리므로 양중기의 적합한 계획이 가능하다.

㉡ 지주가 있어 접합부의 임의 조정이 쉽다.

㉢ 지주 위에서의 조립작업이므로 작업능률이 저하된다.

㉣ 각 부재 접합의 종료 후 지주를 빼낼 수 없으므로 지주의 반복 사용이 불가능하다.

(7) **겹쌓기공법(수평쌓기공법)**

① 하부에서 1개 층씩 조립 완료 후 상부층으로 조립해가는 공법

② 특징

㉠ 철골의 제작과 조립순서가 같아 건립작업의 조정이 용이하다.

㉡ 타 작업도 어느 정도 시공할 수 있으므로 공정진행이 원활하다.

㉢ 양중기를 내부에 설치 시 본체 철골 보강이 필요하다.

㉣ 조립 완료 후 양중기 해체 시 작업량이 증가하는 단점이 있다.

1 기초 Anchor Bolt 매립공법

(1) 고정매립공법
① Anchor Bolt를 기초 상부에 묻고 콘크리트를 타설하는 공법
② 대규모 공사에 적합하며, Anchor Bolt 매립 불량 시 보수 곤란

(2) 가동매립공법
① Anchor Bolt 상부 부분의 위치를 조정할 수 있도록 얇은 강판제를 Anchor Bolt 상부에 대고 콘크리트를 타설하고 경화 후 제거하는 공법
② 중규모 공사에 적합하며, 시공오차의 수정 용이

(3) 나중매립공법
① Anchor Bolt 위치에 콘크리트 타설·경화 후 거푸집을 제거하고 Anchor Bolt 고정 후 2차 콘크리트를 타설하여 마무리하는 공법
② 경미한 공사에 적합, 기계기초에 사용되는 공법

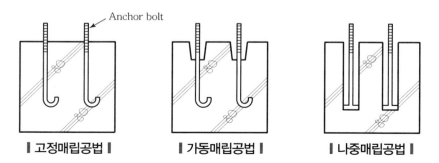

┃고정매립공법┃　　　**┃가동매립공법┃**　　　**┃나중매립공법┃**

2 Anchor Bolt 매립 시 준수사항

(1) Anchor Bolt는 매립 후 수정하지 않도록 설치
(2) Anchor Bolt는 견고하게 고정시키고 이동, 변형이 발생하지 않도록 주의하면서 콘크리트를 타설

(3) Anchor Bolt의 매립 정밀도 범위
① 기둥 중심은 기준선 및 인접기둥의 중심에서 5mm 이상 벗어나지 않을 것

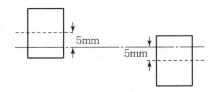

② 인접 기둥 간 중심거리 오차는 3mm 이하일 것

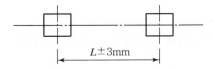

③ Anchor Bolt는 기둥 중심에서 2mm 이상 벗어나지 않을 것

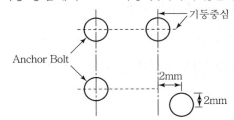

④ Base Plate 하단은 기준높이 및 인접 기둥의 높이에서 3mm 이상 벗어나지 않을 것

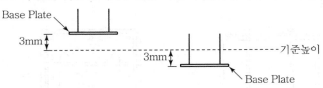

❸ 기초 상부의 마무리

(1) 기초 상부는 기둥밑판(Base Plate)을 수평으로 밀착시키기 위해 양질의 Mortar를 채움

(2) 기초 상부의 마무리공법(주각 Set 공법)

① 전면바름공법
Base Plate보다 3cm 이상 넓게, 3~5cm의 두께로 된 비빔 Mortar를 바르고 경화 후에 기둥 세우기를 하는 공법으로, 소규모에 적합

② 나중 채워넣기 중심바름법
Base Plate 하부 중앙부에 먼저 모르타르를 발라 기둥을 세운 후 Mortar를 채워 넣는 공법으로, 중규모에 적합

③ 나중 채워넣기 +자바름법
Base Plate 하부에 +자 모양으로 모르타르를 발라 기둥을 세운 후 Mortar를 채워 넣는 공법으로, 중규모에 적합

④ 나중 채워넣기

　　Base Plate 하부의 네 모서리에 수평조절장치 및 라이너(Liner)로 높이와 수평조절을 하고 된 비빔 Mortar를 다져 넣는 공법으로, 대규모에 적합

4 완성된 기초에 대한 확인 및 수정

(1) 기본치수의 측정 확인

　　기둥간격, 수직도, 수평도 등의 기본치수를 측정하여 확인

(2) Anchor Bolt의 수정

　　부정확하게 설치된 Anchor Bolt는 수정

(3) 콘크리트의 배합강도 확인

　　철골기초 콘크리트의 배합강도가 설계기준과 동일한지 확인

5 앵커 고정방법

(1) 형틀판 고정

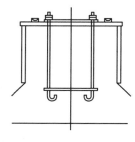 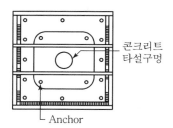

(2) 강재프레임 고정

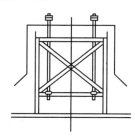 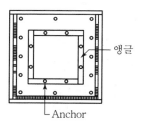

SECTION 06 조적공사

001 벽돌공사

1 벽돌 쌓기

(1) 벽돌 쌓기 시 사전준비

① 줄기초, 연결보 및 바닥 콘크리트의 쌓기면은 작업 전에 청소하고, 오목한 곳은 모르타르로 평평하게 고른다.
② 벽돌에 부착된 흙이나 먼지는 깨끗이 제거한다.
③ 모르타르는 지정된 배합으로 하되 시멘트와 모래는 건비빔으로 하고, 사용할 때에는 쌓기에 지장이 없는 유동성이 확보되도록 물을 가하고 충분히 반죽하여 사용한다.
④ 콘크리트 벽돌은 쌓기 전 물과 접촉되지 않도록 한다.

(2) 분류

도면이나 공사시방서에서 정하지 않을 때에는 영식 쌓기나 화란식 쌓기로 한다.

① 화란식 쌓기
  ㉠ Duch Bond라 불리며 가장 보편적인 공법
  ㉡ 구조상 견고함
② 영식 쌓기
  ㉠ English Bond로 강도가 가장 높은 쌓기
  ㉡ 내력벽에 주로 시공
  ㉢ 한 켜는 길이 쌓기, 한 켜는 마구리 쌓기로 시공

‖ 화란식 쌓기 ‖

‖ 영식 쌓기 ‖

③ 프랑스식 쌓기

    ㉠ 매 켜에 길이 쌓기와 마구리 쌓기가 번갈아 나오는 방식의 쌓기

    ㉡ 마구리에 이오토막 사용

    ㉢ 통줄눈이 많아 구조적으로 강성이 약함

    ㉣ 주로 강도를 필요로 하지 않는 의장용 벽돌담 쌓기 등에 활용

④ 미국식 쌓기

    ㉠ 외부에는 붉은벽돌, 내부에 시멘트 벽돌을 쌓을 때 시공하는 쌓기

    ㉡ 5켜는 치장벽돌로 길이 쌓기로 하고 다음 한 켜는 마구리 쌓기로 본 벽돌에 물리고 뒷 면은 영식 쌓기로 시공

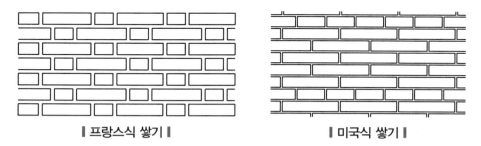

∥ 프랑스식 쌓기 ∥　　　　　　　∥ 미국식 쌓기 ∥

(3) 쌓기 순서

시공도 작성 → 규준틀 작성 → 가설형틀 설치 → 블록 선별 및 마름질하기 → 블록 나누기 → 비계발판 설치

(4) 쌓기 방법

① 일반 쌓기

    ㉠ 살 두께가 두꺼운 쪽을 위로 한다.

    ㉡ 기초 및 바닥면 윗면은 충분히 물축이기를 한다.

    ㉢ 하루쌓기의 높이는 1.2~1.5m 정도가 적당하다.

    ㉣ 록보강용 와이어 메시는 #8~#10 철선 사용

    ㉤ 보강근은 Mortar나 Grout를 사춤하기 전에 배근하고 고정한다.

    ㉥ 인방블록은 창문틀 좌우 옆 턱에 200mm 이상 물린다.

    ㉦ 모서리 등 기준이 되는 부분을 정확하게 쌓은 다음 수평실을 친다.

    ㉧ 도면이나 공사시방서에서 정하지 않을 때에는 영식 쌓기나 화란식 쌓기로 한다.

② 교차부, 모서리 쌓기

    ㉠ 켜걸름 들여쌓기는 교차벽에 물림자리를 내 한켜걸름으로 1/4B만큼 들여쌓는다.

    ㉡ 모서리 쌓기는 될 수 있는 대로 내부에 통줄눈이 생기지 않도록 한다.

    ㉢ 건물 전체를 균일한 높이로 쌓아 올리는 것이 이상적이다.

    ㉣ 수직으로 정확히 쌓아 올린다.

ⓜ 벽돌 나누기를 잘하고 깔모르타르와 사춤 모르타르를 충분히 넣는다.

③ Arch 쌓기

　　㉠ 결원 아치 쌓기 : 아치의 줄눈 방향은 원호의 중심에 모이도록 한다.

　　㉡ 본 아치 쌓기 : 아치 벽돌을 사다리꼴 모양으로 제작해서 쓴다.

　　㉢ 거친 아치 쌓기 : 보통벽돌로 쌓기를 하고 줄눈을 쐐기 모양으로 한 것이다.

　　㉣ 반원 아치 쌓기 : 줄눈이 양 지점 간 중간에 모이도록 아치형으로 쌓는 방법이다.

④ 내 쌓기

　　내미는 한도는 최대 2.0B로 하고 한 켜씩 1/8B 또는 두 켜씩 1/4B로 내 쌓는다.

⑤ 내력벽

　　㉠ 최상층 높이는 4m 이하

　　㉡ 벽 길이는 10m 이하

　　㉢ 내력벽으로 둘러쌓인 부분 면적은 80제곱미터 이하

　　㉣ 건축물 높이별 내력벽 두께

건축물 높이	벽의 길이	내력벽 두께(mm)	
		1층	2층
5m 미만	8m 미만	150	–
	8m 이상	190	–
5~11m	8m 미만	190	190
	8m 이상	190	190
11m 이상	8m 미만	190	190
	8m 이상	290	190

⑥ 길이 쌓기

　　칸막이 벽체 등이 시공되며, 0.5B 두께 길이 방향으로 쌓는다.

⑦ 마구리 쌓기

　　원형굴뚝, 사일로 등을 시공할 때 벽두께 1.0B 이상을 쌓을 때 사용된다.

(5) 기타 준수사항

① 모르타르 배합비(시멘트와 모래의 양)

배합(용적)비	시멘트(kg)	모래(m³)	사용처
1 : 1	1,093	0.78	치장줄눈, 방수 및 중요부위
1 : 2	680	0.98	미장용 마감 바르기
1 : 3	510	1.10	미장용 마감 바르기, 쌓기줄눈
1 : 4	385	1.10	미장용 초벌 바르기
1 : 5	320	1.15	중요하지 않은 개소

② 물축이기 방법

    ㉠ 내화벽돌 : 물축이기를 하지 않음(기건성)

    ㉡ 붉은 벽돌 : 사전 물축임

    ㉢ 시멘트벽돌 : 쌓기 전 물축임

③ 줄눈

    ㉠ 10mm를 표준으로 하며, 막힌줄눈 시공을 원칙으로 한다.

    ㉡ 내화벽돌은 6mm로 시공

④ 치장줄눈

    ㉠ 평줄눈을 우선 시공

    ㉡ 시공순서 : 줄눈누름 > 줄눈파기 > 치장줄눈

    ㉢ 줄눈 모르타르가 경화되기 전 6mm 깊이로 시공

    ㉣ 수밀하게 벽돌 주위에 밀착시키고 표면은 일매지게 한다.

⑤ 보양

    ㉠ 표면온도 영하 7도 이하 금지

    ㉡ 12시간 이내 등분포하중 재하 금지

    ㉢ 3일간 집중하중 재하 금지

2 벽돌쌓기 시공관리

(1) 벽돌의 치수 및 허용값

(단위 : m)

종류	길이(B)	너비(A)	두께
기존형(재래형)	210	100	60
표준형(기본형)	190	90	57
허용값±(%)	3	3	4

∴ 표준형 벽돌 2.0B 벽두께 치수＝190+10+190＝390mm

(2) 점토벽돌의 품질기준(KSL 4201)

구분	1종	2종	3종
허용압축강도(N/mm²)	24.50	20.59	10.78
흡수율(%)	10 이하	13 이하	15 이하

(3) 벽돌쌓기의 벽돌량(m²당)

벽돌형	0.5B	1.0B	1.5B	2.0B	할증률
기존형(재래형)	65	130	195	260	• 붉은 벽돌 : 3%
표준형(기본형)	75	149	224	298	• 시멘트 벽돌 : 5%

(4) 벽돌쌓기 시 유의사항

① 벽돌은 쌓기 2, 3일 전에 물을 충분히 흡수시켜 쌓을 때는 표면건조 내부 습윤상태에서 모르타르의 수분흡수를 방지한다.

② 벽돌 1일 쌓기 높이는 1.2∼1.5m(17∼20켜)로 한다.

③ 내화벽돌은 물을 사용하지 않고 내화 모르타르로 쌓아야 한다.

④ 벽돌나누기를 정확히 하되 토막벽돌이 나지 않도록 한다.

⑤ 모르타르 강도는 벽돌강도 이상이 되도록 한다.

⑥ 굳기 시작한 모르타르는 절대로 사용하지 말고, 줄눈 양생 전 하중을 가하지 않는다.

⑦ 가로, 세로줄눈의 너비는 10mm가 표준이며, 통줄눈이 생기지 않도록 한다.

⑧ 도면이나 특기시방서에 정하는 바가 없을 때는 영식 또는 화란식 쌓기법으로 한다.

⑨ 하루 작업이 끝날 때 켜에 차이가 나면 층단 들여쌓기로 하고, 모서리벽의 물림은 켜걸음 들여쌓기로 한다.

3 줄눈

(1) 줄눈의 종류

① 통줄눈 : 상부, 하부가 열려 있는 형식의 줄눈

② 막힌줄눈 : 상부, 하부가 막혀 있는 형식의 줄눈

③ 치장줄눈 : 줄눈 부위를 장식적으로 만든 것

(2) 줄눈의 세부분류

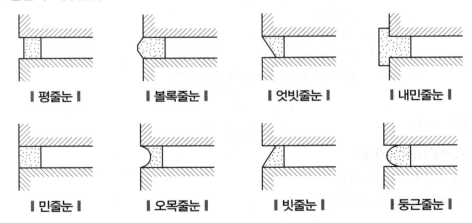

| 평줄눈 | 볼록줄눈 | 엇빗줄눈 | 내민줄눈 |

| 민줄눈 | 오목줄눈 | 빗줄눈 | 둥근줄눈 |

(3) 적산(벽돌량, 모르타르량, 블록량)

분류	형별	수량
1m²당 소요 벽돌량 (정미량, 1.0B 쌓기)	표준형(190×90×57)	149매
	기준형(210×100×60)	130매
벽돌 1,000매당 소요 모르타르량 (배합비 1 : 3, 1.0B 쌓기)	표준형(190×90×57)	0.33m³
	기준형(210×100×60)	0.37m³
1m²당 소요 블록량	기준형(390×190×100, 150, 190, 210)	13매
	장려형(290×190×100, 150, 190)	17매

(4) 벽 두께별 벽돌 소요매수 산정방법

① 기본벽돌 규격

$190×90×57$mm

② 벽 두께별 m² 벽돌 소요매수

0.5B	1.0B	1.5B	2.0B	2.5B	3.0B
75	149	224	298	373	447

③ 벽돌 소요매수 계산

예 벽돌벽 두께 1.0B, 벽 높이 2.5m, 길이 8m인 벽면에 소요되는 벽돌의 매수(단, 할증을 3%로 할 경우)

$$TN = A \times N \times R$$

여기서, A : 벽 넓이

N : 면적당 소요매수

R : 할증률(%)

$$TN = 20 \times 149 \times 1.03 = 3,069.4 ≒ 3,070매$$

4 벽돌벽 결함

(1) 백화현상 방지대책

① 조립률 큰 모래 사용

② 줄눈 모르타르에 방수재 혼합

③ 재료 배합 시 물시멘트비 저감

④ 분말도 큰 시멘트 사용

⑤ 흡수율 작은 벽돌과 모르타르 사용

⑥ 줄눈을 치밀하게 시공

⑦ 실리콘 뿜칠

⑵ **균열 결함**

① 발생원인
  ㉠ 기초부 부등침하
  ㉡ 벽돌 두께 또는 강도 부족
  ㉢ 벽돌벽에 작용하는 불균형 하중의 영향
  ㉣ 벽돌 사이 모르타르 다져넣기 부족
  ㉤ 이질재와의 접합
  ㉥ 모르타르의 강도 부족

② 방지대책
  ㉠ 기초부 지반의 사전 개량 및 버림콘크리트 타설 후 벽돌벽 시공
  ㉡ 벽돌두께의 기준 준수
  ㉢ 하루 작업량 기준 준수
  ㉣ 모르타르 강도의 사전확인

002 블록공사

1 시공 시 유의사항

(1) 일반사항
① Slump 18cm
② 모르타르 강도는 블록강도의 1.5배

(2) 쌓기
① 1일 쌓기는 1.2~1.5m
② 블록과 모르타르 접촉면 물축임
③ 최대높이는 3m 이하

(3) 줄눈
두께 10mm를 표준으로 함

(4) 살두께
두꺼운 쪽이 위로 배치되도록 쌓음

(5) 사춤
① 블록 윗면에서 5cm 이격
② 3~4켜마다 모르타르 충진

(6) Wire Mesh
① 균열 방지를 위해 사용(#8~10 철선)
② 횡력방지 및 교차부 균열 보강 역할
③ 블록벽 균열 방지 효과

2 보강 콘크리트 블록

블록의 빈 부분을 철근콘크리트로 보강한 내력벽 구조 블록으로 통줄눈 쌓기로 시공한다.

(1) 일반사항
① 살두께가 두꺼운 쪽을 위로 가게 쌓는다.
② 1일 쌓기 높이는 1.2~1.5m
③ 쌓기 순서는 모서리 > 교차부 > 신축줄눈부 > 중앙부

(2) 줄눈

가로, 세로 10mm로 시공

(3) 사춤

3켜 이내마다 윗면에서 5cm 아래까지 채운다.

(4) 가로근

① 가로근은 배근 상세도에 따라 가공하되 그 단부는 180도의 갈구리로 구부려 가공한다.

② 모서리에 가로근의 단부는 수평방향으로 구부려서 세로근의 바깥쪽으로 두르고, 정착길이는 공사시방서에 정한 바가 없는 한 40d 이상으로 한다.

③ 창 및 출입구 등의 모서리 부분에 가로근의 단부를 수평방향으로 정착할 여유가 없을 때에는 갈구리로 하여 단부 세로근에 걸고 결속선으로 결속한다.

④ 개구부 상하부의 가로근을 양측 벽부에 묻을 때의 정착길이는 40d 이상으로 한다.

(5) 세로근

① 상단부 180도 갈고리 가공 철근을 배치하고 벽 상부 보강근에 걸쳐 놓는다.

② 피복두께 2cm 이상 유지

❸ ALC 블록공사 내력벽 쌓기 시 유의사항

(1) 쌓기 모르타르는 교반기를 사용하여 배합하며, 1시간 이내에 사용해야 한다.

(2) 가로 및 세로줄눈의 두께는 1~3mm 정도로 한다.

(3) 하루 쌓기 높이는 1.8m를 표준으로 하며, 최대 2.4m 이내로 한다.

(4) 연속되는 벽면의 일부를 나중 쌓기로 할 때에는 그 부분을 층단 떼어 쌓기로 한다.

(5) 공간 쌓기는 바깥쪽을 주벽체로 하고 내부공간은 50~90mm 정도로 한다.

003 석공사

1 석공사 시공방법

(1) **표면가공 순서** : 혹두기 > 정다듬 > 도드락다듬 > 잔다듬 > 물갈기 > 광내기
(2) **연결철물** : 꺾쇠, 은장 등
(3) **사춤 모르타르비** : 1 : 2
(4) **줄눈** : 헝겊 등으로 막음처리
(5) **접착제** : 시멘트, 합성수지, 아교 등으로 접착
(6) **양생** : 호분, 널, 한지 등으로 양생

2 대리석 시공방법

(1) 최하단부는 충격방지를 위해 충진재 시공
(2) #10~20 놋쇠선 철물 사용
(3) **줄눈** : 10mm 이하로 시공
(4) 핀과 판이 맞닿는 곳은 꽂임촉으로 이음 시공
(5) **모르타르배합 시멘트** : 석고비 1 : 1 배합

3 인조석(테라조) 시공방법

(1) 인조석은 습윤양생 또는 수중양생함
(2) 경화 후 대리석을 기준으로 표면갈기 시공

4 석공사 돌쌓기

(1) **시공 시 유의사항**

① 석재는 열에 취약(열기에 쉽게 균열 발생)
② 압축강도 우수
③ 표면부 오염물질 제거를 위해 염산 사용 시 즉시 물로 씻어 낼 것
④ 석질이 균일한 재료 사용

5 석공사 돌쌓기 종류

(1) 바른층 쌓기

수평줄눈을 일직선으로 연결하고, 1켜의 높이는 동일하게 시공

(2) 허튼층 쌓기

상하 일부 세로줄눈이 통하게 된 것으로 네모난 돌의 수평줄눈이 부분적으로 연속된 쌓기 방법

(3) 층지어 쌓기

① 2~3켜마다 수평줄눈을 일직선으로 연속되게 쌓는 방법
② 중간켜에서는 막돌, 둥근돌의 모양대로 수직, 수평줄눈에 관계없이 흩뜨려 쌓음

PART

06

건설안전기술

건설공사 안전개요

001 지반의 안정성

① 지하탐사법

(1) 정의

'지하탐사법'이란 지층의 토질·지하수 존재·지층의 구조 등을 조사하는 지반조사의 방법으로 지하탐사법의 종류에는 터파보기(Test Pit)·짚어보기(Sounding Rod)·물리적 탐사(Geophysical Prospecting) 등이 있으며 지하매설물의 현황 파악에도 이용할 수 있다.

(2) 지하탐사법의 종류

① 터파보기(Test Pit)
- ㉠ 삽으로 지반의 구멍을 파서 육안으로 판단하는 방법
- ㉡ 맨 땅의 위치, 얕은 지층의 토질, 지하수 존재 등을 파악
- ㉢ 얕고 경미한 건축물의 기초에 많이 사용
- ㉣ 구멍의 거리간격 5.0~10m, 구멍 지름은 60~90cm
- ㉤ 터파보기 깊이는 1.5~3.0m까지 가능

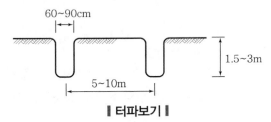

┃ 터파보기 ┃

② 짚어보기(탐사간, Sounding Rod)
- ㉠ 지름 9mm 정도의 철봉을 이용하여 땅속에 삽입 또는 때려 박아서 조사하는 방법
- ㉡ 저항, 울림, 침하력 등에 의하여 지반의 단단함을 판단
- ㉢ 얕은 지층의 생땅을 파악
- ㉣ 짚어보기 방법이 숙련되면 정확도가 높음

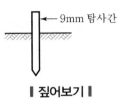

┃ 짚어보기 ┃

③ 물리적 탐사(Geophysical Prospecting)

∥물리적 탐사법∥

   ㉠ 탄성파, 음파, 전기저항 등을 이용하여 토질조사를 하는 방법

   ㉡ 지반의 지층구조, 풍화 정도, 지하수 존재 등을 파악

   ㉢ 흙의 공학적 성질 판별이 곤란하므로 필요시 Boring 과 병용하여 조사

   ㉣ 지층 변화의 심도(深度)를 아는 데 편리

④ 특징

장점	단점
• 넓은 지역의 자료를 저비용으로 단시간 내에 조사 가능 • 전체적인 지반상태를 알 수 있음 • 파쇄대(破碎帶), 공동(空洞), 지하수 등의 조사 가능	• 지층경계의 구분은 가능하나 지반의 특성을 개략적으로 나타냄 • 시추조사와 병행하여 지반을 판단하여야 함 • 기계의 조작과 해석에 전문기술 필요

⑤ 물리적 탐사의 종류

   ㉠ 탄성파탐사(Seismic Prospecting)

     • 인공적으로 지하에 화약폭발, 지진파 등의 진동을 일으켜 지반의 진동에 의한 탄성파를 발생시켜 그 반사파를 관측하여 탐사하는 방법

     • 지질 판정, 지층의 경계선, 암맥(巖脈)의 위치 등을 검출

   ㉡ 음파탐사(Sonic Prospecting)

     • 발진원으로 전기적 발진기, 수중 방전 등을 이용하여 음파의 반사면을 계측하여 지층의 구조를 탐사하는 방법

     • 해저지형의 조사에 많이 사용

   ㉢ 전기탐사(Electric Prospecting)

     • 지반의 전기적 성질의 차이를 이용하여 지층의 구성을 탐사하는 방법

     • 암석층의 구성, 지하수위, 지하수의 유수경로 등의 조사에 많이 사용

☑ 사운딩(Sounding)의 종류

(1) 표준관입시험(Standard Penetration Test)

① 흙의 다짐상태를 알아보기 위해 63.5kg의 해머를 75cm의 높이에서 자유 낙하시켜 Sampler를 30cm 관입시키는 데 필요한 해머의 타격횟수 N치를 구하는 시험

② Boring과 병용하여 실시

③ 주로 모래지반에 사용하며 점토지반은 큰 편차가 생겨 신뢰성 저하

(2) 콘관입시험(Cone Penetration Test)

① 로드(Rod) 선단에 부착된 원추형 Cone을 지중에 관입할 때의 저항치를 측정
② 지반의 경연(硬軟) 정도를 측정
③ 주로 연약한 점토지반에 사용
④ 환산표를 사용하여 현장에서 지지력 추정 가능

(3) 베인테스트(Vane Test)

① 십자형 날개를 가진 베인을 회전시켜, 회전에 의해 절취되는 흙의 직경과 높이로부터 전단강도를 구하는 시험
② 점토지반의 정밀한 점착력 측정용으로 사용
③ Boring 구멍을 이용하여 시험
④ 깊이 10m 이상 시 로드(Rod)의 되돌음이 있어 부정확
⑤ 연한 점토질에 사용하며 굳은 진흙층에서는 삽입이 곤란하므로 부적당

(4) 스웨덴식 사운딩시험(Swedish Sounding Test)

① 로드(Rod) 선단에 스크루 포인트(Screw Point)를 부착하여 중추에 의한 침하와 회전시켰을 때의 관입량을 측정하는 시험법
② 연약지반에서부터 굳은 지반에 걸쳐 거의 모든 토질에 적용
③ 최대 관입심도는 25~30m 정도까지 측정 가능
④ 표준관입시험의 보조수단으로 이용

[시행 2024. 1. 1.] [고용노동부고시 제2023-49호, 2023. 10. 5., 일부개정]

1 정의

① 이 고시에서 사용하는 용어의 뜻은 다음과 같다.

1. "건설업 산업안전보건관리비"(이하 "산업안전보건관리비"라 한다)란 산업재해 예방을 위하여 건설공사 현장에서 직접 사용되거나 해당 건설업체의 본점 또는 주사무소(이하 "본사"라 한다)에 설치된 안전전담부서에서 법령에 규정된 사항을 이행하는 데 소요되는 비용을 말한다.

2. "산업안전보건관리비 대상액"(이하 "대상액"이라 한다)이란 「예정가격 작성기준」(기획재정부 계약예규) 및 「지방자치단체 입찰 및 계약집행기준」(행정안전부 예규) 등 관련 규정에서 정하는 공사원가계산서 구성항목 중 직접재료비, 간접재료비와 직접노무비를 합한 금액(발주자가 재료를 제공할 경우에는 해당 재료비를 포함한다)을 말한다.

3. "건설공사발주자"(이하 "발주자"라 한다)란 법 제2조 제10호에 따른 건설공사발주자를 말한다.

4. "건설공사도급인"이란 발주자에게 건설공사를 도급받은 사업주로서 건설공사의 시공을 주도하여 총괄·관리하는 자를 말한다.

5. "자기공사자"란 건설공사의 시공을 주도하여 총괄·관리하는 자(발주자로부터 건설공사를 최초로 도급받은 수급인은 제외한다)를 말한다.

6. "감리자"란 다음 각 목의 어느 하나에 해당하는 자를 말한다.
    가. 「건설기술진흥법」 제2조 제5호에 따른 감리 업무를 수행하는 자
    나. 「건축법」 제2조 제1항 제15호의 공사감리자
    다. 「문화재수리 등에 관한 법률」 제2조 제12호의 문화재감리원
    라. 「소방시설공사업법」 제2조 제3호의 감리원
    마. 「전력기술관리법」 제2조 제5호의 감리원
    바. 「정보통신공사업법」 제2조 제10호의 감리원
    사. 그 밖에 관계 법률에 따라 감리 또는 공사감리 업무와 유사한 업무를 수행하는 자

② 그 밖에 이 고시에서 사용하는 용어의 정의는 이 고시에 특별한 규정이 없으면 「산업안전보건법」(이하 "법"이라 한다), 같은 법 시행령(이하 "영"이라 한다), 같은 법 시행규칙(이하 "규칙"이라 한다), 예산회계 및 건설관계법령에서 정하는 바에 따른다.

② 적용범위

이 고시는 법 제2조 제11호의 건설공사 중 총공사금액 2천만 원 이상인 공사에 적용한다. 다만, 다음 각 호의 어느 하나에 해당되는 공사 중 단가계약에 의하여 행하는 공사에 대하여는 총계약금액을 기준으로 적용한다.

1. 「전기공사업법」 제2조에 따른 전기공사로서 저압·고압 또는 특별고압 작업으로 이루어지는 공사
2. 「정보통신공사업법」 제2조에 따른 정보통신공사

③ 계상의무 및 기준

① 발주자가 도급계약 체결을 위한 원가계산에 의한 예정가격을 작성하거나, 자기공사자가 건설공사 사업 계획을 수립할 때에는 다음 각 호에 따라 산정한 금액 이상의 산업안전보건관리비를 계상하여야 한다. 다만, 발주자가 재료를 제공하거나 일부 물품이 완제품의 형태로 제작·납품되는 경우에는 해당 재료비 또는 완제품 가액을 대상액에 포함하여 산출한 산업안전보건관리비와 해당 재료비 또는 완제품 가액을 대상액에서 제외하고 산출한 산업안전보건관리비의 1.2배에 해당하는 값을 비교하여 그중 작은 값 이상의 금액으로 계상한다.

1. 대상액이 5억 원 미만 또는 50억 원 이상인 경우 : 대상액에 별표 1에서 정한 비율을 곱한 금액
2. 대상액이 5억 원 이상 50억 원 미만인 경우 : 대상액에 별표 1에서 정한 비율을 곱한 금액에 기초액을 합한 금액
3. 대상액이 명확하지 않은 경우 : 제4조 제1항의 도급계약 또는 자체사업계획상 책정된 총공사금액의 10분의 7에 해당하는 금액을 대상액으로 하고 제1호 및 제2호에서 정한 기준에 따라 계상

② 발주자는 제1항에 따라 계상한 산업안전보건관리비를 입찰공고 등을 통해 입찰에 참가하려는 자에게 알려야 한다.

③ 발주자와 법 제69조에 따른 건설공사도급인 중 자기공사자를 제외하고 발주자로부터 해당 건설공사를 최초로 도급받은 수급인(이하 "도급인"이라 한다)은 공사계약을 체결할 경우 제1항에 따라 계상된 산업안전보건관리비를 공사도급계약서에 별도로 표시하여야 한다.

④ 별표 1의 공사의 종류는 별표 5의 건설공사의 종류 예시표에 따른다. 다만, 하나의 사업장 내에 건설공사 종류가 둘 이상인 경우(분리발주한 경우를 제외한다)에는 공사금액이 가장 큰 공사종류를 적용한다.

⑤ 발주자 또는 자기공사자는 설계변경 등으로 대상액의 변동이 있는 경우 별표 1의3에 따라 지체 없이 산업안전보건관리비를 조정 계상하여야 한다. 다만, 설계변경으로 공사금액이 800억 원 이상으로 증액된 경우에는 증액된 대상액을 기준으로 제1항에 따라 재계상한다.

■ 건설업 산업안전보건관리비 계상 및 사용기준 [별표 1]

공사종류 및 규모별 산업안전보건관리비 계상기준

구분	대상액 5억 원 미만 적용비율(%)	대상액 5억 원 이상 50억 원 미만인 경우		대상액 50억 원 이상 적용비율(%)	보건관리자 선임대상 건설공사의 적용비율(%)
		적용비율(%)	기초액		
건축공사	3.11	2.28	4,325,000원	2.37	2.64
토목공사	3.15	2.53	3,300,000원	2.60	2.73
중건설공사	3.64	3.05	2,975,000원	3.11	3.39
특수건설공사	2.07	1.59	2,450,000원	1.64	1.78

※ 공사종류 개편 사항은 2024. 7. 1.부터 시행

■ 건설업 산업안전보건관리비 계상 및 사용기준 [별표 5]

건설공사의 종류 예시표

공사종류	내용 예시
1. 건축공사	가. 「건설산업기본법 시행령」(별표 1) 제1호 '나'목 종합적인 계획, 관리 및 조정에 따라 토지에 정착 하는 공작물 중 지붕과 기둥(또는 벽)이 있는 것과 이에 부수되는 시설물을 건설하는 공사 및 이와 함께 부대하여 현장 내에서 행하는 공사 나. 「건설산업기본법 시행령」(별표 1) 제2호의 전문공사로서 건축물과 관련하여 분리하여 발주되었고 시간적·장소적으로도 독립하여 행하는 공사
2. 토목공사	가. 「건설산업기본법 시행령」(별표 1) 제1호 '가'목 종합적인 계획·관리 및 조정에 따라 토목 공작물을 설치하거나 토지를 조성·개량하는 공사, '라'목 종합적인 계획, 관리 및 조정에 따라 산업의 생산시설, 환경오염을 예방·제거 재활용하기 위한 시설, 에너지 등의 생산·저장·공급시설 등의 건설공사 및 이와 함께 부대하여 현장 내에서 행하는 공사 나. 「건설산업기본법 시행령」(별표 1) 제2호의 전문공사로서 같은 표 제1호 건축공사 외의 시설물과 관련하여 분리하여 발주되었고 시간적·장소적으로도 독립하여 행하는 공사
3. 중건설공사	「건설산업기본법 시행령」(별표 1) 제1호 '가'목 및 '라'목에 해당되는 공사 중 다음과 같은 공사 및 이와 함께 부대하여 현장 내에서 행하는 공사 가. 고제방 댐 공사 등 댐 신설공사, 제방신설공사와 관련한 제반 시설공사 나. 화력, 수력, 원자력, 열병합 발전시설 등 설치공사 화력, 수력, 원자력, 열병합 발전시설과 관련된 신설공사 및 제반시설공사 다. 터널신설공사 등 도로, 철도, 지하철 공사로서 터널, 교량, 토공사 등이 포함된 복합시설물로 구성된 공사에 있어 터널 공사비 비중이 가장 큰 비중을 차지하는 건설공사

공사종류	내용 예시
4. 특수건설공사	「건설산업기본법 시행령」(별표 1) 제1호 '마'목 종합적인 계획·관리 및 조정에 따라 수목원, 공원, 녹지, 숲의 조성 등 경관 및 환경을 조성·개량 등의 건설공사로서 같은 법 시행규칙(별표 3)에서 구분한 조경공사에 해당하는 공사와 아래 각목에 따른 건설공사 중 다른 공사와 분리하여 발주되었고 시간적·장소적으로도 독립하여 행하는 공사 가. 「전기공사업법」에 의한 공사 나. 「정보통신공사업법」에 의한 공사 다. 「소방공사업법」에 의한 공사 라. 「문화재수리공사업법」에 의한 공사

[비고]

1. 건축물과 관련하여 공사가 수행된다 하더라도 독립하여 행하는 공사가 토목공사, 중건설공사가 명백한 경우 해당 공사 종류로 분류한다.
2. 건축공사, 토목공사 및 중건설공사와 함께 부대하여 현장 내에서 이루어지는 공사는 개별 법령에 따라 수행되는 공사를 포함한다.

4 사용기준

① 도급인과 자기공사자는 산업안전보건관리비를 산업재해예방 목적으로 다음 각 호의 기준에 따라 사용하여야 한다.

1. 안전관리자·보건관리자의 임금 등

가. 법 제17조 제3항 및 법 제18조 제3항에 따라 안전관리 또는 보건관리 업무만을 전담하는 안전관리자 또는 보건관리자의 임금과 출장비 전액

나. 안전관리 또는 보건관리 업무를 전담하지 않는 안전관리자 또는 보건관리자의 임금과 출장비의 각각 2분의 1에 해당하는 비용

다. 안전관리자를 선임한 건설공사 현장에서 산업재해 예방 업무만을 수행하는 작업지휘자, 유도자, 신호자 등의 임금 전액

라. 별표 1의2에 해당하는 작업을 직접 지휘·감독하는 직·조·반장 등 관리감독자의 직위에 있는 자가 영 제15조 제1항에서 정하는 업무를 수행하는 경우에 지급하는 업무수당(임금의 10분의 1 이내)

2. 안전시설비 등

가. 산업재해 예방을 위한 안전난간, 추락방호망, 안전대 부착설비, 방호장치(기계·기구와 방호장치가 일체로 제작된 경우, 방호장치 부분의 가액에 한함) 등 안전시설의 구입·임대 및 설치를 위해 소요되는 비용

나. 「산업재해예방시설자금 융자금 지원사업 및 보조금 지급사업 운영규정」(고용노동부 고시) 제2조 제12호에 따른 "스마트안전장비 지원사업" 및 「건설기술 진흥법」 제62조의3에 따른 스마트 안전장비 구입·임대 비용의 5분의 2에 해당하는 비용. 다만,

제4조에 따라 계상된 산업안전보건관리비 총액의 10분의 1을 초과할 수 없다.

다. 용접 작업 등 화재 위험작업 시 사용하는 소화기의 구입·임대비용

3. 보호구 등

가. 영 제74조 제1항 제3호에 따른 보호구의 구입·수리·관리 등에 소요되는 비용

나. 근로자가 가목에 따른 보호구를 직접 구매·사용하여 합리적인 범위 내에서 보전하는 비용

다. 제1호 가목부터 다목까지의 규정에 따른 안전관리자 등의 업무용 피복, 기기 등을 구입하기 위한 비용

라. 제1호 가목에 따른 안전관리자 및 보건관리자가 안전보건 점검 등을 목적으로 건설 공사 현장에서 사용하는 차량의 유류비·수리비·보험료

4. 안전보건진단비 등

가. 법 제42조에 따른 유해위험방지계획서의 작성 등에 소요되는 비용

나. 법 제47조에 따른 안전보건진단에 소요되는 비용

다. 법 제125조에 따른 작업환경 측정에 소요되는 비용

라. 그 밖에 산업재해예방을 위해 법에서 지정한 전문기관 등에서 실시하는 진단, 검사, 지도 등에 소요되는 비용

5. 안전보건교육비 등

가. 법 제29조부터 제32조까지의 규정에 따라 실시하는 의무교육이나 이에 준하여 실시하는 교육을 위해 건설공사 현장의 교육 장소 설치·운영 등에 소요되는 비용

나. 가목 이외 산업재해 예방 목적을 가진 다른 법령상 의무교육을 실시하기 위해 소요되는 비용

다. 「응급의료에 관한 법률」 제14조 제1항 제5호에 따른 안전보건교육 대상자 등에게 구조 및 응급처치에 관한 교육을 실시하기 위해 소요되는 비용

라. 안전보건관리책임자, 안전관리자, 보건관리자가 업무수행을 위해 필요한 정보를 취득하기 위한 목적으로 도서, 정기간행물을 구입하는 데 소요되는 비용

마. 건설공사 현장에서 안전기원제 등 산업재해 예방을 기원하는 행사를 개최하기 위해 소요되는 비용. 다만, 행사의 방법, 소요된 비용 등을 고려하여 사회통념에 적합한 행사에 한한다.

바. 건설공사 현장의 유해·위험요인을 제보하거나 개선방안을 제안한 근로자를 격려하기 위해 지급하는 비용

6. 근로자 건강장해예방비 등

가. 법·영·규칙에서 규정하거나 그에 준하여 필요로 하는 각종 근로자의 건강장해 예방에 필요한 비용

나. 중대재해 목격으로 발생한 정신질환을 치료하기 위해 소요되는 비용

다. 「감염병의 예방 및 관리에 관한 법률」 제2조 제1호에 따른 감염병의 확산 방지를 위

한 마스크, 손소독제, 체온계 구입비용 및 감염병병원체 검사를 위해 소요되는 비용

라. 법 제128조의2 등에 따른 휴게시설을 갖춘 경우 온도, 조명 설치·관리기준을 준수하기 위해 소요되는 비용

마. 건설공사 현장에서 근로자 심폐소생을 위해 사용되는 자동심장충격기(AED) 구입에 소요되는 비용

7. 법 제73조 및 제74조에 따른 건설재해예방전문지도기관의 지도에 대한 대가로 제2조 제1항 제5호의 자기공사자가 지급하는 비용

8. 「중대재해 처벌 등에 관한 법률 시행령」 제4조 제2호 나목에 해당하는 건설사업자가 아닌 자가 운영하는 사업에서 안전보건 업무를 총괄·관리하는 3명 이상으로 구성된 본사 전담조직에 소속된 근로자의 임금 및 업무수행 출장비 전액. 다만, 제4조에 따라 계상된 산업안전보건관리비 총액의 20분의 1을 초과할 수 없다.

9. 법 제36조에 따른 위험성평가 또는 「중대재해 처벌 등에 관한 법률 시행령」 제4조 제3호에 따라 유해·위험요인 개선을 위해 필요하다고 판단하여 법 제24조의 산업안전보건위원회 또는 법 제75조의 노사협의체에서 사용하기로 결정한 사항을 이행하기 위한 비용. 다만, 제4조에 따라 계상된 산업안전보건관리비 총액의 10분의 1을 초과할 수 없다.

② 제1항에도 불구하고 도급인 및 자기공사자는 다음 각 호의 어느 하나에 해당하는 경우에는 산업안전보건관리비를 사용할 수 없다. 다만, 제1항 제2호 나목 및 다목, 제1항 제6호 나목부터 마목, 제1항 제9호의 경우에는 그러하지 아니하다.

1. 「(계약예규)예정가격작성기준」 제19조 제3항 중 각 호(단, 제14호는 제외한다)에 해당되는 비용

2. 다른 법령에서 의무사항으로 규정한 사항을 이행하는 데 필요한 비용

3. 근로자 재해예방 외의 목적이 있는 시설·장비나 물건 등을 사용하기 위해 소요되는 비용

4. 환경관리, 민원 또는 수방대비 등 다른 목적이 포함된 경우

③ 도급인 및 자기공사자는 별표 3에서 정한 공사진척에 따른 산업안전보건관리비 사용기준을 준수하여야 한다. 다만, 건설공사발주자는 건설공사의 특성 등을 고려하여 사용기준을 달리 정할 수 있다.

④ 〈삭제〉

⑤ 도급인 및 자기공사자는 도급금액 또는 사업비에 계상된 산업안전보건관리비의 범위에서 그의 관계수급인에게 해당 사업의 위험도를 고려하여 적정하게 산업안전보건관리비를 지급하여 사용하게 할 수 있다.

5 사용금액의 감액·반환 등

발주자는 도급인이 법 제72조 제2항에 위반하여 다른 목적으로 사용하거나 사용하지 않은 산업안전보건관리비에 대하여 이를 계약금액에서 감액조정하거나 반환을 요구할 수 있다.

⑥ 사용내역의 확인

① 도급인은 산업안전보건관리비 사용내역에 대하여 공사 시작 후 6개월마다 1회 이상 발주자 또는 감리자의 확인을 받아야 한다. 다만, 6개월 이내에 공사가 종료되는 경우에는 종료 시 확인을 받아야 한다.

② 제1항에도 불구하고 발주자, 감리자 및 「근로기준법」 제101조에 따른 관계 근로감독관은 산업안전보건관리비 사용내역을 수시 확인할 수 있으며, 도급인 또는 자기공사자는 이에 따라야 한다.

③ 발주자 또는 감리자는 제1항 및 제2항에 따른 산업안전보건관리비 사용내역 확인 시 기술지도 계약 체결, 기술지도 실시 및 개선 여부 등을 확인하여야 한다.

⑦ 실행예산의 작성 및 집행 등

① 공사금액 4천만 원 이상의 도급인 및 자기공사자는 공사실행예산을 작성하는 경우에 해당 공사에 사용하여야 할 산업안전보건관리비의 실행예산을 계상된 산업안전보건관리비 총액 이상으로 별도 편성해야 하며, 이에 따라 산업안전보건관리비를 사용하고 별지 제1호서식의 산업안전보건관리비 사용내역서를 작성하여 해당 공사현장에 갖추어 두어야 한다.

② 도급인 및 자기공사자는 제1항에 따른 산업안전보건관리비 실행예산을 작성하고 집행하는 경우에 법 제17조와 영 제16조에 따라 선임된 해당 사업장의 안전관리자가 참여하도록 하여야 한다.

003 사전안전성 검토

1 작성·제출 🔵 제42조

① 사업주는 다음 각 호의 어느 하나에 해당하는 경우에는 이 법 또는 이 법에 따른 명령에서 정하는 유해·위험 방지에 관한 사항을 적은 계획서(이하 "유해위험방지계획서"라 한다)를 작성하여 고용노동부령으로 정하는 바에 따라 고용노동부장관에게 제출하고 심사를 받아야 한다. 다만, 제3호에 해당하는 사업주 중 산업재해발생률 등을 고려하여 고용노동부령으로 정하는 기준에 해당하는 사업주는 유해위험방지계획서를 스스로 심사하고, 그 심사결과서를 작성하여 고용노동부장관에게 제출하여야 한다. 〈개정 2020. 5. 26.〉

1. 대통령령으로 정하는 사업의 종류 및 규모에 해당하는 사업으로서 해당 제품의 생산 공정과 직접적으로 관련된 건설물·기계·기구 및 설비 등 전부를 설치·이전하거나 그 주요 구조부분을 변경하려는 경우
2. 유해하거나 위험한 작업 또는 장소에서 사용하거나 건강장해를 방지하기 위하여 사용하는 기계·기구 및 설비로서 대통령령으로 정하는 기계·기구 및 설비를 설치·이전하거나 그 주요 구조부분을 변경하려는 경우
3. 대통령령으로 정하는 크기, 높이 등에 해당하는 건설공사를 착공하려는 경우

② 제1항 제3호에 따른 건설공사를 착공하려는 사업주(제1항 각 호 외의 부분 단서에 따른 사업주는 제외한다)는 유해위험방지계획서를 작성할 때 건설안전 분야의 자격 등 고용노동부령으로 정하는 자격을 갖춘 자의 의견을 들어야 한다.

③ 제1항에도 불구하고 사업주가 제44조 제1항에 따라 공정안전보고서를 고용노동부장관에게 제출한 경우에는 해당 유해·위험설비에 대해서는 유해위험방지계획서를 제출한 것으로 본다.

④ 고용노동부장관은 제1항 각 호 외의 부분 본문에 따라 제출된 유해위험방지계획서를 고용노동부령으로 정하는 바에 따라 심사하여 그 결과를 사업주에게 서면으로 알려 주어야 한다. 이 경우 근로자의 안전 및 보건의 유지·증진을 위하여 필요하다고 인정하는 경우에는 해당 작업 또는 건설공사를 중지하거나 유해위험방지계획서를 변경할 것을 명할 수 있다.

⑤ 1항에 따른 사업주는 같은 항 각 호 외의 부분 단서에 따라 스스로 심사하거나 제4항에 따라 고용노동부장관이 심사한 유해위험방지계획서와 그 심사결과서를 사업장에 갖추어 두어야 한다.

⑥ 제1항 제3호에 따른 건설공사를 착공하려는 사업주로서 제5항에 따라 유해위험방지계획서 및 그 심사결과서를 사업장에 갖추어 둔 사업주는 해당 건설공사의 공법의 변경 등으로 인하여 그 유해위험방지계획서를 변경할 필요가 있는 경우에는 이를 변경하여 갖추어 두어야 한다.

② 이행의 확인 🅛 제43조

① 제42조 제4항에 따라 유해위험방지계획서에 대한 심사를 받은 사업주는 고용노동부령으로 정하는 바에 따라 유해위험방지계획서의 이행에 관하여 고용노동부장관의 확인을 받아야 한다.

② 제42조 제1항 각 호 외의 부분 단서에 따른 사업주는 고용노동부령으로 정하는 바에 따라 유해위험방지계획서의 이행에 관하여 스스로 확인하여야 한다. 다만, 해당 건설공사 중에 근로자가 사망(교통사고 등 고용노동부령으로 정하는 경우는 제외한다)한 경우에는 고용노동부령으로 정하는 바에 따라 유해위험방지계획서의 이행에 관하여 고용노동부장관의 확인을 받아야 한다.

③ 고용노동부장관은 제1항 및 제2항 단서에 따른 확인 결과 유해위험방지계획서대로 유해·위험방지를 위한 조치가 되지 아니하는 경우에는 고용노동부령으로 정하는 바에 따라 시설 등의 개선, 사용중지 또는 작업중지 등 필요한 조치를 명할 수 있다.

④ 제3항에 따른 시설 등의 개선, 사용중지 또는 작업중지 등의 절차 및 방법, 그 밖에 필요한 사항은 고용노동부령으로 정한다.

③ 유해위험방지계획서 제출 대상 🅥 제42조

① 법 제42조 제1항 제1호에서 "대통령령으로 정하는 사업의 종류 및 규모에 해당하는 사업"이란 다음 각 호의 어느 하나에 해당하는 사업으로서 전기 계약용량이 300킬로와트 이상인 경우를 말한다.
1. 금속가공제품 제조업(기계 및 가구 제외)
2. 비금속 광물제품 제조업
3. 기타 기계 및 장비 제조업
4. 자동차 및 트레일러 제조업
5. 식료품 제조업
6. 고무제품 및 플라스틱제품 제조업
7. 목재 및 나무제품 제조업
8. 기타 제품 제조업
9. 1차 금속 제조업
10. 가구 제조업
11. 화학물질 및 화학제품 제조업
12. 반도체 제조업
13. 전자부품 제조업

② 법 제42조 제1항 제2호에서 "대통령령으로 정하는 기계·기구 및 설비"란 다음 각 호의 어느 하나에 해당하는 기계·기구 및 설비를 말한다. 이 경우 다음 각 호에 해당하는 기계·기구

및 설비의 구체적인 범위는 고용노동부장관이 정하여 고시한다. 〈개정 2021. 11. 19.〉

1. 금속이나 그 밖의 광물의 용해로

2. 화학설비

3. 건조설비

4. 가스집합 용접장치

5. 근로자의 건강에 상당한 장해를 일으킬 우려가 있는 물질로서 고용노동부령으로 정하는 물질의 밀폐·환기·배기를 위한 설비

6. 삭제 〈2021. 11. 19.〉

③ 법 제42조 제1항 제3호에서 "대통령령으로 정하는 크기 높이 등에 해당하는 건설공사"란 다음 각 호의 어느 하나에 해당하는 공사를 말한다.

1. 다음 각 목의 어느 하나에 해당하는 건축물 또는 시설 등의 건설·개조 또는 해체(이하 "건설 등"이라 한다) 공사

   가. 지상높이가 31미터 이상인 건축물 또는 인공구조물

   나. 연면적 3만 제곱미터 이상인 건축물

   다. 연면적 5천 제곱미터 이상인 시설로서 다음의 어느 하나에 해당하는 시설

      1) 문화 및 집회시설(전시장 및 동물원·식물원은 제외한다)

      2) 판매시설, 운수시설(고속철도의 역사 및 집배송시설은 제외한다)

      3) 종교시설

      4) 의료시설 중 종합병원

      5) 숙박시설 중 관광숙박시설

      6) 지하도상가

      7) 냉동·냉장 창고시설

2. 연면적 5천 제곱미터 이상인 냉동·냉장 창고시설의 설비공사 및 단열공사

3. 최대 지간(支間)길이(다리의 기둥과 기둥의 중심사이의 거리)가 50미터 이상인 다리의 건설 등 공사

4. 터널의 건설 등 공사

5. 다목적댐, 발전용댐, 저수용량 2천만톤 이상의 용수 전용 댐 및 지방상수도 전용 댐의 건설 등 공사

6. 깊이 10미터 이상인 굴착공사

4 첨부서류

■ 산업안전보건법 시행규칙 [별표 10] 〈개정 2021. 11. 19〉

유해위험방지계획서 첨부서류(제42조 제3항 관련)

1. 공사 개요 및 안전보건관리계획
    - 가. 공사 개요서(별지 제101호서식)
    - 나. 공사현장의 주변 현황 및 주변과의 관계를 나타내는 도면(매설물 현황을 포함한다)
    - 다. 전체 공정표
    - 라. 산업안전보건관리비 사용계획서(별지 제102호서식)
    - 마. 안전관리 조직표
    - 바. 재해 발생 위험 시 연락 및 대피방법

2. 작업 공사 종류별 유해위험방지계획

대상 공사	작업 공사 종류	주요 작성대상	첨부 서류
영 제42조 제3항 제1호에 따른 건축물 또는 시설 등의 건설·개조 또는 해체(이하 "건설 등"이라 한다) 공사	1. 가설공사 2. 구조물공사 3. 마감공사 4. 기계 설비공사 5. 해체공사	가. 비계 조립 및 해체 작업(외부비계 및 높이 3미터 이상 내부비계만 해당한다) 나. 높이 4미터를 초과하는 거푸집동바리[동바리가 없는 공법(무지주공법으로 데크플레이트, 호리빔 등)과 옹벽 등 벽체를 포함한다] 조립 및 해체작업 또는 비탈면 슬래브(판 형상의 구조부재로서 구조물의 바닥이나 천장)의 거푸집동바리 조립 및 해체 작업 다. 작업발판 일체형 거푸집 조립 및 해체 작업 라. 철골 및 PC(Precast Concrete) 조립 작업 마. 양중기 설치·연장·해체 작업 및 천공·항타 작업 바. 밀폐공간 내 작업 사. 해체 작업 아. 우레탄폼 등 단열재 작업[취급장소와 인접한 장소에서 이루어지는 화기(火器) 작업을 포함한다] 자. 같은 장소(출입구를 공동으로 이용하는 장소를 말한다)에서 둘 이상의 공정이 동시에 진행되는 작업	1. 해당 작업공사 종류별 작업개요 및 재해예방계획 2. 위험물질의 종류별 사용량과 저장·보관 및 사용 시의 안전작업계획 [비고] 1. 바목의 작업에 대한 유해위험방지계획에는 질식·화재 및 폭발 예방 계획이 포함되어야 한다. 2. 각 목의 작업과정에서 통풍이나 환기가 충분하지 않거나 가연성 물질이 있는 건축물 내부나 설비 내부에서 단열재 취급·용접·용단 등과 같은 화기작업이 포함되어 있는 경우에는 세부계획이 포함되어야 한다.

대상 공사	작업 공사 종류	주요 작성대상	첨부 서류
영 제42조 제3항 제2호에 따른 냉동·냉장창고시설의 설비공사 및 단열공사	1. 가설공사 2. 단열공사 3. 기계 설비공사	가. 밀폐공간 내 작업 나. 우레탄폼 등 단열재 작업(취급장소와 인접한 곳에서 이루어지는 화기 작업을 포함한다) 다. 설비 작업 라. 같은 장소(출입구를 공동으로 이용하는 장소를 말한다)에서 둘 이상의 공정이 동시에 진행되는 작업	1. 해당 작업공사 종류별 작업개요 및 재해예방계획 2. 위험물질의 종류별 사용량과 저장·보관 및 사용 시의 안전작업계획 [비고] 1. 가목의 작업에 대한 유해위험방지계획에는 질식·화재 및 폭발 예방계획이 포함되어야 한다. 2. 각 목의 작업과정에서 통풍이나 환기가 충분하지 않거나 가연성 물질이 있는 건축물 내부나 설비 내부에서 단열재 취급·용접·용단 등과 같은 화기작업이 포함되어 있는 경우에는 세부계획이 포함되어야 한다.
영 제42조 제3항 제3호에 따른 다리 건설 등의 공사	1. 가설공사 2. 다리 하부(하부공) 공사 3. 다리 상부(상부공) 공사	가. 하부공 작업 1) 작업발판 일체형 거푸집 조립 및 해체 작업 2) 양중기 설치·연장·해체 작업 및 천공·항타 작업 3) 교대·교각 기초 및 벽체 철근조립 작업 4) 해상·하상 굴착 및 기초작업 나. 상부공 작업 1) 상부공 가설작업[압출공법(ILM), 캔틸레버공법(FCM), 동바리설치공법(FSM), 이동지보공법(MSS), 프리캐스트 세그먼트 가설공법(PSM) 등을 포함한다] 2) 양중기 설치·연장·해체 작업 3) 상부슬래브 거푸집동바리 조립 및 해체(특수작업대를 포함한다) 작업	1. 해당 작업공사 종류별 작업개요 및 재해예방계획 2. 위험물질의 종류별 사용량과 저장·보관 및 사용 시의 안전작업계획

대상 공사	작업 공사 종류	주요 작성대상	첨부 서류
영 제42조 제3항 제4호에 따른 터널 건설 등의 공사	1. 가설공사 2. 굴착 및 발파공사 3. 구조물공사	가. 터널굴진(掘進)공법(NATM) 　1) 굴진(갱구부, 본선, 수직갱, 수직구 등을 말한다) 및 막장 내 붕괴·낙석방지 계획 　2) 화약 취급 및 발파 작업 　3) 환기 작업 　4) 작업대(굴진, 방수, 철근, 콘크리트 타설을 포함한다) 사용 작업 나. 기타 터널공법[(TBM)공법, 쉴드(Shield)공법, 추진(Front Jacking)공법, 침매공법 등을 포함한다] 　1) 환기 작업 　2) 막장 내 기계·설비 유지·보수 작업	1. 해당 작업공사 종류별 작업개요 및 재해예방 계획 2. 위험물질의 종류별 사용량과 저장·보관 및 사용 시의 안전작업계획 [비고] 1. 나목의 작업에 대한 유해위험방지계획에는 굴진(갱구부, 본선, 수직갱, 수직구 등을 말한다) 및 막장 내 붕괴·낙석방지 계획이 포함되어야 한다.
영 제42조 제3항 제5호에 따른 댐 건설 등의 공사	1. 가설공사 2. 굴착 및 발파공사 3. 댐 축조공사	가. 굴착 및 발파 작업 나. 댐 축조[가(假)체절 작업을 포함한다] 작업 　1) 기초처리 작업 　2) 둑 비탈면 처리 작업 　3) 본체 축조 관련 장비 작업(흙쌓기 및 다짐만 해당한다) 　4) 작업발판 일체형 거푸집 조립 및 해체 작업(콘크리트 댐만 해당한다)	1. 해당 작업공사 종류별 작업개요 및 재해예방 계획 2. 위험물질의 종류별 사용량과 저장·보관 및 사용 시의 안전작업계획
영 제42조 제3항 제6호에 따른 굴착공사	1. 가설공사 2. 굴착 및 발파공사 3. 흙막이 지보공(支保工) 공사	가. 흙막이 가시설 조립 및 해체 작업(복공작업을 포함한다) 나. 굴착 및 발파 작업 다. 양중기 설치·연장·해체 작업 및 천공·항타 작업	1. 해당 작업공사 종류별 작업개요 및 재해예방 계획 2. 위험물질의 종류별 사용량과 저장·보관 및 사용 시의 안전작업계획

[비고] 작업 공사 종류란의 공사에서 이루어지는 작업으로서 주요 작성대상란에 포함되지 않은 작업에 대해서도 유해위험방지계획서를 작성하고, 첨부서류란의 해당 서류를 첨부해야 한다.

SECTION 02 건설공구 및 장비

001 건설공구 및 장비안전수칙

■ 굴삭기

(1) 버켓 탈락방지용 안전핀 설치

(2) 비탈면 전도방지를 위한 작업경로 확보

(3) 후진 시 경보장치 작동상태 확인

(4) 양중작업 등 목적 외 사용금지

(5) 운전원 안전벨트 착용 및 승차석 이외에 근로자 탑승 금지

② 이동식 크레인

(1) 안전인증(KCs) 여부 확인(2009.10.1 이후 출고 제품)

(2) 아웃트리거 하부에는 침하 방지 조치

(3) 후크 해지장치 정상작동 확인

(4) 물체 인양 시 작업반경 내 근로자 접근 통제 조치

(5) 고압선 등 주변 장애물 위험요인 파악

(6) 줄걸이 용구의 사용상태 확인

(7) 인양자재 묶음상태 및 2줄 걸이 확인

③ 덤프트럭

(1) 노견 붕괴, 지반 침하 등의 위험 사전 방지 조치

(2) 후진 시 경보장치 작동상태 확인

(3) 브레이크 작동상태 확인 철저

(4) 운전위치 이탈 시에는 브레이크 조치

(5) 타이어 마모상태 확인

④ 고소작업대

(1) 안전인증(KCs) 여부 확인(2009.7.1 이후 출고 제품)

(2) 설치장소의 지반 다짐 및 수평상태 확인

(3) 아웃트리거 및 받침대 적정여부 확인

(4) 작업대에 근로자 탑승 시 안전대 사용

(5) 작업반경 내 근로자 출입통제 실시

(6) 작업대는 정격하중을 초과하지 않도록 조치

(7) 작업대 고정 및 연결상태 사전점검

5 지게차

(1) 운전자의 시야 확보

(2) 지게차의 허용하중을 초과하지 않도록 운행 실시

(3) 후진 경보장치를 설치하고 후진 시 작동상태 확인

(4) 포크리프트 위에 탑승 금지

(5) 경광등 설치 사용

SECTION 03 양중 및 해체공사의 안전

001 해체용 기구의 종류 및 취급안전

1 압쇄기

쇼벨에 설치하며 유압조작으로 콘크리트 등에 강력한 압축력을 가해 파쇄하는 것으로 다음의 사항을 준수하여야 한다.

(1) 압쇄기의 중량, 작업충격을 사전에 고려하고, 차체 지지력을 초과하는 중량의 압쇄기부착을 금지하여야 한다.

(2) 압쇄기 부착과 해체에는 경험이 많은 사람으로서 선임된 자에 한하여 실시한다.

(3) 압쇄기 연결구조부는 보수점검을 수시로 하여야 한다.

(4) 배관 접속부의 핀, 볼트 등 연결구조의 안전 여부를 점검하여야 한다.

(5) 절단날은 마모가 심하기 때문에 적절히 교환하여야 하며 교환대체품목을 항상 비치하여야 한다.

2 대형 브레이커

통상 쇼벨에 설치하여 사용하며, 다음의 사항을 준수하여야 한다.

(1) 대형 브레이커는 중량, 작업 충격력을 고려, 차체 지지력을 초과하는 중량의 브레이커부착을 금지하여야 한다.

(2) 대형 브레이커의 부착과 해체에는 경험이 많은 사람으로서 선임된 자에 한하여 실시하여야 한다.

(3) 유압작동구조, 연결구조 등의 주요구조는 보수점검을 수시로 하여야 한다.

(4) 유압식일 경우에는 유압이 높기 때문에 수시로 유압호스가 새거나 막힌 곳이 없는가를 점검하여야 한다.

(5) 해체대상물에 따라 적합한 형상의 브레이커를 사용하여야 한다.

3 햄머

크레인 등에 부착하여 구조물에 충격을 주어 파쇄하는 것으로 다음의 사항을 준수하여야 한다.

(1) 햄머는 해체대상물에 적합한 형상과 중량의 것을 선정하여야 한다.

(2) 햄머는 중량과 작압반경을 고려하여 차체의 부음, 프레임 및 차체 지지력을 초과하지 않도록 설치하여야 한다.

(3) 햄머를 매달은 와이어 로프의 종류와 직경 등은 적절한 것을 사용하여야 한다.

(4) 햄머와 와이어 로프의 결속은 경험이 많은 사람으로서 선임된 자에 한하여 실시하도록 하여야 한다.

(5) 킹크, 소선절단, 단면이 감소된 와이어 로프는 즉시 교체하여야 하며 결속부는 사용 전후 항상 점검하여야 한다.

4 콘크리트 파쇄용 화약류

다음의 사항을 준수하여야 한다.

(1) 화약류에 의한 발파파쇄 해체 시에는 사전에 시험발파에 의한 폭력, 폭속, 진동치속도 등에 파쇄능력과 진동, 소음의 영향력을 검토하여야 한다.

(2) 소음, 분진, 진동으로 인한 공해대책, 파편에 대한 예방대책을 수립하여야 한다.

(3) 화약류 취급에 대하여는 법, 총포도검화약류단속법 등 관계법에서 규정하는 바에 의하여 취급하여야 하며 화약저장소 설치기준을 준수하여야 한다.

(4) 시공순서는 화약취급절차에 의한다.

5 핸드브레이커

압축공기, 유압의 급속한 충격력에 의거 콘크리트 등을 해체할 때 사용하는 것으로 다음의 사항을 준수하여야 한다.

(1) 끌의 부러짐을 방지하기 위하여 작업자세는 하향 수직방향으로 유지하도록 하여야 한다.

(2) 기계는 항상 점검하고, 호스의 꼬임·교차 및 손상여부를 점검하여야 한다.

6 팽창제

광물의 수화반응에 의한 팽창압을 이용하여 파쇄하는 공법으로 다음의 사항을 준수하여야 한다.

(1) 팽창제와 물과의 시방 혼합비율을 확인하여야 한다.

(2) 천공직경이 너무 작거나 크면 팽창력이 작아 비효율적이므로 천공 직경은 30~50mm 정도를 유지하여야 한다.

(3) 천공간격은 콘크리트 강도에 의하여 결정되나 30~70cm 정도를 유지하도록 한다.

(4) 팽창제를 저장하는 경우에는 건조한 장소에 보관하고 직접 바닥에 두지 말고 습기를 피하여야 한다.

(5) 개봉된 팽창제는 사용하지 말아야 하며 쓰다 남은 팽창제 처리에 유의하여야 한다.

⑦ 절단톱

회전날 끝에 다이아몬드 입자를 혼합 경화하여 제조된 절단톱으로 기둥, 보, 바닥, 벽체를 적당한 크기로 절단하여 해체하는 공법으로 다음의 사항을 준수하여야 한다.

(1) 작업현장은 정리정돈이 잘 되어야 한다.

(2) 절단기에 사용되는 전기시설과 급수, 배수설비를 수시로 정비 점검하여야 한다.

(3) 회전날에는 접촉방지 커버를 부착토록 하여야 한다.

(4) 회전날의 조임상태는 안전한지 작업 전에 점검하여야 한다.

(5) 절단 중 회전날을 냉각시키는 냉각수는 충분한지 점검하고 불꽃이 많이 비산되거나 수증기 등이 발생되면 과열된 것이므로 일시중단한 후 작업을 실시하여야 한다.

(6) 절단방향을 직선을 기준하여 절단하고 부재 중에 철근 등이 있어 절단이 안 될 경우에는 최소단면으로 절단하여야 한다.

(7) 절단기는 매일 점검하고 정비해 두어야 하며 회전 구조부에는 윤활유를 주유해 두어야 한다.

⑧ 재키

구조물의 부재 사이에 재키를 설치한 후 국소부에 압력을 가해 해체하는 공법으로 다음의 사항을 준수하여야 한다.

(1) 재키를 설치하거나 해체할 때는 경험이 많은 사람으로서 선임된 자에 한하여 실시하도록 하여야 한다.

(2) 유압호스 부분에서 기름이 새거나, 접속부에 이상이 없는지를 확인하여야 한다.

(3) 장시간 작업의 경우에는 호스의 커플링과 고무가 연결된 곳에 균열이 발생될 우려가 있으므로 마모율과 균열에 따라 적정한 시기에 교환하여야 한다.

(4) 정기·특별·수시 점검을 실시하고 결함 사항은 즉시 개선·보수·교체하여야 한다.

⑨ 쐐기 타입기

직경 30~40mm 정도의 구멍 속에 쐐기를 박아 넣어 구멍을 확대하여 해체하는 것으로, 다음의 사항을 준수하여야 한다.

(1) 구멍에 굴곡이 있으면 타입기 자체에 큰 응력이 발생하여 쐐기가 휠 우려가 있으므로 굴곡이 없도록 천공하여야 한다.

(2) 천공구멍은 타입기 삽입부분의 직경과 거의 같도록 하여야 한다.

(3) 쐐기가 절단 및 변형된 경우는 즉시 교체하여야 한다.

(4) 보수·점검은 수시로 하여야 한다.

⑩ 화염방사기

구조체를 고온으로 용융시키면서 해체하는 것으로 다음의 사항을 준수하여야 한다.

(1) 고온의 용융물이 비산하고 연기가 많이 발생되므로 화재발생에 주의하여야 한다.

(2) 소화기를 준비하여 불꽃비산에 의한 인접부분의 발화에 대비하여야 한다.

(3) 작업자는 방열복, 마스크, 장갑 등의 보호구를 착용하여야 한다.

(4) 산소용기가 넘어지지 않도록 밑받침 등으로 고정시키고 빈 용기와 채워진 용기의 저장을 분리하여야 한다.

(5) 용기 내 압력은 온도에 의해 상승하기 때문에 항상 40℃ 이하로 보존하여야 한다.

(6) 호스는 결속물로 확실하게 결속하고, 균열되었거나 노후된 것은 사용하지 말아야 한다.

(7) 게이지의 작동을 확인하고 고장 및 작동불량품은 교체하여야 한다.

⑩ 절단줄톱

와이어에 다이아몬드 절삭날을 부착하고, 고속회전시켜 절단 해체하는 공법으로 다음의 사항을 준수하여야 한다.

(1) 절단작업 중 줄톱이 끊어지거나, 수명이 다할 경우에는 줄톱의 교체가 어려우므로 작업 전에 충분히 와이어를 점검하여야 한다.

(2) 절단대상물의 절단면적을 고려하여 줄톱의 크기와 규격을 결정하여야 한다.

(3) 절단면에 고온이 발생하므로 냉각수 공급을 적절히 하여야 한다.

(4) 구동축에는 접촉방지 커버를 부착하도록 하여야 한다.

1 양중기 🔶 제132조

양중기란 다음 각 호의 기계를 말한다. 〈개정 2019. 4. 19.〉
1. 크레인[호이스트(Hoist)를 포함한다]
2. 이동식 크레인
3. 리프트(이삿짐운반용 리프트의 경우에는 적재하중이 0.1톤 이상인 것으로 한정한다)
4. 곤돌라
5. 승강기

2 안전 수칙

(1) 크레인

① 안전밸브의 조정 🔶 제136조
사업주는 유압을 동력으로 사용하는 크레인의 과도한 압력상승을 방지하기 위한 안전밸브에 대하여 정격하중(지브 크레인은 최대의 정격하중으로 한다)을 건 때의 압력 이하로 작동되도록 조정하여야 한다. 다만, 하중시험 또는 안전도시험을 하는 경우 그러하지 아니하다.

② 해지장치의 사용 🔶 제137조
사업주는 훅걸이용 와이어로프 등이 훅으로부터 벗겨지는 것을 방지하기 위한 장치(이하 "해지장치"라 한다)를 구비한 크레인을 사용하여야 하며, 그 크레인을 사용하여 짐을 운반하는 경우에는 해지장치를 사용하여야 한다.

③ 경사각의 제한 🔶 제138조
사업주는 지브 크레인을 사용하여 작업을 하는 경우에 크레인 명세서에 적혀 있는 지브의 경사각(인양하중이 3톤 미만인 지브 크레인의 경우에는 제조한 자가 지정한 지브의 경사각)의 범위에서 사용하도록 하여야 한다.

④ 크레인의 수리 등의 작업 🔶 제139조
㉠ 사업주는 같은 주행로에 병렬로 설치되어 있는 주행 크레인의 수리·조정 및 점검 등의 작업을 하는 경우, 주행로상이나 그 밖에 주행 크레인이 근로자와 접촉할 우려가 있는 장소에서 작업을 하는 경우 등에 주행 크레인끼리 충돌하거나 주행 크레인이 근로자와 접촉할 위험을 방지하기 위하여 감시인을 두고 주행로상에 스토퍼(Stopper)를 설치하는 등 위험 방지 조치를 하여야 한다.

ⓒ 사업주는 갠트리 크레인 등과 같이 작업장 바닥에 고정된 레일을 따라 주행하는 크레인의 새들(Saddle) 돌출부와 주변 구조물 사이의 안전공간이 40센티미터 이상 되도록 바닥에 표시를 하는 등 안전공간을 확보하여야 한다.

⑤ **폭풍에 의한 이탈 방지** 칙 제140조

사업주는 순간풍속이 초당 30미터를 초과하는 바람이 불어올 우려가 있는 경우 옥외에 설치되어 있는 주행 크레인에 대하여 이탈방지장치를 작동시키는 등 이탈 방지를 위한 조치를 하여야 한다.

⑥ **조립 등의 작업 시 조치사항** 칙 제141조

사업주는 크레인의 설치·조립·수리·점검 또는 해체 작업을 하는 경우 다음 각 호의 조치를 하여야 한다.

1. 작업순서를 정하고 그 순서에 따라 작업을 할 것
2. 작업을 할 구역에 관계 근로자가 아닌 사람의 출입을 금지하고 그 취지를 보기 쉬운 곳에 표시할 것
3. 비, 눈, 그 밖에 기상상태의 불안정으로 날씨가 몹시 나쁜 경우에는 그 작업을 중지시킬 것
4. 작업장소는 안전한 작업이 이루어질 수 있도록 충분한 공간을 확보하고 장애물이 없도록 할 것
5. 들어올리거나 내리는 기자재는 균형을 유지하면서 작업을 하도록 할 것
6. 크레인의 성능, 사용조건 등에 따라 충분한 응력(應力)을 갖는 구조로 기초를 설치하고 침하 등이 일어나지 않도록 할 것
7. 규격품인 조립용 볼트를 사용하고 대칭되는 곳을 차례로 결합하고 분해할 것

⑦ **타워크레인의 지지** 칙 제142조

ⓐ 사업주는 타워크레인을 자립고(自立高) 이상의 높이로 설치하는 경우 건축물 등의 벽체에 지지하도록 하여야 한다. 다만, 지지할 벽체가 없는 등 부득이한 경우에는 와이어로프에 의하여 지지할 수 있다. 〈개정 2013. 3. 21.〉

ⓑ 사업주는 타워크레인을 벽체에 지지하는 경우 다음 각 호의 사항을 준수하여야 한다. 〈개정 2019. 1. 31., 2019. 12. 26.〉

1. 「산업안전보건법 시행규칙」 제110조 제1항 제2호에 따른 서면심사에 관한 서류 (「건설기계관리법」 제18조에 따른 형식승인서류를 포함한다) 또는 제조사의 설치작업설명서 등에 따라 설치할 것
2. 제1호의 서면심사 서류 등이 없거나 명확하지 아니한 경우에는 「국가기술자격법」에 따른 건축구조·건설기계·기계안전·건설안전기술사 또는 건설안전분야 산업안전지도사의 확인을 받아 설치하거나 기종별·모델별 공인된 표준방법으로 설치할 것

3. 콘크리트구조물에 고정시키는 경우에는 매립이나 관통 또는 이와 같은 수준 이상의 방법으로 충분히 지지되도록 할 것

4. 건축 중인 시설물에 지지하는 경우에는 그 시설물의 구조적 안정성에 영향이 없도록 할 것

ⓒ 사업주는 타워크레인을 와이어로프로 지지하는 경우 다음 각 호의 사항을 준수해야한다. 〈개정 2013. 3. 21., 2019. 10. 15., 2022. 10. 18.〉

1. 제2항 제1호 또는 제2호의 조치를 취할 것

2. 와이어로프를 고정하기 위한 전용 지지프레임을 사용할 것

3. 와이어로프 설치각도는 수평면에서 60도 이내로 하되, 지지점은 4개소 이상으로 하고, 같은 각도로 설치할 것

4. 와이어로프와 그 고정부위는 충분한 강도와 장력을 갖도록 설치하고, 와이어로프를 클립·샤클(Shackle, 연결고리) 등의 고정기구를 사용하여 견고하게 고정시켜 풀리지 않도록 하며, 사용 중에는 충분한 강도와 장력을 유지하도록 할 것. 이 경우 클립·샤클 등의 고정기구는 한국산업표준 제품이거나 한국산업표준이 없는 제품의 경우에는 이에 준하는 규격을 갖춘 제품이어야 한다.

5. 와이어로프가 가공전선(架空電線)에 근접하지 않도록 할 것

⑧ **폭풍 등으로 인한 이상 유무 점검** 🟢 제143조

사업주는 순간풍속이 초당 30미터를 초과하는 바람이 불거나 중진(中震) 이상 진도의 지진이 있은 후에 옥외에 설치되어 있는 양중기를 사용하여 작업을 하는 경우에는 미리 기계 각 부위에 이상이 있는지를 점검하여야 한다.

⑨ **크레인 작업 시의 조치** 🟢 제146조

㉠ 사업주는 크레인을 사용하여 작업을 하는 경우 다음 각 호의 조치를 준수하고, 그 작업에 종사하는 관계 근로자가 그 조치를 준수하도록 하여야 한다.

1. 인양할 하물(荷物)을 바닥에서 끌어당기거나 밀어내는 작업을 하지 아니할 것

2. 유류드럼이나 가스통 등 운반 도중에 떨어져 폭발하거나 누출될 가능성이 있는 위험물 용기는 보관함(또는 보관고)에 담아 안전하게 매달아 운반할 것

3. 고정된 물체를 직접 분리·제거하는 작업을 하지 아니할 것

4. 미리 근로자의 출입을 통제하여 인양 중인 하물이 작업자의 머리 위로 통과하지 않도록 할 것

5. 인양할 하물이 보이지 아니하는 경우에는 어떠한 동작도 하지 아니할 것(신호하는 사람에 의하여 작업을 하는 경우는 제외한다)

㉡ 사업주는 조종석이 설치되지 아니한 크레인에 대하여 다음 각 호의 조치를 하여야 한다.

1. 고용노동부장관이 고시하는 크레인의 제작기준과 안전기준에 맞는 무선원격제어기 또는 펜던트 스위치를 설치·사용할 것

2. 무선원격제어기 또는 펜던트 스위치를 취급하는 근로자에게는 작동요령 등 안전 조작에 관한 사항을 충분히 주지시킬 것

ⓒ 사업주는 타워크레인을 사용하여 작업을 하는 경우 타워크레인마다 근로자와 조종 작업을 하는 사람 간에 신호업무를 담당하는 사람을 각각 두어야 한다. 〈신설 2018. 3. 30.〉

(2) 이동식 크레인

① 설계기준 준수 🔵 제147조
사업주는 이동식 크레인을 사용하는 경우에 그 이동식 크레인이 넘어지거나 그 이동식 크레인의 구조 부분을 구성하는 강재 등이 변형되거나 부러지는 일 등을 방지하기 위하여 해당 이동식 크레인의 설계기준(제조자가 제공하는 사용설명서)을 준수하여야 한다. 〈개정 2024. 6. 28.〉

② 안전밸브의 조정 🔵 제148조
사업주는 유압을 동력으로 사용하는 이동식 크레인의 과도한 압력상승을 방지하기 위한 안전밸브에 대하여 최대의 정격하중을 건 때의 압력 이하로 작동되도록 조정하여야 한다. 다만, 하중시험 또는 안전도시험을 실시할 때에 시험하중에 맞는 압력으로 작동될 수 있도록 조정한 경우에는 그러하지 아니하다.

③ 해지장치의 사용 🔵 제149조
사업주는 이동식 크레인을 사용하여 하물을 운반하는 경우에는 해지장치를 사용하여야 한다.

④ 경사각의 제한 🔵 제150조
사업주는 이동식 크레인을 사용하여 작업을 하는 경우 이동식 크레인 명세서에 적혀 있는 지브의 경사각(인양하중이 3톤 미만인 이동식 크레인의 경우에는 제조한 자가 지정한 지브의 경사각)의 범위에서 사용하도록 하여야 한다.

(3) 리프트

① 권과 방지 등 🔵 제151조
사업주는 리프트(자동차정비용 리프트는 제외한다. 이하 이 관에서 같다)의 운반구 이탈 등의 위험을 방지하기 위하여 권과방지장치, 과부하방지장치, 비상정지장치 등을 설치하는 등 필요한 조치를 하여야 한다. 〈개정 2019. 4. 19.〉

② 무인작동의 제한 🔵 제152조
ⓙ 사업주는 운반구의 내부에만 탑승조작장치가 설치되어 있는 리프트를 사람이 탑승하지 아니한 상태로 작동하게 해서는 아니 된다.

ⓛ 사업주는 리프트 조작반(盤)에 잠금장치를 설치하는 등 관계 근로자가 아닌 사람이 리프트를 임의로 조작함으로써 발생하는 위험을 방지하기 위하여 필요한 조치를 하여야 한다.

③ 피트 청소 시의 조치 🔰 제153조

사업주는 리프트의 피트 등의 바닥을 청소하는 경우 운반구의 낙하에 의한 근로자의 위험을 방지하기 위하여 다음 각 호의 조치를 하여야 한다.

1. 승강로에 각재 또는 원목 등을 걸칠 것
2. 제1호에 따라 걸친 각재(角材) 또는 원목 위에 운반구를 놓고 역회전방지기가 붙은 브레이크를 사용하여 구동모터 또는 윈치(Winch)를 확실하게 제동해 둘 것

④ 붕괴 등의 방지 🔰 제154조

㉠ 사업주는 지반침하, 불량한 자재사용 또는 헐거운 결선(結線) 등으로 리프트가 붕괴되거나 넘어지지 않도록 필요한 조치를 하여야 한다.

㉡ 사업주는 순간풍속이 초당 35미터를 초과하는 바람이 불어올 우려가 있는 경우 건설용 리프트(지하에 설치되어 있는 것은 제외한다)에 대하여 받침의 수를 증가시키는 등 그 붕괴 등을 방지하기 위한 조치를 하여야 한다. 〈개정 2022. 10. 18.〉

⑤ 운반구의 정지위치 🔰 제155조

사업주는 리프트 운반구를 주행로 위에 달아 올린 상태로 정지시켜 두어서는 아니 된다.

⑥ 조립 등의 작업 🔰 제156조

㉠ 사업주는 리프트의 설치·조립·수리·점검 또는 해체 작업을 하는 경우 다음 각 호의 조치를 하여야 한다.

1. 작업을 지휘하는 사람을 선임하여 그 사람의 지휘하에 작업을 실시할 것
2. 작업을 할 구역에 관계 근로자가 아닌 사람의 출입을 금지하고 그 취지를 보기 쉬운 장소에 표시할 것
3. 비, 눈, 그 밖에 기상상태의 불안정으로 날씨가 몹시 나쁜 경우에는 그 작업을 중지시킬 것

㉡ 사업주는 제1항 제1호의 작업을 지휘하는 사람에게 다음 각 호의 사항을 이행하도록 하여야 한다.

1. 작업방법과 근로자의 배치를 결정하고 해당 작업을 지휘하는 일
2. 재료의 결함 유무 또는 기구 및 공구의 기능을 점검하고 불량품을 제거하는 일
3. 작업 중 안전대 등 보호구의 착용 상황을 감시하는 일

(4) 곤돌라

① 운전방법 등의 주지 🔰 제160조

사업주는 곤돌라의 운전방법 또는 고장이 났을 때의 처치방법을 그 곤돌라를 사용하는 근로자에게 주지시켜야 한다.

(5) 승강기

① 폭풍에 의한 무너짐 방지 🔵칙 제161조

사업주는 순간풍속이 초당 35미터를 초과하는 바람이 불어 올 우려가 있는 경우 옥외에 설치되어 있는 승강기에 대하여 받침의 수를 증가시키는 등 승강기가 무너지는 것을 방지하기 위한 조치를 하여야 한다. 〈개정 2019. 1. 31.〉

[제목개정 2019. 1. 31.]

② 조립 등의 작업 🔵칙 제162조

㉠ 사업주는 사업장에 승강기의 설치·조립·수리·점검 또는 해체 작업을 하는 경우 다음 각 호의 조치를 해야 한다. 〈개정 2022. 10. 18.〉

1. 작업을 지휘하는 사람을 선임하여 그 사람의 지휘하에 작업을 실시할 것
2. 작업을 할 구역에 관계 근로자가 아닌 사람의 출입을 금지하고 그 취지를 보기 쉬운 장소에 표시할 것
3. 비, 눈, 그 밖에 기상상태의 불안정으로 날씨가 몹시 나쁜 경우에는 그 작업을 중지시킬 것

㉡ 사업주는 제1항 제1호의 작업을 지휘하는 사람에게 다음 각 호의 사항을 이행하도록 하여야 한다.

1. 작업방법과 근로자의 배치를 결정하고 해당 작업을 지휘하는 일
2. 재료의 결함 유무 또는 기구 및 공구의 기능을 점검하고 불량품을 제거하는 일
3. 작업 중 안전대 등 보호구의 착용 상황을 감시하는 일

SECTION 04 건설재해 및 대책

001 떨어짐(추락)재해 및 대책

1 추락재해 예방을 위한 안전시설

(1) 개요

산업안전보건법령은 추락재해 예방을 위한 최우선적 조치로 작업발판을 설치하도록 규정하고 있으며, 이에 따라 안전보건규칙에 의해 추락이나 전도 위험이 있는 장소에서 작업 시 비계를 조립하는 등의 방법으로 작업발판을 설치해야 한다.
작업발판을 설치하기 곤란한 경우 차선책으로 안전방망을 치도록 하고 그것도 곤란한 경우 근로자에게 안전대를 착용하도록 추락방지조치를 하도록 하고 있다.

(2) 작업발판

① 안전보건규칙

  ㉠ 달비계의 최대 적재하중을 정함에 있어 그 안전계수
   • 달기와이어로프 및 달기강선의 안전계수는 10 이상
   • 달기체인 및 달기훅의 안전계수는 5 이상
   • 달기강대와 달비계의 하부 및 상부 지점의 안전계수는 강재의 경우 2.5 이상, 목재의 경우 5 이상

  ㉡ 달비계, 달대비계, 말비계를 제외한 일반적인 작업발판의 구조
   • 발판 재료는 작업 시 하중을 견딜 수 있도록 견고할 것
   • 작업발판의 폭은 40cm 이상으로 하고, 발판 재료 간의 틈은 3cm 이하로 할 것
   • 추락 위험이 있는 장소에는 안전난간을 설치할 것
   • 작업발판의 지지물은 하중에 의해 파괴될 우려가 없는 것을 사용할 것
   • 작업발판 재료는 뒤집히거나 떨어지지 아니하도록 2 이상의 지지물에 연결하거나 고정시킬 것

  ㉢ 슬레이트, 선라이트 등 강도가 약한 재료로 덮은 지붕 위에서 작업을 할 때 발이 빠지는 등 근로자에게 위험을 미칠 우려가 있는 때에는 폭 30cm 이상의 발판을 설치하거나 안전방망을 치는 등 필요한 조치를 하여야 한다.

② 강재 작업발판

   ㉠ 작업대는 바닥재를 수평재와 보재에 용접하거나, 절판가공 등에 의하여 일체화된 바닥재 및 수평재에 보재를 용접한 것이어야 한다.

   ㉡ 걸침고리 중심 간의 긴 쪽 방향의 길이는 185cm 이하이어야 한다.

   ㉢ 바닥재의 폭은 24cm 이상이어야 한다.

   ㉣ 2개 이상의 바닥재를 평행으로 설치할 경우에 바닥재 간의 간격은 3cm 이하이어야 한다.

   ㉤ 걸침고리는 수평재 또는 보재에 용접 또는 리벳 등으로 접합하여야 한다.

   ㉥ 바닥재의 바닥판(디딤판)에는 미끄럼방지조치를 하여야 한다.

   ㉦ 작업대는 재료가 놓여 있더라도 통행을 위하여 최소 20cm 이상의 공간을 확보하여야 한다.

   ㉧ 작업대에 설치하는 발끝막이판은 높이 10cm 이상이 되도록 한다.

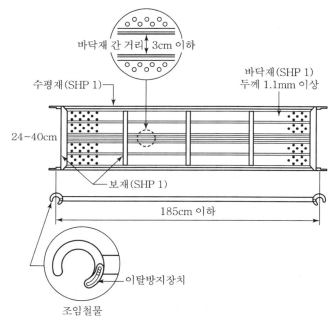

‖ 작업발판 설치도 ‖

③ 통로용 작업발판

   ㉠ 강재 통로용 작업발판은 바닥재와 수평재 및 보재를 용접 또는 절곡 가공하는 등의 기계적 접합에 의한 일체식 구조이어야 한다.

   ㉡ 알루미늄 합금재 통로용 작업발판은 바닥재와 수평재 및 보재를 압출 성형하거나 용접 또는 기계적으로 접합한 일체식 구조이어야 한다.

   ㉢ 통로용 작업발판의 나비는 200mm 이상이어야 한다.

   ㉣ 바닥재가 2개 이상으로 구성된 것은 바닥재 사이의 틈 간격이 30mm 이하이어야 한다.

ⓜ 바닥재의 바닥판에는 미끄럼방지조치를 하여야 한다.

ⓗ 통로용 작업발판은 설치조건에 따라 다음과 같이 1종과 2종으로 구분하며, 제조자는 제품에 1종 또는 2종임을 확인할 수 있는 추가 표시를 하여야 한다.

④ 달(달대)비계용 발판

ⓐ 작업발판은 폭을 40cm 이상으로 하고 틈새가 없어야 한다.

ⓑ 작업발판의 재료는 뒤집히거나 떨어지지 않도록 비계의 보 등에 연결하거나 고정하여야 하고, 난간의 설치가 가능한 구조의 경우에는 안전난간을 설치한다.

ⓒ 달기와이어로프·달기체인·달기강선 또는 달기섬유로프는 한쪽 끝을 비계의 보 등에 다른 쪽 끝을 내민보·앵커볼트 또는 건축물의 보 등에 각각 풀리지 않도록 설치한다.

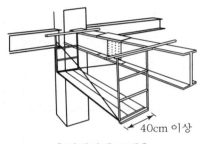

40cm 이상

∥ 달대비계 도해 ∥

(3) 안전난간 설치장소

① 작업장이나 기계설비의 바닥, 작업발판 및 통로 끝이나 개구부에서 근로자가 추락하거나 넘어질 위험이 있는 장소

② 계단의 높이가 1m 이상인 경우 계단의 개방된 측면

③ 높이 2m 이상인 작업발판의 끝이나 개구부로서 추락에 의하여 근로자에게 위험을 미칠 우려가 있는 장소

(4) 개구부 덮개

① 바닥에 발생된 개구부로서 추락의 위험이 있는 장소에는 충분한 강도를 가진 덮개를 뒤집히거나 떨어지지 아니하도록 설치하고, 어두운 장소에서도 식별이 가능하도록 표시하도록 규정하고 있으므로 야광 페인트를 칠하거나 발광 물체를 부착하는 것이 바람직하다.

② 덮개의 재료는 손상, 변형 및 부식이 없는 것으로 해야 한다.

③ 덮개의 크기는 개구부보다 10cm 정도 크게 설치해야 한다.

④ '추락주의', '개구부주의' 등의 안전표지를 한다.

⑤ 덮개는 바닥면에 밀착시키고 움직이지 않게 고정한다.

⑥ 덮개는 임의 제거를 금지한다(작업상 부득이 해체하였을 경우 작업종료 후 즉시 원상복구하도록 한다).

(5) 추락방지망

① **구조 및 치수**

방망사, 테두리로프, 달기로프, 재봉사 등으로 구성될 것

② **종류**

그물코 편성방법에 따라 구분되며, 사각 또는 마름모 형상으로서 그물의 한 변의 길이는 100mm 이하이어야 하며, a와 b가 다른 경우에는 큰 값을 적용한다.

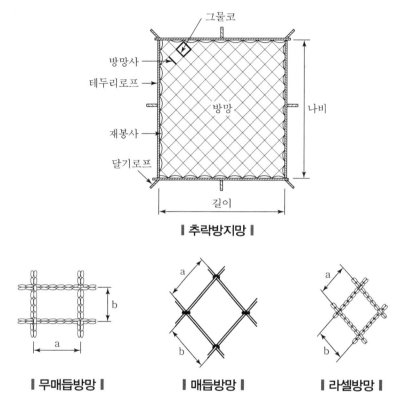

┃ 추락방지망 ┃

┃ 무매듭방망 ┃   ┃ 매듭방망 ┃   ┃ 라셀방망 ┃

② 방망

(1) 개요

'방망'은 망, 테두리로프, 달기로프, 시험용사로 구성된 것으로, 소재·그물코·재봉상태 등이 정하는 바에 적합해야 하며, 테두리로프 상호 접합·결속 시 충분한 강도가 갖추어지도록 관리해야 한다.

(2) 구조 및 치수

① **소재** : 합성섬유 또는 그 이상의 물리적 성질을 갖는 것이어야 한다.

② **그물코** : 사각 또는 마름모로서 그 크기는 10cm 이하이어야 한다.

③ 방망의 종류 : 매듭방망으로서 매듭은 원칙적으로 단매듭을 한다.

④ 테두리로프와 방망의 재봉 : 테두리로프는 각 그물코를 관통시키고 서로 중복됨이 없이 재봉사로 결속한다.

⑤ 테두리로프 상호의 접합 : 테두리로프를 중간에서 결속하는 경우는 충분한 강도를 갖도록 한다.

⑥ 달기로프의 결속 : 달기로프는 3회 이상 엮어 묶는 방법 또는 이와 동등 이상의 강도를 갖는 방법으로 테두리로프에 결속하여야 한다.

⑦ 시험용사는 방망 폐기 시 방망사의 강도를 점검하기 위하여 테두리로프에 연하여 방망에 재봉한 방망사이다.

⑶ 테두리로프 및 달기로프의 강도

① 테두리로프 및 달기로프는 방망에 사용되는 로프와 동일한 시험편의 양단을 인장시험기로 체크하거나 또는 이와 유사한 방법으로 인장속도가 매분 20cm 이상 30cm 이하의 등속인장시험(이하 "등속인장시험"이라 한다)을 행한 경우 인장강도가 1,500kg 이상이어야 한다.

② ①의 경우 시험편의 유효길이는 로프 직경의 30배 이상으로 시험편수는 5개 이상으로 하고, 산술평균하여 로프의 인장강도를 산출한다.

⑷ 방망사의 강도

방망사는 시험용사로부터 채취한 시험편의 양단을 인장시험기로 시험하거나 또는 이와 유사한 방법으로서 등속인장시험을 한 경우 그 강도는 〈표 1〉 및 〈표 2〉에 정한 값 이상이어야 한다.

▼표 1. 방망사의 신품에 대한 인장강도

그물코의 크기(단위 : cm)	방망의 종류(단위 : kg)	
	매듭 없는 방망	매듭방망
10	240	200
5		110

▼표 2. 방망사의 폐기 시 인장강도

그물코의 크기(단위 : cm)	방망의 종류(단위 : kg)	
	매듭 없는 방망	매듭방망
10	150	135
5		60

(5) 방망의 사용방법

① 허용낙하높이

　　작업발판과 방망 부착위치의 수직거리(이하 "낙하높이"라 한다.)는 〈표 3〉 및 〈그림 1〉, 〈그림 2〉에 의해 계산된 값 이하로 한다.

▼ 표 3. 방망의 허용낙하높이

높이 종류/조건	낙하높이(H_1)		방망과 바닥면 높이(H_2)		방망의 처짐길이(S)
	단일방망	복합방만	10cm 그물코	5cm 그물코	
$L < A$	$\frac{1}{4}(L+2A)$	$\frac{1}{5}(L+2A)$	$\frac{0.85}{4}(L+3A)$	$\frac{0.95}{4}(L+3A)$	$\frac{1}{4} \times \frac{1}{3}(L+2A) \times --$
$L \geq A$	3/4L	3/5L	0.85L	0.95L	3/4L × 1/3

또, L, A의 값은 〈그림 1〉, 〈그림 2〉에 의한다.

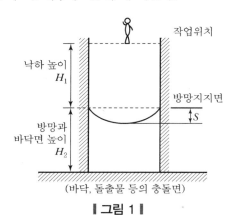

┃그림 1┃

L : 단변 방향 길이(m)
A : 장변 방향 방망의 지지간격(m)

┃그림 2┃ L과 L의 관계

② 지지점의 강도

　　㉠ 방망 지지점은 600kg의 외력에 견딜 수 있는 강도를 보유하여야 한다(다만, 연속적인 구조물이 방망 지지점인 경우의 외력이 다음 식으로 계산한 값에 견딜 수 있는 것은 제외한다).

$$F = 200B$$

여기서, F : 외력(kg), B : 지지점간격(m)

　　㉡ 지지점의 응력은 다음 〈표 4〉에 따라 규정한 허용응력값 이상이어야 한다.

▼표 4. 지지재료에 따른 허용응력 　　　　　　　　　　　　　　(단위 : kg/cm²)

허용응력 \ 지지재료	압축	인장	전단	휨	부착
일반구조용 강재	2,400	2,400	1,350	2,400	−
콘크리트	4주 압축강도의 2/3	4주 압축강도의 1/15	−		14(경량골재를 사용하는 것은 12)

③ 지지점의 간격

　　방망지지점의 간격은 방망 주변을 통해 추락할 위험이 없는 것이어야 한다.

(6) 정기시험

① 방망의 정기시험은 사용 개시 후 1년 이내로 하고, 그 후 6개월마다 1회씩 정기적으로 시험용사에 대해서 등속인장시험을 하여야 한다. 다만, 사용상태가 비슷한 다수의 방망의 시험용사에 대하여는 무작위 추출한 5개 이상을 인장시험 했을 경우 다른 방망에 대한 등속인장시험을 생략할 수 있다.

② 방망의 마모가 현저한 경우나 방망이 유해가스에 노출된 경우에는 사용 후 시험용사에 대해서 인장시험을 하여야 한다.

(7) 보관

① 방망은 깨끗하게 보관하여야 한다.

② 방망은 자외선, 기름, 유해가스가 없는 건조한 장소에서 취하여야 한다.

(8) 사용제한

① 방망사가 규정한 강도 이하인 방망

② 인체 또는 이와 동등 이상의 무게를 갖는 낙하물에 대해 충격을 받은 방망

③ 파손한 부분을 보수하지 않은 방망

④ 강도가 명확하지 않은 방망

(9) 표시

① 제조자명

② 제조연월

③ 재봉치수

④ 그물코

⑤ 신품인 때의 방망의 강도

❸ 표준안전난간

(1) 개요

'표준안전난간'은 추락재해를 방지하기 위한 시설 중 하나로 설치장소는 중량물 취급 개구부, 작업대, 가설계단의 통로, 흙막이 지보공의 상부 등으로 하며 설치 및 사용 시에는 철저한 관리가 필요하다.

(2) 재료

① 강재

상부난간대, 중간대 등 주요 부분에 이용되는 강재는 〈표 1〉에 나타낸 것이거나 또는 그 이상의 기계적 성질을 갖는 것이어야 하며 현저한 손상, 변형, 부식 등이 없는 것이어야 한다.

▼표 1. 부재의 단면규격   (단위 : mm)

강재의 종류	난간기둥	상부난간대
강관	$\phi 34.0 \times 2.3$	$\phi 27.2 \times 2.3$
각형 광관	$30 \times 30 \times 1.6$	$25 \times 25 \times 1.6$
형강	$40 \times 40 \times 5$	$40 \times 40 \times 3$

② 목재

강도상 현저한 결점이 되는 갈라짐, 충식, 마디, 부식, 휨, 섬유의 경사 등이 없고 나무껍질을 완전히 제거한 것으로 한다.

▼표 2. 목재의 단면규격   (단위 : mm)

목재의 종류	난간기둥	상부난간대
통나무	말구경 70	말구경 70
각재	70×70	60×60

③ 기타

와이어로프 등 상기 이외의 재료는 강도상 현저한 결점이 되는 손상이 없는 것으로 한다.

(3) 구조

① 달비계의 걸이재, 지주비계 등을 난간기둥 대신 이용하는 경우 및 건축물에 충분한 내력을 갖는 와이어로프로 상부난간대, 중간대 등을 설치하는 경우는 난간기둥을 설치하지 않아도 된다.

② 상부난간대와 작업발판 사이에 방망을 설치하거나 널판을 대는 경우는 중간대 및 발끝막이판은 설치하지 않아도 된다.

③ 보에서의 추락을 방지하기 위해 안전난간을 설치하는 경우와 같이 충분한 통로 폭이 얻어지는 경우는 발끝막이판을 설치하지 않는다.

(4) 치수

① 높이 : 안전난간의 높이(작업바닥면에서 상부난간의 끝단까지의 높이)는 90cm 이상으로 한다.

② 난간기둥의 중심간격 : 난간기둥의 중심간격은 2m 이하로 한다.

③ 중간대의 간격 : 발끝막이판과 중간대, 중간대와 상부난간대 등의 내부간격은 각각 45cm를 넘지 않도록 설치한다.

④ 발끝막이판의 높이 : 작업면에서 띠장목의 상면까지의 높이가 10cm 이상 되도록 설치한다. 다만, 합판 등을 겹쳐서 사용하는 등 작업바닥면이 고르지 못한 경우에는 높은 것을 기준으로 한다.

⑤ 띠장목과 작업바닥면 사이의 틈은 10mm 이하로 한다.

(5) 난간기둥 간격

① 난간기둥 등에 사용하는 강관은 〈표 1〉에 나타낸 규격 이상의 규격을 갖는 것으로 한다.

② 와이어로프를 사용하는 경우에는 그 직경이 9mm 이상이어야 한다.

③ 난간기둥에 사용되는 목재는 〈표 2〉에 표시한 단면 이상의 규격을 갖는 것으로 한다.

④ 발끝막이판으로 사용하는 목재는 폭은 10cm 이상으로 하고 두께는 1.6cm 이상으로 한다.

(6) 하중

▼작용위치 및 하중의 값

종류	안전난간부분	작용 위치	하중
하중작용부	상부난간대	스판의 중앙점	120kg
제1종	난간기둥, 난간기둥결합부, 상부난간대 설치부	난간기둥과 상부난간대의 결정	100kg

(7) 수평최대처짐

수평최대처짐은 10mm 이하로 한다.

(8) 허용응력

▼강재의 허용응력도
(단위 : kg/cm²)

재료/허용응력도의 종류	인장	압축	휨
SPS 41	2,400	1,400	SS41
SPS50	3,300	1,900	SS50

(9) 조립 또는 부착

① 안전난간의 각 부재는 탈락, 미끄러짐 등이 발생하지 않도록 확실하게 설치하고, 상부난 간대는 쉽게 회전하지 않도록 한다.

② 상부난간대, 중간대 또는 띠장목에 이음재를 사용할 때에는 그 이음 부분이 이탈되지 않 도록 한다.

③ 난간기둥의 설치는 작업바닥에 대해 수직으로 한다. 또한 작업바닥의 바닥재료에 직접 설치할 경우 작업바닥은 비틀림, 전도, 부품 등이 없는 견고한 것으로 한다.

(10) 유의사항

① 안전난간은 함부로 제거해서는 안 된다. 단, 작업 형편상 부득이 제거할 경우에는 작업 종료 즉시 원상복구 하도록 한다.

② 안전난간을 안전대의 로프, 지지로프, 서포트, 벽연결, 비계판 등의 지지점 또는 자재 운 반용 걸이로서 사용하면 안 된다.

③ 안전난간에 재료 등을 기대어 두어서는 안 된다.

④ 상부난간대 또는 중간대를 밟고 승강해서는 안 된다.

4 안전대

(1) 선정방법

① 1종 안전대는 전주 위에서의 작업과 같이 발받침은 확보되어 있어도 불완전하여 체중의 일부는 U자걸이로 하여 안전대에 지지하여야만 작업을 할 수 있으며, 1개 걸이의 상태로 서는 사용하지 않는 경우에 선정해야 한다.

② 2종 안전대는 1개걸이 전용으로서 작업을 할 경우, 안전대에 의지하지 않아도 작업할 수 있는 발판이 확보되었을 때 사용한다. 로프의 끝단에 훅이나 카라비나가 부착된 것은 구 조물 또는 시설물 등에 지지할 수 있거나 클립 부착 지지로프가 있는 경우에 사용한다. 또한 로프의 끝단에 클립이 부착된 것은 수직지지로프만으로 안전대를 설치하는 경우에 사용한다.

③ 3종 안전대는 1개걸이와 U자걸이로 사용할 때 적합하다. 특히 U자걸이 작업 시 훅을 걸 고 벗길 때 추락을 방지하기 위해 보조로프를 사용하는 것이 좋다.

④ 4종 안전대는 1개걸이, U자걸이 겸용으로 보조훅이 부착되어 있어 U자걸이 작업 시 훅을 D링에 걸고 벗길 때 추락 위험이 많은 경우에 적합하다.

(2) 착용방법

① 벨트는 추락 시 작업자에게 충격을 최소화하고 추락 저지 시 발 쪽으로 빠지지 않도록 요골 근처에 확실하게 착용하도록 하여야 한다.

② 버클을 바르게 사용하고, 벨트 끝이 벨트 통로를 확실하게 통과하도록 하여야 한다.

③ 신축조절기를 사용할 때 각 링에 바르게 걸어야 하며, 벨트 끝이나 작업복이 말려 들어가지 않도록 주의하여야 한다.

④ U자걸이 사용 시 훅을 각링이나 D링 이외의 것에 잘못 거는 일이 없도록 벨트의 D링이나 각링부에는 훅이 걸릴 수 있는 물건은 부착하지 말아야 한다.

⑤ 착용 후 지상에서 각각의 사용상태에서 체중을 걸고 각 부품의 이상 유무를 확인한 후 사용하도록 하여야 한다.

⑥ 안전대를 지지하는 대상물은 로프의 이동에 의해 로프가 벗겨지거나 빠질 우려가 없는 구조로 충격에 충분히 견딜 수 있어야 한다.

⑦ 안전대를 지지하는 대상물에 추락 시 로프를 절단할 위험이 있는 예리한 각이 있는 경우에 로프가 예리한 각에 접촉하지 않도록 충분한 조치를 하여야 한다.

(3) 사용 시 준수사항

① 1개걸이 사용에는 다음 사항을 준수하여야 한다.

ㄱ 로프 길이가 2.5m 이상인 2종 안전대는 반드시 2.5m 이내의 범위에서 사용하도록 하여야 한다.

ㄴ 안전대의 로프를 지지하는 구조물의 위치는 반드시 벨트의 위치보다 높아야 하며, 작업에 지장이 없는 경우 높은 위치의 것으로 선정하여야 한다.

ㄷ 신축조절기를 사용하는 경우 작업에 지장이 없는 범위에서 로프의 길이를 짧게 조절하여 사용하여야 한다.

ㄹ 수직 구조물이나 경사면에서 작업을 하는 경우 미끄러지거나 마찰에 의한 위험이 발생할 우려가 있을 경우에는 설비를 보강하거나 지지로프를 설치하여야 한다.

ㅁ 추락한 경우 진자운동상태가 되었을 경우 물체에 충돌하지 않는 위치에 안전대를 설치하여야 한다.

ㅂ 바닥면으로부터 높이가 낮은 장소에서 사용하는 경우 바닥면으로부터 로프 길이의 2배 이상의 높이에 있는 구조물 등에 설치하도록 해야 한다. 로프의 길이 때문에 불가능한 경우에는 3종 또는 4종 안전대를 사용하여 로프의 길이를 짧게 하여 사용하도록 한다.

ㅅ 추락 시에 로프를 지지한 위치에서 신체의 최하사점까지의 거리를 h라 하면 '$h =$로프의 길이 + 로프의 신장길이 + 작업자 키의 1/2'이 되고, 로프를 지지한 위치에서 바닥면까지의 거리를 H라 하면 $H > h$가 되어야만 한다.

② U자걸이 사용에는 다음 사항을 준수하여야 한다.

  ㉠ U자걸이로 1종, 3종 또는 4종 안전대를 사용하여야 하며, 훅을 걸고 벗길 때 추락을 방지하기 위하여 1종, 3종은 보조로프, 4종은 훅을 사용하여야 한다.

  ㉡ 훅이 확실하게 걸려 있는지 확인하고 체중을 옮길 때는 갑자기 손을 떼지 말고 서서히 체중을 옮겨 이상이 없는가를 확인한 후 손을 떼도록 하여야 한다.

  ㉢ 전주나 구조물 등에 돌려진 로프의 위치는 허리에 착용한 벨트의 위치보다 낮아지지 않도록 주의하여야 한다.

  ㉣ 로프의 길이는 작업상 필요한 최소한의 길이로 하여야 한다.

  ㉤ 추락 저지 시에 로프가 아래로 미끄러져 내려가지 않는 장소에 로프를 설치하여야 한다.

③ 4종 안전대 사용에는 다음 사항을 준수하여야 한다.

  ㉠ 4종 안전대는 통상 1개걸이와 U자걸이 겸용으로 특히 U자걸이를 사용할 때 훅을 D링에 걸고 벗길 때 미리 보조훅을 구조물에 설치하여 추락을 방지하도록 하여야 한다. 보조훅을 사용할 때 로프의 길이는 1.5m의 범위 내에서 사용하여야 한다.

  ㉡ 전주 등을 승강하는 경우 로프를 U자걸이 상태로 승강하고 만일 장애물이 있을 때에는 보조훅을 사용하여 장애물을 피하여야 한다.

④ 보조로프의 사용은 보조로프의 한쪽을 D링 또는 각링에 설치하고 다른 한쪽은 구조물에 설치하는 것으로서 로프의 양단에 훅이 부착된 것은 구조물에 설치되는 훅이 2중구조가 아니더라도 D링 또는 각링에 걸리는 훅은 반드시 2중 이탈방지 구조의 훅으로 하여야 한다.

⑤ 클립 부착 안전대의 사용에는 다음 사항을 준수하여야 한다.

  ㉠ 1종 또는 2종 클립 부착 안전대는 로프 끝단의 클립을 합성수지 로프의 수직지지로프에 설치해서 사용하여야 한다.

  ㉡ 지지로프는 클립에 표시된 굵기로서 2,340kg 이상의 인장강도를 갖는 것을 사용하여야 한다.

  ㉢ 클립을 지지로프에 설치할 경우 클립에 표시된 상하 방향이 틀리지 않도록 하고 이탈방지장치를 확실하게 조작하여야 한다.

⑥ 수직지지로프에 부착하여 사용하는 경우에는 다음 사항을 준수하여야 한다.

  ㉠ 합성섬유로프의 지지로프에 훅 또는 카라비나 부착 안전대를 설치하는 경우 지지 로프에 부착된 클립에 훅 또는 카라비나를 걸어서 사용하여야 한다.

  ㉡ 한 줄의 지지로프를 이용하는 작업자의 수는 1인으로 하여야 한다.

  ㉢ 허리에 장착한 벨트의 위치는 지지로프에 부착된 클립의 위치보다 위에 있지 않도록 사용하여야 한다.

  ㉣ 추락한 경우에 지지상태에서 다른 물체에 충돌하지 않도록 사용하여야 한다.

  ㉤ 긴 합성섬유로프로 된 지지로프를 사용하는 경우 추락 저지 시에 아래 부분의 장애물에 접촉하지 않도록 사용하여야 한다.

⑦ 수평지지로프에 부착하여 사용하는 경우에는 다음 사항을 준수하여야 한다.

  ㉠ 수평지지로프는 안전대를 부착시킬 수 있는 구조물이 없고, 작업공정이 횡이동 또는 작업상 빈번히 횡방향으로 이동할 필요가 있는 경우에 벨트의 높이보다 높은 위치에 설치하고 수평지지로프에 안전대의 훅 또는 카라비나를 걸어 사용하여야 한다.

  ㉡ 한 줄의 지지로프를 이용하는 작업자의 수는 1인으로 하여야 한다.

  ㉢ 추락한 경우 진자상태가 되어 물체에 충돌하지 않도록 사용하여야 한다.

  ㉣ 합성섬유로프를 지지로프로 사용하는 경우 추락 저지 시 아래 부분의 장애물에 접촉되지 않도록 사용하여야 한다.

(4) 점검 · 보수 · 보관 · 폐기방법

① 점검

안전대의 점검, 보수, 보관 및 폐기는 책임자를 정하여 정기 점검하고 다음 기준에 의하여 그 결과나 관리상의 필요한 사항을 관리대장에 기록하여야 한다.

  ㉠ 벨트의 마모 · 홈 · 비틀림, 약품류에 의한 변색

  ㉡ 재봉실의 마모, 절단, 풀림

  ㉢ 철물류의 마모, 균열, 변형, 전기단락에 의한 용융, 리벳이나 스프링의 상태

  ㉣ 로프의 마모, 소선의 절단, 홈, 열에 의한 변형, 풀림 등의 변형, 약품류에 의한 변색

  ㉤ 각 부품의 손상 정도에 의한 사용한계에 대해서는 부품의 재질, 치수, 구조 및 사용조건을 고려하여야 하며 벨트 및 로프에 사용되는 나일론, 비닐론, 폴리에스테르의 재료특성 및 로프의 인장강도는 〈표 1〉 및 〈표 2〉와 같다.

▼표 1. 벨트 및 로프에 사용하는 재료 특성

구분/재료	나일론	비닐론	폴리에스테르
비중	1.14	1.26~1.30	1.38
내열성	연화점 : 180℃ 용융점 : 215~220℃	연화점 : 220~230℃ 용융점 : 명료하지 않음	연화점 : 238~240℃ 용융점 : 255~260℃
자연상태에서 강도와의 관계	강도가 저하된다.	강도가 거의 저하하지 않는다.	강도가 거의 저하하지 않는다.
내산성	강한 염산, 강한 유산, 강한 초산에 일부 분해하지만 7% 염산, 20% 초산에서 강도가 거의 저하하지 않는다.	강한 염산, 강한 유산, 강한 초산에서 늘어나거나 분해하지만, 10% 염산, 30% 유산에서는 거의 강도가 저하하지 않는다.	35% 염산, 75% 유산, 60% 초산에서 강도가 거의 저하하지 않는다.
내알칼리성	50% 가성소다 용액, 28% 암모니아 용액에서 강도가 거의 저하하지 않는다.	50% 가성소다 용액에서는 강도가 거의 저하하지 않는다.	10% 가성소다 용액, 28% 암모니아 용액에서는 강도가 거의 저하하지 않는다.

▼표 2. 로프의 인장강도

지름(mm)	인장강도(ton)	
	나일론로프	비닐론로프
10	1.85	0.95
11	2.21	1.13
12	2.80	1.37
14	3.73	1.83
16	4.78	2.34

② 보수

보수는 정기적으로 하여야 하며, 필요한 경우 다음 사항에 따라 수시로 하여야 한다.

ㄱ 벨트, 로프가 더러워지면 미지근한 물을 사용하여 씻거나 중성세제를 사용하여 씻은 후 잘 헹구고 직사광선은 피하여 통풍이 잘되는 곳에서 자연 건조시켜야 한다.

ㄴ 벨트, 로프에 도료가 묻은 경우에는 용제를 사용해서는 안 되고, 헝겊 등을 닦아 내어야 한다.

ㄷ 철물류가 물에 젖은 경우에는 마른 헝겊으로 잘 닦아내고 녹 방지 기름을 엷게 발라야 한다.

ㄹ 철물류의 회전부는 정기적으로 주유하여야 한다.

③ 보관

안전대는 다음 장소에 보관하여야 한다.

ㄱ 직사광선이 닿지 않는 곳

ㄴ 통풍이 잘되며 습기가 없는 곳

ㄷ 부식성 물질이 없는 곳

ㄹ 화기 등이 근처에 없는 곳

④ 폐기

다음의 규정에 해당되는 안전대는 폐기하여야 한다.

ㄱ 다음의 규정에 해당되는 로프는 폐기하여야 한다.

• 소선에 손상이 있는 것

• 페인트, 기름, 약품, 오물 등에 의해 변화된 것

• 비틀림이 있는 것

• 횡마로 된 부분이 헐거워진 것

ㄴ 다음의 규정에 해당되는 벨트는 폐기하여야 한다.

• 끝 또는 폭에 1mm 이상의 손상 또는 변형이 있는 것

• 양 끝의 헤짐이 심한 것

ⓒ 다음의 규정에 해당되는 재봉부분은 폐기하여야 한다.

- 재봉 부분의 이완이 있는 것
- 재봉실이 1개소 이상 절단되어 있는 것
- 재봉실의 마모가 심한 것

ⓔ 다음의 규정에 해당되는 D링 부분은 폐기하여야 한다.

- 깊이 1mm 이상 손상이 있는 것
- 눈에 보일 정도로 변형이 심한 것
- 전체적으로 녹이 슬어 있는 것

ⓜ 다음의 규정에 해당되는 훅, 버클부분은 폐기하여야 한다.

- 훅과 갈고리 부분의 안쪽에 손상이 있는 것
- 훅 외측에 깊이 1mm 이상의 손상이 있는 것
- 이탈방지장치의 작동이 나쁜 것
- 전체적으로 녹이 슬어 있는 것
- 변형되어 있거나 버클의 체결상태가 나쁜 것

⑤ 개구부의 추락 방지설비

(1) 개요

작업현장에는 추락할 위험이 있는 바닥·벽면 개구부가 많으므로 작업자가 개구부에 추락하지 않도록 표준안전난간대·수직안전망(수직방호울)·개구부덮개 등으로 방호조치를 하고 위험표지를 부착하여야 한다.

(2) 개구부의 분류

① 바닥 개구부 : 소형 바닥 개구부, 대형 바닥 개구부 등
② 벽면 개구부 : 엘리베이터 개구부, 발코니 개구부, Slab 단부 개구부 등

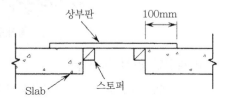

‖ 소형 바닥 개구부 ‖

(3) 개구부 유형별 추락 방지설비

① 바닥 개구부

ⓐ 소형 바닥 개구부

- 소형 바닥 개구부는 안전한 구조의 덮개로 설치(두께 12mm 이상 합판이나 그 이상의 자재 사용)
- 덮개의 구조는 상부판과 스토퍼로 구성하고 덮개 위에 안전표지판 부착
- 상부판은 개구부보다 10cm 이상 여유 있게 설치
- 근로자가 상시 통행하는 곳에 개구부가 있을 경우 확실하게 고정하여 설치

ⓛ 대형 바닥 개구부(장비 반입구 등)
- 표준안전난간을 설치(상부 90cm, 중간 45cm)
- 표준안전난간 둘레에 수직안전망(수직방호울)을 바닥에 접하도록 설치
- 밑부분에 발끝막이판을 10cm 높이로 설치하고 경고표지판(추락주의) 부착

② 벽면 개구부
ⓖ 엘리베이터 개구부
- 안전난간은 기성제품·단관 Pipe를 사용하여 설치(상부 90cm, 중간 45cm)
- 안전난간에 수직방망을 설치하고 밑부분에 발끝막이판을 10cm 높이로 설치
- 경고표지판(추락주의) 부착
ⓛ 발코니 개구부
- 난간기둥은 기성 제품(난간기둥 Bracket), 슬리브 매립형, 파이프 서포트를 사용하여 설치
- 난간대는 단관 Pipe로 설치(상부 90cm, 중간 45cm)
- 경고표지판(추락주의) 부착
ⓒ Slab 단부 개구부
- 난간기둥은 기성 제품(난간기둥 Bracket), 단관 Pipe를 사용하여 설치
- 난간대는 단관 Pipe로 설치(상부 90cm, 중간 45cm)
- 경고표지판(추락주의) 부착

‖ 개구부 덮개 설치사례 ‖

(4) 개구부 안전관리사항
① 매일 작업 시작 전 안전시설의 이상 유무를 확인
② 임의제거를 금하며 부득이 해체 시 작업 종료 후 원상복구
③ 안전시설에 자재 등을 기대어 적치하는 행위 금지
④ 안전시설을 밟고 승강 또는 작업하는 행위는 절대 금지
⑤ 개구부 주변에서 작업할 시 반드시 안전대 착용
⑥ 개구부 주변은 충분한 조도를 확보
⑦ 개구부의 위치, 주변 여건상 설치가 곤란한 경우에는 추락방지망 설치

6 낙하물방지망

(1) 개요

낙하물방지망은 작업 중 재료나 공구 등의 낙하물로 인한 피해를 방지하기 위하여 설치하는 방지망으로 한국산업표준 또는 고용노동부 고시에서 정하는 기준에 적합한 것을 사용해야 한다.

(2) 설치 개념도

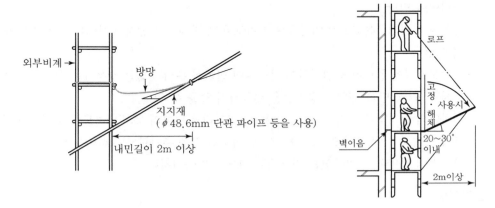

(3) 구조 및 재료

① 한국산업표준(KS F 8083) 또는 고용노동부 고시 「방호장치 안전인증 고시」에서 정하는 기준에 적합한 것을 사용한다.

② 그물코의 크기는 2cm 이하로 한다.

③ 방망의 매듭 종류

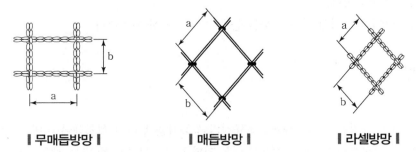

┃ 무매듭방망 ┃   ┃ 매듭방망 ┃   ┃ 라셀방망 ┃

④ 인장강도

그물코 한 변 길이	무매듭방망	라셀방망	매듭방망
30mm	860N 이상	750N 이상	710N 이상
15mm	460N 이상	400N 이상	380N 이상

(4) 설치기준

① 첫 단은 보행 및 차량 이동에 지장이 없을 경우 가능한 한 낮게 설치하고, 상부에 10m 이내마다 추가 설치한다.

② 방지망이 수평면과 이루는 각도는 20~30°로 하여야 한다.

③ 내민길이는 비계 외측으로부터 수평거리 2.0m 이상으로 하여야 한다.

④ 방지망의 가장자리는 테두리로프를 그물코마다 엮어 긴결하여야 한다.

⑤ 방지망을 지지하는 긴결재의 강도는 15,000N 이상의 외력에 견딜 수 있는 로프 등을 사용하여야 한다.

⑥ 방지망의 겹침폭은 30cm 이상으로 하여야 하며 방지망과 방지망 사이의 틈이 없도록 하여야 한다.

⑦ 수직보호망을 완벽하게 설치하여 낙하물이 떨어질 우려가 없는 경우에는 이 기준에의한 방지망 중 첫 단을 제외한 방지망을 설치하지 않을 수 있다.

⑧ 최하단의 방지망은 크기가 작은 못, 볼트, 콘크리트 덩어리 등의 낙하물이 떨어지지 못하도록 방지망 위에 그물코 크기가 0.3cm 이하인 망을 추가로 설치하여야 한다. 다만, 낙하물 방호선반을 설치하였을 경우에는 그러하지 아니하다.

(5) 관리기준

① 방지망은 설치 후 3개월 이내마다 정기점검을 실시하여야 한다.

② 낙하물이 발생하였거나 유해환경에 노출되어 방지망이 손상된 경우에는 즉시 교체 또는 보수하여야 한다.

③ 낙하물방지망 주변에서 용접이나 커팅 작업을 할 때는 용접불티 날림 방지 덮개, 용접방화포 등 불꽃, 불티 등의 날림 방지조치를 실시하고 작업이 끝나면 방망의 손상 여부를 점검하여야 한다.

④ 방지망에 적치되어 있는 낙하물 등은 즉시 제거하여야 한다.

7 방호선반

(1) 개요

방호선반은 가설기자재의 자율안전규격의 성능기준에 따라 설치해야 하며 바닥판, 틀, 보재, 가새, 상하브래킷으로 구성된다. 단, 기타의 재료를 사용해 만들 경우 가설기자재 자율안전규격과 동등 이상의 물리적, 기계적 성능을 갖추어야 한다.

(2) 설치위치에 따른 구분

① 외부 비계용 방호선반

② 출입구 방호선반

③ 인화공용 리프트 주변 방호선반

④ 가설통로 상부 방호선반

(3) 구조

① 프레임에 가새를 조립한 상태에서 바닥판을 끼워 설치한다.

② 틀은 ㄷ형이어야 하며, 단변 중 1변은 바닥판을 끼울 수 있도록 열린 구조이거나, 이와 유사한 구조로 바닥판을 견고하게 고정시킬 수 있는 구조일 것

③ 바닥판은 부식에 견딜 수 있는 아연도금강판으로 강풍, 돌풍에 안전하도록 구멍이 뚫린 구조일 것

④ 바닥판 구멍의 지름은 12mm 이하일 것

⑤ 각 부재의 구조는 조립식일 것

⑥ 조립, 해체 시 방호선반 위에서 작업이 가능한 구조일 것

⑦ 가새는 방호선반에 대각선으로 설치되는 구조일 것

(4) 설치위치별 설치기준

① 방호선반의 내민길이 : 비계 외측으로부터 수평거리 2m 이상 돌출되도록 설치

② 경사지게 설치하는 방호선반이 수평면과 이루는 각도 : 20~30도

③ 수평으로 설치하는 방호선반의 끝단에는 수평면으로부터 높이 60cm 이상의 난간 설치

④ 방호선반은 풍압, 진동, 충격 등으로 탈락하지 않도록 견고하게 설치

⑤ 방호선반의 바닥판은 틈새가 없도록 설치

(5) 설치유형별 설치기준

① 외부비계용 방호선반

ㄱ 근로자, 보행자, 차량 등이 통행할 때에는 방호선반을 설치해야 한다.

ㄴ 구조체와 비계기둥의 틈 사이 및 비계 외측에 설치한다.

ㄷ 방호선반의 상하부 브래킷이 설치된 비계의 띠장에는 벽이음 철물을 수평거리 매 3.6m 이하마다 보강해야 한다.

② 출입구 방호선반

ㄱ 근로자의 통행이 빈번한 출입구 및 임시출입구 상부에는 반드시 방호선반을 설치한다.

ㄴ 내민길이는 구조체의 최외측으로부터 산출한다.

ㄷ 설치높이는 출입구 지붕높이로 지붕면과 단차가 발생하지 않도록 한다.

ㄹ 받침기둥은 비계용 강관 또는 이와 동등 이상의 성능을 갖는 재료를 사용한다.

ㅁ 최외곽 받침기둥에는 방호울 또는 안전망 등을 설치해 방호선반 외측으로 낙하한 낙하물이 구조물 내부로 튀어 들어오는 것을 방지할 수 있어야 한다.

③ 인화공용 리프트 주변 방호선반
  ㉠ 리프트와 방호선반의 틈 간격은 4cm 이하로 설치한다.
  ㉡ 내민길이 산정의 기준점은 리프트 케이지 최외곽으로 한다.
  ㉢ 설치높이는 리프트 지붕높이로 리프트 지붕면과 단차가 발생하지 않도록 한다.
  ㉣ 받침기둥은 비계용 강관 또는 이와 동등 이상의 성능을 갖는 재료를 사용한다.
  ㉤ 최외곽 받침기둥에는 방호울 또는 안전망 등을 설치해 방호선반 외측으로 낙하한 낙하물이 구조물 내부로 튀어 들어오는 것을 방지할 수 있어야 한다.

④ 가설통로 상부 방호선반
  ㉠ 바닥판의 폭은 가설통로 난간의 중심선에서 최소 200mm 이상 돌출시켜 설치.
  ㉡ 받침기둥은 비계용 강관 또는 이와 동등 이상의 성능을 갖는 재료를 사용한다.
  ㉢ 최외곽 받침기둥에는 방호울 또는 안전망 등을 설치해 방호선반 외측으로 낙하한 낙하물이 구조물 내부로 튀어 들어오는 것을 방지할 수 있어야 한다.

(6) 시공 및 사용 시 안전대책
  ① 설치 후 3개월 이내마다 점검을 실시하여야 한다. 단, 손상된 경우 즉시 교체 또는 보수해야 한다.
  ② 방호선반 주변에서 작업 시 방호선반에서 튕겨 나오는 낙하물에 대한 방지조치를 해야 한다.
  ③ 방호선반에 적치되어 있는 낙하물 등은 즉시 제거해야 한다.

8 수직보호망

(1) 개요
  ① '수직보호망'이란 건축공사 등의 현장에서 비계 등 가설구조물의 외측면에 수직으로 설치하여 작업장소에서 비래·낙하물 등에 의한 재해의 방지를 목적으로 설치하는 보호망을 말하며, 추락 방지용으로는 사용할 수 없다.
  ② '수직보호망'은 합성섬유를 망 상태로 편직하거나 합성섬유를 망 상태로 편직한 것에 방염가공을 한 것 등을 봉제하고, 가로·세로 각 변의 가장자리 부분에 금속고리 등 장착부가 있어 강관 등에 설치가 가능하여야 한다.

(2) 수직보호망의 설치방법
  ① 수직보호망을 설치하기 위한 수평 지지대는 수직 방향으로 5.5m 이하마다 설치할 것
  ② 용단, 용접 등 화재 위험이 있는 작업 시 반드시 난연 또는 방염 가공된 보호망 설치
  ③ 지지대에 수직보호망을 치거나 수직보호망끼리의 연결은 구멍쇠나 동등 이상의 강도를 갖는 테두리 부분에서 하고, 망을 붙여 칠 때 틈이 생기지 않도록 할 것
  ④ 지지대에 고정 시 망 주위를 45cm 이내의 간격으로 할 것

⑤ 보호망 연결 부위의 개소당 인장강도는 1,000N 이상으로 할 것

⑥ 단부나 모서리 등에는 그 치수에 맞는 수직보호망을 이용하여 틈이 없도록 칠 것

⑦ 통기성이 작은 수직보호망은 예상되는 최대 풍압력과 지지대의 내력 관계를 벽연결 등으로 충분히 보강

⑧ 수직보호망을 일시적으로 떼어낼 때에는 비계의 전도 등에 대한 위험을 방지할 것

(3) 수직보호망의 유지관리

① 수직보호망의 점검 및 교체·보수

ㄱ 긴결부의 상태는 1개월마다 정기점검 실시

ㄴ 폭우·강풍이 불고 난 후에는 수직보호망, 지지대 등의 이상 유무를 점검

ㄷ 용접작업 시 용접불꽃, 용접파편에 의한 망의 손상 점검 및 손상 시 교체 또는 보수

ㄹ 자재 반출입을 위해 일시적으로 보호망을 부분 해체할 경우 사유 해제 즉시 원상복구

ㅁ 비래·낙하물·건설기기 등과의 접촉으로 보호망, 지지대 등의 파손 시 교체·보수

② 수직보호망의 사용금지기준

ㄱ 망 또는 금속고리 부분이 파손된 것

ㄴ 규정된 보수가 불가능한 것

ㄷ 품질표시가 없는 것

③ 수직보호망의 보수방법

ㄱ 부착된 이물질 등은 제거

ㄴ 오염이 심한 것은 세척

ㄷ 용접불꽃 등으로 망이 손상된 부분은 동등 이상의 성능이 있는 망을 이용하여 보수

④ 수직보호망의 보관

ㄱ 통풍이 잘 되는 건조한 장소에 보관

ㄴ 망의 크기가 다른 것은 동일 장소에 보관 시 구분하여 보관

ㄷ 사용기간, 사용횟수 등 사용이력을 쉽게 확인 가능하도록 보관

ㄹ 장착부가 금속고리 이외의 것으로 된 수직보호망은 1년마다 발췌하여 성능 확인

(4) 설치 및 사용 시 안전유의사항

① 한국산업표준(KS F 8081) 또는 고용노동부 고시 「방호장치 안전인증 고시」에서 정하는 기준에 적합한 것을 사용해야 한다.

② 가설구조물의 붕괴 또는 전도위험에 대한 안전성 여부를 사전에 확인한다.

③ 설치하기 위해 근로자가 고소작업을 하는 경우에는 안전대를 지급해 착용하도록 하는 등 근로자의 추락재해 예방조치를 해야 한다.

④ 재사용할 경우에는 수직보호망의 성능이 신품과 동등 이상이고 외적으로 손상이나 변형이 없어야 한다.

(5) 낙하·비래재해 예방을 위한 주요 체크리스트

점검항목	중점사항
낙하물방지망 설치는 적정한가?	• 방염처리가 되어 있을 것 • 파단, 변형, 실 풀림이 없을 것 • 시트 둘레, 모서리에는 천을 보강할 것 • 벽면과 비계 사이 밀폐(방지망의 겹침폭 : 30cm 이상)
리프트 승강장 방호선반 설치는 적정한가?	• 방호선반 사용부재의 강도 확보(합판의 경우 t=15mm 이상) • 방호선반폭 : 1.8m 이상 • 지상 승강장 대기인원에 충분한 공간 확보
근로자 통행로 낙하물 방호시설은 설치되어 있는가?	• 건물 주출입구 • 현장 내 근로자 통행로
상·하 동시작업 및 고소낙하위험작업 시 방호계획은 수립되어 있는가?	• 낙하물방지망, 방호선반 등 설치 • 상·하 동시 작업 금지 • 낙하위험지역 출입 통제
투하설비는 적정한가?	• 투하설비 설치상태 및 설치의 적정성 • 투입구 낙하물 방호시설 설치
비계상, 구조물 단부 개구부 주변 등의 자재 정리정돈 상태는 양호한가?	• 자재의 형상별 정리정돈 및 결속 유무 확인 • 비계상, 구조물 단부 개구부 주변 자재 적재 금지 • 강풍 등 악천후 시 작업 금지
터널굴착 시 부석 정리는 양호한가?	• 터널 크라운부 및 막장면 부석 정리 적정성 • 막장면 관찰(Face Mapping) 철저

002 무너짐(붕괴)재해 및 대책

1 굴착작업 시

(1) 안전담당자의 지휘하에 작업하여야 한다.

(2) 지반의 종류에 따라서 정해진 굴착면의 높이와 기울기로 진행시켜야 한다.

(3) 굴착면 및 흙막이지보공의 상태를 주의하여 작업을 진행시켜야 한다.

(4) 굴착면 및 굴착심도 기준을 준수하여 작업 중 붕괴를 예방하여야 한다.

(5) 굴착토사나 자재 등을 경사면 및 토류벽 천단부 주변에 쌓아두어서는 안 된다.

(6) 매설물, 장애물 등에 항상 주의하고 대책을 강구한 후에 작업을 하여야 한다.

(7) 용수 등의 유입수가 있는 경우 반드시 배수시설을 한 뒤에 작업을 하여야 한다.

(8) 수중펌프나 벨트콘베이어 등 전동기기를 사용할 경우는 누전차단기를 설치하고 작동여부를 확인하여야 한다.

(9) 산소 결핍의 우려가 있는 작업장은 안전보건규칙 제618조부터 645조까지의 규정을 준수하여야 한다.

(10) 도시가스 누출, 메탄가스 등의 발생이 우려되는 경우에는 화기를 사용하여서는 안 된다. 또한 이들 유해 가스에 대해서는 제9호를 참고한다.

2 절토 시

(1) 상부에서 붕락 위험이 있는 장소에서의 작업은 금하여야 한다.

(2) 상·하부 동시작업은 금지하여야 하나 부득이한 경우 다음 각 목의 조치를 실시한 후 작업하여야 한다.
   ① 견고한 낙하물 방호시설 설치
   ② 부석 제거
   ③ 작업장소에 불필요한 기계 등의 방치 금지
   ④ 신호수 및 담당자 배치

(3) 굴착면이 높은 경우는 계단식으로 굴착하고 소단의 폭은 수평거리 2미터 정도로 하여야 한다.

(4) 사면경사 1:1 이하이며 굴착면이 2미터 이상일 경우는 안전대 등을 착용하고 작업해야 하며 부석이나 붕괴하기 쉬운 지반은 적절한 보강을 하여야 한다.

(5) 급경사에는 사다리 등을 설치하여 통로로 사용하여야 하며 도괴하지 않도록 상·하부를 지지물로 고정시키며 장기간 공사 시에는 비계 등을 설치하여야 한다.

(6) 용수가 발생하면 즉시 작업 책임자에게 보고하고 배수 및 작업방법에 대해서 지시를 받아야 한다.

(7) 우천 또는 해빙으로 토사붕괴가 우려되는 경우에는 작업 전 점검을 실시하여야 하며, 특히 굴착면 천단부 주변에는 중량물의 방치를 금하며 대형 건설기계 통과 시에는 적절한 조치를 확인하여야 한다.

(8) 절토면을 장기간 방치할 경우는 경사면을 가마니 쌓기, 비닐덮기 등 적절한 보호 조치를 하여야 한다.

(9) 발파암반을 장기간 방치할 경우는 낙석방지용 방호망을 부착, 몰타르를 주입, 그라우팅, 록볼트 설치 등의 방호시설을 하여야 한다.

(10) 암반이 아닌 경우는 경사면에 도수로, 산마루측구 등 배수시설을 설치하여야 하며, 제3자가 근처를 통행할 가능성이 있는 경우는 안전시설과 안전표지판을 설치하여야 한다.

(11) 벨트콘베이어를 사용할 경우는 경사를 완만하게 하여 안정된 상태를 유지하도록 하여야 하며, 콘베이어 양단면에 스크린 등의 설치로 토사의 전락을 방지하여야 한다.

003 떨어짐(낙하), 날아옴(비래)재해대책

1 낙하물방지망

(1) 낙하물방지망의 설치간격은 매 10m 이내로 하여야 한다. 다만, 첫 단의 설치높이는 근로자를 낙하물에 의한 위험으로부터 방호할 수 있도록 가능한 낮은 위치에 설치하여야 한다.

(2) 낙하물방지망이 수평면과 이루는 각도는 20°~30°로 하여야 한다.

(3) 낙하물방지망의 내민 길이는 비계 외측으로부터 수평거리 2.0m 이상으로 하여야 한다.

(4) 방망의 가장자리는 테두리 로프가 그물코를 통과하는 방법으로 방망과 결합시키고 로프와 방망을 재봉사 등으로 묶어 고정하여야 한다. 단, 테두리로프의 지름이 그물코보다 큰 경우 로프와 방망을 재봉사 등으로 묶어 고정하여야 한다.

(5) 방망을 지지하는 긴결재의 강도는 15kN 이상의 인장력에 견딜 수 있는 로프 등을 사용하여야 한다.

(6) 낙하물방지망과 구조물 사이의 간격은 낙하물에 위한 위험이 없는 간격으로 설치하여야 한다.

(7) 방망의 겹침 폭은 30cm 이상으로 테두리로프로 결속하여 방망과 방망 사이의 틈이 없도록 하여야 한다.

(8) 근로자, 통행인 등의 왕래가 빈번한 장소인 경우 최하단의 방망은 크기가 작은 못·볼트·콘크리트 부스러기 등의 낙하물이 떨어지지 못하도록 방망의 그물코 크기가 0.3cm 이하인 망을 설치하여야 한다. 다만, 낙하물방호선반을 설치하였을 경우에는 그러하지 아니한다.

(9) 매다는 지지재의 간격은 3m 이상으로 하되 방망의 수평투영면의 폭이 전체구간에 걸쳐 2m 이상 유지되도록 조치하여야 한다.

2 낙하물방호선반

(1) 공통기준

① 방호선반은 풍압, 진동, 충격 등으로 탈락하지 않도록 견고하게 설치하여야 한다.

② 방호선반의 바닥판은 틈새가 없도록 설치하여야 한다.

③ 방호선반의 내민 길이는 비계의 외측(비계를 설치하지 않은 경우에는 구조체의 외측)으로부터 수평거리 2m 이상 돌출되도록 설치하여야 한다.

④ 수평으로 설치하는 방호선반의 끝단에는 수평면으로부터 높이 60cm 이상의 난간을 설치하여야 하며, 난간은 방호선반에 낙하한 낙하물이 외부로 튕겨나감을 방지할 수 있는 구조이어야 한다.

⑤ 경사지게 설치하는 방호선반이 수평면과 이루는 각도는 방호선반의 최외측이 구조물 쪽보다 20° 이상 30° 이내로 높아야 한다.

⑥ 방호선반의 설치높이는 근로자를 낙하물에 의한 위험으로부터 방호할 수 있도록 가능한 낮은 위치에 설치하여야 하며, 8m를 초과하여 설치하지 않는다.

(2) 외부비계용 방호선반

① 외부비계에 설치하는 낙하물방호 설비 중 근로자, 보행자, 차량 등이 통행할 때에는 방호선반을 설치하여야 한다.

② 방호선반의 설치 위치는 구조체와 비계기둥의 틈 사이 및 비계 외측에 설치하여야 한다.

③ 방호선반의 상·하 브래킷이 설치된 비계의 띠장에는 벽이음 철물을 수평거리 매 3.6m 이하마다 보강하여야 한다.

(3) 출입구 방호선반

① 근로자의 통행이 빈번한 출입구 및 임시출입구 상부에는 방호선반을 반드시 설치하여야 한다.

② 방호선반의 내민 길이는 구조체의 최외측으로부터 산출하여야 한다.

③ 방호선반의 설치높이는 출입구 지붕높이로 지붕면과 단차가 발생하지 않도록 한다.

④ 방호선반의 받침기둥은 비계용 강관 또는 이와 동등 이상의 성능을 갖는 재료를 사용하여야 한다.

⑤ 방호선반의 최외곽 받침기둥에는 방호울 또는 안전방망 등을 설치하여 방호선반 외측으로 낙하한 낙하물이 구조물 내부로 튀어 들어오는 것을 방지할 수 있어야 한다.

(4) 인화공용 리프트 주변 방호선반

① 리프트와 방호선반의 틈간격은 4cm 이하로 설치하여야 한다.

② 방호선반의 내민길이 산정의 기준점은 리프트 케이지 최외곽으로 한다.

③ 방호선반의 설치높이는 리프트 지붕높이로 리프트 지붕면과 단차가 발생하지 않도록 한다.

④ 방호선반의 받침기둥은 비계용 강관 또는 이와 동등 이상의 성능을 갖는 재료를 사용하여야 한다.

⑤ 방호선반의 최외곽 받침기둥에는 방호울 또는 안전방망 등을 설치하여 방호선반 외측으로 낙하한 낙하물이 구조물 내부로 튀어 들어오는 것을 방지할 수 있어야 한다.

(5) 가설통로 상부 방호선반

① 바닥판의 폭은 가설통로 난간의 중심선에서 최소 200mm 이상 돌출시켜 설치하여야 한다.

② 방호선반의 받침기둥은 비계용 강관 또는 이와 동등 이상의 성능을 갖는 재료를 사용하여야 한다.

③ 방호선반의 최외곽 받침기둥에는 방호울 또는 안전방망 등을 설치하여 방호선반 외측으로 낙하한 낙하물이 구조물내부로 튀어 들어오는 것을 방지할 수 있어야 한다.

(1) 강관비계에 수직보호망을 설치하는 경우에는 비계기둥과 띠장간격에 맞추어 수직보호망을 제작·설치하고, 빈 공간이 발생하지 않도록 하여야 한다.

(2) 강관틀 비계에 수직보호망을 설치하는 경우에는 수평지지대 설치간격을 5.5m 이하로 하고 여기에 수직보호망을 견고하게 설치하여야 한다.

(3) 철골구조물에 수직보호망을 설치하는 수직지지대를 설치하고 여기에 수직보호망을 견고하게 설치하여야 한다.

(4) 갱폼에 수직보호망을 설치하는 경우에는 수평지지대와 수직지지대를 이용하여 빈 공간이 발생하지 않도록 설치하여야 한다.

(5) 수직보호망이 설치된 장소 주변에서 용단, 용접 등의 작업이 예상되는 경우에는 반드시 난연 또는 방염성이 있는 수직보호망을 설치하여야 한다.

(6) 수직·수평지지대에 수직보호망 설치 또는 수직보호망과 수직보호망 사이 연결은 수직보호망의 금속고리나 동등 이상의 강도를 갖는 테두리 부분에서 해야 하며, 고정부분은 쉽게 빠지거나 풀어지지 않는 구조이어야 한다.

(7) 수직보호망을 지지대에 설치할 때 설치간격은 35cm 이하로 하고 틈새나 처짐이 생기지 않도록 밀실하게 설치하여야 한다.

(8) 수직보호망을 붙여서 설치하는 때에는 틈이 생기지 않도록 밀실하게 설치하여야 한다.

(9) 수직보호망의 고정 긴결재는 인장강도 0.98kN 이상으로서 긴결방법은 사용기간 동안 강풍 등 반복되는 외력에 견딜 수 있어야 하고, 긴결재로 케이블타이와 같은 플라스틱 재료를 사용할 경우에는 끊어지거나 파손되지 않아야 한다.

(10) 수직보호망의 긴결재로 로프를 사용할 경우에는 금속고리 구멍마다 로프가 통과하여 지지대에 감기도록 하여야 한다.

(11) 통기성이 적은 수직보호망은 예상되는 최대 풍압력과 지지대의 내력을 검토하여 벽이음을 보강하고, 벽이음을 일시적으로 해체하는 경우에는 가설구조물의 전도 위험에 대비하여야 한다.

(12) 기타 수직보호망을 설치해야 할 구조물의 단부, 모서리 등에는 그 치수에 맞는 수직보호망을 이용하여 빈틈이 없도록 설치하여야 한다.

1 건설현장 임시소방시설 설치

(1) 관련근거

소방시설법 시행령 제18조(별표 8), 건설현장의 화재안전기준(NFPC 606)

(2) 의무기준

특정소방대상물의 시공자는 공사 현장에서 화재위험작업을 하기 전에 임시소방시설을 설치하고 유지·관리

(3) 관리감독

소방관서장은 임시소방시설이 설치 또는 유지·관리되지 아니할 때에는 해당 시공자에게 필요한 조치를 명할 수 있음

※ 공사 현장에 임시소방시설을 설치·관리하지 않은 경우: 300만 원 이하 과태료(시공자)

2 임시소방시설 설치기준

임시소방시설	설치기준	면제기준
소화기	• 전대상(건축허가동의 대상), 소화기 인근에 축광식 표지 부착 • 기본 : 각 층 계단실 출입구 능력단위 3단위 이상 소화기 2개 • 추가 : 인화성물품 취급 등 작업 종료 시까지 5m 이내에 소화기 2개 + 대형소화기 1개	
간이소화장치	• 연면적 3,000m² 이상 또는 지하층·무창층 또는 4층 이상의 층으로 해당 층 바닥면적이 600m² 이상인 경우 설치(수원량 20분 × 65LPM = 1.3m³, 방수압력 0.1MPa 이상) • 작업 종료 시까지 작업지점으로부터 25m 이내에 설치	• 옥내소화전설비 • 연결송수관설비 및 방수구 인근에 대형소화기 6개 설치 시
비상경보장치	• 연면적 400m² 이상 또는 지하층·무창층으로 해당 층 바닥면적이 150m² 이상인 경우 피난층 또는 지상으로 통하는 각 층 직통계단의 출입구마다 설치 • 발신기, 경종, 위치표시등, 시각경보기, 비상전원, 표지	비상방송설비 또는 자동화재탐지설비 설치 시

임시소방시설	설치기준	면제기준
가스누설경보기	• 지하층·무창층으로 해당 층 바닥면적이 150m² 이상인 경우 설치 • 구획된 실마다, 작업장소 10m 이내에 바닥으로부터 0.3m 이하에 설치	
간이피난유도선	• 지하층·무창층으로 해당 층 바닥면적이 150m² 이상인 경우 설치 • 해당 층 직통계단마다 계단출입구로부터 내부로 10m 이상 길이로 1m 이하에 설치 • 구획된 실이 있는 경우 구획된 실로부터 출입구까지 연속 설치 • 피난방향 표시, 녹색계열 광원점등방식, 상시점등	피난유도선, 피난구유도등, 통로유도등, 비상조명등 설치 시
비상조명등	지하층·무창층으로 해당 층 바닥면적이 150m² 이상인 경우 피난층 또는 지상으로 통하는 직통계단 계단실 내부에 각 층마다 설치	
방화포	용접·용단 작업이 진행되는 화재위험작업현장에 11m 이내에 가연물이 있는 경우 방화포로 가연물 보호	비산방지조치

001 비계

1 비계의 재료 칙 제54조

① 사업주는 비계의 재료로 변형·부식 또는 심하게 손상된 것을 사용해서는 아니 된다.

② 사업주는 강관비계(鋼管飛階)의 재료로 한국산업표준에서 정하는 기준 이상의 것을 사용해야 한다. 〈개정 2022. 10. 18.〉

2 비계 등의 조립·해체 및 변경 칙 제57조

① 사업주는 달비계 또는 높이 5미터 이상의 비계를 조립·해체하거나 변경하는 작업을 하는 경우 다음 각 호의 사항을 준수하여야 한다.

1. 근로자가 관리감독자의 지휘에 따라 작업하도록 할 것
2. 조립·해체 또는 변경의 시기·범위 및 절차를 그 작업에 종사하는 근로자에게 주지시킬 것
3. 조립·해체 또는 변경 작업구역에는 해당 작업에 종사하는 근로자가 아닌 사람의 출입을 금지하고 그 내용을 보기 쉬운 장소에 게시할 것
4. 비, 눈, 그 밖의 기상상태의 불안정으로 날씨가 몹시 나쁜 경우에는 그 작업을 중지시킬 것
5. 비계재료의 연결·해체작업을 하는 경우에는 폭 20센티미터 이상의 발판을 설치하고 근로자로 하여금 안전대를 사용하도록 하는 등 추락을 방지하기 위한 조치를 할 것
6. 재료·기구 또는 공구 등을 올리거나 내리는 경우에는 근로자가 달줄 또는 달포대 등을 사용하게 할 것

② 사업주는 강관비계 또는 통나무비계를 조립하는 경우 쌍줄로 하여야 한다. 다만, 별도의 작업발판을 설치할 수 있는 시설을 갖춘 경우에는 외줄로 할 수 있다.

3 비계의 점검 및 보수 칙 제58조

사업주는 비, 눈, 그 밖의 기상상태의 악화로 작업을 중지시킨 후 또는 비계를 조립·해체하거나 변경한 후에 그 비계에서 작업을 하는 경우에는 해당 작업을 시작하기 전에 다음 각 호의 사항을 점검하고, 이상을 발견하면 즉시 보수하여야 한다.

1. 발판 재료의 손상 여부 및 부착 또는 걸림 상태

2. 해당 비계의 연결부 또는 접속부의 풀림 상태

3. 연결 재료 및 연결 철물의 손상 또는 부식 상태

4. 손잡이의 탈락 여부

5. 기둥의 침하, 변형, 변위(變位) 또는 흔들림 상태

6. 로프의 부착 상태 및 매단 장치의 흔들림 상태

4 강관비계의 구조 ④ 제60조

사업주는 강관을 사용하여 비계를 구성하는 경우 다음 각 호의 사항을 준수해야 한다. 〈개정 2012. 5. 31., 2019. 10. 15., 2019. 12. 26., 2023. 11. 14.〉

1. 비계기둥의 간격은 띠장 방향에서는 1.85미터 이하, 장선(長線) 방향에서는 1.5미터 이하로 할 것. 다만, 다음 각 목의 어느 하나에 해당하는 작업의 경우에는 안전성에 대한 구조검토를 실시하고 조립도를 작성하면 띠장 방향 및 장선 방향으로 각각 2.7미터 이하로 할 수 있다.
   가. 선박 및 보트 건조작업
   나. 그 밖에 장비 반입·반출을 위하여 공간 등을 확보할 필요가 있는 등 작업의 성질상 비계기둥 간격에 관한 기준을 준수하기 곤란한 작업

2. 띠장 간격은 2.0미터 이하로 할 것. 다만, 작업의 성질상 이를 준수하기가 곤란하여 쌍기둥틀 등에 의하여 해당 부분을 보강한 경우에는 그러하지 아니하다.

3. 비계기둥의 제일 윗부분으로부터 31미터되는 지점 밑부분의 비계기둥은 2개의 강관으로 묶어 세울 것. 다만, 브래킷(Bracket, 까치발) 등으로 보강하여 2개의 강관으로 묶을 경우 이상의 강도가 유지되는 경우에는 그러하지 아니하다.

4. 비계기둥 간의 적재하중은 400킬로그램을 초과하지 않도록 할 것

5 시스템 비계의 구조 ④ 제69조

사업주는 시스템 비계를 사용하여 비계를 구성하는 경우에 다음 각 호의 사항을 준수하여야 한다.

1. 수직재·수평재·가새재를 견고하게 연결하는 구조가 되도록 할 것

2. 비계 밑단의 수직재와 받침철물은 밀착되도록 설치하고, 수직재와 받침철물의 연결부의 겹침길이는 받침철물 전체길이의 3분의 1 이상이 되도록 할 것

3. 수평재는 수직재와 직각으로 설치하여야 하며, 체결 후 흔들림이 없도록 견고하게 설치할 것

4. 수직재와 수직재의 연결철물은 이탈되지 않도록 견고한 구조로 할 것

5. 벽 연결재의 설치간격은 제조사가 정한 기준에 따라 설치할 것

6 시스템비계의 조립 작업 시 준수사항 ⬈ 제70조

사업주는 시스템 비계를 조립 작업하는 경우 다음 각 호의 사항을 준수하여야 한다.

1. 비계 기둥의 밑둥에는 밑받침 철물을 사용하여야 하며, 밑받침에 고저차가 있는 경우에는 조절형 밑받침 철물을 사용하여 시스템 비계가 항상 수평 및 수직을 유지하도록 할 것

2. 경사진 바닥에 설치하는 경우에는 피벗형 받침 철물 또는 쐐기 등을 사용하여 밑받침 철물의 바닥면이 수평을 유지하도록 할 것

3. 가공전로에 근접하여 비계를 설치하는 경우에는 가공전로를 이설하거나 가공전로에 절연용 방호구를 설치하는 등 가공전로와의 접촉을 방지하기 위하여 필요한 조치를 할 것

4. 비계 내에서 근로자가 상하 또는 좌우로 이동하는 경우에는 반드시 지정된 통로를 이용하도록 주지시킬 것

5. 비계 작업 근로자는 같은 수직면상의 위와 아래 동시 작업을 금지할 것

6. 작업발판에는 제조사가 정한 최대적재하중을 초과하여 적재해서는 아니 되며, 최대적재하중이 표기된 표지판을 부착하고 근로자에게 주지시키도록 할 것

1 작업발판의 구조 🔴 제56조

사업주는 비계(달비계, 달대비계 및 말비계는 제외한다)의 높이가 2미터 이상인 작업장소에 다음 각 호의 기준에 맞는 작업발판을 설치하여야 한다. 〈개정 2012. 5. 31., 2017. 12. 28.〉

1. 발판재료는 작업할 때의 하중을 견딜 수 있도록 견고한 것으로 할 것
2. 작업발판의 폭은 40센티미터 이상으로 하고, 발판재료 간의 틈은 3센티미터 이하로 할 것. 다만, 외줄비계의 경우에는 고용노동부장관이 별도로 정하는 기준에 따른다.
3. 제2호에도 불구하고 선박 및 보트 건조작업의 경우 선박블록 또는 엔진실 등의 좁은 작업공간에 작업발판을 설치하기 위하여 필요하면 작업발판의 폭을 30센티미터 이상으로 할 수 있고, 걸침비계의 경우 강관기둥 때문에 발판재료 간의 틈을 3센티미터 이하로 유지하기 곤란하면 5센티미터 이하로 할 수 있다. 이 경우 그 틈 사이로 물체 등이 떨어질 우려가 있는 곳에는 출입금지 등의 조치를 하여야 한다.
4. 추락의 위험이 있는 장소에는 안전난간을 설치할 것. 다만, 작업의 성질상 안전난간을 설치하는 것이 곤란한 경우, 작업의 필요상 임시로 안전난간을 해체할 때에 추락방호망을 설치하거나 근로자로 하여금 안전대를 사용하도록 하는 등 추락위험 방지 조치를 한 경우에는 그러하지 아니하다.
5. 작업발판의 지지물은 하중에 의하여 파괴될 우려가 없는 것을 사용할 것
6. 작업발판재료는 뒤집히거나 떨어지지 않도록 둘 이상의 지지물에 연결하거나 고정시킬 것
7. 작업발판을 작업에 따라 이동시킬 경우에는 위험 방지에 필요한 조치를 할 것

1 거푸집 조립 시의 안전조치 🔵 제331조의2

사업주는 거푸집을 조립하는 경우에는 다음 각 호의 사항을 준수해야 한다.

1. 거푸집을 조립하는 경우에는 거푸집이 콘크리트 하중이나 그 밖의 외력에 견딜 수 있거나, 넘어지지 않도록 견고한 구조의 긴결재(콘크리트를 타설할 때 거푸집이 변형되지 않게 연결하여 고정하는 재료를 말한다), 버팀대 또는 지지대를 설치하는 등 필요한 조치를 할 것
2. 거푸집이 곡면인 경우에는 버팀대의 부착 등 그 거푸집의 부상(浮上)을 방지하기 위한 조치를 할 것

[본조신설 2023. 11. 14.]

2 작업발판 일체형 거푸집의 안전조치 🔵 제331조의3

① "작업발판 일체형 거푸집"이란 거푸집의 설치·해체, 철근 조립, 콘크리트 타설, 콘크리트 면처리 작업 등을 위하여 거푸집을 작업발판과 일체로 제작하여 사용하는 거푸집으로서 다음 각 호의 거푸집을 말한다.
   1. 갱 폼(Gang Form)
   2. 슬립 폼(Slip Form)
   3. 클라이밍 폼(Climbing Form)
   4. 터널 라이닝 폼(Tunnel Lining Form)
   5. 그 밖에 거푸집과 작업발판이 일체로 제작된 거푸집 등
② 제1항 제1호의 갱 폼의 조립·이동·양중·해체(이하 이 조에서 "조립 등"이라 한다) 작업을 하는 경우에는 다음 각 호의 사항을 준수해야 한다. 〈개정 2023. 11. 14.〉
   1. 조립 등의 범위 및 작업절차를 미리 그 작업에 종사하는 근로자에게 주지시킬 것
   2. 근로자가 안전하게 구조물 내부에서 갱 폼의 작업발판으로 출입할 수 있는 이동통로를 설치할 것
   3. 갱 폼의 지지 또는 고정철물의 이상 유무를 수시점검하고 이상이 발견된 경우에는 교체하도록 할 것
   4. 갱 폼을 조립하거나 해체하는 경우에는 갱 폼을 인양장비에 매단 후에 작업을 실시하도록 하고, 인양장비에 매달기 전에 지지 또는 고정철물을 미리 해체하지 않도록 할 것
   5. 갱 폼 인양 시 작업발판용 케이지에 근로자가 탑승한 상태에서 갱 폼의 인양작업을 하지 않을 것

③ 사업주는 제1항 제2호부터 제5호까지의 조립 등의 작업을 하는 경우에는 다음 각 호의 사항을 준수하여야 한다.

1. 조립 등 작업 시 거푸집 부재의 변형 여부와 연결 및 지지재의 이상 유무를 확인할 것
2. 조립 등 작업과 관련한 이동·양중·운반 장비의 고장·오조작 등으로 인해 근로자에게 위험을 미칠 우려가 있는 장소에는 근로자의 출입을 금지하는 등 위험 방지 조치를 할 것
3. 거푸집이 콘크리트면에 지지될 때에 콘크리트의 굳기정도와 거푸집의 무게, 풍압 등의 영향으로 거푸집의 갑작스런 이탈 또는 낙하로 인해 근로자가 위험해질 우려가 있는 경우에는 설계도서에서 정한 콘크리트의 양생기간을 준수하거나 콘크리트면에 견고하게 지지하는 등 필요한 조치를 할 것
4. 연결 또는 지지 형식으로 조립된 부재의 조립 등 작업을 하는 경우에는 거푸집을 인양장비에 매단 후에 작업을 하도록 하는 등 낙하·붕괴·전도의 위험 방지를 위하여 필요한 조치를 할 것
   [제337조에서 이동 〈2023. 11. 14.〉]

3 동바리 조립 시의 안전조치 [책] 제332조

사업주는 동바리를 조립하는 경우에는 하중의 지지상태를 유지할 수 있도록 다음 각 호의 사항을 준수해야 한다.

1. 받침목이나 깔판의 사용, 콘크리트 타설, 말뚝박기 등 동바리의 침하를 방지하기 위한 조치를 할 것
2. 동바리의 상하 고정 및 미끄러짐 방지 조치를 할 것
3. 상부·하부의 동바리가 동일 수직선상에 위치하도록 하여 깔판·받침목에 고정시킬 것
4. 개구부 상부에 동바리를 설치하는 경우에는 상부하중을 견딜 수 있는 견고한 받침대를 설치할 것
5. U헤드 등의 단판이 없는 동바리의 상단에 멍에 등을 올릴 경우에는 해당 상단에 U헤드 등의 단판을 설치하고, 멍에 등이 전도되거나 이탈되지 않도록 고정시킬 것
6. 동바리의 이음은 같은 품질의 재료를 사용할 것
7. 강재의 접속부 및 교차부는 볼트·클램프 등 전용철물을 사용하여 단단히 연결할 것
8. 거푸집의 형상에 따른 부득이한 경우를 제외하고는 깔판이나 받침목은 2단 이상 끼우지 않도록 할 것
9. 깔판이나 받침목을 이어서 사용하는 경우에는 그 깔판·받침목을 단단히 연결할 것
   [전문개정 2023. 11. 14.]

4 동바리 유형에 따른 동바리 조립 시의 안전조치 ㉱ 제332조의2

사업주는 동바리를 조립할 때 동바리의 유형별로 다음 각 호의 구분에 따른 각 목의 사항을 준수해야 한다.

1. 동바리로 사용하는 파이프 서포트의 경우
   가. 파이프 서포트를 3개 이상 이어서 사용하지 않도록 할 것
   나. 파이프 서포트를 이어서 사용하는 경우에는 4개 이상의 볼트 또는 전용철물을 사용하여 이을 것
   다. 높이가 3.5미터를 초과하는 경우에는 높이 2미터 이내마다 수평연결재를 2개 방향으로 만들고 수평연결재의 변위를 방지할 것

2. 동바리로 사용하는 강관틀의 경우
   가. 강관틀과 강관틀 사이에 교차가새를 설치할 것
   나. 최상단 및 5단 이내마다 동바리의 측면과 틀면의 방향 및 교차가새의 방향에서 5개 이내마다 수평연결재를 설치하고 수평연결재의 변위를 방지할 것
   다. 최상단 및 5단 이내마다 동바리의 틀면의 방향에서 양단 및 5개틀 이내마다 교차가새의 방향으로 띠장틀을 설치할 것

3. 동바리로 사용하는 조립강주의 경우 : 조립강주의 높이가 4미터를 초과하는 경우에는 높이 4미터 이내마다 수평연결재를 2개 방향으로 설치하고 수평연결재의 변위를 방지할 것

4. 시스템 동바리(규격화·부품화된 수직재, 수평재 및 가새재 등의 부재를 현장에서 조립하여 거푸집을 지지하는 지주 형식의 동바리를 말한다)의 경우
   가. 수평재는 수직재와 직각으로 설치해야 하며, 흔들리지 않도록 견고하게 설치할 것
   나. 연결철물을 사용하여 수직재를 견고하게 연결하고, 연결부위가 탈락 또는 꺾어지지 않도록 할 것
   다. 수직 및 수평하중에 대해 동바리의 구조적 안정성이 확보되도록 조립도에 따라 수직재 및 수평재에는 가새재를 견고하게 설치할 것
   라. 동바리 최상단과 최하단의 수직재와 받침철물은 서로 밀착되도록 설치하고 수직재와 받침철물의 연결부의 겹침길이는 받침철물 전체길이의 3분의 1 이상 되도록 할 것

5. 보 형식의 동바리[강제 갑판(Steel Deck), 철재트러스 조립 보 등 수평으로 설치하여 거푸집을 지지하는 동바리를 말한다]의 경우
   가. 접합부는 충분한 걸침 길이를 확보하고 못, 용접 등으로 양끝을 지지물에 고정시켜 미끄러짐 및 탈락을 방지할 것
   나. 양끝에 설치된 보 거푸집을 지지하는 동바리 사이에는 수평연결재를 설치하거나 동바리를 추가로 설치하는 등 보 거푸집이 옆으로 넘어지지 않도록 견고하게 할 것
   다. 설계도면, 시방서 등 설계도서를 준수하여 설치할 것
   [본조신설 2023. 11. 14.]

5 **조립·해체 등 작업 시의 준수사항** 🔵 제333조

① 사업주는 기둥·보·벽체·슬래브 등의 거푸집 및 동바리를 조립하거나 해체하는 작업을 하는 경우에는 다음 각 호의 사항을 준수해야 한다. 〈개정 2021. 5. 28., 2023. 11. 14.〉

1. 해당 작업을 하는 구역에는 관계 근로자가 아닌 사람의 출입을 금지할 것

2. 비, 눈, 그 밖의 기상상태의 불안정으로 날씨가 몹시 나쁜 경우에는 그 작업을 중지할 것

3. 재료, 기구 또는 공구 등을 올리거나 내리는 경우에는 근로자로 하여금 달줄·달포대 등을 사용하도록 할 것

4. 낙하·충격에 의한 돌발적 재해를 방지하기 위하여 버팀목을 설치하고 거푸집 및 동바리를 인양장비에 매단 후에 작업을 하도록 하는 등 필요한 조치를 할 것

② 사업주는 철근조립 등의 작업을 하는 경우에는 다음 각 호의 사항을 준수하여야 한다.

1. 양중기로 철근을 운반할 경우에는 두 군데 이상 묶어서 수평으로 운반할 것

2. 작업위치의 높이가 2미터 이상일 경우에는 작업발판을 설치하거나 안전대를 착용하게 하는 등 위험 방지를 위하여 필요한 조치를 할 것

[제목개정 2023. 11. 14.]

004 흙막이

1 정의

(1) '흙막이공법'이란 굴착공사 시 굴착면의 측면을 보호하여 토사의 붕괴와 유출을 방지하기 위한 가설구조물을 말한다.

(2) 흙막이는 토사와 지하수의 유입을 막는 흙막이벽과 이것을 지탱해 주는 지보공으로 구성되며, 굴착심도에 따른 토질조건·지하수 상태·현장 여건 등을 충분히 검토하여 적정한 흙막이공법을 선정하여야 한다.

2 흙막이공법 선정 시 검토사항

(1) 흙막이 해체 고려

(2) 구축하기 쉬운 공법

(3) 안전성과 경제성

(4) 주변 대지 조건 및 지하매설물 상태

(5) 차수에 있어 수밀성이 높은 공법

(6) 지반 성상에 맞는 공법

(7) 강성이 높은 공법

(8) 지하수 배수 시 배수처리공법 적격 여부

3 흙막이공법의 종류

4 흙막이공법의 종류별 특징

(1) 지지방식에 의한 분류

① 자립공법
  ㉠ 흙막이벽 자체의 근입깊이에 의해 흙막이벽을 지지
  ㉡ 굴착깊이가 얕고 양질지반일 때 사용

② 버팀대공법(Strut Method)
  ㉠ 경사(빗)버팀대식 흙막이 : 흙막이벽에 빗버팀대를 설치하여 흙막이벽을 지지하며, 아일랜드 공법에서 많이 사용
  ㉡ 수평버팀대식 흙막이 : 흙막이벽에 수평으로 걸친 버팀대에 의해서 흙막이벽을 지지

③ Earth Anchor 공법
  ㉠ 흙막이벽 배면에 구멍을 뚫어 Anchor체를 설치하여 흙막이벽을 지지
  ㉡ Anchor 정착층이 양호하여야 하며, 작업공간이 좁은 경우에 유리

④ Tie Rod 공법
  ㉠ 흙막이벽의 상부를 당김줄로 당겨 흙막이벽의 이동을 방지
  ㉡ 당김줄 고정말뚝은 이동이 없게 견고하게 설치

(2) 구조방식에 의한 분류

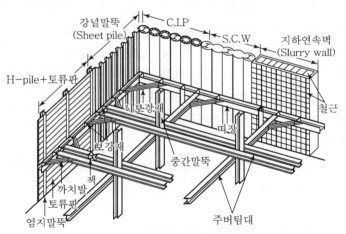

① H-Pile 공법
  ㉠ H-Pile을 1~2m 간격으로 박고 굴착과 동시에 토류판을 끼워 흙막이벽을 설치하는 공법
  ㉡ 특징
    • 시공이 간단하고 경제적
    • 공사기간이 짧고 공사비 저렴

- 지하수가 많은 경우 차수성 Grouting 보강이 필요
- 연약지반에서 Heaving, Boiling 현상의 발생에 주의

② **널말뚝공법(Steel Pile Method)**

    ㉠ 강널말뚝공법(Steel Sheet Pile Method)

        ⓐ 강재널말뚝을 연속으로 연결하여 흙막이벽을 만들어 버팀대로 지지하는 공법

        ⓑ 특징

- 차수성이 높고 연약지반에 적합
- 시공에 따른 여러 가지 단면 선택 가능
- 소음, 진동이 크고 경질지반에 부적합
- 인발 시 배면토의 이동으로 지반침하 발생

    ㉡ 강관널말뚝공법(Steel Pipe Sheet Pile Method)

        ⓐ 강널말뚝의 강성 부족을 보완하기 위하여 개발된 것으로 구조용 강관을 밀실하게 연결하여 벽체를 만들어 수압이 큰 흙막이벽·수중의 지하구조물의 물막이용으로 사용

        ⓑ 특징

- 수밀성이 높으므로 지하수가 많은 경우 사용
- 지하 흙막이벽, 수중공사 가설구조, 교량기초 보수공사 등에 이용
- 연결부의 지수(止水), 비틀림, 경사에 주의
- 재사용이 곤란하며 자갈 섞인 토질에는 관입 곤란

    ㉢ 지하연속벽(Slurry Wall 혹은 Diaphragm Wall)공법

        ⓐ 벽식(壁式) 지하연속벽 : 안정액을 사용하여 굴착 벽면의 붕괴를 방지하면서 굴착하고 그 속에 철근망을 삽입한 후 콘크리트를 타설한 패널(Panel)을 연속으로 축조하여 흙막이 벽체를 형성하는 공법

- 종류
  - ICOS(Impresa di Construzione Opere Specializzate) 공법
  - BW(Boring Wall) 공법
- 특징
  - 소음, 진동이 적고 차수성이 우수
  - 주변 지반에 영향이 적고 본 구조체로도 사용이 가능
  - 안정액 처리에 문제가 많고 장비가 대형으로 이동이 불편
  - 공사기간이 길고 콘크리트 타설 시 품질관리 중요

        ⓑ 주열식(柱列式) 지하연속벽 : 현장타설 콘크리트말뚝을 연속으로 연결하여 주열식으로 흙막이벽을 축조하는 공법으로 말뚝 내에는 철근망·H-Pile 등으로 벽체를 보강

- 종류
  - Earth Drill공법(Calweld 공법)
  - Benoto공법(All Casing 공법)
  - RCD공법(Reverse Circulation Drill Method : 역순환공법)
  - SCW(Soil Cement Wall) 공법
  - Prepacked Concrete Pile(CIP, MIP, PIP)
- 특징
  - 차수성이 좋고 지내력이 향상
  - 저소음공법이고 벽체의 강성이 높으며 주변 침하가 적음
  - 공사기간이 길고 공사비 증대
  - 경질지반에 불리

② Top Down Method : 역타공법

ⓐ 지하연속벽을 먼저 설치하고 기둥과 기초를 설치한 후 지하연속벽을 흙막이벽체로 이용하여 지하로 굴착한 후 지하구조물을 시공하면서 동시에 지상구조물도 축조해 가는 공법

ⓑ 특징
- 지하구조물을 지보공으로 이용하므로 안전하며 공기 단축
- 연약지반에서의 깊은 굴착도 가능
- 굴착장비가 소형으로 제약
- 기둥, 벽 등의 수직부재의 연결부 취약

1 흙막이지보공의 재료 🔹 제345조

사업주는 흙막이 지보공의 재료로 변형·부식되거나 심하게 손상된 것을 사용해서는 아니 된다.

2 조립도 🔹 제346조

① 사업주는 흙막이 지보공을 조립하는 경우 미리 그 구조를 검토한 후 조립도를 작성하여 그 조립도에 따라 조립하도록 해야 한다. 〈개정 2023. 11. 14.〉

② 제1항의 조립도는 흙막이판·말뚝·버팀대 및 띠장 등 부재의 배치·치수·재질 및 설치방법과 순서가 명시되어야 한다.

3 붕괴 등의 위험 방지 🔹 제347조

① 사업주는 흙막이 지보공을 설치하였을 때에는 정기적으로 다음 각 호의 사항을 점검하고 이상을 발견하면 즉시 보수하여야 한다.

1. 부재의 손상·변형·부식·변위 및 탈락의 유무와 상태
2. 버팀대의 긴압(緊壓)의 정도
3. 부재의 접속부·부착부 및 교차부의 상태
4. 침하의 정도

② 사업주는 제1항의 점검 외에 설계도서에 따른 계측을 하고 계측 분석 결과 토압의 증가 등 이상한 점을 발견한 경우에는 즉시 보강조치를 하여야 한다.

SECTION 06 건설 구조물공사 안전

001 콘크리트 구조물공사 안전

1 콘크리트의 타설작업 🔵 제334조

사업주는 콘크리트 타설작업을 하는 경우에는 다음 각 호의 사항을 준수해야 한다. 〈개정 2023. 11. 14.〉

1. 당일의 작업을 시작하기 전에 해당 작업에 관한 거푸집 및 동바리의 변형·변위 및 지반의 침하 유무 등을 점검하고 이상이 있으면 보수할 것
2. 작업 중에는 감시자를 배치하는 등의 방법으로 거푸집 및 동바리의 변형·변위 및 침하 유무 등을 확인해야 하며, 이상이 있으면 작업을 중지하고 근로자를 대피시킬 것
3. 콘크리트 타설작업 시 거푸집 붕괴의 위험이 발생할 우려가 있으면 충분한 보강조치를 할 것
4. 설계도서상의 콘크리트 양생기간을 준수하여 거푸집 및 동바리를 해체할 것
5. 콘크리트를 타설하는 경우에는 편심이 발생하지 않도록 골고루 분산하여 타설할 것

2 콘크리트 타설장비 사용 시의 준수사항 🔵 제335조

사업주는 콘크리트 타설작업을 하기 위하여 콘크리트 플레이싱 붐(Placing Boom), 콘크리트 분배기, 콘크리트 펌프카 등(이하 이 조에서 "콘크리트타설장비"라 한다)을 사용하는 경우에는 다음 각 호의 사항을 준수해야 한다. 〈개정 2023. 11. 14.〉

1. 작업을 시작하기 전에 콘크리트타설장비를 점검하고 이상을 발견하였으면 즉시 보수할 것
2. 건축물의 난간 등에서 작업하는 근로자가 호스의 요동·선회로 인하여 추락하는 위험을 방지하기 위하여 안전난간 설치 등 필요한 조치를 할 것
3. 콘크리트타설장비의 붐을 조정하는 경우에는 주변의 전선 등에 의한 위험을 예방하기 위한 적절한 조치를 할 것
4. 작업 중에 지반의 침하나 아웃트리거 등 콘크리트타설장비 지지구조물의 손상 등에 의하여 콘크리트타설장비가 넘어질 우려가 있는 경우에는 이를 방지하기 위한 적절한 조치를 할 것 [제목개정 2023. 11. 14.]

002 철골 공사 안전

1 철골조립 시의 위험 방지 ⭐ 제380조

사업주는 철골을 조립하는 경우에 철골의 접합부가 충분히 지지되도록 볼트를 체결하거나 이와 같은 수준 이상의 견고한 구조가 되기 전에는 들어 올린 철골을 걸이로프 등으로부터 분리해서는 아니 된다. 〈개정 2019. 1. 31.〉

2 승강로의 설치 ⭐ 제381조

사업주는 근로자가 수직방향으로 이동하는 철골부재(鐵骨部材)에는 답단(踏段) 간격이 30센티미터 이내인 고정된 승강로를 설치하여야 하며, 수평방향 철골과 수직방향 철골이 연결되는 부분에는 연결작업을 위하여 작업발판 등을 설치하여야 한다.

3 가설통로의 설치 ⭐ 제382조

사업주는 철골작업을 하는 경우에 근로자의 주요 이동통로에 고정된 가설통로를 설치하여야 한다. 다만, 제44조에 따른 안전대의 부착설비 등을 갖춘 경우에는 그러하지 아니하다.

4 작업의 제한 ⭐ 제383조

사업주는 다음 각 호의 어느 하나에 해당하는 경우에 철골작업을 중지하여야 한다.
1. 풍속이 초당 10미터 이상인 경우
2. 강우량이 시간당 1밀리미터 이상인 경우
3. 강설량이 시간당 1센티미터 이상인 경우

003 재해방지설비

(1) 용도, 사용장소 및 조건에 따라 재해방지설비를 갖추도록 한다.

▼재해 유형별 안전시설

기능		용도·사용장소·조건	설비
추락 방지	안전한 직업이 가능한 작업발판	높이 2m 이상의 장소로서 추락의 위험이 있는 작업	• 비계 • 달비계 • 수평통로 • 표준안전난간
	추락자 보호	작업발판 설치가 어렵거나 개구부 주위로 난간 설치가 어려운 곳	추락 방지용 방망
	추락의 우려가 있는 위험장소에서 작업자의 행동 제한	개구부 및 작업발판의 끝	• 표준안전난간 • 방호울
	작업자의 신체 유지	안전한 작업발판이나 표준안전난간설비를 할 수 없는 곳	• 안전대부착설비 • 안전대 • 구명줄
비래·낙하 및 비산 방지	낙하 위험 방지	철골 건립, Bolt 체결 및 기타 상하작업	• 방호철망 • 방호울 • 가설 Anchor 설비
	제3자의 위해 방지	Bolt, 콘크리트 덩어리, 형틀재, 일반자재, 먼지 등이 낙하·비산할 우려가 있는 작업	• 방호철망 • 방호 Sheet • 방호울 • 방호선반 • 안전망
	불꽃의 비산 방지	용접, 용단을 수반하는 작업	불연성 울타리, 용접포

(2) 고소작업에 따른 재해 방지를 위해 추락방지용 방망을 설치하고 작업자는 안전대를 사용하도록 하며, 미리 철골에 안전대부착설비를 설치한다.

(3) 구명줄을 설치할 경우 1가닥 구명줄을 여러 명이 동시에 사용하지 않도록 하며, 구명줄은 마닐라 로프 직경 16mm를 기준으로 설치하고 작업방법을 충분히 검토한다.

(4) 낙하, 비래 및 비산 방지설비는 철골건립 개시 전 설치하고 높이가 20m 이하일 때는 방호선반을 1단 이상, 20m 이상인 경우 2단 이상 설치하며 건물 외부 비계 방호 시트에서 수평거리로 2m 이상 돌출하고 20도 이상의 각도를 유지시킨다.

⑸ 외부 비계를 필요로 하지 않는 공법을 채택한 경우에도 낙하, 비래 및 비산 방지 설비를 하여야 하며, 철골보 등을 이용하여 설치하여야 한다.

⑹ 화기 사용 시 불연재료로 울타리를 설치하거나 용접포로 주위를 덮는 등의 조치를 취한다.

⑺ 내부에 낙하비래방지시설을 설치할 경우 3층 간격마다 수평으로 철망을 설치해 추락방지시설을 겸하도록 하되 기둥 주위에 공간이 생기지 않도록 한다.

⑻ 건립 중 건립 위치까지 작업자가 안전하게 승강할 수 있는 사다리, 계단, 외부비계, 승강용 엘리베이터 등을 설치해야 하며, 기둥 승강 설비로는 16mm 철근 등을 이용해 트랩을 설치해 안전대부착설비 구조를 겸용하도록 한다.

004 PC(Precast Concrete) 공사안전

1 PC 공법의 특징

(1) 장점

① 공장생산으로 품질 균일
② 구체공사와의 병행으로 공사기간 단축
③ 현장작업의 축소로 노무비 절감
④ 대량생산으로 원가 절감

(2) 단점

① 고소작업으로 안전관리에 취약
② PC 부재의 접합부 취약
③ PC 부재의 운반, 설치 시 파손 우려

2 PC 공사 Flow Chart

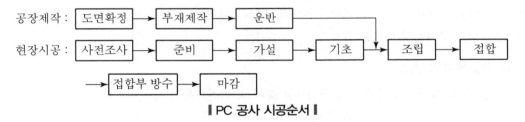

┃ PC 공사 시공순서 ┃

3 PC 공사 시 재해유형

(1) 추락 : 고소작업 시 작업자의 부주의 및 안전시설 미비로 인한 추락
(2) 낙하·비래 : PC 조립작업 시 부재의 낙하·비래
(3) 감전 : 전기기계·기구에 의한 감전, 인양장비의 가공선로 접촉으로 인한 감전
(4) 충돌·협착 : 작업 중 인양장비에 의한 작업자의 충돌·협착
(5) 도괴 : PC 조립부재가 완전히 고정되기 전 자중으로 인한 도괴
(6) 전도 : 지반 부등침하, 장비급선회, 받침대 불량에 의한 인양장비의 전도

④ PC 공사 시 시공단계별 안전대책

(1) 반입도로 정비
① PC 부재 운반차량, 크레인 등의 중차량 통행을 위하여 부지 내의 도로는 안전운행을 할 수 있도록 유지·보수
② 부재의 반입도로와 야적장의 연결

(2) 야적장
① 양중장비의 작업반경 내 위치
② 운반 차량 통행에 지장이 없도록 여유 확보
③ 바닥이 평탄해야 하고 물이 잘 빠지도록 주위에 배수구 설치
④ 가장 큰 부재를 기준으로 적치스탠드 배치

(3) 비계
① 외부 비계 설치 시 작업에 지장을 주지 않도록 바닥면보다 1m 이상 높게 설치
② 필요에 따라 달비계를 설치하여 작업

(4) PC 부재의 설치
① 설치 시 PC 부재가 파손되지 않도록 주의
② PC 부재의 하부가 오염되지 않도록 받침목 설치
③ PC 부재는 수직으로 설치

(5) PC 부재의 조립
① 작업 전에 작업자에 대한 작업내용 숙지 및 안전교육 실시
② 안전담당자의 지휘 아래 작업
③ PC 부재 인양작업 시 신호는 사전에 정해진 방법에 따라 실시
④ 신호수 지정
⑤ 조립 작업자는 복장을 단정하게 하고 안전모, 안전대 등 보호구 착용
⑥ 조립작업 전 기계·기구 공구의 이상 유무 확인
⑦ 부재 하부의 작업자 출입 금지
⑧ 강풍 시 조립부재를 결속하거나 임시 가새 등 설치
⑨ PC 부재를 달아 올린 채 주행 금지
⑩ PC 부재 인양작업 시 적재하중을 초과하는 하중 금지
⑪ 작업반경 내 작업자 외 출입금지
⑫ 작업현장 부근의 고압선로는 절연 방호 조치
⑬ PC 부재의 인양작업 시 중량을 고려하여 크레인의 침하 방지 조치

⑤ 재해방지시설

(1) 추락 방지시설

구분	시설종류	점검 시 확인사항
추락 방지	개구부 방호철물	• 사용위치 : 엘리베이터홀 • 설치기준 : 바닥부에 100mm 이상 발판턱 설치, 난간틀에는 안전 표지판 부착 • 사용 시 주의사항 : 작업을 위해 해체 시 작업 후 즉시 재설치
	개구부 덮개	• 개구부 발생즉시 덮을 수 있도록 사전에 준비할 것 • 개구부가 작아도 반드시 설치할 것 • 안전표지 및 조명상태 사전확인
	안전방망	• 5t합 이상 사용 • 그물코는 사각 또는 마름모로 크기 100mm 이하일 것 • 강도손실이 초기 인장강도의 30% 이상 시 폐기할 것 • 설치 후 1년 이내 최초검사, 이후 6개월 이내마다 재검사
	안전난간	• 설치위치 : 중량물취급 개구부, 가설계단 통로, 경사로, 흙막이 지보공 상부 • Keyword : 변위, 탈락이 발생되지 않도록 클램프체결을 견고하게 하고 타 용도 사용을 금할 것 • 난간대 지름은 2.7cm 이상으로 한다.

(2) 낙하물 방지시설

① 낙하물방지망

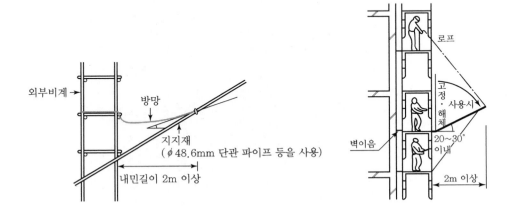

② 수직방망

- 수직방망을 설치하기 위한 수평 지지대는 수직 방향으로 5.5m 이하마다 설치할 것
- 용단, 용접 등 화재 위험이 있는 작업 시 반드시 난연 또는 방염 가공된 방망 설치
- 수직방망끼리의 연결은 동등 이상의 강도를 갖는 테두리 부분에서 하고, 망을 붙여 칠 때 틈이 생기지 않도록 할 것
- 지지대에 고정 시 망 주위를 45cm 이내의 간격으로 할 것
- 방망 연결 부위의 개소당 인장강도는 1,000N 이상으로 할 것
- 단부나 모서리 등에는 그 치수에 맞는 수직방망을 이용하여 틈이 없도록 칠 것
- 통기성이 작은 수직방망은 예상 최대 풍압력과 지지대의 내력 관계를 벽연결 등으로 충분히 보강
- 수직방망을 일시적으로 떼어낼 때에는 비계의 전도 등에 대한 위험이 없도록 할 것

운반, 하역작업

001 중량물 취급 시 위험방지

1 중량물 취급 ㉓ 제385조

사업주는 중량물을 운반하거나 취급하는 경우에 하역운반기계·운반용구(이하 "하역운반기계 등"이라 한다)를 사용하여야 한다. 다만, 작업의 성질상 하역운반기계 등을 사용하기 곤란한 경우에는 그러하지 아니하다.

2 중량물의 구름 위험방지 ㉓ 제386조

사업주는 드럼통 등 구를 위험이 있는 중량물을 보관하거나 작업 중 구를 위험이 있는 중량물을 취급하는 경우에는 다음 각 호의 사항을 준수해야 한다. 〈개정 2023. 11. 14.〉

1. 구름멈춤대, 쐐기 등을 이용하여 중량물의 동요나 이동을 조절할 것
2. 중량물이 구를 위험이 있는 방향 앞의 일정거리 이내로는 근로자의 출입을 제한할 것. 다만, 중량물을 보관하거나 작업 중인 장소가 경사면인 경우에는 경사면 아래로는 근로자의 출입을 제한해야 한다.

   [제목개정 2023. 11. 14.]

002　하역작업 시 위험방지

1 하역작업장의 조치기준 ⚙ 제390조

사업주는 부두·안벽 등 하역작업을 하는 장소에 다음 각 호의 조치를 하여야 한다.
1. 작업장 및 통로의 위험한 부분에는 안전하게 작업할 수 있는 조명을 유지할 것
2. 부두 또는 안벽의 선을 따라 통로를 설치하는 경우에는 폭을 90센티미터 이상으로 할 것
3. 육상에서의 통로 및 작업장소로서 다리 또는 선거(船渠) 갑문(閘門)을 넘는 보도(步道) 등의 위험한 부분에는 안전난간 또는 울타리 등을 설치할 것

2 하적단의 간격 ⚙ 제391조

사업주는 바닥으로부터의 높이가 2미터 이상 되는 하적단(포대·가마니 등으로 포장된 화물이 쌓여 있는 것만 해당한다)과 인접 하적단 사이의 간격을 하적단의 밑부분을 기준하여 10센티미터 이상으로 하여야 한다.

3 하적단의 붕괴 등에 의한 위험방지 ⚙ 제392조

① 사업주는 하적단의 붕괴 또는 화물의 낙하에 의하여 근로자가 위험해질 우려가 있는 경우에는 그 하적단을 로프로 묶거나 망을 치는 등 위험을 방지하기 위하여 필요한 조치를 하여야 한다.
② 하적단을 쌓는 경우에는 기본형을 조성하여 쌓아야 한다.
③ 하적단을 헐어내는 경우에는 위에서부터 순차적으로 층계를 만들면서 헐어내어야 하며, 중간에서 헐어내어서는 아니 된다.

4 화물의 적재 ⚙ 제393조

사업주는 화물을 적재하는 경우에 다음 각 호의 사항을 준수하여야 한다.
1. 침하 우려가 없는 튼튼한 기반 위에 적재할 것
2. 건물의 칸막이나 벽 등이 화물의 압력에 견딜 만큼의 강도를 지니지 아니한 경우에는 칸막이나 벽에 기대어 적재하지 않도록 할 것
3. 불안정할 정도로 높이 쌓아 올리지 말 것
4. 하중이 한쪽으로 치우치지 않도록 쌓을 것

1과목 산업안전관리론

01 하인리히 사고예방대책 5단계의 각 단계와 기본 원리가 잘못 연결된 것은?

① 제1단계 – 안전조직
② 제2단계 – 사실의 발견
③ 제3단계 – 점검 및 검사
④ 제4단계 – 시정 방법의 선정

● 해설

하인리히 사고예방대책 5단계
• 조직의 결성 : 조사위원회의 구성
• 사실의 발견 : 재해현황의 파악
• 원인분석 : 현장조사
• 시정책 선정 : 재해재발 방지를 위한 안전대책 선정
• 시정책 적용 : 수립한 안전대책의 적용

02 재해조사의 주된 목적으로 옳은 것은?

① 재해의 책임소재를 명확히 하기 위함이다.
② 동일 업종의 산업재해 통계를 조사하기 위함이다.
③ 동종 또는 유사재해의 재발을 방지하기 위함이다.
④ 해당 사업장의 안전관리 계획을 수립하기 위함이다.

● 해설

재해조사의 주된 목적
동종 또는 유사재해의 재발을 방지하기 위함

03 산업안전보건법령상 자율안전확인대상 기계 등에 해당하지 않는 것은?

① 연삭기
② 곤돌라
③ 컨베이어
④ 산업용 로봇

● 해설

자율안전확인대상 기계 등
• 연삭기 및 연마기
• 산업용 로봇
• 혼합기
• 파쇄기 또는 분쇄기
• 식품가공용 기계
• 컨베이어
• 자동차정비용 리프트
• 공작기계
• 고정용 목재가공용 기계
• 인쇄기
• 기압조정기

04 다음은 산업안전보건법령상 공정안전보고서의 제출 시기에 관한 기준 내용이다. (   ) 안에 들어갈 내용을 올바르게 나열한 것은?

> 사업주는 산업안전보건법 시행령에 따라 유해하거나 위험한 설비의 설치·이전 또는 주요 구조부분의 변경공사의 착공일 (㉠) 전까지 공정안전보고서를 (㉡) 작성하여 공단에 제출해야 한다.

① ㉠ 1일, ㉡ 2부
② ㉠ 15일, ㉡ 1부
③ ㉠ 15일, ㉡ 2부
④ ㉠ 30일, ㉡ 2부

● 해설

사업주는 산업안전보건법 시행령에 따라 유해하거나 위험한 설비의 설치·이전 또는 주요 구조부분의 변경공사의 착공일 30일 전까지 공정안전보고서를 2부 작성하여 공단에 제출해야 한다.

● ANSWER | 01 ③ 02 ③ 03 ② 04 ④

05 기계설비의 안전에 있어서 중요 부분의 피로, 마모, 손상, 부식 등에 대한 장치의 변화 유무 등을 일정 기간마다 점검하는 안전점검의 종류는?

① 수시점검   ② 임시점검
③ 정기점검   ④ 특별점검

◀ 해설 ▶

산업안전보건법상 안전점검의 종류

종류	점검시기	점검내용
일상점검	매일	해당 작업에 대한 전체적 이상 여부
정기점검	매주 또는 매월	기계, 기구, 설비의 안전상 중요한 부분의 피로, 마모, 손상, 부식 여부
특별점검	• 기계, 기구, 설비의 신설 및 변경 시 • 천재지변 후	신설 및 변경된 기계, 기구, 설비의 고장이나 수리상태 점검
임시점검	• 이상발생 시 • 재해발생 시	설비, 기계 등의 이상 유무, 작동상태

06 안전보건관리조직 중 스태프(Staff)형 조직에 관한 설명으로 옳지 않은 것은?

① 안전정보수집이 신속하다.
② 안전과 생산을 별개로 취급하기 쉽다.
③ 권한 다툼이나 조정이 용이하여 통제수속이 간단하다.
④ 스태프 스스로 생산라인의 안전업무를 행하는 것은 아니다.

◀ 해설 ▶

안전보건관리조직의 분류

1. 라인형 조직의 특징

장점	• 소규모 사업장에 가장 적합하다. • 지시의 이행이 빠르다. • 명령과 보고가 간단하다.
단점	• 안전정보가 불충분하다. • 전문적 안전지식이 부족하다. • 라인에 책임전가 우려가 많다.

2. 스태프형 조직의 특징

장점	• 안전정보수집이 신속하다. • 안전관리를 담당하는 스태프를 통해 전문적인 안전조직을 구성할 수 있다.
단점	• 안전과 생산을 별개로 취급하기 쉽다. • 스태프 스스로 생산라인의 안전업무를 행하는 것은 아니다. • 권한 다툼이나 조정이 난해하여 통제수속이 복잡하다.

3. 라인 – 스태프형 조직의 특징

장점	• 대규모 사업장(1,000명 이상)에 효과적이다. • 신속, 정확한 경영자의 지침전달이 가능하다. • 안전활동과 생산업무의 균형유지가 가능하다.
단점	• 명령계통과 조언 및 권고적 참여가 혼동되기 쉽다. • 라인이 스태프에게만 의존하거나 활용하지 않을 우려가 있다. • 스태프가 월권행위 할 우려가 있다.

07 산업안전보건법령상 사업주의 의무에 해당하지 않는 것은?

① 산업재해 예방을 위한 기준 준수
② 사업장의 안전 및 보건에 관한 정보를 근로자에게 제공
③ 산업안전 및 보건 관련 단체 등에 대한 지원 및 지도·감독
④ 근로자의 신체적 피로와 정신적 스트레스 등을 줄일 수 있는 쾌적한 작업환경의 조성 및 근로조건 개선

◀ 해설 ▶

사업주의 의무

• 산업재해 예방을 위한 기준의 준수
• 사업장의 안전 및 보건에 관한 정보를 근로자에게 제공
• 근로자의 신체적 피로와 정신적 스트레스 등을 줄일 수 있는 쾌적한 작업환경의 조성 및 근로조건 개선

08 사고예방대책의 기본원리 5단계 시정책의 적용 중 3E에 해당하지 않는 것은?

① 교육(Education)
② 관리(Enforcement)
③ 기술(Engineering)
④ 환경(Enviroment)

09 위험예지훈련의 4라운드 기법에서 문제점을 발견하고 중요 문제를 결정하는 단계는?

① 현상파악
② 본질추구
③ 목표설정
④ 대책수립

10 재해사례연구의 진행순서로 옳은 것은?

① 재해상황의 파악 → 사실의 확인 → 문제점 발견 → 근본적 문제점 결정 → 대책수립
② 사실의 확인 → 재해상황의 파악 → 근본적 문제점 결정 → 문제점 발견 → 대책수립
③ 문제점 발견 → 사실의 확인 → 재해상황의 파악 → 근본적 문제점 결정 → 대책수립
④ 재해상황의 파악 → 문제점 발견 → 근본적 문제점 결정 → 대책수립 → 사실의 확인

11 다음 중 산업재해발생의 기본 원인 4M에 해당하지 않는 것은?

① Media
② Material
③ Machine
④ Management

12 보호구 안전인증제품에 표시할 사항으로 옳지 않은 것은?

① 규격 또는 등급
② 형식 또는 모델명
③ 제조번호 및 제조연월
④ 성능기준 및 시험방법

13 다음 중 시설물의 안전 및 유지관리에 관한 특별법상 시설물 정기안전점검의 실시 시기로 옳은 것은?(단, 시설물의 안전등급이 A등급인 경우)

① 반기에 1회 이상
② 1년에 1회 이상
③ 2년에 1회 이상
④ 3년에 1회 이상

시설물의 안전 및 유지관리에 관한 특별법상 정기안전점검의 실시 시기

종류	점검시기	점검내용
정기 점검	• A·B·C 등급 : 반기당 1회 • D·E 등급 : 해빙기·우기·동절기 등 연간 3회	• 시설물의 기능적 상태 • 사용요건 만족도
정밀 점검	⊙ 건축물 　• A 등급 : 4년에 1회 　• B·C 등급 : 3년에 1회 　• D·E 등급 : 2년에 1회 　• 최초실시 : 준공일 또는 사용승인일 기준 3년 이내(건축물은 4년 이내) 　• 건축물에는 부대시설인 옹벽과 절토사면을 포함 ⓒ 기타 시설물 　• A 등급 : 3년에 1회 　• B·C 등급 : 2년에 1회 　• D·E 등급 : 1년에 1회 　• 항만시설물 중 썰물 시 바닷물에 항상 잠겨있는 부분은 4년에 1회 이상	• 시설물 상태 • 안전성 평가
긴급 점검	• 관리주체가 필요하다고 판단 시 • 관계 행정기관장이 필요하여 관리주체에게 긴급점검을 요청한 때	재해, 사고에 의한 구조적 손상 상태
정밀 진단	• 최초실시 : 준공일, 사용승인일로부터 10년 경과 시 1년 이내 • A 등급 : 6년에 1회 • B·C 등급 : 5년에 1회 • D·E 등급 : 4년에 1회	• 시설물의 물리적, 기능적 결함 발견 • 신속하고 적절한 조치를 취하기 위해 구조적 안전성과 결함 원인을 조사, 측정, 평가 • 보수, 보강 등의 방법 제시

14 아파트 신축 건설현장에 산업안전보건법령에 따른 안전·보건표지를 설치하려고 한다. 용도에 따른 표지의 종류를 올바르게 연결한 것은?

① 금연 – 지시표지
② 비상구 – 안내표지
③ 고압전기 – 금지표지
④ 안전모 착용 – 경고표지

안전보건표지 색채, 색도기준

색채	색도기준	용도	사용 예
빨간색	7.5R 4/14 관련 그림 검은색	금지	정지신호, 소화설비 및 그 장소, 유해행위 금지
		경고	화학물질 취급장소에서의 유해위험 경고
노란색	5Y 8.5/12	경고	화학물질 취급장소에서의 유해위험경고 이외 위험경고, 주의표지 또는 기계방호물
파란색	2.5PB 4/10	지시	특정행위의 지시 및 사실의 고지
녹색	2.5G 4/10	안내	비상구 및 피난소, 사람 또는 차량의 통행표시
흰색	N9.5		파란색 또는 녹색 보조색
검은색	N0.5		문자 및 빨간색 또는 노란색의 보조색

15 정보서비스업의 경우, 상시근로자의 수가 최소 몇 명 이상일 때 안전보건관리규정을 작성하여야 하는가?

① 50명 이상　　　② 100명 이상
③ 200명 이상　　　④ 300명 이상

안전보건관리규정 작성대상

사업의 종류	규모
1. 농업 2. 어업 3. 소프트웨어 개발 및 공급업 4. 컴퓨터 프로그래밍, 시스템 통합 및 관리업	상시 근로자 300명 이상을 사용하는 사업장

사업의 종류	규모
5. 정보서비스업 6. 금융 및 보험업 7. 임대업(부동산 제외) 8. 전문, 과학 및 기술서비스업(연구개발업 제외) 9. 사업지원 서비스업 10. 사회복지 서비스업	상시 근로자 300명 이상을 사용하는 사업장
제1호부터 제10호까지의 사업을 제외한 사업	상시 근로자 100명 이상을 사용하는 사업장

16 산업안전보건법령상 안전보건총괄책임자의 직무에 해당하지 않는 것은?

① 도급 시 산업재해 예방조치
② 위험성평가의 실시에 관한 사항
③ 해당 사업장 안전교육계획의 수립에 관한 보좌 및 지도·조언
④ 산업안전보건관리비의 관계수급인 간의 사용에 관한 협의·조정 및 그 집행의 감독

해설

안전보건총괄책임자의 직무
• 작업의 중지 및 재개
• 도급사업 시의 안전·보건 조치
• 수급인의 산업안전보건관리비의 집행감독 및 그 사용에 관한 수급인 간의 협의·조정
• 안전인증대상 기계·기구 등과 자율안전확인대상 기계·기구 등의 사용 여부 확인
• 위험성평가의 실시에 관한 사항

17 100명의 근로자가 근무하는 A기업체에서 1주일에 48시간, 연간 50주를 근무하는데 1년에 50건의 재해로 총 2,400일의 근로손실일수가 발생하였다. A기업체의 강도율은?

① 10
② 24
③ 100
④ 240

해설

$$강도율 = \frac{근로손실일수}{연간\ 총근로시간수} \times 1,000$$

$$= \frac{2,400}{100 \times 48 \times 50} \times 1,000 = 10$$

18 시몬즈(Simonds)의 총재해 코스트 계산방식 중 비보험 코스트 항목에 해당하지 않는 것은?

① 사망재해 건수
② 통원상해 건수
③ 응급조치 건수
④ 무상해 사고 건수

해설

시몬즈 방식에서 비보험 코스트 산정항목
• 휴업상해 건수 : 영구 일부 노동불능 및 일시 전노동 불능 상해
• 통원상해 건수 : 일시 일부 노동불능 및 의사의 통원조치를 요하는 상해
• 무상해 사고 : 의료조치를 필요로 하지 않는 상해 사고
• 응급조치 건수 : 1일 미만의 치료를 받고 다음부터 정상 작업에 임할 수 있는 정도의 상해

19 위험예지훈련의 기법으로 활용하는 브레인스토밍(Brain Storming)에 관한 설명으로 옳지 않은 것은?

① 발언은 누구나 자유분방하게 하도록 한다.
② 가능한 한 무엇이든 많이 발언하도록 한다.
③ 타인의 아이디어를 수정하여 발언할 수 없다.
④ 발표된 의견에 대하여는 서로 비판을 하지 않도록 한다.

해설

브레인스토밍(Brain Stroming)
• 발표된 의견에 대하여는 서로 비판을 하지 않도록 한다.
• 발언은 누구나 자유분방하게 하도록 한다.
• 타인의 아이디어를 수정하여 발언할 수 있다.
• 가능한 한 무엇이든 많이 발언하도록 한다.

◉ ANSWER | 16 ③ 17 ① 18 ① 19 ③

20 버드(Frank Bird)의 도미노 이론에서 재해발생 과정에 있어 가장 먼저 수반되는 것은?

① 관리의 부족
② 전술 및 전략적 에러
③ 불안전한 행동 및 상태
④ 사회적 환경과 유전적 요소

버드의 신 도미노이론

통제(관리)의 부족 > 기본원인(개인적이거나 과업과 관련된 요인) > 직접원인(불안전한 상태, 불안전한 행동) > 사고 > 상해

2과목 산업심리 및 교육

21 산업안전보건법령상 근로자 정기안전 보건교육의 교육내용이 아닌 것은?

① 산업안전 및 사고 예방에 관한 사항
② 건강증진 및 질병 예방에 관한 사항
③ 산업보건 및 직업병 예방에 관한 사항
④ 작업공정의 유해·위험과 재해 예방대책에 관한 사항

근로자 정기안전 보건교육의 교육내용

• 산업안전 및 사고 예방에 관한 사항
• 건강증진 및 질병 예방에 관한 사항
• 산업보건 및 직업병 예방에 관한 사항
• 유해위험작업 환경관리에 관한 사항
• 산업안전보건법 및 일반관리에 관한 사항

22 집단 간 갈등의 해소방안으로 틀린 것은?

① 공동의 문제 설정
② 상위 목표의 설정
③ 집단 간 접촉 기회의 증대
④ 사회적 범주화 편향의 최대화

집단 간 갈등의 해소방안

• 공동의 문제 설정
• 상위 목표의 설정
• 집단 간 접촉 기회의 증대
• 집단 간 공통된 동기부여

23 레빈의 3단계 조직변화모델에 해당되지 않는 것은?

① 해빙단계
② 체험단계
③ 변화단계
④ 재동결단계

커트 레빈(K. Lewin)의 3단계 조직변화모델

• 해빙단계
• 변화단계
• 동결단계

24 Project Method의 장점으로 볼 수 없는 것은?

① 창조력이 생긴다.
② 동기부여가 충분하다.
③ 현실적인 학습방법이다.
④ 시간과 에너지가 적게 소비된다.

Project Method의 특징

마음먹은 것을 구체적으로 실현하고 형상화하기 위해 자기 스스로 계획을 세워 수행하는 활동을 말한다.

장점	단점
• 창조력이 생긴다. • 동기부여가 충분하다. • 현실적인 학습방법이다. • 지도자정신 함양이 가능하다.	• 시간과 에너지가 많이 소비된다. • 계획수립의 능력이 필요하다. • 자료를 얻지 못하고 실패하는 경우가 많다. • 자유로운 활동이 보장되어야 하므로 학습자들의 활동을 관리하기 어렵다.

---

25 매슬로(Abraham Maslow)의 욕구위계설에서 제시된 5단계의 인간의 욕구 중 허츠버그(Herzberg)가 주장한 2요인(인자)이론의 동기요인에 해당하지 않는 것은?

① 성취 욕구
② 안전의 욕구
③ 자아실현의 욕구
④ 존경의 욕구

매슬로우(Abraham Maslow)의 동기부여 5단계
• 1단계 : 생리적 욕구
• 2단계 : 안전욕구
• 3단계 : 관계욕구
• 4단계 : 존경의 욕구
• 5단계 : 자아실현의 욕구

허츠버그(Herzberg)의 2요인
• 위생요인 : 생리적 욕구, 안전욕구, 관계욕구
• 동기요인 : 존경욕구, 자아실현의 욕구

26 인간의 행동특성에 있어 태도에 관한 설명으로 맞는 것은?

① 인간의 행동은 태도에 따라 달라진다.
② 태도가 결정되면 단시간 동안만 유지된다.
③ 집단의 심적 태도교정보다 개인의 심적 태도교정이 용이하다.
④ 행동결정을 판단하고, 지시하는 외적 행동체계라고 할 수 있다.

인간의 행동특성에 있어 태도의 특징
• 인간의 행동은 태도에 따라 달라진다.
• 태도가 결정되면 장시간 유지된다.
• 개인의 심적 태도교정보다 집단의 심적 태도교정이 용이하다.
• 행동결정을 판단하고, 지시하는 것을 내적 행동체계라 할 수 있다.

27 교육방법에 있어 강의방식의 단점으로 볼 수 없는 것은?

① 학습내용에 대한 집중이 어렵다.
② 학습자의 참여가 제한적일 수 있다.
③ 인원대비 교육에 필요한 비용이 많이 든다.
④ 학습자 개개인의 이해도를 파악하기 어렵다.

강의법의 장단점

장점	단점
• 인원대비 교육에 필요한 비용이 적게 든다.	• 학습내용에 집중하기 어렵다.
• 학습내용에 집중이 가능하다.	• 학습자의 참여가 제한적이다.
• 비교적 적은 시간에 많은 인원의 교육이 가능하다.	• 학습자 개개인의 이해도 파악이 어렵다.

28 판단과정 착오의 요인이 아닌 것은?

① 자기 합리화
② 능력 부족
③ 작업경험 부족
④ 정보 부족

판단과정 착오의 요인
• 정보 부족
• 능력 부족
• 자기 합리화

29 산업안전보건법령상 사업 내 안전보건교육 중 관리감독자의 지위에 있는 사람을 대상으로 실시하여야 할 정기교육의 교육시간으로 맞는 것은?

① 연간 1시간 이상
② 매분기 3시간 이상
③ 연간 16시간 이상
④ 매분기 6시간 이상

산업안전보건법령상 안전보건교육

교육과정	교육대상		교육시간
가. 정기교육	1) 사무직 종사 근로자		매반기 6시간 이상
	2) 그 밖의 근로자	판매업무에 직접 종사하는 근로자	매반기 6시간 이상
		판매업무에 직접 종사하는 근로자 외의 근로자	매반기 12시간 이상
나. 채용 시 교육	1) 일용근로자 및 근로계약기간이 1주일 이하인 기간제 근로자		1시간 이상
	2) 근로계약기간이 1주일 초과 1개월 이하인 기간제 근로자		4시간 이상
	3) 그 밖의 근로자		8시간 이상
다. 작업내용 변경 시 교육	1) 일용근로자 및 근로계약기간이 1주일 이하인 기간제 근로자		1시간 이상
	2) 그 밖의 근로자		2시간 이상
라. 특별교육	1) 일용근로자 및 근로계약기간이 1주일 이하인 기간제 근로자(특별교육 대상 작업 중 아래 2)에 해당하는 작업 외에 종사하는 근로자에 한정)		2시간 이상
	2) 일용근로자 및 근로계약기간이 1주일 이하인 기간제 근로자(타워크레인을 사용하는 작업 시 신호업무를 하는 작업에 종사하는 근로자에 한정)		8시간 이상
	3) 일용근로자 및 근로계약기간이 1주일 이하인 기간제 근로자를 제외한 근로자(특별교육 대상 작업에 한정)		• 16시간 이상(최초 작업에 종사하기 전 4시간 이상 실시하고 12시간은 3개월 이내에서 분할하여 실시 가능) • 단기간 작업 또는 간헐적 작업인 경우에는 2시간 이상
마. 건설업 기초안전 보건교육	건설 일용근로자		4시간 이상

---

30 손다이크(Thorndike)의 시행착오설에 의한 학습법칙과 관계가 가장 먼 것은?

① 효과의 법칙
② 연습의 법칙
③ 동일성의 법칙
④ 준비성의 법칙

손다이크(Thorndike)의 시행착오설
• 효과의 법칙
• 연습의 법칙
• 준비성의 법칙

---

31 조직에 의한 스트레스 요인으로 역할 수행자에 대한 요구가 개인의 능력을 초과하거나 주어진 시간과 능력이 허용하는 것 이상을 달성하도록 요구받고 있다고 느끼는 상황을 무엇이라 하는가?

① 역할 갈등
② 역할 과부하
③ 업무수행 평가
④ 역할 모호성

역할 과부하
역할 수행자에 대한 요구가 개인의 능력을 초과하거나, 주어진 시간과 능력이 허용하는 것 이상을 달성하도록 요구받고 있다고 느끼는 상황

---

32 직업적성검사 중 시각적 판단검사에 해당하지 않는 것은?

① 조립검사
② 명칭판단검사
③ 형태비교검사
④ 공구판단검사

직업적성검사의 종류

종류	검사방법
시각적 판단검사	• 언어식별검사 • 형태비교검사 • 평면도 판단검사 • 공구판단검사 • 입체도 판단검사 • 명칭판단검사
계산에 의한 검사	• 계산검사 • 수학응용검사 • 기록검사
정확도 및 기민성 검사	• 교환검사 • 회전검사 • 조립검사 • 분해검사
속도검사	타점속도검사
직무적성도 판단검사	• 설문지법 • 색채법 • 설문지에 의한 컴퓨터 방식

33 의사소통의 심리구조를 4영역으로 나누어 설명한 조하리의 창(Johari's Windows)에서 "나는 모르지만 다른 사람은 알고 있는 영역"을 무엇이라 하는가?

① Blind Area　　② Hidden Area
③ Open Area　　④ Unknown Area

Johari's Windows

미국의 심리학자 Hari와 Josep의 공동논문으로 발표한 Johari's Windows는 4개의 영역으로 인간의 동기, 행동, 경험, 감정 등을 분류하였다.

	자신은 안다	자신은 모른다
타인은 안다	Open Area	Blind Area
타인은 모른다	Hidden Area	Unknown Area

34 교육의 3요소로만 나열된 것은?

① 강사, 교육생, 사회인사
② 강사, 교육생, 교육자료
③ 교육자료, 지식인, 정보
④ 교육생, 교육자료, 교육장소

교육의 3요소
• 주체 : 강사
• 객체 : 교육생
• 매개체 : 교육자료

35 인간의 동작 특성을 외적 조건과 내적 조건으로 구분할 때 내적 조건에 해당하는 것은?

① 경력
② 대상물의 크기
③ 기온
④ 대상물의 동적 성질

인간의 동작 특성구분

내적 조건	외적 조건
• 경력 • 지식수준 • 습관 • 습성	• 대상물의 크기 • 기온 • 대상물의 동적 성질 • 작업환경

36 주의(Attention)에 대한 설명으로 틀린 것은?

① 주의력의 특성은 선택성, 변동성, 방향성으로 표현된다.
② 한 자극에 주의를 집중하여도 다른 자극에 대한 주의력은 약해지지 않는다.
③ 여러 종류의 자극을 지각할 때 소수의 특정한 것을 선택하여 집중하는 특성을 갖는다.
④ 의식작용이 있는 일에 집중하거나 행동의 목적에 맞추어 의식수준이 집중되는 심리상태를 말한다.

인간의 주의특성
• 선택성, 변동성, 방향성으로 표현된다.
• 한 자극에 주의를 집중하면 다른 자극에 대한 주의력은 약해진다.
• 여러 종류의 자극을 지각할 때 소수의 특정한 것을 선택하여 집중하게 된다.
• 의식작용이 있는 일에 집중하거나 행동의 목적에 맞추어 의식수준이 집중된다.

◉ ANSWER | 33 ①　34 ②　35 ①　36 ②

37 존 듀이(Jone Dewey)의 5단계 사고과정을 순서대로 나열한 것으로 맞는 것은?

> ㉠ 행동에 의하여 가설을 검토한다.
> ㉡ 가설(Hypothesis)을 설정한다.
> ㉢ 지식화(Intellectualization)한다.
> ㉣ 시사(Suggestion)를 받는다.
> ㉤ 추론(Reasoning)한다.

① ㉤ → ㉡ → ㉣ → ㉠ → ㉢
② ㉣ → ㉢ → ㉡ → ㉤ → ㉠
③ ㉤ → ㉢ → ㉡ → ㉣ → ㉠
④ ㉣ → ㉠ → ㉡ → ㉢ → ㉤

●해설

존 듀이(Jone Dewey)의 5단계 사고과정
시사를 받는다 → 지식화한다 → 가설을 설정한다 → 추론한다 → 행동에 의하여 가설을 검토한다

38 에너지소비량(RMR)의 산출방법으로 맞는 것은?

① $\left(\dfrac{\text{작업 시의 소비에너지} - \text{기초대사량}}{\text{안정 시의 소비에너지}} \right)$

② $\left(\dfrac{\text{전체 소비에너지} - \text{작업 시의 소비에너지}}{\text{기초대사량}} \right)$

③ $\left(\dfrac{\text{작업 시의 소비에너지} - \text{안정 시의 소비에너지}}{\text{기초대사량}} \right)$

④ $\left(\dfrac{\text{작업 시의 소비에너지} - \text{안정 시의 소비에너지}}{\text{안정 시의 소비에너지}} \right)$

●해설

RMR 산출방법

$$= \dfrac{\text{작업 시 소비에너지} - \text{안정 시 소비에너지}}{\text{기초대사량}}$$

※ 에너지대사율(RMR) 범위

RMR	작업강도
0~1	초경작업
1~2	경작업
2~4	보통작업
4~7	중작업
7 이상	초중작업

39 리더십의 행동이론 중 관리 그리드(Managerial Grid)에서 인간에 대한 관심보다 업무에 대한 관심이 매우 높은 유형은?

① (1, 1)형 ② (1, 9)형
③ (5, 5)형 ④ (9, 1)형

●해설

관리 그리드(Managerial Grid) 행동이론

9	컨트리							팀형	
8	클럽형								
7									
6									
5									
4									
3									
2	무관심형							과업형	
1									
	2	3	4	5	6	7	8	9	

- X축 : 성과에 대한 관심
- Y축 : 사람에 대한 관심

40 안전교육 계획수립 및 추진에 있어 진행순서를 나열한 것으로 맞는 것은?

① 교육의 필요점 발견 → 교육 대상 결정 → 교육 준비 → 교육 실시 → 교육의 성과를 평가
② 교육 대상 결정 → 교육의 필요점 발견 → 교육 준비 → 교육 실시 → 교육의 성과를 평가
③ 교육의 필요점 발견 → 교육 준비 → 교육 대상 결정 → 교육 실시 → 교육의 성과를 평가
④ 교육 대상 결정 → 교육 준비 → 교육의 필요점 발견 → 교육 실시 → 교육의 성과를 평가

●해설

안전교육 계획수립 및 추진의 진행순서
교육의 필요점 발견 → 교육대상 결정 → 교육준비 → 교육실시 → 교육의 성과평가

◉ ANSWER | 37 ② 38 ③ 39 ④ 40 ①

41 인체 계측 자료의 응용 원칙이 아닌 것은?

① 기존 동일 제품을 기준으로 한 설계
② 최대치수와 최소치수를 기준으로 한 설계
③ 조절범위를 기준으로 한 설계
④ 평균치를 기준으로 한 설계

●**해설**

인체 계측 자료의 응용 원칙
• 최대치수와 최소치수를 기준으로 한 설계
• 조절범위를 기준으로 한 설계
• 평균치를 기준으로 한 설계

42 모든 시스템 안전분석에서 제일 첫 번째 단계의 분석으로, 실행되고 있는 시스템을 포함한 모든 것의 상태를 인식하고 시스템의 개발단계에서 시스템 고유의 위험상태를 식별하여 예상되고 있는 재해의 위험수준을 결정하는 것을 목적으로 하는 위험분석 기법은?

① 결함위험분석
  (FHA : Fault Hazard Analysis)
② 시스템위험분석
  (SHA : System Hazard Analysis)
③ 예비위험분석
  (PHA : Preliminary Hazard Analysis)
④ 운용위험분석
  (OHA : Operating Hazard Analysis)

●**해설**

시스템 안전분석기법
1. PHA(Preliminary Hazards Analysis : 예비위험분석)
   ㉠ 정의
     최초단계 분석이며 시스템 내의 위험요소가 어느 정도의 위험상태에 있는지를 평가하는 방법으로 정성적 평가방법이다.
   ㉡ 특징
     • 시스템에 대한 주요사고 분류
     • 사고유발 요인 도출

• 사고를 가정하고 시스템에 발생되는 결과를 명시하고 평가
• 분류된 사고유형을 Category로 분류

2. FHA(Fault Hazard Analysis : 결함위험분석)
   ㉠ 정의
     분업에 의해 각각의 Sub System을 분담하고 분담한 Sub System 간의 인터페이스를 조정해 각각의 Sub System과 전체 시스템 간의 오류가 발생되지 않게 하기 위한 방법을 분석하는 방법
   ㉡ 기재사항
     • 구성요소 명칭
     • 구성요소 위험방식
     • 시스템 작동방식
     • 서브시스템에서의 위험영향
     • 서브시스템과 대표시스템의 위험영향
     • 정적 요인
     • 위험영향을 받을 수 있는 2차 요인
     • 위험수준
     • 위험관리

3. FMEA(Failure Mode and Effect Analysis : 고장형태와 영향분석법)
   ㉠ 정의
     전형적인 정성적·귀납적 분석방법으로 시스템에 영향을 미치는 전체 요소의 고장을 형태별로 분석해 고장이 미치는 영향을 분석하는 방법
   ㉡ 특징
     • 장점
       – 서식이 간단하다.
       – 적은 노력으로 특별한 교육 없이 분석이 가능하다.
     • 단점
       – 논리성이 부족하다.
       – 요소 간 영향분석이 안 되기 때문에 2 이상의 요소가 고장 날 경우 분석할 수 없다.
       – 물적 원인에 대한 영향분석으로 국한되기 때문에 인적 원인에 대한 분석은 할 수 없다.

4. CA(Criticality Analysis 위험도 분석)
   ㉠ 정의
     정량적·귀납적 분석방법으로 고장이 직접적으로 시스템의 손실과 인적인 재해와 연결되는 높은 위험도를 갖는 경우 위험성을 연관 짓는 요소나 고장의 형태에 따른 분류방법이다.

◉ ANSWER │ 41 ① 42 ③

5. FTA(Falut Tree Analysis : 결함수 분석)
　㉠ 정량적 연역적 분석방법으로 작업자가 기계를 사용하여 일을 하는 인간－기계시스템에서 사고·재해가 일어날 확률을 수치로 평가하는 안정평가의 방법이다.
　㉡ FTA 논리회로

명칭	기호	해설
① 결함사항		'장방형' 기호로 표시하고 결함이 재해로 연결되는 현상 또는 사실상황 등을 나타내며, 논리 Gate의 입력과 출력이 된다. FT 도표의 정상에 선정되는 사상, 즉 이제부터 해석하고자 하는 사상인 정상사상(Top 사상)과 중간사상에 사용한다.
② 기본사항		'원' 기호로 표시하며, 더 이상 해석할 필요가 없는 기본적인 기계의 결함 또는 작업자의 오동작을 나타낸다(말단사상). 항상 논리 Gate의 입력이며, 출력은 되지 않는다(스위치 점검 불량, 스파크, 타이어의 펑크, 조작 미스나 착오 등의 휴먼 에러는 기본사상으로 취급된다).
③ 이하 생략의 결함사상 (추적 불가능한 최후사상)		'다이아몬드' 기호로 표시하며, 사상과 원인의 관계를 충분히 알 수 없거나 필요한 정보를 얻을 수 없기 때문에 이것 이상 전개할 수 없는 최후적 사상을 나타낼 때 사용한다(말단사상).
④ 통상사상 (家形事象)		지붕형(家形)은 통상의 작업이나 기계의 상태에 재해의 발생원인이 되는 요소가 있는 것을 나타낸다. 즉, 결함사상이 아닌 발생이 예상되는 사상을 나타낸다(말단사상).
⑤ 전이기호 (이행기호)	(in) (out)	삼각형으로 표시하며, FT 도상에서 다른 부분에 관한 이행 또는 연결을 나타내는 기호로 사용한다. 좌측은 전입, 우측은 전출을 뜻한다.
⑥ AND Gate	출력 입력	출력 X의 사상이 일어나기 위해서는 모든 입력 A, B, C의 사상이 동시에 일어나지 않으면 안 된다는 논리조작을 나타낸다. 즉, 모든 입력사상이 공존할 때만 출력사상이 발생한다. 이 기호는 ● 와 같이 표시될 때도 있다.
⑦ OR Gate	출력 입력	입력사상 A, B 중 어느 하나가 일어나도 출력 X의 사상이 일어난다고 하는 논리조작을 나타낸다. 즉, 입력사상 중 어느 것이나 하나가 존재할 때 출력사상이 발생한다. 이 기호는 ⌂ 와 같이 표시되기도 한다.
⑧ 수정기호	출력 조건 입력	제약 Gate 또는 제지 Gate 라고도 하며, 이 Gate는 입력사상이 생김과 동시에 어떤 조건을 나타내는 사상이 발생할 때 출력사상이 생기는 것을 나타내고, AND Gate와 OR Gate에 여러 가지 조건부 Gate를 나타낼 경우에 이 수정기호를 사용한다.

43 인간－기계 시스템을 설계할 때에는 특정기능을 기계에 할당하거나 인간에게 할당하게 된다. 이러한 기능할당과 관련된 사항으로 옳지 않은 것은?(단, 인공지능과 관련된 사항은 제외한다.)

① 인간은 원칙을 적용하여 다양한 문제를 해결하는 능력이 기계에 비해 우월하다.
② 일반적으로 기계는 장시간 일관성이 있는 작업을 수행하는 능력이 인간에 비해 우월하다.
③ 인간은 소음, 이상온도 등의 환경에서 작업을 수행하는 능력이 기계에 비해 우월하다.
④ 일반적으로 인간은 주위가 이상하거나 예기치 못한 사건을 감지하여 대처하는 능력이 기계에 비해 우월하다.

인간 − 기계 시스템 설계 시 기능할당

• 인간은 원칙을 적용하여 다양한 문제를 해결하는 능력이 기계에 비해 우월하다.
• 일반적으로 기계는 장시간 일관성 있는 작업을 수행하는 능력이 인간에 비해 우월하다.
• 기계는 소음, 이상온도 등의 환경에서 작업을 수행하는 능력이 인간에 비해 우월하다.
• 일반적으로 인간은 주위가 이상하거나 예기치 못한 사건을 감지하여 대처하는 능력이 기계에 비해 우월하다.

44 화학설비에 대한 안전성 평가 중 정량적 평가항목에 해당되지 않는 것은?

① 공정
② 취급물질
③ 압력
④ 화학설비용량

해설

화학설비에 대한 안전성 평가 중 정성적·정량적 평가항목

정성적 평가항목	정량적 평가항목
• 입지조건 • 공장 내의 배치 • 소방설비 • 공정 기기 • 수송, 저장 • 원재료 • 중간재 • 제품	• 취급물질 • 압력 • 화학설비용량 • 온도 • 조작

45 조종장치를 촉각적으로 식별하기 위하여 사용되는 촉각적 코드화의 방법으로 옳지 않은 것은?

① 색감을 활용한 코드화
② 크기를 이용한 코드화
③ 조종장치의 형상 코드화
④ 표면 촉감을 이용한 코드화

해설

촉각적 코드화의 방법

• 크기를 이용한 코드화
• 조종장치의 형상 코드화
• 표면 촉감을 이용한 코드화

46 FT도에서 사용하는 기호 중 다음 그림과 같이 OR 게이트이지만 2개 또는 그 이상의 입력이 동시에 존재할 때 출력이 생기지 않는 경우 사용하는 것은?

① 부정 OR 게이트
② 배타적 OR 게이트
③ 억제 게이트
④ 조합 OR 게이트

해설

FT도에서 사용하는 대표기호

명칭	기호	기호 설명
기본사상	○	더 이상 전개할 수 없는 사건의 원인
생략사상	◇	관련정보가 미비하여 계속 개발될 수 없는 특정 초기사상
통상사상	⌂	발생이 예상되는 사상
결함사상 (정상사상, 중간사상)	▭	한 개 이상의 입력에 의해 발생된 고장사상
OR 게이트	⌒	한 개 이상의 입력이 발생하면 출력사상이 발생하는 논리게이트
AND 게이트	⌒	입력사상이 전부 발생하는 경우에만 출력사상이 발생하는 논리게이트
배타적 OR 게이트	또는 동시 발생 안 함	입력사상 중 오직 한 개의 발생으로만 출력사상이 생성되는 논리게이트
우선적 AND 게이트	또는 Ai, Aj, Ak 순으로 Ai Aj Ak	입력사상이 특정 순서대로 발생한 경우에만 출력사상이 발생하는 논리게이트

명칭	기호	기호 설명
2개의 출력 Ai Aj Ak	조합 AND 게이트	3개 이상의 입력 중 2개가 일어나면 출력이 생긴다.
△	전이기호	다른 부분에 있는 게이트와의 연결 관계를 나타내기 위한 기호
△	전이기호(IN)	삼각형 정상의 선은 정보의 전입루트를 나타낸다.
△	전이기호(OUT)	삼각형 옆의 선은 정보의 전출루트를 나타낸다.
▽	전이기호 (수량이 다르다)	

47 산업안전보건법령상 사업주가 유해위험방지 계획서를 제출할 때에는 사업장별로 관련 서류를 첨부하여 해당 작업 시작 며칠 전까지 해당 기관에 제출하여야 하는가?

① 7일 ② 15일
③ 30일 ④ 60일

<해설>

산업안전보건법령상 사업주가 유해위험방지계획서를 제출할 때는 사업장별로 관련 서류를 첨부하여 해당 작업 시작 15일 전까지 해당 기관에 제출한다.

※ **유해위험방지계획서 첨부서류**
- 기계설비의 배치도면
- 기계설비의 개요 서류
- 원재료 및 제품의 취급, 제조 등의 작업방법 개요

48 시스템안전 MIL-STD-882B 분류기준의 위험성 평가 매트릭스에서 발생빈도에 속하지 않는 것은?

① 거의 발생하지 않는(Remote)
② 전혀 발생하지 않는(Impossible)
③ 보통 발생하는(Reasonably Probable)
④ 극히 발생하지 않을 것 같은(Extremely Improbable)

<해설>

시스템안전 MIL-2TD-882B 분류기준의 위험성 평가 매트릭스에서 발생빈도의 분류
- Remote : 거의 발생하지 않는
- Reasonably Probable : 보통 발생하는
- Extremely Improbable : 극히 발생하지 않을 것 같은

49 적절한 온도의 작업환경에서 추운 환경으로 온도가 변할 때 우리의 신체가 수행하는 조절작용이 아닌 것은?

① 발한(發汗)이 시작된다.
② 피부의 온도가 내려간다.
③ 직장(直腸)온도가 약간 올라간다.
④ 혈액의 많은 양이 몸의 중심부를 위주로 순환한다.

<해설>

적절한 온도의 작업환경에서 추운 환경으로 온도가 변할 때 우리의 신체가 수행하는 조절작용
- 피부의 온도가 내려간다.
- 직장온도가 약간 올라간다.
- 혈액의 많은 양이 몸의 중심부를 위주로 순환한다.
- 몸이 떨리고 소름이 돋는다.
- 피부를 경유하는 혈액 순환량이 감소된다.

50 손이나 특정 신체부위에 발생하는 누적손상장애(CTD)의 발생인자와 가장 거리가 먼 것은?

① 무리한 힘
② 다습한 환경
③ 장시간의 진동
④ 반복도가 높은 작업

<해설>

누적손상장애(CTD)의 발생인자
- 무리한 힘
- 장시간의 진동
- 반복도가 높은 작업

51 인체에서 뼈의 주요 기능이 아닌 것은?

① 인체의 지주
② 장기의 보호
③ 골수의 조혈
④ 근육의 대사

해설

인체에서 뼈의 주요 기능
• 인체의 지주
• 골수의 조혈
• 장기의 보호

52 의자 설계 시 고려해야 할 일반적인 원리와 가장 거리가 먼 것은?

① 자세고정을 줄인다.
② 조정이 용이해야 한다.
③ 디스크가 받는 압력을 줄인다.
④ 요추 부위의 후만곡선을 유지한다.

해설

의자 설계 시 고려해야 할 일반적인 원리
• 자세고정을 줄인다.
• 조정이 용이해야 한다.
• 디스크가 받는 압력을 줄인다.
• 체중이 주로 좌골 결절에 실려야 한다.
• 좌판 앞부분이 대퇴를 압박하지 않도록 오금 높이 보다 높지 않아야 한다.
• 폭은 큰 사람에게 맞도록 설계한다.
• 깊이는 장딴지 여유를 주고 대퇴를 압박하지 않도록 작은 사람에게 맞도록 설계한다.

53 시각장치와 비교하여 청각장치 사용이 유리한 경우는?

① 메시지가 길 때
② 메시지가 복잡할 때
③ 정보 전달 장소가 너무 소란할 때
④ 메시지에 대한 즉각적인 반응이 필요할 때

해설

시각장치와 청각장치의 비교

청각장치	시각장치
• 전언이 짧고 간단할 때	• 전언이 길고 복잡할 때
• 재참조되지 않음	• 재참조됨
• 즉각적 행동을 요구 시	• 공간적인 위치를 다룸
• 시간적인 사상을 다룰 때	• 즉각적인 행동을 요구하지 않을 때
• 시각계통이 과부하일 때	• 청각계통이 과부하일 때
• 주위가 너무 밝거나 암조응일 때	• 주위가 너무 시끄러울 때
• 자주 움직일 때	• 한곳에 머무르는 경우

54 컷셋(Cut Set)과 패스셋(Pass Set)에 관한 설명으로 옳은 것은?

① 동일한 시스템에서 패스셋의 개수와 컷셋의 개수는 같다.
② 패스셋은 동시에 발생했을 때 정상사상을 유발하는 사상들의 집합이다.
③ 일반적으로 시스템에서 최소 컷셋의 개수가 늘어나면 위험 수준이 높아진다.
④ 최소 컷셋은 어떤 고장이나 실수를 일으키지 않으면 재해는 일어나지 않는다고 하는 것이다.

해설

• 패스셋 : 시스템이 고장 나지 않도록 하는 사상의 조합
• 최소 패스셋 : 최소 패스셋으로 어떠한 고장이나 패스를 일으키지 않으면 재해가 발생되는 않는다는 시스템의 신뢰성을 나타낸 것
• 컷셋 : 포함되어 있는 모든 기본사상이 일어났을 때 정상사상을 일으키는 기본사상의 합
• 최소 컷셋 : 컷셋 중 그 부분집합만으로는 정상사상을 일으키는 일이 없는 것으로, 컷셋 중에 타 컷셋을 포함하고 있는 것을 배제하고 남은 컷셋들을 의미한다.
• 일반적으로 시스템에서 최소 컷셋의 개수가 늘어나면 위험 수준이 높아진다.

55 반사율이 85%, 글자의 밝기가 400cd/m²인 VDT 화면에 350lux의 조명이 있다면 대비는 약 얼마인가?

① −6.0
② −5.0
③ −4.2
④ −2.8

해설

1. 화면의 밝기 계산

$$\text{반사율} = \frac{\text{광속발산도}(fL)}{\text{조명}(fc)} \times 100$$

$$\text{광속발산도} = \frac{\text{반사율} \times \text{조명}}{100}$$

$$= \frac{85 \times 350}{100} = 297.5$$

$$\text{광속발산도} = \pi \times \text{휘도}$$

$$\text{조명의 휘도(화면의 밝기)} = \frac{\text{광속발산도}}{\pi}$$

$$= \frac{297.5}{\pi}$$

$$= 94.7(\text{cd/m}^2)$$

2. 표적물체의 총밝기 = 글자의 밝기 + 조명의 휘도
$$= 400 + 94.7$$
$$= 494.7(\text{cd/m}^2)$$

3. 대비 $= \dfrac{\text{배경의 밝기} - \text{표적물체의 밝기}}{\text{배경의 밝기}}$

$$= \frac{94.7 - 494.7}{94.7} = 4.22$$

56 FTA에 의한 재해사례 연구순서 중 2단계에 해당하는 것은?

① FT도의 작성
② 톱 사상의 선정
③ 개선계획의 작성
④ 사상의 재해원인 규명

해설

FTA에 의한 재해사례 연구순서
• 톱 사상의 설정
• 재해원인 규명
• FT도의 작성
• 개선계획의 작성

57 인간공학 연구조사에 사용되는 기준의 구비 조건과 가장 거리가 먼 것은?

① 다양성
② 적절성
③ 무오염성
④ 기준 척도의 신뢰성

해설

인간공학 연구조사 3요소
• 적절성
• 무오염성
• 기준척도의 신뢰성

58 휴먼에러(Human Error)의 요인을 심리적 요인과 물리적 요인으로 구분할 때, 심리적 요인에 해당하는 것은?

① 일이 너무 복잡한 경우
② 일의 생산성이 너무 강조될 경우
③ 동일 형상의 것이 나란히 있을 경우
④ 서두르거나 절박한 상황에 놓여 있을 경우

해설

휴먼에러의 요인
1. 심리적 요인
   • 동기
   • 기질
   • 감정
   • 습성
   그러므로 위의 보기에서는 서두르거나 절박한 상황에 놓여 있을 경우가 감정이 이입되어 있는 상태로 볼 수 있다.

2. 물리적 요인
   • 행동장해요인
   • 작업환경
   • 일의 난해함 정도
   • 생산성

59 다음 FT도에서 시스템에 고장이 발생할 확률은 약 얼마인가?(단, X_1과 X_2의 발생확률은 각각 0.05, 0.03이다.)

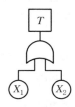

① 0.0015　　　② 0.0785
③ 0.9215　　　④ 0.9985

해설

X_1과 X_2가 OR gate로 연결되어 있으므로
$T = 1\{(1-X_1)(1-X_2)\} = 1 - [(1 - 0.05)(1 - 0.03)]$
$= 0.0785$

60 각 부품의 신뢰도가 다음과 같을 때 시스템의 전체 신뢰도는 약 얼마인가?

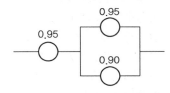

① 0.8123　　　② 0.9453
③ 0.9553　　　④ 0.9953

해설

전체 신뢰도 $= 0.95 \times 1 - [(1 - 0.95)(1 - 0.90)]$
$= 0.94525$

4과목 건설시공학

61 철골용접이음 후 용접부의 내부결함 검출을 위하여 실시하는 검사로서 빠르고 경제적이어서 현장에서 주로 사용하는 초음파를 이용한 비파괴검사법은?

① MT(Magnetic Particle Testing)
② UT(Ultrasonic Testing)
③ RT(Radiography Testing)
④ PT(Liquid Penetrant Testing)

해설

용접부 비파괴검사의 종류
• 방사선투과법(RT : Radiographic Test) : 방사선을 시험체에 투과시켜 필름에 형상을 담아 결함을 검출하고 분석하는 방법
• 초음파탐상법(UT : Ultrasonic Test) : 초음파를 투과시켜 결함부위에서 반사한 신호를 CTR Screen에 나타난 것을 분석해 결함 크기 및 위치를 검사하는 방법
• 자기탐상법(MT : Magnetic Particle Test) : 자속을 흐르게 하여 자분을 시험체에 뿌려 자분의 모양으로 결함부를 검출하는 방법
• 침투탐상법(PT : Penetrating Test) : 결함에 침투액을 스며들게 한 다음 현상액으로 결함을 검출하는 방법
• 육안검사법(VT : Visual Test) : 육안으로 결함 여부를 식별하는 방법

62 콘크리트 타설 중 응결이 어느 정도 진행된 콘크리트에 새로운 콘크리트를 이어치면 시공불량 이음부가 발생하여 경화 후 누수의 원인 및 철근의 녹 발생 등 내구성에 손상을 일으키는 것은?

① Expansion Joint
② Construction Joint
③ Cold Joint
④ Sliding Joint

해설

① Expansion joint(신축줄눈) : 콘크리트 수축, 팽창에 저항하기 위한 목적으로 설치하는 줄눈
② Construction Joint(시공줄눈) : 콘크리트 타설 시 일정시간 중단 후 이어칠 때 발생되는 이음부
③ Cold Joint : 선 타설한 콘크리트와 후 타설한 콘크리트가 일체화되지 않은 시공불량에 의한 이음부
④ Sliding Joint(미끄럼줄눈) : 걸림턱을 만들어 그 위에 바닥판이나 보를 걸쳐 쉽게 움직일 수 있도록 한 이음

◉ ANSWER | 59 ② 60 ② 61 ② 62 ③

63 공동도급(Joint Venture Contract)의 장점이 아닌 것은?

① 융자력의 증대   ② 위험의 분산
③ 이윤의 증대   ④ 시공의 확실성

공동도급은 도급업체가 공동체를 형성해 시공하는 방식으로 상호 간 의견 불일치로 시공관리가 어려우며 공사비가 증가된다.

64 흙을 이김에 의해서 약해지는 강도를 나타내는 흙의 성질은?

① 간극비   ② 함수비
③ 예민비   ④ 항복비

예민비
교란된 상태의 강도를 교란되기 전 상태의 강도로 나눈 값으로 흙의 이김에 의해 약해지는 정도를 나타내는 흙의 성질

65 철근콘크리트 공사에서 거푸집의 간격을 일정하게 유지시키는 데 사용되는 것은?

① 클램프   ② 쉐어 커넥터
③ 세퍼레이터   ④ 인서트

세퍼레이터
철근콘크리트 공사에서 거푸집의 간격을 일정하게 유지해 주기 위해 사용하는 것

66 건설의 전 과정에 걸쳐 프로젝트를 보다 효율적이고 경제적으로 수행하기 위하여 각 부문의 전문가들로 구성된 통합관리기술을 발주자에게 서비스하는 것을 무엇이라고 하는가?

① Cost Management
② Cost Manpower
③ Construction Manpower
④ Construction Management

Construction Management
건설 전 과정에 걸쳐 프로젝트를 보다 효율적이고 경제적으로 수행하기 위하여 각 부문의 전문가들로 구성된 통합관리기술을 발주자에게 서비스하는 것

67 공사계약방식 중 직영공사방식에 관한 설명으로 옳은 것은?

① 사회간접자본(SOC : Social Overhead Capital)의 민간투자유치에 많이 이용되고 있다.
② 영리목적의 도급공사에 비해 저렴하고 재료선정이 자유로운 장점이 있으나, 고용기술자 등에 의한 시공관리능력이 부족하면 공사비 증대, 시공성의 결함 및 공기가 연장되기 쉬운 단점이 있다.
③ 도급자가 자금을 조달하고 설계, 엔지니어링, 시공의 전부를 도급받아 시설물을 완성하고 그 시설을 일정기간 운영하는 것으로, 운영수입으로부터 투자자금을 회수한 후 발주자에게 그 시설을 인도하는 방식이다.
④ 수입을 수반한 공공 혹은 공익 프로젝트(유료도로, 도시철도, 발전도 등)에 많이 이용되고 있다.

직영공사방식
영리목적의 도급공사에 비해 저렴하고 재료선정이 자유로운 장점이 있는 반면, 고용기술자 등에 의한 시공관리능력이 부족하면 공사비 증가, 시공성 결함 및 공기가 연장될 수 있는 형태의 공사방식

68 흙막이 지지공법 중 수평버팀대 공법의 특징에 관한 설명으로 옳지 않은 것은?

① 가설구조물이 적어 중장비작업이나 토량 제거작업의 능률이 좋다.
② 토질에 대해 영향을 적게 받는다.
③ 인근 대지로 공사범위가 넘어가지 않는다.
④ 고저차가 크거나 상이한 구조인 경우 균형을 잡기 어렵다.

⊙ **ANSWER** | 63 ③ 64 ③ 65 ③ 66 ④ 67 ② 68 ①

수평버팀대 공법의 특징
- 가설구조물이 많아 중장비작업이나 토량제거작업 능률이 저하된다.
- 토질에 대한 영향을 비교적 적게 받는다.
- 인근 대지로 공사범위가 넘어가지 않는다.
- 고저차가 크거나 상이한 구조인 경우 균열을 맞추기 어렵다.

69 지정에 관한 설명으로 옳지 않은 것은?

① 잡석지정 – 기초 콘크리트 타설 시 흙의 혼입을 방지하기 위해 사용한다.
② 모래지정 – 지반이 단단하며 건물이 중량일 때 사용한다.
③ 자갈지정 – 굳은 지반에 사용되는 지정이다.
④ 밑창 콘크리트 지정 – 잡석이나 자갈 위 기초부분의 먹매김을 위해 사용한다.

지정의 종류
- 잡석지정 : 기초 콘크리트 타설 시 흙의 혼입을 방지하기 위해 사용한다.
- 모래지정 : 기초 밑의 지반이 연약하고 2m 이내에 굳은 지층이 있어 말뚝을 박을 필요가 없을 때 굳은 지층까지 파내어 모래를 넣고 물다짐한 지정으로, 건물이 중량일 때는 사용할 수 없다.
- 자갈지정 : 굳은 지반에 사용되는 지정
- 밑창 콘크리트 지정(버림 콘크리트 지정) : 잡석이나 자갈 위에 기초 먹매김을 위해 두께 5cm 정도의 콘크리트를 타설한 지정
- 긴 주춧돌 지정 : 비교적 간단한 건물에 사용되며 지반이 깊을 때 긴 주춧돌을 세운 지정

70 기초공사 시 활용되는 현장타설 콘크리트 말뚝공법에 해당되지 않는 것은?

① 어스 드릴(Earth Drill) 공법
② 베노토 말뚝(Benoto Pile) 공법
③ 리버스 서큘레이션(Reverse Circulation-pile) 공법
④ 프리보링(Preboring) 공법

현장타설 콘크리트 말뚝공법
- 어스 드릴 공법
- 베노토 말뚝 공법(All casing)
- 리버스 서큘레이션 공법

Earth Drill 공법
굴착 → 표층 Casing 안정액 → Slime 제거 → 철근망 → Tremie관 → Con'c → 표층 Casing 인발

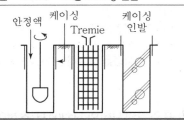

ALL Casing 공법
Casing Tube 세우기 → 굴착 → Casing Tube 삽입 → 철근망 → Tremie관 → Con'c → Casing Tube 인발

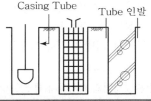

RCD(Reverse Circulation Drill) 역순환 공법
표층 케이싱 → 굴착(토사+물) 및 배출 → 철근망 → Tremie관 → Con'c 타설 → 표층 Casing 인발

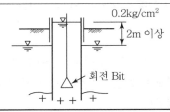

71 네트워크공정표에서 후속작업의 가장 빠른 개시시간(EST)에 영향을 주지 않는 범위 내에서 한 작업이 가질 수 있는 여유시간을 의미하는 것은?

① 전체여유(TF) ② 자유여유(FF)
③ 간섭여유(IF) ④ 종속여유(DF)

네트워크공정표에서 후속작업의 가장 빠른 개시시간에 영향을 주지 않는 범위 내에서 한 작업이 가질 수 있는 여유시간은 자유여유(FF)이다.
- EST(Earliest Starting Time) : 가장 빠른 개시시각
- TF(Total Float) : 전체여유
- FF(Free Float) : 자유여유
- TF = FF + DF
- FF = EST − EFT
- DF = TF − FF
- EFT : 작업을 종료하는 가장 빠른 시각
- LST : 작업을 시작하는 가장 늦은 시각
- LFT : 작업을 종료하는 가장 늦은 시각

72 표준관입시험의 N치에서 추정이 곤란한 사항은?

① 사질토의 상대밀도와 내부 마찰각
② 선단지지층이 사질토지반일 때 말뚝 지지력
③ 점성토의 전단강도
④ 점성토 지반의 투수계수와 예민비

표준관입시험의 N치에서 추정이 가능한 사항
- 선단지지층이 사질토지반일 때 말뚝 지지력
- 점성토의 전단강도
- 사질토의 전단강도
- 사질토의 상대밀도와 내부 마찰각

73 금속제 천장틀 공사 시 반자틀의 적정한 간격으로 옳은 것은?(단, 공사시방서가 없는 경우)

① 450mm 정도
② 600mm 정도
③ 900mm 정도
④ 1,200mm 정도

금속제 천장틀 공사 시 반자틀의 적정 간격
900mm

74 벽돌벽 두께 1.0B, 벽높이 2.5m, 길이 8m인 벽면에 소요되는 점토벽돌의 매수는 얼마인가?(단, 규격은 190×90×57mm, 할증은 3%로 하며, 소수점 이하 결과는 올림하여 정수매로 표기)

① 2,980매
② 3,070매
③ 3,278매
④ 3,542매

- 기본벽돌 규격 : 190×90×57mm
- 벽 두께별 제곱미터당 벽돌 소요매수

0.5B	1.0B	1.5B	2.0B	2.5B	3.0B
75	149	224	298	373	447

- 벽 넓이를 A, 면적당 소요 매수를 N, 할증률을 R(%)이라고 하면 소요 벽돌 매수
  $TN = A \times N \times R = 20 \times 149 \times 1.03 = 3069.4$
  소수점 이하를 올림하면 3,070매

75 철근배근 시 콘크리트의 피복두께를 유지해야 되는 가장 큰 이유는?

① 콘크리트의 인장강도 증진을 위하여
② 콘크리트의 내구성, 내화성 확보를 위하여
③ 구조물의 미관을 좋게 하기 위하여
④ 콘크리트 타설을 쉽게 하기 위하여

피복두께의 필요성
- 콘크리트의 내구성 향상
- 콘크리트의 내화성 확보
- 철근의 방청성 향상
- 콘크리트의 철근 부착성 확보

76 철골 내화피복공법의 종류에 따른 사용재료의 연결이 옳지 않은 것은?

① 타설공법 – 경량콘크리트
② 뿜칠공법 – 암면 흡음판
③ 조적공법 – 경량콘크리트 블록
④ 성형판붙임공법 – ALC판

◉ ANSWER | 72 ④ 73 ③ 74 ② 75 ② 76 ②

철골 내화피복공법의 사용재료

- 타설공법 – 경량콘크리트
- 뿜칠공법 – 석면, 질석, 암면 등의 혼합재료를 뿜칠하여 피복하는 공법
- 조적공법 – 경량콘크리트 블록
- 성형판붙임공법 – ALC판

77 철근이음에 관한 설명으로 옳지 않은 것은?

① 철근의 이음부는 구조내력상 취약점이 되는 곳이다.

② 이음위치는 되도록 응력이 큰 곳을 피하도록 한다.

③ 이음이 한 곳에 집중되지 않도록 엇갈리게 교대로 분산시켜야 한다.

④ 응력 전달이 원활하도록 한 곳에서 철근수의 반 이상을 주어야 한다.

철근이음 시 유의사항

- 구조내력상 취약점이 되는 곳이다.
- 이음위치는 되도록 응력이 큰 곳을 피한다.
- 이음이 한곳에 집중되지 않도록 엇갈리게 교대로 분산시킨다.
- 응력이 큰 곳은 피하고 절반 이상을 한곳에 집중시키지 않는다.
- 기둥은 하단에서 50cm 이상 이격시킨다.

78 강구조물 제작 시 절단 및 개선(그루브)가공에 관한 일반사항으로 옳지 않은 것은?

① 주요 부재의 강판 절단은 주된 응력의 방향과 압연방향을 직각으로 교차시켜 절단함을 원칙으로 하며, 절단작업 착수 전 재단도를 작성해야 하다.

② 강재의 절단은 강재의 형상, 치수를 고려하여 기계절단, 가스절단, 플라즈마절단 등을 적용한다.

③ 절단할 강재의 표면에 녹, 기름, 도료가 부착되어 있는 경우에는 제거 후 절단해야 한다.

④ 용접선의 교차부분 또는 한 부재를 다른 부재에 접합시킬 때 불필요한 접촉을 피하기 위하여 모퉁이따기를 할 경우에는 10mm 이상 둥글게 해야 한다.

강구조물 제작 시 절단 및 개선(그루브)가공 주의사항

- 주요 부재의 강판 절단은 주된 응력의 방향과 압연방향을 직각으로 교차시켜 절단함을 원칙으로 하며, 절단 작업 착수 전 재단도를 작성한다.
- 강재의 절단은 강재의 형상, 치수를 고려하여 기계절단, 가스절단, 플라즈마절단 등을 적용한다.
- 절단할 강재의 표면에 녹, 기름, 도료가 부착되어 있는 경우에는 제거 후 절단해야 한다.
- 용접선의 교차부분 또는 한 부재를 다른 부재에 접합시킬 때 불필요한 접착을 피하기 위하여 모퉁이따기를 할 경우에는 30mm를 표준으로 한다. (Scallop 가공)

79 보강블록 공사 시 벽 가로근의 시공에 관한 설명으로 옳지 않은 것은?

① 가로근은 배근 상세도에 따라 가공하되 그 단부는 90°의 갈구리로 구부려 배근한다.

② 모서리에 가로근의 단부는 수평방향으로 구부려서 세로근의 바깥쪽으로 두르고, 정착길이는 공사시방서에 정한 바가 없는 한 40d 이상으로 한다.

③ 창 및 출입구 등의 모서리 부분에 가로근의 단부를 수평방향으로 정착할 여유가 없을 때에는 갈구리로 하여 단부 세로근에 걸고 결속선으로 결속한다.

④ 개구부 상하부의 가로근을 양측 벽부에 묻을 때의 정착길이는 40d 이상으로 한다.

보강블록 공사 시 벽 가로근의 시공 주의사항

- 가로근은 배근 상세도에 따라 가공하되 그 단부는 180도의 갈구리로 구부려 가공한다.
- 모서리에 가로근의 단부는 수평방향으로 구부려서 세로근의 바깥쪽으로 두르고, 정착길이는 공사시방서에 정한 바가 없는 한 40d 이상으로 한다.

ⓐ **ANSWER** | 77 ④ 78 ④ 79 ①

- 창 및 출입구 등의 모서리 부분에 가로근의 단부를 수평방향으로 정착할 여유가 없을 때에는 갈구리로 하여 단부 세로근에 걸고 결속선으로 결속한다.
- 개구부 상하부의 가로근을 양측 벽부에 묻을 때의 정착길이는 40d 이상으로 한다.

80 터널 폼에 관한 설명으로 옳지 않은 것은?

① 거푸집의 전용횟수는 약 10회 정도로 매우 적다.
② 노무 절감, 공기단축이 가능하다.
③ 벽체 및 슬래브거푸집을 일체로 제작한 거푸집이다.
④ 이 폼의 종류에는 트윈 쉘(Twin Shell)과 모노 쉘(Mono Shell)이 있다.

◉해설

터널 폼의 특징
- 거푸집의 전용횟수는 약 100회 정도이다.
- 노무절감 및 공기단축이 가능하다.
- 수평으로 이동하며 콘크리트를 타설할 수 있는 Travelling Form이다.
- Travelling Form 종류에는 Shell과 Mono Shell이 있다.

5과목 **건설재료학**

81 각 석재별 주용도를 표기한 것으로 옳지 않은 것은?

① 화강암 : 외장재
② 석회암 : 구조재
③ 대리석 : 내장재
④ 점판암 : 지붕재

◉해설

재별 주용도
- 화강암 : 외장재
- 대리석 : 내장재
- 점판암 : 지붕재
- 석회암 : 조각용 석재, 시멘트의 재료

82 통풍이 잘 되지 않는 지하실의 미장재료로서 가장 적합하지 않은 것은?

① 시멘트 모르타르
② 석고 플라스터
③ 킨즈 시멘트
④ 돌로마이트 플라스터

◉해설

돌로마이트 플라스터
탄산 마그네슘을 포함한 석회석으로 모래와 여물을 반죽하여 이용하며, 경화 후에는 철보다 굳어지는 특성을 갖고 있으나 균열 정도가 크기 때문에 지하실 등의 마무리로는 적합하지 않다.

83 암석의 구조를 나타내는 용어에 관한 설명으로 옳지 않은 것은?

① 절리란 암석 특유의 천연적으로 갈라진 금을 말하며, 규칙적인 것과 불규칙적인 것이 있다.
② 층리란 퇴적암 및 변성암에 나타나는 퇴적할 당시의 지표면과 방향이 거의 평행한 절리를 말한다.
③ 석리란 암석이 가장 쪼개지기 쉬운 면을 말하며, 절리보다 불분명하지만 방향이 대체로 일치되어 있다.
④ 편리란 변성암에 생기는 절리로서 방향이 불규칙하고 얇은 판자모양으로 갈라지는 성질을 말한다.

◉해설

① 절리 : 암석의 고유한 균열로 규칙적인 것과 불규칙적인 것이 있다.
② 층리 : 퇴적암 및 변성암에 나타나는 퇴적 당시의 지표면과 방향이 거의 평행상태인 절리이다.
③ 석리 : 광물 입자들이 모여 이루는 작은 규모의 조직이다.
④ 편리 : 변성암에 생기는 절리로서 방향이 불규칙적이며 얇은 판자 모양으로 갈라지는 성질을 말한다.

---

84 도료의 건조제 중 상온에서 기름에 용해되지 않는 것은?

① 붕산망간   ② 이산화망간
③ 초산염   ④ 코발트의 수지산

도료의 첨가제
- 건조제 : 알키드 수지 도료의 산화중합 건조를 촉진시키기 위한 첨가제로 붕산망간, 이산화망간, 초산염은 상온에서 기름에 용해된다.
- 가소제 : 도막에 유연성을 주고 내구성을 향상시킨다.
- 레벨링제 : 도장 후 연마자국과 거칠기 등을 평활하게 해주는 첨가제이다.
- 침전 방지제 : 도료 보관 시 안료가 분리되어 침전되는 것을 방지하기 위한 첨가제이다.

85 목재의 방부 처리법 중 압력용기 속에 목재를 넣어 처리하는 방법으로 가장 신속하고 효과적인 방법은?

① 가압주입법   ② 생리적 주입법
③ 표면탄화법   ④ 침지법

목재의 방부 처리법
- 가압주입법 : 압력용기 속에 목재를 넣어 처리하는 가장 신속하고 효과적인 방법
- 상압주입법 : 상온에 담그고 다시 저온에 담그는 방법
- 도포법 : 건조시킨 후 솔로 바르는 방법
- 침지법 : 방부용액에 일정시간 담그는 방법
- 생리적 주입법 : 벌목하기 전 나무뿌리에 약품을 주입시키는 방법

86 조이너(Joiner)의 설치목적으로 옳은 것은?

① 벽, 기둥 등의 모서리에 미장 바름의 보호
② 인조석깔기에서의 신축균열방지나 의장효과
③ 천장에 보드를 붙인 후 그 이음새를 감추기 위한 목적
④ 환기구멍이나 라디에이터의 덮개역할

조이너(Joiner)의 설치목적
천장에 보드를 붙인 후 그 이음새를 감추기 위해 설치하는 부재

87 목재의 나뭇결 중 아래의 설명에 해당하는 것은?

> 나이테에 직각방향으로 켠 목재면에 나타나는 나뭇결로 일반적으로 외관이 아름답고 수축변형이 적으며 마모율도 낮다.

① 무늿결   ② 곧은결
③ 널결   ④ 엇결

목재의 곧은결
나이테에 직각방향으로 켠 목재면에 나타나는 나뭇결로, 외관이 아름답고 수축변형이 적으며 마모율도 낮다.

88 점토벽돌 1종의 압축강도는 최소 얼마 이상인가?

① 17.85MPa   ② 19.53MPa
③ 20.59MPa   ④ 24.50MPa

점토벽돌 KS품질기준

품질	종류		
	1종	2종	3종
흡수율(%)	10 이하	13 이하	15 이하
압축강도(N/mm²)	24.5 이상	20.59 이상	10.78 이상

※ **콘크리트벽돌 KS품질기준**

품질	1종	2종
흡수율(%)	7 이하	13 이하
압축강도(N/mm²)	13 이상	8 이상

◉ ANSWER | 84 ④ 85 ① 86 ③ 87 ② 88 ④

89 콘크리트의 건조수축에 관한 설명으로 옳지 않은 것은?

① 시멘트의 제조성분에 따라 수축량이 다르다.
② 골재의 성질에 따라 수축량이 다르다.
③ 시멘트량의 다소에 따라 수축량이 다르다.
④ 된비빔일수록 수축량이 많다.

콘크리트의 건조수축
• 시멘트의 제조성분에 따라 수축량이 다르다.
• 골재의 성질에 따라 수축량이 다르다.
• 시멘트량의 다소에 따라 수축량이 다르다.
• 물시멘트비가 낮을수록 건조수축은 작아진다.

90 도장재료 중 래커(Lacquer)에 관한 설명으로 옳지 않은 것은?

① 내구성은 크나 도막이 느리게 건조된다.
② 클리어래커는 투명래커로 도막은 얇으나 견고하고 광택이 우수하다.
③ 클리어래커는 내후성이 좋지 않아 내부용으로 주로 쓰인다.
④ 래커에나멜은 불투명 도료로서 클리어래커에 안료를 첨가한 것을 말한다.

래커의 특징
• 래커는 일반도장에 비해 도막이 빠르게 건조된다 (10~20분).
• 클리어래커는 투명래커로 도막은 얇으나 견고하고 광택이 우수하다.
• 안료를 가하지 않고 니트로셀룰로오스, 수지, 가소제를 휘발성 용제로 녹인 래커로 내후성, 내유성, 내산성, 내알칼리성이 우수하다.
• 래커에나멜은 불투명 도료로서 클리어래커에 안료를 첨가한 것을 말한다.

91 강은 탄소 함유량의 증가에 따라 인장강도가 증가하지만 어느 이상이 되면 다시 감소한다. 이때 인장강도가 가장 큰 시점의 탄소 함유량은?

① 약 0.9%   ② 약 1.8%
③ 약 2.7%   ④ 약 3.6%

강은 탄소 함유량에 따라 인장강도가 증가하며 약 1.8% 탄소함유량 정도가 가장 큰 시점이 된다.

탄소함유량에 따른 강의 분류

연강	반연강	반경강	경강
0.12~0.20%	0.20~0.30%	0.30~0.40%	0.40~0.50%

92 도료의 저장 중 또는 용기 내 방치 시 도료의 표면에 피막이 형성되는 현상의 발생원인과 가장 관계가 먼 것은?

① 피막방지제의 부족이나 건조제가 과잉일 경우
② 용기 내의 공간이 커서 산소의 양이 많을 경우
③ 부적당한 시너로 희석하였을 경우
④ 사용잔량을 뚜껑을 열어둔 채 방치하였을 경우

도료의 피막 형성 현상 발생원인
• 피막방지제의 부족이나 건조제 과잉
• 용기 내 산소량이 많을 경우
• 밀폐되지 않은 상태로 방치 시

93 다음 중 무기질 단열재에 해당하는 것은?

① 발포폴리스티렌 보온재
② 셀룰로오스 보온재
③ 규산칼슘판
④ 경질폴리우레탄폼

규산칼슘판은 무기질 단열재이다.

◉ ANSWER | 89 ④ 90 ① 91 ② 92 ③ 93 ③

유기질 단열재
- 경질폴리우레탄폼
- 발포폴리스티렌
- 발포염화비닐
- 셀룰로오스 보온재

무기질 단열재
- 유리질 단열재 : 글라스울 등
- 광물질 단열재 : 석면, 펄라이트 암면 등으로 제작된 단열재
- 금속질 단열재 : 규산질, 마그네시아질 등으로 제작된 단열재
- 탄소질 단열재 : 탄소질 섬유, 탄소분말 등으로 제작된 단열재

94 골재의 함수상태에 따른 질량이 다음과 같을 경우 표면수율은?

- 절대건조상태 : 490g
- 표면건조상태 : 500g
- 습윤상태 : 550g

① 2% ② 3%
③ 10% ④ 15%

◉해설

골재의 표면수율 = $\dfrac{\text{습윤질량} - \text{표건질량}}{\text{표건질량}} \times 100\%$

$= \dfrac{550 - 500}{500} \times 100\% = 10\%$

95 아스팔트의 물리적 성질에 관한 설명으로 옳은 것은?

① 감온성은 블로운 아스팔트가 스트레이트 아스팔트보다 크다.
② 연화점은 블로운 아스팔트가 스트레이트 아스팔트보다 낮다.
③ 신장성은 스트레이트 아스팔트가 블로운 아스팔트보다 크다.
④ 점착성은 블로운 아스팔트가 스트레이트 아스팔트보다 크다.

◉해설

블로운 아스팔트(Blown Asphalt)의 물리적 성질
- 스트레이트 아스팔트를 건류해 윤활유를 뽑아낸 잔류품
- 아스팔트 제조 중 증기를 불어넣는 대신 공기나 공기와 증기의 혼합물을 불어넣어 산화시킨 제품
- 온도대응 감수성이 적고 연화점이 높아 안전하여 옥상 방수재로 사용
※ 신장성은 스트레이트 아스팔트가 블로운 아스팔트보다 큼

96 지붕공사에 사용되는 아스팔트 싱글제품 중 단위 중량이 10.3kg/m² 이상 12.5kg/m² 미만인 것은?

① 경량 아스팔트 싱글
② 일반 아스팔트 싱글
③ 중량 아스팔트 싱글
④ 초중량 아스팔트 싱글

◉해설

아스팔트 싱글의 종류별 단위중량
- 일반 아스팔트 싱글 : 10.3kg/m²~12.5kg/m²
- 중량 아스팔트 싱글 : 12.5kg/m²~14.2kg/m²
- 초중량 아스팔트 싱글 : 14.2kg/m² 이상

97 초기강도가 아주 크고 초기 수화발열이 커서 긴급공사나 동절기 공사에 가장 적합한 시멘트는?

① 알루미나 시멘트
② 보통포틀랜드 시멘트
③ 고로 시멘트
④ 실리카 시멘트

◉해설

알루미나 시멘트의 특징
$CaO - Al_2O_3$계 유리질로 이루어진 시멘트로, 내화물 캐스터블 혼합재로 사용되며, 포틀랜드 시멘트와 비교해 강도 발현속도가 빠르기 때문에 긴급 공사용과 동절기 공사에 가장 적합하다.

◉ ANSWER | 94 ③ 95 ③ 96 ② 97 ①

98 시멘트의 분말도에 관한 설명으로 옳지 않은 것은?

① 분말도가 클수록 수화반응이 촉진된다.
② 분말도가 클수록 초기강도는 작으나 장기강도는 크다.
③ 분말도가 클수록 시멘트 분말이 미세하다.
④ 분말도가 너무 크면 풍화되기 쉽다.

◀해설▶

시멘트 분말도의 특징
• 분말도가 클수록 수화반응이 촉진된다.
• 분말도가 클수록 초기강도는 크지만 장기강도는 낮다.
• 분말도가 클수록 시멘트 분말이 미세하다.
• 분말도가 너무 크면 풍화되기 쉽다.

※ **시멘트 분말도에 따른 특징**

구분	분말도가 큰 시멘트	분말도가 작은 시멘트
입자크기	• 입자크기가 작다. • 면적이 넓다.	• 입자크기가 크다. • 면적이 줄어든다.
수화반응	• 수화열이 높다. • 응결속도가 빠르다.	• 수화열이 낮게 발생된다. • 응결속도가 느리다.
강도	• 건조수축에 의한 균열이 발생된다. • 조기강도 발현된다.	• 건조수축과 균열이 저감된다. • 장기강도가 크다.
적용대상	• 공기의 단축이 필요한 경우 • 한중 콘크리트	• 중량 콘크리트 • 서중 콘크리트

분말도 = 표면적(cm^2)/시멘트 1g

99 일반적으로 단열재에 습기나 물기가 침투하면 어떤 현상이 발생하는가?

① 열전도율이 높아져 단열성능이 좋아진다.
② 열전도율이 높아져 단열성능이 나빠진다.
③ 열전도율이 낮아져 단열성능이 좋아진다.
④ 열전도율이 낮아져 단열성능이 나빠진다.

◀해설▶

단열재에 습기나 물기가 침투되면 열전도율이 높아져 단열성능이 나빠진다.

100 킨즈 시멘트 제조 시 무수석고의 경화를 촉진시키기 위해 사용하는 혼화재료는?

① 규산백토   ② 플라이애시
③ 화산회   ④ 백반

◀해설▶

킨즈(Keen's) 시멘트
경석고 블라스터라고도 불리며 소석고를 고온으로 가열하면 경석고가 되는데, 이 경석고는 물을 가해도 거의 경화되지 않으므로 백반, 붕사, 규사 등을 혼합하여 경화성을 회복시켜 사용한다.

6과목 **건설안전기술**

101 크레인의 운전실 또는 운전대를 통하는 통로의 끝과 건설물 등의 벽체의 간격은 최대 얼마 이하로 하여야 하는가?

① 0.2m   ② 0.3m
③ 0.4m   ④ 0.5m

◀해설▶

크레인의 운전실이나 운전대를 통하는 통로의 끝과 건설물 등의 벽체 간격은 최대 30cm 이하로 하여야 한다.

102 해체공사 시 작업용 기계기구의 취급 안전기준에 관한 설명으로 옳지 않은 것은?

① 철제해머와 와이어로프의 결속은 경험이 많은 사람으로서 선임된 자에 한하여 실시하도록 하여야 한다.
② 팽창제 천공간격은 콘크리트 강도에 의하여 결정되나 70~120cm 정도를 유지하도록 한다.
③ 쐐기타입으로 해체 시 천공구멍은 타입기 삽입부분의 직경과 거의 같아야 한다.
④ 화염방사기로 해체작업 시 용기 내 압력은 온도에 의해 상승하기 때문에 항상 40℃ 이하로 보존해야 한다.

◉ **ANSWER** | 98 ② 99 ② 100 ④ 101 ② 102 ②

해체공사 시 작업용 기계기구의 취급 안전기준
- 철제해머와 와이어로프의 결속은 경험이 많은 사람으로서 선임된 자에 한하여 실시하도록 한다.
- 팽창제 천공간격은 콘크리트 강도에 의하여 결정되나 30~70cm 정도를 유지하도록 한다.
- 쐐기타입으로 해체 시 천공구멍은 타입기 삽입부분의 직경과 거의 같아야 한다.
- 팽창제 천공직경은 30~50mm 정도를 유지하도록 한다.

1. 해체공사 작업계획 수립 시 준수사항
   작업계획 수립 시 다음 각 호의 사항을 준수하여야 한다.
   - 작업구역 내에는 관계자 이외의 자에 대하여 출입을 통제하여야 한다.
   - 강풍, 폭우, 폭설 등 악천후 시에는 작업을 중지하여야 한다.
   - 사용기계기구 등을 인양하거나 내릴 때에는 그물망이나 그물포대 등을 사용토록 하여야 한다.
   - 외벽과 기둥 등을 전도시키는 작업을 할 경우에는 전도 낙하위치 검토 및 파편 비산거리 등을 예측하여 작업반경을 설정하여야 한다.
   - 전도작업을 수행할 때에는 작업자 이외의 다른 작업자는 대피시키도록 하고 완전 대피상태를 확인한 다음 전도시키도록 하여야 한다.
   - 해체건물 외곽에 방호용 비계를 설치하여야 하며 해체물의 전도, 낙하, 비산의 안전거리를 유지하여야 한다.
   - 파쇄공법의 특성에 따라 방진벽, 비산차단벽, 분진억제 살수시설을 설치하여야 한다.
   - 작업자 상호 간의 적정한 신호규정을 준수하고 신호방식 및 신호기기 사용법은 사전교육에 의해 숙지되어야 한다.
   - 적정한 위치에 대피소를 설치하여야 한다.

2. 팽창제 사용 시 준수사항
   광물의 수화반응에 의한 팽창압을 이용하여 파쇄하는 공법으로 다음 각 호의 사항을 준수하여야 한다.
   - 팽창제와 물과의 시방 혼합비율을 확인하여야 한다.
   - 천공직경이 너무 작거나 크면 팽창력이 작아 비효율적이므로, 천공직경은 30mm 내지 50mm 정도를 유지하여야 한다.
   - 천공간격은 콘크리트 강도에 의하여 결정되나 30cm 내지 70cm 정도를 유지하도록 한다.
   - 팽창제를 저장하는 경우에는 건조한 장소에 보관하고 직접 바닥에 두지 말고 습기를 피하여야 한다.
   - 개봉된 팽창제는 사용하지 말아야 하며 쓰다 남은 팽창제 처리에 유의하여야 한다.

3. 화염방사기 사용 시 준수사항
   구조체를 고온으로 용융시키면서 해체하는 것으로 다음 각 호의 사항을 준수하여야 한다.
   - 고온의 용융물이 비산하고 연기가 많이 발생되므로 화재발생에 주의하여야 한다.
   - 소화기를 준비하여 불꽃비산에 의한 인접부분의 발화에 대비하여야 한다.
   - 작업자는 방열복, 마스크, 장갑 등의 보호구를 착용하여야 한다.
   - 산소용기가 넘어지지 않도록 밑받침 등으로 고정시키고 빈 용기와 채워진 용기의 저장을 분리하여야 한다.
   - 용기 내 압력은 온도에 의해 상승하기 때문에 항상 섭씨 40도 이하로 보존하여야 한다.
   - 호스는 결속물로 확실하게 결속하고, 균열되었거나 노후된 것은 사용하지 말아야 한다.
   - 게이지의 작동을 확인하고 고장 및 작동불량품은 교체하여야 한다.

103 굴착과 싣기를 동시에 할 수 있는 토공기계가 아닌 것은?

① Power Shovel
② Tractor Shovel
③ Back Hoe
④ Motor Grader

모터그레이더(Motor Grader)
타이어의 전륜과 후륜 사이에 상하, 좌우, 선회 작업이 가능한 블레이드를 부착하여 주로 노면을 평활하게 깎아내고 비탈면의 절삭 등에 사용하는 장비를 말한다.

104 사업주가 유해·위험방지 계획서 제출 후 건설공사 중 6개월 이내마다 안전보건공단의 확인을 받아야 할 내용이 아닌 것은?

① 유해·위험방지 계획서의 내용과 실제 공사 내용이 부합하는지 여부
② 유해·위험방지 계획서 변경 내용의 적정성
③ 자율안전관리 업체 유해·위험방지 계획서 제출·심사 면제
④ 추가적인 유해·위험요인의 존재 여부

📎 해설

유해·위험방지계획서 제출 후 건설공사 중 6개월 이내마다 안전보건공단의 확인을 받아야 할 내용
• 유해·위험방지계획서의 내용과 실제 공사내용의 부합 여부
• 유해·위험방지계획서 변경내용의 적정성
• 추가적인 유해·위험요인의 존재 여부

105 콘크리트 타설 시 거푸집 측압에 관한 설명으로 옳지 않은 것은?

① 기온이 높을수록 측압은 크다.
② 타설속도가 클수록 측압은 크다.
③ 슬럼프가 클수록 측압은 크다.
④ 다짐이 과할수록 측압은 크다.

📎 해설

콘크리트 타설 시 측압 특징
• 기온이 높을수록 측압은 작아진다(콘크리트 응결이 촉진되므로).
• 타설속도가 빠를수록 측압은 커진다.
• 슬럼프가 클수록 측압은 커진다.
• 다짐이 과할수록 측압은 커진다.
• Workability가 좋을수록 측압은 커진다.

106 달비계에 사용이 불가한 와이어로프의 기준으로 옳지 않은 것은?

① 이음매가 있는 것
② 와이어로프의 한 꼬임에서 끊어진 소선의 수가 7% 이상인 것

③ 지름의 감소가 공칭지름의 7%를 초과하는 것
④ 심하게 변형되거나 부식된 것

📎 해설

달비계에 사용이 불가한 와이어로프의 기준
• 이음매가 있는 것
• 와이어로프의 한 꼬임에서 끊어진 소선의 수가 10% 이상인 것
• 지름의 감소가 공칭지름의 7%를 초과하는 것
• 꼬인 것
• 심하게 손상 또는 부식된 것

107 구축물에 안전진단 등 안전성 평가를 실시하여 근로자에게 미칠 위험성을 미리 제거하여야 하는 경우가 아닌 것은?

① 구축물 또는 이와 유사한 시설물의 인근에서 굴착·항타작업 등으로 침하·균열 등이 발생하여 붕괴의 위험이 예상될 경우
② 구조물, 건축물, 그 밖의 시설물이 그 자체의 무게·적설·풍압 또는 그 밖에 부가되는 하중 등으로 붕괴 등의 위험이 있을 경우
③ 화재 등으로 구축물 또는 이와 유사한 시설물의 내력(耐力)이 심하게 저하되었을 경우
④ 구축물의 구조체가 안전측으로 과도하게 설계가 되었을 경우

📎 해설

구축물에 안전진단 등 안전성 평가를 실시하여 근로자에게 미칠 위험성을 미리 제거하여야 하는 경우
• 구축물 또는 이와 유사한 시설물의 인근에서 굴착, 항타작업 등으로 침하, 균열 등이 발생하여 붕괴의 위험이 예상될 경우
• 구조물, 건축물, 그 밖의 시설물이 그 자체의 무게, 적설, 풍압 또는 그 밖에 부가되는 하중 등으로 붕괴 등의 위험이 있을 경우
• 화재 등으로 구축물 또는 이와 유사한 시설물의 내력이 심하게 저하되었을 경우

◉ ANSWER | 104 ③ 105 ① 106 ② 107 ④

108 다음은 안전대와 관련된 설명이다. 아래 내용에 해당되는 용어로 옳은 것은?

> 로프 또는 레일 등과 같은 유연하거나 단단한 고정줄로서 추락발생 시 추락을 저지시키는 추락방지대를 지탱해 주는 줄모양의 부품

① 안전블록   ② 수직구명줄
③ 죔줄   ④ 보조죔줄

◀ 해설 ▶

- 안전블록 : 안전그네와 연결하여 추락발생 시 추락을 억제할 수 있는 자동잠김장치가 있고 죔줄이 자동으로 수축되는 장치
- 수직구명줄 : 로프 또는 레일 등과 같은 유연하거나 단단한 고정줄로서 추락발생 시 추락을 저지시키는 추락방지대를 지탱해 주는 줄모양의 부품
- 죔줄 : 안전대에 부착되는 웨빙 또는 합성섬유로프로 만들어진 충격에너지 흡수형 또는 비흡수형 부품으로 걸이설비와 연결하기 위한 금속고리나 장치가 포함
- 보조죔줄 : 추락사고 방지를 위해 사용하는 죔줄의 보조장치

109 흙막이 지보공을 설치하였을 때 정기적으로 점검하여 이상 발견 시 즉시 보수하여야 할 사항이 아닌 것은?

① 굴착 깊이의 정도
② 버팀대의 긴압의 정도
③ 부재의 접속부·부착부 및 교차부의 상태
④ 부재의 손상·변형·부식·변위 및 탈락의 유무와 상태

◀ 해설 ▶

흙막이 지보공의 정기점검사항
- 부재 접속부, 교차부, 부착부 상태
- 버팀대 긴압 정도
- 부재 손상, 변형, 부식, 변위, 탈락 유무
- 침하 정도

110 가설통로의 설치에 관한 기준으로 옳지 않은 것은?

① 경사는 30° 이하로 한다.
② 건설공사에 사용하는 높이 8m 이상인 비계다리에는 7m 이내마다 계단참을 설치한다.
③ 작업상 부득이한 경우에는 필요한 부분에 한하여 안전난간을 임시로 해체할 수 있다.
④ 수직갱에 가설된 통로의 길이가 10m 이상인 경우에는 5m 이내마다 계단참을 설치한다.

◀ 해설 ▶

가설통로 설치기준
- 견고한 구조일 것
- 경사는 30° 이하로 할 것. 단, 계단을 설치하거나 높이 2m 미만 시 튼튼한 손잡이를 설치한 경우는 제외
- 경사 15° 초과 시 미끄러지지 않는 구조일 것
- 추락위험 장소에는 안전난간 설치. 다만, 부득이한 경우 필요한 부분만 임시해체 가능
- 수직갱에 가설된 통로길이 15m 이상이 경우 10m 이내마다 계단참 설치
- 높이 8m 이상 비계다리에는 7m 이내마다 계단참 설치

111 철골공사 시 안전작업방법 및 준수사항으로 옳지 않은 것은?

① 강풍, 폭우 등과 같은 악천후 시에는 작업을 중지하여야 하며 특히 강풍 시에는 높은 곳에 있는 부재나 공구류가 낙하비래하지 않도록 조치하여야 한다.
② 철골부재 반입 시 시공순서가 빠른 부재는 상단부에 위치하도록 한다.
③ 구명줄 설치 시 마닐라 로프 직경 10mm를 기준하여 설치하고 작업방법을 충분히 검토하여야 한다.
④ 철골보의 두 곳을 매어 인양시킬 때 와이어로프의 내각은 60° 이하이어야 한다.

철골공사 시 안전작업방법 및 준수사항

- 지상 작업장에서 건립준비 및 기계기구를 배치할 경우에는 낙하물의 위험이 없는 평탄한 장소를 선정하여 정비하고 경사지에는 작업대나 임시발판 등을 설치하는 등 안전조치를 한 후 작업하여야 한다.
- 구명줄 설치 시 마닐라 로프는 최소 22.9kN의 강도를 가진 인조섬유이어야 하며, 한가닥의 구명줄을 여러 명이 동시에 사용하지 않도록 하여야 하며, 마닐라 로프 직경 16mm 이상을 기준하여 설치한다.
- 사용 전 기계기구에 대한 정비 및 보수를 철저히 실시한다.
- 강풍, 폭우 등과 같은 악천후 시에는 작업을 중지한다.

112 다음 중 방망사의 폐기 시 인장강도에 해당하는 것은?(단, 그물코의 크기는 10cm이며 매듭 없는 방망의 경우임)

① 50kg   ② 100kg
③ 150kg   ④ 200kg

방망사 폐기 시 인장강도

종류별	무매듭 방망	매듭방망
10cm	150kg	135kg
5cm		60kg

※ 신품 추락방지용 방망의 그물코 규격

종류별	무매듭 방망	매듭방망
10cm	240kg	200kg
5cm		110kg

113 달비계의 최대 적재하중을 정하는 경우 그 안전계수 기준으로 옳지 않은 것은?

① 달기와이어로프 및 달기강선의 안전계수 : 10 이상
② 달기체인 및 달기 훅의 안전계수 : 5 이상
③ 달기강대와 달비계의 하부 및 상부지점의 안전계수 : 강재의 경우 3 이상
④ 달기강대와 달비계의 하부 및 상부지점의 안전계수 : 목재의 경우 5 이상

달비계 안전계수

달비계	안전계수
달기와이어로프 및 달기강선	10
달기체인 및 훅	5
달기강대, 달비계하부, 상부지점(강재)	2.5
달기강대, 달비계하부, 상부지점(목재)	5

114 작업장에 계단 및 계단참을 설치하는 경우 매 제곱미터당 최소 몇 킬로그램 이상의 하중에 견딜 수 있는 강도를 가진 구조로 설치하여야 하는가?

① 300kg   ② 400kg
③ 500kg   ④ 600kg

계단 및 계단참을 설치하는 경우 매 제곱미터당 최소 하중강도 : 500kg

115 공정률이 65%인 건설현장의 경우 공사진척에 따른 산업안전보건관리비의 최소 사용기준으로 옳은 것은?(단, 공정률은 기성공정률을 기준으로 함)

① 40% 이상   ② 50% 이상
③ 60% 이상   ④ 70% 이상

공사진척별 사용기준

공정률	50~70%	70~90%	90% 이상
사용기준	50% 이상	70% 이상	90% 이상

산업안전보건관리비 계상기준 개정(2025.1.1부터 적용)

구분	대상액 5억 원 미만 적용비율 (%)	대상액 5억 원 이상 50억 원 미만인 경우 적용비율 (%)	기초액	대상액 50억 원 이상 적용비율 (%)	보건관리자 선임대상 건설공사의 적용비율 (%)
건축공사	3.11	2.28	4,325,000원	2.37	2.64
토목공사	3.15	2.53	3,300,000원	2.60	2.73
중건설공사	3.64	3.05	2,975,000원	3.11	3.39
특수건설공사	2.07	1.59	2,450,000원	1.64	1.78

116 산업안전보건법령에 따른 지반의 종류별 굴착면의 기울기 기준으로 옳지 않은 것은?

① 보통흙 습지 – 1 : 1~1 : 1.5
② 보통흙 건지 – 1 : 0.3~1 : 1
③ 풍화암 – 1 : 0.8
④ 연암 – 1 : 0.5

●해설

시험 당시 답은 ②이었으나, 법 개정으로 인해 현재 기준과는 다름

굴착면 기울기 기준(2023.11.14. 개정)

지반의 종류	굴착면의 기울기
모래	1:1.8
연암 및 풍화암	1:1.0
경암	1:0.5
그밖의 흙	1:1.2

117 작업으로 인하여 물체가 떨어지거나 날아올 위험이 있는 경우 필요한 조치와 가장 거리가 먼 것은?

① 투하설비 설치
② 낙하물 방지망 설치
③ 수직보호망 설치
④ 출입금지구역 설정

●해설

낙하, 비래위험 방지조치
• 낙하물 방지망 설치
• 수직보호망 설치
• 방호선반 설치
• 출입금지구역 설정
• 보호구 착용

118 강관비계의 수직방향 벽이음 조립간격(m)으로 옳은 것은?(단, 틀비계이며 높이가 5m 이상일 경우)

① 2m   ② 4m
③ 6m   ④ 9m

●해설

강관틀비계는 수직방향 6m, 수평방향 8m 이하로 설치하여야 한다.

119 굴착공사에서 비탈면 또는 비탈면 하단을 성토하여 붕괴를 방지하는 공법은?

① 배수공
② 배토공
③ 공작물에 의한 방지공
④ 압성토공

●해설

압성토공
굴착공사에서 비탈면 또는 비탈면 하단을 성토하여 붕괴를 방지하는 공법

120 지면보다 낮은 땅을 파는 데 적합하고 수중 굴착도 가능한 굴착기계는?

① 백호우   ② 파워쇼벨
③ 가이데릭   ④ 파일드라이버

●해설

• 백호우(Back Hoe) : 지면보다 낮은 땅을 파는 데 적합하고 수중굴착도 가능한 굴착장비
• 파워쇼벨 : 백호의 한 종류로, 상부체가 선회하는 트랙터에 붐과 디퍼버켓을 장착한 셔틀계 굴착기다. 주로 높은 위치의 토사를 밀어 올리면서 굴착하고, 성토 및 정리 작업을 수행
• 가이데릭 : 화물을 달아 올리는 기계장치로, 마스트, 지브, 원동기, 와이어로프 등을 갖고 있음.
• 파일드라이버 : 말뚝을 박고 항타기는 말뚝을 뽑는 건설용 중장비이며, 항발기는 널말뚝을 뽑는 기계

1과목 **산업안전관리론**

01 재해손실비의 평가방식 중 시몬즈 방식에서 비보험 코스트에 반영되는 항목에 속하지 않는 것은?

① 휴업상해 건수
② 통원상해 건수
③ 응급조치 건수
④ 무손실사고 건수

해설

• 시몬즈 비보험코스트
= {(휴업상해 건수)×A} + {(통원상해 건수)×B}
+ {(응급조치 건수)×C} + {무상해 건수×D}
• A, B, C, D는 장해 정도에 따른 평균치

02 산업안전보건법령상 중대재해에 속하지 않는 것은?

① 사망자가 2명 발생한 재해
② 부상자가 동시에 7명 발생한 재해
③ 직업성 질병자가 동시에 11명 발생한 재해
④ 3개월 이상의 요양이 필요한 부상자가 동시에 3명 발생한 재해

해설

산업안전법상 중대재해

• 사망자가 1명 이상 발생한 재해
• 3개월 이상 요양이 필요한 부상자가 동시에 2명 이상 발생한 재해
• 부상자나 직업성 질병자가 동시에 10명 이상 발생한 재해

03 산업안전보건법령상 공정안전보고서에 포함되어야 하는 내용 중 공정안전자료의 세부내용에 해당하는 것은?

① 안전운전지침서
② 공정위험성평가서
③ 도급업체 안전관리계획
④ 각종 건물·설비의 배치도

해설

공정안전보고서 포함사항인 공정안전자료의 세부내용

• 취급 및 저장하고 있거나 취급·저장하려는 유해·위험물질의 종류 및 수량
• 유해·위험물질에 대한 물질안전보건자료
• 유해·위험 설비의 목록 및 사양
• 유해·위험 설비의 운전방법을 알 수 있는 공정도면
• 각종 건물과 설비의 배치도
• 폭발위험장소 구분도 및 전기단선도
• 위험설비의 안전설계·제작·설치 관련 지침서

04 산업안전보건법령상 금지표지에 속하는 것은?

①   ②

③   ④

해설

금지표지

101 출입금지	102 보행금지	103 차량통행금지	104 사용금지
105 탑승금지	106 금연	107 화기금지	108 물체이동금지

⊙ ANSWER | 01 ④ 02 ② 03 ④ 04 ④

05 도수율이 25인 사업장의 연간 재해발생 건수는 몇 건인가?(단, 이 사업장의 당해 연도 총근로시간은 80,000시간이다.)

① 1건   ② 2건
③ 3건   ④ 4건

해설

$$재해발생 건수 = \frac{도수율 \times 연 근로자 수}{1,000,000}$$

$$= \frac{25 \times 80,000}{1,000,000} = 2$$

06 산업안전보건법령상 건설공사도급인은 산업안전보건관리비의 사용명세서를 건설공사 종료 후 몇 년간 보존해야 하는가?

① 1년   ② 2년
③ 3년   ④ 5년

해설

산업안전보건관리비 서류보존기간
• 사용명세서는 매월 작성
• 작성한 서류는 공사 종료 후 1년간 보존

07 산업안전보건법령에 따른 안전보건총괄책임자의 직무에 속하지 않는 것은?

① 도급 시 산업재해 예방조치
② 위험성평가의 실시에 관한 사항
③ 안전인증대상기계와 자율안전확인대상기계 구입 시 적격품의 선정에 관한 지도
④ 산업안전보건관리비의 관계수급인 간의 사용에 관한 협의·조정 및 그 집행의 감독

해설

안전보건총괄책임자의 직무
• 도급사업의 산재예방조치
• 산업안전보건관리비의 사용에 관한 협의·조정·집행의 감독
• 안전인증대상기계 등과 자율안전확인대상기계 등의 사용 여부 확인
• 작업의 중지
• 위험성평가의 실시에 관한 사항

08 다음 중 재해발생 시 긴급조치사항을 올바른 순서로 배열한 것은?

㉠ 현장보존	㉡ 2차 재해방지
㉢ 피재기계의 정지	㉣ 관계자에게 통보
㉤ 피해자의 응급처리	

① ㉤ → ㉢ → ㉡ → ㉠ → ㉣
② ㉢ → ㉤ → ㉣ → ㉡ → ㉠
③ ㉢ → ㉤ → ㉣ → ㉠ → ㉡
④ ㉢ → ㉤ → ㉠ → ㉣ → ㉡

해설

재해발생 시 긴급조치 순서
피재기계 정지 → 피재자의 응급처치 → 관계자에게 통보 → 2차 피해방지 → 현장보존

09 라인(Line)형 안전조직에 관한 설명으로 옳지 않은 것은?

① 명령과 보고가 간단명료하다.
② 안전정보의 수집이 빠르고 전문적이다.
③ 안전업무가 생산현장 라인을 통하여 시행된다.
④ 각종 지시 및 조치사항이 신속하게 이루어진다.

해설

라인형 조직의 특징

장점	• 소규모 사업장에 가장 적합하다. • 지시의 이행이 빠르다. • 명령과 보고가 간단하다.
단점	• 안전정보가 불충분하다. • 전문적 안전지식이 부족하다. • 라인에 책임전가 우려가 많다.

라인 – 스태프형 조직의 특징

장점	• 대규모 사업장(1,000명 이상)에 효과적이다. • 신속, 정확한 경영자의 지침전달이 가능하다. • 안전활동과 생산업무의 균형유지가 가능하다.
단점	• 명령계통과 조언 및 권고적 참여가 혼동되기 쉽다. • 라인이 스태프에게만 의존하거나 활용하지 않을 우려가 있다. • 스태프가 월권행위 할 우려가 있다.

10 보호구 안전인증 고시에 따른 가죽제 안전화의 성능시험방법에 해당되지 않는 것은?

① 내답발성시험
② 박리저항시험
③ 내충격성시험
④ 내전압성시험

가죽제 안전화의 성능시험방법

- 은면결렬시험
- 인열강도시험
- 내부식성시험
- 인장강도시험
- 내압박성시험
- 내충격성시험
- 내답발성시험
- 6가크롬 함량시험

11 위험예지훈련 4R(라운드) 중 2R(라운드)에 해당하는 것은?

① 목표설정
② 현상파악
③ 대책수립
④ 본질추구

위험예지훈련 4라운드

- 1라운드 : 현상파악
- 2라운드 : 본질추구
- 3라운드 : 대책수립
- 4라운드 : 행동목표설정

12 기계, 기구 또는 설비를 신설하거나 변경 또는 고장 수리 시 실시하는 안전점검의 종류는?

① 정기점검
② 수시점검
③ 특별점검
④ 임시점검

특별점검

기계기구 또는 설비의 신설·변경·수리 시 실시하는 산업안전보건법상 안전점검

13 산업안전보건법령상 안전인증대상 기계 또는 설비에 속하지 않는 것은?

① 리프트
② 압력용기
③ 곤돌라
④ 파쇄기

안전인증대상 기계, 설비

- 전단기
- 프레스
- 롤러기
- 크레인
- 리프트
- 압력용기
- 사출성형기
- 고소작업대
- 곤돌라

14 브레인스토밍의 4가지 원칙 내용으로 옳지 않은 것은?

① 비판하지 않는다.
② 자유롭게 발언한다.
③ 가능한 한 정리된 의견만 발언한다.
④ 타인의 생각에 동참하거나 보충발언 해도 좋다.

브레인스토밍 4원칙

- 비판금지
- 자유발언
- 대량발언
- 수정발언

15 안전관리는 PDCA 사이클의 4단계를 거쳐 지속적인 관리를 수행하여야 한다. 다음 중 PDCA 사이클의 4단계를 잘못 나타낸 것은?

① P : Plan
② D : Do
③ C : Check
④ A : Analysis

⊙ ANSWER | 10 ④ 11 ④ 12 ③ 13 ④ 14 ③ 15 ④

PDCA 사이클
- Plan
- Do
- Check
- Action

16 재해의 발생형태 중 재해가 일어난 장소나 그 시점에 일시적으로 요인이 집중되어 사고가 발생하는 유형은?

① 연쇄형   ② 복합형
③ 결합형   ④ 단순 자극형

등치성 이론에 근거를 둔 재해발생 형태의 분류

1. 단순 자극형(집중형)
   - 상호 자극에 의하여 순간적으로 재해가 발생되는 유형
   - 재해가 일어난 장소, 시기에 일시적으로 재해요인이 집중되는 형태

2. 연쇄형
   ㉠ 하나의 사고요인이 또 다른 요인을 유발시키며 재해를 발생시키는 유형
   ㉡ 분류
      - 단순연쇄형
        사고요인이 발생되어 지속적으로 사고요인을 유발시켜 재해가 발생되는 형태
      - 복합연쇄형
        2개 이상의 단순연쇄형에 의해 재해가 발생하는 형태

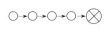

〈 단순연쇄형 〉   〈 복합연쇄형 〉

3. 복합형
   집중형과 연쇄형이 복합적으로 구성되어 재해가 발생하는 유형

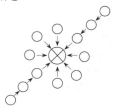

17 안전보건관리계획 수립 시 고려할 사항으로 옳지 않은 것은?

① 타 관리계획과 균형이 맞도록 한다.
② 안전보건을 저해하는 요인을 확실히 파악해야 한다.
③ 수립된 계획은 안전보건관리활동의 근거로 활용된다.
④ 과거실적을 중요한 것으로 생각하고, 현재 상태에 만족해야 한다.

안전보건관리계획 수립 시 고려사항
- 타 관리계획과 균형이 맞도록 한다.
- 안전보건을 저해하는 요인을 확실하게 파악한다.
- 수립된 계획은 안전보건관리활동의 근거로 활용한다.
- 과거 실적에 만족하기보다 더 나은 성과를 목표로 노력한다.

18 다음은 안전보건개선계획의 제출에 관한 기준 내용이다. ( ) 안에 알맞은 것은?

> 안전보건개선계획서를 제출해야 하는 사업주는 안전보건개선계획서 수립·시행 명령을 받은 날부터 ( )일 이내에 관할 지방고용노동관서의 장에게 해당 계획서를 제출(전자문서로 제출하는 것을 포함한다)해야 한다.

① 15   ② 30
③ 45   ④ 60

안전보건개선계획의 제출에 관한 기준
안전보건개선계획서를 제출해야 하는 사업주는 안전보건개선계획서 수립·시행명령을 받은 날부터 60일 이내에 관할 지방고용노동관서의 장에게 해당 계획서를 제출해야 한다.

◉ **ANSWER** | 16 ④ 17 ④ 18 ④

19 재해의 간접적 원인과 관계가 가장 먼 것은?

① 스트레스
② 안전수칙의 오해
③ 작업준비 불충분
④ 안전방호장치 결함

●해설
재해발생의 원인분류(문제의 보기 내용 중)
• 직접 원인 : 안전방호장치 결함
• 간접 원인 : 스트레스, 안전수칙의 오해, 작업준비 불충분

20 재해예방의 4원칙에 해당하지 않는 것은?

① 예방가능의 원칙
② 원인계기의 원칙
③ 손실필연의 원칙
④ 대책선정의 원칙

●해설
재해예방의 4원칙
• 손실우연의 원칙
• 원인계기의 원칙
• 예방가능의 원칙
• 대책선정의 원칙

2과목 산업심리 및 교육

21 다음 중 학습전이의 조건으로 가장 거리가 먼 것은?

① 학습 정도
② 시간적 간격
③ 학습 분위기
④ 학습자의 지능

●해설
학습전이의 조건
• 학습 정도
• 시간적 간격
• 선행학습 정도
• 학습자의 지능
• 학습자의 태도

22 인간의 동기에 대한 이론 중 자극, 반응, 보상의 3가지 핵심변인을 가지고 있으며, 표출된 행동에 따라 보상을 주는 방식에 기초한 동기이론은?

① 강화이론
② 형평이론
③ 기대이론
④ 목표설정이론

●해설
강화이론
• 자극, 반응, 보상의 3가지 핵심변인을 가지고 있다.
• 표출된 행동에 따라 보상을 주는 방식이다.

23 산업안전심리의 5대 요소가 아닌 것은?

① 동기
② 감정
③ 기질
④ 지능

●해설
산업안전심리
• 동기
• 기질
• 감정
• 습성
• 습관

24 다음 중 사고에 관한 표현으로 틀린 것은?

① 사고는 비변형된 사상(Unstrained Event)이다.
② 사고는 비계획적인 사상(Unplaned Event)이다.
③ 사고는 원하지 않는 사상(Undesired Event)이다.
④ 사고는 비효율적인 사상(Inefficient Event)이다.

●해설
사고의 사상
• 사고는 변형된 사상이다.
• 사고는 비계획적인 사상이다.
• 사고는 원하지 않는 사상이다.
• 사고는 비효율적인 사상이다.

◉ ANSWER | 19 ④ 20 ③ 21 ③ 22 ① 23 ④ 24 ①

25 집단이 가지는 효과로 두 개 이상의 서로 다른 개체가 힘을 합쳐 둘이 지닌 힘 이상의 효과를 내는 현상은?

① 시너지 효과
② 동조 효과
③ 응집성 효과
④ 자생적 효과

시너지 효과(상승 효과)
두 개 이상의 서로 다른 개체가 힘을 합쳐 둘이 지닌 힘 이상의 효과를 내는 현상

26 교육방법 중 하나인 사례연구법의 장점으로 볼 수 없는 것은?

① 의사소통 기술이 향상된다.
② 무의식적인 내용의 표현 기회를 준다.
③ 문제를 다양한 관점에서 바라보게 된다.
④ 강의법에 비해 현실적인 문제에 대한 학습이 가능하다.

사례연구법
사례를 제시하고 사실과 그 상호관계에 대해 토의하는 학습법
• 의사소통 기술이 향상된다.
• 다양한 관점에서 문제를 바라보게 된다.
• 강의법에 비해 현실적인 문제에 대한 학습이 가능하다.
• 분석력의 향상이 가능하다.

27 직무와 관련한 정보를 직무명세서(Job Specification)와 직무기술서(Job Description)로 구분할 경우 직무기술서에 포함되어야 하는 내용과 가장 거리가 먼 것은?

① 직무의 직종
② 수행되는 과업
③ 직무수행 방법
④ 작업자의 요구되는 능력

직무기술서 포함내용
• 직무의 직종
• 수행되는 과업
• 직무수행 방법

28 판단과정에서의 착오원인이 아닌 것은?

① 능력부족   ② 정보부족
③ 감각차단   ④ 자기합리화

판단과정에서의 착오원인
• 능력부족
• 정보부족
• 자기합리화
• 자신과잉

29 다음 중 ATT(American Telephone & Telegram) 교육훈련기법의 내용이 아닌 것은?

① 인사관계
② 고객관계
③ 회의의 주관
④ 종업원의 기술향상

ATT 교육훈련기법의 내용
• 인사관계
• 고객관계
• 종업원의 기술 향상
• 계획적인 감독
• 인원배치 및 작업의 계획
• 훈련
• 안전

30 미국 국립산업안전보건연구원(NIOSH)이 제시한 직무스트레스 모형에서 직무스트레스 요인을 작업요인, 조직요인, 환경요인으로 구분할 때 조직요인에 해당하는 것은?

① 관리유형   ② 작업속도
③ 교대근무   ④ 조명 및 소음

◉ ANSWER | 25 ① 26 ② 27 ④ 28 ③ 29 ③ 30 ①

해설

NIOSH의 모형에 의한 스트레스 요인

1. 작업요인
   - 작업속도
   - 작업부하
   - 조절권한
   - 교대근무
2. 조직요인
   - 역할갈등
   - 의사결정 참여 여부
   - 직무 안정성
   - 고용 안정성
3. 환경요인
   - 소음
   - 조명
   - 환기
   - 온열조건
   - 채광

31 다음 중 안전교육의 목적과 가장 거리가 먼 것은?

① 생산성이나 품질의 향상에 기여한다.
② 작업자를 산업재해로부터 미연에 방지한다.
③ 재해의 발생으로 인한 직접적 및 간접적 경제적 손실을 방지한다.
④ 작업자에게 작업의 안전에 대한 자신감을 부여하고 기업에 대한 충성도를 증가시킨다.

해설

안전교육의 목적
- 생산성이나 품질 향상에 기여한다.
- 작업자를 산업재해로부터 방지한다.
- 재해로 인한 직접적·간접적 경제적 손실을 방지한다.
- 작업자에게 작업의 안전에 대한 안정감을 부여하고 기업에 대한 충성도를 증가시킨다.

32 안전교육에서 안전기술과 방호장치관리를 몸으로 습득시키는 교육방법으로 가장 적절한 것은?

① 지식교육   ② 기능교육
③ 해결교육   ④ 태도교육

해설

교육의 분류
- 지식교육 : 작업에 필요한 기술의 습득
- 기능교육 : 안전기술과 방호장치관리를 몸으로 습득시키는 교육방법
- 태도교육 : 올바른 작업자세에 대한 교육방법

33 안전교육의 형태와 방법 중 Off JT(Off the Job Training)의 특징이 아닌 것은?

① 공통된 대상자를 대상으로 일관적으로 교육할 수 있다.
② 업무 및 사내의 특성에 맞춘 구체적이고 실제적인 지도교육이 가능하다.
③ 외부의 전문가를 강사로 초청할 수 있다.
④ 다수의 근로자에게 조직적 훈련이 가능하다.

해설

OJT	Off JT
• 개인수준에 적합한 지도 가능	• 다수의 근로자 집단교육
• 실질적 업무수행에 즉각적인 도움 가능	• 전문가 초빙
• 상호 이해도가 높음	• 많은 양의 지식과 경험교류 가능
• 코칭, 직무순환, 멘토링이 대표적	• 강의법이 대표적

34 레빈(Lewin)이 제시한 인간의 행동특성에 관한 법칙에서 인간의 행동(B)은 개체(P)와 환경(E)의 함수관계를 가진다고 하였다. 다음 중 개체(P)에 해당하는 요소가 아닌 것은?

① 연령   ② 지능
③ 경험   ④ 인간관계

해설

레빈(Lewin)의 인간행동 방정식
$B = f(P \cdot E)$
여기서, B : 인간의 해동
   f(function) : 함수관계
   P(Personality) : 연령, 지능, 경험, 성격
   E(Environment) : 통풍, 채광, 온열조건 색상, 조도수준, 소음, 환기

⊚ ANSWER | 31 ④ 32 ② 33 ② 34 ④

35 다음 중 피들러(Fiedler)의 상황 연계성 리더십 이론에서 중요시하는 상황적 요인에 해당하지 않는 것은?

① 과제의 구조화
② 부하의 성숙도
③ 리더의 직위상 권한
④ 리더와 부하 간의 관계

> **해설**
>
> **Fiedler의 상황 연계성 리더십 이론상 상황적 요인**
> • 과제의 구조화 : 과제의 복잡함 또는 단순함
> • 리더의 직위상 권한 : 강압적, 공식적 여부
> • 리더와 부하 간의 관계 : 신뢰성, 존경심 여부

36 조직에 있어 구성원들의 역할에 대한 기대와 행동은 항상 일치하지는 않는다. 역할 기대와 실제 역할 행동 간에 차이가 생기면 역할 갈등이 발생하는데, 역할 갈등의 원인으로 가장 거리가 먼 것은?

① 역할 마찰   ② 역할 민첩성
③ 역할 부적합   ④ 역할 모호성

> **해설**
>
> **역할 갈등의 원인**
> • 역할 마찰
> • 역할 부적합
> • 역할 모호성

37 다음 중 안전교육방법에 있어 도입단계에서 가장 적합한 방법은?

① 강의법   ② 실연법
③ 반복법   ④ 자율학습법

> **해설**
>
> **안전교육방법**
> 1. 단계 : 도입 > 제시 > 적용 > 확인
> 2. 도입단계에서 가장 적합한 방법
>   교육을 실시하는 단계의 최초 내용이므로 강의법이 가장 합리적인 교육방법이 된다.

38 부주의의 발생 방지방법은 발생 원인별로 대책을 강구해야 하는데 다음 중 발생원인의 외적 요인에 속하는 것은?

① 의식의 우회
② 소질적 문제
③ 경험·미경험
④ 작업순서의 부자연성

> **해설**
>
> **부주의 발생원인**
> 1. 내적 원인
>   • 의식의 우회
>   • 소질적 문제
>   • 경험, 미경험
> 2. 외적 원인
>   • 작업순서의 부자연성
>   • 작업환경의 불량(소음, 환기 등)

39 다음 중 역할연기(Role Playing)에 의한 교육의 장점으로 틀린 것은?

① 관찰능력을 높이고 감수성이 향상된다.
② 자기의 태도에 반성과 창조성이 생긴다.
③ 정도가 높은 의사결정의 훈련으로서 적합하다.
④ 의견 발표에 자신이 생기고 고착력이 풍부해진다.

> **해설**
>
> **역할연기의 장단점**
>
> | 장점 | 단점 |
> | --- | --- |
> | • 관찰능력의 향상
• 감수성의 향상
• 자신의 태도에 대한 반성과 창조성 발생
• 의견발표에 대한 자신감과 관찰력이 풍부해짐 | • 목적이 명확하지 못함
• 참여자의 동기부여가 되지 못하면 실질적인 교육효과를 거두기 어려움
• 장소확보의 난해함 |

---

40 상황성 재해누발자의 재해유발원인과 거리가 먼 것은?

① 소심한 성격
② 주의력의 산만
③ 기계설비의 결함
④ 침착성 및 도덕성의 결여

해설

상황성 재해누발자의 재해유발원인
• 소심한 성격　　　• 주의력의 산만
• 침착성의 결여　　• 도덕성의 결여

3과목　인간공학 및 시스템안전공학

41 후각적 표시장치(Olfactory Display)와 관련된 내용으로 옳지 않은 것은?

① 냄새의 확산을 제어할 수 없다.
② 시각적 표시장치에 비해 널리 사용되지 않는다.
③ 냄새에 대한 민감도의 개별적 차이가 존재한다.
④ 경보장치로서 실용성이 없기 때문에 사용되지 않는다.

해설

후각적 표시장치의 특징
• 냄새의 확산을 제어할 수 없다.
• 시각적 표시장치에 비해 널리 사용되지 않는다.
• 냄새에 대한 민감도의 개별적 차이가 존재한다.
• 경보장치로서 실용성이 좋아 사용범위와 사례가 증가되고 있다.

42 HAZOP 기법에서 사용하는 가이드 워드와 의미가 잘못 연결된 것은?

① No/Not – 설계 의도의 완전한 부정
② More/Less – 정량적인 증가 또는 감소
③ Part of – 성질상의 감소
④ Other than – 기타 환경적인 요인

해설

HAZOP 기법에서 Other than은 완전한 대체를 의미한다.

43 그림과 같은 FT도에서 $F_1 = 0.015$, $F_2 = 0.02$, $F_3 = 0.05$이면, 정상사상 T가 발생할 확률은 약 얼마인가?

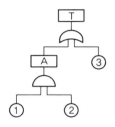

① 0.0002
② 0.0283
③ 0.0503
④ 0.9500

해설

1과 2는 And Gate이고 A와 3은 OR Gate이므로
$T = A - (1 - A)(1 - ③)$
$= 1 - (1 - 0.15 \times 0.02) \times (1 - 0.05) = 0.0503$

44 다음은 유해위험방지계획서의 제출에 관한 설명이다. ( ) 안에 들어갈 내용으로 옳은 것은?

산업안전보건법령상 "대통령령으로 정하는 사업의 종류 및 규모에 해당하는 사업으로서 해당 제품의 생산 공정과 직접적으로 관련된 건설물·기계·기구 및 설비 등 일체를 설치·이전하거나 그 주요 구조 부분을 변경하려는 경우"에 해당하는 사업주는 유해위험방지 계획서에 관련 서류를 첨부하여 해당 작업 시작 (㉠)까지 공단에 (㉡)부를 제출하여야 한다.

① ㉠ : 7일 전, ㉡ : 2
② ㉠ : 7일 전, ㉡ : 4
③ ㉠ : 15일 전, ㉡ : 2
④ ㉠ : 15일 전, ㉡ : 4

◎ ANSWER ｜ 40 ③　41 ④　42 ④　43 ③　44 ③

유해위험방지계획서는 관련 서류를 첨부하여 해당 작업시작 15일 전까지 2부를 제출하여야 한다(단, 건설업은 공사착공 전날까지 제출).

45 차폐효과에 대한 설명으로 옳지 않은 것은?

① 차폐음과 배음의 주파수가 가까울 때 차폐 효과가 크다.
② 헤어드라이어 소음 때문에 전화음을 듣지 못한 것과 관련이 있다.
③ 유의적 신호와 배경 소음의 차이를 신호/소음(S/N) 비로 나타낸다.
④ 차폐효과는 어느 한 음 때문에 다른 음에 대한 감도가 증가되는 현상이다.

차폐효과
차폐효과는 어느 한 음 때문에 다른 음에 대한 감도가 감소되는 현상이다.

46 그림과 같이 FTA로 분석된 시스템에서 현재 모든 기본사상에 대한 부품이 고장 난 상태이다. 부품 X_1부터 부품 X_5까지 순서대로 복구한다면 어느 부품을 수리·완료하는 시점에서 시스템이 정상가동 되는가?

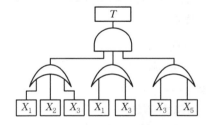

① 부품 X_2
② 부품 X_3
③ 부품 X_4
④ 부품 X_5

부품 X_1~X_5까지를 순서대로 복구하는 것이므로 X_3를 수리하는 시점에서 시스템이 정상작동된다.

47 인간이 기계보다 우수한 기능으로 옳지 않은 것은?(단, 인공지능은 제외한다)

① 암호화된 정보를 신속하게 대량으로 보관할 수 있다.
② 관찰을 통해서 일반화하여 귀납적으로 추리한다.
③ 항공사진의 피사체나 말소리처럼 상황에 따라 변화하는 복잡한 자극의 형태를 식별할 수 있다.
④ 수신 상태가 나쁜 음극선관에 나타나는 영상과 같이 배경 잡음이 심한 경우에도 신호를 인지할 수 있다.

인간과 기계의 비교

인간의 장점	• 5감의 활용 • 귀납적 추리 가능 • 돌발상황의 대응 • 독창성 발휘 • 관찰을 통한 일반화
기계의 장점	• 인간의 감지능력 범위 외의 것도 감지 가능 • 연역적 추리 • 정량적 정보처리 • 정보의 신속한 보관

48 THERP(Technique for Human Error Rate Prediction)의 특징에 대한 설명으로 옳은 것을 모두 고른 것은?

㉠ 인간 - 기계 계(SYSTEM)에서 여러 가지의 인간의 에러와 이에 의해 발생할 수 있는 위험성의 예측과 개선을 위한 기법
㉡ 인간의 과오를 정성적으로 평가하기 위하여 개발된 기법
㉢ 가지처럼 갈라지는 형태의 논리구조와 나무형태의 그래프를 이용

① ㉠, ㉡
② ㉠, ㉢
③ ㉡, ㉢
④ ㉠, ㉡, ㉢

THERP의 특징

- 인간－기계 System에서 여러 가지의 인간의 에러와 이에 의해 발생할 수 있는 위험성의 예측과 개선을 위한 기법이다.
- 가지처럼 갈라지는 형태의 논리구조와 나무 형태의 그래프를 이용한다.
- 인간의 과오를 정량적으로 평가하는 기법이다.

49 설비의 고장과 같이 발생확률이 낮은 사건의 특정시간 또는 구간에서의 발생횟수를 측정하는 데 가장 적합한 확률분포는?

① 이항분포(Binomial Distribution)
② 푸아송분포(Poisson Distribution)
③ 와이블분포(Weibulll Distribution)
④ 지수분포(Exponential Distribution)

푸아송분포(Poisson Distribution)
발생확률이 낮은 사건의 특정시간이나 구간에서 발생횟수를 측정하는 확률분포

50 인간공학을 기업에 적용할 때의 기대효과로 볼 수 없는 것은?

① 노사 간의 신뢰 저하
② 작업손실시간의 감소
③ 제품과 작업의 질 향상
④ 작업자의 건강 및 안전 향상

인간공학을 기업에 적용할 때의 기대효과

- 노사 간의 신뢰 향상
- 작업손실시간의 감소
- 제품과 작업의 질 향상
- 작업자의 건강 및 안전 향상
- 직무환경 개선

51 인간에러(Human Error)에 관한 설명으로 틀린 것은?

① Omission Error : 필요한 작업 또는 절차를 수행하지 않는 데 기인한 에러
② Commission Error : 필요한 작업 또는 절차의 수행 지연으로 인한 에러
③ Extraneous Error : 불필요한 작업 또는 절차를 수행함으로써 기인한 에러
④ Sequential Error : 필요한 작업 또는 절차의 순서 착오로 인한 에러

휴먼에러의 분류

- Omission Error : 필요한 작업이나 절차를 수행하지 않아 발생하는 에러
- Commission Error : 필요한 작업이나 절차의 불확실한 수행으로 발생하는 에러
- Extraneous Error : 불필요한 작업이나 절차를 수행함으로써 발생하는 에러
- Sequential Error : 필요한 작업이나 절차의 순서 착오로 발생하는 에러

52 눈과 물체의 거리가 23cm, 시선과 직각으로 측정한 물체의 크기가 0.03cm일 때 시각(분)은 얼마인가?(단, 시각은 600 이하이며, radian 단위를 분으로 환산하기 위한 상수값은 57.3과 60을 모두 적용하여 계산하도록 한다.)

① 0.001
② 0.007
③ 4.48
④ 24.55

시각(분) 계산

$$시각분 = \frac{57.3 \times 60 \times L}{D}$$

$$= \frac{57.3 \times 60 \times 0.03}{23}$$

$$= 4.484 = 4.48$$

여기서, D : 물체와 눈 사이의 거리
L : 시선과 직각으로 측정한 물체의 크기

53 산업안전보건기준에 관한 규칙상 '강렬한 소음작업'에 해당하는 기준은?

① 85데시벨 이상의 소음이 1일 4시간 이상 발생하는 작업
② 85데시벨 이상의 소음이 1일 8시간 이상 발생하는 작업
③ 90데시벨 이상의 소음이 1일 4시간 이상 발생하는 작업
④ 90데시벨 이상의 소음이 1일 8시간 이상 발생하는 작업

해설

소음작업의 분류기준

분류	소음 기준	1일 작업 시간
소음작업	85dB 이상의 소음작업	8시간 기준
강렬한 소음작업	90	8시간 이상
	95	4시간
	100	2시간
	105	1시간
	110	30분
	115	15분
충격 소음작업	120	1만 회 이상 발생
	130	1천 회 이상 발생
	140	1백 회 이상 발생

54 컴퓨터 스크린상에 있는 버튼을 선택하기 위해 커서를 이동시키는 데 걸리는 시간을 예측하는 가장 적합한 법칙은?

① Fitts의 법칙
② Lewin의 법칙
③ Hick의 법칙
④ Weber의 법칙

해설

피츠의 법칙

인간의 제어 및 조정능력을 나타내는 법칙

$$MT = a + b\log_2 \frac{2D}{W}$$

여기서, MT : 동작시간
　　　　a, b : 작업 난이도에 대한 실험상수
　　　　D : 동작 시발점에서 표적 중심까지의 거리
　　　　W : 표적의 폭(너비)

55 직무에 대하여 청각적 자극 제시에 대한 음성 응답을 하도록 할 때 가장 관련 있는 양립성은?

① 공간적 양립성
② 양식 양립성
③ 운동 양립성
④ 개념적 양립성

해설

양립성의 분류

• 공간적 양립성 : 표시장치와 조종장치의 물리적·공간적 배치에 의한 양립성
• 양식 양립성 : 직무에 대한 청각적 자극 제시에 대한 음성 응답을 하는 방식의 청각적 자극을 제시하는 양립성
• 운동 양립성 : 표시장치와 조종장치의 방향에 의한 사용자의 기대에 부응하는 양립성
• 개념적 양립성 : 경험을 통해 통상적으로 알고 있는 개념적 양립성

56 NIOSH Lifting Guideline에서 권장무게한계(RWL) 산출에 사용되는 계수가 아닌 것은?

① 휴식계수
② 수평계수
③ 수직계수
④ 비대칭계수

해설

NIOSH Lifting Guideline에서 권장무게한계(RWL) 산출에 사용되는 계수

• 수평계수 : HM
• 수직계수 : VM
• 비대칭계수 : AM
• 거리계수 : DM

57 Sanders와 McCormick의 의자 설계의 일반적인 원칙으로 옳지 않은 것은?

① 요부 후반을 유지한다.
② 조정이 용이해야 한다.
③ 등근육의 정적 부하를 줄인다.
④ 디스크가 받는 압력을 줄인다.

◉ ANSWER | 53 ④　54 ①　55 ②　56 ①　57 ①

Sanders와 McCormick의 의자 설계의 원칙
• 조정이 용이해야 한다.
• 등근육의 정적 부하를 줄인다.
• 디스크가 받는 압력을 줄인다.

58 화학설비의 안전성 평가에서 정량적 평가의 항목에 해당되지 않는 것은?

① 훈련   ② 조작
③ 취급물질   ④ 화학설비용량

화학설비의 안정성 평가에서 정량적 평가항목
• 화학설비의 취급물질
• 화학설비의 용량
• 압력
• 온도
• 조작

59 그림과 같이 신뢰도가 95%인 펌프 A가 각각 신뢰도 90%인 밸브 B와 밸브 C의 병렬밸브계와 직렬계를 이룬 시스템의 실패확률은 약 얼마인가?

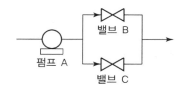

① 0.0091   ② 0.0595
③ 0.9405   ④ 0.9811

1. 신뢰도 = A × [1 − (1 − B)(1 − C)]
= 0.95 × [1 − (1 − 0.9)(1 − 0.9)]
= 0.9405

2. 실패확률은 불신뢰도를 의미하므로
불신뢰도 = 1 − 신뢰도
= 1 − 0.9405
= 0.0595

60 FTA에서 사용되는 최소 컷셋에 대한 설명으로 옳지 않은 것은?

① 일반적으로 Fussell Algorithm을 이용한다.
② 정상사상(Top Event)을 일으키는 최소한의 집합이다.
③ 반복되는 사건이 많은 경우 Limnios와 Ziani Algorithm을 이용하는 것이 유리하다.
④ 시스템에 고장이 발생하지 않도록 하는 모든 사상의 집합이다.

• 패스셋 : 시스템이 고장 나지 않도록 하는 사상의 조합
• 최소 패스셋 : 최소 패스셋으로 어떠한 고장이나 패스를 일으키지 않으면 재해가 발생되는 않는다는 시스템의 신뢰성을 나타낸 것
• 컷셋 : 포함되어 있는 모든 기본사상이 일어났을 때 정상사상을 일으키는 기본사상의 합
• 최소 컷셋 : 컷셋 중 그 부분집합만으로는 정상사상을 일으키는 일이 없는 것으로 컷셋 중에 타 컷셋을 포함하고 있는 것을 배제하고 남은 컷셋들을 의미한다.

4과목   **건설시공학**

61 지하연속벽 공법에 관한 설명으로 옳지 않은 것은?

① 흙막이벽의 강성이 작아 보강재를 필요로 한다.
② 지수벽의 기능도 갖고 있다.
③ 인접건물의 경계선까지 시공이 가능하다.
④ 암반을 포함한 대부분의 지반에 시공이 가능하다.

지하연속벽(Slurry Wall) 공법
• 흙막이 벽의 강성이 크기 때문에 보강재가 불필요하다.
• 지수벽의 기능도 갖고 있다.

◉ ANSWER | 58 ① 59 ② 60 ④ 61 ①

- 인접건물의 경계선까지 시공이 가능하다.
- 암반을 포함한 대부분의 지반에 시공이 가능하다.

구분	CIP (Cast-In- Place Pile)	PIP (Packed-In- Place Pile)	MIP (Mixed-In- Place Pile)
시공 방법 순서	Auger 천공 → 철근망 삽입 → Mortar 주입관 설치 → 자갈 충전 → Mortar 주입	Auger 천공 → Auger 인발 → 흙배출 → Mortar 주입 → 철근망 or H형강 삽입	Auger 굴진삽입 → Paste 분출 → 지중토사와 혼합교반 → Soil Con'c Pile 형성
시공도			
특징	• 지하수 없는 경질토사 • 좁은 장소 용이 • 벽체 연결부위 취약 • 주열식 벽체 이용가능	• 사질층, 자갈층 • 장치 간단, 시공 용이 • 소음진동 적음 • 주열식차수벽 이용 가능	• 연약지반 • 흙을 골재로 이용 → 경제적 • 지지층 확인 곤란(배출 안 됨) • 흙막이벽 사용가능

62
벽돌공사 중 벽돌쌓기에 관한 설명으로 옳지 않은 것은?

① 가로 및 세로줄눈의 너비는 도면 또는 공사시방서에 정한 바가 없을 때에는 10mm를 표준으로 한다.

② 벽돌쌓기는 도면 또는 공사시방서에서 정한 바가 없을 때에는 불식쌓기 또는 미식쌓기로 한다.

③ 연속되는 벽면의 일부를 트이게 하여 나중쌓기로 할 때에는 그 부분을 층단 들여쌓기로 한다.

④ 벽돌은 각부를 가급적 동일한 높이로 쌓아 올라가고, 벽면의 일부 또는 국부적으로 높게 쌓지 않는다.

◀해설▶

벽돌쌓기 기준
- 벽돌쌓기는 도면이나 공사시방서에서 정한 바가 없을 시 영식쌓기를 적용한다.
- 가로 및 세로줄눈의 너비는 도면이나 시방서에 정한 바가 없을 때 10mm를 표준으로 한다.
- 벽돌쌓기는 각부를 가급적 동일한 높이로 쌓아 올리고 붕괴 방지를 위해 벽면의 일부 또는 국부적으로 높게 쌓지 않는다.

63
프리플레이스트 콘크리트 말뚝으로 구멍을 뚫어 주입관과 굵은 골재를 채워 넣고 관을 통하여 모르타르를 주입하는 공법은?

① MIP 파일(Mixed In Place Pile)
② CIP 파일(Cast In Place Pile)
③ PIP 파일(Packed In Place Pile)
④ NIP 파일(Nail In Place Pile)

◀해설▶

CIP(Cast In Place Pile)
프리플레이스트 콘크리트 말뚝으로 천공 후 주입관과 굵은 골재를 채워 넣고 모르타르를 주입하는 공법

64
철근 이음의 종류 중 기계적 이음의 검사항목에 해당되지 않는 것은?

① 위치
② 초음파 탐상검사
③ 인장시험
④ 외관검사

◀해설▶

철근이음 중 기계적 이음의 검사방법
- 위치탐상 : 철근상세도와의 일치 여부를 확인하는 측정
- 외관검사 : 커플러 내외경, 철근가공치수 등의 검사
- 인장시험 : 설계기준 항복강도에 의한 인장시험

65
강구조 건축물의 현장조립 시 볼트시공에 관한 설명으로 옳지 않은 것은?

① 마찰내력을 저감시킬 수 있는 틈이 있는 경우에는 끼움판을 삽입해야 한다.

② 볼트조임 작업 전에 마찰접합면의 흙, 먼지 또는 유해한 도료, 유류, 녹, 밀스케일 등 마찰력을 저감시키는 불순물을 제거해야 한다.

◉ ANSWER | 62 ② 63 ② 64 ② 65 ③

③ 1군의 볼트조임은 가장자리에서 중앙부의 순으로 한다.

④ 현장조임은 1차 조임, 마킹, 2차 조임(본조임), 육안검사의 순으로 한다.

●해설
③ 1군의 볼트조임은 중앙부에서 가장자리의 순으로 한다.

---

66 거푸집 설치와 관련하여 다음 설명에 해당하는 것으로 옳은 것은?

> 보, 슬래브 및 트러스 등에서 그의 정상적 위치 또는 형상으로부터 처짐을 고려하여 상향으로 들어올리는 것 또는 들어올린 크기

① 폼타이　　　　② 캠버
③ 동바리　　　　④ 턴버클

●해설
캠버
보, 슬래브, 트러스 등에서 그의 정상적 위치 또는 형상으로부터 처짐을 고려하여 상향으로 들어올리는 것이나 들어올린 크기

---

67 품질관리를 위한 통계수법으로 이용되는 7가지 도구(Tools)를 특징별로 조합한 것 중 잘못 연결된 것은?

① 히스토그램 – 분포도
② 파레토그램 – 영향도
③ 특성요인도 – 원인결과도
④ 체크시트 – 상관도

●해설
통계방법의 특징
• 히스토그램 : 분포도
• 파레토그램 : 영향도
• 특성요인도 : 원인결과도
• 체크시트 : 집중도

---

68 말뚝지정 중 강재말뚝에 관한 설명으로 옳지 않은 것은?

① 기성콘크리트말뚝에 비해 중량으로 운반이 쉽지 않다.
② 자재의 이음 부위가 안전하여 소요길이의 조정이 자유롭다.
③ 지중에서의 부식 우려가 높다.
④ 상부구조물과의 결합이 용이하다.

●해설
강재말뚝 지정의 특징
• 기성콘크리트말뚝에 비해 운반이 쉽다.
• 자재의 이음 부위가 안전하여 소요길이의 조정이 자유롭다.
• 지중에서의 부식 우려가 높다.
• 상부구조물과의 결합이 용이하다.
• 지지력이 크다.
• 휨모멘트에 대한 저항이 크다.

---

69 지반조사 시 시추주상도 보고서에서 확인사항과 거리가 먼 것은?

① 지층의 확인
② Slime의 두께 확인
③ 지하수위 확인
④ N값의 확인

●해설
시추주상도 보고서 확인사항
• 지층의 확인　　　• 지하수위의 확인
• N치의 확인　　　• 지층별 깊이의 확인

---

70 철골부재 절단방법 중 가장 정밀한 절단방법으로 앵글커터(Angle Cutter) 등으로 작업하는 것은?

① 가스절단　　　　② 전단절단
③ 톱절단　　　　　④ 전기절단

●해설
철골부재 절단방법 중 정밀도가 우수한 순서
톱절단＞전단절단＞가스절단

---

71 CM 제도에 관한 설명으로 옳지 않은 것은?

① 대리인형 CM(CM for fee) 방식은 프로젝트 전반에 걸쳐 발주자의 컨설턴트 역할을 수행한다.

② 시공자형 CM(CM at risk) 방식은 공사관리자의 능력에 의해 사업의 성패가 좌우된다.

③ 대리인형 CM(CM for fee) 방식에 있어서 독립된 공종별 수급자는 공사관리자와 공사계약을 한다.

④ 시공자형 CM(CM at risk) 방식에 있어서 CM 조직이 직접 공사를 수행하기도 한다.

72 다음 보기의 블록쌓기 시공순서로 옳은 것은?

    A. 접착면 청소
    B. 세로규준틀 설치
    C. 규준쌓기
    D. 중간부쌓기
    E. 줄눈누르기 및 파기
    F. 치장줄눈

① A → D → B → C → F → E
② A → B → D → C → F → E
③ A → C → B → D → E → F
④ A → B → C → D → E → F

73 강구조부재의 내화피복공법이 아닌 것은?

① 조적공법
② 세라믹울 피복공법
③ 타설공법
④ 메탈라스 공법

74 콘크리트 공사 시 콘크리트를 2층 이상으로 나누어 타설할 경우 허용 이어치기 시간간격의 표준으로 옳은 것은?(단, 외기온도가 25℃ 이하일 경우이며, 허용 이어치기 시간간격은 하층 콘크리트 비비기 시작에서부터 콘크리트 타설 완료 후, 상층 콘크리트가 타설되기까지의 시간을 의미)

① 2.0시간
② 2.5시간
③ 3.0시간
④ 3.5시간

75 대규모공사에서 지역별로 공사를 분리하여 발주하는 방식이며 공사기일 단축, 시공기술 향상 및 공사의 높은 성과를 기대할 수 있어 유리한 도급방법은?

① 전문공종별 분할도급
② 공정별 분할도급
③ 공구별 분할도급
④ 직종별 공종별 분할도급

●해설

도급방식별	특징
전문공종별 분할도급	설비공사와 같은 전문공종을 주체 공사에서 분리하여 도급주는 방식으로 공사 전체의 관리가 어렵다.
공정별 분할도급	시공과정별로 도급을 주는 방식으로 후속공사에 비해 도급업자의 변경이 곤란한 단점이 있다.
공구별 분할도급	대규모 공사에서 지역별로 발주하는 것으로 도급업자에게 균등한 기회를 주며 공기단축, 시공기술 향상의 기대가 가능하다.
직종별 공종별 분할도급	전문직별이나 공종별로 도급을 주는 방식으로 직영제도에 가까운 형태이며, 현장관리가 복잡하고 경비가 많이 소요된다.

76 단순조적 블록공사 시 방수 및 방습처리에 관한 설명으로 옳지 않은 것은?

① 방습층은 도면 또는 공사시방서에서 정한 바가 없을 때에는 마루 밑이나 콘크리트 바닥판 밑에 접근되는 세로줄눈의 위치에 둔다.

② 물빼기 구멍은 콘크리트의 윗면에 두거나 물끊기 및 방습층 등의 바로 위에 둔다.

③ 도면 또는 공사시방서에서 정한 바가 없을 때 물빼기 구멍의 직경은 10mm 이내, 간격 1.2m마다 1개소로 한다.

④ 물빼기 구멍에는 다른 지시가 없는 한 직경 6mm, 길이 100mm 되는 폴리에틸렌 플라스틱 튜브를 만들어 집어넣는다.

●해설

단순조적 블록공사 시 방수 및 방습처리 유의사항
방습층은 도면 또는 공사시방서에서 정한 바가 없을 때에는 건축공사표준시방서 방수공사에 준한다.

77 기초굴착 방법 중 굴착 공에 철근망을 삽입하고 콘크리트를 타설하여 말뚝을 형성하는 공법이며, 안정액으로 벤토나이트 용액을 사용하고 표층부에서만 케이싱을 사용하는 것은?

① 리버스 서큘레이션 공법
② 베노토 공법
③ 심초 공법
④ 어스 드릴 공법

●해설

Earth Drill 공법

굴착 → 표층 Casing 안정액 → Slime 제거 → 철근망 → Tremie관 → Con'c → 표층 Casing 인발

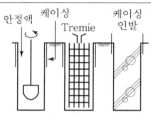

ALL Casing 공법

Casing Tube 세우기 → 굴착 → Casing Tube 삽입 → 철근망 → Tremie관 → Con'c → Casing Tube 인발

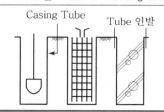

RCD(Reverse Circulation Drill) 역순환 공법

표층 케이싱 → 굴착(토사+물) 및 배출 → 철근망 → Tremie관 → Con'c 타설 → 표층 Casing 인발

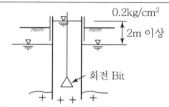

78 철근콘크리트의 부재별 철근의 정착위치로 옳지 않은 것은?

① 작은 보의 주근은 기둥에 정착한다.
② 기둥의 주근은 기초에 정착한다.
③ 바닥철근은 보 또는 벽체에 정착한다.
④ 지중보의 주근은 기초 또는 기둥에 정착한다.

● 해설

철근콘크리트 부재별 철근의 정착위치
• 기둥주근 : 기초
• 벽주근 : 보, 바닥판, 기둥
• 지중보주근 : 기초 및 기둥
• 작은 보 주근 : 큰 보
• 보주근 : 기둥
• 바닥철근 : 보 및 벽체

79 콘크리트를 타설 시 주의사항으로 옳지 않은 것은?

① 콘크리트는 그 표면이 한 구획 내에서는 거의 수평이 되도록 타설하는 것을 원칙으로 한다.
② 한 구획 내의 콘크리트는 타설이 완료될 때까지 연속해서 타설하여야 한다.
③ 타설한 콘크리트를 거푸집 안에서 횡방향으로 이동시켜 밀실하게 채워질 수 있도록 한다.
④ 콘크리트 타설의 1층 높이는 다짐능력을 고려하여 결정하여야 한다.

● 해설

콘크리트 타설 시 주의사항
• 한 구획 내 콘크리트는 타설이 완료될 때까지 연속해서 타설한다.
• 타설한 콘크리트를 거푸집 안에서 횡방향으로 이동시키는 것은 절대 금한다.
• 콘크리트 타설 1층 높이는 다짐능력을 고려한다.
• 콘크리트는 그 표면이 한 구획 내에서는 거의 수평이 되도록 타설한다.

80 각 거푸집 공법에 관한 설명으로 옳지 않은 것은?

① 플라잉 폼 : 벽체 전용거푸집으로 거푸집과 벽체마감공사를 위한 비계틀을 일체로 조립한 거푸집을 말한다.
② 갱 폼 : 대형 벽체거푸집으로서 인력 절감 및 재사용이 가능한 장점이 있다.
③ 터널 폼 : 벽체용, 바닥용 거푸집을 일체로 제작하여 벽과 바닥 콘크리트를 일체로 하는 거푸집공법이다.
④ 트래블링 폼 : 수평으로 연속된 구조물에 적용되며 해체 및 이동에 편리하도록 제작된 이동식 거푸집공법이다.

● 해설

플라잉 폼(Flying Form)
바닥타설을 위한 거푸집으로 장선, 멍에, 서포트를 일체화한 공법이다.

5과목 건설재료학

81 통풍이 좋지 않은 지하실에 사용하는 데 가장 적합한 미장재료는?

① 시멘트 모르타르 ② 회사벽
③ 회반죽 플라스터 ④ 돌로마이트

● 해설

시멘트 모르타르
통풍이 좋지 않은 지하실에 가장 적합한 미장재료

82 점토의 성분 및 성질에 관한 설명으로 옳지 않은 것은?

① Fe_2O_3 등의 부성분이 많으면 제품의 건조수축이 크다.
② 점토의 주성분은 실리카, 알루미나이다.
③ 소성색상은 석회물질이 많을수록 짙은 적색이 된다.
④ 가소성은 점토입자가 미세할수록 좋다.

점토의 특성
- Fe_2O_3가 많을수록 건조수축이 커진다.
- 주성분은 실리카, 알루미나이다.
- 소성색상은 석회물질이 많을수록 회색이 된다.
- 가소성은 입자가 미세할수록 좋다.

83 석재를 성인에 의해 분류하면 크게 화성암, 수성암, 변성암으로 대별하는데 다음 중 수성암에 속하는 것은?

① 사문암　　　② 대리암
③ 현무암　　　④ 응회암

해설

석재분류
- 수성암 : 사암, 이판암, 점판암, 응회암, 석회암
- 화성암 : 안산암, 화강암, 현무암
- 변성암 : 사문암, 대리석, 석면

84 블리딩현상이 콘크리트에 미치는 가장 큰 영향은?

① 공기량이 증가하여 결과적으로 강도를 저하시킨다.
② 수화열을 발생시켜 콘크리트에 균열을 발생시킨다.
③ 콜드조인트의 발생을 방지한다.
④ 철근과 콘크리트의 부착력 저하, 수밀성 저하의 원인이 된다.

해설

블리딩현상
경화 전 콘크리트에서 상단으로 배합수가 떠오르는 현상을 말하며 이어붓기 시 부착력을 저하시키고 궁극적으로 레이턴스(Laitance)를 유발하는 현상

85 미장공사에서 사용되는 바름재료 중 여물에 관한 설명으로 옳지 않은 것은?

① 바름에 있어서 재료에 끈기를 주어 흘러내림을 방지한다.
② 흙손질을 용이하게 하는 효과가 있다.
③ 바름 중에는 보수성을 향상시키고, 바름 후에는 건조에 따라 생기는 균열을 방지한다.
④ 여물의 섬유는 질기고 굵으며, 색이 짙고 빳빳한 것일수록 양질의 제품이다.

해설

여물의 특징
- 여물의 섬유는 질기고 가늘며, 색이 연하고 부드러울수록 양질의 제품이다.
- 흙손질을 용이하게 한다.
- 바름 중에는 보수성을 향상시킨다.
- 바름 중 흘러내림을 방지한다.

86 플로트판유리를 연화점부근까지 가열 후 양 표면에 냉각공기를 흡착시켜 유리의 표면에 20 이상 60 이하(N/mm²)의 압축응력층을 갖도록 한 가공유리는?

① 강화유리　　② 열선반사유리
③ 로이유리　　④ 배강도유리

해설

배강도유리
플로트판유리를 연화점 부근까지 가열 후 냉각공기를 흡착시킨 가공유리

87 고로슬래그 쇄석에 관한 설명으로 옳지 않은 것은?

① 철을 생산하는 과정에서 용광로에서 생기는 광재를 공기 중에서 서서히 냉각시켜 경화된 것을 파쇄하여 입도를 고른 것이다.
② 다른 암석을 사용한 콘크리트보다 고로슬래그 쇄석을 사용한 콘크리트가 건조수축이 매우 큰 편이다.

⊙ ANSWER | 83 ④　84 ④　85 ④　86 ④　87 ②

③ 투수성은 보통골재를 사용한 콘크리트보다 크다.

④ 다공질이기 때문에 흡수율이 높다.

해설

고로슬래그

철광석을 생산한 후 고결된 규산성분을 지닌 물질을 말하며 콘크리트의 장기강도 향상, 수화열 저감, 알칼리골재반응을 억제하는 효과를 거둘 수 있는 혼화재로 건조수축의 저감효과가 있다.

88 유리공사에 사용되는 자재에 관한 설명으로 옳지 않은 것은?

① 흡습제는 작은 기공을 수억 개 갖고 있는 입자로 기체분자를 흡착하는 성질에 의해 밀폐공간에 건조상태를 유지하는 재료이다.

② 세팅 블록은 새시 하단부의 유리끼움용 부재료로서 유리의 자중을 지지하는 고임재이다.

③ 단열간봉은 복층유리의 간격을 유지하는 재료로 알루미늄간봉을 말한다.

④ 백업재는 실링 시공인 경우에 부재의 측면과 유리면 사이에 연속적으로 충전하여 유리를 고정하는 재료이다.

해설

유리공사에 사용되는 자재별 특징

• 흡습재 : 작은 기공을 갖고 있는 입자로 기체분자를 흡착해 복층유리(페어유리)의 건조상태를 유지시키기 위해 사용된다.

• 세팅블록 : 유리시공 시 하단에 유리와 금속 새시 프레임의 접촉을 방지하고 유리의 하중을 분산시키기 위한 목적으로 사용된다.

• 단열간봉 : 유리와 유리를 연결하는 재료로 Spacer라고도 하며, 종류별로 다양한 열전도율을 갖고 있으므로 선택 시 유의해야 한다.

• 백업재 : 실링시공을 할 경우 부재 측면과 유리면 사이를 연속적으로 충전시켜 유리를 고정시키기 위해 사용된다.

• 로이유리(LOW-E 유리) : 일반유리 내부에 적외선 반사율이 높은 특수 금속막(보통 은 사용)을 코팅시킨 유리로 건축물의 단열성능을 높이기 위해 사용된다.

89 목재 또는 기타 식물질을 절삭 또는 파쇄하고 소편으로 하여 충분히 건조시킨 후 합성수지 접착제와 같은 유기질의 접착제를 첨가하여 열압제판 한 보드로서 상판, 칸막이벽, 가구 등에 사용되는 것은?

① 파키트리 보드　　② 파티클 보드

③ 플로어링 보드　　④ 파키트리 블록

해설

파티클 보드

• 목재 또는 식물질을 절삭하거나 파쇄해 충분히 건조시킨 후 접착제를 첨가해 열압제판 한 보드

• 상판, 칸막이벽, 가구 등에 폭넓게 사용된다.

90 금속재료의 일반적인 부식 방지를 위한 대책으로 옳지 않은 것은?

① 가능한 한 다른 종류의 금속을 인접 또는 접촉시켜 사용한다.

② 가공 중에 생긴 변형은 뜨임질, 풀림 등에 의해서 제거한다.

③ 표면은 깨끗하게 하고, 물기나 습기가 없도록 한다.

④ 부분적으로 녹이 나면 즉시 제거한다.

해설

금속재료 부식방지 대책

• 가능한 한 다른 종류의 금속을 인접 · 접촉시키지 않는다.

• 가공 중 발생된 변형은 제거한다.

• 표면은 깨끗하게 하고, 물기나 습기가 없도록 한다.

• 부분 녹은 즉시 제거한다.

91 목재용 유성 방부제의 대표적인 것으로 방부성이 우수하나, 악취가 나고 흑갈색으로 외관이 불미하여 눈에 보이지 않는 토대, 기둥, 도리 등에 이용되는 것은?

① 유성페인트

② 크레오소트 오일

③ 염화아연 4% 용액

④ 불화소다 2% 용액

⊙ ANSWER │ 88 ③ 89 ② 90 ① 91 ②

해설

크레오소트 오일
- 목재용 유성 방부제의 대표적인 물질이다.
- 방부성이 우수하나 외관이 좋지 않다.
- 토대, 기둥, 도리 등에 사용한다.

92 다음 중 알루미늄과 같은 경금속 접착에 가장 적합한 합성수지는?

① 멜라민수지   ② 실리콘수지
③ 에폭시수지   ④ 푸란수지

해설

알루미늄과 같은 경금속 접착에 가장 적합한 합성수지는 에폭시 수지 접착제이다.

93 리녹신에 수지, 고무물질, 코르크분말 등을 섞어 마포(Hemp Cloth) 등에 발라 두꺼운 종이모양으로 압연·성형한 제품은?

① 스펀지 시트   ② 리놀륨
③ 비닐 시트   ④ 아스팔트 타일

해설

리놀륨
- 리녹신(아마인류 산화물)에 수지를 가하고 리놀륨 시메트를 만든 후 안료, 코르크 분말, 톱밥을 섞어 성형한 제품이다.
- 내구성이 좋고 탄력 및 내수성이 우수하다.

94 다음 중 단백질계 접착제에 해당하는 것은?

① 카세인 접착제
② 푸란수지 접착제
③ 에폭시수지 접착제
④ 실리콘수지 접착제

해설

단백질계 접착제
- 카세인 접착제
- 대두단백
- 아교
- 알부민

95 고로시멘트의 특성에 관한 설명으로 옳지 않은 것은?

① 수화열이 낮고 수축률이 작아 댐이나 항만공사 등에 적합하다.
② 보통포틀랜드시멘트에 비하여 비중이 크고 풍화에 대한 저항성이 뛰어나다.
③ 응결시간이 느리기 때문에 특히 겨울철 공사에 주의를 요한다.
④ 다량으로 사용하게 되면 콘크리트의 화학저항성 및 수밀성, 알칼리골재반응 억제 등에 효과적이다.

해설

고로시멘트의 특징
고로슬래그를 혼합한 시멘트로 수화열 저감과 초기 수화열 저감, 장기강도 발현에 도움을 주는 혼화재
- 포틀랜드시멘트 대비 비중이 낮고 풍화저항성이 크다.
- 수화열이 저감된다.
- 응결시간이 지연된다.
- 수밀성, 알칼리골재반응 등의 대응에 효과적이다.

96 비철금속에 관한 설명으로 옳지 않은 것은?

① 청동은 구리와 아연을 주체로 한 합금으로 건축용 장식철물에 사용된다.
② 알루미늄은 산 및 알칼리에 약하다.
③ 아연은 산 및 알칼리에 약하나 일반대기나 수중에서는 내식성이 크다.
④ 동은 전기 및 열전도율이 매우 크다.

해설

청동은 구리와 주석을 합금한 것으로 장식철물 등에 사용된다.

97 콘크리트의 압축강도에 영향을 주는 요인에 관한 설명으로 옳지 않은 것은?

① 양생온도가 높을수록 콘크리트의 초기강도는 낮아진다.
② 일반적으로 물―시멘트비가 같으면 시멘트의 강도가 큰 경우 압축강도가 크다.

◉ ANSWER | 92 ③   93 ②   94 ①   95 ②   96 ①   97 ①

③ 동일한 재료를 사용하였을 경우에 물-시멘트비가 작을수록 압축강도가 크다.

④ 습윤양생을 실시하게 되면 일반적으로 압축강도는 증진된다.

콘크리트의 압축강도는 양생온도가 높을수록 초기 강도가 높아진다.

98 다음 중 목재의 강도에 관한 설명으로 옳지 않은 것은?

① 목재의 건조는 중량을 경감시키지만 강도에는 영향을 끼치지 않는다.

② 벌목의 계절은 목재의 강도에 영향을 끼친다.

③ 일반적으로 응력의 방향이 섬유방향에 평행인 경우 압축강도가 인장강도보다 작다.

④ 섬유포화점 이하에서는 함수율 감소에 따라 강도가 증대한다.

목재의 강도특성
• 목재의 건조는 중량의 경감과 강도가 향상된다.
• 벌목의 계절은 강도에 영향을 미친다.
• 응력의 방향이 섬유방향에 평행인 경우 압축강도가 인장강도보다 작다.
• 섬유포화점 이하에서는 함수율 감소에 따라 강도가 증대된다.

99 목제 제품 중 합판에 관한 설명으로 옳지 않은 것은?

① 방향에 따른 강도차가 작다.

② 곡면가공을 하여도 균열이 생기지 않는다.

③ 여러 가지 아름다운 무늬를 얻을 수 있다.

④ 함수율 변화에 의한 신축변형이 크다.

합판의 특징
• 함수율 변화에 의한 신축변형이 작다.
• 방향에 따른 강도차가 작다.
• 곡면가공 시 균열이 없다.
• 다양한 무늬를 얻을 수 있다.

100 어떤 재료의 초기 탄성변형량이 2.0cm이고, 크리프(Creep) 변형량이 4.0cm라면 이 재료의 크리프 계수는 얼마인가?

① 0.5   ② 1.0
③ 2.0   ④ 4.0

$$크리프\ 계수 = \frac{크리프변형량}{탄성변형량}$$

$$= \frac{4.0}{2.0} = 2.0$$

6과목 **건설안전기술**

101 비계의 부재 중 기둥과 기둥을 연결시키는 부재가 아닌 것은?

① 띠장   ② 장선
③ 가새   ④ 작업발판

비계부재 중 기둥과 기둥을 연결하는 부재
• 띠장
• 장선
• 가새

102 터널작업 시 자동경보장치에 대하여 당일의 작업시작 전 점검하여야 할 사항으로 옳지 않은 것은?

① 검지부의 이상 유무

② 조명시설의 이상 유무

③ 경보장치의 작동 상태

④ 계기의 이상 유무

터널작업 시 자동경보장치의 당일 작업 시작 전 점검 사항
• 검지부 이상 유무
• 경보장치 작동 상태
• 계기 이상 유무

⊚ ANSWER | 98 ① 99 ④ 100 ③ 101 ④ 102 ②

103 다음은 말비계를 조립하여 사용하는 경우에 관한 준수사항이다. (   ) 안에 들어갈 내용으로 옳은 것은?

> • 지주부재와 수평면의 기울기를 (A)° 이하로 하고 지주부재와 지주부재 사이를 고정시키는 보조부재를 설치할 것
> • 말비계의 높이가 2m를 초과하는 경우에는 작업발판의 폭을 (B)cm 이상으로 할 것

① A : 75, B : 30
② A : 75, B : 40
③ A : 85, B : 30
④ A : 85, B : 40

해설

말비계 조립 시 준수사항
• 지주부재와 수평면 기울기를 75도 이하로 하고 지주부재와 지주부재 사이를 고정시키는 보조부재를 설치할 것
• 말비계의 높이가 2m 초과 시 작업발판의 폭을 40cm 이상으로 할 것

104 본 터널(Main Tunnel)을 시공하기 전에 터널에서 약간 떨어진 곳에 지질조사, 환기, 배수, 운반 등의 상태를 알아보기 위하여 설치하는 터널은?

① 프리패브(Prefab) 터널
② 사이드(Side) 터널
③ 쉴드(Shield) 터널
④ 파일럿(Pilot) 터널

해설

파일럿 터널
본 터널 시공 전 지질조사, 환기배수, 운반 등의 상태를 파악하기 위해 별도로 설치하는 터널

105 항만하역작업에서의 선박승강설비 설치기준으로 옳지 않은 것은?

① 200톤급 이상의 선박에서 하역작업을 하는 경우에 근로자들이 안전하게 오르내릴 수 있는 현문(舷門) 사다리를 설치하여야 하며, 이 사다리 밑에 안전망을 설치하여야 한다.
② 현문 사다리는 견고한 재료로 제작된 것으로 너비는 55cm 이상이어야 한다.
③ 현문 사다리의 양측에는 82cm 이상의 높이로 울타리를 설치하여야 한다.
④ 현문 사다리는 근로자의 통행에만 사용하여야 하며, 화물용 발판 또는 화물용 보관으로 사용하도록 해서는 아니 된다.

해설

항만하역작업에서 선박승강설비 설치 시 300톤급 이상의 선박에서 하역작업을 하는 경우 근로자들이 안전하게 오르내릴 수 있는 현문 사다리를 설치해야 한다.

106 산업안전보건관리비계상기준에 따른 일반건설공사(갑), 대상액「5억 원 이상~50억 원 미만」의 안전관리비 비율 및 기초액으로 옳은 것은?

① 비율 : 1.86%, 기초액 : 5,349,000원
② 비율 : 1.99%, 기초액 : 5,449,000원
③ 비율 : 2.35%, 기초액 : 5,400,000원
④ 비율 : 1.57%, 기초액 : 4,411,000원

해설

시험 당시 답은 ①이었으나, 법 개정으로 인해 현재 기준과는 다름

산업안전보건관리비 계상기준 개정(2025.1.1부터 적용)

구분	대상액 5억 원 미만 적용비율 (%)	대상액 5억 원 이상 50억 원 미만인 경우		대상액 50억 원 이상 적용비율 (%)	보건관리자 선임대상 건설공사의 적용비율 (%)
		적용비율 (%)	기초액		
건축공사	3.11	2.28	4,325,000원	2.37	2.64
토목공사	3.15	2.53	3,300,000원	2.60	2.73
중건설공사	3.64	3.05	2,975,000원	3.11	3.39
특수건설공사	2.07	1.59	2,450,000원	1.64	1.78

◉ ANSWER | 103 ② 104 ④ 105 ① 106 ①

스마트 안전장비 구입·임대 비용지원 비율의 단계적 확대(제7조 제1항)

현행 40%인 스마트 안전장비 구입·임대 비용 지원 비율을 100%까지 단계적으로 확대

① 스마트 안전장비 구입·임대비용의 10분의 7에 해당하는 비용 : 2025년 1월 1일
② 스마트 안전장비 구입·임대비용의 100% : 2026년 1월 1일
※ 단, 총액의 10% 제한은 기존대로 유지

107 토질시험 중 연약한 점토지반의 점착력을 판별하기 위하여 실시하는 현장시험은?

① 베인테스트(Vane Test)
② 표준관입시험(SPT)
③ 하중재하시험
④ 삼축압축시험

> **해설**
>
> **베인테스트(Vane Test)**
> 연약 점토지반 점착력을 판별하기 위한 시험방법

108 추락방지망 설치 시 그물코의 크기가 10cm인 매듭 있는 방망의 신품에 대한 인장강도 기준으로 옳은 것은?

① 100kgf 이상
② 200kgf 이상
③ 300kgf 이상
④ 400kgf 이상

> **해설**
>
> **신품 방망 인장강도**
>
> | 그물코 크기 | 방망종류(단위 : kg) | |
> |---|---|---|
> | (단위 : cm) | 매듭 없는 방망 | 매듭 방망 |
> | 10 | 240 | 200 |
> | 5 | | 110 |

109 사다리식 통로의 길이가 10m 이상일 때 얼마 이내마다 계단참을 설치하여야 하는가?

① 3m 이내마다
② 4m 이내마다
③ 5m 이내마다
④ 6m 이내마다

> **해설**
>
> **사다리식 통로의 계단참 설치기준**
> 길이 10m 이상 시 5m 이내마다 계단참 설치

110 거푸집 동바리 등을 조립하는 경우에 준수하여야 할 안전조치기준으로 옳지 않은 것은?

① 동바리로 사용하는 강관은 높이 2m 이내마다 수평연결재를 2개 방향으로 만들고 수평연결재의 변위를 방지할 것
② 동바리로 사용하는 파이프 서포트는 3개 이상 이어서 사용하지 않도록 할 것
③ 동바리로 사용하는 파이프 서포트를 이어서 사용하는 경우에는 3개 이상의 볼트 또는 전용철물을 사용하여 이을 것
④ 동바리로 사용하는 강관틀과 강관틀 사이에 교차가새를 설치할 것

> **해설**
>
> **파이프 서포트로 동바리 설치 시 안전기준**
> • 3개 이상 이어서 사용 금지
> • 이어서 사용 시 4개 이상의 볼트 또는 전용철물 사용
> • 높이 3.5m 이상 시 높이 2m 이내마다 수평연결재를 2개 방향으로 만들고 수평연결재의 변위 방지조치

111 해체작업용 기계 기구로 가장 거리가 먼 것은?

① 압쇄기
② 핸드 브레이커
③ 철제 해머
④ 진동 롤러

> **해설**
>
> 진동 롤러는 도로포장 또는 지반 다짐 시 사용하는 다짐장비이다.

112 지반의 종류가 다음과 같을 때 굴착면의 기울기 기준으로 옳은 것은?

> 보통흙의 습지

① 1 : 0.5 ~ 1 : 1
② 1 : 1 ~ 1 : 1.5
③ 1 : 0.8
④ 1 : 0.5

◉ ANSWER | 107 ① 108 ② 109 ③ 110 ③ 111 ④ 112 ②

굴착면 기울기 기준(2023.11.14. 개정)

지반의 종류	굴착면의 기울기
모래	1:1.8
연암 및 풍화암	1:1.0
경암	1:0.5
그밖의 흙	1:1.2

113 장비 자체보다 높은 장소의 땅을 굴착하는 데 적합한 장비는?

① 파워쇼벨(Power Shovel)
② 불도저(Bulldozer)
③ 드래그라인(Drag line)
④ 클램쉘(Clam Shell)

해설

파워쇼벨(Power Shovel)

장비 자체보다 높은 장소의 땅을 굴착하는 데 적합한 장비

114 운반작업을 인력운반작업과 기계운반작업으로 분류할 때 기계운반작업으로 실시하기에 부적당한 대상은?

① 단순하고 반복적인 작업
② 표준화되어 있어 지속적이고 운반량이 많은 작업
③ 취급물의 형상, 성질, 크기 등이 다양한 작업
④ 취급물이 중량인 작업

해설

취급물의 형상과 성질, 크기 등이 다양한 작업은 기계운반작업보다 인력운반작업으로 해야 한다. 단, 근로자 근골격계 질환 등을 방지하기 위한 조치가 선행되어야 한다.

115 타워크레인을 자립고(自立高) 이상의 높이로 설치할 때 지지벽체가 없어 와이어로프로 지지하는 경우의 준수사항으로 옳지 않은 것은?

① 와이어로프를 고정하기 위한 전용지지프레임을 사용할 것
② 와이어로프 설치각도를 수평면에서 60° 이내로 하되, 지지점은 4개소 이상으로 하고, 같은 각도로 설치할 것
③ 와이어로프와 그 고정부위는 충분한 강도와 장력을 갖도록 설치하되, 와이어로프를 클립·샤클(Shackle) 등의 기구를 사용하여 고정하지 않도록 유의할 것
④ 와이어로프가 가공전선(架空電線)에 근접하지 않도록 할 것

해설

타워크레인을 자립고 이상의 높이로 설치할 때에는 와이어로프와 그 고정부위는 충분한 강도와 장력을 갖도록 설치하되, 와이어로프를 클립, 샤클 등의 기구를 사용하여 고정한다.

116 다음은 강관틀비계를 조립하여 사용하는 경우 준수해야 할 기준이다. ( ) 안에 알맞은 숫자를 나열한 것은?

> 길이가 띠장방향으로 (A)미터 이하이고 높이가 (B)미터를 초과하는 경우 (C)미터 이내마다 띠장방향으로 버팀기둥을 설치할 것

① A : 4, B : 10, C : 5
② A : 4, B : 10, C : 10
③ A : 5, B : 10, C : 5
④ A : 5, B : 10, C : 10

해설

강관틀비계 조립기준

길이가 띠장방향으로 4미터 이하이고 높이가 10미터를 초과하는 경우 10미터 이내마다 띠장방향으로 버팀기둥을 설치할 것

◉ ANSWER | 113 ① 114 ③ 115 ③ 116 ②

117 다음 중 유해위험방지계획서 제출 대상공사가 아닌 것은?

① 지상높이가 30m인 건축물 건설공사
② 최대 지간길이가 50m인 교량건설공사
③ 터널 건설공사
④ 깊이가 11m인 굴착공사

해설

유해위험방지계획서 제출 대상공사
- 높이 31m 이상 건축물공사
- 연면적 3만 m² 이상 건축물공사
- 연면적 5천 m² 이상 문화, 집회시설공사
- 연면적 5천 m² 이상 냉동, 냉장창고 단열 및 설비공사
- 최대 지간길이 50m 이상 교량공사
- 댐공사, 2000만 톤 이상 용수전용댐공사

118 동력을 사용하는 항타기 또는 항발기에 대하여 무너짐을 방지하기 위하여 준수하여야 할 기준으로 옳지 않은 것은?

① 연약한 지반에 설치하는 경우에는 각부(脚部)나 가대(架臺)의 침하를 방지하기 위하여 깔판·깔목 등을 사용할 것
② 각부나 가대가 미끄러질 우려가 있는 경우에는 말뚝 또는 쐐기 등을 사용하여 각부나 가대를 고정시킬 것
③ 버팀대만으로 상단부분을 안정시키는 경우에는 버팀대는 3개 이상으로 하고 그 하단 부분은 견고한 버팀·말뚝 또는 철골 등으로 고정시킬 것
④ 버팀줄만으로 상단 부분을 안정시키는 경우에는 버팀줄을 2개 이상으로 하고 같은 간격으로 배치할 것

해설

항타, 항발기 작업 시 준수사항
- 버팀줄만으로 상단 부분을 안정시키는 경우 버팀줄을 3개 이상으로 하고 같은 간격으로 배치할 것
- 연약한 지반에 설치 시 각부나 가대의 침하를 방지하기 위해 깔판, 깔목 등을 사용할 것

- 각부나 가대가 미끄러질 우려가 있는 경우에는 말뚝 또는 쐐기 등을 사용하여 각부나 가대를 고정시킬 것
- 버팀대만으로 상단부분을 안정시키는 경우 버팀대는 3개 이상으로 하고 그 하단 부분은 견고한 버팀, 말뚝 또는 철골 등으로 고정시킬 것

119 터널 등의 건설작업을 하는 경우에 낙반 등에 의하여 근로자가 위험해질 우려가 있는 경우에 필요한 직접적인 조치사항과 거리가 먼 것은?

① 터널지보공 설치
② 부석의 제거
③ 울 설치
④ 록볼트 설치

해설

터널 등의 낙반 등에 의한 위험방지를 위한 직접조치
- 터널지보공 설치
- 부석의 제거
- 록볼트 설치
- 숏크리트의 타설

120 콘크리트 타설을 위한 거푸집 동바리의 구조검토 시 가장 선행되어야 할 작업은?

① 각 부재에 생기는 응력에 대하여 안전한 단면을 산정한다.
② 가설물에 작용하는 하중 및 외력의 종류, 크기를 산정한다.
③ 하중 및 외력에 의하여 각 부재에 생기는 응력을 구한다.
④ 사용할 거푸집 동바리의 설치간격을 결정한다.

해설

거푸집 동바리 구조검토 시 가장 선행할 작업
가설물에 작용하는 연직하중, 수평하중, 풍압, 유수압 등의 하중 및 외력의 종류와 크기를 산정한다.

1과목 산업안전관리론

01 위험예지훈련 4라운드의 진행방법을 올바르게 나열한 것은?

① 현상파악 → 목표설정 → 대책수립 → 본질추구

② 현상파악 → 본질추구 → 대책수립 → 목표설정

③ 현상파악 → 본질추구 → 목표설정 → 대책수립

④ 본질추구 → 현상파악 → 목표설정 → 대책수립

해설

위험예지훈련 4라운드 기법
• 1라운드 : 현상파악(잠재위험요인의 발견과정)
• 2라운드 : 본질추구(발견된 위험요인 중 중요하다고 생각되는 위험의 파악)
• 3라운드 : 대책수립(위험을 해결하기 위해 구체적 대책을 세우는 과정)
• 4라운드 : 목표설정(가장 우수한 대책에 합의하고, 행동계획을 결정하는 단계)

02 재해예방의 4원칙에 속하지 않는 것은?

① 손실우연의 원칙
② 예방교육의 원칙
③ 원인계기의 원칙
④ 예방가능의 원칙

해설

재해예방의 4원칙
• 손실우연의 원칙
• 원인계기의 원칙
• 예방가능의 원칙
• 대책선정의 원칙

03 A사업장의 도수율이 18.9일 때 연천인율은 얼마인가?

① 4.53 ② 9.46
③ 37.86 ④ 45.36

해설

• 도수율 = $\dfrac{연천인율}{2.4}$

• 연천인율 = $2.4 \times 18.9 = 45.36$

04 산업안전보건법령상 관리감독자가 수행하는 안전 및 보건에 관한 업무에 속하지 않는 것은?

① 해당 작업의 작업장 정리·정돈 및 통로 확보에 대한 확인·감독

② 해당 작업에서 발생한 산업재해에 관한 보고 및 이에 대한 응급조치

③ 해당 사업장 안전교육계획의 수립 및 안전교육 실시에 관한 보좌 및 지도·조언

④ 관리감독자에게 소속된 근로자의 작업복·보호구 및 방호장치의 점검과 그 착용·사용에 관한 교육·지도

해설

관리감독자의 업무내용
1. 기계·기구·설비의 안전보건 점검 및 이상 유무 확인
   • 작업 시작 전에 안전보건 사항점검
   • 운전 시작 전에 이상 유무의 확인
   • 재료의 결함 유무, 기구 및 공구의 기능점검
   • 화학설비 및 부속설비의 사용 시작 전 점검

2. 근로자의 작업복, 보호구 및 방호장치의 점검과 그 착용
   • 작업내용에 따라 적절한 보호구의 지급·착용 지도
   • 작업모 또는 작업복의 올바른 착용지도

⊙ ANSWER | 01 ② 02 ② 03 ④ 04 ③

- 드릴작업 등 회전체 작업 시 목장갑 착용 금지
- 프레스 등 유해위험기계의 안전장치기능 확인

3. 산업재해에 관한 보고 및 이에 대한 응급조치(사후조치)
   - 재해자발생 시 응급조치 및 병원으로 즉시이송
   - 1개월 이내에 산업재해조사표 작성 또는 요양신청서를 근로복지공단에 제출
   - 중대재해가 발생한 경우 지체 없이 관할노동관서에 보고
   - 재해발생 원인조사 및 재발방지계획수립·개선

4. 작업장의 정리정돈 및 안전통로확보의 확인·감독
   - 작업장 바닥을 안전하고 청결한 상태로 유지
   - 근로자가 안전하게 통행할 수 있도록 통로의 설치관리
   - 옥내통로는 걸려 넘어지거나 미끄러질 위험이 없도록 관리

5. 당해 근로자들에 대한 안전보건 교육 및 교육일지 작성
   - 매월 실시하는 근로자의 정기 안전교육
   - 유해위험작업에 배치하는 업무와 관계되는 특별안전 교육 등

05 산업안전보건법령상 안전 및 보건에 관한 노사협의체의 근로자위원 구성기준 내용으로 옳지 않은 것은?(단, 명예산업안전감독관이 위촉되어 있는 경우)

① 근로자대표가 지명하는 안전관리자 1명
② 근로자대표가 지명하는 명예산업안전감독관 1명
③ 도급 또는 하도급 사업을 포함한 전체 사업의 근로자대표
④ 공사금액이 20억 원 이상인 공사의 관계수급인의 각 근로자대표

◉해설

산업안전보건위원회 및 노사협의체의 구성인원과 심의·의결사항

구분	산업안전보건위원회	노사협의체
사용자 위원	• 사업장대표 • 대표지명자 • 안전관리자 • 보건관리자	• 사업장대표 • 안전관리자 • 20억 원 이상 하도급 사업주

구분	산업안전보건위원회	노사협의체
근로자 위원	• 근로자대표 • 명예산업안전감독관 • 근로자대표 지명 근로자	• 근로자대표 • 명예산업안전감독관 • 근로자대표 지명 근로자
회의	3개월에 1회	2개월에 1회
심의·의결사항 (협의사항)	• 산재예방계획수립 • 안전보건관리규정 작성, 변경 • 안전보건교육, 작업환경, 근로자건강관리 • 중대재해 원인조사 • 산재통계 기록 유지 • 기계기구 및 설비도입 시 안전조치사항	• 산재예방 및 산재발생 시 대피방법 • 작업시작시간 및 작업장 간 연락방법 • 기타 산재예방 관련 사항

06 브레인스토밍(Brain Storming)의 원칙에 관한 설명으로 옳지 않은 것은?

① 최대한 많은 양의 의견을 제시한다.
② 누구나 자유롭게 의견을 제시할 수 있다.
③ 타인의 의견에 대하여 비판하지 않도록 한다.
④ 타인의 의견을 수정하여 본인의 의견으로 제시하지 않도록 한다.

◉해설

브레인스토밍(Brain Storming)
- 발표된 의견에 대하여는 서로 비판을 하지 않도록 한다.
- 발언은 누구나 자유분방하게 하도록 한다.
- 타인의 아이디어를 수정하여 발언할 수 있다.
- 가능한 한 무엇이든 많이 발언하도록 한다.

07 안전관리의 수준을 평가하는데 사고가 일어나는 시점을 전후하여 평가를 한다. 다음 중 사고가 일어나기 전의 수준을 평가하는 사전평가활동에 해당하는 것은?

① 재해율 통계
② 안전활동률 관리
③ 재해손실 비용 산정
④ Safe-T-Score 산정

◉ **ANSWER** | 05 ① 06 ④ 07 ②

1. **재해율통계**

   $$재해율 = \frac{재해자수}{산재보험적용근로자수} \times 100$$

   $$사망만인율 = \frac{사망자수}{산재보험적용근로자수} \times 10,000$$

   $$휴업재해율 = \frac{휴업재해자수}{임금근로자수} \times 100$$

   $$도수율(빈도율) = \frac{재해건수}{연\ 근로시간수} \times 1,000,000$$

   $$강도율 = \frac{총요양근로손실일수}{연\ 근로시간수} \times 1,000$$

2. **안전활동률 관리**

   안전관리활동의 결과를 정량적으로 판단하는 기준으로 사고가 발생되기 전의 수준을 평가하는 사전평가활동

3. **재해손실비용**

   산업재해로 발생하는 직접비와 간접비를 합산한 금액

4. **Safe – T – Score**

   과거와 현재의 재해발생률을 비교한 것으로 증가되면 나쁜 상태, 감소되면 양호한 상태를 의미한다.

   $$Safe-T-Score$$
   $$= \frac{현재빈도율 - 과거빈도율}{\sqrt{\dfrac{과거빈도율}{연근로시간수} \times 1,000,000}}$$

08 시설물의 안전 및 유지관리에 관한 특별법상 국토교통부장관은 시설물이 안전하게 유지·관리될 수 있도록 하기 위하여 몇 년마다 시설물의 안전 및 유지관리에 관한 기본계획을 수립·시행하여야 하는가?

① 2년   ② 3년
③ 5년   ④ 10년

시설물의 안전 및 유지관리에 관한 특별법상 국토교통부장관은 시설물이 안전하게 유지·관리될 수 있도록 5년마다 시설물의 안전 및 유지·관리에 관한 기본계획을 수립·시행하여야 한다.

09 산업안전보건법령상 해당 사업장의 연간재해율이 같은 업종의 평균재해율의 2배 이상인 경우 사업주에게 관리자를 정수 이상으로 증원하게 하거나 교체하여 임명할 것을 명할 수 있는 자는?

① 시·도지사
② 고용노동부장관
③ 국토교통부장관
④ 지방고용노동관서의 장

안전관리자의 정수 이상 증원, 교체임명 권한자 : 지방고용노동관서의 장

10 재해의 간접원인 중 기술적 원인에 속하지 않는 것은?

① 경험 및 훈련의 미숙
② 구조, 재료의 부적합
③ 점검, 정비, 보존 불량
④ 건물, 기계장치의 설계 불량

경험 및 훈련의 미숙은 교육적 원인이다.

11 보호구 안전인증 고시에 따른 추락 및 감전 위험방지용 안전모의 성능시험 대상에 속하지 않는 것은?

① 내유성   ② 내수성
③ 내관통성   ④ 턱끈 풀림

추락 및 감전 위험방지용 안전모의 성능시험대상
• 충격흡수성
• 내전압성
• 내관통성
• 내수성
• 난연성
• 턱끈 풀림

◉ **ANSWER** | 08 ③   09 ④   10 ①   11 ①

12 재해의 통계적 원인분석 방법 중 사고의 유형, 기인물 등 분류항목을 큰 순서대로 도표화한 것은?

① 관리도
② 파레토도
③ 크로스도
④ 특성요인도

○해설

구분	분석 요령	특징
파레토도	항목값이 큰 순서대로 정리	• 주요 재해발생 유형 파악 용이 • 중점관리대상 파악이 쉬움
특성요인도	재해발생과 그 요인의 관계를 어골상으로 세분화	결과별 원인의 분석이 쉬움
크로스도	주요 요인 간의 문제분석	• 2 이상의 관계분석 가능 • 2 이상의 상호관계 분석으로 정확한 발생원인 파악 가능
관리도	• 관리상한선 • 중심선 • 관리하한선 설정	개략적 추이 파악이 쉬움

13 시설물의 안전 및 유지관리에 관한 특별법상 다음과 같이 정의되는 용어는?

> 시설물의 물리적·기능적 결함을 발견하고 그에 대한 신속하고 적절한 조치를 하기 위하여 구조적 안전성과 결함의 원인 등을 조사·측정·평가하여 보수·보강 등의 방법을 제시하는 행위

① 성능평가
② 정밀안전진단
③ 긴급안전점검
④ 정기안전진단

○해설

① 성능평가 : 성능평가는 시설물의 기능을 유지하기 위하여 요구되는 시설물의 구조적 안전성, 내구성, 사용성 등의 성능을 종합적으로 평가하는 것을 말하며 성능평가 결과보고서에는 아래 내용이 포함된다.
　㉠ 관리주체가 설정한 시설물 성능목표 및 관리지표

㉡ 시설물의 안전성 평가에 관한 사항
㉢ 시설물의 내구성 평가에 관한 사항
㉣ 시설물의 사용성 평가에 관한 사항
㉤ 시설물의 종합성능에 관한 사항
㉥ 시설물의 성능목표를 고려한 유지관리에 대한 제안
㉦ 그 밖에 시설물의 성능평가에 관한 것으로서 국토교통부장관이 정하여 고시하는 사항
② 정밀안전진단 : 시설물의 물리적, 기능적 결함을 발견하고 그에 대한 신속하고 적절한 조치를 하기 위하여 구조적 안전성과 결함의 원인 등을 조사·측정·평가하여 보수보강 등의 방법을 제시하는 행위
③ 긴급안전진단 : 재해나 사고에 의해 비롯된 구조적 손상 등에 대하여 긴급히 시행하는 점검으로 시설물의 손상 정도를 파악하여 긴급한 사용제한 또는 사용금지의 필요 여부, 보수·보강의 긴급성, 보수·보강작업의 규모 및 작업량 등을 결정하는 것이며 필요한 경우 안전성평가를 실시해야 한다.
④ 정기안전점검 : 건설기술 진흥법상 초기점검이 이루어진 시설물의 경우 시특법상 1, 2, 3종별로 구분하여 시설물의 등급별 건축·토목 시설물로 구분해 정기적으로 실시하는 안전점검

14 다음 중 재해조사의 목적 및 방법에 관한 설명으로 적절하지 않은 것은?

① 재해조사는 현장보존에 유의하면서 재해발생 직후에 행한다.
② 피해자 및 목격자 등 많은 사람으로부터 사고 시의 상황을 수집한다.
③ 재해조사의 1차적 목표는 재해로 인한 손실 금액을 추정하는 데 있다.
④ 재해조사의 목적은 동종재해 및 유사재해의 발생을 방지하기 위함이다.

○해설

재해조사의 목적 및 방법

㉠ 목적
　동종재해 및 유사재해의 발생을 방지하기 위함
㉡ 방법
　• 현장보존에 유의하면서 재해발생 직후에 행한다.
　• 피해자 및 목격자 등 많은 사람으로부터 사고 시의 상황을 수집한다.

○ ANSWER | 12 ② 13 ② 14 ③

15 사업장의 안전보건관리계획 수립 시 유의사항으로 옳은 것은?

① 사고발생 후의 수습대책에 중점을 둔다.
② 계획의 실시 중에는 변동이 없어야 한다.
③ 계획의 목표는 점진적으로 수준을 높이도록 한다.
④ 대기업의 경우 표준계획서를 작성하여 모든 사업장에 동일하게 적용시킨다.

🔵해설 ─────────

안전보건관리계획 수립 시 유의사항
• 사업장의 실태에 맞도록 작성하되 실현 가능성이 있도록 한다.
• 계획의 목표는 점진적으로 높은 수준으로 한다.
• 직장 단위로 구체적으로 작성한다.
• 현재의 문제점을 검토하기 위해 자료를 조사·수집한다.
• 계획에서 실시까지의 부족한 점, 잘못된 점을 피드백할 수 있는 조정기능을 갖춘다.
• 적극적인 안전선취를 취해 새로운 생각과 정보를 활용한다.
• 계획안이 효과적으로 실시되도록 Line Staff 관계자에게 충분히 납득시킨다.

16 안전보건관리조직의 유형 중 직계(Line)형에 관한 설명으로 옳은 것은?

① 대규모의 사업장에 적합하다.
② 안전지식이나 기술축적이 용이하다.
③ 안전지시나 명령이 신속히 수행된다.
④ 독립된 안전참모 조직을 보유하고 있다.

🔵해설 ─────────

라인형 조직의 특징

장점	• 안전업무가 생산현장 라인을 통해 시행된다. • 지시의 이행이 빠르다. • 명령과 보고가 간단하다.
단점	• 안전정보가 불충분하다. • 전문적 안전지식이 부족하다. • 라인에 책임전가 우려가 많다.

※ 라인-스태프형 조직의 특징

장점	• 대규모 사업장(1,000명 이상)에 효과적이다. • 신속, 정확한 경영자의 지침전달이 가능하다. • 안전활동과 생산업무의 균형유지가 가능하다.
단점	• 명령계통과 조언 및 권고적 참여가 혼동되기 쉽다. • 라인이 스태프에게만 의존하거나 활용하지 않을 우려가 있다. • 스태프가 월권행위 할 우려가 있다.

17 다음 중 웨버(D. A. Weaver)의 사고발생 도미노 이론에서 "작전적 에러"를 찾아내기 위한 질문의 유형과 가장 거리가 먼 것은?

① What   ② Why
③ Where   ④ Whether

🔵해설 ─────────

웨버(Weaver)의 작전적 에러 질문유형
• What
• Why
• Whether

18 산업안전보건법령에 따른 안전보건표지의 종류 중 지시표지에 속하는 것은?

① 화기 금지   ② 보안경 착용
③ 낙하물 경고   ④ 응급구호표지

🔵해설 ─────────

① 화기 금지 : 금지표지
② 보안경 착용 : 지시표지
③ 낙하물 경고 : 경고표지
④ 응급구호표지 : 안내표지

19 산업안전보건기준에 관한 규칙상 공기압축기를 가동할 때의 작업시작 전 점검사항에 해당하지 않는 것은?

① 윤활유의 상태
② 언로드밸브의 기능
③ 압력방출장치의 기능
④ 비상정지장치 기능의 이상 유무

──────────

◉ ANSWER | 15 ③ 16 ③ 17 ③ 18 ② 19 ④

20 다음 중 하인리히(H. W. Heinrich)의 재해코스트 산정방법에서 직접 손실비와 간접 손실비의 비율로 옳은 것은?(단, 비율은 "직접 손실비 : 간접 손실비"로 표현한다.)

① 1 : 2
② 1 : 4
③ 1 : 8
④ 1 : 10

2과목 산업심리 및 교육

21 안전보건교육을 향상시키기 위한 학습지도의 원리에 해당하지 않는 것은?

① 통합의 원리
② 자기활동의 원리
③ 개별화의 원리
④ 동기유발의 원리

22 생체리듬(Biorhythm)에 대한 설명으로 옳은 것은?

① 각각의 리듬이 (−)에서의 최저점에 이르렀을 때를 위험일이라 한다.
② 감성적 리듬은 영문으로 S라 표시하며, 23일을 주기로 반복된다.
③ 육체적 리듬은 영문으로 P라 표시하며, 28일을 주기로 반복된다.
④ 지성적 리듬은 영문으로 I라 표시하며, 33일을 주기로 반복된다.

23 다음 중 안전교육을 위한 시청각 교육법에 대한 설명으로 가장 적절한 것은?

① 지능, 적성, 학습속도 등 개인차를 충분히 고려할 수 있다.
② 학습자들에게 공통의 경험을 형성시켜줄 수 있다.
③ 학습의 다양성과 능률화에 기여할 수 없다.
④ 학습자료를 시간과 장소에 제한 없이 제시할 수 있다.

24 새로운 기술과 학습에서는 연습이 매우 중요하다. 연습방법과 관련된 내용으로 틀린 것은?

① 새로운 기술을 학습하는 경우에는 일반적으로 배분연습보다 집중연습이 더 효과적이다.
② 교육훈련과정에서는 학습자료를 한꺼번에 묶어서 일괄적으로 연습하는 방법을 집중연습이라고 한다.
③ 충분한 연습으로 완전학습 한 후에도 일정량 연습을 계속하는 것을 초과학습이라고 한다.
④ 기술을 배울 때는 적극적 연습과 피드백이 있어야 부적절하고 비효과적 반응을 제거할 수 있다.

● 해설

배분연습이란 분산학습이라고도 하며, 일정량의 학습을 도중에 적당한 휴식을 취하며 나누어 학습하는 방법을 말한다. 따라서 새로운 기술을 학습하는 경우에는 배분연습이 효과적이다.

연습방법의 분류
㉠ 집중연습법
• 지식이나 기능의 숙달을 필요로 할 때 효과적이다.
• 학습자료를 한꺼번에 묶어 일괄적으로 연습하는 방법을 말한다.
• 학습내용을 반복하는 학습방법을 말한다.
㉡ 분산연습법
• 학습내용이 어려울 때 유리하다.
• 학습범위가 넓을 때 적용한다.

25 다음 중 교육지도의 원칙과 가장 거리가 먼 것은?

① 반복적인 교육을 실시한다.
② 학습자에게 동기부여를 한다.
③ 쉬운 것부터 어려운 것으로 실시한다.
④ 한 번에 여러 가지의 내용을 실시한다.

● 해설

교육지도의 8원칙
• 한 번에 한 가지씩 한다.
• 인상을 강화한다.
• 5감을 활용한다.
• 기능적인 이해를 시킨다.
• 동기부여가 되게 한다.
• 쉬운 것부터 교육한다.
• 반복해서 실시한다.
• 상대방 입장에서 교육한다.

26 직무수행평가 시 평가자가 특정 피평가자에 대해 구체적으로 잘 모름에도 불구하고 모든 부분에 대해 좋게 평가하는 오류는?

① 후광 오류
② 엄격화 오류
③ 중앙집중 오류
④ 관대화 오류

● 해설

㉠ 후광 오류의 특징
• 평가자가 특정 피평가자에 대해 구체적으로 잘 모름에도 모든 부분에 대해 좋게 평가하는 오류
• 피평가자의 몇 가지 우수한 부분을 토대로 모든 행동에 대해 평가하려 함
㉡ 관대화 오류의 특징
• 피평가자의 업무능력을 실제 수준보다 높거나 낮게 평가하는 오류
• 피평가자의 실제 업무수행 수준과 다르게 극단적으로 평가하는 오류

27 다음 중 정상적 상태이지만 생리적 상태가 휴식할 때에 해당하는 의식수준은?

① Phase Ⅰ
② Phase Ⅱ
③ Phase Ⅲ
④ Phase Ⅳ

● 해설

의식수준별 상태

Phase 단계	의식수준
0	수면 상태
Ⅰ	졸음 상태
Ⅱ	일상적 상태
Ⅲ	적극활동 상태
Ⅳ	과긴장 상태

● ANSWER | 24 ① 25 ④ 26 ① 27 ①

28 다음 중 하버드 학파의 5단계 교수법에 해당되지 않는 것은?

① 추론한다.   ② 교시한다.
③ 연합시킨다.   ④ 총괄시킨다.

하버드 학파의 5단계 교수법
준비시킨다. > 교시시킨다. > 연합한다. > 총괄한다. > 응용시킨다.

29 다음 중 리더십과 헤드십에 관한 설명으로 옳은 것은?

① 헤드십은 부하와의 사회적 간격이 좁다.
② 헤드십에서의 책임은 상사에 있지 않고 부하에 있다.
③ 리더십의 지휘형태는 권위주의적인 반면, 헤드십의 지휘형태는 민주적이다.
④ 권한행사 측면에서 보면 헤드십은 임명에 의하여 권한을 행사할 수 있다.

① 헤드십은 부하와의 사회적 간격이 넓다.
② 헤드십에서의 책임은 상사에 있다.
③ 리더십의 지휘형태는 민주적인 반면, 헤드십의 지휘형태는 권위주의적이다.

1. **리더십 이론**
   • 특성이론 : 리더의 기능수행과 지위획득 및 유지가 리더 개인의 성격이나 자질에 의존한다는 이론
   • 상황론 : 리더의 존재감이 부각되는 구체적 상황에 의해 형성된다는 이론
   • 행위론 : 소속 부하에 대한 행동 및 행위가 절대적인 요소가 된다는 이론

2. **헤드십 이론**
   • 교환적 리더십 : 목표를 설정하고 이에 따른 보상을 약속해 동기화하려는 리더십
   • 변혁적 리더십 : 리더에 대한 신뢰를 갖게 하는 카리스마와 조직변화의 필요성을 감지하고 변화를 이끌어 낼 수 있는 새로운 비전을 제시할 수 있는 능력이 요구되는 리더십

• 참여적 리더십 : 부하들을 의사결정 과정에 참여시키고 의견을 적극적으로 반영하고자 하는 리더십
• 지시적 리더십 : 부하들에게 규정을 준수할 것을 요구하고 구체적인 지시로 그들이 해야 할 일이 무엇인지를 명확히 설정해주는 리더십

30 다음 중 산업안전심리의 5대 요소에 속하지 않는 것은?

① 감정   ② 습관
③ 동기   ④ 시간

안전심리 5대요소
• 동기   • 기질
• 감정   • 습성
• 습관

31 인간의 착각현상 가운데 암실 내에서 하나의 광점을 보고 있으면 그 광점이 움직이는 것처럼 보이는 것을 자동운동이라 하는데 다음 중 자동운동이 생기기 쉬운 조건이 아닌 것은?

① 광점이 작을 것
② 대상이 단순할 것
③ 광의 강도가 클 것
④ 시야의 다른 부분이 어두울 것

자동운동
㉠ 암실 내에서 하나의 광점을 보고 있으면 그 광점이 움직이는 것처럼 보이는 현상을 말한다.
㉡ 자동운동이 생기기 쉬운 조건
   • 광점이 작을 것
   • 대상이 단순할 것
   • 광의 강도가 작을 것
   • 시야의 다른 부분이 어두울 것

※ **유도운동**
정지된 물체가 움직이는 것처럼 보이는 현상

32 데이비스(K. Davis)의 동기부여 이론에서 "능력(Ability)"을 올바르게 표현한 것은?

① 기능(Skill) × 태도(Attitude)
② 지식(Knowledge) × 기능(Skill)
③ 상황(Situation) × 태도(Attitude)
④ 지식(Knowledge) × 상황(Situation)

해설

Davis의 동기부여 이론
- 경영성과 = 인간의 성과 × 물질의 성과
- 인간의 성과 = 능력 × 동기유발 정도
- 능력 = 지식 × 기능
- 동기유발 = 상황 × 태도

33 인간이 충족시키고자 추구하는 욕구에 있어 가장 강력한 욕구는?

① 생리적 욕구
② 안전의 욕구
③ 자아실현의 욕구
④ 애정 및 귀속의 욕구

해설

동기부여 이론(Maslow 이론)
- 1단계 : 생리적 욕구
- 2단계 : 안전의 욕구
- 3단계 : 사회적 욕구
- 4단계 : 인정받으려는 욕구
- 5단계 : 자아실현의 욕구

34 다음 중 면접 결과에 영향을 미치는 요인들에 관한 설명으로 틀린 것은?

① 한 지원자에 대한 평가는 바로 앞의 지원자에 의해 영향을 받는다.
② 면접자는 면접 초기와 마지막에 제시된 정보에 의해 많은 영향을 받는다.
③ 지원자에 대한 부정적 정보보다 긍정적 정보가 더 중요하게 영향을 미친다.
④ 지원자의 성과 작업에 있어서 전통적 고정관념은 지원자와 면접자 간의 성의 일치 여부보다 더 많은 영향을 미친다.

해설

면접결과에 영향을 미치는 요인들
- 지원자에 대한 긍정적 정보보다 부정적 정보가 더 중요한 영향을 미친다.
- 한 지원자에 대한 평가는 바로 앞 지원자에 의해 영향을 받는다.
- 면접자는 면접 초기와 마지막에 제시된 정보에 많은 영향을 받는다.
- 지원자의 성과 작업의 전통적 고정관념은 지원자와 면접자 간의 성의 일치 여부보다 더 많은 영향을 미친다.

35 안전사고와 관련하여 소질적 사고 요인이 아닌 것은?

① 시각기능
② 지능
③ 작업자세
④ 성격

해설

소질적 사고요인자의 특징
- 시각기능 등 신체기능의 저하
- 지능수준이 낮음
- 성격이 원만하지 않음
- 집중력의 지속 불가

※ **상황성 누발자의 재해유발원인**
- 작업의 어려움
- 기계설비의 결함
- 심신의 근심
- 집중이 안 됨

36 교육 및 훈련방법 중 다음의 특징을 갖는 방법은?

- 다른 방법에 비해 경제적이다.
- 교육 대상 집단 내 수준차로 인해 교육의 효과가 감소할 가능성이 있다.
- 상대적으로 피드백이 부족하다.

① 강의법
② 사례연구법
③ 세미나법
④ 감수성 훈련

◉ ANSWER | 32 ② 33 ① 34 ③ 35 ③ 36 ①

해설

강의법의 장단점

장점	단점
• 인원대비 교육에 필요한 비용이 적게 든다. • 학습내용에 집중이 가능하다. • 비교적 적은 시간에 많은 인원의 교육이 가능하다.	• 학습내용에 집중하기 어렵다. • 학습자의 참여가 제한적이다. • 학습자 개개인의 이해도 파악이 어렵다.

37 다음 중 관계지향적 리더가 나타내는 대표적인 행동특징으로 볼 수 없는 것은?

① 우호적이며 가까이 하기 쉽다.
② 집단구성원들을 동등하게 대한다.
③ 집단구성원들의 활동을 조정한다.
④ 어떤 결정에 대해 자세히 설명해준다.

해설

관계지향적 리더가 나타내는 행동특징
• 우호적이며 가까이 하기 쉽다.
• 집단구성원들을 동등하게 대한다.
• 어떤 결정에 대해 자세히 설명해 준다.

38 다음 중 주의의 특성에 관한 설명으로 틀린 것은?

① 변동성이란 주의 집중 시 주기적으로 부주의의 리듬이 존재함을 말한다.
② 방향성이란 주의는 항상 일정한 수준을 유지할 수 있으므로 장시간 고도의 주의집중이 가능함을 말한다.
③ 선택성이란 인간은 한 번에 여러 종류의 자극을 지각·수용하지 못함을 말한다.
④ 선택성이란 소수의 특정 자극에 한정해서 선택적으로 주의를 기울이는 기능을 말한다.

해설

주의 특성
• 선택성 : 인간은 한 번에 여러 종류의 자극을 지각·수용하지 못한다.
• 방향성 : 공간적으로 시선의 초점이 맞았을 경우에는 쉽게 인지하나 시선에서 벗어난 부분은 무시된다.

• 변동성 : 주의집중 시 주기적으로 부주의 리듬이 존재한다.

39 안전교육의 강의안 작성 시 교육할 내용을 항목별로 구분하여 핵심 요점사항만을 간결하게 정리하여 기술하는 방법은?

① 조목열거식
② 시나리오식
③ 게임 방식
④ 혼합형 방식

해설

강의안 작성방법의 분류
• 조목열거식 : 강의내용을 분야별로 구분해 주요 절단 내용을 요점 위주로 열거하는 방식
• 시나리오식 : 교육내용을 구체적으로 참고할 수 있도록 작성하는 방법
• 혼합형 : 조목열거식과 시나리오식을 혼합한 형식

40 교육방법 중 OJT(On the Job Training)에 속하지 않는 교육방법은?

① 코칭
② 강의법
③ 직무순환
④ 멘토링

해설

OJT	Off JT
• 개인수준에 적합한 지도 가능 • 실질적 업무수행에 즉각적인 도움 가능 • 상호 이해도가 높음 • 코칭, 직무순환, 멘토링이 대표적	• 다수의 근로자 집단교육 • 전문가 초빙 • 많은 양의 지식과 경험교류 가능 • 강의법이 대표적

3과목 인간공학 및 시스템안전공학

41 결함수분석의 기호 중 입력사상이 어느 하나라도 발생할 경우 출력사상이 발생하는 것은?

① NOR GATE
② AND GATE
③ OR GATE
④ NAND GATE

◉ ANSWER | 37 ③ 38 ② 39 ① 40 ② 41 ③

- OR GATE : 결함수분석 기호 중 입력사상이 어느 하나라도 발생할 경우 출력이 발생하는 것
- AND GATE : 결함수분석 기호 중 입력사상이 모두가 발생해야 출력이 발생하는 것

명칭	기호	기호 설명
기본사상	○	더 이상 전개할 수 없는 사건의 원인
생략사상	◇	관련정보가 미비하여 계속 개발될 수 없는 특정 초기사상
통상사상	⬠	발생이 예상되는 사상
결함사상 (정상사상, 중간사상)	▭	한 개 이상의 입력에 의해 발생된 고장사상
OR 게이트	⌂	한 개 이상의 입력이 발생하면 출력사상이 발생하는 논리게이트
AND 게이트	⌂	입력사상이 전부 발생하는 경우에만 출력사상이 발생하는 논리게이트
배타적 OR 게이트	또는 / 동시 발생 안 함	입력사상 중 오직 한 개의 발생으로만 출력사상이 생성되는 논리게이트
우선적 AND 게이트	또는 / Ai, Aj, Ak 순으로 / Ai Aj Ak	입력사상이 특정 순서대로 발생한 경우에만 출력사상이 발생하는 논리게이트
조합 AND 게이트	2개의 출력 / Ai Aj Ak	3개 이상의 입력 중 2개가 일어나면 출력이 생긴다.
전이기호	△	다른 부분에 있는 게이트와의 연결 관계를 나타내기 위한 기호
전이기호(IN)	△	삼각형 정상의 선은 정보의 전입루트를 나타낸다.
전이기호(OUT)	△	삼각형 옆의 선은 정보의 전출루트를 나타낸다.
전이기호 (수량이 다르다)	▽	

42 가스밸브를 잠그는 것을 잊어 사고가 발생했다면 작업자는 어떤 인적 오류를 범한 것인가?

① 생략 오류(Omission Error)
② 시간지연 오류(Time Error)
③ 순서 오류(Sequential Error)
④ 작위적 오류(Commission Error)

생략 오류
직무나 과업단계를 수행하지 않아서 발생하는 인적 오류

43 어떤 소리가 1,000Hz, 60dB인 음과 같은 높이임에도 4배 더 크게 들린다면, 이 소리의 음압수준은 얼마인가?

① 70dB
② 80dB
③ 90dB
④ 100dB

음압수준
- 10[dB] 증가 시 소음은 2배 증가
- 20[dB] 증가 시 소음은 4배 증가

$$4 \text{sone} = 2^{\frac{L_1 - 60}{10}}$$
$$10 \times \log 4 = (L_1 - 60) \log 2$$
$$L_1 = \frac{10 \times \log 4}{\log 2} + 60 = 80$$

[phon과 sone의 관계]

sone	phon
1	40
2	50
4	60
8	70
16	80
32	90
64	100
128	110
256	120
512	130
1024	140

ⓞ **ANSWER** | 42 ① 43 ②

44 시스템 안전분석방법 중 예비위험분석(PHA) 단계에서 식별하는 4가지 범주에 속하지 않는 것은?

① 위기 상태　　② 무시 가능 상태
③ 파국적 상태　④ 예비조치 상태

예비위험분석(PHA)의 4가지 범주
• 위기 상태
• 무시가능 상태
• 파국적 상태
• 한계적 상태

45 다음은 불꽃놀이용 화학물질취급설비에 대한 정량적 평가이다. 해당 항목에 대한 위험등급이 올바르게 연결된 것은?

항목	A (10점)	B (5점)	C (2점)	D (0점)
취급물질	○	○	○	
조작		○		○
화학설비의 용량	○		○	
온도	○	○		
압력		○	○	○

① 취급물질 – Ⅰ등급, 화학설비의 용량 – Ⅰ등급
② 온도 – Ⅰ등급, 화학설비의 용량 – Ⅱ등급
③ 취급물질 – Ⅰ등급, 조작 – Ⅳ등급
④ 온도 – Ⅱ등급, 압력 – Ⅲ등급

1. 화학설비에 대한 안전성 평가 중 정성적·정량적 평가항목

정성적 평가항목	정량적 평가항목
• 입지조건 • 공장 내의 배치 • 소방설비 • 공정 기기 • 수송, 저장 • 원재료 • 중간재 • 제품	• 취급물질 • 압력 • 화학설비용량 • 온도 • 조작

2. 본 문제는 정량적 평가방법에 의한 것으로 판정 방법은 다음과 같다.
• A : 10점
• B : 5점
• C : 2점
• D : 0점

[위험등급판정 기준]
• Ⅰ급 : 합산점수 16점 이상
• Ⅱ급 : 합산점수 11~16점
• Ⅲ급 : 합산점수 11점 이하

46 산업안전보건법령상 유해위험방지계획서의 제출대상 제조업은 전기 계약용량이 얼마 이상인 경우에 해당되는가?(단, 기타 예외사항은 제외한다)

① 50kW　　② 100kW
③ 200kW　④ 300kW

제조업은 전기 계약용량 300kW 이상인 경우 유해위험방지계획서 제출대상에 해당된다.

47 인간 – 기계 시스템에서 시스템의 설계를 다음과 같이 구분할 때 제3단계인 기본설계에 해당되지 않는 것은?

1단계 : 시스템의 목표와 성능 명세 결정
2단계 : 시스템의 정의
3단계 : 기본설계
4단계 : 인터페이스 설계
5단계 : 보조물 설계
6단계 : 시험 및 평가

① 화면 설계　　② 작업 설계
③ 직무 분석　　④ 기능 할당

인간 – 기계 시스템에서 3단계인 기본설계 내용
하드웨어와 소프트웨어의 기능 할당, 작업설계, 직무분석

◉ ANSWER | 44 ④　45 ④　46 ④　47 ①

48 결함수분석법에서 Path Set에 관한 설명으로 옳은 것은?

① 시스템의 약점을 표현한 것이다.
② Top 사상을 발생시키는 조합이다.
③ 시스템이 고장 나지 않도록 하는 사상의 조합이다.
④ 시스템고장을 유발시키는 필요불가결한 기본사상들의 집합이다.

해설

- 패스셋 : 시스템이 고장 나지 않도록 하는 사상의 조합이다.
- 최소 패스셋 : 최소 패스셋으로 어떠한 고장이나 패스를 일으키지 않으면 재해가 발생되는 않는다는 시스템의 신뢰성을 나타낸 것이다.
- 컷셋 : 포함되어 있는 모든 기본사상이 일어났을 때 정상사상을 일으키는 기본사상의 합이다.
- 최소 컷셋 : 컷셋 중 그 부분집합만으로는 정상사상을 일으키는 일이 없는 것으로 컷셋 중에 타 컷셋을 포함하고 있는 것을 배제하고 남은 컷셋들을 의미한다.
- 일반적으로 시스템에서 최소 컷셋의 개수가 늘어나면 위험 수준이 높아진다.

49 연구기준의 요건과 내용이 옳은 것은?

① 무오염성 : 실제로 의도하는 바와 부합해야 한다.
② 적절성 : 반복 실험 시 재현성이 있어야 한다.
③ 신뢰성 : 측정하고자 하는 변수 이외의 다른 변수의 영향을 받아서는 안 된다.
④ 민감도 : 피실험자 사이에서 볼 수 있는 예상 차이점에 비례하는 단위로 측정해야 한다.

해설

연구기준의 요건
- 무오염성 : 측정대상 변수 외의 영향이 미치지 않도록 한다.
- 적절성 : 기준의 목적대비 판단 정도
- 신뢰성 : 반복 시 발생되는 신뢰 정도
- 민감도 : 피실험자 사이에서 볼 수 있는 예상의 차이점에 비례하는 단위로 측정한다.

50 FTA 결과 다음과 같은 패스셋을 구하였다. 최소 패스셋(Minimal Path Sets)으로 옳은 것은?

> {X_2, X_3, X_4}
> {X_1, X_3, X_4}
> {X_3, X_4}

① {X_3, X_4}
② {X_1, X_3, X_4}
③ {X_2, X_3, X_4}
④ {X_2, X_3, X_4}와 {X_3, X_4}

해설

입력사상들이 모두 OR GATE이므로 각 사상들 중 공통변수 X_3, X_4가 최소 패스셋으로 결정된다.

51 인체측정에 대한 설명으로 옳은 것은?

① 인체측정은 동적 측정과 정적 측정이 있다.
② 인체측정학은 인체의 생화학적 특징을 다룬다.
③ 자세에 따른 인체지수의 변화는 없다고 가정한다.
④ 측정항목에 무게, 둘레, 두께, 길이는 포함되지 않는다.

해설

인체측정
- 동적 측정과 정적 측정이 있다.
- 인간공학에 기반을 둔 설계를 위해 실시한다.

52 실린더 블록에 사용하는 개스킷의 수명 분포는 $X \sim N(10,000, 200^2)$인 정규분포를 따른다. $t = 9,600$시간일 경우에 신뢰도($R(t)$)는?(단, $P(Z \leq 1) = 0.8413$, $P(Z \leq 1.5) = 0.9332$, $P(Z \leq 2) = 0.9772$, $P(Z \leq 3) = 0.9987$이다.)

① 84.13% ② 93.32%
③ 97.72% ④ 99.87%

⊙ ANSWER | 48 ③ 49 ④ 50 ① 51 ① 52 ③

해설

신뢰도

- 확률변수 X는 정규분포 $N(10{,}000,\ 200^2)$을 따르므로
- $9{,}600$시간 $= \dfrac{9{,}600 - 10{,}000}{200} = -2$
- 표준정규분포상 $-Z_2$보다 큰 값을 신뢰도로 한다.
- 전체에서 $-Z_2$보다 작은 값을 뺀다.
- 정규분포의 특성상 이는 Z_2보다 큰 값과 동일하다.
- Z_2의 값이 0.9772이므로 $1 - 0.9772 = 0.0228$이 된다.
- 신뢰도 $= 1 - 0.0228 = 0.9772 \times 100 = 97.72\%$

---

53 다음 중 열 중독증(Heat Illness)의 강도를 올바르게 나열한 것은?

> ⓐ 열소모(Heat Exhaustion)
> ⓑ 열반진(Heat Rash)
> ⓒ 열경련(Heat Cramp)
> ⓓ 열사병(Heat Stroke)

① ⓒ < ⓑ < ⓐ < ⓓ
② ⓒ < ⓑ < ⓓ < ⓐ
③ ⓑ < ⓒ < ⓐ < ⓓ
④ ⓑ < ⓓ < ⓐ < ⓒ

해설

열중독증의 강도

열발진 < 열경련 < 열소모 < 열사병

---

54 사무실 의자나 책상에 적용할 인체 측정 자료의 설계 원칙으로 가장 적합한 것은?

① 평균치 설계
② 조절식 설계
③ 최대치 설계
④ 최소치 설계

해설

1. 인체측정자료의 설계원칙
   - 조절식 설계 : 체격이 다른 여러 사람이 사용할 수 있도록 한 설계
   - 평균치 설계 : 여러 사람의 평균치를 적용한 설계

2. Sanders와 McCormick의 의자 설계의 원칙
   - 조정이 용이해야 한다.
   - 등근육의 정적부하를 줄인다.
   - 디스크가 받는 압력을 줄인다.

---

55 암호체계의 사용 시 고려해야 될 사항과 거리가 먼 것은?

① 정보를 암호화한 자극은 검출이 가능하여야 한다.
② 다차원의 암호보다 단일 차원화된 암호가 정보 전달이 촉진된다.
③ 암호를 사용할 때는 사용자가 그 뜻을 분명히 알 수 있어야 한다.
④ 모든 암호표시는 감지장치에 의해 검출될 수 있고, 다른 암호표시와 구별될 수 있어야 한다.

해설

암호체계 사용 시 고려사항

- 암호화한 자극은 검출이 가능해야 한다.
- 단일 차원화된 암호보다 다차원 암호의 정보전달이 촉진된다.
- 암호 사용 시 사용자가 그 뜻을 분명히 알 수 있어야 한다.
- 모든 암호표시는 감지장치로 검출되고 다른 암호표시와 구별되어야 한다.

---

56 신호검출이론(SDT)의 판정결과 중 신호가 없었는데도 있었다고 말하는 경우는?

① 긍정(Hit)
② 누락(Miss)
③ 허위(False Alarm)
④ 부정(Correct Rejection)

해설

신호검출이론의 판정결과 중 허위

신호가 없었음에도 있었다고 말하는 경우

---

57 촉감의 일반적인 척도의 하나인 2점 문턱값 (Two-Point Threshold)이 감소하는 순서 대로 나열된 것은?

① 손가락 → 손바닥 → 손가락 끝
② 손바닥 → 손가락 → 손가락 끝
③ 손가락 끝 → 손가락 → 손바닥
④ 손가락 끝 → 손바닥 → 손가락

● 해설

2점 문턱값
- 손으로 2점을 눌렀을 때 감각이 다르게 느껴지는 점 사이의 최소거리
- 손바닥 → 손가락 → 손가락 끝의 순서로 감소된다.

58 시스템안전분석 방법 중 HAZOP에서 "완전 대체"를 의미하는 것은?

① NOT   ② REVERSE
③ PART OF   ④ OTHER THAN

● 해설

HAZOP 분류
- NOT : 설계목적의 부정
- REVERSE : 설계의도의 논리적 역
- PART OF : 감소나 성취되지 않음
- OTHER THAN : 완전대체

59 어느 부품 1,000개를 100,000시간 동안 가동하였을 때 5개의 불량품이 발생하였을 경우 평균 동작시간(MTTF)은?

① 1×10^6시간   ② 2×10^7시간
③ 1×10^8시간   ④ 2×10^9시간

● 해설

평균 동작시간

$$MTTF = \frac{부품수 \times 가동시간}{불량품수(고장수)}$$

$$= \frac{1,000 \times 100,000}{5}$$

$$= 20,000,000 = 2 \times 10^7$$

60 신체활동의 생리학적 측정법 중 전신의 육체적인 활동을 측정하는 데 가장 적합한 방법은?

① Flicker 측정
② 산소 소비량 측정
③ 근전도(EMG) 측정
④ 피부전기반사(GSR) 측정

● 해설

- Flicker 측정 : 광원의 깜빡임 횟수를 분간하는 정도를 기준으로 피로정도를 파악하는 측정방법
- 산소소비량 측정 : 신체활동의 생리학적 측정법 중 전신의 육체적인 활동을 측정하는데 가장 적합한 방법
- 근전도 측정 : 신경과 근육에서 발생하는 전기적 신호를 기계를 통해 분석함으로서 말초신경이나 신경주변 및 근육의 이상을 측정하는 방법
- 피부전기반사 측정 : 피부의 두 곳에 전극을 장착해 전류를 통과시켜 정신적 자극을 주었을 때 나타나는 일과성의 전류변화로 흥분, 정상상태 등을 확인하는 측정방법

4과목 건설시공학

61 철공공사의 내화피복공법에 해당하지 않는 것은?

① 표면탄화법   ② 뿜칠공법
③ 타설공법   ④ 조적공법

● 해설

1. 철공공사 내화피복공법의 종류
- 습식공법 : 뿜칠공법, 타설공법, 조적공법
- 건식공법 : 성형판 붙임공법
- 복합공법 : 내화피복기능에 커튼월 등의 기능을 가한 공법

2. 강구조물 화재 시 붕괴방지를 위한 내화피복 두께 기준

(단위 : cm)

화재시간	1시간	2	3	4
콘크리트 내부온도 600도 도달깊이	2	3	5	8

---

62 강관틀비계에서 주틀의 기둥관 1개당 수직 하중의 한도는 얼마인가?

① 16.5kN   ② 24.5kN
③ 32.5kN   ④ 38.5kN

해설
- 강관틀비계 주틀 기둥관 1개당 수직하중 한도 : 24.5kN
- 기둥 사이 하중 : 400kg

63 고압증기양생 경량기포콘트리트(ALC)의 특징으로 거리가 먼 것은?

① 열전도율이 보통 콘크리트의 1/10 정도이다.
② 경량으로 인력에 의한 취급이 가능하다.
③ 흡수율이 매우 낮은 편이다.
④ 현장에서 절단 및 가공이 용이하다.

해설
ALC 특징
- 열전도율이 보통콘크리트보다 낮다(1/10 정도).
- 경량으로 인력에 의한 취급이 가능하다.
- 흡수율이 높다.
- 현장가공 및 절단이 쉽다.
- 탄산화 속도가 빠르다.

64 콘크리트 타설 시 진동기를 사용하는 가장 큰 목적은?

① 콘크리트 타설 시 용이함
② 콘크리트의 응결, 경화 촉진
③ 콘크리트의 밀실화 유지
④ 콘크리트의 재료 분리 촉진

해설
콘크리트 진동다짐의 목적
- 밀실한 콘크리트의 타설
- 재료분리 방지

65 철골용접 부위의 비파괴검사에 관한 설명으로 옳지 않은 것은?

① 방사선검사는 필름의 밀착성이 좋지 않은 건축물에서도 검출이 우수하다.
② 침투탐상검사는 액체의 모세관현상을 이용한다.
③ 초음파탐상검사는 인간의 귀로 들을 수 없는 주파수를 갖는 초음파를 사용하여 결함을 검출하는 방법이다.
④ 외관검사는 용접을 한 용접공이나 용접관리 기술자가 하는 것이 원칙이다.

해설
철골용접부 비파괴검사의 특징
- 방사선검사 : 필름 밀착성이 좋지 않은 건축물에 적용이 난해하다.
- 침투탐상검사 : 침투제(액체)의 모세관현상을 이용한다.
- 초음파탐상검사 : 초음파를 사용해 콘크리트 강도와 철근위치의 추정이 가능하다.
- 외관검사 : 관련기술을 갖춘 자가 하는 것이 원칙이다.

※ **용접부 비파괴검사의 종류**
- 방사선투과법(RT : Radiographic Test) : 방사선을 시험체에 투과시켜 필름에 형상을 담아 결함을 검출하고 분석하는 방법
- 초음파탐상법(UT : Ultrasonic Test) : 초음파를 투과시켜 결함부위에서 반사한 신호를 CTR Screen에 나타난 것을 분석해 결함 크기 및 위치를 검사하는 방법
- 자기탐상법(MT : Magnetic Particle Test) : 자속을 흐르게 하여 자분을 시험체에 뿌려 자분의 모양으로 결함부를 검출하는 방법
- 침투탐상법(PT : Penetrating Test) : 결함에 침투액을 스며들게 한 다음 현상액으로 결함을 검출하는 방법
- 육안검사법(VT : Visual Test) : 육안으로 결함 여부를 식별하는 방법

◉ **ANSWER** | 62 ② 63 ③ 64 ③ 65 ①

66 단순조적 블록쌓기에 관한 설명으로 옳지 않은 것은?

① 단순조적 블록쌓기의 세로줄눈은 도면 또는 공사시방서에서 정한 바가 없을 때에는 막힌줄눈으로 한다.
② 살 두께가 작은 편을 위로 하여 쌓는다.
③ 줄눈 모르타르는 쌓은 후 줄눈누르기 및 줄눈파기를 한다.
④ 특별한 지정이 없으면 줄눈은 10mm가 되게 한다.

단순조적 블록쌓기
• 세로줄눈은 도면이나 공사시방에 정한 바가 없을 경우 막힌 줄눈으로 한다.
• 살두께가 작은 편을 아래로 하여 쌓는다.
• 줄눈 모르타르는 쌓은 후 줄눈누르기 및 줄눈파기를 한다.
• 특별한 지정이 없는 경우 줄눈은 10mm가 되게 한다.
• 하루쌓기 높이는 1.5m 이내를 표준으로 한다.

67 네트워크 공정표의 단점이 아닌 것은?

① 다른 공정표에 비하여 작성기간이 많이 필요하다.
② 작성 및 검사에 특별한 기능이 요구된다.
③ 진척관리에 있어서 특별한 연구가 필요하다.
④ 개개의 관련작업이 도시되어 있지 않아 내용을 알기 어렵다.

네트워크 공정표의 단점
• 다른 공정표에 비해 작성시간이 길다.
• 작성 및 검사에 특별한 기능이 요구된다.
• 진척관리에 있어 특별한 연구가 필요하다.
• 개개의 관련작업이 도시되어 있어 내용의 파악이 용이하다.

※ **네트워크 공정표의 용어**
• EST(Earliest Starting Time) : 가장 빠른 개시 시각
• TF(Total Float) : 전체여유

• FF(Free Float) : 자유여유
• TF = FF+DF
• FF = EST − EFT
• DF = TF − FF
• EFT : 작업을 종료하는 가장 빠른 시각
• LST : 작업을 시작하는 가장 늦은 시각
• LFT : 작업을 종료하는 가장 늦은 시각

68 주문받은 건설업자가 대상 계획의 기업, 금융, 토지조달, 설계, 시공 등을 포괄하는 도급계약방식을 무엇이라 하는가?

① 실비청산 보수가산도급
② 정액도급
③ 공동도급
④ 턴키도급

• 턴키도급 : 주문받은 건설업자가 대상 계획의 기업, 금융, 토지조달, 설계, 시공 등을 포괄하는 방식이다.
• 도급계약방식 : 도급업체가 공동체를 형성해 시공하는 방식으로 상호 간 의견 불일치로 시공관리가 어려우며 공사비가 증가된다.

69 ALC 블록공사 시 내력벽쌓기에 관한 내용으로 옳지 않은 것은?

① 쌓기 모르타르는 교반기를 사용하여 배합하며, 1시간 이내에 사용해야 한다.
② 가로 및 세로줄눈의 두께는 3~5mm 정도로 한다.
③ 하루 쌓기 높이는 1.8m를 표준으로 하며, 최대 2.4m 이내로 한다.
④ 연속되는 벽면의 일부를 나중쌓기로 할 때에는 그 부분을 층단 떼어쌓기로 한다.

ALC 블록공사 내력벽쌓기 시 유의사항
• 쌓기 모르타르는 교반기를 사용하여 배합하며, 1시간 이내에 사용해야 한다.
• 가로 및 세로줄눈의 두께는 1~3mm 정도로 한다.

- 하루 쌓기 높이는 1.8m를 표준으로 하며, 최대 2.4m 이내로 한다.
- 연속되는 벽면의 일부를 나중쌓기로 할 때에는 그 부분을 층단 떼어쌓기로 한다.
- 공간쌓기는 바깥쪽을 주벽체로 하고 내부공간은 50~90mm 정도로 한다.

70 시험말뚝에 변형률계(Strain Gauge)와 가속도계(Accelerometer)를 부착하여 말뚝항타에 의한 파형으로부터 지지력을 구하는 시험은?

① 정적 재하시험 ② 동적 재하시험
③ 비비시험 ④ 인발시험

◀ 해설 ▶

말뚝의 동적 재하시험
시험말뚝에 변형률계와 가속도계를 부착하여 항타 시 발생되는 파형으로 지지력을 구하는 시험방법

71 지하 합벽거푸집에서 측압에 대비하여 버팀대를 삼각형으로 일체화한 공법은?

① 1회용 리브라스 거푸집
② 와플 거푸집
③ 무폼타이 거푸집
④ 단열 거푸집

◀ 해설 ▶

무폼타이 거푸집
- 거푸집 벽체 설치 시 벽체 양면에 거푸집 설치가 곤란할 때 한 면에만 거푸집을 설치하고 폼타이 없이 콘크리트 측압을 지지하도록 한 거푸집공법
- 거푸집 지지를 위해 Brace Frame을 사용한다.

72 부재별 철근의 정착위치에 관한 설명으로 옳지 않은 것은?

① 작은 보의 주근은 슬래브에 정착한다.
② 기둥의 주근은 기초에 정착한다.
③ 바닥철근은 보 또는 벽체에 정착한다.
④ 벽철근은 기둥, 보 또는 바닥판에 정착한다.

◀ 해설 ▶

철근콘크리트 부재별 철근의 정착위치
- 기둥주근 : 기초
- 벽주근 : 보, 바닥판, 기둥
- 지중보주근 : 기초 및 기둥
- 작은 보 주근 : 큰 보
- 보주근 : 기둥
- 바닥철근 : 보 및 벽체

73 다음은 표준시방서에 따른 기성말뚝 세우기 작업 시 준수사항이다. 빈칸 안에 들어갈 내용으로 옳은 것은?(단, 보기항의 D는 말뚝의 바깥지름임)

> 말뚝의 연직도나 경사도는 (A) 이내로 하고, 말뚝박기 후 평면상의 위치가 설계도면의 위치로부터 (B)와 100mm 중 큰 값 이상으로 벗어나지 않아야 한다.

① A : 1/100, B : D/4
② A : 1/150, B : D/4
③ A : 1/100, B : D/2
④ A : 1/150, B : D/2

◀ 해설 ▶

말뚝 세우기 작업 시 준수사항
말뚝의 연직도나 경사도는 1/100 이내로 하고, 말뚝박기 후 평면상의 위치가 설계도면의 위치로부터 1/4D와 100mm 중 큰 값 이상으로 벗어나지 않아야 한다.

74 제자리 콘크리트 말뚝지정 중 베노토 파일의 특징에 관한 설명으로 옳지 않은 것은?

① 기계가 저가이고 굴착속도가 비교적 빠르다.
② 케이싱을 지반에 압입해가면서 관 내부 토사를 특수한 버킷으로 굴착 배토한다.
③ 말뚝구멍의 굴착 후에는 철근콘크리트 말뚝을 제자리치기 한다.
④ 여러 지질에 안전하고 정확하게 시공할 수 있다.

◉ ANSWER | 70 ② 71 ③ 72 ① 73 ① 74 ①

베노토 파일

All casing 공법이라고도 하며, 붕괴방지용 케이싱 튜브를 사용해 요동압입하면서 굴착하는 현장타설 말뚝공법으로 굴착 전체에 케이싱 튜브에 의한 공벽 보호가 되므로 신뢰성이 높은 반면, 기계가 고가이고 굴착속도도 느린 것이 특징이다.

현장타설 콘크리트 말뚝공법

• 어스 드릴 공법
• 베노토 말뚝(Benoto Pile) 공법(All Casing)
• 리버스 서큘레이션(Reverse Circulation Pile) 공법

Earth Drill 공법
굴착 → 표층 Casing 안정액 → Slime 제거 → 철근망 → Tremie관 → Con'c → 표층 Casing 인발

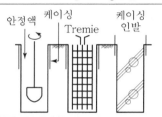

ALL Casing 공법
Casing Tube 세우기 → 굴착 → Casing Tube 삽입 → 철근망 → Tremie관 → Con'c → Casing Tube 인발

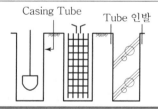

RCD(Reverse Circulation Drill) 역순환 공법
표층 케이싱 → 굴착(토사＋물) 및 배출 → 철근망 → Tremie관 → Con'c 타설 → 표층 Casing 인발

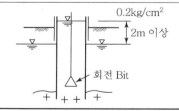

75 철골공사 중 현장에서 보수도장이 필요한 부위에 해당되지 않는 것은?

① 현장용접을 한 부위
② 현장접합 재료의 손상부위
③ 조립상 표면접합이 되는 면
④ 운반 또는 양중 시 생긴 손상부위

철골 보수도장 제외 부

• 현장용접 부위
• 현장접합 재료의 손상부
• 운반이나 양중 시 발생된 손상부
• 볼트접합부의 두부, Nut, Washer

76 웰포인트(Well Point) 공법에 관한 설명으로 옳지 않은 것은?

① 강제배수공법의 일종이다.
② 투수성이 비교적 낮은 사질실트층까지도 배수가 가능하다.
③ 흙의 안전성을 대폭 향상시킨다.
④ 인근 건축물의 침하에 영향을 주지 않는다.

웰포인트 공법과 딥웰공법은 모두 배수를 하는 공법이므로 지하수위 저하에 따라 인근 건축물의 침하위험이 발생된다.

개념도

Deep Well 공법

Well Point 공법

구분	Deep Well 공법	Well Point 공법
특징	• 준비작업이 복잡 • 수중모터펌프 사용	• 공기단축 가능 • 진공펌프 사용
적용 지반	용수량이 많은 곳	• 긴급한 공사 • 6m 이내 굴착 시

77 갱폼(Gang Form)에 관한 설명으로 옳지 않은 것은?

① 타워크레인, 이동식 크레인 같은 양중장비가 필요하다.
② 벽과 바닥의 콘크리트 타설을 한 번에 가능하게 하기 위하여 벽체 및 슬래브거푸집을 일체로 제작한다.
③ 공사초기 제작기간이 길고 투자비가 큰 편이다.
④ 경제적인 전용횟수는 30~40회 정도이다.

해설

갱폼의 특징
• 타워크레인, 이동식 크레인 같은 양중장비가 필요하다.
• 거푸집과 부재를 일체화한 거푸집이다.
• 공사초기 제작지간이 길고 투자비가 크다.
• 전용횟수는 20~40회 정도이다.

78 철골기둥의 이음부분면을 절삭가공기를 사용하여 마감하고 충분히 밀착시킨 이음에 해당하는 용어는?

① 밀 스케일(Mill Scale)
② 스캘럽(Scallop)
③ 스패터(Spatter)
④ 메탈 터치(Metal Touch)

해설

메탈 터치
철골기둥의 이음부분면을 절삭가공기를 사용해 마감하고 밀착시키는 이음방법

79 공사의 도급계약에 명시하여야 할 사항과 가장 거리가 먼 것은?(단, 첨부서류가 아닌 계약서상 내용을 의미)

① 공사내용
② 구조설계에 따른 설계방법의 종류
③ 공사착수의 시기와 공사완성의 시기
④ 하자담보책임기간 및 담보방법

해설

도급계약 명시사항
• 공사내용
• 설계변경, 공사중지 시 도급액 변경 및 손해부담 사항
• 공사착수 시기와 완성시기
• 하자담보책임기간 및 담보방법
• 인도, 검사 및 인도시기

80 지하연속벽(Slurry Wall) 굴착공사 중 공벽 붕괴의 원인으로 보기 어려운 것은?

① 지하수위의 급격한 상승
② 안정액의 급격한 점도 변화
③ 물다짐하여 매립한 지반에서 시공
④ 공사 시 공법의 특성으로 발생하는 심한 진동

해설

지하연속벽(Slurry Wall) 공법의 특징
• 흙막이 벽의 강성이 크기 때문에 보강재가 불필요하다.
• 지수벽의 기능도 갖고 있다.
• 인접건물의 경계선까지 시공이 가능하다.
• 암반을 포함한 대부분의 지반에 시공이 가능하다.

※ 공벽붕괴의 원인
• 지하수위의 급격한 상승
• 안정액 점도의 급격한 변화
• 물다짐 매립지반 시공

◉ ANSWER | 77 ② 78 ④ 79 ② 80 ④

81 다음 미장재료 중 수경성 재료인 것은?

① 회반죽
② 회사벽
③ 석고 플라스터
④ 돌로마이트 플라스터

해설

미장재료 중 수경성 재료
• 석고 플라스터
• 시멘트 모르타르

82 부재 두께의 증가에 따른 강도 저하, 용접성 확보 등에 대응하기 위해 열간압연 시 냉각조건을 조절하여 냉각속도에 의해 강도를 상승시킨 구조용 특수강재는?

① 일반구조용 압연강재
② 용접구조용 압연강재
③ TMC 강재
④ 내후성 강재

해설

TMC(Thermo Mechanical Controlled Process)
• 부재 두께 증가에 따른 강도 저하, 용접성 확보를 위한 특수강재
• 열간압연 시 냉각조건을 조절해 냉각속도에 의해 강도를 향상시킨 구조용 강재
• 용접성과 강도가 높음

83 고로시멘트의 특징으로 옳지 않은 것은?

① 고로시멘트는 포틀랜드시멘트 클링커에 급랭한 고로슬래그를 혼합한 것이다.
② 초기강도는 약간 낮으나 장기강도는 보통 포틀랜드시멘트와 같거나 그 이상이 된다.
③ 보통포틀랜드시멘트에 비해 화학저항성이 매우 낮다.
④ 수화열이 적어 매스콘크리트에 적합하다.

해설

고로시멘트의 특징
• 철광석을 생산한 후 고결된 규산성분을 지닌 물질을 말하며 콘크리트의 장기강도 향상, 수화열 저감, 알칼리 골재반응을 억제하는 효과를 거둘 수 있는 혼화재로 건조수축의 저감효과가 있다.
• 초기강도는 낮으나 장기강도는 우수하다.
• 보통포틀랜드시멘트에 비해 화학저항성이 우수하다.
• 수화열의 저감으로 매스콘크리트에 사용된다.
• 포틀랜드시멘트 대비 비중이 낮고 풍화저항성이 크다.
• 응결시간이 지연된다.
• 수밀성, 알칼리 골재반응 등의 대응에 효과적이다.

84 목재를 이용한 가공제품에 관한 설명으로 옳은 것은?

① 집성재는 두께 1.5~3cm의 널을 접착제로 섬유평행방향으로 겹쳐 붙여서 만든 제품이다.
② 합판은 3매 이상의 얇은 판을 1매마다 접착제로 섬유평행방향으로 붙여서 만든 제품이다.
③ 연질섬유판은 두께 50mm, 너비 100mm의 긴 판에 표면을 리브로 가공하여 만든 제품이다.
④ 파티클보드는 코르크나무의 수피를 분말로 가열, 성형, 접착하여 만든 제품이다.

해설

집성목재의 특징
• 두께 1.5~3cm의 널을 접착제로 붙여 만든 제품이다.
• 기둥이나 보에 사용할 수 있는 단면의 제품이다.

85 플라스틱 제품 중 비닐 레더(Vinyl Leather)에 관한 설명으로 옳지 않은 것은?

① 색채, 모양, 무늬 등을 자유롭게 할 수 있다.
② 면포로 된 것은 찢어지지 않고 튼튼하다.
③ 두께는 0.5~1mm이고, 길이는 10m의 두루마리로 만든다.
④ 커튼, 테이블크로스, 방수막으로 사용된다.

해설

비닐 레더의 특징

- 석재, 모양, 무늬 등을 자유롭게 할 수 있다.
- 면포로 된 것은 찢어지지 않고 강하다.
- 두께는 0.5~1mm이고, 길이는 10m 두루마리로 만든다.

86 알루미늄의 성질에 관한 설명으로 옳지 않은 것은?

① 비중이 철에 비해 약 1/3 정도이다.
② 황산, 인산 중에서는 침식되지만 염산 중에서는 침식되지 않는다.
③ 열, 전기의 양도체이며 반사율이 크다.
④ 부식률은 대기 중의 습도와 염분함유량, 불순물의 양과 질 등에 관계되며 0.08mm/년 정도이다.

해설

알루미늄의 특징

- 비중이 철의 1/3 정도이다.
- 산, 알칼리, 해수에 쉽게 침식된다.
- 열, 전기의 양도체이며 반사율이 크다.
- 부식률은 대기 중의 습도와 염분함유량, 불순물의 양과 질에 관계된다.
- 연간 0.08mm 정도의 부식률을 갖는다.

87 목재 건조 시 생재를 수중에 일정기간 침수시키는 주된 이유는?

① 재질을 연하게 만들어 가공하기 쉽게 하기 위하여
② 목재의 내화도를 높이기 위하여
③ 강도를 크게 하기 위하여
④ 건조기간을 단축시키기 위하여

해설

목재 건조 시 수중에 침수시키는 이유

- 건조기간의 단축
- 수액의 제거

※ 목재의 방부처리법

- 가압주입법 : 압력용기 속에 목재를 넣어 처리하는 가장 신속하고 효과적인 방법

- 상압주입법 : 상온에 담그고 다시 저온에 담그는 방법
- 도포법 : 건조시킨 후 솔로 바르는 방법
- 침지법 : 방부용액에 일정시간 담그는 방법
- 생리적 주입법 : 벌목하기 전 나무뿌리에 약품을 주입시키는 방법

88 다음 중 방청도료에 해당되지 않는 것은?

① 광명단 조합페인트
② 클리어 래커
③ 에칭 프라이머
④ 징크로메이트 도료

해설

방청도료(철물 부식을 방지하기 위한 도료)

- 광명단 도료
- 알루미늄 도료
- 징크로메이트 도료
- 역청질 도료

89 보통시멘트콘크리트와 비교한 폴리머시멘트콘크리트의 특징으로 옳지 않은 것은?

① 유동성이 감소하여 일정 워커빌리티를 얻는 데 필요한 물-시멘트비가 증가한다.
② 모르타르, 강재, 목재 등의 각종 재료와 잘 접착한다.
③ 방수성 및 수밀성이 우수하고 동결융해에 대한 저항성이 양호하다.
④ 휨, 인장강도 및 신장능력이 우수하다.

해설

폴리머시멘트콘크리트의 특징

- 모르타르, 강재, 목재 등의 각종 재료와 잘 접착한다.
- 방수성 및 수밀성이 우수하고 동결융해에 대한 저항성이 좋다.
- 휨, 인장강도, 신장능력이 우수하다.
- 유동성이 좋아 물-시멘트비가 저감된다.

◉ **ANSWER** | 86 ② 87 ④ 88 ② 89 ①

90 실리콘(Silicon)수지에 관한 설명으로 옳지 않은 것은?

① 실리콘수지는 내열성, 내한성이 우수하여 −60~260℃의 범위에서 안정하다.
② 탄성을 지니고 있고, 내후성도 우수하다.
③ 발수성이 있기 때문에 건축물, 전기 절연물 등의 방수에 쓰인다.
④ 도료로 사용할 경우 안료로서 알루미늄 분말을 혼합한 것은 내화성이 부족하다.

◉해설

실리콘수지의 특징
• 내열성, 내한성이 우수하며 −60~260℃의 범위에서 안정하다.
• 탄성을 지니고 있고, 내후성도 우수하다.
• 발수성이 있기 때문에 건축물, 전기 절연물 등의 방수재료로 사용된다.
• 도료로 사용할 경우 내화성이 양호하다.

91 다음 제품 중 점토로 제작된 것이 아닌 것은?

① 경량벽돌　　　② 테라코타
③ 위생도기　　　④ 파키트리 패널

◉해설

파키트리 패널은 목재로 가공된 패널이다.

92 다음 각 도료에 관한 설명으로 옳지 않은 것은?

① 유성페인트 : 건조시간이 길고 피막이 튼튼하고 광택이 있다.
② 수성페인트 : 유성페인트에 비하여 광택이 매우 우수하고 내구성 및 내마모성이 크다.
③ 합성수지페인트 : 도막이 단단하고 내산성 및 내알칼리성이 우수하다.
④ 에나멜페인트 : 건조가 빠르고, 내수성 및 내약품성이 우수하다.

◉해설

수성페인트의 특징
• 유성페인트에 비해 광택이 없다.
• 내장재 및 외장재에 사용된다.

93 경질우레탄폼 단열재에 관한 설명으로 옳지 않은 것은?

① 규격은 한국산업표준(KS)에 규정되어 있다.
② 공사현장에서 발포시공이 가능하다.
③ 사용시간이 경과함에 따라 부피가 팽창하는 결점이 있다.
④ 초저온 장치용 보냉재로 사용된다.

◉해설

경질우레탄폼 단열재는 사용시간이 경과되어도 부피가 팽창하지 않는 우수성이 있다.

94 콘크리트용 골재의 요구성능에 관한 설명으로 옳지 않은 것은?

① 골재의 강도는 경화한 시멘트페이스트 강도보다 클 것
② 골재의 형태가 예각이며, 표면은 매끄러울 것
③ 골재의 입형이 둥글고 입도가 고를 것
④ 먼지 또는 유기불순물을 포함하지 않을 것

◉해설

콘크리트용 골재의 요구성능
• 골재의 강도는 경화한 시멘트페이스트 강도보다 높을 것
• 골재의 형태는 둥글고, 표면은 다소 거친 것이 좋다(시멘트와의 부착성을 위해).
• 입형이 둥글고 입도가 고를 것
• 먼지 또는 유기불순물을 포함하지 않을 것

95 양질의 도토 또는 장석분을 원료로 하며, 흡수율이 1% 이하로 거의 없고 소성온도가 약 1,230~1,460℃인 점토 제품은?

① 토기　　　② 석기
③ 자기　　　④ 도기

◉해설

점토제품의 소성온도별 분류
• 토기 : 790~1,000℃
• 도기 : 1,100~1,230℃

◉ ANSWER | 90 ④ 91 ④ 92 ② 93 ③ 94 ② 95 ③

- 석기 : 1,160~1,350℃
- 자기 : 1,230~1,460℃

96 콘크리트의 워커빌리티(Workability)에 관한 설명으로 옳지 않은 것은?

① 과도하게 비빔시간이 길면 시멘트의 수화를 촉진하여 워커빌리티가 나빠진다.
② 단위수량을 너무 증가시키면 재료분리가 생기기 쉽기 때문에 워커빌리티가 좋아진다고 볼 수 없다.
③ AE제를 혼입하면 워커빌리티가 좋아진다.
④ 깬자갈이나 깬모래를 사용할 경우, 잔골재율을 작게 하고 단위수량을 감소시켜 워커빌리티가 좋아진다.

해설

콘크리트의 워커빌리티(Workability)
- 작업성을 말하는 것으로 과도하게 비빔시간이 길면 시멘트의 수화를 촉진시켜 워커빌리티가 나빠진다.
- 단위수량을 과도하게 증가시키면 재료분리가 발생된다.
- AE제를 혼합하면 워커빌리티가 향상된다.
- 깬자갈이나 깬모래를 사용할 경우, 단위수량이 증가되며 워커빌리티가 낮아진다.

97 건축물에 사용되는 천장마감재의 요구성능으로 옳지 않은 것은?

① 내충격성　　② 내화성
③ 흡음성　　　④ 차음성

해설

건축물 천장마감재의 요구성능
- 내화성
- 흡음성
- 차음성

98 세라믹재료의 일반적인 특성에 관한 설명으로 옳지 않은 것은?

① 내열성, 화학저항성이 우수하다.
② 전연성이 매우 뛰어나 가공이 용이하다.
③ 단단하고, 압축강도가 높다.
④ 전기 절연성이 있다.

해설

세라믹재료의 특성
- 내열성, 화학저항성이 우수하다.
- 가공이 어렵다.
- 압축강도가 높다.
- 전기 절연성이 우수하다.

99 한중콘크리트의 배합에 관한 설명으로 옳지 않은 것은?

① 한중콘크리트에는 일반콘크리트만을 사용하고, AE콘크리트의 사용을 금한다.
② 단위수량은 초기동해를 적게 하기 위하여 소요의 워커빌리티를 유지할 수 있는 범위 내에서 되도록 적게 정해야 한다.
③ 물-결합재비는 원칙적으로 60% 이하로 하여야 한다.
④ 배합강도 및 물-결합재비는 적산온도방식에 의해 결정할 수 있다.

해설

한중콘크리트 배합 시 주의사항
- 한중콘크리트는 평균기온 4℃ 이하에서 타설하는 콘크리트를 말한다.
- 동결융해 방지를 위해 AE제의 사용이 권장된다.
- 단위수량은 초기동해 방지를 위해 되도록 적게 한다.
- 물결합재비는 원칙적으로 60% 이하로 한다.
- 배합강도 및 물결합재비는 적산온도방식으로 결정할 수 있다.

100 유리의 주성분 중 가장 많이 함유되어 있는 것은?

① CaO ② SiO₂
③ Al₂O₃ ④ MgO

◉해설

유리의 주성분 : SiO_2(규산)

6과목 건설안전기술

101 건설재해대책의 사면보호법 중 식물을 생육시켜 그 뿌리로 사면의 표층토를 고정하여 빗물에 의한 침식, 동상, 이완을 방지하고, 녹화에 의한 경관조성을 목적으로 시공하는 것은?

① 식생공 ② 쉴드공
③ 뿜어붙이기공 ④ 블록공

◉해설

㉠ 사면의 보호공법
  • 식생공
  • 떼붙임공
  • 파종
㉡ 사면의 보강공법
  • 억지말뚝
  • 옹벽
  • Soil Nailing
  • 블럭공
  • Earth Anchor

102 산업안전보건법령에 따른 양중기의 종류에 해당하지 않는 것은?

① 곤돌라 ② 리프트
③ 클램셸 ④ 크레인

◉해설

클램셸
연약지반 또는 수중굴착 등에 사용되는 건설장비

103 화물취급작업과 관련한 위험방지를 위해 조치하여야 할 사항으로 옳지 않은 것은?

① 하역작업을 하는 장소에서 작업장 및 통로의 위험한 부분에는 안전하게 작업할 수 있는 조명을 유지할 것
② 하역작업을 하는 장소에서 부두 또는 안벽의 선을 따라 통로를 설치하는 경우에는 폭을 50cm 이상으로 할 것
③ 차량 등에서 화물을 내리는 작업을 하는 경우에 해당 작업에 종사하는 근로자에게 쌓여 있는 화물 중간에서 화물을 빼내도록 하지 말 것
④ 꼬임이 끊어진 섬유로프 등을 화물운반용 또는 고정용으로 사용하지 말 것

◉해설

부두, 안벽 등 하역작업 장소에서 작업통로 설치 시 최소폭 : 90cm 이상

104 표준관입시험에 관한 설명으로 옳지 않은 것은?

① N치(N-Value)는 지반을 30cm 굴진하는 데 필요한 타격횟수를 의미한다.
② N치가 10 이상일 경우 모래의 상대밀도는 매우 단단한 편이다.
③ 63.5kg 무게의 추를 76cm 높이에서 자유낙하하여 타격하는 시험이다.
④ 사질기반에 적용하며, 점토기반에서는 편차가 커서 신뢰성이 떨어진다.

◉해설

표준관입시험(Standard Penetration Test)
현장에서 직접 흙의 다짐상태를 확인하기 위해 63.5kg의 해머를 76cm의 높이에서 자유낙하시켜 Sampler를 30cm 관입시키는 데 소요되는 해머의 타격횟수 N치를 구하는 시험으로, 연약지반 여부를 판단하는 기본자료로 활용된다.

N치로 추정하는 구분

1. 사질지반

N	0~4	4~10	10~30	30~50	50 이상
상대밀도 (D_r)	몹시 느슨	느슨	보통	조밀	대단히 조밀
내부 마찰각 (ϕ)	30 이하	30~35	35~40	40~45	45 이상

2. 점토지반

N	2 이하	2~4	4~8	8~15	15~30	30 이상
Consistency	매우 연약	연약	보통	견고	매우 견고	고결
q_u (kN/m²)	0.25 <25	25~50	50~100	100~200	200~400	>400

105 근로자의 추락 등의 위험을 방지하기 위한 안전난간의 설치요건에서 상부난간대를 120cm 이상 지점에 설치하는 경우 중간난간대를 최소 몇 단 이상 균등하게 설치하여야 하는가?

① 2단   ② 3단
③ 4단   ④ 5단

해설

안전난간 설치기준
- 높이 : 안전난간의 높이(작업바닥면에서 상부난간의 끝단까지의 높이)는 90cm 이상으로 한다.
- 난간기둥의 중심간격 : 난간기둥의 중심간격은 2m 이하로 한다.
- 중간대의 간격 : 폭목과 중간대, 중간대와 상부난간대 등의 내부간격은 각각 45cm를 넘지 않도록 설치한다.
- 폭목의 높이 : 작업면에서 띠장목의 상면까지의 높이가 10cm 이상 되도록 설치한다. 다만, 합판 등을 겹쳐서 사용하는 등 작업바닥면이 고르지 못한 경우에는 높은 것을 기준으로 한다.
- 띠장목과 작업바닥면 사이의 틈은 10mm 이하로 한다.
- 상부난간대를 120cm 이상 지점에 설치하는 경우 중간난간대는 최소 2단 이상 균등하게 설치해야 한다.

106 건설현장에 설치하는 사다리식 통로의 설치기준으로 옳지 않은 것은?

① 발판과 벽과의 사이는 15cm 이상의 간격을 유지할 것
② 발판의 간격은 일정하게 할 것
③ 사다리의 상단은 걸쳐 놓은 지점으로부터 60cm 이상 올라가도록 할 것
④ 사다리식 통로의 길이가 10m 이상인 경우에는 3m 이내마다 계단참을 설치할 것

해설

제24조(사다리식 통로 등의 구조)
① 사업주는 사다리식 통로 등을 설치하는 경우 다음 내용을 준수해야 한다.
1. 견고한 구조로 할 것
2. 심한 손상·부식 등이 없는 재료를 사용할 것
3. 발판의 간격은 일정하게 할 것
4. 발판과 벽과의 사이는 15센티미터 이상의 간격을 유지할 것
5. 폭은 30센티미터 이상으로 할 것
6. 사다리가 넘어지거나 미끄러지는 것을 방지하기 위한 조치를 할 것
7. 사다리의 상단은 걸쳐놓은 지점으로부터 60센티미터 이상 올라가도록 할 것
8. 사다리식 통로의 길이가 10미터 이상인 경우에는 5미터 이내마다 계단참을 설치할 것
9. 사다리식 통로의 기울기는 75도 이하로 할 것. 다만, 고정식 사다리식 통로의 기울기는 90도 이하로 하고, 그 높이가 7미터 이상인 경우에는 다음 각 목의 구분에 따른 조치를 할 것
   가. 등받이울이 있어도 근로자 이동에 지장이 없는 경우 : 바닥으로부터 높이가 2.5미터 되는 지점부터 등받이울을 설치할 것
   나. 등받이울이 있으면 근로자가 이동이 곤란한 경우 : 한국산업표준에서 정하는 기준에 적합한 개인용 추락 방지 시스템을 설치하고 근로자로 하여금 한국산업표준에서 정하는 기준에 적합한 전신안전대를 사용하도록 할 것
10. 접이식 사다리 기둥은 사용 시 접혀지거나 펼쳐지지 않도록 철물 등을 사용하여 견고하게 조치할 것
② 잠함(潛函) 내 사다리식 통로와 건조·수리 중인 선박의 구명줄이 설치된 사다리식 통로(건조·수리작업을 위하여 임시로 설치한 사다리식 통로는 제외한다)에 대해서는 제1항 제5호부터 제10호까지의 규정을 적용하지 아니한다.

◉ **ANSWER** | 105 ① 106 ④

107 불도저를 이용한 작업 중 안전조치사항으로 옳지 않은 것은?

① 작업종료와 동시에 삽날을 지면에서 띄우고 주차제동장치를 건다.
② 모든 조종간은 엔진 시동 전에 중립 위치에 놓는다.
③ 장비의 승차 및 하차 시 뛰어내리거나 오르지 말고 안전하게 잡고 오르내린다.
④ 야간작업 시 자주 장비에서 내려와 장비 주위를 살피며 점검하여야 한다.

해설

굴삭장비는 작업종료와 동시에 삽날을 지면에 밀착시켜 주차제동장치를 건다.

108 건설공사의 산업안전보건관리비 계상 시 대상액이 구분되어 있지 않은 공사는 도급계약 또는 자체 사업계획상의 총공사금액 중 얼마를 대상액으로 하는가?

① 50% ② 60%
③ 70% ④ 80%

해설

대상액이 구분되어 있지 않는 공사는 도급계약이나 자체 사업계획상 총공사금액의 70%를 대상액으로 한다.

산업안전보건관리비 계상기준 개정(2025.1.1부터 적용)

구분	대상액 5억 원 미만 적용비율 (%)	대상액 5억 원 이상 50억 원 미만인 경우		대상액 50억 원 이상 적용비율 (%)	보건관리자 선임대상 건설공사의 적용비율 (%)
		적용비율 (%)	기초액		
건축공사	3.11	2.28	4,325,000원	2.37	2.64
토목공사	3.15	2.53	3,300,000원	2.60	2.73
중건설공사	3.64	3.05	2,975,000원	3.11	3.39
특수건설공사	2.07	1.59	2,450,000원	1.64	1.78

공사진척별 사용기준

공정률	50~70%	70~90%	90% 이상
사용기준	50% 이상	70% 이상	90% 이상

109 도심지 폭파해체공법에 관한 설명으로 옳지 않은 것은?

① 장기간 발생하는 진동, 소음이 적다.
② 해체속도가 빠르다.
③ 주위의 구조물에 끼치는 영향이 적다.
④ 많은 분진 발생으로 민원을 발생시킬 우려가 있다.

해설

도심지 폭파해체공법의 특징
• 장기간 발생하는 진동, 소음이 적다.
• 해체속도가 빠르다.
• 주위 구조물에 끼치는 영향이 크다.
• 많은 분진 발생으로 민원을 발생시킬 우려가 있다.

110 NATM 공법 터널공사의 경우 록볼트 작업과 관련된 계측결과에 해당되지 않는 것은?

① 내공변위 측정결과
② 천단침하 측정결과
③ 인발시험결과
④ 진동 측정결과

해설

NATM 공법 터널공사 시 록볼트 작업 관련 계측항목
• 내공변위 측정
• 천단침하 측정
• 인발시험 측정
• 축력시험 측정
• 지중변위 측정

111 거푸집 동바리 등을 조립하는 경우에 준수하여야 할 사항으로 옳지 않은 것은?

① 깔목의 사용, 콘크리트 타설, 말뚝박기 등 동바리의 침하를 방지하기 위한 조치를 할 것
② 개구부 상부에 동바리를 설치하는 경우에는 상부하중을 견딜 수 있는 견고한 받침대를 설치할 것

③ 거푸집이 곡면인 경우에는 버팀대의 부착 등 그 거푸집의 부상(浮上)을 방지하기 위한 조치를 할 것
④ 동바리의 이음은 맞댄이음이나 장부이음을 피할 것

● 해설

거푸집 작업 시 유의사항

1. 해체 작업 시 고려사항
   - 거푸집 존치기간
   - 해체작업 계획수립
   - 재해예방을 위한 안전대책 수립
   - 근로자 이외 제3자 보호대책
2. 조립 작업 시 준수사항
   - 조립 작업 시 관리감독자 배치
   - 거푸집 운반, 설치작업에 필요한 작업장 내 통로 및 비계가 충분한가의 확인
   - 재료, 기구, 공구를 올리거나 내릴 때 달줄, 달포대 등 사용
   - 강풍, 폭우, 폭설 등 악천후 시 작업 중지
   - 작업장 주위 작업원 이외의 통행제한 및 슬래브 거푸집 조립 시 인원이 한곳에 집중되지 않도록 한다.
   - 사다리 또는 이동식 틀비계 사용 시 항상 보조원 대기 조치
   - 현장 제작 시 별도의 작업장에서 제작
   - 동바리이음은 맞댄이음이나 장부이음으로 할 것
   - 깔목의 사용 등 침하 방지를 위한 조치를 할 것
   - 개구부 상부에 동바리를 설치하는 경우 상부하중을 견딜 수 있는 견고한 받침대를 설치할 것
3. 해체 작업 시 준수사항
   - 해체순서 준수 및 관리감독자 배치
   - 콘크리트 자중 및 시공 중 하중에 견딜 만한 강도를 가질 때까지 해체 금지
   - 거푸집 해체 작업 시 관리기준 준수
   - 안전모 등 보호구 착용
   - 관계자 외 출입 금지
   - 상하 동시작업의 원칙적 금지 및 부득이한 경우 긴밀히 연락을 취하며 작업
   - 무리한 충격이나 큰 힘에 의한 지렛대 사용 금지
   - 보 또는 슬래브 거푸집 제거 시 거푸집 낙하 충격으로 인한 작업원의 돌발재해 방지
   - 해체된 거푸집, 각목 등에 박혀 있는 못 또는 날카로운 돌출물의 즉시 제거
   - 해체된 거푸집은 재사용 가능한 것과 보수할 것을 선별, 분리해 적치하고 정리정돈 한다.
   - 기타 제3자 보호 조치에 대하여도 완전한 조치를 강구한다.

112 비계의 높이가 2m 이상인 작업장소에 설치하는 작업발판의 설치기준으로 옳지 않은 것은?(단, 달비계, 달대비계 및 말비계는 제외)

① 작업발판의 폭은 40m 이상으로 한다.
② 작업발판재료는 뒤집히거나 떨어지지 않도록 하나 이상의 지지물에 연결하거나 고정시킨다.
③ 발판재료 간의 틈은 3cm 이하로 한다.
④ 작업발판의 지지물은 하중에 의하여 파괴될 우려가 없는 것을 사용한다.

● 해설

작업발판 설치기준

- 발판재료 : 작업 시 하중을 견딜 수 있는 견고한 것일 것
- 폭 : 40cm 이상이며 재료 간의 틈은 3cm 이하일 것
- 추락위험 장소에는 안전난간 설치
- 뒤집히거나 떨어지지 않도록 2 이상의 지지물에 연결하거나 고정할 것
- 하중에 의해 파괴 우려가 없는 것 사용
- 이동 시 위험방지 조치
- 선박 및 보트 건조작업장소에 설치 시 폭은 30cm 이상으로 할 수 있고, 걸침비계의 경우 발판재료 간 틈을 3cm 이하로 유지하기 곤란한 경우 5cm 이하로 가능

113 흙막이 지보공을 설치하였을 경우 정기적으로 점검하고 이상을 발견하면 즉시 보수하여야 하는 사항과 가장 거리가 먼 것은?

① 부재의 접속부·부착부 및 교차부의 상태
② 버팀대의 긴압(緊壓)의 정도
③ 부재의 손상·변형·부식·변위 및 탈락의 유무와 상태
④ 지표수의 흐름 상태

● 해설

흙막이 지보공의 정기점검사항

- 부재 접속부, 교차부, 부착부 상태
- 버팀대 긴압 정도
- 부재 손상, 변형, 부식, 변위, 탈락 유무
- 침하 정도

114 말비계를 조립하여 사용하는 경우 지주부재와 수평면의 기울기는 얼마 이하로 하여야 하는가?

① 65°　　　　② 70°
③ 75°　　　　④ 80°

해설

말비계 조립 시 기울기 : 지주부재와 75° 이하

115 지반 등의 굴착 시 위험을 방지하기 위한 연암지반 굴착면의 기울기 기준으로 옳은 것은?

① 1 : 0.3　　　　② 1 : 0.4
③ 1 : 0.5　　　　④ 1 : 0.6

해설

시험 당시 답은 ③이었으나, 법 개정으로 인해 현재 기준과는 다름

굴착면 기울기 기준(2023.11.14. 개정)

지반의 종류	굴착면의 기울기
모래	1:1.8
연암 및 풍화암	1:1.0
경암	1:0.5
그밖의 흙	1:1.2

116 작업발판 및 통로의 끝이나 개구부로서 근로자가 추락할 위험이 있는 장소에서 난간 등의 설치가 매우 곤란하거나 작업의 필요상 임시로 난간 등을 해체하여야 하는 경우에 설치해야 하는 것은?

① 구명구　　　　② 수직보호망
③ 석면포　　　　④ 추락방호망

해설

추락방지시설
• 작업발판 및 통로의 끝이나 개구부 : 추락방호망
• 엘리베이터 홀 등의 개구부 : 개구부덮개
• 추락방호망이나 안전난간 등의 설치가 불가능한 장소 : 구명줄 및 안전대
• 계단의 측면이나 작업발판 측면 : 안전난간

117 흙막이 공법을 흙막이 지지방식에 의한 분류와 구조방식에 의한 분류로 나눌 때 다음 중 지지방식에 의한 분류에 해당하는 것은?

① 수평 버팀대식 흙막이 공법
② H-Pile 공법
③ 지하연속벽 공법
④ Top Down Method 공법

해설

흙막이 공법의 분류

1. 지지방식

자립식	버팀대식	어스앵커
• 얕은 굴착 • 부지여유 없는 현장	• 연약지반 • 협소한 현장	• 간편한 시공 • 인근부지 사용에 제약

2. 구조방식

Slurry Wall	H-Pile	SSP
• 차수성 • 벽체 강성 우수	• 저렴한 공사비 • 장애물처리 용이 (토류판 설치)	• 연약지반 시공 가능 • 차수성 우수

118 철골용접부의 내부결함을 검사하는 방법으로 가장 거리가 먼 것은?

① 알칼리 반응시험
② 방사선 투과시험
③ 자기분말 탐상시험
④ 침투 탐상시험

해설

알칼리 반응시험은 철근콘크리트의 열화정도 파악을 위한 시험방법이다.

철골용접부 결함 검사방법
1. 용접부 내부검사
   • 방사선 투과시험
   • 초음파 탐상시험
2. 용접부 표면결함검사
   • 육안검사
   • 침투탐상시험
   • 자분탐상시험

119 유해위험방지 계획서를 제출하려고 할 때 그 첨부서류와 가장 거리가 먼 것은?

① 공사개요서
② 산업안전보건관리비 작성요령
③ 전체 공정표
④ 재해 발생 위험 시 연락 및 대피방법

해설

유해위험방지계획서 제출 시 첨부서류
• 공사개요서
• 현장주변 현황 및 주변과의 관계를 나타내는 도면
• 건설물, 사용 기계설비 등의 배치도면
• 전체공정표
• 산업안전보건관리비 사용계획
• 안전관리 조직표
• 재해발생 위험 시 연락 및 대피방법

※ 유해위험방지계획서 제출 대상공사
• 높이 31미터 이상 건축물공사
• 연면적 3만 cm^2 이상 건축물공사
• 연면적 5천 cm^2 이상 문화, 집회시설공사
• 연면적 5천 cm^2 이상 냉동, 냉장창고 단열 및 설비공사
• 최대 지간길이 50미터 이상 교량공사
• 댐공사, 2000만 톤 이상 용수전용댐공사

120 콘크리트타설작업과 관련하여 준수하여야 할 사항으로 가장 거리가 먼 것은?

① 당일의 작업을 시작하기 전에 해당 작업에 관한 거푸집 동바리 등의 변형·변위 및 지반의 침하 유무 등을 점검하고 이상이 있으면 보수할 것
② 콘크리트를 타설하는 경우에는 편심이 발생하지 않도록 골고루 분산하여 타설할 것
③ 진동기의 사용은 많이 할수록 균일한 콘크리트를 얻을 수 있으므로 가급적 많이 사용할 것
④ 설계도서상의 콘크리트 양생기간을 준수하여 거푸집 동바리 등을 해체할 것

해설

콘크리트 타설 시 준수사항
• 당일 작업 시작 전 해당 작업에 관한 거푸집 동바리의 변형, 변위, 지반침하 유무 점검
• 편심이 발생되지 않도록 분산 타설
• 진동기의 사용 시 과다한 측압의 발생방지를 위해 적절히 할 것
• 설계도서상의 양생기간을 준수하여 해체할 것

1과목 **산업안전관리론**

01 산업안전보건법령상 건설업의 경우 안전보건관리규정을 작성하여야 하는 상시근로자 수 기준으로 옳은 것은?

① 50명 이상   ② 100명 이상
③ 200명 이상   ④ 300명 이상

━━ 해설 ━━━━━━━━━━━━━

안전보건관리규정 작성대상

사업의 종류	규모
1. 농업 2. 어업 3. 소프트웨어 개발 및 공급업 4. 컴퓨터 프로그래밍, 시스템 통합 및 관리업 5. 정보서비스업 6. 금융 및 보험업 7. 임대업(부동산 제외) 8. 전문, 과학 및 기술서비스업(연구개발업 제외) 9. 사업지원 서비스업 10. 사회복지 서비스업	상시 근로자 300명 이상을 사용하는 사업장
제1호부터 제10호까지의 사업을 제외한 사업	상시 근로자 100명 이상을 사용하는 사업장

02 재해손실비 중 직접비에 속하지 않는 것은?

① 요양급여   ② 장해급여
③ 휴업급여   ④ 영업손실비

━━ 해설 ━━━━━━━━━━━━━

재해손실비 구분
- 직접비 : 재해당사자나 유족에게 지급하는 비용
- 간접비 : 직접비를 제외한 비용

03 산업안전보건법령상 안전관리자의 업무에 명시되지 않는 것은?

① 사업장 순회점검, 지도 및 조치 건의
② 물질안전보건자료의 게시 또는 비치에 관한 보좌 및 지도·조언
③ 산업재해에 관한 통계의 유지·관리·분석을 위한 보좌 및 지도·조언
④ 해당 사업장 안전교육계획의 수립 및 안전교육 실시에 관한 보좌 및 지도·조언

━━ 해설 ━━━━━━━━━━━━━

안전관리자 업무(「산업안전보건법 시행령」 제18조)
1. 산업안전보건위원회 또는 안전 및 보건에 관한 노사협의체에서 심의·의결한 업무와 해당 사업장의 안전보건관리규정 및 취업규칙에서 정한 업무
2. 위험성평가에 관한 보좌 및 지도·조언
3. 안전인증대상기계 등과 자율안전확인대상기계 등을 구입 시 적격품의 선정에 관한 보좌 및 지도·조언
4. 해당 사업장 안전교육계획의 수립 및 안전교육 실시에 관한 보좌 및 지도·조언
5. 사업장 순회점검, 지도 및 조치 건의
6. 산업재해 발생의 원인 조사·분석 및 재발 방지를 위한 기술적 보좌 및 지도·조언
7. 산업재해에 관한 통계의 유지·관리·분석을 위한 보좌 및 지도·조언
8. 법 또는 법에 따른 명령으로 정한 안전에 관한 사항의 이행에 관한 보좌 및 지도·조언
9. 업무 수행 내용의 기록·유지
10. 그 밖에 안전에 관한 사항으로서 고용노동부장관이 정하는 사항

━━━━━━━━━━━━━━━━━━━━━━

⊙ **ANSWER** | 01 ② 02 ④ 03 ②

04 연평균 200명의 근로자가 작업하는 사업장에서 연간 2건의 재해가 발생하여 사망이 2명, 50일의 휴업일수가 발생했을 때, 이 사업장의 강도율은?(단, 근로자 1명당 연간근로시간은 2400시간으로 한다.)

① 약 15.7 ② 약 31.3
③ 약 65.5 ④ 약 74.3

$$강도율 = \frac{총요양 근로손실일수}{연근로시간수} \times 1,000$$

$$= \frac{(7,500 \times 2) + \left(50 \times \frac{300}{365}\right)}{200 \times 2,400} \times 1,000$$

$$= 31.33$$

05 작업자가 기계 등의 취급을 잘못해도 사고가 발생하지 않도록 방지하는 기능은?

① Back Up 기능 ② Fail Safe 기능
③ 다중계화 기능 ④ Fool Proof 기능

- Fail Safe : 인간, 기계의 과오나 동작상 실수가 발생하여도 이에 의한 재해가 발생하지 않도록 2중, 3중의 통제를 가하는 설계기법으로 Passive, Active, Operational 등으로 구분된다.
- Fool Proof : 작업자가 기계 등의 취급을 잘못해도 사고가 발생하지 않도록 방지하는 기능으로 구조적, 기능적 Fail Saft로 구분되며 자동감지, 자동제어, 차단 및 고정의 3단계로 설계하는 것을 원칙으로 한다. 방식으로는 불량발생을 허용하지 않는 정지식, 실수를 허용하지 않는 규제식, 실수를 사전에 통보하는 경보식으로 분류된다.
- Back Up : 주기능 후방에서 대기하는 것이 원칙으로 고장 시 기능을 대행하는 설계이다.
- Fail Soft : 일부 장치의 고장이나 기능이 저하가 되어도 전체적인 기능을 유지하는 설계기법이다.

06 산업안전보건법령상 산업안전보건관리비 사용명세서는 건설공사 종료 후 얼마간 보존해야 하는가?(단, 공사가 1개월 이내에 종료되는 사업은 제외한다.)

① 6개월간 ② 1년간
③ 2년간 ④ 3년간

사업주가 보존해야 할 서류의 보존기간
- 노사협의체 회의록 : 2년
- 안전보건관리책임자의 선임에 관한 서류 : 3년
- 화학물질의 유해성·위험성 조사에 관한 서류 : 3년
- 산업재해의 발생 원인 등 기록 : 3년
- 작업환경측정에 관한 서류 : 5년
- 산업안전보건관리비 사용명세서 : 1년

07 산업안전보건기준에 관한 규칙상 지게차를 사용하는 작업을 하는 때의 작업 시작 전 점검사항에 명시되지 않은 것은?

① 제동장치 및 조종장치 기능의 이상 유무
② 하역장치 및 유압장치 기능의 이상 유무
③ 와이어로프가 통하고 있는 곳 및 작업장소의 지반상태
④ 전조등·후미등·방향지시기 및 경보장치 기능의 이상 유무

지게차 작업 시작 전 점검사항
1. 법적 방호장치 조치확인
   - 전조등 및 후미등(산업안전보건기준에 관한 규칙 제179조) : 지게차는 야간작업 시 등에 지게차 전후방의 조명을 확보하여 안전한 작업이 이루어지도록 전조등 및 후미등을 갖추어야 한다. 다만, 안전한 작업수행을 위하여 필요한 조명이 확보되어있는 장소에서 사용하는 경우에는 그러하지 아니하다.
   - 헤드가드(산업안전보건기준에 관한 규칙 제180조) : 헤드가드(Head guard)는 지게차를 사용한 화물운반 시 운전자 위쪽으로부터 화물의 낙하에 의한 운전자 위험방지를 위해 머리 위에 설치하는 덮개를 말하며, 운전자 머리에 화물이 낙하하더라도 안전하고 견고하여야 하고 운전자의 운전조작 등 작업에 지장이 없는 구조로 설치하여야 한다.
   - 백레스트(산업안전보건기준에 관한 규칙 제181조) : 백레스트(Backrest)는 지게차로 화물 또는 부재 등이 적재된 팔레트를 싣거나 이동하기 위하여 마스트를 뒤로 기울일 때 화물

이 마스트 방향으로 떨어지는 것을 방지하기 위한 짐받이틀을 말한다. 마스트를 뒤로 기울이는 기구가 없는 지게차의 경우는 백레스트를 구비하지 않아도 지장은 없지만 되도록 구비하는 것이 바람직하다.
- 좌석 안전띠(산업안전보건기준에 관한 규칙 제183조) : 앉아서 조작하는 방식의 지게차에 대해서는 지게차 전복 시 등에 근로자가 운전석으로부터 이탈하여 발생될 수 있는 재해를 예방하기 위해 안전띠를 설치하고 운전 시에는 반드시 착용토록 하여야 한다.

2. 추가적인 안전조치 확인
- 주행연동 안전벨트 : 지게차의 전·후진 레버의 접점과 안전벨트를 연결하여 안전벨트를 착용 시에만 전·후진 할 수 있도록 인터록 시스템을 구축하여 전도·충돌 시 운전자가 운전석에서 튕겨져 나가는 것을 방지한다.
- 후방접근 경보장치 : 지게차 후진 시 뒷면 근로자의 통행 또는 물체와 충돌로 빈번히 발생되는 재해를 방지하기 위해 후방접근 상태를 감지할 수 있는 접근경보장치를 설치한다.
- 대형 후사경 및 룸밀러 : 소형 후사경(165W ×255L : 평면)은 지게차 뒷면 확인이 곤란하여, 후진 시 지게차 후면에 근로자의 통행 또는 물체와 충돌로 인한 재해를 예방하기 위해 대형 후사경을 설치한다. 대형 후사경을 부착하여도 지게차 뒷면에 사각지역이 발생하므로 이에 대한 해소를 위해 룸밀러를 설치한다.
- 포크 위치 표시 : 포크를 높이 올린 상태에서 주행함으로써 발생되는 지게차의 전도나, 화물이 떨어져 발생하는 사고를 방지하기 위해 바닥으로부터 포크의 위치를 운전자가 쉽게 알 수 있도록 마스트와 포크 후면에 경고표지를 부착한다. 표지는 바닥으로부터 포크의 이격거리가 10~30cm 위치의 마스트와 백레스트가 상호 일치되도록 도색 또는 색상테이프를 부착한다.
- 지게차 식별을 위한 형광테이프/경광등 부착 : 조명이 어두운 작업장에서 지게차의 위치와 움직임 등이 식별 가능하도록 경광등을 부착하거나 형광테이프 등을 지게차 주변*에 부착한다.
  * 포크, 마스트, 지게차 후면, 바퀴 등 위험부위에 형광테이프 또는 도색을 실시
- 주행 경고음 : 지게차의 주행 또는 후진 시 주변 작업자에게 지게차의 위치를 알리고 부딪힘 사고를 방지하기 위해 경고메시지 또는 경고음을 발생시킨다.

- 포크 받침대 : 지게차의 수리 및 점검 시 포크의 불시하강에 의한 위험을 방지하기 위하여 받침대(안전블록 역할)를 설치한다.
- 전후방 카메라 : 지게차 전방의 마스트 또는 화물, 지게차 후방의 시야확보를 위해(유·무선) 전후방 카메라를 설치한다.
- 측후방 라인빔 : 지게차의 위치를 빔으로 바닥에 표시해줌으로써 보행자에게 지게차의 위치 및 동선을 인지시킬 수 있다.
- Safety Light(전방) : 지게차의 동선을 지게차의 전방 약 1m 앞에 빔으로 표시해줌으로써 보행자가 지게차 동선을 사전에 인지할 수 있다.
- 카운터웨이트 자석 : 카운터웨이트 하단에 자석을 붙여 운행 중 노면에 있는 볼트류 등 쇠붙이를 제거하여 타이어 펑크를 방지한다.
- 경사로 밀림 방지 : 경사로에서 브레이크를 밟지 않고도 5초간 자동 정지로 안전주행을 확보할 수 있다.

08 재해의 분석에 있어 사고유형, 기인물, 불안전한 상태, 불안전한 행동을 하나의 축으로 하고, 그것을 구성하고 있는 몇 개의 분류 항목을 크기가 큰 순서대로 나열하여 비교하기 쉽게 도시한 통계 양식의 도표는?

① 직선도
② 특성요인도
③ 파레토도
④ 체크리스트

● 해설
재해통계 분석방법

구분	분석 요령	특징
파레토도	항목값이 큰 순서대로 정리	• 주요 재해발생 유형 파악 용이 • 중점관리대상 파악이 쉬움
특성 요인도	재해발생과 그 요인의 관계를 어골상으로 세분화	결과별 원인의 분석이 쉬움
크로스도	주요 요인 간의 문제 분석	• 2 이상의 관계분석 가능 • 2 이상의 상호관계 분석으로 정확한 발생원인 파악 가능
관리도	• 관리상한선 • 중심선 • 관리하한선 설정	개략적 추이 파악이 쉬움

09 산업안전보건법령상 안전보건표지의 색채와 색도기준의 연결이 옳은 것은?(단, 색도기준은 한국산업표준(KS)에 따른 색의 3속성에 의한 표시방법에 따른다.)

① 흰색 : N0.5
② 녹색 : 5G 5.5/6
③ 빨간색 : 5R 4/12
④ 파란색 : 2.5PB 4/10

◉해설

안전보건표지 색채, 색도기준

색채	색도기준	용도	사용 예
빨간색	7.5R 4/14 관련 그림 검은색	금지	정지신호, 소화설비 및 그 장소, 유해행위 금지
		경고	화학물질 취급장소에서의 유해위험 경고
노란색	5Y 8.5/12	경고	화학물질 취급장소에서의 유해위험경고 이외 위험경고, 주의표지 또는 기계방호물
파란색	2.5PB 4/10	지시	특정행위의 지시 및 사실의 고지
녹색	2.5G 4/10	안내	비상구 및 피난소, 사람 또는 차량의 통행표시
흰색	N9.5		파란색 또는 녹색 보조색
검은색	N0.5		문자 및 빨간색 또는 노란색의 보조색

10 위험예지훈련의 문제해결 4단계(4R)에 속하지 않는 것은?

① 현상파악
② 본질추구
③ 대책수립
④ 후속조치

◉해설

위험예지훈련 4라운드 기법
• 1라운드 : 현상파악(잠재위험요인의 발견과정)
• 2라운드 : 본질추구(발견된 위험요인 중 중요하다고 생각되는 위험의 파악)
• 3라운드 : 대책수립(위험을 해결하기 위해 구체적 대책을 세우는 과정)
• 4라운드 : 목표설정(가장 우수한 대책에 합의하고, 행동계획을 결정하는 단계)

11 산업안전보건법령상 산업안전보건위원회의 심의·의결사항에 명시되지 않는 것은?(단, 그 밖에 해당 사업장 근로자의 안전 및 보건을 유지·증진시키기 위하여 필요한 사항은 제외)

① 사업장의 산업재해 예방계획의 수립에 관한 사항
② 산업재해에 관한 통계의 기록 및 유지에 관한 사항
③ 작업환경측정 등 작업환경의 점검 및 개선에 관한 사항
④ 안전장치 및 보호구 구입 시 적격품 여부 확인에 관한 사항

◉해설

1. 심의사항
   • 산업재해원인조사 및 재발방지대책수립에 관한 사항
   • 안전·보건에 관련되는 안전장치 및 보호구 구입 시 적격품 여부 확인에 관한 사항
   • 공정안전보고서 작성에 관한 사항
   • 안전보건개선계획 수립에 관한 사항
   • 기타 근로자의 유해·위험예방조치에 관한 사항

2. 의결사항
   • 산업재해예방계획의 수립에 관한 사항
   • 안전보건관리규정의 작성 및 그 변경에 관한 사항
   • 근로자의 안전·보건교육에 관한 사항
   • 작업환경측정 등 작업환경의 점검 및 개선에 관한 사항
   • 근로자의 건강진단 등 건강관리에 관한 사항
   • 중대재해의 원인조사 및 재발방지대책의 수립에 관한 사항
   • 산업재해에 관한 통계의 기록·유지에 관한 사항
   • 유해·위험한 기계·기구 그 밖의 설비를 도입한 경우 안전·보건조치에 관한 사항

12 안전관리조직의 유형 중 라인형에 관한 설명으로 옳은 것은?

① 대규모 사업장에 적합하다.
② 안전지식과 기술축적이 용이하다.

---

③ 명령과 보고가 상하관계뿐이므로 간단명료하다.

④ 독립된 안전참모 조직에 대한 의존도가 크다.

1. 라인형 조직의 특징

장점	• 안전업무가 생산현장 라인을 통해 시행된다. • 지시의 이행이 빠르다. • 명령과 보고가 간단하다.
단점	• 안전정보가 불충분하다. • 전문적 안전지식이 부족하다. • 라인에 책임전가 우려가 많다.

2. 스태프형 조직의 특징

장점	• 안전정보 수집이 신속하다. • 안전관리를 담당하는 스태프를 통해 전문적인 안전조직을 구성할 수 있다.
단점	• 안전과 생산을 별개로 취급하기 쉽다. • 스태프 스스로 생산라인의 안전업무를 행하는 것은 아니다. • 권한 다툼이나 조정이 난해하여 통제수속이 복잡하다.

3. 라인-스태프형 조직의 특징

장점	• 대규모 사업장(1,000명 이상)에 효과적이다. • 신속, 정확한 경영자의 지침전달이 가능하다. • 안전활동과 생산업무의 균형유지가 가능하다.
단점	• 명령계통과 조언 및 권고적 참여가 혼동되기 쉽다. • 라인이 스태프에게만 의존하거나 활용하지 않을 우려가 있다. • 스태프가 월권행위 할 우려가 있다.

13 산업안전보건법령상 안전인증대상기계 등에 명시되지 않는 것은?

① 곤돌라   ② 연삭기

③ 사출성형기   ④ 고소작업대

안전인증대상 기계, 방호장치, 보호구

기계 · 기구 및 설비	가. 프레스 나. 전단기 및 절곡기 다. 크레인 라. 리프트 마. 압력용기 바. 롤러기 사. 사출성형기 아. 고소작업대 자. 곤돌라 차. 기계톱(2019. 12. 16 삭제)

방호장치	가. 프레스 및 전단기 방호장치 나. 양중기용 과부하방지장치 다. 보일러 압력방출용 안전밸브 라. 압력용기 압력방출용 안전밸브 마. 압력용기 압력방출용 파열판 바. 절연용 방호구 및 활선작업용 기구 사. 방폭구조 전기기계 · 기구 및 부품 아. 추락 · 낙하 및 붕괴 등의 위험방지 및 보호에 필요한 가설기자재로서 고용노동부장관이 고시하는 것 자. 충돌 · 협착 등의 위험 방지에 필요한 산업용 로봇 방호장치로서 고용노동부장관이 정하여 고시하는 것
보호구	가. 추락 및 감전위험 방지용 안전모 나. 안전화 다. 안전장갑 라. 방진마스크 마. 방독마스크 바. 송기마스크 사. 전동식 호흡보호구 아. 보호복 자. 안전대 차. 차광 및 비산물위험방지용 보안경 카. 용접용 보안면 타. 방음용 귀마개 또는 귀덮개

14 보호구 안전인증 고시상 성능이 다음과 같은 방음용 귀마개(기호)로 옳은 것은?

저음부터 고음까지 차음하는 것

① EP-1   ② EP-2

③ EP-3   ④ EP-4

방음보호구

종류	등급	성능기준
귀마개	1종 EP-1	저음부터 고음까지 차음
	2종 EP-2	고음의 차음
귀덮개	EM	귀 전체를 덮는 구조이며 차음 효과가 있을 것

15 안전관리에 있어 5C 운동(안전행동 실천운동)에 속하지 않는 것은?

① 통제관리(Control)
② 청소청결(Cleaning)
③ 정리정돈(Clearance)
④ 전심전력(Concentration)

해설

1. 복장 단정(Correctness)
   • 자발적인 훈련으로 복장 단정 습관화
   • 규정된 복장을 착용하여 재해예방
   • 안전모, 안전화, 안전장갑 등을 정확히 착용
2. 정리·정돈(Clearance)
   • 정리·정돈의 실태를 충분히 파악하여 전원이 동시에 실천
   • 작업장 및 공정별로 정리정돈의 기준을 설정하여 장해요인으로 인한 재해예방
   • 필요한 것과 필요치 않은 것의 기준을 명확히 하여 정리정돈
3. 청소·청결(Cleaning)
   • 동기부여 등의 활용과 관리자들의 지속적인 관심과 교육으로 청소·청결 습관화
   • 청소·청결 대상별·구역별로 담당자를 지정하여 실시방법과 주기를 정해 실시
   • 독극물, 유기용제 등의 유해폐기물은 일반폐기물 장소와 별도로 밀폐용기에 처리

4. 점검·확인(Checking)
   • 안전점검의 실시
     일상점검, 정기점검, 특별점검, 수시점검을 실시
   • 안전점검의 방법
     외관점검(육안점검), 작동점검, 기능점검, 종합점검을 실시하여 조사·확인
   • 안전점검의 결과 조치
     즉각 시정조치, 상급자에게 보고, 시정요구 및 시정 부분 확인
5. 전심·전력(Concentration)
   • 안전에 대한 자각을 통해 안전의 중요성과 필요성을 깊이 인식
   • 전체 구성원에 의해 자율적인 안전관리체제 확립
   • 경영자와 작업자가 일체감을 가지고 안전활동을 추진하여 안전활동을 정착

16 재해조사 시 유의사항으로 틀린 것은?

① 인적, 물적 양면의 재해요인을 모두 도출한다.
② 책임 추궁보다 재발 방지를 우선하는 기본 태도를 갖는다.
③ 목격자 등이 증언하는 사실 이외의 추측의 말은 참고만 한다.
④ 목격자의 기억보존을 위하여 조사는 담당자 단독으로 신속하게 실시한다.

해설

재해조사 시 유의사항
• 사실을 수집한다.
• 목격자 등이 증언하는 사실 이외의 추측은 참고만 한다.
• 조사는 신속하게 행하고 긴급 조치로 2차 재해를 방지한다.
• 인적·물적 재해요인을 모두 도출시킨다.
• 객관적인 입장에서 공정하게 조사하며, 조사는 2인 이상이 한다.
• 책임소재 파악보다 재발 방지를 우선으로 한다.
• 피해자에 대한 구급 조치를 우선으로 한다.
• 2차 재해의 예방과 위험성에 대비한 보호구를 착용한다.

17 브레인스토밍(Brain Storming) 4원칙에 속하지 않는 것은?

① 비판수용
② 대량발언
③ 자유분방
④ 수정발언

해설

브레인스토밍(Brain Storming) 4원칙
• 비판금지
• 자유분방
• 대량발언
• 수정발언

18 시설물의 안전 및 유지관리에 관한 특별법상 다음과 같이 정의되는 것은?

> 시설물의 붕괴, 전도 등으로 인한 재난 또는 재해가 발생할 우려가 있는 경우에 시설물의 물리적·기능적 결함을 신속하게 발견하기 위하여 실시하는 점검

① 긴급안전점검　　② 특별안전점검
③ 정밀안전점검　　④ 정기안전점검

●해설

● 정밀안전진단 : 시설물의 물리적, 기능적 결함을 발견하고 그에 대한 신속하고 적절한 조치를 하기 위하여 구조적 안전성과 결함의 원인 등을 조사·측정·평가하여 보수보강 등의 방법을 제시하는 행위이다.
● 긴급안전진단 : 재해나 사고에 의해 비롯된 구조적 손상 등에 대하여 긴급히 시행하는 점검으로 시설물의 손상 정도를 파악하여 긴급한 사용제한 또는 사용금지의 필요 여부, 보수·보강의 긴급성, 보수·보강작업의 규모 및 작업량 등을 결정하는 것이며 필요한 경우 안전성평가를 실시해야 한다.
● 정기안전점검 : 건설기술 진흥법상 초기점검이 이루어진 시설물의 경우 시특법상 1, 2, 3종별로 구분하여 시설물의 등급별 건축·토목 시설물로 구분해 정기적으로 실시하는 안전점검이다.

19 재해발생의 간접원인 중 교육적 원인에 속하지 않는 것은?

① 안전수칙의 오해　　② 경험훈련의 미숙
③ 안전지식의 부족　　④ 작업지시 부적당

●해설

재해발생 간접원인 중 교육적 원인
● 안전수칙의 오해　　● 경험훈련의 미숙
● 안전지식의 부족　　● 작업방법의 미숙

20 버드(F. Bird)의 사고 5단계 연쇄성 이론에서 제3단계에 해당하는 것은?

① 상해(손실)　　② 사고(접촉)
③ 직접원인(징후)　　④ 기본원인(기원)

●해설

버드(F. Bird)의 사고 5단계 연쇄성 이론
● 1단계 : 제어의 부족
● 2단계 : 개인적, 작업적 요인
● 3단계 : 직접원인(징후)
● 4단계 : 사고
● 5단계 : 재해

2과목　산업심리 및 교육

21 매슬로(Maslow)의 욕구 5단계를 낮은 단계에서 높은 단계의 순서대로 나열한 것은?

① 생리적 욕구 → 안전 욕구 → 사회적 욕구 → 자아실현의 욕구 → 인정의 욕구
② 생리적 욕구 → 안전 욕구 → 사회적 욕구 → 인정의 욕구 → 자아실현의 욕구
③ 안전 욕구 → 생리적 욕구 → 사회적 욕구 → 자아실현의 욕구 → 인정의 욕구
④ 안전 욕구 → 생리적 욕구 → 사회적 욕구 → 인정의 욕구 → 자아실현의 욕구

●해설

매슬로(Maslow)의 욕구 5단계
생리적 욕구 → 안전 욕구 → 사회적 욕구 → 인정의 욕구 → 자아실현의 욕구

22 산업안전심리학에서 산업안전심리의 5대 요소에 해당하지 않는 것은?

① 감정　　② 습성
③ 동기　　④ 피로

●해설

안전심리 5대 요소
● 동기(Motive) : 사람의 마음을 움직이는 원동력
● 기질(Temper) : 인간의 성격, 능력 등 개인 특성
● 감정(Emotion) : 사고를 일으키는 정신적 동기
● 습성(Habits) : 인간행동에 영향을 미칠 수 있는 것
● 습관(Custom) : 성장과정에서 자신도 모르게 습관화됨

⊙ ANSWER | 18 ① 19 ④ 20 ③ 21 ② 22 ④

23 학습이론 중 S-R 이론에서 조건반사설에 의한 학습이론의 원리에 해당되지 않는 것은?

① 시간의 원리 　　② 일관성의 원리
③ 기억의 원리 　　④ 계속성의 원리

학습이론 중 S-R 이론에서 조건반사설에 의한 학습이론
- 시간의 원리 : 조건자극(종소리)이 무조건자극(먹이)과 시간적으로 동시에 혹은 그에 조금 앞서서 주어져야 한다.
- 강도의 원리 : 무조건자극(음식물)은 조건자극(종소리)보다 그 강도가 강하거나 동일하여야 한다. 즉, 나중의 자극이 먼저의 자극보다 강하거나 동일하여야 조건반사가 성립한다.
- 일관성의 원리 : 조건자극은 일관된 자극물이어야 한다.
- 계속성의 원리 : 자극과 반응의 결합관계의 반복되는 횟수가 많을수록 조건화가 잘 성립한다.

24 안전보건교육의 단계별 교육 중 태도교육의 내용과 가장 거리가 먼 것은?

① 작업동작 및 표준작업방법의 습관화
② 안전장치 및 장비 사용능력의 빠른 습득
③ 공구·보호구 등의 관리 및 취급태도의 확립
④ 작업지시·전달·확인 등의 언어·태도의 정확화 및 습관화

안전장치 및 장비 사용능력의 빠른 습득은 기능교육에 해당된다.

태도교육
인간의 태도를 계획적으로 변화시키는 활동으로 변화과정은 세 단계로 구분한다.
- 1단계 : 태도교육의 목표 설정단계
- 2단계 : 목표로 한 태도를 가르치는 학습지도의 단계
- 3단계 : 교수과정을 통해 학습자의 태도가 목표 대비 학습정도에 도달되었는지 타당하게 평가하는 단계

25 집단과 인간관계에서 집단의 효과에 해당하지 않는 것은?

① 동조효과 　　② 견물효과
③ 암시효과 　　④ 시너지효과

1. 집단의 발전단계
   형성>갈등>응집>과제성취>해체
2. 집단의 효과
   - 동조효과 : 타인의 주장이나 행동에 자신의 의견을 편승하는 심리
   - 견물효과 : 타인이 보고 있을 때는 좋은 면을 보여주려 하고, 건전한 척하며 혼자 있을 때와 다른 행동을 취하는 심리
   - 시너지효과 : 두 사람 이상의 의견으로 독립적으로 얻을 수 있는 것 이상의 결과를 내는 작용

26 O.J.T(On the Job Training)의 장점이 아닌 것은?

① 개개인에게 적절한 지도훈련이 가능하다.
② 전문가를 강사로 초빙하는 것이 가능하다.
③ 훈련에 필요한 업무의 계속성이 끊어지지 않는다.
④ 직장의 실정에 맞게 실제적 훈련이 가능하다.

OJT	Off JT
• 개인수준에 적합한 지도 가능 • 실질적 업무수행에 즉각적인 도움 가능 • 상호 이해도가 높음 • 코칭, 직무순환, 멘토링이 대표적	• 다수의 근로자 집단교육 • 전문가 초빙 • 많은 양의 지식과 경험교류 가능 • 강의법이 대표적

27 다음은 리더가 가지고 있는 어떤 권력의 예시에 해당하는가?

종업원의 바람직하지 않은 행동들에 대해 해고, 임금삭감, 견책 등을 사용하여 처벌한다.

◉ ANSWER │ 23 ③ 24 ② 25 ③ 26 ② 27 ②

① 보상권력　　　② 강압권력

③ 합법권력　　　④ 전문권력

해설

1. 리더십의 권한
   - 권위적 리더십 : 지도자가 모든 권한을 행사하는 리더십
   - 민주적 리더십 : 토론이나 회의 등으로 정책을 결정하는 리더십
   - 방임형 리더십 : 지도자가 구성원에게 완전한 자유를 주는 리더십
2. 강압적 권한
   - 위임된 권한 : 부하직원들이 리더를 따르도록 위임된 권한
   - 합법적 권한 : 조직규정으로 공식화된 권한
   - 강압적 권한 : 부하를 처벌할 수 있는 권한
   - 보상적 권한 : 부하에게 보상을 실시할 수 있는 권한

28 생산작업의 경제성과 능률제고를 위한 동작 경제의 원칙에 해당하지 않는 것은?

① 신체의 사용에 의한 원칙

② 작업장의 배치에 관한 원칙

③ 작업표준 작성에 관한 원칙

④ 공구 및 설비 디자인에 관한 원칙

해설

동작경제의 원칙
- 신체의 사용에 의한 원칙
- 작업장의 배치에 관한 원칙
- 공구 및 설비 디자인에 관한 원칙

29 허시(Hersey)와 블랜차드(Blanchard)의 상황적 리더십 이론에서 리더십의 4가지 유형에 해당하지 않는 것은?

① 통제적 리더십

② 지시적 리더십

③ 참여적 리더십

④ 위임적 리더십

해설

- 설득형 리더십 : 결정된 내용을 설명하고 쌍방의 의사소통과 공동의사결정을 지향하는 리더십
- 위임형 리더십 : 저협력이며 저지시적 유형으로 의사결정과 책임을 위임하여 자율적으로 업무를 수행하도록 유도하는 리더십
- 참여적 리더십 : 부하들을 의사결정 과정에 참여시키고 의견을 적극적으로 반영하려는 리더십
- 지시적 리더십 : 부하들에게 규정을 준수할 것을 요구하고 구체적인 지시로 그들이 해야 할 일이 무엇인지를 명확히 설정해주는 리더십

30 구안법(Project Method)의 단계를 올바르게 나열한 것은?

① 계획 → 목적 → 수행 → 평가

② 계획 → 목적 → 평가 → 수행

③ 수행 → 평가 → 계획 → 목적

④ 목적 → 계획 → 수행 → 평가

해설

- 구안법 : 마음속에 생각하고 있는 것을 외부에 구체적으로 실현하고 형상화하기 위해서 자기 스스로가 계획을 세워 수행하는 학습활동으로 이루어지는 형태
- 구안법의 단계 : 목적 → 계획 → 수행 → 평가

31 산업안전보건법령상 근로자 안전·보건교육에서 채용 시 교육 및 작업내용 변경 시의 교육에 해당하는 것은?

① 사고 발생 시 긴급조치에 관한 사항

② 건강증진 및 질병 예방에 관한 사항

③ 유해·위험 작업환경 관리에 관한 사항

④ 작업공정의 유해·위험과 재해 예방대책에 관한 사항

해설

산업안전보건법령상 근로자 안전·보건교육에서 채용 시 교육 및 작업내용 변경 시의 교육내용
- 산업안전 및 사고 예방에 관한 사항
- 산업보건 및 직업병 예방에 관한 사항

⦿ ANSWER │ 28 ③ 29 ① 30 ④ 31 ①

- 산업안전보건법령 및 산업재해보상보험제도에 관한 사항
- 직무스트레스 예방 및 관리에 관한 사항
- 직장 내 괴롭힘, 고객의 폭언 등으로 인한 건강장해 예방 및 관리에 관한 사항
- 기계·기구의 위험성과 작업의 순서 및 동선에 관한 사항
- 작업 개시 전 점검에 관한 사항
- 정리정돈 및 청소에 관한 사항
- 사고 발생 시 긴급조치에 관한 사항
- 물질안전보건자료에 관한 사항

32 몹시 피로하거나 단조로운 작업으로 인하여 의식이 뚜렷하지 않은 상태의 의식수준으로 옳은 것은?

① Phase Ⅰ
② Phase Ⅱ
③ Phase Ⅲ
④ Phase Ⅳ

◀ 해설

의식수준 5단계

의식수준	주의 상태	신뢰도	비고
Phase 0	수면중	Zero	의식의 단절, 의식의 우회
Phase 1	졸음 상태	0.9 이하	의식수준의 저하(피곤하거나 단조로운 작업으로 의식이 뚜렷하지 못한 상태)
Phase 2	일상생활	0.99~0.99999	정상상태
Phase 3	적극 활동 시	0.99999 이상	주의집중 상태
Phase 4	과긴장 시	0.9 이하	주의의 일점집중, 의식의 과잉

33 안전교육 훈련의 기술교육 4단계에 해당하지 않는 것은?

① 준비단계
② 보습지도의 단계
③ 일을 완성하는 단계
④ 일을 시켜보는 단계

◀ 해설

안전교육의 4단계

- 1단계 : 도입준비 – 학습할 준비를 시킨다.
- 2단계 : 제시 – 작업을 설명한다.
- 3단계 : 적용 – 작업을 시켜본다.
- 4단계 : 확인 및 평가 – 가르친 뒤 살펴본다.

34 휴먼에러의 심리적 분류에 해당하지 않는 것은?

① 입력 오류(Input Error)
② 시간지연 오류(Time Error)
③ 생략 오류(Omission Error)
④ 순서 오류(Sequential Error)

◀ 해설

휴먼에러의 분류

1. 심리적 원인에 의한 분류

Omisson Error	필요작업이나 절차를 수행하지 않음으로써 발생되는 에러
Time Error	필요작업이나 절차의 수행 지연으로 발생되는 에러
Commission Error	필요작업이나 절차의 불확실한 수행으로 발생되는 에러
Sequential Error	필요작업이나 절차상 순서착오로 발생되는 에러
Extraneous Error	불필요한 작업 또는 절차를 수행함으로써 발생되는 에러

2. 행동과정에 의한 분류

Input Error	감각, 지각 입력상 발생된 에러
Information Processing Error	정보처리 절차상의 에러
Output Error	신체반응에 나타난 출력상의 에러
Feedback Error	인간의 제어상 발생된 에러
Decision Marking Error	의사결정 과정에서 발생된 에러

35 강의계획 시 설정하는 학습목적의 3요소에 해당하는 것은?

① 학습방법
② 학습성과
③ 학습자료
④ 학습정도

◉ ANSWER | 32 ① 33 ③ 34 ① 35 ④

해설

학습목적의 3요소
- 목표 : 학습목적의 핵심을 달성하기 위한 목표
- 주제 : 목표달성을 위한 테마
- 학습정도 : 주제를 학습시킬 범위와 내용의 정도

36 선발용으로 사용되는 적성검사가 잘 만들어졌는지를 알아보기 위한 분석방법과 관련이 없는 것은?

① 구성타당도
② 내용타당도
③ 동등타당도
④ 검사 – 재검사 신뢰도

해설

적성검사의 내용 분석방법
- 구성타당도
- 내용타당도
- 검사 – 재검사 신뢰도

37 다음 설명에 해당하는 안전교육방법은?

> ATP라고도 하며, 당초 일부 회사의 톱매니지먼트(Top management)에 대하여만 행하여졌으나, 그 후 널리 보급되었으며, 정책의 수립, 조직, 통제 및 운영 등의 교육내용을 다룬다.

① TWI(Training Within Industry)
② CCS(Civil Communication Section)
③ MTP(Management Training Program)
④ ATT(American Telephone &Telegram Co.)

해설

안전교육방법의 분류
1. ATP(Administration Training Program)
   ㉠ 대상 : Top Management(최고 경영자)
   ㉡ 교육내용
      - 정책의 수립
      - 조직 : 경영, 조직형태, 구조 등
      - 통제 : 조직통제, 품질관리, 원가통제
      - 운영 : 운영조직, 협조에 의한 회사 운영

2. ATT(American Telephone & Telegraph Company)
   ㉠ 대상 : 대상 계층이 한정되어 있지 않다. 한번 교육을 이수한 자는 부하 감독자에 대한 지도 가능(예 : 안전관리자 양성교육 등)
   ㉡ 교육내용
      - 계획적 감독
      - 작업의 계획 및 인원배치
      - 작업의 감독
      - 공구 및 자료 보고 및 기록
      - 개인 작업의 개선 및 인사관계
   ㉢ 전체 교육시간 : 1차 훈련은 1일 8시간씩 2주간 → 2차 과정은 문제발생 시 실시
   ㉣ 진행방법 : 토의법

3. MTP(Management Training Program)
   ㉠ 대상 : TWI보다 약간 높은 계층(관리자 교육)
   ㉡ 교육내용
      - 관리의 기능
      - 조직의 운영
      - 회의의 주관
      - 시간 관리학습의 원칙과 부하지도법
      - 작업의 개선 및 안전한 작업
   ㉢ 전체 교육시간
      - 1차 : 1일 8시간씩 2주간
      - 2차 : 문제발생 시
   ㉣ 진행방법 : 강의법에 토의법 가미

4. TWI(Training Within Industry)
   ㉠ 대상 : 일선 감독자
   ㉡ 일선 감독자의 구비요건
      - 직무 지식
      - 직책 지식
      - 작업을 가르치는 능력
      - 작업방향을 개선하는 기능
      - 사람을 다루는 기량
   ㉢ 교육내용
      - JIT(Job Instruction Training) : 작업지도 훈련(작업지도기법)
      - JMT(Job Method Training) : 작업방법훈련(작업개선기법)
      - JRT(Job Relation Training) : 인간관계훈련(인간관계 관리기법)
      - JST(Job Safety Training) : 작업안전훈련(작업안전기법)
   ㉣ 전체 교육시간 : 1일 2시간씩 5일간으로 총 10시간

◉ ANSWER | 36 ③ 37 ②

ⓞ 진행방법 : 토의법
　　　ⓗ 개선 4단계 : 작업분해 → 세부내용 검토 →
　　　　작업분석 → 새 방법 적용

38 상황성 누발자의 재해유발 원인과 가장 거리가 먼 것은?

① 기능 미숙 때문에
② 작업이 어렵기 때문에
③ 기계설비에 결함이 있기 때문에
④ 환경상 주의력의 집중이 혼란되기 때문에

해설

재해유발 원인의 구분

구분	재해유발 원인
상황성 재해누발자	• 작업자체가 어려운 경우 • 기계, 설비에 결함이 있는 경우 • 심신에 근심이 있는 경우 • 환경상 주의력 집중이 곤란한 경우
소질성 재해누발자	• 주의력이 산만한 소질을 가진 자 • 지능이 낮은 자 • 정직하지 못한 자 • 도덕성이 결여된 자 • 감각기능이 부적합한 자

39 정신상태 불량에 의한 사고의 요인 중 정신력과 관계되는 생리적 현상에 해당되지 않는 것은?

① 신경계통의 이상
② 육체적 능력의 초과
③ 시력 및 청각의 이상
④ 과도한 자존심과 자만심

해설

정신상태는 생리적, 심리적 영향을 받는다.
보기의 ①, ②, ③은 생리적 현상이며 ④는 심리적 현상에 해당된다.

40 인간의 심리 중에는 안전수단이 생략되어 불안전 행위를 나타내는 경우가 있다. 안전수단이 생략되는 경우로 가장 적절하지 않은 것은?

① 의식과잉이 있을 때
② 교육훈련을 실시할 때
③ 피로하거나 과로했을 때
④ 부적합한 업무에 배치될 때

해설

안전수단이 생략되어 불안전 행위를 나타내는 경우
• 억측판단 : 주관적 판단이나 희망적 관찰에 근거를 두고 다분히 이래도 될 것이라는 것을 확인하지 않고 행동으로 옮기는 판단
• 근도반응 : 충동적으로 행동하는 반응
• 착시현상 : 사물의 크기, 형태, 빛깔 등의 객관적인 성질과 눈으로 본 성질 사이에 차이가 있는 경우의 시각
• 의식의 과잉, 우회 : 작업 중 과긴장하거나 공황상태에 빠지는 현상

3과목 인간공학 및 시스템안전공학

41 작업공간의 배치에 있어 구성요소 배치의 원칙에 해당하지 않는 것은?

① 기능성의 원칙
② 사용빈도의 원칙
③ 사용순서의 원칙
④ 사용방법의 원칙

해설

작업공간의 배치에서 구성요소(부품) 배치의 4원칙
• 중요성의 원칙
• 사용빈도의 원칙
• 기능별 배치(기능성)의 원칙
• 사용순서의 원칙

42 불필요한 작업을 수행함으로써 발생하는 오류로 옳은 것은?

① Command Error

② Extraneous Error

③ Secondary Error

④ Commission Error

> **해설**
>
> **휴먼에러의 분류**
>
> 1. 심리적 원인에 의한 분류
>
> | | |
> |---|---|
> | Omisson Error | 필요작업이나 절차를 수행하지 않음으로써 발생되는 에러 |
> | Time Error | 필요작업이나 절차의 수행 지연으로 발생되는 에러 |
> | Commission Error | 필요작업이나 절차의 불확실한 수행으로 발생되는 에러 |
> | Sequencial Error | 필요작업이나 절차상 순서착오로 발생되는 에러 |
> | Extraneous Error | 불필요한 작업 또는 절차를 수행함으로써 발생되는 에러 |
>
> 2. 행동과정에 의한 분류
>
> | | |
> |---|---|
> | Input Error | 감각, 지각 입력상 발생된 에러 |
> | Information Processing Error | 정보처리 절차상의 에러 |
> | Output Error | 신체반응에 나타난 출력상의 에러 |
> | Feedback Error | 인간의 제어상 발생된 에러 |
> | Decision Marking Error | 의사결정 과정에서 발생된 에러 |

43 불(Boole)대수의 정리를 나타낸 관계식으로 틀린 것은?

① $A \cdot A = A$ ② $A + \overline{A} = 0$

③ $A + AB = A$ ④ $A + A = A$

> **해설**
>
> **불(Boole) 대수의 정리를 나타낸 관계식 기본공식**
>
> 1. $A + 0 = 0 + A = A$
> 2. $A + A = A$
> 3. $A + 1 = 1 + A = 1$
> 4. $A + \overline{A} = \overline{A} + A = 1$

5. $\overline{\overline{A}} = A$

6. $A + \overline{A}B = A + B$

7. $A \cdot 0 = 0 \cdot A = 0$

8. $A \cdot A = A$

9. $A \cdot \overline{A} = \overline{A} \cdot A = 0$

10. $A + AB = A$

11. $(A + B)(A + C) = A + B \cdot C$

44 작업면상의 필요한 장소만 높은 조도를 취하는 조명은?

① 완화조명   ② 전반조명

③ 투명조명   ④ 국소조명

> **해설**
>
> **조명의 방법에 따른 분류**
>
> • 전체조명(전반조명) : 교실이나 사무실과 같이 방 전체를 균일한 밝기로 하는 방식
> • 국부조명(국소조명) : 작업면상의 필요한 장소만 높은 조도수준을 확보하기 위한 조명

45 인간이 기계보다 우수한 기능이라 할 수 있는 것은?(단, 인공지능은 제외한다.)

① 일반화 및 귀납적 추리

② 신뢰성 있는 반복 작업

③ 신속하고 일관성 있는 반응

④ 대량의 암호화된 정보의 신속한 보관

> **해설**
>
> **인간과 기계의 비교**
>
> | | |
> |---|---|
> | 인간의 장점 | • 5감의 활용
• 귀납적 추리가능
• 돌발상황의 대응
• 독창성 발휘
• 관찰을 통한 일반화 |
> | 기계의 장점 | • 인간의 감지능력 범위 외의 것도 감지가능
• 연역적 추리
• 정량적 정보처리
• 정보의 신속한 보관 |

---

46 자동차를 생산하는 공장의 어떤 근로자가 95 dB(A)의 소음수준에서 하루 8시간 작업하며 매시간 조용한 휴게실에서 20분씩 휴식을 취한다고 가정하였을 때, 8시간 시간가중평균(TWA)은?(단, 소음은 누적소음노출량측정기로 측정하였으며, OSHA에서 정한 95dB(A)의 허용시간은 4시간이라 가정한다.)

① 약 91dB(A)
② 약 92dB(A)
③ 약 93dB(A)
④ 약 94dB(A)

해설

$$D = \frac{가동시간}{기준시간}$$

$$= \frac{8 \times (60 - 20)}{60} \times \frac{1}{4} = 133\%$$

$$TWA = 16.61 \times \log\left(\frac{D}{100}\right) + 90$$

$$= 16.61 \times \log\frac{133}{100} + 90$$

$$= 92.057 \coloneqq 92dB(A)$$

47 그림과 같은 FT도에서 정상사상 T의 발생 확률은?(단, X_1, X_2, X_3의 발생 확률은 각각 0.1, 0.15, 0.1이다.)

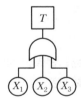

① 0.3115
② 0.35
③ 0.496
④ 0.9985

해설

$1 - \{(1 - X_1)(1 - X_2)(1 - X_3)\} = 0.3115$

48 다음 현상을 설명한 이론은?

> 인간이 감지할 수 있는 외부의 물리적 자극 변화의 최소범위는 표준 자극의 크기에 비례한다.

① 피츠(Fitts) 법칙
② 웨버(Weber) 법칙
③ 신호검출이론(SDT)
④ 힉 – 하이만(Hick – Hyman) 법칙

해설

• 웨버(Weber) 법칙 : 감각기에서 자극의 변화를 느끼기 위해서는 처음 자극에 대해 일정 비율 이상으로 자극을 받아야 된다는 이론으로 인간이 감지할 수 있는 외부의 물리적 자극 변화의 최소범위는 표준 자극의 크기에 비례한다.
• 피츠(Fitts) 법칙 : 떨어진 영역을 클릭하는 데 걸리는 시간은 영역까지의 거리와 영역의 폭에 따라 달라지는데, 멀리 있을수록, 버튼이 작을수록 클릭하는 데 시간이 더 많이 걸리게 되는 인간 – 컴퓨터 상호작용과 인간공학 분야에서 인간의 행동에 대해 속도와 정확성의 관계를 설명하는 기본적인법칙이다.
• 신호검출이론(SDT) : 자극 탐지는 자극에 대한 피험자의 민감도와 피험자의 반응 기준에 달려 있다는 이론이다.
• 힉 – 하이만(Hick–Hyman) 법칙 : 인지심리학 및 인터랙션 디자인 분야에서 사용자에게 주어진 선택 가능한 선택지의 숫자에 따라 사용자가 결정하는 데 소요되는 시간이 결정된다는 법칙이다.

49 정신작업 부하를 측정하는 척도를 크게 4가지로 분류할 때 심박수의 변동, 뇌 전위, 동공반응 등 정보처리에 중추신경계 활동이 관여하고 그 활동이나 징후를 측정하는 것은?

① 주관적(Subjective) 척도
② 생리적(Physiological) 척도
③ 주 임무(Primary Task) 척도
④ 부 임무(Secondary Task) 척도

정신작업 부하를 측정하는 척도 분류
- 제1직무 척도 : 작업부하에 의한 분류
- 제2직무 척도 : 제1직무에서 허용하지 않은 예비 용량을 제2직무에서 이용하는 척도
- 생리적 척도 : 중추신경계(심박수, 뇌전위, 동공 반응, 호흡속도) 활동을 측정
- 주관적 척도 : 정신적 부하의 개념과 연관이 있는 척도

50 서브시스템, 구성요소, 기능 등의 잠재적 고 장형태에 따른 시스템의 위험을 파악하는 위험분석기법으로 옳은 것은?

① ETA(Event Tree Analysis)
② HEA(Human Error Analysis)
③ PHA(Preliminary Hazard Analysis)
④ FMEA(Failure Mode and Effect Analysis)

시스템 안전분석기법
1. PHA(Preliminary Hazards Analysis : 예비위험 분석)
    ㉠ 정의 : 최초단계 분석으로 시스템 내의 위험 요소가 어느 정도의 위험상태에 있는지를 평 가하는 방법으로 정성적 평가방법이다.
    ㉡ PHA 특징
    - 시스템에 대한 주요사고 분류
    - 사고유발 요인 도출
    - 사고를 가정하고 시스템에 발생되는 결과 를 명시하고 평가
    - 분류된 사고유형을 Category로 분류
2. FHA(Fault Hazard Analysis : 결함위험분석)
    ㉠ 정의 : 분업에 의해 각각의 Sub System을 분 담하고 분담한 Sub System 간의 인터페이스 를 조정해 각각의 Sub System과 전체 시스 템 간의 오류가 발생되지 않게 하기 위한 방 법을 분석하는 방법
    ㉡ 기재사항
    - 구성요소 명칭
    - 구성요소 위험방식
    - 시스템 작동방식
    - 서브시스템에서의 위험영향
    - 서브시스템과 대표적 시스템의 위험영향
    - 경적 요인

- 위험영향을 받을 수 있는 2차 요인
- 위험수준
- 위험관리
3. FMEA(Failure Mode and Effect Analysis : 고장 형태와 영향분석법)
    ㉠ 정의 : 전형적인 정성적, 귀납적 분석방법으 로 시스템에 영향을 미치는 전체 요소의 고장 을 형태별로 분석해 고장이 미치는 영향을 분 석하는 방법
    ㉡ 특징
    - 장점
    - 서식이 간단하다.
    - 적은 노력으로 특별한 교육 없이 분석이 가능하다.
    - 단점
    - 논리성이 부족하다.
    - 요소 간 영향분석이 안 되기 때문에 2 이 상의 요소가 고장 날 경우 분석할 수 없다.
    - 물적 원인에 대한 영향분석으로 국한되 기 때문에 인적 원인에 대한 분석은 할 수 없다.
4. CA(Criticality Analysis 위험도 분석)
    정량적 귀납적 분석방법으로 고장이 직접적으로 시스템의 손실과 인적인 재해와 연결되는 높은 위험도를 갖는 경우 위험성을 연관 짓는 요소나 고장의 형태에 따른 분류방법
5. FTA(Falut Tree Analysis : 결함수 분석)
    정량적·연역적 분석방법으로 작업자가 기계를 사용하여 일을 하는 인간 – 기계시스템에서 사고 ·재해가 일어날 확률을 수치로 평가하는 안정평 가의 방법

51 산업안전보건법령상 해당 사업주가 유해위 험방지계획서를 작성하여 제출해야 하는 대 상은?

① 시·도지사
② 관할 구청장
③ 고용노동부장관
④ 행정안전부장관

유해위험방지계획서 제출시기 및 방법
- 제출시기 : 작업시작 15일 전까지
- 계획서 제출처 및 수수료 입금

- 제출처 : 사업장 소재 관할 안전보건공단 광역본부 · 지역본부 · 지사
- 입금계좌 : 계획서 심사 신청 시 가상계좌번호 안내

즉, 안전보건공단 본부, 지사는 고용노동부 산하기관이므로 고용노동부장관에 제출하는 것이다.

52 컷셋(Cut Sets)과 최소 패스셋(Minimal Path Sets)의 정의로 옳은 것은?

① 컷셋은 시스템 고장을 유발하는 필요최소한의 고장들의 집합이며, 최소 패스셋은 시스템의 신뢰성을 표시한다.

② 컷셋은 시스템 고장을 유발하는 기본고장들의 집합이며, 최소 패스셋은 시스템의 불신뢰도를 표시한다.

③ 컷셋은 그 속에 포함되어 있는 모든 기본사상이 일어났을 때 정상사상을 일으키는 기본사상의 집합이며, 최소 패스셋은 시스템의 신뢰성을 표시한다.

④ 컷셋은 그 속에 포함되어 있는 모든 기본사상이 일어났을 때 정상사상을 일으키는 기본사상의 집합이며, 최소 패스셋은 시스템의 성공을 유발하는 기본사상의 집합이다.

◉ 해설 ─
- 패스셋 : 시스템이 고장 나지 않도록 하는 사상의 조합
- 최소 패스셋 : 최소 패스셋으로 어떠한 고장이나 패스를 일으키지 않으면 재해가 발생되는 않는다는 시스템의 신뢰성을 나타낸 것
- 컷셋 : 포함되어 있는 모든 기본사상이 일어났을 때 정상사상을 일으키는 기본사상의 합
- 최소 컷셋 : 컷셋 중 그 부분집합만으로는 정상사상을 일으키는 일이 없는 것으로 컷셋 중에 타 컷셋을 포함하고 있는 것을 배제하고 남은 컷셋들

53 시각적 표시장치보다 청각적 표시장치를 사용하는 것이 더 유리한 경우는?

① 정보의 내용이 복잡하고 긴 경우
② 정보가 공간적인 위치를 다룬 경우
③ 직무상 수신자가 한곳에 머무르는 경우
④ 수신 장소가 너무 밝거나 암순응이 요구될 경우

◉ 해설 ─

시각장치와 청각장치의 비교

시각장치	청각장치
• 전언이 길고 복잡할 때	• 전언이 짧고 간단할 때
• 재참조됨	• 재참조되지 않음
• 공간적인 위치를 다룸	• 즉각적 행동을 요구 시
• 즉각적인 행동을 요구하지 않을 때	• 시간적인 사상을 다룰 때
• 청각계통이 과부하일 때	• 시각계통이 과부하일 때
• 주위가 너무 시끄러울 때	• 주위가 너무 밝거나 암조응일 때
• 한곳에 머무르는 경우	• 자주 움직일 때

54 인간의 위치 동작에 있어 눈으로 보지 않고 손을 수평면상에서 움직이는 경우 짧은 거리는 지나치고, 긴 거리는 못 미치는 경향이 있는데 이를 무엇이라고 하는가?

① 사정효과(Range Effect)
② 반응효과(Reaction Effect)
③ 간격효과(Distance Effect)
④ 손동작효과(Hand Action Effect)

◉ 해설 ─
- 사정효과(Range Effect) : 짧은 거리는 지나치고, 긴 거리는 못 미치는 현상으로 목표물이 크고 목표물의 움직임이 매우 미세할 때 흔히 발생된다.
- 간격효과(Distance Effect) : 기억은 내용이 어려운 경우 처음에는 장시간 소요된 기억 내용이 점차 반복됨에 따라 기억에 소요되는 시간이 감소되는 효과를 말한다.
- 반복효과 : 기억은 시간의 경과에 따라 점차 내용을 망각하게 되는데 반복해서 기억할수록 망각되는 부분이 점차 감소되는 현상을 말한다.

55 Chapanis가 정의한 위험의 확률수준과 그에 따른 위험발생률로 옳은 것은?

① 전혀 발생하지 않는(Impossible) 발생빈도 : 10^{-8}/day
② 극히 발생할 것 같지 않은(Extremely Unlikely) 발생빈도 : 10^{-7}/day
③ 거의 발생하지 않는(Remote) 발생빈도 : 10^{-6}/day
④ 가끔 발생하는(Occasional) 발생빈도 : 10^{-5}/day

해설

확률 수준	발생 빈도
극히 발생하지 않는(Impossible)	$>10^{-8}$/day
매우 가능성이 없는(Extremely Unlikely)	$>10^{-6}$/day
거의 발생하지 않는(Remote)	$>10^{-5}$/day
가끔 발생하는(Occasional)	$>10^{-4}$/day
가능성이 있는(Reasonably Probable)	$>10^{-3}$/day
자주 발생하는(Frequent)	$>10^{-2}$/day

56 인체측정 자료를 장비, 설비 등의 설계에 적용하기 위한 응용원칙에 해당하지 않는 것은?

① 조절식 설계
② 극단치를 이용한 설계
③ 구조적 치수 기준의 설계
④ 평균치를 기준으로 한 설계

해설

인체측정 자료를 장비, 설비 등의 설계에 적용하기 위한 응용원칙
• 조절식 설계 : 체격이 다른 여러 사람이 사용할 수 있도록 한 설계
• 평균치 설계 : 여러 사람의 평균치를 적용한 설계
• 극단치 설계 : 매우 극단적인 치수를 감안한 설계

57 화학설비에 대한 안전성 평가 중 정성적 평가 방법의 주요 진단 항목으로 볼 수 없는 것은?

① 건조물
② 취급물질
③ 입지 조건
④ 공장 내 배치

해설

화학설비에 대한 안전성 평가 중 정성적, 정량적 평가항목

정성적 평가항목	정량적 평가항목
• 입지조건 • 공장 내의 배치 • 소방설비 • 공정 기기 • 수송, 저장 • 원재료 • 중간재 • 제품	• 취급물질 • 압력 • 화학설비용량 • 온도 • 조작

58 시스템의 수명 및 신뢰성에 관한 설명으로 틀린 것은?

① 병렬설계 및 디레이팅 기술로 시스템의 신뢰성을 증가시킬 수 있다.
② 직렬시스템에서는 부품들 중 최소 수명을 갖는 부품에 의해 시스템 수명이 정해진다.
③ 수리가 가능한 시스템의 평균 수명(MTBF)은 평균 고장률(λ)과 정비례 관계가 성립한다.
④ 수리가 불가능한 구성요소로 병렬구조를 갖는 설비는 중복도가 늘어날수록 시스템 수명이 길어진다.

해설

시스템의 수명 및 신뢰성
• 병렬설계 및 디레이팅 기술로 시스템의 신뢰성을 증가시킬 수 있다.
• 직렬시스템에서는 부품들 중 최소 수명을 갖는 부품에 의해 시스템 수명이 정해진다.
• MTBF는 평균고장간격시간(Mean Time Between Failures)의 의미로 신뢰성을 나타내는 지표이다.
• 수리가 불가능한 구성요소로 병렬구조를 갖는 설비는 중복도가 늘어날수록 시스템 수명이 길어진다.

59 동작경제의 원칙에 해당하지 않는 것은?

① 공구의 기능을 각각 분리하여 사용하도록 한다.
② 두 팔의 동작은 동시에 서로 반대방향으로 대칭적으로 움직이도록 한다.
③ 공구나 재료는 작업동작이 원활하게 수행되도록 그 위치를 정해준다.
④ 가능하다면 쉽고도 자연스러운 리듬이 작업동작에 생기도록 작업을 배치한다.

● 해설

동작경제의 원칙

1. 신체의 사용에 관한 원칙
   • 양손은 동시에 동작을 시작하고 또 끝마쳐야 한다.
   • 휴식시간 이외에 양손이 동시에 노는 시간이 있어서는 안 된다.
   • 양팔은 각기 반대방향에서 대칭적으로 동시에 움직여야 한다.
   • 손의 동작은 작업을 수행할 수 있는 최소 동작 이상을 해서는 안 된다.
   • 작업자들을 돕기 위하여 동작의 관성을 이용하여 작업하는 것이 좋다.
   • 구속되거나 제한된 동작 또는 급격한 방향전환보다는 유연한 동작이 좋다.
   • 작업동작은 율동이 맞아야 한다.
   • 직선동작보다는 연속적인 곡선동작을 취하는 것이 좋다.
   • 탄도동작(Ballistic Movement)은 제한되거나 통제된 동작보다 더 신속, 정확, 용이하다.
   • 눈을 주시키는 동작 또는 이동시키는 동작은 되도록 적게 하여야 한다.

2. 작업역의 배치에 관한 원칙
   • 모든 공구와 재료는 일정한 위치에 정돈되어야 한다.
   • 공구와 재료는 작업이 용이하도록 작업자의 주위에 있어야 한다.
   • 재료를 될 수 있는 대로 사용위치 가까이에 공급할 수 있도록 중력을 이용한 호퍼 및 용기를 사용하여야 한다.
   • 가능하면 낙하시키는 방법을 이용하여야 한다.
   • 공구 및 재료는 동작에 가장 편리한 순서로 배치하여야 한다.
   • 채광 및 조명장치를 잘 하여야 한다.

   • 의자와 작업대의 모양과 높이는 각 작업자에게 알맞도록 설계되어야 한다.
   • 작업자가 좋은 자세를 취할 수 있는 모양, 높이의 의자를 지급해야 한다.

3. 공구 및 설비의 설계에 관한 원칙
   • 치구, 고정장치나 발을 사용함으로써 손의 작업을 보존하고 손은 다른 동작을 담당하도록 하면 편리하다.
   • 공구류는 될 수 있는 대로 두 가지 이상의 기능을 조합한 것을 사용하여야 한다.
   • 공구류 및 재료는 될 수 있는 대로 다음에 사용하기 쉽도록 놓아 두어야 한다.
   • 각 손가락이 사용되는 작업에서는 각 손가락의 힘이 같지 않음을 고려하여야 할 것이다.
   • 각종 손잡이는 손에 가장 알맞게 고안함으로써 피로를 감소시킬 수 있다.
   • 각종 레버나 핸들은 작업자가 최소의 움직임으로 사용할 수 있는 위치에 있어야 한다.

60 다음 시스템의 신뢰도 값은?

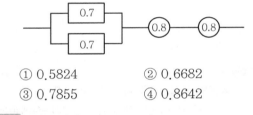

① 0.5824
② 0.6682
③ 0.7855
④ 0.8642

● 해설

$\{1 - (1 - 0.7)(1 - 0.7)\} \times 0.8 \times 0.8 = 0.5824$

4과목 건설시공학

61 콘크리트 구조물의 품질관리에서 활용되는 비파괴시험(검사) 방법으로 경화된 콘크리트 표면의 반발경도를 측정하는 것은?

① 슈미트해머 시험
② 방사선투과 시험
③ 자기분말탐상시험
④ 침투탐상시험

콘크리트 구조물의 비파괴시험 방법

- 방사선투과법(RT : Radiographic Test) : 방사선을 시험체에 투과시켜 필름에 형상을 담아 결함을 검출하고 분석하는 방법
- 자기탐상법(MT : Magnetic Particle Test) : 자속을 흐르게 하여 자분을 시험체에 뿌려 자분의 모양으로 결함부를 검출하는 방법
- 침투탐상검사 : 침투제(액체)의 모세관현상을 이용한 시험방법
- 초음파탐상법(UT : Ultrasonic Test) : 초음파를 투과시켜 결함부위에서 반사한 신호를 CTR Screen에 나타난 것을 분석해 결함 크기 및 위치를 검사하는 방법
- 슈미트해머 시험 : 슈미트해머를 사용해 경화된 콘크리트 표면의 반발경도를 측정하는 시험

62 시공의 품질관리를 위한 7가지 도구에 해당되지 않는 것은?

① 파레토그램
② LOB 기법
③ 특성요인도
④ 체크시트

시공의 품질관리를 위한 7가지 도구

- 특성요인도 : 결과에 어떠한 원인이 연관되어 있는지 한눈에 알수 있도록 물고기뼈 형태로 나타내는 기법
- 파레토도 : 데이터 크기순으로 나열하고 이를 막대그래프와 누계치의 꺾은선그래프로 나타내는 기법
- 체크시트 : 계수형 특성값을 항목별로 분류해 기록하는 방법
- 산점도 : 데이터의 흩어짐이나 분포 형태를 쉽게 판단할 수 있는 데이터 정리방법
- 히스토그램 : 데이터가 존재하는 범위를 몇 개의 구간으로 나누어서 각 구간에 들어가는 데이터의 빈도수를 체크하여 그 크기를 막대그래프로 작성한 그림
- 층별 : 수집된 데이터를 어떤 특징에 따라 몇 개의 그룹 혹은 부분집단으로 나누는 것
- 관리도 : 꺾은선그래프를 활용하는 방법

63 다음 조건에 따른 백호의 단위시간당 추정 굴삭량으로 옳은 것은?

- 버킷용량 : 0.5m³
- 사이클타임 : 20초
- 작업효율 : 0.9
- 굴삭계수 : 0.7
- 굴삭토의 용적변화계수 : 1.25

① 94.5m³
② 80.5m³
③ 76.3m³
④ 70.9m³

백호의 단위시간당 굴삭량 산정식

$$Q = \frac{qkfE}{C_m[\mathrm{hr}]} = \frac{60qkfE}{C_m[\mathrm{min}]} = \frac{3,600qkfE}{C_m[\mathrm{sec}]}$$

여기서, Q : 시간당 작업량(m³/hr)
q : 버킷용량(m³), k : 버킷계수
f : 체적환산계수, E : 작업효율
C_m : 1회 사이클 시간(hr, min, sec)

따라서, $\dfrac{3,600 \times 0.5 \times 0.7 \times 0.9 \times 1.25}{20}$
$= 70.9\mathrm{m}^3$

64 벽돌공사 시 벽돌쌓기에 관한 설명으로 옳은 것은?

① 연속되는 벽면의 일부를 트이게 하여 나중 쌓기로 할 때에는 그 부분을 층단 들여쌓기로 한다.
② 벽돌쌓기는 도면 또는 공사시방서에서 정한 바가 없을 때에는 미식쌓기 또는 불식쌓기로 한다.
③ 하루의 쌓기 높이는 1.8m를 표준으로 한다.
④ 세로줄눈은 구조적으로 우수한 통줄눈이 되도록 한다.

- 벽돌쌓기는 도면이나 공사시방서에서 정한 바가 없을 시 영식쌓기를 적용한다.
- 가로 및 세로줄눈의 너비는 도면이나 시방서에 정한 바가 없을 때 10mm를 표준으로 한다.
- 벽돌쌓기는 각 부를 가급적 동일한 높이로 쌓아 올리고 붕괴 방지를 위해 벽면의 일부 또는 국부적으로 높게 쌓지 않는다.

◉ ANSWER | 62 ② 63 ④ 64 ①

- 연속되는 벽면의 일부를 트이게 하여 나중쌓기로 할 때에는 그 부분을 층단 들여쌓기로 한다.

65 콘크리트공사 시 철근의 정착위치에 관한 설명으로 옳지 않은 것은?

① 작은 보의 주근은 벽체에 정착한다.
② 큰 보의 주근은 기둥에 정착한다.
③ 기둥의 주근은 기초에 정착한다.
④ 지중보의 주근은 기초 또는 기둥에 정착한다.

◎ 해설

철근콘크리트 부재별 철근의 정착위치
- 기둥주근 : 기초
- 벽주근 : 보, 바닥판, 기둥
- 지중보주근 : 기초 및 기둥
- 작은 보 주근 : 큰 보
- 보주근 : 기둥
- 바닥철근 : 보 및 벽체에 정착

66 강구조 부재의 용접 시 예열에 관한 설명으로 옳지 않은 것은?

① 모재의 표면온도가 0℃ 미만인 경우는 적어도 20℃ 이상 예열한다.
② 이종금속 간에 용접을 할 경우는 예열과 층간온도는 하위등급을 기준으로 하여 실시한다.
③ 버너로 예열하는 경우에는 개선면에 직접 가열해서는 안 된다.
④ 온도관리는 용접선에서 75mm 떨어진 위치에서 표면온도계 또는 온도쵸크 등에 의하여 온도관리를 한다.

◎ 해설

강구조 부재의 용접 시 예열
- 모재의 표면온도가 0℃ 미만인 경우는 적어도 20℃ 이상 예열한다.
- 이종금속 간 용접을 할 경우는 예열과 층간온도는 상위등급을 기준으로 실시한다.

- 버너로 예열하는 경우에는 개선면에 직접 가열해서는 안 된다.
- 온도관리는 용접선에서 75mm 떨어진 위치에서 표면온도계 또는 온도쵸크 등에 의하여 온도관리를 한다.

67 미장공법, 뿜칠공법을 통한 강구조부재의 내화피복 시공 시 시공면적 얼마당 1개소 단위로 핀 등을 이용하여 두께를 확인하여야 하는가?

① 2m²   ② 3m²
③ 4m²   ④ 5m²

◎ 해설

1. 철골공사 내화피복공법의 종류
   - 습식공법 : 뿜칠공법, 타설공법, 미장공법
   - 건식공법 : 성형판 붙임공법
   - 복합공법 : 내화피복기능에 커튼월 등의 기능을 추가한 공법
2. 미장공법, 뿜칠공법에 의한 내화피복 시공 시에는 시공면적 5m²당 1개소 단위로 두께를 확인해야 한다.
3. 내화성능 기준

(단위 : 시간)

층수/높이	내력벽	보, 기둥	바닥	지붕틀
12층/50m 초과	3(2)	3	2	1
12층/50m 이하	2	2	2	1
4층/20m 이하	1	1	1	0.5

68 다음 설명에 해당하는 공정표의 종류로 옳은 것은?

한 공종의 작업이 하나의 숫자로 표기되고 컴퓨터에 적용하기 용이한 이점 때문에 많이 사용되고 있다. 각 작업은 Node로 표기하고 더미의 사용이 불필요하며 화살표는 단순히 작업의 선후관계만을 나타낸다.

① 횡선식 공정표   ② CPM
③ PDM   ④ LOB

---

① 횡선식 공정표 : 세로축에 공사종목별 각 공사명을 배열하고 가로축에 날짜를 표기한 다음 공사명별 공사 소요시간을 정리한 공정표
② CPM : 리스크를 반영해서 합리적인 프로젝트의 진행을 예측하고, 준공을 예측하기 위한 공정표
③ PDM : 작업은 Node로 표기하고 더미의 사용이 불필요하며 화살표는 단순히 작업의 선후관계만을 나타낸다.
④ LOB : 프로그램 작성이나 데이터베이스 정리 시 테이블 칼럼 안에서 대용량의 데이터를 저장할 필요가 있을 경우 사용하는 데이터 타입

69 속 빈 콘크리트블록의 규격 중 기본블록치수가 아닌 것은?(단, 단위 : mm)

① $390 \times 190 \times 190$ ② $390 \times 190 \times 150$
③ $390 \times 190 \times 100$ ④ $390 \times 190 \times 80$

속 빈 콘크리트블록의 규격

길이	높이	두께	시공오차
390mm	190mm	190mm 150mm 100mm	2

70 지반개량 지정공사 중 응결공법이 아닌 것은?

① 플라스틱 드레인공법
② 시멘트 처리공법
③ 석회 처리공법
④ 심층혼합 처리공법

연약지반 개량 지정공사 중 응결공법

• 시멘트 처리공법
• 석회 처리공법
• 심층혼합 처리공법

※ 연직배수공법
　• Sand Drain
　• Pack Drain
　• Paper Drain
　• Plastic Board Drain

71 지하수가 없는 비교적 경질인 지층에서 어스오거로 구멍을 뚫고 그 내부에 철근과 자갈을 채운 후, 미리 삽입해 둔 파이프를 통해 저면에서부터 모르타르를 채워 올라오게 한 것은?

① 슬러리 월   ② 시트 파일
③ CIP 파일   ④ 프랭키 파일

구분	CIP (Cast–In– Place Pile)	PIP (Packed–In– Place Pile)	MIP (Mixed–In– Place Pile)
시공 방법 순서	Auger 천공 → 철근망 삽입 → Mortar 주입관 설치 → 자갈 충전 → Mortar 주입	Auger 천공 → Auger 인발 → 흙배출 → Mortar 주입 → 철근망 or H형강 삽입	Auger 굴진삽입 → Paste 분출 → 지중토사와 혼합교반 → Soil Con'c Pile 형성
시공도			
특징	• 지하수 없는 경질토사 • 좁은 장소 용이 • 벽체 연결부위 취약 • 주열식 벽체 이용가능	• 사질층, 자갈층 • 장치 간단, 시공 용이 • 소음진동 적음 • 주열식 차수벽 이용 가능	• 연약지반 • 흙을 골재로 이용 → 경제적 • 지지층 확인 곤란(배출 안 됨) • 흙막이벽 사용가능

72 콘크리트에서 사용하는 호칭강도의 정의로 옳은 것은?

① 레디믹스트 콘크리트 발주 시 구입자가 지정하는 강도
② 구조계산 시 기준으로 하는 콘크리트의 압축강도
③ 재령 7일의 압축강도를 기준으로 하는 강도
④ 콘크리트의 배합을 정할 때 목표로 하는 압축강도로 품질의 표준편차 및 양생온도 등을 고려하여 설계기준강도에 할증한 것

콘크리트의 강도 구분

• 콘크리트 호칭강도 : 레디믹스트 콘크리트 발주 시 구입자가 지정하는 강도

◉ ANSWER | 69 ④ 70 ① 71 ③ 72 ①

- 설계기준강도 : 콘크리트 부재 설계 시 계산의 기준이 되는 콘크리트 강도
- 배합강도 : 콘크리트의 배합을 정할 때 목표로 하는 압축강도로 품질의 표준편차 및 양생온도 등을 고려하여 설계기준강도에 할증한 것

73 일명 테이블 폼(Table Form)으로 불리는 것으로 거푸집널에 장선, 멍에, 서포트 등을 기계적인 요소로 부재화한 대형 바닥판거푸집은?

① 갱 폼(Gang Form)
② 플라잉 폼(Flying Form)
③ 유로 폼(Euro Form)
④ 트래블링 폼(Traveling Form)

─── 해설 ───

① 갱폼(Gang Form)
주로 고층 아파트에서와 같이 평면상 상하부 동일 구조물에서 외부벽체 거푸집과 거푸집 설치. 해체작업 및 미장, 치장(견출) 작업발판용 케이지(Cage)를 일체로 제작하여 사용하는 대형 거푸집
② 플라잉 폼(Flying Form)
테이블 폼(Table Form)이라고도 불리며, 거푸집널에 장선, 멍에, 서포트 등을 기계적인 요소로 부재화한 대형 바닥판거푸집
③ 유로 폼(Euro Form)
거푸집을 규격에 맞게 제작한 것으로 독일의 KHK Euroschalung 사에서 개발한 거푸집
④ 트래블링 폼(Traveling Form)
터널공사와 같이 수평적으로 연속된 구조물에 사용하는 거푸집

74 다음은 표준시방서에 따른 철근의 이음에 관한 내용이다. 빈칸에 공통으로 들어갈 내용으로 옳은 것은?

> (   )를 초과하는 철근은 겹침이음을 할 수 없다. 다만, 서로 다른 크기의 철근을 압축부에 겹침이음하는 경우 (   ) 이하의 철근과 (   )를 초과하는 철근은 겹침이음을 할 수 있다.

① D29
② D25
③ D32
④ D35

─── 해설 ───

D35를 초과하는 철근은 겹침이음을 할 수 없다. 다만, 서로 다른 크기의 철근을 압축부에 겹침이음하는 경우 D35 이하의 철근과 D35를 초과하는 철근은 겹침이음을 할 수 있다.

75 다음 중 공동도급방식의 장점에 해당하지 않는 것은?

① 위험의 분산
② 시공의 확실성
③ 이윤 증대
④ 기술 자본의 증대

─── 해설 ───

- 공동도급방식 : 도급업체가 공동체를 형성해 시공하는 방식으로 상호간 의견 불일치로 시공관리가 어려워 시공이 불확실하며, 공사비도 증가된다.
- 직영공사방식 : 영리목적의 도급공사에 비해 저렴하고 재료선정이 자유로운 장점이 있는 반면, 고용기술자 등에 의한 시공관리능력이 부족하면 공사비 증가, 시공성 결함 및 공기가 연장될 수 있는 형태의 공사방식이다.

76 슬라이딩 폼(Sliding Form)에 관한 설명으로 옳지 않은 것은?

① 1일 5~10m 정도 수직시공이 가능하므로 시공속도가 빠르다.
② 타설작업과 마감작업을 병행할 수 없어 공정이 복잡하다.
③ 구조물 형태에 따른 사용 제약이 있다.
④ 형상 및 치수가 정확하며 시공오차가 적다.

─── 해설 ───

슬라이딩 폼(Sliding Form)
- 1일 5~10m 정도 수직시공이 가능하므로 시공속도가 빠르다.
- 구조물 형태에 따른 사용 제약이 있다.
- 형상 및 치수가 정확하며 시공오차가 적다.

- 타설작업과 마감작업의 병행이 가능하여 공정이 단순하다.
- 대형공사 및 고소작업 시 유리하다.

77 공사계약 중 재계약 조건이 아닌 것은?

① 설계도면 및 시방서(Specification)의 중대결함 및 오류에 기인한 경우
② 계약상 현장조건 및 시공조건이 상이(Difference)한 경우
③ 계약사항에 중대한 변경이 있는 경우
④ 정당한 이유 없이 공사를 착수하지 않은 경우

◉ 해설
공사계약 중 재계약 조건
- 설계도면 및 시방서의 중대결함 및 오류에 기인한 경우
- 계약상 현장조건 및 시공조건이 상이한 경우
- 계약사항에 중대한 변경이 있는 경우

78 기초의 종류 중 지정형식에 따른 분류에 속하지 않는 것은?

① 직접기초   ② 피어기초
③ 복합기초   ④ 잠함기초

◉ 해설
1. 지정의 분류
- 잡석지정 : 기초 콘크리트 타설 시 흙의 혼입을 방지하기 위해 사용한다.
- 모래지정 : 기초 밑의 지반이 연약하고 2미터 이내에 굳은 지층이 있어 말뚝을 박을 필요가 없을 때 굳은 지층까지 파내어 모래를 넣고 물다짐한 지정으로, 건물이 중량일 때는 사용할 수 없다.
- 자갈지정 : 굳은 지반에 사용되는 지정
- 밑창 콘크리트 지정(버림 콘크리트 지정) : 잡석이나 자갈 위에 기초 먹매김을 위해 두께 5센티미터 정도의 콘크리트를 타설한 지정
- 긴 주춧돌 지정 : 비교적 간단한 건물에 사용되며 지반이 깊을 때 긴 주춧돌을 세운 지정

2. 지정형식
- 직접기초 : 상부구조로부터의 하중을 직접 지반에 전달시키는 기초
- 피어기초 : 구조물의 하중을 굳은 지반에 전달하기 위해 수직공을 굴착하고 그 속에 현장 콘크리트를 타설하여 만들어진 주상의 기초
- 잠함기초 : 케이슨을 제작해 하강시키며 토사를 굴착해 수중에 시공하는 기초공법으로 개방잠함공법과 뉴매틱케이슨공법으로 분류된다.

※ 복합기초 : 2개 이상의 기둥에서 전달되는 하중을 하나의 기초판으로 지지하는 형식의 기초로 지정형식에 포함되지 않는다.

79 철골공사에서 발생할 수 있는 용접불량에 해당되지 않는 것은?

① 스캘럽(Scallop)
② 언더컷(Under Cut)
③ 오버랩(Over Lap)
④ 피트(Pit)

◉ 해설
용접결함의 종류

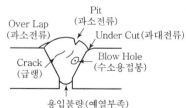

※ 스캘럽(Scallop) : 용접 시 이음 및 접합부 용접선이 교차되어 재용접된 부위가 열영향을 받아 취약해지기 때문에 모재에 부채꼴 모양으로 모따기를 하는 것을 말한다.

80 시험말뚝에 변형률계(Strain Gauge)와 가속도계(Accelerometer)를 부착하여 말뚝항타에 의한 파형으로부터 지지력을 구하는 시험은?

① 정재하시험   ② 비비시험
③ 동재하시험   ④ 인발시험

- 동재하시험
  시험말뚝에 변형률계(Strain Gauge)와 가속도계(Accelerometer)를 부착하여 말뚝항타에 의한 파형으로부터 지지력을 구하는 시험
- 정재하시험
  말뚝머리에 사하중을 재하하거나 주위 말뚝의 인발저항이나 반력앵커의 인발력을 이용해 말뚝의 하중을 확인하는 방법

5과목 건설재료학

81 다음 합성수지 중 열가소성 수지가 아닌 것은?

① 알키드수지   ② 염화비닐수지
③ 아크릴수지   ④ 폴리프로필렌수지

㉠ 열경화성 수지
  - 멜라민수지
  - 요소수지
  - 에폭시수지
  - 폴리에스테르수지
  - 페놀수지
  - 알키드수지
㉡ 열가소성 수지
  - 염화비닐수지
  - 아크릴수지
  - 폴리프로필렌수지

82 유리의 중앙부와 주변부와의 온도 차이로 인해 응력이 발생하여 파손되는 현상을 유리의 열파손이라 한다. 열파손에 관한 설명으로 옳지 않은 것은?

① 색유리에 많이 발생한다.
② 동절기의 맑은 날 오전에 많이 발생한다.
③ 두께가 얇을수록 강도가 약해 열팽창응력이 크다.
④ 균열은 프레임에 직각으로 시작하여 경사지게 진행된다.

유리 열파손

1. 메커니즘
   태양열 → 유리의 열흡수 → 프레임과의 온도차 → 유리의 내력 부족 → 파손(인장, 압축력 부족)
2. 파손원인
   ㉠ 직접원인
      - 태양의 복사열 작용
      - 화재에 의한 연화점 이상 온도발생
      - 유리배면의 공기순환 부족
   ㉡ 간접원인
      - 유리의 국부적 결함
      - 유리의 재질 불량(내력 부족)
      - 내충격성 부족
3. 특징
   - 색유리에 많이 발생한다.
   - 동절기의 맑은 날 오전에 많이 발생한다.
   - 두께가 두꺼울수록 열팽창응력이 크다.
   - 균열은 프레임에 직각으로 시작하여 경사지게 진행된다.

83 점토의 성질에 관한 설명으로 옳지 않은 것은?

① 양질의 점토는 건조상태에서 현저한 가소성을 나타내며, 점토 입자가 미세할수록 가소성은 나빠진다.
② 점토의 주성분은 실리카와 알루미나이다.
③ 인장강도는 점토의 조직에 관계하며 입자의 크기가 큰 영향을 준다.
④ 점토제품의 색상은 철산화물 또는 석회물질에 의해 나타난다.

점토의 특징

- 소성된 점토제품은 철화합물, 망간화합물, 소성온도 등에 의해 구분된다.
- 저온 소성제품은 화학변화를 일으키기 쉽다.
- 산화철 성분이 많을 경우 건조수축이 크기 때문에 도자기 원료로 부적합하다.
- 주성분은 실리카와 알루미나이다.
- 압축강도는 크나 인장강도는 매우 약하다.
- 점토 입자가 미세할수록 가소성은 향상된다.

84 각 미장재료별 경화형태로 옳지 않은 것은?

① 회반죽 : 수경성
② 시멘트 모르타르 : 수경성
③ 돌로마이트플라스터 : 기경성
④ 테라조 현장바름 : 수경성

85 도료의 사용 용도에 관한 설명으로 옳지 않은 것은?

① 유성바니시는 투명도료이며, 목재마감에도 사용가능하다.
② 유성페인트는 모르타르, 콘크리트면에 발라 착색방수피막을 형성한다.
③ 합성수지 에멀션 페인트는 콘크리트면, 석고보드 바탕 등에 사용된다.
④ 클리어래커는 목재면의 투명도장에 사용된다.

86 목재건조의 목적에 해당되지 않는 것은?

① 강도의 증진   ② 중량의 경감
③ 가공성의 증진   ④ 균류 발생의 방지

87 전기절연성, 내열성이 우수하고 특히 내약품성이 뛰어나며, 유리섬유로 보강하여 강화플라스틱(F.R.P)의 제조에 사용되는 합성수지는?

① 멜라민수지
② 불포화폴리에스테르수지
③ 페놀수지
④ 염화비닐수지

88 콘크리트용 골재의 품질요건에 관한 설명으로 옳지 않은 것은?

① 골재는 청정·견경해야 한다.
② 골재는 소요의 내화성과 내구성을 가져야 한다.
③ 골재는 표면이 매끄럽지 않으며, 예각으로 된 것이 좋다.
④ 골재는 밀실한 콘크리트를 만들 수 있는 입형과 입도를 갖는 것이 좋다.

콘크리트용 골재의 품질요건
- 골재는 청정·견경해야 한다.
- 골재는 소요의 내화성과 내구성을 가져야 한다.
- 골재는 콘크리트의 재료분리가 발생하지 않도록 표면이 매끄럽고 둥근 형태의 것을 사용해야 한다.
- 골재는 밀실한 콘크리트를 만들 수 있는 입형과 입도를 갖는 것이 좋다.

89 금속부식에 관한 대책으로 옳지 않은 것은?

① 가능한 한 이종금속은 이를 인접, 접속시켜 사용하지 않을 것
② 균질한 것을 선택하고, 사용할 때 큰 변형을 주지 않도록 할 것
③ 큰 변형을 준 것은 가능한 한 풀림하여 사용할 것
④ 표면을 거칠게 하고 가능한 한 습윤상태로 유지할 것

금속재료 부식방지 대책
- 가능한 한 다른 종류의 금속을 인접시키거나 접촉하지 않는다.
- 가공 중 발생된 변형은 제거한다.
- 표면은 깨끗하게 하고, 물기나 습기가 없도록 한다.
- 부분 녹은 즉시 제거한다.

90 습윤상태의 모래 780g을 건조로에서 건조시켜 절대건조상태 720g으로 되었다. 이 모래의 표면수율은?(단, 이 모래의 흡수율은 5%이다.)

① 3.08%   ② 3.17%
③ 3.33%   ④ 3.52%

- 표면수율 : 골재의 무게에 대한 골재 표면에 있는 물의 비율

$$표면수율 = \frac{습윤상태 - 표면건조포화상태}{표면건조포화상태} \times 100$$

- 모래의 흡수율은 5%라 했으므로 표면건조포화상태의 중량은 756g이 되므로

$$\frac{780 - 756}{756} \times 100 = 3.17\%$$

91 고강도 강선을 사용하여 인장응력을 미리 부여함으로써 큰 응력을 받을 수 있도록 제작된 것은?

① 매스 콘크리트
② 프리플레이스트 콘크리트
③ 프리스트레스트 콘크리트
④ AE 콘크리트

프리스트레스트 콘크리트
고강도 강선을 사용해 인장응력을 사전에 부여함으로써 큰 응력을 받을 수 있도록 제작한 콘크리트

92 석재의 종류와 용도가 잘못 연결된 것은?

① 화산암 – 경량골재
② 화강암 – 콘크리트용 골재
③ 대리석 – 조각재
④ 응회암 – 건축용 구조재

응회암
- 화산재와 모래 등이 퇴적 후 암석분쇄물과 침전된 암석이다.
- 다골질이므로 내구성이 낮다.
- 가공이 용이하므로 장식재로 사용한다.

93 강의 열처리 방법 중 결정을 미립화하고 균일하게 하기 위해 800~1000℃까지 가열하여 소정의 시간까지 유지한 후에 노(爐)의 내부에서 서서히 냉각하는 방법은?

① 풀림   ② 불림
③ 담금질   ④ 뜨임질

강의 열처리 방법

구분	내용
풀림	800~1000℃로 30~1시간 가열 후 노에서 서서히 냉각시켜 내부잔류응력을 제거시키는 방법
불림	800~1000℃로 가열 후 대기 중에서 냉각시켜 조직을 미세화하고 내부잔류응력과 변형을 제거시키는 방법
뜨임	담금질 후 200~600℃로 재가열하여 공기 중에서 서서히 냉각시켜 인성을 부여하고 내부인장잔류응력을 완화시키는 방법
담금	가열 후 물이나 기름 속에 담가 급랭시키는 방법으로 강도 및 경도가 증가된다.

94 단열재료에 관한 설명으로 옳지 않은 것은?

① 열전도율이 높을수록 단열성능이 좋다.
② 같은 두께인 경우 경량재료인 편이 단열에 더 효과적이다.
③ 일반적으로 다공질의 재료가 많다.
④ 단열재료의 대부분은 흡음성도 우수하므로 흡음재료로서도 이용된다.

단열재료의 특징

• 열전도율이 높을수록 단열성능이 낮다.
• 같은 두께인 경우 경량재료의 단열효과가 높다.
• 다공질 재료가 많다.
• 단열재료는 흡음성도 우수하다.

95 KS L 4201에 따른 1종 점토벽돌의 압축강도 기준으로 옳은 것은?

① 8.78MPa 이상
② 14.70MPa 이상
③ 20.59MPa 이상
④ 24.50MPa 이상

점토벽돌 KS품질기준

품질	종류		
	1종	2종	3종
흡수율(%)	10 이하	13 이하	15 이하
압축강도(N/mm²)	24.5 이상	20.59 이상	10.78 이상

※ 콘크리트벽돌 KS품질기준

품질	1종	2종
흡수율(%)	7 이하	13 이하
압축강도(N/mm²)	13 이상	8 이상

96 표면건조포화상태 질량 500g의 잔골재를 건조시켜, 공기 중 건조상태에서 측정한 결과 460g, 절대건조상태에서 측정한 결과 450g이었다. 이 잔골재의 흡수율은?

① 8%
② 8.8%
③ 10%
④ 11.1%

$$골재흡수율 = \frac{표건중량 - 절건중량}{절건중량} \times 100\%$$

$$= \frac{500 - 450}{450} \times 100\% = 11.1\%$$

97 목재의 압축강도에 영향을 미치는 원인에 관한 설명으로 옳지 않은 것은?

① 기건비중이 클수록 압축강도는 증가한다.
② 가력방향이 섬유방향과 평행일 때의 압축강도가 직각일 때의 압축강도보다 크다.
③ 섬유포화점 이상에서 목재의 함수율이 커질수록 압축강도는 계속 낮아진다.
④ 옹이가 있으면 압축강도는 저하하고 옹이 지름이 클수록 더욱 감소한다.

목재의 강도특성

㉠ 목재의 건조는 중량의 경감과 강도가 향상된다.
㉡ 벌목의 계절은 강도에 영향을 미친다.
㉢ 응력의 방향이 섬유방향에 평행인 경우 압축강도가 인장강도보다 크다.
㉣ 목재세포가 최대한의 수분을 흡착한 상태를 섬유포화점이라 하며 아래와 같은 특징을 갖는다.
• 함수율이 섬유포화점 이상에서는 강도의 변화가 없다(세포벽은 이미 수분이 가득하고, 그 이상은 세포 내부에 채우므로 세포벽의 수분의 변화가 없다).

◉ ANSWER | 94 ① 95 ④ 96 ④ 97 ③

- 섬유포화점 이하에서는 세포벽의 수분이 변화한다.
- 목재의 함수율이 섬유포화점 이하가 되면 강도가 급속히 증가한다.
- 섬유포화점 이상에서는 강도가 거의 일정하며, 절건상태의 1/4 정도의 강도가 된다.
- 섬유포화점을 지나 절건상태가 되면 목재의 최저강도의 35% 정도가 증가한다.

98 콘크리트용 혼화제의 사용용도와 혼화제 종류를 연결한 것으로 옳지 않은 것은?

① AE 감수제 : 작업성능이나 동결융해 저항성능의 향상
② 유동화제 : 강력한 감수효과와 강도의 대폭적인 증가
③ 방청제 : 염화물에 의한 강재의 부식억제
④ 증점제 : 점성, 응집작용 등을 향상시켜 재료분리를 억제

해설

콘크리트용 혼화제의 사용용도
- AE 감수제 : 작업성능이나 동결융해 저항성능의 향상
- 유동화제 : 유동성의 향상을 위한 혼화제
- 방청제 : 염화물에 의한 강재의 부식억제
- 증점제 : 점성, 응집작용 등을 향상시켜 재료분리를 억제

99 아스팔트를 천연 아스팔트와 석유 아스팔트로 구분할 때 천연 아스팔트에 해당되지 않는 것은?

① 로크 아스팔트
② 레이크 아스팔트
③ 아스팔타이트
④ 스트레이트 아스팔트

해설

1. 천연 아스팔트 : 천연적으로 산출되는 아스팔트
2. 석유 아스팔트
   - 스트레이트 아스팔트 : 원유를 감압증류 할 때 생기는 잔류물로 점착력이 크다.

- 블로운 아스팔트 : 주로 방수가공용으로 사용되며, 점착성을 이용해 블록 널판을 붙이기 위한 접착제로 사용된다.

100 미장재료 중 회반죽에 관한 설명으로 옳지 않은 것은?

① 경화속도가 느린 편이다.
② 일반적으로 연약하고, 비내수성이다.
③ 여물은 접착력 증대를, 해초풀은 균열방지를 위해 사용된다.
④ 소석회가 주원료이다.

해설

회반죽의 특징
- 경화속도가 느리다.
- 비내수성이며, 연약하다.
- 여물은 균열방지를 위해 사용되며, 해초풀은 접착력 증대를 위해 사용된다.
- 주원료로는 소석회가 사용된다.

6과목 **건설안전기술**

101 공사진척에 따른 공정률이 다음과 같을 때 안전관리비 사용기준으로 옳은 것은?(단, 공정률은 기성공정률을 기준으로 함)

> 공정률 : 70퍼센트 이상, 90퍼센트 미만

① 50퍼센트 이상   ② 60퍼센트 이상
③ 70퍼센트 이상   ④ 80퍼센트 이상

해설

산업안전보건관리비 계상기준 개정(2025.1.1부터 적용)

구분	대상액 5억 원 미만 적용비율 (%)	대상액 5억 원 이상 50억 원 미만인 경우		대상액 50억 원 이상 적용비율 (%)	보건관리자 선임대상 건설공사의 적용비율 (%)
		적용비율 (%)	기초액		
건축공사	3.11	2.28	4,325,000원	2.37	2.64
토목공사	3.15	2.53	3,300,000원	2.60	2.73
중건설공사	3.64	3.05	2,975,000원	3.11	3.39
특수건설공사	2.07	1.59	2,450,000원	1.64	1.78

⊙ ANSWER | 98 ② 99 ④ 100 ③ 101 ③

공사진척에 따른 사용기준

공정률	50~70%	70~90%	90% 이상
사용기준	50% 이상	70% 이상	90% 이상

102 사면보호공법 중 구조물에 의한 보호공법에 해당되지 않는 것은?

① 블럭공
② 식생구멍공
③ 돌쌓기공
④ 현장타설 콘크리트 격자공

1. 구조물에 의한 보호공법
   ㉠ 말뚝공(억지말뚝) : 말뚝시공으로 활동을 억제하는 공법
   ㉡ 앵커공(Earth Anchor 공법)
   ㉢ 옹벽공
   ㉣ 절토공
   ㉤ 압성토공 : 자연사면 선단부에 토사를 성토하여 활동에 대한 저항력을 증가시키는 공법
   ㉥ 소일네일링(Soil Nailing) 공법 : 사면에 강철봉을 타입 또는 천공 후 삽입시켜 지반의 안정을 도모하는 공법

2. 사면보호공법(억제공)
   ㉠ 식생공 : 평떼붙임공, 식생 매트공, 식수공, 파종공 등
   ㉡ 뿜어붙이기공 : 콘크리트 또는 시멘트 모르타르를 뿜어붙임
   ㉢ 블록공 : 사면을 블록이나 격자모양 블록으로 덮는 사면안정공법
   ㉣ 돌쌓기공·블록 쌓기공 : 견치석 또는 콘크리트 블록을 쌓아 보호하는 공법
   ㉤ 배수공 : 지표수 배수를 통한 공법
   ㉥ 표층안정공 : 약액 또는 시멘트를 지반에 그라우팅하는 공법

103 유해위험방지계획서를 고용노동부장관에게 제출하고 심사를 받아야 하는 대상 건설공사 기준으로 옳지 않은 것은?

① 최대 지간길이가 50m 이상인 다리의 건설 등 공사

② 지상높이 25m 이상인 건축물 또는 인공구조물의 건설 등 공사
③ 깊이 10m 이상인 굴착공사
④ 다목적댐, 발전용댐, 저수용량 2천만 톤 이상의 용수 전용 댐 및 지방상수도 전용 댐의 건설 등 공사

유해위험방지계획서를 고용노동부장관에게 제출하고 심사를 받아야 하는 대상 건설공사 기준
• 지상높이가 31미터 이상인 건축물 또는 인공구조물
• 연면적 30,000m² 이상인 건축물 또는 연면적 5,000m² 이상의 문화 및 집회시설(전시장 및 동물원·식물원은 제외), 판매시설, 운수시설(고속철도의 역사 및 집배송시설 제외), 종교시설, 의료시설 중 종합병원, 숙박시설 중 관광숙박시설, 지하도 상가 또는 냉동·냉장창고시설의 건설·개조 또는 해체 공사
• 연면적 5,000m² 이상의 냉동·냉장창고시설의 설비공사 및 단열공사
• 최대 지간길이 50m 이상인 교량건설 등의 공사
• 터널 건설 등의 공사
• 다목적댐, 발전용댐 및 저수용량 2천만 톤 이상의 용수전용댐, 지방상수도 전용댐 건설 등의 공사
• 깊이 10미터 이상인 굴착공사

104 터널공사의 전기발파작업에 관한 설명으로 옳지 않은 것은?

① 전선은 점화하기 전에 화약류를 충진한 장소로부터 30m 이상 떨어진 안전한 장소에서 도통시험 및 저항시험을 하여야 한다.
② 점화는 충분한 허용량을 갖는 발파기를 사용하고 규정된 스위치를 반드시 사용하여야 한다.
③ 발파 후 발파기와 발파모선의 연결을 유지한 채 그 단부를 절연시킨 후 재점화가 되지 않도록 한다.
④ 점화는 선임된 발파책임자가 행하고 발파기의 핸들을 점화할 때 이외는 시건장치를 하거나 모선을 분리하여야 하며 발파책임자의 엄중한 관리하에 두어야 한다.

◉ **ANSWER** | 102 ② 103 ② 104 ③

터널공사의 전기발파작업 안전대책

• 전기뇌관은 발파모선을 점화기에서 떼어 단락시켜 점화되지 않도록 조치할 것
• 점화는 선임된 발파책임자가 행하고 발파기의 핸들을 점화할 때 이외는 시건장치를 하거나 모선을 분리하여야 하며 발파책임자의 엄중한 관리하에 두어야 한다.
• 전기뇌관 발파의 경우 점화장소로부터 30m 이상 떨어진 장소에서 전선에 대한 저항 측정 및 통전시험을 하고 결과를 기록·관리할 것
• 점화는 충분한 허용량을 갖는 발파기를 사용하고 규정된 스위치를 반드시 사용하여야 한다.

105 미리 작업장소의 지형 및 지반상태 등에 적합한 제한속도를 정하지 않아도 되는 차량계 건설기계의 속도 기준은?

① 최대 제한속도가 10km/h 이하
② 최대 제한속도가 20km/h 이하
③ 최대 제한속도가 30km/h 이하
④ 최대 제한속도가 40km/h 이하

제한속도를 정하지 않아도 되는 차량계 건설기계의 속도 기준 : 최대 제한속도 10km/h 이하

106 차량계 건설기계를 사용하여 작업을 하는 경우 작업계획서 내용에 포함되지 않는 사항은?

① 사용하는 차량계 건설기계의 종류 및 성능
② 차량계 건설기계의 운행경로
③ 차량계 건설기계에 의한 작업방법
④ 차량계 건설기계 사용 시 유도자 배치위치

차량계 건설기계를 사용하여 작업을 하는 경우 작업계획서

1. 작성주기 : 작업시작 전
2. 작성주체 : 공사 사업주
3. 서류의 보존기간 : 3년

4. 작성내용
• 작업위치
• 장비위치
• 작업반경
• 출입통제범위
• 작업방법
• 지장물위치
• 건설기계의 종류 및 성능
• 운행경로
5. 작업 전 점검사항
• 신호장구지급
• 전도, 전락방지조치
• 작업장소 지반조건
• 유도자 배치
• 장비 사전점검
• 위험, 경고, 안내표지판 설치

107 이동식 비계를 조립하여 작업을 하는 경우에 준수하여야 할 기준으로 옳지 않은 것은?

① 승강용사다리는 견고하게 설치할 것
② 비계의 최상부에서 작업을 하는 경우에는 안전난간을 설치할 것
③ 작업발판의 최대적재하중은 400kg을 초과하지 않도록 할 것
④ 작업발판은 항상 수평을 유지하고 작업발판 위에서 안전난간을 딛고 작업을 하거나 받침대 또는 사다리를 사용하여 작업하지 않도록 할 것

이동식 비계를 조립하여 작업 시 준수사항

• 안전담당자의 지휘하에 작업을 행하여야 한다.
• 비계의 최대높이는 밑변 최소폭의 4배 이하이어야 한다.
• 비계의 최상부에서 작업을 하는 경우에는 안전난간을 설치할 것
• 작업발판의 최대적재하중은 250kg을 초과하지 않도록 할 것
• 작업발판은 항상 수평을 유지하고 작업발판 위에서 안전난간을 딛고 작업을 하거나 받침대 또는 사다리를 사용하여 작업하지 않도록 할 것
• 불의의 이동을 방지하기 위한 제동장치를 반드시 갖추어야 한다.

◉ ANSWER | 105 ① 106 ④ 107 ③

- 이동할 때에는 작업원이 없는 상태이어야 한다.
- 안전모를 착용하여야 하며 지지로프를 설치하여야 한다.
- 재료, 공구의 오르내리기에는 포대, 로프 등을 이용하여야 한다.
- 작업장 부근에 고압선 등이 있는가를 확인하고 적절한 방호조치를 취하여야 한다.

108 발파구간 인접구조물에 대한 피해 및 손상을 예방하기 위한 건물기초에서의 허용진동치(cm/sec) 기준으로 옳지 않은 것은?(단, 기존 구조물에 금이 가 있거나 노후구조물 대상일 경우 등은 고려하지 않는다.)

① 문화재 : 0.2cm/sec
② 주택, 아파트 : 0.5cm/sec
③ 상가 : 1.0cm/sec
④ 철골콘크리트 빌딩 : 0.8∼1.0cm/sec

●해설

발파구간 인접구조물에 대한 피해 및 손상을 예방하기 위한 건물기초에서의 허용진동치(cm/sec) 기준

(단위 : cm/sec)

건물 분류	문화재	주택·APT	상가	철근콘크리트 빌딩·공장
허용변위속도	0.2	0.5	1.0	1.0∼4.0

109 거푸집동바리 등을 조립 또는 해체하는 작업을 하는 경우의 준수사항으로 옳지 않은 것은?

① 재료, 기구 또는 공구 등을 올리거나 내리는 경우에는 근로자로 하여금 달줄·달포대 등의 사용을 금하도록 할 것
② 낙하·충격에 의한 돌발적 재해를 방지하기 위하여 버팀목을 설치하고 거푸집동바리 등을 인양장비에 매단 후에 작업을 하도록 하는 등 필요한 조치를 할 것
③ 비, 눈, 그 밖의 기상상태의 불안정으로 날씨가 몹시 나쁜 경우에는 그 작업을 중지할 것

④ 해당 작업을 하는 구역에는 관계 근로자가 아닌 사람의 출입을 금지할 것

●해설

거푸집동바리 조립·해체 시 준수사항

- 안전모 등 안전 보호장구를 착용토록 하여야 한다.
- 거푸집 해체작업장 주위에는 관계자를 제외하고는 출입을 금지시켜야 한다.
- 상하 동시 작업은 원칙적으로 금지하며, 부득이한 경우에는 긴밀히 연락을 취하며 작업을 하여야 한다.
- 거푸집 해체 때 구조체에 무리한 충격이나 큰 힘에 의한 지렛대 사용은 금지하여야 한다.
- 보 또는 스래브 거푸집을 제거할 때에는 거푸집의 낙하 충격으로 인한 작업원의 돌발적 재해를 방지하여야 한다.
- 해체된 거푸집이나 각목 등에 박혀 있는 못 또는 날카로운 돌출물은 즉시 제거하여야 한다.
- 해체된 거푸집이나 각목은 재사용 가능한 것과 보수하여야 할 것을 선별, 분리하여 적치하고 정리정돈을 하여야 한다.
- 재료, 기구 또는 공구 등을 올리거나 내리는 경우에는 근로자로 하여금 달줄·달포대 등을 사용하도록 한다.

110 흙의 투수계수에 영향을 주는 인자에 관한 설명으로 옳지 않은 것은?

① 포화도 : 포화도가 클수록 투수계수도 크다.
② 공극비 : 공극비가 클수록 투수계수는 작다.
③ 유체의 점성계수 : 점성계수가 클수록 투수계수는 작다.
④ 유체의 밀도 : 유체의 밀도가 클수록 투수계수는 크다.

●해설

흙의 투수계수에 영향을 주는 인자

- 포화도 : 포화도가 클수록 투수계수는 크다.
- 공극비 : 공극비가 클수록 투수계수는 크다.
- 유체의 점성계수 : 점성계수가 클수록 투수계수는 작다.
- 유체의 밀도 : 유체의 밀도가 클수록 투수계수는 크다.

◉ ANSWER | 108 ④ 109 ① 110 ②

111 가설통로를 설치하는 경우 준수하여야 할 기준으로 옳지 않은 것은?

① 경사는 30° 이하로 할 것
② 경사가 15°를 초과하는 경우에는 미끄러지지 아니하는 구조로 할 것
③ 추락할 위험이 있는 장소에는 안전난간을 설치할 것
④ 수직갱에 가설된 통로의 길이가 15m 이상인 경우에는 7m 이내마다 계단참을 설치할 것

해설

가설통로 설치 시 준수사항
• 견고한 구조일 것
• 경사는 30도 이하로 할 것. 단, 계단을 설치하거나 높이 2미터 미만 시 튼튼한 손잡이를 설치한 경우는 제외
• 경사 15도 초과 시 미끄러지지 않는 구조일 것
• 추락위험 장소에는 안전난간 설치. 다만, 부득이한 경우 필요한 부분만 임시해체 가능
• 수직갱에 가설된 통로길이 15미터 이상인 경우 10미터 이내마다 계단참 설치
• 높이 8미터 이상 비계다리에는 7미터 이내마다 계단참 설치

112 안전계수가 4이고 2000MPa의 인장강도를 갖는 강선의 최대허용응력은?

① 500MPa
② 1000MPa
③ 1500MPa
④ 2000MPa

해설

$$허용응력 = \frac{항복강도}{안전계수} = \frac{2,000}{4} = 500MPa$$

113 화물을 적재하는 경우의 준수사항으로 옳지 않은 것은?

① 침하 우려가 없는 튼튼한 기반 위에 적재할 것
② 건물의 칸막이나 벽 등이 화물의 압력에 견딜 만큼의 강도를 지니지 아니한 경우에는 칸막이나 벽에 기대어 적재하지 않도록 할 것
③ 불안정할 정도로 높이 쌓아 올리지 말 것
④ 하중이 한쪽으로 치우치더라도 화물을 최대한 효율적으로 적재할 것

해설

화물 적재 시 준수사항
• 침하 우려가 없는 튼튼한 기반 위에 적재할 것
• 건물의 칸막이나 벽 등이 화물의 압력에 견딜 만큼의 강도를 지니지 아니한 경우에는 칸막이나 벽에 기대어 적재하지 않도록 할 것
• 불안정할 정도로 높이 쌓아 올리지 말 것
• 하중이 한쪽으로 치우치지 않도록 적재할 것

114 산업안전보건법령에서 규정하는 철골작업을 중지하여야 하는 기후조건에 해당하지 않는 것은?

① 풍속이 초당 10m 이상인 경우
② 강우량이 시간당 1mm 이상인 경우
③ 강설량이 시간당 1cm 이상인 경우
④ 기온이 영하 5℃ 이하인 경우

해설

산업안전보건법령에서 규정하는 철골작업을 중지하여야 하는 기후조건
• 풍속이 초당 10m 이상인 경우
• 강우량이 시간당 1mm 이상인 경우
• 강설량이 시간당 1cm 이상인 경우

115 지하수위 상승으로 포화된 사질토 지반의 액상화 현상을 방지하기 위한 가장 직접적이고 효과적인 대책은?

① Well Point 공법 적용
② 동다짐 공법 적용
③ 입도가 불량한 재료를 입도가 양호한 재료로 치환
④ 밀도를 증가시켜 한계간극비 이하로 상대 밀도를 유지하는 방법 강구

●해설

지하수위 상승으로 포화된 사질토 지반의 액상화 현상을 방지하기 위한 가장 직접적이고 효과적인 대책은 배수공법에 해당되는 Well Point 공법이다.

116 크레인 등 건설장비의 가공전선로 접근 시 안전대책으로 옳지 않은 것은?

① 안전 이격거리를 유지하고 작업한다.
② 장비를 가공전선로 밑에 보관한다.
③ 장비의 조립, 준비 시부터 가공전선로에 대한 감전 방지 수단을 강구한다.
④ 장비 사용 현장의 장애물, 위험물 등을 점검 후 작업계획을 수립한다.

●해설

• 안전 이격거리를 유지하고 작업한다.
• 장비를 가공전선로 밑에 보관하는 것을 금한다.
• 장비의 조립, 준비 시부터 가공전선로에 대한 감전 방지 수단을 강구한다.
• 장비 사용 현장의 장애물, 위험물 등을 점검 후 작업계획을 수립한다.

117 다음 중 지하수위 측정에 사용되는 계측기는?

① Load Cell   ② Inclinometer
③ Extensometer   ④ Piezometer

●해설

흙막이 공사현장 계측기의 분류

1. 지반 지표변위 측정
   • 측량기 : Level, Transit
   • 균열계(지표면의 균열 측정) : Crack Gauge (인접구조물, 도로의 균열 측정)
   • 경사계(지반의 경사도 측정) : Tiltmeter(인접구조물의 경사도 측정)
2. 지반 지중변위 측정
   • 경사계(지중 수평변위 측정) : Inclinometer
   • 침하계(지중 수직변위 측정) : Extensometer
   • 지하수위계(지하수위 측정) : Water Level Meter
   • 간극수압계(지하수압 측정) : Piezometer
3. 흙막이의 응력 측정
   • 하중계(흙막이 Strut 하중 측정) : Load Cell
   • 변형계(흙막이 Strut 변형 측정) : Strain Gauge

118 강관을 사용하여 비계를 구성하는 경우 준수하여야 할 기준으로 옳지 않은 것은?

① 비계기둥의 간격은 띠장방향에서는 1.85m 이하, 장선(長線)방향에서는 1.5m 이하로 할 것
② 띠장간격은 2.0m 이하로 할 것
③ 비계기둥의 제일 윗부분으로부터 31m 되는 지점 밑부분의 비계기둥은 3개의 강관으로 묶어 세울 것
④ 비계기둥 간의 적재하중은 400kg을 초과하지 않도록 할 것

●해설

1. 조립기준

구분	현행	개정
비계기둥 설치간격	• 띠장방향 : 1.5m 이상 1.8m 이하 • 장선방향 : 1.5m 이하	• 띠장방향 : 1.85m 이하 • 장선방향 : 1.5m 이하
띠장 설치간격 (수직방향)	• 첫 단 : 2.0m 이하 • 그 외 : 1.5m 이하	첫 단 & 그 외 : 2.0m 이하

2. 사용 시 준수사항
   • 하단부에는 깔판(밑받침 철물), 받침목 등을 사용하고 밑둥잡이를 설치해야 한다.
   • 비계기둥 간격은 띠장방향에서는 1.5미터 내지 1.8미터, 장선방향에서는 1.5미터 이하이어야 하며, 비계기둥의 최고부로부터 아래방향으로 31미터를 넘는 비계기둥은 2본의 강관으로 묶어 세워야 한다.

- 띠장간격은 1.5미터 이하로 설치하여야 하며, 지상에서 첫 번째 띠장은 높이 2미터 이하의 위치에 설치하여야 한다.
- 장선간격은 1.5미터 이하로 설치하고, 비계기둥과 띠장의 교차부에서는 비계기둥에 결속하고, 그 중간부분에서는 띠장에 결속한다.
- 비계기둥 간의 적재하중은 400킬로그램을 초과하지 아니하도록 하여야 한다.
- 벽연결은 수직으로 5미터, 수평으로 5미터 이내마다 연결하여야 한다.
- 기둥간격 10미터마다 45도 각도의 처마방향 가새를 설치해야 하며, 모든 비계기둥은 가새에 결속하여야 한다.
- 작업대에는 안전난간을 설치하여야 한다.
- 작업대의 구조는 추락 및 낙하물 방지조치를 설치하여야 한다.
- 작업발판 설치가 필요한 경우에는 쌍줄비계이어야 하며, 연결 및 이음철물은 가설기자재 성능검정 규격에 규정된 것을 사용하여야 한다.

119 거푸집동바리 등을 조립하는 경우에 준수하여야 하는 기준으로 옳지 않은 것은?

① 동바리로 사용하는 파이프 서포트를 이어서 사용하는 경우에는 3개 이상의 볼트 또는 전용철물을 사용하여 이을 것
② 동바리로 사용하는 강관은 높이 2m 이내마다 수평연결재를 2개 방향으로 만들 것
③ 깔목의 사용, 콘크리트 타설, 말뚝박기 등 동바리의 침하를 방지하기 위한 조치를 할 것
④ 동바리로 사용하는 파이프 서포트를 3개 이상 이어서 사용하지 않도록 할 것

해설

거푸집동바리 등 조립 시 준수사항
- 구조검토 실시 및 견고한 구조의 조립도를 작성·검토하고 조립에 따라 조립한다.
- 안전인증품 또는 재사용 가설재 성능검정품에 스티커를 부착하여 사용한다.
- 동바리의 높이가 3.5m 초과 시 높이 2m 이내마다 수평연결재를 양방향으로 직교되도록 하여 전용철물로 고정한다.
- 높이 4.2m 이상 시 재사용 가설재 등 성능검정이 인정되지 않은 동바리의 사용을 금지하며, 시스템동바리 등 안전성이 확보된 동바리를 사용한다.

- 경사지 동바리 설치 시 높이와 관계없이 반드시 수평연결재를 설치한다.
- 파이프 서포트는 3개 이상 이어서 사용하지 않도록 할 것
- 파이프 서포트의 이음은 4개 이상의 전용철물을 사용하여 이을 것

120 터널 지보공을 조립하거나 변경하는 경우에 조치하여야 하는 사항으로 옳지 않은 것은?

① 목재의 터널 지보공은 그 터널 지보공의 각 부재에 작용하는 긴압 정도를 체크하여 그 정도가 최대한 차이나도록 할 것
② 강(鋼)아치 지보공의 조립은 연결볼트 및 띠장 등을 사용하여 주재 상호 간을 튼튼하게 연결할 것
③ 기둥에는 침하를 방지하기 위하여 받침목을 사용하는 등의 조치를 할 것
④ 주재(主材)를 구성하는 1세트의 부재는 동일 평면 내에 배치할 것

해설

터널 지보공 조립·변경 시 조치사항
- 터널 지보공은 그 터널 지보공의 각 부재에 작용하는 긴압 정도를 체크하여 그 정도의 차이가 발생되지 않도록 할 것
- 강(鋼)아치 지보공의 조립은 연결볼트 및 띠장 등을 사용하여 주재 상호 간을 튼튼하게 연결할 것
- 기둥에는 침하를 방지하기 위하여 받침목을 사용하는 등의 조치를 할 것
- 주재(主材)를 구성하는 1세트의 부재는 동일 평면 내에 배치할 것

1과목 산업안전관리론

01 산업안전보건법령상 자율안전확인 안전모의 시험성능기준 항목으로 명시되지 않은 것은?

① 난연성
② 내관통성
③ 내전압성
④ 턱끈풀림

해설

안전모의 시험성능기준

내관통성, 충격흡수성, 난연성, 턱끈풀림

02 산업재해의 발생형태에 따른 분류 중 단순연쇄형에 속하는 것은?(단, O는 재해발생의 각종 요소를 나타냄)

① O → 재해 (방사형)

② O→O→O→O→ 재해

③ O→O→O
O→O→O↗ 재해

④ O
O→O→O→ 재해
O↗

해설

① 집중형
② 단순연쇄형
③ 복합연쇄형
④ 복합형

03 산업안전보건법령상 안전인증대상기계에 해당하지 않는 것은?

① 크레인
② 곤돌라
③ 컨베이어
④ 사출성형기

해설

안전인증대상 기계·기구·보호구·방호장치

기계·기구 및 설비	• 프레스 • 전단기 및 절곡기 • 크레인 • 리프트 • 압력용기 • 롤러기 • 사출성형기 • 고소작업대 • 곤돌라 • 기계톱(2019. 12. 16 삭제)
방호장치	• 프레스 및 전단기 방호장치 • 양중기용 과부하방지장치 • 보일러 압력방출용 안전밸브 • 압력용기 압력방출용 안전밸브 • 압력용기 압력방출용 파열판 • 절연용 방호구 및 활선작업용 기구 • 방폭구조 전기기계·기구 및 부품 • 추락·낙하 및 붕괴 등의 위험방지 및 보호에 필요한 가설기자재로서 고용노동부장관이 고시하는 것 • 충돌·협착 등의 위험 방지에 필요한 산업용 로봇 방호장치로서 고용노동부장관이 정하여 고시하는 것
보호구	• 추락 및 감전위험 방지용 안전모 • 안전화 • 안전장갑 • 방진마스크 • 방독마스크 • 송기마스크 • 전동식 호흡보호구 • 보호복 • 안전대 • 차광 및 비산물위험방지용 보안경 • 용접용 보안면 • 방음용 귀마개 또는 귀덮개

◉ ANSWER | 01 ③ 02 ② 03 ③

04 하인리히의 1 : 29 : 300 법칙에서 "29"가 의미하는 것은?

① 재해   ② 중상해
③ 경상해   ④ 무상해사고

해설

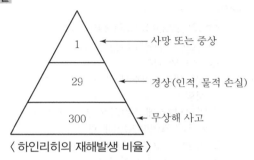

〈 하인리히의 재해발생 비율 〉

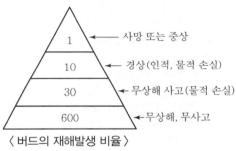

〈 버드의 재해발생 비율 〉

05 A 사업장에서는 산업재해로 인한 인적·물적 손실을 줄이기 위하여 안전행동 실천운동(5C 운동)을 실시하고자 한다. 5C 운동에 해당하지 않는 것은?

① Control   ② Correctness
③ Cleaning   ④ Checking

해설

5C 운동
• Correctness
• Clearance
• Cleaning
• Checking
• Concentration

06 기계, 기구, 설비의 신설, 변경 내지 고장 수리 시 실시하는 안전점검의 종류로 옳은 것은?

① 특별점검   ② 수시점검
③ 정기점검   ④ 임시점검

해설

• 일상점검 : 매일 수시로 설비, 기계, 공구의 상태를 점검
• 정기점검 : 매주, 월 1회 정기적으로 설비, 기계, 기구의 안정상 중요한 부위를 점검
• 특별점검 : 기계기구설비의 신설이나 변경, 고장 수리 시 실시하는 점검
• 임시점검 : 이상발생 시 또는 재해발생 시 실시하는 점검

07 건설기술 진흥법령상 건설사고조사위원회의 구성 기준 중 다음 ( )에 알맞은 것은?

> 건설사고조사위원회는 위원장 1명을 포함한 ( )명 이내의 위원으로 구성한다.

① 9   ② 10
③ 11   ④ 12

해설

건설사고조사위원회는 건설사고조사위원장 1인을 포함하여 12인 이내의 위원으로 구성하며, 위원을 선정할 때는 건설사고발생현황보고서 등을 참고하여 선정한다.

08 작업자가 불안전한 작업대에서 작업 중 추락하여 지면에 머리가 부딪혀 다친 경우의 기인물과 가해물로 옳은 것은?

① 기인물－지면, 가해물－지면
② 기인물－작업대, 가해물－지면
③ 기인물－지면, 가해물－작업대
④ 기인물－작업대, 가해물－작업대

해설

추락으로 지면에 머리를 부딪혀 다친 경우
• 기인물 : 작업대
• 가해물 : 지면

---

09 무재해운동의 이념 3원칙 중 잠재적인 위험요인을 발견·해결하기 위하여 전원이 협력하여 각자의 위치에서 의욕적으로 문제해결을 실천하는 원칙은?

① 무의 원칙 ② 선취의 원칙
③ 관리의 원칙 ④ 참가의 원칙

무재해운동 3원칙
- 무의 원칙 : 산업재해의 근원적인 요소들을 없앤다.
- 선취의 원칙 : 행동 전 잠재위험요인을 발견하고 파악해 해결함으로써 재해를 예방한다.
- 참가의 원칙 : 잠재적인 위험요인을 발견해 해결하기 위하여 전원이 협력하여 각자의 위치에서 의욕적으로 문제해결을 실천한다.

10 하인리히의 사고예방대책 기본원리 5단계에 있어 "시정방법의 선정" 바로 이전 단계에서 행하여지는 사항으로 옳은 것은?

① 분석
② 사실의 발견
③ 안전조직 편성
④ 시정책의 적용

하인리히의 사고예방대책 기본원리 5단계
- 1단계 : 안전관리 조직
- 2단계 : 사실의 발견
- 3단계 : 분석 평가
- 4단계 : 대책의 선정
- 5단계 : 대책의 적용

11 산업안전보건법령상 산업안전보건위원회의 심의·의결사항으로 틀린 것은?(단, 그 밖에 해당 사업장 근로자의 안전 및 보건을 유지·증진시키기 위하여 필요한 사항은 제외한다.)

① 사업장 경영체계 구성 및 운영에 관한 사항
② 작업환경측정 등 작업환경의 점검 및 개선에 관한 사항

③ 안전보건관리규정의 작성 및 변경에 관한 사항
④ 유해하거나 위험한 기계·기구·설비를 도입한 경우 안전 및 보건 관련 조치에 관한 사항

산업안전보건위원회의 심의·의결사항
제11조(심의사항) 위원회에서 심의하는 사항은 다음 각 호와 같다.
1. 산업재해원인조사 및 재발방지대책수립에 관한 사항
2. 안전·보건에 관련되는 안전장치 및 보호구 구입 시 적격품여부 확인에 관한 사항
3. 공정안전보고서 작성에 관한 사항
4. 안전보건개선계획 수립에 관한 사항
5. 기타 근로자의 유해·위험예방조치에 관한 사항

제12조(의결사항) 위원회에서 의결하는 사항은 다음 각 호와 같다.
1. 산업재해예방계획의 수립에 관한 사항
2. 안전보건관리규정의 작성 및 그 변경에 관한 사항
3. 근로자의 안전·보건교육에 관한 사항
4. 작업환경측정 등 작업환경의 점검 및 개선에 관한 사항
5. 근로자의 건강진단 등 건강관리에 관한 사항
6. 중대재해의 원인조사 및 재발방지대책의 수립에 관한 사항
7. 산업재해에 관한 통계의 기록·유지에 관한 사항
8. 유해·위험한 기계·기구 그 밖의 설비를 도입한 경우 안전·보건조치에 관한 사항

12 산업안전보건법령상 안전보건개선계획의 제출에 관한 사항 중 (   )에 알맞은 내용은?

> 안전보건개선계획서를 제출해야 하는 사업주는 안전보건개선계획서 수립·시행 명령을 받은 날부터 (   )일 이내에 관할 지방고용노동관서의 장에게 해당 계획서를 제출해야 한다.

① 15 ② 30
③ 60 ④ 90

안전보건개선계획

1. 작성대상사업장
   - 산업재해율이 같은 업종의 규모별 평균 산업재해율보다 높은 사업장
   - 사업주가 필요한 안전조치 또는 보건조치를 이행하지 아니하여 중대재해가 발생한 사업장
   - 대통령령으로 정하는 수 이상의 직업성 질병자가 발생한 사업장
   - 유해인자의 노출기준을 초과한 사업장
2. 사업주는 안전보건개선계획을 수립할 때에는 산업안전보건위원회의 심의를 거쳐야 한다. 다만, 산업안전보건위원회가 설치되어 있지 아니한 사업장의 경우에는 근로자대표의 의견을 들어야 한다.
3. 제출에 관한 사항
   안전보건개선계획서 수립·시행 명령을 받은 날부터 60일 이내에 관할 지방고용노동관서의 장에게 해당 계획서를 제출해야 한다.

13 산업안전보건법령상 명예산업안전감독관의 업무에 속하지 않는 것은?(단, 산업안전보건위원회 구성 대상 사업의 근로자 중에서 근로자대표가 사업주의 의견을 들어 추천하여 위촉된 명예산업안전감독관의 경우)

① 사업장에서 하는 자체점검 참여
② 보호구의 구입 시 적격품의 선정
③ 근로자에 대한 안전수칙 준수 지도
④ 사업장 산업재해 예방계획 수립 참여

명예산업안전감독관의 업무
- 사업장 자체점검 참여 및 근로감독관이 행하는 사업장 감독 참여
- 사업장 산업재해예방계획 수립 참여 및 기계·기구 자체검사 입회
- 법령 위반 시 사업주에 대한 개선요청 및 감독기관에 신고
- 산업재해 발생의 급박한 위험 시 사업주에 대한 작업중지 요청
- 작업환경 측정·근로자 건강 진단 시 입회 및 그 결과에 대한 설명회 참여

- 직업성 질병 증상 및 질병에 이환된 근로자 다수 발생 시 사업주에 대한 임시건강진단 실시 요청
- 근로자에 대한 안전수칙 준수지도
- 법령 및 산업재해예방정책 개선 건의
- 안전보건의식 고취를 위한 활동 및 무재해운동 등에 대한 참여와 지원

14 산업안전보건법령상 다음 (   )에 알맞은 내용은?

> 안전보건관리규정의 작성 대상 사업의 사업주는 안전보건관리규정을 작성해야 할 사유가 발생한 날부터 (   ) 이내에 안전보건관리규정의 세부내용을 포함한 안전보건관리규정을 작성하여야 한다.

① 10일
② 15일
③ 20일
④ 30일

1. 안전보건관리규정 작성 시 포함사항
   - 안전 및 보건에 관한 관리조직과 그 직무에 관한 사항
   - 작업장의 안전 및 보건 관리에 관한 사항
   - 안전보건교육에 관한 사항
   - 사고 조사 및 대책 수립에 관한 사항
   - 그 밖에 안전 및 보건에 관한 사항
2. 작성대상 사업주는 작성해야 할 사유가 발생한 날부터 30일 이내에 세부내용을 포함한 안전보건관리규정을 작성하여야 한다.

15 산업안전보건법령상 안전보건표지의 용도가 금지일 경우 사용되는 색채로 옳은 것은?

① 흰색
② 녹색
③ 빨간색
④ 노란색

안전보건표지 색채, 색도기준

색채	색도기준	용도	사용 예
빨간색	7.5R 4/14 관련 그림 검은색	금지	정지신호, 소화설비 및 그 장소, 유해행위 금지
		경고	화학물질 취급장소에서의 유해위험경고
노란색	5Y 8.5/12	경고	화학물질 취급장소에서의 유해위험경고 이외 위험 경고, 주의표지 또는 기계 방호물
파란색	2.5PB 4/10	지시	특정행위의 지시 및 사실의 고지
녹색	2.5G 4/10	안내	비상구 및 피난소, 사람 또는 차량의 통행표시
흰색	N9.5	–	파란색 또는 녹색 보조색
검은색	N0.5	–	문자 및 빨간색 또는 노란색의 보조색

16 연평균 근로자수가 400명인 사업장에서 연간 2건의 재해로 인하여 4명의 사상자가 발생하였다. 근로자가 1일 8시간씩 연간 300일을 근무하였을 때 이 사업장의 연천인율은?

① 1.85   ② 4.4
③ 5   ④ 10

$$연천인율 = \frac{재해자\ 수}{연평균\ 근로자\ 수} \times 1,000$$

$$= \frac{4}{400} \times 1,000$$

$$= 10$$

17 하인리히의 재해손실비 평가방식에서 간접비에 속하지 않는 것은?

① 요양급여
② 시설복구비
③ 교육훈련비
④ 생산손실비

- 직접비 : 본인이나 유족에게 지급하는 비용으로 요양급여는 본인에게 지급되는 비용이므로 직접비에 해당됨
- 간접비 : 직접비를 제외한 비용

18 다음 설명하는 무재해운동추진기법은?

> 피부를 맞대고 같이 소리치는 것으로서 팀의 일체감, 연대감을 조성할 수 있고 동시에 대뇌 피질에 좋은 이미지를 불어 넣어 안전행동을 하도록 하는 것

① 역할연기(Role Playing)
② TBM(Tool Box Meeting)
③ 터치 앤 콜(Touch and Call)
④ 브레인스토밍(Brain Storming)

무재해운동 추진기법

1. 브레인스토밍(Brain Storming)
   어떤 구체적인 문제를 해결함에 있어서 해결방안을 토의에 의해 도출할 때, 비판 없이 머릿속에 떠오르는 대로 아이디어를 도출하는 방법
2. TBM 위험예지훈련
   TBM으로 실시하는 위험예지활동으로 현장의 상황을 감안해 실시하며 '즉시 즉흥법'이라고도 한다.
3. 지적 확인
   작업을 안전하게 하기 위하여 작업공정의 요소 요소에서 '~좋아'라고 대상을 지적하면서 큰소리로 확인하여 안전을 확보하는 기법
4. Touch & Call
   작업현장에서 동료의 손과 어깨 등을 잡고 Team의 행동목표 또는 구호를 외쳐 다짐함으로써 일체감·연대감을 조성할 수 있고 동시에 대뇌 피질에 좋은 이미지를 불어 넣어 안전행동을 하도록 하는 기법
5. 5C 운동(활동)
   작업장에서 기본적으로 꼭 지켜야 할 복장단정(Correctness), 정리·정돈(Clearance), 청소·청결(Cleaning), 점검·확인(Checking)의 4요소에 전심·전력(Concentration)을 추가한 무재해 추진기법

6. 잠재재해 발굴운동

　작업 현장 내에 잠재하고 있는 불안전한 요소(행동, 상태)를 발굴해 매월 1회 이상 발표·토의하여 재해를 사전에 예방하는 기법

19 시설물의 안전 및 유지관리에 관한 특별법상 제1종 시설물에 명시되지 않은 것은?

① 고속철도 교량
② 25층인 건축물
③ 연장 300m인 철도교량
④ 연면적이 70000m²인 건축물

해설

제1종 시설물에 해당하는 교량
• 상부구조형식이 현수교·사장교·아치교·트러스교인 교량
• 최대 경간장 50m 이상 교량(한 경간 교량은 제외)
• 연장 500m 이상의 교량, 폭 12m 이상이고 연장 500m 이상인 복개구조물
• 고속철도 교량
• 도시철도의 교량 및 고가교
• 상부구조형식이 트러스교, 아치교인 교량

20 산업안전보건법령상 중대재해가 아닌 것은?

① 사망자가 1명 발생한 재해
② 부상자가 동시에 10명 발생한 재해
③ 직업성 질병자가 동시에 10명 발생한 재해
④ 1개월의 요양이 필요한 부상자가 동시에 2명 발생한 재해

해설

산업안전보건법령상 중대재해
• 사망자가 1명 이상 발생한 재해
• 3개월 이상의 요양이 필요한 부상자가 동시에 2명 이상 발생한 재해
• 부상자 또는 직업성 질병자가 동시에 10명 이상 발생한 재해

21 참가자 앞에서 소수의 전문가들이 과제에 관한 견해를 자유롭게 토의한 후 참가자 전원이 참가하여 사회자의 사회에 따라 토의하는 방법은?

① 포럼(Forum)
② 심포지엄(Symposium)
③ 버즈 세션(Buzz session)
④ 패널 디스커션(Panel Discussion)

해설

토의법의 유형

종류	방법
포럼	과제를 제시하고 교육 참가자들이 토의를 통해 해결방안을 찾는 방법
심포지엄	몇 명의 전문가가 견해를 발표한 후 참석자들이 질문을 하여 토의하는 방법
패널 디스커션	전문가 4~5명이 토의를 하고 이후 피교육자 전원이 참가하여 토의하는 방법
버즈 세션	6명씩 소집단을 구분한 후 소집단별로 진행자를 선발해 6분간씩 토의를 통해 의견을 종합하는 방법

22 교육법의 4단계 중 일반적으로 적용시간이 가장 긴 것은?

① 도입　　　　　② 제시
③ 적용　　　　　④ 확인

해설

교육단계별 소요시간
• 도입 : 5분　　　• 제시 : 40분
• 적용 : 10분　　　• 확인 : 5분

23 안전심리의 5대 요소에 관한 설명으로 틀린 것은?

① 기질이란 감정적인 경향이나 반응에 관계되는 성격의 한 측면이다.
② 감정은 생활체가 어떤 행동을 할 때 생기는 객관적인 동요를 뜻한다.

③ 동기는 능동적인 감각에 의한 자극에서 일어난 사고의 결과로서 사람의 마음을 움직이는 원동력이 되는 것이다.

④ 습성은 한 종에 속하는 개체의 대부분에서 볼 수 있는 일정한 생활양식으로 본능, 학습, 조건반사 등에 따라 형성된다.

해설

안전심리 5대 요소

1. 동기 : 능동적인 감각에 의한 자극에서 일어난 사고의 결과로 마음을 움직이는 원동력
2. 기질 : 감정적인 경향이나 반응에 관계되는 성격의 한 측면
3. 감정 : 생활체가 어떤 행동을 할 때 생기는 주관적인 동요
4. 습성 : 한 종에 속하는 개체의 대부분에서 볼 수 있는 일정한 생활양식으로 본능, 학습, 조건반사 등에 따라 형성
5. 습관 : 후천적인 행동양식이고 반복하여 수행되는 것으로 고정화되며 신체적 행동 외에 정신력, 심리적 경향도 포함

---

24 스트레스(Stress)에 영향을 주는 요인 중 환경이나 외적 요인에 해당하는 것은?

① 자존심의 손상
② 현실에의 부적응
③ 도전의 좌절과 자만심의 상충
④ 직장에서의 대인관계 갈등과 대립

해설

스트레스에 영향을 주는 요인

1. 내적 요인
   카페인, 불충분한 수면, 과도한 스케줄과 같은 생활양식의 선택, 비관적 생각, 자기혹평, 과도한 분석과 같은 부정적인 생각이나 비현실적인 기대, 독선적이며 과장되고 경직된 사고 등 개인특성
2. 외적 요인
   소음, 강렬한 빛, 열, 한정된 공간과 같은 물리적 환경, 무례, 명령, 타인과의 충돌과 같은 사회적 관계, 규정, 형식 등 조직사회의 복잡한 일

---

25 권한의 근거는 공식적이며, 지휘형태가 권위주의적이고 임명되어 권한을 행사하는 지도자로 옳은 것은?

① 헤드십(Headship)
② 리더십(Leadership)
③ 멤버십(Membership)
④ 매니저십(Managership)

해설

헤드십과 리더십 비교

종류	헤드십	리더십
특징	직권력	지도력
관계	유대와 일체감 부재	심리적 유대와 공감
스타일	우두머리, 보스	현자, 군자, 성인
상호관계	사무적	인간적, 협조적

---

26 다음의 내용에서 교육지도의 5단계를 순서대로 바르게 나열한 것은?

```
㉠ 가설의 설정
㉡ 결론
㉢ 원리의 제시
㉣ 관련된 개념의 분석
㉤ 자료의 평가
```

① ㉢ → ㉣ → ㉠ → ㉤ → ㉡
② ㉠ → ㉢ → ㉣ → ㉤ → ㉡
③ ㉢ → ㉠ → ㉤ → ㉣ → ㉡
④ ㉠ → ㉡ → ㉢ → ㉣ → ㉤

해설

교육지도 5단계

원리의 제시 → 관련 개념의 분석 → 가설의 설정 → 자료의 평가 → 결론

---

27 호손(Hawthorne) 실험의 결과 생산성 향상에 영향을 준 가장 큰 요인은?

① 생산 기술   ② 임금 및 근로시간
③ 인간 관계   ④ 조명 등 작업환경

◉ ANSWER | 24 ④   25 ①   26 ①   27 ③

호손실험의 의의
- 비공식 조직의 존재와 그 기능을 밝힘으로써 경영학 연구의 새로운 관점을 제시하였다.
- 직간접적으로 인사관리 또는 경영관리의 도입에 영향을 주어 조직에서의 인간관계 중요성 인식에 그 필요성을 더해주었다.
- 종업원을 중시한 인간관계론적 관점과 행동학적 접근법을 이끄는 결과를 가져왔다.

구분	내용
자동운동	안구의 운동으로 발생되는 것으로 정지된 작은 광점을 오래 보면 광점이 움직이는 것처럼 보이게 되는 현상
유도운동	실제로는 움직이지 않지만 움직이는 것처럼 보이는 것
착시현상	실제로는 수평인 선들이 횡단하는 선으로 인해 수평이 아닌 것으로 보이는 현상

28 훈련에 참가한 사람들이 직무에 복귀한 후에 실제 직무수행에서 훈련효과를 보이는 정도를 나타내는 것은?

① 전이타당도
② 교육타당도
③ 조직 간 타당도
④ 조직 내 타당도

타당도의 종류
- 전이타당도 : 훈련에 참가한 사람들이 직무에 복귀한 후 실제 직무수행에서 훈련성과를 보이는 정도를 나타내는 것
- 구성타당도 : 이론적 개념의 구성인자들을 제대로 측정하고 있는 정도
- 준거타당도 : 인사관리의 설득력을 제공하는 타당도
- 안면타당도 : 일반인, 검사를 받는 사람들에게 그 검사가 타당한 것처럼 보이는가에 대한 타당도

29 착각현상 중에서 실제로는 움직이지 않는데 움직이는 것처럼 느껴지는 심리적인 현상은?

① 진상
② 원근 착시
③ 가현운동
④ 기하학적 착시

가현운동
실제로는 움직이지 않는데 움직이는 것처럼 느껴지는 심리적 현상을 유도운동이라 하며 가현운동의 종류에는 자동운동, 유도운동, 착시현상이 있다.

30 다음 설명의 리더십 유형은 무엇인가?

> 과업을 계획하고 수행하는 데 있어서 구성원과 함께 책임을 공유하고 인간에 대하여 높은 관심을 갖는 리더십

① 권위적 리더십
② 독재적 리더십
③ 민주적 리더십
④ 자유방임형 리더십

리더십의 권한
1. 권위적 리더십 : 지도자가 모든 권한을 행사하는 리더십
2. 민주적 리더십 : 토론이나 회의 등으로 정책을 결정하는 리더십으로 구성원과 함께 책임을 공유하고 인간에 대하여 높은 관심을 갖는 리더십
3. 방임형 리더십 : 지도자가 구성원에게 완전한 자유를 주는 리더십
4. 강압적 권한
   - 위임된 권한 : 부하직원들이 리더를 따르도록 위임된 권한
   - 합법적 권한 : 조직규정으로 공식화된 권한
   - 강압적 권한 : 부하를 처벌할 수 있는 권한
   - 보상적 권한 : 부하에게 보상을 실시할 수 있는 권한

31 의식수준이 정상이지만 생리적 상태가 적극적일 때에 해당하는 것은?

① Phase 0
② Phase I
③ Phase III
④ Phase IV

◉ ANSWER | 28 ① 29 ③ 30 ③ 31 ③

의식수준별 상태

Phase 단계	의식수준
I	수면상태
II	졸음상태
III	적극적인 상태
IV	긴장한 상태
V	과긴장 상태

32 직무수행평가에 대한 효과적인 피드백의 원칙에 대한 설명으로 틀린 것은?

① 직무수행성과에 대한 피드백의 효과가 항상 긍정적이지는 않다.
② 피드백은 개인의 수행성과뿐만 아니라 집단의 수행성과에도 영향을 준다.
③ 부정적 피드백을 먼저 제시하고 그 다음에 긍정적 피드백을 제시하는 것이 효과적이다.
④ 직무수행성과가 낮을 때, 그 원인을 능력 부족의 탓으로 돌리는 것보다 노력 부족 탓으로 돌리는 것이 더 효과적이다.

직무수행평가에 대한 효과적인 피드백의 원칙
• 직무수행성과에 대한 피드백의 효과가 항상 긍정적이지는 않다.
• 피드백은 개인의 수행성과뿐만 아니라 집단의 수행성과에도 영향을 미친다.
• 긍정적 피드백을 먼저 제시하고 그 후 부정적 피드백을 제시하는 것이 효과적이다.
• 직무수행성과가 낮을 때 그 원인을 능력 부족의 원인으로 보기보다 노력 부족 탓으로 보는 것이 더 효과적이다.

33 안드라고지(Andragogy) 모델에 기초한 학습자로서의 성인의 특징과 가장 거리가 먼 것은?

① 성인들은 타인주도적 학습을 선호한다.
② 성인들은 과제중심적으로 학습하고자 한다.

③ 성인들은 다양한 경험을 가지고 학습에 참여한다.
④ 성인들은 왜 배워야 하는지에 대해 알고자 하는 욕구를 가지고 있다.

안드라고지와 페드라고지 비교

구분	안드라고지	페드라고지
학습자의 개념	자기주도적	의존적
학습자 경험의 역할	풍부한 학습지원으로 경향중심적 학습을 이끈다.	학습자원으로서 가치가 낮다.
학습 준비도	생애주기상 발달과업 및 사회적 역할변화에 기초를 두고 있다.	학교중심의 표준화된 교과과정에 기초를 두고 있다.
학습 성향	실생활에 즉시 적용가능한 문제를 지향한다.	미래지향적이며 교과지향적이다.

34 안전태도교육 기본과정을 순서대로 나열한 것은?

① 청취 → 모범 → 이해 → 평가 → 장려·처벌
② 청취 → 평가 → 이해 → 모범 → 장려·처벌
③ 청취 → 이해 → 모범 → 평가 → 장려·처벌
④ 청취 → 평가 → 모범 → 이해 → 장려·처벌

안전태도교육의 기본과정
청취 → 이해 → 모범 → 평가 → 장려·처벌

35 산업심리에서 활용되고 있는 개인적인 카운슬링 방법에 해당하지 않는 것은?

① 직접 충고
② 설득적 방법
③ 설명적 방법
④ 토론적 방법

카운슬링 방법
분석심리학, 기술심리학, 인지·정서행동치료, 인본주의심리학에 의한 접근방법이 있으며 구체적으로는 직접 충고, 설득적 방법, 설명적 방법이 있다.

⊙ ANSWER | 32 ③ 33 ① 34 ③ 35 ④

36 맥그리거(Douglas Mcgregor)의 X, Y이론 중 X이론과 관계 깊은 것은?

① 근면, 성실
② 물질적 욕구 추구
③ 정신적 욕구 추구
④ 자기통제에 의한 자율관리

X-Y 이론

맥그리거가 인간관을 동기부여의 관점에서 분류한 이론이다. 맥그리거는 전통적 인간관을 X이론으로, 새로운 인간관을 Y이론으로 지칭하였다.
- X이론 : 인간은 본래 일하기를 싫어하고 지시받은 일밖에 실행하지 않는다. 경영자는 금전적 보상을 유인으로 사용하고 엄격한 감독, 상세한 명령으로 통제를 강화해야 한다.
- Y이론 : 인간에게 노동은 놀이와 마찬가지로 자연스러운 것이며, 인간은 노동을 통해 자기의 능력을 발휘하고 자아를 실현하고자 한다. 경영자는 자율적이고 창의적으로 일할 수 있는 여건을 제공해야 한다.

37 교육의 3요소를 바르게 나열한 것은?

① 교사 – 학생 – 교육재료
② 교사 – 학생 – 교육환경
③ 학생 – 교육환경 – 교육재료
④ 학생 – 부모 – 사회 지식인

교육의 3요소
- 주체 : 교사
- 객체 : 학생
- 매개체 : 교육재료

38 어느 철강회사의 고로작업라인에 근무하는 A씨의 작업강도가 힘든 중작업으로 평가되었다면 해당되는 에너지대사율(RMR)의 범위로 가장 적절한 것은?

① 0~1
② 2~4
③ 4~7
④ 7~10

RMR 산출방법

$$= \frac{\text{작업 시 소비에너지} - \text{안정 시 소비에너지}}{\text{기초대사량}}$$

에너지대사율(RMR) 범위

RMR	작업강도
0~1	초 경작업
1~2	경작업
2~4	보통작업
4~7	중작업
7 이상	초 중작업

39 Off J.T의 특징이 아닌 것은?

① 우수한 강사를 확보할 수 있다.
② 교재, 시설 등을 효과적으로 이용할 수 있다.
③ 개개인의 능력 및 적성에 적합한 세부 교육이 가능하다.
④ 다수의 대상자를 일괄적, 체계적으로 교육을 시킬 수 있다.

OJT	Off JT
• 개인수준에 적합한 지도 가능 • 실질적 업무수행에 즉각적인 도움 가능 • 상호 이해도가 높음 • 코칭, 직무순환, 멘토링이 대표적	• 다수의 근로자 집단교육 • 전문가 초빙 • 많은 양의 지식과 경험교류 가능 • 강의법이 대표적

40 인간의 적응기제(Adjustment Mechanism) 중 방어적 기제에 해당하는 것은?

① 보상
② 고립
③ 퇴행
④ 억압

인간의 적응기제 분류
1. 방어기제
   - 보상 : 자신의 약점을 위장시켜 유리하게 보이게 함으로써 자신을 보호하려는 기제

● **ANSWER** │ 36 ② 37 ① 38 ③ 39 ③ 40 ①

- 합리화 : 자신의 과오를 인정하는 대신에 그럴 듯한 이유를 댐으로써 보호하려는 기제
- 승화 : 억압된 욕구를 사회적으로 가치가 있는 방향으로 향하도록 노력함으로써 욕구를 충족시키는 기제
- 동일시 : 자신의 이상적 인물을 찾아내 동일시함으로써 만족하는 기제

2. 도피기제
- 고립 : 자신감 부족으로 인한 자신의 열등감을 의식해 타인과의 접촉을 기피함으로써 현실을 회피하려는 기제
- 퇴행 : 생애 중 만족스러웠던 과거로의 회귀를 꾸준히 시도함으로써 현실적인 역경이나, 불안요소로부터 도피하려는 기제
- 억압 : 현실적 욕망을 묵살시켜 나감으로써 안정을 취하려는 도피기제
- 백일몽(Day Dream) : 이루어질 수 없는 상상을 펼쳐나감으로써 현실의 불만족을 대체하려는 도피기제

3. 공격기제
- 직접적 공격기제 : 힘에 의존한 폭행이나 싸움, 기물파손 등의 행위를 함으로써 욕구불만이나 압박에서 이탈하려는 기제
- 간접적 공격기제 : 욕설, 조소, 비난, 폭언 등과 같이 간접적인 폭력을 행사함으로써 욕구불만을 해소하려는 기제

3과목 인간공학 및 시스템안전공학

41 FTA에서 사용하는 다음 사상기호에 대한 설명으로 맞는 것은?

① 시스템 분석에서 좀 더 발전시켜야 하는 사상
② 시스템의 정상적인 가동상태에서 일어날 것이 기대되는 사상
③ 불충분한 자료로 결론을 내릴 수 없어 더 이상 전개할 수 없는 사상
④ 주어진 시스템의 기본사상으로 고장원인이 분석되었기 때문에 더 이상 분석할 필요가 없는 사상

● 해설

FT도에서 사용하는 대표기호

명칭	기호	기호 설명
기본사상	○	더 이상 전개할 수 없는 사건의 원인
생략사상	◇	관련 정보가 미비하여 계속 개발될 수 없는 특정 초기사상
통상사상	⬠	발생이 예상되는 사상
결함사상 (정상사상, 중간사상)	▭	한 개 이상의 입력에 의해 발생된 고장사상
OR 게이트	⌂	한 개 이상의 입력이 발생하면 출력사상이 발생하는 논리게이트
AND 게이트	⌂	입력사상이 전부 발생하는 경우에만 출력사상이 발생하는 논리게이트
배타적 OR 게이트	또는 / 동시 발생 안 함	입력사상 중 오직 한 개의 발생으로만 출력사상이 생성되는 논리게이트
우선적 AND 게이트	또는 / Ai, Aj, Ak 순으로	입력사상이 특정 순서대로 발생한 경우에만 출력사상이 발생하는 논리게이트
조합 AND 게이트	2개의 출력	3개 이상의 입력 중 2개가 일어나면 출력이 생긴다.
전이기호	△	다른 부분에 있는 게이트와의 연결 관계를 나타내기 위한 기호
전이기호(IN)	△	삼각형 정상의 선은 정보의 전입루트를 나타낸다.
전이기호(OUT)	△	삼각형 옆의 선은 정보의 전출루트를 나타낸다.
전이기호 (수량이 다르다)	▽	

42 FT도에서 시스템의 신뢰도는 얼마인가?(단, 모든 부품의 발생확률은 0.1이다.)

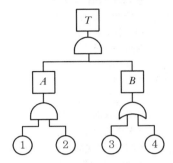

① 0.0033
② 0.0062
③ 0.9981
④ 0.9936

- A = 0.1 × 0.1 = 0.01
- B = 1 − (1 − 0.1)(1 − 0.1) = 0.19
- T = 1 − (0.01 × 0.19) = 0.9981

43 일반적으로 은행의 접수대 높이나 공원의 벤치를 설계할 때 가장 적합한 인체측정자료의 응용원칙은?

① 조절식 설계
② 평균치를 이용한 설계
③ 최대 치수를 이용한 설계
④ 최소 치수를 이용한 설계

인체계측자료의 응용 원칙
- 최대 치수와 최소 치수를 기준으로 한 설계
- 조절범위를 기준으로 한 설계
- 평균치를 기준으로 한 설계

※ 은행의 접수대나 공원의 벤치는 일반 대중을 위한 것이므로 평균치를 이용한 설계를 적용한다.

44 감각저장으로부터 정보를 작업기억으로 전달하기 위한 코드화 분류에 해당되지 않는 것은?

① 시각코드
② 촉각코드
③ 음성코드
④ 의미코드

감각저장으로부터 정보를 작업기억으로 전달하기 위한 코드화 분류
- 시각코드
- 음성코드
- 의미코드

※ 인간의 기억 시스템은 감각저장(Sensory Storage), 작업기억(Working Memory), 장기기억(Long-term Memory)으로 나누어지며, 작업기억은 장기기억으로 가는 관문 같은 역할을 한다. 감각기억 정보는 작업기억을 통과해야만 장기기억으로 갈 수 있다.

45 작업장의 설비 3대에서 각각 80dB, 86dB, 78dB의 소음이 발생되고 있을 때 작업장의 음압수준은?

① 약 81.3dB
② 약 85.5dB
③ 약 87.5dB
④ 약 90.3dB

음압
음원이 발생시킨 대기 중의 진동에 의해 야기된 순간 압력

1. $SPL_1 = 10\log\dfrac{I}{I_0} = 10\log\dfrac{P_{rms}^2}{P_{rms0}^2}$

$\quad = 20\log\dfrac{P}{P_0} = 20\log\dfrac{P}{0.00002}\,[\text{dB}]$

$\quad = 20\log\dfrac{80}{0.00002}\,[\text{dB}]$

2. $SPL_2 = 10\log\dfrac{I}{I_0} = 20\log\dfrac{86}{0.00002}\,[\text{dB}]$

3. $SPL_3 = 10\log\dfrac{I}{I_0} = 20\log\dfrac{78}{0.00002}\,[\text{dB}]$

$\therefore$ 작업장 음압수준 $= \dfrac{1}{3} \times 262.5 = 87.5\,[\text{dB}]$

$\quad P_0 = 2 \times 10^{-10}\,[\text{bar}]$

46 인간공학 연구방법 중 실제의 제품이나 시스템이 추구하는 특성 및 수준이 달성되는지를 비교하고 분석하는 연구는?

① 조사연구   ② 실험연구
③ 분석연구   ④ 평가연구

해설

1. 조사연구
   통제되지 않은 자연적 상황에서 질문을 통하여 현상을 파악하는 연구로서 현재의 사실에 대해 연구하는 방법
2. 실험연구
   • 변인들간의 관계를 밝혀내기 위해,
   • 통제된 상황에서
   • 독립변인들을 인위적으로 조작하여
   • 그것이 종속 변인에 어떤 영향을 미치는지를 관찰하여, 분석하는 방법이다.
3. 분석연구
   제품개발에 필요한 분석법 개발 및 허가자료를 확보하고 문서화하는 연구
4. 평가연구
   실제의 제품이나 시스템이 추구하는 특성 및 수준이 달성되는지를 비교하고 분석하는 연구

47 위험분석기법 중 고장이 시스템의 손실과 인명의 사상에 연결되는 높은 위험도를 가진 요소나 고장의 형태에 따른 분석법은?

① CA   ② ETA
③ FHA   ④ FTA

해설

시스템 안전분석기법

1. PHA(Preliminary Hazards Analysis : 예비위험분석)
   ㉠ 정의
      최초단계 분석으로 시스템 내의 위험요소가 어느 정도의 위험상태에 있는지를 평가하는 방법으로 정성적 평가방법이다.
   ㉡ PHA 특징
      • 시스템에 대한 주요사고 분류
      • 사고유발 요인 도출
      • 사고를 가정하고 시스템에 발생되는 결과를 명시하고 평가
      • 분류된 사고유형을 Category로 분류

2. FHA(Fault Hazard Analysis : 결함위험분석)
   ㉠ 정의
      분업에 의해 각각의 Sub System을 분담하고 분담한 Sub System 간의 인터페이스를 조정해 각각의 Sub System과 전체 시스템 간의 오류가 발생되지 않게 하기 위한 방법을 분석하는 방법
   ㉡ 기재사항
      • 구성요소 명칭
      • 구성요소 위험방식
      • 시스템 작동방식
      • 서브시스템에서의 위험영향
      • 서브시스템과 대표적 시스템의 위험영향
      • 경적 요인
      • 위험영향을 받을 수 있는 2차 요인
      • 위험수준
      • 위험관리

3. FMEA(Failure Mode and Effect Analysis : 고장형태와 영향분석법)
   ㉠ 정의
      전형적인 정성적, 귀납적 분석방법으로 시스템에 영향을 미치는 전체 요소의 고장을 형태별로 분석해 고장이 미치는 영향을 분석하는 방법
   ㉡ 특징
      • 장점
        – 서식이 간단하다.
        – 적은 노력으로 특별한 교육 없이 분석이 가능하다.
      • 단점
        – 논리성이 부족하다.
        – 요소 간 영향분석이 안 되기 때문에 2 이상의 요소가 고장날 경우 분석할 수 없다.
        – 물적 원인에 대한 영향분석으로 국한되기 때문에 인적 원인에 대한 분석은 할 수 없다.

4. CA(Criticality Analysis 위험도 분석)
   정량적·귀납적 분석방법으로 고장이 직접적으로 시스템의 손실과 인적인 재해와 연결되는 높은 위험도를 갖는 경우 위험성을 연관짓는 요소나 고장의 형태에 따른 분류방법

5. FTA(Falut Tree Analysis : 결함수 분석)
   ㉠ 정의
      정량적·연역적 분석방법으로 작업자가 기계를 사용하여 일을 하는 인간 – 기계시스템에서 사고·재해가 일어날 확률을 수치로 평가하는 안정평가의 방법이다.

ⓛ FTA 논리회로

명칭	기호	해설
① 결함사항		'장방형' 기호로 표시하고 결함이 재해로 연결되는 현상 또는 사실상황 등을 나타내며, 논리 Gate의 입력과 출력이 된다. FT 도표의 정상에 선정되는 사상, 즉 이제부터 해석하고자 하는 사상인 정상사상(Top 사상)과 중간사상에 사용한다.
② 기본사항		'원' 기호로 표시하며, 더 이상 해석할 필요가 없는 기본적인 기계의 결함 또는 작업자의 오동작을 나타낸다(말단사상). 항상 논리 Gate의 입력이며, 출력은 되지 않는다(스위치 점검 불량, 스파크, 타이어의 펑크, 조작 미스나 착오 등의 휴먼 에러는 기본사상으로 취급된다).
③ 이하 생략의 결함사상 (추적 불가능한 최후사상)		'다이아몬드' 기호로 표시하며, 사상과 원인의 관계를 충분히 알 수 없거나 필요한 정보를 얻을 수 없기 때문에 이것 이상 전개할 수 없는 최후적 사상을 나타낼 때 사용한다(말단사상).
④ 통상사상 (家形事象)		지붕형(家形)은 통상의 작업이나 기계의 상태에 재해의 발생원인이 되는 요소가 있는 것을 나타낸다. 즉, 결함사상이 아닌 발생이 예상되는 사상을 나타낸다(말단사상).
⑤ 전이기호 (이행기호)	(in) (out)	삼각형으로 표시하며, FT도 상에서 다른 부분에 관한 이행 또는 연결을 나타내는 기호로 사용한다. 좌측은 전입, 우측은 전출을 뜻한다.
⑥ AND Gate	출력 입력	출력 X의 사상이 일어나기 위해서는 모든 입력 A, B, C의 사상이 동시에 일어나지 않으면 안 된다는 논리조작을 나타낸다. 즉, 모든 입력사상이 공존할 때만 출력사상이 발생한다. 이 기호는 와 같이 표시될 때도 있다.

명칭	기호	해설
⑦ OR Gate	출력 입력	입력사상 A, B 중 어느 하나가 일어나도 출력 X의 사상이 일어난다고 하는 논리조작을 나타낸다. 즉, 입력사상 중 어느 것이나 하나가 존재할 때 출력사상이 발생한다. 이 기호는 와 같이 표시되기도 한다.
⑧ 수정기호	출력 조건 입력	제약 Gate 또는 제지 Gate라고도 하며, 이 Gate는 입력사상이 생김과 동시에 어떤 조건을 나타내는 사상이 발생할 때만 출력사상이 생기는 것을 나타내고, AND Gate와 OR Gate에 여러 가지 조건부 Gate를 나타낼 경우에 이 수정기호를 사용한다.

6. 기타 기법
- ETA(Event Tree Analysis : 사고수 분석법)
  Decision Tree 분석기법의 일종이며 귀납적, 정량적 분석방법으로 재해 확대요인을 분석하는 데 적합한 기법
- THERP(Technique of Human Error Rate Prediction : 인간과오율 추정법)
  인간의 기본 과오율을 평가하는 기법으로 인간 과오에 기인해 사고를 유발하는 사고원인을 분석하기 위해 100만 운전시간당 과오도수를 기본 과오율로 정량적 방법으로 평가하는 기법
- MORT(Management Oversight and Risk Tree)
  FTA와 같은 유형으로 Tree를 중심으로 논리기법을 사용해 관리, 설계, 생산, 보전 등 광범위한 안전성을 확보하는 데 사용되는 기법으로 원자력산업 등에 사용된다.

48 실효 온도(Effective Temperature)에 영향을 주는 요인이 아닌 것은?

① 온도 ② 습도
③ 복사열 ④ 공기 유동

─ 해설 ─

실효 온도(Effective Temperature)에 영향을 주는 요인
- 온도
- 습도
- 대류(공기 유동)

◉ ANSWER | 48 ③

49 의도는 올바른 것이었지만, 행동이 의도한 것과는 다르게 나타나는 오류는?

① Slip ② Mistake
③ Lapse ④ Violation

> 해설

① Slip : 의도는 올바른 것이었지만, 행동이 의도한 것과는 다르게 나타나는 오류
② Mistake : 잘못된 판단이나 결정
③ Lapse : 일시적인 실패
④ Violation : 법칙, 원리 등을 준수하지 않은 행위

50 일반적인 화학설비에 대한 안정성 평가(Safety Assessment)절차에 있어 안전대책 단계에 해당되지 않는 것은?

① 보전 ② 위험도 평가
③ 설비적 대책 ④ 관리적 대책

> 해설

안정성 평가 5단계
관계자료의 작성준비 > 정성적 평가 > 정량적 평가 > 안전대책 > 재평가

※ 안전대책 단계
- 설비적 대책 : 안전장치 및 방재장치에 관한 대책
- 관리적 대책 : 인원배치, 교육훈련 및 보전에 관한 대책

51 인간 – 기계시스템 설계과정 중 직무분석을 하는 단계는?

① 제1단계 : 시스템의 목표와 성능명세 결정
② 제2단계 : 시스템의 정의
③ 제3단계 : 기본 설계
④ 제4단계 : 인터페이스 설계

> 해설

㉠ 1단계 : 목표 및 성능명세 결정
㉡ 2단계 : 시스템의 정의, 목표, 성능의 결정 후 목적을 달성하기 위한 기본기능이 필요한지의 결정
㉢ 3단계 : 기본설계
- 기능의 할당

- 인간성능 요건 명세
- 직무분석
- 작업설계
㉣ 4단계 : 계면설계
㉤ 5단계 : 촉진물의 설계

52 중량물 들기 작업 시 5분간의 산소소비량을 측정한 결과 90L의 배기량 중에 산소가 16%, 이산화탄소가 4%로 분석되었다. 해당 작업에 대한 산소소비량(L/min)은 약 얼마인가?(단, 공기 중 질소는 79vol%, 산소는 21vol%이다.)

① 0.948 ② 1.948
③ 4.74 ④ 5.74

> 해설

산소소비량 = 흡기 시 산소농도% × 흡기량 − 배기 시 산소농도% × 배기량
= 0.21 × 흡기량 − 산소농도 × 배기량
= 0.21 × 20.253 − 0.16 × 18
= 0.948리터/분
흡기량 = 배기량 × (100 − 산소농도% − 이산화탄소 농도%)/79%
= 20 × (90 − 16% − 4%)/79%
분당배기량 = 90리터/5분 = 18

53 시스템 수명주기에 있어서 예비위험분석(PHA)이 이루어지는 단계에 해당하는 것은?

① 구상단계 ② 점검단계
③ 운전단계 ④ 생산단계

> 해설

예비위험분석은 최초단계의 분석이므로 구상단계에 해당된다.

시스템 안전분석기법
1. PHA(Preliminary Hazards Analysis : 예비위험분석)
   ㉠ 정의 : 최초단계 분석으로 시스템 내의 위험요소가 어느 정도의 위험상태에 있는지를 평가하는 방법으로 정성적 평가방법이다.
   ㉡ PHA 특징
   - 시스템에 대한 주요사고 분류
   - 사고유발 요인 도출

◉ ANSWER | 49 ① 50 ② 51 ③ 52 ① 53 ①

- 사고를 가정하고 시스템에 발생되는 결과를 명시하고 평가
- 분류된 사고유형을 Category로 분류

2. FHA(Fault Hazard Analysis : 결함위험분석)
  ㉠ 정의 : 분업에 의해 각각의 Sub System을 분담하고 분담한 Sub System 간의 인터페이스를 조정해 각각의 Sub System과 전체 시스템 간의 오류가 발생되지 않게 하기 위한 방법을 분석하는 방법
  ㉡ 기재사항
    - 구성요소 명칭
    - 구성요소 위험방식
    - 시스템 작동방식
    - 서브시스템에서의 위험영향
    - 서브시스템과 대표적 시스템의 위험영향
    - 경적 요인
    - 위험영향을 받을 수 있는 2차 요인
    - 위험수준
    - 위험관리

3. FMEA(Failure Mode and Effect Analysis : 고장형태와 영향분석법)
  ㉠ 정의 : 전형적인 정성적, 귀납적 분석방법으로 시스템에 영향을 미치는 전체 요소의 고장을 형태별로 분석해 고장이 미치는 영향을 분석하는 방법
  ㉡ 특징
    - 장점
      - 서식이 간단하다.
      - 적은 노력으로 특별한 교육 없이 분석이 가능하다.
    - 단점
      - 논리성이 부족하다.
      - 요소 간 영향분석이 안 되기 때문에 2 이상의 요소가 고장 날 경우 분석할 수 없다.
      - 물적 원인에 대한 영향분석으로 국한되기 때문에 인적 원인에 대한 분석은 할 수 없다.

4. CA(Criticality Analysis 위험도 분석)
  정량적 귀납적 분석방법으로 고장이 직접적으로 시스템의 손실과 인적인 재해와 연결되는 높은 위험도를 갖는 경우 위험성을 연관 짓는 요소나 고장의 형태에 따른 분류방법

5. FTA(Falut Tree Analysis : 결함수 분석)
  정량적·연역적 분석방법으로 작업자가 기계를 사용하여 일을 하는 인간 – 기계시스템에서 사고·재해가 일어날 확률을 수치로 평가하는 안정평가의 방법

---

54 어떤 설비의 시간당 고장률이 일정하다고 할 때 이 설비의 고장간격은 다음 중 어떤 확률분포를 따르는가?

① t분포
② 와이블분포
③ 지수분포
④ 아이링(Eyring)분포

해설

1. t분포 : 모집단의 분산이 알려져 있지 않은 경우에 정규분포 대신 이용하는 확률분포
2. 와이블분포 : 고장률이 노후 등으로 시간에 따라 커지는 경우에 사용하는 확률분포로, 지수분포를 일반화한 것이다. 고장률함수가 상수, 증가 또는 감소함수인 경우 수명분포들을 모형화할 때 적합하다.
   - 확률밀도함수
   - 누적분포함수
   - 신뢰도 함수
3. 지수분포 : 어떤 설비의 시간당 고장률이 일정하다고 할 때 이 설비의 고장간격이 나타나는 확률분포로서 연속확률분포 중에서 상수고장률과 무기억성을 가지는 유일한 연속 확률분포이다.

55 정보를 전송하기 위해 청각적 표시장치보다 시각적 표시장치를 사용하는 것이 더 효과적인 경우는?

① 정보의 내용이 간단한 경우
② 정보가 후에 재참조되는 경우
③ 정보가 즉각적인 행동을 요구하는 경우
④ 정보의 내용이 시간적인 사건을 다루는 경우

해설

시각장치와 청각장치의 비교

시각장치	청각장치
• 전언이 길고 복잡할 때	• 전언이 짧고 간단할 때
• 재참조됨	• 재참조되지 않음
• 공간적인 위치를 다룸	• 즉각적 행동을 요구 시
• 즉각적인 행동을 요구하지 않을 때	• 시간적인 사상을 다룰 때
• 청각계통이 과부하일 때	• 시각계통이 과부하일 때
• 주위가 너무 시끄러울 때	• 주위가 너무 밝거나 암조응일 때
• 한곳에 머무르는 경우	• 자주 움직일 때

---

56 욕조곡선에서의 고장 형태에서 일정한 형태의 고장률이 나타나는 구간은?

① 초기 고장구간 ② 마모 고장구간
③ 피로 고장구간 ④ 우발 고장구간

⊙ 해설
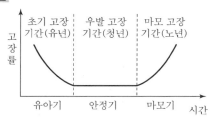

초기 고장기간(유년)	우발 고장기간(청년)	마모 고장기간(노년)
유아기	안정기	마모기

고장률 / 시간

57 설비보전 방법 중 설비의 열화를 방지하고 그 진행을 지연시켜 수명을 연장하기 위한 점검, 청소, 주유 및 교체 등의 활동은?

① 사후보전 ② 개량보전
③ 일상보전 ④ 보전예방

⊙ 해설
설비보전 방법
• 일상보전 : 설비의 열화를 방지하고 그 진행을 지연시켜 수명을 연장하기 위한 점검, 청소, 주유 및 교체 등의 활동
• 보전예방 : 설비의 상태를 유지하고 고장이 일어나지 않도록 하는 활동
• 개량보전 : 설비의 신뢰성, 보전성, 경제성, 조작성, 안전성 등의 향상을 목적으로 설비의 재질이나 형상의 개량을 하는 보전 방법
• 사후보전 : 고장정지 또는 유해한 성능저하를 초래한 뒤 수리를 하는 보전 방법

58 두 가지 상태 중 하나가 고장 또는 결함으로 나타나는 비정상적인 사건은?

① 톱사상 ② 결함사상
③ 정상적인 사상 ④ 기본적인 사상

⊙ 해설
• 톱사상 : 시스템의 출력을 나타내는 사상
• 결함사상 : 두 가지 상태 중 하나가 고장 또는 결함으로 나타나는 비정상적인 사건

59 동작경제의 원칙과 가장 거리가 먼 것은?

① 급작스런 방향의 전환은 피하도록 할 것
② 가능한 한 관성을 이용하여 작업하도록 할 것
③ 두 손의 동작은 같이 시작하고 같이 끝나도록 할 것
④ 두 팔의 동작은 동시에 같은 방향으로 움직일 것

⊙ 해설
동작경제의 원칙
• 급작스런 방향의 전환은 피하도록 할 것
• 가능한 한 관성을 이용하여 작업하도록 할 것
• 두 손의 동작은 같이 시작하고 같이 끝나도록 할 것

60 음량수준을 평가하는 척도와 관계없는 것은?

① dB ② HSI
③ phon ④ sone

⊙ 해설
• dB : 두 양 사이의 비를 나타내는 단위인 데시벨(decibel)의 기호
• phon : 소리 감각의 크기를 나타내는 단위. 1kHz의 평면파(平面波)에서 1m²당 2×10^{-5}[N]의 힘이 가해지는 음압을 0폰으로 하고 음압이 10배(소리의 세기가 100배)가 될 때마다 20폰을 가한다.
• sone : 상대적으로 느끼는 주관적 소리의 크기를 나타내는 단위로 1sone = 40phon
• HSI(Horizontal Situation Indicator) : 항공분야에서 비행계기의 일종인 수평자세 지시계를 말한다.

4과목 건설시공학

61 용접작업 시 주의사항으로 옳지 않은 것은?

① 용접할 소재는 수축변형이 일어나지 않으므로 치수에 여분을 두지 않아야 한다.
② 용접할 모재의 표면에 녹·유분 등이 있으면 접합부에 공기포가 생기고 용접부의 재질을 약화시키기므로 와이어 브러시로 청소한다.

⊙ ANSWER | 56 ④ 57 ③ 58 ② 59 ④ 60 ② 61 ①

③ 강우 및 강설 등으로 모재의 표면이 젖어
있을 때나 심한 바람이 불 때는 용접하지
않는다.

④ 용접봉을 교환하거나 다층용접일 때는 슬
래그와 스패터를 제거한다.

용접작업 시 주의사항
- 기능공의 자격여부
- 야간작업 금지
- 용접속도, 자세
- 개선면 정밀도관리(각도, 정밀도)
- 잔류응력 최소화
- 적정전류 사용
- 용접할 소재는 수축 및 변형이 일어날 수 있으므
로 치수에 여분을 둔다.
- 용접할 모재의 표면에 녹·유분 등이 있으면 접합
부에 공기포가 생기고 용접부의 재질을 약화시
키므로 와이어 브러시로 청소한다.
- 강우 및 강설 등으로 모재의 표면이 젖어 있을 때
나 심한 바람이 불 때는 용접하지 않는다.
- 용접봉을 교환하거나 다층용접일 때는 슬래그와
스패터를 제거한다.

62 철근콘크리트 구조물(5~6층)을 대상으로
한 벽, 지하외벽의 철근 고임재 및 간격재의
배치표준으로 옳은 것은?

① 상단은 보 밑에서 0.5m
② 중단은 상단에서 2.0m 이내
③ 횡간격은 0.5m
④ 단부는 2.0m 이내

철근 고임대 및 간격재 배치표준

부위별	배치표준
기초	2개/m
지중보	• 간격 : 1.5m • 단부 : 1.5 이내
벽, 지하외벽	• 상단 : 보 밑에서 0.5m • 중단 : 1.5m 이내 • 횡간격 : 1.5m • 단부 : 1.5m 이내

부위별	배치표준
기둥	• 상단 : 보 밑 0.5m 이내 • 중단 : 주각과 상단의 중간 • 기둥, 폭 방향 : 1m까지 2개, 1m 이상 3개
보	• 간격 : 1.5m • 단부 : 1.5m 이내
슬래브	• 간격 : 상하부철근 각각 가로세로 1m

63 벽식 철근콘크리트 구조를 시공할 경우, 벽
과 바닥의 콘크리트 타설을 한 번에 가능하
게 하기 위하여 벽체용 거푸집과 슬래브거
푸집을 일체로 제작하여 한 번에 설치하고
해체할 수 있도록 한 시스템 거푸집은?

① 유로 폼
② 클라이밍 폼
③ 슬립 폼
④ 터널 폼

- 유로 폼 : 독일에서 개발한 거푸집으로 코팅 합판
과 특수 경량강으로 만들어 부식에 강하고 조립이
간편하여 널리 사용된다. 파이크 후크, 웨지핀, 플
랫타이, 윙너트 등이 필요하다.
- 클라이밍 폼 : 건축 공정과 함께 상승하는 수직 콘
크리트 구조물을 위한 특수한 형태의 거푸집
- 슬립 폼 : 단면의 변화가 있는 타워용 거푸집
- 터널 폼 : 벽식 철근콘크리트 구조를 시공할 경우,
벽과 바닥의 콘크리트 타설을 한 번에 가능하게
하기 위하여 벽체용 거푸집과 슬래브거푸집을 일
체로 제작하여 한 번에 설치하고 해체할 수 있도
록 한 시스템 거푸집

64 갱 폼(Gang Form)에 관한 설명으로 옳지 않
은 것은?

① 대형화 패널 자체에 버팀대와 작업대를 부
착하여 유니트화한다.
② 수직, 수평 분할타설공법을 활용하여 전
용도를 높인다.
③ 설치와 탈형을 위하여 대형 양중장비가 필
요하다.
④ 두꺼운 벽체를 구축하기에는 적합하지 않다.

◉ ANSWER | 62 ① 63 ④ 64 ④

갱 폼

주로 고층 아파트와 같이 평면상 상하부가 동일한 단면 구조물에서 외부 벽체 거푸집과 발판용 케이지를 일체로 하여 제작한 대형 거푸집으로 특징은 다음과 같다.

- 패널 자체에 버팀대와 작업대를 부착하여 유니트화 한다.
- 수직, 수평 분할타설공법을 활용하여 전용도를 높인다.
- 설치와 탈형을 위하여 대형 양중장비가 필요하다.
- 두꺼운 벽체를 구축하기에도 적합하다.

65 철근콘크리트 공사 중 거푸집 해체를 위한 검사가 아닌 것은?

① 각종 배관슬리브, 매설물, 인서트, 단열재 등 부착 여부
② 수직, 수평부재의 존치기간 준수 여부
③ 소요의 강도 확보 이전에 지주의 교환 여부
④ 거푸집 해체용 콘크리트 압축강도 확인시험 실시 여부

거푸집 해체 시 검사항목

- 수직, 수평부재의 존치기간 준수 여부
- 소요의 강도 확보 이전에 지주의 교환 여부
- 거푸집 해체용 콘크리트 압축강도 확인시험 실시 여부

※ 거푸집동바리 조립·해체 시 준수사항

- 안전모 등 안전 보호장구를 착용토록 하여야 한다.
- 거푸집 해체작업장 주위에는 관계자를 제외하고는 출입을 금지시켜야 한다.
- 상하 동시 작업은 원칙적으로 금지하며 부득이한 경우에는 긴밀히 연락을 취하며 작업을 하여야 한다.
- 거푸집 해체 때 구조체에 무리한 충격이나 큰 힘에 의한 지렛대 사용은 금지하여야 한다.
- 보 또는 슬래브 거푸집을 제거할 때에는 거푸집의 낙하 충격으로 인한 작업원의 돌발적 재해를 방지하여야 한다.
- 해체된 거푸집이나 각목 등에 박혀 있는 못 또는 날카로운 돌출물은 즉시 제거하여야 한다.

- 해체된 거푸집이나 각목은 재사용 가능한 것과 보수하여야 할 것을 선별, 분리하여 적치하고 정리정돈을 하여야 한다.
- 재료, 기구 또는 공구 등을 올리거나 내리는 경우에는 근로자로 하여금 달줄·달포대 등을 사용하도록 한다.

66 강재 중 SN 355 B에 관한 설명으로 옳지 않은 것은?

① 건축 구조물에 사용된다.
② 냉간 압연 강재 이다.
③ 강재의 두께가 6mm 이상 40mm 이하일 때 최소 항복강도가 355N/mm²이다.
④ 용접성에 있어 중간 정도의 품질을 갖고 있다.

SN 355 B

- 건축 구조물에 사용된다.
- SN 490 B보다 최저 항복강도를 10% 정도 높인 열처리 강재이다.
- 강재의 두께가 6mm 이상 40mm 이하일 때 최소 항복강도가 355N/mm²이다.
- 용접성에 있어 중간 정도의 품질을 갖고 있다.

강재 종류별 특성

종류의 기호	항복점 또는 항복강도(N/mm²)		인장강도 (N/mm²)	항복비 (%)
	강재의 두께(mm)			
	6 이상 40 이하	40 초과 100 이하		
SN275A	275 이상	265 이상	410~520	–
SN275B	275 이상 395 이하	255 이상 375 이하	410~520	80 이하
SN275C	275 이상 395 이하	255 이상 375 이하	410~520	80 이하
SN355B	355 이상 475 이하	335 이상 455 이하	490~610	80 이하
SN355C	355 이상 475 이하	335 이상 455 이하	490~610	80 이하
SN460B	460 이상 580 이하	440 이상 560 이하	570~720	85 이하
SN460C	460 이상 580 이하	440 이상 560 이하	570~720	85 이하

67 말뚝재하시험의 주요목적과 거리가 먼 것은?

① 말뚝길이 결정　　② 말뚝관입량 결정
③ 지하수위 추정　　④ 지지력 추정

> **해설**
>
> **말뚝재하시험의 주요목적**
> • 말뚝길이 결정
> • 말뚝관입량 결정
> • 지지력 추정

68 조적식 구조에서 조적식 구조인 내력벽으로 둘러싸인 부분의 최대 바닥면적은 얼마인가?

① 60m^2　　② 80m^2
③ 100m^2　　④ 120m^2

> **해설**
>
> **조적식 건축물의 내력구조 기준**
> • 건축물의 한 층에서 조적식 내력벽으로 둘러싸인 한 개 실의 바닥면적은 80m^2 이하로 하여야 한다.
> • 내력벽의 길이는 10m 이하로 하여야 한다.
> • 모든 내력벽의 두께는 190mm 이상으로 하여야 한다.

69 철골세우기용 기계설비가 아닌 것은?

① 가이데릭
② 스티프레그데릭
③ 진폴
④ 드래그라인

> **해설**
>
> **철골세우기용 기계설비**
> • 가이데릭 : 360° 회전 가능한 고정 선회식의 기중기로 붐(Boom)의 기복·회전에 의해서 짐을 이동시키는 장치
> • 진폴 : 소규모 철골공사에 사용되며 옥탑 등의 돌출부에 쓰이고 중량재료를 달아 올리기에 편한 양중기
> • 스티프레그데릭 : 주기둥(Post)을 받치는 데 2개의 스티프레그를 사용하고 주기둥과 스티프레그 하부는 3각형의 받침틀에 의해 연결 고정하며 받침틀 위에 권양장치(捲楊裝置), 밸런스 웨이트를 두고 붐에 의해 중량물을 취급하는 기계

70 철근의 피복두께 확보 목적과 가장 거리가 먼 것은?

① 내화성 확보
② 내구성 확보
③ 구조내력의 확보
④ 블리딩현상 방지

> **해설**
>
> **철근의 피복두께 확보 목적**
> • 내구성 확보
> • 내화성 확보
> • 방청성 확보
> • 구조내력의 확보
> • 철근과의 부착성 확보

71 유동화 콘크리트를 제조할 때 유동화제를 첨가하기 전 기본 배합 콘크리트인 베이스 콘크리트의 슬럼프 기준은?(단, 보통콘크리트의 경우)

① 150mm 이하
② 180mm 이하
③ 210mm 이하
④ 240mm 이하

> **해설**
>
> **유동화 콘크리트 슬럼프 기준(KCS 14 20 31:2021)**
>
> | 콘크리트의 종류 | 베이스 콘크리트 | 유동화 콘크리트 |
> |---|---|---|
> | 보통콘크리트 | 150mm 이하 | 210mm 이하 |
> | 경량골재 콘크리트 | 180mm 이하 | 210mm 이하 |

72 분할도급 발주방식 중 지하철공사, 고속도로공사 및 대규모 아파트단지 등의 공사에 채용하면 가장 효과적인 것은?

① 직종별 공종별 분할도급
② 공정별 분할도급
③ 공구별 분할도급
④ 전문공종별 분할도급

◎ ANSWER | 67 ③　68 ②　69 ④　70 ④　71 ①　72 ③

- 직종별 공종별 분할도급 : 전문적인 공사를 직종이나 공종별로 나누어 발주하는 방식
- 공정별 분할도급 : 공정별로 나누어 발주하는 방식
- 공구별 분할도급 : 지역별로 나누어 발주하는 방식
- 전문공종별 분할도급 : 설비공사를 개별공사로 분리하여 발주하는 방식
- 일식도급 : 한 업자에게 공사 전체를 도급주는 것

73 흙이 소성상태에서 반고체상태로 바뀔 때의 함수비를 의미하는 용어는?

① 예민비
② 액성한계
③ 소성한계
④ 소성지수

- 예민비(St : Sensitivity) : 토질역학에서 쓰는, 교란되지 않은 시료와 이것을 재성형한 시료의 일축압축강도비
- 액성한계(LL : liquid Limit) : 액체상태와 소성상태의 경계가 되는 함수비
- 소성한계(PL : Plastic Limit) : 소성상태와 반고체상태의 경계가 되는 함수비
- 소성지수 : 흙이 소성상태로 존재할 수 있는 함수비 구간의 크기를 의미하며, 소성지수가 클수록 세립분을 포함하는 소성이 풍부한 흙이라는 것을 의미한다. 소성한계와 수축한계의 차이를 수축지수라 한다. 수축지수가 큰 흙일수록 흙의 팽창성이 크다.

74 다음 네트워크 공정표에서 주공전선에 의한 총 소요공기(일수)로 옳은 것은?(단, 결함점 간 사이의 숫자는 작업일수임)

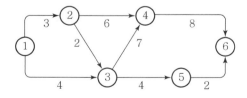

① 17일
② 19일
③ 20일
④ 22일

Network 공정표

Network 공정표란 각 공종별 공사의 착수, 완료일 등 전체 공정시기 등 진행도를 파악하기 위한 표로서 공정표에는 막대 공정표, 기성고 공정표, 네트워크 공정표가 존재한다.

문제에서 주어진 결함점을 따라 계산하면 3+2+7+8＝20일이 소요된다.

75 조적 벽면에서의 백화방지에 대한 조치로서 옳지 않은 것은?

① 소성이 잘 된 벽돌을 사용한다.
② 줄눈으로 비가 새어들지 않도록 방수처리한다.
③ 줄눈모르타르에 석회를 혼합한다.
④ 벽돌벽의 상부에 비막이를 설치한다.

조적 벽면의 백화현상은 벽돌식이나 시멘트를 사용해 습식 공법으로 시공하는 석재 외장부 또는 타일, 콘크리트 표면에 생기는 흰색 결정체들을 말하며, 조치방법은 다음과 같다.

- 소성이 잘 된 벽돌을 사용한다.
- 줄눈으로 비가 새어들지 않도록 방수처리 한다.
- 줄눈모르타르를 밀실하게 충전하고 줄눈모르타르에 방수제를 혼입시킨다.
- 벽돌벽의 상부에 비막이를 설치한다.
- 조적공사 시 환기시설을 설치한다.

76 다음 각 기초에 관한 설명으로 옳은 것은?

① 온통기초 : 기둥 1개에 기초판이 1개인 기초
② 복합기초 : 2개 이상의 기둥을 1개의 기초판으로 받치게 한 기초
③ 독립기초 : 조직조의 벽을 지지하는 하부 기초
④ 연속기초 : 건물 하부 전체 또는 지하실 전체를 기초판으로 구성한 기초

기초의 분류

- 온통기초(매트기초) : 지층에 설치되는 모든 구조를 지지하는 두꺼운 슬래브 구조로 지반에 지내력이 약해 독립기초나 말뚝기초로 적당하지 않을 때 적용하는 형식이다.
- 복합기초 : 2개 이상의 기둥에서 전달되는 하중을 한 개의 기초판으로 지지하는 방식이다.
- 독립기초 : 개개의 기둥을 독립적으로 지지하는 형식으로 기초판과 기둥으로 형성되어 있으며, 기둥과 보로 구성되어 있는 건축물에 적용된다.
- 연속기초 : 내력벽이나 조적벽을 지지하는 기초로 벽체 양옆에 캔틸레버 작용으로 하중을 분산시킨다.

77 지반개량 공법 중 배수공법이 아닌 것은?

① 집수정공법
② 동결공법
③ 웰 포인트 공법
④ 깊은 우물 공법

◉ 해설

지반개량 공법 중 배수공법

- 개념도

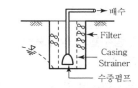

Deep Well 공법

Well Point 공법

구분	Deep Well 공법	Well Point 공법
특징	• 준비작업이 복잡 • 수중모터펌프 사용	• 공기단축 가능 • 진공펌프 사용
적용 지반	용수량이 많은 곳	• 긴급한 공사 • 6m 이내 굴착 시

- 집수정 : 공동주택이나 집합건물에서 자연적으로 발생되는 우수, 오수 등을 일정 공간에 모았다가 일정 수위에 도달되면 자동으로 배수펌프를 통해 배출시킨다.
- 동결공법 : 함수층을 임시로 불투수성으로 만드는 공법으로 간극 내 물을 얼려서 지반의 압축강도와 전단강도를 증대시킨다.

78 발주자가 직접 설계와 시공에 참여하고 프로젝트 관려자들이 상호 신뢰를 바탕으로 Team을 구성해서 프로젝트의 성공과 상호 이익 확보를 공동 목표로 하여 프로젝트를 추진하는 공사수행 방식은?

① PM 방식(Project Management)
② 파트너링 방식(Partnering)
③ CM 방식(Construction Management)
④ BOT 방식(Build Operate Transfer)

◉ 해설

- PM 방식(Project Management) : 건설프로젝트의 기획·설계·시공·감리·분양·유지관리 등 프로젝트의 초기 단계에서부터 최종 단계에 이르기까지의 사업전반에 대해 발주자의 입장에서 건설관리업무의 전부 또는 일부를 수행하는 방식
- 파트너링 방식(Partnering) : 프로젝트 수행과정에서 발주자와 원도급업자, 하도급업자 등 공사참여자 사이에 예상되는 분쟁요소와 불공정 거래관행, 공기단축 등에 대한 이익공유, 리스크 분담 등에 대해 프로젝트 건설공사의 기획 및 설계부터 시공, 사후관리 등을 한 사업자가 맡아서 진행하는 제도를 말한다. 참가자 전원이 합의, '파트너링 협정(Partnering Agreement)'을 체결하고 공사에 참여하는 방식을 말한다.
- CM 방식(Construction Management) : 건설공사의 기획 및 설계부터 시공, 사후관리 등을 한 사업자가 맡아서 진행하는 제도를 말한다.
- BOT 방식(Build Operate Transfer) : 프로젝트 시행의 사업주가 필요한 자금을 조달해 시설 및 설비를 완공(Build)한 후 일정기간 동안 당해 프로젝트를 운영(Operate)하는 것을 말한다.

79 지하연속벽 공법(Slurry Wall)에 관한 설명으로 옳지 않은 것은?

① 저진동, 저소음의 공법이다.
② 강성이 높은 지하구조체를 만든다.
③ 타 공법에 비하여 공기, 공사비 면에서 불리한 편이다.
④ 인접 구조물에 근접하도록 시공이 불가하여 대지이용의 효율성이 낮다.

해설

지하연속벽 공법(Slurry Wall)

1. 정의
   안정액을 사용하여 굴착한 뒤 지중(地中)에 연속된 철근콘크리트 벽을 형성하는 현장타설말뚝 공법으로 1950년 초에 이탈리아에서 개발되었으며 슬러리월 공법·다이어프램 공법이라고도 한다. 댐의 기초로 활용되거나 내진벽·방호벽·진동차단벽의 역할, 건축물의 지하 구조물을 축조하기 위한 가설 토류벽 역할 및 본체 벽으로도 많이 활용된다.
2. 특징
   • 저진동, 저소음의 공법이다.
   • 강성이 높은 지하구조체를 만든다.
   • 타 공법에 비하여 공기, 공사비 면에서 불리한 편이다.
   • 인접 구조물에 근접하도록 시공이 용이해 대지이용의 효율성이 높다.

80 공사용 표준시방서에 기재하는 사항으로 거리가 먼 것은?

① 재료의 종류, 품질 및 사용처에 관한 사항
② 검사 및 시험에 관한 사항
③ 공정에 따른 공사비 사용에 관한 사항
④ 보양 및 시공상 주의사항

해설

공사용 표준시방서에 기재사항

• 재료의 종류, 품질 및 사용처에 관한 사항
• 보양 및 시공상 주의사항
• 성능의 규정 및 지시, 시방서의 적용범위
• 검사 및 시험에 관한 사항
• 대안의 선택, 기타 도면표기가 어려운 보충사항이나 특기사항

81 각종 금속에 관한 설명으로 옳지 않은 것은?

① 동은 건조한 공기 중에서는 산화하지 않으나, 습기가 있거나 탄산가스가 있으면 녹이 발생한다.
② 납은 비중이 비교적 작고 융점이 높아 가공이 어렵다.
③ 알루미늄은 비중이 철의 1/3 정도로 경량이며 열·전기전도성이 크다.
④ 청동은 구리와 주석을 주체로 한 합금으로 건축장식부품 또는 미술공예 재료로 사용된다.

해설

각종 금속의 특징

• 동 : 건조한 공기 중에서는 산화하지 않으나, 습기가 있거나 탄산가스가 있으면 녹이 발생한다.
• 납 : 비중이 비교적 높고 융점이 낮아 가공이 어렵다.
• 알루미늄 : 비중이 철의 1/3 정도로 경량이며 열·전기전도성이 크다.
• 청동 : 구리와 주석을 주체로 한 합금으로 건축장식부품 또는 미술공예 재료로 사용된다.

82 목재의 함수율과 섬유포화점에 관한 설명으로 옳지 않은 것은?

① 섬유포화점은 세포 사이의 수분은 건조되고, 섬유에만 수분이 존재하는 상태를 말한다.
② 벌목 직후 함수율이 섬유포화점까지 감소하는 동안 강도 또한 서서히 감소한다.
③ 전건상태에 이르면 강도는 섬유포화점 상태에 비해 3배로 증가한다.
④ 섬유포화점 이하에서는 함수율의 감소에 따라 인성이 감소한다.

해설

목재의 함수율과 섬유포화점

• 섬유포화점은 세포 사이의 수분은 건조되고, 섬유에만 수분이 존재하는 상태를 말한다.

◉ ANSWER │ 79 ④ 80 ③ 81 ② 82 ②

- 벌목 직후 함수율이 섬유포화점까지 감소하는 동안 강도는 서서히 증가한다.
- 전건상태에 이르면 강도는 섬유포화점 상태에 비해 3배로 증가한다.
- 섬유포화점 이하에서는 함수율의 감소에 따라 인성이 감소한다.

83 재료의 단단한 정도를 나타내는 용어는?

① 연성　　　　　② 인성
③ 취성　　　　　④ 경도

◁해설▷
① 연성 : 재료를 늘일 때 파괴되지 않고 늘어나는 성질
② 인성 : 재료의 질긴 정도
③ 취성 : 물체가 외력을 받을 때 소성변형을 일으키지 않고 파괴되는 성질
④ 경도 : 재료의 단단한 정도

84 콘크리트용 골재 중 깬자갈에 관한 설명으로 옳지 않은 것은?

① 깬자갈의 원석은 안삼암·화강암 등이 많이 사용된다.
② 깬자갈을 사용한 콘크리트는 동일한 워커빌리티의 보통자갈을 사용한 콘크리트보다 단위수량이 일반적으로 약 10% 정도 많이 요구된다.
③ 깬자갈을 사용한 콘크리트는 강자갈을 사용한 콘크리트보다 시멘트 페이스트와의 부착성능이 매우 낮다.
④ 콘크리트용 굵은 골재로 깬자갈을 사용할 때는 한국산업표준(KS F 2527)에서 정한 품질에 적합한 것으로 한다.

◁해설▷
콘크리트용 골재 중 깬자갈의 특징
- 깬자갈의 원석은 안삼암·화강암 등이 많이 사용된다.
- 깬자갈을 사용한 콘크리트는 동일한 워커빌리티의 보통자갈을 사용한 콘크리트보다 단위수량이 일반적으로 약 10% 정도 많이 요구된다.

- 깬자갈을 사용한 콘크리트는 강자갈을 사용한 콘크리트보다 시멘트 페이스트와의 부착성능이 높다(표면이 거친 상태이므로).
- 콘크리트용 굵은 골재로 깬자갈을 사용할 때는 한국산업표준(KS F 2527)에서 정한 품질에 적합한 것으로 한다.

85 일종의 못박기총을 사용하여 콘크리트나 강재 등에 박는 특수못을 의미하는 것은?

① 드라이브핀　　　② 인서트
③ 익스팬션볼트　　④ 듀벨

◁해설▷
드라이브핀
못박기총을 사용하여 콘크리트나 강재 등에 박는 특수못

86 다음 중 건축용 단열재와 거리가 먼 것은?

① 유리면(Glass Wool)
② 암면(Rock Wool)
③ 테라코타
④ 펄라이트판

◁해설▷
- 건축용 단열재 : 유리면, 암면, 펄라이트판
- 테라코타 : 주로 석기질 점토나 상당히 철분이 많은 점토를 원료로 사용하며, 건축물의 패러핏, 주두 등의 장식에 사용되는 공동의 대형 점토제품으로 경도와 폭발저항은 돌과 비슷하다.

87 석고보드에 관한 설명으로 옳지 않은 것은?

① 부식이 잘되고 충해를 받기 쉽다.
② 단열성, 차음성이 우수하다.
③ 시공이 용이하여 천장, 칸막이 등에 주로 사용된다.
④ 내수성, 탄력성이 부족하다.

◁해설▷
석고보드의 특징
- 부식에 강하고 충해를 잘 견딘다.

◉ ANSWER | 83 ④　84 ③　85 ①　86 ③　87 ①

- 단열성, 차음성이 우수하다.
- 시공이 용이하여 천장, 칸막이 등에 주로 사용된다.
- 내수성, 탄력성이 부족하다.

88 주로 석기질 점토나 상당히 철분이 많은 점토를 원료로 사용하며, 건축물의 패러핏, 주두 등의 장식에 사용되는 공동의 대형 점토제품은?

① 테라조   ② 도관
③ 타일   ④ 테라코타

해설

- 테라조 : 대리석, 화강암 등의 부순 골재, 안료, 시멘트 등 고착제와 함께 성형하고 경화시킨 후 표면을 연마해 대리석과 같이 마감한 제품
- 도관 : 점토를 구워 만든 고려시대의 널
- 테라코타 : 주로 석기질 점토나 상당히 철분이 많은 점토를 원료로 사용하며, 건축물의 패러핏, 주두 등의 장식에 사용되는 공동의 대형 점토제품

89 경량 기포콘크리트(Autoclaved Lightweight Concrete)에 관한 설명으로 옳지 않은 것은?

① 보통콘크리트에 비하여 탄산화의 우려가 낮다.
② 열전도율은 보통콘크리트의 약 1/10 정도로 단열성이 우수하다.
③ 현장에서 취급이 편리하고 절단 및 가공이 용이하다.
④ 다공질이므로 흡수성이 높은 편이다.

해설

경량 기포콘크리트(Autoclaved Lightweight Concrete) 의 특징

- 보통콘크리트에 비하여 탄산화가 쉽게 발생된다.
- 열전도율은 보통콘크리트의 약 1/10 정도로 단열성이 우수하다.
- 현장에서 취급이 편리하고 절단 및 가공이 용이하다.
- 다공질이므로 흡수성이 높은 편이다.

90 KS L 4201에 따른 1종 점토벽돌의 압축강도는 최소 얼마 이상이어야 하는가?

① 9.80MPa 이상
② 14.70MPa 이상
③ 20.59MPa 이상
④ 24.50MPa 이상

해설

점토벽돌의 품질기준

품질	종류		비고
	1종 (내·외장용)	2종 (내장용)	
흡수율(%)	10.0 이하	15.0 이하	1종은 내장재 및 외장재로, 2종은 내장재로만 하여야 한다.
압축강도 (MPa)	24.50 이상	14.70 이상	

91 안료가 들어가지 않는 도료로서 목재면의 투명도장에 쓰이며, 내후성이 좋지 않아 외부에 사용하기에는 적당하지 않고 내부용으로 주로 사용하는 것은?

① 수성페이트   ② 클리어래커
③ 래커에나멜   ④ 유성에나멜

해설

① 수성페이트 : 수용성으로 냄새가 없고, 작업 시 묻은 페인트는 쉽게 불로 세척이 가능한 페인트
② 클리어래커 : 안료가 들어가지 않는 도료로서 목재면의 투명도장에 쓰이며, 내후성이 좋지 않아 외부에 사용하기에는 적당하지 않고 내부용으로 주로 사용하는 것
③ 래커에나멜 : 퍼짐성이 좋으나 건조속도가 느림
④ 유성에나멜 : 희석제인 신나로 희석해서 사용하는 페인트

92 중량 5kg인 목재를 건조시켜 전건중량이 4kg이 되었다. 건조 전 목재의 함수율은 몇 %인가?

① 20%   ② 25%
③ 30%   ④ 40%

함수율

건조 전과 건조 후의 차이를 건조 전의 무게로 나누어 백분율로 나타낸 것이다.

$$함수율 = \frac{건조\ 전\ 중량 - 전건\ 중량}{전건\ 중량} \times 100$$

$$= \frac{5-4}{4} \times 100 = 25\%$$

93 미장재료에 관한 설명으로 옳은 것은?

① 보강재는 결합재의 고체화에 직접 관계하는 것으로 여물, 풀, 수염 등이 이에 속한다.
② 수경성 미장재료에는 돌로마이트 플라스터, 소석회가 있다.
③ 소석회는 돌로마이트 플라스터에 비해 점성이 높고, 작업성이 좋다.
④ 회반죽에 석고를 약간 혼합하면 수축균열을 방지할 수 있는 효과가 있다.

미장재료의 분류

• 기경성 재료 : 돌로마이트 플라스터, 회반죽, 진흙
• 수경성 재료 : 시멘트 모르타르, 소석고 플라스터, 무수석고 플라스터, 인조석 갈기

※ 미장재료 중 회반죽에 석고를 약간 혼합하면 수축균열을 방지할 수 있는 효과가 있다.

94 아스팔트 침입도 시험에 있어서 아스팔트의 온도는 몇 ℃를 기준으로 하는가?

① 15℃   ② 25℃
③ 35℃   ④ 45℃

아스팔트 침입도 시험은 온도 25℃를 기준으로 하며 100g 표준침을 낙하시켜 5초간 관입되는 깊이에 따라 결정되며, 관입깊이 0.1mm를 침입도 1로 칭한다.

95 실적률이 큰 골재로 이루어진 콘크리트의 특성이 아닌 것은?

① 시멘트 페이스트의 양이 커져 콘크리트 제조 시 경제성이 낮다.
② 내구성이 증대된다.
③ 투수성, 흡습성의 감소를 기대할 수 있다.
④ 건조수축 및 수화열이 감소된다.

실적률이 큰 골재로 이루어진 콘크리트의 특성

• 시멘트 페이스트의 양이 적어져 콘크리트 제조 시 경제성이 높아진다.
• 내구성이 증대된다.
• 투수성, 흡습성의 감소를 기대할 수 있다.
• 건조수축 및 수화열이 감소된다.

※ **실적률**

골재의 단위 용적(m³) 중의 실적 용적을 백분율(%)로 나타낸 값

96 석재의 화학적 성질에 관한 설명으로 옳지 않은 것은?

① 규산분을 많이 함유한 석재는 내산성이 약하므로 산을 접하는 바닥은 피한다.
② 대리석, 사문암 등은 내장재로 사용하는 것이 바람직하다.
③ 조암광물 중 장석, 방해석 등은 산류의 침식을 쉽게 받는다.
④ 산류를 취급하는 곳의 바닥재는 황철광, 갈철광 등을 포함하지 않아야 한다.

석재의 화학적 성질

• 규산분을 많이 함유한 석재는 내산성이 좋다.
• 대리석, 사문암 등은 내장재로 사용하는 것이 바람직하다.
• 조암광물 중 장석, 방해석 등은 산류의 침식을 쉽게 받는다.
• 산류를 취급하는 곳의 바닥재는 황철광, 갈철광 등을 포함하지 않아야 한다.

◉ ANSWER | 93 ④ 94 ② 95 ① 96 ①

97 수화열의 감소와 황산염 저항성을 높이려면 시멘트에 다음 중 어느 화합물을 감소시켜야 하는가?

① 규산 3칼슘
② 알루민산 철4칼슘
③ 규산 2칼슘
④ 알루민산 3칼슘

수화열의 감소와 황산염 저항성을 높이려면 시멘트 알루민산 3칼슘 화합물을 감소시켜야 한다.

98 유리가 불화수소에 부식하는 성질을 이용하여 5mm 이상 판유리면에 그림, 문자 등을 새긴 유리는?

① 스테인드유리
② 망입유리
③ 에칭유리
④ 내열유리

① 스테인드유리 : 금속산화물이나 안료를 이용하여 구운 색판 유리조각을 접합하여 만든 유리
② 망입유리 : 유리액을 롤러로 제판(판유리)하여 그 내부에 금속망을 삽입하고, 내열성이 뛰어난 특수 레진을 주입한 다음 압착 성형한 유리
③ 에칭유리 : 유리가 불화수소에 부식하는 성질을 이용하여 5mm 이상 판유리면에 그림, 문자 등을 새긴 유리
④ 내열유리 : 외부 충격에는 약하지만 유리의 원료가 붕규산염으로 열팽창률이 작아서 열충격에 강한 유리

99 아스팔트 방수시공을 할 때 바탕재와의 밀착용으로 사용하는 것은?

① 아스팔트 컴파운드
② 아스팔트 모르타르
③ 아스팔트 프라이머
④ 아스팔트 루핑

아스팔트 방수시공을 할 때 바탕재와의 밀착용으로 아스팔트 프라이머를 사용한다.

100 인조석 갈기 및 테라조 현장갈기 등에 사용되는 구획용 철물의 명칭은?

① 인서트(Insert)
② 앵커볼트(Anchor Bolt)
③ 펀칭메탈(Punching Metal)
④ 줄눈대(Metallic Joiner)

• 앵커볼트(Anchor Bolt) : 철골기둥 고정을 위해 사용되는 볼트
• 줄눈대(Metallic Joiner) : 인조석 갈기 및 테라조 현장갈기 등에 사용되는 구획용 철물

6과목 건설안전기술

101 굴착공사에 있어서 비탈면붕괴를 방지하기 위하여 실시하는 대책으로 옳지 않은 것은?

① 지표수의 침투를 막기 위해 표면배수공을 한다.
② 지하수위를 내리기 위해 수평배수공을 설치한다.
③ 비탈면 하단을 성토한다.
④ 비탈면 상부에 토사를 적재한다.

굴착공사 시 비탈면붕괴 방지대책
• 지표수의 침투를 막기 위해 표면배수공을 한다.
• 지하수위를 내리기 위해 수평배수공을 설치한다.
• 비탈면 하단을 성토한다.
• 상재하중요인을 제거한다.
• 굴착 구배기준을 준수한다.

◉ ANSWER | 97 ④ 98 ③ 99 ③ 100 ④ 101 ④

102 다음은 산업안전보건법령에 따른 시스템 비계의 구조에 관한 사항이다. ( ) 안에 들어갈 내용으로 옳은 것은?

> 비계 밑단의 수직재와 받침철물은 밀착되도록 설치하고, 수직재와 받침철물의 연결부의 겹침길이는 받침철물 전체길이의 ( ) 이상이 되도록 할 것

① 2분의 1　　　② 3분의 1
③ 4분의 1　　　④ 5분의 1

해설
시스템 비계 설치기준
- 수직재와 수평재는 직교되게 설치하여야 하며, 체결 후 흔들림이 없어야 한다.
- 수직재를 연약 지반에 설치할 경우에는 수직하중에 견딜 수 있도록 지반을 다지고 두께 45mm 이상의 깔목을 소요폭 이상으로 설치하거나, 콘크리트, 강재표면 및 단단한 아스팔트 등의 침하방지 조치를 하여야 한다.
- 시스템 비계 최하부에 설치하는 수직재는 받침철물의 조절너트와 밀착되도록 설치하여야 한다.
- 수직재와 받침철물의 겹침길이는 받침철물 전체 길이의 3분의 1 이상이 되도록 하여야 한다.
- 수직재와 수직재의 연결은 전용의 연결조인트를 사용하여 견고하게 연결하고, 연결 부위가 탈락 또는 꺾어지지 않도록 하여야 한다.
- 수평재는 수직재에 연결핀 등의 결합방법에 의해 견고하게 결합되어 흔들리거나 이탈되지 않도록 하여야 한다.
- 안전 난간의 용도로 사용되는 상부수평재의 설치 높이는 작업 발판면으로부터 90cm 이상이어야 하며, 중간수평재는 설치높이의 중앙부에 설치(설치높이가 1.2m를 넘는 경우에는 2단 이상의 중간수평재를 설치하여 각각의 사이 간격이 60cm 이하가 되도록 설치)하여야 한다.
- 대각으로 설치하는 가새는 비계의 외면으로 수평면에 대해 40~60° 방향으로 설치하며 수평재 및 수직재에 결속한다.

103 콘크리트 타설 시 안전수칙으로 옳지 않은 것은?

① 타설순서는 계획에 의하여 실시하여야 한다.
② 진동기는 최대한 많이 사용하여야 한다.
③ 콘크리트를 치는 도중에는 거푸집, 지보공 등의 이상유무를 확인하여야 한다.
④ 손수레로 콘크리트를 운반할 때에는 손수레를 타설하는 위치까지 천천히 운반하여 거푸집에 충격을 주지 아니하도록 타설하여야 한다.

해설
콘크리트 타설 시 안전수칙
- 타설순서는 계획에 의하여 실시하여야 한다.
- 진동기는 과다하게 사용하지 않도록 한다.
- 콘크리트를 치는 도중에는 거푸집, 지보공 등의 이상 유무를 확인하여야 한다.
- 손수레로 콘크리트를 운반할 때에는 손수레를 타설하는 위치까지 천천히 운반하여 거푸집에 충격을 주지 아니하도록 타설하여야 한다.
- 타설 시 먼 곳에서 가까운 곳의 순서로 타설한다.
- 주름관을 사용하는 경우 요동에 의한 추락재해방지를 위해 안전난간을 설치한다.

104 터널 지보공을 조립하는 경우에는 미리 그 구조를 검토한 후 조립도를 작성하고, 그 조립도에 따라 조립하도록 하여야 하는데 이 조립도에 명시하여야 할 사항과 가장 거리가 먼 것은?

① 이음방법
② 단면규격
③ 재료의 재질
④ 재료의 구입처

해설
터널의 지보공조립 시 조립도에 명시할 사항
- 이음방법
- 단면규격
- 재료의 재질
- 재료의 시험 성적서

◉ ANSWER ｜ 102 ②　103 ②　104 ④

105 산업안전보건법령에 따른 양중기의 종류에 해당하지 않는 것은?

① 고소작업차 ② 이동식 크레인
③ 승강기 ④ 리프트(Lift)

산업안전보건법령에 따른 양중기의 종류
- 크레인(호이스트 포함)
- 이동식 크레인
- 리프트
- 곤돌라
- 승강기(최대하중 0.25ton 이상인 것)

106 가설통로 설치에 있어 경사가 최소 얼마를 초과하는 경우에는 미끄러지지 아니하는 구조로 하여야 하는가?

① 15도 ② 20도
③ 30도 ④ 40도

가설통로 중 경사로 설치기준
- 비탈면 경사각은 30° 이하로 하고, 15° 초과 시 등간격으로 미끄럼막이를 설치한다.
- 폭은 최소 90cm 이상, 높이 7m 이내마다 계단참을 설치한다.
- 통로 양측에 90~120cm의 상부난간대 및 45~60cm의 중간난간대를 설치한다.
- 발판은 폭 40cm 이상, 틈은 3cm 이하로 설치한다.
- 지지기둥은 수평거리 3m 이내마다 설치한다.
- 목재는 미송, 육송 또는 동등 이상의 재질을 확보해야 한다.

107 부두 · 안벽 등 하역작업을 하는 장소에서 부두 또는 안벽의 선을 따라 통로를 설치하는 경우에는 폭을 최소 얼마 이상으로 하여야 하는가?

① 85cm ② 90cm
③ 100cm ④ 120cm

부두 · 안벽 등 하역작업을 하는 장소에서 부두 또는 안벽의 선을 따라 통로를 설치하는 경우 폭은 최소 90cm 이상이다.

108 흙막이 가시설공사 중 발생할 수 있는 보일링(Boiling)현상에 관한 설명으로 옳지 않은 것은?

① 이 현상이 발생하면 흙막이 벽의 지지력이 상실된다.
② 지하수위가 높은 지반을 굴착할 때 주로 발생한다.
③ 흙막이벽의 근입장 깊이가 부족할 경우 발생한다.
④ 연약한 점토지반에서 굴착면의 융기로 발생한다.

보일링(Boiling)현상
- 이 현상이 발생하면 흙막이 벽의 지지력이 상실된다.
- 지하수위가 높은 지반을 굴착할 때 주로 발생한다.
- 흙막이벽의 근입장 깊이가 부족할 경우 발생한다.
- 연약한 사질토 지반에서 지하수위 차로 인해 발생한다.

109 강관틀비계를 조립하여 사용하는 경우 준수하여야 할 사항으로 옳지 않은 것은?

① 비계기둥의 밑둥에는 밑받침철물을 사용할 것
② 높이가 20m를 초과하거나 중량물의 적재를 수반하는 작업을 할 경우에는 주틀 간의 간격을 1.8m 이하로 할 것
③ 주틀 간에 교차가새를 설치하고 최하층 및 3층 이내마다 수평재를 설치할 것
④ 길이가 띠장방향으로 4m 이하이고 높이가 10m를 초과하는 경우에는 10m 이내마다 띠장방향으로 버팀기둥을 설치할 것

---

③ 터널의 지보공 또는 높이 2m 이상인 흙막이 지보공

④ 동력을 이용하여 움직이는 가설구조물

⊙해설

가설구조물 설계변경요청 대상
- 높이 31m 이상인 비계
- 작업발판 일체형 거푸집 또는 높이 6m 이상인 거푸집동바리
- 터널의 지보공 또는 높이 2m 이상인 흙막이 지보공
- 동력을 이용하여 움직이는 가설구조물

⊙해설

강관틀비계를 조립하여 사용하는 경우 준수하여야 할 사항
- 비계기둥의 밑둥에는 밑받침철물을 사용하여야 하며 밑받침에 고저차(高低差)가 있는 경우에는 조절형 밑받침철물을 사용하여 각각의 강관틀비계가 항상 수평 및 수직을 유지하도록 할 것
- 높이가 20m를 초과하거나 중량물의 적재를 수반하는 작업을 할 경우에는 주틀 간의 간격을 1.8m 이하로 할 것
- 주틀 간에 교차가새를 설치하고 최상층 및 5층 이내마다 수평재를 설치할 것
- 수직방향으로 6m, 수평방향으로 8m 이내마다 벽이음을 할 것
- 길이가 띠장방향으로 4m 이하이고 높이가 10m를 초과하는 경우에는 10m 이내마다 띠장방향으로 버팀기둥을 설치할 것

110 장비가 위치한 지면보다 낮은 장소를 굴착하는 데 적합한 장비는?

① 트럭크레인　　② 파워셔블
③ 백호　　　　　④ 진폴

⊙해설
- 파워셔블 : 버킷을 앞으로 떠 올려서 흙, 모래, 돌 등을 굴착하는 장비
- 백호 : 장비가 위치한 지면보다 낮은 장소를 굴착하는 데 적합한 장비
- 진폴 : 소규모 철골공사에 사용되며 옥탑 등의 돌출부에 쓰이고 중량재료를 달아 올리기에 편리

111 건설공사도급인은 건설공사 중에 가설구조물의 붕괴 등 산업재해가 발생할 위험이 있다고 판단되면 건축·토목 분야의 전문가의 의견을 들어 건설공사 발주자에게 해당 건설공사의 설계변경을 요청할 수 있는데, 이러한 가설구조물의 기준으로 옳지 않은 것은?

① 높이 20m 이상인 비계
② 작업발판 일체형 거푸집 또는 높이 6m 이상인 거푸집동바리

112 거푸집동바리 등을 조립하는 경우에 준수해야 할 기준으로 옳지 않은 것은?

① 동바리의 상하 고정 및 미끄러짐 방지조치를 하고, 하중의 지지상태를 유지한다.
② 강재와 강재의 접속부 및 교차부는 볼트·클램프 등 전용철물을 사용하여 단단히 연결한다.
③ 파이프 서포트를 제외한 동바리로 사용하는 강관은 높이 2m마다 수평연결재를 2개 방향으로 만들고 수평연결재의 변위를 방지할 것
④ 동바리로 사용하는 파이프 서포트는 4개 이상 이어서 사용하지 않도록 할 것

⊙해설

거푸집동바리 등 조립 시 준수사항
1. 깔목의 사용, 콘크리트 타설, 말뚝박기 등 동바리의 침하를 방지하기 위한 조치를 할 것
2. 개구부 상부에 동바리를 설치하는 경우에는 상부 하중을 견딜 수 있는 견고한 받침대를 설치할 것
3. 동바리의 상하 고정 및 미끄러짐 방지 조치를 하고, 하중의 지지상태를 유지할 것
4. 동바리의 이음은 맞댄이음이나 장부이음으로 하고 같은 품질의 재료를 사용할 것
5. 강재와 강재의 접속부 및 교차부는 볼트·클램프 등 전용철물을 사용하여 단단히 연결할 것
6. 거푸집이 곡면인 경우에는 버팀대의 부착 등 그 거푸집의 부상(浮上)을 방지하기 위한 조치를 할 것
7. 동바리로 사용하는 강관[파이프 서포트(pipe support)는 제외한다]에 대해서는 다음 각 목의 사항을 따를 것

가. 높이 2미터 이내마다 수평연결재를 2개 방향으로 만들고 수평연결재의 변위를 방지할 것

나. 멍에 등을 상단에 올릴 경우에는 해당 상단에 강재의 단판을 붙여 멍에 등을 고정시킬 것

8. 동바리로 사용하는 파이프 서포트에 대해서는 다음 각 목의 사항을 따를 것

　가. 파이프 서포트를 3개 이상 이어서 사용하지 않도록 할 것

　나. 파이프 서포트를 이어서 사용하는 경우에는 4개 이상의 볼트 또는 전용철물을 사용하여 이을 것

　다. 높이가 3.5미터를 초과하는 경우에는 제7호 가목의 조치를 할 것

9. 동바리로 사용하는 강관틀에 대해서는 다음 각 목의 사항을 따를 것

　가. 강관틀과 강관틀 사이에 교차가새를 설치할 것

　나. 최상층 및 5층 이내마다 거푸집동바리의 측면과 틀면의 방향 및 교차가새의 방향에서 5개 이내마다 수평연결재를 설치하고 수평연결재의 변위를 방지할 것

　다. 최상층 및 5층 이내마다 거푸집동바리의 틀면의 방향에서 양단 및 5개틀 이내마다 교차가새의 방향으로 띠장틀을 설치할 것

　라. 제7호나목의 조치를 할 것

10. 동바리로 사용하는 조립강주에 대해서는 다음 각 목의 사항을 따를 것

　가. 제7호나목의 조치를 할 것

　나. 높이가 4m를 초과하는 경우에는 높이 4m 이내마다 수평연결재를 2개 방향으로 설치하고 수평연결재의 변위를 방지할 것

11. 시스템 동바리(규격화·부품화된 수직재, 수평재 및 가새재 등의 부재를 현장에서 조립하여 거푸집으로 지지하는 동바리 형식을 말한다)는 다음 각 목의 방법에 따라 설치할 것

　가. 수평재는 수직재와 직각으로 설치하여야 하며, 흔들리지 않도록 견고하게 설치할 것

　나. 연결철물을 사용하여 수직재를 견고하게 연결하고, 연결 부위가 탈락 또는 꺾어지지 않도록 할 것

　다. 수직 및 수평하중에 의한 동바리 본체의 변위로부터 구조적 안전성이 확보되도록 조립도에 따라 수직재 및 수평재에는 가새재를 견고하게 설치하도록 할 것

　라. 동바리 최상단과 최하단의 수직재와 받침철물은 서로 밀착되도록 설치하고 수직재와 받침철물의 연결부의 겹침길이는 받침철물 전체길이의 3분의 1 이상 되도록 할 것

12. 동바리로 사용하는 목재에 대해서는 다음 각 목의 사항을 따를 것

　가. 제7호가목의 조치를 할 것

　나. 목재를 이어서 사용하는 경우에는 2개 이상의 덧댐목을 대고 네 군데 이상 견고하게 묶은 후 상단을 보나 멍에에 고정시킬 것

13. 보로 구성된 것은 다음 각 목의 사항을 따를 것

　가. 보의 양끝을 지지물로 고정시켜 보의 미끄러짐 및 탈락을 방지할 것

　나. 보와 보 사이에 수평연결재를 설치하여 보가 옆으로 넘어지지 않도록 견고하게 할 것

113 강관틀비계(높이 5m 이상)의 넘어짐을 방지하기 위하여 사용하는 벽이음 및 버팀의 설치간격 기준으로 옳은 것은?

① 수직방향 5m, 수평방향 5m

② 수직방향 6m, 수평방향 7m

③ 수직방향 6m, 수평방향 8m

④ 수직방향 7m, 수평방향 8m

해설

강관틀비계 설치기준

• 밑둥에는 밑받침철물을 사용하여야 하며, 밑받침에 고저차가 있는 경우 조절형 밑받침철물을 사용해 수평, 수직을 유지한다.

• 전체 높이는 40m를 초과할 수 없으며 20m를 초과할 경우 주틀의 높이를 2m 이내로 하고 주틀 간의 간격은 1.8m 이하로 한다.

• 주틀 간 교차가새를 설치하고 최상층 및 5층 이내마다 수평재를 설치한다.

• 벽이음은 구조체와 수직방향 6m, 수평방향 8m 이내마다 연결한다.

• 띠장방향으로 길이가 4m 이하이고 높이 10m 초과 시 높이 10m 이내마다 띠장방향으로 버팀기둥을 설치한다.

114 강관을 사용하여 비계를 구성하는 경우 준수해야 할 사항으로 옳지 않은 것은?

① 비계기둥의 간격은 띠장방향에서는 1.85m 이하, 장선(長線)방향에서는 1.5m 이하로 할 것

② 띠장간격은 2.0m 이하로 할 것

③ 비계기둥의 제일 윗부분으로부터 31m 되는 지점 밑부분의 비계기둥은 3개의 강관으로 묶어 세울 것

④ 비계기둥 간의 적재하중은 400kg을 초과하지 않도록 할 것

◀해설▶────────

강관을 사용하여 비계를 구성하는 경우 준수사항
- 비계기둥의 간격은 띠장방향에서는 1.85m 이하, 장선(長線)방향에서는 1.5m 이하로 할 것
- 띠장간격은 2.0m 이하로 할 것
- 비계기둥의 제일 윗부분으로부터 31m 되는 지점 밑부분의 비계기둥은 2개의 강관으로 묶어 세울 것
- 비계기둥 간의 적재하중은 400kg을 초과하지 않도록 할 것

115 굴착과 싣기를 동시에 할 수 있는 토공기계가 아닌 것은?

① 트랙터 셔블(Tractor Shovel)
② 백호(Back Hoe)
③ 파워 셔블(Power Shovel)
④ 모터 그레이더(Motor Grader)

◀해설▶────────

굴착과 싣기를 동시에 할 수 있는 토공기계
- 트랙터 셔블(Tractor Shovel)
- 백호(Back Hoe)
- 파워 셔블(Power Shovel)

※ 모터 그레이더(Motor Grader) : 땅을 고르는 장비

116 지반의 굴착작업에 있어서 비가 올 경우를 대비한 직접적인 대책으로 옳은 것은?

① 측구 설치
② 낙하물 방지망 설치
③ 추락 방호망 설치
④ 매설물 등의 유무 또는 상태 확인

◀해설▶────────

지반의 굴착작업에 있어서 비가 올 경우를 대비한 직접적인 대책
측구 설치, 비닐 덮기

117 다음은 산업안전보건법령에 따른 산업안전보건관리비의 사용에 관한 규정이다. ( ) 안에 들어갈 내용을 순서대로 옳게 작성한 것은?

건설공사도급인은 고용노동부장관이 정하는 바에 따라 해당 건설공사를 위하여 계상된 산업안전보건관리비를 그가 사용하는 근로자와 그의 관계수급인이 사용하는 근로자의 산업재해 및 건강장해예방에 사용하고, 그 사용명세서를 ( ) 작성하고 건설공사 종료 후 ( )간 보존해야 한다.

① 매월, 6개월
② 매월, 1년
③ 2개월마다, 6개월
④ 2개월마다, 1년

◀해설▶────────

산업안전보건법령에 따른 산업안전보건관리비는 관계수급인이 사용하는 근로자의 산업재해 및 건강장해예방에 사용하고, 그 사용명세서를 매월 작성하고 건설공사 종료 후 1년간 보존해야 한다.

118 건설현장에서 작업으로 인하여 물체가 떨어지거나 날아올 위험이 있는 경우에 대한 안전조치에 해당하지 않는 것은?

① 수직보호망 설치
② 방호선반 설치
③ 울타리 설치
④ 낙하물 방지망 설치

◀해설▶────────

낙하물 및 비산위험이 있는 경우에 대한 안전조치
- 수직보호망 설치
- 방호선반 설치
- 낙하물 방지망 설치

──────────────────────

◉ ANSWER | 115 ④ 116 ① 117 ② 118 ③

119 산업안전보건법령에 따른 건설공사 중 다리 건설공사의 경우 유해위험방지계획서를 제출하여야 하는 기준으로 옳은 것은?

① 최대 지간길이가 40m 이상인 다리의 건설 등 공사
② 최대 지간길이가 50m 이상인 다리의 건설 등 공사
③ 최대 지간길이가 60m 이상인 다리의 건설 등 공사
④ 최대 지간길이가 70m 이상인 다리의 건설 등 공사

해설

유해위험방지계획서 제출 대상공사
- 높이 31m 이상 건축물공사
- 연면적 3만 m² 이상 건축물공사
- 연면적 5천 m² 이상 문화, 집회시설공사
- 연면적 5천 m² 이상 냉동, 냉장창고 단열 및 설비 공사
- 최대 지간길이 50m 이상 교량공사
- 댐공사, 2000 만 ton 이상 용수전용댐공사

120 산업안전보건법령에 따른 작업발판 일체형 거푸집에 해당되지 않는 것은?

① 갱 폼(Gang Form)
② 슬립 폼(Slip Form)
③ 유로 폼(Euro Form)
④ 클라이밍 폼(Climbing Form)

해설

산업안전보건법령에 따른 작업발판 일체형 거푸집
- 갱 폼(Gang Form)
- 슬립 폼(Slip Form), 슬라이딩 폼(Sliding Form)
- 라이닝 폼(Lining Form)
- 클라이밍 폼(Climbing Form)

◉ ANSWER | 119 ② 120 ③

1과목 산업안전관리론

01 하인리히의 도미노이론에서 재해의 직접원인에 해당하는 것은?

① 사회적 환경
② 유전적 요소
③ 개인적인 결함
④ 불안전한 행동 및 불안전한 상태

해설

하인리히의 도미노이론

안전관리결함 → 불안전한 상태 → 사고 → 재해
　　　　　　　불안전한 행동

※ 안전관리결함은 간접원인이고 사회적 환경, 유전적 요소, 개인적 결함을 말하며, 직접원인은 사고를 유발하는 직접적인 원인이며 작업장 안전대책으로 예방이 가능한 범위를 말한다.

02 안전관리조직의 형태 중 직계식 조직의 특징이 아닌 것은?

① 소규모 사업장에 적합하다.
② 안전에 관한 명령지시가 빠르다.
③ 안전에 대한 정보가 불충분하다.
④ 별도의 안전관리 전담요원이 직접 통제한다.

해설

라인형(직계식) 조직의 특징

장점	• 안전업무가 생산현장 라인을 통해 시행된다. • 지시의 이행이 빠르다. • 명령과 보고가 간단하다.
단점	• 안전정보가 불충분하다. • 전문적 안전지식이 부족하다. • 라인에 책임전가 우려가 많다.

※ 라인–스태프형 조직의 특징

장점	• 대규모 사업장(1,000명 이상)에 효과적이다. • 신속, 정확한 경영자의 지침전달이 가능하다. • 안전활동과 생산업무의 균형유지가 가능하다.
단점	• 명령계통과 조언 및 권고적 참여가 혼동되기 쉽다. • 라인이 스태프에게만 의존하거나 활용하지 않을 우려가 있다. • 스태프가 월권행위 할 우려가 있다.

03 건설기술 진흥법령상 안전점검의 시기·방법에 관한 사항으로 ( )에 알맞은 내용은?

정기안전점검 결과 건설공사의 물리적·기능적 결함 등이 발견되어 보수·보강 등의 조치를 위하여 필요한 경우에는 ( )을 할 것

① 긴급점검
② 정기점검
③ 특별점검
④ 정밀안전점검

해설

건설기술 진흥법령상 안전점검

종류	점검 시기	점검 내용
자체 안전 점검	건설공사의 공사기간 동안 해당 공종별로 매일 실시	건설공사 전반
정기 안전 점검	• 안전관리계획에서 정한 시기와 횟수에 따라 실시 • 대상 : 안전관리계획수립공사	• 임시시설 및 가설공법의 안전성 • 품질, 시공 상태 등의 적정성 • 인접 건축물 또는 구조물의 안전성
정밀 안전 점검	정기안전점검 결과 필요시	• 시설물 결함에 대한 구조적 안전성 • 결함의 원인 등을 조사·측정·평가하여 보수·보강 등 방법 제시

◉ ANSWER │ 01 ④　02 ④　03 ④

종류	점검 시기	점검 내용
초기 점검	준공 직전	정기안전점검 수준 이상 실시
공사 재개 전 점검	1년 이상 공사중단 후 재개	• 공사 재개 시 안전성 • 주요부재 결함 여부

04 산업안전보건법령상 타워크레인 지지에 관한 사항으로 ( )에 알맞은 내용은?

> 타워크레인을 와이어로프로 지지하는 경우, 설치각도는 수평면에서 (ㄱ)도 이내로 하되, 지지점은 (ㄴ)개소 이상으로 하고, 같은 각도로 설치하여야 한다.

① ㄱ : 45, ㄴ : 3 ② ㄱ : 45, ㄴ : 4
③ ㄱ : 60, ㄴ : 3 ④ ㄱ : 60, ㄴ : 4

● 해설

타워크레인의 지지방식별 점검항목

벽체 지지방식	• 설계검사 서류 또는 제작 시 설치작업 설명서에 따라 설치 여부 • 벽체지지 높이의 적정성 여부 • 구조부재 치수의 적정 여부 • 지지대 제작상태 • 콘크리트 슬래브 구조는 관통볼트 사용 또는 동등 이상으로 되어있는지 여부(세트앵커 사용금지) • 벽체 고정부 건물구조의 철골이나 콘크리트 강도 적정 여부 • 설치상태(수평, 수직도, 핀, 체결볼트 등)의 적합 여부
와이어로프 지지방식	• 설계검사 서류 또는 제작 시 설치작업 설명서에 따라 설치 여부 • 사용 와이어로프 안전율 규격 적정 여부, 긴장도와 설치각도(60° 이내)와 지지점(4개소)의 설치 여부 • 와이어로프 고정위치 적정 여부 • 와이어로프 고정부 건물구조나 기초부 강도가 충분한지 여부 • 턴버클, 샤클, 와이어로프 클립 체결수량 및 체결방법 적정 여부

05 사고예방대책의 기본원리 5단계 중 3단계의 분석평가에 관한 내용으로 옳은 것은?

① 현장조사
② 교육 및 훈련의 개선
③ 기술의 개선 및 인사조정
④ 사고 및 안전활동기록 검토

● 해설

사고예방대책의 기본원리

1. 제1단계 : 안전관리 조직
   • 안전 방침 및 계획 수립
   • 조직을 통한 안전활동의 전개
2. 제2단계(사실의 발견) : 현상 파악
   • 사고 및 활동기록의 검토
   • 작업 분석·점검·검사
3. 제3단계 : 원인분석 및 평가
   • 사고의 원인파악을 위한 현장조사·사고기록·관계자료 분석
   • 인적, 물적, 환경적 조건 분석 및 작업공종 분석
4. 제4단계(시정책의 선정) : 대책 수립
   • 기술적 개선 및 교육훈련의 개선
   • 규정, 수칙 등 제도의 개선
5. 제5단계(시정책의 적용) : 실시
   3E 대책 실시
   • 기술적(Engineering) 대책 : 기술적 원인에 대한 설비·환경·작업방법의 개선
   • 교육적(Education) 대책 : 교육적 원인에 대한 안전교육·훈련의 실시
   • 규제적(Enforcement) 대책 : 엄격한 규칙의 제정

06 산업안전보건법령상 노사협의체에 관한 사항으로 틀린 것은?

① 노사협의체 정기회의는 1개월마다 노사협의체의 위원장이 소집한다.
② 공사금액이 20억 원 이상인 공사의 관계수급인의 각 대표자는 사용자위원에 해당한다.
③ 도급 또는 하도급 사업을 포함한 전체 사업의 근로자대표는 근로자위원에 해당한다.
④ 노사협의체의 근로자위원과 사용자위원은 합의하여 노사협의체에 공사금액이 20억 원 미만인 공사의 관계수급인 및 관계수급인 근로자대표를 위원으로 위촉할 수 있다.

1. 설치대상
   ㉠ 공사금액 120억 원 이상 건설업
   ㉡ 공사금액 150억 원 이상 토목공사업
2. 구성
   ㉠ 근로자위원
   - 도급 또는 하도급 사업을 포함한 전체 사업의 근로자대표
   - 근로자대표가 지명하는 명예감독관 1명. 다만, 명예감독관이 위촉되어 있지 아니한 경우에는 근로자대표가 지명하는 해당 사업장 근로자 1명
   - 공사금액이 20억 원 이상인 도급 또는 하도급 사업의 근로자대표
   ㉡ 사용자위원
   - 해당 사업의 대표자
   - 안전관리자 1명
   - 보건관리자 1명
   - 공사금액이 20억 원 이상인 도급 또는 하도급 사업의 사업주
   ㉢ 노사협의체의 근로자위원과 사용자위원은 합의를 통해 노사협의체에 공사금액이 20억 원 미만인 도급 또는 하도급사업의 사업주 및 근로자대표를 위원으로 위촉할 수 있다.
3. 운영
   ㉠ 정기회의 : 2개월마다 위원장이 소집
   ㉡ 임시회의 : 위원장이 필요하다고 인정할 때에 소집

07 버드(Bird)의 도미노이론에서 재해발생과정 중 직접원인은 몇 단계인가?

① 1단계 ② 2단계
③ 3단계 ④ 4단계

하인리히와 버드의 도미노이론 단계별 분류

단계	하인리히(H. W. Heinrich)	버드(F. E. Bird)
1	유전적 요인 및 사회적 환경	제어의 부족 (안전관리 부족)
2	개인적 결함 (인적 결함)	기본원인 (인적 · 작업상 원인)
3	불안전 상태 및 불안전 행동	직접원인 (불안전한 상태 · 행동)
4	사고	사고

단계	하인리히(H. W. Heinrich)	버드(F. E. Bird)
5	재해	재해
재해 예방	직접원인 제거 시 재해예방	기본원인 제거 시 재해예방

08 산업안전보건법령상 상시근로자 20명 이상 50명 미만인 사업장 중 안전보건관리자를 선임하여야 할 업종이 아닌 것은?

① 임업
② 제조업
③ 건설업
④ 하수, 폐수 및 분뇨 처리업

상시근로자 20명 이상 50명 미만인 사업장 중 안전 보건관리 담당자를 선임해야 하는 업종

제조업, 임업, 하수 · 폐기물처리업 원료재생 및 환경복원업

※ 건설업은 2023년 7월 1일 이후 공사금액 50억 이상인 경우 안전관리자를 선임해야 한다.

09 산업안전보건법령상 안전보건표지의 용도 및 색도기준이 바르게 연결된 것은?

① 지시표지 : 5N 95
② 금지표지 : 25G 4/10
③ 경고표지 : 5Y 8.5/12
④ 안내표지 : 7.5R 4/14

안전보건표지 색채, 색도기준

색채	색도기준	용도	사용 예
빨간색	7.5R 4/14 관련 그림 검은색	금지	정지신호, 소화설비 및 그 장소, 유해행위 금지
		경고	화학물질 취급장소에서의 유해위험 경고
노란색	5Y 8.5/12	경고	화학물질 취급장소에서의 유해위험경고 이외 위험 경고, 주의표지 또는 기계 방호물
파란색	2.5PB 4/10	지시	특정행위의 지시 및 사실의 고지

● ANSWER | 07 ③ 08 ③ 09 ③

색채	색도기준	용도	사용 예
녹색	2.5G 4/10	안내	비상구 및 피난소, 사람 또는 차량의 통행표시
흰색	N9.5		파란색 또는 녹색 보조색
검은색	N0.5		문자 및 빨간색 또는 노란색의 보조색

10 A사업장에서 중상이 10명 발생하였다면 버드(Bird)의 재해구성비율에 의한 경상해자는 몇 명인가?

① 50명　　　　② 100명
③ 145명　　　　④ 300명

버드의 재해구성비율은 1 : 10 : 30 : 600(중상 : 경상 : 물적 사고 : 무상해사고)이므로 중상이 10명 발생하였다면 경상해는 100명 발생하였다.

11 산업재해 발생 시 조치순서에 있어 긴급처리의 내용으로 볼 수 없는 것은?

① 현장 보존　　　② 잠재위험요인 적출
③ 관련 기계의 정지　④ 재해자의 응급조치

잠재위험요인 적출은 대책수립단계의 처리내용에 해당된다.

12 산업안전보건법령상 안전보건진단을 받아 안전보건개선계획을 수립하여야 하는 대상을 모두 고른 것은?

> ㄱ. 산업재해율이 같은 업종 평균 산업재해의 2배 이상인 사업장
> ㄴ. 사업주가 필요한 안전조치 또는 보건조치를 이행하지 아니하여 중대재해가 발생한 사업장
> ㄷ. 상시 근로자 1천 명 이상 사업장에서 직업성 질병자가 연간 2명 이상 발생한 사업장

① ㄱ, ㄴ　　　　② ㄱ, ㄷ
③ ㄴ, ㄷ　　　　④ ㄱ, ㄴ, ㄷ

산업안전보건법령상 안전보건진단을 받아 안전보건개선계획을 수립하여야 하는 대상
• 산업재해율이 같은 업종 평균 산업재해의 2배 이상인 사업장
• 사업주가 필요한 안전조치 또는 보건조치를 이행하지 아니하여 중대재해가 발생한 사업장

13 산업안전보건법령상 중대재해에 해당하지 않는 것은?

① 사망자 4명이 발생한 재해
② 12명의 부상자가 동시에 발생한 재해
③ 2명의 직업성 질병자가 동시에 발생한 재해
④ 5개월의 요양이 필요한 부상자가 동시에 3명 발생한 재해

중대재해
산업재해 중 사망 등 재해의 정도가 심한 것으로 다음에 해당되는 재해를 말한다.
• 사망자가 1인 이상 발생한 재해
• 3개월 이상 요양을 요하는 부상자가 동시에 2인 이상 발생한 재해
• 부상자 또는 직업성 질병자가 동시에 10인 이상 발생한 재해

14 T.B.M 활동의 5단계 추진법의 진행순서로은 옳은 것은?

① 도입 → 확인 → 위험예지훈련 → 작업지시 → 정비점검
② 도입 → 정비점검 → 작업지시 → 위험예지훈련 → 확인
③ 도입 → 작업지시 → 위험예지훈련 → 정비점검 → 확인
④ 도입 → 위험예지훈련 → 작업지시 → 정비점검 → 확인

◉ ANSWER | 10 ② 　11 ② 　12 ① 　13 ③ 　14 ②

해설

T.B.M 활동의 5단계 추진법의 진행순서

도입 → 정비점검 → 작업지시 → 위험예지훈련 → 확인

15 보호구 안전인증 고시상 저음부터 고음까지 차음하는 방음용 귀마개의 기호는?

① EM ② EP-1
③ EP-2 ④ EP-3

해설

방음용 보호구 구분

EP-1	저음부터 고음까지 차음
EP-2	고음만 차음
EM	소음수준 저감

16 산업재해보상보험법령상 명시된 보험급여의 종류가 아닌 것은?

① 장례비 ② 요양급여
③ 휴업급여 ④ 생산손실급여

해설

산업재해보상보험법령상 명시된 보험급여의 종류

- 요양급여
- 휴업급여
- 장해급여
- 간병급여
- 유족급여
- 상병보상연금
- 장례비
- 직업재활급여

17 맥그리거의 X, Y이론 중 X이론의 관리처방에 해당하는 것은?

① 조직구조의 평면화
② 분권화와 권한의 위임
③ 자체 평가제도의 활성화
④ 권위주의적 리더십의 확립

해설

맥그리거의 X, Y이론 중 X이론은 인간의 부정적인 측면에 대한 이론으로 명령·통제·물질추구의 관리처방을 말하며 보기에서는 권위주의적 리더십의 확립이 해당된다.

18 산업안전보건법상 안전보건관리책임자의 업무에 해당하지 않는 것은?(단, 그 밖에 고용노동부령으로 정하는 사항은 제외한다.)

① 근로자의 적정배치에 관한 사항
② 작업환경의 점검 및 개선에 관한 사항
③ 안전보건관리규정의 작성 및 변경에 관한 사항
④ 안전장치 및 보호구 구입 시 적격품 여부 확인에 관한 사항

해설

산업안전보건법상 안전보건관리책임자의 업무

1. 산업재해 예방계획의 수립에 관한 사항
2. 안전보건관리규정의 작성 및 변경에 관한 사항
3. 근로자의 안전·보건교육에 관한 사항
4. 작업환경측정 등 작업환경의 점검 및 개선에 관한 사항
5. 근로자의 건강진단 등 건강관리에 관한 사항
6. 산업재해의 원인 조사 및 재발 방지대책 수립에 관한 사항
7. 산업재해에 관한 통계의 기록 및 유지에 관한 사항
8. 안전·보건과 관련된 안전장치 및 보호구 구입 시의 적격품 여부 확인에 관한 사항
9. 그 밖에 근로자의 유해·위험 예방조치에 관한 사항으로서 고용노동부령으로 정하는 사항

19 산업안전보건법령상 명시된 안전검사대상인 유해하거나 위험한 기계·기구·설비에 해당하지 않는 것은?

① 리프트 ② 곤돌라
③ 산업용 원심기 ④ 밀폐형 롤러기

해설

안전검사인 대상유해하거나 위험한 기계·기구·설비

- 프레스, 전단기, 크레인(정격하중 2톤 미만은 제외)
- 리프트, 압력용기, 곤돌라, 국소배기장치(이동식은 제외)
- 원심기(산업용만 해당)
- 롤러기(밀폐형 구조는 제외)
- 사출성형기(체결력 294kN 미만은 제외)
- 고소작업대(화물자동차 또는 특수자동차에 탑재한 것으로 한정)
- 컨베이어, 산업용 로봇

⊙ ANSWER | 15 ② 16 ④ 17 ④ 18 ① 19 ④

20 재해사례연구의 진행단계로 옳은 것은?

> ㄱ. 대책수립   ㄴ. 사실의 확인
> ㄷ. 문제점의 발견   ㄹ. 재해상황의 파악
> ㅁ. 근본적 문제점의 결정

① ㄷ → ㄹ → ㄴ → ㅁ → ㄱ
② ㄷ → ㄹ → ㅁ → ㄴ → ㄱ
③ ㄹ → ㄴ → ㄷ → ㅁ → ㄱ
④ ㄹ → ㄷ → ㅁ → ㄴ → ㄱ

◉ 해설

재해사례연구의 진행단계
재해상황의 파악 → 사실의 확인 → 문제점의 발견
→ 근본적 문제점의 결정 → 대책수립

2과목 **산업심리 및 교육**

21 인간 착오의 메커니즘으로 틀린 것은?

① 위치의 착오   ② 패턴의 착오
③ 느낌의 착오   ④ 형(形)의 착오

◉ 해설

1. 인간 착오의 메커니즘
   • 위치의 착오 패턴의 착오
   • 형(形)의 착오 순서의 착오
   • 잘못 기억
2. 착오의 요인
   • 생리, 심리적 능력의 한계
   • 정보량 저장능력의 한계
   • 감각차단
   • 정서불안정

22 산업안전보건법령상 명시된 건설용 리프트·곤돌라를 이용한 작업의 특별교육 내용으로 틀린 것은?(단, 그 밖에 안전보건관리에 필요한 사항은 제외한다.)

① 신호방법 및 공동작업에 관한 사항
② 화물의 취급 및 작업방법에 관한 사항
③ 방호장치의 기능 및 사용에 관한 사항
④ 기계·기구의 특성 및 동작원리에 관한 사항

◉ 해설

산업안전보건법령상 건설용 리프트·곤돌라를 이용한 작업의 특별교육
• 신호방법 및 공동작업에 관한 사항
• 기계, 기구, 달기체인 및 와이어 등의 점검에 관한 사항
• 방호장치의 기능 및 사용에 관한 사항
• 기계·기구의 특성 및 동작원리에 관한 사항
• 화물의 권상·권하 작업방법 및 안전작업 지도에 관한 사항

23 타일러(Taylor)의 과학적 관리와 거리가 가장 먼 것은?

① 시간-동작 연구를 적용하였다.
② 생산의 효율성을 상당히 향상시켰다.
③ 인간중심의 관점으로 일을 재설계한다.
④ 인센티브를 도입함으로써 작업자들을 동기화시킬 수 있다.

◉ 해설

타일러(Taylor)의 과학적 관리
• 시간 - 동작 연구를 적용하였다.
• 생산의 효율성을 상당히 향상시켰다.
• 인센티브를 도입함으로써 작업자들을 동기화시킬 수 있다.

24 프로그램학습법(Programmed Self-instruction Method)의 단점은?

① 보충학습이 어렵다.
② 수강생의 시간적 활용이 어렵다.
③ 수강생의 사회성이 결여되기 쉽다.
④ 수강생의 개인적인 차이를 조절할 수 없다.

◉ 해설

프로그램 학습법(Programmed Self-instruction Method)의 장단점

장점	• 한 강사가 많은 수의 학습자를 지도할 수 있다. • 지능, 학습적성, 학습속도 등 개인차를 충분히 고려할 수 있다. • 매 반응마다 피드백이 주어지기 때문에 학습자가 흥미를 갖는다.
단점	수강생의 사회성이 결여되기 쉽다.

---

25 작업의 어려움, 기계설비의 결함 및 환경에 대한 주의력의 집중혼란, 심신의 근심 등으로 인하여 재해를 많이 일으키는 사람을 지칭하는 것은?

① 미숙성 누발자   ② 상황성 누발자
③ 습관성 누발자   ④ 소질성 누발자

해설

① 미숙성 누발자 : 새로운 작업에 대해 기능이 미숙하기 때문에 발생하게 되거나, 작업환경조건에 습관이 되어 있지 않기 때문에 재해를 유발하는 사람
② 상황성 누발자 : 작업의 어려움, 기계설비의 결함 및 환경에 대한 주의력의 집중혼란, 심신의 근심 등으로 인하여 재해를 많이 일으키는 사람
③ 습관성 누발자 : 재해의 경험으로 겁쟁이가 되거나 신경과민이 되어 재해를 누발하는 사람
④ 소질성 누발자 : 재해의 소질적 요인을 갖고 있기 때문에 재해를 누발하는 사람

26 안전사고가 발생하는 요인 중 심리적인 요인에 해당하는 것은?

① 감정의 불안정
② 극도의 피로감
③ 신경계통의 이상
④ 육체적 능력의 초과

해설

안전사고가 발생하는 요인 중 심리적인 요인
보기에서 감정의 불안정은 심리적인 요인에 해당되며 나머지 보기는 신체적인 요인에 해당된다.

27 허즈버그(Herzberg)의 2요인 이론 중 동기요인(Motivator)에 해당하지 않는 것은?

① 성취   ② 작업조건
③ 인정   ④ 작업자세

해설

허즈버그(Herzberg)의 2요인 이론
1. 위생요인 : 환경요인
2. 동기요인 : 인정, 존중받음, 성취감, 책임감, 성장, 도전의식 등

28 작업의 강도를 객관적으로 측정하기 위한 지표로 옳은 것은?

① 강도율
② 작업시간
③ 작업속도
④ 에너지 대사율(RMR)

해설

에너지 대사율(RMR)
작업의 강도를 객관적으로 측정하기 위한 지표

29 지도자가 부하의 능력에 따라 차별적으로 성과급을 지급하고자 하는 리더십의 권한은?

① 전문성 권한   ② 보상적 권한
③ 합법적 권한   ④ 위임된 권한

해설

보상적 권한
지도자가 부하의 능력에 따라 차별적으로 성과급을 지급하고자 하는 리더십의 권한

30 인간의 욕구에 대한 적응기제(Adjustment Mechanism)를 공격적 기제, 방어적 기제, 도피적 기제로 구분할 때 다음 중 도피적 기제에 해당하는 것은?

① 보상   ② 고립
③ 승화   ④ 합리화

해설

인간의 욕구에 대한 적응기제
• 도피적 기제 : 고립, 퇴행, 백일몽, 억압
• 방어적 기제 : 동일시, 승화, 보상, 합리화
• 공격적 기제 : 직접공격, 간접공격

31 알더퍼(Alderfer)의 ERG 이론에서 인간의 기본적인 3가지 욕구가 아닌 것은?

① 관계욕구   ② 성장욕구
③ 생리욕구   ④ 존재욕구

◉ ANSWER | 25 ② 26 ① 27 ② 28 ④ 29 ② 30 ② 31 ③

32 주의력의 특성과 그에 대한 설명으로 옳은 것은?

① 지속성 : 인간의 주의력은 2시간 이상 지속된다.
② 변동성 : 인간의 주의 집중은 내향과 외향의 변동이 반복된다.
③ 방향성 : 인간이 주의력을 집중하는 방향은 상하 좌우에 따라 영향을 받는다.
④ 선택성 : 인간의 주의력은 한계가 있어 여러 작업에 대해 선택적으로 배분된다.

33 파악하고자 하는 연구과제에 대해 언어를 매개로 구조화된 질의응답을 통하여 교육하는 기법은?

① 면접(Interview)
② 카운슬링(Counseling)
③ CCS(Civil Communication Section)
④ ATT(American Telephone & Telegram Co.)

34 안전교육 중 새로운 자료나 교재를 제시하고, 거기에서의 문제점을 피교육자로 하여금 제기하게 하거나, 의견을 여러 가지 방법으로 발표하게 하고, 다시 길게 파고들어서 토의하는 방법은?

① 포럼(Forum)
② 심포지엄(Symposium)
③ 버즈 세션(Buzz Session)
④ 패널 디스커션(Panel Discussion)

35 산업안전보건법상 근로자 안전보건교육의 교육과정 중 건설 일용근로자의 건설업 기초 안전보건교육 교육시간 기준으로 옳은 것은?

① 1시간 이상
② 2시간 이상
③ 3시간 이상
④ 4시간 이상

산업안전보건법령상 안전보건교육

교육과정	교육대상		교육시간
가. 정기교육	1) 사무직 종사 근로자		매반기 6시간 이상
	2) 그 밖의 근로자	판매업무에 직접 종사하는 근로자	매반기 6시간 이상
		판매업무에 직접 종사하는 근로자 외의 근로자	매반기 12시간 이상
나. 채용 시 교육	1) 일용근로자 및 근로계약기간이 1주일 이하인 기간제 근로자		1시간 이상
	2) 근로계약기간이 1주일 초과 1개월 이하인 기간제 근로자		4시간 이상
	3) 그 밖의 근로자		8시간 이상
다. 작업내용 변경 시 교육	1) 일용근로자 및 근로계약기간이 1주일 이하인 기간제 근로자		1시간 이상
	2) 그 밖의 근로자		2시간 이상
라. 특별교육	1) 일용근로자 및 근로계약기간이 1주일 이하인 기간제 근로자(특별교육 대상 작업 중 아래 2)에 해당하는 작업 외에 종사하는 근로자에 한정)		2시간 이상
	2) 일용근로자 및 근로계약기간이 1주일 이하인 기간제 근로자(타워크레인을 사용하는 작업 시 신호업무를 하는 작업에 종사하는 근로자에 한정)		8시간 이상
	3) 일용근로자 및 근로계약기간이 1주일 이하인 기간제 근로자를 제외한 근로자(특별교육 대상 작업에 한정)		• 16시간 이상(최초 작업에 종사하기 전 4시간 이상 실시하고 12시간은 3개월 이내에서 분할하여 실시 가능) • 단기간 작업 또는 간헐적 작업인 경우에는 2시간 이상
마. 건설업 기초안전보건교육	건설 일용근로자		4시간 이상

36 안전교육의 방법을 지식교육, 기능교육 및 태도교육 순서로 구분하여 맞게 나열한 것은?

① 시청각 교육 – 현장실습 교육 – 안전작업 동작지도
② 시청각 교육 – 안전작업 동작지도 – 현장실습 교육
③ 현장실습 교육 – 안전작업 동작지도 – 시청각 교육
④ 안전작업 동작지도 – 시청각 교육 – 현장실습 교육

안전교육의 순서

시청각 교육(지식교육) → 현장실습 교육(기능교육) → 안전작업 동작지도(태도교육)

37 O.J.T(On the Job Training)의 장점이 아닌 것은?

① 직장의 실정에 맞게 실제적 훈련이 가능하다.
② 교육을 통한 훈련효과에 의해 상호이해도가 높아진다.
③ 대상자의 개인별 능력에 따라 훈련의 진도를 조정하기가 쉽다.
④ 교육훈련 대상자가 교육훈련에만 몰두할 수 있어 학습효과가 높다.

OJT	Off JT
• 개인수준에 적합한 지도 가능 • 실질적 업무수행에 즉각적인 도움 가능 • 상호 이해도가 높음	• 다수의 근로자 집단교육 • 전문가 초빙 • 많은 양의 지식과 경험교류 가능

38 학습목적의 3요소가 아닌 것은?

① 목표(Goal)
② 주제(Subject)
③ 학습정도(Level of Learning)
④ 학습방법(Method of Learning)

해설

학습목적의 3요소
1. 목표(Goal)
2. 주제(Subject)
3. 학습정도(Level of Learning)

39 학습된 행동이 지속되는 것을 의미하는 용어는?

① 회상(Recall)
② 파지(Retention)
③ 재인(Recognition)
④ 기명(Memorizing)

해설

• 파지(Retention) : 학습된 행동이 지속되는 것
• 기명(Memorizing) : 암기하는 것

40 작업자들에게 적성검사를 실시하는 가장 큰 목적은?

① 작업자의 협조를 얻기 위함
② 작업자의 인간관계 개선을 위함
③ 작업자의 생산능력을 높이기 위함
④ 작업자의 업무감을 최대로 할당하기 위함

해설

적성검사를 실시하는 가장 큰 목적은 생산능력을 향상시키기 위함이다.

3과목 인간공학 및 시스템안전공학

41 인간공학적 수공구 설계원칙이 아닌 것은?

① 손목을 곧게 유지할 것
② 반복적인 손가락 동작을 피할 것
③ 손잡이 접촉면적을 작게 설계할 것
④ 손바닥부위에 압박을 주는 형태를 피할 것

해설

인간공학적 수공구 설계원칙
• 손목을 곧게 유지할 것
• 반복적인 손가락 동작을 피할 것
• 손바닥부위에 압박을 주는 형태를 피할 것
• 손잡이 접촉면적을 크게 설계할 것

42 NIOSH 지침에서 최대허용한계(MPL)는 활동한계(AL)의 몇 배인가?

① 1배   ② 3배
③ 5배   ④ 9배

해설

NIOSH 지침에서 최대허용한계는 활동한계의 3배이며, 이 기준은 요추에 가해지는 부하가 650kg 이상의 작업물 무게가 된다는 것을 기준으로 한다.

43 FMEA의 특징에 대한 설명으로 틀린 것은?

① 서브시스템 분석 시 FTA보다 효과적이다.
② 양식이 비교적 간단하고 적은 노력으로 특별한 훈련 없이 해석이 가능하다.
③ 시스템 해석기법은 정성적·귀납적 분석법 등에 사용된다.
④ 각 요소 간 영향 해석이 어려워 2가지 이상 동시 고장은 해석이 곤란하다.

해설

FMEA의 특징
시스템에 영향을 미치는 전체 요소의 고장을 형태별로 분석하는 방법을 말한다.
1. 장점
  • 서식이 간단하다.
  • 특별한 지식이 불필요하다.

◉ ANSWER | 38 ④ 39 ② 40 ③ 41 ③ 42 ② 43 ①

2. 단점
- 논리성이 부족하다.
- 서브시스템 분석 시 FTA보다 효과가 낮다.
- 시스템 해석기법은 정성적·귀납적 분석법 등에 사용된다.

44 인간공학에 대한 설명으로 틀린 것은?

① 제품의 설계 시 사용자를 고려한다.
② 환경과 사람이 격리된 존재가 아님을 인식한다.
③ 인간공학의 목표는 기능적 효과, 효율 및 인간 가치를 향상시키는 것이다.
④ 인간의 능력 및 한계에는 개인차가 없다고 인지한다.

해설

인간공학
- 제품의 설계 시 사용자를 고려한다.
- 환경과 사람이 격리된 존재가 아님을 인식한다.
- 인간공학의 목표는 기능적 효과, 효율 및 인간 가치를 향상시키는 것이다.
- 인간의 능력 및 한계에는 개인차가 있다고 인지한다.

45 인간 – 기계시스템에서의 여러 가지 인간에러와 그것으로 인해 생길 수 있는 위험성의 예측과 개선을 위한 기법은?

① PHA   ② FHA
③ OHA   ④ THERP

해설

THERP
- 인간 – 기계시스템에서의 여러 가지 인간에러와 그것으로 인해 생길 수 있는 위험성의 예측과 개선을 위한 기법이다.
- 인간의 과오를 정량적으로 평가하는 기법이다.

※ PHA : 최초단계 분석으로 시스템 내 위험요소의 위험상태를 평가하는 정성적 방법이다.

46 개선의 ECRS 원칙에 해당하지 않는 것은?

① 제거(Eliminate)
② 결합(Combine)
③ 재조정(Rearrange)
④ 안전(Safety)

해설

개선의 ECRS 원칙
- 제거(Eliminate)
- 결합(Combine)
- 재조정(Rearrange)

47 표시장치로부터 정보를 얻어 조종장치를 통해 기계를 통제하는 시스템은?

① 수동 시스템
② 무인 시스템
③ 반자동 시스템
④ 자동 시스템

해설

반자동 시스템
표시장치로부터 정보를 얻어 조종장치를 통해 기계를 통제하는 시스템

48 Q10 효과에 영향을 미치는 인자는?

① 고온 스트레스
② 한랭한 작업장
③ 중량물의 취급
④ 분진의 다량 발생

해설

Q10이란 피부에 영향을 미치며, 피부탄력과 재생력을 향상시키므로 고온 스트레스는 영향을 미치는 중요한 인자이다.

49 결함수분석(FTA)에 의한 재해사례의 연구 순서로 옳은 것은?

> ㉠ FT(Fault Tree)도 작성
> ㉡ 개선안 실시계획
> ㉢ 톱 사상의 선정
> ㉣ 사상마다 재해원인 및 요인 규명
> ㉤ 개선계획 작성

① ㉡ → ㉣ → ㉢ → ㉤ → ㉠
② ㉢ → ㉣ → ㉠ → ㉤ → ㉡
③ ㉣ → ㉤ → ㉢ → ㉠ → ㉡
④ ㉤ → ㉢ → ㉡ → ㉠ → ㉣

해설

결함수분석(FTA)에 의한 재해사례의 연구순서
톱 사상의 선정 → 사상마다 재해원인 및 요인 규명 → FT(Fault Tree)도 작성 → 개선계획 작성 → 개선안 실시계획

50 물체의 표면에 도달하는 빛의 밀도를 뜻하는 용어는?

① 광도   ② 광량
③ 대비   ④ 조도

해설

조도 : 물체의 표면에 도달하는 빛의 밀도

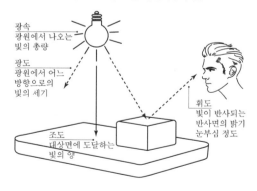

광속
광원에서 나오는 빛의 총량

광도
광원에서 어느 방향으로의 빛의 세기

휘도
빛이 반사되는 반사면의 밝기 눈부심 정도

조도
대상면에 도달하는 빛의 양

51 시각적 표시장치와 청각적 표시장치 중 시각적 표시장치를 선택해야 하는 경우는?

① 메시지가 긴 경우
② 메시지가 후에 재참조되지 않는 경우
③ 직무상 수신자가 자주 움직이는 경우
④ 메시지가 시간적 사상(Event)을 다룬 경우

해설

시각장치와 청각장치의 비교

시각장치	청각장치
• 전언이 길고 복잡할 때	• 전언이 짧고 간단할 때
• 재참조됨	• 재참조되지 않음
• 공간적인 위치를 다룸	• 즉각적 행동을 요구 시
• 즉각적인 행동을 요구하지 않을 때	• 시간적인 사상을 다룰 때
• 청각계통이 과부하일 때	• 시각계통이 과부하일 때
• 주위가 너무 시끄러울 때	• 주위가 너무 밝거나 암조응일 때
• 한곳에 머무르는 경우	• 자주 움직일 때

52 조작과 반응과의 관계, 사용자의 의도와 실제 반응과의 관계, 조종장치와 작동결과에 관한 관계 등 사람들이 기대하는 바와 일치하는 관계가 뜻하는 것은?

① 중복성   ② 조직화
③ 양립성   ④ 표준화

해설

양립성
1. 정의
   조작과 반응과의 관계, 사용자의 의도와 실제 반응과의 관계, 조종장치와 작동결과에 관한 관계 등 사람들이 기대하는 바와 일치하는 관계
2. 분류
   • 공간적 양립성 : 표시장치와 조종장치의 물리적, 공간적 배치에 의한 양립성
   • 양식 양립성 : 직무에 대한 청각적 자극 제시에 대한 음성 응답을 하는 방식의 청각적 자극을 제시하는 양립성
   • 운동 양립성 : 표시장치와 조종장치의 방향에 의한 사용자의 기대에 부응하는 양립성
   • 개념적 양립성 : 경험을 통해 통상적으로 알고 있는 개념적 양립성

53 FT도에 사용되는 다음 기호의 명칭은?

① 억제 게이트   ② 조합 AND 게이트
③ 부정 게이트   ④ 배타적 OR 게이트

해설

FTA 논리기호

명칭	기호
결함사상	
기본사상	
이하 생략의 결함사상 (추적 불가능한 최후사상)	
통상사상(家形事象)	
전이기호(이행기호)	(in) (out)
AND Gate	출력 입력
OR Gate	출력 입력
수정기호	출력 조건 입력
우선적 AND 게이트	Ai Aj Ak 순으로
조합 AND 게이트	Ai, Aj, Ak Ai Aj Ak
배타적 OR 게이트	동시 발생 안 한다.

명칭	기호
위험 지속 AND 게이트	위험 지속시간
부정 게이트 (Not 게이트)	A
억제 게이트 (논리기호)	출력 조건 입력

54 일정한 고장률을 가진 어떤 기계의 고장률이 시간당 0.008일 때 5시간 이내에 고장을 일으킬 확률은?

① $1 + e^{0.04}$ ② $1 - e^{-0.004}$
③ $1 - e^{0.04}$ ④ $1 - e^{-0.04}$

해설

고장확률 $F(t) = 1 - $ 신뢰도 $R(t) = 1 - e^{-0.04}$

55 HAZOP 기법에서 사용하는 가이드워드와 그 의미가 틀린 것은?

① Other than : 기타 환경적인 요인
② No/Not : 디자인 의도의 완전한 부정
③ Reverse : 디자인 의도의 논리적 반대
④ More/Less : 정량적인 증가 또는 감소

해설

HAZOP 기법에서 사용하는 가이드워드
① Other than : 완전한 대체
② No/Not : 디자인 의도의 완전한 부정
③ Reverse : 디자인 의도의 논리적 반대
④ More/Less : 공정변수의 양적인 증가 또는 감소

56 음압수준이 60dB일 때 1,000Hz에서 순음의 phon의 값은?

① 50phon   ② 60phon
③ 90phon   ④ 100phon

1phon = 1kHz 순음의 음압레벨 1dB SPL
10phon이면, 1kHz에서 10dB SPL인 소리 크기와
같은 크기로 들리는 소리 레벨

1,000Hz에서의 phon과 sone

dB SPL	30	40	50	60	70	80	90	100	110	120
phon	3	4	5	6	7	8	9	1	11	12
sone	0.5	1	2	4	8	16	32	64	128	256

57 인간의 오류모형에서 상황해석을 잘못하거나 목표를 잘못 이해하고 착각하여 행하는 경우를 뜻하는 용어는?

① 실수(Slip) ② 착오(Mistake)
③ 건망증(Lapse) ④ 위반(Violation)

인간의 오류모형
- 실수(Slip) : 의도는 올바른 것이었지만, 행동이 의도한 것과는 다르게 나타나는 오류
- 건망증(Lapse) : 일시적인 실패
- 위반(Violation) : 법칙, 원리 등을 준수하지 않은 행위
- 착오(Mistake) : 인간의 오류모형에서 상황해석을 잘못하거나 목표를 잘못 이해하고 착각하여 행하는 경우

58 프레스기의 안전장치 수명은 지수분포를 따르며 평균 수명이 1000시간일 때 ㉠, ㉡에 알맞은 값은 약 얼마인가?

> ㉠ 새로 구입한 안전장치가 향후 500시간 동안 고장 없이 작동할 확률
> ㉡ 이미 1,000시간을 사용한 안전장치가 향후 500시간 이상 견딜 확률

① ㉠ : 0.606, ㉡ : 0.606
② ㉠ : 0.606, ㉡ : 0.808
③ ㉠ : 0.808, ㉡ : 0.606
④ ㉠ : 0.808, ㉡ : 0.808

㉠ A : $R = e^{-\lambda t} = e^{-\frac{t}{t_o}} = e^{-\frac{500}{1,000}} = e^{-0.5} = 0.606$

㉡ B : $R = e^{-\lambda t} = e^{-\frac{t}{t_o}} = e^{-\frac{500}{1,000}} = e^{-0.5} = 0.606$

59 FT도에서 신뢰도는?(단, A 발생확률은 0.01, B 발생확률은 0.02이다.)

① 96.02% ② 97.02%
③ 98.02% ④ 99.02%

$1 - (1-0.01)(1-0.02) = 0.0298$
$T = 1 - 0.0298 = 0.9702 = 97.02\%$

60 위험성평가 시 위험의 크기를 결정하는 방법이 아닌 것은?

① 덧셈법 ② 곱셈법
③ 뺄셈범 ④ 행렬법

위험성평가 시 위험의 크기를 결정하는 방법
덧셈법, 곱셈법, 행렬법

4과목 **건설시공학**

61 기존에 구축된 건축물 가까이에서 건축공사를 실시할 경우 기존 건축물의 지반과 기초를 보강하는 공법은?

① 리버스 서큘레이션 공법
② 언더피닝 공법
③ 슬러리 월 공법
④ 톱다운 공법

언더피닝(Under Pinning) 공법

기존에 구축된 건축물 가까이에서 건축공사를 실시할 경우 기존 건축물의 지반과 기초를 보강하는 공법으로 부등침하가 발생된 건축물의 기울어짐을 바로잡을 경우에도 시공하는 공법이다.

---

62 다음은 기성말뚝 세우기에 관한 표준시방서 규정이다. ( ) 안에 순서대로 들어갈 내용으로 옳게 짝지어진 것은?(단, 보기항의 D는 말뚝의 바깥지름임)

> 말뚝의 연직도나 경사도는 ( ) 이내로 하고, 말뚝박기 후 평면상의 위치가 설계도면의 위치로부터 ( )와 100mm 중 큰 값 이상으로 벗어나지 않아야 한다.

① 1/100, D/4
② 1/100, D/3
③ 1/150, D/4
④ 1/150, D/3

말뚝의 연직도나 경사도는 1/100 이내로 하고, 말뚝박기 후 평면상의 위치가 설계도면의 위치로부터 D/4와 100mm 중 큰 값 이상으로 벗어나지 않아야 한다.

---

63 철골공사에서 발생하는 용접결함이 아닌 것은?

① 피트(Pit)
② 블로우 홀(Blow hole)
③ 오버 랩(Over Lap)
④ 가우징(Gouging)

가우징(Gouging)

카본 가우징 봉을 사용해 용접 불량 및 비드 제거, 절단, 홈파기 등의 작업을 말한다.

※ 용접결함의 유형과 원인

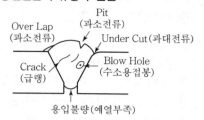

---

64 원심력 고강도 프리스트레스트 콘크리트말뚝의 이음방법 중 강성이 우수하고 안전하여 많이 사용하는 이음방법은?

① 충전식 이음
② 볼트식 이음
③ 용접식 이음
④ 강관말뚝 이음

용접식 이음

이음방법 중 강성이 우수하고 안전하여 많이 사용하는 이음방법

※ 이음공법의 종류

이음공법의 종류	특징
밴드식	• 시공이 간편하다. • 강성이 약하다.
충전식	압축 및 인장력 저항 정도가 우수하다.
볼트식	• 이음내력이 크고 시공이 간단하다. • 볼트 부식의 우려가 있다.
용접식	강성이 우수하며 PHC 말뚝과 강재말뚝 이음에 주로 사용된다.

---

65 철근이음의 종류 중 나사를 가지는 슬리브 또는 커플러, 에폭시나 모르타르 또는 용융금속 등을 충전한 슬리브, 클립이나 편체 등의 보조장치 등을 이용한 것을 무엇이라 하는가?

① 겹침이음
② 가스압접 이음
③ 기계적 이음
④ 용접이음

철근의 기계적 이음 분류

• 결속선 이음
• 용접이음 : 맞댄이음, Gas 압접
• 기계적 이음 : Sleeve Joint, Sleeve 충진, 나사식 이음, G-loc splice

---

66 R.C.D(리버스 서큘레이션 드릴) 공법의 특징으로 옳지 않은 것은?

① 드릴파이프 직경보다 큰 호박돌이 있는 경우 굴착이 불가하다.
② 깊은 심도까지 굴착이 가능하다.
③ 시공속도가 빠른 장점이 있다.
④ 수상(해상)작업이 불가하다.

🔹해설

R.C.D(리버스 서큘레이션 드릴) 공법의 특징
• 드릴파이프 직경보다 큰 호박돌이 있는 경우 굴착이 불가하다.
• 깊은 심도까지 굴착이 가능하다.
• 시공속도가 빠른 장점이 있다.
• 수상(해상) 작업이 가능하다.

※ **현장타설 콘크리트 말뚝공법**

Earth Drill 공법

굴착 → 표층 Casing 안정액 → Slime 제거 → 철근망 → Tremie관 → Con'c → 표층 Casing 인발

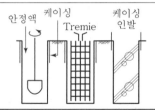

ALL Casing 공법

Casing Tube 세우기 → 굴착 → Casing Tube 삽입 → 철근망 → Tremie관 → Con'c → Casing Tube 인발

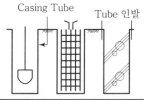

RCD(Reverse Circulation Drill) 역순환 공법

표층 케이싱 → 굴착(토사+물) 및 배출 → 철근망 → Tremie관 → Con'c 타설 → 표층 Casing 인발

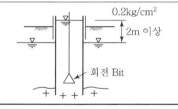

67 보강블록공사 시 벽의 철근 배치에 관한 설명으로 옳지 않은 것은?

① 가로근은 배근 상세도에 따라 가공하되, 그 단부는 180°의 갈고리로 구부려에 배근한다.
② 블록의 공동에 보강근을 배치하고 콘크리트를 다져 넣기 때문에 세로줄눈은 막힌줄눈으로 하는 것이 좋다.
③ 세로근은 기초 및 테두리보에서 위층의 테두리보까지 잇지 않고 배근하여 그 정착길이는 철근직경의 40배 이상으로 한다.
④ 벽의 세로근은 구부리지 않고 항상 진동 없이 설치한다.

🔹해설

보강블록공사 시 벽의 철근 배치기준
• 보강블록은 콘크리트 블록을 쌓고, 구멍에 철근을 넣은 후 콘크리트 모르타르를 채워 보강한다.
• 가로근은 배근 상세도에 따라 가공하되, 그 단부는 180°의 갈고리로 구부려에 배근한다.
• 블록의 공동에 보강근을 배치하고 콘크리트를 다져 넣기 때문에 보강블록조는 통줄눈쌓기를 원칙으로 한다.
• 세로근은 기초 및 테두리보에서 위층의 테두리보까지 잇지 않고 배근하여 그 정착길이는 철근직경의 40배 이상으로 한다.
• 벽의 세로근은 구부리지 않고 항상 진동 없이 설치한다.

68 철근공사 시 철근의 조립과 관련된 설명으로 옳지 않은 것은?

① 철근이 바른 위치를 확보할 수 있도록 결속선으로 결속하여야 한다.
② 철근을 조립한 다음 장기간 경과한 경우에는 콘크리트의 타설 전에 다시 조립검사를 하고 청소하여야 한다.
③ 경미한 황갈색의 녹이 발생한 철근은 콘크리트와의 부착이 매우 불량하므로 사용이 불가하다.
④ 철근의 피복두께를 정확하게 확보하기 위해 적절한 간격으로 고임재 및 간격재를 배치하여야 한다.

철근의 조립 시 유의사항
- 철근이 바른 위치를 확보할 수 있도록 결속선으로 결속하여야 한다.
- 철근을 조립한 다음 장기간 경과한 경우에는 콘크리트의 타설 전에 다시 조립검사를 하고 청소하여야 한다.
- 경미한 황갈색의 녹이 발생한 철근은 콘크리트와의 부착력이 향상되므로 사용이 가능하다(콘크리트가 강알칼리성이므로 콘크리트와 결합 시 부식 발생이 억제되므로 사용이 가능하다).
- 철근의 피복두께를 정확하게 확보하기 위해 적절한 간격으로 고임재(Spacer) 및 간격재를 배치하여야 한다.

69 공사계약방식에서 공사실시방식에 의한 계약제도가 아닌 것은?

① 일식도급
② 분할도급
③ 실비정산보수가산도급
④ 공동도급

① 일식도급 : 공사 전체를 한 업체에게 시공하게 하는 도급
② 분할도급 : 공사를 여러 업체가 나눠 시공하게 하는 도급
③ 실비정산보수가산도급 : 공사비 지불방식 중 하나로 공사비는 건축주, 감리, 시공자가 정산하는 가장 이상적인 지불방식
④ 공동도급 : 기술, 자본 등의 위험 분산을 위해 여러 건설회사가 공동출자 하는 도급

70 알루미늄 거푸집에 관한 설명으로 옳지 않는 것은?

① 경량으로 설치시간이 단축된다.
② 이음매(Joint) 감소로 견출작업이 감소된다.
③ 주요 시공 부위는 내부벽체, 슬래브, 계단실 벽체이며, 슬래브 필러 시스템이 있어서 해체가 간편하다.
④ 녹이 슬지 않는 장점이 있으나 전용횟수가 매우 적다.

알루미늄 거푸집의 특징
- 경량으로 설치시간이 단축된다.
- 이음매(Joint) 감소로 견출작업이 감소된다.
- 주요 시공 부위는 내부벽체, 슬래브, 계단실 벽체이며, 슬래브 필러 시스템이 있어서 해체가 간편하다.
- 녹이 슬지 않는 장점으로 전용률이 매우 높다.

71 철거작업 시 지중장애물 사전조사항목으로 가장 거리가 먼 것은?

① 주변 공사장에 설치된 모든 계측기 확인
② 기존 건축물의 설계도, 시공기록 확인
③ 가스, 수도, 전기 등 공공매설물 확인
④ 시험굴착, 탐사확인

철거작업 시 지중장애물 사전조사항목
- 시험굴착, 탐사확인
- 기존 건축물의 설계도, 시공기록 확인
- 가스, 수도, 전기 등 공공매설물 확인

72 벽돌쌓기 시 사전준비에 관한 설명으로 옳지 않은 것은?

① 줄기초, 연결보 및 바닥 콘크리트의 쌓기면은 작업 전에 청소하고, 오목한 곳은 모르타르로 수평지게 고른다.
② 벽돌에 부착된 흙이나 먼지는 깨끗이 제거한다.
③ 모르타르는 지정된 배합으로 하되 시멘트와 모래는 건비빔으로 하고, 사용할 때에는 쌓기에 지장이 없는 유동성이 확보되도록 물을 가하고 충분히 반죽하여 사용한다.
④ 콘크리트 벽돌은 쌓기 직전에 충분한 물축이기를 한다.

벽돌쌓기 시 사전준비
- 줄기초, 연결보 및 바닥 콘크리트의 쌓기면은 작업 전에 청소하고, 오목한 곳은 모르타르로 수평지게 고른다.

- 벽돌에 부착된 흙이나 먼지는 깨끗이 제거한다.
- 모르타르는 지정된 배합으로 하되 시멘트와 모래는 건비빔으로 하고, 사용할 때에는 쌓기에 지장이 없는 유동성이 확보되도록 물을 가하고 충분히 반죽하여 사용한다.
- 콘크리트 벽돌은 쌓기 전 물과 접촉되지 않도록 한다.

73 콘크리트는 신속하게 운반하여 즉시 타설하고, 충분히 다져야 하는데 비비기로부터 타설이 끝날 때까지의 시간은 원칙적으로 얼마를 넘어서면 안 되는가?(단, 외기온도가 25℃ 이상일 경우)

① 1.5시간   ② 2시간
③ 2.5시간   ④ 3시간

● 해설

콘크리트는 신속하게 운반하여 즉시 타설하고, 충분히 다져야 하는데 비비기로부터 타설이 끝날 때까지의 시간은 원칙적으로 3시간이 초과되지 않도록 한다.

74 피어기초공사에 관한 설명으로 옳지 않은 것은?

① 중량구조물을 설치하는 데 있어서 지반이 연약하거나 말뚝으로도 수직지지력이 부족하여 그 시공이 불가능한 경우와 기초지반의 교란을 최소화해야 할 경우에 사용한다.
② 굴착된 흙을 직접 탐사할 수 있고 지지층의 상태를 확인할 수 있다.
③ 진동과 소음이 발생하는 공법이긴 하나 여타 기초형식에 비하여 공기 및 비용이 적게 소요된다.
④ 피어기초를 채용한 국내의 초고층 건축물에는 63빌딩이 있다.

● 해설

피어기초공사
- 중량구조물을 설치하는 데 있어서 지반이 연약하거나 말뚝으로도 수직지지력이 부족하여 그 시공

이 불가능한 경우와 기초지반의 교란을 최소화해야 할 경우에 사용한다.
- 굴착된 흙을 직접 탐사할 수 있고 지지층의 상태를 확인할 수 있다.
- 무소음, 무진동 공법으로 도심지공사에 적합하다.
- 피어기초를 채용한 국내의 초고층 건축물에는 63빌딩이 있다.

75 다음 각 거푸집에 관한 설명으로 옳은 것은?

① 트래블링 폼(Travelling Form) : 무량판 시공 시 2방향으로 된 상자형 기성재 거푸집이다.
② 슬라이딩 폼(Sliding Form) : 수평활동 거푸집이며, 거푸집 전체를 그대로 떼어 다음 사용 장소로 이동시켜 사용할 수 있도록 한 거푸집이다.
③ 터널 폼(Tunnel Form) : 한 구획 전체의 벽판과 바닥판을 ㄱ자형 또는 ㄷ자형으로 짜서 이동시키는 형태의 기성재 거푸집이다.
④ 와플 폼(Waffle Form) : 거푸집 높이는 약 1m이고 하부가 약간 벌어진 원형 철판 거푸집을 요크(Yoke)로 서서히 끌어올리는 공법으로 Silo 공사 등에 적당하다.

● 해설

- 트래블링 폼(Travelling Form) : 수평으로 연속되도록 타설하는 거푸집으로 암거공사에 사용된다.
- 슬라이딩 폼(Sliding Form) : 수직활동 거푸집이며, 단면변화가 없는 구조에 사용된다.
- 터널 폼(Tunnel Form) : 한 구획 전체의 벽판과 바닥판을 ㄱ자형 또는 ㄷ자형으로 짜서 이동시키는 형태의 기성재 거푸집이다.
- 슬립 폼(Slip Form) : 거푸집 높이는 약 1m이고 하부가 약간 벌어진 원형 철판 거푸집을 요크(Yoke)로 서서히 끌어올리는 공법으로 Silo 공사 등에 적당하다.
- 와플 폼(Waffle Form) : 특수상자모양의 기성재 거푸집으로 2방향 장선바닥판 구조가 가능하며 격자 천장형식을 만들 때 사용한다.

◉ ANSWER | 73 ④   74 ③   75 ③

76 강구조물 부재 제작 시 마킹(금긋기)에 관한 설명으로 옳지 않은 것은?

① 주요부재의 강판에 마킹할 때에는 펀치(Punch) 등을 사용하여야 한다.

② 강판 위에 주요부재를 마킹할 때에는 주된 응력의 방향과 압연방향을 일치시켜야 한다.

③ 마킹할 때에는 구조물이 완성된 후에 구조물의 부재로서 남을 곳에는 원칙적으로 강판에 상처를 내어서는 안 된다.

④ 마킹 시 용접열에 의한 수축 여유를 고려하여 최종 교정, 다듬질 후 정확한 치수를 확보할 수 있도록 조치해야 한다.

강구조물 부재제작 시 마킹

• 주요부재의 강판에 마킹할 때에는 펀치(Punch) 등의 사용을 금지해야 한다.

• 강판 위에 주요부재를 마킹할 때에는 주된 응력의 방향과 압연방향을 일치시켜야 한다.

• 마킹할 때에는 구조물이 완성된 후에 구조물의 부재로서 남을 곳에는 원칙적으로 강판에 상처를 내어서는 안 된다.

• 마킹 시 용접열에 의한 수축 여유를 고려하여 최종 교정, 다듬질 후 정확한 치수를 확보할 수 있도록 조치해야 한다.

77 건축공사 시 각종 분할도급의 장점에 관한 설명으로 옳지 않은 것은?

① 전문공종별 분할도급은 설비업자의 자본, 기술이 강화되어 능률이 향상된다.

② 공정별 분할도급은 후속공사를 다른 업자로 바꾸거나 후속공사 금액의 결정이 용이하다.

③ 공구별 분할도급은 중소업자에게 균등기회를 주고, 업자 상호 간 경쟁으로 공사기일 단축, 시공기술 향상에 유리하다.

④ 직종별, 공종별 분할도급은 전문직종으로 분할하여 도급을 주는 것으로 건축주의 의도를 철저하게 반영시킬 수 있다.

건축공사 시 각종 분할도급(공사를 여러 업체가 나눠 시공하게 하는 도급)의 특징

• 전문공종별 분할도급은 설비업자의 자본, 기술이 강화되어 능률이 향상된다.

• 공정별 분할도급은 후속공사를 다른 업자로 바꾸거나 후속공사 금액의 결정이 어렵다.

• 공구별 분할도급은 중소업자에게 균등기회를 주고, 업자 상호간 경쟁으로 공사기일 단축, 시공기술 향상에 유리하다.

• 직종별, 공종별 분할도급은 전문직종으로 분할하여 도급을 주는 것으로 건축주의 의도를 철저하게 반영시킬 수 있다.

78 두께 110mm의 일반구조용 압연강재 SS275의 항복강도(f_y)기준 값은?

① 275MPa 이상

② 265MPa 이상

③ 245MPa 이상

④ 235MPa 이상

일반구조용 압연강재의 특성

종류의 기호	항복점 또는 항복강도(N/mm²)				인장강도 (N/mm²)
	강재의 두께(mm)				
	16 이하	16 초과 40 이하	40 초과 100 이하	100 초과	
SS235	235 이상	225 이상	205 이상	195 이상	330~450
SS275	275 이상	265 이상	245 이상	235 이상	410~550
SS315	315 이상	305 이상	275 이상	275 이상	490~630
SS410	410 이상	400 이상	–	–	540 이상
SS450	450 이상	440 이상	–	–	590 이상
SS550	550 이상	540 이상	–	–	690 이상

79 건설사업이 대규모화, 고도화, 다양화, 전문화 되어감에 따라 종래의 단순 기술에 의한 시공만이 아닌 고부가가치를 추구하기 위하여 업무영역의 확대를 의미하는 것은?

① BTL
② EC
③ BOT
④ SOC

⦿ **ANSWER** | 76 ① 77 ② 78 ④ 79 ②

- BTL : 민간이 공공시설을 짓고 정부가 이를 임대해서 쓰는 민간투자방식
- EC : 건설사업이 대규모화, 고도화, 다양화, 전문화 되어감에 따라 종래의 단순 기술에 의한 시공만이 아닌 고부가가치를 추구하기 위하여 업무영역의 확대를 의미
- SOC : 사회간접자본으로 도로, 항만, 철도 등의 시설

80 콘크리트공사 시 시공이음에 관한 설명으로 옳지 않은 것은?

① 시공이음은 될 수 있는 대로 전단력이 작은 위치에 설치하고, 부재의 압축력이 작용하는 방향과 직각이 되도록 하는 것이 원칙이다.
② 외부의 염분에 의해 피해를 받을 우려가 있는 해양 및 항만 콘크리트 구조물 등에 있어서는 시공이음부를 최대한 많이 설치하는 것이 좋다.
③ 이음부의 시공에 있어서는 설계에 정해져 있는 이음의 위치와 구조는 지켜져야 한다.
④ 수밀을 요하는 콘크리트에 있어서는 소요외 수밀성이 얻어지도록 적절한 간격으로 시공이음부를 두어야 한다.

콘크리트 공사 시 시공이음
- 시공이음은 될 수 있는 대로 전단력이 작은 위치에 설치하고, 부재의 압축력이 작용하는 방향과 직각이 되도록 하는 것이 원칙이다.
- 외부의 염분에 의해 피해를 받을 우려가 있는 해양 및 항만 콘크리트 구조물 등에 있어서는 시공이음부의 발생을 억제해야 한다.
- 이음부의 시공에 있어서는 설계에 정해져 있는 이음의 위치와 구조는 지켜져야 한다.
- 수밀을 요하는 콘크리트에 있어서는 소요 외 수밀성이 없어지도록 적절한 간격으로 시공이음부를 두어야 한다.

5과목 건설재료학

81 건축재료의 성질을 물리적 성질과 역학적 성질로 구분할 때 물체의 운동에 관한 성질인 역학적 성질에 속하지 않는 항목은?

① 비중　　　　② 탄성
③ 강성　　　　④ 소성

건축재료의 역학적 성질
탄성, 강성, 소성

82 강재(鋼材)의 일반적인 성질에 관한 설명으로 옳지 않은 것은?

① 열과 전기의 양도체이다.
② 광택을 가지고 있으며, 빛에 불투명하다.
③ 경도가 높고 내마멸성이 크다.
④ 전성이 일부 있으나 소성변형능력은 없다.

강재의 성질
- 열과 전기의 양도체이다.
- 광택을 가지며, 빛을 통과시키지 못한다.
- 경도가 높고 내마모성이 크다.
- 소성변형능력이 크다.

83 콘크리트 혼화재 중 하나인 플라이애시가 콘크리트에 미치는 작용에 관한 설명으로 옳지 않은 것은?

① 내황산염에 대한 저항성을 증가시키기 위하여 사용한다.
② 콘크리트 수화초기 시의 발열량을 감소시키고 장기적으로 시멘트의 석회와 결합하여 장기강도를 증진시키는 효과가 있다.
③ 입자가 구형이므로 유동성이 증가되어 단위수량을 감소시키므로 콘크리트의 워커빌리티의 개선, 압송성을 향상시킨다.
④ 알칼리골재반응에 의한 팽창을 증가시키고 콘크리트의 수밀성을 약화시킨다.

플라이애시

석탄을 연료로 사용하며 발생된 분진을 혼화재로 사용하는 것으로 다음과 같은 특징이 있다.

• 내황산염에 대한 저항성을 증가시키기 위하여 사용한다.
• 콘크리트 수화초기 시의 발열량을 감소시키고 장기적으로 시멘트의 석회와 결합하여 장기강도를 증진시키는 효과가 있다.
• 입자가 구형이므로 유동성이 증가되어 단위수량을 감소시키므로 콘크리트의 워커빌리티의 개선, 압송성을 향상시킨다.
• 수밀성을 증대시킨다

84 대리석의 일종으로 다공질이며 황갈색의 반문이 있고 갈면 광택이 나서 우아한 실내장식에 사용되는 것은?

① 테라조　　　② 트래버틴
③ 석면　　　　④ 점판암

트래버틴

대리석의 일종으로 다공질이며 연마하면 광택이 나서 실내장식에 사용되는 석재

85 비스페놀과 에피클로로히드린의 반응으로 얻어지며 주제와 경화제로 이루어진 2성분계의 접착제로서 금속, 플라스틱, 도자기, 유리 및 콘크리트 등의 접합에 널리 사용되는 접착제는?

① 실리콘수지 접착제
② 에폭시 접착제
③ 비닐수지 접착제
④ 아크릴수지 접착제

에폭시 접착제

비스페놀과 에피클로로히드린의 반응으로 얻어지며 주제와 경화제로 이루어진 2성분계의 접착제이다.

86 외부에 노출되는 마감용 벽돌로서 벽돌면의 색깔, 형태, 표면의 질감 등의 효과를 얻기 위한 것은?

① 광재벽돌　　　② 내화벽돌
③ 치장벽돌　　　④ 포도벽돌

치장벽돌

외부에 노출되는 마감용 벽돌로 색깔, 형태, 표면의 질감 등의 효과가 있는 벽돌

87 콘크리트의 블리딩 현상에 의한 성능저하와 가장 거리가 먼 것은?

① 골재와 페이스트의 부착력 저하
② 철근과 페이스트의 부착력 저하
③ 콘크리트의 수밀성 저하
④ 콘크리트의 응결성 저하

블리딩

콘크리트 타설 후 골재와 시멘트는 침하되고 물과 불순물이 상승해 표면에 떠오르는 현상으로 다음과 같은 콘크리트의 성능저하 요인이 발생된다.

• 골재와 페이스트의 부착력 저하
• 철근과 페이스트의 부착력 저하
• 콘크리트의 수밀성 저하

88 직사각형으로 자른 얇은 나뭇조각을 서로 직각으로 겹쳐지게 배열하고 방수성 수지로 강하게 압축가공 한 보드는?

① O.S.B　　　② M.D.F
③ 플로어링 블록　　　④ 시멘트 사이딩

O.S.B

직사각형으로 자른 얇은 나뭇조각을 서로 직각으로 겹쳐지게 배열하고 방수성 수지로 강하게 압축가공 한 보드로 다음과 같은 장점이 있다.

• 네모난 모양으로 만들기 쉽고, 단면치수 변화량이 적다.

◉ ANSWER | 84 ② 　85 ② 　86 ③ 　87 ④ 　88 ①

- 일반합판에 비해 작은 나무로도 만들 수 있다.
- 전단강도가 우수하다.
- 가격이 저렴하다.

89 발포제로서 보드상으로 성형하여 단열재로 널리 사용되며 천장재, 전기용품, 냉장고 내부상자 등으로 쓰이는 열가소성 수지는?

① 폴리스티렌수지
② 폴리에스테르수지
③ 멜라민수지
④ 메타크릴수지

90 블로운 아스팔트의 내열성, 내한성 등을 개량하기 위해 동물섬유나 식물섬유를 혼합하여 유동성을 증대시킨 것은?

① 아스팔트 펠트(Asphalt Felt)
② 아스팔트 루핑(Asphalt Roofing)
③ 아스팔트 프라이머(Asphalt Primer)
④ 아스팔트 컴파운드(Asphalt Compound)

91 목모시멘트판을 보다 향상시킨 것으로서 폐기목재의 삭편을 화학처리 하여 비교적 두꺼운 판 또는 공동블록 등으로 제작하여 마루, 지붕, 천장, 벽 등의 구조체에 사용하는 것은?

① 펄라이트시멘트판
② 후형슬레이드
③ 석면슬레이트
④ 듀리졸(Durisol)

92 역청재료의 침입도시험에서 질량 100g의 표준침이 5초 동안 10mm 관입했다면 이 재료의 침입도는 얼마인가?

① 1
② 10
③ 100
④ 1,000

93 지름이 18mm인 강봉을 대상으로 인장시험을 행하여 항복하중 27kN, 최대하중 41kN을 얻었다. 이 강봉의 인장강도는?

① 약 106.3MPa
② 약 133.9MPa
③ 약 161.1MPa
④ 약 182.3MPa

해설

인장강도 = 단면적 × 인장강도

$$= \frac{\text{인장하중}}{\text{단면적}} = \frac{41,000}{(9 \times 9 \times 3.14)}$$

$$= 161.193 \text{MPa}$$

94 열경화성 수지에 해당하지 않는 것은?

① 염화비닐수지　　② 페놀수지
③ 멜라민수지　　　④ 에폭시수지

해설

열경화성 수지의 종류별 용도

수지(약호)	용도
페놀수지	적층품(판), 성형품
우레아수지	접착제, 섬유, 종이 가공품
멜라민수지	화장판, 도료
알키드수지	도료
불포화 폴리에스테르수지	FRP(성형품, 판)
에폭시수지	도료, 접착제, 절연재
규조수지	성형품(내열, 절연), 오일, 고무
폴리우레탄수지	발포제, 합성피혁, 접착제

95 자기질 점토제품에 관한 설명으로 옳지 않은 것은?

① 조직이 치밀하지만, 도기나 석기에 비하여 강도 및 점도가 약한 편이다.
② 1,230~1,460℃ 정도의 고온으로 소성한다.
③ 흡수성이 매우 낮으며, 두드리면 금속성의 맑은 소리가 난다.
④ 제품으로는 타일 및 위생도기 등이 있다.

해설

자기질 점토
• 조직이 치밀하고 강도가 강하다.
• 1,230~1,460℃ 정도의 고온으로 소성한다.
• 흡수성이 매우 낮으며, 두드리면 금속성의 맑은 소리가 난다.
• 제품으로는 타일 및 위생도기 등이 있다.

96 접착제를 동물질 접착제와 식물질 접착제로 분류할 때 동물질 접착제에 해당되지 않는 것은?

① 아교
② 덱스트린 접착제
③ 카세인 접착제
④ 알부민 접착제

해설

① 아교 : 동물의 뼈 또는 가죽으로 제조된 것
② 덱스트린 접착제 : 전분을 열, 산, 효소 등으로 처리해 가공한 제품
③ 카세인 접착제 : 맥주, 소주병과 같이 냉각 보관용 제품, 상표를 박리해 병을 재사용하는 제품에 주로 사용되며 재료는 우유를 사용한다.
④ 알부민 접착제 : 계란의 흰색 단백질 알부민을 사용해 만든 접착제

97 대규모 지하구조물, 댐 등 매스콘크리트의 수화열에 의한 균열발생을 억제하기 위해 벨라이트의 비율을 중용열포틀랜드시멘트 이상으로 높인 시멘트는?

① 저열포틀랜드시멘트
② 보통포틀랜드시멘트
③ 조강포틀랜드시멘트
④ 내황산염포틀랜드시멘트

해설

저열포틀랜드시멘트
중용열포틀랜드시멘트 이상으로 벨라이트(C_2S) 함유량을 1종 시멘트의 2배 이상 증가시킨 시멘트

98 목재의 방부처리법과 가장 거리가 먼 것은?

① 약제도포법
② 표면탄화법
③ 진공탈수법
④ 침지법

해설

목재의 방부처리법
• 약제도포법 : 목재를 충분히 건조시킨 후 솔 등으로 약제를 도포하거나 뿜칠하는 방부처리
• 표면탄화법 : 목재표면을 태워 표면에 남아 있는 곰팡이를 죽이고 표면 함수율을 낮추는 방부처리
• 침지법 : 방부제 용액에 목재를 담가 공기를 차단하여 방부처리

◎ ANSWER | 94 ①　95 ①　96 ②　97 ①　98 ③

99 2장 이상의 판유리 등을 나란히 넣고, 그 틈새에 대기압에 가까운 압력의 건조한 공기를 채우고 그 주변을 밀봉·봉착한 것은?

① 열선흡수유리
② 배강도 유리
③ 강화유리
④ 복층유리

복층유리

2장 이상의 판유리 등을 나란히 넣고, 그 틈새에 대기압에 가까운 압력의 건조한 공기를 채우고 그 주변을 밀봉·봉착한 것

100 미장재료의 구성재료에 관한 설명으로 옳지 않은 것은?

① 부착재료는 마감과 바탕재료를 붙이는 역할을 한다.
② 무기혼화재료는 시공성 향상 등을 위해 첨가된다.
③ 풀재는 강도증진을 위해 첨가된다.
④ 여물재는 균열방지를 위해 첨가된다.

미장재료의 구성재료
• 부착재료는 마감과 바탕재료를 붙이는 역할을 한다.
• 무기혼화재료는 시공성 향상 등을 위해 첨가된다.
• 여물재는 균열방지를 위해 첨가된다.

6과목 건설안전기술

101 10cm 그물코인 방망을 설치한 경우에 망 밑부분에 충돌위험이 있는 바닥면 또는 기계설비와의 수직거리는 얼마 이상이어야 하는가?(단, L(1개의 방망일 때 단변방향길이)= 12m, A(장변방향 방망의 지지간격)= 6m)

① 10.2m
② 12.2m
③ 14.2m
④ 16.2m

방망의 허용 낙하높이

구분	허용 낙하높이(H_1)	
종류 조건	단일방망	복합방망
$L < A$	0.25($L+2A$)	0.2($L+2A$)
$L \geq A$	0.75L	0.6L
구분	**공간높이(H_2)**	
종류 조건	그물코	
	10cm	5cm
$L < A$	0.85($L+3A$)/4	0.95($L+3A$)/4
$L \geq A$	0.85L	0.95L
구분	**처짐길이(S)**	
$L < A$	($L+2A$)/36	
$L \geq A$	0.75L/3	

L : 설치된 방망의 단변방향길이
A : 설치된 방망의 장변방향의 지지간격

따라서, 단변방향길이가 큰 경우에 해당되므로
$0.85 \times L = 0.85 \times 12 = 10.2m$

102 비계의 높이가 2m 이상인 작업장소에 작업발판을 설치할 때 그 폭은 최소 얼마 이상이어야 하는가?

① 30cm
② 40cm
③ 50cm
④ 60cm

비계의 높이가 2m 이상인 작업장소에 작업발판을 설치할 때 최소 폭 : 40cm

103 크레인의 와이어로프가 감기면서 붐 상단까지 후크가 따라 올라올 때 더 이상 감기지 않도록 하여 크레인 작동을 자동으로 정지시키는 안전장치로 옳은 것은?

① 권과방지장치
② 후크해지장치
③ 과부하방지장치
④ 속도조절기

◉ ANSWER | 99 ④ 100 ③ 101 ① 102 ② 103 ①

권과방지장치

와이어로프가 감기면서 붐 상단까지 후크가 따라올라올 때 더 이상 감기지 않도록 하여 크레인 작동을 자동으로 정지시키는 안전장치

104 터널공사 시 자동경보장치가 설치된 경우에 이 자동경보장치에 대하여 당일 작업시작 전 점검하고 이상을 발견하면 즉시 보수하여야 하는 사항이 아닌 것은?

① 계기의 이상 유무
② 검지부의 이상 유무
③ 경보장치의 작동 상태
④ 환기 또는 조명시설의 이상 유무

터널공사 시 자동경보장치가 설치된 경우에 이 자동경보장치에 대하여 당일 작업시작 전 점검하고 이상을 발견하면 즉시 보수하여야 하는 사항

• 계기의 이상 유무
• 검지부의 이상 유무
• 경보장치의 작동 상태

105 달비계의 구조에서 달비계 작업발판의 폭과 틈새기준으로 옳은 것은?

① 작업발판의 폭 30cm 이상, 틈새 3cm 이하
② 작업발판의 폭 40cm 이상, 틈새 3cm 이하
③ 작업발판의 폭 30cm 이상, 틈새 없도록 할 것
④ 작업발판의 폭 40cm 이상, 틈새 없도록 할 것

달비계 작업발판의 폭과 틈새기준

작업발판의 폭 40cm 이상, 틈새 없도록 할 것

※ **달비계 설치기준**
• 승강하는 경우 비계의 수평을 유지하고 허용하중 이상의 근로자 탑승 금지
• 고정점은 22kN(5,000파운드)의 외력에 견딜 수 있는 앵커 또는 구조물에 달기로프와 수직구명줄을 설치(달기로프와 수직구명줄을 고정

하기 위한 고정점은 별개의 것으로 함)
• 달기로프는 바닥에 1~2m 정도 여유가 남을 정도의 길이를 사용
• 수직구명줄에 추락방지대(코브라)를 설치하여 안전대를 착용하고, 달기로프는 풀리지 않는 방법으로 결속
• 두 고정점은 가능한 한 작업선상의 2지점이어야 함
• 구조물 모서리 등에 마찰·쓸림 저감용 완충재를 설치

106 강관을 사용하여 비계를 구성하는 경우의 준수사항으로 옳지 않은 것은?

① 비계기둥의 간격은 띠장방향에서는 1.85미터 이하, 장선(長繕)방향에서는 1.5미터 이하로 할 것
② 띠장간격은 2.0미터 이하로 할 것
③ 비계기둥 간의 적재하중은 400킬로그램을 초과하지 않도록 할 것
④ 비계기둥의 제일 윗부분으로부터 31미터 되는 지점 밑부분의 비계기둥은 3개의 강관으로 묶어 세울 것

강관비계 설치기준

• 기둥간격은 띠장방향 1.85m, 장선방향 1.5m 이하로 한다.
• 비계기둥의 제일 윗부분으로부터 31m 되는 지점 밑부분의 비계기둥은 2개의 강관으로 묶어 세워야 한다.
• 띠장간격은 2m 이하로 한다.
• 비계기둥 간 적재하중은 400kg 이하로 한다.
• 작업발판은 밀실하게 설치, 고정을 철저하게 하고 발판단부 외측·내측·끝에는 추락방지와 낙하물 방지 조치를 한다.
• 수직이동 통로는 수평방향 30m 이내마다 1개소를 설치한다.
• 벽이음은 비계기둥 하부로부터 수직·수평방향 5m 이내마다 전용철물을 사용하여 설치한다.
• 기둥간격 10m 이내마다 45도 각도로 교차하도록 가새를 설치한다.
• 비계기둥에는 미끄러지거나 침하하는 것을 방지하기 위하여 밑받침철물 또는 깔판, 깔목을 설치하고 밑둥잡이를 설치한다.

107 유해·위험방지계획서 제출 시 첨부서류에 해당하지 않는 것은?

① 안전관리 조직표
② 전체 공정표
③ 공사현장의 주변현황 및 주변과의 관계를 나타내는 도면
④ 교통처리계획

해설

유해·위험방지계획서 제출 시 첨부서류
- 안전관리 조직표
- 전체 공정표
- 공사현장의 주변현황 및 주변과의 관계를 나타내는 도면

108 흙막이 가시설공사 시 사용되는 각 계측기 설치 목적으로 옳지 않은 것은?

① 지표침하계 – 지표면 침하량 측량
② 수위계 – 지반 내 지하수위의 변화 측정
③ 하중계 – 상부 적재하중 변화 측정
④ 지중경사계 – 인접지반의 수평 변위량 측정

해설

흙막이 가시설 공사 시 사용되는 각 계측기 설치 목적
- 지표침하계 : 지표면 침하량 측량
- 수위계 : 지반 내 지하수위의 변화 측정
- 지중경사계 : 인접지반의 수평 변위량 측정
- 하중계 : 버팀대에 작용하는 하중 측정

109 일반건설공사(갑)으로서 대상액이 5억 원 이상 50억 원 미만인 경우에 산업안전보건관리비의 비율(가) 및 기초액(나)으로 옳은 것은?

① (가) 1.86%, (나) 5,349,000원
② (가) 1.99%, (나) 5,499,000원
③ (가) 2.35%, (나) 5,400,000원
④ (가) 1.57%, (나) 4,411,000원

해설

시험 당시 답은 ①이었으나, 법 개정으로 인해 현재 기준과는 다름

산업안전보건관리비 계상기준 개정(2025.1.1부터 적용)

구분	대상액 5억 원 미만 적용비율 (%)	대상액 5억 원 이상 50억 원 미만인 경우		대상액 50억 원 이상 적용비율 (%)	보건관리자 선임대상 건설공사의 적용비율 (%)
		적용비율 (%)	기초액		
건축공사	3.11	2.28	4,325,000원	2.37	2.64
토목공사	3.15	2.53	3,300,000원	2.60	2.73
중건설공사	3.64	3.05	2,975,000원	3.11	3.39
특수건설공사	2.07	1.59	2,450,000원	1.64	1.78

110 겨울철 공사 중인 건축물의 벽체 콘크리트 타설 시 거푸집이 터져서 콘크리트가 쏟아지는 사고가 발생하였다. 이 사고의 발생 원인으로 추정 가능한 사안 중 가장 타당한 것은?

① 진동기를 사용하지 않았다.
② 철근 사용량이 많았다.
③ 콘크리트의 슬럼프가 작았다.
④ 콘크리트의 타설속도가 빨랐다.

해설

동절기 벽체에 콘크리트 타설 시 타설속도가 빠르면 측압이 과다하게 발생되어 거푸집이 터지는 사고가 발생될 수 있다. 이 사고는 콘크리트 측압에 영향을 주는 요인을 파악해야 한다.

측압의 증가요인
- 콘크리트의 비중
- 거푸집 표면의 거칠기가 평활할수록
- 콘크리트 타설속도가 빠를수록
- Workability가 좋을수록
- 거푸집의 수밀성이 좋을수록
- 다짐을 많이 할수록
- 대기온도가 낮을수록(콘크리트의 응결이 지연되므로)

111 다음은 산업안전보건법령에 따른 투하설비 설치에 관련된 사항이다. ( ) 안에 들어갈 내용으로 옳은 것은?

> 사업주는 높이가 ( )미터 이상인 장소로부터 물체를 투하하는 때에는 적당한 투하설비를 설치하거나 감시인을 배치하는 등 위험방지를 위하여 필요한 조치를 하여야 한다.

① 1
② 2
③ 3
④ 4

해설

제15조(투하설비 등)
사업주는 높이가 3미터 이상인 장소로부터 물체를 투하하는 경우 적당한 투하설비를 설치하거나 감시인을 배치하는 등 위험을 방지하기 위하여 필요한 조치를 하여야 한다.

112 작업 중이던 미장공이 상부에서 떨어지는 공구에 의해 상해를 입었다면 어느 부분에 대한 결함이 있었겠는가?

① 작업대 설치
② 작업방법
③ 낙하물 방지시설 설치
④ 비계 설치

해설

낙하되는 공구에 의해 상해를 입었으므로 낙하물 방지시설의 설치에 결함이 있었다고 유추할 수 있다.

113 건설현장에서 동력을 사용하는 항타기 또는 항발기에 대하여 무너짐을 방지하기 위하여 준수하여야 할 사항으로 옳지 않은 것은?

① 버팀줄만으로 상단 부분을 안정시키는 경우에는 버팀줄을 4개 이상으로 하고 같은 간격으로 배치할 것
② 버팀대만으로 상단 부분을 안정시키는 경우에는 버팀대는 3개 이상으로 하고 그 하단 부분을 견고한 버팀·말뚝 또는 철골 등으로 고정시킬 것

③ 궤도 또는 차로 이동하는 항타기 또는 항발기에 대해서는 불시에 이동하는 것을 방지하기 위하여 레일 클램프(Rail Clamp) 및 쐐기 등으로 고정시킬 것
④ 연약한 지반에 설치하는 경우에는 각부나 가대의 침하를 방지하기 위하여 깔판·깔목 등을 사용할 것

해설

건설현장에서 동력을 사용하는 항타기 또는 항발기에 대하여 무너짐을 방지하기 위하여 준수하여야 할 사항
• 버팀줄만으로 상단 부분을 안정시키는 경우에는 버팀줄을 3개 이상으로 하고 같은 간격으로 배치할 것
• 버팀대만으로 상단 부분을 안정시키는 경우에는 버팀대는 3개 이상으로 하고 그 하단 부분을 견고한 버팀·말뚝 또는 철골 등으로 고정시킬 것
• 궤도 또는 차로 이동하는 항타기 또는 항발기에 대해서는 불시에 이동하는 것을 방지하기 위하여 레일 클램프(Rail Clamp) 및 쐐기 등으로 고정시킬 것
• 연약한 지반에 설치하는 경우에는 각부나 가대의 침하를 방지하기 위하여 깔판·깔목 등을 사용할 것

114 토공사에서 성토용 토사의 일반조건으로 옳지 않은 것은?

① 다져진 흙의 전단강도가 크고 압축성이 작을 것
② 함수율이 높은 토사일 것
③ 시공장비의 주행성이 확보될 수 있을 것
④ 필요한 다짐정도를 쉽게 얻을 수 있을 것

해설

토공사에서 성토용 토사의 일반조건
• 다져진 흙의 전단강도가 크고 압축성이 작을 것
• 함수율이 낮은 토사일 것
• 시공장비의 주행성이 확보될 수 있을 것
• 필요한 다짐정도를 쉽게 얻을 수 있을 것

⊙ ANSWER | 111 ③ 112 ③ 113 ① 114 ②

115 지반의 종류가 암반 중 풍화암일 경우 굴착면 기울기 기준으로 옳은 것은?

① 1 : 0.3
② 1 : 0.5
③ 1 : 0.8
④ 1 : 1.5

시험 당시 답은 ③이었으나, 법 개정으로 인해 현재 기준과는 다름

굴착면 기울기 기준(2023.11.14. 개정)

지반의 종류	굴착면의 기울기
모래	1:1.8
연암 및 풍화암	1:1.0
경암	1:0.5
그밖의 흙	1:1.2

116 차량계 건설기계를 사용하는 작업을 할 때에 그 기계가 넘어지거나 굴러떨어짐으로써 근로자가 위험해질 우려가 있는 경우에 필요한 조치로 가장 거리가 먼 것은?

① 지반의 부동침하 방지
② 안전통로 및 조도 확보
③ 유도하는 사람 배치
④ 갓길의 붕괴 방지 및 도로폭의 유지

차량계 건설기계를 사용하는 작업을 할 때에 그 기계가 넘어지거나 굴러떨어짐으로써 근로자가 위험해질 우려가 있는 경우에 필요한 조치는 다음과 같다.
• 지반의 부동침하 방지
• 갓길의 붕괴 방지 및 도로폭 유지
• 유도하는 사람 배치

117 파쇄하고자 하는 구조물에 구멍을 천공하여 가력봉을 삽입하고 가력봉에 유압을 가압하여 천공한 구멍을 확대시킴으로써 구조물을 파쇄하는 공법은?

① 핸드 브레이커(Hand Breaker) 공법
② 강구(Steel Ball) 공법
③ 마이크로파 공법(Microwave) 공법
④ 록잭(Rock Jack) 공법

• 핸드 브레이커(Hand Breaker) 공법 : 인력으로 조작 가능한 파쇄장비
• 강구(Steel Ball) 공법 : 크레인 선단에 강구를 매달아 타격하여 파쇄하는 공법
• 록잭(Rock Jack) 공법 : 파쇄하고자 하는 구조물에 구멍을 천공하여 가력봉을 삽입하고 가력봉에 유압을 가압하여 천공한 구멍을 확대시킴으로써 구조물을 파쇄하는 공법

118 이동식 비계 조립 및 사용 시 준수사항으로 옳지 않은 것은?

① 비계의 최상부에서 작업을 하는 경우에는 안전난간을 설치할 것
② 승강용 사다리는 견고하게 설치할 것
③ 작업발판은 항상 수평을 유지하고 작업발판 위에서 작업을 위한 거리가 부족할 경우에는 받침대 또는 사다리를 사용할 것
④ 작업발판의 최대적재하중은 250kg을 초과하지 않도록 할 것

이동식 비계 조립 및 사용 시 준수사항
• 작업발판은 수평을 유지하고 작업발판 위에서 안전난간을 딛고 작업을 하거나 추가 작업대 사용을 금지한다.
• 작업발판의 최대적재하중은 250kg을 초과하지 않도록 한다.
• 승강설비는 통로폭 30cm 이상, 발디딤판간격 40cm 이상, 발판틈새는 3cm 이하로 유지한다.
• 안전난간은 상부난간대 90~120cm, 중간대 45~60cm로서 기성품만 사용한다.
• 사용허가 표지판은 확인 후 부착한다(확인자 및 최대적재하중 표기).
• 바퀴는 브레이크·쐐기 등으로 고정시키고 아웃트리거를 설치한다.
• 수직방망 또는 높이 10cm 이상의 발끝막이판을 설치한다.
• 설치높이는 밑변 최소폭의 4배 이내로 한다.

119 산업안전보건법령에 따른 중량물 취급작업 시 작업계획서에 포함시켜야 할 사항이 아닌 것은?

① 협착위험을 예방할 수 있는 안전대책
② 감전위험을 예방할 수 있는 안전대책
③ 추락위험을 예방할 수 있는 안전대책
④ 전도위험을 예방할 수 있는 안전대책

해설

산업안전보건법령에 따른 중량물 취급작업 시 작업계획서에 포함시켜야 할 사항
• 협착위험을 예방할 수 있는 안전대책
• 전도위험을 예방할 수 있는 안전대책
• 추락위험을 예방할 수 있는 안전대책

120 흙막이 지보공을 설치하였을 때에 정기적으로 점검하고 이상을 발견하면 즉시 보수하여야 하는 사항과 거리가 먼 것은?

① 부재의 손상·변형·부식·변위 및 탈락의 유무와 상태
② 부재의 접속부·부착부 및 교차부의 상태
③ 침하의 정도
④ 설계상 부재의 경제성 검토

해설

흙막이 지보공을 설치하였을 때에 정기적으로 점검하고 이상을 발견하면 즉시 보수하여야 하는 사항
• 부재의 손상·변형·부식·변위 및 탈락의 유무와 상태
• 부재의 접속부·부착부 및 교차부의 상태

1과목 산업안전관리론

01 산업안전보건법령상 안전보건표지의 종류 중 안내표지에 해당되지 않는 것은?

① 금연 ② 들것
③ 세안장치 ④ 비상용기구

해설

안전보건표지의 종류

1. 금지표지

101 출입금지	102 보행금지	103 차량통행금지	104 사용금지
105 탑승금지	106 금연	107 화기금지	108 물체이동금지

2. 경고표지

201 인화성물질경고	202 산화성물질경고	203 폭발성물질경고	204 급성독성물질경고
205 부식성물질경고	206 방사성물질경고	207 고압전기경고	208 매달린물체경고
209 낙하물경고	210 고온경고	211 저온경고	212 몸균형상실경고

213 레이저광선경고	214 발암성·변이원성·생식독성·전신독성·호흡기과민성물질 경고	215 위험장소경고

3. 지시표지

301 보안경착용	302 방독마스크착용	303 방진마스크착용	304 보안면착용
305 안전모착용	306 귀마개착용	307 안전화착용	308 안전장갑착용
309 안전복착용			

4. 안내표지

401 녹십자표지	402 응급구호표지	403 들것	404 세안장치
405 비상용기구	406 비상구	407 좌측비상구	408 우측비상구

5. 관계자 외 출입금지

501 허가대상물질 작업장	502 응석면 취급/해체 작업장	503 금지대상물질의 취급실험실 등
관계자 외 출입금지 (허가물질 명칭) 제조/사용/보관 중 보호구/보호복 착용 흡연 및 음식물 섭취 금지	관계자 외 출입금지 석면 취급/해체 중 보호구/보호복 착용 흡연 및 음식물 섭취 금지	관계자 외 출입금지 발암물질 취급 중 보호구/보호복 착용 흡연 및 음식물 섭취 금지

◉ ANSWER | 01 ①

02 산업안전보건법령상 산업안전보건위원회에 관한 사항 중 틀린 것은?

① 근로자위원과 사용자위원은 같은 수로 구성된다.

② 산업안전보건회의의 정기회의는 위원장이 필요하다고 인정할 때 소집한다.

③ 안전보건교육에 관한 사항은 산업안전보건위원회 심의·의결을 거쳐야 한다.

④ 상시근로자 50인 이상의 자동차 제조업의 경우 산업안전보건위원회를 구성·운영하여야 한다.

◉ 해설

산업안전보건위원회
- 정기회의 : 분기마다 위원장이 소집
- 수시회의 : 위원장이 필요하다고 인정할 때에 소집

03 재해원인 중 간접원인이 아닌 것은?

① 물적 원인
② 관리적 원인
③ 사회적 원인
④ 정신적 원인

◉ 해설

- 직접원인 : 물적 원인
- 간접원인 : 사회적, 관리적, 정신적 원인

04 산업재해통계업무처리규정상 재해통계 관련 용어로 ( )에 알맞은 용어는?

> ( )는 근로복지공단의 유족급여가 지급된 사망자 및 근로복지공단에 최초 요양신청서(재진요양신청이나 전원요양신청서는 제외)를 제출한 재해자 중 요양승인을 받은 자(산재 미보고 적발 사망자수를 포함)로 통상의 출퇴근으로 발생한 재해는 제외된다.

① 재해자수
② 사망자수
③ 휴업재해자수
④ 임금근로자수

◉ 해설

재해자수는 근로복지공단의 유족급여가 지급된 사망자 및 근로복지공단에 최초 요양신청서를 제출한 재해자 중 요양승인을 받은 자로 통상의 출퇴근으로 발생한 재해는 제외된다.

05 시몬즈(Simonds)의 재해손실비의 평가방식 중 비보험 코스트의 산정 항목에 해당하지 않는 것은?

① 사망사고 건수
② 통원상해 건수
③ 응급조치 건수
④ 무상해사고 건수

◉ 해설

시몬즈의 비보험 코스트
- 휴업상해 건수
- 통원상해 건수
- 응급조치 건수
- 무상해사고 건수

06 산업안전보건법령상 용어와 뜻이 바르게 연결된 것은?

① "사업주대표"란 근로자의 과반수를 대표하는 자를 말한다.

② "도급인"이란 건설공사발주자를 포함한 물건의 제조·건설·수리 또는 서비스의 제공, 그 밖의 업무를 도급하는 사업주를 말한다.

③ "안전보건평가"란 산업재해를 예방하기 위하여 잠재적 위험성을 발견하고 그 개선대책을 수립할 목적으로 조사·평가하는 것을 말한다.

④ "산업재해"란 노무를 제공하는 사람이 업무에 관계되는 건설물·설비·원재료·가스·증기·분진 등에 의하거나 작업 또는 그 밖의 업무로 인하여 사망 또는 부상하거나 질병에 걸리는 것을 말한다.

해설
- 사업주대표 : 근로자를 사용하여 사업을 하는 사업주체의 대표
- 도급인 : 물건의 제조·건설·수리 또는 서비스의 제공, 그 밖의 업무를 도급하는 사업주
- 안전보건평가 : 도급인의 안전보건활동 및 지도에 따를 수 있는 최소한의 역량을 갖춘 수급업체를 공정하게 선정하기 위한 평가

07 재해조사 시 유의사항으로 틀린 것은?

① 피해자에 대한 구급 조치를 우선으로 한다.
② 재해조사 시 2차 재해 예방을 위해 보호구를 착용한다.
③ 재해조사는 재해자의 치료가 끝난 뒤 실시한다.
④ 책임추궁보다는 재발방지를 우선하는 기본태도를 가진다.

해설
재해조사 시 유의사항
- 피해자에 대한 구급조치를 우선으로 한다.
- 조사는 신속하게 행하고 긴급 조치하여, 2차 재해를 방지한다.
- 2차 재해의 예방을 위해 보호구를 착용한다.
- 조사는 될 수 있는 대로 2명 이상이 한 조가 되어 실시한다.
- 책임추궁보다 재발방지를 우선하는 기본적 태도를 갖는다.
- 목격자 등이 증언하는 사실 이외의 추측 등은 참고만 한다.
- 조사자는 피해자의 입장을 이해하고 동정적인 태도를 갖는다.
- 인적, 물적 요인에 대한 조사를 병행한다.

08 산업안전보건법령상 상시근로자 20명 이상 50명 미만인 사업장 중 안전보건관리담당자를 선임하여야 하는 업종이 아닌 것은? (단, 안전관리자 및 보건관리자가 선임되지 않은 사업장으로 한다.)

① 임업
② 제조업
③ 건설업
④ 환경정화 및 복원업

해설
상시근로자 20명 이상 50명 미만인 사업장 중 안전보건관리 담당자를 선임해야 하는 업종
제조업, 임업, 하수·폐기물처리업 원료재생 및 환경복원업
※ 건설업은 2023년 7월 1일 이후 공사금액 50억 이상인 경우 안전관리자를 선임해야 한다.

09 건설기술 진흥법령상 안전관리계획을 수립해야 하는 건설공사에 해당하지 않는 것은?

① 15층 건축물의 리모델링
② 지하 15m를 굴착하는 건설공사
③ 항타 및 항발기가 사용되는 건설공사
④ 높이가 21m인 비계를 사용하는 건설공사

해설
1. 1종 시설물 및 2종 시설물의 건설공사(「시설물의 안전 및 유지관리에 관한 특별법」 제7조제1호 및 제3호)
2. 지하 10m 이상을 굴착하는 건설공사
3. 폭발물 사용으로 주변에 영향이 예상되는 건설공사 (주변 : 20m 내 시설물 또는 100m 내 가축사육)
4. 10층 이상 16층 미만인 건축물의 건설공사
5. 10층 이상인 건축물의 리모델링 또는 해체공사
6. 「주택법」 제2조제25호다목에 따른 수직증축형 리모델링
7. 「건설기계 관리법」 제3조에 따라 등록된 건설기계가 사용되는 건설공사[건설기계 : 천공기(높이 10m 이상), 항타 및 항발기, 타워크레인(※ 리프트카 해당 없음)]
8. 「건진법 시행령」 제101조의2제1항의 가설구조물을 사용하는 건설공사

※ 가설구조물

구분	상세
비계	• 높이 31m 이상 • 브래킷(bracket) 비계
거푸집 및 동바리	• 작업발판 일체형 거푸집(갱폼 등) • 높이가 5미터 이상인 거푸집 • 높이가 5미터 이상인 동바리
지보공	• 터널 지보공 • 높이 2m 이상 흙막이 지보공
가설구조물	• 높이 10미터 이상에서 외부작업을 하기 위하여 작업발판 및 안전시설물을 일체화하여 설치하는 가설구조물(SWC, RCS, ACS, WORKFLAT FORM 등) • 공사현장에서 제작하여 조립·설치하는 복합형 가설구조물(가설벤트, 작업대차, 라이닝폼, 합벽지지대 등) • 동력을 이용하여 움직이는 가설구조물(FCM, ILM, MSS 등) • 발주자 또는 인·허가기관의 장이 필요하다고 인정하는 가설 구조물

9. 상기 건설공사 외 기타 건설공사
   • 발주자가 안전관리가 특히 필요하다고 인정하는 건설공사
   • 해당 지방자치단체의 조례로 정하는 건설공사 중에서 인·허가기관의 장이 안전관리가 특히 필요하다고 인정하는 건설공사

10 다음의 재해에서 기인물과 가해물로 옳은 것은?

> 공구와 자재가 바닥에 어지럽게 널려 있는 작업통로를 작업자가 보행 중 공구에 걸려 넘어져 통로바닥에 머리를 부딪쳤다.

① 기인물 : 바닥, 가해물 : 공구
② 기인물 : 바닥, 가해물 : 바닥
③ 기인물 : 공구, 가해물 : 바닥
④ 기인물 : 공구, 가해물 : 공구

◉ 해설
• 기인물 : 직접적으로 재해를 유발하거나 영향을 끼친 에너지원을 지닌 기계장치, 구조물, 물체·물질, 사람 또는 환경
• 가해물 : 근로자에게 직접적으로 상해를 입힌 기계, 장치, 구조물, 물체·물질, 사람 또는 환경

11 보호구 안전인증 고시상 안전인증을 받은 보호구의 표시사항이 아닌 것은?

① 제조자명
② 사용 유효기간
③ 안전인증 번호
④ 규격 또는 등급

◉ 해설

안전인증 보호구 표시사항
제조자명, 안전인증 번호, 규격, 등급

12 위험예지훈련 진행방법 중 대책수립에 해당하는 단계는?

① 제1라운드
② 제2라운드
③ 제3라운드
④ 제4라운드

◉ 해설

위험예지훈련 4라운드
현상파악 > 본질추구 > 대책수립 > 행동목표 설정

13 산업안전보건법령상 안전보건관리규정을 작성해야 할 사업의 종류를 모두 고른 것은? (단, ㄱ~ㅁ은 상시근로자 300명 이상의 사업이다.)

> ㄱ. 농업
> ㄴ. 정보서비스업
> ㄷ. 금융 및 보험업
> ㄹ. 사회복지 서비스업
> ㅁ. 과학 및 기술연구개발업

① ㄴ, ㄹ, ㅁ
② ㄱ, ㄴ, ㄷ, ㄹ
③ ㄱ, ㄴ, ㄷ, ㅁ
④ ㄱ, ㄷ, ㄹ, ㅁ

◉ 해설

상시근로자 300명 이상 사업장 중 안전보건규정 작성대상
농업, 어업, 소프트웨어 개발 및 공급업, 컴퓨터 프로그래밍, 시스템 통합 및 관리업, 정보서비스업, 금융 및 보험업, 임대업(부동산 제외), 전문, 과학 및 기술 서비스업(연구개발 제외), 사업지원 서비스업, 사회복지 서비스업

◉ ANSWER | 10 ③ 11 ② 12 ③ 13 ②

14 산업안전보건법령상 중대재해의 범위에 해당하지 않는 것은?

① 사망자가 1명 발생한 재해
② 부상자가 동시에 10명 이상 발생한 재해
③ 2개월 이상의 요양이 필요한 부상자가 동시에 2명 이상 발생한 재해
④ 직업성 질병자가 동시에 10명 이상 발생한 재해

산업안전보건법령상 중대재해
• 사망자가 1명 이상 발생한 재해
• 3개월 이상의 요양이 필요한 부상자가 동시에 2명 이상 발생한 재해
• 부상자 또는 직업성 질병자가 동시에 10명 이상 발생한 재해

15 1,000명 이상의 대규모 사업장에서 가장 적합한 안전관리조직의 형태는?

① 경영형   ② 라인형
③ 스태프형   ④ 라인-스태프형

안전관리조직의 형태

1. 라인형 조직의 특징
   (근로자 수 100명 이하 소규모 사업장)

장점	• 안전업무가 생산현장 라인을 통해 시행된다. • 지시의 이행이 빠르다. • 명령과 보고가 간단하다.
단점	• 안전정보가 불충분하다. • 전문적 안전지식이 부족하다. • 라인에 책임전가 우려가 많다.

2. 스태프형 조직의 특징
   (근로자수 100~500명 이하 중규모 사업장)

장점	• 안전정보 수집이 신속하다. • 안전관리를 담당하는 스태프를 통해 전문적인 안전조직을 구성할 수 있다.
단점	• 안전과 생산을 별개로 취급하기 쉽다. • 스태프 스스로 생산라인의 안전업무를 행하는 것은 아니다. • 권한 다툼이나 조정이 난해하여 통제수속이 복잡하다.

3. 라인-스태프형 조직의 특징
   (근로자수 500명 이상 대규모사업장)

장점	• 대규모 사업장(1,000명 이상)에 효과적이다. • 신속, 정확한 경영자의 지침전달이 가능하다. • 안전활동과 생산업무의 균형유지가 가능하다.
단점	• 명령계통과 조언 및 권고적 참여가 혼동되기 쉽다. • 라인이 스태프에게만 의존하거나 활용하지 않을 우려가 있다. • 스태프가 월권행위 할 우려가 있다.

16 A 사업장의 현황이 다음과 같을 때, A 사업장의 강도율은?

> • 상시근로자 : 200명
> • 요양재해건수 : 4건
> • 사망 : 1명
> • 휴업 : 1명(500일)
> • 연근로시간 : 2,400시간

① 8.33   ② 14.53
③ 15.31   ④ 16.48

강도율 = (근로손실일수/연근로총시간)×1,000

$$= \frac{7,500 + 500 \times \frac{300}{365}}{200 \times 2,400} \times 1,000 = 16.48$$

• 근로손실일수 : 휴업일수×300/365≒411
• 사망자 근로손실일수 : 7,500일

17 산업안전보건법령상 관계수급인 근로자가 도급인의 사업장에서 작업을 하는 경우 건설업 도급인의 작업장 순회점검 주기는?

① 1일에 1회 이상   ② 2일에 1회 이상
③ 3일에 1회 이상   ④ 7일에 1회 이상

건설업 도급인의 작업장 순회점검 주기
2일에 1회 이상

18 재해사례연구의 진행단계로 옳은 것은?

> ㄱ. 사실의 확인　　ㄴ. 대책의 수립
> ㄷ. 문제점의 발견　ㄹ. 문제점의 결정
> ㅁ. 재해 상황의 파악

① ㄷ→ㅁ→ㄱ→ㄹ→ㄴ
② ㄷ→ㅁ→ㄹ→ㄱ→ㄴ
③ ㅁ→ㄷ→ㄱ→ㄹ→ㄴ
④ ㅁ→ㄱ→ㄷ→ㄹ→ㄴ

해설

재해사례연구

㉠ 목적
- 재해원인을 체계적으로 규명하여 사고에 대한 대책을 수립
- 재해방지의 원칙을 습득하여 안전보건활동에 적용
- 참여자의 견해나 생각을 경청하여 대책수립에 반영

㉡ 재해사례연구 단계별 내용
- 재해상황의 파악
  - 재해발생 일시, 장소
  - 업종 규모
  - 상해부위, 정도, 성질
  - 물적 피해상황
  - 피해근로자 인적사항
  - 사고형태
  - 기인물, 가해물
  - 조직 계통도
  - 재해현황 도면
- 사실의 확인 : 작업 시작 후 재해발생까지의 과정 중 인과관계 사실, 재해요인 등을 객관적으로 확인
- 문제점의 발견 : 문제가 된 사실의 인적, 물적, 관리적면에서 분석 검토해 이들의 문제점이 재해에 관련되는 영향범위 및 정도평가
- 문제점의 결정 : 문제점 중 재해의 중심이 된 근본적 문제점을 정하고 주요 재해원인을 결정
- 대책의 수립
  - 동종재해 및 유사재해 방지대책 수립
  - 대책에 대한 실시계획 수립

19 산업안전보건법령상 건설현장에서 사용하는 크레인의 안전검사의 주기는?(단, 이동식 크레인은 제외한다.)

① 최초로 설치한 날부터 1개월마다 실시
② 최초로 설치한 날부터 3개월마다 실시
③ 최초로 설치한 날부터 6개월마다 실시
④ 최초로 설치한 날부터 1년마다 실시

해설

크레인, 리프트, 곤돌라의 안전검사 주기

최초로 설치한 날부터 6개월마다 실시

20 재해예방의 4원칙에 해당하지 않는 것은?

① 손실적용의 원칙
② 원인연계의 원칙
③ 대책선정의 원칙
④ 예방가능의 원칙

해설

재해예방 4원칙

- 손실우연의 원칙
- 예방가능의 원칙
- 원인계기의 원칙
- 대책선정의 원칙

2과목　산업심리 및 교육

21 감각 현상이 하나의 전체적이고 의미 있는 내용으로 체계화되는 과정을 의미하는 것은?

① 유추(Analogy)
② 게슈탈트(Gestalt)
③ 인지(Cognition)
④ 근접성(Proximity)

해설

게슈탈트(Gestalt)

전체, 형상, 모습 등을 말하는 독일어로, 게슈탈트 심리학자들의 주장에 따르면 개체는 대상을 지각할 때 그것들을 산만한 부분들의 집단이 아닌 하나의 의미 있는 전체(게슈탈트)로 만들어 자각한다고 말한다.

⦿ ANSWER │ 18 ④　19 ③　20 ①　21 ②

22 다음에서 설명하는 리더십의 유형은?

> 과업완수와 인간관계 모두에 있어 최대한의 노력을 기울이는 리더십 유형

① 과업형 리더십
② 이상형 리더십
③ 타협형 리더십
④ 무관심형 리더십

해설

이상형 리더십
과업완수와 인간관계 모두에 있어 최대한의 노력을 기울이는 리더십 유형이다.

23 집단역학에서 소시오메트리(Sociometry)에 관한 설명 중 틀린 것은?

· ① 소시오매트리 분석을 위해 소시오매트릭스와 소시오그램이 작성된다.
② 소시오매트릭스에서는 상호작용에 대한 정량적 분석이 가능하다.
③ 소시오매트리는 집단 구성원들 간의 공식적 관계가 아닌 비공식적인 관계를 파악하기 위한 방법이다.
④ 소시오그램은 집단 구성원들 간의 선호, 거부 혹은 무관심의 관계를 기호로 표현하지만, 이를 통해 다양한 집단 내의 비공식적 관계에 대한 역학관계는 파악할 수 없다.

해설

소시오메트리(Sociometry)
어원상 라틴어에서 유래한 말로 "사회성 또는 동료 관계를 측정한다"는 것을 의미한다. 소시오메트리는 한 집단 내에서 개인 상호 간의 매력, 배척, 무관심의 정도를 관찰하고 연구함으로써 집단내의 역동성과 개인의 사회적 위치, 그 집단의 성질과 응집력을 알아보고자 할 때 이용하는 방법이다.
소시오메트리는 그 개념구조상 비교적 단순한 것으로 사회적 원자인 개인이 속한 집단에서 그 집단의 구성원 상호 간에 흐르는 감정 또는 느낌에서 어떤 위치를 차지하고 있는가를 밝히는 것이다.

24 생체리듬(Biorhythm)의 종류에 해당하지 않는 것은?

① Critical rhythm
② Physical rhythm
③ Intellectual rhythm
④ Sensitivity rhythm

해설

생체리듬(Biorhythm)
인체에 신체, 감성, 지성의 세 가지 주기가 있으며 이 세 가지 주기가 생년월일의 입력에 따라 어떤 패턴으로 나타나고 이 패턴의 조합에 따라 능력이나 활동 효율에 차이가 있다는 주장이다. 신체(Physical cycle)는 23일, 감성(Emotional cycle)은 28일 그리고 지성(Intellectual cycle)은 33일을 주기로 한다.

25 사회행동의 기본 형태에 해당하지 않는 것은?

① 협력   ② 대립
③ 모방   ④ 도피

해설

사회행동의 기본 형태
협력, 대립, 융합, 도피

26 OJT(On the Job Training)의 특징이 아닌 것은?

① 효과가 곧 업무에 나타난다.
② 직장의 실정에 맞는 실체적 훈련이다.
③ 다수의 근로자에게 조직적 훈련이 가능하다.
④ 교육을 통한 훈련 효과에 의해 상호 신뢰이해도가 높아진다.

해설

OJT	Off JT
• 개인수준에 적합한 지도 가능	• 다수의 근로자 집단교육
• 실질적 업무수행에 즉각적인 도움 가능	• 전문가 초빙
• 상호 이해도가 높음	• 많은 양의 지식과 경험교류 가능

---

27 어떤 과업을 성취할 수 있는 자신의 능력에 대한 스스로의 믿음을 나타내는 것은?

① 자아존중감(Self-esteem)
② 자기효능감(Self-efficacy)
③ 통제의 착각(Illusion of control)
④ 자기중심적 편견(Egocentric bias)

해설
- 자기효능감 : 어떤 과업을 성취할 수 있는 자신의 능력에 대한 스스로의 믿음
- 자아존중감 : 자기 자신이 가치 있고 소중하며, 유능하고 긍정적인 존재라고 믿는 마음
- 자기중심적 편견 : 제대로 피드백하지 않고 자기 중심에서 프레임하는 것으로 문제해결에 걸림돌이 될 수 있다.

28 모랄서베이(Morale Survey)의 주요 방법으로 적절하지 않은 것은?

① 관찰법   ② 면접법
③ 강의법   ④ 질문지법

해설
모럴서베이 주요 방법
질문지법, 면접법, 집단토의법, 관찰법

29 산업안전보건법령상 2미터 이상인 구축물을 콘크리트 파쇄기를 사용하여 파쇄작업을 하는 경우 특별교육의 내용이 아닌 것은? (단, 그 밖에 안전·보건관리에 필요한 사항은 제외한다.)

① 작업안전조치 및 안전기준에 관한 사항
② 비계의 조립방법 및 작업 절차에 관한 사항
③ 콘크리트 해체 요령과 방호거리에 관한 사항
④ 파쇄기의 조작 및 공통작업 신호에 관한 사항

해설
콘크리트 파쇄기 사용 파쇄작업 시 특별교육
- 작업안전조치 및 안전기준에 관한 사항
- 콘크리트 해체 요령과 방호거리에 관한 사항
- 파쇄기의 조작 및 공통작업 신호에 관한 사항
- 해체기계의 점검에 관한 사항

30 안전보건교육에 있어 역할연기법의 장점이 아닌 것은?

① 흥미를 갖고, 문제에 적극적으로 참가한다.
② 자기 태도의 반성과 창조성이 생기고, 발표력이 향상된다.
③ 문제의 배경에 대하여 통찰하는 능력을 높임으로써 감수성이 향상된다.
④ 목적이 명확하고, 다른 방법과 병용하지 않아도 높은 효과를 기대할 수 있다.

해설
역할연기법
1. 장점
   - 흥미를 갖고, 문제에 적극적으로 참가한다.
   - 자기 태도의 반성과 창조성이 생기고, 발표력이 향상된다.
   - 문제의 배경에 대하여 통찰하는 능력을 높임으로써 감수성이 향상된다.
2. 유의사항
   - Cut, Stop을 적절하게 한다.
   - 평가표, 녹음기, 비디오 리코더 등 사전 준비물을 갖춘다.

31 학습정도(Level of Learning)의 4단계에 해당하지 않는 것은?

① 회상(to Recall)
② 적용(to Apply)
③ 인지(to Recognize)
④ 이해(to Understand)

해설
학습정도 4단계
인지 → 지각 → 이해 → 적용

32 스트레스 반응에 영향을 주는 요인 중 개인적 특성에 관한 요인이 아닌 것은?

① 심리상태   ② 개인의 능력
③ 신체적 조건   ④ 작업시간의 차이

해설
스트레스 반응에 영향을 주는 개인적 특성
심리상태, 개인의 능력, 신체적 조건

⊙ ANSWER | 27 ② 28 ③ 29 ② 30 ④ 31 ① 32 ④

33 산업안전보건법령상 일용근로자의 작업내용 변경 시 교육시간의 기준은?

① 1시간 이상 ② 2시간 이상
③ 3시간 이상 ④ 4시간 이상

해설

산업안전보건법령상 안전보건교육

교육과정	교육대상		교육시간
가. 정기교육	1) 사무직 종사 근로자		매반기 6시간 이상
	2) 그 밖의 근로자	판매업무에 직접 종사하는 근로자	매반기 6시간 이상
		판매업무에 직접 종사하는 근로자 외의 근로자	매반기 12시간 이상
나. 채용 시 교육	1) 일용근로자 및 근로계약기간이 1주일 이하인 기간제 근로자		1시간 이상
	2) 근로계약기간이 1주일 초과 1개월 이하인 기간제 근로자		4시간 이상
	3) 그 밖의 근로자		8시간 이상
다. 작업내용 변경 시 교육	1) 일용근로자 및 근로계약기간이 1주일 이하인 기간제 근로자		1시간 이상
	2) 그 밖의 근로자		2시간 이상
라. 특별교육	1) 일용근로자 및 근로계약기간이 1주일 이하인 기간제 근로자(특별교육 대상 작업 중 아래 2)에 해당하는 작업 외에 종사하는 근로자에 한정)		2시간 이상
	2) 일용근로자 및 근로계약기간이 1주일 이하인 기간제 근로자(타워크레인을 사용하는 작업 시 신호업무를 하는 작업에 종사하는 근로자에 한정)		8시간 이상
	3) 일용근로자 및 근로계약기간이 1주일 이하인 기간제 근로자를 제외한 근로자(특별교육 대상 작업에 한정)		• 16시간 이상(최초 작업에 종사하기 전 4시간 이상 실시하고 12시간은 3개월 이내에서 분할하여 실시 가능) • 단기간 작업 또는 간헐적 작업인 경우에는 2시간 이상
마. 건설업 기초안전보건교육	건설 일용근로자		4시간 이상

34 교육심리학의 연구방법 중 인간의 내면에서 일어나고 있는 심리적 사고에 대하여 사물을 이용하여 인간의 성격을 알아보는 방법은?

① 투사법 ② 면접법
③ 실험법 ④ 질문지법

해설

투사법

교육심리학 연구방법 중 인간의 내면에서 일어나고 있는 심리적 사고에 대해 사물을 이용해 인간이 성격을 알아보는 방법이다.

35 안전교육의 3단계 중 작업방법, 취급 및 조작행위를 몸으로 숙달시키는 것을 목적으로 하는 단계는?

① 안전지식교육 ② 안전기능교육
③ 안전태도교육 ④ 안전의식교육

해설

안전교육 3단계

지식교육 → 기능교육 → 태도교육

36 호손(Hawthorne) 연구에 대한 설명으로 옳은 것은?

① 소비자들에게 효과적으로 영향을 미치는 광고 전략을 개발했다.
② 시간-동작연구를 통해서 작업도구와 기계를 설계했다.
③ 채용과정에서 발생하는 차별요인을 밝히고 이를 시정하는 법적 조치의 기초를 마련했다.
④ 물리적 작업환경보다 근로자들의 의사소통 등 인간관계가 더 중요하다는 것을 알아냈다.

해설

호손연구

1924년에서 1939년 호손공장에서 수행되었던 현장실험으로 물리적 작업환경보다 근로자들의 의사소통 등 인간관계가 더 중요하다는 것을 파악하게 된 연구이다.

37 지름길을 사용하여 대상물을 판단할 때 발생하는 지각의 오류가 아닌 것은?

① 후광효과 ② 최근효과
③ 결론효과 ④ 초두효과

38 다음은 무엇에 관한 설명인가?

> 다른 사람으로부터의 판단이나 행동을 무비판적으로 받아들이는 것

① 모방(Imitation)
② 투사(Projection)
③ 암시(Suggestion)
④ 동일화(Identification)

39 산업심리의 5대 요소가 아닌 것은?

① 동기 ② 기질
③ 감정 ④ 지능

40 직무수행에 대한 예측변인 개발 시 작업표본(Work Sample)에 관한 사항 중 틀린 것은?

① 집단검사로 감독과 통제가 요구된다.
② 훈련생보다 경력자 선발에 적합하다.
③ 실시하는 데 시간과 비용이 많이 든다.
④ 주로 기계를 다루는 직무에 효과적이다.

3과목 인간공학 및 시스템안전공학

41 태양광이 내리쬐지 않는 옥내의 습구흑구온도지수(WBGT) 산출식은?

① 0.6×자연습구온도+0.3×흑구온도
② 0.7×자연습구온도+0.3×흑구온도
③ 0.6×자연습구온도+0.4×흑구온도
④ 0.7×자연습구온도+0.4×흑구온도

42 부품배치의 원칙 중 기능적으로 관련된 부품들을 모아서 배치한다는 원칙은?

① 중요성의 원칙
② 사용빈도의 원칙
③ 사용순서의 원칙
④ 기능별 배치의 원칙

- 사용빈도의 원칙 : 자주 사용할수록 편리한 지점에 배치하는 원칙
- 사용순서의 원칙 : 사용순서를 고려하여 배치하는 원칙
- 기능별 배치의 원칙 : 기능적으로 관련성이 높은 요소들을 가깝게 배치하는 원칙

43 인간공학의 목표와 거리가 가장 먼 것은?

① 사고 감소　　② 생산성 증대
③ 안전성 향상　　④ 근골격계질환 증가

◆해설
인간공학의 목표
사고 감소와 생산성 증대는 물론 안전성 향상과 근골격계 질환을 감소시키는 것이다.

44 시각적 식별에 영향을 주는 각 요소에 대한 설명 중 틀린 것은?

① 조도는 광원의 세기를 말한다.
② 휘도는 단위 면적당 표면에 반사 또는 방출되는 광량을 말한다.
③ 반사율은 물체의 표면에 도달하는 조도와 광도의 비를 말한다.
④ 광도 대비란 표적의 광도와 배경의 광도의 차이를 배경 광도로 나눈 값을 말한다.

◆해설
- 조도 : 단위 면적당 주어지는 빛의 양
- 광도 : 광원의 세기

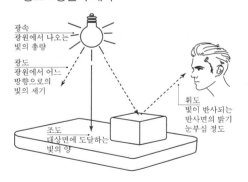

광속
광원에서 나오는 빛의 총량

광도
광원에서 어느 방향으로의 빛의 세기

휘도
빛이 반사되는 반사면의 밝기 눈부심 정도

조도
대상면에 도달하는 빛의 양

45 A사의 안전관리자는 자사 화학설비의 안전성 평가를 실시하고 있다. 그 중 제2단계인 정성적 평가를 진행하기 위하여 평가항목을 설계단계 대상과 운전관계 대상으로 분류하였을 때 설계관계 항목이 아닌 것은?

① 건조물　　② 공장 내 배치
③ 입지조건　　④ 원재료, 중간제품

◆해설
원재료, 중간제품의 평가 : 정량적 평가

46 양립성의 종류가 아닌 것은?

① 개념의 양립성　　② 감성의 양립성
③ 운동의 양립성　　④ 공간의 양립성

◆해설
- 개념의 양립성 : 뜨거운 물은 빨간색, 찬물은 파란색 손잡이와 같은 통상적개념의 양립성
- 운동의 양립성 : 핸들을 우측으로 돌리면 우측으로 회전하는 것과 같은 운동을 예측한 양립성
- 공간의 양립성 : 오른쪽 버튼은 오른쪽 기계가 작동하는 공간배치상의 양립성

47 그림과 같은 시스템에서 부품 A, B, C, D의 신뢰도가 모두 r로 동일할 때 이 시스템의 신뢰도는?

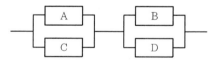

① $r(2-r^2)$　　② $r^2(2-r)^2$
③ $r^2(2-r^2)$　　④ $r^2(2-r)$

◆해설
A와 C, B와 D가 병렬이며 두 그룹의 연결은 직렬이므로
A와 C구간 $= 1-(1-A)\times(1-C)$
$\qquad = 1-(1-r)(1-r)\times = r(2-r)$
B와 D구간 $= 1-(1-B)\times(1-D)$
$\qquad = 1-(1-r)\times(1-r) = r(2-r)$
직렬연결은 두 그룹을 곱하면 되므로 $r^2(2-r)^2$

---

48 FTA에서 사용되는 논리게이트 중 입력과 반대되는 현상으로 출력되는 것은?

① 부정 게이트
② 억제 게이트
③ 배타적 OR 게이트
④ 우선적 AND 게이트

⊙해설

- 부정 게이트 : 입력과 반대되는 현상으로 출력
- 억제 게이트 : 입력이 게이트 조건에 만족할 때 발생
- 배타적 OR 게이트 : 입력사상이 특정한 순서대로 발생한 경우 출력사상 발생
- 우선적 AND 게이트 : 입력사상이 특정한 순서대로 발생한 경우 출력사상 발생

49 어떤 결함수를 분석하여 Minimal cut set을 구한 결과 다음과 같았다. 각 기본사상의 발생확률은 q_i, $i = 1, 2, 3$이라 할 때, 정상사상의 발생확률함수로 맞는 것은?

$$k_1 = [1,2],\ k_2 = [1,3],\ k_3 = [2,3]$$

① $q_1 q_2 + q_1 q_2\ - q_2 q_3$
② $q_1 q_2 + q_1 q_3 - q_2 q_3$
③ $q_1 q_2 + q_1 q_3 + q_2 q_3 - q_1 q_2 q_3$
④ $q_1 q_2 + q_1 q_3 + q_2 q_3 - 2 q_1 q_2 q_3$

⊙해설

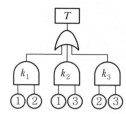

$$T = 1 - \{(1-k_1) \times (1-k_2) \times (1-k_3)\}$$
$$= q_1 q_2 + q_1 q_3 + q_2 q_3 - 2 q_1 q_2 q_3$$

50 부품고장이 발생하여도 기계가 추후 보수될 때까지 안전한 기능을 유지할 수 있도록 하는 기능은?

① Fail-soft
② Fail-active
③ Fail-operational
④ Fail-passive

⊙해설

- Fail active : 부품에 고장이 발생될 경우 경보장치를 가동하며 단시간만 운전하는 기능
- Fail operational : 부품에 고장이 발생되어도 보수가 이루어질 때까지 기능을 유지
- Fail passive : 부품에 고장이 발생될 경우 정지시키는 기능

51 반사경 없이 모든 방향으로 빛을 발하는 점광원에서 3m 떨어진 곳의 조도가 300lux라면 2m 떨어진 곳에서 조도(lux)는?

① 375
② 675
③ 875
④ 975

⊙해설

$$조도 = \frac{광도}{거리^2} = \frac{광도}{3^2} = 300이므로$$

$$광도 = 3^2 \times 300 = 27{,}000cd$$

$$\therefore 2m\ 떨어진\ 곳의\ 조도 = \frac{27{,}000}{2^2} = 675lux$$

52 통화 이해도 척도로서 통화 이해도에 영향을 주는 잡음의 영향을 추정하는 지수는?

① 명료도 지수
② 통화 간섭 수준
③ 이해도 점수
④ 통화 공진 수준

⊙해설

- 명료도 지수 : 음성과 소음의 데시벨값에 가중치를 곱한 후 합계를 구한 지수
- 통화 간섭 수준 : 통화 이해도의 척도로서 잡음의 영향을 추정하는 지수
- 이해도 점수 : 통화 내용 중 알아들은 비율(%)

53 예비위험분석(PHA)에서 식별된 사고의 범주가 아닌 것은?

① 중대(Critical)
② 한계적(Marginal)
③ 파국적(Catastrophic)
④ 수용가능(Acceptable)

해설
- 1단계 : 파국적(catastrophic)
- 2단계 : 위기적(critical)
- 3단계 : 한계적(marginal)
- 4단계 : 무시 가능(negligible)

54 인간공학적 연구에 사용되는 기준 척도의 요건 중 다음 설명에 해당하는 것은?

> 기준 척도는 측정하고자 하는 변수 외의 다른 변수들의 영향을 받아서는 안 된다.

① 신뢰성
② 적절성
③ 검출성
④ 무오염성

해설
무오염성
기준 척도는 측정하고자 하는 변수 외의 다른 변수들의 영향을 받으면 안 된다.

55 James Reason의 원인적 휴먼에러 종류 중 다음 설명의 휴먼에러 종류는?

> 자동차가 우측 운행하는 한국의 도로에 익숙해진 운전자가 좌측 운행을 해야 하는 일본에서 우측 운행을 하다가 교통사고를 냈다.

① 고의 사고(Violation)
② 숙련 기반 에러(Skill based error)
③ 규칙 기반 착오(Rule based mistake)
④ 지식 기반 착오(Knowledge based mistake)

해설
규칙 기반 착오(Rule based mistake)
규칙에 익숙하지 않아 발생된 착오이다.

56 근골격계 부담작업의 범위 및 유해요인조사 방법에 관한 고시상 근골격계 부담작업에 해당하지 않는 것은?(단, 상시작업을 기준으로 한다.)

① 하루에 10회 이상 25kg 이상의 물체를 드는 작업
② 하루에 총 2시간 이상 쪼그리고 앉거나 무릎을 굽힌 자세에서 이루어지는 작업
③ 하루에 총 2시간 이상 시간당 5회 이상 손 또는 무릎을 사용하여 반복적으로 충격을 가하는 작업
④ 하루에 4시간 이상 집중적으로 자료입력 등을 위해 키보드 또는 마우스를 조작하는 작업

해설
근골격계 부담작업 범위

번호	내용
1	하루에 4시간 이상 집중적으로 자료 입력 등을 위해 키보드 또는 마우스를 조작하는 작업
2	하루에 총 2시간 이상 목, 어깨, 팔꿈치, 손목 또는 손을 사용하여 같은 동작을 반복하는 작업
3	하루에 총 2시간 이상 머리 위에 손이 있거나, 팔꿈치가 어깨 위에 있거나, 팔꿈치를 몸통으로부터 들거나, 팔꿈치를 몸통 뒤쪽에 위치하도록 하는 상태에서 이루어지는 작업
4	지지되지 않은 상태이거나 임의로 자세를 바꿀 수 없는 조건에서, 하루에 총 2시간 이상 목이나 허리를 구부리거나 드는 상태에서 이루어지는 작업
5	하루에 총 2시간 이상 쪼그리고 있거나 무릎을 굽힌 자세에서 이루어지는 작업
6	하루에 총 2시간 이상 지지되지 않은 상태에서 1kg 이상의 물건을 한 손의 손가락으로 집어 옮기거나, 2kg 이상에 상응하는 힘을 가하여 한 손의 손가락으로 물건을 쥐는 작업
7	하루에 총 2시간 이상 지지되지 않은 상태에서 4.5kg 이상의 물건을 한 손으로 들거나 동일한 힘으로 쥐는 작업
8	하루에 10회 이상 25kg 이상의 물체를 드는 작업
9	하루에 25회 이상 10kg 이상의 물체를 무릎 아래에서 들거나, 어깨 위에서 들거나, 팔을 뻗은 상태에서 드는 작업
10	하루에 총 2시간 이상, 분당 2회 이상 4.5kg 이상의 물체를 드는 작업
11	하루에 총 2시간 이상 시간당 10회 이상 손 또는 무릎을 사용하여 반복적으로 충격을 가하는 작업

57 HAZOP 분석기법의 장점이 아닌 것은?

① 학습 및 적용이 쉽다.
② 기법 적용에 큰 전문성을 요구하지 않는다.
③ 짧은 시간에 저렴한 비용으로 분석이 가능하다.
④ 다양한 관점을 가진 팀 단위 수행이 가능하다.

해설

HAZOP 기법
공정의 위험을 평가하고 운전상의 문제점을 발견하기 위해서 개발되었다. 즉, 공정에 존재하는 위험요소들이나 공정의 효율을 떨어뜨릴 수 있는 운전상의 문제점을 체계적으로 알아내고자 각 분야의 전문가들로 팀을 조직 설계도면 등 여러 가지 자료를 검토하여 자유토론(Brain Storming) 방식으로 회의를 진행하여 위험을 정성적으로 평가하는 기법으로 시간과 비용이 많이 소요된다.

58 서브시스템 분석에 사용되는 분석방법으로 시스템 수명주기에서 ㉠에 들어갈 위험분석 기법은?

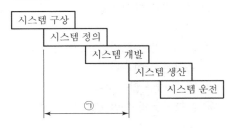

① PHA ② FHA
③ FTA ④ ETA

해설

FHA(결함위험분석)은 시스템 정의 단계부터 시스템 개발의 중간단계까지 적용한다.

59 불(Boole)대수의 관계식으로 틀린 것은?

① $A + \overline{A} = 1$
② $A + AB = A$
③ $A(A+B) = A + B$
④ $A + \overline{A}B = A + B$

해설

$$A(A+B) = AA + AB$$
$$= A + AB = A(1+B) = A$$

60 정신적 작업 부하에 관한 생리적 척도에 해당하지 않는 것은?

① 근전도
② 뇌파도
③ 부정맥 지수
④ 점멸융합주파수

해설

근전도 : 육체적 작업 부하 척도

4과목 **건설시공학**

61 석재붙임을 위한 앵커긴결공법에서 일반적으로 사용하지 않는 재료는?

① 앵커
② 볼트
③ 모르타르
④ 연결철물

해설

석재붙임 앵커긴결공법
앵커공법, 볼트체결공법, 연결철물공법

62 강재 널말뚝(Steel sheet pile)공법에 관한 설명으로 옳지 않은 것은?

① 무소음 설치가 어렵다.
② 타입 시 체적변형이 작아 항타가 쉽다.
③ 강재 널말뚝에는 U형, Z형, H형 등이 있다.
④ 관입, 철거 시 주변 지반침하가 일어나지 않는다.

해설

차수를 위해 시공하는 강재 널말뚝도 관입, 철거 시 주변 지반침하의 우려가 있다.

◉ ANSWER | 57 ③ 58 ② 59 ③ 60 ① 61 ③ 62 ④

63 철근 조립에 관한 설명으로 옳지 않은 것은?

① 철근의 피복두께를 정확히 확보하기 위해 적절한 간격으로 고임재 및 간격재를 배치한다.
② 거푸집에 접하는 고임재 및 간격재는 콘크리트 제품 또는 모르타르 제품을 사용하여야 한다.
③ 경미한 황갈색의 녹이 발생한 철근은 일반적으로 콘크리트와의 부착을 해치므로 사용해서는 안 된다.
④ 철근의 표면에는 흙, 기름 또는 이물질이 없어야 한다.

64 소규모 건축물을 조적식 구조로 담을 쌓을 경우 최대 높이 기준으로 옳은 것은?

① 2m 이하   ② 2.5m 이하
③ 3m 이하   ④ 3.5m 이하

65 필릿용접(Fillet Welding)의 단면상 이론 목두께에 해당하는 것은?

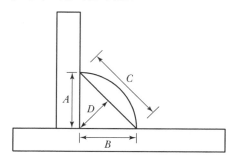

① A   ② B
③ C   ④ D

66 네트워크 공정표에 사용되는 용어에 관한 설명으로 옳지 않은 것은?

① 크리티컬 패스(Critical Path) : 개시 결합점에서 종료 결합점에 이르는 가장 긴 경로
② 더미(Dummy) : 결합점이 가지는 여유시간
③ 플로트(Float) : 작업의 여유시간
④ 패스(Path) : 네트워크 중에서 둘 이상의 작업이 이어지는 경로

67 콘크리트의 측압에 영향을 주는 요소에 관한 설명으로 옳지 않은 것은?

① 콘크리트 타설속도가 빠를수록 측압은 커진다.
② 콘크리트 온도가 낮으면 경화속도가 느려 측압은 작아진다.
③ 벽 두께가 얇을수록 측압은 작아진다.
④ 콘크리트의 슬럼프값이 클수록 측압은 커진다.

◉ ANSWER | 63 ③ 64 ③ 65 ④ 66 ② 67 ②

68 석공사에 사용하는 석재 중에서 수성암계에 해당하지 않는 것은?

① 사암   ② 석회암
③ 안산암   ④ 응회암

③ 안산암 : 화산암계

69 매스 콘크리트(Mass Concrete) 시공에 관한 설명으로 옳지 않은 것은?

① 매스 콘크리트의 타설온도는 온도균열을 제어하기 위한 관점에서 가능한 한 낮게 한다.
② 매스 콘크리트 타설 시 기온이 높을 경우에는 콜드조인트가 생기기 쉬우므로 응결촉진제를 사용한다.
③ 매스 콘크리트 타설 시 침하발생으로 인한 침하균열을 예방하기 위해 재진동 다짐 등을 실시한다.
④ 매스 콘크리트 타설 후 거푸집 탈형 시 콘크리트 표면의 급랭을 방지하기 위해 콘크리트 표면을 소정의 기간 동안 보온해 주어야 한다.

매스 콘크리트는 콘크리트의 내외부 온도차가 크게 나며 콜드조인트의 우려가 많으므로 혼화재와 혼화제를 사용하고 물시멘트비를 가급적 낮게 해야하며, 기온이 높을 경우 이어붓기 시 콜드조인트 발생 우려가 있으므로 응결지연제를 사용해야 한다.

70 거푸집공사(Form Work)에 관한 설명으로 옳지 않은 것은?

① 거푸집널은 콘크리트의 구조체를 형성하는 역할을 한다.
② 콘크리트 표면에 모르타르, 플라스터 또는 타일붙임 등의 마감을 할 경우에는 평활하고 광택 있는 면이 얻어질 수 있도록 철제 거푸집(Metal Form)을 사용하는 것이 좋다.

③ 거푸집공사비는 건축공사비에서의 비중이 높으므로, 설계단계부터 거푸집 공사의 개선과 합리화 방안을 연구하는 것이 바람직하다.
④ 폼타이(Form Tie)는 콘크리트를 타설할 때, 거푸집이 벌어지거나 우그러들지 않게 연결, 고정하는 긴결재이다.

콘크리트 표면에 모르타르, 플라스터, 타일붙임 등의 마감을 할 경우에는 부착성 향상을 위해 광택 있는 면이 없도록 하는 것이 유리하다.

71 철근콘크리트 말뚝머리와 기초와의 접합에 관한 설명으로 옳지 않은 것은?

① 두부를 커팅기계로 정리할 경우 본체에 균열이 생김으로 응력손실이 발생하여 설계내력을 상실하게 된다.
② 말뚝머리 길이가 짧은 경우는 기초저면까지 보강하여 시공한다.
③ 말뚝머리 철근은 기초에 30cm 이상의 길이로 정착한다.
④ 말뚝머리와 기초와의 확실한 정착을 위해 파일앵커링을 시공한다.

철근콘크리트 말뚝머리와 기초와의 접합 시에는 균열억제를 위해 커팅기를 사용해야 한다.

72 철근콘크리트 보에 사용된 굵은 골재의 최대치수가 25mm일 때, D22철근(동일 평면에서 평행한 철근)의 수평 순간격으로 옳은 것은?(단, 콘크리트를 공극 없이 칠 수 있는 다짐방법을 사용할 경우에는 제외)

① 22.2mm   ② 25mm
③ 31.25mm   ④ 33.3mm

주철근의 수평 순간격은 굵은 골재 최대치수의 4/3배 이상이므로 $(4 \times 25)/3 = 33.3$mm

---

◉ ANSWER | 68 ③   69 ②   70 ②   71 ①   72 ④

73 철근의 피복두께를 유지하는 목적이 아닌 것은?

① 부재의 소요 구조 내력 확보
② 부재의 내화성 유지
③ 콘크리트의 강도 증대
④ 부재의 내구성 유지

해설

피복두께 유지의 목적

- 내화성 증대
- 내구성 확보
- 방청성 확보
- 부착성 확보

74 불량품, 결점, 고장 등의 발생건수를 현상과 원인별로 분류하고, 여러 가지 데이터를 항목별로 분류해서 문제의 크기 순서로 나열하여, 그 크기를 막대그래프로 표기한 품질 관리도구는?

① 파레토그램
② 특성요인도
③ 히스토그램
④ 체크시트

해설

재해통계 분석방법

구분	분석요령	특징
파레토도	항목값이 큰 순서대로 정리	주요 재해발생 유형·중점관리대상 파악 용이
특성 요인도	재해발생과 그 요인의 관계를 어골상으로 세분화	결과별 원인의 분석 용이
크로스도	주요 요인 간의 문제 분석	• 2 이상의 관계분석 가능 • 2 이상의 상호관계 분석으로 정확한 발생원인 파악 가능
관리도	관리상한선, 중심선, 관리하한선 설정	개략적 추이파악 용이

75 강구조 공사 시 앵커링(Anchoring)에 관한 설명으로 옳지 않은 것은?

① 필요한 앵커링 저항력을 얻기 위해서는 콘크리트에 피해를 주지 않도록 적절한 대책을 수립하여야 한다.

② 앵커볼트 설치 시 베이스플레이트 위치의 콘크리트는 설계도면 레벨보다 −30mm ~ −50mm 낮게 타설하고, 베이스플레이트 설치 후 그라우팅 처리한다.
③ 구조용 앵커볼트를 사용하는 경우 앵커볼트 간의 중심선은 기둥중심선으로부터 3mm 이상 벗어나지 않아야 한다.
④ 앵커볼트로는 구조용 혹은 세우기용 앵커볼트가 사용되어야 하고, 나중매입공법을 원칙으로 한다.

해설

나중매입공법

철골공사 시 앵커볼트 매입부에 콘크리트를 타설한 후 천공하여 앵커볼트를 삽입한 후 모르타르로 메우는 공법으로 지지력의 약화가 단점이다.

76 모래지반 흙막이 공사에서 널말뚝의 틈새로 물과 토사가 유실되어 지반이 파괴되는 현상은?

① 히빙 현상(Heaving)
② 파이핑 현상(Piping)
③ 액상화 현상(Liquefaction)
④ 보일링 현상(Boiling)

해설

- 히빙현상 : 연약 점토지반을 굴착하고 벽체를 세워 흙이 무너지지 않도록 막았을 때, 뒤채움 흙의 자중과 추가하중을, 점착력이 버티지 못하여 결국 굴착한 곳의 흙이 부풀어 오르는 현상
- 파이핑 현상 : 수리구조물(흙댐, 방조제, 널말뚝 등) 하류단에서 동수경사가 한계를 넘으면 흙이 침식되기 시작하여 결국에 상부 구조물의 붕괴를 일으키는 현상
- 액상화 현상 : 사질지반에서 진동이나 충격, 지진 등으로 흙 속의 간극수압 상승으로 흙 속의 입자 간 유효응력이 감소 및 전단저항이 상실되어 액체와 같이 되는 현상
- 보일링 현상 : 굴착저면과 흙막이벽 뒷면의 지하수위와의 수위차로 인해 내부의 흙과 수압의 균형이 파괴되면 발생한다. 굴착저면으로 물과 모래가 부풀어 오르는 현상으로 투수성이 좋은 사질토 지반에서 발생

◉ **ANSWER** | 73 ③ 74 ① 75 ④ 76 ②

77 공사관리계약(Construction Management Contract) 방식의 장점이 아닌 것은?

① 시공 시 단계별 시공법을 적용할 수 있어 설계 및 시공기간을 단축시킬 수 있다.
② 설계과정에서 설계가 시공에 미치는 영향을 예측할 수 있어 설계도서의 현실성을 향상시킬 수 있다.
③ 기획 및 설계과정에서 발주자와 설계자간의 의견대립 없이 설계대안 및 특수공법의 적용이 가능하다.
④ 대리인형 CM(CM for fee)방식은 공사비와 품질에 직접적인 책임을 지는 공사관리계약 방식이다.

> **해설**
> 대리인형 CM은 발주자를 대리하여 컨설팅 역할을 하는 방식이다.

78 철골구조의 내화피복에 관한 설명으로 옳지 않은 것은?

① 조적공법은 용접철망을 부착하여 경량모르타르, 펄라이트 모르타르와 플라스터 등을 바름하는 공법이다.
② 뿜칠공법은 철골표면에 접착제를 혼합한 내화피복재를 뿜어서 내화피복을 한다.
③ 성형판 공법은 내화단열성이 우수한 각종 성형판을 철골주위에 접착제와 철물 등을 설치하고 그 위에 붙이는 공법으로 주로 기둥과 보의 내화피복에 사용된다.
④ 타설공법은 아직 굳지 않은 경량콘크리트나 기포모르타르 등을 강재주위에 거푸집을 설치하여 타설한 후 경화시켜 철골을 내화피복하는 공법이다.

> **해설**
> **조적공법**
> 벽돌이나 콘크리트 블록으로 내화성능을 확보하기 위한 공법이다.

79 철근콘크리트에서 염해로 인한 철근의 부식 방지대책으로 옳지 않은 것은?

① 콘크리트 중의 염소 이온량을 적게 한다.
② 에폭시 수지 도장 철근을 사용한다.
③ 방청제 투입을 고려한다.
④ 물-시멘트비를 크게 한다.

> **해설**
> 철근의 부식 3요소는 물, 산소, 전해질이며, 부식방지를 위해서는 C/W, 즉 물-시멘트비를 적게해야 한다. 철근콘크리트의 원칙은 물-시멘트비를 적게하는 것이다.

80 웰 포인트 공법(Well point method)에 관한 설명으로 옳지 않은 것은?

① 사질지반보다 점토질지반에서 효과가 좋다.
② 지하수위를 낮추는 공법이다.
③ 1~3m의 간격으로 파이프를 지중에 박는다.
④ 인접지 침하의 우려에 따른 주의가 필요하다.

> **해설**
> 지하수위를 낮추고 흙파기하는 기초파기 공법으로, 양수관을 다수 박아 넣고 진공흡입펌프로 지하수를 양수하는 방식이다. 사질토, 실트질, 모래 지반에서 사용하며, 중력 배수가 유효하지 않은 경우에 널리 사용된다.
>
> **지반개량 공법 중 배수공법**
> • 개념도

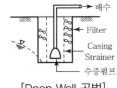

[Deep Well 공법]

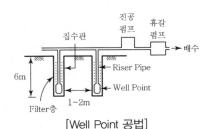

[Well Point 공법]

Deep Well 공법과 Well Point 공법 비교

구분	Deep Well 공법	Well Point 공법
특징	• 준비작업이 복잡 • 수중모터펌프 사용	• 공기단축 가능 • 진공펌프 사용
적용 지반	용수량이 많은 곳	• 긴급한 공사 • 6m 이내 굴착 시

5과목 건설재료학

81 깬자갈을 사용한 콘크리트가 동일한 시공연도의 보통 콘크리트보다 유리한 점은?

① 시멘트 페이스트와의 부착력 증가
② 단위수량 감소
③ 수밀성 증가
④ 내구성 증가

해설

깬자갈은 표면이 거칠게 되어 있으므로 당연히 페이스트와의 부착력은 증가되며 기타 콘크리트 품질을 저하시키는 요인으로 작용한다.

82 목재를 작은 조각으로 하여 충분히 건조시킨 후 합성수지와 같은 유기질의 접착제를 첨가하여 열압제판한 목재 가공품은?

① 파티클 보드(Paricle board)
② 코르크판(Cork board)
③ 섬유판(Fiber board)
④ 집성목재(Glulam)

해설

목재제품 종류	특징
파티클 보드 (Paricle Board)	목재를 작은 조각으로 하여 충분히 건조시킨 후 합성수지와 같은 유기질의 접착제를 첨가하여 열압제판한 목재 가공품
코르크판 (Cork Board)	코르크를 사용한 것으로 소음수준 저감과 단열효과도 얻을 수 있다.
섬유판 (Fiber Board)	목재원료를 섬유상으로 해섬해 접착제를 사용해 건식방법으로 성형·열압한 판상제품
집성목재 (Glulam)	원목을 길이방향으로 규격화시켜 평행하게 배열해 접착시킨 목재

83 도료상태의 방수재를 바탕면에 여러 번 칠하여 얇은 수지피막을 만들어 방수효과를 얻는 것으로 에멀션형, 용제형, 에폭시계 형태의 방수공법은?

① 시트방수
② 도막방수
③ 침투성 도포방수
④ 시멘트 모르타르 방수

해설

• 시트방수 : 내수성이 있는 시트상의 물질을 접착제로 깔아 붙이는 방수공법으로 합성수지, 합성고무계 물질이 주로 쓰이며, 두께는 0.05~2mm 정도로 시공한다.
• 도막방수 : 우레탄, 아크릴, 고무 아스팔트 고무계 등의 방수용으로 제조된 액상형 재료를 바탕면에 도포하여 방수층을 만드는 시공법으로 건물외벽, 지붕, 옥상 등에 사용된다.
• 침투성 도포방수 : 콘크리트나 모르터바탕 등의 표층부에 무기질의 활성실리카 성분을 포함한 침투성 물질을 도포하여 콘크리트간극 또는 공극에 침투시켜 불용성의 수화물을 생성시켜 수밀하게 만들어 방수층을 형성함으로써 물의 침입을 억제하는 방수공사
• 시멘트 모르타르 방수 : 옥상, 실내 및 지하의 콘크리트 표면에 시멘트 액체 방수층, 폴리머 시멘트 모르타르 방수층 또는 시멘트 혼입 폴리머계로 방수층을 시공하는 방법

84 합성수지의 종류 중 열가소성 수지가 아닌 것은?

① 염화비닐 수지
② 멜라민 수지
③ 폴리프로필렌 수지
④ 폴리에틸렌 수지

해설

• 열경화성 수지 : 페놀, 요소, 멜라민, 에폭시, 우레탄 수지
• 열가소성 수지 : 아크릴, 폴리아미드, 염화비닐 수지

◉ ANSWER | 81 ① 82 ① 83 ② 84 ②

85 수성페인트에 대한 설명으로 옳지 않은 것은?

① 수성페인트의 일종인 에멀션 페인트는 수성페인트에 합성수지와 유화제를 섞은 것이다.
② 수성페인트를 칠한 면은 외관은 온화하지만 독성 및 화재발생의 위험이 있다.
③ 수성페인트의 재료로 아교·전분·카세인 등이 활용된다.
④ 광택이 없으며 회반죽면 또는 모르타르면의 칠에 적당하다.

해설

수성·유성 페인트의 특징
• 수성페인트 : 가격이 싸다. 건조가 빠르다. 냄새가 없다. 독성 및 화재 발생의 위험이 없다.
• 유성페인트 : 가격이 비싸다. 건조시간이 오래 걸린다. 광택감이 있다.

86 금속판에 관한 설명으로 옳지 않은 것은?

① 알루미늄 판은 경량이고 열반사도 좋으나 알칼리에 약하다.
② 스테인리스 강판은 내식성이 필요한 제품에 사용된다.
③ 함석판은 아연도철판이라고도 하며 외관미는 좋으나 내식성이 약하다.
④ 연판은 X선 차단효과가 있고 내식성도 크다.

해설

함석판은 아연도철판이라고 하며 외관이 좋고 내식성도 우수하다.

87 다음 중 열전도율이 가장 낮은 것은?

① 콘크리트　　　　② 코르크판
③ 알루미늄　　　　④ 주철

해설

코르크판
압정이나 자석으로 부착할 수 있게 만든 학교 게시판. 칠판으로 사용되며 열전도가 잘되지 않는다.

88 콘크리트의 혼화재료 중 혼화제에 속하는 것은?

① 플라이애시
② 실리카퓸
③ 고로슬래그 미분말
④ 고성능 감수제

해설

혼화재료
㉠ 혼화재
고로슬래그, 플라이애시, 실리카퓸과 같은 SiO_2 성분의 재료
㉡ 혼화제
혼화재로 기대할 수 없는 성능을 얻기 위해 시멘트 중량 대비 5% 미만을 사용하는 약제 개념의 혼화재료
• AE제 : 미세기포를 연행시켜 콘크리트의 Workability를 향상하기 위해 사용하는 화학적 혼화재료
• 유동화제 : 유동성 증진을 목적으로 감수제에 선성을 보강한 것
• Silica Fume : 집진기를 통해 각종 실리콘 합금을 제조하는 공정에서 얻는 초미립자로 고강도 콘크리트를 만드는 데 사용한다.
• 응결지연제 : 레미콘으로 콘크리트를 장거리로 운반하는 경우 콜드 조인트 방지를 위해 사용한다.
• 고성능감수제 : 유동성 확보를 위해 물을 추가하는 대신 고성능감수제로 유동성을 확보하기 위한 혼화제

89 다음 중 점토의 성질에 관한 설명으로 옳지 않은 것은?

① 사질점토는 적갈색으로 내화성이 좋다.
② 자토는 순백색이며 내화성이 우수하나 가소성은 부족하다.
③ 석기점토는 유색의 견고하고 치밀한 구조로 내화도가 높고 가소성이 있다.
④ 석회질점토는 백색으로 용해되기 쉽다.

해설

• 사질점토 : 지름 0.002mm 이하의 입자크기의 구성성분으로 적갈색을 띠며, 내화성이 낮다.

◎ **ANSWER** | 85 ② 86 ③ 87 ② 88 ④ 89 ①

- 자토 : 천연 광물질로 도토, 백도토로도 불리며 가장 잘 알려진 이름으로 고령토가 여기에 해당된다. 순백색으로 내화성이 우수하나 가소성은 부족하다.
- 석기점토 : 가소성이 크고 내화도가 높아 운모, 상화철, 장석, 석영 등과 착색광물이 많이 섞여있어 소성되면 황갈색에서 회색계열이 유색으로 나타난다.
- 석회질점토 : 백색이며 쉽게 용해되는 것이 특징이다.

90 콘크리트에 AE제를 첨가했을 경우 공기량 증감에 큰 영향을 주지 않는 것은?

① 혼합시간
② 시멘트의 사용량
③ 주위온도
④ 양생방법

AE제
Ball Bearing 효과로 Workability 향상을 위해 첨가하며 공기량 증가에 의한 유동성 향상이 목적이므로 양생방법과는 전혀 관계가 없다.

91 다음 중 슬럼프 시험에 대한 설명으로 옳지 않은 것은?

① 슬럼프 시험 시 각 층을 50회 다진다.
② 콘크리트의 시공연도를 측정하기 위하여 행한다.
③ 슬럼프콘에 콘크리트를 3층으로 분할하여 채운다.
④ 슬럼프 값이 높을 경우 콘크리트는 묽은 비빔이다.

슬럼프 시험은 3단으로 층을 구성하며 각 층당 25회 다짐을 실시한다.

92 목재 섬유포화점의 함수율은 대략 얼마 정도인가?

① 약 10%
② 약 20%
③ 약 30%
④ 약 40%

목재 섬유포화점 함수율 : 30%

93 각 창호철물에 관한 설명으로 옳지 않은 것은?

① 피벗힌지(Pivot hinge) : 경첩 대신 축을 사용하여 여닫이문을 회전시킨다.
② 나이트래치(Night latch) : 외부에서는 열쇠, 내부에서는 작은 손잡이를 틀어 열 수 있는 실린더장치로 된 것이다.
③ 크레센트(Crescent) : 여닫이문의 상하단에 붙여 경첩과 같은 역할을 한다.
④ 래버터리힌지(Lavatory hinge) : 스프링 힌지의 일종으로 공중용 화장실 등에 사용된다.

크레센트(Crescent)
오르내림창 등에 설치하는 잠금장치로 가장 흔히 볼 수 있는 대표적인 창문 자물쇠를 말한다. 일반적으로는 레버를 위로 올리면 잠기고 아래로 내리면 열리며, 안쪽 창문과 바깥쪽 창문에 철물 한 개씩을 설치해 맞물리는 구조로 되어있다.

94 건축재료 중 마감재료의 요구성능으로 거리가 먼 것은?

① 화학적 성능
② 역학적 성능
③ 내구성능
④ 방화·내화 성능

마감재료의 요구성능
- 화학적 성능
- 내구성능
- 방화 및 내화성능

95 PVC 바닥재에 대한 일반적인 설명으로 옳지 않은 것은?

① 보통 두께 3mm 이상의 것을 사용한다.
② 접착제는 비닐계 바닥재용 접착제를 사용한다.
③ 바닥시트에 이용하는 용접봉, 용접액 혹은 줄눈재는 제조업자가 지정하는 것으로 한다.
④ 재료보관은 통풍이 잘 되고 햇빛이 잘 드는 곳에 보관한다.

해설

PVC는 특히 열에 약해 변색 및 변형되므로 보관 시 햇빛에 노출되지 않도록 보관해야 한다.

96 점토기와 중 훈소와에 해당하는 설명은?

① 소소와에 유약을 발라 재소성한 기와
② 기와 소성이 끝날 무렵에 식염증기를 충만시켜 유약 피막을 형성시킨 기와
③ 저급점토를 원료로 900~1000℃로 소소하여 만든 것으로 흡수율이 큰 기와
④ 건조제품을 가마에 넣고 연료로 장작이나 솔잎 등을 써서 검은 연기로 그을려 만든 기와

해설

• 시유와 : 소소와에 유약을 발라 재소성한 기와
• 훈소와 : 장작, 솔잎을 태운 검은 연기로 그을린 기와
• 소소와 : 저급점토를 원료로 형성시킨 기와로 흡수율이 큰 것이 특징이다.
• 오지기와 : 소성이 끝날 무렵 식염증기를 충만시켜 유약피막을 형성시킨 기와

97 골재의 실적률에 관한 설명으로 옳지 않은 것은?

① 실적률은 골재 입형의 양부를 평가하는 지표이다.
② 부순 자갈의 실적률은 그 입형 때문에 강자갈의 실적률보다 작다.

③ 실적률 산정 시 골재의 밀도는 절대건조 상태의 밀도를 말한다.
④ 골재의 단위용적질량이 동일하면 골재의 비중이 클수록 실적률도 크다.

해설

골재의 실적률
• 실적률은 골재 입형의 양부를 평가하는 지표이다.
• 부순 자갈의 실적률은 그 입형 때문에 강자갈의 실적률보다 작다.
• 실적률 산정 시 골재의 밀도는 절대건조 상태의 밀도를 말한다.
• 골재의 단위용적질량이 동일하면 골재의 밀도가 클수록 실적률은 작아진다.

98 미장재료 중 돌로마이트 플라스터에 대한 설명으로 옳지 않은 것은?

① 보수성이 크고 응결시간이 길다.
② 소석회에 모래, 해초풀, 여물 등을 혼합하여 바르는 미장재료이다.
③ 회반죽에 비하여 조기강도 및 최종강도가 크고 착색이 쉽다.
④ 여물을 혼입하여도 건조수축이 크기 때문에 수축 균열이 발생한다.

해설

돌로마이트 플라스터는 해초풀, 여물 등을 혼합하지 않고 물로 연화한다.

99 파손방지, 도난방지 또는 진동이 심한 장소에 적합한 망입(網入)유리의 제조 시 사용되지 않는 금속선은?

① 철선(철사)   ② 황동선
③ 청동선   ④ 알루미늄선

해설

망입유리와 제조 시 사용되는 금속선
망입유리는 유리의 중앙부에 금속망이나 금속선을 삽입하여 성형한 유리로 충격에 강하며 파손 시 비산이 방지되어 안전하기 때문에 학교, 관공서, 공공시설, 방범, 방화용, 제연설비용이나 중문 등에 인테

◎ ANSWER | 95 ④ 96 ④ 97 ④ 98 ② 99 ③

리어용으로 널리 사용된다. 금속선으로는 철선, 황동선, 알루미늄선이 사용된다.

100 목재의 결점 중 벌채 시의 충격이나 그 밖의 생리적 원인으로 인하여 세로축에 직각으로 섬유가 절단된 형태를 의미하는 것은?

① 수지낭   ② 미숙재
③ 컴프레션페일러   ④ 옹이

⊙해설

목재의 결함	특징
컴프레션페일러 (Compression Failure)	목재의 결점 중 벌채 시의 충격이나 그 밖의 생리적 원인으로 인하여 세로축에 직각으로 섬유가 절단된 형태
수지낭	수지 주머리로 연륜간 결합력이 약해 강도가 약하게 되는 원인이 된다.
옹이	나무에 박힌 가지의 밑부분
미숙재 (Juvenile Wood)	수목의 일생 동안 수간의 중심부 주위에 발달되는 2차목부 조직으로 세포 길이가 안정되지 못해 매년 1% 이상의 신장률을 나타내는 목재

6과목 건설안전기술

101 유해·위험방지계획서 제출 시 첨부서류로 옳지 않은 것은?

① 공사현장의 주변 현황 및 주변과의 관계를 나타내는 도면
② 공사개요서
③ 전체공정표
④ 작업인부의 배치를 나타내는 도면 및 서류

⊙해설

유해·위험방지계획서 첨부서류

• 공사 개요서
• 주변 현황 및 주변과의 관계를 나타내는 도면
• 건설물, 사용 기계설비 등의 배치 도면
• 전체공정표
• 산업안전보건관리비 사용계획서

• 안전관리 조직표
• 재해발생 위험 시 연락 및 대피방법

102 추락재해방지 설비 중 근로자의 추락재해를 방지할 수 있는 설비로 작업발판 설치가 곤란한 경우에 필요한 설비는?

① 경사로
② 추락방호망
③ 고장사다리
④ 달비계

⊙해설

제42조(추락의 방지)

① 사업주는 근로자가 추락하거나 넘어질 위험이 있는 장소[작업발판의 끝·개구부(開口部) 등을 제외한다] 또는 기계·설비·선박블록 등에서 작업을 할 때에 근로자가 위험해질 우려가 있는 경우 비계(飛階)를 조립하는 등의 방법으로 작업발판을 설치하여야 한다.

② 사업주는 제1항에 따른 작업발판을 설치하기 곤란한 경우 다음 각 호의 기준에 맞는 추락방호망을 설치해야 한다. 다만, 추락방호망을 설치하기 곤란한 경우에는 근로자에게 안전대를 착용하도록 하는 등 추락위험을 방지하기 위해 필요한 조치를 해야 한다.

  1. 추락방호망의 설치위치는 가능하면 작업면으로부터 가까운 지점에 설치하여야 하며, 작업면으로부터 망의 설치지점까지의 수직거리는 10미터를 초과하지 아니할 것

  2. 추락방호망은 수평으로 설치하고, 망의 처짐은 짧은 변 길이의 12퍼센트 이상이 되도록 할 것

  3. 건축물 등의 바깥쪽으로 설치하는 경우 추락방호망의 내민 길이는 벽면으로부터 3미터 이상 되도록 할 것. 다만, 그물코가 20밀리미터 이하인 추락방호망을 사용한 경우에는 제14조 제3항에 따른 낙하물 방지망을 설치한 것으로 본다.

③ 사업주는 추락방호망을 설치하는 경우에는 한국산업표준에서 정하는 성능기준에 적합한 추락방호망을 사용하여야 한다.

103 건설업 산업안전보건관리비 계상 및 사용기준에 따른 안전관리비의 개인보호구 및 안전장구 구입비 항목에서 안전관리비로 사용이 가능한 경우는?

① 안전·보건관리자가 선임되지 않은 현장에서 안전·보건업무를 담당하는 현장관계자용 무전기, 카메라, 컴퓨터, 프린터 등 업무용 기기
② 혹한·혹서에 장기간 노출로 인해 건강장해를 일으킬 우려가 있는 경우 특정 근로자에게 지급되는 기능성 보호장구
③ 근로자에게 일률적으로 지급하는 보랭·보온장구
④ 감리원이나 외부에서 방문하는 인사에게 지급하는 보호구

해설

산업안전보건관리비는 근로자를 위한 비용의 사용이 원칙이며, 혹한 및 혹서기의 기능성 보호장구도 포함된다. 2022년 8월부터는 위험성평가에서 필요하다고 판단되는 모든 항목의 사용이 가능하도록 개정되었다.

104 가설통로의 설치기준으로 옳지 않은 것은?

① 경사가 15°를 초과하는 때에는 미끄러지지 않는 구조로 한다.
② 건설공사에 사용하는 높이 8m 이상인 비계다리에는 7m 이내마다 계단참을 설치한다.
③ 수직갱에 가설된 통로의 길이가 15m 이상일 경우에는 15m 이내마다 계단참을 설치한다.
④ 추락의 위험이 있는 장소에는 안전난간을 설치한다.

해설

가설통로 설치기준
수직갱에 가설된 통로의 길이가 15미터 이상일 경우에는 10미터 이내마다 계단참을 설치한다.

105 비계의 높이가 2m 이상인 작업장소에 작업발판을 설치할 경우 준수하여야 할 기준으로 옳지 않은 것은?

① 작업발판의 폭은 30cm 이상으로 한다.
② 발판재료 간의 틈은 3cm 이하로 한다.
③ 추락의 위험성이 있는 장소에는 안전난간을 설치한다.
④ 발판재료는 뒤집히거나 떨어지지 않도록 2개 이상의 지지물에 연결하거나 고정시킨다.

해설

작업발판의 폭은 40cm 이상으로 한다.

106 가설구조물의 문제점으로 옳지 않은 것은?

① 도괴재해의 가능성이 크다.
② 추락재해 가능성이 크다.
③ 부재의 결합이 간단하나 연결부가 견고하다.
④ 구조물이라는 통상의 개념이 확고하지 않으며 조립의 정밀도가 낮다.

해설

가설구조물은 부재의 결합이 간단하나 연결부가 견고하지 못하다.

107 거푸집 해체작업 시 유의사항으로 옳지 않은 것은?

① 일반적으로 수평부재의 거푸집은 연직부재의 거푸집보다 빨리 떼어낸다.
② 해체된 거푸집이나 각목 등에 박혀 있는 못 또는 날카로운 돌출물은 즉시 제거하여야 한다.
③ 상하 동시 작업은 원칙적으로 금지하여 부득이한 경우에는 긴밀히 연락을 취하며 작업을 하여야 한다.
④ 거푸집 해체작업장 주위에는 관계자를 제외하고는 출입을 금지시켜야 한다.

콘크리트 양생이 완료되면 동바리와 거푸집을 동시에 떼어낸다.

108 법면 붕괴에 의한 재해 예방조치로서 옳은 것은?

① 지표수와 지하수의 침투를 방지한다.
② 법면의 경사를 증가한다.
③ 절토 및 성토높이를 증가한다.
④ 토질의 상태에 관계없이 구배조건을 일정하게 한다.

법면 붕괴방지 예방조치
1. 지표수와 지하수 침투를 방지한다.
2. 법면의 경사를 완화한다.
3. 절토 및 성토높이를 저감한다.
4. 토질별 구배조건을 준수한다.
   • 습지 1 : 1~1 : 1.5
   • 건지 1 : 0.5~1 : 1
   • 풍화암 1 : 1.0
   • 연암 1 : 1.0
   • 경암 1 : 0.5

109 취급·운반의 원칙으로 옳지 않은 것은?

① 운반 작업을 집중하여 시킬 것
② 생산을 최고로 하는 운반을 생각할 것
③ 곡선 운반을 할 것
④ 연속 운반을 할 것

취급·운반의 3조건과 5원칙
㉠ 취급·운반의 3조건
  • 운반거리를 단축시킬 것
  • 운반을 기계화할 것
  • 손이 닿지 않는 운반방식으로 할 것
㉡ 취급·운반의 5원칙
  • 직선운반을 할 8것
  • 연속운반을 할 것
  • 운반작업을 집중화시킬 것
  • 생산을 최고로 하는 운반을 생각할 것
  • 최대한 시간과 경비를 절약할 수 있는 운반방법을 고려할 것

110 철골작업 시 철골부재에서 근로자가 수직방향으로 이동하는 경우에 설치하여야 하는 고정된 승강로의 최대 답단 간격은 얼마 이내인가?

① 20cm
② 25cm
③ 30cm
④ 40cm

철골작업 시 승강로 계단간격(답단) : 30cm

111 재해사고를 방지하기 위하여 크레인에 설치되는 방호장치로 옳지 않은 것은?

① 공기정화장치
② 비상정지장치
③ 제동장치
④ 권과방지장치

크레인 방호장치
과부하방지장치, 권과방지장치, 비상정지장치, 훅 해지장치, 충돌방지장치, 미끄럼방지 고정장치, 레일 정지기구, 정전 시 보호장치, 회전부분 방호장치, 선회제한 스위치, 경사각 지시장치, 지브길이별 하중제한 표시

112 작업장 출입구 설치 시 준수해야 할 사항으로 옳지 않은 것은?

① 출입구의 위치·수 및 크기를 작업장의 용도와 특성에 맞도록 한다.
② 출입구에 문을 설치하는 경우에는 근로자가 쉽게 열고 닫을 수 있도록 한다.
③ 주된 목적이 하역운반기계용인 출입구에는 보행자용 출입구를 따로 설치하지 않는다.
④ 계단이 출입구와 바로 연결된 경우에는 작업자의 안전한 통행을 위하여 그 사이에 1.2m 이상 거리를 두거나 안내표지 또는 비상벨 등을 설치한다.

모든 작업장 출입구에는 보행자용 출입구를 별도로 설치해야 한다.

113 옥외에 설치되어 있는 주행크레인에 대하여 이탈방지장치를 작동시키는 등 그 이탈을 방지하기 위한 조치를 하여야 하는 순간풍속에 대한 기준으로 옳은 것은?

① 순간풍속이 초당 10m를 초과하는 바람이 불어올 우려가 있는 경우
② 순간풍속이 초당 20m를 초과하는 바람이 불어올 우려가 있는 경우
③ 순간풍속이 초당 30m를 초과하는 바람이 불어올 우려가 있는 경우
④ 순간풍속이 초당 40m를 초과하는 바람이 불어올 우려가 있는 경우

해설
- 순간풍속이 초당 10m를 초과하는 경우 : 타워크레인의 설치, 수리, 점검 또는 해체작업 중지
- 순간풍속이 초당 15m를 초과하는 경우 : 타워크레인의 운전작업 중지
- 순간풍속이 30m/s를 초과하는 경우 : 옥외에 설치되어 있는 주행 크레인에 대하여 이탈방지장치를 작동시키는 등 이탈 방지 조치

114 지반 등의 굴착작업 시 연암의 굴착면 기울기로 옳은 것은?

① 1 : 0.3 ② 1 : 0.5
③ 1 : 0.8 ④ 1 : 1.0

해설
굴착면의 구배기준
- 습지 1 : 1~1 : 1.5
- 건지 1 : 0.5~1 : 1
- 풍화암 1 : 1.0
- 연암 1 : 1.0
- 경암 1 : 0.5

115 사면지반 개량공법으로 옳지 않은 것은?

① 전기 화학적 공법
② 석회 안정처리 공법
③ 이온 교환 방법
④ 옹벽 공법

해설
옹벽 공법은 사면지반의 보강공법이다.

116 흙막이벽 근입깊이를 깊게 하고, 전면의 굴착부분을 남겨두어 흙의 중량으로 대항하게 하거나, 굴착예정부분의 일부를 미리 굴착하여 기초콘크리트를 타설하는 등의 대책과 가장 관계가 깊은 것은?

① 파이핑현상이 있을 때
② 히빙현상이 있을 때
③ 지하수위가 높을 때
④ 굴착깊이가 깊을 때

해설
히빙현상
1. 원인 : 점성토 지반의 흙막이 내외면 흙의 중량차 또는 굴착저면 피압수의 영향으로 굴착저면이 부풀어 오르는 현상이다.
2. 대책
   - 근입장 확장
   - 전면 굴착부를 남겨둠
   - 굴착예정부에 기초콘크리트 타설
   - 상재하중 제거
   - 굴착 전 지반개량

117 사다리식 통로 등을 설치하는 경우 통로 구조로서 옳지 않은 것은?

① 발판의 간격은 일정하게 한다.
② 발판과 벽과의 사이는 15cm 이상의 간격을 유지한다.
③ 사다리의 상단은 걸쳐놓은 지점으로부터 60cm 이상 올라가도록 한다.
④ 폭은 40cm 이상으로 한다.

해설
사다리식 통로의 폭은 30cm 이상으로 한다(가설통로는 40cm).

◉ ANSWER | 113 ③ 114 ④ 115 ④ 116 ② 117 ④

118 콘크리트 타설작업을 하는 경우에 준수해야 할 사항으로 옳지 않은 것은?

① 당일의 작업을 시작하기 전에 해당 작업에 관한 거푸집 동바리 등의 변형·변위 및 지반의 침하 유무 등을 점검하고 이상이 있으면 보수한다.

② 작업 중에는 거푸집 동바리 등의 변형·변위 및 침하 유무 등을 감시할 수 있는 감시자를 배치하여 이상이 있으면 작업을 빠른 시간 내 우선 완료하고 근로자를 대피시킨다.

③ 콘크리트 타설작업 시 거푸집 붕괴의 위험이 발생할 우려가 있으면 충분한 보강조치를 한다.

④ 콘크리트를 타설하는 경우에는 편심이 발생하지 않도록 골고루 분산하여 타설한다.

■ 해설
콘크리트 타설작업 중에는 이상이 있으면 작업을 즉시 중지해야 한다.

119 건설작업장에서 근로자가 상시 작업하는 장소의 작업면 조도기준으로 옳지 않은 것은? (단, 갱내 작업장과 감광재료를 취급하는 작업장의 경우는 제외)

① 초정밀작업 : 600럭스(lux) 이상

② 정밀작업 : 300럭스(lux) 이상

③ 보통작업 : 150럭스(lux) 이상

④ 초정밀, 정밀, 보통작업을 제외한 기타 작업 : 75럭스(lux) 이상

■ 해설
조도기준
• 기타 작업 : 75lux 이상
• 보통작업 : 150lux 이상
• 정밀작업 : 300lux 이상
• 초정밀작업 : 750lux 이상

120 강관틀비계를 조립하여 사용하는 경우 준수해야 할 기준으로 옳지 않은 것은?

① 수직방향으로 6m, 수평방향으로 8m 이내마다 벽이음을 할 것

② 높이가 20m를 초과하거나 중량물의 적재를 수반하는 작업을 할 경우에는 주틀 간의 간격을 2.4m 이하로 할 것

③ 길이가 띠장방향으로 4m 이하이고 높이가 10m를 초과하는 경우에는 10m 이내마다 띠장방향으로 버팀기둥을 설치할 것

④ 주틀 간에 교차 가새를 설치하고 최상층 및 5층 이내마다 수평재를 설치할 것

■ 해설
높이가 20m를 초과하거나 중량물의 적재를 수반하는 작업을 할 경우에는 주틀 간의 간격을 1.8m 이하로 할 것

1과목 산업안전관리론

01 산업안전보건법령상 안전보건관리규정 작성에 관한 사항으로 ( )에 알맞은 기준은?

> 안전보건관리규정을 작성하여야 할 사업의 사업주는 안전보건관리규정을 작성하여야 할 사유가 발생한 날부터 ( )일 이내에 안전보건관리규정을 작성해야 한다.

① 7
② 14
③ 30
④ 60

해설

안전보건관리규정을 작성하여야 할 사유가 발생하면 30일 이내에 작성해야 한다.

02 산업안전보건법령상 안전관리자를 2인 이상 선임하여야 하는 사업이 아닌 것은?(단, 기타 법령에 관한 사항은 제외한다.)

① 상시 근로자가 500명인 통신업
② 상시 근로자가 700명인 발전업
③ 상시 근로자가 600명인 식료품 제조업
④ 공사금액이 1,000억이며 공사 진행률(공정률)이 20%인 건설업

해설

상시 근로자 500명인 통신업은 안전관리자를 1인 이상 선임해야 한다.

03 산업재해보상보험법령상 보험급여의 종류를 모두 고른 것은?

> ㄱ. 장례비   ㄴ. 요양급여
> ㄷ. 간병급여   ㄹ. 영업손실비용
> ㅁ. 직업재활급여

① ㄱ, ㄴ, ㄹ
② ㄱ, ㄴ, ㄷ, ㅁ
③ ㄱ, ㄷ, ㄹ, ㅁ
④ ㄴ, ㄷ, ㄹ, ㅁ

해설

산업재해보상보험법령상 보험급여
장례비, 요양급여, 간병급여, 직업재활급여

04 안전관리조직의 형태에 관한 설명으로 옳은 것은?

① 라인형 조직은 100명 이상의 중규모 사업장에 적합하다.
② 스태프형 조직은 100명 이상의 중규모 사업장에 적합하다.
③ 라인형 조직은 안전에 대한 정보가 불충분하지만 안전지시나 조치에 대한 실시가 신속하다.
④ 라인·스태프형 조직은 1,000명 이상의 대규모 사업장에 적합하나 조직원 전원의 자율적 참여가 불가능하다.

해설

안전관리조직의 형태
1. 라인형조직의 특징
   (근로자 수 100명 이하 소규모 사업장)

장점	• 안전업무가 생산현장 라인을 통해 시행된다. • 지시의 이행이 빠르다. • 명령과 보고가 간단하다.
단점	• 안전정보가 불충분하다. • 전문적 안전지식이 부족하다. • 라인에 책임전가 우려가 많다.

ANSWER | 01 ③ 02 ① 03 ② 04 ③

2. 스태프형 조직의 특징
   (근로자수 100~500명 이하 중규모 사업장)

장점	• 안전정보 수집이 신속하다. • 안전관리를 담당하는 스태프를 통해 전문적인 안전조직을 구성할 수 있다.
단점	• 안전과 생산을 별개로 취급하기 쉽다. • 스태프 스스로 생산라인의 안전업무를 행하는 것은 아니다. • 권한 다툼이나 조정이 난해하여 통제수속이 복잡하다.

3. 라인-스태프형의 특징
   (근로자수 500명 이상 대규모사업장)

장점	• 대규모 사업장(1,000명 이상)에 효과적이다. • 신속, 정확한 경영자의 지침전달이 가능하다. • 안전활동과 생산업무의 균형유지가 가능하다.
단점	• 명령계통과 조언 및 권고적 참여가 혼동되기 쉽다. • 라인이 스태프에게만 의존하거나 활용하지 않을 우려가 있다. • 스태프가 월권행위 할 우려가 있다.

05 재해 예방을 위한 대책선정에 관한 사항 중 기술적 대책(Engineering)에 해당되지 않는 것은?

① 작업행정의 개선
② 환경설비의 개선
③ 점검보존의 확립
④ 안전수칙의 준수

◉ 해설 ─────────

기술적(Engineering)대책
공학적 대책, 안전설계, 작업행정의 개선, 안전기준의 설정, 환경설비의 개선, 점검보존의 확립 등

06 산업안전보건법령상 산업안전보건위원회의 심의·의결을 거쳐야 하는 사항이 아닌 것은?(단, 그 밖에 필요한 사항은 제외한다.)

① 작업환경측정 등 작업환경의 점검 및 개선에 관한 사항
② 산업재해에 관한 통계의 기록 및 유지에 관한 사항

③ 안전장치 및 보호구 구입 시 적격품 여부 확인에 관한 사항
④ 사업장의 산업재해 예방계획의 수립에 관한 사항

◉ 해설 ─────────

1. 심의사항
   • 산업재해원인조사 및 재발방지대책 수립에 관한 사항
   • 안전·보건에 관련되는 안전장치 및 보호구 구입 시 적격품 여부 확인에 관한 사항
   • 공정안전보고서 작성에 관한 사항
   • 안전보건개선계획 수립에 관한 사항
   • 기타 근로자의 유해·위험예방조치에 관한 사항
2. 의결사항
   • 산업재해예방계획의 수립에 관한 사항
   • 안전보건관리규정의 작성 및 그 변경에 관한 사항
   • 근로자의 안전·보건교육에 관한 사항
   • 작업환경측정 등 작업환경의 점검 및 개선에 관한 사항
   • 근로자의 건강진단 등 건강관리에 관한 사항
   • 중대재해의 원인조사 및 재발방지대책의 수립에 관한 사항
   • 산업재해에 관한 통계의 기록·유지에 관한 사항
   • 유해·위험한 기계·기구 그 밖의 설비를 도입한 경우 안전·보건조치에 관한 사항

07 산업안전보건법령상 안전보건표지의 색채를 파란색으로 사용하여야 하는 경우는?

① 주의표지
② 정지신호
③ 차량 통행표지
④ 특정 행위의 지시

◉ 해설 ─────────

안전보건표지의 색채
• 파란색 : 특정행위의 지시 및 사실의 고지
• 빨간색 : 화학물질 취급장소에서의 유해위험 경고
• 노란색 : 화학물질 취급장소에서의 유해위험 경고 이외의 위험경고
• 녹색 : 정지신호, 소화설비 및 그 장소, 유해행위의 금지

◉ ANSWER | 05 ④ 06 ③ 07 ④

08 시설물의 안전 및 유지관리에 관한 특별법령상 안전등급별 정기안전점검 및 정밀안전진단 실시시기에 관한 사항으로 ( )에 알맞은 기준은?

안전등급	정기안전점검	정밀안전진단
A등급	(ㄱ)에 1회 이상	(ㄴ)에 1회 이상

① ㄱ : 반기, ㄴ : 4년
② ㄱ : 반기, ㄴ : 6년
③ ㄱ : 1년, ㄴ : 4년
④ ㄱ : 1년, ㄴ : 6년

◉해설

종류	점검시기	점검내용
정기점검	• A·B·C 등급 : 반기당 1회 • D·E 등급 : 해빙기·우기·동절기 등 연간 3회	• 시설물의 기능적 상태 • 사용요건 만족도
정밀점검	㉠ 건축물 • A 등급 : 4년에 1회 • B·C 등급 : 3년에 1회 • D·E 등급 : 2년에 1회 • 최초실시 : 준공일 또는 사용인일 기준 3년 이내(건축물은 4년 이내) • 건축물에는 부대시설인 옹벽과 절토사면을 포함 ㉡ 기타 시설물 • A 등급 : 3년에 1회 • B·C 등급 : 2년에 1회 • D·E 등급 : 1년에 1회 • 항만시설물 중 썰물 시 바닷물에 항상 잠겨있는 부분은 4년에 1회 이상	• 시설물 상태 • 안전성 평가
긴급점검	• 관리주체가 필요하다고 판단 시 • 관계 행정기관장이 필요하여 관리주체에게 긴급점검을 요청할 때	재해, 사고에 의한 구조적 손상 상태

종류	점검시기	점검내용
정밀진단	• 최초실시 : 준공일, 사용승인일로부터 10년 경과 시 1년 이내 • A 등급 : 6년에 1회 • B·C 등급 : 5년에 1회 • D·E 등급 : 4년에 1회	• 시설물의 물리적, 기능적 결함 발견 • 신속하고 적절한 조치를 취하기 위해 구조적 안전성과 결함 원인을 조사, 측정, 평가 • 보수, 보강 등의 방법 제시

09 다음의 재해사례에서 기인물과 가해물은?

> 작업자가 작업장을 걸어가던 중 작업장 바닥에 쌓여 있던 자재에 걸려 넘어지면서 바닥에 머리를 부딪쳐 사망하였다.

① 기인물 : 자재, 가해물 : 바닥
② 기인물 : 자재, 가해물 : 자재
③ 기인물 : 바닥, 가해물 : 바닥
④ 기인물 : 바닥, 가해물 : 자재

◉해설

넘어지는 데 기인한 것은 자재이며 직접 가해를 한 가해물은 바닥이다.

10 산업재해통계업무처리규정상 산업재해통계에 관한 설명으로 틀린 것은?

① 총요양근로손실일수는 재해자의 총요양 기간을 합산하여 산출한다.
② 휴업재해자수는 근로복지공단의 휴업급여를 지급받은 재해자수를 의미하며, 체육행사로 인하여 발생한 재해는 제외된다.
③ 사망자수는 통상의 출퇴근에 의한 사망을 포함하여 근로복지공단의 유족급여가 지급된 사망자수를 말한다.
④ 재해자수는 근로복지공단의 유족급여가 지급된 사망자 및 근로복지공단에 최초요양신청서를 제출한 재해자 중 요양승인을 받은 자를 말한다.

11 건설업 산업안전보건관리비 계상 및 사용기준상 건설업 안전보건관리비로 사용할 수 있는 것을 모두 고른 것은?

> ㄱ. 전담 안전·보건관리자의 인건비
> ㄴ. 현장 내 안전보건 교육장 설치비용
> ㄷ. 「전기사업법」에 따른 전기안전대행비용
> ㄹ. 유해·위험방지계획서의 작성에 소요되는 비용
> ㅁ. 재해예방전문지도기관에 지급하는 기술지도 비용

① ㄴ, ㄷ, ㄹ   ② ㄱ, ㄴ, ㄹ, ㅁ
③ ㄱ, ㄷ, ㄹ, ㅁ   ④ ㄱ, ㄴ, ㄷ, ㅁ

산업안전보건관리비 사용기준

항목	사용요령
안전관리자 등 인건비	겸직 안전관리자 임금의 50%까지 가능
안전시설비	스마트 안전장비 구입(임대비의 20% 이내 허용, 총액의 10% 한도)
보호구 등	안전인증 대상 보호구에 한함
안전·보건 진단비	산안법상 법령에 따른 진단에 소요되는 비용
안전·보건 교육비 등	산재예방 관련 모든 교육비용 허용(타 법령상 의무교육 포함)
건강장해 예방비	손소독제·체온계·진단키트 등 허용
기술지도비	2022년 8월 18일 이후 체결되는 기술지도 계약부터는 발주자가 기술지도 계약을 체결하도록 변경됨
본사인건비	중대재해처벌법 시행 고려, 200위 이내 종합건설업체는 사용 제한, 5억 원 한도 폐지, 임금 등으로 사용항목 한정
자율결정항목	위험성평가 또는 중대법상 유해·위험 요인 개선 판단을 통해 발굴하여 노사 간 합의로 결정한 품목 허용 ※ 총액의 10% 한도

12 다음에서 설명하는 위험예지훈련 단계는?

> • 위험요인을 찾아내는 단계
> • 가장 위험한 것을 합의하여 결정하는 단계

① 현상파악   ② 본질추구
③ 대책수립   ④ 목표설정

위험예지훈련 4단계

• 1단계(현상파악) : 작업에 관련된 문제점의 파악 단계
• 2단계(본질추구) : 문제의 원인을 분석하는 단계. 가장 위험한 것을 합의하여 결정하는 단계
• 3단계(대책수립) : 문제를 해결하기 위한 방안을 마련하는 단계
• 4단계(목표설정) : 훈련의 성과를 평가하기 위한 기준을 정하는 단계

13 산업안전보건법령상 안전검사 대상기계가 아닌 것은?

① 리프트
② 압력용기
③ 컨베이어
④ 이동식 국소배기장치

이동식 국소배기장치는 안전검사 대상에서 제외된다.

안전검사 대상기계

프레스, 전단기, 크레인(정격하중 2톤 미만인 것은 제외), 리프트, 압력용기, 곤돌라, 국소배기장치(이동식은 제외), 원심기(산업용만 해당), 롤러기(밀폐형 구조는 제외), 사출성형기(형 체결력 294킬로뉴턴 미만은 제외), 고소작업대(화물자동차 또는 특수자동차에 탑재한 고소작업대로 한정), 컨베이어, 산업용 로봇

◉ ANSWER | 11 ② 12 ② 13 ④

14 산업안전보건법령상 사업장에서 산업재해 발생 시 사업주가 기록·보존하여야 하는 사항이 아닌 것은?(단, 산업재해조사표와 요양신청서의 사본은 보존하지 않았다.)

① 사업장의 개요
② 근로자의 인적사항
③ 재해 재발장치 계획
④ 안전관리자 선임에 관한 사항

재해발생 시 기록보존사항
• 사업장의 개요 및 근로자 인적사항
• 재해발생 일시 및 장소
• 재해발생 원인 및 과정
• 재해 재발방지계획

15 A사업장의 상시근로자수가 1,200명이다. 이 사업장의 도수율이 10.5이고 강도율이 7.5일 때 이 사업장의 총요양근로손실일수(일)는? (단, 연근로시간수는 2,400시간이다.)

① 21.6   ② 216
③ 2,160   ④ 21,600

$$강도율 = \frac{총요양근로손실일수}{연간\ 총근로시간} \times 1,000$$

$$7.5 = \frac{총요양근로손실일수}{1,200 \times 2,400} \times 1,000$$

∴ 총요양근로손실일수
$$= \frac{7.5 \times (1,200 \times 2,400)}{1,000} = 21,600$$

16 산업재해의 기본원인으로 볼 수 있는 4M으로 옳은 것은?

① Man, Machine, Maker, Media
② Man, Management, Machine, Media
③ Man, Machine, Maker, Management
④ Man, Management, Machine, Material

안전관리 4M
Man, Management, Machine, Media

17 보호구 안전인증 고시상 안전대 충격흡수장치의 동하중 시험성능기준에 관한 사항으로 ( )에 알맞은 기준은?

• 최대전달충격력은 (ㄱ)kN 이하
• 감속거리는 (ㄴ)mm 이하이어야 함

① ㄱ : 6.0, ㄴ : 1,000
② ㄱ : 6.0, ㄴ : 2,000
③ ㄱ : 8.0, ㄴ : 1,000
④ ㄱ : 8.0, ㄴ : 2,000

안전대 충격흡수장치의 동하중 시험성능기준
• 최대전달충격력 6.0kN 이하
• 감속거리 1,000mm 이하

18 산업안전보건기준에 관한 규칙상 공기압축기 가동 전 점검사항을 모두 고른 것은?(단, 그 밖에 사항은 제외한다.)

ㄱ. 윤활유의 상태
ㄴ. 압력방출장치의 기능
ㄷ. 회전부의 덮개 또는 울
ㄹ. 언로드밸브(Unloading Valve)의 기능

① ㄷ, ㄹ
② ㄱ, ㄴ, ㄷ
③ ㄱ, ㄴ, ㄹ
④ ㄱ, ㄴ, ㄷ, ㄹ

공기압축기 가동 전 점검사항
• 윤활유 상태
• 압력방출장치 기능
• 회전부 덮개 또는 울
• 언로드밸브 기능

19 버드(Bird)의 재해구성비율 이론상 경상이 10건일 때 중상에 해당하는 사고건수는?

① 1　　　　　　② 30
③ 300　　　　　④ 600

버드의 재해구성비

1 : 10 : 30 : 600 = 중상 : 경상 : 무상해사고 : 아차사고이므로 경상이 10건이면 중상은 1건이다.

20 재해의 원인 중 불안전한 상태에 속하지 않는 것은?

① 위험장소 접근
② 작업환경의 결함
③ 방호장치의 결함
④ 물적 자체의 결함

위험장소 접근은 불안전한 행동이다.

2과목　산업심리 및 교육

21 다음 적응기제 중 방어적 기제에 해당하는 것은?

① 고립(Isolation)
② 억압(Repression)
③ 합리화(Rationalization)
④ 백일몽(Day-dreaming)

적응기제 분류
• 방어기제 : 동일시, 승화, 보상, 합리화
• 도피기제 : 고립, 퇴행, 백일몽, 억압
• 공격기제 : 집적, 간접공격

22 알고 있는 지식을 심화시키거나 어떠한 자료에 대해 보다 명료한 생각을 갖도록 하는 경우 실시하는 교육방법으로 가장 적절한 것은?

① 구안법　　　　② 강의법
③ 토의법　　　　④ 실연법

• 구안법 : 스스로 생각하고 있는 것을 구체적으로 형상화하여 실현하기 위해 계획을 세워 수행하게 하는 교육방법
• 강의법 : 전통적 교수법으로 지식이나 기능을 교수중심의 설명을 통해 학습자에게 전달하고 이해시키는 교육방법
• 토의법 : 알고 있는 지식을 심화시키거나 어떠한 자료에 대해 보다 명료한 생각을 갖도록 하는 경우 실시하는 교육방법
• 실연법 : 이미 설명을 듣고 시범을 보아 알게 된 지식이나 기능의 교수의 지도 아래 직접 해봄으로써 적용해 보는 교육방법

23 조직이 리더(Leader)에게 부여하는 권한으로 부하직원의 처벌, 임금삭감을 할 수 있는 권한은?

① 강압적 권한　　② 보상적 권한
③ 합법적 권한　　④ 전문성의 권한

• 강압적 권한 : 처벌이나 위협을 이용하는 권한으로 조직의 경우 부하직원의 처벌, 임금삭감을 할 수 있는 권한
• 보상적 권한 : 리더가 부하직원에게 보상할 수 있는 능력으로 인해 부하직원들을 통제할 수 있고, 부하들의 행동에 영향을 끼칠 수 있는 권한
• 합법적 권한 : 업무활동에 대한 공식적 권한으로부터 나오는 권력

24 운동에 대한 착각현상이 아닌 것은?

① 자동운동　　　② 항상운동
③ 유도운동　　　④ 가현운동

• 지동운동 : 암실 내에서 정리된 소광점을 응시하면 그 광점이 움직이는 것처럼 보이는 착각현상

- 유도운동 : 실제는 움직이지 않는 것이 보는 이의 기준 이동에 유도되어 움직이는 것처럼 보이는 착각현상
- 가현운동 : 정지되어 있는 대상물이 갑자기 나타나거나 소멸하는 것으로 인해 대상물이 움직이는 것처럼 인식되는 착각현상

25 자동차 액셀러레이터와 브레이크 간 간격, 브레이크 폭, 소프트웨어상에서 메뉴나 버튼의 크기 등을 결정하는 데 사용할 수 있는 인간공학 법칙은?

① Fitts의 법칙   ② Hick의 법칙
③ Weber의 법칙   ④ 양립성 법칙

해설

Fitts의 법칙
- 정의 : 대상물의 크기가 작을수록 정확성이 요구되며, 움직이는 거리가 증가될수록 운동시간도 증가되는 법칙이다.
- 산정공식
  동작시간(MT) = $a + b$ log2(2D/W)
    여기서, D : 움직인 거리
        W : 목표물 너비

26 개인적 카운슬링(Counseling)의 방법이 아닌 것은?

① 설득적 방법   ② 설명적 방법
③ 강요적 방법   ④ 직접적인 충고

해설

개인적 카운슬링 방법 : 설득, 설명, 충고

27 산업안전보건법령상 근로자 안전보건교육 중 특별교육 대상작업에 해당하지 않는 것은?

① 굴착면의 높이가 5m 되는 지반굴착작업
② 콘크리트 파쇄기를 사용하여 5m의 구축물을 파쇄하는 작업

③ 흙막이 지보공의 보강 또는 동바리를 설치하거나 해체하는 작업
④ 휴대용 목재가공기계를 3대 보유한 사업장에서 해당 기계로 하는 작업

해설

특별교육 대상작업 중 특정 보유대수 또는 높이를 를 명시한 작업
- 1톤 미만의 크레인 또는 호이스트를 5대 이상 보유한 사업장에서 해당 기계로 하는 작업
- 목재가공용 기계를 5대 이상 보유한 작업장에서 해당 기계로 하는 작업
- 굴착면 높이 2미터 이상의 지반굴착작업
- 처마높이 5미터 이상인 목조건축물 구조부재의 조립이나 건축물 지붕 또는 외벽 밑에서의 설치작업
- 콘크리트 파쇄기를 사용하여 하는 파쇄작업(2미터 이상인 구축물의 파쇄작업만 해당)
- 높이가 2미터 이상인 물건을 쌓거나 무너뜨리는 작업(하역기계로만 하는 작업은 제외)
- 콘크리트 인공구조물그 높이가 2미터 이상인 것만 해당한다.)의 해체 또는 파괴작업

28 학습지도의 원리와 거리가 가장 먼 것은?

① 감각의 원리   ② 통합의 원리
③ 자발성의 원리   ④ 사회화의 원리

해설

학습지도의 원리
통합의 원리, 자발성의 원리, 사회화의 원리

29 매슬로(Maslow)의 욕구 5단계 중 안전욕구에 해당하는 단계는?

① 1단계   ② 2단계
③ 3단계   ④ 4단계

해설

매슬로(Maslow)의 욕구 5단계
생리적 욕구 → 안전욕구 → 사회적 욕구 → 인정의 욕구 → 자아실현의 욕구

◉ ANSWER | 25 ① 26 ③ 27 ④ 28 ① 29 ②

30 생체리듬에 관한 설명 중 틀린 것은?

① 감각의 리듬이 (−)로 최대가 되는 경우에만 위험일이라고 한다.
② 육체적 리듬은 "P"로 나타내며, 23일을 주기로 반복된다.
③ 감성적 리듬은 "S"로 나타내며, 28일을 주기로 반복된다.
④ 지성적 리듬은 "I"로 나타내며, 33일을 주기로 반복된다.

해설

생체리듬(바이오리듬)의 특징
감각의 리듬이 (+)에서 (−)로 변화되는 점이 위험일이다.

31 에너지대사율(RMR)의 따른 작업의 분류에 따라 중(보통)작업의 RMR 범위는?

① 0~2
② 2~4
③ 4~7
④ 7~9

해설

에너지대사율(RMR) 범위
• 초경작업 : 0~1
• 경작업 : 1~2
• 보통작업 : 2~4
• 중작업 : 4~7
• 초중작업 : 7 이상

32 조직 구성원의 태도는 조직성과와 밀접한 관계가 있는데 태도(Attitude)의 3가지 구성요소에 포함되지 않는 것은?

① 인지적 요소
② 정서적 요소
③ 성격적 요소
④ 행동경향 요소

해설

태도의 세 가지 구성요소
인지적, 정서적, 행동경향 요소

33 다음에서 설명하는 학습방법은?

학생이 생활하고 있는 현실적인 장면에서 당면하는 여러 문제들을 해결해 나가는 과정으로 지식, 기능, 태도, 기술 등을 종합적으로 획득하도록 하는 학습방법

① 롤 플레잉(Role Playing)
② 문제법(Problem Method)
③ 버즈 세션(Buzz Session)
④ 케이스 메소드(Case Method)

해설

• 롤 플레잉 : 역할연기법
• 문제법 : 현실에서 당면하고 있는 문제해결을 위해 지식, 기능, 태도, 기술을 종합적으로 적용하도록하는 학습방법
• 버즈 세션 : 6−6회의로 참여자를 6명씩 소집단으로 분류하고 6분씩 자유발언하여 의견을 종합하는 방법
• 케이스 메소드 : 사례를 제시하고 문제적 사실들과 그 상호관계에 대해 검토하여 결론을 유추하는 방법

34 호손(Hawthorne) 실험의 결과 작업자의 작업능률에 영향을 미치는 주요 원인으로 밝혀진 것은?

① 작업조건
② 인간관계
③ 생산기술
④ 행동규범의 설정

해설

호손실험
작업자의 작업능률에 영향을 미치는 것은 근무환경이나 복지수준보다 커뮤니케이션, 즉 인간관계가 주요 원인이라고 주장한 실험이다.

35 심리학에서 사용하는 용어로 측정하고자 하는 것을 실제로 적절히, 정확히 측정하는지의 여부를 판별하는 것은?

① 표준화
② 신뢰성
③ 객관성
④ 타당성

타당성

심리학적 차원에서의 정의는 측정 대상을 적절히, 정확히 측정이 가능한지의 여부를 판별하는 정성적 기준이다.

36 Kirkpatrick의 교육훈련 평가 4단계를 바르게 나열한 것은?

① 학습단계 → 반응단계 → 행동단계 → 결과단계

② 학습단계 → 행동단계 → 반응단계 → 결과단계

③ 반응단계 → 학습단계 → 행동단계 → 결과단계

④ 반응단계 → 학습단계 → 결과단계 → 행동단계

커크패트릭(Kirkpatrick)의 교육훈련 평가 4단계

• 반응단계 → 학습단계 → 행동단계 → 결과단계

• 커크패트릭은 1959년 4단계 평가 모형을 개발하여 성과를 측정하는 4가지 준거단위를 명시하였다.

• 각 준거영역에서 위계질서 개념을 제시하였고 그의 평가모형은 총괄평가(교육훈련이 창출한 성과를 밝혀내고 측정하는 데 초점)의 대표적인 예로 각 단계가 논리적이고, 실제 적용방식도 간단하여 전문가가 아닌 일반적인 교육 담당자들이 쉽게 적용할 수 있다는 이점이 있다.

• 기업교육에서 가장 널리 사용되는 방식이다.

37 사고경향성 이론에 관한 설명 중 틀린 것은?

① 사고를 많이 내는 여러 명의 특성을 측정하여 사고를 예방하는 것이다.

② 개인의 성격보다는 특정 환경에 의해 훨씬 더 사고가 일어나기 쉽다.

③ 어떠한 사람이 다른 사람보다 사고를 더 잘 일으킨다는 이론이다.

④ 사고경향성을 검증하기 위한 효과적인 방법은 다른 두 시기 동안에 같은 사람의 사고기록을 비교하는 것이다.

사고경향성 이론

미숙성 재해빈발자, 상황성 재해빈발자, 소질성 재해빈발자와 같은 사고경향을 이론화한 학설로 개연의 성격특성이 사고를 유발하기 쉽다는 이론

38 Off JT(Off the Job Training)의 특징으로 옳은 것은?

① 전문 강사를 초빙하는 것이 가능하다.

② 개개인에게 적절한 지도훈련이 가능하다.

③ 직장의 실정에 맞게 실제적 훈련이 가능하다.

④ 훈련에 필요한 업무의 계속성이 끊어지지 않는다.

OJT	Off JT
• 개인수준에 적합한 지도 가능 • 실질적 업무수행에 즉각적인 도움 가능 • 상호 이해도가 높음 • 코칭, 직무순환, 멘토링이 대표적	• 다수의 근로자 집단교육 • 전문가 초빙 • 많은 양의 지식과 경험교류 가능 • 강의법이 대표적

39 직무분석을 위한 정보를 얻는 방법과 거리가 가장 먼 것은?

① 관찰법   ② 직무수행법

③ 설문지법   ④ 서류함기법

직무분석 기법 : 관찰법, 직무수행법, 설문지법

40 산업안전보건법령상 타워크레인 신호작업에 종사하는 일용근로자의 특별교육 교육시간 기준은?

① 1시간 이상   ② 2시간 이상

③ 4시간 이상   ④ 8시간 이상

◉ ANSWER | 36 ③ 37 ② 38 ① 39 ④ 40 ④

산업안전보건법령상 안전보건교육

교육과정	교육대상		교육시간
가. 정기교육	1) 사무직 종사 근로자		매반기 6시간 이상
	2) 그 밖의 근로자	판매업무에 직접 종사하는 근로자	매반기 6시간 이상
		판매업무에 직접 종사하는 근로자 외의 근로자	매반기 12시간 이상
나. 채용 시 교육	1) 일용근로자 및 근로계약 기간이 1주일 이하인 기간제 근로자		1시간 이상
	2) 근로계약기간이 1주일 초과 1개월 이하인 기간제 근로자		4시간 이상
	3) 그 밖의 근로자		8시간 이상
다. 작업내용 변경 시 교육	1) 일용근로자 및 근로계약 기간이 1주일 이하인 기간제 근로자		1시간 이상
	2) 그 밖의 근로자		2시간 이상
라. 특별교육	1) 일용근로자 및 근로계약 기간이 1주일 이하인 기간제 근로자(특별교육 대상 작업 중 아래 2)에 해당하는 작업 외에 종사하는 근로자에 한정)		2시간 이상
	2) 일용근로자 및 근로계약 기간이 1주일 이하인 기간제 근로자(타워크레인을 사용하는 작업 시 신호업무를 하는 작업에 종사하는 근로자에 한정)		8시간 이상
	3) 일용근로자 및 근로계약 기간이 1주일 이하인 기간제 근로자를 제외한 근로자(특별교육 대상 작업에 한정)		• 16시간 이상(최초 작업에 종사하기 전 4시간 이상 실시하고 12시간은 3개월 이내에서 분할하여 실시 가능) • 단기간 작업 또는 간헐적 작업인 경우에는 2시간 이상
마. 건설업 기초안전 보건교육	건설 일용근로자		4시간 이상

3과목 인간공학 및 시스템안전공학

41 A작업의 평균 에너지소비량이 다음과 같을 때, 60분간의 총작업시간 내에 포함되어야 하는 휴식시간(분)은?

- 휴식 중 에너지소비량 : 1.5kcal/min
- A작업 시 평균 에너지소비량 : 6kcal/min
- 기초대사를 포함한 작업에 대한 평균 에너지소비량 상한 : 5kcal/min

---

① 10.3 ② 11.3
③ 12.3 ④ 13.3

휴식시간 산정공식

$$작업시간 \times \frac{작업\ 시\ 평균\ 에너지소비량 - 평균\ 에너지소비량\ 상한}{작업\ 시\ 평균\ 에너지소비량 - 휴식\ 중\ 에너지소비량}$$

$$= \frac{60 \times (6-5)}{(6-1.5)} = 13.3$$

42 인간공학에 대한 설명으로 틀린 것은?

① 인간-기계 시스템의 안전성, 편리성, 효율성을 높인다.
② 인간을 작업과 기계에 맞추는 설계철학이 바탕이 된다.
③ 인간이 사용하는 물건, 설비, 환경의 설계에 적용된다.
④ 인간의 생리적, 심리적인 면에서의 특성이나 한계점을 고려한다.

인간공학은 작업과 기계를 인간에 맞추는 설계철학이 바탕이 된다.

43 근골격계질환 작업분석 및 평가방법인 OWAS의 평가요소를 모두 고른 것은?

ㄱ. 상지	ㄴ. 무게(하중)
ㄷ. 하지	ㄹ. 허리

① ㄱ, ㄴ
② ㄱ, ㄷ, ㄹ
③ ㄴ, ㄷ, ㄹ
④ ㄱ, ㄴ, ㄷ, ㄹ

해설

OWAS(Ovako Working Posture Analysis System)
1973년 핀란드 제철회사에서 개발한 작업자세 측면의 작업부하 산정방식으로 상지, 하지, 무게, 허리를 평가요소로 한다.

44 밝은 곳에서 어두운 곳으로 갈 때 망막에 시홍이 형성되는 생리적 과정인 암조응이 발생하는데 완전 암조응(Dark Adaptation)이 발생하는 데 소요되는 시간은?

① 약 3~5분
② 약 10~15분
③ 약 30~40분
④ 약 60~90분

해설

완전 암조응 소요시간 : 약 30~40분

45 FTA(Fault Tree Analysis)에 관한 설명으로 옳은 것은?

① 정성적 분석만 가능하다.
② 복잡하고 대형화된 시스템의 신뢰성 분석 및 안정성 분석에 이용되는 기법이다.
③ FT에 동일한 사건이 중복되어 나타나는 경우 상향식(Bottom-up)으로 정상사건 T의 발생 확률을 계산할 수 있다.
④ 기초사건과 생략사건의 확률값이 주어지게 되더라도 정상사건의 최종적인 발생확률을 계산할 수 없다.

해설

FTA
• 미국 벨 연구소에서 처음으로 고안되었다.

• 주로 항공 우주산업과 원자력 산업을 시작으로 기타의 산업안전분야에 적용되고 있다.
• 결함수는 사고 사건을 유발하는 장치의 이상과 고장의 다양한 조합을 표시하는 도식적 모델이다.
• 위험성을 시각적으로 파악하는 우수한 수단이며 여러 가지 전문 기술분야에 걸친 정보를 망라할 수 있는 유연성이 풍부한 방법이다.
• 분석대상의 위험성에 대한 확률론적인 정량평가가 가능하게 하여 기본사상(Basic Event) 발생률로써 중간 및 정상 사상에 대한 확률을 차례로 계산할 수 있다.
• 논리적이고 확률론적인 정량적 결과를 도출할 수 있다.

46 불(Bool)대수의 정리를 나타낸 관계식 중 틀린 것은?

① $A \cdot 0 = 0$
② $A + 1 = 1$
③ $A \cdot \overline{A} = 1$
④ $A(A+B) = A$

해설

• $A + 0 = A$	• $A + 1 = 1$
• $A \cdot 0 = 0$	• $A \cdot 1 = A$
• $A + A = A$	• $A + \overline{A} = 1$
• $A \cdot A = A$	• $A \cdot \overline{A} = 0$
• $\overline{\overline{A}} = A$	• $A + AB = A$
• $A(A+B) = A$	
• $A + \overline{A}B = A + B$	
• $(A+B)(A+C) = A + BC$	

47 FTA(Fault Tree Analysis)에서 사용되는 사상기호 중 통상의 작업이나 기계의 상태에서 재해의 발생 원인이 되는 요소가 있는 것은?

①
②
③
④

명칭	기호
결함사상	
기본사상	
이하 생략의 결함사상 (추적 불가능한 최후사상)	
통상사상(家形事象)	
전이기호(이행기호)	(in)　(out)
AND Gate	출력 입력
OR Gate	출력 입력
수정기호	출력 조건 입력
우선적 AND 게이트	Ai Aj Ak 순으로
조합 AND 게이트	Ai, Aj, Ak Ai Aj Ak
배타적 OR 게이트	동시 발생 안 한다.
위험 지속 AND 게이트	위험 지속시간
부정 게이트 (Not 게이트)	Ā
억제 게이트 (논리기호)	출력 조건 입력

48 HAZOP 기법에서 사용하는 가이드워드와 그 의미가 잘못 연결된 것은?

① Part of : 성질상의 감소
② As well as : 성질상의 증가
③ Other than : 기타 환경적인 요인
④ More/Less : 정량적인 증가 또는 감소

HAZOP

공정의 상태가 복잡한 경우 또는 운전조건이 복잡한 공정에 적합한 위험대상을 선정하기 위한 정성적 평가기법이다.

가이드워드

• NO : 설계의도에 반하여 변수의 양이 없는 상태
• Nore : 변수가 양적으로 증가한 상태
• Less : 변수가 양적으로 감소한 상태
• Reverse : 설계의도와 반대방향으로 흐르는 상태
• As well as : 설계의도 외 다른 변수가 부가되어 이루어지는 상태
• Parts of : 설계의도대로 완전하게 이루어지지 않는 상태
• Other Than : 설계의도대로

49 다음 중 좌식작업이 가장 적합한 작업은?

① 정밀 조립작업
② 4.5kg 이상의 중량물을 다루는 작업
③ 작업장이 서로 떨어져 있으며 작업장 간 이동이 적은 작업
④ 작업자의 정면에서 매우 높거나 낮은 곳으로 손을 자주 뻗어야 하는 작업

작업종류별 적합한 작업형태

㉠ 정밀 조립작업 : 좌식작업
㉡ 5kg 이상의 중량물 취급작업
  • 작업 전 물건의 무게 형태 등을 미리 확인
  • 밀 때는 앞으로 체중을 실어서 기대면서 밀고, 당길 때는 뒤로 체중을 실어서 기대듯이 당긴다.
  • 운반하기 전 최단거리를 결정하고 운반 시 시선은 진행방향을 향한다.
  • 대상물을 들거나 내릴 때 척추의 형태가 정상이 되도록 한다.

ⓒ 작업자의 정면에서 매우 높거나 낮은 곳으로 손을 자주 뻗어야 하는 작업 : 입식작업

50 양식 양립성의 예시로 가장 적절한 것은?

① 항공기 설계 시 고도계 높낮이 표시
② 방사능 사업장의 방사능 폐기물 표시
③ 청각적 자극 제시와 이에 대한 음성 응답
④ 자동차 설계 시 제어장치와 표시장치의 배열

- 항공기 설계 시 고도계 높낮이 표시 : 공간 양립성
- 방사능 사업장의 방사능 폐기물 표시 : 개념 양립성
- 자동차 설계 제어장치와 표시장치의 배열 : 운동 양립성

51 시스템의 수명곡선(욕조곡선)에 있어서 디버깅(Debugging)에 관한 설명으로 옳은 것은?

① 초기 고장의 결함을 찾아 고장률을 안정시키는 과정이다.
② 우발 고장의 결함을 찾아 고장률을 안정시키는 과정이다.
③ 마모 고장의 결함을 찾아 고장률을 안정시키는 과정이다.
④ 기계결함을 발견하기 위해 동작시험을 하는 기간이다.

시스템 수명곡선은 욕조모양의 곡선형태를 보이고 있다. 이곡선의 좌측 고장률 초기 고장 기간의 고장률을 안정화시키기 위한 과정을 디버깅이라 한다.

52 1sone에 관한 설명으로 ( )에 알맞은 수치는?

1sone : (ㄱ)Hz, (ㄴ)dB의 음압수준을 가진 순음의 크기

① ㄱ : 1,000, ㄴ : 1
② ㄱ : 4,000, ㄴ : 1
③ ㄱ : 1,000, ㄴ : 40
④ ㄱ : 4,000, ㄴ : 40

1sone : 1,000Hz, 40dB의 음압수준을 가진 순음의 크기

53 경계 및 경보신호의 설계지침으로 틀린 것은?

① 주의를 환기시키기 위하여 변조된 신호를 사용한다.
② 배경소음의 진동수와 다른 진동수의 신호를 사용한다.
③ 귀는 중음역에 민감하므로 500~3,000Hz의 진동수를 사용한다.
④ 300m 이상의 장거리용으로는 1,000Hz를 초과하는 진동수를 사용한다.

300m 이상의 장거리용으로는 1,000Hz를 초과하지 않는 저주파 진동수를 사용한다.

54 인간 – 기계 시스템에 관한 설명으로 틀린 것은?

① 자동 시스템에서는 인간요소를 고려하여야 한다.
② 자동차 운전이나 전기 드릴 작업은 반자동 시스템의 예시이다.
③ 자동 시스템에서 인간은 감시, 정비유지, 프로그램 등의 작업을 담당한다.
④ 수동 시스템에서 기계는 동력원을 제공하고 인간의 통제하에서 제품을 생산한다.

④ 수동 시스템은 기계장치를 사용하지 않는 시스템이므로 기계는 동력원을 제공한다는 것은 틀린 내용이 된다.

⊙ ANSWER | 50 ③ 51 ① 52 ③ 53 ④ 54 ④

55 n개의 요소를 가진 병렬 시스템에 있어 요소의 수명(MTTF)이 지수 분포를 따를 경우, 이 시스템의 수명으로 옳은 것은?

① $MTTF \times n$

② $MTTF \times \dfrac{1}{n}$

③ $MTTF \times \left(1 + \dfrac{1}{2} + \cdots + \dfrac{1}{n}\right)$

④ $MTTF \times \left(1 \times \dfrac{1}{2} \times \cdots \times \dfrac{1}{n}\right)$

⊙ 해설

n개의 요소를 가진 병렬시스템이므로 MTTF(Mean Time To Failure), 즉 평균수명에 해당된다.
②번 직렬, ③번 병렬을 의미한다.

56 다음에서 설명하는 용어는?

> 유해·위험요인을 파악하고 해당 유해·위험요인에 의한 부상 또는 질병의 발생 가능성(빈도)과 중대성(강도)을 추정·결정하고 감소대책을 수립하여 실행하는 일련의 과정을 말한다.

① 위험성 결정
② 위험성 평가
③ 위험빈도 추정
④ 유해·위험요인 파악

⊙ 해설

㉠ 위험성결정
  추정된 위험성이 허용 가능한지 여부를 판단하는 단계
㉡ 위험성 평가
  유해·위험요인을 파악하고 해당 유해·위험요인에 의한 부상 또는 질병의 발생 가능성과 중대성을 추정·결정하고 감소대책을 수립하여 실행하는 일련의 과정
㉢ 위험성 추정 방법
  • 가능성과 중대성을 행렬을 이용하여 조합하는 방법
  • 가능성과 중대성을 곱하는 방법
  • 가능성과 중대성을 더하는 방법
  • 그 밖에 사업장의 특성에 적합한 방법

㉣ 유해·위험요인 파악 방법
  • 사업장 순회점검에 의한 방법
  • 청취조사에 의한 방법
  • 안전보건 자료에 의한 방법
  • 안전보건 체크리스트에 의한 방법
  • 그 밖에 사업장의 특성에 적합한 방법

57 상황해석을 잘못하거나 목표를 잘못 설정하여 발생하는 인간의 오류 유형은?

① 실수(Slip)
② 착오(Mistake)
③ 위반(Violation)
④ 건망증(Lapse)

⊙ 해설

• 실수 : 목표가 맞으나 요구되는 행위가 제대로 되지 않을 때 일어난다.
• 착오 : 목적이나 계획 자체가 잘못일 때 일어나며, 틀린 목표가 설정되거나 틀린 계획이 형성될 때 또한, 행위가 적절하게 수행되었을지라도 목표를 달성하지 못했기 때문에 오류의 일부분이다.
• 일시적으로 저장된 기억을 꺼내는 능력이나 기억 반응 속도에 문제가 생기는 일종의 기억장애

58 위험분석 기법 중 시스템 수명주기 관점에서 적용 시점이 가장 빠른 것은?

① PHA
② FHA
③ OHA
④ SHA

⊙ 해설

시스템위험분석기법
• PHA(예비위험분석) : 모든 시스템 안전프로그램의 최초단계에서 실시하는 분석법으로 정성적 평가방식이다.
• FHA(결함위험분석) : 몇 개의 공동 계약자가 시스템의 설계를 분담할 경우 서브시스템 해석에 사용되는 분석법
• FTA(결함원인분석) : 사고의 원인이 되는 장치나 기기의 결함, 작업자 오류 등을 정량적, 연역적으로 평가하는 분석법
• FMEA(고장형태와 영향분석) : 시스템에 영향을 미치는 모든 요소의 고장을 형태별로 분석해 검토하는 정성적, 귀납적 분석법
• ETA(사건수 분석법) : 사상의 안전도를 사용해 시스템의 안전도를 나타내는 시스템 모델로 귀납적, 정량적 분석기법

- CA(치명도 분석법) : 고장의 직접 시스템의 손실과 인명의 사상에 연결되는 높은 위험도를 가진 요소나 고장의 형태에 따른 분석법으로 정량적 분석기법이다.
- THERP(인간에러율 예측기법) : 인간의 과오를 정량적으로 평가하기 위한 분석기법
- MORT : 해석트리를 중심으로 논리적 방법으로 관리, 설계, 생산 보존 등에 대해 광범위하게 안전성을 확보하기 위한 정량적 분석법
- HAZOP(운전 및 위험성분석) : 장비에 잠재된 위험이나 기능저하 등으로 인해 시설에 미칠 수 있는 영향을 평가하기 위한 공정, 설계도 등을 체계적으로 검토하는 분석방법

---

59 태양광선이 내리쬐는 옥외장소의 자연습구온도 20℃, 흑구온도 18℃, 건구온도 30℃일 때 습구흑구온도지수(WBGT)는?

① 20.6℃
② 22.5℃
③ 25.0℃
④ 28.5℃

해설

- 태양광이 내리쬐는 장소＝옥외기준
- 옥외 WBGT＝0.7×자연습구온도＋0.2 ×흑구온도＋0.1×건구온도
  ＝0.7×20＋0.2×18＋0.1×30
  ＝20.6℃

---

60 그림과 같은 FT도에 대한 최소 컷셋(Minimal Cut Sets)으로 옳은 것은?(단, Fussell의 알고리즘을 따른다.)

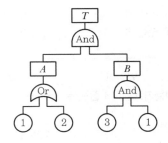

① {1, 2}
② {1, 3}
③ {2, 3}
④ {1, 2, 3}

해설

OR 게이트에 +, AND 게이트에 ×를 적용하면
{①+②}×{③×①}＝①×③×①+②×③×①
　　　　　　　＝①×③+①×②×③
　　　　　　　＝①×③(1+②)
　　　　　　　＝①×③ 그러므로 {1, 3}

4과목 건설시공학

61 통상적으로 스팬이 큰 보 및 바닥판의 거푸집을 걸 때에 스팬의 캠버(Camber)값으로 옳은 것은?

① 1/300~1/500
② 1/200~1/350
③ 1/150~/1250
④ 1/100~1/300

해설

캠버
보 또는 바닥판의 처짐을 고려하여 위 솟음을 주는 값으로 거푸집의 캠버는 1/300~1/500 정도로 한다.

---

62 지반개량공법 중 동다짐(Dynamic Compaction)공법의 특징으로 옳지 않은 것은?

① 시공 시 지반진동에 의한 공해문제가 발생하기도 한다.
② 지반 내에 암괴 등의 장애물이 있으면 적용이 불가능하다.
③ 특별한 약품이나 자재를 필요로 하지 않는다.
④ 깊은 심도의 지반개량에 대해서는 초대형 장비가 필요하다.

해설

모래지반 개량공법인 동다짐은 지중 암괴 등의 장애물과 무관하게 시공이 가능하다.

---

63 기성콘크리트 말뚝에 표기된 PHC-A·450-12의 각 기호에 대한 설명으로 옳지 않은 것은?

① PHC : 원심력 고강도 프리스트레스트 콘크리트말뚝
② A : A종
③ 450 : 말뚝 바깥지름
④ 12 : 말뚝 삽입간격

- PHC : Pretensioned spun High strength Concrete pile
- A : A종
- 450 : 바깥지름
- 12 : 말뚝길이

64 흙막이공법과 관련된 내용의 연결이 옳지 않은 것은?

① 버팀대공법 – 띠장, 지지말뚝
② 지하연속법 – 안정액, 트레미관
③ 자립식 공법 – 안내벽, 인터로킹 파이프
④ 어스앵커공법 – 인장재, 그라우팅

자립식 공법
지보공을 사용하지 않는 공법을 말하며 인터로킹 파이프(Interlocking Pipe)는 Top Down 공사에 적용하는 지중연속벽 시공부재이다.

65 흙막이 공법 중 지하연속벽(Slurry Wall)공법에 대한 설명으로 옳지 않은 것은?

① 흙막이벽 자체의 강도, 강성이 우수하기 때문에 연약지반의 변형 및 이면침하를 최소한으로 억제할 수 있다.
② 차수성이 좋아 지하수가 많은 지반에도 사용할 수 있다.
③ 시공 시 소음, 진동이 작다.
④ 다른 흙막이벽에 비해 공사비가 적게 든다.

지하연속벽공법
Top Down 공법에 적용되는 첨단공법으로 다른 흙막이벽에 비해 공사비가 많이 들고, 기술력이 필요하다.

66 건축물의 지하공사에서 계측관리에 관한 설명으로 틀린 것은?

① 계측관리의 목적은 위험의 징후를 발견하는 것이다.
② 계측관리의 중점관리사항으로는 흙막이 변위에 따른 배면지반의 침하가 있다.
③ 계측관리는 인적이 뜸하고 위험이 적은 안전한 곳에 설치하여 주기적으로 실시한다.
④ 일일점검항목으로는 흙막이벽체, 주변지반, 지하수위 및 배수량 등이 있다.

계측관리
거동상태확인을 위해 실시하는 것으로 건설공사로 인해 영향을 받는 범위 내 거동 이상의 가능성이 가장 높은 곳 위주로 설치해야 한다.

67 벽길이 10m, 벽높이 3.6m인 블록벽체를 기본블록(390mm×190mm×150mm)으로 쌓을 때 소요되는 블록의 수량은?(단, 블록은 온장으로 고려하고, 줄눈너비는 가로, 세로 10mm, 할증은 고려하지 않음)

① 412매 　　　　　② 468매
③ 562매 　　　　　④ 598매

$$\frac{벽길이}{벽돌가로길이+줄눈폭} \times \frac{벽높이}{벽돌높이+줄눈높이}$$
$$+ \frac{벽높이}{벽돌높이+줄눈높이}$$

$$\frac{10}{0.39+0.01} \times \frac{3.6}{0.19+0.01} + \frac{3.6}{0.19+0.01}$$
$$= 458 + 18 = 468매$$

68 외관검사 결과 불합격된 철근가스압접 이음부의 조치내용으로 옳지 않은 것은?

① 심하게 구부러졌을 때는 재가열하여 수정한다.
② 압접면의 엇갈림이 규정값을 초과했을 때는 재가열하여 수정한다.
③ 형태가 심하게 불량하거나 또는 압접부에 유해하다고 인정되는 결함이 생긴 경우는 압접부를 잘라내고 재압접한다.
④ 철근중심축의 편심량이 규정값을 초과했을 때는 압접부를 떼어내고 재압접한다.

해설
철근 이음 시 가스압접면 엇갈림이 규정값을 초과하게 될 경우 인장력 손실 방지를 위해 폐기해야 한다.

69 철골부재조립 시 구멍의 위치가 다소 다를 때 구멍을 맞추기 위한 작업은?

① 송곳뚫기(Driling)
② 리밍(Reaming)
③ 펀칭(Punching)
④ 리벳치기(Riveting)

해설
• 송곳뚫기 : 드릴을 사용하는 방법으로 비교적 두꺼운 강판이나 형강 주철을 리디얼드릴, 커터형 드릴, 멀티플 및 포터블 전기드릴이나 에어드릴로 뚫는 방법(부재두께 13mm 초과, 주철재, 수밀성 요구 시)
• 리밍 : 회전하는 절삭공구의 일종으로 철골부재 조립 시 구멍의 위치가 다소 다를 때 구멍을 다소 크게 하는 작업을 말한다(송곳으로 작은 구멍을 뚫은 후 리머, 드리프트 핀으로 조정하는 방법).
• 펀칭 : 압판기에 구멍뚫기 가장 능률적인 공법이나 가공재의 조직에 영향을 남기며 휨이 생기고 원통형으로 뚫리는 단점이 있다(부재두께 13mm 이하일 때 적용).
• 리벳치기 : 접합부>가새>귀잡이 순이 리벳치기 순서이며, 죠 리벳터, 뉴메탈해머, 쇠메치기를 사용한다.

70 철골작업용 장비 중 절단용 장비로 옳은 것은?

① 프릭션 프레스(Frixtion Press)
② 플레이트 스트레이닝 롤(Plate Straining Roll)
③ 파워 프레스(Power Press)
④ 핵 소우(Hack Saw)

해설
Hack saw
금속 절단용 톱(쇠톱으로 통함)으로 프레임에 나비너트로 톱날을 장착한 형태

71 시방서 및 설계도면 등이 서로 상이할 때의 우선순위에 대한 설명으로 옳지 않은 것은?

① 설계도면과 공사시방서가 상이할 때는 설계도면을 우선한다.
② 설계도면과 내역서가 상이할 때는 설계도면을 우선한다.
③ 표준시방서와 전문시방서가 상이할 때는 전문시방서를 우선한다.
④ 설계도면과 상세도면이 상이할 때는 상세도면을 우선한다.

해설
우선순위
공사시방서>설계도면

72 예정가격범위 내에서 최저가격으로 입찰한 자를 낙찰자로 선정하는 낙찰자 선정방식은?

① 최적격 낙찰제
② 제한적 최저가 낙찰제
③ 최저가 낙찰제
④ 적격 심사 낙찰제

해설
• 최적격 낙찰제 : 예정가격 이하 최저가격으로 입찰한 자 순으로 공사수행능력과 입찰 가격 등을 종합심사하여 일정점수 이상 획득하면 낙찰자로 결정하는 제도

- 제한적 최저가 낙찰제 : 최저가 낙찰제의 부작용을 방지하기 위해 시행된 낙찰자 선정방식으로 예정가격의 특정비율 이상 가격과 예정가격 이하 사이의 금액 중 최저 가격을 제시한 자를 낙찰자로 삼는 방법
- 최저가 낙찰제 : 국고의 부담이 되는 경쟁입찰에서 예정가격 이하로서 최저가격으로 입찰한 자의 순으로 당해계약이행능력을 심사해 낙찰자를 결정하는 입찰제도
- 적격 심사 낙찰제 : 입찰금액 점수가 가장 낮은 자를 우선순위로 해 계약이행 능력심사를 통해 적격심사 낙찰제 가격점수를 산정해 낙찰하는 방법

73 설계도와 시방서가 명확하지 않거나 설계는 명확하지만 공사비 총액을 산출하기 곤란하고 발주자가 양질의 공사를 기대할 때 채택될 수 있는 가장 타당한 도급방식은?

① 실비정산 보수가산식 도급
② 단가 도급
③ 정액 도급
④ 턴키 도급

●해설

실비정산 보수가산식 도급
설계도와 시방서가 명확하지 않거나 설계는 명확하지만 공사비 총액을 산출하기 곤란하고 발주자가 양질의 공사를 기대할 때 채택될 수 있는 가장 타당한 도급방식

74 철근공사에 대하여 옳지 않은 것은?

① 조립용 철근은 철근을 구부리기할 때 철근의 위치를 확보하기 위하여 쓰는 보조적인 철근이다.
② 철근의 용접부에 순간최대풍속 2.7m/s 이상의 바람이 불 때는 철근을 용접할 수 없으며, 풍속을 2.7m/s 이하로 저감시킬 수 있는 방풍시설을 설치하는 경우에만 용접할 수 있다.
③ 가스압점이음은 철근의 단면을 산소-아세틸렌 불꽃 등을 사용하여 가열하고 기계적

압력을 가하여 용접한 맞댄이음을 말한다.
④ D35를 초과하는 철근은 겹침이음을 할 수 없다. 다만, 서로 다른 크기의 철근을 압축부에서 겹침이음하는 경우 D35 이하의 철근과 D35를 초과하는 철근은 겹침이음을 할 수 있다.

●해설

조립용 철근
주철근 조립 시 철근위치 확보를 위한 보조철근이다.

75 철골공사의 용접접합에서 플럭스(Flux)를 옳게 설명한 것은?

① 용접 시 용접봉의 피복제 역할을 하는 분말상의 재료
② 압연강판의 층 사이에 균열이 생기는 현상
③ 용접작업의 종단부에 임시로 붙이는 보조판
④ 용접부에 생기는 미세한 구멍

●해설

플럭스(Flux)
용접봉의 피복제 역할을 하는 분말상의 재료로 소결플럭스와 융합플럭스가 있다.
- 소결플럭스 : 응집 플럭스라고하며 모재와 필러금속 사이의 계면 장력을 줄이는데 사용되는 구형 입상용접재료
- 융합플럭스 : 용광로에서 일정 비율의 성분을 녹여 수냉식 과립화, 건조 및 스크리닝을 통해 만든 유리모양 또는 경석 모양의 금속 플럭스

76 착공단계에서의 공사계획을 수립할 때 우선 고려하지 않아도 되는 것은?

① 현장 직원의 조직편성
② 예정 공정표의 작성
③ 유지관리지침서의 변경
④ 실행예산편성

●해설

유지관리지침서 : 시설물의 안전 및 유지관리 실시 등에 관한 지침

●ANSWER | 73 ① 74 ① 75 ① 76 ③

77 AE 콘크리트에 관한 설명으로 옳은 것은?

① 공기량은 기계비빔이 손비빔의 경우보다 적다.
② 공기량은 비벼놓은 시간이 길수록 증가한다.
③ 공기량은 AE제의 양이 증가할수록 감소하나 콘크리트의 강도는 증대한다.
④ 시공연도가 증진되고 재료분리 및 블리딩이 감소한다.

해설

AE 콘크리트
• 공기량은 기계비빔이 손비빔보다 많다.
• 공기량은 비벼놓은 시간이 길수록 감소된다.
• AE제 양이 증가할수록 공기량도 증가하고 콘크리트의 강도는 낮아진다.

78 콘크리트의 고강도화와 관계가 적은 것은?

① 물시멘트비를 작게 한다.
② 시멘트의 강도를 크게 한다.
③ 폴리머(Polymer)를 함침(含浸)한다.
④ 골재의 입자분포를 가능한 한 균일 입자분포로 한다.

해설

고강도 콘크리트를 타설하기 위해서는 골재의 입자분포를 양호하게 해야 한다(균일 입자분포란 골재의 크기가 거의 동일하다는 뜻으로 재료분리 가능성이 증가되고, 밀실한 콘크리트의 타설을 어렵게 하는 원인이 된다).

79 벽돌쌓기법 중에서 마구리를 세워 쌓는 방식으로 옳은 것은?

① 옆세워 쌓기
② 허튼 쌓기
③ 영롱 쌓기
④ 길이 쌓기

해설

마구리를 세워 쌓는 방식 : 옆세워 쌓기

80 바닥판 거푸집의 구조계산 시 고려해야 하는 연직하중에 해당하지 않는 것은?

① 작업하중
② 충격하중
③ 고정하중
④ 굳지 않은 콘크리트의 측압

해설

연직하중 = 고정하중 + 충격하중 + 작업하중

5과목 건설재료학

81 다음 중 플라이애시시멘트에 대한 설명으로 옳은 것은?

① 수화할 때 불용성 규산칼슘 수화물을 생성한다.
② 화력발전소 등에서 완전연소한 미분탄의 회분과 포틀랜드시멘트를 혼합한 것이다.
③ 재령 1~2시간 안에 콘크리트 압축강도가 20MPa에 도달할 수 있다.
④ 용광로의 선철제작 부산물을 급랭시키고 파쇄하여 시멘트와 혼합한 것이다.

해설

Fly Ash
화력발전소 등에서 완전연소한 미분탄의 회분과 포틀랜드시멘트를 혼합한 것으로 수화열 저감을 위해 사용되며 부수적으로 장기강도의 증가효과도 있다.

82 건축용 접착제로서 요구되는 성능에 해당되지 않는 것은?

① 진동, 충격의 반복에 잘 견딜 것
② 취급이 용이하고 독성이 없을 것
③ 장기부하에 의한 크리프가 클 것
④ 고화 시 체적수축 등에 의한 내부변형을 일으키지 않을 것

해설

크리프(Creep) : 장기적으로 응력의 증가 없이 변형이 발생되는 현상

⊙ ANSWER | 77 ④ 78 ④ 79 ① 80 ④ 81 ② 82 ③

83 골재의 함수상태에서 유효흡수량의 정의로 옳은 것은?

① 습윤상태와 절대건조상태의 수량의 차이
② 표면건조포화상태와 기건상태의 수량의 차이
③ 기건상태와 절대건조상태의 수량의 차이
④ 습윤상태와 표면건조포화상태의 수량의 차이

골재의 함수상태

- ㉠ 절대건조상태(Absolute Dry Condition : 절건상태)
  - 100~110℃의 온도에서 24시간 이상 골재를 건조시킨 상태
  - 골재입자 내부의 공극에 포함된 물이 전부 제거된 상태
- ㉡ 대기 중 건조상태(Air Dry Condition : 기건상태)
  - 자연 건조로 골재입자의 표면과 내부의 일부가 건조한 상태
  - 공기 속의 온·습도 조건에 대하여 평형을 이루고 있는 상태로 내부는 수분을 포함하고 있는 상태
- ㉢ 표면건조 내부포화상태(Saturated Surface Dry Condition : 표건상태)
  - 골재입자의 표면에 물은 없으나 내부의 공극에는 물이 가득 차 있는 상태
  - SSD 상태, 또는 표건상태라고도 함
- ㉣ 습윤상태(Wet Condition)
  골재입자의 내부에 물이 채워져 있고 표면에도 물에 젖어 있는 상태
- ㉤ 유효흡수량
  골재가 공기 중 건조상태로부터 표면건조 포화상태로 되기까지 흡수할 수 있는 수량이며 유효흡수율은 골재가 표면건조포화상태가 될 때까지 흡수하는 수량의, 절대건조상태의 골재질량에 대한 백분율이다.

84 도장재료 중 물이 증발하여 수지입자가 굳는 융착건조경화를 하는 것은?

① 알키드수지 도료
② 애폭시수지 도료
③ 불소수지 도료
④ 합성수지 에멀션 페인트

도료 종류	특징
알키드수지 도료	알키드 수지를 사용해 만든 도료로 지방산 함유량에 따라 장유성, 중유성 단유성으로 구분된다.
애폭시수지 도료	경화제와의 반응 특성을 활용한 도료로 내열성, 절연성, 내약품성이 우수하다.
불소수지 도료	도료 수지구성이 불소수지를 주로 사용한 것으로 초내후성을 발휘하는 것이 특징이다.
합성수지 에멀션 페인트	수용성 페인트로서[물＋유성(합성수지/기름)] 대표적인 것은 건축현장에서 흔히 외벽이나 내벽에 칠하는 수성페인트[정확한 표현은 아크릴 에멀션(Acrylic Emusion) 수지 페인트]를 흔히 에멀션 페인트라 한다.

85 목재의 역학적 성질에 대한 설명으로 옳지 않은 것은?

① 목재 섬유 평행방향에 대한 인장강도가 다른 여러 강도 중 가장 크다.
② 목재의 압축강도는 옹이가 있으면 증가한다.
③ 목재를 휨부재로 사용하여 외력에 저항할 때는 압축, 인장, 전단력이 동시에 일어난다.
④ 목재의 전단강도는 섬유 간의 부착력, 섬유의 곧음, 수선의 유무 등에 의해 결정된다.

목재의 압축강도는 옹이가 있는 부분이 취약하다.

86 합판에 대한 설명으로 옳지 않은 것은?

① 단판을 섬유방향이 서로 평행하도록 홀수로 적층하면서 접착시켜 합친 판을 말한다.
② 함수율 변화에 따라 팽창·수축의 방향성이 없다.
③ 뒤틀림이나 변형이 적은 비교적 큰 면적의 평면 재료를 얻을 수 있다.
④ 균일한 강도의 재료를 얻을 수 있다.

합판은 단판을 섬유방향이 서로 수직으로 교차하도록 홀수로 적층하며 접착시킨다.

87 미장바탕의 일반적인 성능조건과 가장 거리가 먼 것은?

① 미장층보다 강도가 클 것
② 미장층과 유효한 접착강도를 얻을 수 있을 것
③ 미장층보다 강성이 작을 것
④ 미장층의 경화, 건조에 지장을 주지 않을 것

미장바탕은 미장층보다 강성이 커야 미장의 요구성능을 충족시킬 수 있다.

88 절대건조밀도가 2.6g/cm³이고, 단위용적질량이 1,750kg/m³인 굵은 골재의 공극률은?

① 30.5%   ② 32.7%
③ 34.7%   ④ 36.2%

$$\frac{(2.6-1.75)}{2.6}\times 100 = 32.7\%$$

89 목재의 내연성 및 방화에 대한 설명으로 옳지 않은 것은?

① 목재의 방화는 목재 표면에 불연소성 피막을 도포 또는 형성시켜 화염의 접근을 방지하는 조치를 한다.
② 방화재로는 방화페인트, 규산나트륨 등이 있다.
③ 목재가 열에 닿으면 먼저 수분이 증발하고 160℃ 이상이 되면 소량의 가연성가스가 유출된다.
④ 목재는 450℃에서 장시간 가열하면 자연발화하게 되는데, 이 온도를 화재위험온도라고 한다.

목재의 자연발화온도
450℃에서 장시간 가열하면 자연발화하게 되는 온도이다.

90 금속의 부식방지를 위한 관리대책으로 옳지 않은 것은?

① 부분적으로 녹이 발생하면 즉시 제거할 것
② 큰 변형을 준 것은 가능한 한 풀림하여 사용할 것
③ 가능한 한 이종 금속을 인접 또는 접촉시켜 사용할 것
④ 표면을 평활하고 깨끗이 하며, 가능한 한 건조상태로 유지할 것

금속의 부식방지를 위해서는 이종 금속의 인접이나 접촉을 피해야 한다.

91 다음의 미장재료 중 균열저항성이 가장 큰 것은?

① 회반죽 바름
② 소석고 플라스터
③ 경석고 플라스터
④ 돌로마이트 플라스터

경석고 플라스터
경석고에 촉진재를 배합하여 붉은빛을 띠는 플라스터로 미장재료 중 균열저항성이 가장 크다.

92 점토의 물리적 성질에 관한 설명으로 옳지 않은 것은?

① 점토의 인장강도는 압축강도의 약 5배 정도이다.
② 입자의 크기는 보통 $2\mu m$ 이하의 미립자지만 모래알 정도의 것도 약간 포함되어 있다.
③ 공극률은 점토의 입자 간에 존재하는 모공용적으로 입자의 형상, 크기에 관계한다.
④ 점토입자가 미세하고, 양지의 점토일수록 가소성이 좋으나, 가소성이 너무 클 때는 모래 또는 샤모트를 섞어서 조절한다.

◉ ANSWER | 87 ③ 88 ② 89 ④ 90 ③ 91 ③ 92 ①

점토는 인장강도가 매우 낮아 치명적이다.

93 일반 콘크리트 대비 ALC의 우수한 물리적 성질로서 옳지 않은 것은?

① 경량성
② 단열성
③ 흡음·차음성
④ 수밀성, 방수성

ALC(경량기포콘크리트)
가볍고 가공성이 우수하며 단열효과가 우수한 ALC는 기포층으로 인해 수밀성과 방수성은 취약하다.

94 콘크리트 바탕에 이음새 없는 방수 피막을 형성하는 공법으로, 도료상태의 방수재를 여러 번 칠하여 방수막을 형성하는 방수공법은?

① 아스팔트 루핑 방수
② 합성고분자 도막 방수
③ 시멘트 모르타르 방수
④ 규산질 침투성 도포 방수

- 아스팔트 루핑방수: 두꺼운 펠트의 양면에 블로운 아스팔트를 피복해 그 표면에 모래나 광물질 미분말을 부착한 시트상의 제품으로 방수막을 형성하는 공법
- 합성고분자 도막방수: 합성고무 또는 합성수지를 주성분으로 하는 두께 0.8~2.0mm 정도의 합성고분자 또는 시트를 접착제로 바탕에 붙여서 방수층을 형성하는 공법으로 아스팔트처럼 여러 겹으로 완성하는 것이 아닌 시트 1겹으로 방수처리하는 방법
- 시멘트 모르타르 방수: 건축물의 옥상, 실내 및 지하의 콘크리트 표면에 시멘트 액체 방수층, 폴리머 시멘트 모르타르 방수층 또는 시멘트 혼입 폴리머계 방수층 등을 시공 방수공법
- 규산질 침투성 도포방수: 습윤 환경 조건하의 콘크리트 구조물에 규산질계 분말형 도포방수재를 도포하여, 콘크리트의 공극에 침투시킴으로써 바탕재의 방수성을 향상시킨 방수공법

95 열경화성 수지가 아닌 것은?

① 페놀 수지
② 요소 수지
③ 아크릴 수지
④ 멜라민 수지

- 열경화성 수지 : 페놀, 요소, 멜라민, 에폭시, 우레탄 수지
- 열가소성 수지 : 아크릴, 폴리아미드, 염화비닐 수지

96 블로운 아스팔트(Blown asphalt)를 휘발성 용제에 녹이고 광물분말 등을 가하여 만든 것으로 방수, 접합부 충전 등에 쓰이는 아스팔트 제품은?

① 아스팔트 코팅(Asphalt coating)
② 아스팔트 그라우트(Asphalt grout)
③ 아스팔트 시멘트(Asphalt cement)
④ 아스팔트 콘크리트(Asphalt concrete)

아스팔트 코팅(Asphalt Coating)
블로운 아스팔트(Blown Asphalt)를 휘발성 용제에 녹이고 광물분말 등을 가하여 만든 것으로 방수, 접합부 충전 등에 쓰이는 아스팔트 제품이다.

아스팔트 제품명	용도
아스팔트 시멘트	고형상태의 아스팔트를 과열되지 않도록 인화점 이하에서 화기와 충분히 혼합하여 적당히 물러지게 액상으로 만든 것
아스팔트 그라우트 (Asphalt Grout)	지반이나 암반에 그라우팅 시 사용하는 재료로서 시멘트, 점토, 아스팔트용액 등으로 이루어진다.
아스팔트 콘크리트 (Asphalt Concrete)	모래와 자갈 등을 아스팔트와 배합한 것으로 강도가 높아 도로포장에 사용된다.

97 연강판에 일정한 간격으로 그물눈을 내고 늘여 철망모양으로 만든 것은?

① 메탈라스(Metal lath)
② 와이어메시(Wire mesh)
③ 인서트(Insert)
④ 코너비드(Coner bead)

- 메탈라스 : 연강판에 일정 간격으로 그물눈을 내고 늘여서 철망모양으로 만든 것
- 와이어메시 : 콘크리트 도로포장, 조립식 주택 및 콘크리트관, 주차장, 지붕 및 바닥판콘크리트의 균열억제 및 보강용 철근으로 사용된다.
- 코너비드 : 면과 면이 만나는 경계에서 기둥이나 모서리를 보호하기 위하여 막대 모양의 보호용 철물을 부착하는 부자재

98 고로슬래그 쇄석에 대한 설명으로 옳지 않은 것은?

① 철을 생산하는 과정에서 용광로에서 생기는 광재를 공기 중에서 서서히 냉각시켜 경화된 것을 파쇄하여 만든다.
② 투수성은 보통골재의 경우보다 작으므로 수밀콘크리트에 적합하다.
③ 고로슬래그 쇄석을 활용한 콘크리트는 다른 암석을 사용한 콘크리트보다 건조수축이 적다.
④ 다공질이기 때문에 흡수율이 크므로 충분히 살수하여 사용하는 것이 좋다.

고로슬래그 쇄석은 보통골재보다 입형이 거칠어서 수밀성이 떨어진다.

99 점토제품 중 소성온도가 가장 고온이고 흡수성이 매우 작으며 모자이크 타일, 위생도기 등에 주로 쓰이는 것은?

① 토기   ② 도기
③ 석기   ④ 자기

자기
점토제품 중 소성온도가 가장 고온이고 흡수성이 매우 작으며 모자이크 타일, 위생도기 등에 주로 쓰인다.

100 목재에 사용되는 크레오소트 오일에 대한 설명으로 옳지 않은 것은?

① 냄새가 좋아서 실내에서도 사용이 가능하다.
② 방부력이 우수하고 가격이 저렴하다.
③ 독성이 적다.
④ 침투성이 좋아 목재에 깊게 주입된다.

크레오소트 오일
중앙아메리카 사막지대에 서식하는 상록관목에서 채취한 오일이 주성분이며 신체와 접촉하면 빠르게 흡수되어 신장과 간에 치명적이며 냄새도 역하다.

6과목 건설안전기술

101 건설업의 공사금액이 850억 원일 경우 산업안전보건법령에 따른 안전관리자의 수로 옳은 것은?(단, 전체 공사기간을 100으로 할 때 공사 전·후 15에 해당하는 경우는 고려하지 않는다.)

① 1명 이상   ② 2명 이상
③ 3명 이상   ④ 4명 이상

공사금액 (VAT 포함)	변경 전			
	선임 인원	15% 전·후 최소인원	증액	기술사 또는 경력자
800억~1,500억 원 미만	2명			
1,500억~2,200억 원 미만	3명			
2,200억~3,000억 원 미만	3명			
3,000억~3,900억 원 미만	5명	1명	매 700억 원 (증가 시)	1명 포함
3,900억~4,900억 원 미만	6명			
4,900억~6,000억 원 미만	8명			
6,000억~7,200억 원 미만	11명			
7,200억~8,500억 원 미만	12명			
8,500억~1조 원 미만	14명			
1조 원 이상				

공사금액 (VAT 포함)	변경 후				15% 전·후 기술사 or 경력자 배치
	선임 인원	15% 전·후 최소인원	증액 (억 원)	기술사 또는 경력자	
800억 ~ 1,500억 원 미만	2명	1명	+ 700	–	–
1,500억 ~ 2,200억 원 미만	3명	2명	+ 700	1명 포함	
2,200억 ~ 3,000억 원 미만	4명	2명	+ 800		
3,000억 ~ 3,900억 원 미만	5명	3명	+ 900		안전기술사 등 1명 포함
3,900억 ~ 4,900억 원 미만	6명	3명	+ 1,000	2명 포함	
4,900억 ~ 6,000억 원 미만	7명	4명	+ 1,100		안전기술사 등 2명 포함
6,000억 ~ 7,200억 원 미만	8명	4명	+ 1,200		
7,200억 ~ 8,500억 원 미만	9명	5명	+ 1,300	3명 포함	안전기술사 등 3명 포함
8,500억 ~ 1조 원 미만	10명	5명	+ 1,500		
1조 원 이상	11명 이상	선임 수 50% 잔류	• 1조 이상 : 매 2,000억 원 • 2조 이상 : 매 3,000억 원 마다		좌동 1명 추가

102 건설현장에 거푸집 동바리 설치 시 준수사항으로 옳지 않은 것은?

① 파이프서포트 높이가 4.5m를 초과하는 경우에는 높이 2m 이내마다 2개 방향으로 수평 연결재를 설치한다.

② 동바리의 침하 방지를 위해 깔목의 사용, 콘크리트 타설, 말뚝박기 등을 실시한다.

③ 강재와 강재의 접속부는 볼트 또는 클램프 등 전용철물을 사용한다.

④ 강관틀 동바리는 강관틀과 강관틀 사이에 교차가새를 설치한다.

◉ 해설

파이프서포트 높이로 수평연결재를 설치하는 기준은 없다.

103 가설통로를 설치하는 경우 준수해야 할 기준으로 옳지 않은 것은?

① 경사는 30° 이하로 할 것

② 경사가 25°를 초과하는 경우에는 미끄러지지 아니하는 구조로 할 것

③ 건설공사에 사용하는 높이 8m 이상인 비계다리에는 7m 이내마다 계단참을 설치할 것

④ 수직갱에 가설된 통로의 길이가 15m 이상인 때에는 10m 이내마다 계단참을 설치할 것

◉ 해설

가설통로 설치 시 경사 15°를 초과하는 경우에는 미끄러지지 않는 구조로 해야 한다.

※ 법규상으로는 15° 초과 시 미끄럼막이 설치로 되어 있으나, 경사로기준표로는 14° 초과 시 47cm 간격으로 설치하게 되어 있음

104 항타기 또는 항발기의 사용 시 준수사항으로 옳지 않은 것은?

① 증기나 공기를 차단하는 장치를 작업관리자가 쉽게 조작할 수 있는 위치에 설치한다.

② 해머의 운동에 의하여 증기호스 또는 공기호스와 해머의 접속부가 파손되거나 벗겨지는 것을 방지하기 위하여 그 접속부가 아닌 부위를 선정하여 증기호스 또는 공기호스를 해머에 고정시킨다.

③ 항타기나 항발기의 권상장치의 드럼에 권상용 와이어로프가 꼬인 경우에는 와이어로프에 하중을 걸어서는 안 된다.

④ 항타기나 항발기의 권상장치에 하중을 건상태로 정지하여 두는 경우에는 쐐기장치 또는 역회전방지용 브레이크를 사용하여 제동하는 등 확실하게 정지시켜 두어야 한다.

해설

항타기, 항발기 사용 시 증기나 공기를 차단하는 장치를 운전자가 쉽게 조작할 수 있는 위치에 설치한다.

105 가설공사 표준안전 작업지침에 따른 통로발판을 설치하여 사용함에 있어 준수사항으로 옳지 않은 것은?

① 추락의 위험이 있는 곳에는 안전난간이나 철책을 설치하여야 한다.
② 작업발판의 최대폭은 1.6m 이내이어야 한다.
③ 비계발판의 구조에 따라 최대 적재하중을 정하고 이를 초과하지 않도록 하여야 한다.
④ 발판을 겹쳐 이음하는 경우 장선 위에서 이음을 하고 겹침길이는 10cm 이상으로 하여야 한다.

해설

발판을 겹쳐 이음하는 경우 장선 위에서 이음을 하고 겹침길이는 20cm 이상으로 하여야 한다.

106 토사붕괴에 따른 재해를 방지하기 위한 흙막이 지보공 부재로 옳지 않은 것은?

① 흙막이판   ② 말뚝
③ 턴버클   ④ 띠장

해설

토사붕괴에 따른 재해를 방지하기 위한 흙막이 지보공 부재
흙막이판, 말뚝, 띠장
※ 턴버클 : 와이어로프나 전선 등의 길이를 조절하여 장력의 조정이 필요한 경우 사용하는 부재이다.

107 토사붕괴원인으로 옳지 않은 것은?

① 경사 및 기울기 증가
② 성토높이의 증가
③ 건설기계 등 하중작용
④ 토사중량의 감소

해설

토사중량의 증가가 토사붕괴의 원인으로 작용할 수 있다.

108 이동식 비계를 조립하여 작업을 하는 경우의 준수기준으로 옳지 않은 것은?

① 비계의 최상부에서 작업을 할 때에는 안전난간을 설치하여야 한다.
② 작업발판의 최대적재하중은 40kg을 초과하지 않도록 한다.
③ 승강용 사다리는 견고하게 설치하여야 한다.
④ 작업발판은 항상 수평을 유지하고 작업발판 위에서 안전난간을 딛고 작업을 하거나 받침대 또는 사다리를 사용하여 작업하지 않도록 한다.

해설

작업발판의 최대적재하중은 250kg을 초과하지 않도록 한다.

109 건설용 리프트의 붕괴 등을 방지하기 위해 받침의 수를 증가시키는 등 안전조치를 하여야 하는 순간풍속 기준은?

① 초당 15미터 초과
② 초당 25미터 초과
③ 초당 35미터 초과
④ 초당 45미터 초과

해설

초당 35미터를 초과하는 순간풍속 시에는 건설용 리프트의 붕괴 등을 방지하기 위해 받침의 수를 증가시키는 등 안전조치를 하여야 한다.
※ 순간풍속 30미터 초과 시 : 옥외 주행크레인의 이탈방지조치

110 건설작업용 타워크레인의 안전장치로 옳지 않은 것은?

① 권과방지장치   ② 과부하방지장치
③ 비상정지장치   ④ 호이스트 스위치

타워크레인 안전장치

권과방지장치, 과부하방지장치, 비상정지장치
※ 호이스트 스위치는 호이스트에 부착한다.

111 달비계에 사용하는 와이어로프의 사용금지
기준으로 옳지 않은 것은?

① 이음매가 있는 것
② 열과 전기 충격에 의해 손상된 것
③ 지름의 감소가 공칭지름의 7%를 초과하는 것
④ 와이어로프의 한 꼬임에서 끊어진 소선의
수가 7% 이상인 것

와이어로프 사용금지 기준

• 이음매가 있는 것
• 열과 전기 충격에 의해 손상된 것
• 지름의 감소가 공칭지름의 7%를 초과하는 것
• 와이어로프의 한 꼬임에서 끊어진 소선의 수가 10%
이상인 것

112 건설업 산업안전보건관리비 계상 및 사용기
준은 산업재해보상보험법의 적용을 받는 공
사 중 총공사금액이 얼마 이상인 공사에 적
용하는가?(단, 전기공사업법, 정보통신공사
업법에 의한 공사는 제외)

① 4천만 원   ② 3천만 원
③ 2천만 원   ④ 1천만 원

산업안전보건관리비 적용공사 : 총공사금액 2천만
원 이상

113 가설구조물의 특징으로 옳지 않은 것은?

① 연결재가 적은 구조로 되기 쉽다.
② 부재결합이 간략하여 불안전 결합이다.
③ 구조물이라는 개념이 확고하여 조립의 정
밀도가 높다.

④ 사용부재는 과소단면이거나 결함재가 되
기 쉽다.

가설구조물은 구조물의 개념이 없어 조립 정밀도가
낮다.

114 거푸집 동바리의 침하를 방지하기 위한 직
접적인 조치로 옳지 않은 것은?

① 수평연결재 사용   ② 깔목의 사용
③ 콘크리트의 타설   ④ 말뚝박기

수평연결재 : 좌굴방지를 위한 조치

115 건설공사의 유해·위험방지계획서 제출 기
준일로 옳은 것은?

① 당해 공사 착공 1개월 전까지
② 당해 공사 착공 15일 전까지
③ 당해 공사 착공 전날까지
④ 당해 공사 착공 15일 후까지

유해·위험방지계획서 제출 기준일 : 공사착공 전
날까지

116 건설업 중 유해·위험방지계획서 제출 대상
사업장으로 옳지 않은 것은?

① 지상높이가 31m 이상인 건축물 또는 인공
구조물, 연면적 30,000m² 이상인 건축물
또는 연면적 5,000m² 이상의 문화 및 집
회시설의 건설공사
② 연면적 3,000m² 이상의 냉동·냉장 창고
시설의 설비공사 및 단열공사
③ 깊이 10m 이상인 굴착공사
④ 최대지간길이가 50m 이상인 다리의 건설
공사

◉ ANSWER | 111 ④ 112 ③ 113 ③ 114 ① 115 ③ 116 ②

해설

유해·위험방지계획서 제출 대상 사업장

- 지상높이 31m 이상 건축물 또는 인공구조물
- 연면적 3만 제곱미터 이상인 건축물
- 연면적 5천 제곱미터 이상의 문화 및 집회시설, 판매 및 운수시설, 종합병원, 관광숙박시설 또는 지하도상가 또는 냉동·냉장창고시설의 건설·개조 또는 해체
- 최대지간길이가 50m 이상인 교량건설 등의 공사
- 깊이가 10m 이상인 굴착공사
- 터널공사
- 다목적댐·발전용 댐 및 저수용량 2천만 톤 이상의 용수 전용 댐·지방상수도 전용 댐 건설 등의 공사
- 연면적 5천 제곱미터 이상의 냉동·냉장창고시설의 설비공사 및 단열공사

---

117 사다리식 통로 등의 구조에 대한 설치기준으로 옳지 않은 것은?

① 발판의 간격은 일정하게 할 것
② 발판과 벽과의 사이는 15cm 이상의 간격을 유지할 것
③ 사다리식 통로의 길이가 10m 이상인 때에는 7m 이내마다 계단참을 설치할 것
④ 사다리의 상단은 걸쳐놓은 지점으로부터 60cm 이상 올라가도록 할 것

해설

사다리식 통로의 길이가 7m 이상인 때에는 7m 이내마다 계단참을 설치할 것

---

118 철골건립준비를 할 때 준수하여야 할 사항으로 옳지 않은 것은?

① 지상 작업장에서 건립준비 및 기계기구를 배치할 경우에는 낙하물의 위험이 없는 평탄한 장소를 선정하여 정비하여야 한다.
② 건립작업에 다소 지장이 있더라도 수목은 제거하거나 이설하여서는 안 된다.
③ 사용 전에 기계기구에 대한 정비 및 보수를 철저히 실시하여야 한다.

④ 기계에 부착된 앵카 등 고정장치와 기초구조 등을 확인하여야 한다.

해설

철골건립준비를 할 때 건립작업에 다소 지장이 있는 경우에는 이설하고 작업한다.

---

119 고소작업대를 설치 및 이동하는 경우에 준수하여야 할 사항으로 옳지 않은 것은?

① 와이어로프 또는 체인의 안전율은 3 이상일 것
② 붐의 최대 지면경사각을 초과 운전하여 전도되지 않도록 할 것
③ 고소작업대를 이동하는 경우 작업대를 가장 낮게 내릴 것
④ 작업대에 끼임·충돌 등 재해를 예방하기 위한 가드 또는 과상승방지장치를 설치할 것

해설

고소작업대 설치 및 이동 시 와이어로프 또는 체인의 안전율은 5 이상일 것

---

120 터널공사에서 발파작업 시 안전대책으로 옳지 않은 것은?

① 발파 전 도화선 연결상태, 저항치 조사 등의 목적으로 도통시험 실시 및 발파기의 작동상태에 대한 사전점검 실시
② 모든 동력선은 발원점으로부터 최소한 15m 이상 후방으로 옮길 것
③ 지질, 암의 절리 등에 따라 화약량에 대한 검토 및 시방기준과 대비하여 안전조치 실시
④ 발파용 점화회선은 타 동력선 및 조명회선과 한곳으로 통합하여 관리

해설

발파용 점화회선은 타 동력선 및 조명회선과 분리하여 단독회선으로 할 것

◉ **ANSWER** | 117 ③ 118 ② 119 ① 120 ④

1과목 산업안전관리론

01 건설업 노사협의체에 관한 사항 중 틀린 것은?

① 근로자위원과 사용자위원은 같은 수로 구성된다.
② 건설업 노사협의체의 정기회의는 2개월마다 위원장이 소집한다.
③ 위험성평가의 실시에 관한 사항 등을 협의한다.
④ 구성인원은 필수구성과 합의참여로 구분된다.

해설

건설 노사협의체 구성

구분		근로자위원	사용자위원
필수 구성		(1) 도급 또는 하도급 사업을 포함한 전체 사업의 근로자대표 (2) 근로대표가 지명하는 명예산업안전감독관 1명, 다만, 명예산업안전감독관이 위촉되어 있지 않은 경우에는 근로대표가 지명하는 해당 사업장 근로자 1명 (3) 공사금액이 20억 원 이상인 공사의 관계수급인의 각 근로자대표	(1) 도급 또는 하도급 사업을 포함한 전체 사업의 대표자 (2) 안전관리자 1명 (3) 보건관리자 1명(별표 5 제44호에 따른 보건관리자 선임대상 건설업으로 한정한다) (4) 공사금액이 20억 원 이상인 공사의 관계수급인의 각 대표자
합의 구성		공사금액이 20억 원 미만인 공사의 관계수급인의 근로자대표	공사금액이 20억 원 미만인 공사의 관계수급인
합의 참여		건설기계관리법 제3조제1항에 따라 등록된 건설기계를 직접 운전하는 사람	

02 시몬즈(Simonds)의 재해손실비의 평가방식 중 비보험 코스트의 산정 항목에 해당하지 않는 것은?

① 사망사고 건수
② 통원상해 건수
③ 응급조치 건수
④ 무상해사고 건수

해설

시몬즈의 비보험 코스트

- 휴업상해 건수
- 통원상해 건수
- 응급조치 건수
- 무상해사고 건수

03 재해조사 시 유의사항으로 틀린 것은?

① 피해자에 대한 구급 조치를 우선으로 한다.
② 재해조사 시 2차 재해 예방을 위해 보호구를 착용한다.
③ 재해조사는 재해자의 치료가 끝난 뒤 실시한다.
④ 책임추궁보다는 재발방지를 우선하는 기본태도를 가진다.

해설

재해조사 시 유의사항

- 피해자에 대한 구급조치를 우선으로 한다.
- 조사는 신속하게 행하고 긴급 조치하여, 2차 재해를 방지한다.
- 2차 재해의 예방을 위해 보호구를 착용한다.
- 조사는 될 수 있는 대로 2명 이상이 한 조가 되어 실시한다.
- 책임추궁보다 재발방지를 우선하는 기본적 태도를 갖는다.
- 목격자 등이 증언하는 사실 이외의 추측 등은 참고만 한다.
- 조사자는 피해자의 입장을 이해하고 동정적인 태도를 갖는다.
- 인적, 물적 요인에 대한 조사를 병행한다.

04 다음의 재해에서 기인물과 가해물로 옳은 것은?

> 공구와 자재가 바닥에 어지럽게 널려 있는 작업통로를 작업자가 보행 중 공구에 걸려 넘어져 통로바닥에 머리를 부딪쳤다.

① 기인물 : 바닥, 가해물 : 공구
② 기인물 : 바닥, 가해물 : 바닥
③ 기인물 : 공구, 가해물 : 바닥
④ 기인물 : 공구, 가해물 : 공구

●해설

- 기인물 : 직접적으로 재해를 유발하거나 영향을 끼친 에너지원을 지닌 기계장치, 구조물, 물체·물질, 사람 또는 환경
- 가해물 : 근로자에게 직접적으로 상해를 입힌 기계, 장치, 구조물, 물체·물질, 사람 또는 환경

05 A 사업장의 현황이 다음과 같을 때, A 사업장의 강도율은?

> - 상시근로자 : 200명
> - 요양재해건수 : 4건
> - 사망 : 1명
> - 휴업 : 1명(500일)
> - 연근로시간 : 2,400시간

① 8.33
② 14.53
③ 15.31
④ 16.48

●해설

$$강도율 = \frac{근로손실일수}{연근로총시간} \times 1,000$$

$$= \frac{7,500 + 500 \times \dfrac{300}{365}}{200 \times 2,400} \times 1,000 = 16.48$$

$$근로손실일수 = 휴업일수 \times \frac{300}{365} ≒ 411$$

사망자 근로손실일수 = 7,500일

06 재해의 분석에 있어 사고유형, 기인물, 불안전한 상태, 불안전한 행동을 하나의 축으로 하고, 그것을 구성하고 있는 몇 개의 분류 항목을 크기가 큰 순서대로 나열하여 비교하기 쉽게 도시한 통계 양식의 도표는?

① 직선도
② 특성요인도
③ 파레토도
④ 체크리스트

●해설

재해통계 분석방법

구분	분석 요령	특징
파레토도	항목값이 큰 순서대로 정리	• 주요 재해발생 유형 파악 용이 • 중점관리대상 파악이 쉬움
특성 요인도	재해발생과 그 요인의 관계를 어골상으로 세분화	결과별 원인의 분석이 쉬움
크로스도	주요 요인 간의 문제 분석	• 2 이상의 관계분석 가능 • 2 이상의 상호관계 분석으로 정확한 발생원인 파악 가능
관리도	• 관리상한선 • 중심선 • 관리하한선 설정	개략적 추이 파악이 쉬움

07 안전관리조작직의 유형 중 라인형에 관한 설명으로 옳은 것은?

① 대규모 사업장에 적합하다.
② 안전지식과 기술축적이 용이하다.
③ 명령과 보고가 상하관계뿐이므로 간단명료하다.
④ 독립된 안전참모 조직에 대한 의존도가 크다.

●해설

1. 라인형 조직의 특징

장점	• 안전업무가 생산현장 라인을 통해 시행된다. • 지시의 이행이 빠르다. • 명령과 보고가 간단하다.
단점	• 안전정보가 불충분하다. • 전문적 안전지식이 부족하다. • 라인에 책임전가 우려가 많다.

2. 스태프형 조직의 특징

장점	• 안전정보 수집이 신속하다. • 안전관리를 담당하는 스태프를 통해 전문적인 안전조직을 구성할 수 있다.
단점	• 안전과 생산을 별개로 취급하기 쉽다. • 스태프 스스로 생산라인의 안전업무를 행하는 것은 아니다. • 권한 다툼이나 조정이 난해하여 통제수속이 복잡하다.

3. 라인-스태프형 조직의 특징

장점	• 대규모 사업장(1,000명 이상)에 효과적이다. • 신속, 정확한 경영자의 지침전달이 가능하다. • 안전활동과 생산업무의 균형유지가 가능하다.
단점	• 명령계통과 조언 및 권고적 참여가 혼동되기 쉽다. • 라인이 스태프에게만 의존하거나 활용하지 않을 우려가 있다. • 스태프가 월권행위 할 우려가 있다.

08 보호구 안전인증 고시상 성능이 다음과 같은 방음용 귀마개(기호)로 옳은 것은?

> 저음부터 고음까지 차음하는 것

① EP-1
② EP-2
③ EP-3
④ EP-4

해설

방음보호구

종류	등급	성능기준
귀마개	1종 EP-1	저음부터 고음까지 차음
	2종 EP-2	고음의 차음
귀덮개	EM	귀 전체를 덮는 구조이며 차음효과가 있을 것

09 브레인스토밍(Brain Storming) 4원칙에 속하지 않는 것은?

① 비판수용
② 대량발언
③ 자유분방
④ 수정발언

해설

브레인스토밍(Brain Storming) 4원칙

• 비판금지
• 자유분방
• 대량발언
• 수정발언

10 하인리히 사고예방대책 5단계의 각 단계와 기본 원리가 잘못 연결된 것은?

① 제1단계 – 안전조직
② 제2단계 – 사실의 발견
③ 제3단계 – 점검 및 검사
④ 제4단계 – 시정 방법의 선정

해설

하인리히 사고예방대책 5단계

• 조직의 결성 : 조사위원회의 구성
• 사실의 발견 : 재해현황의 파악
• 원인분석 : 현장조사
• 시정책 선정 : 재해재발 방지를 위한 안전대책 선정
• 시정책 적용 : 수립한 안전대책의 적용

11 다음은 산업안전보건법령상 공정안전보고서의 제출 시기에 관한 기준 내용이다. ( ) 안에 들어갈 내용을 올바르게 나열한 것은?

> 사업주는 산업안전보건법 시행령에 따라 유해하거나 위험한 설비의 설치·이전 또는 주요 구조부분의 변경공사의 착공일 (㉠) 전까지 공정안전보고서를 (㉡) 작성하여 공단에 제출해야 한다.

① ㉠ 1일, ㉡ 2부
② ㉠ 15일, ㉡ 1부
③ ㉠ 15일, ㉡ 2부
④ ㉠ 30일, ㉡ 2부

해설

사업주는 산업안전보건법 시행령에 따라 유해하거나 위험한 설비의 설치·이전 또는 주요 구조부분의 변경공사의 착공일 30일 전까지 공정안전보고서를 2부 작성하여 공단에 제출해야 한다.

◉ **ANSWER** | 08 ① 09 ① 10 ③ 11 ④

12 산업안전보건법령상 자율안전확인대상 기계 등에 해당하지 않는 것은?

① 연삭기 ② 곤돌라
③ 컨베이어 ④ 산업용 로봇

자율안전확인대상 기계 등
- 연삭기 및 연마기
- 산업용 로봇
- 혼합기
- 파쇄기 또는 분쇄기
- 식품가공용 기계
- 컨베이어
- 자동차정비용 리프트
- 공작기계
- 고정용 목재가공용 기계
- 인쇄기
- 기압조정기

13 다음 중 산업재해발생의 기본 원인 4M에 해당하지 않는 것은?

① Media ② Material
③ Machine ④ Management

산업재해발생의 기본원인 4M
- Man
- Machine
- Media
- Management

14 시설물의 안전 및 유지관리에 관한 특별법상 시설물 정기안전점검의 실시 시기로 옳은 것은?(단, 시설물의 안전등급이 A등급인 경우)

① 반기에 1회 이상
② 1년에 1회 이상
③ 2년에 1회 이상
④ 3년에 1회 이상

시설물의 안전 및 유지관리에 관한 특별법상 정기안전점검의 실시 시기

종류	점검시기	점검내용
정기점검	• A·B·C 등급 : 반기당 1회 • D·E 등급 : 해빙기·우기·동절기 등 연간 3회	• 시설물의 기능적 상태 • 사용요건 만족도
정밀점검	⊙ 건축물 • A 등급 : 4년에 1회 • B·C 등급 : 3년에 1회 • D·E 등급 : 2년에 1회 • 최초실시 : 준공일 또는 사용승인일 기준 3년 이내(건축물은 4년 이내) • 건축물에는 부대시설인 옹벽과 절토사면을 포함 ⓒ 기타 시설물 • A 등급 : 3년에 1회 • B·C 등급 : 2년에 1회 • D·E 등급 : 1년에 1회 • 항만시설물 중 썰물 시 바닷물에 항상 잠겨있는 부분은 4년에 1회 이상	• 시설물 상태 • 안전성 평가
긴급점검	• 관리주체가 필요하다고 판단 시 • 관계 행정기관장이 필요하여 관리주체에게 긴급점검을 요청한 때	재해, 사고에 의한 구조적 손상 상태
정밀진단	• 최초실시 : 준공일, 사용승인일로부터 10년 경과 시 1년 이내 • A 등급 : 6년에 1회 • B·C 등급 : 5년에 1회 • D·E 등급 : 4년에 1회	• 시설물의 물리적, 기능적 결함 발견 • 신속하고 적절한 조치를 취하기 위해 구조적 안전성과 결함 원인을 조사, 측정, 평가 • 보수, 보강 등의 방법 제시

⊙ **ANSWER** | 12 ② 13 ② 14 ①

15 정보서비스업의 경우, 상시근로자의 수가 최소 몇 명 이상일 때 안전보건관리규정을 작성하여야 하는가?

① 50명 이상   ② 100명 이상

③ 200명 이상   ④ 300명 이상

해설

안전보건관리규정 작성대상

사업의 종류	규모
1. 농업 2. 어업 3. 소프트웨어 개발 및 공급업 4. 컴퓨터 프로그래밍, 시스템 통합 및 관리업 5. 정보서비스업 6. 금융 및 보험업 7. 임대업(부동산 제외) 8. 전문, 과학 및 기술서비스업 (연구개발업 제외) 9. 사업지원 서비스업 10. 사회복지 서비스업	상시 근로자 300명 이상을 사용하는 사업장
제1호부터 제10호까지의 사업을 제외한 사업	상시 근로자 100명 이상을 사용하는 사업장

16 사고예방대책의 기본원리 5단계 시정책의 적용 중 3E에 해당하지 않는 것은?

① 교육(Education)

② 관리(Enforcement)

③ 기술(Engineering)

④ 환경(Enviroment)

해설

Harvey의 3E 이론

• Engineering
• Education
• Enforcement

17 다음과 같은 재해가 발생하였을 경우 재해의 원인분석으로 옳은 것은?

> 건설현장에서 근로자가 비계에서 마감작업을 하던 중 바닥으로 떨어져 머리가 바닥에 부딪혀 사망하였다.

① 기인물 : 비계, 가해물 : 마감작업, 사고유형 : 낙하

② 기인물 : 바닥, 가해물 : 비계, 사고유형 : 추락

③ 기인물 : 비계, 가해물 : 바닥, 사고유형 : 낙하

④ 기인물 : 비계, 가해물 : 바닥, 사고유형 : 추락

해설

• 기인물 : 비계에서 작업중이었으므로 비계
• 가해물 : 근로자 머리에 충격을 가한 가해물은 바닥
• 사고유형 : 추락사고

18 안전보건관리계획의 개요에 관한 설명으로 틀린 것은?

① 타 관리계획과 균형이 되어야 한다.

② 안전보건의 재해요인을 확실히 파악해야 한다.

③ 계획의 목표는 점진적으로 낮은 수준의 것으로 한다.

④ 경영층의 기본방침을 명확하게 근로자에게 나타내야 한다.

해설

안전보건관리계획의 개요

• 타 관리계획과의 균형
• 안전보건 확보의 저해요인 파악
• 경영층의 기본방침을 근로자에게 명확하게 나타낼 것

19 크레인(이동식은 제외한다)은 사업장에 설치한 날로부터 몇 년 이내에 최초 안전검사를 실시하여야 하는가?

① 1년   ② 2년

③ 3년   ④ 5년

해설

㉠ 크레인의 안전검사
  • 최초 : 설치 후 3년 이내
  • 이후 : 2년마다
㉡ 건설현장 크레인의 안전검사 : 6개월마다

⊙ ANSWER | 15 ④ 16 ④ 17 ④ 18 ③ 19 ③

20 보호구 안전인증 고시에 따른 안전화 종류에 해당하지 않는 것은?

① 경화 안전화
② 발등 안전화
③ 정전기 안전화
④ 고무제 안전화

해설

안전인증 안전화의 종류
- 발등 안전화
- 정전기 안전화
- 고무제 안전화

2과목 산업심리 및 교육

21 매슬로(Maslow)의 욕구 5단계 중 안전욕구에 해당하는 단계는?

① 1단계
② 2단계
③ 3단계
④ 4단계

해설

매슬로(Maslow)의 욕구 5단계
생리적 욕구 → 안전욕구 → 사회적 욕구 → 인정의 욕구 → 자아실현의 욕구

22 심리학에서 사용하는 용어로 측정하고자 하는 것을 실제로 적절히, 정확히 측정하는지의 여부를 판별하는 것은?

① 표준화
② 신뢰성
③ 객관성
④ 타당성

해설

타당성
심리학적 차원에서의 정의는 측정 대상을 적절히, 정확히 측정이 가능한지의 여부를 판별하는 정성적 기준이다.

23 산업안전보건법령상 타워크레인 신호작업에 종사하는 일용근로자의 특별교육 교육시간 기준은?

① 1시간 이상
② 2시간 이상
③ 4시간 이상
④ 8시간 이상

해설

산업안전보건법령상 안전보건교육

교육과정	교육대상		교육시간
가. 정기교육	1) 사무직 종사 근로자		매반기 6시간 이상
	2) 그 밖의 근로자	판매업무에 직접 종사하는 근로자	매반기 6시간 이상
		판매업무에 직접 종사하는 근로자 외의 근로자	매반기 12시간 이상
나. 채용 시 교육	1) 일용근로자 및 근로계약기간이 1주일 이하인 기간제 근로자		1시간 이상
	2) 근로계약기간이 1주일 초과 1개월 이하인 기간제 근로자		4시간 이상
	3) 그 밖의 근로자		8시간 이상
다. 작업내용 변경 시 교육	1) 일용근로자 및 근로계약기간이 1주일 이하인 기간제 근로자		1시간 이상
	2) 그 밖의 근로자		2시간 이상
라. 특별교육	1) 일용근로자 및 근로계약기간이 1주일 이하인 기간제 근로자(특별교육 대상 작업 중 아래 2)에 해당하는 작업 외에 종사하는 근로자에 한정)		2시간 이상
	2) 일용근로자 및 근로계약기간이 1주일 이하인 기간제 근로자(타워크레인을 사용하는 작업 시 신호업무를 하는 작업에 종사하는 근로자에 한정)		8시간 이상
	3) 일용근로자 및 근로계약기간이 1주일 이하인 기간제 근로자를 제외한 근로자(특별교육 대상 작업에 한정)		• 16시간 이상(최초 작업에 종사하기 전 4시간 이상 실시하고 12시간은 3개월 이내에서 분할하여 실시 가능) • 단기간 작업 또는 간헐적 작업인 경우에는 2시간 이상
마. 건설업 기초안전 보건교육	건설 일용근로자		4시간 이상

24 Off JT(Off the Job Training)의 특징으로 옳은 것은?

① 전문 강사를 초빙하는 것이 가능하다.
② 개개인에게 적절한 지도훈련이 가능하다.
③ 직장의 실정에 맞게 실제적 훈련이 가능하다.
④ 훈련에 필요한 업무의 계속성이 끊어지지 않는다.

OJT	Off JT
• 개인수준에 적합한 지도 가능	• 다수의 근로자 집단교육
• 실질적 업무수행에 즉각적인 도움 가능	• 전문가 초빙
	• 많은 양의 지식과 경험교류 가능
• 상호 이해도가 높음	• 강의법이 대표적
• 코칭, 직무순환, 멘토링이 대표적	

25 타일러(Taylor)의 과학적 관리와 거리가 가장 먼 것은?

① 시간–동작 연구를 적용하였다.
② 생산의 효율성을 상당히 향상시켰다.
③ 인간중심의 관점으로 일을 재설계한다.
④ 인센티브를 도입함으로써 작업자들을 동기화시킬 수 있다.

타일러(Taylor)의 과학적 관리
• 시간 – 동작 연구를 적용하였다.
• 생산의 효율성을 상당히 향상시켰다.
• 인센티브를 도입함으로써 작업자들을 동기화시킬 수 있다.

26 지도자가 부하의 능력에 따라 차별적으로 성과급을 지급하고자 하는 리더십의 권한은?

① 전문성 권한
② 보상적 권한
③ 합법적 권한
④ 위임된 권한

보상적 권한
지도자가 부하의 능력에 따라 차별적으로 성과급을 지급하고자 하는 리더십의 권한

27 파악하고자 하는 연구과제에 대해 언어를 매개로 구조화된 질의응답을 통하여 교육하는 기법은?

① 면접(Interview)
② 카운슬링(Counseling)
③ CCS(Civil Communication Section)
④ ATT(American Telephone & Telegram Co.)

교육기법의 분류
• 면접(Interview) : 개별면접, PT면접, 집단토론면접이 있으며 파악하고자 하는 연구과제에 대해 언어를 매개로 구조화된 질의응답을 통하여 교육이 가능하다.
• 카운슬링(Counseling) : 행동심리학과 인지심리학의 원리를 조합해 부적응적 정서나 행동패턴을 효과적인 방향으로 유도하는 기법
• CCS(Civil Communication Section) : 경영자교육 프로그램의 하나로 최고경영자를 대상으로 하는 교육
• ATT(American Telephone & Telegram Co.) : 대상 계층이 한정되어 있지 않으며, 교육을 이수한 사람은 부하에 대한 지도가 가능하다.

28 학습된 행동이 지속되는 것을 의미하는 용어는?

① 회상(Recall)
② 파지(Retention)
③ 재인(Recognition)
④ 기명(Memorizing)

• 파지(Retention) : 학습된 행동이 지속되는 것
• 기명(Memorizing) : 암기하는 것

◉ ANSWER | 24 ① 25 ③ 26 ② 27 ① 28 ②

29 안전교육 중 새로운 자료나 교재를 제시하고, 거기에서의 문제점을 피교육자로 하여금 제기하게 하거나, 의견을 여러 가지 방법으로 발표하게 하고, 다시 길게 파고들어서 토의하는 방법은?

① 포럼(Forum)
② 심포지엄(Symposium)
③ 버즈 세션(Buzz Session)
④ 패널 디스커션(Panel Discussion)

해설

토의법의 유형

종류	방법
포럼	과제를 제시하고 교육 참가자들이 토의를 통해 해결방안을 찾는 방법
심포지엄	몇 명의 전문가가 견해를 발표한 후 참석자들이 질문을 하여 토의하는 방법
패널 디스커션	전문가 4~5명이 토의를 하고 이후 피교육자 전원이 참가해 토의하는 방법
버즈 세션	6명씩 소집단을 구분한 후 소집단별로 진행자를 선발해 6분간씩 토의를 통해 의견을 종합하는 방법

30 작업의 강도를 객관적으로 측정하기 위한 지표로 옳은 것은?

① 강도율
② 작업시간
③ 작업속도
④ 에너지 대사율(RMR)

해설

에너지 대사율(RMR)
작업의 강도를 객관적으로 측정하기 위한 지표

31 다음 중 직무분석을 위한 자료수집 방법에 관한 설명으로 옳은 것은?

① 관찰법은 직무의 시작에서 종료까지 많은 시간이 소요되는 직무에는 적용하기 어렵다.

② 면접법은 일대일 인터뷰를 해야 하는 관계로 자료의 수집에 많은 시간과 노력이 소요되며, 단점으로 수량화 정보를 얻기가 어렵다.
③ 중요사건법은 중요사건에 관한 정보를 수집하므로 해당 직무의 전문적인 정보를 얻기 위한 방법이다.
④ 설문지법은 많은 사람들을 대상으로 할 경우 소요시간이 길어지며, 양적인 자료의 획득이 가능하다.

해설

직무분석을 위한 자료수집 방법
• 관찰법 : 직무의 시작에서부터 종료까지 많은 시간이 소요되는 직무에 적용하기 쉽다.
• 면접법 : 자료 수집에 시간과 노력이 절감되나 수량화된 정보를 얻기가 힘들다.
• 중요사건법 : 일상적 수행에 관한 정보를 수집하므로 해당 직무에 대한 포괄적 정보의 취득이 가능하다.
• 설문지법 : 많은 사람들로부터 짧은 시간 내에 정보를 얻을 수 있으며, 양적 자료보다 질적 자료의 취득이 가능하다.

32 안전태도교육 기본과정을 순서대로 나열한 것은?

① 청취 → 모범 → 이해 → 평가 → 장려·처벌
② 청취 → 평가 → 이해 → 모범 → 장려·처벌
③ 청취 → 이해 → 모범 → 평가 → 장려·처벌
④ 청취 → 평가 → 모범 → 이해 → 장려·처벌

해설

안전태도교육의 기본과정
청취 → 이해 → 모범 → 평가 → 장려·처벌

33 인간의 적응기제(Adjustment Mechanism) 중 방어적 기제에 해당하는 것은?

① 보상
② 고립
③ 퇴행
④ 억압

◉ ANSWER │ 29 ② 30 ④ 31 ② 32 ③ 33 ①

⊙ 해설

인간의 적응기제 분류

1. 방어기제
   • 보상 : 자신의 약점을 위장시켜 유리하게 보이게 함으로써 자신을 보호하려는 기제
   • 합리화 : 자신의 과오를 인정하는 대신에 그럴듯한 이유를 댐으로써 보호하려는 기제
   • 승화 : 억압된 욕구를 사회적으로 가치가 있는 방향으로 향하도록 노력함으로써 욕구를 충족시키는 기제
   • 동일시 : 자신의 이상적 인물을 찾아내 동일시함으로써 만족하는 기제
2. 도피기제
   • 고립 : 자신감 부족으로 인한 자신의 열등감을 의식해 타인과의 접촉을 기피함으로써 현실을 회피하려는 기제
   • 퇴행 : 생애 중 만족스러웠던 과거로의 회귀를 꾸준히 시도함으로써 현실적인 역경이나, 불안요소로부터 도피하려는 기제
   • 억압 : 현실적 욕망을 묵살시켜 나감으로써 안정을 취하려는 도피기제
   • 백일몽(Day Dream) : 이루어질 수 없는 상상을 펼쳐나감으로써 현실의 불만족을 대체하려는 도피기제
3. 공격기제
   • 직접적 공격기제 : 힘에 의존한 폭행이나 싸움, 기물파손 등의 행위를 함으로써 욕구불만이나 압박에서 이탈하려는 기제
   • 간접적 공격기제 : 욕설, 조소, 비난, 폭언 등과 같이 간접적인 폭력을 행사함으로써 욕구불만을 해소하려는 기제

34 의식수준이 정상이지만 생리적 상태가 적극적일 때에 해당하는 것은?

① Phase 0 ② Phase Ⅰ
③ Phase Ⅲ ④ Phase Ⅳ

⊙ 해설

의식수준별 상태

Phase 단계	의식수준
Ⅰ	수면상태
Ⅱ	졸음상태
Ⅲ	적극적인 상태
Ⅳ	긴장한 상태
Ⅴ	과긴장 상태

35 다음 설명의 리더십 유형은 무엇인가?

> 과업을 계획하고 수행하는 데 있어서 구성원과 함께 책임을 공유하고 인간에 대하여 높은 관심을 갖는 리더십

① 권위적 리더십
② 독재적 리더십
③ 민주적 리더십
④ 자유방임형 리더십

⊙ 해설

리더십의 권한

1. 권위적 리더십
   지도자가 모든 권한을 행사하는 리더십
2. 민주적 리더십
   토론이나 회의 등으로 정책을 결정하는 리더십으로 구성원과 함께 책임을 공유하고 인간에 대하여 높은 관심을 갖는 리더십
3. 방임형 리더십
   지도자가 구성원에게 완전한 자유를 주는 리더십
4. 강압적 권한
   • 위임된 권한 : 부하직원들이 리더를 따르도록 위임된 권한
   • 합법적 권한 : 조직규정으로 공식화된 권한
   • 강압적 권한 : 부하를 처벌할 수 있는 권한
   • 보상적 권한 : 부하에게 보상을 실시할 수 있는 권한

36 참가자 앞에서 소수의 전문가들이 과제에 관한 견해를 자유롭게 토의한 후 참가자 전원이 참가하여 사회자의 사회에 따라 토의하는 방법은?

① 포럼(Forum)
② 심포지엄(Symposium)
③ 버즈 세션(Buzz session)
④ 패널 디스커션(Panel Discussion)

⊙ ANSWER | 34 ③ 35 ③ 36 ④

토의법의 유형

종류	방법
포럼	과제를 제시하고 교육 참가자들이 토의를 통해 해결방안을 찾는 방법
심포지엄	몇 명의 전문가가 견해를 발표한 후 참석자들이 질문을 하여 토의하는 방법
패널 디스커션	전문가 4~5명이 토론를 하고 이후 피교육자 전원이 참가하여 토의하는 방법
버즈 세션	6명씩 소집단을 구분한 후 소집단별로 진행자를 선발해 6분간씩 토의를 통해 의견을 종합하는 방법

37 스트레스(Stress)에 영향을 주는 요인 중 환경이나 외적 요인에 해당하는 것은?

① 자존심의 손상
② 현실에의 부적응
③ 도전의 좌절과 자만심의 상충
④ 직장에서의 대인관계 갈등과 대립

스트레스에 영향을 주는 요인

1. 내적 요인
   카페인, 불충분한 수면, 과도한 스케줄과 같은 생활양식의 선택, 비관적 생각, 자기혹평, 과도한 분석과 같은 부정적인 생각이나 비현실적인 기대, 독선적이며 과장되고 경직된 사고 등 개인특성
2. 외적 요인
   소음, 강렬한 빛, 열, 한정된 공간과 같은 물리적 환경, 무례, 명령, 타인과의 충돌과 같은 사회적 관계, 규정, 형식 등 조직사회의 복잡한 일

38 인간의 심리 중에는 안전수단이 생략되어 불안전 행위를 나타내는 경우가 있다. 안전수단이 생략되는 경우로 가장 적절하지 않은 것은?

① 의식과잉이 있을 때
② 교육훈련을 실시할 때
③ 피로하거나 과로했을 때
④ 부적합한 업무에 배치될 때

안전수단이 생략되어 불안전 행위를 나타내는 경우

- 억측판단 : 주관적 판단이나 희망적 관찰에 근거를 두고 다분히 이래도 될 것이라는 것을 확인하지 않고 행동으로 옮기는 판단
- 근도반응 : 충동적으로 행동하는 반응
- 착시현상 : 사물의 크기, 형태, 빛깔 등의 객관적인 성질과 눈으로 본 성질 사이에 차이가 있는 경우의 시각
- 의식의 과잉, 우회 : 작업 중 과긴장하거나 공황상태에 빠지는 현상

39 상황성 누발자의 재해유발 원인과 가장 거리가 먼 것은?

① 기능 미숙 때문에
② 작업이 어렵기 때문에
③ 기계설비에 결함이 있기 때문에
④ 환경상 주의력의 집중이 혼란되기 때문에

재해유발 원인의 구분

구분	재해유발 원인
상황성 재해누발자	• 작업자체가 어려운 경우 • 기계, 설비에 결함이 있는 경우 • 심신에 근심이 있는 경우 • 환경상 주의력 집중이 곤란한 경우
소질성 재해누발자	• 주의력이 산만한 소질을 가진 자 • 지능이 낮은 자 • 정직하지 못한 자 • 도덕성이 결여된 자 • 감각기능이 부적합한 자

40 다음 설명에 해당하는 안전교육방법은?

> ATP라고도 하며, 당초 일부 회사의 톱매니지먼트(Top management)에 대하여만 행하여졌으나, 그 후 널리 보급되었으며, 정책의 수립, 조직, 통제 및 운영 등의 교육내용을 다룬다.

① TWI(Training Within Industry)
② CCS(Civil Communication Section)

③ MTP(Management Training Program)

④ ATT(American Telephone &Telegram Co.)

해설

안전교육방법의 분류

1. ATP(Administration Training Program)
   ㉠ 대상 : Top Management(최고 경영자)
   ㉡ 교육내용
   - 정책의 수립
   - 조직 : 경영, 조직형태, 구조 등
   - 통제 : 조직통제, 품질관리, 원가통제
   - 운영 : 운영조직, 협조에 의한 회사 운영

2. ATT(American Telephone & Telegraph Company)
   ㉠ 대상 : 대상 계층이 한정되어 있지 않다. 한번 교육을 이수한 자는 부하 감독자에 대한 지도 가능(예 : 안전관리자 양성교육 등)
   ㉡ 교육내용
   - 계획적 감독
   - 작업의 계획 및 인원배치
   - 작업의 감독
   - 공구 및 자료 보고 및 기록
   - 개인 작업의 개선 및 인사관계
   ㉢ 전체 교육시간 : 1차 훈련은 1일 8시간씩 2주간 → 2차 과정은 문제발생 시 실시
   ㉣ 진행방법 : 토의법

3. MTP(Management Training Program)
   ㉠ 대상 : TWI보다 약간 높은 계층(관리자 교육)
   ㉡ 교육내용
   - 관리의 기능
   - 조직의 운영
   - 회의의 주관
   - 시간 관리학습의 원칙과 부하지도법
   - 작업의 개선 및 안전한 작업
   ㉢ 전체 교육시간
   - 1차 : 1일 8시간씩 2주간
   - 2차 : 문제발생 시
   ㉣ 진행방법 : 강의법에 토의법 가미

4. TWI(Training Within Industry)
   ㉠ 대상 : 일선 감독자
   ㉡ 일선 감독자의 구비요건
   - 직무 지식
   - 직책 지식
   - 작업을 가르치는 능력
   - 작업방향을 개선하는 기능
   - 사람을 다루는 기량

㉢ 교육내용
- JIT(Job Instruction Training) : 작업지도 훈련(작업지도기법)
- JMT(Job Method Training) : 작업방법훈련(작업개선기법)
- JRT(Job Relation Training) : 인간관계훈련(인간관계 관리기법)
- JST(Job Safety Training) : 작업안전훈련(작업안전기법)
㉣ 전체 교육시간 : 1일 2시간씩 5일간으로 총 10시간
㉤ 진행방법 : 토의법
㉥ 개선 4단계 : 작업분해 → 세부내용 검토 → 작업분석 → 새 방법 적용

3과목 인간공학 및 시스템안전공학

41 불필요한 작업을 수행함으로써 발생하는 오류로 옳은 것은?

① Command Error

② Extraneous Error

③ Secondary Error

④ Commission Error

해설

휴먼에러의 분류

1. 심리적 원인에 의한 분류

Omisson Error	필요작업이나 절차를 수행하지 않음으로써 발생되는 에러
Time Error	필요작업이나 절차의 수행 지연으로 발생되는 에러
Commission Error	필요작업이나 절차의 불확실한 수행으로 발생되는 에러
Sequencial Error	필요작업이나 절차상 순서착오로 발생되는 에러
Extraneous Error	불필요한 작업 또는 절차를 수행함으로써 발생되는 에러

2. 행동과정에 의한 분류

Input Error	감각, 지각 입력상 발생된 에러
Information Processing Error	정보처리 절차상의 에러
Output Error	신체반응에 나타난 출력상의 에러

Feedback Error	인간의 제어상 발생된 에러
Decision Marking Error	의사결정 과정에서 발생된 에러

42 불(Boole)대수의 정리를 나타낸 관계식으로 틀린 것은?

① $A \cdot A = A$ ② $A + \overline{A} = 0$

③ $A + AB = A$ ④ $A + A = A$

해설

불(Boole) 대수의 정리를 나타낸 관계식 기본공식

1. $A + 0 = 0 + A = A$
2. $A + A = A$
3. $A + 1 = 1 + A = 1$
4. $A + \overline{A} = \overline{A} + A = 1$
5. $\overline{\overline{A}} = A$
6. $A + \overline{A}B = A + B$
7. $A \cdot 0 = 0 \cdot A = 0$
8. $A \cdot A = A$
9. $A \cdot \overline{A} = \overline{A} \cdot A = 0$
10. $A + AB = A$
11. $(A + B)(A + C) = A + B \cdot C$

43 위험분석기법 중 고장이 시스템의 손실과 인명의 사상에 연결되는 높은 위험도를 가진 요소나 고장의 형태에 따른 분석법은?

① CA   ② ETA

③ FHA   ④ FTA

해설

시스템 안전분석기법

1. PHA(Preliminary Hazards Analysis : 예비위험분석)
   ㉠ 정의
     최초단계 분석으로 시스템 내의 위험요소가 어느 정도의 위험상태에 있는지를 평가하는 방법으로 정성적 평가방법이다.
   ㉡ PHA 특징
     • 시스템에 대한 주요사고 분류
     • 사고유발 요인 도출
     • 사고를 가정하고 시스템에 발생되는 결과를 명시하고 평가
     • 분류된 사고유형을 Category로 분류

2. FHA(Fault Hazard Analysis : 결함위험분석)
   ㉠ 정의
     분업에 의해 각각의 Sub System을 분담하고 분담한 Sub System 간의 인터페이스를 조정해 각각의 Sub System과 전체 시스템 간의 오류가 발생되지 않게 하기 위한 방법을 분석하는 방법
   ㉡ 기재사항
     • 구성요소 명칭
     • 구성요소 위험방식
     • 시스템 작동방식
     • 서브시스템에서의 위험영향
     • 서브시스템과 대표적 시스템의 위험영향
     • 경적 요인
     • 위험영향을 받을 수 있는 2차 요인
     • 위험수준
     • 위험관리

3. FMEA(Failure Mode and Effect Analysis : 고장 형태와 영향분석법)
   ㉠ 정의
     전형적인 정성적, 귀납적 분석방법으로 시스템에 영향을 미치는 전체 요소의 고장을 형태별로 분석해 고장이 미치는 영향을 분석하는 방법
   ㉡ 특징
     • 장점
       - 서식이 간단하다.
       - 적은 노력으로 특별한 교육 없이 분석이 가능하다.
     • 단점
       - 논리성이 부족하다.
       - 요소 간 영향분석이 안 되기 때문에 2 이상의 요소가 고장날 경우 분석할 수 없다.
       - 물적 원인에 대한 영향분석으로 국한되기 때문에 인적 원인에 대한 분석은 할 수 없다.

4. CA(Criticality Analysis 위험도 분석)
   정량적 · 귀납적 분석방법으로 고장이 직접적으로 시스템의 손실과 인적인 재해와 연결되는 높은 위험도를 갖는 경우 위험성을 연관짓는 요소나 고장의 형태에 따른 분류방법

5. FTA(Falut Tree Analysis : 결함수 분석)
　㉠ 정의
　　정량적·연역적 분석방법으로 작업자가 기계를 사용하여 일을 하는 인간 – 기계시스템에서 사고·재해가 일어날 확률을 수치로 평가하는 안정평가의 방법이다.
　㉡ FTA 논리회로

명칭	기호	해설
① 결함사항		'장방형' 기호로 표시하고 결함이 재해로 연결되는 현상 또는 사실상황 등을 나타내며, 논리 Gate의 입력과 출력이 된다. FT 도표의 정상에 선정되는 사상, 즉 이제부터 해석하고자 하는 사상인 정상사상(Top 사상)과 중간사상에 사용한다.
② 기본사항		'원' 기호로 표시하며, 더 이상 해석할 필요가 없는 기본적인 기계의 결함 또는 작업자의 오동작을 나타낸다(말단사상). 항상 논리 Gate의 입력이며, 출력은 되지 않는다(스위치 점검 불량, 스파크, 타이어의 펑크, 조작 미스나 착오 등의 휴먼 에러는 기본사상으로 취급된다).
③ 이하 생략의 결함사상 (추적 불가능한 최후사상)		'다이아몬드' 기호로 표시하며, 사상과 원인의 관계를 충분히 알 수 없거나 필요한 정보를 얻을 수 없기 때문에 이것 이상 전개할 수 없는 최후적 사상을 나타낼 때 사용한다(말단사상).
④ 통상사상 (家形事象)		지붕형(家形)은 통상의 작업이나 기계의 상태에 재해의 발생원인이 되는 요소가 있는 것을 나타낸다. 즉, 결함사상이 아닌 발생이 예상되는 사상을 나타낸다(말단사상).
⑤ 전이기호 (이행기호)	(in) (out)	삼각형으로 표시하며, FT 도상에서 다른 부분에 관한 이행 또는 연결을 나타내는 기호로 사용한다. 좌측은 전입, 우측은 전출을 뜻한다.

명칭	기호	해설
⑥ AND Gate	출력 입력	출력 X의 사상이 일어나기 위해서는 모든 입력 A, B, C의 사상이 동시에 일어나지 않으면 안 된다는 논리조작을 나타낸다. 즉, 모든 입력사상이 공존할 때만 출력사상이 발생한다. 이 기호는 [●]와 같이 표시될 때도 있다.
⑦ OR Gate	출력 입력	입력사상 A, B 중 어느 하나가 일어나도 출력 X의 사상이 일어난다고 하는 논리조작을 나타낸다. 즉, 입력사상 중 어느 것이나 하나가 존재할 때 출력사상이 발생한다. 이 기호는 ⌃와 같이 표시되기도 한다.
⑧ 수정기호	출력 조건 입력	제약 Gate 또는 제지 Gate 라고도 하며, 이 Gate는 입력사상이 생김과 동시에 어떤 조건을 나타내는 사상이 발생할 때만 출력사상이 생기는 것을 나타내고, AND Gate와 OR Gate에 여러 가지 조건부 Gate를 나타낼 경우에 이 수정기호를 사용한다.

6. 기타 기법
　• ETA(Event Tree Analysis : 사고수 분석법)
　　Decision Tree 분석기법의 일종이며 귀납적, 정량적 분석방법으로 재해 확대요인을 분석하는 데 적합한 기법
　• THERP(Technique of Human Error Rate Prediction : 인간과오율 추정법)
　　인간의 기본 과오율을 평가하는 기법으로 인간과오에 기인해 사고를 유발하는 사고원인을 분석하기 위해 100만 운전시간당 과오도수를 기본 과오율로 정량적 방법으로 평가하는 기법
　• MORT(Management Oversight and Risk Tree)
　　FTA와 같은 유형으로 Tree를 중심으로 논리기법을 사용해 관리, 설계, 생산, 보전 등 광범위한 안전성을 확보하는 데 사용되는 기법으로 원자력산업 등에 사용된다.

44 의도는 올바른 것이었지만, 행동이 의도한 것과는 다르게 나타나는 오류는?

① Slip ② Mistake
③ Lapse ④ Violation

① Slip : 의도는 올바른 것이었지만, 행동이 의도한 것과는 다르게 나타나는 오류
② Mistake : 잘못된 판단이나 결정
③ Lapse : 일시적인 실패
④ Violation : 법칙, 원리 등을 준수하지 않은 행위

45 중량물 들기 작업 시 5분간의 산소소비량을 측정한 결과 90L의 배기량 중에 산소가 16%, 이산화탄소가 4%로 분석되었다. 해당 작업에 대한 산소소비량(L/min)은 약 얼마인가? (단, 공기 중 질소는 79vol%, 산소는 21vol% 이다.)

① 0.948 ② 1.948
③ 4.74 ④ 5.74

산소소비량 = 흡기 시 산소농도%×흡기량 − 배기 시 산소농도%×배기량
= 0.21×흡기량 − 산소농도×배기량
= 0.21×20.253 − 0.16×18
= 0.948리터/분
흡기량 = 배기량×(100 − 산소농도% − 이산화탄소 농도%)/79%
= 20×(90 − 16% − 4%)/79%
분당배기량 = 90리터/5분 = 18

46 정보를 전송하기 위해 청각적 표시장치보다 시각적 표시장치를 사용하는 것이 더 효과적인 경우는?

① 정보의 내용이 간단한 경우
② 정보가 후에 재참조되는 경우
③ 정보가 즉각적인 행동을 요구하는 경우
④ 정보의 내용이 시간적인 사건을 다루는 경우

시각장치와 청각장치의 비교

시각장치	청각장치
• 전언이 길고 복잡할 때	• 전언이 짧고 간단할 때
• 재참조됨	• 재참조되지 않음
• 공간적인 위치를 다룸	• 즉각적 행동을 요구 시
• 즉각적인 행동을 요구하지 않을 때	• 시간적인 사상을 다룰 때
• 청각계통이 과부하일 때	• 시각계통이 과부하일 때
• 주위가 너무 시끄러울 때	• 주위가 너무 밝거나 암조응일 때
• 한곳에 머무르는 경우	• 자주 움직일 때

47 음량수준을 평가하는 척도와 관계없는 것은?

① dB ② HSI
③ phon ④ sone

• dB : 두 양 사이의 비를 나타내는 단위인 데시벨(decibel)의 기호
• phon : 소리 감각의 크기를 나타내는 단위. 1kHz의 평면파(平面波)에서 $1m^2$당 $2×10^{-5}$[N]의 힘이 가해지는 음압을 0폰으로 하고 음압이 10배(소리의 세기가 100배)가 될 때마다 20폰을 가한다.
• sone : 상대적으로 느끼는 주관적 소리의 크기를 나타내는 단위로 1sone=40phon
• HSI(Horizontal Situation Indicator) : 항공분야에서 비행계기의 일종인 수평자세 지시계를 말한다.

48 작업공간의 배치에 있어 구성요소 배치의 원칙에 해당하지 않는 것은?

① 기능성의 원칙
② 사용빈도의 원칙
③ 사용순서의 원칙
④ 사용방법의 원칙

작업공간의 배치에서 구성요소(부품) 배치의 4원칙
• 중요성의 원칙
• 사용빈도의 원칙
• 기능별 배치(기능성)의 원칙
• 사용순서의 원칙

49 작업면상의 필요한 장소만 높은 조도를 취하는 조명은?

① 완화조명　　　② 전반조명
③ 투명조명　　　④ 국소조명

조명의 방법에 따른 분류
- 전체조명(전반조명) : 교실이나 사무실과 같이 방 전체를 균일한 밝기로 하는 방식
- 국부조명(국소조명) : 작업면상의 필요한 장소만 높은 조도수준을 확보하기 위한 조명

50 컷셋(Cut Sets)과 최소 패스셋(Minimal Path Sets)의 정의로 옳은 것은?

① 컷셋은 시스템 고장을 유발하는 필요최소한의 고장들의 집합이며, 최소 패스셋은 시스템의 신뢰성을 표시한다.
② 컷셋은 시스템 고장을 유발하는 기본고장들의 집합이며, 최소 패스셋은 시스템의 불신뢰도를 표시한다.
③ 컷셋은 그 속에 포함되어 있는 모든 기본 사상이 일어났을 때 정상사상을 일으키는 기본사상의 집합이며, 최소 패스셋은 시스템의 신뢰성을 표시한다.
④ 컷셋은 그 속에 포함되어 있는 모든 기본 사상이 일어났을 때 정상사상을 일으키는 기본사상의 집합이며, 최소 패스셋은 시스템의 성공을 유발하는 기본사상의 집합이다.

- 패스셋 : 시스템이 고장나지 않도록하는 사상의 조합
- 최소 패스셋 : 최소 패스셋으로 어떠한 고장이나 패스를 일으키지 않으면 재해가 발생되는 않는다는 시스템의 신뢰성을 나타낸 것
- 컷셋 : 포함되어 있는 모든 기본사상이 일어났을 때 정상사상을 일으키는 기본사상의 합
- 최소 컷셋 : 컷셋 중 그 부분집합만으로는 정상사상을 일으키는 일이 없는 것으로 컷셋 중에 타 컷셋을 포함하고 있는 것을 배제하고 남은 컷셋들을 의미한다.

- 일반적으로 시스템에서 최소 컷셋의 개수가 늘어나면 위험수준이 높아짐

51 인간이 기계보다 우수한 기능이라 할 수 있는 것은?(단, 인공지능은 제외한다.)

① 일반화 및 귀납적 추리
② 신뢰성 있는 반복 작업
③ 신속하고 일관성 있는 반응
④ 대량의 암호화된 정보의 신속한 보관

인간과 기계의 비교

인간의 장점	• 5감의 활용 • 귀납적 추리가능 • 돌발상황의 대응 • 독창성 발휘 • 관찰을 통한 일반화
기계의 장점	• 인간의 감지능력 범위 외의 것도 감지가능 • 연역적 추리 • 정량적 정보처리 • 정보의 신속한 보관

52 동작경제의 원칙에 해당하지 않는 것은?

① 공구의 기능을 각각 분리하여 사용하도록 한다.
② 두 팔의 동작은 동시에 서로 반대방향으로 대칭적으로 움직이도록 한다.
③ 공구나 재료는 작업동작이 원활하게 수행되도록 그 위치를 정해준다.
④ 가능하다면 쉽고도 자연스러운 리듬이 작업동작에 생기도록 작업을 배치한다.

동작경제의 원칙
1. 신체의 사용에 관한 원칙
   - 양손은 동시에 동작을 시작하고 또 끝마쳐야 한다.
   - 휴식시간 이외에 양손이 동시에 노는 시간이 있어서는 안 된다.
   - 양팔은 각기 반대방향에서 대칭적으로 동시에 움직여야 한다.

- 손의 동작은 작업을 수행할 수 있는 최소 동작 이상을 해서는 안 된다.
- 작업자들을 돕기 위하여 동작의 관성을 이용하여 작업하는 것이 좋다.
- 구속되거나 제한된 동작 또는 급격한 방향전환보다는 유연한 동작이 좋다.
- 작업동작은 율동이 맞아야 한다.
- 직선동작보다는 연속적인 곡선동작을 취하는 것이 좋다.
- 탄도동작(Ballistic Movement)은 제한되거나 통제된 동작보다 더 신속, 정확, 용이하다.
- 눈을 주시시키는 동작 또는 이동시키는 동작은 되도록 적게 하여야 한다.

2. 작업역의 배치에 관한 원칙
- 모든 공구와 재료는 일정한 위치에 정돈되어야 한다.
- 공구와 재료는 작업이 용이하도록 작업자의 주위에 있어야 한다.
- 재료를 될 수 있는 대로 사용위치 가까이에 공급할 수 있도록 중력을 이용한 호퍼 및 용기를 사용하여야 한다.
- 가능하면 낙하시키는 방법을 이용하여야 한다.
- 공구 및 재료는 동작에 가장 편리한 순서로 배치하여야 한다.
- 채광 및 조명장치를 잘 하여야 한다.
- 의자와 작업대의 모양과 높이는 각 작업자에게 알맞도록 설계되어야 한다.
- 작업자가 좋은 자세를 취할 수 있는 모양, 높이의 의자를 지급해야 한다.

3. 공구 및 설비의 설계에 관한 원칙
- 치구, 고정장치나 발을 사용함으로써 손의 작업을 보존하고 손은 다른 동작을 담당하도록 하면 편리하다.
- 공구류는 될 수 있는 대로 두 가지 이상의 기능을 조합한 것을 사용하여야 한다.
- 공구류 및 재료는 될 수 있는 대로 다음에 사용하기 쉽도록 놓아 두어야 한다.
- 각 손가락이 사용되는 작업에서는 각 손가락의 힘이 같지 않음을 고려하여야 할 것이다.
- 각종 손잡이는 손에 가장 알맞게 고안함으로써 피로를 감소시킬 수 있다.
- 각종 레버나 핸들은 작업자가 최소의 움직임으로 사용할 수 있는 위치에 있어야 한다.

53 Chapanis가 정의한 위험의 확률수준과 그에 따른 위험발생률로 옳은 것은?

① 전혀 발생하지 않는(Impossible) 발생빈도 : 10^{-8}/day
② 극히 발생할 것 같지 않은(Extremely Unlikely) 발생빈도 : 10^{-7}/day
③ 거의 발생하지 않는(Remote) 발생빈도 : 10^{-6}/day
④ 가끔 발생하는(Occasional) 발생빈도 : 10^{-5}/day

🔘 해설

확률 수준	발생 빈도
극히 발생하지 않는(Impossible)	>10^{-8}/day
매우 가능성이 없는(Extremely Unlikely)	>10^{-6}/day
거의 발생하지 않는(Remote)	>10^{-5}/day
가끔 발생하는(Occasional)	>10^{-4}/day
가능성이 있는(Reasonably Probable)	>10^{-3}/day
자주 발생하는(Frequent)	>10^{-2}/day

54 인간공학적 수공구 설계원칙이 아닌 것은?

① 손목을 곧게 유지할 것
② 반복적인 손가락 동작을 피할 것
③ 손잡이 접촉면적을 작게 설계할 것
④ 손바닥부위에 압박을 주는 형태를 피할 것

🔘 해설

인간공학적 수공구 설계원칙
- 손목을 곧게 유지할 것
- 반복적인 손가락 동작을 피할 것
- 손바닥부위에 압박을 주는 형태를 피할 것
- 손잡이 접촉면적을 크게 설계할 것

55 개선의 ECRS 원칙에 해당하지 않는 것은?

① 제거(Eliminate)
② 결합(Combine)
③ 재조정(Rearrange)
④ 안전(Safety)

개선의 ECRS 원칙
- 제거(Eliminate)
- 결합(Combine)
- 재조정(Rearrange)

56 일정한 고장률을 가진 어떤 기계의 고장률이 시간당 0.008일 때 5시간 이내에 고장을 일으킬 확률은?

① $1 + e^{0.04}$
② $1 - e^{-0.004}$
③ $1 - e^{0.04}$
④ $1 - e^{-0.04}$

고장확률 $F(t) = 1 -$ 신뢰도 $R(t) = 1 - e^{-0.04}$

57 서브시스템 분석에 사용되는 분석방법으로 시스템 수명주기에서 ㉠에 들어갈 위험분석 기법은?

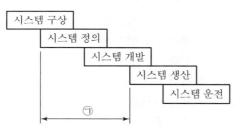

① PHA
② FHA
③ FTA
④ ETA

FHA(결함위험분석)은 시스템 정의 단계부터 시스템 개발의 중간단계까지 적용한다.

58 음압수준이 60dB일 때 1,000Hz에서 순음의 phon의 값은?

① 50phon
② 60phon
③ 90phon
④ 100phon

1phon = 1kHz 순음의 음압레벨 1dB SPL
10phon이면, 1kHz에서 10dB SPL인 소리 크기와 같은 크기로 들리는 소리 레벨

1,000Hz에서의 phon과 sone

dB SPL	30	40	50	60	70	80	90	100	110	120
phon	3	4	5	6	7	8	9	1	11	12
sone	0.5	1	2	4	8	16	32	64	128	256

59 근골격계 부담작업의 범위 및 유해요인조사 방법에 관한 고시상 근골격계 부담작업에 해당하지 않는 것은?(단, 상시작업을 기준으로 한다.)

① 하루에 10회 이상 25kg 이상의 물체를 드는 작업
② 하루에 총 2시간 이상 쪼그리고 앉거나 무릎을 굽힌 자세에서 이루어지는 작업
③ 하루에 총 2시간 이상 시간당 5회 이상 손 또는 무릎을 사용하여 반복적으로 충격을 가하는 작업
④ 하루에 4시간 이상 집중적으로 자료입력 등을 위해 키보드 또는 마우스를 조작하는 작업

근골격계 부담작업 범위

번호	내용
1	하루에 4시간 이상 집중적으로 자료 입력 등을 위해 키보드 또는 마우스를 조작하는 작업
2	하루에 총 2시간 이상 목, 어깨, 팔꿈치, 손목 또는 손을 사용하여 같은 동작을 반복하는 작업
3	하루에 총 2시간 이상 머리 위에 손이 있거나, 팔꿈치가 어깨 위에 있거나, 팔꿈치를 몸통으로부터 들거나, 팔꿈치를 몸통 뒤쪽에 위치하도록 하는 상태에서 이루어지는 작업
4	지지되지 않은 상태이거나 임의로 자세를 바꿀 수 없는 조건에서, 하루에 총 2시간 이상 목이나 허리를 구부리거나 드는 상태에서 이루어지는 작업
5	하루에 총 2시간 이상 쪼그리고 있거나 무릎을 굽힌 자세에서 이루어지는 작업

◉ ANSWER | 56 ④ 57 ② 58 ② 59 ③

번호	내용
6	하루에 총 2시간 이상 지지되지 않은 상태에서 1kg 이상의 물건을 한 손의 손가락으로 집어 옮기거나, 2kg 이상에 상응하는 힘을 가하여 한 손의 손가락으로 물건을 쥐는 작업
7	하루에 총 2시간 이상 지지되지 않은 상태에서 4.5kg 이상의 물건을 한 손으로 들거나 동일한 힘으로 쥐는 작업
8	하루에 10회 이상 25kg 이상의 물체를 드는 작업
9	하루에 25회 이상 10kg 이상의 물체를 무릎 아래에서 들거나, 어깨 위에서 들거나, 팔을 뻗은 상태에서 드는 작업
10	하루에 총 2시간 이상, 분당 2회 이상 4.5kg 이상의 물체를 드는 작업
11	하루에 총 2시간 이상 시간당 10회 이상 손 또는 무릎을 사용하여 반복적으로 충격을 가하는 작업

60 정신적 작업 부하에 관한 생리적 척도에 해당하지 않는 것은?

① 근전도
② 뇌파도
③ 부정맥 지수
④ 점멸융합주파수

◉해설
근전도 : 육체적 작업 부하 척도

4과목 건설시공학

61 소규모 건축물을 조적식 구조로 담을 쌓을 경우 최대 높이 기준으로 옳은 것은?

① 2m 이하   ② 2.5m 이하
③ 3m 이하   ④ 3.5m 이하

◉해설
소규모 건축물을 조적식 구조로 담쌓기 높이 : 3미터 이하

62 철근 조립에 관한 설명으로 옳지 않은 것은?

① 철근의 피복두께를 정확히 확보하기 위해 적절한 간격으로 고임재 및 간격재를 배치한다.
② 거푸집에 접하는 고임재 및 간격재는 콘크리트 제품 또는 모르타르 제품을 사용하여야 한다.
③ 경미한 황갈색의 녹이 발생한 철근은 일반적으로 콘크리트와의 부착을 해치므로 사용해서는 안 된다.
④ 철근의 표면에는 흙, 기름 또는 이물질이 없어야 한다.

◉해설
수산화제1철로 불리는 적색(경미한 황갈색) 녹은 오히려 콘크리트와의 부착력을 증대시킨다.

63 매스 콘크리트(Mass concrete) 시공에 관한 설명으로 옳지 않은 것은?

① 매스 콘크리트의 타설온도는 온도균열을 제어하기 위한 관점에서 가능한 한 낮게 한다.
② 매스 콘크리트 타설 시 기온이 높을 경우에는 콜드조인트가 생기기 쉬우므로 응결촉진제를 사용한다.
③ 매스 콘크리트 타설 시 침하발생으로 인한 침하균열을 예방하기 위해 재진동 다짐 등을 실시한다.
④ 매스 콘크리트 타설 후 거푸집 탈형 시 콘크리트 표면의 급랭을 방지하기 위해 콘크리트 표면을 소정의 기간 동안 보온해 주어야 한다.

◉해설
매스 콘크리트는 콘크리트의 내외부 온도차가 크며 콜드조인트의 우려가 많으므로 혼화재와 혼화제를 사용하고 물시멘트비를 가급적 낮게 해야 하며, 기온이 높을 경우 이어붓기 시 콜드조인트 발생우려가 있으므로 응결지연제를 사용해야 한다.

◉ ANSWER | 60 ① 61 ③ 62 ③ 63 ②

64 철근콘크리트 보에 사용된 굵은 골재의 최대치수가 25mm일 때, D22철근(동일 평면에서 평행한 철근)의 수평 순간격으로 옳은 것은?(단, 콘크리트를 공극 없이 칠 수 있는 다짐방법을 사용할 경우에는 제외)

① 22.2mm ② 25mm
③ 31.25mm ④ 33.3mm

해설 —

주철근의 수평 순간격은 굵은 골재 최대치수의 4/3배 이상이므로 (4×25)/3 = 33.3mm

65 통상적으로 스팬이 큰 보 및 바닥판의 거푸집을 걸 때에 스팬의 캠버(Camber)값으로 옳은 것은?

① 1/300~1/500 ② 1/200~1/350
③ 1/150~/1250 ④ 1/100~1/300

해설 —

캠버
보 또는 바닥판의 처짐을 고려하여 위 솟음을 주는 값으로 거푸집의 캠버는 1/300~1/500 정도로 한다.

66 기성콘크리트 말뚝에 표기된 PHC − A · 450 − 12의 각 기호에 대한 설명으로 옳지 않은 것은?

① PHC : 원심력 고강도 프리스트레스트 콘크리트말뚝
② A : A종
③ 450 : 말뚝 바깥지름
④ 12 : 말뚝 삽입간격

해설 —

• PHC : Pretensioned spun High strength Concrete pile
• A : A종
• 450 : 바깥지름
• 12 : 말뚝길이

67 예정가격범위 내에서 최저가격으로 입찰한 자를 낙찰자로 선정하는 낙찰자 선정방식은?

① 최적격 낙찰제
② 제한적 최저가 낙찰제
③ 최저가 낙찰제
④ 적격 심사 낙찰제

해설 —

• 최적격 낙찰제 : 예정가격 이하 최저가격으로 입찰한 자 순으로 공사수행능력과 입찰 가격 등을 종합심사하여 일정점수 이상 획득하면 낙찰자로 결정하는 제도
• 제한적 최저가 낙찰제 : 최저가 낙찰제의 부작용을 방지하기 위해 시행된 낙찰자 선정방식으로 예정가격의 특정비율 이상 가격과 예정가격 이하 사이의 금액 중 최저 가격을 제시한 자를 낙찰자로 삼는 방법
• 최저가 낙찰제 : 국고의 부담이 되는 경쟁입찰에서 예정가격 이하로서 최저가격으로 입찰한 자의 순으로 당해계약이행능력을 심사해 낙찰자를 결정하는 입찰제도
• 적격 심사 낙찰제 : 입찰금액 점수가 가장 낮은 자를 우선순위로 해 계약이행 능력심사를 통해 적격 심사 낙찰제 가격점수를 산정해 낙찰하는 방법

68 바닥판 거푸집의 구조계산 시 고려해야 하는 연직하중에 해당하지 않는 것은?

① 작업하중
② 충격하중
③ 고정하중
④ 굳지 않은 콘크리트의 측압

해설 —

연직하중 = 고정하중 + 충격하중 + 작업하중

69 골재의 함수상태에서 유효흡수량의 정의로 옳은 것은?

① 습윤상태와 절대건조상태의 수량의 차이
② 표면건조포화상태와 기건상태의 수량의 차이

③ 기건상태와 절대건조상태의 수량의 차이

④ 습윤상태와 표면건조포화상태의 수량의 차이

● 해설

골재의 함수상태

㉠ 절대건조상태(Absolute Dry Condition : 절건상태)
- 100~110℃의 온도에서 24시간 이상 골재를 건조시킨 상태
- 골재입자 내부의 공극에 포함된 물이 전부 제거된 상태

㉡ 대기 중 건조상태(Air Dry Condition : 기건상태)
- 자연 건조로 골재입자의 표면과 내부의 일부가 건조한 상태
- 공기 속의 온·습도 조건에 대하여 평형을 이루고 있는 상태로 내부는 수분을 포함하고 있는 상태

㉢ 표면건조 내부포화상태(Saturated Surface Dry Condition : 표건상태)
- 골재입자의 표면에 물은 없으나 내부의 공극에는 물이 가득 차 있는 상태
- SSD 상태, 또는 표건상태라고도 함

㉣ 습윤상태(Wet Condition)
골재입자의 내부에 물이 채워져 있고 표면에도 물에 젖어 있는 상태

㉤ 유효흡수량
표면건조포화상태와 기건상태의 수량(함수량) 차이

---

70 블로운 아스팔트(Blown asphalt)를 휘발성 용제에 녹이고 광물분말 등을 가하여 만든 것으로 방수, 접합부 충전 등에 쓰이는 아스팔트 제품은?

① 아스팔트 코팅(Asphalt coating)

② 아스팔트 그라우트(Asphalt grout)

③ 아스팔트 시멘트(Asphalt cement)

④ 아스팔트 콘크리트(Asphalt concrete)

● 해설

아스팔트 코팅(Asphalt Coating)

블로운 아스팔트(Blown Asphalt)를 휘발성 용제에 녹이고 광물분말 등을 가하여 만든 것으로 방수, 접합부 충전 등에 쓰이는 아스팔트 제품이다.

아스팔트 제품명	용도
아스팔트 시멘트	고형상태의 아스팔트를 과열되지 않도록 인화점 이하에서 화기와 충분히 혼합하여 적당히 물러지게 액상으로 만든 것
아스팔트 그라우트 (Asphalt Grout)	지반이나 암반에 그라우팅 시 사용하는 재료로서 시멘트, 점토, 아스팔트용액 등으로 이루어진다.
아스팔트 콘크리트 (Asphalt Concrete)	모래와 자갈 등을 아스팔트와 배합한 것으로 강도가 높아 도로포장에 사용된다.

---

71 목재에 사용되는 크레오소트 오일에 대한 설명으로 옳지 않은 것은?

① 냄새가 좋아서 실내에서도 사용이 가능하다.

② 방부력이 우수하고 가격이 저렴하다.

③ 독성이 적다.

④ 침투성이 좋아 목재에 깊게 주입된다.

● 해설

크레오소트 오일

중앙아메리카 사막지대에 서식하는 상록관목에서 채취한 오일이 주성분이며 신체와 접촉하면 빠르게 흡수되어 신장과 간에 치명적이며 냄새도 역하다.

---

72 조적 벽면에서의 백화방지에 대한 조치로서 옳지 않은 것은?

① 소성이 잘 된 벽돌을 사용한다.

② 줄눈으로 비가 새어들지 않도록 방수처리 한다.

③ 줄눈모르타르에 석회를 혼합한다.

④ 벽돌벽의 상부에 비막이를 설치한다.

● 해설

조적 벽면의 백화현상은 벽돌식이나 시멘트를 사용해 습식 공법으로 시공하는 석재 외장부 또는 타일, 콘크리트 표면에 생기는 흰색 결정체들을 말하며, 조치방법은 다음과 같다.
- 소성이 잘 된 벽돌을 사용한다.
- 줄눈으로 비가 새어들지 않도록 방수처리 한다.

- 줄눈모르타르를 밀실하게 충전하고 줄눈모르타르에 방수제를 혼입시킨다.
- 벽돌벽의 상부에 비막이를 설치한다.
- 조적공사 시 환기시설을 설치한다.

73 발주자가 직접 설계와 시공에 참여하고 프로젝트 관려자들이 상호 신뢰를 바탕으로 Team을 구성해서 프로젝트의 성공과 상호 이익 확보를 공동 목표로 하여 프로젝트를 추진하는 공사수행 방식은?

① PM 방식(Project Management)
② 파트너링 방식(Partnering)
③ CM 방식(Construction Management)
④ BOT 방식(Build Operate Transfer)

해설

- PM 방식(Project Management) : 건설프로젝트의 기획·설계·시공·감리·분양·유지관리 등 프로젝트의 초기 단계에서부터 최종 단계에 이르기까지의 사업전반에 대해 발주자의 입장에서 건설관리업무의 전부 또는 일부를 수행하는 방식
- 파트너링 방식(Partnering) : 프로젝트 수행과정에서 발주자와 원도급업자, 하도급업자 등 공사참여자 사이에 예상되는 분쟁요소와 불공정 거래관행, 공기단축 등에 대한 이익공유, 리스크 분담 등에 대해 프로젝트 건설공사의 기획 및 설계부터 시공, 사후관리 등을 한 사업자가 맡아서 진행하는 제도를 말한다. 참가자 전원이 합의, '파트너링 협정(Partnering Agreement)'을 체결하고 공사에 참여하는 방식을 말한다.
- CM 방식(Construction Management) : 건설공사의 기획 및 설계부터 시공, 사후관리 등을 한 사업자가 맡아서 진행하는 제도를 말한다.
- BOT 방식(Build Operate Transfer) : 프로젝트 시행의 사업주가 필요한 자금을 조달해 시설 및 설비를 완공(Build)한 후 일정기간 동안 당해 프로젝트를 운영(Operate)하는 것을 말한다.

74 지하연속벽 공법(Slurry Wall)에 관한 설명으로 옳지 않은 것은?

① 저진동, 저소음의 공법이다.
② 강성이 높은 지하구조체를 만든다.
③ 타 공법에 비하여 공기, 공사비 면에서 불리한 편이다.
④ 인접 구조물에 근접하도록 시공이 불가하여 대지이용의 효율성이 낮다.

해설

지하연속벽 공법(Slurry Wall)

1. 정의
   안정액을 사용하여 굴착한 뒤 지중(地中)에 연속된 철근콘크리트 벽을 형성하는 현장타설말뚝 공법으로 1950년 초에 이탈리아에서 개발되었으며 슬러리월 공법·다이어프램 공법이라고도 한다. 댐의 기초로 활용되거나 내진벽·방호벽·진동차단벽의 역할, 건축물의 지하 구조물을 축조하기 위한 가설 토류벽 역할 및 본체 벽으로도 많이 활용된다.
2. 특징
   - 저진동, 저소음의 공법이다.
   - 강성이 높은 지하구조체를 만든다.
   - 타 공법에 비하여 공기, 공사비 면에서 불리한 편이다.
   - 인접 구조물에 근접하도록 시공이 용이해 대지이용의 효율성이 높다.

75 유동화 콘크리트를 제조할 때 유동화제를 첨가하기 전 기본 배합 콘크리트인 베이스 콘크리트의 슬럼프 기준은?(단, 보통콘크리트의 경우)

① 150mm 이하   ② 180mm 이하
③ 210mm 이하   ④ 240mm 이하

해설

유동화 콘크리트 슬럼프 기준(KCS 14 20 31 : 2021)

콘크리트의 종류	베이스 콘크리트	유동화 콘크리트
보통콘크리트	150mm 이하	210mm 이하
경량골재 콘크리트	180mm 이하	210mm 이하

76 철골세우기용 기계설비가 아닌 것은?

① 가이데릭
② 스티프레그데릭
③ 진폴
④ 드래그라인

철골세우기용 기계설비
- 가이데릭 : 360° 회전 가능한 고정 선회식의 기중기로 붐(Boom)의 기복·회전에 의해서 짐을 이동시키는 장치
- 진폴 : 소규모 철골공사에 사용되며 옥탑 등의 돌출부에 쓰이고 중량재료를 달아 올리기에 편한 양중기
- 스티프레그데릭 : 주기둥(Post)을 받치는 데 2개의 스티프레그를 사용하고 주기둥과 스티프레그 하부는 3각형의 받침틀에 의해 연결 고정하며 받침틀 위에 권양장치(捲楊裝置), 밸런스 웨이트를 두고 붐에 의해 중량물을 취급하는 기계

77 시험말뚝에 변형률계(Strain Gauge)와 가속도계(Accelerometer)를 부착하여 말뚝항타에 의한 파형으로부터 지지력을 구하는 시험은?

① 정재하시험
② 비비시험
③ 동재하시험
④ 인발시험

1. 동재하시험
   시험말뚝에 변형률계(Strain gauge)와 가속도계(Accelerometer)를 부착하여 말뚝항타에 의한 파형으로부터 지지력을 구하는 시험
2. 정재하시험
   말뚝머리에 사하중을 재하하거나 주위 말뚝의 인발저항이나 반력앵커의 인발력을 이용해 말뚝의 하중을 확인하는 방법

78 다음은 표준시방서에 따른 철근의 이음에 관한 내용이다. 빈칸에 공통으로 들어갈 내용으로 옳은 것은?

> ( )를 초과하는 철근은 겹침이음을 할 수 없다. 다만, 서로 다른 크기의 철근을 압축부에 겹침이음하는 경우 ( ) 이하의 철근과 ( )를 초과하는 철근은 겹침이음을 할 수 있다.

① D29
② D25
③ D32
④ D35

D35를 초과하는 철근은 겹침이음을 할 수 없다. 다만, 서로 다른 크기의 철근을 압축부에 겹침이음하는 경우 D35 이하의 철근과 D35를 초과하는 철근은 겹침이음을 할 수 있다.

79 미장공법, 뿜칠공법을 통한 강구조부재의 내화피복 시공 시 시공면적 얼마당 1개소 단위로 핀 등을 이용하여 두께를 확인하여야 하는가?

① 2m²
② 3m²
③ 4m²
④ 5m²

1. 철골공사 내화피복공법의 종류
   - 습식공법 : 뿜칠공법, 타설공법, 미장공법
   - 건식공법 : 성형판 붙임공법
   - 복합공법 : 내화피복기능에 커튼월 등의 기능을 추가한 공법
2. 미장공법, 뿜칠공법에 의한 내화피복 시공 시에는 시공면적 5m²당 1개소 단위로 두께를 확인해야 한다.
3. 내화성능 기준

(단위 : 시간)

층수/높이	내력벽	보, 기둥	바닥	지붕틀
12층/50m 초과	3(2)	3	2	1
12층/50m 이하	2	2	2	1
4층/20m 이하	1	1	1	0.5

⊙ ANSWER │ 76 ④ 77 ③ 78 ④ 79 ④

80 지반개량 지정공사 중 응결공법이 아닌 것은?

① 플라스틱 드레인공법
② 시멘트 처리공법
③ 석회 처리공법
④ 심층혼합 처리공법

5과목 건설재료학

81 각 미장재료별 경화형태로 옳지 않은 것은?

① 회반죽 : 수경성
② 시멘트 모르타르 : 수경성
③ 돌로마이트플라스터 : 기경성
④ 테라조 현장바름 : 수경성

82 양질의 도토 또는 장석분을 원료로 하며, 흡수율이 1% 이하로 거의 없고 소성온도가 약 1,230~1,460℃인 점토 제품은?

① 토기
② 석기
③ 자기
④ 도기

83 콘크리트 공사 시 콘크리트를 2층 이상으로 나누어 타설할 경우 허용 이어치기 시간간격의 표준으로 옳은 것은?(단, 외기온도가 25℃ 이하일 경우이며, 허용 이어치기 시간간격은 하층 콘크리트 비비기 시작에서부터 콘크리트 타설 완료 후, 상층 콘크리트가 타설되기까지의 시간을 의미)

① 2.0시간
② 2.5시간
③ 3.0시간
④ 3.5시간

84 알루미늄의 성질에 관한 설명으로 옳지 않은 것은?

① 비중이 철에 비해 약 1/3 정도이다.
② 황산, 인산 중에서는 침식되지만 염산 중에서는 침식되지 않는다.
③ 열, 전기의 양도체이며 반사율이 크다.
④ 부식률은 대기 중의 습도와 염분함유량, 불순물의 양과 질 등에 관계되며 0.08mm/년 정도이다.

- 부식률은 대기 중의 습도와 염분함유량, 불순물의 양과 질에 관계된다.
- 연간 0.08mm 정도의 부식률을 갖는다.

85 다음 미장재료 중 수경성 재료인 것은?

① 회반죽
② 회사벽
③ 석고 플라스터
④ 돌로마이트 플라스터

●해설

미장재료 중 수경성 재료
- 석고 플라스터
- 시멘트 모르타르

86 다음 보기의 블록쌓기 시공순서로 옳은 것은?

A. 접착면 청소
B. 세로규준틀 설치
C. 규준쌓기
D. 중간부쌓기
E. 줄눈누르기 및 파기
F. 치장줄눈

① A → D → B → C → F → E
② A → B → D → C → F → E
③ A → C → B → D → E → F
④ A → B → C → D → E → F

●해설

블록쌓기 시공순서
접착면 청소>세로규준틀 설치>규준쌓기>중간부쌓기>줄눈누르기 및 파기>치장줄눈

87 각 거푸집 공법에 관한 설명으로 옳지 않은 것은?

① 플라잉 폼 : 벽체 전용거푸집으로 거푸집과 벽체마감공사를 위한 비계틀을 일체로 조립한 거푸집을 말한다.

② 갱 폼 : 대형 벽체거푸집으로서 인력 절감 및 재사용이 가능한 장점이 있다.
③ 터널 폼 : 벽체용, 바닥용 거푸집을 일체로 제작하여 벽과 바닥 콘크리트를 일체로 하는 거푸집공법이다.
④ 트래블링 폼 : 수평으로 연속된 구조물에 적용되며 해체 및 이동에 편리하도록 제작된 이동식 거푸집공법이다.

●해설

플라잉 폼(Flying Form)
바닥타설을 위한 거푸집으로 장선, 멍에, 서포트를 일체화한 공법이다.

88 플로트판유리를 연화점부근까지 가열 후 양 표면에 냉각공기를 흡착시켜 유리의 표면에 20 이상 60 이하(N/mm^2)의 압축응력층을 갖도록 한 가공유리는?

① 강화유리
② 열선반사유리
③ 로이유리
④ 배강도유리

●해설

배강도유리
플로트판유리를 연화점 부근까지 가열 후 냉각공기를 흡착시킨 가공유리

89 목재용 유성 방부제의 대표적인 것으로 방부성이 우수하나, 악취가 나고 흑갈색으로 외관이 불미하여 눈에 보이지 않는 토대, 기둥, 도리 등에 이용되는 것은?

① 유성페인트
② 크레오소트 오일
③ 염화아연 4% 용액
④ 불화소다 2% 용액

●해설

크레오소트 오일
- 목재용 유성 방부제의 대표적인 물질이다.
- 방부성이 우수하나 외관이 좋지 않다.
- 토대, 기둥, 도리 등에 사용한다.

◉ ANSWER | 85 ③ 86 ④ 87 ① 88 ④ 89 ②

90 골재의 함수상태에 따른 질량이 다음과 같을 경우 표면수율은?

> • 절대건조상태 : 490g
> • 표면건조상태 : 500g
> • 습윤상태 : 550g

① 2% ② 3%
③ 10% ④ 15%

해설

$$골재의 \ 표면수율 = \frac{습윤질량 - 표건질량}{표건질량} \times 100\%$$

$$= \frac{550 - 500}{500} \times 100\% = 10\%$$

91 초기강도가 아주 크고 초기 수화발열이 커서 긴급공사나 동절기 공사에 가장 적합한 시멘트는?

① 알루미나시멘트
② 보통포틀랜드 시멘트
③ 고로 시멘트
④ 실리카 시멘트

해설

알루미나 시멘트의 특징
$CaO - Al_2O_3$계 유리질로 이루어진 시멘트로, 내화물 캐스터블 혼합재로 사용되며, 포틀랜드 시멘트와 비교해 강도 발현속도가 빠르기 때문에 긴급 공사용과 동절기 공사에 가장 적합하다.

92 킨즈 시멘트 제조 시 무수석고의 경화를 촉진시키기 위해 사용하는 혼화재료는?

① 규산백토 ② 플라이애시
③ 화산회 ④ 백반

해설

킨즈(Keen's) 시멘트
경석고 블라스터라고도 불리며 소석고를 고온으로 가열하면 경석고가 되는데, 이 경석고는 물을 가해도 거의 경화되지 않으므로 백반, 붕사, 규사 등을 혼합하여 경화성을 회복시켜 사용한다.

93 지붕공사에 사용되는 아스팔트 싱글제품 중 단위 중량이 $10.3kg/m^2$ 이상 $12.5kg/m^2$ 미만인 것은?

① 경량 아스팔트 싱글
② 일반 아스팔트 싱글
③ 중량 아스팔트 싱글
④ 초중량 아스팔트 싱글

해설

아스팔트 싱글의 종류별 단위중량
• 일반 아스팔트 싱글 : $10.3kg/m^2 \sim 12.5kg/m^2$
• 중량 아스팔트 싱글 : $12.5kg/m^2 \sim 14.2kg/m^2$
• 초중량 아스팔트 싱글 : $14.2kg/m^2$ 이상

94 시멘트의 분말도에 관한 설명으로 옳지 않은 것은?

① 분말도가 클수록 수화반응이 촉진된다.
② 분말도가 클수록 초기강도는 작으나 장기강도는 크다.
③ 분말도가 클수록 시멘트 분말이 미세하다.
④ 분말도가 너무 크면 풍화되기 쉽다.

해설

시멘트 분말도의 특징
• 분말도가 클수록 수화반응이 촉진된다.
• 분말도가 클수록 초기강도는 크지만 장기강도는 낮다.
• 분말도가 클수록 시멘트 분말이 미세하다.
• 분말도가 너무 크면 풍화되기 쉽다.

※ 시멘트 분말도에 따른 특징

구분	분말도가 큰 시멘트	분말도가 작은 시멘트
입자 크기	• 입자크기가 작다. • 면적이 넓다.	• 입자크기가 크다. • 면적이 줄어든다.
수화 반응	• 수화열이 높다. • 응결속도가 빠르다.	• 수화열이 낮게 발생된다. • 응결속도가 느리다.
강도	• 건조수축에 의한 균열이 발생된다. • 조기강도 발현된다.	• 건조수축과 균열이 저감된다. • 장기강도가 크다.
적용 대상	• 공기의 단축이 필요한 경우 • 한중 콘크리트	• 중량 콘크리트 • 서중 콘크리트

분말도 = 표면적(cm^2)/시멘트 1g

95 도료의 저장 중 또는 용기 내 방치 시 도료의 표면에 피막이 형성되는 현상의 발생원인과 가장 관계가 먼 것은?

① 피막방지제의 부족이나 건조제가 과잉일 경우
② 용기 내의 공간이 커서 산소의 양이 많을 경우
③ 부적당한 시너로 희석하였을 경우
④ 사용잔량을 뚜껑을 열어둔 채 방치하였을 경우

● 해설

도료 저장 중 피막발생현상

㉠ 현상
유성, Alkyd 도료의 표면이 캔용기 속의 공기로 산화건조하여 Skinning이 되며, 도료의 표면층에 불용성의 피막이 발생하는 현상

㉡ 발생 요인
• Skinning 방지제의 부족 또는 건조제의 과잉
• 캔 용기 내의 공간이 너무 많아 산소의 내장량이 많음
• 사용하고 남은 도료를 밀봉하지 않은채 방치

㉢ 대책
• 저장 시 용기 뚜껑을 완전히 밀폐하여 냉암소 (20℃ 이하)에 보관
• 보관 도료에 다른 종류의 도료, 경화제, 불량신나 등은 혼입하지 말아야 한다.
• Skinning 방지제와 건조제의 균형을 맞출 것
• 알맞은 용기 사용 또는 질소로 공기를 바꿀 것

㉣ 조치
• 주걱으로 캔 주위를 훑어 캔 덩어리 채로 끄집어 냄
• 잘게 부서졌으면 채로 칠 것
• 아주 심할 경우 폐기

96 다음 중 무기질 단열재에 해당하는 것은?

① 발포폴리스티렌 보온재
② 셀룰로오스 보온재
③ 규산칼슘판
④ 경질폴리우레탄폼

● 해설

규산칼슘판은 무기질 단열재이다.

유기질 단열재
• 경질폴리우레탄폼   • 발포폴리스티렌
• 발포염화비닐   • 셀룰로오스 보온재

무기질 단열재
• 유리질 단열재 : 글라스울 등
• 광물질 단열재 : 석면, 펄라이트 암면 등으로 제작된 단열재
• 금속질 단열재 : 규산질, 마그네시아질 등으로 제작된 단열재
• 탄소질 단열재 : 탄소질 섬유, 탄소분말 등으로 제작된 단열재

97 점토벽돌 1종의 압축강도는 최소 얼마 이상인가?

① 17.85MPa   ② 19.53MPa
③ 20.59MPa   ④ 24.50MPa

● 해설

점토벽돌 KS품질기준

품질	종류		
	1종	2종	3종
흡수율(%)	10 이하	13 이하	15 이하
압축강도(N/mm²)	24.5 이상	20.59 이상	10.78 이상

※ **콘크리트벽돌 KS품질기준**

품질	1종	2종
흡수율(%)	7 이하	13 이하
압축강도(N/mm²)	13 이상	8 이상

98 조이너(Joiner)의 설치목적으로 옳은 것은?

① 벽, 기둥 등의 모서리에 미장 바름의 보호
② 인조석깔기에서의 신축균열방지나 의장효과
③ 천장에 보드를 붙인 후 그 이음새를 감추기 위한 목적
④ 환기구멍이나 라디에이터의 덮개역할

● 해설

조이너(Joiner)의 설치목적
천장에 보드를 붙인 후 그 이음새를 감추기 위해 설치하는 부재

---

99 각 석재별 주용도를 표기한 것으로 옳지 않은 것은?

① 화강암 : 외장재
② 석회암 : 구조재
③ 대리석 : 내장재
④ 점판암 : 지붕재

해설

재별 주용도
- 화강암 : 외장재
- 대리석 : 내장재
- 점판암 : 지붕재
- 석회암 : 조각용 석재, 시멘트의 재료

100 암석의 구조를 나타내는 용어에 관한 설명으로 옳지 않은 것은?

① 절리란 암석 특유의 천연적으로 갈라진 금을 말하며, 규칙적인 것과 불규칙적인 것이 있다.
② 층리란 퇴적암 및 변성암에 나타나는 퇴적할 당시의 지표면과 방향이 거의 평행한 절리를 말한다.
③ 석리란 암석이 가장 쪼개지기 쉬운 면을 말하며, 절리보다 불분명하지만 방향이 대체로 일치되어 있다.
④ 편리란 변성암에 생기는 절리로서 방향이 불규칙하고 얇은 판자모양으로 갈라지는 성질을 말한다.

해설

- 절리 : 암석의 고유한 균열로 규칙적인 것과 불규칙적인 것이 있다.
- 층리 : 퇴적암 및 변성암에 나타나는 퇴적 당시의 지표면과 방향이 거의 평행상태인 절리이다.
- 석리 : 광물 입자들이 모여 이루는 작은 규모의 조직이다.
- 편리 : 변성암에 생기는 절리로서 방향이 불규칙적이며 얇은 판자 모양으로 갈라지는 성질을 말한다.

101 해체공사 시 작업용 기계기구의 취급 안전기준에 관한 설명으로 옳지 않은 것은?

① 철제해머와 와이어로프의 결속은 경험이 많은 사람으로서 선임된 자에 한하여 실시하도록 하여야 한다.
② 팽창제 천공간격은 콘크리트 강도에 의하여 결정되나 70~120cm 정도를 유지하도록 한다.
③ 쐐기타입으로 해체 시 천공구멍은 타입기 삽입부분의 직경과 거의 같아야 한다.
④ 화염방사기로 해체작업 시 용기 내 압력은 온도에 의해 상승하기 때문에 항상 40℃ 이하로 보존해야 한다.

해설

해체공사 시 작업용 기계기구의 취급 안전기준
- 철제해머와 와이어로프의 결속은 경험이 많은 사람으로서 선임된 자에 한하여 실시하도록 한다.
- 팽창제 천공간격은 콘크리트 강도에 의하여 결정되나 30~70cm 정도를 유지하도록 한다.
- 쐐기타입으로 해체 시 천공구멍은 타입기 삽입부분의 직경과 거의 같아야 한다.
- 팽창제 천공직경은 30~50mm 정도를 유지하도록 한다.

1. 해체공사 작업계획 수립 시 준수사항
   작업계획 수립 시 다음 각 호의 사항을 준수하여야 한다.
   - 작업구역 내에는 관계자 이외의 자에 대하여 출입을 통제하여야 한다.
   - 강풍, 폭우, 폭설 등 악천후 시에는 작업을 중지하여야 한다.
   - 사용기계기구 등을 인양하거나 내릴 때에는 그물망이나 그물포대 등을 사용토록 하여야 한다.
   - 외벽과 기둥 등을 전도시키는 작업을 할 경우에는 전도 낙하위치 검토 및 파편 비산거리 등을 예측하여 작업반경을 설정하여야 한다.
   - 전도작업을 수행할 때에는 작업자 이외의 다른 작업자는 대피시키도록 하고 완전 대피상태를 확인한 다음 전도시키도록 하여야 한다.

- 해체건물 외곽에 방호용 비계를 설치하여야 하며 해체물의 전도, 낙하, 비산의 안전거리를 유지하여야 한다.
- 파쇄공법의 특성에 따라 방진벽, 비산차단벽, 분진억제 살수시설을 설치하여야 한다.
- 작업자 상호 간의 적정한 신호규정을 준수하고 신호방식 및 신호기기 사용법은 사전교육에 의해 숙지되어야 한다.
- 적정한 위치에 대피소를 설치하여야 한다.

2. 팽창제 사용 시 준수사항
  광물의 수화반응에 의한 팽창압을 이용하여 파쇄하는 공법으로 다음 각 호의 사항을 준수하여야 한다.
  - 팽창제와 물과의 시방 혼합비율을 확인하여야 한다.
  - 천공직경이 너무 작거나 크면 팽창력이 작아 비효율적이므로, 천공직경은 30mm 내지 50mm 정도를 유지하여야 한다.
  - 천공간격은 콘크리트 강도에 의하여 결정되나 30cm 내지 70cm 정도를 유지하도록 한다.
  - 팽창제를 저장하는 경우에는 건조한 장소에 보관하고 직접 바닥에 두지 말고 습기를 피하여야 한다.
  - 개봉된 팽창제는 사용하지 말아야 하며 쓰다 남은 팽창제 처리에 유의하여야 한다.

3. 화염방사기 사용 시 준수사항
  구조체를 고온으로 용융시키면서 해체하는 것으로 다음 각 호의 사항을 준수하여야 한다.
  - 고온의 용융물이 비산하고 연기가 많이 발생되므로 화재발생에 주의하여야 한다.
  - 소화기를 준비하여 불꽃비산에 의한 인접부분의 발화에 대비하여야 한다.
  - 작업자는 방열복, 마스크, 장갑 등의 보호구를 착용하여야 한다.
  - 산소용기가 넘어지지 않도록 밑받침 등으로 고정시키고 빈 용기와 채워진 용기의 저장을 분리하여야 한다.
  - 용기 내 압력은 온도에 의해 상승하기 때문에 항상 섭씨 40도 이하로 보존하여야 한다.
  - 호스는 결속물로 확실하게 결속하고, 균열되었거나 노후된 것은 사용하지 말아야 한다.
  - 게이지의 작동을 확인하고 고장 및 작동불량품은 교체하여야 한다.

102 콘크리트 타설 시 거푸집 측압에 관한 설명으로 옳지 않은 것은?

① 기온이 높을수록 측압은 크다.
② 타설속도가 클수록 측압은 크다.
③ 슬럼프가 클수록 측압은 크다.
④ 다짐이 과할수록 측압은 크다.

해설

콘크리트 타설 시 측압 특징
- 기온이 높을수록 측압은 작아진다(콘크리트 응결이 촉진되므로).
- 타설속도가 빠를수록 측압은 커진다.
- 슬럼프가 클수록 측압은 커진다.
- 다짐이 과할수록 측압은 커진다.
- Workability가 좋을수록 측압은 커진다.

103 다음은 안전대와 관련된 설명이다. 아래 내용에 해당되는 용어로 옳은 것은?

로프 또는 레일 등과 같은 유연하거나 단단한 고정줄로서 추락발생 시 추락을 저지시키는 추락방지대를 지탱해 주는 줄모양의 부품

① 안전블록
② 수직구명줄
③ 죔줄
④ 보조죔줄

해설

- 안전블록 : 안전그네와 연결하여 추락발생 시 추락을 억제할 수 있는 자동잠김장치가 있고 죔줄이 자동으로 수축되는 장치
- 수직구명줄 : 로프 또는 레일 등과 같은 유연하거나 단단한 고정줄로서 추락발생 시 추락을 저지시키는 추락방지대를 지탱해 주는 줄모양의 부품
- 죔줄 : 안전대에 부착되는 웨빙 또는 합성섬유로프로 만들어진 충격에너지 흡수형 또는 비흡수형 부품으로 걸이설비와 연결하기 위한 금속고리나 장치가 포함
- 보조죔줄 : 추락사고 방지를 위해 사용하는 죔줄의 보조장치

◉ ANSWER | 102 ① 103 ②

104 다음 중 방망사의 폐기 시 인장강도에 해당하는 것은?(단, 그물코의 크기는 10cm이며 매듭 없는 방망의 경우임)

① 50kg   ② 100kg
③ 150kg   ④ 200kg

방망사 폐기 시 인장강도

종류별	무매듭 방망	매듭방망
10cm	150kg	135kg
5cm		60kg

※ 신품 추락방지용 방망의 그물코 규격

종류별	무매듭 방망	매듭방망
10cm	240kg	200kg
5cm		110kg

105 강관비계의 수직방향 벽이음 조립간격(m)으로 옳은 것은?(단, 틀비계이며 높이가 5m 이상일 경우)

① 2m   ② 4m
③ 6m   ④ 9m

강관틀비계는 수직방향 6m, 수평방향 8m 이하로 설치하여야 한다.

106 지면보다 낮은 땅을 파는 데 적합하고 수중 굴착도 가능한 굴착기계는?

① 백호우   ② 파워쇼벨
③ 가이데릭   ④ 파일드라이버

- 백호우(Back Hoe) : 지면보다 낮은 땅을 파는 데 적합하고 수중굴착도 가능한 굴착장비
- 파워쇼벨 : 백호의 한 종류로, 상부체가 선회하는 트랙터에 붐과 디퍼버켓을 장착한 셔틀계 굴착기다. 주로 높은 위치의 토사를 밀어 올리면서 굴착하고, 성토 및 정리 작업을 수행

- 가이데릭 : 화물을 달아 올리는 기계장치로, 마스트, 지브, 원동기, 와이어로프 등을 갖고 있음
- 파일드라이버 : 말뚝을 박고 항타기는 말뚝을 뽑는 건설용 중장비이며, 항발기는 널말뚝을 뽑는 기계

107 말비계를 조립하여 사용하는 경우 지주부재와 수평면의 기울기는 얼마 이하로 하여야 하는가?

① 65°   ② 70°
③ 75°   ④ 80°

말비계 조립 시 기울기 : 지주부재와 75° 이하

108 NATM 공법 터널공사의 경우 록볼트 작업과 관련된 계측결과에 해당되지 않는 것은?

① 내공변위 측정결과
② 천단침하 측정결과
③ 인발시험결과
④ 진동 측정결과

NATM 공법 터널공사 시 록볼트 작업 관련 계측항목

- 내공변위 측정
- 천단침하 측정
- 인발시험 측정
- 축력시험 측정
- 지중변위 측정

109 유해위험방지 계획서를 제출하려고 할 때 그 첨부서류와 가장 거리가 먼 것은?

① 공사개요서
② 산업안전보건관리비 작성요령
③ 전체 공정표
④ 재해 발생 위험 시 연락 및 대피방법

유해위험방지계획서 제출 시 첨부서류

- 공사개요서
- 현장주변 현황 및 주변과의 관계를 나타내는 도면
- 건설물, 사용 기계설비 등의 배치도면
- 전체공정표
- 산업안전보건관리비 사용계획
- 안전관리 조직표
- 재해발생 위험 시 연락 및 대피방법

※ 유해위험방지계획서 제출 대상공사

- 높이 31미터 이상 건축물공사
- 연면적 3만 cm² 이상 건축물공사
- 연면적 5천 cm² 이상 문화, 집회시설공사
- 연면적 5천 cm² 이상 냉동, 냉장창고 단열 및 설비공사
- 최대 지간길이 50미터 이상 교량공사
- 댐공사, 2000만 톤 이상 용수전용댐공사

---

110 콘크리트타설작업과 관련하여 준수하여야 할 사항으로 가장 거리가 먼 것은?

① 당일의 작업을 시작하기 전에 해당 작업에 관한 거푸집 동바리 등의 변형·변위 및 지반의 침하 유무 등을 점검하고 이상이 있으면 보수할 것

② 콘크리트를 타설하는 경우에는 편심이 발생하지 않도록 골고루 분산하여 타설할 것

③ 진동기의 사용은 많이 할수록 균일한 콘크리트를 얻을 수 있으므로 가급적 많이 사용할 것

④ 설계도서상의 콘크리트 양생기간을 준수하여 거푸집 동바리 등을 해체할 것

콘크리트 타설 시 준수사항

- 당일 작업 시작 전 해당 작업에 관한 거푸집 동바리의 변형, 변위, 지반침하 유무 점검
- 편심이 발생되지 않도록 분산 타설
- 진동기의 사용 시 과다한 측압의 발생방지를 위해 적절히 할 것
- 설계도서상의 양생기간을 준수하여 해체할 것

---

111 건설공사의 산업안전보건관리비 계상 시 대상액이 구분되어 있지 않은 공사는 도급계약 또는 자체 사업계획상의 총공사금액 중 얼마를 대상액으로 하는가?

① 50%　　　　② 60%
③ 70%　　　　④ 80%

대상액이 구분되어 있지 않은 공사는 도급계약이나 자체 사업계획상 총공사금액의 70%를 대상액으로 한다.

산업안전보건관리비 계상기준 개정(2025.1.1부터 적용)

구분	대상액 5억 원 미만 적용비율 (%)	대상액 5억 원 이상 50억 원 미만인 경우		대상액 50억 원 이상 적용비율 (%)	보건관리자 선임대상 건설공사의 적용비율 (%)
		적용비율 (%)	기초액		
건축공사	3.11	2.28	4,325,000원	2.37	2.64
토목공사	3.15	2.53	3,300,000원	2.60	2.73
중건설공사	3.64	3.05	2,975,000원	3.11	3.39
특수건설공사	2.07	1.59	2,450,000원	1.64	1.78

공사진척별 사용기준

공정률	50~70%	70~90%	90% 이상
사용기준	50% 이상	70% 이상	90% 이상

---

112 건설현장에 설치하는 사다리식 통로의 설치 기준으로 옳지 않은 것은?

① 발판과 벽과의 사이는 15cm 이상의 간격을 유지할 것

② 발판의 간격은 일정하게 할 것

③ 사다리의 상단은 걸쳐 놓은 지점으로부터 60cm 이상 올라가도록 할 것

④ 사다리식 통로의 길이가 10m 이상인 경우에는 3m 이내마다 계단참을 설치할 것

사다리 설치기준

- 사다리는 통로용으로만 사용한다.
- 사다리의 폭은 30cm 이상으로 하고, 상부에 100cm 이상의 여장 길이를 둔다.

◉ **ANSWER** | 110 ③　111 ③　112 ④

- 디딤판의 간격은 25~30cm의 일정한 간격으로 설치한다.
- 사다리를 설치할 바닥은 평평한 곳에 설치하며 바닥이 고르지 않을 경우 보조기구를 사용한다.
- 이동식 사다리의 기울기는 75° 이하로 한다.
- 이동식 사다리의 길이는 6m를 초과하지 않는다.
- 고정식 사다리의 길이가 10m 이상인 때에는 5m 이내마다 계단참을 설치한다.
- 고정식 사다리의 기울기는 90° 이하로 하고, 높이 7m 이상인 경우 바닥으로부터 높이가 2.5m 되는 지점부터 등받이를 설치한다. 단, 등받이 설치가 불가능할 경우 추락방지대(완강기 또는 로립 등)를 설치할 수 있다.

113 거푸집 동바리 등을 조립하는 경우에 준수하여야 할 사항으로 옳지 않은 것은?

① 깔목의 사용, 콘크리트 타설, 말뚝박기 등 동바리의 침하를 방지하기 위한 조치를 할 것
② 개구부 상부에 동바리를 설치하는 경우에는 상부하중을 견딜 수 있는 견고한 받침대를 설치할 것
③ 거푸집이 곡면인 경우에는 버팀대의 부착 등 그 거푸집의 부상(浮上)을 방지하기 위한 조치를 할 것
④ 동바리의 이음은 맞댄이음이나 장부이음을 피할 것

◉ 해설

거푸집 작업 시 유의사항

1. 해체 작업 시 고려사항
   - 거푸집 존치기간
   - 해체작업 계획수립
   - 재해예방을 위한 안전대책 수립
   - 근로자 이외 제3자 보호대책
2. 조립 작업 시 준수사항
   - 조립 작업 시 관리감독자 배치
   - 거푸집 운반, 설치작업에 필요한 작업장 내 통로 및 비계가 충분한가의 확인
   - 재료, 기구, 공구를 올리거나 내릴 때 달줄, 달포대 등 사용
   - 강풍, 폭우, 폭설 등 악천후 시 작업 중지
   - 작업장 주위 작업원 이외의 통행제한 및 슬래브 거푸집 조립 시 인원이 한곳에 집중되지 않도록 한다.

- 사다리 또는 이동식 틀비계 사용 시 항상 보조원 대기 조치
- 현장 제작 시 별도의 작업장에서 제작
- 동바리이음은 맞댄이음이나 장부이음으로 할 것
- 깔목의 사용 등 침하 방지를 위한 조치를 할 것
- 개구부 상부에 동바리를 설치하는 경우 상부하중을 견딜 수 있는 견고한 받침대를 설치할 것

3. 해체 작업 시 준수사항
   - 해체순서 준수 및 관리감독자 배치
   - 콘크리트 자중 및 시공 중 하중에 견딜 만한 강도를 가질 때까지 해체 금지
   - 거푸집 해체 작업 시 관리기준 준수
   - 안전모 등 보호구 착용
   - 관계자 외 출입 금지
   - 상하 동시작업의 원칙적 금지 및 부득이한 경우 긴밀히 연락을 취하며 작업
   - 무리한 충격이나 큰 힘에 의한 지렛대 사용 금지
   - 보 또는 슬래브 거푸집 제거 시 거푸집 낙하 충격으로 인한 작업원의 돌발재해 방지
   - 해체된 거푸집, 각목 등에 박혀 있는 못 또는 날카로운 돌출물의 즉시 제거
   - 해체된 거푸집은 재사용 가능한 것과 보수할 것을 선별, 분리해 적치하고 정리정돈 한다.
   - 기타 제3자 보호 조치에 대하여도 완전한 조치를 강구한다.

114 흙막이 지보공을 설치하였을 경우 정기적으로 점검하고 이상을 발견하면 즉시 보수하여야 하는 사항과 가장 거리가 먼 것은?

① 부재의 접속부·부착부 및 교차부의 상태
② 버팀대의 긴압(緊壓)의 정도
③ 부재의 손상·변형·부식·변위 및 탈락의 유무와 상태
④ 지표수의 흐름 상태

◉ 해설

흙막이 지보공의 정기점검사항

- 부재 접속부, 교차부, 부착부 상태
- 버팀대 긴압 정도
- 부재 손상, 변형, 부식, 변위, 탈락 유무
- 침하 정도

115 흙막이 공법을 흙막이 지지방식에 의한 분류와 구조방식에 의한 분류로 나눌 때 다음 중 지지방식에 의한 분류에 해당하는 것은?

① 수평 버팀대식 흙막이 공법
② H−Pile 공법
③ 지하연속벽 공법
④ Top Down Method 공법

흙막이 공법의 분류
1. 지지방식

자립식	• 얕은 굴착 • 부지여유 없는 현장
버팀대식	• 연약지반 • 협소한 현장
어스앵커	• 간편한 시공 • 인근부지 사용에 제약

2. 구조방식

Slurry Wall	• 차수성 • 벽체 강성 우수
H−Pile	• 저렴한 공사비 • 장애물처리 용이(토류판 설치)
SSP	• 연약지반 시공가능 • 차수성 우수

116 운반작업을 인력운반작업과 기계운반작업으로 분류할 때 기계운반작업으로 실시하기에 부적당한 대상은?

① 단순하고 반복적인 작업
② 표준화되어 있어 지속적이고 운반량이 많은 작업
③ 취급물의 형상, 성질, 크기 등이 다양한 작업
④ 취급물이 중량인 작업

취급물의 형상과 성질, 크기 등이 다양한 작업은 기계운반작업보다 인력운반작업으로 해야 한다. 단, 근로자 근골격계 질환 등을 방지하기 위한 조치가 선행되어야 한다.

117 다음은 강관틀비계를 조립하여 사용하는 경우 준수해야 할 기준이다. ( ) 안에 알맞은 숫자를 나열한 것은?

> 길이가 띠장방향으로 (A)미터 이하이고 높이가 (B)미터를 초과하는 경우 (C)미터 이내마다 띠장방향으로 버팀기둥을 설치할 것

① A : 4, B : 10, C : 5
② A : 4, B : 10, C : 10
③ A : 5, B : 10, C : 5
④ A : 5, B : 10, C : 10

강관틀비계 조립기준
길이가 띠장방향으로 4미터 이하이고 높이가 10미터를 초과하는 경우 10미터 이내마다 띠장방향으로 버팀기둥을 설치할 것

118 다음 중 해체작업용 기계 기구로 가장 거리가 먼 것은?

① 압쇄기
② 핸드 브레이커
③ 철제 해머
④ 진동 롤러

진동 롤러는 도로포장 또는 지반 다짐 시 사용하는 다짐장비이다.

119 콘크리트 타설을 위한 거푸집 동바리의 구조검토 시 가장 선행되어야 할 작업은?

① 각 부재에 생기는 응력에 대하여 안전한 단면을 산정한다.
② 가설물에 작용하는 하중 및 외력의 종류, 크기를 산정한다.
③ 하중 및 외력에 의하여 각 부재에 생기는 응력을 구한다.
④ 사용할 거푸집 동바리의 설치간격을 결정한다.

◉ ANSWER | 115 ① 116 ③ 117 ② 118 ④ 119 ②

해설

거푸집 동바리 구조검토 시 가장 선행할 작업
가설물에 작용하는 연직하중, 수평하중, 풍압, 유수압 등의 하중 및 외력의 종류와 크기를 산정한다.

120 산업안전보건법령에 따른 중량물 취급작업 시 작업계획서에 포함시켜야 할 사항이 아닌 것은?

① 협착위험을 예방할 수 있는 안전대책
② 감전위험을 예방할 수 있는 안전대책
③ 추락위험을 예방할 수 있는 안전대책
④ 전도위험을 예방할 수 있는 안전대책

해설

산업안전보건법령에 따른 중량물 취급작업 시 작업계획서에 포함시켜야 할 사항
• 협착위험을 예방할 수 있는 안전대책
• 전도위험을 예방할 수 있는 안전대책
• 추락위험을 예방할 수 있는 안전대책

◉ ANSWER | 120 ②

1과목 산업안전관리론

01 산업안전보건법령상 산업안전보건위원회에 관한 사항 중 틀린 것은?

① 근로자위원과 사용자위원은 같은 수로 구성된다.
② 산업안전보건회의의 정기회의는 위원장이 필요하다고 인정할 때 소집한다.
③ 안전보건교육에 관한 사항은 산업안전보건위원회 심의 · 의결을 거쳐야 한다.
④ 상시근로자 50인 이상의 자동차 제조업의 경우 산업안전보건위원회를 구성 · 운영하여야 한다.

해설

산업안전보건위원회
• 정기회의 : 분기마다 위원장이 소집
• 수시회의 : 위원장이 필요하다고 인정할 때에 소집

02 건설기술 진흥법령상 안전관리계획을 수립해야 하는 건설공사에 해당하지 않는 것은?

① 15층 건축물의 리모델링
② 지하 15m를 굴착하는 건설공사
③ 항타 및 항발기가 사용되는 건설공사
④ 높이가 21m인 비계를 사용하는 건설공사

해설

1. 1종 시설물 및 2종 시설물의 건설공사(「시설물의 안전 및 유지관리에 관한 특별법」 제7조제1호 및 제3호)
2. 지하 10m 이상을 굴착하는 건설공사
3. 폭발물 사용으로 주변에 영향이 예상되는 건설공사(주변 : 20m 내 시설물 또는 100m 내 가축사육)
4. 10층 이상 16층 미만인 건축물의 건설공사

5. 10층 이상인 건축물의 리모델링 또는 해체공사
6. 「주택법」 제2조 제25호 다목에 따른 수직증축형 리모델링
7. 「건설기계 관리법」 제3조에 따라 등록된 건설기계가 사용되는 건설공사[건설기계 : 천공기(높이 10m 이상), 항타 및 항발기, 타워크레인(※ 리프트카 해당 없음)]
8. 「건진법 시행령」 제101조의2 제1항의 가설구조물을 사용하는 건설공사

※ 가설구조물

구분	상세
비계	• 높이 31m 이상 • 브래킷(Bracket) 비계
거푸집 및 동바리	• 작업발판 일체형 거푸집(갱폼 등) • 높이가 5미터 이상인 거푸집 • 높이가 5미터 이상인 동바리
지보공	• 터널 지보공 • 높이 2m 이상 흙막이 지보공
가설 구조물	• 높이 10미터 이상에서 외부작업을 하기 위하여 작업발판 및 안전시설물을 일체화하여 설치하는 가설구조물(SWC, RCS, ACS, WORKFLAT FORM 등) • 공사현장에서 제작하여 조립 · 설치하는 복합형 가설구조물(가설벤트, 작업대차, 라이닝폼, 합벽지지대 등) • 동력을 이용하여 움직이는 가설구조물(FCM, ILM, MSS 등) • 발주자 또는 인 · 허가기관의 장이 필요하다고 인정하는 가설 구조물

9. 상기 건설공사 외 기타 건설공사
   • 발주자가 안전관리가 특히 필요하다고 인정하는 건설공사
   • 해당 지방자치단체의 조례로 정하는 건설공사 중에서 인 · 허가기관의 장이 안전관리가 특히 필요하다고 인정하는 건설공사

◉ ANSWER │ 01 ② 02 ④

03 산업안전보건법령상 안전보건관리규정을 작성해야 할 사업의 종류를 모두 고른 것은?(단, ㄱ~ㅁ은 상시근로자 300명 이상의 사업이다.)

> ㄱ. 농업
> ㄴ. 정보서비스업
> ㄷ. 금융 및 보험업
> ㄹ. 사회복지 서비스업
> ㅁ. 과학 및 기술연구개발업

① ㄴ, ㄹ, ㅁ
② ㄱ, ㄴ, ㄷ, ㄹ
③ ㄱ, ㄴ, ㄷ, ㅁ
④ ㄱ, ㄷ, ㄹ, ㅁ

● 해설

상시근로자 300명 이상 사업장 중 안전보건규정 작성대상

농업, 어업, 소프트웨어 개발 및 공급업, 컴퓨터 프로그래밍, 시스템 통합 및 관리업, 정보서비스업, 금융 및 보험업, 임대업(부동산 제외), 전문, 과학 및 기술 서비스업(연구개발 제외), 사업지원 서비스업, 사회복지 서비스업

04 산업재해보상보험법령상 보험급여의 종류를 모두 고른 것은?

> ㄱ. 장례비   ㄴ. 요양급여
> ㄷ. 간병급여   ㄹ. 영업손실비용
> ㅁ. 직업재활급여

① ㄱ, ㄴ, ㄹ
② ㄱ, ㄴ, ㄷ, ㅁ
③ ㄱ, ㄷ, ㄹ, ㅁ
④ ㄴ, ㄷ, ㄹ, ㅁ

● 해설

산업재해보상보험법령상 보험급여

장례비, 요양급여, 간병급여, 직업재활급여

05 안전관리조직의 형태에 관한 설명으로 옳은 것은?

① 라인형 조직은 100명 이상의 중규모 사업장에 적합하다.
② 스태프형 조직은 100명 이상의 중규모 사업장에 적합하다.
③ 라인형 조직은 안전에 대한 정보가 불충분하지만 안전지시나 조치에 대한 실시가 신속하다.
④ 라인·스태프형 조직은 1,000명 이상의 대규모 사업장에 적합하나 조직원 전원의 자율적 참여가 불가능하다.

● 해설

안전관리조직의 형태

1. 라인형조직의 특징
   (근로자 수 100명 이하 소규모 사업장)

장점	• 안전업무가 생산현장 라인을 통해 시행된다. • 지시의 이행이 빠르다. • 명령과 보고가 간단하다.
단점	• 안전정보가 불충분하다. • 전문적 안전지식이 부족하다. • 라인에 책임전가 우려가 많다.

2. 스태프형 조직의 특징
   (근로자수 100~500명 이하 중규모 사업장)

장점	• 안전정보 수집이 신속하다. • 안전관리를 담당하는 스태프를 통해 전문적인 안전조직을 구성할 수 있다.
단점	• 안전과 생산을 별개로 취급하기 쉽다. • 스태프 스스로 생산라인의 안전업무를 행하는 것은 아니다. • 권한 다툼이나 조정이 난해하여 통제수속이 복잡하다.

3. 라인 – 스태프형의 특징
   (근로자수 500명 이상 대규모사업장)

장점	• 대규모 사업장(1,000명 이상)에 효과적이다. • 신속, 정확한 경영자의 지침전달이 가능하다. • 안전활동과 생산업무의 균형유지가 가능하다.
단점	• 명령계통과 조언 및 권고적 참여가 혼동되기 쉽다. • 라인이 스태프에게만 의존하거나 활용하지 않을 우려가 있다. • 스태프가 월권행위 할 우려가 있다.

⦿ ANSWER | 03 ② 04 ② 05 ③

06 산업안전보건법령상 안전보건표지의 색채를 파란색으로 사용하여야 하는 경우는?

① 주의표지   ② 정지신호
③ 차량 통행표지   ④ 특정 행위의 지시

안전보건표지의 색채
- 파란색 : 특정행위의 지시 및 사실의 고지
- 빨간색 : 화학물질 취급장소에서의 유해위험 경고
- 노란색 : 화학물질 취급장소에서의 유해위험 경고 이외의 위험경고
- 녹색 : 정지신호, 소화설비 및 그 장소, 유해행위의 금지

07 보호구 안전인증 고시상 성능이 다음과 같은 방음용 귀마개(기호)로 옳은 것은?

저음부터 고음까지 차음하는 것

① EP-1   ② EP-2
③ EP-3   ④ EP-4

방음보호구

종류	등급	성능기준
귀마개	1종 EP-1	저음부터 고음까지 차음
	2종 EP-2	고음의 차음
귀덮개	EM	귀 전체를 덮는 구조이며 차음 효과가 있을 것

08 하인리히 사고예방대책 5단계의 각 단계와 기본 원리가 잘못 연결된 것은?

① 제1단계 – 안전조직
② 제2단계 – 사실의 발견
③ 제3단계 – 점검 및 검사
④ 제4단계 – 시정 방법의 선정

하인리히 사고예방대책 5단계
- 조직의 결성 : 조사위원회의 구성
- 사실의 발견 : 재해현황의 파악
- 원인분석 : 현장조사
- 시정책 선정 : 재해재발 방지를 위한 안전대책 선정
- 시정책 적용 : 수립한 안전대책의 적용

09 다음에서 설명하는 위험예지훈련 단계는?

- 위험요인을 찾아내는 단계
- 가장 위험한 것을 합의하여 결정하는 단계

① 현상파악   ② 본질추구
③ 대책수립   ④ 목표설정

위험예지훈련 단계 중 본질추구
- 위험요인을 찾아내는 단계
- 가장 위험한 것을 합의하여 결정하는 단계

10 산업재해의 기본원인으로 볼 수 있는 4M으로 옳은 것은?

① Man, Machine, Maker, Media
② Man, Management, Machine, Media
③ Man, Machine, Maker, Management
④ Man, Management, Machine, Material

안전관리 4M

Man, Management, Machine, Media

11 재해사례연구의 진행단계로 옳은 것은?

ㄱ. 대책수립
ㄴ. 사실의 확인
ㄷ. 문제점의 발견
ㄹ. 재해상황의 파악
ㅁ. 근본적 문제점의 결정

① ㄷ → ㄹ → ㄴ → ㅁ → ㄱ
② ㄷ → ㄹ → ㅁ → ㄴ → ㄱ
③ ㄹ → ㄴ → ㄷ → ㅁ → ㄱ
④ ㄹ → ㄷ → ㅁ → ㄴ → ㄱ

⊙ ANSWER | 06 ④ 07 ① 08 ③ 09 ② 10 ② 11 ③

12 재해손실비의 평가방식 중 시몬즈 방식에서 비보험 코스트에 반영되는 항목에 속하지 않는 것은?

① 휴업상해 건수

② 통원상해 건수

③ 응급조치 건수

④ 무손실사고 건수

13 정보서비스업의 경우, 상시근로자의 수가 최소 몇 명 이상일 때 안전보건관리규정을 작성하여야 하는가?

① 50명 이상   ② 100명 이상

③ 200명 이상   ④ 300명 이상

14 산업안전보건법상 안전보건관리책임자의 업무에 해당하지 않는 것은?(단, 그 밖에 고용노동부령으로 정하는 사항은 제외한다.)

① 근로자의 적정배치에 관한 사항

② 작업환경의 점검 및 개선에 관한 사항

③ 안전보건관리규정의 작성 및 변경에 관한 사항

④ 안전장치 및 보호구 구입 시 적격품 여부 확인에 관한 사항

15 산업안전보건법령상 명시된 안전검사대상인 유해하거나 위험한 기계·기구·설비에 해당하지 않는 것은?

① 리프트   ② 곤돌라

③ 산업용 원심기   ④ 밀폐형 롤러기

16 산업안전보건법령상 타워크레인 지지에 관한 사항으로 (   )에 알맞은 내용은?

> 타워크레인을 와이어로프로 지지하는 경우, 설치각도는 수평면에서 (ㄱ)도 이내로 하되, 지지점은 (ㄴ)개소 이상으로 하고, 같은 각도로 설치하여야 한다.

① ㄱ : 45, ㄴ : 3　　② ㄱ : 45, ㄴ : 4
③ ㄱ : 60, ㄴ : 3　　④ ㄱ : 60, ㄴ : 4

●해설

타워크레인의 지지방식별 점검항목

벽체지지방식	와이어로프 지지방식
• 설계검사 서류 또는 제작 시 설치작업 설명서에 따라 설치 여부	• 설계검사 서류 또는 제작 시 설치작업 설명서에 따라 설치 여부
• 벽체지지 높이의 적정성 여부	• 사용 와이어로프 안전율 규격 적정 여부, 긴장도와 설치각도(60° 이내)와 지지점(4개소)의 설치 여부
• 구조부재 차수의 적정 여부	
• 지지대 제작상태	
• 콘크리트 슬래브 구조는 관통볼트 사용 또는 동등 이상으로 되어있는지 여부(세트앵커 사용금지)	• 와이어로프 고정위치 적정 여부
	• 와이어로프 고정부 건물 구조나 기초부 강도가 충분한지 여부
• 벽체 고정부 건물구조의 철골이나 콘크리트 강도 적정 여부	• 턴버클, 샤클, 와이어로프 클립 체결수량 및 체결 방법 적정 여부
• 설치상태(수평, 수직도, 핀, 체결볼트 등)의 적합 여부	

17 다음과 같은 재해가 발생하였을 경우 재해의 원인분석으로 옳은 것은?

> 건설현장에서 근로자가 비계에서 마감작업을 하던 중 바닥으로 떨어져 머리가 바닥에 부딪혀 사망하였다.

① 기인물 : 비계, 가해물 : 마감작업, 사고유형 : 낙하
② 기인물 : 바닥, 가해물 : 비계, 사고유형 : 추락

③ 기인물 : 비계, 가해물 : 바닥, 사고유형 : 낙하
④ 기인물 : 비계, 가해물 : 바닥, 사고유형 : 추락

●해설

• 기인물 : 비계에서 작업중이었으므로 비계
• 가해물 : 근로자 머리에 충격을 가한 가해물은 바닥
• 사고유형 : 추락사고

18 보호구 안전인증 고시에 따른 안전화 종류에 해당하지 않는 것은?

① 경화 안전화　　② 발등 안전화
③ 정전기 안전화　　④ 고무제 안전화

●해설

안전인증 안전화의 종류
• 발등 안전화
• 정전기 안전화
• 고무제 안전화

19 안전보건관리계획의 개요에 관한 설명으로 틀린 것은?

① 타 관리계획과 균형이 되어야 한다.
② 안전보건의 재해요인을 확실히 파악해야 한다.
③ 계획의 목표는 점진적으로 낮은 수준의 것으로 한다.
④ 경영층의 기본방침을 명확하게 근로자에게 나타내야 한다.

●해설

안전보건관리계획의 개요
• 타 관리계획과의 균형
• 안전보건 저해요인의 확실한 파악
• 경영층의 기본방침을 근로자에게 명확하게 나타낼 것

◉ ANSWER | 16 ④　17 ④　18 ①　19 ③

20 산업안전보건법령상 중대재해에 해당하지 않는 것은?

① 사망자 4명이 발생한 재해
② 12명의 부상자가 동시에 발생한 재해
③ 2명의 직업성 질병자가 동시에 발생한 재해
④ 5개월의 요양이 필요한 부상자가 동시에 3명 발생한 재해

해설

중대재해

산업재해 중 사망 등 재해의 정도가 심한 것으로 다음에 해당되는 재해를 말한다.
• 사망자가 1인 이상 발생한 재해
• 3개월 이상 요양을 요하는 부상자가 동시에 2인 이상 발생한 재해
• 부상자 또는 직업성 질병자가 동시에 10인 이상 발생한 재해

2과목 산업심리 및 교육

21 프로그램학습법(Programmed Self-instruction Method)의 단점은?

① 보충학습이 어렵다.
② 수강생의 시간적 활용이 어렵다.
③ 수강생의 사회성이 결여되기 쉽다.
④ 수강생의 개인적인 차이를 조절할 수 없다.

해설

프로그램 학습법(Programmed Self-instruction Method)의 장단점

장점	단점
• 한 강사가 많은 수의 학습자를 지도할 수 있다. • 지능, 학습적성, 학습속도 등 개인차를 충분히 고려할 수 있다. • 매 반응마다 피드백이 주어지기 때문에 학습자가 흥미를 갖는다.	수강생의 사회성이 결여되기 쉽다.

22 심알더퍼(Alderfer)의 ERG 이론에서 인간의 기본적인 3가지 욕구가 아닌 것은?

① 관계욕구   ② 성장욕구
③ 생리욕구   ④ 존재욕구

해설

알더퍼(Alderfer)의 ERG 이론에서 인간의 기본적인 3가지 욕구

1. 생존(Existence)욕구
2. 관계(Relatedness)욕구
3. 성장(Growth)욕구

23 파악하고자 하는 연구과제에 대해 언어를 매개로 구조화된 질의응답을 통하여 교육하는 기법은?

① 면접(Interview)
② 카운슬링(Counseling)
③ CCS(Civil Communication Section)
④ ATT(American Telephone & Telegram Co.)

해설

교육기법의 분류

① 면접(Interview) : 개별면접, PT면접, 집단토론 면접이 있으며 파악하고자 하는 연구과제에 대해 언어를 매개로 구조화된 질의응답을 통하여 교육이 가능하다.
② 카운슬링(Counseling) : 행동심리학과 인지심리학의 원리를 조합해 부적응적 정서나 행동패턴을 효과적인 방향으로 유도하는 기법
③ CCS(Civil Communication Section) : 경영자 교육 프로그램의 하나로 최고경영자를 대상으로 하는 교육
④ ATT(American Telephone & Telegram Co.) : 대상 계층이 한정되어 있지 않으며, 교육을 이수한 사람은 부하에 대한 지도가 가능하다.

24 학습된 행동이 지속되는 것을 의미하는 용어는?

① 회상(Recall)
② 파지(Retention)
③ 재인(Recognition)
④ 기명(Memorizing)

해설

- 파지(Retention) : 학습된 행동이 지속되는 것
- 기명(Memorizing) : 암기하는 것

25 안전교육의 방법을 지식교육, 기능교육 및 태도교육 순서로 구분하여 맞게 나열한 것은?

① 시청각 교육 – 현장실습 교육 – 안전작업 동작지도
② 시청각 교육 – 안전작업 동작지도 – 현장실습 교육
③ 현장실습 교육 – 안전작업 동작지도 – 시청각 교육
④ 안전작업 동작지도 – 시청각 교육 – 현장실습 교육

해설

안전교육의 순서

시청각 교육(지식교육) → 현장실습 교육(기능교육) → 안전작업 동작지도(태도교육)

26 작업자들에게 적성검사를 실시하는 가장 큰 목적은?

① 작업자의 협조를 얻기 위함
② 작업자의 인간관계 개선을 위함
③ 작업자의 생산능력을 높이기 위함
④ 작업자의 업무감을 최대로 할당하기 위함

해설

적성검사를 실시하는 가장 큰 목적은 생산능력을 향상시키기 위함이다

27 안전심리의 5대 요소에 관한 설명으로 틀린 것은?

① 기질이란 감정적인 경향이나 반응에 관계되는 성격의 한 측면이다.
② 감정은 생활체가 어떤 행동을 할 때 생기는 객관적인 동요를 뜻한다.
③ 동기는 능동적인 감각에 의한 자극에서 일어난 사고의 결과로서 사람의 마음을 움직이는 원동력이 되는 것이다.
④ 습성은 한 종에 속하는 개체의 대부분에서 볼 수 있는 일정한 생활양식으로 본능, 학습, 조건반사 등에 따라 형성된다.

해설

안전심리 5대 요소

1. 동기 : 능동적인 감각에 의한 자극에서 일어난 사고의 결과로 마음을 움직이는 원동력
2. 기질 : 감정적인 경향이나 반응에 관계되는 성격의 한 측면
3. 감정 : 생활체가 어떤 행동을 할 때 생기는 주관적인 동요
4. 습성 : 한 종에 속하는 개체의 대부분에서 볼 수 있는 일정한 생활양식으로 본능, 학습, 조건반사 등에 따라 형성
5. 습관 : 후천적인 행동양식이고 반복하여 수행되는 것으로 고정화되며 신체적 행동 외에 정신력, 심리적 경향도 포함

28 호손(Hawthorne) 실험의 결과 생산성 향상에 영향을 준 가장 큰 요인은?

① 생산 기술
② 임금 및 근로시간
③ 인간 관계
④ 조명 등 작업환경

해설

호손실험의 의의

- 비공식 조직의 존재와 그 기능을 밝힘으로써 경영학 연구의 새로운 관점을 제시하였다.
- 직간접적으로 인사관리 또는 경영관리의 도입에 영향을 주어 조직에서의 인간관계 중요성 인식에 그 필요성을 더해주었다.
- 종업원을 중시한 인간관계론적 관점과 행동학적 접근법을 이끄는 결과를 가져왔다.

◉ ANSWER | 24 ② 25 ① 26 ③ 27 ② 28 ③

29 작업의 강도를 객관적으로 측정하기 위한 지표로 옳은 것은?

① 강도율
② 작업시간
③ 작업속도
④ 에너지 대사율

해설

에너지 대사율(RMR)
작업의 강도를 객관적으로 측정하기 위한 지표

30 착각현상 중에서 실제로는 움직이지 않는데 움직이는 것처럼 느껴지는 심리적인 현상은?

① 진상
② 원근 착시
③ 가현운동
④ 기하학적 착시

해설

가현운동
실제로는 움직이지 않는데 움직이는 것처럼 느껴지는 심리적 현상을 유도운동이라 하며 가현운동의 종류에는 자동운동, 유도운동, 착시현상이 있다.

구분	내용
자동운동	안구의 운동으로 발생되는 것으로 정지된 작은 광점을 오래 보면 광점이 움직이는 것처럼 보이게 되는 현상
유도운동	실제로는 움직이지 않지만 움직이는 것처럼 보이는 것
착시현상	실제로는 수평인 선들이 횡단하는 선으로 인해 수평이 아닌 것으로 보이는 현상

31 의식수준이 정상이지만 생리적 상태가 적극적일 때에 해당하는 것은?

① Phase 0
② Phase Ⅰ
③ Phase Ⅲ
④ Phase Ⅳ

해설

의식수준별 상태

Phase 단계	의식수준
Ⅰ	수면상태
Ⅱ	졸음상태
Ⅲ	적극적인 상태
Ⅳ	긴장한 상태
Ⅴ	과긴장 상태

32 맥그리거(Douglas Mcgregor)의 X, Y이론 중 X이론과 관계 깊은 것은?

① 근면, 성실
② 물질적 욕구 추구
③ 정신적 욕구 추구
④ 자기통제에 의한 자율관리

해설

X-Y 이론
맥그리거가 인간관을 동기부여의 관점에서 분류한 이론이다. 맥그리거는 전통적 인간관을 X이론으로, 새로운 인간관을 Y이론으로 지칭하였다.

• X이론 : 인간은 본래 일하기를 싫어하고 지시받은 일밖에 실행하지 않는다. 경영자는 금전적 보상을 유인으로 사용하고 엄격한 감독, 상세한 명령으로 통제를 강화해야 한다.
• Y이론 : 인간에게 노동은 놀이와 마찬가지로 자연스러운 것이며, 인간은 노동을 통해 자기의 능력을 발휘하고 자아를 실현하고자 한다. 경영자는 자율적이고 창의적으로 일할 수 있는 여건을 제공해야 한다.

33 다음 설명의 리더십 유형은 무엇인가?

> 과업을 계획하고 수행하는 데 있어서 구성원과 함께 책임을 공유하고 인간에 대하여 높은 관심을 갖는 리더십

① 권위적 리더십
② 독재적 리더십
③ 민주적 리더십
④ 자유방임형 리더십

해설

리더십의 권한
1. 권위적 리더십 : 지도자가 모든 권한을 행사하는 리더십
2. 민주적 리더십 : 토론이나 회의 등으로 정책을 결정하는 리더십으로 구성원과 함께 책임을 공유하고 인간에 대하여 높은 관심을 갖는 리더십
3. 방임형 리더십 : 지도자가 구성원에게 완전한 자유를 주는 리더십
4. 강압적 권한
   • 위임된 권한 : 부하직원들이 리더를 따르도록 위임된 권한
   • 합법적 권한 : 조직규정으로 공식화된 권한

◉ **ANSWER** | 29 ④ 30 ③ 31 ③ 32 ② 33 ③

- 강압적 권한 : 부하를 처벌할 수 있는 권한
- 보상적 권한 : 부하에게 보상을 실시할 수 있는 권한

34 휴먼에러의 심리적 분류에 해당하지 않는 것은?

① 입력 오류(Input Error)
② 시간지연 오류(Time Error)
③ 생략 오류(Omission Error)
④ 순서 오류(Sequential Error)

해설

휴먼에러의 분류

1. 심리적 원인에 의한 분류

Omisson Error	필요작업이나 절차를 수행하지 않음으로써 발생되는 에러
Time Error	필요작업이나 절차의 수행 지연으로 발생되는 에러
Commission Error	필요작업이나 절차의 불확실한 수행으로 발생되는 에러
Sequential Error	필요작업이나 절차상 순서착오로 발생되는 에러
Extraneous Error	불필요한 작업 또는 절차를 수행함으로써 발생되는 에러

2. 행동과정에 의한 분류

Input Error	감각, 지각 입력상 발생된 에러
Information Processing Error	정보처리 절차상의 에러
Output Error	신체반응에 나타난 출력상의 에러
Feedback Error	인간의 제어상 발생된 에러
Decision Marking Error	의사결정 과정에서 발생된 에러

35 안전사고가 발생하는 요인 중 심리적인 요인에 해당하는 것은?

① 감정의 불안정
② 극도의 피로감
③ 신경계통의 이상
④ 육체적 능력의 초과

해설

안전사고가 발생하는 요인 중 심리적인 요인
보기에서 감정의 불안정은 심리적인 요인에 해당되며 나머지 보기는 신체적인 요인에 해당된다.

36 인간의 심리 중에는 안전수단이 생략되어 불안전 행위를 나타내는 경우가 있다. 안전수단이 생략되는 경우로 가장 적절하지 않은 것은?

① 의식과잉이 있을 때
② 교육훈련을 실시할 때
③ 피로하거나 과로했을 때
④ 부적합한 업무에 배치될 때

해설

안전수단이 생략되어 불안전 행위를 나타내는 경우
- 억측판단 : 주관적 판단이나 희망적 관찰에 근거를 두고 다분히 이래도 될 것이라는 것을 확인하지 않고 행동으로 옮기는 판단
- 근도반응 : 충동적으로 행동하는 반응
- 착시현상 : 사물의 크기, 형태, 빛깔 등의 객관적인 성질과 눈으로 본 성질 사이에 차이가 있는 경우의 시각
- 의식의 과잉, 우회 : 작업 중 과긴장하거나 공황상태에 빠지는 현상

37 학습목적의 3요소가 아닌 것은?

① 목표(Goal)
② 주제(Subject)
③ 학습정도(Level of Learning)
④ 학습방법(Method of Learning)

해설

학습목적의 3요소
1. 목표(Goal)
2. 주제(Subject)
3. 학습정도(Level of Learning)

38 동작실패의 원인이 되는 조건 중 작업강도와 관련이 가장 적은 것은?

① 작업량   ② 작업속도
③ 작업시간   ④ 작업환경

◉ ANSWER | 34 ① 35 ① 36 ② 37 ④ 38 ④

해설

작업강도의 관계요소
- 작업량
- 작업속도
- 작업시간

39 작업지도 기법의 4단계 중 그 작업을 배우고 싶은 의욕을 갖도록 하는 단계로 맞는 것은?

① 제1단계 : 학습할 준비를 시킨다.
② 제2단계 : 작업을 설명한다.
③ 제3단계 : 작업을 시켜 본다.
④ 제4단계 : 작업에 대해 가르친 뒤 살펴본다.

해설

교육진행 4단계

교육 단계		교육내용
제1단계	도입	학습할 준비를 시키는 단계(5분)
제2단계	제시	작업의 설명단계(10분)
제3단계	적용	작업을 시켜보는 단계(40분)
제4단계	확인	작업상태를 살펴보는 점검단계(5분)

40 작업장에서의 사고예방을 위한 조치로 틀린 것은?

① 감독자와 근로자는 특수한 기술뿐 아니라 안전에 대한 태도도 교육받아야 한다.
② 모든 사고는 사고 자료가 연구될 수 있도록 철저히 조사되고 자세히 보고되어야 한다.
③ 안전의식고취 운동에서 포스터는 긍정적인 문구보다 부정적인 문구를 사용하는 것이 더 효과적이다.
④ 안전장치는 생산을 방해해서는 안 되고, 그것이 제 위치에 있지 않으면 기계가 작동되지 않도록 설계되어야 한다.

해설

안전의식고취 운동에서 포스터는 긍정적인 문구를 사용하는 것이 효과적이다.

41 어느 부품 1,000개를 100,000시간 동안 가동하였을 때 5개의 불량품이 발생하였을 경우 평균 동작시간(MTTF)은?

① 1×10^6시간
② 2×10^7시간
③ 1×10^8시간
④ 2×10^9시간

해설

평균 동작시간

$$MTTF = \frac{부품수 \times 가동시간}{불량품수(고장수)}$$

$$= \frac{1,000 \times 100,000}{5}$$

$$= 20,000,000 = 2 \times 10^7$$

42 암호체계의 사용 시 고려해야 될 사항과 거리가 먼 것은?

① 정보를 암호화한 자극은 검출이 가능하여야 한다.
② 다차원의 암호보다 단일 차원화된 암호가 정보 전달이 촉진된다.
③ 암호를 사용할 때는 사용자가 그 뜻을 분명히 알 수 있어야 한다.
④ 모든 암호표시는 감지장치에 의해 검출될 수 있고, 다른 암호표시와 구별될 수 있어야 한다.

해설

암호체계 사용 시 고려사항
- 암호화한 자극은 검출이 가능해야 한다.
- 단일 차원화된 암호보다 다차원 암호의 정보전달이 촉진된다.
- 암호 사용 시 사용자가 그 뜻을 분명히 알 수 있어야 한다.
- 모든 암호표시는 감지장치로 검출되고 다른 암호표시와 구별되어야 한다.

43 다음 중 열 중독증(Heat Illness)의 강도를 올바르게 나열한 것은?

> ⓐ 열소모(Heat Exhaustion)
> ⓑ 열발진(Heat Rash)
> ⓒ 열경련(Heat Cramp)
> ⓓ 열사병(Heat Stroke)

① ⓒ<ⓑ<ⓐ<ⓓ
② ⓒ<ⓑ<ⓓ<ⓐ
③ ⓑ<ⓒ<ⓐ<ⓓ
④ ⓑ<ⓓ<ⓐ<ⓒ

해설
열중독증의 강도
열발진<열경련<열소모<열사병

44 사무실 의자나 책상에 적용할 인체 측정 자료의 설계 원칙으로 가장 적합한 것은?

① 평균치 설계
② 조절식 설계
③ 최대치 설계
④ 최소치 설계

해설
인체측정자료의 설계원칙
• 조절식 설계 : 체격이 다른 여러 사람이 사용할 수 있도록 한 설계
• 평균치 설계 : 여러 사람의 평균치를 적용한 설계

45 인간−기계 시스템에서 시스템의 설계를 다음과 같이 구분할 때 제3단계인 기본설계에 해당되지 않는 것은?

> 1단계 : 시스템의 목표와 성능 명세 결정
> 2단계 : 시스템의 정의
> 3단계 : 기본설계
> 4단계 : 인터페이스 설계
> 5단계 : 보조물 설계
> 6단계 : 시험 및 평가

① 화면 설계
② 작업 설계
③ 직무 분석
④ 기능 할당

해설
직무분석은 기본설계 이후 설계방식의 결정을 위한 분석방법이다.

46 스템 안전분석방법 중 예비위험분석(PHA) 단계에서 식별하는 4가지 범주에 속하지 않는 것은?

① 위기 상태
② 무시 가능 상태
③ 파국적 상태
④ 예비조처 상태

해설
예비위험분석(PHA)의 4가지 범주
• 위기 상태   • 무시가능 상태
• 파국적 상태   • 한계적 상태

47 그림과 같은 FT도에서 $F_1 = 0.015$, $F_2 = 0.02$, $F_3 = 0.05$이면, 정상사상 T가 발생할 확률은 약 얼마인가?

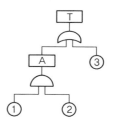

① 0.0002
② 0.0283
③ 0.0503
④ 0.9500

해설
1과 2는 And Gate이고 A와 3은 OR Gate이므로
$T = A - (1-A)(1-③)$
$\quad = A - (1-A)(1-③)$
$\quad = 1 - (1 - 0.15 \times 0.02) \times (1 - 0.05)$
$\quad = 0.0503$

48 차폐효과에 대한 설명으로 옳지 않은 것은?

① 차폐음과 배음의 주파수가 가까울 때 차폐효과가 크다.
② 헤어드라이어 소음 때문에 전화음을 듣지 못한 것과 관련이 있다.

⊙ **ANSWER** | 43 ③ 44 ② 45 ③ 46 ④ 47 ③ 48 ④

③ 유의적 신호와 배경 소음의 차이를 신호/소음(S/N) 비로 나타낸다.

④ 차폐효과는 어느 한 음 때문에 다른 음에 대한 감도가 증가되는 현상이다.

차폐효과

차폐효과는 어느 한 음 때문에 다른 음에 대한 감도가 감소되는 현상이다.

49 인간에러(Human Error)에 관한 설명으로 틀린 것은?

① Omission Error : 필요한 작업 또는 절차를 수행하지 않는 데 기인한 에러

② Commission Error : 필요한 작업 또는 절차의 수행 지연으로 인한 에러

③ Extraneous Error : 불필요한 작업 또는 절차를 수행함으로써 기인한 에러

④ Sequential Error : 필요한 작업 또는 절차의 순서 착오로 인한 에러

휴먼에러의 분류

• Omission Error : 필요한 작업이나 절차를 수행하지 않아 발생하는 에러

• Commission Error : 필요한 작업이나 절차의 불확실한 수행으로 발생하는 에러

• Extraneous Error : 불필요한 작업이나 절차를 수행함으로써 발생하는 에러

• Sequential Error : 필요한 작업이나 절차의 순서 착오로 발생하는 에러

50 직무에 대하여 청각적 자극 제시에 대한 음성 응답을 하도록 할 때 가장 관련 있는 양립성은?

① 공간적 양립성

② 양식 양립성

③ 운동 양립성

④ 개념적 양립성

양립성의 분류

• 공간적 양립성 : 표시장치와 조종장치의 물리적·공간적 배치에 의한 양립성

• 양식 양립성 : 직무에 대한 청각적 자극 제시에 대한 음성 응답을 하는 방식의 청각적 자극을 제시하는 양립성

• 운동 양립성 : 표시장치와 조종장치의 방향에 의한 사용자의 기대에 부응하는 양립성

• 개념적 양립성 : 경험을 통해 통상적으로 알고 있는 개념적 양립성

51 조종장치를 촉각적으로 식별하기 위하여 사용되는 촉각적 코드화의 방법으로 옳지 않은 것은?

① 색감을 활용한 코드화

② 크기를 이용한 코드화

③ 조종장치의 형상 코드화

④ 표면 촉감을 이용한 코드화

촉각적 코드화의 방법

• 크기를 이용한 코드화

• 조종장치의 형상 코드화

• 표면 촉감을 이용한 코드화

52 화학설비에 대한 안전성 평가 중 정량적 평가항목에 해당되지 않는 것은?

① 공정

② 취급물질

③ 압력

④ 화학설비용량

화학설비에 대한 안전성 평가 중 정성적·정량적 평가항목

정성적 평가항목	정량적 평가항목
• 입지조건	• 취급물질
• 공장 내의 배치	• 압력
• 소방설비	• 화학설비용량
• 공정 기기	• 온도
• 수송, 저장	• 조작
• 원재료	
• 중간재	
• 제품	

◉ ANSWER | 49 ② 50 ② 51 ① 52 ①

53 인간－기계시스템에서의 여러 가지 인간에러와 그것으로 인해 생길 수 있는 위험성의 예측과 개선을 위한 기법은?

① PHA   ② FHA
③ OHA   ④ THERP

THERP
- 인간－기계시스템에서의 여러 가지 인간에러와 그것으로 인해 생길 수 있는 위험성의 예측과 개선을 위한 기법이다.
- 인간의 과오를 정량적으로 평가하는 기법이다.

※ PHA : 최초단계 분석으로 시스템 내 위험요소의 위험상태를 평가하는 정성적 방법이다.

54 시각적 표시장치와 청각적 표시장치 중 시각적 표시장치를 선택해야 하는 경우는?

① 메시지가 긴 경우
② 메시지가 후에 재참조되지 않는 경우
③ 직무상 수신자가 자주 움직이는 경우
④ 메시지가 시간적 사상(Event)을 다룬 경우

시각장치와 청각장치의 비교

시각장치	청각장치
• 전언이 길고 복잡할 때	• 전언이 짧고 간단할 때
• 재참조됨	• 재참조되지 않음
• 공간적인 위치를 다룸	• 즉각적 행동을 요구 시
• 즉각적인 행동을 요구하지 않을 때	• 시간적인 사상을 다룰 때
• 청각계통이 과부하일 때	• 시각계통이 과부하일 때
• 주위가 너무 시끄러울 때	• 주위가 너무 밝거나 암조응일 때
• 한곳에 머무르는 경우	• 자주 움직일 때

55 일정한 고장률을 가진 어떤 기계의 고장률이 시간당 0.008일 때 5시간 이내에 고장을 일으킬 확률은?

① $1 + e^{0.04}$ ② $1 - e^{-0.004}$
③ $1 - e^{0.04}$ ④ $1 - e^{-0.04}$

고장확률 $F(t) = 1 -$ 신뢰도 $R(t) = 1 - e^{-0.04}$

56 인간공학적 수공구 설계원칙이 아닌 것은?

① 손목을 곧게 유지할 것
② 반복적인 손가락 동작을 피할 것
③ 손잡이 접촉면적을 작게 설계할 것
④ 손바닥부위에 압박을 주는 형태를 피할 것

인간공학적 수공구 설계원칙
- 손목을 곧게 유지할 것
- 반복적인 손가락 동작을 피할 것
- 손바닥부위에 압박을 주는 형태를 피할 것
- 손잡이 접촉면적을 크게 설계할 것

57 다음에서 설명하는 용어는?

> 유해·위험요인을 파악하고 해당 유해·위험요인에 의한 부상 또는 질병의 발생 가능성(빈도)과 중대성(강도)을 추정·결정하고 감소대책을 수립하여 실행하는 일련의 과정을 말한다.

① 위험성 결정
② 위험성 평가
③ 위험빈도 추정
④ 유해·위험요인 파악

㉠ 위험성결정
추정된 위험성이 허용 가능한지 여부를 판단하는 단계
㉡ 위험성 평가
유해·위험요인을 파악하고 해당 유해·위험요인에 의한 부상 또는 질병의 발생 가능성과 중대성을 추정·결정하고 감소대책을 수립하여 실행하는 일련의 과정
㉢ 위험성 추정 방법
- 가능성과 중대성을 행렬을 이용하여 조합하는 방법

◉ ANSWER | 53 ④ 54 ① 55 ④ 56 ③ 57 ②

- 가능성과 중대성을 곱하는 방법
- 가능성과 중대성을 더하는 방법
- 그 밖에 사업장의 특성에 적합한 방법
② 유해·위험요인 파악 방법
- 사업장 순회점검에 의한 방법
- 청취조사에 의한 방법
- 안전보건 자료에 의한 방법
- 안전보건 체크리스트에 의한 방법
- 그 밖에 사업장의 특성에 적합한 방법

58 인간의 오류모형에서 상황해석을 잘못하거나 목표를 잘못 이해하고 착각하여 행하는 경우를 뜻하는 용어는?

① 실수(Slip)
② 착오(Mistake)
③ 건망증(Lapse)
④ 위반(Violation)

해설

인간의 오류모형
- 실수(Slip) : 의도는 올바른 것이었지만, 행동이 의도한 것과는 다르게 나타나는 오류
- 건망증(Lapse) : 일시적인 실패
- 위반(Violation) : 법칙, 원리 등을 준수하지 않은 행위
- 착오(Mistake) : 인간의 오류모형에서 상황해석을 잘못하거나 목표를 잘못 이해하고 착각하여 행하는 경우

59 Chapanis가 정의한 위험의 확률수준과 그에 따른 위험발생률로 옳은 것은?

① 전혀 발생하지 않는(Impossible) 발생빈도 : 10^{-8}/day
② 극히 발생할 것 같지 않은(Extremely Unlikely) 발생빈도 : 10^{-7}/day
③ 거의 발생하지 않는(Remote) 발생빈도 : 10^{-6}/day
④ 가끔 발생하는(Occasional) 발생빈도 : 10^{-5}/day

해설

확률 수준	발생 빈도
극히 발생하지 않는(Impossible)	$>10^{-8}$/day
매우 가능성이 없는(Extremely Unlikely)	$>10^{-6}$/day
거의 발생하지 않는(Remote)	$>10^{-5}$/day
가끔 발생하는(Occasional)	$>10^{-4}$/day
가능성이 있는(Reasonably Probable)	$>10^{-3}$/day
자주 발생하는(Frequent)	$>10^{-2}$/day

60 화학설비에 대한 안전성 평가 중 정성적 평가방법의 주요 진단 항목으로 볼 수 없는 것은?

① 건조물
② 취급물질
③ 입지 조건
④ 공장 내 배치

해설

화학설비에 대한 안전성 평가 중 정성적, 정량적 평가항목

정성적 평가항목	정량적 평가항목
• 입지조건 • 공장 내의 배치 • 소방설비 • 공정 기기 • 수송, 저장 • 원재료 • 중간재 • 제품	• 취급물질 • 압력 • 화학설비용량 • 온도 • 조작

4과목 건설시공학

61 강재 널말뚝(Steel sheet pile)공법에 관한 설명으로 옳지 않은 것은?

① 무소음 설치가 어렵다.
② 타입 시 체적변형이 작아 항타가 쉽다.
③ 강재 널말뚝에는 U형, Z형, H형 등이 있다.
④ 관입, 철거 시 주변 지반침하가 일어나지 않는다.

◉ ANSWER | 58 ② 59 ① 60 ② 61 ④

차수를 위해 시공하는 강재 널말뚝은 시공상태에서는 주변지반의 침하의 예방이 가능하나 철거가 된 이후에는 주변침하의 위험이 발생될 수 있다.

62 매스 콘크리트(Mass Concrete) 시공에 관한 설명으로 옳지 않은 것은?

① 매스 콘크리트의 타설온도는 온도균열을 제어하기 위한 관점에서 가능한 한 낮게 한다.
② 매스 콘크리트 타설 시 기온이 높을 경우에는 콜드조인트가 생기기 쉬우므로 응결촉진제를 사용한다.
③ 매스 콘크리트 타설 시 침하발생으로 인한 침하균열을 예방하기 위해 재진동 다짐 등을 실시한다.
④ 매스 콘크리트 타설 후 거푸집 탈형 시 콘크리트 표면의 급랭을 방지하기 위해 콘크리트 표면을 소정의 기간 동안 보온해 주어야 한다.

해설

매스 콘크리트는 콘크리트의 내외부 온도차가 크게 나며 콜드조인트의 우려가 많으므로 혼화재와 혼화제를 사용하고 물시멘트비를 가급적 낮게 해야 하며, 기온이 높을 경우 이어붓기 시 콜드조인트 발생 우려가 있으므로 응결지연제를 사용해야 한다.

63 거푸집공사(Form work)에 관한 설명으로 옳지 않은 것은?

① 거푸집널은 콘크리트의 구조체를 형성하는 역할을 한다.
② 콘크리트 표면에 모르타르, 플라스터 또는 타일붙임 등의 마감을 할 경우에는 평활하고 광택 있는 면이 얻어질 수 있도록 철제 거푸집(Metal form)을 사용하는 것이 좋다.

③ 거푸집공사비는 건축공사비에서의 비중이 높으므로, 설계단계부터 거푸집 공사의 개선과 합리화 방안을 연구하는 것이 바람직하다.
④ 폼타이(Form tie)는 콘크리트를 타설할 때, 거푸집이 벌어지거나 우그러들지 않게 연결, 고정하는 긴결재이다.

해설

콘크리트 표면에 모르타르, 플라스터, 타일붙임 등의 마감을 할 경우에는 부착성 향상을 위해 광택 있는 면이 없도록 하는 것이 유리하다.

64 철근의 피복두께를 유지하는 목적이 아닌 것은?

① 부재의 소요 구조 내력 확보
② 부재의 내화성 유지
③ 콘크리트의 강도 증대
④ 부재의 내구성 유지

해설

피복두께 유지의 목적
• 내화성 증대
• 내구성 확보
• 방청성 확보
• 부착성 확보

65 통상적으로 스팬이 큰 보 및 바닥판의 거푸집을 걸 때에 스팬의 캠버(Camber)값으로 옳은 것은?

① 1/300~1/500
② 1/200~1/350
③ 1/150~/1250
④ 1/100~1/300

해설

캠버
보 또는 바닥판의 처짐을 고려하여 위 솟음을 주는 값으로 거푸집의 캠버는 1/300~1/500 정도로 한다.

⊙ ANSWER | 62 ② 63 ② 64 ③ 65 ①

66 철골작업용 장비 중 절단용 장비로 옳은 것은?

① 프릭션 프레스(Frixtion Press)
② 플레이트 스트레이닝 롤(Plate Straining Roll)
③ 파워 프레스(Power Press)
④ 핵 소우(Hack Saw)

Hack saw
금속 절단용 톱(쇠톱으로 통함)으로 프레임에 나비 너트로 톱날을 장착한 형태

67 공사의 도급계약에 명시하여야 할 사항과 가장 거리가 먼 것은?(단, 첨부서류가 아닌 계약서상 내용을 의미)

① 공사내용
② 구조설계에 따른 설계방법의 종류
③ 공사착수의 시기와 공사완성의 시기
④ 하자담보책임기간 및 담보방법

도급계약 명시사항
• 공사내용
• 설계변경, 공사중지 시 도급액 변경 및 손해부담 사항
• 공사착수 시기와 완성시기
• 하자담보책임기간 및 담보방법
• 인도, 검사 및 인도시기

68 다음 중 고로시멘트의 특징으로 옳지 않은 것은?

① 고로시멘트는 포틀랜드시멘트 클링커에 급랭한 고로슬래그를 혼합한 것이다.
② 초기강도는 약간 낮으나 장기강도는 보통 포틀랜드시멘트와 같거나 그 이상이 된다.
③ 보통포틀랜드시멘트에 비해 화학저항성 이 매우 낮다.
④ 수화열이 적어 매스콘크리트에 적합하다.

고로시멘트의 특징
• 철광석을 생산한 후 고결된 규산성분을 지닌 물질 을 말하며 콘크리트의 장기강도 향상, 수화열 저 감, 알칼리 골재반응을 억제하는 효과를 거둘 수 있는 혼화재로 건조수축의 저감효과가 있다.
• 초기강도는 낮으나 장기강도는 우수하다.
• 보통포틀랜드시멘트에 비해 화학저항성이 우수 하다.
• 수화열의 저감으로 매스콘크리트에 사용된다.
• 포틀랜드시멘트 대비 비중이 낮고 풍화저항성이 크다.
• 응결시간이 지연된다.
• 수밀성, 알칼리 골재반응 등의 대응에 효과적이다.

69 지정에 관한 설명으로 옳지 않은 것은?

① 잡석지정 – 기초 콘크리트 타설 시 흙의 혼 입을 방지하기 위해 사용한다.
② 모래지정 – 지반이 단단하며 건물이 중량 일 때 사용한다.
③ 자갈지정 – 굳은 지반에 사용되는 지정이다.
④ 밑창 콘크리트 지정 – 잡석이나 자갈 위 기 초부분의 먹매김을 위해 사용한다.

지정의 종류
• 잡석지정 : 기초 콘크리트 타설 시 흙의 혼입을 방 지하기 위해 사용한다.
• 모래지정 : 기초 밑의 지반이 연약하고 2m 이내 에 굳은 지층이 있어 말뚝을 박을 필요가 없을 때 굳은 지층까지 파내어 모래를 넣고 물다짐한 지정 으로, 건물이 중량일 때는 사용할 수 없다.
• 자갈지정 : 굳은 지반에 사용되는 지정
• 밑창 콘크리트 지정(버림 콘크리트 지정) : 잡석 이나 자갈 위에 기초 먹매김을 위해 두께 5cm 정 도의 콘크리트를 타설한 지정
• 긴 주춧돌 지정 : 비교적 간단한 건물에 사용되며 지반이 깊을 때 긴 주춧돌을 세운 지정

---

70 네트워크공정표에서 후속작업의 가장 빠른 개시시간(EST)에 영향을 주지 않는 범위 내에서 한 작업이 가질 수 있는 여유시간을 의미하는 것은?

① 전체여유(TF)
② 자유여유(FF)
③ 간섭여유(IF)
④ 종속여유(DF)

●해설

네트워크공정표에서 후속작업의 가장 빠른 개시시간에 영향을 주지 않는 범위 내에서 한 작업이 가질 수 있는 여유시간은 자유여유(FF)이다.
• EST(Earliest Starting Time) : 가장 빠른 개시시각
• TF(Total Float) : 전체여유
• FF(Free Float) : 자유여유
• TF = FF + DF
• FF = EST − EFT
• DF = TF − FF
• EFT : 작업을 종료하는 가장 빠른 시각
• LST : 작업을 시작하는 가장 늦은 시각
• LFT : 작업을 종료하는 가장 늦은 시각

71 철골 내화피복공법의 종류에 따른 사용재료의 연결이 옳지 않은 것은?

① 타설공법 – 경량콘크리트
② 뿜칠공법 – 암면 흡음판
③ 조적공법 – 경량콘크리트 블록
④ 성형판붙임공법 – ALC판

●해설

철골 내화피복공법의 사용재료
① 타설공법 – 경량콘크리트
② 뿜칠공법 – 석면, 질석, 암면 등의 혼합재료를 뿜칠하여 피복하는 공법
③ 조적공법 – 경량콘크리트 블록
④ 성형판붙임공법 – ALC판

72 보강블록 공사 시 벽 가로근의 시공에 관한 설명으로 옳지 않은 것은?

① 가로근은 배근 상세도에 따라 가공하되 그 단부는 90°의 갈구리로 구부려 배근한다.
② 모서리에 가로근의 단부는 수평방향으로 구부려서 세로근의 바깥쪽으로 두르고, 정착길이는 공사시방서에 정한 바가 없는 한 40d 이상으로 한다.
③ 창 및 출입구 등의 모서리 부분에 가로근의 단부를 수평방향으로 정착할 여유가 없을 때에는 갈구리로 하여 단부 세로근에 걸고 결속선으로 결속한다.
④ 개구부 상하부의 가로근을 양측 벽부에 묻을 때의 정착길이는 40d 이상으로 한다.

●해설

보강블록 공사 시 벽 가로근의 시공 주의사항
• 가로근은 배근 상세도에 따라 가공하되 그 단부는 180도의 갈구리로 구부려 가공한다.
• 모서리에 가로근의 단부는 수평방향으로 구부려서 세로근의 바깥쪽으로 두르고, 정착길이는 공사시방서에 정한 바가 없는 한 40d 이상으로 한다.
• 창 및 출입구 등의 모서리 부분에 가로근의 단부를 수평방향으로 정착할 여유가 없을 때에는 갈구리로 하여 단부 세로근에 걸고 결속선으로 결속한다.
• 개구부 상하부의 가로근을 양측 벽부에 묻을 때의 정착길이는 40d 이상으로 한다.

73 발주자가 직접 설계와 시공에 참여하고 프로젝트 관련자들이 상호 신뢰를 바탕으로 Team을 구성해서 프로젝트의 성공과 상호 이익 확보를 공동 목표로 하여 프로젝트를 추진하는 공사수행 방식은?

① PM 방식(Project Management)
② 파트너링 방식(Partnering)
③ CM 방식(Construction Management)
④ BOT 방식(Build Operate Transfer)

- PM 방식(Project Management) : 건설프로젝트의 기획·설계·시공·감리·분양·유지관리 등 프로젝트의 초기 단계에서부터 최종 단계에 이르기까지의 사업전반에 대해 발주자의 입장에서 건설관리업무의 전부 또는 일부를 수행하는 방식
- 파트너링 방식(Partnering) : 프로젝트 수행과정에서 발주자와 원도급업자, 하도급업자 등 공사참여자 사이에 예상되는 분쟁요소와 불공정 거래관행, 공기단축 등에 대한 이익 공유, 리스크 분담 등에 대해 프로젝트 건설공사의 기획 및 설계부터 시공, 사후관리 등을 한 사업자가 맡아서 진행하는 제도를 말한다. 참가자 전원이 합의, '파트너링 협정(Partnering Agreement)'을 체결하고 공사에 참여하는 방식을 말한다.
- CM 방식(Construction Management) : 건설공사의 기획 및 설계부터 시공, 사후관리 등을 한 사업자가 맡아서 진행하는 제도를 말한다.
- BOT 방식(Build Operate Transfer) : 프로젝트 시행의 사업주가 필요한 자금을 조달해 시설 및 설비를 완공(Build)한 후 일정기간 동안 당해 프로젝트를 운영(Operate)하는 것을 말한다.

74 콘크리트 타설에 관한 설명으로 옳은 것은?

① 콘크리트 타설은 바닥판 → 보 → 계단 → 벽체 → 기둥의 순서로 한다.
② 콘크리트 타설은 운반거리가 먼 곳부터 시작한다.
③ 콘크리트 타설할 때에는 다짐이 잘 되도록 타설높이를 최대한 높게 한다.
④ 콘크리트 타설 준비 시 콘크리트가 닿았을 때 흡수할 우려가 있는 곳은 미리 건조시켜 두어야 한다.

콘크리트 타설 시 유의사항
- 타설순서 : 보와 바닥 – 수직재 – 계단
- 타설은 운반거리가 먼 곳부터 시작한다.
- 타설 시 다짐이 잘 되도록 타설높이는 다짐능력을 고려해 결정한다.
- 콘크리트가 닿았을 때 흡수할 우려가 있는 곳은 미리 살수 등의 조치를 해 타설면이 건조하지 않도록 한다.

75 철골공사에서 용접접합의 장점과 거리가 먼 것은?

① 강재량을 절약할 수 있다.
② 소음을 방지할 수 있다.
③ 일체성 및 수밀성을 확보할 수 있다.
④ 접합부의 품질검사가 매우 간단하다.

용접접합의 장점
- 강재량의 절약
- 소음 방지
- 일체성 및 수밀성의 확보 가능
- 접합부의 품질검사가 어렵다(비파괴 검사 : 방사선투과법, 초음파탐상법, 자분탐상법, 침투법).

76 품질관리(TQC)를 위한 7가지 도구 중에서 불량수, 결점수 등 셀 수 있는 데이터가 분류항목별로 어디에 집중되어 있는가를 알기 쉽도록 나타낸 그림은?

① 히스토그램　　② 파레토도
③ 체크시트　　④ 산포도

품질관리를 위한 7가지 도구
- 히스토그램 : 표로 되어 있는 도수 분포를 정보 그림으로 나타낸 것으로 도수분포표를 그래프로 나타낸 것이다. 보통 히스토그램에서는 가로축이 계급, 세로축이 도수를 뜻하며 때때로 반대로 그리기도 한다.
- 파레토도 : 19세기 이탈리아 경제학자 파레토의 이름을 따서 만든 것으로 원인별로 데이터를 분류해 많은 순서부터 차례로 그 크기를 막대그래프로 나타낸다.
- 체크시트 : 데이터를 간단히 취해 정리하기 쉽도록 사전에 설계한 시트를 말하며 불량수, 결점수 등 셀 수 있는 데이터가 분류항목별로 어디에 집중되어 있는가를 쉽게 파악할 수 있다.
- 산포도 : 2개 항목 간의 관계를 파악하기 위한 그래프로 2개 변량 사이의 상관관계를 표현하는 것
- 특성요인도
- 층별
- 흐름도

77 다음과 같이 정상 및 특급공기와 공비가 주어질 경우 비용구배(Cost Slope)는?

정상		특급	
공기	공비	공기	공비
20일	120,000원	15일	180,000원

① 9,000원/일   ② 12,000원/일
③ 15,000원/일   ④ 18,000원/일

$$비용구배(Cost\ Slope) = \frac{특급공비 - 정상공비}{정상공기 - 특급공기}$$
$$= \frac{180,000 - 12,000}{20 - 15}$$
$$= 12,000원/일$$

78 프리스트레스 하지 않는 부재의 현장치기 콘크리트의 최소 피복 두께 기준 중 가장 큰 것은?

① 수중에 치는 콘크리트
② 흙에 접하여 콘크리트를 친 후 영구히 흙에 묻혀 있는 콘크리트
③ 옥외의 공기나 흙에 직접 접하지 않는 콘크리트 중 슬래브
④ 옥외의 공기나 흙에 직접 접하지 않는 콘크리트 중 벽체

프리스트레싱을 하지 않는 부재의 현장치기 콘크리트 최소 피복두께

㉠ 수중 콘크리트 : 100mm
㉡ 흙에 접해 콘크리트 타설 후 영구히 흙에 묻히는 콘크리트 : 80mm
㉢ 옥외 공기나 흙에 직접 접하지 않는 콘크리트 중 슬래브, 벽체
 • D35 초과 : 40mm
 • D35 이하 : 20mm
㉣ 옥외 공기나 흙에 직접 접하지 않는 콘크리트 중 보, 기둥 : 40mm
 • 콘크리트 설계기준강도가 40MPa 이상인 경우 규정치에서 10mm 저감 가능

79 거푸집 공사에 적용되는 슬라이딩폼 공법에 관한 설명으로 옳지 않은 것은?

① 형상 및 치수가 정확하며 시공오차가 적다.
② 마감작업이 동시에 진행되므로 공정이 단순화된다.
③ 1일 5~10m 정도 수직시공이 가능하다.
④ 일반적으로 돌출물이 있는 건축물에 많이 적용된다.

슬라이딩폼
• 연속거푸집 공법으로 돌출물이 없는 거푸집에 사용된다.
• 형상 및 치수가 정확해 오차가 적다.
• 마감작업이 동시에 진행되어 공정이 단순하다.
• 1일 5~10m정도의 수직시공이 가능하다.
• 슬립폼은 단면의 변화가 있는 곳에 사용이 가능한 반면, 슬라이딩폼은 단면변화가 없는 곳에 사용이 가능하다.

80 지반개량 지정공사 중 응결공법이 아닌 것은?

① 플라스틱 드레인공법
② 시멘트 처리공법
③ 석회 처리공법
④ 심층혼합 처리공법

연약지반 개량 지정공사 중 응결공법
• 시멘트 처리공법
• 석회 처리공법
• 심층혼합 처리공법

※ **연직배수공법**
 • Sand Drain
 • Pack Drain
 • Paper Drain
 • Plastic Board Drain

⊙ ANSWER | 77 ② 78 ① 79 ④ 80 ①

81 점토에 관한 설명으로 옳지 않은 것은?

① 습윤상태에서 가소성이 좋다.
② 압축강도는 인장강도의 약 5배 정도이다.
③ 점토를 소성하면 용적, 비중 등의 변화가 일어나며 강도가 현저히 증대된다.
④ 점토의 소성온도는 점토의 성분이나 제품의 종류에 상관없이 같다.

해설

점토의 특징
• 소성된 점토제품은 철화합물, 망간화합물, 소성온도 등에 의해 구분된다.
• 저온 소성제품은 화학변화를 일으키기 쉽다.
• 산화철 성분이 많을 경우 건조수축이 크기 때문에 도자기 원료로 부적합하다.
• 주성분은 실리카와 알루미나이다.
• 압축강도는 크나 인장강도는 매우 약하다.

82 다음 도료 중 방청도료에 해당하지 않는 것은?

① 광명단 도료
② 다채무늬 도료
③ 알루미늄 도료
④ 징크로메이트 도료

해설

방청도료(철물 부식을 방지하기 위한 도료)
• 광명단 도료
• 알루미늄 도료
• 징크로메이트 도료
• 역청질 도료

83 골재의 실적률에 관한 설명으로 옳지 않은 것은?

① 실적률은 골재 입형의 양부를 평가하는 지표이다.
② 부순 자갈의 실적률은 그 입형 때문에 강자갈의 실적률보다 작다.

③ 실적률 산정 시 골재의 밀도는 절대건조 상태의 밀도를 말한다.
④ 골재의 단위용적질량이 동일하면 골재의 밀도가 클수록 실적률도 크다.

해설

골재의 실적률
• 실적률은 골재 입형의 양부를 평가하는 지표이다.
• 부순 자갈의 실적률은 그 입형 때문에 강자갈의 실적률보다 작다.
• 실적률 산정 시 골재의 밀도는 절대건조 상태의 밀도를 말한다.
• 골재의 단위용적질량이 동일하면 골재의 밀도가 클수록 실적률은 작아진다.

84 알루미늄의 성질에 관한 설명으로 옳지 않은 것은?

① 비중이 철에 비해 약 1/3 정도이다.
② 황산, 인산 중에서는 침식되지만 염산 중에서는 침식되지 않는다.
③ 열, 전기의 양도체이며 반사율이 크다.
④ 부식률은 대기 중의 습도와 염분함유량, 불순물의 양과 질 등에 관계되며 0.08mm/년 정도이다.

해설

알루미늄의 특징
• 비중이 철의 1/3 정도이다.
• 산, 알칼리, 해수에 쉽게 침식된다.
• 열, 전기의 양도체이며 반사율이 크다.
• 부식률은 대기 중의 습도와 염분함유량, 불순물의 양과 질에 관계된다.
• 연간 0.08mm 정도의 부식률을 갖는다.

85 안료를 적은 양의 물로 용해하여 수용성 교착제와 혼합한 분말상태의 도료는?

① 수성 페인트
② 바니시
③ 래커
④ 에나멜페인트

◉ **ANSWER** | 81 ④ 82 ② 83 ④ 84 ② 85 ①

수성 페인트

안료를 적은 양의 물로 용해시켜 수용성 교착제와 혼합한 분말상태의 도료

86 다음 보기의 블록쌓기 시공순서로 옳은 것은?

> A. 접착면 청소
> B. 세로규준틀 설치
> C. 규준쌓기
> D. 중간부쌓기
> E. 줄눈누르기 및 파기
> F. 치장줄눈

① A → D → B → C → F → E
② A → B → D → C → F → E
③ A → C → B → D → E → F
④ A → B → C → D → E → F

블록쌓기 시공순서

접착면 청소 > 세로규준틀 설치 > 규준쌓기 > 중간부쌓기 > 줄눈누르기 및 파기 > 치장줄눈

87 콘크리트 구조물의 강도 보강용 섬유소재로 적당하지 않은 것은?

① PCP
② 유리섬유
③ 탄소섬유
④ 아라미드섬유

콘크리트 구조물 강도 보강용 섬유소재

• 유리섬유
• 탄소섬유
• 아라미드섬유
• 나일론섬유

88 프리플레이스트 콘크리트에 사용되는 골재에 관한 설명으로 옳지 않은 것은?

① 굵은 골재의 최소 치수는 15mm 이상, 굵은 골재의 최대 치수는 부재단면 최소 치수의 1/4 이하, 철근 콘크리트의 경우 철근 순간격의 2/3 이하로 하여야 한다.
② 굵은 골재의 최대 치수와 최소 치수와의 차이를 작게 하면 굵은 골재의 실적률이 커지고 주입모르타르의 소요량이 적어진다.
③ 대규모 프리플레이스트 콘크리트를 대상으로 할 경우, 굵은 골재의 최소 치수를 크게 하는 것이 효과적이다.
④ 골재의 적절한 입도 분포를 위해 일반적으로 굵은 골재의 최대 치수는 최소 치수의 2~4배 정도로 한다.

프리플레이스트 콘크리트에 사용되는 골재

• 굵은 골재의 최소 치수는 15mm 이상, 굵은 골재의 최대 치수는 부재단면 최소 치수의 1/4 이하, 철근 콘크리트의 경우 철근 순간격의 2/3 이하로 하여야 한다.
• 굵은 골재의 최대 치수와 최소 치수와의 차를 작게 하면 굵은 골재의 실적률이 작아지고 주입 모르타르의 소요량이 많아지므로 적절한 입도분포를 선정할 필요가 있으며 일반적으로 굵은 골재의 최대 치수는 최소 치수의 2~4배 정도로 한다.
• 대규모 프리플레이스트 콘크리트를 대상으로 할 경우, 굵은 골재의 최소 치수를 크게 하는 것이 효과적이다.
• 골재의 적절한 입도 분포를 위해 일반적으로 굵은 골재의 최대 치수는 최소 치수의 2~4배 정도로 한다.

89 수밀성, 기밀성 확보를 위하여 유리와 새시의 접합부, 패널의 접합부 등에 사용되는 재료로서 내후성이 우수하고 부착이 용이한 특징이 있으며, 형상이 H형, Y형, ㄷ형으로 나누어지는 것은?

① 유리퍼티(Glass Putty)
② 2액형 실링재(Two-Part Liquid Sealing Compound)

◉ ANSWER | 86 ④ 87 ① 88 ② 89 ③

③ 개스킷(Gasket)

④ 아스팔트코킹(Asphalt Caulking Materials)

해설 ————

개스킷

- 수밀성, 기밀성 확보를 위해 유리와 새시의 접합부, 패널 접합부 등에 사용된다.
- 내후성이 우수하고 부착이 용이하다.
- H형, Y형, ㄷ형으로 구분된다.

90 다음 중 강(鋼)의 열처리와 관계없는 용어는?

① 불림   ② 담금질

③ 단조   ④ 뜨임

해설 ————

강의 열처리

종류	내용
풀림	800~1,000℃로 30분~1시간 가열 후 노에서 서서히 냉각시켜 내부잔류응력을 제거시키는 방법
불림	800~1,000℃로 가열 후 대기 중에서 냉각시켜 조직을 미세화하고 내부잔류응력과 변형을 제거시키는 방법
뜨임	담금질 후 200~600℃로 재가열 해 공기 중에서 서서히 냉각시켜 인성을 부여하고 내부 인장잔류응력을 완화시키는 방법
담금질	가열 후 물이나 기름 속에 담가 급랭시키는 방법으로 강도 및 경도가 증가된다.

91 진주석 등을 800~1,200℃로 가열 팽창시킨 구상입자 제품으로 단열, 흡음, 보온 목적으로 사용되는 것은?

① 암면 보온판

② 유리면 보온판

③ 카세인

④ 펄라이트 보온재

해설 ————

펄라이트 보온재

진주석을 800~1,200℃로 가열 팽창시킨 구상 입자 제품으로 단열, 흡음, 보온재로 사용되는 재료

92 비닐수지 접착제에 관한 설명으로 옳지 않은 것은?

① 용제형과 에멀션(Emulsion)형이 있다.

② 작업성이 좋다.

③ 내열성 및 내수성이 우수하다.

④ 목재 접착에 사용가능하다.

해설 ————

비닐수지 접착제

- 용제형과 에멀션형이 있다.
- 작업성이 좋다.
- 내수성이 우수하다.
- 내열성이 없으며, 목재 접착이 가능하다.

93 아스팔트 제품에 관한 설명으로 옳지 않은 것은?

① 아스팔트 프라이머 – 블로운 아스팔트를 용제에 녹인 것으로 아스팔트 방수, 아스팔트 타일의 바탕처리재로 사용된다.

② 아스팔트 유제 – 블로운 아스팔트를 용제에 녹여 석면, 광물질 분말, 안정제를 가하여 혼합한 것으로 점도가 높다.

③ 아스팔트 블록 – 아스팔트 모르타르를 벽돌형으로 만든 것으로 화학공장의 내약품 바닥마감재로 이용된다.

④ 아스팔트 펠트 – 유기천연섬유 또는 석면섬유를 결합한 원지에 연질의 스트레이트 아스팔트를 침투시킨 것이다.

해설 ————

블로운 아스팔트(Blown Asphalt)

- 스트레이트 아스팔트를 건류해 윤활유를 뽑아낸 잔류품
- 아스팔트 제조 중 증기를 불어넣는 대신 공기나 공기와 증기의 혼합물을 불어넣어 산화시킨 제품
- 온도대응 감수성이 적고 연화점이 높아 안전해 옥상 방수재로 사용된다.
- 아스팔트 유제 : 아스팔트에 유화제와 안정제 등을 첨가한 용액으로써, 유제라고도 한다. 아스팔트 포장을 할 때 아스콘이 지면에 잘 붙을 수 있도록 방습과 방수의 기능을 가진 접착제 역할을 하

며 성분은 40~75%의 아스팔트, 25~60%의 물, 0.1~2.5%의 유화제와 다른 요소들로 구성된다.

94
공시체(천연산 석재)를 (105±2)℃로 24시간 건조한 상태의 질량이 100g, 표면건조포화상태의 질량이 110g, 물속에서 구한 질량이 60g일 때 이 공시체의 표면건조포화상태의 비중은?

① 2.2   ② 2.0
③ 1.8   ④ 1.7

해설

표건비중

$$= \frac{\text{공시체 건조질량}}{\text{표건상태 공시체질량} - \text{공시체 물속질량}}$$

$$= \frac{100}{110 - 60} = 2.0$$

95
콘크리트의 강도 및 내구성 증가에 가장 큰 영향을 주는 것은?

① 물과 시멘트의 배합비
② 모래와 자갈의 배합비
③ 시멘트와 자갈의 배합비
④ 시멘트와 모래의 배합비

해설

콘크리트 강도와 내구성 증가에 가장 큰 영향을 주는 것은 물과 시멘트의 배합비이다.

96
금속 중 연(鉛)에 관한 설명으로 옳지 않은 것은?

① X선 차단효과가 큰 금속이다.
② 산, 알칼리에 침식되지 않는다.
③ 공기 중에서 탄산연($PbCO_3$) 등이 표면에 생겨 내부를 보호한다.
④ 인장강도가 극히 작은 금속이다.

해설

납의 특징
• X선 차단효과가 크다.
• 산화도가 높은 경우 침식된다.
• 공기 중 탄산연 등이 표면에 생겨 내부를 보호한다.
• 인장강도가 작다.

97
철골공사에서 철골 세우기 순서가 옳게 연결된 것은?

A. 기초 볼트위치 재점검
B. 기둥 중심선 먹매김
C. 기둥 세우기
D. 주각부 모르타르 채움
E. Base Plate의 높이 조정용 Plate 고정

① A → B → C → D → E
② B → A → E → C → D
③ B → A → C → D → E
④ E → D → B → A → C

해설

철골 세우기 순서
기둥 중심선 먹매김 → 기초 볼트위치 재점검 → Base Plate 높이 조절용 Plate 고정 → 기둥 세우기 → 주각부 모르타르 채움

98
유리가 불화수소에 부식하는 성질을 이용하여 5mm 이상 판유리면에 그림, 문자 등을 새긴 유리는?

① 스테인드유리
② 망입유리
③ 에칭유리
④ 내열유리

해설

에칭유리
판유리에 그림이나 문자 등을 새길 수 있는 유리

◉ ANSWER | 94 ② 95 ① 96 ② 97 ② 98 ③

99 회반죽에 여물을 넣는 가장 주된 이유는?

① 균열을 방지하기 위하여
② 점성을 높이기 위하여
③ 경화를 촉진하기 위하여
④ 내수성을 높이기 위하여

●해설
회반죽에 여물을 넣는 목적 : 균열의 방지

100 강재 시편의 인장시험 시 나타나는 응력−변형률 곡선에 관한 설명으로 옳지 않은 것은?

① 하위항복점까지 가력한 후 외력을 제거하면 변형은 원상으로 회복된다.
② 인장강도점에서 응력값이 가장 크게 나타난다.
③ 냉간성형한 강재는 항복점이 명확하지 않다.
④ 상위항복점 이후에 하위항복점이 나타난다.

●해설
강재의 응력−변형률 곡선 특징
• 하위항복점까지 가력한 후 외력 제거 시에는 원상회복이 불가능하다.
• 인장강도 점에서의 응력값이 가장 크게 나타난다.
• 냉간성형 강재는 항복점이 명확하지 않다.
• 상위항복점 이후 하위항복점이 나타난다.

6과목　건설안전기술

101 강화유리의 검사항목과 거리가 먼 것은?

① 파쇄 시험
② 쇼트백 시험
③ 내충격성 시험
④ 촉진노출 시험

●해설
강화유리 검사항목
• 파쇄 시험
• 쇼트백 시험
• 내충격성 시험

102 부두·안벽 등 하역작업을 하는 장소에서 부두 또는 안벽의 선을 따라 통로를 설치하는 경우에는 폭을 최소 얼마 이상으로 해야 하는가?

① 70cm
② 80cm
③ 90cm
④ 100cm

●해설
부두·안벽 등 하역작업 장소에서 작업통로 설치 시 최소폭 : 90cm 이상

103 추락방지용 방망의 그물코의 크기가 10cm인 신품 매듭방망사의 인장강도는 몇 kg 이상이어야 하는가?

① 80
② 110
③ 150
④ 200

●해설
신품 추락방지용 방망의 그물코 규격

종류	무매듭 방망	매듭방망
10cm	240kg	200kg
5cm		110kg

104 다음 중 방망에 표시해야 할 사항이 아닌 것은?

① 방망의 신축성
② 제조자명
③ 제조연월
④ 재봉 치수

●해설
방망에 표시해야 할 사항
• 제조자명
• 제조연월
• 재봉 치수

105 달비계의 구조에서 달비계 작업발판의 폭은 최소 얼마 이상이어야 하는가?

① 30cm
② 40cm
③ 50cm
④ 60cm

◉ ANSWER | 99 ① 100 ① 101 ④ 102 ③ 103 ④ 104 ① 105 ②

106 건설작업장에서 근로자가 상시 작업하는 장소의 작업면 조도기준으로 옳지 않은 것은? (단, 갱내 작업장과 감광재료를 취급하는 작업장의 경우는 제외)

① 초정밀 작업 : 600럭스(lux) 이상
② 정밀작업 : 300럭스(lux) 이상
③ 보통작업 : 150럭스(lux) 이상
④ 초정밀·정밀·보통작업을 제외한 기타 작업 : 75럭스(lux) 이상

107 사다리식 통로 등을 설치하는 경우 고정식 사다리식 통로의 기울기는 최대 몇 도 이하로 하여야 하는가?

① 60도
② 75도
③ 80도
④ 90도

108 건설업 산업안전보건관리비의 사용내역에 대하여 수급인 또는 자기공사자는 공사 시작 후 몇 개월마다 1회 이상 발주자 또는 감리원의 확인을 받아야 하는가?

① 3개월
② 4개월
③ 5개월
④ 6개월

109 다음은 가설통로를 설치하는 경우의 준수사항이다. 빈칸에 알맞은 수치를 고르면?

> 건설공사에 사용하는 높이 8m 이상인 비계다리에는 (   )m 이내마다 계단참을 설치할 것

① 7
② 6
③ 5
④ 4

110 유해위험방지계획서를 제출해야 할 건설공사 대상 사업장 기준으로 옳지 않은 것은?

① 최대 지간길이가 50m 이상인 교량건설 등의 공사
② 지상높이가 31m 이상인 건축물

⊙ ANSWER | 106 ① 107 ④ 108 ④ 109 ① 110 ④

③ 터널 건설 등의 공사

④ 깊이 9m인 굴착공사

유해위험방지계획서 제출대상 공사
- 지상높이가 31m 이상인 건축물 또는 인공구조물, 연면적 30,000m² 이상인 건축물 또는 연면적 5,000m² 이상의 문화 및 집회시설(전시장 및 동물원·식물원은 제외한다), 판매시설, 운수시설(고속철도의 역사 및 집배송시설은 제외한다), 종교시설, 의료시설 중 종합병원, 숙박시설 중 관광숙박시설, 지하도 상가 또는 냉동·냉장창고시설의 건설·개조 또는 해체(이하 "건설 등"이라 한다.)
- 연면적 5,000m² 이상의 냉동·냉장창고시설의 설비공사 및 단열공사
- 최대 지간길이가 50m 이상인 교량건설 등 공사
- 터널 건설등의 공사
- 다목적댐, 발전용댐 및 저수용량 2천만 톤 이상의 용수 전용댐, 지방상수도 전용 댐 건설 등의 공사
- 깊이 10m 이상인 굴착공사

111 근로자에게 작업 중 통행 시 전락으로 인하여 위험에 처할 우려가 있는 케틀, 호퍼, 피트 등이 있는 경우에 위험을 방지하기 위해 최소 높이 얼마 이상의 울타리를 설치해야 하는가?

① 80cm 이상   ② 85cm 이상
③ 90cm 이상   ④ 95cm 이상

방호 울타리 설치높이 기준 : 90cm 이상

112 건립 중 강풍에 의한 풍압 등 외압에 대한 내력이 설계에 고려되었는지 확인하여야 하는 철골 구조물이 아닌 것은?

① 연면적당 철골량이 50kg/m² 이하인 구조물
② 기둥이 타이플레이트형인 구조물
③ 이음부가 공장제작인 구조물
④ 구조물의 폭과 높이의 비가 1 : 4 이상인 구조물

철골 구조물의 강풍에 의한 풍압 등 외압에 대한 내력검토대상 구조물
- 높이 20m 이상 구조물
- 구조물 폭과 높이의 비가 1 : 4 이상인 구조물
- 단면구조의 현저한 차이가 있는 구조물
- 연면적당 철골량이 50kg/m² 이하인 구조물
- 기둥이 타이플레이트인 구조물
- 이음부가 현장용접인 구조물

113 토질시험 중 액체 상태의 흙이 건조되어 가면서 액성, 소성, 반고체, 고체 상태의 경계선과 관련된 시험의 명칭은?

① 애터버그 한계시험
② 압밀시험
③ 삼축압축시험
④ 투수시험

애터버그(Atterberg) 한계시험
함수비에 따른 액성한계, 소성한계, 반고체, 고체 상태의 경계와 흙의 안전성 확보 여부를 시험하기 위해 스웨덴의 애터버그가 창안한 시험방법

114 철골 작업을 할 때 악천후에는 작업을 중지하도록 하여야 하는데 그 기준으로 옳은 것은?

① 강설량이 분당 1cm 이상인 경우
② 강우량이 시간당 1cm 이상인 경우
③ 풍속이 초당 10m 이상인 경우
④ 기온이 28℃ 이상인 경우

철골 작업중지 기준
- 초당 10m 이상의 풍속
- 시간당 1mm 이상의 강우
- 시간당 1cm 이상의 강설

115 작업으로 인하여 물체가 떨어지거나 날아올 위험이 있는 경우 그 위험을 방지하기 위하여 필요한 조치사항으로 거리가 먼 것은?

① 낙하물방지망의 설치
② 출입금지구역의 설정
③ 보호구의 착용
④ 작업지휘자 선정

해설
낙하·비래 위험방지조치
• 낙하물방지망 설치
• 수직보호망, 방호선반 설치
• 보호구 착용
• 출입금지구역 설정

116 콘크리트 타설작업을 하는 경우 안전대책으로 옳지 않은 것은?

① 당일의 작업을 시작하기 전에 해당 작업에 관한 거푸집동바리 등의 변형·변위 및 지반의 침하 유무 등을 점검하고 이상이 있으면 보수할 것
② 작업 중에는 거푸집동바리 등의 변형·변위 및 침하 유무 등을 감시할 수 있는 감시자를 배치하여 이상이 있으면 작업을 중지하고 근로자를 대피시킬 것
③ 설계도서상의 콘크리트 양생기간을 준수하여 거푸집동바리 등을 해체할 것
④ 슬래브의 경우 한쪽부터 순차적으로 콘크리트를 타설하는 등 편심을 유발하여 빠른 시간 내 타설이 완료되도록 할 것

해설
콘크리트 타설작업 시 준수사항
• 당일 작업시작 전 거푸집동바리 등의 변형, 변위, 지반침하 유무 등을 점검하고 이상 시 보수할 것
• 작업 중 거푸집동바리 등의 변형, 변위, 침하 유무 등을 감시할 수 있는 감시자를 배치해 이상이 있으면 작업을 중지하고 근로자를 대피시킬 것
• 거푸집 붕괴의 위험이 발생할 우려가 있으면 충분한 보강조치를 할 것

• 설계도서상의 양생기간을 준수하여 거푸집동바리 등을 해체할 것
• 편심발생을 방지하기 위해 골고루 분산 타설할 것

117 체인(Chain)의 폐기 대상이 아닌 것은?

① 균열, 흠이 있는 것
② 뒤틀림 등 변형이 현저한 것
③ 전장이 원래 길이의 5%를 초과하여 늘어난 것
④ 링(Ring)의 단면 지름의 감소가 원래 지름의 5% 정도 마모된 것

해설
달기체인 폐기 대상
• 길이가 제조된 때의 5% 이상 늘어난 것
• 링 단면지름이 제조된 때의 10% 초과된 것
• 균열이 있거나 심하게 변형된 것

118 다음 중 해체작업용 기계 기구로 가장 거리가 먼 것은?

① 압쇄기
② 핸드 브레이커
③ 철제 해머
④ 진동 롤러

해설
진동 롤러는 도로포장 또는 지반 다짐 시 사용하는 다짐장비이다.

119 흙막이벽 근입깊이를 깊게 하고, 전면의 굴착부분을 남겨두어 흙의 중량으로 대항하게 하거나, 굴착예정부분의 일부를 미리 굴착하여 기초콘크리트를 타설하는 등의 대책과 가장 관계가 깊은 것은?

① 파이핑현상이 있을 때
② 히빙현상이 있을 때
③ 지하수위가 높을 때
④ 굴착깊이가 깊을 때

⦿ **ANSWER** | 115 ④ 116 ④ 117 ④ 118 ④ 119 ②

히빙현상

1. 원인 : 점성토 지반의 흙막이 내외면 흙의 중량차 또는 굴착저면 피압수의 영향으로 굴착저면이 부풀어 오르는 현상이다.
2. 대책
   - 근입장 확장
   - 전면 굴착부를 남겨둠
   - 굴착예정부에 기초콘크리트 타설
   - 상재하중 제거
   - 굴착 전 지반개량

120 작업장 출입구 설치 시 준수해야 할 사항으로 옳지 않은 것은?

① 출입구의 위치·수 및 크기를 작업장의 용도와 특성에 맞도록 한다.
② 출입구에 문을 설치하는 경우에는 근로자가 쉽게 열고 닫을 수 있도록 한다.
③ 주된 목적이 하역운반기계용인 출입구에는 보행자용 출입구를 따로 설치하지 않는다.
④ 계단이 출입구와 바로 연결된 경우에는 작업자의 안전한 통행을 위하여 그 사이에 1.2m 이상 거리를 두거나 안내표지 또는 비상벨 등을 설치한다.

모든 작업장 출입구에는 보행자용 출입구를 별도로 설치해야 한다.

1과목 산업안전관리론

01 산업안전보건법령상 산업재해 발생건수 등의 공표대상 사업장에 해당하지 않는 것은?

① 산업재해로 인한 사망자가 연간 2명 이상 발생한 사업장
② 사망만인율(死亡萬人率)이 규모별 같은 업종의 평균 사망만인율 이상인 사업장
③ 중대산업사고가 발생한 사업장
④ 사업주가 산업재해 발생에 관한 보고를 최근 3년 이내 1회 이상 하지 않은 사업장

해설

법 제10조(산업재해 발생건수 등의 공표)
① 고용노동부장관은 산업재해를 예방하기 위하여 대통령령으로 정하는 사업장의 근로자 산업재해 발생건수, 재해율 또는 그 순위 등(이하 "산업재해 발생건수 등"이라 한다)을 공표하여야 한다.

영 제10조(공표대상 사업장)
① 법 제10조 제1항에서 "대통령령으로 정하는 사업장"이란 다음 각 호의 어느 하나에 해당하는 사업장을 말한다.
   1. 산업재해로 인한 사망자(이하 "사망재해자"라 한다)가 연간 2명 이상 발생한 사업장
   2. 사망만인율(死亡萬人率 : 연간 상시근로자 1만 명당 발생하는 사망재해자 수의 비율을 말한다)이 규모별 같은 업종의 평균 사망만인율 이상인 사업장
   3. 법 제44조 제1항 전단에 따른 중대산업사고가 발생한 사업장
   4. 법 제57조 제1항을 위반하여 산업재해 발생 사실을 은폐한 사업장
   5. 법 제57조 제3항에 따른 산업재해의 발생에 관한 보고를 최근 3년 이내 2회 이상 하지 않은 사업장

02 안전관리 활동을 통해서 얻을 수 있는 긍정적인 효과가 아닌 것은?

① 근로자의 사기 진작
② 생산성 향상
③ 손실비용 증가
④ 신뢰성 유지 및 확보

해설

안전관리 활동은 재해 발생건수를 낮추려는 활동이며, 재해율이 낮아지면 손실비용도 감소된다.

03 재해의 통계적 원인분석 방법에 해당하지 않는 것은?

① 파레토도
② 특성요인도
③ 소시오메트리도
④ 클로즈분석도

해설

소시오메트리도는 그룹 내, 개인 간의 선택이나 관계를 측정·분석하는 데 사용되는 도구이다.

04 산업안전보건법령상 고용노동부장관이 사업주에게 안전보건진단을 받아 안전보건개선계획을 수립하여 시행할 것을 명할 수 있는 사업장으로 옳지 않은 것은?

① 작업환경 불량, 화재·폭발 또는 누출 사고 등으로 사업장 주변까지 피해가 확산된 사업장으로서 고용노동부령으로 정하는 사업장
② 사업주가 필요한 안전조치를 이행하지 아니하여 중대재해가 발생한 사업장
③ 직업성 질병자가 연간 2명 발생한 상시근로자 900명인 사업장
④ 직업성 질병자가 연간 3명 발생한 상시근로자 1,500명인 사업장

⊙ ANSWER | 01 ④ 02 ③ 03 ③ 04 ①

영 제49조(안전보건진단을 받아 안전보건개선계획을 수립할 대상)

법 제49조 제1항 각 호 외의 부분 후단에서 "대통령령으로 정하는 사업장"이란 다음 각 호의 사업장을 말한다.

1. 산업재해율이 같은 업종 평균 산업재해율의 2배 이상인 사업장
2. 법 제49조 제1항 제2호에 해당하는 사업장
3. 직업성 질병자가 연간 2명 이상(상시근로자 1천 명 이상 사업장의 경우 3명 이상) 발생한 사업장
4. 그 밖에 작업환경 불량, 화재·폭발 또는 누출 사고 등으로 사업장 주변까지 피해가 확산된 사업장으로서 고용노동부령으로 정하는 사업장

05 산업안전보건법령상 주요 구조 부분을 변경하는 경우 안전인증을 받아야 하는 기계 및 설비에 해당하지 않는 것은?

① 컨베이어   ② 프레스
③ 롤러기   ④ 사출성형기

규칙 제107조(안전인증대상기계 등)

법 제84조 제1항에서 "고용노동부령으로 정하는 안전인증대상기계 등"이란 다음 각 호의 기계 및 설비를 말한다.

1. 설치·이전하는 경우 안전인증을 받아야 하는 기계
   가. 크레인
   나. 리프트
   다. 곤돌라
2. 주요 구조 부분을 변경하는 경우 안전인증을 받아야 하는 기계 및 설비
   가. 프레스
   나. 전단기 및 절곡기(折曲機)
   다. 크레인
   라. 리프트
   마. 압력용기
   바. 롤러기
   사. 사출성형기(射出成形機)
   아. 고소(高所)작업대
   자. 곤돌라

06 사업장 위험성평가에 관한 지침에서 사업주는 위험성평가를 효과적으로 실시하기 위하여 위험성평가 실시규정을 작성하고 관리하여야 한다. 이때 실시규정에 포함되어야 할 사항이 아닌 것은?

① 평가의 목적 및 방법
② 인정심사위원회의 구성·운영
③ 평가담당자 및 책임자의 역할
④ 평가시기 및 절차

위험성평가 실시규정 포함사항

- 안전보건방침 및 위험성평가 추진 목표 설정
- 위험성평가 실시 조직의 구성, 역할과 책임
- 위험성평가 실시시기, 실시방법, 절차
- 위험성평가 실시과정에서의 근로자 참여 및 결과의 근로자 공유방법
- 위험성평가 실시 시 유의사항 및 결과의 기록·보존

07 산업안전보건기준에 관한 규칙에서 정하고 있는 "충격소음작업" 정의의 일부 내용이다. ( )에 들어갈 것으로 옳은 것은?

> "충격소음작업"이란 소음이 1초 이상의 간격으로 발생하는 작업으로서 다음 각 목의 어느 하나에 해당하는 작업을 말한다.
> 가. 120데시벨을 초과하는 소음이 1일 (ㄱ) 회 이상 발생하는 작업
> 나. (ㄴ)데시벨을 초과하는 소음이 1일 1천 회 이상 발생하는 작업

① ㄱ : 1만, ㄴ : 130
② ㄱ : 3천, ㄴ : 125
③ ㄱ : 5천, ㄴ : 125
④ ㄱ : 8천, ㄴ : 130

기준규칙 512조(정의)

이 장에서 사용하는 용어의 뜻은 다음과 같다.

1. "소음작업"이란 1일 8시간 작업을 기준으로 85데시벨 이상의 소음이 발생하는 작업을 말한다.

◉ **ANSWER** | 05 ① 06 ② 07 ①

2. "강력한 소음작업"이란 다음 각목의 어느 하나에 해당하는 작업을 말한다.
   가. 90데시벨 이상의 소음이 1일 8시간 이상 발생하는 작업
   나. 95데시벨 이상의 소음이 1일 4시간 이상 발생하는 작업
   다. 100데시벨 이상의 소음이 1일 2시간 이상 발생하는 작업
   라. 105데시벨 이상의 소음이 1일 1시간 이상 발생하는 작업
   마. 110데시벨 이상의 소음이 1일 30분 이상 발생하는 작업
   바. 115데시벨 이상의 소음이 1일 15분 이상 발생하는 작업
3. "충격소음작업"이란 소음이 1초 이상의 간격으로 발생하는 작업으로서 다음 각 목의 어느 하나에 해당하는 작업을 말한다.
   가. 120데시벨을 초과하는 소음이 1일 1만회 이상 발생하는 작업
   나. 130데시벨을 초과하는 소음이 1일 1천회 이상 발생하는 작업
   다. 140데시벨을 초과하는 소음이 1일 1백회 이상 발생하는 작업

08 통전경로별 위험도가 큰 순서대로 옳게 나열한 것은?

> ㄱ. 오른손 – 가슴
> ㄴ. 왼손 – 한발 또는 양발
> ㄷ. 왼손 – 가슴
> ㄹ. 왼손 – 오른손

① ㄱ > ㄴ > ㄷ > ㄹ
② ㄴ > ㄷ > ㄱ > ㄹ
③ ㄷ > ㄱ > ㄴ > ㄹ
④ ㄹ > ㄱ > ㄴ > ㄷ

◉**해설**

감전 시 응급조치에 관한 기술지침(KOSHA GUIDE E-14-2012) 심장전류계수
• 왼손 – 가슴의 심장전류계수 : 1.5
• 오른손 – 가슴의 심장전류계수 : 1.3
• 왼손 – 한발 또는 양발의 심장전류계수 : 1.0
• 왼손 – 오른손의 심장전류계수 : 0.4

09 반지름 30cm의 조종구를 20° 움직였을 때 표시계기의 지침이 2cm 이동하였다면, 이 계기의 통제표시비는?

① 약 4.12
② 약 5.23
③ 약 7.34
④ 약 8.42

◉**해설**

통제표시비(C/D비)를 계산하는 식은 다음과 같다.

$$C/D비 = \frac{X}{Y} = \frac{통제\ 기기의\ 변위량(cm)}{표시계기지침의\ 변위량(cm)}$$

$$X = \frac{a}{360} \times 2\pi r$$

여기서, a : 조정장치가 움직인 각도,
r : 조정장치의 반경

위 식에 따라,

통제표시비 계산 : $\dfrac{\dfrac{20}{360} \times 2 \times 3.14 \times 30}{2} ≒ 5.23$

10 시몬즈(Simonds)의 재해손실비 평가방법에 관한 내용이다. ( )에 들어갈 것으로 옳은 것은?

> E = 보험비용 + 비보험비용
> = 보험비용 + (A×㉠) + (B×㉡) +
>   (C×㉢) + (D×무상해 사고건수)
> 단, A, B, C, D는 상수(금액)이며 각 재해에 대한 평균비 보험비용

① ㉠ : 비보험, ㉡ : 입원상해, ㉢ : 유족상해
② ㉠ : 간접, ㉡ : 입원상해, ㉢ : 비응급조치
③ ㉠ : 휴업상해 건수, ㉡ : 통원상해, ㉢ : 응급조치
④ ㉠ : 간접, ㉡ : 통원상해, ㉢ : 중상해

◉**해설**

시몬즈(R.H.Simonds) 재해손실비
총재해 비용산출방식(E)
E = 보험비용 + 비보험비용
  = 보험비용 + (A×휴업상해 건수)
     + (B×통원상해 건수) + (C×응급조치 건수)
     + (D×무상해 사고건수)
  단, A, B, C, D는 상수(금액)이며 각 재해에 대한 평균비 보험비용이다.

11 산업안전보건법령상 안전보건교육에서 다음 작업의 특별교육 교육내용이 아닌 것은? (단, 그 밖에 안전·보건관리에 필요한 사항은 고려하지 않는다.)

① 프레스의 특성과 위험성에 관한 사항
② 방호장치 종류와 취급에 관한 사항
③ 안전작업방법에 관한 사항
④ 국소배기장치의 설치기준에 관한 사항

◀해설├──────

규칙 [별표 5] 안전보건교육 교육대상별 교육내용
라. 특별교육 대상 작업별 교육

35. 허가 및 관리 대상 유해물질의 제조 또는 취급작업
   • 취급물질의 성질 및 상태에 관한 사항
   • 유해물질이 인체에 미치는 영향
   • 국소배기장치 및 안전설비에 관한 사항
   • 안전작업방법 및 보호구 사용에 관한 사항
   • 그 밖에 안전·보건관리에 필요한 사항

11. 동력에 의하여 작동되는 프레스기계를 5대 이상 보유한 사업장에서 해당 기계로 하는 작업
   • 프레스의 특성과 위험성에 관한 사항
   • 방호장치 종류와 취급에 관한 사항
   • 안전작업방법에 관한 사항
   • 프레스 안전기준에 관한 사항
   • 그 밖에 안전·보건관리에 필요한 사항

12 산업안전보건법령상 도급인의 안전조치 및 보건조치에 관한 설명으로 옳은 것은?

① 건설업의 도급인은 작업장의 정기 안전·보건점검을 분기에 1회 이상 실시하여야 한다.
② 토사석 광업의 도급인은 3일에 1회 이상 작업장 순회점검을 실시하여야 한다.
③ 안전 및 보건에 관한 협의체는 도급인 및 그의 수급인 전원으로 구성해야 한다.
④ 안전 및 보건에 관한 협의체는 분기별 1회 이상 정기적으로 회의를 개최하고 그 결과를 기록·보존해야 한다.

◀해설├──────

산업안전보건법 제64조 제2항
• 도급인 자신의 근로자뿐만 아니라 관계수급인 근로자와 함께 정기적으로 또는 수시로 작업장의 안전 및 보건에 관한 점검을 해야 한다. 특히 산업안전보건법 시행규칙은 "건설업"의 경우 2개월에 1회 이상 정기 안전·보건점검을 실시하도록 명시하고 있다.
• 도급인의 작업장 순회점검은 2일에 1회 이상 이뤄져야 한다.
   – 건설업, 제조업, 토사석 광업, 서적·잡지 및 기타 인쇄물 출판업, 음악 및 기타 오디오물 출판업, 금속 및 비금속 원료 재생업(이외의 사업은 1주일에 1회 이상)
※ 합동점검은 수급인을 포함하여 점검반을 구성하고, 분기별 1회 이상 실시해야 한다.
   – 건설업, 선박 및 보트건조업 : 2개월에 1회 이상

안전 및 보건에 관한 협의체
• 노사협의체는 건설공사(공사금액 120억 원 이상)에 한해 적용되는 협의 기구이며, 안전보건협의체는 도급 시 이행해야 할 협의 기구이다.
• 구성은 도급인 및 그의 수급인 전원으로 구성해야 한다. 단, 모든 회의에 위임자가 참석했을 경우 법규 위반으로 간주된다.
   – 협의사항 : 작업의 시작시간, 작업 또는 작업장 간 연락방법, 재해발생 위험이 있는 경우 대피방법, 작업장에서의 법 제36조에 따른 위험성평가의 실시에 관한 사항, 사업주와 수급인 또는 수급인 상호 간의 연락방법 및 작업공정의 조정
   – 실시주기 : 매월 1회 이상 정기적으로 회의를 개최해야 한다.
   – 회의록 보존 : 2년동안 보존

13 산업안전보건법 제58조(유해한 작업의 도급금지) 규정의 일부이다. (   )에 들어갈 숫자로 옳은 것은?

제58조(유해한 작업의 도급금지) ⑤ 고용노동부장관은 제4항에 따른 유효기간이 만료되는 경우에 사업주가 유효기간의 연장을 신청하면 승인의 유효기간이 만료되는 날의 다음 날부터 (   )년의 범위에서 고용노동부령으로 정하는 바에 따라 그 기간의 연장을 승인할 수 있다.

① 1　　　　　　② 2
③ 3　　　　　　④ 4

법 제58조(유해한 작업의 도급금지)

① 사업주는 근로자의 안전 및 보건에 유해하거나 위험한 작업으로서 다음 각 호의 어느 하나에 해당하는 작업을 도급하여 자신의 사업장에서 수급인의 근로자가 그 작업을 하도록 해서는 아니 된다.
  1. 도금작업
  2. 수은, 납 또는 카드뮴을 제련, 주입, 가공 및 가열하는 작업
  3. 제118조 제1항에 따른 허가대상물질을 제조하거나 사용하는 작업
② 사업주는 제1항에도 불구하고 다음 각 호의 어느 하나에 해당하는 경우에는 제1항 각 호에 따른 작업을 도급하여 자신의 사업장에서 수급인의 근로자가 그 작업을 하도록 할 수 있다.
  1. 일시·간헐적으로 하는 작업을 도급하는 경우
  2. 수급인이 보유한 기술이 전문적이고 사업주(수급인에게 도급을 한 도급인으로서의 사업주를 말한다)의 사업 운영에 필수 불가결한 경우로서 고용노동부장관의 승인을 받은 경우
③ 사업주는 제2항 제2호에 따라 고용노동부장관의 승인을 받으려는 경우에는 고용노동부령으로 정하는 바에 따라 고용노동부장관이 실시하는 안전 및 보건에 관한 평가를 받아야 한다.
④ 제2항 제2호에 따른 승인의 유효기간은 3년의 범위에서 정한다.
⑤ 고용노동부장관은 제4항에 따른 유효기간이 만료되는 경우에 사업주가 유효기간의 연장을 신청하면 승인의 유효기간이 만료되는 날의 다음 날부터 3년의 범위에서 고용노동부령으로 정하는 바에 따라 그 기간의 연장을 승인할 수 있다. 이 경우 사업주는 제3항에 따른 안전 및 보건에 관한 평가를 받아야 한다.

14 산업안전보건법령상 유해위험방지계획서 제출 대상인 건설공사에 해당하지 않는 것은? (단, 자체심사 및 확인업체의 사업주가 착공하려는 건설공사는 제외함)

① 연면적 3천제곱미터 이상인 냉동·냉장 창고시설의 설비공사
② 최대 지간(支間)길이(다리의 기둥과 기둥의 중심사이의 거리)가 50미터 이상인 다리의 건설 등 공사
③ 지상높이가 31미터 이상인 건축물의 건설 등 공사
④ 저수용량 2천만 톤 이상의 용수 전용 댐의 건설 등 공사

영 제42조(유해위험방지계획서 제출 대상)

③ 법 제42조 제1항 제3호에서 "대통령령으로 정하는 크기 높이 등에 해당하는 건설공사"란 다음 각 호의 어느 하나에 해당하는 공사를 말한다.
  1. 다음 각 목의 어느 하나에 해당하는 건축물 또는 시설 등의 건설·개조 또는 해체(이하 "건설 등"이라 한다) 공사
    가. 지상높이가 31미터 이상인 건축물 또는 인공구조물
    나. 연면적 3만제곱미터 이상인 건축물
    다. 연면적 5천제곱미터 이상인 시설로서 다음의 어느 하나에 해당하는 시설
      1) 문화 및 집회시설(전시장 및 동물원·식물원은 제외한다)
      2) 판매시설, 운수시설(고속철도의 역사 및 집배송시설은 제외한다)
      3) 종교시설
      4) 의료시설 중 종합병원
      5) 숙박시설 중 관광숙박시설
      6) 지하도상가
      7) 냉동·냉장 창고시설
  2. 연면적 5천제곱미터 이상인 냉동·냉장 창고시설의 설비공사 및 단열공사
  3. 최대 지간(支間)길이(다리의 기둥과 기둥의 중심 사이의 거리)가 50미터 이상인 다리의 건설 등 공사
  4. 터널의 건설 등 공사
  5. 다목적댐, 발전용댐, 저수용량 2천만 톤 이상의 용수 전용 댐 및 지방상수도 전용 댐의 건설 등 공사
  6. 깊이 10미터 이상인 굴착공사

15 산업재해발생의 기본 원인 4M에 해당하지 않는 것은?

① Man
② Method
③ Machine
④ Media

4M 리스크 평가 기법에 관한 기술지침(KOSHA GUIDE X-14-2014)
- Man(인적)
- Machine(기계적)
- Media(물질·환경적)
- Management(관리적)

16 재해사례연구의 진행단계에 관한 내용이다. 진행단계를 순서대로 옳게 나열한 것은?

> ㄱ. 재해와 관계가 있는 사실 및 재해요인으로 알려진 사실을 객관적으로 확인한다.
> ㄴ. 재해의 중심이 된 근본적인 문제점을 결정한 후 재해원인을 결정한다.
> ㄷ. 재해 상황을 파악한다.
> ㄹ. 파악된 사실로부터 문제점을 파악한다.
> ㅁ. 동종재해와 유사재해의 예방대책 및 실시계획을 수립한다.

① ㄱ → ㄷ → ㄴ → ㄹ → ㅁ
② ㄱ → ㄷ → ㄹ → ㄴ → ㅁ
③ ㄴ → ㄷ → ㄱ → ㄹ → ㅁ
④ ㄷ → ㄱ → ㄹ → ㄴ → ㅁ

1. 목적
   - 재해원인을 체계적으로 규명하여 사고에 대한 대책을 수립
   - 재해방지의 원칙을 습득하여 안전보건활동에 적용
   - 참여자의 견해나 생각을 경청하여 대책수립에 반영
2. 재해사례연구 단계별 내용
   ㉠ 재해상황의 파악
   - 재해발생 일시, 장소
   - 업종 규모
   - 상해부위, 정도, 성질
   - 물적 피해상황
   - 피해근로자 인적사항
   - 사고형태
   - 기인물, 가해물

- 조직 계통도
- 재해현황 도면
㉡ 사실의 확인
작업 시작 후 재해발생까지의 과정 중 인과 관계 사실, 재해요인 등을 객관적으로 확인
㉢ 문제점의 발견
문제가 된 사실의 인적, 물적, 관리적면에서 분석 검토해 이들의 문제점이 재해에 관련되는 영향범위 및 정도평가
㉣ 문제점의 결정
문제점 중 재해의 중심이 된 근본적 문제점을 정하고 주요 재해원인을 결정
㉤ 대책의 수립
- 동종재해 및 유사재해 방지대책 수립
- 대책에 대한 실시계획 수립

17 암실 내에서 정지된 작은 빛을 응시하고 있으면 그 빛이 움직이는 것처럼 보이는 것을 자동운동이라고 한다. 자동운동이 생기기 쉬운 조건으로 옳은 것은?

① 광점이 클 것
② 광의 강도가 작을 것
③ 시야의 다른 부분이 밝을 것
④ 대상이 복잡할 것

암실 내에서 정지된 작은 빛을 응시하고 있으면 그 빛이 움직이는 것처럼 보이는 것을 자동운동이라고 한다. 자동운동은 광의 강도가 작을수록 생기기 쉽다.

18 매슬로우(Maslow)의 동기부여이론(욕구 5단계이론)에 관한 내용으로 옳지 않은 것은?

① 제1단계 : 생리적 욕구(생명유지의 기본적 욕구)
② 제2단계 : 도전 욕구(새로운 것에 대한 도전 욕구)
③ 제3단계 : 사회적 욕구(소속감과 애정 욕구)
④ 제4단계 : 존경 욕구(인정받으려는 욕구)

매슬로우(Abraham Maslow)는 인간의 욕구를 생리적 욕구, 안전욕구, 소속과 사랑의 욕구, 존경의 욕구, 자아실현의 욕구로 나누어 위계적으로 이루어져 있다고 제안했다. 기본적으로 하위 단계 욕구가 충족되어야 비로소 상위단계 욕구가 활성화 된다고 가정한다.

19 산업안전보건법령상 안전검사를 면제할 수 있는 경우에 해당하지 않는 것은?

① 「방위사업법」 제28조 제1항에 따른 품질보증을 받은 경우
② 「선박안전법」 제8조부터 제12조까지의 규정에 따른 검사를 받은 경우
③ 「에너지이용 합리화법」 제39조 제4항에 따른 검사를 받은 경우
④ 「항만법」 제26조 제1항 제3호에 따른 검사를 받은 경우

규칙 제125조(안전검사의 면제)
법 제93조 제2항에서 "고용노동부령으로 정하는 경우"란 다음 각 호의 어느 하나에 해당하는 경우를 말한다.
1. 「건설기계관리법」 제13조 제1항 제1호·제2호 및 제4호에 따른 검사를 받은 경우(안전검사 주기에 해당하는 시기의 검사로 한정한다)
2. 「고압가스 안전관리법」 제17조 제2항에 따른 검사를 받은 경우
3. 「광산안전법」 제9조에 따른 검사 중 광업시설의 설치·변경공사 완료 후 일정한 기간이 지날 때마다 받는 검사를 받은 경우
4. 「선박안전법」 제8조부터 제12조까지의 규정에 따른 검사를 받은 경우
5. 「에너지이용 합리화법」 제39조 제4항에 따른 검사를 받은 경우
6. 「원자력안전법」 제22조 제1항에 따른 검사를 받은 경우
7. 「위험물안전관리법」 제18조에 따른 정기점검 또는 정기검사를 받은 경우
8. 「전기사업법」 제65조에 따른 검사를 받은 경우
9. 「항만법」 제26조 제1항 제3호에 따른 검사를 받은 경우
10. 「화재예방, 소방시설 설치·유지 및 안전관리에 관한 법률」 제25조 제1항에 따른 자체점검 등을 받은 경우
11. 「화학물질관리법」 제24조 제3항 본문에 따른 정기검사를 받은 경우

20 산업안전보건법령상 사업주가 근로자의 작업내용을 변경할 때에 그 근로자에게 하여야 하는 안전보건교육의 내용으로 규정되어 있지 않은 것은?

① 사고 발생 시 긴급조치에 관한 사항
② 기계·기구의 위험성과 작업의 순서 및 동선에 관한 사항
③ 표준안전 작업방법에 관한 사항
④ 직장 내 괴롭힘, 고객의 폭언 등으로 인한 건강장해 예방 및 관리에 관한 사항

작업내용 변경 시 교육내용
• 산업안전 및 사고 예방에 관한 사항
• 산업보건 및 직업병 예방에 관한 사항
• 산업안전보건법령 및 산업재해보상보험 제도에 관한 사항
• 직무스트레스 예방 및 관리에 관한 사항
• 직장 내 괴롭힘, 고객의 폭언 등으로 인한 건강장해 예방 및 관리에 관한 사항
• 기계·기구의 위험성과 작업의 순서 및 동선에 관한 사항
• 작업 개시 전 점검에 관한 사항
• 정리정돈 및 청소에 관한 사항
• 사고 발생 시 긴급조치에 관한 사항
• 물질안전보건자료에 관한 사항

21 교육훈련 기법에서 강의법(Lecture Method)의 장점으로 옳지 않은 것은?

① 수강자의 학습참여도가 높고 적극성과 협조성을 부여하는 데 효과적이다.
② 오래된 전통 교수방법이며 안전지식의 전달방법으로 유용하다.
③ 시간과 장소의 제약이 비교적 적다.
④ 수업의 도입이나 초기단계에 적용이 효과적이다.

● 해설
안전교육방법의 종류
- 강의법 : 많은 인원의 수강자를 단기간의 교육시간에 비교적 많은 교육 내용을 전수하기 위한 전통적인 교육방법
- 토의법 : 적극성·지도성·협동성을 기르는 데 유효하며, 쌍방적 의사전달 방식에 의한 교육방법(문제법, 포럼, 심포지엄, 사례연구, 세미나, 버즈토의, 브레인스토밍, 패널 토론, 롤 플레잉 등)
- 시범법 : 어떤 기능이나 작업과정을 학습시키기 위해 필요로 하는 분명한 동작을 제시하는 교육방법
- 실연법 : 학습자가 이미 학습된 지식이나 기능을 교사의 지휘나 감독 아래 직접 연습하는 교육방법
- 모의법 : 교육훈련기법 중 실제의 장면이나 상태와 극히 유사한 상태를 인위적으로 만들어 그 속에서 학습하도록 하는 방법
- 반복법 : 학습한 내용을 반복하여 강의하거나 실연하는 교육방법

22 현장이나 직장에서 직속상사가 부하직원에게 일상 업무를 통하여 지식, 기능, 문제해결능력 및 태도 등을 교육 훈련하는 방법으로 개별교육에 적합한 것은?

① TWI(Training Within Industry)
② OJT(On the Job Training)
③ ATP(Administration Training Program)
④ MTP(Management Training Program)

● 해설
안전교육방법
- OJT(On the Job Training) : 현장이나 직장에서 직속상사가 부하직원에게 일상 업무를 통하여 지식, 기능, 문제해결능력 및 태도 등을 교육 훈련하는 방법
- Off JT(Off the Job Training) : 강의, 워크숍, 세미나 등에서 전문강사를 통해 집단적으로 시행되는 교육 훈련 방법
- TWI(Training Within Industry) : 주로 관리감독자를 대상으로 하여 빠른 시간 내에 필요한 기술과 지식을 전달하는 데 초점을 맞춘 교육 훈련 방법
- MTP(Management Training Program) : TWI보다 약간 높은 계층의 관리자나 잠재적 관리자를 대상으로 하는 교육 훈련 방법
- ATP(Administration Training Program) : 경영자를 대상으로 하는 교육 훈련 방법
- ATT(American Telephone & Telegram Co.) : 대상 계층이 한정되어 있지 않고, 먼저 훈련을 받은 자는 직급에 관계없이 훈련을 받지 않은 자에 대하여 지도자가 될 수 있는 교육 훈련 방법

23 안전교육의 단계별 과정 중 태도교육의 내용이 아닌 것은?

① 작업에 필요한 안전규정 숙지
② 공구·보호구 등의 관리 및 취급태도의 확립
③ 작업 전후 점검 및 검사요령의 정확화 및 습관화
④ 작업지시·전달 등의 언어·태도의 정확화 및 습관화

● 해설
안전교육의 단계별 교육
1. 교육의 3단계
   지식교육 > 기능교육 > 태도교육
2. 단계별 교육내용
   - 지식교육 : 작업 시 유해위험요인과 재해예방을 위한 지식의 전달
   - 기능교육 : 작업 시 사고발생 위험별 안전한 작업을 위한 기능의 전달 및 숙지
   - 태도교육 : 사용공구와 보호구 등의 관리 및 취급태도 확립, 작업 전·후 점검 및 검사요령과 정확성 향상과 습관화를 위한 교육, 작업지시내용과 사용용어 및 태도의 정확화 및 습관화 교육

◉ ANSWER | 21 ① 22 ② 23 ①

24 학습지도원리에 해당하지 않는 것은?

① 자발성의 원리
② 개별화의 원리
③ 사회화의 원리
④ 도미노 이론의 원리

해설

학습지도의 원리
- 개별화의 원리 : 학습자가 지니고 있는 각자의 요구와 능력 등에 알맞은 학습활동의 기회를 마련해 주어야 한다는 원리
- 목적의 원리 : 학습자가 목표를 분명하게 인식했을 때, 자발적이고 적극적인 학습을 한다는 원리
- 자발성의 원리 : 학습자가 스스로 학습에 자발적으로 참여하여야 한다는 원리
- 직관의 원리 : 구체적인 사물을 직접 제시하거나 경험시킴으로써 큰 효과를 거둘 수 있다는 원리
- 사회화의 원리 : 공동학습을 통해서 협력적이고 우호적인 학습을 진행한다는 원리
- 통합의 원리 : 학습을 통합적인 전체로서 지도해야 한다는 원리
- 과학성의 원리 : 학습자의 논리적 사고력을 충분히 발달시키는 것을 목표로 하는 원리
- 자연성의 원리 : 자유로운 분위기를 존중하고 학습자에게 압박감과 구속감을 주지 않도록 하는 원리

25 라스무센(Rasmussen)의 SRK 모델을 근거로 리전(J. Reason)이 제안한 인적오류 분류에 관한 내용으로 옳은 것은?

> ㄱ. 실수(Slip)와 망각(Lapse)은 비의도적 행동으로 분류되는 숙련 기반 오류이다.
> ㄴ. 잘못된 규칙을 적용하는 것은 비의도적 행동으로 분류되는 규칙 기반 착오(Mistake)이다.
> ㄷ. 불충분한 정보로 인해 잘못된 결정을 내리는 것은 의도적 행동으로 분류되는 지식 기반 착오(Mistake)이다.

① ㄱ
② ㄴ
③ ㄱ, ㄷ
④ ㄴ, ㄷ

해설

잘못된 규칙을 적용하는 것은 의도적 행동으로 분류되는 규칙 기반 착오(Mistake)이다.

26 아담스(J. Adams)의 공정성이론에서 투입과 산출의 내용 중 투입이 아닌 것은?

① 시간
② 노력
③ 임금
④ 경험

해설

아담스(J. Adams)의 공정성이론
- 1960년대에 제시되었으며, 개인이 자신의 보상(산출 등)과 투입(노력 등)을 다른 사람과 비교하여 공정성을 판단한다.
- 투입(Inputs) : 개인이 조직이나 관계에 투자하는 노력, 시간, 교육, 경험, 창의성 등
- 산출(Outcomes) : 투입에 대한 보상으로, 임금, 승진, 인정, 보너스 등
- 개인이 자신의 투입에 대한 성과의 비율과 다른 사람의 투입에 대한 성과의 비율이 일치하지 않으면 이러한 불형평을 줄이기 위해 동기가 발생한다고 본다.

27 착시를 크기 착시와 방향 착시로 구분하는 경우, 동일한 물리적인 길이와 크기를 가지는 선이나 형태를 다르게 지각하는 크기 착시에 해당하지 않는 것은?

① 뮐러－라이어(Müller-Lyer) 착시
② 폰조(Ponzo) 착시
③ 에빙하우스(Ebbinghaus) 착시
④ 포겐도르프(Poggendorf) 착시

해설

포겐도르프(Poggendorf) 착시
직선이 두 평행선 사이에 가려진 부분을 통과할 때 그 직선의 연속성이 지각되지 않는 현상으로 방향 착시에 해당한다.

28 지름길을 사용하여 대상물을 판단할 때 발생하는 지각의 오류가 아닌 것은?

① 후광효과   ② 최근효과
③ 결론효과   ④ 초두효과

해설

- 후광효과 : 개인이 가진 지능, 사교성, 용모와 같은 특성 중 하나에 기초해 개인에 대한 인상을 형성하려는 경향
- 최근효과 : 평가기간에 발생된 정보 중 최근 제공된 정보로 평가하려는 경향
- 초두효과 : 평가기간에 발생된 정보 중 처음에 발생한 정보로 평가하려는 경향

29 호손(Hawthorne) 연구에 대한 설명으로 옳은 것은?

① 소비자들에게 효과적으로 영향을 미치는 광고 전략을 개발했다.
② 시간 – 동작연구를 통해서 작업도구와 기계를 설계했다.
③ 채용과정에서 발생하는 차별요인을 밝히고 이를 시정하는 법적 조치의 기초를 마련했다.
④ 물리적 작업환경보다 근로자들의 의사소통 등 인간관계가 더 중요하다는 것을 알아냈다.

해설

호손연구

1924년에서 1939년 호손공장에서 수행되었던 현장실험으로 물리적 작업환경보다 근로자들의 의사소통 등 인간관계가 더 중요하다는 것을 파악하게 된 연구이다.

30 레윈(K. Lewin)의 조직변화의 과정으로 옳은 것은?

① 점검(Checking) – 비전(Vision) 제시 – 교육(Education) – 안정(Stability)

② 구조적 변화 – 기술적 변화 – 생각의 변화
③ 진단(Diagnosis) – 전환(Transformation) – 적응(Adaptation) – 유지(Maintenance)
④ 해빙(Unfreezing) – 변화(Changing) – 재동결(Refreezing)

해설

레윈(K. Lewin)의 조직변화의 과정

- 해빙(Unfreezing) : 조직이나 개인이 현재의 행동이나 상태에서 벗어나 변화의 필요성을 인식하게 되는 단계
- 변화(Changing) : 새로운 정보나 행동, 접근 방법, 과정, 구조 등을 도입하거나 실험
- 재동결(Refreezing) : 새로운 정보나 행동이 조직 내에서 일상적이고 지속적으로 이루어지도록 하는 단계

31 직업 스트레스 모델에 관한 설명으로 옳지 않은 것은?

① 노력 – 보상 불균형 모델(Effort – Reward Imbalance Model)은 직장에서 제공하는 보상이 종업원의 노력에 비례하지 않을 때 종업원이 많은 스트레스를 느낀다고 주장한다.
② 요구 – 통제 모델(Demands – Control Model)에 따르면 작업장에서 스트레스가 가장 높은 상황은 종업원에 대한 업무 요구가 높고 동시에 종업원 자신이 가지는 업무통제력이 많을 때이다.
③ 직무요구 – 자원 모델(Job Demands – Resources Model)은 업무량 이외에도 다양한 요구가 존재한다는 점을 인식하고, 이러한 다양한 요구가 종업원의 안녕과 동기에 미치는 영향을 연구한다.
④ 자원보존 모델(Conservation of Resources Model)은 자원의 실제적 손실 또는 손실의 위협이 종업원에게 스트레스를 경험하게 한다고 주장한다.

◉ **ANSWER** | 28 ③   29 ④   30 ④   31 ②

요구 – 통제모델별 상호작용
- 직무요구는 낮고 직무통제가 높은 경우 직무 스트레스가 적다.
- 직무요구는 높고 직무통제가 낮은 경우 직무 스트레스가 높다.

32 다음 중 산업재해의 인적 요인이라고 볼 수 없는 것은?

① 작업 환경
② 불안전행동
③ 인간 오류
④ 사고 경향성

작업환경은 환경적 요인이다.

33 인간의 일반적인 정보처리 순서에서 행동실행 바로 전 단계에 해당하는 것은?

① 자극
② 지각
③ 결정
④ 감각

인간의 정보처리 순서
자극 → 감각 → 지각 → 결정(인지) → 행동실행

34 산업재해이론 중 하인리히(H. Heinrich)가 제시한 이론에 관한 설명으로 옳은 것은?

① 매트릭스 모델(Matrix model)을 제안하였으며, 작업자의 긴장수준이 사고를 유발한다고 보았다.
② 사고의 원인이 어떻게 연쇄반응을 일으키는지 도미노(Domino)를 이용하여 설명하였다.
③ 재해는 관리부족, 기본원인, 직접원인, 사고가 연쇄적으로 발생하면서 일어나는 것으로 보았다.
④ 재해의 직접적인 원인은 불안전행동과 불안전상태를 유발하거나 방치한 전술적 오류에서 비롯된다고 보았다.

① 하돈(W. Haddon)의 매트릭스 모델은 사고 발생 전, 사고 당시, 사고 발생 후 각 상황에서 피해 최소화를 위한 영역을 분석하며, 사고에 관련된 요인을 사람(Host), 원인인자(Agent), 물리적 환경(Physical Environment), 사회적 환경(Social Environment) 4가지로 구분한다.
③ 버드(F. Bird)는 하인리히의 도미노 이론을 새로운 도미노 이론으로 재해는 관리부족, 기본원인, 직접원인, 사고가 연쇄적으로 발생하면서 일어나는 것으로 보았다.
④ 아담스(E. Adams)는 사고연쇄반응 이론을 제시하며 재해의 직접적인 원인은 불안전행동과 불안전상태를 유발하거나 방치한 전술적 오류에서 비롯된다.

35 산업심리의 5대 요소가 아닌 것은?

① 동기
② 기질
③ 감정
④ 지능

산업심리 5대 요소
동기, 기질, 감정, 습성, 습관

36 스트레스 반응에 영향을 주는 요인 중 개인적 특성에 관한 요인이 아닌 것은?

① 심리상태
② 개인의 능력
③ 신체적 조건
④ 작업시간의 차이

스트레스 반응에 영향을 주는 개인적 특성
심리상태, 개인의 능력, 신체적 조건

37 모랄서베이(Morale Survey)의 주요 방법으로 적절하지 않은 것은?

① 관찰법
② 면접법
③ 강의법
④ 질문지법

◉ ANSWER | 32 ① 33 ③ 34 ② 35 ④ 36 ④ 37 ③

◯해설

모럴서베이 주요 방법

질문지법, 면접법, 집단토의법, 관찰법

38 생체리듬(Biorhythm)의 종류에 해당하지 않는 것은?

① Critical rhythm
② Physical rhythm
③ Intellectual rhythm
④ Sensitivity rhythm

◯해설

생체리듬(Biorhythm)

인체에 신체, 감성, 지성의 세 가지 주기가 있으며 이 세 가지 주기가 생년월일의 입력에 따라 어떤 패턴으로 나타나고 이 패턴의 조합에 따라 능력이나 활동 효율에 차이가 있다는 주장이다. 신체(Physical cycle)는 23일, 감성(Emotional cycle)은 28일 그리고 지성(Intellectual cycle)은 33일을 주기로 한다.

39 에너지대사율(RMR)의 따른 작업의 분류에 따라 보통작업의 RMR 범위는?

① 0~2
② 2~4
③ 4~7
④ 7~9

◯해설

에너지대사율(RMR) 범위

- 초경작업 : 0~1
- 경작업 : 1~2
- 보통작업 : 2~4
- 중작업 : 4~7
- 초중작업 : 7 이상

40 조직 구성원의 태도는 조직성과와 밀접한 관계가 있는데 태도(Attitude)의 3가지 구성요소에 포함되지 않는 것은?

① 인지적 요소
② 정서적 요소
③ 성격적 요소
④ 행동경향 요소

◯해설

태도의 세 가지 구성요소

인지적, 정서적, 행동경향 요소

3과목 **인간공학 및 시스템안전공학**

41 서로 독립인 기본사상 a, b, c로 구성된 아래의 결함수(Fault Tree)에서 정상사상 T에 관한 최소절단집합(Minimal Cut Set)을 모두 구하면?

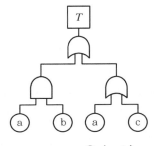

① {a}
② {a, b}
③ {a}, {c}
④ {a}, {b}

◯해설

FT도 최소컷셋 구하기

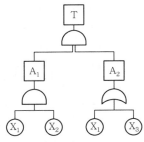

- AND 가로 $T = (A_1 A_2) = (X_1 X_2) \left(\dfrac{X_1}{X_3} \right)$

- OR 세로 $= \begin{pmatrix} X_1 X_2 X_1 \\ X_1 X_2 X_3 \end{pmatrix} = \begin{pmatrix} X_1 X_2 \\ X_1 X_2 X_3 \end{pmatrix}$

최소컷셋이므로 타컷셋 포함된 X_1, X_2를 포함하고 있는 $(X_1 X_2 X_3)$ 제외
즉, 최소컷셋은 (X_1, X_2)

◉ **ANSWER** | 38 ① 39 ② 40 ③ 41 ②

42 원인결과분석(CCA)기법에 관한 기술지침상 원인결과분석의 평가절차를 순서대로 옳게 나열한 것은?

> ㄱ. 안전요소의 확인
> ㄴ. 최소컷세트 평가
> ㄷ. 사건수의 구성
> ㄹ. 평가할 사건의 선정
> ㅁ. 결과의 문서화
> ㅂ. 결함수의 구성

① ㄱ → ㄹ → ㄷ → ㅂ → ㄴ → ㅁ
② ㄱ → ㄹ → ㅂ → ㄴ → ㄷ → ㅁ
③ ㄷ → ㅂ → ㄴ → ㄹ → ㄱ → ㅁ
④ ㄹ → ㄱ → ㄷ → ㅂ → ㄴ → ㅁ

● 해설

KOSHA GUIDE X-43-2011 원인결과분석기법

원인결과분석(Cause Consequence Analysis, CCA) 이라 함은 FTA 및 ETA를 결합한 것으로, 잠재된 사고의 결과 및 근본적인 원인을 찾아내고, 사고결과와 원인 사이의 상호관계를 예측하며, 리스크를 정량적으로 평가하는 리스크 평가기법을 말한다.

원인결과분석의 평가흐름도

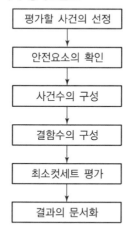

```
평가할 사건의 선정
      ↓
 안전요소의 확인
      ↓
  사건수의 구성
      ↓
 결함수의 구성
      ↓
 최소컷세트 평가
      ↓
  결과의 문서화
```

43 인간공학적 동작 경제원칙에 관한 내용으로 옳지 않은 것은?

① 양손은 동시에 시작하고 동시에 끝나지 않도록 한다.
② 양팔의 동작은 동시에 서로 반대방향으로 대칭적으로 움직이도록 한다.
③ 손과 신체동작은 작업을 원만하게 수행할 수 있는 범위 내에서 가장 낮은 동작 등급을 사용하도록 한다.
④ 족답장치를 활용하여 양손이 다른 일을 할 수 있도록 한다.

● 해설

인간공학적 동작경제 3원칙

1. 인체 사용에 관한 원칙
   • 양손은 동시에 시작하고 동시에 끝나도록 한다.
   • 양팔의 동작은 동시에 서로 반대방향으로 대칭적으로 움직이도록 한다.
   • 손과 신체동작은 작업을 원만하게 수행할 수 있는 범위 내에서 가장 낮은 동작 등급을 사용하도록 한다.
   • 휴식시간을 제외하고는 양손이 동시에 쉬지 않도록 한다.
   • 가능한 한 관성을 이용하여 작업하도록 하되, 작업자가 관성을 억제해야 하는 경우에는 관성을 최소한 줄인다.
   • 손의 동작은 부드럽고 연속적인 동작이 되도록 하며, 방향이 갑작스럽게 바뀌는 직선동작은 피한다.
   • 탄도동작은 제한 · 통제된 동작보다 더 신속 · 용이 · 정확하다.
   • 동작이 자연스러운 리듬에 맞추어 움직일 수 있도록 한다.

2. 작업장 배치에 관한 원칙
   • 공구 · 재료 · 제어장치는 지정된 위치에 둔다.
   • 공구 · 재료 · 제어장치는 작업 순서에 맞게 둔다.
   • 물건을 이동할 때 중력을 이용할 수 있도록 한다.
   • 적절한 조도를 유지한다.
   • 작업대와 의자는 높낮이가 조정되도록 한다.

3. 공구 및 설비 설계에 관한 원칙
   • 족답장치를 활용하여 양손이 다른 일을 할 수 있도록 한다.

● ANSWER | 42 ④ 43 ①

- 2가지 이상의 기능을 하는 공구는 하나로 결합한다.
- 공구는 사용하기 쉬운 위치에 둔다.
- 손의 부담을 덜기위해 발을 이용하는 기구를 사용한다.
- 조작반은 몸의 자세를 크게 바꾸지 않고 사용할 수 있도록 배치한다.

44 부품 신뢰도가 A인 동일한 4개의 부품을 병렬로 연결하였을 때 전체시스템의 신뢰도는 0.9984가 되었다. 이 부품 신뢰도 A는 얼마인가?

① 0.5   ② 0.6
③ 0.7   ④ 0.8

해설

각 부품의 신뢰도가 A이면, 전체시스템의 신뢰도는 $1-(1-A)\times 4$로 나타낼 수 있으며 문제에서 이 값은 0.9984라 하였으므로 $1-(1-A)\times 4 = 0.9984$, $(1-A)\times 4 = 0.0016$, 따라서 A=0.8

45 안전성평가 6단계에서 단계별 내용으로 옳지 않은 것은?

① 2단계 : 정성적 평가
② 3단계 : 정량적 평가
③ 4단계 : 안전대책
④ 6단계 : ETA에 의한 재평가

해설

안전성평가 6단계
- 1단계 : 관계자료 검토
- 2단계 : 정성적 평가
- 3단계 : 정량적 평가
- 4단계 : 안전대책 수립
- 5단계 : 재해정보에 의한 재평가
- 6단계 : FTA에 의한 재평가

46 인간−기계시스템 설계과정 6단계를 순서대로 옳게 나열한 것은?

> ㄱ. 시스템 정의
> ㄴ. 목표 및 성능명세 결정
> ㄷ. 기본설계
> ㄹ. 인터페이스 설계
> ㅁ. 촉진물, 보조물 설계
> ㅂ. 시험 및 평가

① ㄱ → ㄴ → ㄷ → ㄹ → ㅁ → ㅂ
② ㄱ → ㄴ → ㄹ → ㄷ → ㅁ → ㅂ
③ ㄱ → ㄷ → ㄴ → ㅁ → ㄹ → ㅂ
④ ㄴ → ㄱ → ㄷ → ㄹ → ㅁ → ㅂ

해설

인간−기계시스템 설계과정의 순서
목표 및 성능명세 결정 → 시스템 정의 → 기본설계 → 인터페이스 설계 → 촉진물, 보조물 설계 → 시험 및 평가

47 A부품의 고장확률 밀도함수는 평균고장률이 시간당 $10-2$인 지수분포를 따르고 있다. 이 부품을 180분 작동시켰을 때의 불신뢰도는?(단, 소수점 셋째 자리에서 반올림하여 소수점 둘째 자리까지 구하시오.)

① 0.03   ② 0.05
③ 0.95   ④ 0.97

해설

지수분포를 따르는 고장확률 밀도함수 $f(t)$의 식은 다음과 같다.
$$f(t) = \lambda e^{-\lambda t}$$
    여기서, λ : 평균고장률, t : 시간
위 식을 시간 t에 대해 적분한 지수분포의 불신뢰도(누적고장확률)의 식은 다음과 같다.
$$F(t) = 1 - e^{-\lambda t}$$
위 불신뢰도(누적고장확률) 식에 문제에서 주어진 평균고장률과 시간을 대입하면,
$$F(3) = 1 - e^{-\frac{1}{100}\times 3} = 1 - e^{-0.03}$$
$$\fallingdotseq 1 - 0.9704 \fallingdotseq 0.0296 \fallingdotseq 0.03$$

48 Chapanis가 정의한 위험의 확률수준과 그에 따른 위험발생률로 옳은 것은?

① 전혀 발생하지 않는(Impossible) 발생빈도 : 10^{-8}/day
② 극히 발생할 것 같지 않은(Extremely Unlikely) 발생빈도 : 10^{-7}/day
③ 거의 발생하지 않는(Remote) 발생빈도 : 10^{-6}/day
④ 가끔 발생하는(Occasional) 발생빈도 : 10^{-5}/day

해설

확률 수준	발생 빈도
극히 발생하지 않는(Impossible)	$>10^{-8}$/day
매우 가능성이 없는(Extremely Unlikely)	$>10^{-6}$/day
거의 발생하지 않는(Remote)	$>10^{-5}$/day
가끔 발생하는(Occasional)	$>10^{-4}$/day
가능성이 있는(Reasonably Probable)	$>10^{-3}$/day
자주 발생하는(Frequent)	$>10^{-2}$/day

49 안전교육의 단계별 과정 중 태도교육의 내용이 아닌 것은?

① 작업에 필요한 안전규정 숙지
② 공구·보호구 등의 관리 및 취급태도의 확립
③ 작업 전후 점검 및 검사요령의 정확화 및 습관화
④ 작업지시·전달 등의 언어·태도의 정확화 및 습관화

해설

작업에 필요한 안전규정 숙지는 지식교육이다.

50 학습지도원리에 해당하지 않는 것은?

① 자발성의 원리
② 개별화의 원리
③ 사회화의 원리
④ 도미노 이론의 원리

해설

도미노 이론

하인리히(H. Heinrich)가 주장한 것으로 재해를 방지하기 위해서는 전단계의 도미노인 불안전한 상태, 불안전한 행동의 직·간접 원인에 해당하는 도미노를 제거하여야 한다는 이론이다.

51 인간 – 기계 시스템에서 표시장치(Display)와 조종장치(Control)의 설계에 관한 내용으로 옳지 않은 것은?

① 작업자의 즉각적 행동이 필요한 경우에 청각적 표시장치가 시각적 표시장치보다 유리하다.
② 330m 이상 정도의 장거리에 신호를 전달하고자 할 때는 청각 신호의 주파수를 1,000Hz 이하로 하는 것이 좋다.
③ 광삼현상으로 인해 음각(검은 바탕의 흰 글씨)의 글자 획폭(Stroke Width)은 양각(흰 바탕의 검은 글씨)보다 작은 값이 권장된다.
④ 조종 – 반응비(C/R비)가 작을수록 조종장치와 표시장치의 민감도가 낮아져 미세조종에 유리하다.

해설

• 조종 – 반응비(Control/Response Ratio)는 표시장치 이동거리 조종장치의 이동거리로 나타낼 수 있다.
• 조종–반응비가 작을수록 조종장치와 표시장치의 민감도가 높아져 미세조종이 어렵다.

① 청각적 표시장치는 시각적 표시장치보다 더 빠르게 반응할 수 있도록 한다.
② 낮은 주파수의 소리는 더 멀리 전파된다.
③ 광삼현상으로 인해 음각의 글자가 더 크게 보일 수 있으므로, 음각의 글자 획폭은 양각보다 작게 하는 것이 좋다.

---

52 근골격계부담작업 유해성 평가를 위한 인간공학적 도구에 관한 내용으로 옳지 않은 것은?

① NLE는 중량물의 수평 이동거리를 평가에 반영한다.

② REBA는 동작의 반복성을 평가에 반영한다.

③ QEC는 작업자의 주관적 평가 과정이 포함되어 있다.

④ OWAS는 중량물 취급 정도를 평가에 반영한다.

해설

ⓐ NLE(NIOSH Lifting Equation)
- NIOSH에서는 1981년 들기작업에 대한 안전 작업지침을 발표하였다. 이 지침은 작업장에서 가장 빈번히 일어나는 들기작업에 있어 안전작업무게(AL : Action Limit)와 최대허용무게(MPL : Maximum Permissible Limit)를 제시하여, 들기작업에서 위험 요인을 찾아 제거할 수 있도록 하였다.
- 1981년 NIOSH 가이드라인
미국의 NIOSH 가이드라인에서는 인력운반작업 특히 리프팅 작업 상황에서는 작업 대상물의 최대 무게를 산출하는 것에 대한 안전기준을 개발하였다.
그런데 이 기준은 앞에서 언급한 4가지 방법(역학적, 생체역학적, 생리학적, 정신물리학적 방법)들 모두에 기초하여 다음과 같은 상황을 기본 가정(대칭 리프팅, 부드러운 동작, 비제한적인 자세, 잡기가 용이한 구조)으로 삼았다. NIOSH 기준은 1981년, 1991년 두 번에 걸쳐 안전 기준을 제시했는데 처음 발표한 1981년 기준에서는 두 단계의 안전 기준을 제시하고 있다.

$$AL(kg중) = 40(15/H) \times (1 - 0.004IV - 751)$$
$$\times (0.7 + 7.5D) \times (1 - F/fm)$$

여기서, H(Cm) : 작업 대상물을 들어 올리는 지점에서 양 발목 사이의 중간지점과 작업대상물까지의 수평거리
V(Cm) : 바닥에서 작업대상물까지의 수직거리
D(Cm) : 작업 대상물을 들어올리는 시작지점에서부터 목표 지점까지의 수직이동거리

F : 분당 들어 올리는 횟수
Fmax : 작업 시간 및 작업 대상물의 위치에 따라 결정되는 제일 많이 들어 올리는 횟수

ⓑ REBA
Sue Hignett &Lynn Mcatamney이 1998년에 개발하였다. 근골격계질환(직업성상지질환)과 관련한 위해인자에 대한 개인작업자의 노출정도를 평가하기 위한 목적으로 개발되었으며, 특히 상지작업을 중심으로 한 RULA와 비교하여 간호사 등과 같이 예측하기 힘든 다양한 자세에서 이루어지는 서비스업에서의 전체적인 신체에 대한 부담정도와 위해인자에의 노출정도를 분석하기 위한 목적으로 개발되었다. REBA는 크게 신체부위별 작업자세를 나타내는 그림과 4개의 배점표로 구성되어 있다. 평가대상이 되는 주요 작업요소로는 반복성, 정적작업, 힘, 작업자세, 연속작업 시간 등이 고려되어 지게 된다. 평가방법은 크게 신체부위별로 A와 B 그룹으로 나누어지고 A, B의 각 그룹별로 작업자세 그리고 근육과 힘에 대한 평가로 이루어진다. 평가 결과는 1에서 15점 사이의 총점으로 나타내어지며 점수에 따라 5개의 조치단계(Action level)로 분류되어진다.

ⓒ QEC(Quick Exposure Checklist)
- The QEC system(Li and Buckle, 1999b)
- QEC 시스템은 작업시간, 부적절한 자세, 무리한 힘, 반복된 동작 같은 근골격계질환을 유발시키는 작업장 위험 요소를 평가하는데 초점이 맞추어졌다.
- QEC는 분석자의 분석결과와 작업자의 설문결과가 조합되어 평가가 이루어지므로 객관적 평가가 가능하다.
- 평가 항목으로는 허리, 어깨/팔, 손/손목, 목 부분으로서 상지질환을 평가하는 척도로 사용된다.

ⓓ OWAS
- Karhu 등(1977)이 철강업에서 작업자들의 부적절한 작업자세를 정의하고 평가하기 위해 개발한 대표적인 작업자세 평가기법이다. 이 방법은 대표적인 작업을 비디오로 촬영하여, 신체부위별로 정의된 자세기준에 따라 자세를 기록해 코드화하여 분석하는 기법이다.
- 작업자세 분류체계 : OWAS는 분석자가 작업자세를 관찰해 코드로 기록하는 방식을 이용하고 있으며, 이를 위해서는 작업자세를 분류한 분류체계가 필요하다. OWAS의 작업자세

분류 체계는 인간의 동작 및 자세를 매우 단순화한 거시적 작업자세 분류 체계이다. 이 분류 체계에서는 허리, 팔, 다리 세 신체 부위의 작업자세를 분류하고 있다. 그리고 이 분류체계에서는 작업 자세 이외에 취급하는 작업물의 하중 및 힘(Effort)도 고려하고 있다. 이 기준에 의하여 작업자세를 모두 84가지로 나누었고, 여기에 하중/힘 조건 3가지를 고려하면 모두 252개의 조합이 나온다.

53 예방보전에 해당하지 않는 것은?

① 기회보전　　　② 고장보전
③ 수명기반보전　④ 시간기반보전

해설
고장보전은 사후보전에 해당한다.

54 다음에서 설명하고 있는 위험성평가 기법은?

- 초기 개발 단계에서 시스템 고유의 위험성을 파악하고 예상되는 재해의 위험수준을 결정한다.
- 시스템 내의 위험요소가 어떤 위험 상태에 있는가를 평가하는 정성적인 기법이다.

① CA　　　② FMEA
③ MORT　④ PHA

해설
예비위험분석(PHA, Preliminary Hazard Analysis)
초기 개발 단계에서의 위험성을 확인하기 위한 정성적 위험성평가 기법으로 공정이나 절차에 관한 상세한 정보를 얻을 수 없기 때문에 위험물질과 주공정 요소에 초점을 맞추어 분석한다.

55 시스템 안전성 확보를 위한 방법이 아닌 것은?

① 위험상태 존재의 최소화
② 중복설계(Redundancy)의 배제
③ 안전장치의 채용
④ 경보장치의 채택

해설
중복설계는 예비 구성품을 갖추어 전체 기능이 정지되지 않도록 조치하기 위한 설계방식이므로 중복설계의 배제는 시스템 안전성 확보를 위한 방법에 해당되지 않는다.

56 안전성평가 종류 중 기술개발의 종합평가(Technology Assessment)에서 단계별 내용으로 옳지 않은 것은?

① 1단계 : 생산성 및 보전성
② 2단계 : 실현 가능성
③ 3단계 : 안전성 및 위험성
④ 4단계 : 경제성

해설
기술개발의 종합평가(Technology Assessment) 단계별 내용
- 1단계 : 사회 복리 기여도
- 2단계 : 실현 가능성
- 3단계 : 안전성 및 위험성
- 4단계 : 경제성
- 5단계 : 종합평가

57 시스템의 수명곡선(욕조곡선)에 있어서 디버깅(Debugging)에 관한 설명으로 옳은 것은?

① 초기 고장의 결함을 찾아 고장률을 안정시키는 과정이다.
② 우발 고장의 결함을 찾아 고장률을 안정시키는 과정이다.
③ 마모 고장의 결함을 찾아 고장률을 안정시키는 과정이다.
④ 기계결함을 발견하기 위해 동작시험을 하는 기간이다.

해설
시스템 수명곡선은 욕조모양의 곡선형태를 보이고 있다. 이곡선의 좌측 고장률 초기 고장 기간의 고장률을 안정화시키기 위한 과정을 디버깅이라 한다.

◉ ANSWER │ 53 ② 54 ④ 55 ② 56 ① 57 ①

58 다음 ( )에 들어갈 것으로 옳은 것은?

> ( )는 330건의 사고가 발생하는 가운데 중상 또는 사망 1건, 경상 29건, 무상해 사고 300건의 비율로 재해가 발생한다는 법칙을 주장하였다.

① 버드(F. Bird)
② 아담스(E. Adams)
③ 시몬즈(R. Simonds)
④ 하인리히(H. Heinrich)

◁해설▷

하인리히의 1 : 29 : 300 법칙
1건의 중상이 발생할 때 동일한 원인으로 29건의 경상, 300건의 무상해 사고가 발생된다는 이론이다.

59 태양광선이 내리쬐는 옥외장소의 자연습구온도 20℃, 흑구온도 18℃, 건구온도 30℃일 때 습구흑구온도지수(WBGT)는?

① 20.6℃   ② 22.5℃
③ 25.0℃   ④ 28.5℃

◁해설▷

- 태양광이 내리쬐는 장소 = 옥외기준
- 옥외 WBGT = 0.7×자연습구온도 + 0.2
  ×흑구온도 + 0.1×건구온도
  = 0.7×20 + 0.2×18 + 0.1×30
  = 20.6℃

60 불(Bool)대수의 정리를 나타낸 관계식 중 틀린 것은?

① $A \cdot 0 = 0$ ② $A + 1 = 1$
③ $A \cdot \overline{A} = 1$ ④ $A(A + B) = A$

◁해설▷

- $A + 0 = A$
- $A \cdot 0 = 0$
- $A + A = A$
- $A \cdot A = A$
- $\overline{\overline{A}} = A$
- $A + 1 = 1$
- $A \cdot 1 = A$
- $A + \overline{A} = 1$
- $A \cdot \overline{A} = 0$
- $A + AB = A$

- $A(A + B) = A$
- $A + \overline{A}B = A + B$
- $(A + B)(A + C) = A + BC$

4과목 건설시공학

61 지반개량공법 중 동다짐(Dynamic Compaction)공법의 특징으로 옳지 않은 것은?

① 시공 시 지반진동에 의한 공해문제가 발생하기도 한다.
② 지반 내에 암괴 등의 장애물이 있으면 적용이 불가능하다.
③ 특별한 약품이나 자재를 필요로 하지 않는다.
④ 깊은 심도의 지반개량에 대해서는 초대형 장비가 필요하다.

◁해설▷

모래지반 개량공법인 동다짐은 지중 암괴 등의 장애물과 무관하게 시공이 가능하다.

62 흙막이 공법 중 지하연속벽(Slurry Wall)공법에 대한 설명으로 옳지 않은 것은?

① 흙막이벽 자체의 강도, 강성이 우수하기 때문에 연약지반의 변형 및 이면침하를 최소한으로 억제할 수 있다.
② 차수성이 좋아 지하수가 많은 지반에도 사용할 수 있다.
③ 시공 시 소음, 진동이 작다.
④ 다른 흙막이벽에 비해 공사비가 적게 든다.

◁해설▷

지하연속벽공법
Top Down 공법에 적용되는 첨단공법으로 다른 흙막이벽에 비해 공사비가 많이 들고, 기술력이 필요하다.

63 외관검사 결과 불합격된 철근가스압접 이음부의 조치내용으로 옳지 않은 것은?

① 심하게 구부러졌을 때는 재가열하여 수정한다.
② 압접면의 엇갈림이 규정값을 초과했을 때는 재가열하여 수정한다.
③ 형태가 심하게 불량하거나 또는 압접부에 유해하다고 인정되는 결함이 생긴 경우는 압접부를 잘라내고 재압접한다.
④ 철근중심축의 편심량이 규정값을 초과했을 때는 압접부를 떼어내고 재압접한다.

> **해설**
> 철근 이음 시 가스압접면 엇갈림이 규정값을 초과하게 될 경우 인장력 손실 방지를 위해 폐기해야 한다.

64 설계도와 시방서가 명확하지 않거나 설계는 명확하지만 공사비 총액을 산출하기 곤란하고 발주자가 양질의 공사를 기대할 때 채택될 수 있는 가장 타당한 도급방식은?

① 실비정산 보수가산식 도급
② 단가 도급
③ 정액 도급
④ 턴키 도급

> **해설**
> **실비정산 보수가산식 도급**
> 설계도와 시방서가 명확하지 않거나 설계는 명확하지만 공사비 총액을 산출하기 곤란하고 발주자가 양질의 공사를 기대할 때 채택될 수 있는 가장 타당한 도급방식

65 바닥판 거푸집의 구조계산 시 고려해야 하는 연직하중에 해당하지 않는 것은?

① 작업하중
② 충격하중
③ 고정하중
④ 굳지 않은 콘크리트의 측압

> **해설**
> 연직하중 = 고정하중 + 충격하중 + 작업하중

66 소규모 건축물을 조적식 구조로 담을 쌓을 경우 최대 높이 기준으로 옳은 것은?

① 2m 이하   ② 2.5m 이하
③ 3m 이하   ④ 3.5m 이하

> **해설**
> 소규모 건축물을 조적식 구조로 담쌓기 높이 : 3미터 이하

67 네트워크 공정표에 사용되는 용어에 관한 설명으로 옳지 않은 것은?

① 크리티컬 패스(Critical Path) : 개시 결합점에서 종료 결합점에 이르는 가장 긴 경로
② 더미(Dummy) : 결합점이 가지는 여유시간
③ 플로트(Float) : 작업의 여유시간
④ 패스(Path) : 네트워크 중에서 둘 이상의 작업이 이어지는 경로

> **해설**
> • 더미(Dummy) : 가상작업(순서만 정해주고, 소요시간은 없음)
> • 슬랙(Slack) : 결합점이 가지는 여유시간

68 거푸집공사(ForM Work)에 관한 설명으로 옳지 않은 것은?

① 거푸집널은 콘크리트의 구조체를 형성하는 역할을 한다.
② 콘크리트 표면에 모르타르, 플라스터 또는 타일붙임 등의 마감을 할 경우에는 평활하고 광택 있는 면이 얻어질 수 있도록 철제 거푸집(Metal Form)을 사용하는 것이 좋다.

◉ ANSWER | 63 ② 64 ① 65 ④ 66 ③ 67 ② 68 ②

③ 거푸집공사비는 건축공사비에서의 비중이 높으므로, 설계단계부터 거푸집 공사의 개선과 합리화 방안을 연구하는 것이 바람직하다.

④ 폼타이(Form Tie)는 콘크리트를 타설할 때, 거푸집이 벌어지거나 우그러들지 않게 연결, 고정하는 긴결재이다.

> **해설**
> 콘크리트 표면에 모르타르, 플라스터, 타일붙임 등의 마감을 할 경우에는 부착성 향상을 위해 광택 있는 면이 없도록 하는 것이 유리하다.

69 철근의 피복두께를 유지하는 목적이 아닌 것은?

① 부재의 소요 구조 내력 확보
② 부재의 내화성 유지
③ 콘크리트의 강도 증대
④ 부재의 내구성 유지

> **해설**
> **피복두께 유지의 목적**
> • 내화성 증대   • 내구성 확보
> • 방청성 확보   • 부착성 확보

70 철골구조의 내화피복에 관한 설명으로 옳지 않은 것은?

① 조적공법은 용접철망을 부착하여 경량모르타르, 펄라이트 모르타르와 플라스터 등을 바름하는 공법이다.
② 뿜칠공법은 철골표면에 접착제를 혼합한 내화피복재를 뿜어서 내화피복을 한다.
③ 성형판 공법은 내화단열성이 우수한 각종 성형판을 철골 주위에 접착제와 철물 등을 설치하고 그 위에 붙이는 공법으로 주로 기둥과 보의 내화피복에 사용된다.
④ 타설공법은 아직 굳지 않은 경량콘크리트나 기포모르타르 등을 강재주위에 거푸집을 설치하여 타설한 후 경화시켜 철골을 내화피복하는 공법이다.

> **해설**
> **조적공법**
> 벽돌이나 콘크리트 블록으로 내화성능을 확보하기 위한 공법이다.

71 철근콘크리트에서 염해로 인한 철근의 부식 방지대책으로 옳지 않은 것은?

① 콘크리트 중의 염소 이온량을 적게 한다.
② 에폭시 수지 도장 철근을 사용한다.
③ 방청제 투입을 고려한다.
④ 물-시멘트비를 크게 한다.

> **해설**
> 철근의 부식 3요소는 물, 산소, 전해질이며, 부식방지를 위해서는 C/W, 즉 물-시멘트비를 적게 해야 한다. 철근콘크리트의 원칙은 물-시멘트비를 적게 하는 것이다.

72 통상적으로 스팬이 큰 보 및 바닥판의 거푸집을 걸 때에 스팬의 캠버(Camber)값으로 옳은 것은?

① 1/300~1/500
② 1/200~1/350
③ 1/150~/1250
④ 1/100~1/300

> **해설**
> **캠버**
> 보 또는 바닥판의 처짐을 고려하여 위 솟음을 주는 값으로 거푸집의 캠버는 1/300~1/500 정도로 한다.

73 건축물의 지하공사에서 계측관리에 관한 설명으로 틀린 것은?

① 계측관리의 목적은 위험의 징후를 발견하는 것이다.
② 계측관리의 중점관리사항으로는 흙막이 변위에 따른 배면지반의 침하가 있다.
③ 계측관리는 인적이 뜸하고 위험이 적은 안전한 곳에 설치하여 주기적으로 실시한다.
④ 일일점검항목으로는 흙막이벽체, 주변지반, 지하수위 및 배수량 등이 있다.

◉ **ANSWER** | 69 ③ 70 ① 71 ④ 72 ① 73 ③

계측관리

거동상태확인을 위해 실시하는 것으로 건설공사로 인해 영향을 받는 범위 내 거동 이상의 가능성이 가장 높은 곳 위주로 설치해야 한다.

74 벽돌쌓기법 중에서 마구리를 세워 쌓는 방식으로 옳은 것은?

① 옆세워 쌓기   ② 허튼 쌓기
③ 영롱 쌓기   ④ 길이 쌓기

■ 해설

마구리를 세워 쌓는 방식 : 옆세워 쌓기

75 AE 콘크리트에 관한 설명으로 옳은 것은?

① 공기량은 기계비빔이 손비빔의 경우보다 적다.
② 공기량은 비벼놓은 시간이 길수록 증가한다.
③ 공기량은 AE제의 양이 증가할수록 감소하나 콘크리트의 강도는 증대한다.
④ 시공연도가 증진되고 재료분리 및 블리딩이 감소한다.

■ 해설

AE 콘크리트
• 공기량은 기계비빔이 손비빔보다 많다.
• 공기량은 비벼놓은 시간이 길수록 감소된다.
• AE제 양이 증가할수록 공기량도 증가하고 콘크리트의 강도는 낮아진다.

76 모래지반 흙막이 공사에서 널말뚝의 틈새로 물과 토사가 유실되어 지반이 파괴되는 현상은?

① 히빙 현상(Heaving)
② 파이핑 현상(Piping)
③ 액상화 현상(Liquefaction)
④ 보일링 현상(Boiling)

■ 해설

• 모래지반에서 발생되는 지하수 분출 현상 : 보일링 또는 파이핑
• 널말뚝 틈새에서 물과 토사가 유실되는 현상 : 파이핑

77 건축공사 시 각종 분할도급의 장점에 관한 설명으로 옳지 않은 것은?

① 전문공종별 분할도급은 설비업자의 자본, 기술이 강화되어 능률이 향상된다.
② 공정별 분할도급은 후속공사를 다른 업자로 바꾸거나 후속공사 금액의 결정이 용이하다.
③ 공구별 분할도급은 중소업자에게 균등기회를 주고, 업자 상호 간 경쟁으로 공사기일 단축, 시공기술 향상에 유리하다.
④ 직종별, 공종별 분할도급은 전문직종으로 분할하여 도급을 주는 것으로 건축주의 의도를 철저하게 반영시킬 수 있다.

■ 해설

건축공사 시 각종 분할도급(공사를 여러 업체가 나눠 시공하게 하는 도급)의 특징
• 전문공종별 분할도급은 설비업자의 자본, 기술이 강화되어 능률이 향상된다.
• 공정별 분할도급은 후속공사를 다른 업자로 바꾸거나 후속공사 금액의 결정이 어렵다.
• 공구별 분할도급은 중소업자에게 균등기회를 주고, 업자 상호 간 경쟁으로 공사기일 단축, 시공기술 향상에 유리하다.
• 직종별, 공종별 분할도급은 전문직종으로 분할하여 도급을 주는 것으로 건축주의 의도를 철저하게 반영시킬 수 있다.

78 두께 110mm의 일반구조용 압연강재 SS275의 항복강도(f_y)기준 값은?

① 275MPa 이상
② 265MPa 이상
③ 245MPa 이상
④ 235MPa 이상

◉ ANSWER | 74 ①   75 ④   76 ②   77 ②   78 ④

일반구조용 압연강재의 특성

종류의 기호	항복점 또는 항복강도(N/mm²)				인장 강도 (N/mm²)
	강재의 두께(mm)				
	16 이하	16 초과 40 이하	40 초과 100 이하	100 초과	
SS235	235 이상	225 이상	205 이상	195 이상	330~450
SS275	275 이상	265 이상	245 이상	235 이상	410~550
SS315	315 이상	305 이상	275 이상	275 이상	490~630
SS410	410 이상	400 이상	–	–	540 이상
SS450	450 이상	440 이상	–	–	590 이상
SS550	550 이상	540 이상	–	–	690 이상

79 각 거푸집에 관한 설명으로 옳은 것은?

① 트래블링 폼(Travelling Form) : 무량판 시공 시 2방향으로 된 상자형 기성재 거푸집이다.

② 슬라이딩 폼(Sliding Form) : 수평활동 거푸집이며, 거푸집 전체를 그대로 떼어 다음 사용 장소로 이동시켜 사용할 수 있도록 한 거푸집이다.

③ 터널 폼(Tunnel Form) : 한 구획 전체의 벽판과 바닥판을 ㄱ자형 또는 ㄷ자형으로 짜서 이동시키는 형태의 기성재 거푸집이다.

④ 와플 폼(Waffle Form) : 거푸집 높이는 약 1m이고 하부가 약간 벌어진 원형 철판 거푸집을 요크(Yoke)로 서서히 끌어올리는 공법으로 Silo 공사 등에 적당하다.

• 트래블링 폼(Travelling Form) : 수평으로 연속되도록 타설하는 거푸집으로 암거공사에 사용된다.

• 슬라이딩 폼(Sliding Form) : 수직활동 거푸집이며, 단면변화가 없는 구조에 사용된다.

• 터널 폼(Tunnel Form) : 한 구획 전체의 벽판과 바닥판을 ㄱ자형 또는 ㄷ자형으로 짜서 이동시키는 형태의 기성재 거푸집이다.

• 슬립 폼(Slip Form) : 거푸집 높이는 약 1m이고 하부가 약간 벌어진 원형 철판 거푸집을 요크(Yoke)로 서서히 끌어올리는 공법으로 Silo 공사 등에 적당하다.

• 와플 폼(Waffle Form) : 특수상자모양의 기성재 거푸집으로 2방향 장선바닥판 구조가 가능하며 격자 천장형식을 만들 때 사용한다.

80 피어기초공사에 관한 설명으로 옳지 않은 것은?

① 중량구조물을 설치하는 데 있어서 지반이 연약하거나 말뚝으로도 수직지지력이 부족하여 그 시공이 불가능한 경우와 기초지반의 교란을 최소화해야 할 경우에 사용한다.

② 굴착된 흙을 직접 탐사할 수 있고 지지층의 상태를 확인할 수 있다.

③ 진동과 소음이 발생하는 공법이긴 하나 여타 기초형식에 비하여 공기 및 비용이 적게 소요된다.

④ 피어기초를 채용한 국내의 초고층 건축물에는 63빌딩이 있다.

피어기초공사

• 중량구조물을 설치하는 데 있어서 지반이 연약하거나 말뚝으로도 수직지지력이 부족하여 그 시공이 불가능한 경우와 기초지반의 교란을 최소화해야 할 경우에 사용한다.

• 굴착된 흙을 직접 탐사할 수 있고 지지층의 상태를 확인할 수 있다.

• 무소음, 무진동 공법으로 도심지공사에 적합하다.

• 피어기초를 채용한 국내의 초고층 건축물에는 63빌딩이 있다.

5과목 건설재료학

81 블로운 아스팔트(Blown Asphalt)를 휘발성 용제에 녹이고 광물분말 등을 가하여 만든 것으로 방수, 접합부 충전 등에 쓰이는 아스팔트 제품은?

① 아스팔트 코팅(Asphalt Coating)
② 아스팔트 그라우트(Asphalt Grout)

◉ ANSWER | 79 ③ 80 ③ 81 ①

③ 아스팔트 시멘트(Asphalt Cement)

④ 아스팔트 콘크리트(Asphalt Concrete)

해설

아스팔트 코팅(Asphalt Coating)

블로운 아스팔트(Blown Asphalt)를 휘발성 용제에 녹이고 광물분말 등을 가하여 만든 것으로 방수, 접합부 충전 등에 쓰이는 아스팔트 제품이다.

아스팔트 제품명	용도
아스팔트 시멘트	고형상태의 아스팔트를 과열되지 않도록 인화점 이하에서 화기와 충분히 혼합하여 적당히 물러지게 액상으로 만든 것
아스팔트 그라우트 (Asphalt Grout)	지반이나 암반에 그라우팅 시 사용하는 재료로서 시멘트, 점토, 아스팔트용액 등으로 이루어진다.
아스팔트 콘크리트 (Asphalt Concrete)	모래와 자갈 등을 아스팔트와 배합한 것으로 강도가 높아 도로포장에 사용된다.

82 ALC의 우수한 물리적 성질로서 옳지 않은 것은?

① 경량성

② 단열성

③ 흡음·차음성

④ 수밀성, 방수성

해설

ALC(경량기포콘크리트)

가볍고 가공성이 우수하며 단열효과가 우수한 ALC는 기포층으로 인해 수밀성과 방수성은 취약하다.

83 점토제품 중 소성온도가 가장 고온이고 흡수성이 매우 작으며 모자이크 타일, 위생도기 등에 주로 쓰이는 것은?

① 토기

② 도기

③ 석기

④ 자기

해설

자기

점토제품 중 소성온도가 가장 고온이고 흡수성이 매우 작으며 모자이크 타일, 위생도기 등에 주로 쓰인다.

84 골재의 함수상태에서 유효흡수량의 정의로 옳은 것은?

① 습윤상태와 절대건조상태의 수량의 차이

② 표면건조포화상태와 기건상태의 수량의 차이

③ 기건상태와 절대건조상태의 수량의 차이

④ 습윤상태와 표면건조포화상태의 수량의 차이

해설

골재의 함수상태

㉠ 절대건조상태(Absolute Dry Condition : 절건상태)
 • 100~110℃의 온도에서 24시간 이상 골재를 건조시킨 상태
 • 골재입자 내부의 공극에 포함된 물이 전부 제거된 상태

㉡ 대기 중 건조상태(Air Dry Condition : 기건상태)
 • 자연 건조로 골재입자의 표면과 내부의 일부가 건조한 상태
 • 공기 속의 온·습도 조건에 대하여 평형을 이루고 있는 상태로 내부는 수분을 포함하고 있는 상태

㉢ 표면건조 내부포화상태(Saturated Surface Dry Condition : 표건상태)
 • 골재입자의 표면에 물은 없으나 내부의 공극에는 물이 가득 차 있는 상태
 • SSD 상태, 또는 표건상태라고도 함

㉣ 습윤상태(Wet Condition)
 골재입자의 내부에 물이 채워져 있고 표면에도 물에 젖어 있는 상태

㉤ 유효흡수량
 골재가 공기 중 건조상태로부터 표면건조 포화상태로 되기까지 흡수할 수 있는 수량이며 유효흡수율은 골재가 표면건조포화상태가 될 때까지 흡수하는 수량의, 절대건조상태의 골재질량에 대한 백분율이다.

85 도장재료 중 물이 증발하여 수지입자가 굳는 융착건조경화를 하는 것은?

① 알키드수지 도료

② 애폭시수지 도료

③ 불소수지 도료

④ 합성수지 에멀션 페인트

해설

도료 종류	특징
알키드수지 도료	알키드 수지를 사용해 만든 도료로 지방산 함유량에 따라 장유성, 중유성 단유성으로 구분된다.
애폭시수지 도료	경화제와의 반응 특성을 활용한 도료로 내열성, 절연성, 내약품성이 우수하다.
불소수지 도료	도료 수지구성이 불소수지를 주로 사용한 것으로 초내후성을 발휘하는 것이 특징이다.
합성수지 에멀션 페인트	수용성 페인트로세[물+유성(합성수지/기름)] 대표적인 것은 건축현장에서 흔히 외벽이나 내벽에 칠하는 수성 페인트[정확한 표현은 아크릴 에멀션(Acrylic Emusion) 수지 페인트]를 흔히 에멀션 페인트라 한다.

86 플라이애시 시멘트에 대한 설명으로 옳은 것은?

① 수화할 때 불용성 규산칼슘 수화물을 생성한다.

② 화력발전소 등에서 완전연소한 미분탄의 회분과 포틀랜드시멘트를 혼합한 것이다.

③ 재령 1~2시간 안에 콘크리트 압축강도가 20MPa에 도달할 수 있다.

④ 용광로의 선철제작 부산물을 급랭시키고 파쇄하여 시멘트와 혼합한 것이다.

해설

Fly Ash

화력발전소 등에서 완전 연소한 미분탄의 회분과 포틀랜드시멘트를 혼합한 것으로 수화열 저감을 위해 사용되며 부수적으로 장기강도의 증가효과도 있다.

고로 슬래그

제철소 용광로에서 선철 제조 시 발생되는 용융슬래그를 고화시킨 글래그로 수화열이 포틀랜드 시멘트 대비 적기 때문에 매시브한 콘크리트 구조물에 사용된다.

87 목재를 작은 조각으로 하여 충분히 건조시킨 후 합성수지와 같은 유기질의 접착제를 첨가하여 열압제판한 목재 가공품은?

① 파티클 보드(Paricle Board)

② 코르크판(Cork Board)

③ 섬유판(Fiber Board)

④ 집성목재(Glulam)

해설

목재제품 종류	특징
파티클 보드 (Paricle Board)	목재를 작은 조각으로 하여 충분히 건조시킨 후 합성수지와 같은 유기질의 접착제를 첨가하여 열압제판한 목재 가공품
코르크판 (Cork Board)	코르크를 사용한 것으로 소음수준 저감과 단열효과도 얻을 수 있다.
섬유판 (Fiber Board)	목재원료를 섬유상으로 해섬해 접착제를 사용해 건식방법으로 성형·열압한 판상제품
집성목재 (Glulam)	원목을 길이방향으로 규격화시켜 평행하게 배열해 접착시킨 목재

88 콘크리트의 혼화재료 중 혼화제에 속하는 것은?

① 플라이애시

② 실리카퓸

③ 고로슬래그 미분말

④ 고성능 감수제

해설

혼화재료

㉠ 혼화재

고로슬래그, 플라이애시, 실리카퓸과 같은 SiO_2 성분의 재료

㉡ 혼화제

혼화재로 기대할 수 없는 성능을 얻기 위해 시멘트 중량 대비 5% 미만을 사용하는 약제 개념의 혼화재료

• AE제 : 미세기포를 연행시켜 콘크리트의 Workability를 향상하기 위해 사용하는 화학적 혼화재료

• 유동화제 : 유동성 증진을 목적으로 감수제에 선응을 보강한 것

- Silica Fume : 집진기를 통해 각종 실리콘 합금을 제조하는 공정에서 얻는 초미립자로 고강도 콘크리트를 만드는 데 사용한다.
- 응결지연제 : 레미콘으로 콘크리트를 장거리로 운반하는 경우 콜드 조인트 방지를 위해 사용한다.

89 파손방지, 도난방지 또는 진동이 심한 장소에 적합한 망입(網入)유리의 제조 시 사용되지 않는 금속선은?

① 철선(철사) ② 황동선
③ 청동선 ④ 알루미늄선

◁해설▷

망입유리와 제조 시 사용되는 금속선

망입유리는 유리의 중앙부에 금속망이나 금속선을 삽입하여 성형한 유리로 충격에 강하며 파손 시 비산이 방지되어 안전하기 때문에 학교, 관공서, 공공시설, 방범, 방화용, 제연설비용이나 중문 등에 인테리어용으로 널리 사용된다. 금속선으로는 철선, 황동선, 알루미늄선이 사용된다.

90 수성페인트에 대한 설명으로 옳지 않은 것은?

① 수성페인트의 일종인 에멀션 페인트는 수성페인트에 합성수지와 유화제를 섞은 것이다.
② 수성페인트를 칠한 면은 외관은 온화하지만 독성 및 화재발생의 위험이 있다.
③ 수성페인트의 재료로 아교·전분·카세인 등이 활용된다.
④ 광택이 없으며 회반죽면 또는 모르타르면의 칠에 적당하다.

◁해설▷

수성·유성 페인트의 특징

- 수성페인트 : 가격이 싸다, 건조가 빠르다, 냄새가 없다, 독성 및 화재 발생의 위험이 없다.
- 유성페인트 : 가격이 비싸다, 건조시간이 오래 걸린다, 광택감이 있다.

91 다음 중 슬럼프 시험에 대한 설명으로 옳지 않은 것은?

① 슬럼프 시험 시 각 층을 50회 다진다.
② 콘크리트의 시공연도를 측정하기 위하여 행한다.
③ 슬럼프콘에 콘크리트를 3층으로 분할하여 채운다.
④ 슬럼프 값이 높을 경우 콘크리트는 묽은 비빔이다.

◁해설▷

슬럼프 테스트

콘크리트의 유연성 정도측정을 위한 시험으로 3단으로 층을 구성하며 각 층당 25회씩 다짐 후 콘을 들어 올려 슬럼프량을 측정한다.

92 목재의 결점 중 벌채 시의 충격이나 그 밖의 생리적 원인으로 인하여 세로축에 직각으로 섬유가 절단된 형태를 의미하는 것은?

① 수지낭 ② 미숙재
③ 컴프레션페일러 ④ 옹이

◁해설▷

목재의 결함	특징
컴프레션페일러 (Compression Failure)	목재의 결점 중 벌채 시의 충격이나 그 밖의 생리적 원인으로 인하여 세로축에 직각으로 섬유가 절단된 형태
수지낭	수지 주머니로 연륜간 결합력이 약해 강도가 약하게 되는 원인이 된다.
옹이	나무에 박힌 가지의 밑부분
미숙재 (Juvenile Wood)	수목의 일생 동안 수간의 중심부 주위에 발달되는 2차목부 조직으로 세포 길이가 안정되지 못해 매년 1% 이상의 신장률을 나타내는 목재

93 PVC 바닥재에 대한 일반적인 설명으로 옳지 않은 것은?

① 보통 두께 3mm 이상의 것을 사용한다.
② 접착제는 비닐계 바닥재용 접착제를 사용한다.

⊙ **ANSWER** | 89 ③ 90 ② 91 ① 92 ③ 93 ④

③ 바닥시트에 이용하는 용접봉, 용접액 혹은 줄눈재는 제조업자가 지정하는 것으로 한다.

④ 재료보관은 통풍이 잘 되고 햇빛이 잘 드는 곳에 보관한다.

PVC는 특히 열에 약해 변색 및 변형되므로 보관 시 햇빛에 노출되지 않도록 보관해야 한다.

94 발포제로서 보드상으로 성형하여 단열재로 널리 사용되며 천장재, 전기용품, 냉장고 내부상자 등으로 쓰이는 열가소성 수지는?

① 폴리스티렌수지
② 폴리에스테르수지
③ 멜라민수지
④ 메타크릴수지

수지 종류	특징
폴리스티렌수지	보드상으로 성형하여 단열재로 널리 사용되며 천장재, 전기용품, 냉장고 내부상자 등으로 쓰이는 열가소성 수지
폴리에스테르수지	유기산과 당알코올을 반응시켜 만든 합성수지로 물과 다양한 화학물질에 대한 저항력과 80도 정도의 온도까지 견딜 수 있다.
멜라민수지	멜라민과 포르말린을 축중합시켜 만들며 내열성, 내약품성, 내수성, 강도가 뛰어나 장식용 판자로 사용된다.
메타크릴수지	아크릴 수지로 통용되며 무색 투명성이 높고 외관도 우수해 플라스틱의 여왕으로 불린다.

95 목모시멘트판을 보다 향상시킨 것으로서 폐기목재의 삭편을 화학처리 하여 비교적 두꺼운 판 또는 공동블록 등으로 제작하여 마루, 지붕, 천장, 벽 등의 구조체에 사용하는 것은?

① 펄라이트시멘트판
② 후형슬레이드
③ 석면슬레이트
④ 듀리졸(Durisol)

① 펄라이트시멘트판 : 페라이트 조직과 시멘타이트를 적층시킨 판
② 후형슬레이트 : 슬레이트를 기와와 같은 크기로 만든 것
③ 석면슬레이트 : 석면이 함유된 슬레이트
④ 듀리졸(Durisol) : 폐기목재의 삭편을 화학처리하여 비교적 두꺼운 판 또는 공동블록 등으로 제작하여 마루, 지붕, 천장, 벽 등의 구조체에 사용

96 열경화성 수지에 해당하지 않는 것은?

① 염화비닐수지
② 페놀수지
③ 멜라민수지
④ 에폭시수지

열경화성 수지의 종류별 용도

수지(약호)	용도
페놀수지	적층품(판), 성형품
우레아수지	접착제, 섬유, 종이 가공품
멜라민수지	화장판, 도료
알키드수지	도료
불포화 폴리에스테르수지	FRP(성형품, 판)
에폭시수지	도료, 접착제, 절연재
규조수지	성형품(내열, 절연), 오일, 고무
폴리우레탄수지	발포제, 합성피혁, 접착제

97 자기질 점토제품에 관한 설명으로 옳지 않은 것은?

① 조직이 치밀하지만, 도기나 석기에 비하여 강도 및 점도가 약한 편이다.
② 1,230~1,460℃ 정도의 고온으로 소성한다.
③ 흡수성이 매우 낮으며, 두드리면 금속성의 맑은 소리가 난다.
④ 제품으로는 타일 및 위생도기 등이 있다.

자기질 점토
• 조직이 치밀하고 강도가 강하다.
• 1,230~1,460℃ 정도의 고온으로 소성한다.

- 흡수성이 매우 낮으며, 두드리면 금속성의 맑은 소리가 난다.
- 제품으로는 타일 및 위생도기 등이 있다.

98 목재의 방부처리법과 가장 거리가 먼 것은?

① 약제도포법 ② 표면탄화법
③ 진공탈수법 ④ 침지법

◆해설

목재의 방부처리법
- 약제도포법 : 목재를 충분히 건조시킨 후 솔 등으로 약제를 도포하거나 뿜칠하는 방부처리
- 표면탄화법 : 목재표면을 태워 표면에 남아 있는 곰팡이를 죽이고 표면 함수율을 낮추는 방부처리
- 침지법 : 방부제 용액에 목재를 담가 공기를 차단하여 방부처리

99 지름이 18mm인 강봉을 대상으로 인장시험을 행하여 항복하중 27kN, 최대하중 41kN을 얻었다. 이 강봉의 인장강도는?

① 약 106.3MPa
② 약 133.9MPa
③ 약 161.1MPa
④ 약 182.3MPa

◆해설

인장강도 = 단면적 × 인장강도

$$= \frac{인장하중}{단면적} = \frac{41,000}{(9 \times 9 \times 3.14)}$$

$$= 161.193 \text{MPa}$$

100 콘크리트의 블리딩 현상에 의한 성능저하와 가장 거리가 먼 것은?

① 골재와 페이스트의 부착력 저하
② 철근과 페이스트의 부착력 저하
③ 콘크리트의 수밀성 저하
④ 콘크리트의 응결성 저하

◆해설

블리딩

콘크리트 타설 후 골재와 시멘트는 침하되고 물과 불순물이 상승해 표면에 떠오르는 현상으로 다음과 같은 콘크리트의 성능저하 요인이 발생된다.
- 골재와 페이스트의 부착력 저하
- 철근과 페이스트의 부착력 저하
- 콘크리트의 수밀성 저하

6과목 건설안전기술

101 산업안전보건법령상 '대여자 등이 안전조치 등을 해야 하는 기계·기구·설비 및 건축물 등'에 규정되어 있는 것을 모두 고른 것은? (단, 고용노동부장관이 정하여 고시하는 기계·기구·설비 및 건축물 등은 고려하지 않음)

| ㄱ. 어스오거 | ㄴ. 산업용 로봇 |
| ㄷ. 클램셸 | ㄹ. 압력용기 |

① ㄱ, ㄴ ② ㄱ, ㄷ
③ ㄴ, ㄹ ④ ㄱ, ㄷ, ㄹ

◆해설

제81조(기계·기구 등의 대여자 등의 조치)

대통령령으로 정하는 기계·기구·설비 또는 건축물 등을 타인에게 대여하거나 대여 받는 자는 필요한 안전조치 및 보건조치를 하여야 한다.

제71조(대여자 등이 안전조치 등을 해야 하는 기계·기구 등)

법 제81조에서 "대통령령으로 정하는 기계·기구·설비 및 건축물 등"이란 별표 21에 따른 기계·기구·설비 및 건축물 등을 말한다.

영 [별표 21] 대여자 등이 안전조치 등을 해야 하는 기계·기구·설비 및 건축물 등

1. 사무실 및 공장용 건축물
2. 이동식 크레인
3. 타워크레인
4. 불도저
5. 모터 그레이더
6. 로더

◉ ANSWER | 98 ③ 99 ③ 100 ④ 101 ②

7. 스크레이퍼
8. 스크레이퍼 도저
9. 파워 셔블
10. 드래그라인
11. 클램셸
12. 버킷굴착기
13. 트렌치
14. 항타기
15. 항발기
16. 어스드릴
17. 천공기
18. 어스오거
19. 페이퍼드레인머신
20. 리프트
21. 지게차
22. 롤러기
23. 콘크리트 펌프
24. 고소작업대
25. 그 밖에 산업재해보상보험 및 예방심의위원회 심의를 거쳐 고용노동부장관이 정하여 고시하는 기계, 기구, 설비 및 건축물 등

102 산업안전보건법령상 '일반석면조사'를 해야 하는 경우 그 조사사항에 해당하지 않는 것은?

① 해당 건축물이나 설비에 석면이 함유되어 있는지 여부
② 해당 건축물이나 설비 중 석면이 함유된 자재의 종류
③ 해당 건축물이나 설비에 함유된 석면의 종류 및 함유량
④ 해당 건축물이나 설비 중 석면이 함유된 자재의 면적

해설

법 제119조(석면조사)
① 건축물이나 설비를 철거하거나 해체하려는 경우에 해당 건축물이나 설비의 소유주 또는 임차인 등(이하 "건축물·설비소유주 등"이라 한다)은 다음 각 호의 사항을 고용노동부령으로 정하는 바에 따라 조사(이하 "일반석면조사"라 한다)한 후 그 결과를 기록하여 보존하여야 한다.
1. 해당 건축물이나 설비에 석면이 포함되어 있는지 여부

2. 해당 건축물이나 설비 중 석면이 포함된 자재의 종류, 위치 및 면적
② 제1항에 따른 건축물이나 설비 중 대통령령으로 정하는 규모 이상의 건축물·설비소유주 등은 제120조에 따라 지정받은 기관(이하 "석면조사기관"이라 한다)에 다음 각 호의 사항을 조사(이하 "기관석면조사"라 한다)하도록 한 후 그 결과를 기록하여 보존하여야 한다. 다만, 석면함유 여부가 명백한 경우 등 대통령령으로 정하는 사유에 해당하여 고용노동부령으로 정하는 절차에 따라 확인을 받은 경우에는 기관석면조사를 생략할 수 있다.
1. 제1항 각 호의 사항
2. 해당 건축물이나 설비에 포함된 석면의 종류 및 함유량

103 산업안전보건기준에 관한 규칙상 통로 등에 관한 설명으로 옳지 않은 것은?

① 사업주는 계단 및 승강구 바닥을 구멍이 있는 재료로 만드는 경우 렌치나 그 밖의 공구 등이 낙하할 위험이 없는 구조로 하여야 한다.
② 사업주는 급유용·보수용·비상용 계단 및 나선형 계단을 설치하는 경우 그 폭을 1미터 이상으로 하여야 한다.
③ 사업주는 높이가 3미터를 초과하는 계단에 높이 3미터 이내마다 너비 1.2미터 이상의 계단참을 설치하여야 한다.
④ 사업주는 갱내에 설치한 통로 또는 사다리식 통로에 권상장치(卷上裝置)가 설치된 경우 권상장치와 근로자의 접촉에 의한 위험이 있는 장소에 판자벽이나 그 밖에 위험 방지를 위한 격벽(隔壁)을 설치하여야 한다.

해설

기준규칙 제27조(계단의 폭)
① 사업주는 계단을 설치하는 경우 그 폭을 1미터 이상으로 하여야 한다. 다만, 급유용·보수용·비상용 계단 및 나선형 계단이거나 높이 1미터 미만의 이동식 계단인 경우에는 그러하지 아니하다.

기준규칙 제26조(계단의 강도)

① 사업주는 계단 및 계단참을 설치하는 경우 매제곱미터당 500킬로그램 이상의 하중에 견딜 수 있는 강도를 가진 구조로 설치하여야 하며, 안전율[안전의 정도를 표시하는 것으로서 재료의 파괴응력도(破壞應力度)와 허용응력도(許容應力度)의 비율을 말한다)]은 4 이상으로 하여야 한다.

② 사업주는 계단 및 승강구 바닥을 구멍이 있는 재료로 만드는 경우 렌치나 그 밖의 공구 등이 낙하할 위험이 없는 구조로 하여야 한다.

기준규칙 제28조(계단참의 높이)

사업주는 높이가 3미터를 초과하는 계단에 높이 3미터 이내마다 너비 1.2미터 이상의 계단참을 설치하여야 한다.

기준규칙 제25조(갱내통로 등의 위험 방지)

사업주는 갱내에 설치한 통로 또는 사다리식 통로에 권상장치(卷上裝置)가 설치된 경우 권상장치와 근로자의 접촉에 의한 위험이 있는 장소에 판자벽이나 그 밖에 위험 방지를 위한 격벽(隔壁)을 설치하여야 한다.

104 산업안전보건법령상 유해·위험방지계획서에 관한 설명으로 옳지 않은 것은?

① 산업재해발생률 등을 고려하여 고용노동부령으로 정하는 기준에 적합한 건설업체의 경우는 고용노동부령으로 정하는 자격을 갖춘 자의 의견을 생략하고 유해·위험방지계획서를 작성한 후 이를 스스로 심사하여야 한다.

② 유해·위험방지계획서는 고용노동부장관에게 제출하여야 한다.

③ 유해·위험방지계획서를 제출한 사업주는 고용노동부장관의 확인을 받아야 한다.

④ 고용노동부장관은 유해·위험방지계획서를 심사한 후 근로자의 안전과 보건을 위하여 필요하다고 인정할 때에는 공사계획을 변경할 것을 명령할 수는 있으나, 공사중지명령을 내릴 수는 없다.

해설

법 제42조(유해위험방지계획서의 작성·제출 등)

① 사업주는 다음 각 호의 어느 하나에 해당하는 경우에는 이 법 또는 이 법에 따른 명령에서 정하는 유해·위험 방지에 관한 사항을 적은 계획서(이하 "유해위험방지계획서"라 한다)를 작성하여 고용노동부령으로 정하는 바에 따라 고용노동부장관에게 제출하고 심사를 받아야 한다. 다만, 제3호에 해당하는 사업주 중 산업재해발생률 등을 고려하여 고용노동부령으로 정하는 기준에 해당하는 사업주는 유해위험방지계획서를 스스로 심사하고, 그 심사결과서를 작성하여 고용노동부장관에게 제출하여야 한다.

1. 대통령령으로 정하는 사업의 종류 및 규모에 해당하는 사업으로서 해당 제품의 생산 공정과 직접적으로 관련된 건설물·기계·기구 및 설비 등 전부를 설치·이전하거나 그 주요 구조부분을 변경하려는 경우

2. 유해하거나 위험한 작업 또는 장소에서 사용하거나 건강장해를 방지하기 위하여 사용하는 기계·기구 및 설비로서 대통령령으로 정하는 기계·기구 및 설비를 설치·이전하거나 그 주요 구조부분을 변경하려는 경우

3. 대통령령으로 정하는 크기, 높이 등에 해당하는 건설공사를 착공하려는 경우

④ 고용노동부장관은 제1항 각 호 외의 부분 본문에 따라 제출된 유해위험방지계획서를 고용노동부령으로 정하는 바에 따라 심사하여 그 결과를 사업주에게 서면으로 알려 주어야 한다. 이 경우 근로자의 안전 및 보건의 유지·증진을 위하여 필요하다고 인정하는 경우에는 해당 작업 또는 건설공사를 중지하거나 유해위험방지계획서를 변경할 것을 명할 수 있다.

법 제43조(유해위험방지계획서 이행의 확인 등)

① 제42조 제4항에 따라 유해위험방지계획서에 대한 심사를 받은 사업주는 고용노동부령으로 정하는 바에 따라 유해위험방지계획서의 이행에 관하여 고용노동부장관의 확인을 받아야 한다.

영 제42조(유해위험방지계획서 제출 대상)

③ 법 제42조 제1항 제3호에서 "대통령령으로 정하는 크기 높이 등에 해당하는 건설공사"란 다음 각 호의 어느 하나에 해당하는 공사를 말한다.

1. 다음 각 목의 어느 하나에 해당하는 건축물 또는 시설 등의 건설·개조 또는 해체(이하 "건설 등"이라 한다) 공사

⊙ ANSWER | 104 ④

가. 지상높이가 31미터 이상인 건축물 또는 인공구조물

나. 연면적 3만제곱미터 이상인 건축물

다. 연면적 5천제곱미터 이상인 시설로서 다음의 어느 하나에 해당하는 시설

　　1) 문화 및 집회시설(전시장 및 동물원·식물원은 제외한다)

　　2) 판매시설, 운수시설(고속철도의 역사 및 집배송시설은 제외한다)

　　3) 종교시설

　　4) 의료시설 중 종합병원

　　5) 숙박시설 중 관광숙박시설

　　6) 지하도상가

　　7) 냉동·냉장 창고시설

2. 연면적 5천제곱미터 이상인 냉동·냉장 창고시설의 설비공사 및 단열공사

3. 최대 지간(支間)길이(다리의 기둥과 기둥의 중심사이의 거리)가 50미터 이상인 다리의 건설 등 공사

4. 터널의 건설 등 공사

5. 다목적댐, 발전용 댐, 저수용량 2천만 톤 이상의 용수 전용 댐 및 지방상수도 전용 댐의 건설 등 공사

6. 깊이 10미터 이상인 굴착공사

유해위험방지계획서 자체심사 및 확인업체 지정제도

① 건설공사의 안전성을 확보하기 위해 사업주 스스로 유해위험방지계획서를 작성하고, 공단에 제출토록 하여 그 계획서를 심사하고 공사중 계획서 이행여부를 주기적인 확인을 통해 근로자의 안전·보건을 확보하기 위한 제도이다.

② 대상

• 건설산업기본법 제8조 및 같은 법 시행령 별표 1 제1호다목에 따른 토목건축공사업에 대해 같은 법 제23조에 따라 평가하여 공시된 시공능력의 순위가 상위 200위 이내인 건설업체

• 산업안전보건법 시행규칙 별표 1에 따라 산정한 직전 3년간의 평균산업재해발생률(직전 3년간의 사고사망만인율 중 산정하지 않은 연도가 있을 경우 산정한 연도의 평균값을 말한다)이 가목에 따른 건설업체 전체의 직전 3년간 평균산업재해발생률 이하인 건설업체

• 산업안전보건법 시행령 제17조에 따른 안전관리자의 자격을 갖춘 사람(영 별표 4 제8호에 해당하는 사람은 제외) 1명 이상을 포함하여 3명 이상의 안전전담직원으로 구성된 안전만을 전담하는 과 또는 팀 이상의 별도조직을 갖춘 건설업체

• 산업안전보건법 시행규칙 제4조제1항제7호 나목에 따른 직전년도 건설업체 산업재해예방 활동 실적 평가 점수가 70점 이상인 건설업체

• 해당 연도 8월 1일을 기준으로 직전 2년간 근로자가 사망한 재해가 없는 건설업체

105 산업안전보건법령상 안전보건관리규정의 작성 등에 관한 설명으로 옳은 것은?

① 안전보건관리규정을 작성하여야 할 사업의 사업주는 안전보건관리규정을 변경할 사유가 발생한 경우에는 그 사유가 발생한 날부터 60일 이내에 안전보건관리규정을 변경하여야 한다.

② 농업의 경우 상시 근로자 100명 이상을 사용하는 사업장에는 안전보건관리규정을 작성하여야 한다.

③ 사업주가 안전보건관리규정을 작성하는 경우에는 소방·가스·전기·교통 분야 등의 다른 법령에서 정하는 안전관리에 관한 규정과 통합하여 작성할 수 없다.

④ 사업주는 안전보건관리규정을 작성하거나 변경할 때에는 산업안전보건위원회의 심의·의결을 거쳐야 하며, 산업안전보건위원회가 설치되어 있지 아니한 사업장의 경우에는 근로자대표의 동의를 받아야 한다.

──── 해설 ────

법 제25조(안전보건관리규정의 작성)

① 사업주는 사업장의 안전 및 보건을 유지하기 위하여 다음 각 호의 사항이 포함된 안전보건관리규정을 작성하여야 한다.

1. 안전 및 보건에 관한 관리조직과 그 직무에 관한 사항

2. 안전보건교육에 관한 사항

3. 작업장의 안전 및 보건 관리에 관한 사항

4. 사고 조사 및 대책 수립에 관한 사항

5. 그 밖에 안전 및 보건에 관한 사항

② 제1항에 따른 안전보건관리규정(이하 "안전보건관리규정"이라 한다)은 단체협약 또는 취업규칙에 반할 수 없다. 이 경우 안전보건관리규정 중 단체협약 또는 취업규칙에 반하는 부분에 관하여는 그 단체협약 또는 취업규칙으로 정한 기준에 따른다.

법 제26조(안전보건관리규정의 작성·변경 절차)

사업주는 안전보건관리규정을 작성하거나 변경할 때에는 산업안전보건위원회의 심의·의결을 거쳐야 한다. 다만, 산업안전보건위원회가 설치되어 있지 아니한 사업장의 경우에는 근로자대표의 동의를 받아야 한다.

규칙 제25조(안전보건관리규정의 작성)

① 법 제25조 제3항에 따라 안전보건관리규정을 작성해야 할 사업의 종류 및 상시근로자 수는 별표 2와 같다.

② 제1항에 따른 사업의 사업주는 안전보건관리규정을 작성해야 할 사유가 발생한 날부터 30일 이내에 별표 3의 내용을 포함한 안전보건관리규정을 작성해야 한다. 이를 변경할 사유가 발생한 경우에도 또한 같다.

③ 사업주가 제2항에 따라 안전보건관리규정을 작성할 때에는 소방·가스·전기·교통 분야 등의 다른 법령에서 정하는 안전관리에 관한 규정과 통합하여 작성할 수 있다.

안전보건관리규정 변경시기

안전보건관리규정을 작성(또는 변경)해야 할 사유가 발생한 날로부터 30일 이내 산안법 시행규칙 별표3의 내용을 포함한 안전보건관리규정을 작성해야 한다.

안전보건관리규정 작성대상

농업이나 어업, 소프트웨어 개발 및 공급업, 컴퓨터 프로그래밍/시스템 통합 및 관리업, 정보 서비스업, 금융 및 보험, 임대업(부동산 제외), 전문/과학 및 기술 서비스업(연구개발업 제외), 사업지 서비스업, 사회복지 서비스업 중 상시근로자 수 300명 이상인 경우 그리고 위 사업을 제외한 사업이지만 상시근로자 수가 100명 이상이라면 안전보건관리규정을 반드시 작성해야 하는 작성 대상에 속하게 된다.

• 통합작성 : 안전보건관리규정을 작성할 때에는 소방·가스·전기·교통 분야 등의 다른 법령에서 정하는 안전관리에 관한 규정과 통합하여 작성할 수 있다.

---

106 일반건설공사(갑)으로서 대상액이 5억 원 이상 50억 원 미만인 경우에 산업안전보건관리비의 (가) <u>비율</u> 및 (나) <u>기초액</u>으로 옳은 것은?

① (가) 1.86%, (나) 5,349,000원
② (가) 1.99%, (나) 5,499,000원
③ (가) 2.35%, (나) 5,400,000원
④ (가) 1.57%, (나) 4,411,000원

해설

산업안전보건관리비 계상기준

구분	5억 원 미만 (%)	5억 원 이상 50억 원 미만		50억 원 이상 (%)
		비율(%)	기초액(원)	
일반건설공사(갑)	2.93	1.86	5,349,000	1.97
일반건설공사(을)	3.09	1.99	5,499,000	2.10
중건설공사	3.43	2.35	5,400,000	2.44
철도·궤도신설공사	2.45	1.57	4,411,000	1.66
특수·기타 건설공사	1.85	1.20	3,250,000	1.27

산업안전보건관리비 계상기준 개정(2025.1.1부터 적용)

구분	대상액 5억 원 미만 적용비율 (%)	대상액 5억 원 이상 50억 원 미만인 경우		대상액 50억 원 이상 적용비율 (%)	보건관리자 선임대상 건설공사의 적용비율 (%)
		적용비율 (%)	기초액		
건축공사	3.11	2.28	4,325,000원	2.37	2.64
토목공사	3.15	2.53	3,300,000원	2.60	2.73
중건설공사	3.64	3.05	2,975,000원	3.11	3.39
특수건설공사	2.07	1.59	2,450,000원	1.64	1.78

---

107 차량계 건설기계를 사용하는 작업을 할 때에 그 기계가 넘어지거나 굴러 떨어짐으로써 근로자가 위험해질 우려가 있는 경우에 필요한 조치로 가장 거리가 먼 것은?

① 지반의 부동침하 방지
② 안전통로 및 조도 확보
③ 유도하는 사람 배치
④ 갓길의 붕괴 방지 및 도로폭의 유지

해설

차량계 건설기계를 사용하는 작업을 할 때에 그 기계가 넘어지거나 굴러떨어짐으로써 근로자가 위험해질 우려가 있는 경우에 필요한 조치는 다음과 같다.
- 지반의 부동침하 방지
- 갓길의 붕괴 방지 및 도로폭 유지
- 유도하는 사람 배치

108 다음은 산업안전보건법령에 따른 투하설비 설치에 관련된 사항이다. ( ) 안에 들어갈 내용으로 옳은 것은?

> 사업주는 높이가 ( )미터 이상인 장소로부터 물체를 투하하는 때에는 적당한 투하설비를 설치하거나 감시인을 배치하는 등 위험방지를 위하여 필요한 조치를 하여야 한다.

① 1 ② 2
③ 3 ④ 4

해설

제15조(투하설비 등)
사업주는 높이가 3미터 이상인 장소로부터 물체를 투하하는 경우 적당한 투하설비를 설치하거나 감시인을 배치하는 등 위험을 방지하기 위하여 필요한 조치를 하여야 한다.

109 달비계의 구조에서 달비계 작업발판의 폭과 틈새기준으로 옳은 것은?

① 작업발판의 폭 30cm 이상, 틈새 3cm 이하
② 작업발판의 폭 40cm 이상, 틈새 3cm 이하
③ 작업발판의 폭 30cm 이상, 틈새 없도록 할 것
④ 작업발판의 폭 40cm 이상, 틈새 없도록 할 것

해설

달비계 작업발판의 폭과 틈새기준
작업발판의 폭 40cm 이상, 틈새 없도록 할 것

※ 달비계 설치기준
- 승강하는 경우 비계의 수평을 유지하고 허용하중 이상의 근로자 탑승 금지
- 고정점은 22kN(5,000파운드)의 외력에 견딜 수 있는 앵커 또는 구조물에 달기로프와 수직구명줄을 설치(달기로프와 수직구명줄을 고정하기 위한 고정점은 별개의 것으로 함)
- 달기로프는 바닥에 1~2m 정도 여유가 남을 정도의 길이를 사용
- 수직구명줄에 추락방지대(코브라)를 설치하여 안전대를 착용하고, 달기로프는 풀리지 않는 방법으로 결속
- 두 고정점은 가능한 한 작업선상의 2지점이어야 함
- 구조물 모서리 등에 마찰·쓸림 저감용 완충재를 설치

110 콘크리트타설작업과 관련하여 준수하여야 할 사항으로 가장 거리가 먼 것은?

① 당일의 작업을 시작하기 전에 해당 작업에 관한 거푸집 동바리 등의 변형·변위 및 지반의 침하 유무 등을 점검하고 이상이 있으면 보수할 것
② 콘크리트를 타설하는 경우에는 편심이 발생하지 않도록 골고루 분산하여 타설할 것
③ 진동기의 사용은 많이 할수록 균일한 콘크리트를 얻을 수 있으므로 가급적 많이 사용할 것
④ 설계도서상의 콘크리트 양생기간을 준수하여 거푸집 동바리 등을 해체할 것

해설

콘크리트 타설 시 준수사항
- 당일 작업 시작 전 해당 작업에 관한 거푸집 동바리의 변형, 변위, 지반침하 유무 점검
- 편심이 발생되지 않도록 분산 타설
- 진동기의 사용 시 과다한 측압의 발생방지를 위해 적절히 할 것
- 설계도서상의 양생기간을 준수하여 해체할 것

111 철골용접부의 내부결함을 검사하는 방법으로 가장 거리가 먼 것은?

① 알칼리 반응시험
② 방사선 투과시험
③ 자기분말 탐상시험
④ 침투 탐상시험

알칼리반응시험

콘크리트 재료 내부 화학반응으로 인해 골재가 알칼리반응으로 팽창하면 주변 콘크리트에 균열을 유발하기 때문에 이를 방지하기 위해 실시하는 시험

철골용접부 내부결함 검사방법

• 방사선투과법(Radiography : RT)
  방사선투과검사는 X-선, 감마선 등의 방사선을 시험체에 투과시켜 X-선 필름에 상을 형성시킴으로써 시험체 내부의 결함을 검출하는 검사방법으로, 내부결함을 검출하는 비파괴검사 방법 중 현재 가장 널리 이용되고 있다.
• 초음파탐상법(Ultrasonics : UT)
  초음파 음향 임피던스가 다른 경계면에서 반사, 굴절하는 현상을 이용하여 대상의 내부에 존재하는 불연속을 탐지하는 방법
• 자분탐상법(Magnetic Particles : MT)
  검사대상을 자화시키면 불연속부에 누설자속이 형성되며 이 부위에 자분을 도포하면 자분이 집속되는 검사법
• 액체침투탐상법(Liquid Penetrants : PT)
  표면으로 열린 결함을 탐지하는 기법으로 침투액이 모세관현상에 의해 침투하게 한 후 현상액을 적용하여 육안으로 식별하는 방법

112 작업발판 및 통로의 끝이나 개구부로서 근로자가 추락할 위험이 있는 장소에서 난간 등의 설치가 매우 곤란하거나 작업의 필요상 임시로 난간 등을 해체하여야 하는 경우에 설치해야 하는 것은?

① 구명구
② 수직보호망
③ 석면포
④ 추락방호망

추락방지시설

• 작업발판 및 통로의 끝이나 개구부 : 추락방호망
• 엘리베이터 홀 등의 개구부 : 개구부덮개
• 추락방호망이나 안전난간 등의 설치가 불가능한 장소 : 구명줄 및 안전대
• 계단의 측면이나 작업발판 측면 : 안전난간

113 지반 등의 굴착 시 위험을 방지하기 위한 모래지반 굴착면의 기울기 기준으로 옳은 것은?

① 1 : 1.8
② 1 : 0.4
③ 1 : 0.5
④ 1 : 0.6

구분	구배기준
모래	1:1.8
흙	1:1.2
연암 및 풍화암	1:1.0
경암	1:0.5

114 NATM 공법 터널공사의 경우 록볼트 작업과 관련된 계측결과에 해당되지 않는 것은?

① 내공변위 측정결과
② 천단침하 측정결과
③ 인발시험결과
④ 진동 측정결과

NATM 공법 터널공사 시 록볼트 작업 관련 계측항목

• 내공변위 측정
• 천단침하 측정
• 인발시험 측정
• 축력시험 측정
• 지중변위 측정

---

115 거푸집 동바리 등을 조립하는 경우에 준수하여야 할 사항으로 옳지 않은 것은?

① 깔목의 사용, 콘크리트 타설, 말뚝박기 등 동바리의 침하를 방지하기 위한 조치를 할 것
② 개구부 상부에 동바리를 설치하는 경우에는 상부하중을 견딜 수 있는 견고한 받침대를 설치할 것
③ 거푸집이 곡면인 경우에는 버팀대의 부착 등 그 거푸집의 부상(浮上)을 방지하기 위한 조치를 할 것
④ 동바리의 이음은 맞댄이음이나 장부이음을 피할 것

거푸집 작업 시 유의사항
1. 해체 작업 시 고려사항
   • 거푸집 존치기간
   • 해체작업 계획수립
   • 재해예방을 위한 안전대책 수립
   • 근로자 이외 제3자 보호대책
2. 조립 작업 시 준수사항
   • 조립 작업 시 관리감독자 배치
   • 거푸집 운반, 설치작업에 필요한 작업장 내 통로 및 비계가 충분한가의 확인
   • 재료, 기구, 공구를 올리거나 내릴 때 달줄, 달포대 등 사용
   • 강풍, 폭우, 폭설 등 악천후 시 작업 중지
   • 작업장 주위 작업원 이외의 통행제한 및 슬래브 거푸집 조립 시 인원이 한곳에 집중되지 않도록 한다.
   • 사다리 또는 이동식 틀비계 사용 시 항상 보조원 대기 조치
   • 현장 제작 시 별도의 작업장에서 제작
   • 동바리이음은 맞댄이음이나 장부이음으로 할 것
   • 깔목의 사용 등 침하 방지를 위한 조치를 할 것
   • 개구부 상부에 동바리를 설치하는 경우 상부하중을 견딜 수 있는 견고한 받침대를 설치할 것
3. 해체 작업 시 준수사항
   • 해체순서 준수 및 관리감독자 배치
   • 콘크리트 자중 및 시공 중 하중에 견딜 만한 강도를 가질 때까지 해체 금지
   • 거푸집 해체 작업 시 관리기준 준수
   • 안전모 등 보호구 착용
   • 관계자 외 출입 금지

• 상하 동시작업의 원칙적 금지 및 부득이한 경우 긴밀히 연락을 취하며 작업
• 무리한 충격이나 큰 힘에 의한 지렛대 사용 금지
• 보 또는 슬래브 거푸집 제거 시 거푸집 낙하 충격으로 인한 작업원의 돌발재해 방지
• 해체된 거푸집, 각목 등에 박혀 있는 못 또는 날카로운 돌출물의 즉시 제거
• 해체된 거푸집은 재사용 가능한 것과 보수할 것을 선별, 분리해 적치하고 정리정돈 한다.
• 기타 제3자 보호 조치에 대하여도 완전한 조치를 강구한다.

116 건설작업장에서 근로자가 상시 작업하는 장소의 작업면 조도기준으로 옳지 않은 것은? (단, 갱내 작업장과 감광재료를 취급하는 작업장의 경우는 제외)

① 초정밀작업 : 600럭스(lux) 이상
② 정밀작업 : 300럭스(lux) 이상
③ 보통작업 : 150럭스(lux) 이상
④ 초정밀, 정밀, 보통작업을 제외한 기타 작업 : 75럭스(lux) 이상

조도기준
• 기타 작업 : 75lux 이상
• 보통작업 : 150lux 이상
• 정밀작업 : 300lux 이상
• 초정밀작업 : 750lux 이상

117 사다리식 통로 등을 설치하는 경우 통로 구조로서 옳지 않은 것은?

① 발판의 간격은 일정하게 한다.
② 발판과 벽과의 사이는 15cm 이상의 간격을 유지한다.
③ 사다리의 상단은 걸쳐놓은 지점으로부터 60cm 이상 올라가도록 한다.
④ 폭은 40cm 이상으로 한다.

사다리식 통로의 폭은 30cm 이상으로 한다(가설통로는 40cm).

⊙ **ANSWER** | 115 ④ 116 ① 117 ④

118 옥외에 설치되어 있는 주행크레인에 대하여 이탈방지장치를 작동시키는 등 그 이탈을 방지하기 위한 조치를 하여야 하는 순간풍속에 대한 기준으로 옳은 것은?

① 순간풍속이 초당 10m를 초과하는 바람이 불어올 우려가 있는 경우
② 순간풍속이 초당 20m를 초과하는 바람이 불어올 우려가 있는 경우
③ 순간풍속이 초당 30m를 초과하는 바람이 불어올 우려가 있는 경우
④ 순간풍속이 초당 40m를 초과하는 바람이 불어올 우려가 있는 경우

⊙해설
- 순간풍속이 초당 10m를 초과하는 경우 : 타워크레인의 설치, 수리, 점검 또는 해체작업 중지
- 순간풍속이 초당 15m를 초과하는 경우 : 타워크레인의 운전작업 중지
- 순간풍속이 30m/s를 초과하는 경우 : 옥외에 설치되어 있는 주행 크레인에 대하여 이탈방지장치를 작동시키는 등 이탈 방지 조치

119 흙막이벽 근입깊이를 깊게 하고, 전면의 굴착부분을 남겨두어 흙의 중량으로 대항하게 하거나, 굴착예정부분의 일부를 미리 굴착하여 기초콘크리트를 타설하는 등의 대책과 가장 관계가 깊은 것은?

① 파이핑현상이 있을 때
② 히빙현상이 있을 때
③ 지하수위가 높을 때
④ 굴착깊이가 깊을 때

⊙해설
히빙현상
1. 원인 : 점성토 지반의 흙막이 내외면 흙의 중량 차 또는 굴착저면 피압수의 영향으로 굴착저면이 부풀어 오르는 현상이다.
2. 대책
   - 근입장 확장
   - 전면 굴착부를 남겨둠

- 굴착예정부에 기초콘크리트 타설
- 상재하중 제거
- 굴착 전 지반개량

120 토사붕괴에 따른 재해를 방지하기 위한 흙막이 지보공 부재로 옳지 않은 것은?

① 흙막이판   ② 말뚝
③ 턴버클   ④ 띠장

⊙해설
토사붕괴에 따른 재해를 방지하기 위한 흙막이 지보공 부재
흙막이판, 말뚝, 띠장

※ 턴버클 : 와이어로프나 전선 등의 길이를 조절하여 장력의 조정이 필요한 경우 사용하는 부재이다.

1과목 산업안전관리론

01 산업안전보건법령상 산업재해 발생에 관한 설명으로 옳지 않은 것은?

① 고용노동부장관은 산업재해로 인한 사망자가 연간 2명 이상 발생한 사업장의 경우 산업재해를 예방하기 위하여 산업재해발생건수 등을 공표하여야 한다.

② 중대재해가 발생한 사실을 알게 된 사업주가 사업장 소재지를 관할하는 지방고용노동관서의 장에게 보고하는 방법에는 전화·팩스가 포함된다.

③ 사업주는 산업재해조사표에 근로자대표의 확인을 받아야 하지만, 근로자대표가 없는 경우에는 재해자 본인의 확인을 받아 산업재해조사표를 제출할 수 있다

④ 사업주는 산업재해로 사망자가 발생한 경우에는 지체 없이 산업재해조사표를 작성하여 한국산업안전보건공단에 제출해야 한다.

◀해설▶

산업안전보건법 시행규칙 제73조(산업재해 발생 보고 등)

① 사업주는 산업재해로 사망자가 발생하거나 3일 이상의 휴업이 필요한 부상을 입거나 질병에 걸린 사람이 발생한 경우에는 법 제57조 제3항에 따라 해당 산업재해가 발생한 날부터 1개월 이내에 별지 제30호서식의 산업재해조사표를 작성하여 관할 지방고용노동관서의 장에게 제출(전자문서로 제출하는 것을 포함한다)해야 한다.

② 제1항에도 불구하고 다음 각 호의 모두에 해당하지 않는 사업주가 법률 제11882호 산업안전보건법 일부개정법률 제10조 제2항의 개정규정의 시행일인 2014년 7월 1일 이후 해당 사업장에서 처음 발생한 산업재해에 대하여 지방고용

노동관서의 장으로부터 별지 제30호서식의 산업재해조사표를 작성하여 제출하도록 명령을 받은 경우 그 명령을 받은 날부터 15일 이내에 이를 이행한 때에는 제1항에 따른 보고를 한 것으로 본다. 제1항에 따른 보고기한이 지난 후에 자진하여 별지 제30호서식의 산업재해조사표를 작성·제출한 경우에도 또한 같다. 〈개정 2022. 8. 18.〉

02 산업안전보건법령상 관계수급인 근로자가 도급인의 사업장에서 작업을 하는 경우 도급인이 이행해야 하는 사항에 해당하는 것을 모두 고른 것은?

> ㄱ. 작업장 순회점검
> ㄴ. 관계수급인이 「산업안전보건법」 제29조(근로자에 대한 안전보건교육) 제1항에 따라 근로자에게 정기적으로 하는 안전보건교육을 위한 장소 및 자료의 제공 등 지원
> ㄷ. 도급인과 수급인을 구성원으로 하는 안전 및 보건에 관한 협의체의 구성 및 운영
> ㄹ. 작업 장소에서 발파작업을 하는 경우에 대비한 정보체계 운영과 대피방법 등 훈련

① ㄴ, ㄹ
② ㄷ, ㄹ
③ ㄱ, ㄴ, ㄷ
④ ㄱ, ㄴ, ㄷ, ㄹ

◀해설▶

제64조(도급에 따른 산업재해 예방조치)

① 도급인은 관계수급인 근로자가 도급인의 사업장에서 작업을 하는 경우 다음 각 호의 사항을 이행하여야 한다. 〈개정 2021. 5. 18.〉
  1. 도급인과 수급인을 구성원으로 하는 안전 및 보건에 관한 협의체의 구성 및 운영
  2. 작업장 순회점검

◉ ANSWER | 01 ④ 02 ④

3. 관계수급인이 근로자에게 하는 제29조 제1 항부터 제3항까지의 규정에 따른 안전보건교 육을 위한 장소 및 자료의 제공 등 지원
4. 관계수급인이 근로자에게 하는 제29조 제3 항에 따른 안전보건교육의 실시 확인
5. 다음 각 목의 어느 하나의 경우에 대비한 경보 체계 운영과 대피방법 등 훈련
   가. 작업 장소에서 발파작업을 하는 경우
   나. 작업 장소에서 화재·폭발, 토사·구축물 등의 붕괴 또는 지진 등이 발생한 경우
6. 위생시설 등 고용노동부령으로 정하는 시설 의 설치 등을 위하여 필요한 장소의 제공 또는 도급인이 설치한 위생시설 이용의 협조
7. 같은 장소에서 이루어지는 도급인과 관계수급 인 등의 작업에 있어서 관계수급인 등의 작업 시기·내용, 안전조치 및 보건조치 등의 확인
8. 제7호에 따른 확인 결과 관계수급인 등의 작 업 혼재로 인하여 화재·폭발 등 대통령령으 로 정하는 위험이 발생할 우려가 있는 경우 관 계수급인 등의 작업시기·내용 등의 조정
② 제1항에 따른 도급인은 고용노동부령으로 정하 는 바에 따라 자신의 근로자 및 관계수급인 근로 자와 함께 정기적으로 또는 수시로 작업장의 안 전 및 보건에 관한 점검을 하여야 한다.
③ 제1항에 따른 안전 및 보건에 관한 협의체 구성 및 운영, 작업장 순회점검, 안전보건교육 지원, 그 밖에 필요한 사항은 고용노동부령으로 정한다.

03 산업안전보건법 시행규칙의 일부이다. ( ) 에 들어갈 숫자로 옳은 것은?

근로자 안전보건교육
(제26조 제1항, 제28조 제1항 관련)

교육과정	교육대상	교육시간
마. 건설업 기초안전 ·보건교육	건설 일용근로자	( )시간 이상

① 1   ② 2
③ 4   ④ 6

해설

산업안전보건법령상 안전보건교육

교육과정	교육대상		교육시간
가. 정기교육	1) 사무직 종사 근로자		매반기 6시간 이상
	2) 그 밖의 근로자	판매업무에 직접 종사하는 근로자	매반기 6시간 이상
		판매업무에 직접 종사하는 근로자 외의 근로자	매반기 12시간 이상
나. 채용 시 교육	1) 일용근로자 및 근로계약 기간이 1주일 이하인 기간제 근로자		1시간 이상
	2) 근로계약기간이 1주일 초과 1개월 이하인 기간제 근로자		4시간 이상
	3) 그 밖의 근로자		8시간 이상
다. 작업내용 변경 시 교육	1) 일용근로자 및 근로계약 기간이 1주일 이하인 기간제 근로자		1시간 이상
	2) 그 밖의 근로자		2시간 이상
라. 특별교육	1) 일용근로자 및 근로계약 기간이 1주일 이하인 기간제 근로자(특별교육 대상 작업 중 아래 2)에 해당하는 작업 외에 종사하는 근로자에 한정)		2시간 이상
	2) 일용근로자 및 근로계약 기간이 1주일 이하인 기간제 근로자(타워크레인을 사용하는 작업 시 신호업무를 하는 작업에 종사하는 근로자에 한정)		8시간 이상
	3) 일용근로자 및 근로계약 기간이 1주일 이하인 기간제 근로자를 제외한 근로자(특별교육 대상 작업에 한정)		• 16시간 이상(최초 작업에 종사하기 전 4시간 이상 실시하고 12시간은 3개월 이내에서 분할하여 실시 가능) • 단기간 작업 또는 간헐적 작업인 경우에는 2시간 이상
마. 건설업 기초안전 보건교육	건설 일용근로자		4시간 이상

---

04 산업안전보건법령상 유해위험방지계획서 제출 대상인 건설공사에 해당하지 않는 것은? (단, 자체심사 및 확인업체의 사업주가 착공하려는 건설공사는 제외함)

① 연면적 3천제곱미터 이상인 냉동·냉장 창고시설의 설비공사
② 최대 지간(支間)길이(다리의 기둥과 기둥의 중심사이의 거리)가 50미터 이상인 다리의 건설 등 공사
③ 지상높이가 31미터 이상인 건축물의 건설 등 공사
④ 저수용량 2천만 톤 이상의 용수 전용 댐의 건설 등 공사

해설

영 제42조(유해위험방지계획서 제출 대상)

법 제42조 제1항 제3호에서 "대통령령으로 정하는 크기 높이 등에 해당하는 건설공사"란 다음 각 호의 어느 하나에 해당하는 공사를 말한다.
1. 다음 각 목의 어느 하나에 해당하는 건축물 또는 시설 등의 건설·개조 또는 해체(이하 "건설 등"이라 한다) 공사
   가. 지상높이가 31미터 이상인 건축물 또는 인공구조물
   나. 연면적 3만제곱미터 이상인 건축물
   다. 연면적 5천제곱미터 이상인 시설로서 다음의 어느 하나에 해당하는 시설
      1) 문화 및 집회시설(전시장 및 동물원·식물원은 제외한다)
      2) 판매시설, 운수시설(고속철도의 역사 및 집배송시설은 제외한다)
      3) 종교시설
      4) 의료시설 중 종합병원
      5) 숙박시설 중 관광숙박시설
      6) 지하도상가
      7) 냉동·냉장 창고시설
2. 연면적 5천제곱미터 이상인 냉동·냉장 창고시설의 설비공사 및 단열공사
3. 최대 지간(支間)길이(다리의 기둥과 기둥의 중심 사이의 거리)가 50미터 이상인 다리의 건설 등 공사
4. 터널의 건설 등 공사
5. 다목적댐, 발전용댐, 저수용량 2천만톤 이상의 용수 전용 댐 및 지방상수도 전용 댐의 건설 등 공사
6. 깊이 10미터 이상인 굴착공사

05 매슬로우(Maslow)의 동기부여이론(욕구 5단계이론)에 관한 내용으로 옳지 않은 것은?

① 제1단계 : 생리적 욕구(생명유지의 기본적 욕구)
② 제2단계 : 도전 욕구(새로운 것에 대한 도전 욕구)
③ 제3단계 : 사회적 욕구(소속감과 애정 욕구)
④ 제4단계 : 존경 욕구(인정받으려는 욕구)

06 위험성평가의 기법중 정성적평가법에 해당하지 않는 것은?

① 체크리스트법 ② 핵심요인기술법
③ 결함수분석법 ④ 예비위험분석법

해설

위험성평가법의 분류

정성적평가법	정량적평가법
• 체크리스트법 • 위험성수준 3단계 판단법 • 핵심요인 기술법 • 상대위험순위 결정법 • 작업자 실수 분석법 • 사고예상질문 분석법 • 예비위험분석법	• 결함수 분석법 • 사건수 분석법 • 원인결과 분석법

07 산업안전보건법상 정부의 책무가 아닌 것은?

① 산업 안전 및 보건 정책의 수립 및 집행
② 산업 안전 및 보건 관련 단체 등에 대한 감사
③ 「근로기준법」 제76조의2에 따른 직장 내 괴롭힘 예방을 위한 조치기준 마련, 지도 및 지원
④ 사업주의 자율적인 산업 안전 및 보건 경영체제 확립을 위한 지원

해설

제4조(정부의 책무)
① 정부는 이 법의 목적을 달성하기 위하여 다음 각 호의 사항을 성실히 이행할 책무를 진다. 〈개정 2020. 5. 26.〉

◎ ANSWER | 04 ① 05 ② 06 ③ 07 ②

1. 산업 안전 및 보건 정책의 수립 및 집행
2. 산업재해 예방 지원 및 지도
3. 「근로기준법」 제76조의2에 따른 직장 내 괴롭힘 예방을 위한 조치기준 마련, 지도 및 지원
4. 사업주의 자율적인 산업 안전 및 보건 경영체제 확립을 위한 지원
5. 산업 안전 및 보건에 관한 의식을 북돋우기 위한 홍보·교육 등 안전문화 확산 추진
6. 산업 안전 및 보건에 관한 기술의 연구·개발 및 시설의 설치·운영
7. 산업재해에 관한 조사 및 통계의 유지·관리
8. 산업 안전 및 보건 관련 단체 등에 대한 지원 및 지도·감독
9. 그 밖에 노무를 제공하는 사람의 안전 및 건강의 보호·증진
② 정부는 제1항 각 호의 사항을 효율적으로 수행하기 위하여 「한국산업안전보건공단법」에 따른 한국산업안전보건공단(이하 "공단"이라 한다), 그 밖의 관련 단체 및 연구기관에 행정적·재정적 지원을 할 수 있다.

08 산업안전보건법령상 안전보건표지에 관한 설명으로 옳은 것은?

① 지시표지의 색채는 바탕은 파란색, 관련 그림은 흰색으로 한다.
② 방사성 물질 경고의 경고표지는 바탕은 무색, 기본모형은 빨간색으로 한다.
③ 안전보건표지의 성질상 설치하거나 부착하는 것이 곤란한 경우에도 해당 물체에 직접 도색할 수 없다.
④ 「외국인근로자의 고용 등에 관한 법률」 제2조에 따른 외국인근로자를 사용하는 사업주는 안전보건표지를 고용노동부장관이 정하는 바에 따라 해당 외국인근로자의 모국어와 영어로 작성하여야 한다.

해설

안전보건표지의 색체
• 지시표지의 색채 : 바탕은 파란색, 관련 그림은 흰색
• 방사성물질 경고 표지 : 바탕은 노란색, 기본모형은 검정색
• 안전보건표지는 설치나 부착이 곤란할 경우 해당 물체에 직접 도색할 수 있다.

• 외국인 사용 사업주는 안전보건표지를 고용노동부장관이 정하는 바에 따라 외국어로 된 안전보건표지를 부착하도록 노력해야 한다.

안전보건표지의 종류
1. 금지표지

101 출입금지	102 보행금지	103 차량통행금지	104 사용금지
105 탑승금지	106 금연	107 화기금지	108 물체이동금지

2. 경고표지

201 인화성물질경고	202 산화성물질경고	203 폭발성물질경고	204 급성독성물질경고
205 부식성물질경고	206 방사성물질경고	207 고압전기경고	208 매달린물체경고
209 낙하물경고	210 고온경고	211 저온경고	212 몸균형상실경고
213 레이저광선경고	214 발암성·변이원성·생식독성·전신독성·호흡기과민성물질 경고		215 위험장소경고

3. 지시표지

301 보안경착용	302 방독마스크착용	303 방진마스크착용	304 보안면착용
305 안전모착용	306 귀마개착용	307 안전화착용	308 안전장갑착용	309 안전복착용

4. 안내표지

401 녹십자표지	402 응급구호표지	403 들것	404 세안장치
⊕	✚	🔧✚	🚿✚👁

405 비상용기구	406 비상구	407 좌측비상구	408 우측비상구
비상용 기구	🏃	←🏃	🏃→

5. 관계자 외 출입금지

501 허가대상물질 작업장	502 응석면 취급/해체 작업장	503 금지대상물질의 취급실험실 등
관계자 외 출입금지 (허가물질 명칭) 제조/사용/보관 중 보호구/보호복 착용 흡연 및 음식물 섭취 금지	관계자 외 출입금지 석면 취급/해체 중 보호구/보호복 착용 흡연 및 음식물 섭취 금지	관계자 외 출입금지 발암물질 취급 중 보호구/보호복 착용 흡연 및 음식물 섭취 금지

---

09 산업안전보건법령상 기계 등을 대여 받은 자가 그 설치·해체 작업이 이루어지는 동안 작업과정 전(全)반을 영상으로 기록하여 대여기간 동안 보관하여야 하는 기계 등에 해당하는 것은?

① 파워 셔블
② 타워크레인
③ 고소작업대
④ 버킷굴착기

◉해설

산업안전보건법 시행규칙에 따라 타워크레인을 대여 받은 원청건설사는 타워크레인의 충돌방지장치 설치 여부를 확인해야 하며, 설치·해체·상승작업의 전반을 영상으로 기록해 보관해야 한다.

---

10 산업안전보건법령상 자율안전확인대상기계 등에 해당하는 것을 모두 고른 것은?

> ㄱ. 용접용 보안면
> ㄴ. 고정형 목재가공용 모떼기 기계
> ㄷ. 롤러기 급정지장치
> ㄹ. 추락 및 감전 위험방지용 안전모
> ㅁ. 휴대형 연마기
> ㅂ. 차광(光) 및 비산물(飛物) 위험방지용 보안경

① ㄱ, ㅁ
② ㄴ, ㄷ
③ ㄱ, ㄹ, ㅁ, ㅂ
④ ㄴ, ㄷ, ㄹ, ㅂ

◉해설

자율안전확인대상기계

- 연삭기 또는 연마기(휴대형은 제외)
- 산업용 로봇
- 혼합기
- 파쇄기 또는 분쇄기
- 식품가공용기계(파쇄·절단·혼합·제면기만 해당)
- 공작기계(선반, 드릴기, 평삭·형삭기, 밀링만 해당)
- 고정형 목재가공용기계(둥근톱, 대패, 루타기, 띠톱, 모떼기 기계만 해당)
- 컨베이어
- 자동차정비용 리프트
- 인쇄기

롤러기 급정지장치는 방호장치 자율안전기준 고시 [시행 2022. 8. 30.] [고용노동부고시 제2022–70호, 2022. 8. 30., 일부개정] 로 고시되었으며, 정의는 다음과 같다.

1. "롤러기"란 2개 이상의 원통형을 한 조로 하여 각각 반대방향으로 회전하면서 가공재료를 롤러 사이로 통과시켜 롤러의 압력에 의하여 소성변형하거나 연화하는 기계·기구를 말한다.

2. "롤러기 급정지장치(이하 "급정지장치"라 한다)"란 롤러기의 전면에 작업하고 있는 근로자의 신체 일부가 롤러 사이에 말려들어 가거나 말려들어갈 우려가 있는 경우에 근로자가 손, 무릎, 복부 등으로 급정지 조작부(이하 "조작부"라 한다)를 동작시킴으로써 브레이크가 작동하여 급정지하게 하는 방호장치를 말한다.

3. "제동모터"란 정상 작업할 때에는 모터에 의하여 전기적 에너지가 기계적 에너지로 바뀌어 동력원이 되나, 조작부가 작동되는 경우 즉시 제동역할을 하는 모터를 말하며 제동방식에는 기계적 제동방식과 전기적 제동방식의 2가지가 있다.

◉ **ANSWER** | 09 ② 10 ②

11 재해사례연구의 진행단계에 관한 내용이다. 진행단계를 순서대로 옳게 나열한 것은?

> ㄱ. 재해와 관계가 있는 사실 및 재해요인으로 알려진 사실을 객관적으로 확인한다.
> ㄴ. 재해의 중심이 된 근본적인 문제점을 결정한 후 재해원인을 결정한다.
> ㄷ. 재해 상황을 파악한다.
> ㄹ. 파악된 사실로부터 문제점을 파악한다.
> ㅁ. 동종재해와 유사재해의 예방대책 및 실시계획을 수립한다.

① ㄱ → ㄷ → ㄴ → ㄹ → ㅁ
② ㄱ → ㄷ → ㄹ → ㄴ → ㅁ
③ ㄴ → ㄷ → ㄱ → ㄹ → ㅁ
④ ㄷ → ㄱ → ㄹ → ㄴ → ㅁ

⊙해설

재해사례연구 진행단계
재해상황의 파악 > 재해와 관계있는 사실 및 재해요인에 대한 객관적 확인 > 파악된 사실로부터 문제점 파악 > 재해의 근본적 문제점 확인 후 재해원인 결정 > 동종재해 및 유사재해의 예방대책 및 실시계획 수립

12 산업재해발생의 기본 원인 4M에 해당하지 않는 것은?

① Man ② Method
③ Machine ④ Media

⊙해설

4M 리스크 평가 기법에 관한 기술지침(KOSHA GUIDE X-14-2014)
- Man(인적)
- Machine(기계적)
- Media(물질·환경적)
- Management(관리적)

13 산업안전보건법령상 안전관리자 및 보건관리자 등에 관한 설명으로 옳지 않은 것은?

① 지방고용노동관서의 장은 보건관리자가 질병으로 1개월 이상 직무를 수행할 수 없게 된 경우에는 사업주에게 보건관리자를 정수 이상으로 증원하게 할 것을 명할 수 있다.
② 건설업을 제외한 사업으로서 상시근로자 300명 미만을 사용하는 사업장의 사업주는 안전관리전문기관에 안전관리자의 업무를 위탁할 수 있다.
③ 전기장비 제조업 중 상시근로자 300명 이상을 사용하는 사업장의 사업주는 보건관리자에게 보건관리자의 업무만을 전담하도록 하여야 한다.
④ 안전관리자와 보건관리자가 수행하는 업무에는 산업안전보건위원회 또는 안전 및 보건에 관한 노사협의체에서 심의·의결한 업무도 포함된다.

⊙해설

안전관리자 등의 증원 교체 임명 명령
- 연간 재해율이 같은 업종의 평균재해율의 2배 이상인 경우
- 중대재해가 연간 2건 이상 발생한 경우
- 관리자가 질병으로 그 밖의 사유로 3개월 이상 직무를 수행할 수 없게 된 경우

14 산업안전보건법령상 유해하거나 위험한 기계·기구에 대한 방호조치 등에 관한 설명으로 옳은 것을 모두 고른 것은?

> ㄱ. 진공포장기, 래핑기를 제외한 포장기계에는 구동부 방호 연동장치를 설치해야 한다.
> ㄴ. 회전기계에 물체 등이 말려 들어갈 부분이 있는 기계는 물림점을 묻힘형으로 하여야 한다.
> ㄷ. 예초기 및 금속절단기에는 날접촉 예방장치를 설치해야 하고, 원심기에는 회전체 접촉 예방장치를 설치해야 한다.
> ㄹ. 근로자가 방호조치를 해체하려는 경우에는 사업주의 허가를 받아야 한다.

① ㄱ 　　　　　② ㄱ, ㄴ
③ ㄴ, ㄷ 　　　　④ ㄷ, ㄹ

회전기계에 물체 등이 말려 들어갈 부분이 있는 기계는 회전하는 축이나 드릴축 등 회전 말림점을 형성하는 부위에 신체의 접촉이나 옷가지 등이 말려 들어가지 않도록 방호덮개나 방호울을 등을 설치해야 한다.

법 제80조 제1항에 따라 영 제70조 및 영 별표 20의 기계기구에 설치해야 할 방호장치

① 법 제80조 제1항에 따라 영 제70조 및 영 별표 20의 기계·기구에 설치해야 할 방호장치는 다음 각 호와 같다.
　　1. 영 별표 20 제1호에 따른 예초기 : 날접촉 예방장치
　　2. 영 별표 20 제2호에 따른 원심기 : 회전체 접촉 예방장치
　　3. 영 별표 20 제3호에 따른 공기압축기 : 압력방출장치
　　4. 영 별표 20 제4호에 따른 금속절단기 : 날접촉 예방장치
　　5. 영 별표 20 제5호에 따른 지게차 : 헤드 가드, 백레스트(Backrest), 전조등, 후미등, 안전벨트
　　6. 영 별표 20 제6호에 따른 포장기계 : 구동부 방호 연동장치
② 법 제80조 제2항에서 "고용노동부령으로 정하는 방호조치"란 다음 각 호의 방호조치를 말한다.
　　1. 작동 부분의 돌기부분은 묻힘형으로 하거나 덮개를 부착할 것
　　2. 동력전달부분 및 속도조절부분에는 덮개를 부착하거나 방호망을 설치할 것
　　3. 회전기계의 물림점(롤러나 톱니바퀴 등 반대방향의 두 회전체에 물려 들어가는 위험점)에는 덮개 또는 울을 설치할 것
③ 제1항 및 제2항에 따른 방호조치에 필요한 사항은 고용노동부장관이 정하여 고시한다.

15 위험성평가의 결과와 조치사항을 기록·보존할 때에는 다음 각 호의 사항이 포함할 사항이 아닌 것은?

① 위험성평가 대상의 유해·위험요인
② 위험성 결정의 내용

③ 위험성평가의 효과
④ 위험성 결정에 따른 조치의 내용

위험성평가의 결과와 조치사항 기록·보존 시 포함사항
• 위험성평가 대상의 유해·위험요인
• 위험성 결정의 내용
• 위험성 결정에 따른 조치의 내용

16 안전보건진단을 받아 안전보건개선계획을 수립할 대상이 아닌 것은?

① 산업재해율이 같은 업종 평균 산업재해율의 2배 이상인 사업장
② 위험성평가를 실시하지 않아 산업재해가 발생한 사업장
③ 직업성 질병자가 연간 2명 이상(상시근로자 1천명 이상 사업장의 경우 3명 이상) 발생한 사업장
④ 그 밖에 작업환경 불량, 화재·폭발 또는 누출 사고 등으로 사업장 주변까지 피해가 확산된 사업장으로서 고용노동부령으로 정하는 사업장

제49조(안전보건진단을 받아 안전보건개선계획을 수립할 대상)

① 각 호 외의 부분 후단에서 "대통령령으로 정하는 사업장"이란 다음 각 호의 사업장을 말한다.
　　1. 산업재해율이 같은 업종 평균 산업재해율의 2배 이상인 사업장
　　2. 법 제49조 제1항 제2호에 해당하는 사업장(사업주가 필요한 안전조치 또는 보건조치를 이행하지 아니하여 중대재해가 발생한 사업장)
　　3. 직업성 질병자가 연간 2명 이상(상시근로자 1천명 이상 사업장의 경우 3명 이상) 발생한 사업장
　　4. 그 밖에 작업환경 불량, 화재·폭발 또는 누출 사고 등으로 사업장 주변까지 피해가 확산된 사업장으로서 고용노동부령으로 정하는 사업장

17 안전보건조정자가 될 수 없는 사람은?

① 법 제143조 제1항에 따른 산업안전지도사 자격을 가진 사람
② 「건설산업기본법」 제8조에 따른 종합공사에 해당하는 건설현장에서 안전보건관리책임자로서 3년 이상 재직한 사람
③ 「국가기술자격법」에 따른 건설안전기사 또는 산업안전기사 자격을 취득한 후 건설안전 분야에서 5년 이상의 실무경력이 있는 사람
④ 「국가기술자격법」에 따른 건설안전산업기사 또는 산업안전산업기사 자격을 취득한 후 건설안전 분야에서 5년 이상의 실무경력이 있는 사람

●해설

안전보건조정자 선임자격
• 산업안전지도사 자격을 가진 사람
• 건설현장에서 안전보건관리책임자로서 3년 이상 재직한 사람
• 건설안전기술사
• 건설안전기사 또는 산업안전기사 자격을 취득한 후 건설안전 분야에서 5년 이상의 실무경력이 있는 사람
• 건설안전산업기사 또는 산업안전산업기사 자격을 취득한 후 건설안전 분야에서 7년 이상의 실무경력이 있는 사람

18 다음 설명하는 무재해운동추진기법은?

> 피부를 맞대고 같이 소리치는 것으로서 팀의 일체감, 연대감을 조성할 수 있고 동시에 대뇌 피질에 좋은 이미지를 불어 넣어 안전행동을 하도록 하는 것

① 역할연기(Role Playing)
② TBM(Tool Box Meeting)
③ 터치 앤 콜(Touch and Call)
④ 브레인스토밍(Brain Storming)

●해설

무재해운동 추진기법
1. 브레인스토밍(Brain Storming)
   어떤 구체적인 문제를 해결함에 있어서 해결방안을 토의에 의해 도출할 때, 비판 없이 머릿속에 떠오르는 대로 아이디어를 도출하는 방법
2. TBM 위험예지훈련
   TBM으로 실시하는 위험예지활동으로 현장의 상황을 감안해 실시하며 '즉시 즉흥법'이라고도 한다.
3. 지적 확인
   작업을 안전하게 하기 위하여 작업공정의 요소요소에서 '~좋아!'라고 대상을 지적하면서 큰소리로 확인하여 안전을 확보하는 기법
4. Touch & Call
   작업현장에서 동료의 손과 어깨 등을 잡고 Team의 행동목표 또는 구호를 외쳐 다짐함으로써 일체감·연대감을 조성할 수 있고 동시에 대뇌 피질에 좋은 이미지를 불어 넣어 안전행동을 하도록 하는 기법
5. 5C 운동(활동)
   작업장에서 기본적으로 꼭 지켜야 할 복장단정(Correctness), 정리·정돈(Clearance), 청소·청결(Cleaning), 점검·확인(Checking)의 4요소에 전심·전력(Concentration)을 추가한 무재해 추진기법
6. 잠재재해 발굴운동
   작업 현장 내에 잠재하고 있는 불안전한 요소(행동, 상태)를 발굴해 매월 1회 이상 발표·토의하여 재해를 사전에 예방하는 기법

19 산재발생 공표대상사업장에 관한 설명 중 맞는 것은?

① 산업재해로 인한 사망자(이하 "사망재해자"라 한다)가 연간 1명 이상 발생한 사업장
② 사망만인율(死亡萬人率 : 연간 상시근로자 1만 명당 발생하는 사망재해자 수의 비율을 말한다)이 규모별 같은 업종의 평균의 3배 사망만인율 이상인 사업장
③ 법 제44조 제1항 전단에 따른 중대산업사고가 발생한 사업장
④ 법 제57조 제3항에 따른 산업재해의 발생에 관한 보고를 최근 2년 이내 3회 이상 하지 않은 사업장

해설

제10조(공표대상 사업장)

① 법 제10조 제1항에서 "대통령령으로 정하는 사업장"이란 다음 각 호의 어느 하나에 해당하는 사업장을 말한다.

1. 산업재해로 인한 사망자(이하 "사망재해자"라 한다)가 연간 2명 이상 발생한 사업장
2. 사망만인율(死亡萬人率 : 연간 상시근로자 1만 명당 발생하는 사망재해자 수의 비율을 말한다)이 규모별 같은 업종의 평균 사망만인율 이상인 사업장
3. 법 제44조 제1항 전단에 따른 중대산업사고가 발생한 사업장
4. 법 제57조 제1항을 위반하여 산업재해 발생 사실을 은폐한 사업장
5. 법 제57조 제3항에 따른 산업재해의 발생에 관한 보고를 최근 3년 이내 2회 이상 하지 않은 사업장

② 제1항 제1호부터 제3호까지의 규정에 해당하는 사업장은 해당 사업장이 관계수급인의 사업장으로서 법 제63조에 따른 도급인이 관계수급인 근로자의 산업재해 예방을 위한 조치의무를 위반하여 관계수급인 근로자가 산업재해를 입은 경우에는 도급인의 사업장(도급인이 제공하거나 지정한 경우로서 도급인이 지배·관리하는 제11조 각 호에 해당하는 장소를 포함한다. 이하 같다)의 법 제10조 제1항에 따른 산업재해발생건수 등을 함께 공표한다.

20 재해예방 4원칙에 해당하지 않는 것은?

① 손실적용의 원칙
② 원인계기의 원칙
③ 예방가능의 원칙
④ 대책선정의 원칙

해설

재해예방 4원칙

- 손실우연의 원칙
- 원인계기의 원칙
- 예방가능의 원칙
- 대책선정의 원칙

2과목 산업심리 및 교육

21 안전보건교육규정에서 정의하는 교육에 관한 내용으로 옳지 않은 것은?

① "비대면 실시간교육"이란 정보통신매체를 활용하여 강사와 교육생이 쌍방향으로 실시간 소통하면서 이루어지는 교육을 말한다.
② "인터넷 원격교육"이란 정보통신매체를 활용하여 교육이 실시되고 훈련생관리 등이 웹상으로 이루어지는 교육을 말한다.
③ "현장교육"이란 사업장의 생산시설 또는 근무장소에서 실시하는 교육을 말한다.
④ "안전보건관리담당자 양성교육"이란 안전보건총괄책임자 자격을 부여하기 위한 양성교육을 말한다.

해설

안전보건관리담당자 양성교육

㉠ 안전보건관리담당자의 업무
- 안전보건교육 실시에 관한 보좌 및 지도조언
- 위험성평가에 관한 보좌 및 지도조언
- 작업환경측정 및 개선에 관한 보좌 및 지도조언
- 각종 건강진단에 관한 보좌 및 지도조언
- 산업재해 발생의 원인 조사, 산업재해 통계의 기록 및 유지를 위한 보좌 및 지도조언
- 산업안전보건과 관련된 안전장치 및 보호구 구입 시 적격품 선정에 관한 사항 보좌 및 지도조언

㉡ 교육시간
16시간의 양성교육(인터넷교육 5시간, 집체교육 11시간) 완료 시 이수증 발급

㉢ 안전보건관리담당자 양성교육의 목적
중소규모 사업장의 안전보건관리담당자를 양성하기 위함

⊙ ANSWER | 20 ① 21 ④

22 안전보건교육 방법에서 하버드 학파의 5단계 교수법을 순서대로 옳게 나열한 것은?

> ㄱ. 준비시킨다(Preparation)
> ㄴ. 총괄시킨다(Generalization)
> ㄷ. 교시한다(Presentation)
> ㄹ. 연합한다(Association)
> ㅁ. 응용시킨다(Application)

① ㄱ → ㄴ → ㄷ → ㄹ → ㅁ
② ㄱ → ㄴ → ㄹ → ㄷ → ㅁ
③ ㄱ → ㄷ → ㄹ → ㄴ → ㅁ
④ ㄱ → ㄷ → ㄹ → ㅁ → ㄴ

해설

하버드학파의 5단계 교수법

준비시킨다 > 교시한다 > 연합한다 > 총괄시킨다 > 응용시킨다

23 안전교육의 지도원칙으로 옳지 않은 것은?

① 피교육자 중심 교육
② 동기부여
③ 어려운 부분에서 쉬운 부분으로 진행
④ 오감(감각기관) 활용

해설

교육지도의 8원칙
- 상대방의 입장에서
- 동기부여
- 쉬운 것부터 어려운 것으로
- 한번에 한가지 씩
- 반복하여
- 기능적 이해가 가능하도록
- 인상의 강화
- 5감의 활용

24 안전보건교육규정에서 정하고 있는 "직무교육의 방법"의 일부 내용이다. (   )에 들어갈 것으로 옳은 것은?

> 교육형태 : 다음 각 목에 따른 교육형태 중 어느 하나 또는 혼합한 방식으로 할 것. 다만, 총 교육시간의 (ㄱ)분의 (ㄴ) 이상을 가목이나 나목 또는 (ㄷ)목의 형태로 할 것
> 가. 집체교육
> 나. 현장교육
> 다. 인터넷 원격교육
> 라. 비대면 실시간교육

① ㄱ : 2, ㄴ : 1, ㄷ : 다
② ㄱ : 2, ㄴ : 1, ㄷ : 라
③ ㄱ : 3, ㄴ : 1, ㄷ : 다
④ ㄱ : 3, ㄴ : 2, ㄷ : 라

해설

안전보건교육규정 제4장 직무교육
제15조(직무교육의 방법)
교육형태 : 다음 각 목에 따른 교육형태 중 어느 하나 또는 혼합한 방식으로 할 것. 다만, 총 교육시간의 3분의 2 이상을 가목이나 나목 또는 라목의 형태로 할 것
가. 집체교육　　　　　나. 현장교육
다. 인터넷 원격교육　　라. 비대면 실시간교육

25 집단과 인간관계에서 집단의 효과에 해당하지 않는 것은?

① 동조효과　　　　② 견물효과
③ 암시효과　　　　④ 시너지효과

해설

1. 집단의 발전단계
   형성 > 갈등 > 응집 > 과제성취 > 해체
2. 집단의 효과
   - 동조효과 : 타인의 주장이나 행동에 자신의 의견을 편승하는 심리
   - 견물효과 : 타인이 보고 있을 때는 좋은 면을 보여주려 하고, 건전한 척하며 혼자 있을 때와 다른 행동을 취하는 심리

- 시너지효과 : 두 사람 이상의 의견으로 독립적으로 얻을 수 있는 것 이상의 결과를 내는 작용

26 재해 통계에 관한 내용으로 옳은 것은?

① 강도율 계산 시 사망 재해의 경우 10,000일의 근로손실일수를 산정한다.
② 도수율(빈도율)은 연 근로시간 100,000시간당 재해 발생 건수를 의미한다.
③ 재해율(천인율)은 연 평균 근로자 1,000명당 재해 발생 건수를 의미한다.
④ 안전성 비교(Safety T Score)는 현재의 안전성을 과거와 비교한 것으로서 −2 이하인 경우 과거에 비해 안전성이 개선된 것을 의미한다.

◉해설

- 강도율 $= \dfrac{\text{근로손실일수}}{\text{연근로시간수}} \times 1,000$

- 도수율(빈도율) $= \dfrac{\text{재해건수} \times 1,000,000}{\text{연근로총시간수}}$

- 재해율(천인율) $= \dfrac{\text{연간재해건수} \times 1,000}{\text{연평균근로자수}}$

- 종합재해지수(FSI) $= \sqrt{\text{도수율} \times \text{강도율}}$

27 재해 발생 시 조치사항으로 옳지 않은 것은?

① 재해 피해자 구출과 응급조치를 가장 먼저 실시한다.
② 재해 조사를 위하여 현장을 보존하고 촬영 등의 기록을 실시한다.
③ 재해 조사 담당 인력에 안전관리자를 포함시킨다.
④ 빠른 복구를 위해 재해 조사는 재해 발생 현장으로 대상 범위를 한정하여 실시한다.

◉해설

재해발생 시 조치사항
- 재해피해자 구출과 응급조치를 가장 먼저 실시한다.
- 재해 조사를 위해 현장을 보존하고 촬영 등의 기록을 실시한다.

- 재해조사 담당인력에 안전관리자를 포함시킨다.
- 재해조사는 2차 재해 발생 우려가 없는지 확인 후 신속하게 실시한다.
- 즉시 작업 중지하고 통신설비를 이용하거나 큰 소리로 상황을 전파한다.
- 근로자는 안전한 장소로 긴급 대피시킨다.
- 재해자 상태에 따라 구호 및 응급 조치한다.

28 사업장 위험성평가에 관한 지침에 따라 위험성평가 실시규정을 작성할 때 반드시 포함되어야 할 사항이 아닌 것은?

① 안전보건방침 및 위험성평가 추진 목표 설정
② 위험성평가 실시 조직의 구성, 역할과 책임
③ 위험성평가 인정신청서 작성방법
④ 위험성평가 실시과정에의 근로자 참여 및 결과의 근로자 공유 방법

◉해설

위험성평가 실시규정 포함사항
- 안전보건방침 및 위험성평가 추진 목표 설정
- 위험성평가 실시 조직의 구성, 역할과 책임
- 위험성평가 실시 시기, 실시 방법, 절차
- 위험성평가 실시과정에의 근로자 참여 및 결과의 근로자 공유 방법
- 근로자의 작업과 관계되는 유해·위험요인의 파악

29 버드(F. Bird)의 재해 구성비율에 해당하는 것은?

① 1 : 20 : 200
② 1 : 29 : 300
③ 1 : 10 : 29 : 300
④ 1 : 10 : 30 : 600

◉해설

- 버드의 재해구성비
  1 : 10 : 30 : 600
- 하인리히의 재해구성비
  1 : 29 : 300

◉ ANSWER | 26 ④ 27 ④ 28 ③ 29 ④

2024년 CBT 복원 기출문제 2회 • 799

30 다음에서 설명하고 있는 안전관리의 생산성 측면 효과로 옳지 않은 것은?

① 근로자의 사기진작
② 사회적 신뢰성 유지 및 확보
③ 이윤 증대
④ 생산시설의 고급화 및 다양화

> **해설**
>
> 완벽한 안전관리는 근로자의 사기진작은 물론 사회적 신뢰성의 확보와 궁극적으로는 재해손실의 저감으로 이윤증대효과가 발생된다. 그러나 생산시설의 고급화 및 다양화가 이루어지는 것과는 별개의 사안이다.

31 파악하고자 하는 연구과제에 대해 언어를 매개로 구조화된 질의응답을 통하여 교육하는 기법은?

① 면접(Interview)
② 카운슬링(Counseling)
③ CCS(Civil Communication Section)
④ ATT(American Telephone & Telegram Co.)

> **해설**
>
> **교육기법의 분류**
> ① 면접(Interview) : 개별면접, PT면접, 집단토론면접이 있으며 파악하고자 하는 연구과제에 대해 언어를 매개로 구조화된 질의응답을 통하여 교육이 가능하다.
> ② 카운슬링(Counseling) : 행동심리학과 인지심리학의 원리를 조합해 부적응적 정서나 행동패턴을 효과적인 방향으로 유도하는 기법
> ③ CCS(Civil Communication Section) : 경영자 교육 프로그램의 하나로 최고경영자를 대상으로 하는 교육
> ④ ATT(American Telephone & Telegram Co.) : 대상 계층이 한정되어 있지 않으며, 교육을 이수한 사람은 부하에 대한 지도가 가능하다.

32 산업심리학의 연구방법에 관한 설명으로 옳은 것은?

① 내적 타당도는 실험에서 종속변인의 변화가 독립변인과 가외변인(Extraneous Variable)의 영향에 따른 것이라고 신뢰하는 정도이다.
② 검사-재검사 신뢰도를 구할 때는 역균형화(Counterbalancing)를 실시한다.
③ 쿠더 리차드슨 공식 20(Kuder-Richardson Formula 20)은 검사 문항들 간의 내적 일관성 정도를 알려준다.
④ 내용타당도와 안면타당도는 동일한 타당도이다.

> **해설**
>
> ① 내적 타당도 : 논리적 인과관계의 타당도를 말하는 것으로 실험결과로 나타난 종속변수의 변화가 독립변수에 의한 것인가, 다른 원인으로 인한 것인가를 판별하는 것이다.
> ② 검사-재검사 신뢰도 : 동일한 사람에게 동일한 설문지를 다른 시기에 두 번 실시해 검사 점수들 간의 상관관계를 알아보는 것으로 심리검사보다 반복적 노출영향을 받지 않는 검사에 적합하다. 역균형화는 독립변인 수준이 n개 있을 때 만들 수 있는 모든 순서를 사용하나, 각 참가자는 모든 순서 중 하나만 할당되는 방법으로 제시 순서의 효과를 제거하거나 최소화하기 위해 독립변인 수준들의 제시순서를 결정하는 방법이다.
> ③ 쿠더 리차드슨 공식 20질문지 : 각 문항이 동질적인 것일수록 문항의 내적 일치도는 높게 나타나며, 이를 동질성 계수라 한다. 문항의 내적 일치도는 타 신뢰도 계수에 비해 값이 작게 나타나므로 검사의 최소 신뢰도라 여겨진다.
> ④ 내용타당도와 안면타당도
>
> | 내용타당도 | 안면타당도 |
> | --- | --- |
> | 검사 문항들이 측정하고자 하는 내용영역에 얼마나 충실한가를 의미한다. | 검사를 받는 사람들에게 얼마나 타당한 것인가를 의미한다. |

⊙ **ANSWER** │ 30 ④ 31 ① 32 ③

33 학습된 행동이 지속되는 것을 의미하는 용어는?

① 회상(Recall)
② 파지(Retention)
③ 재인(Recognition)
④ 기명(Memorizing)

- 파지(Retention) : 학습된 행동이 지속되는 것
- 기명(Memorizing) : 암기하는 것

34 면적에 관련한 착시현상으로 옳은 것은?

① 뮬러 – 라이어(Müller–Lyer) 착시
② 폰조(Ponzo) 착시
③ 포겐도르프(Poggendorf) 착시
④ 에빙하우스(Ebbinghaus) 착시

종류	내용	예시
뮬러 – 라이어 착시	길이의 착시	
폰조 착시	기하학적 착시	
포겐도르프 착시	기하학적 광학 착시	
에빙하우스 착시	면적 착시	
죌너 착시	방향 착시	

35 아담스(J. Adams)의 공정성 이론에서 투입과 산출의 내용 중 투입이 아닌 것은?

① 시간
② 노력
③ 임금
④ 경험

아담스의 공정성 이론조직 내 개인과 조직 간 교환관계에 있어 공정성 문제와 공정성이 훼손되었을 때 나타나는 개인의 행동유형을 제시하고 구성원 개인은 직무에 대해 자신이 조직으로부터 받은 보상을 비교함으로써 공정성을 지각하며, 자신의 보상을 동료와 비교해 공정성을 판단한다는 이론
- 투입 : 직무수행과 관련된 노력, 업적, 기술, 교육, 경험 등
- 산출 : 임금, 후생복지, 승진, 지위, 권력, 인간관계 등

36 OJT(On the Job Training)에 비하여 Off JT(Off the Job Training)의 장점으로 옳은 것을 모두 고른 것은?

ㄱ. 다수의 근로자에게 조직적 훈련이 가능하다.
ㄴ. 개개인에 적합한 지도훈련이 가능하다.
ㄷ. 훈련에만 전념할 수 있다.
ㄹ. 전문가를 강사로 초청할 수 있다.

① ㄱ, ㄴ
② ㄴ, ㄷ
③ ㄱ, ㄷ, ㄹ
④ ㄴ, ㄷ, ㄹ

OJT와 Off JT의 장점

OJT	Off JT
• 개인수준에 적합한 지도 가능	• 다수의 근로자 집단교육
• 실질적 업무수행에 즉각적인 도움 가능	• 전문가 초빙
• 상호이해도가 높음	• 많은 양의 지식과 경험 교류 가능

37 작업장의 도구, 부품, 조종장치 배치에서 작업의 효율성 향상을 위해 적용하는 원리가 아닌 것은?

① 일관성 원리
② 중요도 원리
③ 독창성 원리
④ 사용 순서의 원리

작업장의 도구, 부품, 조종장치 배치에서 작업의 효율성 향상을 위해 적용하는 원리
• 일관성 원리
• 중요도 원리
• 사용 빈도의 원리
• 사용 순서의 원리

38 산업재해 연구에 관한 내용으로 옳은 것을 모두 고른 것은?

> ㄱ. 시몬즈(Simonds)는 평균치법을 적용해 재해손실비용을 산출하였다.
> ㄴ. 하인리히(Heinrich)는 재해손실비용의 직접비와 간접비 비율을 약 1:4로 제시하였다.
> ㄷ. 버드(Bird)는 1건의 중상이 발생할 때 10건의 경상, 300건의 아차 사고가 발생한다고 하였다.

① ㄱ
② ㄷ
③ ㄱ, ㄴ
④ ㄴ, ㄷ

ㄱ. 시몬즈(Simonds)는 평균치법을 적용해 재해손실비용을 산출하였다.
ㄴ. 하인리히(Heinrich)는 재해손실비용의 직접비와 간접비 비율을 약 1:4로 제시하였다.
ㄷ. 버드(Bird)는 1건의 중상이 발생할 때 10건의 경상, 30건의 물적 손실, 600건의 인적·물적 손실 없는 사고가 발생된다고 주장하였다.

39 신뢰도 이론의 욕조곡선(Bathtub Curve)을 나타낸 것으로 옳은 것은?(단, t : 시간, $h(t)$: 고장률, $f(t)$: 확률밀도함수, $F(t)$: 불신뢰도이다.)

①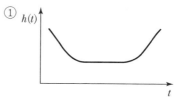

②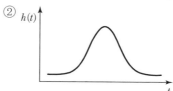

③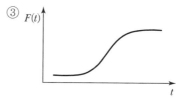

④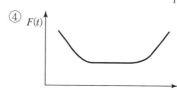

욕조곡선

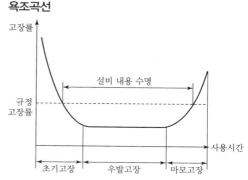

40 TWI(Training Within Industry)의 교육훈련 내용이 아닌 것은?

① 작업적응훈련(JAT)
② 작업방법훈련(JMT)
③ 작업안전훈련(JST)
④ 작업지도훈련(JIT)

해설

TWI(Training Within Industry)
㉠ 대상 : 일선 감독자
㉡ 일선 감독자의 구비요건
  • 직무 지식
  • 직책 지식
  • 작업을 가르치는 능력
  • 작업방향을 개선하는 기능
  • 사람을 다루는 기량
㉢ 교육내용
  • JIT(Job Instruction Training) : 작업지도훈련 (작업지도기법)
  • JMT(Job Method Training) : 작업방법훈련 (작업개선기법)
  • JRT(Job Relation Training) : 인간관계훈련 (인간관계 관리기법)
  • JST(Job Safety Training) : 작업안전훈련(작업안전기법)
㉣ 전체 교육시간 : 10시간으로 1일 2시간씩 5일간
㉤ 진행방법 : 토의법

3과목 인간공학 및 시스템안전공학

41 인간-기계 시스템에 관한 설명으로 옳은 것은?

① 인간-기계 인터페이스는 인간-기계 시스템을 구성하는 요소이다.
② 인간-기계 시스템에서 표시장치는 인간의 반응을 표시하는 장치를 의미한다.
③ 작업자가 전동 공구를 사용하여 제품을 조립하는 과정은 인간-기계 시스템에 해당하지 않는다.
④ 인간의 주관적 반응은 인간-기계 시스템의 평가기준 중 시스템 기준(Systemdescriptive Criteria)에 해당한다.

해설

② 인간-기계 시스템에서 표시장치는 기계의 반응을 표시하는 장치를 의미한다.
③ 작업자가 전동 공구를 사용하여 제품을 조립하는 과정도 인간-기계 시스템에 해당된다.
④ 인간의 주관적 반응은 인간-기계 시스템의 평가기준 중 시스템기준에 해당하지 않는다.

42 인간의 시각 기능에 관한 설명으로 옳지 않은 것은?

① 명순응은 암순응에 비해 시간이 짧게 걸린다.
② 암순응 과정에서 원추세포와 간상세포의 순으로 순응 단계가 진행된다.
③ 눈에서 물체까지의 거리가 멀어질수록 수정체의 두께를 두껍게 하여 초점을 맞춘다.
④ 최소가분시력(Minimum Separable Acuity)은 일정 거리에서 구분할 수 있는 표적의 최소 크기에 따라 정해진다.

해설

③ 눈에서 물체까지의 거리가 멀어질수록 수정체의 두께를 얇게 하여 초점을 맞춘다.

43 정상 청력을 가진 성인이 느끼는 소리의 크기를 비교할 때 1,000Hz 순음에서 80dB의 소리는 60dB의 소리에 비해 얼마나 더 크게 들리는가?

① 약 1.3배
② 약 2배
③ 약 2.6배
④ 약 4배

해설

정상청력소리의 크기 추정은 sone으로 판정하며, sone을 판정하기 위해서는 phon이 필요하다(phon은 특정음과 같은 크기로 들리는 1,000Hz 순음의 음압수준이다).
그러므로 80dB = 80phon
　　　　　60dB = 60phon

$sone = 2^{(phon-40)/10}$
$2^{(80-40)/10} = 2^4$
$2^{(60-40)/10} = 2^2$
$2^4/2^2 = 2^2 = 4$배

44 서로 독립인 기본사상 a, b, c로 구성된 아래의 결함수(Fault Tree)에서 정상사상 T에 관한 최소절단집합(Minimal Cut Set)을 모두 구하면?

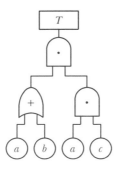

① {a, b}   ② {a, c}
③ {b, c}   ④ {a, b, c}

◀해설▶
a와 b는 OR Gatea와 c는 AND Gate이므로 사상이 출력되려면 AND Gate는 기본사상 a와 c가 필요하고, OR Gate는 a와 b 중 하나만 필요하므로 {a, c}가 최소절단집합(Minimal Cut Set)이 된다.

45 신뢰도가 A인 동일한 부품 3개를 그림과 같이 직렬 및 병렬로 연결하였을 때 전체시스템의 신뢰도는 0.8309이다. 이 부품의 신뢰도 A는 얼마인가?

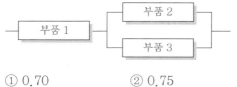

① 0.70   ② 0.75
③ 0.80   ④ 0.85

◀해설▶
부품 2와 부품 3이 병렬연결이고 이 두 개의 부품과 부품 1이 직렬상태이므로
부품 1×{1−(1−부품 2)(1−부품 3)}＝0.8309
∴ 신뢰도 A＝0.85

46 정성적, 귀납적인 시스템안전 분석기법으로 시스템에 영향을 미치는 모든 요소의 고장을 형태별로 분석하여 그 영향을 검토하는 기법은?

① ETA   ② FMEA
③ THERP   ④ FTA

◀해설▶
① ETA(Event Tree Analysis, 사건수 분석) : 작업자를 포함하는 시스템의 각 구성요소의 초기사건을 시작으로 하여 이로부터 발생되는 최종 결과를 귀납적인 접근 방법으로 평가하는 정성·정량적 위험성평가 기법이다.
② FMEA : 정성적, 귀납적 시스템안전 분석기법으로 시스템에 영향을 미치는 모든 요소의 고장을 형태별로 분석해 검토하는 기법이다.
③ THERP(Technique for Human Error Rate Prediction) : 인적오류율 예측기법으로 인간의 과오를 정량적으로 평가하는 기법이다.
④ FTA(Fault Tree Analysis) : 결함수분석 기법으로 시스템의 고장이나 사고를 장치나 운전자의 실수 등 사고원인들의 관계를 논리 게이트로 분석해 기본원인을 찾아내고 이 원인으로 인한 사고의 가능성이 얼마나 큰가를 정량적으로 평가하는 방법이다.

47 A부품의 고장확률 밀도함수는 지수분포를 따르며, 평균수명은 10^4시간이다. 이 부품을 10^3시간 작동시켰을 때의 신뢰도는 얼마인가? (단, 소수점 셋째 자리에서 반올림하여 소수점 둘째 자리까지 구한다.)

① 0.05   ② 0.10
③ 0.15   ④ 0.90

◀해설▶
• 평균수명 = 10,000시간
       = 평균고장간격(MTBF)
       = $\dfrac{1}{\lambda}$
• 고장률(λ) = $\dfrac{1}{10,000}$ = 0.0001
• 신뢰도 = $\exp(-\lambda t)$ = $\exp\left(-\dfrac{1,000}{10,000}\right)$
       = 0.90

◉ ANSWER │ 44 ② 45 ④ 46 ② 47 ④

48 내적(Intrinsic) 동기와 외적(Extrinsic) 동기의 특징과 관계를 체계적으로 다루는 동기이론으로 옳은 것은?

① 앨더퍼(Alderfer)의 ERG이론
② 아담스(Adams)의 형평이론(Equity Theory)
③ 로크(Locke)의 목표설정이론(Goal-setting Theory)
④ 리안(Ryan)과 디시(Deci)의 자기결정이론(self-determination Theory)

해설

㉠ 앨더퍼의 EGR이론
1972년 심리학자 C. Alderfer가 인간의 욕구를 중요도 순으로 계층화했다. 매슬로의 욕구단계설 단계를 5개에서 3개로 줄여 제시하였다는 점과 직접 조직 현장에 들어가 연구를 실행했다는 점에서 차이가 있다.

㉡ 아담스의 형평이론(공정성이론)
1965년에 제시한 동기부여 이론으로, 인간은 자신의 투입(노력, 성과, 기술 등)과 산출(보상, 인정, 승진 등)의 비율을 타인과 비교하여 공정성을 판단하고, 공정성을 유지하거나 회복하기 위해 행동한다고 주장하였다.

㉢ 로크의 목표설정이론
목표를 향해 도전하는 의도가 동기부여의 원천이라고 주장하였다.

㉣ 리안(Ryan)과 디시(Deci)의 자기결정이론(Self-Determination Theory, SDT)
인간의 동기와 개인성 발달을 이해하는 데 중점을 둔 심리학 이론으로 1970년대에 에드워드 데시와 리처드 라이언에 의해 개발되었다. 우리의 행동이 외부적인 보상이나 처벌에 의해 결정되는 것이 아닌, 우리 자신의 내재적인 동기와 가치에 의해 크게 영향을 받는다는 것을 주장하였다. 이론의 핵심요소는 자율성, 유능성, 관계성이다.
- 자율성(Autonomy) : 개인이 자신의 행동을 스스로 결정하고, 그 행동이 자신의 진정한 가치와 일치한다고 느끼는 능력이다. 자율성이 높은 사람은 자신의 의지와 가치에 따라 행동하는 경향이 있다.
- 유능성(Competence) : 개인이 자신의 활동에 대해 능력이 있고, 그 활동을 통해 목표를 달성할 수 있다고 느끼는 능력으로, 유능성이 높은 사람은 자신의 능력에 대한 확신과 성공적으로 목표를 달성할 수 있다고 믿는다.

- 관계성(Relatedness) : 개인이 다른 사람들과 연결되어 있고, 그들에게 소속감을 느끼는 능력을 의미한다. 관계성이 높은 사람은 다른 사람들과의 관계를 중요하게 여기며, 그 관계를 통한 의미와 만족감을 추구한다.

49 제품 설계에 인체 측정치를 적용하는 절차를 순서대로 옳게 나열한 것은?

> ㄱ. 설계에 필요한 인체치수 선택
> ㄴ. 적절한 인체측정 자료 선택
> ㄷ. 필요한 여유치 결정
> ㄹ. 인체측정 자료 응용 원리 결정

① ㄱ → ㄴ → ㄹ → ㄷ
② ㄱ → ㄹ → ㄴ → ㄷ
③ ㄴ → ㄱ → ㄷ → ㄹ
④ ㄴ → ㄷ → ㄱ → ㄹ

해설

제품 설계에 인체 측정치를 적용하는 절차 순서
설계에 필요한 인체치수 선택 → 인체측정 자료 응용원리 결정 → 적절한 인체측정 자료 선택 → 필요한 여유치 결정

50 인간공학적 동작 경제원칙에 관한 내용으로 옳지 않은 것은?

① 양손은 동시에 시작하고 동시에 끝나지 않도록 한다.
② 양팔의 동작은 동시에 서로 반대방향으로 대칭적으로 움직이도록 한다.
③ 손과 신체동작은 작업을 원만하게 수행할 수 있는 범위 내에서 가장 낮은 동작등급을 사용하도록 한다.
④ 즉답장치를 활용하여 양손이 다른 일을 할 수 있도록 한다.

해설

인간공학적 동작경제원칙
- 양손은 동시에 시작하고 동시에 끝나도록 한다.
- 양팔의 동작은 동시에 서로 반대방향으로 대칭적으로 움직이도록 한다.

◉ ANSWER | 48 ④ 49 ② 50 ①

- 손과 신체동작은 작업을 원만하게 수행할 수 있는 범위 내에서 가장 낮은 동작등급을 사용하도록 한다.
- 즉답장치를 활용하여 양손이 다른 일을 할 수 있도록 한다.
- 휴식시간을 제외하고는 양손이 동시에 쉬지 않도록 한다.
- 가능한 한 관성을 이용하여 작업을 하도록 하되, 작업자가 관성을 억제해야 하는 경우에는 발생되는 관성을 최소한도로 줄인다.
- 눈의 초점을 모아야 작업을 할 수 있는 경우는 가능하면 없애고, 불가피한 경우에는 눈의 초점이 모아지는 서로 다른 두 지점 간의 거리를 짧게 한다.

51 안전성평가 6단계에서 단계별 내용으로 옳지 않은 것은?

① 2단계 : 정성적 평가
② 3단계 : 정량적 평가
③ 4단계 : 안전대책
④ 6단계 : ETA에 의한 재평가

안전성평가 6단계
- 1단계 : 관계자료 검토
- 2단계 : 정성적 평가
- 3단계 : 정량적 평가
- 4단계 : 안전대책 수립
- 5단계 : 재해정보로부터의 재평가
- 6단계 : FTA에 의한 재평가

52 인간－기계시스템 설계과정 6단계를 순서대로 옳게 나열한 것은?

> ㄱ. 시스템 정의
> ㄴ. 목표 및 성능명세 결정
> ㄷ. 기본설계
> ㄹ. 인터페이스 설계
> ㅁ. 촉진물, 보조물 설계
> ㅂ. 시험 및 평가

① ㄱ → ㄴ → ㄷ → ㄹ → ㅁ → ㅂ
② ㄱ → ㄴ → ㄹ → ㄷ → ㅁ → ㅂ
③ ㄱ → ㄷ → ㄴ → ㅁ → ㄹ → ㅂ
④ ㄴ → ㄱ → ㄷ → ㄹ → ㅁ → ㅂ

인간－기계시스템 설계과정 6단계
목표 및 성능명세 결정 → 시스템 정의 → 기본설계 → 인터페이스 설계 → 촉진물, 보조물 설계 → 시험 및 평가

53 암실 내에서 정지된 작은 빛을 응시하고 있으면 그 빛이 움직이는 것처럼 보이는 것을 자동운동이라고 한다. 다음 중 자동운동이 생기기 쉬운 조건으로 옳은 것은?

① 광점이 클 것
② 광의 강도가 작을 것
③ 시야의 다른 부분이 밝을 것
④ 대상이 복잡할 것

자동운동이 생기기 쉬운 조건
- 광점이 작은 것
- 광의 강도가 작은 것
- 시야의 다른 부분이 암흑으로 되어 있는 것
- 대상이 단순한 것

54 인간－기계 시스템에서 표시장치(Display)와 조종장치(Control)의 설계에 관한 내용으로 옳지 않은 것은?

① 작업자의 즉각적 행동이 필요한 경우에 청각적 표시장치가 시각적 표시장치보다 유리하다.
② 330m 이상 정도의 장거리에 신호를 전달하고자 할 때는 청각 신호의 주파수를 1,000Hz 이하로 하는 것이 좋다.
③ 광삼현상으로 인해 음각(검은 바탕의 흰 글씨)의 글자 획폭(Stroke Width)은 양각(흰 바탕의 검은 글씨)보다 작은 값이 권장된다.

④ 조종－반응비(C/R 비)가 작을수록 조종 장치와 표시장치의 민감도가 낮아져 미세 조종에 유리하다.

> **해설**
> ④ 조종－반응비가 작을수록 조종장치와 표시장치의 민감도가 높아져 미세조종이 불리해진다.

55 근골격계부담작업 유해성 평가를 위한 인간공학적 도구에 관한 내용으로 옳지 않은 것은?

① RULA는 하지 자세를 평가에 반영한다.
② REBA는 동작의 반복성을 평가에 반영한다.
③ QEC는 작업자의 주관적 평가 과정이 포함되어 있다.
④ NLE는 중량물의 수평 이동거리를 평가에 반영한다.

> **해설**
> 근골격계부담작업 유해성 평가를 위한 인간공학적 도구 중 NLE는 중량물의 드는 작업을 대상으로 하므로 수직거리만 평가에 반영한다.

56 예방보전에 해당하지 않는 것은?

① 기회보전 ② 고장보전
③ 수명기반보전 ④ 시간기반보전

> **해설**
> **예방보전의 분류**
> • 기회보전 • 상태기반보전
> • 수명기반보전 • 시간기반보전

57 시스템 안전성 확보를 위한 방법이 아닌 것은?

① 위험상태 존재의 최소화
② 중복설계(Redundancy)의 배제
③ 안전장치의 채용
④ 경보장치의 채택

> **해설**
> 시스템 안전성 확보를 위해서는 병렬설계에 해당되는 중복설계(Redundancy)를 고려해야 한다.

58 안전성평가 종류 중 기술개발의 종합평가 (Technology Assessment)에서 단계별 내용으로 옳지 않은 것은?

① 1단계 : 생산성 및 보전성
② 2단계 : 실현가능성
③ 3단계 : 안전성 및 위험성
④ 4단계 : 경제성

> **해설**
> **기술개발의 종합평가(Technology Assessment)에서 단계별 내용**
> • 1단계 : 사회적 복리 기여도
> • 2단계 : 실현가능성
> • 3단계 : 안전성 및 위험성
> • 4단계 : 경제성
> • 5단계 : 종합평가

59 A회사에서는 새로운 기계를 설계하면서 레버를 위로 올리면 압력이 올라가도록 하고, 오른쪽 스위치를 눌렀을 때 오른쪽 전등이 켜지도록 하였다면, 이것은 각각 어떤 유형의 양립성을 고려한 것인가?

① 레버－공간양립성, 스위치－개념양립성
② 레버－운동양립성, 스위치－개념양립성
③ 레버－개념양립성, 스위치－운동양립성
④ 레버－운동양립성, 스위치－공간양립성

> **해설**
> • 운동양립성 : 표시장치 및 조종장치와 체계반응의 운동방향 양립성
> • 공간양립성 : 표시장치나 조종장치에서의 공간적 배치의 양립성
> • 개념양립성 : 인간이 갖고 있는 개념적인 양립성

◉ **ANSWER** | 55 ④ 56 ② 57 ② 58 ① 59 ④

60 JIT(Just In Time) 생산시스템의 특징에 해당하지 않는 것은?

① 부품 및 공정의 표준화
② 공급자와의 원활한 협력
③ 채찍효과 발생
④ 다기능 작업자 필요

채찍효과 : 하류의 고객주문정보가 상류로 전달되며 정보가 왜곡, 확대되는 현상

JIT(Just In Time) 생산시스템의 특징
• 부품 및 공정의 표준화
• 공급자와의 원활한 협력
• 칸반시스템 활용(Kanban은 일본어로 시각적 카드를 의미하며, 시각적으로 표현한 카드를 사용해 작업흐름을 관리하는 방법을 말한다.)
• 다기능 작업자 필요

4과목 건설시공학

61 굴착공사를 위한 사전조사내용 중 옳지 않은 것은?

① 주변에 기 절토된 경사면의 실태조사
② 지표, 토질에 대한 답사 및 조사를 하므로써 토질구성(표토, 토질, 암질), 토질구조(지층의 경사, 지층, 파쇄대의 분포, 변질대의 분포), 지하수 및 용수의 형상 등의 실태 조사
③ 사운딩
④ 굴착공법

제3조(사전조사)
① 기본적인 토질에 대한 조사는 다음 각 호에 의한다.
　1. 조사대상은 지형, 지질, 지층, 지하수, 용수, 식생 등으로 한다.
　2. 조사내용은 다음 각 목의 사항을 기준으로 한다.
　　가. 주변에 기 절토된 경사면의 실태조사
　　나. 지표, 토질에 대한 답사 및 조사를 하므로써 토질구성(표토, 토질, 암질), 토질구조(지층의 경사, 지층, 파쇄대의 분포, 변질

대의 분포), 지하수 및 용수의 형상 등의 실태 조사
　　다. 사운딩
　　라. 시추
　　마. 물리탐사(탄성파조사)
　　바. 토질시험 등
② 굴착작업 전 가스관, 상하수도관, 지하케이블, 건축물의 기초 등 지하매설물에 대하여 조사하고 굴착 시 이에 대한 안전조치를 하여야 한다.

62 철골공사 데크플레이트 시공순서를 옳게 설명한 것은?

> ㄱ. 철골보와 접합용접
> ㄴ. 데크조립, 설치
> ㄷ. 용접철망, 철근 배근
> ㄹ. 배선, 배관

① ㄴ → ㄱ → ㄹ → ㄷ
② ㄱ → ㄴ → ㄹ → ㄷ
③ ㄷ → ㄹ → ㄴ → ㄱ
④ ㄹ → ㄱ → ㄷ → ㄴ

철골공사 데크플레이트 시공순서
시공계획 수립 → 데크 현장 반입, 보관 → 상부 양중 → 데크 조립, 설치작업 → 철골보와 접합용접 → 검사 → 배선, 배관 → 용접철망, 철근 배근 → 콘크리트 타설 → 양생

63 콘크리트에서 사용하는 호칭강도의 정의로 옳은 것은?

① 레디믹스트 콘크리트 발주 시 구입자가 지정하는 강도
② 구조계산 시 기준으로 하는 콘크리트의 압축강도
③ 재령 7일의 압축강도를 기준으로 하는 강도
④ 콘크리트의 배합을 정할 때 목표로 하는 압축강도로 품질의 표준편차 및 양생온도 등을 고려하여 설계기준강도에 할증한 것

◉ ANSWER │ 60 ③ 61 ④ 62 ① 63 ①

●해설

콘크리트의 강도 구분
- 콘크리트 호칭강도 : 레디믹스트 콘크리트 발주 시 구입자가 지정하는 강도
- 설계기준강도 : 콘크리트 부재 설계 시 계산의 기준이 되는 콘크리트 강도
- 배합강도 : 콘크리트의 배합을 정할 때 목표로 하는 압축강도로 품질의 표준편차 및 양생온도 등을 고려하여 설계기준강도에 할증한 것

64 기계에 의한 굴착작업 시 작업 전 점검사항 중 옳지 않은 것은?

① 낙석, 낙하물 등의 위험이 예상되는 작업 시 견고한 헤드가아드 설치상태
② 운전자의 적정자격 여부
③ 타이어 및 궤도차륜 상태
④ 경보장치 작동상태

●해설

제10조(준비)

기계에 의한 굴착작업 시에는 제1절의 사항 외에 다음 각 호의 사항을 준수하여야 한다.
1. 공사의 규모, 주변환경, 토질, 공사기간 등의 조건을 고려한 적절한 기계를 선정하여야 한다.
2. 작업 전에 기계의 정비상태를 정비기록표 등에 의해 확인하고 다음 각 목의 사항을 점검하여야 한다.
   가. 낙석, 낙하물 등의 위험이 예상되는 작업시 견고한 헤드가아드 설치상태
   나. 브레이크 및 클러치의 작동상태
   다. 타이어 및 궤도차륜 상태
   라. 경보장치 작동상태
   마. 부속장치의 상태

65 미장공법, 뿜칠공법을 통한 강구조부재의 내화피복 시공 시 시공면적 얼마당 1개소 단위로 핀 등을 이용하여 두께를 확인하여야 하는가?

① 2m²   ② 3m²
③ 4m²   ④ 5m²

●해설

1. 철골공사 내화피복공법의 종류
   - 습식공법 : 뿜칠공법, 타설공법, 미장공법
   - 건식공법 : 성형판 붙임공법
   - 복합공법 : 내화피복기능에 커튼월 등의 기능을 추가한 공법
2. 미장공법, 뿜칠공법에 의한 내화피복 시공 시에는 시공면적 5m²당 1개소 단위로 두께를 확인해야 한다.
3. 내화성능 기준   (단위 : 시간)

층수/높이	내력벽	보, 기둥	바닥	지붕틀
12층/50m 초과	3(2)	3	2	1
12층/50m 이하	2	2	2	1
4층/20m 이하	1	1	1	0.5

66 강관비계의 구조에 관한 내용이다. ( )에 들어갈 알맞은 것은?

- 비계기둥의 간격은 띠장 방향에서는 (ㄱ) 미터 이하, 장선 방향에서는 (ㄴ)미터 이하로 할 것
- 띠장 간격은 (ㄷ)미터 이하로 할 것. 다만, 작업의 성질상 이를 준수하기가 곤란하여 쌍기둥틀 등에 의하여 해당 부분을 보강한 경우에는 그러하지 아니하다.

① ㄱ : 1.8, ㄴ : 1.5, ㄷ : 2.0
② ㄱ : 2.0, ㄴ : 2.0, ㄷ : 1.8
③ ㄱ : 1.85, ㄴ : 1.5, ㄷ : 2.0
④ ㄱ : 1.8, ㄴ : 2.0, ㄷ : 1.8

●해설

제60조(강관비계의 구조)

사업주는 강관을 사용하여 비계를 구성하는 경우 다음 각 호의 사항을 준수해야 한다. 〈개정 2012. 5. 31., 2019. 10. 15., 2019. 12. 26., 2023. 11. 14.〉
1. 비계기둥의 간격은 띠장 방향에서는 1.85미터 이하, 장선(長線) 방향에서는 1.5미터 이하로 할 것. 다만, 다음 각 목의 어느 하나에 해당하는 작업의 경우에는 안전성에 대한 구조검토를 실시하고 조립도를 작성하면 띠장 방향 및 장선 방향

으로 각각 2.7미터 이하로 할 수 있다.
가. 선박 및 보트 건조작업
나. 그 밖에 장비 반입·반출을 위하여 공간 등을 확보할 필요가 있는 등 작업의 성질상 비계기둥 간격에 관한 기준을 준수하기 곤란한 작업
2. 띠장 간격은 2.0미터 이하로 할 것. 다만, 작업의 성질상 이를 준수하기가 곤란하여 쌍기둥틀 등에 의하여 해당 부분을 보강한 경우에는 그러하지 아니하다.
3. 비계기둥의 제일 윗부분으로부터 31미터 되는 지점 밑부분의 비계기둥은 2개의 강관으로 묶어 세울 것. 다만, 브래킷(Bracket, 까치발) 등으로 보강하여 2개의 강관으로 묶을 경우 이상의 강도가 유지되는 경우에는 그러하지 아니하다.
4. 비계기둥 간의 적재하중은 400킬로그램을 초과하지 않도록 할 것

67 다음은 표준시방서에 따른 철근의 이음에 관한 내용이다. 빈칸에 공통으로 들어갈 내용으로 옳은 것은?

> ( )를 초과하는 철근은 겹침이음을 할 수 없다. 다만, 서로 다른 크기의 철근을 압축부에 겹침이음하는 경우 ( ) 이하의 철근과 ( )를 초과하는 철근은 겹침이음을 할 수 있다.

① D29   ② D25
③ D32   ④ D35

해설

D35를 초과하는 철근은 겹침이음을 할 수 없다. 다만, 서로 다른 크기의 철근을 압축부에 겹침이음하는 경우 D35 이하의 철근과 D35를 초과하는 철근은 겹침이음을 할 수 있다.

68 다음 중 흙막이 가시설 버팀 지지공법이 아닌 것은?

① 버팀대 공법(Strut, H-형강)
② 강관다단 공법
③ Ground Anchor 공법
④ Soil Nailing 공법

해설

① 버팀대 공법(Strut, H-형강) : 굴착하고자 하는 부지의 외곽에 흙막이벽을 설치하고 양측 토압의 균열을 이용해 수평버팀대, 띠장 등의 강재를 지지재로 흙막이벽을 지지하는 공법
② 강관다단 공법 : 그라우팅공법으로 터널 굴착전 강관을 배열하고 강관 내측에 삽입한 패커 (Packer)를 이용해 주변지반에 그라우트를 다단 주입해 강관과 지반을 일체화시켜 상재하중, 토압을 분산 및 경감시키는 공법
③ Ground Anchor 공법 : 흙막이벽에 구멍을 뚫어 철근이나 PC강선을 넣은 다음 몰탈을 그라우팅하여 채우고 뒷면에 앵커를 만들어 흙막이벽을 잡아매는 공법
④ Soil Nailing 공법 : 흙과 보강재 사이의 마찰력, 보강재의 인장응력, 전단응력 및 휨 모멘트에 대한 저항력으로 흙과 Nailing의 일체화로 지반의 안정을 유지하는 공법

69 토석붕괴의 원인 중 옳지 않은 것은?

① 사면, 법면의 경사 및 기울기의 증가
② 절토 및 성토 높이의 증가
③ 공사에 의한 진동 및 반복 하중의 증가
④ 지표수 및 지하수의 배수에 의한 토사 중량의 감소

해설

제28조(토석붕괴의 원인)
① 토석이 붕괴되는 외적 원인은 다음 각 호와 같으므로 굴착 작업 시에 적절한 조치를 취하여야 한다.
1. 사면, 법면의 경사 및 기울기의 증가
2. 절토 및 성토 높이의 증가
3. 공사에 의한 진동 및 반복 하중의 증가
4. 지표수 및 지하수의 침투에 의한 토사 중량의 증가
5. 지진, 차량, 구조물의 하중작용
6. 토사 및 암석의 혼합층두께

⊙ ANSWER | 67 ④ 68 ② 69 ④

70 피어기초공사에 관한 설명으로 옳지 않은 것은?

① 중량구조물을 설치하는 데 있어서 지반이 연약하거나 말뚝으로도 수직지지력이 부족하여 그 시공이 불가능한 경우와 기초 지반의 교란을 최소화해야 할 경우에 사용한다.

② 굴착된 흙을 직접 탐사할 수 있고 지지층의 상태를 확인할 수 있다.

③ 진동과 소음이 발생하는 공법이긴 하나 여타 기초형식에 비하여 공기 및 비용이 적게 소요된다.

④ 피어기초를 채용한 국내의 초고층 건축물에는 63빌딩이 있다.

피어기초공사

• 중량구조물을 설치하는 데 있어서 지반이 연약하거나 말뚝으로도 수직지지력이 부족하여 그 시공이 불가능한 경우와 기초지반의 교란을 최소화해야 할 경우에 사용한다.

• 굴착된 흙을 직접 탐사할 수 있고 지지층의 상태를 확인할 수 있다.

• 무소음, 무진동 공법으로 도심지공사에 적합하다.

• 피어기초를 채용한 국내의 초고층 건축물에는 63빌딩이 있다.

71 보강토 옹벽의 포설 및 다짐 시 작업기준에 대한 설명 중 맞는 것은?

① 보강토의 각 층별 다짐작업은 그 층의 보강재 포설 및 콘크리트 블록 쌓기 전 시행하여야 한다.

② 보강토의 포설 및 다짐 작업은 블록의 방향과 평행하게 실시하되, 블록과 가까운 쪽부터 시작하여 먼 쪽으로 진행하여야 한다. 이때 블록에서 2.0m 이내의 위치는 중량의 장비의 접근을 금지하고, 소형 롤러 등 경량의 장비로 다짐하여야 한다.

③ 보강토의 포설 및 다짐은 다짐 장비 및 흙의 성질에 따라 충분한 다짐이 되도록 계획하되 1개 층의 다짐두께는 20cm가 초과되지 않도록 한다.

④ 보강토의 다짐층 높이는 전면에 걸쳐 동일하게 되지 않도록 하고 특히 블록과 보강재의 연결고리 부분은 보강재의 연결 폭과 높이를 적정히 유지한다.

보강토의 포설 및 다짐

• 보강토의 포설 및 다짐작업을 하는 경우에는 장비의 이동경로를 계획하고 이동경로에 따라 장비의 전도·전락 또는 근로자의 충돌·협착 재해 등을 방지하기 위하여 작업지휘자를 배치하여야 한다.

• 보강토의 각 층별 다짐작업은 그 층의 보강재 포설 및 콘크리트 블록 쌓기를 완료한 후 시행하여야 한다.

• 보강토 옹벽 단부에는 장비사용 시 붕괴, 전락 등의 사용 장비의 중량 등을 고려하여 접근한계를 설정하고 준수하여 작업을 실시하여야 한다.

• 보강토의 포설 및 다짐 작업은 블록의 방향과 평행하게 실시하되, 블록과 가까운 쪽부터 시작하여 먼 쪽으로 진행하여야 한다. 이때 블록에서 1.5m 이내의 위치는 중량의 장비의 접근을 금지하고, 소형 롤러 등 경량의 장비로 다짐하여야 한다.

• 옹벽의 단부에서 근로자가 작업하는 경우에는 작업조건 및 지형 등을 고려하여 근로자의 추락을 방지하기 위한 적절한 조치를 하여야 한다.

• 보강토의 포설 및 다짐은 다짐 장비 및 흙의 성질에 따라 충분한 다짐이 되도록 계획하되 1개 층의 다짐두께는 20cm가 초과되지 않도록 하고 매 층마다 설계서에서 정한 다짐도를 확보하여, 블록의 높이 및 보강재의 포설 높이까지 단계별로 시공한다.

• 보강토의 포설 및 다짐 작업 시 장비의 이동으로 인하여 설치된 보강재가 뒤틀리거나 훼손되지 않도록 하여야 한다.

• 보강토의 다짐층 높이는 전면에 걸쳐 동일하게 하고 특히 블록과 보강재의 연결고리 부분은 보강재의 연결 폭과 높이를 적정히 유지하여, 그 위층에 보강토를 포설 및 다짐할 때에 보강재가 눌리어 블록이 끌려오거나 보강재가 꺾이지 않도록 하여야 한다.

- 보강재 후단을 팽팽히 긴장하였을 때 다짐면으로부터 이격됨이 없이 접합되도록 보강토 다짐면의 평활도를 확보하여, 그 위층의 뒷채움재를 포설 및 다짐할 때 보강재에 굴곡이 생기지 않고 토압에 대응하는 전단력이 충분히 발현될 수 있도록 하여야 한다.

72 다음은 기성말뚝 세우기에 관한 표준시방서 규정이다. (   ) 안에 순서대로 들어갈 내용으로 옳게 짝지어진 것은?(단, 보기항의 D는 말뚝의 바깥지름임)

> 말뚝의 연직도나 경사도는 (   ) 이내로 하고, 말뚝박기 후 평면상의 위치가 설계도면의 위치로부터 (   )와 100mm 중 큰 값 이상으로 벗어나지 않아야 한다.

① 1/100, D/4
② 1/100, D/3
③ 1/150, D/4
④ 1/150, D/3

● 해설

말뚝의 연직도나 경사도는 1/100 이내로 하고, 말뚝박기 후 평면상의 위치가 설계도면의 위치로부터 D/4와 100mm 중 큰 값 이상으로 벗어나지 않아야 한다.

73 R.C.D(리버스 서큘레이션 드릴) 공법의 특징으로 옳지 않은 것은?

① 드릴파이프 직경보다 큰 호박돌이 있는 경우 굴착이 불가하다.
② 깊은 심도까지 굴착이 가능하다.
③ 시공속도가 빠른 장점이 있다.
④ 수상(해상)작업이 불가하다.

● 해설

R.C.D(리버스 서큘레이션 드릴) 공법의 특징

- 드릴파이프 직경보다 큰 호박돌이 있는 경우 굴착이 불가하다.
- 깊은 심도까지 굴착이 가능하다.
- 시공속도가 빠른 장점이 있다.
- 수상(해상) 작업이 가능하다.

※ 현장타설 콘크리트 말뚝공법

Earth Drill 공법

굴착 → 표층 Casing 안정액 → Slime 제거 → 철근망 → Tremie관 → Con'c → 표층 Casing 인발

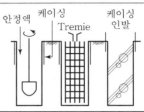

ALL Casing 공법

Casing Tube 세우기 → 굴착 → Casing Tube 삽입 → 철근망 → Tremie관 → Con'c → Casing Tube 인발

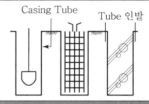

RCD(Reverse Circulation Drill) 역순환 공법

표층 케이싱 → 굴착(토사+물) 및 배출 → 철근망 → Tremie관 → Con'c 타설 → 표층 Casing 인발

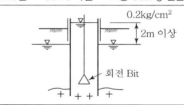

74 콘크리트의 혼화재료 중 혼화제에 속하는 것은?

① 플라이애시
② 실리카퓸
③ 고로슬래그 미분말
④ 고성능 감수제

● 해설

혼화재료

㉠ 혼화재
고로슬래그, 플라이애시, 실리카퓸과 같은 SiO_2 성분의 재료

ⓛ 혼화제

혼화재로 기대할 수 없는 성능을 얻기 위해 시멘트 중량 대비 5% 미만을 사용하는 약제 개념의 혼화재료

- AE제 : 미세기포를 연행시켜 콘크리트의 Work-ability를 향상하기 위해 사용하는 화학적 혼화재료
- 유동화제 : 유동성 증진을 목적으로 감수제에 선응을 보강한 것
- Silica Fume : 집진기를 통해 각종 실리콘 합금을 제조하는 공정에서 얻는 초미립자로 고강도 콘크리트를 만드는 데 사용한다.
- 응결지연제 : 레미콘으로 콘크리트를 장거리로 운반하는 경우 콜드 조인트 방지를 위해 사용한다.

75 굴착공사 안전성 확보를 위한 계측항목별 측정시기별 빈도에 관한 내용 중 옳지 않은 것은?

① 지하수위계 : 계측기 설치 후 1회/일
② 하중계 : 굴착 진행 중 1회/일
③ 지중경사계 : 굴착 완료 후 2회/주
④ 지표침하계 : 굴착 완료 후 2회/주

◉ 해설

계측기별 측정 빈도 예 [한국지반공학회(2002), 굴착 및 흙막이 공법]

계측항목	설치시기	측정시기	측정 빈도	비고
지하 수위계	굴착 전	계측기 설치 후	1회/일(1일간)	초기치 설정
		굴착 진행 중	2회/주	우천 1일 후 3일간 연속 측정
		굴착 완료 후	2회/주	
하중계	스트럿과 어스앵커 설치 후	계측기 설치 후	3회/일(2일간)	초기치 설정
		굴착 진행 중	2회/주	다음 단 설치 시 추가 측정
		굴착 완료 후	2회/주	다음 단 해제 시 추가 측정
변형 률계	스트럿 설치 후	계측기 설치 후	3회/일	초기치 설정
		굴착 진행 중	3회/주	다음 단 설치 시 추가 측정
		굴착 완료 후	2회/주	다음 단 해제 시 추가 측정
지중 경사계	굴착 전	그라우팅 완료 후 4일	1회/일(3일간)	초기치 설정
		굴착 진행 중	2회/주	
		굴착 완료 후	2회/주	

계측항목	설치시기	측정시기	측정 빈도	비고
건물 경사계 균열계	굴착 전	계측기 설치 후 1일 경과	1회/일(3일간)	초기치 설정
		굴착 진행 중	2회/주	
		굴착 완료 후	2회/주	
지표 침하계	굴착 전	계측기 설치 후 1일 경과 후	1회/일(3일간)	초기치 설정
		굴착 진행 중	2회/주	
		굴착 완료 후	2회/주	

※ 측정 빈도는 경우에 따라 조정하여 수행할 수 있으며, 특히 집중 호우 시외 해빙기와 같이 급속한 변위가 진행될 때에는 빈도를 높여 수시로 측정을 해야 한다.

76 기성콘크리트 말뚝에 표기된 PHC-A·450 -12의 각 기호에 대한 설명으로 옳지 않은 것은?

① PHC : 원심력 고강도 프리스트레스트 콘크리트말뚝
② A : A종
③ 450 : 말뚝 바깥지름
④ 12 : 말뚝 삽입간격

◉ 해설

- PHC : Pretensioned spun High strength Con-crete pile
- A : A종
- 450 : 바깥지름
- 12 : 말뚝길이

77 매스 콘크리트(Mass Concrete) 시공에 관한 설명으로 옳지 않은 것은?

① 매스 콘크리트의 타설온도는 온도균열을 제어하기 위한 관점에서 가능한 한 낮게 한다.
② 매스 콘크리트 타설 시 기온이 높을 경우에는 콜드조인트가 생기기 쉬우므로 응결 촉진제를 사용한다.
③ 매스 콘크리트 타설 시 침하발생으로 인한 침하균열을 예방하기 위해 재진동 다짐 등을 실시한다.

④ 매스 콘크리트 타설 후 거푸집 탈형 시 콘크리트 표면의 급랭을 방지하기 위해 콘크리트 표면을 소정의 기간 동안 보온해 주어야 한다.

해설

매스 콘크리트는 콘크리트의 내외부 온도차가 크게 나며 콜드조인트의 우려가 많으므로 혼화재와 혼화제를 사용하고 물시멘트비를 가급적 낮게 해야하며, 기온이 높을 경우 이어붓기 시 콜드조인트 발생 우려가 있으므로 응결지연제를 사용해야 한다.

78 웰 포인트 공법(Well point method)에 관한 설명으로 옳지 않은 것은?

① 사질지반보다 점토질지반에서 효과가 좋다.
② 지하수위를 낮추는 공법이다.
③ 1~3m의 간격으로 파이프를 지중에 박는다.
④ 인접지 침하의 우려에 따른 주의가 필요하다.

해설

지하수위를 낮추고 흙파기하는 기초파기 공법으로, 양수관을 다수 박아 넣고 진공흡입펌프로 지하수를 양수하는 방식이다. 사질토, 실트질, 모래 지반에서 사용하며, 중력 배수가 유효하지 않은 경우에 널리 사용된다.

지반개량 공법 중 배수공법

• 개념도

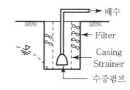

[Deep Well 공법]

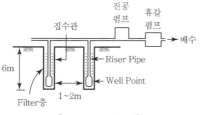

[Well Point 공법]

Deep Well 공법과 Well Point 공법 비교

구분	Deep Well 공법	Well Point 공법
특징	• 준비작업이 복잡 • 수중모터펌프 사용	• 공기단축 가능 • 진공펌프 사용
적용 지반	용수량이 많은 곳	• 긴급한 공사 • 6m 이내 굴착 시

79 철근 조립에 관한 설명으로 옳지 않은 것은?

① 철근의 피복두께를 정확히 확보하기 위해 적절한 간격으로 고임재 및 간격재를 배치한다.
② 거푸집에 접하는 고임재 및 간격재는 콘크리트 제품 또는 모르타르 제품을 사용하여야 한다.
③ 경미한 황갈색의 녹이 발생한 철근은 일반적으로 콘크리트와의 부착을 해치므로 사용해서는 안 된다.
④ 철근의 표면에는 흙, 기름 또는 이물질이 없어야 한다.

해설

수산화제1철로 불리는 적색(경미한 황갈색) 녹은 오히려 콘크리트와의 부착력을 증대시킨다.

80 강재 널말뚝(Steel sheet pile)공법에 관한 설명으로 옳지 않은 것은?

① 무소음 설치가 어렵다.
② 타입 시 체적변형이 작아 항타가 쉽다.
③ 강재 널말뚝에는 U형, Z형, H형 등이 있다.
④ 관입, 철거 시 주변 지반침하가 일어나지 않는다.

해설

차수를 위해 시공하는 강재 널말뚝도 관입, 철거 시 주변 지반침하의 우려가 있다.

◉ ANSWER | 78 ① 79 ③ 80 ④

81 다음 합성수지 중 열가소성 수지가 아닌 것은?

① 알키드수지
② 염화비닐수지
③ 아크릴수지
④ 폴리프로필렌수지

● 해설 ──────────────

ⓐ 열경화성 수지
- 멜라민수지
- 요소수지
- 에폭시수지
- 폴리에스테르수지
- 페놀수지
- 알키드수지

ⓑ 열가소성 수지
- 염화비닐수지
- 아크릴수지
- 폴리프로필렌수지

82 목재 건조 시 생재를 수중에 일정기간 침수시키는 주된 이유는?

① 재질을 연하게 만들어 가공하기 쉽게 하기 위하여
② 목재의 내화도를 높이기 위하여
③ 강도를 크게 하기 위하여
④ 건조기간을 단축시키기 위하여

● 해설 ──────────────

목재 건조 시 수중에 침수시키는 이유
- 건조기간의 단축
- 수액의 제거

※ 목재의 방부처리법
- 가압주입법 : 압력용기 속에 목재를 넣어 처리하는 가장 신속하고 효과적인 방법
- 상압주입법 : 상온에 담그고 다시 저온에 담그는 방법
- 도포법 : 건조시킨 후 솔로 바르는 방법
- 침지법 : 방부용액에 일정시간 담그는 방법
- 생리적 주입법 : 벌목하기 전 나무뿌리에 약품을 주입시키는 방법

83 콘크리트용 골재의 품질요건에 관한 설명으로 옳지 않은 것은?

① 골재는 청정·견경해야 한다.
② 골재는 소요의 내화성과 내구성을 가져야 한다.
③ 골재는 표면이 매끄럽지 않으며, 예각으로 된 것이 좋다.
④ 골재는 밀실한 콘크리트를 만들 수 있는 입형과 입도를 갖는 것이 좋다.

● 해설 ──────────────

콘크리트용 골재의 품질요건
- 골재는 청정·견경해야 한다.
- 골재는 소요의 내화성과 내구성을 가져야 한다.
- 골재는 콘크리트의 재료분리가 발생하지 않도록 표면이 매끄럽고 둥근 형태의 것을 사용해야 한다.
- 골재는 밀실한 콘크리트를 만들 수 있는 입형과 입도를 갖는 것이 좋다.

84 콘크리트공사 시 시공이음에 관한 설명으로 옳지 않은 것은?

① 시공이음은 될 수 있는 대로 전단력이 작은 위치에 설치하고, 부재의 압축력이 작용하는 방향과 직각이 되도록 하는 것이 원칙이다.
② 외부의 염분에 의해 피해를 받을 우려가 있는 해양 및 항만 콘크리트 구조물 등에 있어서는 시공이음부를 최대한 많이 설치하는 것이 좋다.
③ 이음부의 시공에 있어서는 설계에 정해져 있는 이음의 위치와 구조는 지켜져야 한다.
④ 수밀을 요하는 콘크리트에 있어서는 소요의 수밀성이 얻어지도록 적절한 간격으로 시공이음부를 두어야 한다.

● 해설 ──────────────

콘크리트 공사 시 시공이음
- 시공이음은 될 수 있는 대로 전단력이 작은 위치에 설치하고, 부재의 압축력이 작용하는 방향과 직각이 되도록 하는 것이 원칙이다.

● ANSWER │ 81 ① 82 ④ 83 ③ 84 ②

- 외부의 염분에 의해 피해를 받을 우려가 있는 해양 및 항만 콘크리트 구조물 등에 있어서는 시공이음부의 발생을 억제해야 한다.
- 이음부의 시공에 있어서는 설계에 정해져 있는 이음의 위치와 구조는 지켜져야 한다.
- 수밀을 요하는 콘크리트에 있어서는 소요 외 수밀성이 없어지도록 적절한 간격으로 시공이음부를 두어야 한다.

85 목재의 방부처리법과 가장 거리가 먼 것은?

① 약제도포법
② 표면탄화법
③ 진공탈수법
④ 침지법

●해설

목재의 방부처리법
- 약제도포법 : 목재를 충분히 건조시킨 후 솔 등으로 약제를 도포하거나 뿜칠하는 방부처리
- 표면탄화법 : 목재표면을 태워 표면에 남아 있는 곰팡이를 죽이고 표면 함수율을 낮추는 방부처리
- 침지법 : 방부제 용액에 목재를 담가 공기를 차단하여 방부처리

86 열경화성 수지에 해당하지 않는 것은?

① 염화비닐수지
② 페놀수지
③ 멜라민수지
④ 에폭시수지

●해설

열경화성 수지의 종류별 용도

수지(약호)	용도
페놀수지	적층품(판), 성형품
우레아수지	접착제, 섬유, 종이 가공품
멜라민수지	화장판, 도료
알키드수지	도료
불포화 폴리에스테르수지	FRP(성형품, 판)
에폭시수지	도료, 접착제, 절연재
규조수지	성형품(내열, 절연), 오일, 고무
폴리우레탄수지	발포제, 합성피혁, 접착제

87 KS L 4201에 따른 1종 점토벽돌의 압축강도는 최소 얼마 이상이어야 하는가?

① 9.80MPa 이상
② 14.70MPa 이상
③ 20.59MPa 이상
④ 24.50MPa 이상

●해설

점토벽돌의 품질기준

품질	종류		비고
	1종 (내·외장용)	2종 (내장용)	
흡수율(%)	10.0 이하	15.0 이하	1종은 내장재 및 외장재로, 2종은 내장재로만 하여야 한다.
압축강도 (MPa)	24.50 이상	14.70 이상	

88 콘크리트용 골재 중 깬자갈에 관한 설명으로 옳지 않은 것은?

① 깬자갈의 원석은 안삼암·화강암 등이 많이 사용된다.
② 깬자갈을 사용한 콘크리트는 동일한 워커빌리티의 보통자갈을 사용한 콘크리트보다 단위수량이 일반적으로 약 10% 정도 많이 요구된다.
③ 깬자갈을 사용한 콘크리트는 강자갈을 사용한 콘크리트보다 시멘트 페이스트와의 부착성능이 매우 낮다.
④ 콘크리트용 굵은 골재로 깬자갈을 사용할 때는 한국산업표준(KS F 2527)에서 정한 품질에 적합한 것으로 한다.

●해설

콘크리트용 골재 중 깬자갈의 특징
- 깬자갈의 원석은 안삼암·화강암 등이 많이 사용된다.
- 깬자갈을 사용한 콘크리트는 동일한 워커빌리티의 보통자갈을 사용한 콘크리트보다 단위수량이 일반적으로 약 10% 정도 많이 요구된다.
- 깬자갈을 사용한 콘크리트는 강자갈을 사용한 콘크리트보다 시멘트 페이스트와의 부착성능이 높다(표면이 거친 상태이므로).

● ANSWER | 85 ③ 86 ① 87 ④ 88 ③

- 콘크리트용 굵은 골재로 깬자갈을 사용할 때는 한 국산업표준(KS F 2527)에서 정한 품질에 적합한 것으로 한다.

89 각 미장재료별 경화형태로 옳지 않은 것은?

① 회반죽 : 수경성
② 시멘트 모르타르 : 수경성
③ 돌로마이트플라스터 : 기경성
④ 테라조 현장바름 : 수경성

해설

미장재료별 경화형태
- 회반죽 : 기경성
- 시멘트 모르타르 : 수경성
- 돌로마이트플라스트 : 기경성
- 테라조 현장바름 : 수경성

90 유리의 중앙부와 주변부와의 온도 차이로 인해 응력이 발생하여 파손되는 현상을 유리의 열파손이라 한다. 열파손에 관한 설명으로 옳지 않은 것은?

① 색유리에 많이 발생한다.
② 동절기의 맑은 날 오전에 많이 발생한다.
③ 두께가 얇을수록 강도가 약해 열팽창응력이 크다.
④ 균열은 프레임에 직각으로 시작하여 경사지게 진행된다.

해설

유리 열파손
1. 메커니즘
   태양열 → 유리의 열흡수 → 프레임과의 온도차 → 유리의 내력 부족 → 파손(인장, 압축력 부족)
2. 파손원인
   ㉠ 직접원인
   - 태양의 복사열 작용
   - 화재에 의한 연화점 이상 온도 발생
   - 유리배면의 공기순환 부족
   ㉡ 간접원인
   - 유리의 국부적 결함
   - 유리의 재질 불량(내력 부족)
   - 내충격성 부족

3. 특징
   - 색유리에 많이 발생한다.
   - 동절기의 맑은 날 오전에 많이 발생한다.
   - 두께가 두꺼울수록 열팽창응력이 크다.
   - 균열은 프레임에 직각으로 시작하여 경사지게 진행된다.

91 콘크리트용 혼화제의 사용용도와 혼화제 종류를 연결한 것으로 옳지 않은 것은?

① AE 감수제 : 작업성능이나 동결융해 저항성능의 향상
② 유동화제 : 강력한 감수효과와 강도의 대폭적인 증가
③ 방청제 : 염화물에 의한 강재의 부식억제
④ 증점제 : 점성, 응집작용 등을 향상시켜 재료분리를 억제

해설

콘크리트용 혼화제의 사용용도
- AE 감수제 : 작업성능이나 동결융해 저항성능의 향상
- 유동화제 : 유동성의 향상을 위한 혼화제
- 방청제 : 염화물에 의한 강재의 부식억제
- 증점제 : 점성, 응집작용 등을 향상시켜 재료분리를 억제

92 고로시멘트의 특징으로 옳지 않은 것은?

① 고로시멘트는 포틀랜드시멘트 클링커에 급랭한 고로슬래그를 혼합한 것이다.
② 초기강도는 약간 낮으나 장기강도는 보통 포틀랜드시멘트와 같거나 그 이상이 된다.
③ 보통포틀랜드시멘트에 비해 화학저항성이 매우 낮다.
④ 수화열이 적어 매스콘크리트에 적합하다.

해설

고로시멘트의 특징
- 철광석을 생산한 후 고결된 규산성분을 지닌 물질을 말하며 콘크리트의 장기강도 향상, 수화열 저감, 알칼리 골재반응을 억제하는 효과를 거둘 수 있는 혼화재로 건조수축의 저감효과가 있다.

- 초기강도는 낮으나 장기강도는 우수하다.
- 보통포틀랜드시멘트에 비해 화학저항성이 우수하다.
- 수화열의 저감으로 매스콘크리트에 사용된다.
- 포틀랜드시멘트 대비 비중이 낮고 풍화저항성이 크다.
- 응결시간이 지연된다.
- 수밀성, 알칼리 골재반응 등의 대응에 효과적이다.

93 실리콘(Silicon)수지에 관한 설명으로 옳지 않은 것은?

① 실리콘수지는 내열성, 내한성이 우수하여 −60~260℃의 범위에서 안정하다.
② 탄성을 지니고 있고, 내후성도 우수하다.
③ 발수성이 있기 때문에 건축물, 전기 절연물 등의 방수에 쓰인다.
④ 도료로 사용할 경우 안료로서 알루미늄 분말을 혼합한 것은 내화성이 부족하다.

해설

실리콘수지의 특징
- 내열성, 내한성이 우수하며 −60~260℃의 범위에서 안정하다.
- 탄성을 지니고 있고, 내후성도 우수하다.
- 발수성이 있기 때문에 건축물, 전기 절연물 등의 방수재료로 사용된다.
- 도료로 사용할 경우 내화성이 양호하다.

94 목재 건조 시 생재를 수중에 일정기간 침수시키는 주된 이유는?

① 재질을 연하게 만들어 가공하기 쉽게 하기 위하여
② 목재의 내화도를 높이기 위하여
③ 강도를 크게 하기 위하여
④ 건조기간을 단축시키기 위하여

해설

목재 건조 시 수중에 침수시키는 이유
- 건조기간의 단축
- 수액의 제거

※ **목재의 방부처리법**
- 가압주입법 : 압력용기 속에 목재를 넣어 처리하는 가장 신속하고 효과적인 방법
- 상압주입법 : 상온에 담그고 다시 저온에 담그는 방법
- 도포법 : 건조시킨 후 솔로 바르는 방법
- 침지법 : 방부용액에 일정시간 담그는 방법
- 생리적 주입법 : 벌목하기 전 나무뿌리에 약품을 주입시키는 방법

95 주로 석기질 점토나 상당히 철분이 많은 점토를 원료로 사용하며, 건축물의 패러핏, 주두 등의 장식에 사용되는 공동의 대형 점토제품은?

① 테라조   ② 도관
③ 타일   ④ 테라코타

해설

- 테라조 : 대리석, 화강암 등의 부순 골재, 안료, 시멘트 등 고착제와 함께 성형하고 경화시킨 후 표면을 연마해 대리석과 같이 마감한 제품
- 도관 : 점토를 구워 만든 고려시대의 널
- 테라코타 : 주로 석기질 점토나 상당히 철분이 많은 점토를 원료로 사용하며, 건축물의 패러핏, 주두 등의 장식에 사용되는 공동의 대형 점토제품

96 유리가 불화수소에 부식하는 성질을 이용하여 5mm 이상 판유리면에 그림, 문자 등을 새긴 유리는?

① 스테인드유리   ② 망입유리
③ 에칭유리   ④ 내열유리

해설

① 스테인드유리 : 금속산화물이나 안료를 이용하여 구운 색판 유리조각을 접합하여 만든 유리
② 망입유리 : 유리액을 롤러로 제판(판유리)하여 그 내부에 금속망을 삽입하고, 내열성이 뛰어난 특수 레진을 주입한 다음 압착 성형한 유리
③ 에칭유리 : 유리가 불화수소에 부식하는 성질을 이용하여 5mm 이상 판유리면에 그림, 문자 등을 새긴 유리

④ 내열유리 : 외부 충격에는 약하지만 유리의 원료가 붕규산염으로 열팽창률이 작아서 열충격에 강한 유리

97 접착제를 동물질 접착제와 식물질 접착제로 분류할 때 동물질 접착제에 해당되지 않는 것은?

① 아교
② 덱스트린 접착제
③ 카세인 접착제
④ 알부민 접착제

해설

① 아교 : 동물의 뼈 또는 가죽으로 제조된 것
② 덱스트린 접착제 : 전분을 열, 산, 효소 등으로 처리해 가공한 제품
③ 카세인 접착제 : 맥주, 소주병과 같이 냉각 보관용 제품, 상표를 박리해 병을 재사용하는 제품에 주로 사용되며 재료는 우유를 사용한다.
④ 알부민 접착제 : 계란의 흰색 단백질 알부민을 사용해 만든 접착제

98 아스팔트 침입도 시험에 있어서 아스팔트의 온도는 몇 ℃를 기준으로 하는가?

① 15℃
② 25℃
③ 35℃
④ 45℃

해설

아스팔트 침입도 시험은 온도 25℃를 기준으로 하며 100g 표준침을 낙하시켜 5초간 관입되는 깊이에 따라 결정되며, 관입깊이 0.1mm를 침입도 1로 칭한다.

99 양질의 도토 또는 장석분을 원료로 하며, 흡수율이 1% 이하로 거의 없고 소성온도가 약 1,230~1,460℃인 점토 제품은?

① 토기
② 석기
③ 자기
④ 도기

해설

점토제품의 소성온도별 분류
• 토기 : 790~1,000℃
• 도기 : 1,100~1,230℃
• 석기 : 1,160~1,350℃
• 자기 : 1,230~1,460℃

100 지붕공사에 사용되는 아스팔트 싱글제품 중 단위 중량이 10.3kg/m² 이상 12.5kg/m² 미만인 것은?

① 경량 아스팔트 싱글
② 일반 아스팔트 싱글
③ 중량 아스팔트 싱글
④ 초중량 아스팔트 싱글

해설

아스팔트 싱글의 종류별 단위중량
• 일반 아스팔트 싱글 : 10.3kg/m²~12.5kg/m²
• 중량 아스팔트 싱글 : 12.5kg/m²~14.2kg/m²
• 초중량 아스팔트 싱글 : 14.2kg/m² 이상

6과목 건설안전기술

101 「산업안전보건법 시행령」(이하 "영"이라 한다) 제11조제15호에서 "고용노동부령으로 정하는 도급인의 안전·보건 조치 장소"에 해당하지 않는 것은?

① 안전보건규칙 제420조 제7호에 따른 유기화합물 취급 특별장소
② 안전보건규칙 제574조 제1항 각 호에 따른 방사선 업무를 하는 장소
③ 안전보건규칙 제618조 제1호에 따른 분진발생장소
④ 안전보건규칙 별표 1에 따른 위험물질을 제조하거나 취급하는 장소

해설

제6조(도급인의 안전·보건 조치 장소)
「산업안전보건법 시행령」(이하 "영"이라 한다) 제11조 제15호에서 "고용노동부령으로 정하는 장소"란 다음 각 호의 어느 하나에 해당하는 장소를 말한다.
1. 화재 · 폭발 우려가 있는 다음 각 목의 어느 하나에 해당하는 작업을 하는 장소

◉ ANSWER | 97 ② 98 ② 99 ③ 100 ② 101 ③

가. 선박 내부에서의 용접·용단작업

나. 안전보건규칙 제225조제4호에 따른 인화성 액체를 취급·저장하는 설비 및 용기에서의 용접·용단작업

다. 안전보건규칙 제273조에 따른 특수화학설비에서의 용접·용단작업

라. 가연물(可燃物)이 있는 곳에서의 용접·용단 및 금속의 가열 등 화기를 사용하는 작업이나 연삭숫돌에 의한 건식연마작업 등 불꽃이 발생할 우려가 있는 작업

2. 안전보건규칙 제132조에 따른 양중기(揚重機)에 의한 충돌 또는 협착(狹窄)의 위험이 있는 작업을 하는 장소

3. 안전보건규칙 제420조제7호에 따른 유기화합물 취급 특별장소

4. 안전보건규칙 제574조제1항 각 호에 따른 방사선 업무를 하는 장소

5. 안전보건규칙 제618조제1호에 따른 밀폐공간

6. 안전보건규칙 별표 1에 따른 위험물질을 제조하거나 취급하는 장소

7. 안전보건규칙 별표 7에 따른 화학설비 및 그 부속설비에 대한 정비·보수 작업이 이루어지는 장소

102 안전보건표지의 제작에 관한 사항 중 ( )에 맞는 것은?

안전보건표지 속의 그림 또는 부호의 크기는 안전보건표지의 크기와 비례해야 하며, 안전보건표지 전체 규격의 ( )퍼센트 이상이 되어야 한다.

① 10 ② 20
③ 30 ④ 40

● 해설
제40조(안전보건표지의 제작)

① 안전보건표지는 그 종류별로 별표 9에 따른 기본모형에 의하여 별표 7의 구분에 따라 제작해야 한다.

② 안전보건표지는 그 표시내용을 근로자가 빠르고 쉽게 알아볼 수 있는 크기로 제작해야 한다.

③ 안전보건표지 속의 그림 또는 부호의 크기는 안전보건표지의 크기와 비례해야 하며, 안전보건표지 전체 규격의 30퍼센트 이상이 되어야 한다.

④ 안전보건표지는 쉽게 파손되거나 변형되지 않는 재료로 제작해야 한다.

⑤ 야간에 필요한 안전보건표지는 야광물질을 사용하는 등 쉽게 알아볼 수 있도록 제작해야 한다.

103 사업주가 유해위험방지계획서를 제출할 때에는 서류를 첨부하여 해당 작업 시작 15일 전까지 공단에 2부를 제출해야 한다. 이 경우 첨부서류에 해당하지 않는 것은?

① 건축물의 투시도
② 기계·설비의 개요를 나타내는 서류
③ 기계·설비의 배치도면
④ 원재료 및 제품의 취급, 제조 등의 작업방법의 개요

● 해설
제42조(제출서류 등)

① 법 제42조제1항제1호에 해당하는 사업주가 유해위험방지계획서를 제출할 때에는 사업장별로 별지 제16호서식의 제조업 등 유해위험방지계획서에 다음 각 호의 서류를 첨부하여 해당 작업 시작 15일 전까지 공단에 2부를 제출해야 한다. 이 경우 유해위험방지계획서의 작성기준, 작성자, 심사기준, 그 밖에 심사에 필요한 사항은 고용노동부장관이 정하여 고시한다.

1. 건축물 각 층의 평면도
2. 기계·설비의 개요를 나타내는 서류
3. 기계·설비의 배치도면
4. 원재료 및 제품의 취급, 제조 등의 작업방법의 개요
5. 그 밖에 고용노동부장관이 정하는 도면 및 서류

104 흙막이 공법을 흙막이 지지방식에 의한 분류와 구조방식에 의한 분류로 나눌 때 다음 중 지지방식에 의한 분류에 해당하는 것은?

① 수평 버팀대식 흙막이 공법
② H-Pile 공법
③ 지하연속벽 공법
④ Top Down Method 공법

흙막이 공법의 분류

1. 지지방식

자립식	버팀대식	어스앵커

• 얕은 굴착
• 부지여유 없는
  현장
	• 연약지반
	• 협소한 현장
		• 간편한 시공
		• 인근부지 사용에
		  제약

2. 구조방식

Slurry Wall	H-Pile	SSP

• 차수성
• 벽체 강성 우수
	• 저렴한 공사비
	• 장애물처리 용이
	  (토류판 설치)
		• 연약지반 시공
		  가능
		• 차수성 우수

105 도급인은 법 제64조 제1항 제2호에 따른 건설업 작업장 순회점검을 며칠마다 실시해야 하는가?

① 1일에 1회　　② 1일에 2회
③ 2일에 1회　　④ 3일에 1회

제80조(도급사업 시의 안전·보건조치 등)

① 도급인은 법 제64조 제1항 제2호에 따른 작업장 순회점검을 다음 각 호의 구분에 따라 실시해야 한다.
　1. 다음 각 목의 사업 : 2일에 1회 이상
　　가. 건설업
　　나. 제조업
　　다. 토사석 광업
　　라. 서적, 잡지 및 기타 인쇄물 출판업
　　마. 음악 및 기타 오디오물 출판업
　　바. 금속 및 비금속 원료 재생업

106 건설공사도급인은 법 제70조 제1항에 따라 공사기간 연장을 요청하려면 같은 항 각 호의 사유가 종료된 날부터 며칠까지 공사기간 연장을 요청할 수 있는가?

① 7일　　② 10일
③ 15일　　④ 20일

제87조(공사기간 연장 요청 등)

① 건설공사도급인은 법 제70조 제1항에 따라 공사기간 연장을 요청하려면 같은 항 각 호의 사유가 종료된 날부터 10일이 되는 날까지 별지 제35호서식의 공사기간 연장 요청서에 다음 각 호의 서류를 첨부하여 건설공사발주자에게 제출해야 한다. 다만, 해당 공사기간의 연장 사유가 그 건설공사의 계약기간 만료 후에도 지속될 것으로 예상되는 경우에는 그 계약기간 만료 전에 건설공사발주자에게 공사기간 연장을 요청할 예정임을 통지하고, 그 사유가 종료된 날부터 10일이 되는 날까지 공사기간 연장을 요청할 수 있다. 〈개정 2021. 1. 19., 2022. 8. 18.〉

107 다음 중 설치·이전하는 경우 안전인증을 받아야 하는 기계에 해당하지 않는 것은?

① 크레인　　② 리프트
③ 곤돌라　　④ 고소(高所)작업대

제107조(안전인증대상기계 등)

법 제84조 제1항에서 "고용노동부령으로 정하는 안전인증대상기계 등"이란 다음 각 호의 기계 및 설비를 말한다.
　1. 설치·이전하는 경우 안전인증을 받아야 하는 기계
　　가. 크레인
　　나. 리프트
　　다. 곤돌라

108 가설통로 중 수직갱에 가설된 통로의 길이가 15미터 이상인 경우에는 몇 미터 이내마다 계단참을 설치해야 하는가?

① 7미터　　② 10미터
③ 12미터　　④ 15미터

제23조(가설통로의 구조)

사업주는 가설통로를 설치하는 경우 다음 각 호의 사항을 준수하여야 한다.
　1. 견고한 구조로 할 것

2. 경사는 30도 이하로 할 것. 다만, 계단을 설치하거나 높이 2미터 미만의 가설통로로서 튼튼한 손잡이를 설치한 경우에는 그러하지 아니하다.
3. 경사가 15도를 초과하는 경우에는 미끄러지지 아니하는 구조로 할 것
4. 추락할 위험이 있는 장소에는 안전난간을 설치할 것. 다만, 작업상 부득이한 경우에는 필요한 부분만 임시로 해체할 수 있다.
5. 수직갱에 가설된 통로의 길이가 15미터 이상인 경우에는 10미터 이내마다 계단참을 설치할 것
6. 건설공사에 사용하는 높이 8미터 이상인 비계다리에는 7미터 이내마다 계단참을 설치할 것

109 다음은 비상구의 설치에 관한 내용이다. ( )의 내용으로 맞는 것은?

> • 출입구와 같은 방향에 있지 아니하고, 출입구로부터 (ㄱ)미터 이상 떨어져 있을 것
> • 작업장의 각 부분으로부터 하나의 비상구 또는 출입구까지의 수평거리가 (ㄴ)미터 이하가 되도록 할 것. 다만, 작업장이 있는 층에 「건축법 시행령」 제34조 제1항에 따라 피난층(직접 지상으로 통하는 출입구가 있는 층과 「건축법 시행령」 제34조 제3항 및 제4항에 따른 피난안전구역을 말한다) 또는 지상으로 통하는 직통계단(경사로를 포함한다)을 설치한 경우에는 그 부분에 한정하여 본문에 따른 기준을 충족한 것으로 본다.
> • 비상구의 너비는 (ㄷ)미터 이상으로 하고, 높이는 1.5미터 이상으로 할 것

① ㄱ : 3, ㄴ : 50, ㄷ : 0.75
② ㄱ : 2, ㄴ : 30, ㄷ : 0.65
③ ㄱ : 4, ㄴ : 40, ㄷ : 0.85
④ ㄱ : 5, ㄴ : 50, ㄷ : 0.95

◉해설
제17조(비상구의 설치)
① 사업주는 별표 1에 규정된 위험물질을 제조·취급하는 작업장(이하 이 항에서 "작업장"이라 한다)과 그 작업장이 있는 건축물에 제11조에 따

른 출입구 외에 안전한 장소로 대피할 수 있는 비상구 1개 이상을 다음 각 호의 기준을 모두 충족하는 구조로 설치해야 한다. 다만, 작업장 바닥면의 가로 및 세로가 각 3미터 미만인 경우에는 그렇지 않다. 〈개정 2019. 12. 26., 2023. 11. 14.〉
1. 출입구와 같은 방향에 있지 아니하고, 출입구로부터 3미터 이상 떨어져 있을 것
2. 작업장의 각 부분으로부터 하나의 비상구 또는 출입구까지의 수평거리가 50미터 이하가 되도록 할 것. 다만, 작업장이 있는 층에 「건축법 시행령」 제34조 제1항에 따라 피난층(직접 지상으로 통하는 출입구가 있는 층과 「건축법 시행령」 제34조 제3항 및 제4항에 따른 피난안전구역을 말한다) 또는 지상으로 통하는 직통계단(경사로를 포함한다)을 설치한 경우에는 그 부분에 한정하여 본문에 따른 기준을 충족한 것으로 본다.
3. 비상구의 너비는 0.75미터 이상으로 하고, 높이는 1.5미터 이상으로 할 것
4. 비상구의 문은 피난 방향으로 열리도록 하고, 실내에서 항상 열 수 있는 구조로 할 것
② 사업주는 제1항에 따른 비상구에 문을 설치하는 경우 항상 사용할 수 있는 상태로 유지하여야 한다.

110 근로자가 지붕 위에서 작업을 할 때에 추락하거나 넘어질 위험이 있는 경우에는 다음 각 호의 조치를 해야 한다. 옳지 않은 것은?

① 지붕의 가장자리에 제13조에 따른 안전난간을 설치할 것
② 채광창(Skylight)에는 견고한 구조의 덮개를 설치할 것
③ 슬레이트 등 강도가 약한 재료로 덮은 지붕에는 폭 30센티미터 이상의 발판을 설치할 것
④ 식별하기 쉬운 안내표지판을 설치할 것

◉해설
제45조(지붕 위에서의 위험 방지)
① 사업주는 근로자가 지붕 위에서 작업을 할 때에 추락하거나 넘어질 위험이 있는 경우에는 다음 각 호의 조치를 해야 한다.
1. 지붕의 가장자리에 제13조에 따른 안전난간을 설치할 것

◉ ANSWER | 109 ① 110 ④

2. 채광창(skylight)에는 견고한 구조의 덮개를 설치할 것
3. 슬레이트 등 강도가 약한 재료로 덮은 지붕에는 폭 30cm 이상의 발판을 설치할 것
② 사업주는 작업 환경 등을 고려할 때 제1항 제1호에 따른 조치를 하기 곤란한 경우에는 제42조제2항 각 호의 기준을 갖춘 추락방호망을 설치해야 한다. 다만, 사업주는 작업 환경 등을 고려할 때 추락방호망을 설치하기 곤란한 경우에는 근로자에게 안전대를 착용하도록 하는 등 추락 위험을 방지하기 위하여 필요한 조치를 해야 한다.

111
사업주는 구축물 등이 다음 각 호의 어느 하나에 해당하는 경우에는 구축물 등에 대한 구조검토, 안전진단 등의 안전성 평가를 하여 근로자에게 미칠 위험성을 미리 제거해야 한다. 해당하지 않는 것은?

① 구축물 등의 인근에서 굴착·항타작업 등으로 침하·균열 등이 발생하여 붕괴의 위험이 예상될 경우
② 설계 또는 시공오류 등으로 균열·비틀림 등이 발생했을 경우
③ 구축물 등이 그 자체의 무게·적설·풍압 또는 그 밖에 부가되는 하중 등으로 붕괴 등의 위험이 있을 경우
④ 화재 등으로 구축물 등의 내력(耐力)이 심하게 저하됐을 경우

◆해설

제52조(구축물 등의 안전성 평가)
사업주는 구축물 등이 다음 각 호의 어느 하나에 해당하는 경우에는 구축물 등에 대한 구조검토, 안전진단 등의 안전성 평가를 하여 근로자에게 미칠 위험성을 미리 제거해야 한다. 〈개정 2023. 11. 14.〉
1. 구축물 등의 인근에서 굴착·항타작업 등으로 침하·균열 등이 발생하여 붕괴의 위험이 예상될 경우
2. 구축물 등에 지진, 동해(凍害), 부동침하(不同沈下) 등으로 균열·비틀림 등이 발생했을 경우
3. 구축물 등이 그 자체의 무게·적설·풍압 또는 그 밖에 부가되는 하중 등으로 붕괴 등의 위험이 있을 경우

4. 화재 등으로 구축물 등의 내력(耐力)이 심하게 저하됐을 경우
5. 오랜 기간 사용하지 않던 구축물 등을 재사용하게 되어 안전성을 검토해야 하는 경우
6. 구축물 등의 주요구조부(「건축법」 제2조 제1항 제7호에 따른 주요구조부를 말한다. 이하 같다)에 대한 설계 및 시공 방법의 전부 또는 일부를 변경하는 경우
7. 그 밖의 잠재위험이 예상될 경우
[제목개정 2023. 11. 14.]

112
사업주는 비계(달비계, 달대비계 및 말비계는 제외한다)의 높이가 2미터 이상인 작업장소에 다음 각 호의 기준에 맞는 작업발판을 설치하여야 한다. 옳지 않은 것은?

① 발판재료는 작업할 때의 하중을 견딜 수 있도록 견고한 것으로 할 것
② 작업발판의 폭은 40센티미터 이상으로 하고, 발판재료 간의 틈은 3센티미터 이하로 할 것. 다만, 외줄비계의 경우에는 고용노동부장관이 별도로 정하는 기준에 따른다.
③ 제2호에도 불구하고 선박 및 보트 건조작업의 경우 선박블록 또는 엔진실 등의 좁은 작업공간에 작업발판을 설치하기 위하여 필요하면 작업발판의 폭을 40센티미터 이상으로 할 수 있고, 걸침비계의 경우 강관기둥 때문에 발판재료 간의 틈을 4센티미터 이하로 유지하기 곤란하면 5센티미터 이하로 할 수 있다. 이 경우 그 틈 사이로 물체 등이 떨어질 우려가 있는 곳에는 출입금지 등의 조치를 하여야 한다.
④ 추락의 위험이 있는 장소에는 안전난간을 설치할 것. 다만, 작업의 성질상 안전난간을 설치하는 것이 곤란한 경우, 작업의 필요상 임시로 안전난간을 해체할 때에 추락방호망을 설치하거나 근로자로 하여금 안전대를 사용하도록 하는 등 추락위험 방지 조치를 한 경우에는 그러하지 아니하다.

제56조(작업발판의 구조)

사업주는 비계(달비계, 달대비계 및 말비계는 제외한다)의 높이가 2미터 이상인 작업장소에 다음 각 호의 기준에 맞는 작업발판을 설치하여야 한다. 〈개정 2012. 5. 31., 2017. 12. 28.〉

1. 발판재료는 작업할 때의 하중을 견딜 수 있도록 견고한 것으로 할 것
2. 작업발판의 폭은 40센티미터 이상으로 하고, 발판재료 간의 틈은 3센티미터 이하로 할 것. 다만, 외줄비계의 경우에는 고용노동부장관이 별도로 정하는 기준에 따른다.
3. 제2호에도 불구하고 선박 및 보트 건조작업의 경우 선박블록 또는 엔진실 등의 좁은 작업공간에 작업발판을 설치하기 위하여 필요하면 작업발판의 폭을 30센티미터 이상으로 할 수 있고, 걸침비계의 경우 강관기둥 때문에 발판재료 간의 틈을 3센티미터 이하로 유지하기 곤란하면 5센티미터 이하로 할 수 있다. 이 경우 그 틈 사이로 물체 등이 떨어질 우려가 있는 곳에는 출입금지 등의 조치를 하여야 한다.
4. 추락의 위험이 있는 장소에는 안전난간을 설치할 것. 다만, 작업의 성질상 안전난간을 설치하는 것이 곤란한 경우, 작업의 필요상 임시로 안전난간을 해체할 때에 추락방호망을 설치하거나 근로자로 하여금 안전대를 사용하도록 하는 등 추락위험 방지 조치를 한 경우에는 그러하지 아니하다.
5. 작업발판의 지지물은 하중에 의하여 파괴될 우려가 없는 것을 사용할 것
6. 작업발판재료는 뒤집히거나 떨어지지 않도록 둘 이상의 지지물에 연결하거나 고정시킬 것
7. 작업발판을 작업에 따라 이동시킬 경우에는 위험 방지에 필요한 조치를 할 것

113 사업주는 강관을 사용하여 비계를 구성하는 경우 다음 각 호의 사항을 준수해야 한다. (   )에 들어갈 내용 중 옳은 것은?

> 비계기둥의 간격은 띠장 방향에서는 (   )미터 이하, 장선(長線) 방향에서는 (   )미터 이하로 할 것. 다만, 다음 각 목의 어느 하나에 해당하는 작업의 경우에는 안전성에 대한 구조검토를 실시하고 조립도를 작성하면 띠장 방향 및 장선 방향으로 각각 (   )미터 이하로 할 수 있다.

① ㄱ : 1.95, ㄴ : 1.6 ㄷ : 2.8
② ㄱ : 1.85, ㄴ : 1.5 ㄷ : 2.7
③ ㄱ : 2.05, ㄴ : 1.5 ㄷ : 2.8
④ ㄱ : 2.05, ㄴ : 1.6 ㄷ : 2.7

제60조(강관비계의 구조)

사업주는 강관을 사용하여 비계를 구성하는 경우 다음 각 호의 사항을 준수해야 한다. 〈개정 2012. 5. 31., 2019. 10. 15., 2019. 12. 26., 2023. 11. 14.〉

1. 비계기둥의 간격은 띠장 방향에서는 1.85미터 이하, 장선(長線) 방향에서는 1.5미터 이하로 할 것. 다만, 다음 각 목의 어느 하나에 해당하는 작업의 경우에는 안전성에 대한 구조검토를 실시하고 조립도를 작성하면 띠장 방향 및 장선 방향으로 각각 2.7미터 이하로 할 수 있다.
   가. 선박 및 보트 건조작업
   나. 그 밖에 장비 반입 · 반출을 위하여 공간 등을 확보할 필요가 있는 등 작업의 성질상 비계기둥 간격에 관한 기준을 준수하기 곤란한 작업
2. 띠장 간격은 2.0미터 이하로 할 것. 다만, 작업의 성질상 이를 준수하기가 곤란하여 쌍기둥틀 등에 의하여 해당 부분을 보강한 경우에는 그러하지 아니하다.
3. 비계기둥의 제일 윗부분으로부터 31미터되는 지점 밑부분의 비계기둥은 2개의 강관으로 묶어 세울 것. 다만, 브래킷(Bracket, 까치발) 등으로 보강하여 2개의 강관으로 묶을 경우 이상의 강도가 유지되는 경우에는 그러하지 아니하다.
4. 비계기둥 간의 적재하중은 400킬로그램을 초과하지 않도록 할 것

◉ ANSWER | 113 ②

114 사업주는 선박 및 보트 건조작업에서 걸침비계를 설치하는 경우에는 다음 각 호의 사항을 준수하여야 한다. 옳지 않은 것은?

① 지지점이 되는 매달림부재의 고정부는 구조물로부터 이탈되지 않도록 견고히 고정할 것
② 비계재료 간에는 서로 움직임, 뒤집힘 등이 없어야 하고, 재료가 분리되지 않도록 철물 또는 철선으로 충분히 결속할 것. 다만, 작업발판 밑 부분에 띠장 및 장선으로 사용되는 수평부재 간의 결속은 철선을 사용하지 않을 것
③ 매달림부재의 안전율은 5 이상일 것
④ 작업발판에는 구조검토에 따라 설계한 최대적재하중을 초과하여 적재하여서는 아니 되며, 그 작업에 종사하는 근로자에게 최대적재하중을 충분히 알릴 것

● 해설

제66조의2(걸침비계의 구조)

사업주는 선박 및 보트 건조작업에서 걸침비계를 설치하는 경우에는 다음 각 호의 사항을 준수하여야 한다.
1. 지지점이 되는 매달림부재의 고정부는 구조물로부터 이탈되지 않도록 견고히 고정할 것
2. 비계재료 간에는 서로 움직임, 뒤집힘 등이 없어야 하고, 재료가 분리되지 않도록 철물 또는 철선으로 충분히 결속할 것. 다만, 작업발판 밑 부분에 띠장 및 장선으로 사용되는 수평부재 간의 결속은 철선을 사용하지 않을 것
3. 매달림부재의 안전율은 4 이상일 것
4. 작업발판에는 구조검토에 따라 설계한 최대적재하중을 초과하여 적재하여서는 아니 되며, 그 작업에 종사하는 근로자에게 최대적재하중을 충분히 알릴 것

115 분진 등을 배출하기 위하여 설치하는 국소배기장치(이동식은 제외한다)의 덕트(Duct)에 관한 기준 중 옳지 않은 것은?

① 가능하면 길이는 짧게 하고 굴곡부의 수는 적게 할 것
② 접속부의 안쪽은 돌출된 부분이 없도록 할 것
③ 청소구를 설치하는 등 청소하기 쉬운 구조로 할 것
④ 덕트 내부에 오염물질이 쌓이지 않도록 이송속도가 변화되게 할 것

● 해설

제73조(덕트)

사업주는 분진 등을 배출하기 위하여 설치하는 국소배기장치(이동식은 제외한다)의 덕트(Duct)가 다음 각 호의 기준에 맞도록 하여야 한다.
1. 가능하면 길이는 짧게 하고 굴곡부의 수는 적게 할 것
2. 접속부의 안쪽은 돌출된 부분이 없도록 할 것
3. 청소구를 설치하는 등 청소하기 쉬운 구조로 할 것
4. 덕트 내부에 오염물질이 쌓이지 않도록 이송속도를 유지할 것
5. 연결 부위 등은 외부 공기가 들어오지 않도록 할 것

116 사업주는 부상자의 응급처치에 필요한 다음 각 호의 구급용구를 갖추어 두고, 그 장소와 사용방법을 근로자에게 알려야 한다. 해당되지 않는 것은?

① 붕대재료·탈지면·핀셋 및 반창고
② 외상(外傷)용 소독약
③ 자동제세동기
④ 화상약(고열물체를 취급하는 작업장이나 그 밖에 화상의 우려가 있는 작업장에만 해당한다)

● 해설

제82조(구급용구)

① 사업주는 부상자의 응급처치에 필요한 다음 각 호의 구급용구를 갖추어 두고, 그 장소와 사용방법을 근로자에게 알려야 한다.
1. 붕대재료·탈지면·핀셋 및 반창고
2. 외상(外傷)용 소독약
3. 지혈대·부목 및 들것
4. 화상약(고열물체를 취급하는 작업장이나 그 밖에 화상의 우려가 있는 작업장에만 해당한다)

● **ANSWER** | 114 ③ 115 ④ 116 ③

② 사업주는 제1항에 따른 구급용구를 관리하는 사람을 지정하여 언제든지 사용할 수 있도록 청결하게 유지하여야 한다.

117 양중기의 와이어로프 등 달기구의 안전계수 (달기구 절단하중의 값을 그 달기구에 걸리는 하중의 최댓값으로 나눈 값을 말한다)에 관한 설명이다. 옳지 않은 것은?

① 근로자가 탑승하는 운반구를 지지하는 달기와이어로프 또는 달기체인의 경우 : 10 이상

② 화물의 하중을 직접 지지하는 달기와이어로프 또는 달기체인의 경우 : 5 이상

③ 훅, 샤클, 클램프, 리프팅 빔의 경우 : 4 이상

④ 그 밖의 경우 : 4 이상

해설

제163조(와이어로프 등 달기구의 안전계수)

① 사업주는 양중기의 와이어로프 등 달기구의 안전계수(달기구 절단하중의 값을 그 달기구에 걸리는 하중의 최댓값으로 나눈 값을 말한다)가 다음 각 호의 구분에 따른 기준에 맞지 아니한 경우에는 이를 사용해서는 아니 된다.
  1. 근로자가 탑승하는 운반구를 지지하는 달기와이어로프 또는 달기체인의 경우 : 10 이상
  2. 화물의 하중을 직접 지지하는 달기와이어로프 또는 달기체인의 경우 : 5 이상
  3. 훅, 샤클, 클램프, 리프팅 빔의 경우 : 3 이상
  4. 그 밖의 경우 : 4 이상

② 사업주는 달기구의 경우 최대허용하중 등의 표식이 견고하게 붙어 있는 것을 사용하여야 한다.

118 화물의 낙하에 의하여 지게차의 운전자에게 위험을 미칠 우려가 없는 경우를 제외한 지게차 헤드가드(Head Guard)의 갖출 조건 중 옳지 않은 것은?

① 부식 및 변형이 되지 않는 재료로 설치되어있을 것

② 강도는 지게차의 최대하중의 2배 값(4톤을 넘는 값에 대해서는 4톤으로 한다)의 등분포정하중(等分布靜荷重)에 견딜 수 있을 것

③ 상부틀의 각 개구의 폭 또는 길이가 16센티미터 미만일 것

④ 운전자가 앉아서 조작하거나 서서 조작하는 지게차의 헤드가드는 한국산업표준에서 정하는 높이 기준 이상일 것

해설

제180조(헤드가드)

사업주는 다음 각 호에 따른 적합한 헤드가드(Head Guard)를 갖추지 아니한 지게차를 사용해서는 안 된다. 다만, 화물의 낙하에 의하여 지게차의 운전자에게 위험을 미칠 우려가 없는 경우에는 그렇지 않다. 〈개정 2019. 1. 31., 2022. 10. 18.〉
  1. 강도는 지게차의 최대하중의 2배 값(4톤을 넘는 값에 대해서는 4톤으로 한다)의 등분포정하중(等分布靜荷重)에 견딜 수 있을 것
  2. 상부틀의 각 개구의 폭 또는 길이가 16센티미터 미만일 것
  3. 운전자가 앉아서 조작하거나 서서 조작하는 지게차의 헤드가드는 한국산업표준에서 정하는 높이 기준 이상일 것

119 고소작업대 설치 시 준수사항 중 옳지 않은 것은?

① 작업대를 와이어로프 또는 체인으로 올리거나 내릴 경우에는 와이어로프 또는 체인이 끊어져 작업대가 떨어지지 아니하는 구조여야 하며, 와이어로프 또는 체인의 안전율은 6 이상일 것

② 작업대를 유압에 의해 올리거나 내릴 경우에는 작업대를 일정한 위치에 유지할 수 있는 장치를 갖추고 압력의 이상저하를 방지할 수 있는 구조일 것

③ 권과방지장치를 갖추거나 압력의 이상상승을 방지할 수 있는 구조일 것

④ 작업대에 끼임·충돌 등 재해를 예방하기 위한 가드 또는 과상승방지장치를 설치할 것

⊙ **ANSWER** | 117 ③ 118 ① 119 ①

제186조(고소작업대 설치 등의 조치)

① 사업주는 고소작업대를 설치하는 경우에는 다음 각 호에 해당하는 것을 설치하여야 한다.

1. 작업대를 와이어로프 또는 체인으로 올리거나 내릴 경우에는 와이어로프 또는 체인이 끊어져 작업대가 떨어지지 아니하는 구조여야 하며, 와이어로프 또는 체인의 안전율은 5 이상일 것
2. 작업대를 유압에 의해 올리거나 내릴 경우에는 작업대를 일정한 위치에 유지할 수 있는 장치를 갖추고 압력의 이상저하를 방지할 수 있는 구조일 것
3. 권과방지장치를 갖추거나 압력의 이상상승을 방지할 수 있는 구조일 것
4. 붐의 최대 지면경사각을 초과 운전하여 전도되지 않도록 할 것
5. 작업대에 정격하중(안전율 5 이상)을 표시할 것
6. 작업대에 끼임·충돌 등 재해를 예방하기 위한 가드 또는 과상승방지장치를 설치할 것
7. 조작반의 스위치는 눈으로 확인할 수 있도록 명칭 및 방향표시를 유지할 것

120 발파작업 중 점화 후 장전된 화약류가 폭발하지 아니한 경우 또는 장전된 화약류의 폭발 여부를 확인하기 곤란한 경우 준수사항은?

> 가. 전기뇌관에 의한 경우에는 발파모선을 점화기에서 떼어 그 끝을 단락시켜 놓는 등 재점화되지 않도록 조치하고 그 때부터 (ㄱ) 이상 경과한 후가 아니면 화약류의 장전장소에 접근시키지 않도록 할 것
> 나. 전기뇌관 외의 것에 의한 경우에는 점화한 때부터 (ㄴ) 이상 경과한 후가 아니면 화약류의 장전장소에 접근시키지 않도록 할 것

① ㄱ : 5분, ㄴ : 10분
② ㄱ : 10분, ㄴ : 15분
③ ㄱ : 5분, ㄴ : 20분
④ ㄱ : 5분, ㄴ : 15분

제348조(발파의 작업기준)

사업주는 발파작업에 종사하는 근로자에게 다음 각 호의 사항을 준수하도록 하여야 한다.

1. 얼어붙은 다이나마이트는 화기에 접근시키거나 그 밖의 고열물에 직접 접촉시키는 등 위험한 방법으로 융해되지 않도록 할 것
2. 화약이나 폭약을 장전하는 경우에는 그 부근에서 화기를 사용하거나 흡연을 하지 않도록 할 것
3. 장전구는 마찰·충격·정전기 등에 의한 폭발의 위험이 없는 안전한 것을 사용할 것
4. 발파공의 충진재료는 점토·모래 등 발화성 또는 인화성의 위험이 없는 재료를 사용할 것
5. 점화 후 장전된 화약류가 폭발하지 아니한 경우 또는 장전된 화약류의 폭발 여부를 확인하기 곤란한 경우에는 다음 각 목의 사항을 따를 것
   가. 전기뇌관에 의한 경우에는 발파모선을 점화기에서 떼어 그 끝을 단락시켜 놓는 등 재점화되지 않도록 조치하고 그 때부터 5분 이상 경과한 후가 아니면 화약류의 장전장소에 접근시키지 않도록 할 것
   나. 전기뇌관 외의 것에 의한 경우에는 점화한 때부터 15분 이상 경과한 후가 아니면 화약류의 장전장소에 접근시키지 않도록 할 것
6. 전기뇌관에 의한 발파의 경우 점화하기 전에 화약류를 장전한 장소로부터 30미터 이상 떨어진 안전한 장소에서 전선에 대하여 저항측정 및 도통(도통)시험을 할 것

⊙ ANSWER | 120 ④

II권 실기

Engineer Construction Safety

PART

01

- -

실기 필답형

SECTION 01 도급인 사업장 준수사항

2019년 1월, 산업안전보건법 전부개정 및 2021년 5월 산업안전보건법 일부개정으로 도급인의 산재예방 의무가 확대되었다. 도급인 사업장에서 관계수급인의 근로자가 작업하는 경우에는 아래 사항을 준수해야 한다.

(1) 안전보건총괄책임자 지정

사업장 내 산재예방 업무를 총괄하여 관리하는 안전보건총괄책임자를 지정해야 한다.

(2) 안전보건 조치

안전보건시설 설치 등 필요한 안전보건조치를 해야 한다(단, 보호구 착용 등 작업행동에 관한 직접적인 조치는 제외).

(3) 산업재해 예방조치

도급인은 아래 사항을 이행해야 하며, 도급인 근로자 및 수급인 근로자와 함께 수시로 안전보건 점검을 실시해야 한다.
① 도급인과 수급인을 구성원으로 하는 안전보건협의체 구성·운영
② 작업장 순회점검
③ 안전보건교육을 위한 장소·자료 제공 등 지원 및 안전보건교육 실시 확인
④ 발파작업, 화재·폭발, 토사·구축물 등 붕괴, 지진 등에 대비한 경보체계 운영 및 대피방법 훈련
⑤ 위생시설 설치 등을 위해 필요한 장소제공(또는 도급인 시설 이용 협조)
⑥ 같은 장소에서 이루어지는 작업에 있어서 관계수급인 등의 작업시기·내용, 안전 및 보건조치 등의 확인
⑦ 위에 따른 확인 결과 작업혼재로 인해 화재·폭발 등 위험이 발생할 우려가 있는 경우, 관계수급인 등의 작업시기·내용 등의 조정

(4) 안전보건정보 제공

아래 작업을 시작하기 전, 수급인에게 안전보건 정보를 문서로 제공해야 하며, 수급인이 이에 따라 필요한 안전보건 조치를 했는지 확인해야 한다.
① 폭발성·인화성·독성 등의 유해, 위험성이 있는 화학물질을 취급하는 설비를 개조·분해·해체·철거하는 작업
② 위 작업에 따른 설비의 내부에서 이루어지는 작업
③ 질식 또는 붕괴 위험이 있는 작업

업무영역 구분

구분	적용 사업장	선임대상/자격	주요업무

안전
보건
관리
책임자
(15조)
	업종별 상이
	• (건설) 20억 원↑
	• (제조) 50명↑
	• (서비스업, 노업, 어업 등)
	  300명↑
	• (기타) 100명↑
	  ※ 공장장, 현장소장 등
		실질적
		사업장
		총괄·관리자
			• 산재예방계획 수립, 안전보건관리규정 작성·
			  변경
			• 안전보건교육, 근로자 건강관리
			• 산재 원인조사 및 재발방지대책 수립
			• 산재 통계 기록·유지, 위험성평가 실시
			• 안전장지·보호구 적격품 여부 확인
			• 근로자 위험, 건강장해 방지

관리
감독자
(16조)
	5인 이상
	※ 부서장, 직장·반장 등
	  중간관리자
		생산 관련
		직원(업무)
		지휘(감독)
		담당자
			• (해당 작업)기계·기구 또는 설비 점검, 작업장
			  정리정돈
			• 작업복·보호구·방호장치 점검, 교육·지도
			• 산재 보고 및 응급조치
			• 안전·보건관리자 업무에 대한 협조
			• 위험성평가 관련, 위험요인 파악 및 개선

안전
관리자
(17조)
	업종별 상이
	• (건설) 80억 원↑
	• (제조 등) 50명↑
	• (부동산, 사진처리업)
	  100명↑
	※ 건설 120억 원↑
	  제조 등 300명↑
	  사업장은 전담자 선임
		관련 자격증
		또는 학위
		취득자 등
			• 위험성평가, 위험기계·기구, 안전교육, 순회점
			  검에 대한 지도·조언 및 보좌
			• 산재 발생 원인 조사·분석, 재발방지를 위한 기
			  술, 산재통계 유지·관리·분석 등에 대한 지도·
			  조언 및 보좌

보건
관리자
(18조)
	업종별 상이
	• (건설) 800억 원↑
	  ※ 토목공사는
	    1,000억 원↑
	• (제조 등) 50명↑
	  ※ 300명↑ 사업장은
	    전담자 선임
		관련 자격증
		또는 학위
		취득자 등
			• 위험성평가, 개인 보호구, 보건교육, 순회점검
			  에 대한 지도·조언 및 보좌
			• 산재 발생 원인 조사·분석, 재발방지를 위한 기
			  술, 산재통계 유지·관리·분석 등에 대한 지도·
			  조언 및 보좌
			• 가벼운 부상에 대한 치료, 응급처치 등에 대한
			  의료행위(의사 또는 간호사에 한함)
			• MSDS 게시·비치, 지도·조언 및 보좌

산업
보건의
(22조)
	보건관리자 선임대상 사업
	장과 동일
	※ 보건관리자를 의사로 선
	  임하거나 위탁한 경우 미
	  선임 가능
		작업환경
		또는
		예방의학
		전문의
			• 건강진단 결과 검토 및 근로자 건강보호 조치
			• 건강장해 원인조사 및 재발방지 조치

안전 보건 관리 담당자 (19조)	아래 업종 중 20~49인 사 업장은 1명 이상 선임 제조, 임업, 하수·폐수 및 분뇨처리 등 업종	안전·보건 관리자 자격 또는 교육 이수 (겸임 가능)	안전관리자 및 보건관리자의 역할 수행

SECTION 03

콘크리트 양생작업

〈작업내용〉

• **콘크리트 보온 양생**

　겨울철 갈탄·숯탄, 야자수탄 등을 사용하여 콘크리트를 양생하는 작업

• **하수도·맨홀, 집수정 등**

　하수관로 개·보수, 건설현장 내 집수정 방수작업 등

구분	자가진단 항목	적정	부적정
작업 전 확인사항	1. 사업장 내 밀폐공간의 위치를 파악하고, 밀폐공간에서 질식·중독을 일으킬 수 있는 요인을 파악하여 밀폐공간작업 프로그램을 수립한다. ※ 요인 : 산소결핍, 황화수소, 일산화탄소, 이산화탄소 등		
	2. 산소 및 유해가스 측정기, 환기팬, 공기호흡기, 송기마스크의 보유 여부를 확인한다.		
작업 시 안전조치	3. 콘크리트 보온양생이 필요한 경우, 갈탄·숯탄 등 연료 대신 전기열풍기를 사용한다.		
	4. 밀폐공간 작업 전, 작업 중 산소 및 유해가스 농도를 측정하고 적정 공기 상태인지 확인한다. • 산소 : 18.0~23.5% • 황화수소 : 10ppm 미만 • 탄산가스(이산화탄소) : 1.5% 미만 • 일산화탄소 : 30ppm 미만		
	5. 적정공기 상태가 아닌 경우 작업장을 환기시키거나, 작업자에게 공기호흡기 또는 송기마스크를 지급하여 착용하도록 한다.		
	6. 작업 전과 작업 중에 환기팬을 이용하여 환기한다.		
	7. 밀폐공간 입구에는 출입금지 표지를 부착하고 작업자의 무단출입을 금지하며, 밀폐공간 외부에 감시인을 배치한다.		
	8. 밀폐공간에 입장시킬 때와 퇴장시킬 때마다 인원을 점검한다.		
안전교육	9. 사업장 내 밀폐공간의 위치, 작업 전 작업자와 감시인에게 안전작업하는 방법을 교육한다. ※ 유해가스 측정, 환기설비 가동, 보호구 착용, 사고 시 응급조치, 구조요청 절차 등		
	10. 밀폐공간에서 사고 발생 시 119구조대가 오기 전까지는 공기호흡기나 산소마스크를 착용하지 않은 상태에서는 절대 구조하러 들어가지 않도록 교육한다.		

용접, 용단작업

〈작업내용〉
- **용접 · 용단작업**
  산소, LPG, 아세틸렌 등을 사용한 가스용접작업, 전기용접기를 통한 전기
  용접작업 등
- **위험물질 관리**
  현장 내 등유 · 경유 및 인화성 가스류, 방수제 등 위험 화학물질의 보관 및 사용

구분	자율점검 항목	적정	부적정
작업 전 확인사항	1. 화재위험작업에 대한 작업계획을 수립한다.		
	2. 작업장 내 위험물, 가연물의 사용 · 보관 현황을 파악한다.		
	3. 위험물질로 인한 응급상황이 발생했을 때 필요한 행동에 대한 정보를 미리 준비하고 있어야 한다.		
	4. 작업현장에 허가받은 위험물의 종류별 기준량 이상이 되면 지역소방기관과 관계기관에 신고해야 한다.		
	5. 소방서로부터 허가받은 위험물 제조소 또는 저장소 자료를 토대로 현장에 위험물의 종류별로 기준 이상의 위험물이 존재하거나 앞으로 존재하게 될 것인지의 여부를 판단해야 한다.		
	6. 작업자에 대해 화재예방 및 피난교육 등을 실시한다.		
	7. 화재위험작업 대상 작업자에게 특별안전보건교육을 실시한다.		
가스 등의 가연물 관리	8. 산소, LPG 등 가스 용기는 전도 위험이 없는 곳에 보관하며, 사용 전 또는 사용 중인 용기와 그 밖의 용기를 명확히 구별하여 보관한다.		
	9. 작업을 중단하거나 마치고 작업장소를 떠날 경우에는 가스 등의 공급구의 밸브나 콕을 잠근다.		
용접 · 용단작업	10. 인화성 가스 및 산소를 사용하여 금속을 용접 · 용단하는 경우, 지정된 자격증의 보유 여부를 확인한다. ※ 지정 자격증 : 전기용접기능사, 특수용접기능사 및 가스용접기능사보 등		
	11. 작업자의 대피를 유도하는 업무만을 담당하는 화재감시자를 지정하여 용접 · 용단 작업장소에 배치하여야 한다.		
	12. 주변 가연성 물체에 불꽃이 튀지 않도록 용접불티 비산방지덮개, 용접방화포 등을 설치 및 소화기구를 비치하여 작업한다.		
	13. 불꽃이 발생될 우려가 있는 작업을 하는 경우 주변에 가연물, 인화성 액체는 화재위험이 없는 장소에 별도로 보관 · 저장한다. ※ 가연물 : 합성섬유, 합성수지, 면, 양모, 천조각, 톱밥, 짚, 종이류 또는 인화성 액체 등		

추락방지

〈사고내용〉
- **비계·작업발판**
  비계 및 작업발판을 설치하지 않고 고소작업 중 추락하여 사망
- **개구부**
  개구부 덮개 미설치, 단부 안전난간 미설치 등으로 이동, 작업 등 추락·사망

구분	자율점검 항목	적정	부적정
보호구 착용	1. 모든 작업자는 언제나 안전모·안전대 등 보호구를 착용한다.		
추락방지 설비	2. 추락 위험이 있는 모든 장소(개구부, 단부, 작업발판 및 통로의 끝 등)에 안전난간, 울타리, 수직형 추락방망 또는 덮개를 설치하고, 난간 등의 설치가 어려운 경우 추락방호망을 설치한다.		
	3. 임시로 난간 등을 해체하거나 추락방호망을 설치하기 어려운 경우, 작업자에게 안전대를 착용하도록 한다.		
	4. 작업자에게 안전대를 착용하게 하는 경우, 안전대 부착설비를 설치하고 작업 시작 전 설비의 이상 유무를 점검한다.		
작업발판 및 비계	5. 강관비계보다 시스템비계를 사용한다. ※ 공장에서 각 부재를 표준규격으로 생산하고, 현장에서 조립하여 안전성 확보		
	6. 시스템비계 설치가 어려워 강관비계를 설치하는 경우 안전난간 및 작업발판의 누락 여부를 철저히 확인한다.		
	7. 비계에서 작업자가 이동할 때에는 반드시 지정된 통로를 이용하도록 관리한다.		
	8. 공정 변화에 따른 작업환경 변화 시 사전에 안전한 작업발판 설치 방안 등을 검토한다.		
	9. 이동식 비계를 사용할 경우 최상부 안전난간 및 아웃트리거의 설치 여부를 철저히 확인한다.		
	10. 말비계 등 작업장 내에서 수시로 비계를 설치하여 사용하는 경우 사전에 이상 여부를 확인하고, 기준에 따라 사용하는지 관리한다.		

〈사고내용〉
중량물 및 슬링·훅
인양작업 등 이탈하는 인양물(중량물) 및 슬링·훅 등에 맞아 사망

구분	자율점검 항목	적정	부적정
중량물	1. 중량물 취급 작업계획서를 작성하고, 작업지휘자를 지정하여 작업계획서에 따라 작업을 지휘하도록 조치한다. ※ 중량물 취급 작업계획서 : 추락·낙하·전도·협착·붕괴위험 예방대책		
	2. 비·눈·바람 또는 그 밖의 기상상태가 불안정한 경우 중량물 인양작업을 중지한다.		
	3. 중량물 인양작업 구간은 미리 작업자의 출입을 통제하여 인양 중인 하물이 작업자의 머리 위로 통과하지 않도록 조치한다.		
	4. 양중기로 철근을 운반할 경우에는 두 군데 이상 묶어서 수평으로 운반한다.		
슬링·훅	5. 와이어로프 등이 훅으로부터 벗겨지는 것을 방지하기 위한 훅 해지장치의 설치 여부를 확인한다.		
	6. 달기구의 최대허용하중 등의 표식이 견고하게 붙어 있는 것을 사용한다.		
	7. 와이어로프·달기체인·섬유로프·슬링벨트, 훅·샤클·링 등의 철구의 손상 여부를 작업 전, 작업 중에 수시로 확인한다.		
	8. 변형되어 있는 훅·샤클·클램프 및 링 등의 철구로서 변형되어 있는 것 또는 균열이 있는 것을 크레인 및 이동식 크레인의 고리걸이 용구로 사용하지 않는다.		
	9. 중량물을 운반하기 위해 제작하는 지그, 훅의 구조를 운반 중 주변 구조물과의 충돌로 슬링이 이탈되지 않도록 하여야 한다.		
	10. 늘어난 달기체인이나 꼬임이 끊어진 섬유로프의 사용을 금지한다.		

추락, 낙하비래방지

〈사고내용〉
- **낙하물 방지망·방호선반**
  작업 중 자재가 낙하하여 아래에서 작업하던 자가 맞아 사망
- **보호구**
  안전모를 착용하지 않은 작업자가 이동 중 떨어지는 낙하물에 맞아 사망

구분	자율점검 항목	적정	부적정
보호구 지급	1. 물체가 떨어지거나 날아올 위험이 있는 장소의 모든 작업자에게 안전모, 안전화를 지급하고 착용하도록 한다.		
낙하물 방지망 등	2. 낙하물방지망을 설치하는 경우 높이 10미터 이내마다, 내민 길이는 벽면으로부터 2m 이상으로 설치하고, 수평면과의 각도는 20도 이상, 30도 이하를 유지한다.		
	3. 낙하물방지망 및 수직보호망은 「산업표준화법」에 따른 한국산업표준에서 정하는 성능기준에 적합한 것을 사용한다.		
	4. 외부 비계와 외벽의 틈에 낙하물방지망(쪽망)을 설치하여 비계와 외벽의 틈새로 낙하물이 떨어지는 것을 방지한다.		
	5. 외부 비계는 수직보호망을 촘촘히 설치하여 부품, 자재 등의 낙하를 방지한다.		
	6. 작업현장 내 통로, 출입구 등 작업자가 통행하는 구간에 방호선반을 설치한다.		
발끝막이판	7. 슬래브 단부, 개구부에 안전난간을 설치하는 경우 발끝막이판은 바닥면 등으로부터 10센티미터 이상의 높이를 유지하거나 난간에 수직보호망을 설치하여 낙하물을 방지한다.		
기타	8. 슬래브의 단부, 개구부 주변, 비계 등에 자재, 부품 등을 쌓아두지 않는다.		

거푸집 동바리

〈사고내용〉
거푸집 동바리
거푸집 동바리의 구조검토를 실시하지 않거나 설계도면대로 설치하지 않아
콘크리트 타설 중 거푸집이 무너져 콘크리트 더미에 매몰되어 사망

구분	자율점검 항목	적정	부적정
자재 및 재료의 적정성	1. 파이트 서포트 동바리 재료는 변형·부식 또는 심하게 손상된 것을 사용해서는 아니 된다.		
	2. 장선 및 멍에는 거푸집널과 원활히 결합될 수 있는 재료나 결합방식을 고려하여 선정하여야 한다.		
사전 설계 적정성	3. 파이트 서포트 동바리는 구조를 검토한 후 조립도를 작성하고, 조립도에 따라 조립하여야 한다.		
	4. 조립도에는 동바리·멍에 등 부재의 재질·단면규격·설치간격 및 이음방법 등을 명시하여야 한다.		
설치작업 시 안전대책	5. 거푸집 동바리는 시공 전 조립·콘크리트 타설·해체계획과 안전시공 절차 등 시공계획을 수립하여야 한다.		
	6. 동바리를 지반에 설치하는 경우에는 침하를 방지하기 위하여 콘크리트를 타설하거나 두께 45mm 이상의 깔목, 깔판, 전용받침철물, 받침판 등을 설치하여야 한다.		
	7. 높이 2미터 이내마다 수평연결재를 2개 방향으로 설치하고 수평연결재의 변위를 방지해야 한다.		
콘크리트 타설작업 시 안전대책	8. 콘크리트 타설작업은 콘크리트 타설순서 등 타설계획을 수립하여야 한다.		
	9. 콘크리트 타설작업은 편심이 발생하지 않도록 분산하여 타설하여야 한다.		

SECTION 09 건설기계

구분	자율점검 항목	적정	부적정
운전자 적정 여부	1. 자격을 갖춘 자에게 운전을 하도록 하여야 한다.		
운전 시작 전 안전조치	2. 형식신고 및 안전인증·검사 등 기계별 필요한 검사를 받았는지 확인한다.		
	3. 건설기계의 운행경로 및 작업방법을 고려해 기계별 작업계획을 수립·이행하고, 작업지휘자를 지정하여 지휘·감독한다.		
	4. 작업 전 운전자 및 작업자 안전교육을 실시한다.		
	5. 작업장소의 지형 및 지반상태를 확인하고, 기계를 넘어질 우려가 없도록 조치한다.		
운행 및 작업 중 안전조치	6. 작업구간에 작업자의 출입을 금지하거나 유도자를 배치하여 차량을 유도하여야 한다.		
	7. 유도자는 정해진 신호방법에 따라 차량을 유도한다.		
	8. 건설기계는 주된 용도로만 사용하여야 한다.		
	9. 승차석이 아닌 곳에 작업자를 탑승시키지 않는다.		
	10. 지정된 제한속도를 준수하여야 한다.		
	11. 방호장치를 임의로 해체하지 않는다.		
운전위치 이탈 시	12. 포크, 버킷, 디퍼 등의 장치를 가장 낮은 위치 또는 지면에 내려두고, 브레이크를 확실히 걸어 갑작스러운 이동을 방지한다.		
	13. 운전석 이탈 시 시동키를 운전대에서 분리시킨다.		
수리 등 점검 시	14. 작업지휘자를 지정하고 작업순서를 정하여 지휘한다.		
	15. 붐·암 등이 갑자기 내려오지 않도록 안전지지대 또는 안전블록을 사용한다.		

SECTION 10 흙막이공사

1 작업절차

예 흙막이 지보공 작업

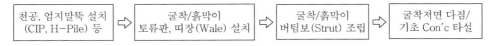

| 천공, 엄지말뚝 설치 (CIP, H-Pile) 등 | ⇨ | 굴착/흙막이 토류판, 띠장(Wale) 설치 | ⇨ | 굴착/흙막이 버팀보(Strut) 조립 | ⇨ | 굴착저면 다짐/ 기초 Con'c 타설 |

2 주요 사망사고 사례

(1) 2018~2020년 사고 사례

사망자 104명(무너짐 35명, 맞음 17명, 부딪힘 15명, 깔림 14명 등)

사례	내용
흙막이 토류판 설치	흙막이 토류판 설치 중 배면토사 붕괴 매몰
흙막이 버팀보 설치	흙막이 2단 버팀보 상부이동 중 떨어짐
굴착토사 반출	복공판 위에서 덤프트럭 후진 중 부딪힘
관로 매설	상수도관 부설작업 중 굴착면 토사 무너짐

(2) 사고유형별 발생원인

사고유형	발생원인
굴착작업 시 토사 무너짐	흙막이 가시설(토류판 등) 설치 지연, 지반 사전조사 미흡
흙막이 설치·해체 시 떨어짐	버팀대 등에 안전방망 또는 안전대 부착설비 미설치·미부착
중량물 운반 시 떨어짐·부딪힘	인양로프 점검 미흡, 줄걸이 방법 불량, 신호수 미배치
차량계 건설기계 끼임·부딪힘·깔림	장비작업 반경 내 작업자 접근방지조치 등 미실시
트렌치 굴착 시 측면토사 무너짐	굴착사면 기울기 미확보, 간이 흙막이 미설치

❸ 핵심 안전수칙

작업공종	사전점검 및 필수 확인 내용
천공·엄지말뚝 설치	• 항타기, 천공기 주행로 지형·지반의 부등침하 방지조치 • 철근망, 엄지말뚝(H-Pile) 줄걸이, 선회 시 안전조치(중량물 취급계획)
흙막이 토류판 설치	작업 전, 중 흙막이 배면 토질·지층, 지하수위 확인(경사계, 지하수위계)
흙막이 띠장 설치	용접작업자 안전발판·통로, 안전대 걸이시설 확인, 보강재(Stiffener) 설치
흙막이 버팀보 설치	버팀보 상부 안전대 걸이시설, H-Beam 이음부 보강판(상·하) 설치
토사 및 암반굴착	• 토질에 적합한 굴착구배 준수 여부 및 굴착사면 붕괴위험 여부 확인 • 굴착기 간 안전거리 확보, 흙막이 작업자 이동통로 및 추락방호 확인
토사 및 암반굴착	• 과굴착으로 인한 붕괴위험(흙막이 지보공 지연 설치) 여부 확인(계측결과 등) • 굴착토사 반출(Clam Shell, 이동식 크레인, 덤프트럭 운행·작업로 확보 등) 확인
기타 관리사항	굴착 선단부, 지상~굴착면 안전통로(가설계단 등), 작업자 이동통로 확인

지붕작업

1 작업절차

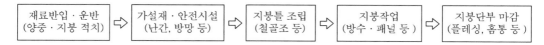

```
재료반입 · 운반        가설재 · 안전시설      지붕틀 조립       지붕작업          지붕단부 마감
(양중 · 지붕 적치)  ⇨  (난간, 방망 등)  ⇨  (철골조 등)  ⇨  (방수 · 패널 등)  ⇨  (플레싱, 홈통 등)
```

2 주요 사망사고 사례

(1) 2018~2020년 사고 사례

사망자 107명(떨어짐 107명)

사례	내용
지붕재 파손	지붕 보수를 위해 이동 중 채광창이 파손되며 떨어짐
지붕 단부(이동 시)	아파트 외벽 청소를 위해 경사지붕 이동 중 떨어짐
지붕 구조물 조립·해체	지붕 구조를 용접작업 중 지붕틀에서 떨어짐
지붕 구조물 설치·해체	지붕 강판 교체작업 중 강판이 뒤집히며 떨어짐

(2) 사고유형별 발생원인

사고유형	발생원인
채광창 등 지붕재 파손으로 떨어짐	지붕상태 사전조사 미실시, 방망 등 추락방호조치 미실시
경사지붕 단부에서 떨어짐	안전난간 등 추락방호조치 미실시, 안전통로 미확보
지붕구조물에서 떨어짐	적절한 작업발판 미사용, 하부 추락방망 등 미설치
지붕으로 승강 시 떨어짐	안전한 승강통로(사다리 등) 미확보, 사전조사 미실시
마감재 설치 시 떨어짐	안전대 부착설비 등 추락방지조치 미실시, 안전대 미부착

3 핵심 안전수칙

구분	사전점검 및 필수 확인 내용
작업 전 사전조사	• 가설통로 설치, 작업계획서 작성 및 교육으로 안전한 이동경로 준수 • 지붕의 형태, 구조를 파악하고 목재 등 구조물의 부식 여부 확인
작업 중 안전수칙	• 싱글 등 마감작업 시 추락방지설비 설치 및 안전대 착용 • 지붕작업 시 폭 30cm 이상 작업발판 설치 • 하부 추락방호망 및 지붕 단부 안전난간 설치 • 약한 재질의 지붕마감재를 고려한 작업방법 검토

마감작업

1 작업절차

예 외벽 석재작업

| 가설공사
(외부 비계 설치 등) | ⇒ | 철물(석재 받침용 부재)
고정 작업 | ⇒ | 석재운반 및 부착,
틈메움(줄눈 사춤) | ⇒ | 외부 비계 해체 |

2 주요 사망사고 사례

(1) 2018~2020년 사고 사례

사망자 119명(떨어짐 106명 등)

사례	내용
외부 단열작업	외벽 단열재 설치작업 중 비계와 벽면 사이로 떨어짐
외벽 도장작업	달비계 이용 외벽 도장작업 중 로프가 끊어지며 떨어짐
외벽 석재작업	하지철물 용접작업 중 불꽃이 튀어 화재
외벽 조적작업	외부 비계 위에 적재된 벽돌이 떨어짐

(2) 사고유형별 발생원인

사고유형	발생원인
외부 비계에서 떨어짐	안전한 승강통로 미확보, 외벽과 비계 사이 등 추락방지조치 미실시
달비계 작업 시 떨어짐	안전대·보조로프 미부착·설치, 로프 고정 불량, 로프 보호대 미설치
고소작업대에서 떨어짐	차량탑재형 고소작업대 전도방지조치 불량, 안전대 미부착
용접작업 시 화재	불티 확산방지 미조치, 화재감시자 미배치, 주변 가연물 미제거
중량물 인양 시 낙하	석재 인양용 윈치 사용 불량, 윈치 설치장소 부적절, 묶음조치 미흡
비계 위 벽돌 등 자재 낙하	이동통로 미확보, 자재적치 불량, 낙하방지조치 미흡

❸ 핵심 안전수칙

작업공종	사전점검 및 필수 확인 내용
조적·석재작업	• 벽돌·석재 등 비계상부 과적 여부(외부 비계 좌굴 및 도괴위험) • 외부 비계 자재반입 및 작업자 출입 후 난간 해체 상태 여부 • 비계 작업발판 설치 및 단부 안전난간 설치상태 • 작업장소 하부 낙하물 위험방지를 위한 출입통제 등
외부 도장작업	• 달비계 강도 및 로프(작업용, 구명줄) 상태 • 2개소 이상 지지물에 로프 결속상태 및 지지물 안전성 • 안전대 지급·착용 여부 및 구명줄 사용 여부 • 접촉부위 로프 파단 방지를 위한 보호대 설치 여부
고소작업대 작업	고소작업대 작업 시 안전대 부착설비 및 작업지휘자 배치

SECTION 13 필수 암기항목

001 산업안전보건위원회

1 의결사항

(1) 산재예방계획 수립

(2) 안전보건관리규정 작성 및 변경

(3) 안전보건교육

(4) 작업환경측정 점검, 개선

(5) 건강진단

(6) 중대재해 원인조사, 재발방지대책

(7) 유해기계 도입 시 안전보건조치

(8) 재해통계 기록유지

2 구성

(1) 근로자위원

근로자대표, 명예산업안전감독관, 근로자대표가 지명하는 9명 이내의 근로자

(2) 사용자위원

사업의 대표, 안전관리자, 보건관리자, 산업보건의, 사업의 대표자가 지명하는 9명 이내의 부서장

3 운영

(1) 정기회의 : 3월, 필요시

(2) 결과주지 : 사내방송, 사보, 게시, 조회

1 구성

(1) 근로자위원

① **구성** : 전체사업의 근로자대표, 근로자대표가 지정하는 명예감독관 1명, 20억 원 이상인 도급 또는 하도급 사업의 근로자대표

② **합의구성** : 20억 원 미만인 공사 관계수급인 근로자 대표

③ **합의참여** : 건설기계 운전자

(2) 사용자위원

① **구성** : 해당 사업의 대표자, 안전관리자 1명, 보건관리자 1명, 공사금액 20억 원 이상인 도급 또는 하도급 사업주

② **합의구성** : 20억 원 미만인 공사 관계수급인

2 운영

정기 2월, 임시회의

3 산업안전보건위원회와 노사협의체 비교

구분	산업안전보건위원회	노사협의체
사용자위원	• 해당 사업의 대표 • 안전관리자 • 보건관리자 • 산업보건의 • 사업의 대표자가 지명하는 9명 이내의 부서장 • 합의구성 : 공사금액 20억 원 미만인 공사의 관계수급인	• 해당 사업의 대표자 • 안전관리자 1명 • 보건관리자 1명 • 공사금액 20억 원 이상인 도급 또는 하도급 사업주 • 합의구성 : 20억 원 미만인 공사 관계수급인 근로자 대표 • 합의참여 : 건설기계 운전자
근로자위원	• 근로자대표 • 명예산업안전감독관 • 근로자대표가 지명하는 9명 이내의 근로자	• 전체 사업의 근로자대표 • 근로자대표가 지정하는 명예감독관 1명 • 20억 원 이상인 도급 또는 하도급 사업의 근로자대표

003 안전인증대상 기계·기구, 보호구

1 기계·기구

(1) 프레스

(2) 전단기 및 절곡기

(3) 크레인

(4) 리프트

(5) 압력용기

(6) 롤러기

(7) 사출성형기

(8) 고소작업대

(9) 곤돌라

2 보호구

(1) 추락 및 감전위험 방지용 안전모

(2) 안전화

(3) 안전장갑

(4) 방진마스크

(5) 방독마스크

(6) 송기마스크

(7) 전동식 호흡보호구

(8) 보호복

(9) 안전대

(10) 차광 및 비산물위험방지용 보안경

(11) 용접용 보안면

(12) 방음용 귀마개 또는 귀덮개

(1) 프레스

(2) 전단기

(3) 크레인(이동식 및 정격하중 2톤 미만인 호이스트는 제외)

(4) 리프트

(5) 압력용기

(6) 곤돌라

(7) 국소배기장치(이동식은 제외)

(8) 원심기(산업용에 한정)

(9) 롤러기(밀폐형 구조는 제외)

(10) 사출성형기(형체결력 294kN 미만은 제외)

(11) 차량탑재형 고소작업대

(12) 컨베이어

(13) 산업용 로봇

1 철골

(1) 10분간의 평균 풍속 10m/sec
(2) 강우량 1mm/hr 이상
(3) 강설량 1cm/hr 이상

2 타워크레인

(1) 순간풍속 10m/sec 초과 시 설치·해체작업 중지
(2) 순간풍속 15m/sec 초과 시 운전작업 중지

(1) 지상높이가 31미터 이상인 건축물 또는 인공구조물

(2) 연면적 30,000m² 이상인 건축물 또는 연면적 5,000m² 이상의 문화 및 집회시설(전시장 및 동물원·식물원은 제외), 판매시설, 운수시설(고속철도의 역사 및 집배송시설 제외), 종교시설, 의료시설 중 종합병원, 숙박시설 중 관광숙박시설, 지하도 상가 또는 냉동·냉장창고시설의 건설·개조 또는 해체 공사

(3) 연면적 5,000m² 이상의 냉동·냉장창고시설의 설비공사 및 단열공사

(4) 최대 지간길이 50m 이상인 교량건설 등의 공사

(5) 터널 건설 등의 공사

(6) 다목적댐, 발전용 댐 및 저수용량 2천만 톤 이상의 용수 전용 댐, 지방상수도 전용 댐 건설 등의 공사

(7) 깊이 10미터 이상인 굴착공사

구분	Heinrich	Bird	Harvey
정의	재해의 발생은 사고요인의 연쇄반응 결과로 나타난다.	손실제어요인(Loss Control Factor)은 연쇄반응 결과로 나타난다.	재해 =직접원인+간접원인
메커니즘	안전관리결함 → 불상불행 → 사고 → 재해	4M → 불상불행 → 사고 → 재해	Heinrich 이론 추종
이론	• 유전적 요인+사회적 요인 • 개인적 결함 • 불안전한 상태 또는 행동 • 사고 • 재해	• 통제의 부족 • 개인적 요인+작업적 요인 • 직접원인 • 사고 • 재해	
재해 구성비	1 : 29 : 300 중상해 경상해 무상해	1 : 10 : 30 : 600 중상해 경상해 물적손실 무상해	

예방 대책	1. 4원칙
	  • 손실우연의 원칙
	  • 원인계기의 원칙
	  • 예방가능의 원칙
	  • 대책선정의 원칙
	2. 예방대책 5단계
	  • 안전조직 결성
	  • 사실 발견
	  • 원인 분석
	  • 시정대책 선정
	  • 시정대책 적용
			3E 대책
			• Engineering
			• Education
			• Enforcement

008 인간공학

1 동작경제 3원칙

(1) 동작능력 활용의 원칙
(2) 작업량 절약의 원칙
(3) 동작개선의 원칙

2 Risk Management

(1) 회피
(2) 제거
(3) 보유
(4) 전가

3 안전설계 기법의 종류

(1) Fail safe

① 고장 시 안전 측으로 작동하는 조치로, 인간, 기계의 과오나 동작상 실수가 발생하여도 이에 의한 재해가 발생하지 않도록 2중, 3중의 통제를 가하는 설계기법이다.
② Passive, Active, Operational 등으로 구분된다.

(2) Fool proof

① 오작동이 불가능한 설계로, 구조적·기능적 Fail soft로 구분되며 자동감지, 자동제어, 차단 및 고정의 3단계로 설계하는 것을 원칙으로 한다.
② 불량발생을 허용하지 않는 정지식, 실수를 허용하지 않는 규제식, 실수를 사전에 통보하는 경보식으로 분류된다.

(3) Back up

2중 안전장치에 의한 보완기법으로, 주기능의 후방에서 대기하는 것을 원칙으로 고장 시 기능을 대행하는 설계

(4) Fail soft

일부 장치가 고장 나거나 기능이 저하되어도 전체적인 기능을 유지하는 설계기법이다.

4 Fool Proof의 주요 기구

(1) **Guard** : 가드가 열려 있으면 작동하지 않으며 양손 동시 조작 시 기계가 작동되는 조작기구
(2) **Lock** : 수동 및 자동조건 충족 시 작동시키는 기능
(3) **Trip** : 급정지 기능
(4) **Over run** : 스위치를 Off 한 이후 위험상황 도래 시 가드가 열리지 않도록 하는 기능
(5) **기동방지기구** : 위험한 상태가 되기 전에 위험지역으로부터 밀어내기, 제어회로 접점 차단의 기동방지기능

1 인간공학의 목적

(1) 작업능률의 향상

(2) 기계시스템의 안전성 향상

(3) 기계시스템의 편리성 향상

2 인간과 기계의 비교

인간의 장점	기계의 장점
• 오감의 활용	• 공해·환경과 무관한 작업
• 위험한 상황의 감지 가능	• 피로와 무관한 일관성 있는 작업
• 경험에 의한 숙달	• 인간의 감지범위 외 자극의 감지
• 창조적 능력	• 정보의 대량보관

3 인간 – 기계 통합시스템(Man-machine system)

(1) 설계원칙

① 배열의 고려

② 인체특성에 적합한 설계

③ 양립성의 준수

(2) 인간 – 기계 통합시스템의 정보처리 기능

① 감지기능

② 정보보관 기능

③ 정보처리 및 의사결정 기능

④ 행동기능

4 통합시스템의 유형

(1) 수동시스템

① 수공구 또는 보조물을 사용하여 자신의 신체 힘을 동력원으로 작업을 수행하는 유형

② 다양한 체계의 설정이 가능한 유형

(2) 반자동시스템

인간은 제어기능을 담당하고, 기계는 힘의 공급을 담당하는 유형

(3) 자동시스템

① 인간은 감시·감독·보전의 역할을 담당

② 기계는 감지·정보처리·의사결정·행동·정보보관 등의 모든 업무를 설계된 대로 수행하는 유형

🔳 심리적 행위에 의한 분류

Omission Error	필요작업이나 절차를 수행하지 않아서 발생되는 에러
Time Error	필요작업이나 절차의 수행 지연으로 발생되는 에러
Commission Error	필요작업이나 절차의 불확실한 수행으로 발생되는 에러
Sequential Error	필요작업이나 절차상 순서착오로 발생되는 에러
Extraneous Error	불필요한 작업 또는 절차를 수행하여 발생되는 에러

🔳 원인별 단계에 의한 분류

Primary Error	작업자 자신의 원인으로 발생된 에러
Secondary Error	작업조건의 문제로 발생된 에러로 적절한 실행을 하지 못해 발생된 에러
Commend Error	필요한 자재, 정보, 에너지 등의 공급이 이루어지지 못해 발생된 에러

🔳 행동과정에 의한 분류

Input Error	감각, 지각 입력상 발생된 에러
Information Processing Error	정보처리 절차상의 에러
Output Error	신체의 반응에 나타난 출력상의 에러
Feedback Error	인간의 제어상 발생된 에러
Decision Making Error	의사결정 과정에서 발생된 에러

011 교육

1 학습지도 5원리

(1) 자기활동의 원리 : 자율적 학습 참여중점
(2) 개별화의 원리 : 능력에 알맞은 수준의 교육
(3) 사회화의 원리 : 경험의 교류＋협력, 우호적 학습
(4) 통합의 원리 : 통합적 지도(전체적)
(5) 직관의 원리 : 구체적 경험의 원리

2 교육의 3요소

(1) 주체
(2) 객체
(3) 매개체

3 교육 3단계

(1) 기능훈련
(2) 태도개발
(3) 지식형성

4 교육 4단계

(1) 도입
(2) 제시
(3) 적용
(4) 확인

5 교육의 8원칙

(1) 상대방의 입장에서 교육

① 피교육자 중심의 교육
② 교육 대상자의 지식이나 기능 정도에 맞게 교육

(2) 동기부여

① 관심과 흥미를 갖도록 동기부여

② 동기유발(동기부여) 방법
- 안전의 근본 이념을 인식시킬 것
- 안전목표를 명확히 설정할 것
- 결과를 알려줄 것
- 상과 벌을 줄 것
- 경쟁과 협동 유발
- 동기유발의 최적 수준 유지

(3) 쉬운 부분에서 어려운 부분으로 진행

① 피교육자의 능력을 교육 전에 파악

② 쉬운 수준에서 점차 어렵고 전문적인 것으로 진행

(4) 반복 교육

(5) 한 번에 하나씩 교육

① 순서에 따라 한 번에 한 가지씩 교육

② 교육에 대한 이해의 폭을 넓힘

(6) 인상의 강화

① 교보재의 활용

② 견학 및 현장사진 제시

③ 사고 사례의 제시

④ 중요사항 재강조

⑤ 토의과제 제시 및 의견 청취

⑥ 속담, 격언, 암시 등의 방법 선택

(7) 5감의 활용(시각, 청각, 촉각, 미각, 후각)

구분	시각효과	청각효과	촉각효과	미각효과	후각효과
감지효과	60%	20%	15%	3%	2%

(8) 기능적인 이해

① 교육을 기능적으로 이해시켜 기억에 남게 함

② 효과
- 안전작업의 기능 향상
- 표준작업의 기능 향상
- 위험예측 및 응급처치 기능 향상

PART

02

실기 필답형
과년도 기출문제

01 부적격한 와이어로프의 사용금지사항에서 보기의 ( )를 쓰시오.(4점)

> (1) 와이어로프 한 꼬임에서 끊어진 소선 (필러선을 제외한다)의 수가 (①)% 이상인 것
> (2) 지름의 감소가 공칭지름의 (②)%를 초과하는 것

해설
> ① 10
> ② 7

02 굴착공사 시 토사붕괴의 외적 요인을 4가지 쓰시오.(4점)

해설
> ① 상부의 과재하중
> ② 외력에 의한 균열발생
> ③ 지하수위의 상승
> ④ 장비사용, 발파작업에 의한 진동충격

> ※ **사면붕괴의 내외적 원인**

내적 원인 : 전단강도의 감소	외적 원인 : 전단응력의 증가
• 지표수 침투 등에 의한 간극수압의 증가 • 성토작업 시 다짐 부족 • 액상화 현상 • 흙의 동결융해	• 사면상부의 과재하중 • 외력에 의한 균열발생 • 지하수위의 상승 • 보강공법의 부실 • 장비사용, 발파작업에 의한 진동충격

03 안전모의 종류인 AE, ABE의 사용구분에 따른 용도를 쓰시오.(3점)

해설
> ① AE : 물체의 낙하, 비래에 의한 위험 방지 및 경감과 머리부위 감전에 의한 위험방지
> ② ABE : 물체의 낙하 또는 비래 및 추락에 의한 위험을 방지 또는 경감하고, 머리부위 감전에 의한 위험을 방지하기 위한 것

04 크레인(이동식 크레인 제외)을 사용하여 작업을 하는 때에 작업시작 전 점검사항을 3가지만 쓰시오.(6점)

해설
> ① 권과방지장치, 브레이크, 클러치 및 운전장치의 이상 유무
> ② 주행로 및 트롤리가 횡행하는 레일의 상태
> ③ 와이어로프가 통하는 곳의 상태

05 하인리히의 재해예방대책 5단계를 ( ) 안에 순서대로 쓰시오.(5점)

제1단계	( )
제2단계	( )
제3단계	( )
제4단계	( )
제5단계	( )

해설
안전관리조직 > 사실의 발견 > 분석평가 > 시정책 선정 > 시정책 적용

06 철골공사 작업을 중지해야 하는 조건이다.
( )를 채우시오. (3점)

> (1) 풍속 : 초당 (①)m 이상인 경우
> (2) 강우량 : 시간당 (②)mm 이상인 경우
> (3) 강설량 : 시간당 (③)cm 이상인 경우

● 해설
① 10
② 1
③ 1

07 공사용 가설도로를 설치하는 경우 준수사항
을 3가지 쓰시오. (6점)

● 해설
① 차량 속도제한 표지 부착
② 장비와 차량이 안전하게 운행할 수 있도록 견고
하게 설치
③ 배수를 위해 경사지게 설치하거나 배수시설 설치
그 외
④ 작업장과 접해 있는 경우 울타리 설치

08 다음 ( )에 알맞는 내용을 쓰시오. (3점)

> 안전보건개선계획의 수립 · 시행명령을 받
> 은 사업주는 고용노동부장관이 정하는 바에
> 따라 안전보건개선계획서를 작성하여 그 명
> 령을 받은 날부터 ( )일 이내에 관할 지방
> 고용노동관서의 장에게 제출하여야 한다.

● 해설
60

09 터널 건설작업 중 낙반 등에 의하여 근로자
에게 위험을 미칠 우려가 있을 때 조치할 수
있는 사항을 3가지 쓰시오. (6점)

● 해설
① 터널 지보공 설치
② 록볼트 설치
③ 부석 제거

10 수자원시설공사(댐)에서 재료비와 직접노무
비의 합이 4,500,000,000원일 때 안전관리
비를 계산하시오. (5점)

● 해설
안전관리비
= 대상액(재료비+직접노무비)×요율+기초액(C)
= 4,500,000,000×0.0235+5,400,000
= 111,150,000원

※ 공사종류 및 규모별 안전관리비 계상기준표

구분	5억 원 미만 (%)	5억 원 이상 50억 원 미만		50억 원 이상 (%)
		비율(%)	기초액(원)	
일반건설 공사(갑)	2.93	1.86	5,349,000	1.97
일반건설 공사(을)	3.09	1.99	5,499,000	2.10
중건설공사	3.43	2.35	5,400,000	2.44
철도 · 궤도 신설공사	2.45	1.57	4,411,000	1.66
특수 · 기타 건설공사	1.85	1.20	3,250,000	1.27

11 곤돌라의 와이어로프가 초과하여 감기는 것
을 방지하기 위한 방호장치를 쓰시오. (3점)

● 해설
권과방지장치

12 달비계 또는 높이 5m 이상의 비계를 조립,
해체하거나 변경작업 시 관리감독자의 직무
를 3가지 쓰시오. (3점)

① 재료의 결함 유무를 점검하고 불량품 제거
② 기구, 공구, 안전대 및 안전모 등의 기능을 점검하고 불량품 제거
③ 작업방법 및 근로자 배치를 결정하고 작업 진행 상태 감시

13 터널작업 시 지하수의 누수로 인한 재해방지를 위해 배수 및 방수시공계획에 포함되어야 할 사항을 3가지 쓰시오.(6점)

① 지하수위와 지층의 투수계수에 의한 누수량 산출
② 배수, 방수공법의 선정 및 집수구 설치방법
③ 터널 내 누수개소 조사 및 전담자 선임

14 거푸집 동바리 등에 사용하는 동바리, 멍에 등 주요 부분의 강재의 종류 중 강관의 인장강도가 50kg/mm²일 때 신장률(%)은 얼마인가?(3점)

① 인장강도 34 이상 ~41 미만 : 25% 이상
② 인장강도 41 이상 ~50 미만 : 20% 이상
③ 인장강도 50 이상 : 10% 이상

01 산업안전보건법령상, 사업주가 근로자에게 실시해야 하는 안전보건교육에 있어, 근로자 정기교육 내용을 4가지 쓰시오.(4점)

● 해설
① 산업안전 및 사고예방에 관한 사항
② 산업보건 및 직업병 예방에 관한 사항
③ 건강증진 및 질병예방에 관한 사항
그 외
④ 유해·위험 작업환경 관리에 관한 사항
⑤ 산업안전보건법령 및 산업재해보상보험제도에 관한 사항
⑥ 직무 스트레스 예방 및 관리에 관한 사항
⑦ 직장 내 괴롭힘, 고객의 폭언 등으로 인한 건강장해 예방 및 관리에 관한 사항

02 보일링 방지대책을 3가지 쓰시오.(3점)

● 해설
① 흙막이벽의 근입장 깊이 연장
② 차수성 높은 흙막이 설치
③ Well Point, Deep Well 공법으로 지하수위 저하
그 외
④ 시멘트, 약액주입공법 등으로 지수벽 형성

03 흙의 동상 방지대책을 4가지 쓰시오.(4점)

● 해설
① 동결심도 하부에 기초 설치
② 지하수위 저하
③ 동결심도 하부에 배수층 설치
④ 모관수 상승 차단
그 외
⑤ 비동결성 재료 사용
⑥ 흙의 치환
⑦ 단열처리

04 다음 안전보건표지판의 명칭을 쓰시오.(3점)

①	②	③
🚫	🔥	⚡

● 해설
① 사용금지
② 인화성물질경고
③ 고압전기경고

05 작업발판의 구조에 대한 다음 ( ) 안에 알맞은 수치를 쓰시오.(5점)

> (1) 비계의 높이가 2m 이상인 작업장소에 설치하는 작업발판의 폭은 (①)cm 이상으로 하고, 발판재료 간의 틈은 (②)cm 이하로 할 것
> (2) 작업발판재료는 뒤집히거나 떨어지지 않도록 (③) 이상의 지지점에 연결하거나 고정시킬 것

● 해설
① 40
② 3
③ 둘

06 산업안전보건법령상 거푸집 동바리의 고정·조립 또는 해체 작업/지반의 굴착작업/흙막이 지보공의 고정·조립 또는 해체작업/터널의 굴착작업/건물 등의 해체작업 시 유해위험을 방지하기 위한 관리감독자의 직무를 3가지 쓰시오.(3점)

① 안전한 작업방법을 결정하고 작업을 지휘하는 일
② 재료·기구의 결함 유무를 점검하고 불량품을 제거하는 일
③ 작업 중 안전대 및 안전모 등 보호구 착용 상황을 감시하는 일

07 산업안전보건법령상 다음 와이어로프의 안전계수를 ( ) 안에 쓰시오.(2점)

> (1) 근로자가 탑승하는 운반구를 지지하는 달기와이어로프 또는 달기체인의 경우 : (①) 이상
> (2) 화물의 하중을 직접 지지하는 달기와이어로프 또는 달기체인의 경우 : (②) 이상

① 10
② 5

08 건설업 산업안전보건관리비의 기본항목을 4가지 쓰시오.(4점)

① 안전관리자 인건비(단, 50억 원 이상 120억 원 미만의 건축공사나 50억 원 이상 150억 원 미만의 토목공사현장 중 유해·위험방지계획서 작성 대상 현장에 선임된 안전관리자가 겸직하는 경우 인건비의 50% 사용 가능)
② 안전시설비
③ 개인 보호구, 안전장비 구입비
④ 사업장 안전보건진단비
그 외
⑤ 안전보건교육비 및 안전보건행사비
⑥ 근로자 건강관리비
⑦ 기술지도비
⑧ 본사 사용 안전관리비

09 산업안전보건기준에 관한 규칙에 따라 컨베이어 작업시작 전에 점검해야 할 사항을 3가지 쓰시오.(6점)

① 원동기 및 풀리 기능의 이상 유무
② 이탈 등의 방지장치 기능의 이상 유무
③ 비상정지장치 기능의 이상 유무
그 외
④ 원동기·회전축·기어 및 풀리 등의 덮개 또는 울 등의 이상 유무

10 암질변화 구간 및 이상암질의 출현 시 암질판별법(암반분류법)을 4가지 쓰시오.(4점)

① RMR(Rock Mass Rating)
② RQD(Rock Quality Designation)
③ 일축압축강도 측정(kg/cm²)
④ 탄성파 속도 측정(m/sec)
⑤ 진동치 속도 측정(cm/sec = kine)

※ 암질의 분류

시험방법 암질의 분류	RMR	RQD	일축압축강도	탄성파속도
풍화암	< 40	< 50	< 125	< 1.2
연암	40~60	50~70	125~400	1.2~1.5
보통암	60~80	70~85	400~800	2.5~3.5
경암	> 80	> 85	> 800	> 3.5

11 다음의 특징을 갖는 안전관리조직은 무엇인가?(4점)

> (1) 안전지식과 기술축적이 용이하다.
> (2) 권한 다툼이나 조정 때문에 통제 수속이 복잡해지며, 시간과 노력이 소모된다.
> (3) 생산부문은 안전에 대한 책임과 권한이 없다.

Staff형

12 양중기의 종류 중 동력을 사용하여 사람이나 화물을 운반하는 것을 목적으로 하는 기계 설비를 리프트라 한다. 산업안전보건기준에 관한 규칙에서 규정하고 있는 리프트의 종류를 3가지 쓰시오.(3점)

> **해설**
>
> ① 건설용 리프트
> ② 산업용 리프트
> ③ 자동차정비용 리프트
> 그 외
> ④ 이삿짐운반용 리프트

13 강관비계와 구조체 사이 벽이음의 역할을 2가지 쓰시오.(4점)

> **해설**
>
> ① 풍하중에 의한 내·외측 움직임 방지
> ② 수평하중에 의한 내·외측 움직임 방지

14 NATM 터널작업 시 사전 계측계획에 포함사항을 4가지 쓰시오.(4점)

> **해설**
>
> ① 계측위치 개소 및 측정기능의 분류
> ② 소요장비
> ③ 계측빈도
> ④ 결과 분석방법
> 그 외
> ⑤ 허용 변위치 관리기준
> ⑥ 이상변위 발생 시 조치 및 보강계획
> ⑦ 계측 전담반 운영계획
> ⑧ 계측관리 기록분석 기준 수립

01 산업안전보건법령상, 지게차를 사용하여 작업을 하는 때 작업 시작 전 점검사항을 4가지 쓰시오.(4점)

● 해설

① 제동장치 및 조종장치 기능의 이상 유무
② 하역장치 및 유압장치 기능의 이상 유무
③ 바퀴의 이상 유무
④ 전조등, 후미등, 방향지시기 및 경보장치 기능의 이상 유무

02 건설공사의 총공사원가가 100억 원이고, 이 중 재료비와 직접노무비의 합이 60억 원인 터널 신설공사의 산업안전보건관리비를 다음 기준표를 참고하여 계산하시오.(5점)

구분	5억 원 미만 (%)	5억 원 이상 50억 원 미만		50억 원 이상 (%)
		비율(%)	기초액(원)	
일반건설 공사(갑)	2.93	1.86	5,349,000	1.97
일반건설 공사(을)	3.09	1.99	5,499,000	2.10
중건설공사	3.43	2.35	5,400,000	2.44
철도·궤도 신설공사	2.45	1.57	4,411,000	1.66
특수·기타 건설공사	1.85	1.20	3,250,000	1.27

● 해설

산업안전보건관리비
= 대상액(재료비 + 직접노무비)×요율
= 6,000,000,000×0.0244 = 146,400,000원

03 산업안전보건법령상, 크레인에 전용 탑승설비를 설치하고 근로자를 이동시키거나 상승시키는 작업을 할 때 추락 위험을 방지하기 위한 사업주의 조치사항을 3가지 쓰시오.(6점)

● 해설

① 탑승설비가 뒤집히거나 떨어지지 않도록 필요한 조치를 할 것
② 안전대나 구명줄을 설치하고, 안전난간을 설치할 수 있는 구조인 경우에는 안전난간을 설치할 것
③ 탑승설비를 하강시킬 때에는 동력하강방법으로 할 것

04 산업안전보건법령상, 아래 작업을 하는 근로자에 대해서 사업자가 지급하고 착용하도록 해야 하는 보호구를 1가지씩 쓰시오.(6점)

● 해설

① 물체가 떨어지거나 날아올 위험 또는 근로자가 추락할 위험이 있는 작업 : 안전모
② 높이 또는 깊이 2미터 이상의 추락할 위험이 있는 장소에서 하는 작업 : 안전대
③ 물체의 낙하, 충격, 물체에의 끼임, 감전 또는 정전기의 대전에 의한 위험이 있는 작업 : 안전화
④ 물체가 흩날릴 위험이 있는 작업 : 보안경
⑤ 용접 시 불꽃이나 물체가 흩날릴 위험이 있는 작업 : (용접용)보안면
⑥ 감전의 위험이 있는 작업 : 절연용 보호구

05 하인리히의 재해예방 대책 5단계는 아래와 같다.(5점)

제1단계	안전관리조직
제2단계	사실의 발견
제3단계	분석평가
제4단계	시정책 선정
제5단계	시정책 적용

5 – 1. 사고 및 활동기록의 검토를 하고, 작업을 분석 · 평가하여 점검, 검사로 사고 조사를 하여 불안전요소를 발견하는 단계는 어느 단계인가?

해설
사실의 발견

5 – 2. 시정책의 적용 단계에서 적용할 3E를 모두 쓰시오.

해설
① Engineering
② Education
③ Enforcement

06 산업안전보건법령상, 가설통로를 설치하는 경우 사업주의 준수사항을 5가지 쓰시오.(5점)

해설
① 견고한 구조로 할 것
② 경사는 30도 이하로 할 것. 다만, 계단을 설치하거나 높이 2미터 미만의 가설통로로서 튼튼한 손잡이를 설치한 경우에는 그러하지 아니하다.
③ 경사가 15도를 초과하는 경우에는 미끄러지지 아니하는 구조로 할 것
④ 추락할 위험이 있는 장소에는 안전난간을 설치할 것. 다만, 작업상 부득이한 경우에는 필요한 부분만 임시로 해체할 수 있다.
⑤ 수직갱에 가설된 통로의 길이가 15미터 이상인 경우에는 10미터 이내마다 계단참을 설치할 것
그 외
⑥ 건설공사에 사용하는 높이 8미터 이상인 비계다리에는 7미터 이내마다 계단참을 설치할 것

07 연약한 점토지반을 굴착할 때, 흙막이 벽 배면 흙의 중량이 굴착 바닥면의 지지력보다 커지면, 중량 차이로 인해 굴착 바닥면이 부풀어 오르는 현상을 히빙(Heaving)이라고 한다. 히빙 방지대책을 2가지만 쓰시오.(4점)

해설
① 흙막이벽체 근입장 깊이 연장
② 상재하중의 제거
그 외
③ 굴착 전 지반개량으로 지지력 강화

08 산업안전보건법령상, 이동식 크레인을 사용하여 작업을 하는 때 작업 시작 전 점검사항을 3가지만 쓰시오.(4점)

해설
① 권과방지장치나 그 밖의 경보장치의 기능
② 브레이크, 클러치 및 조정장치의 기능
③ 와이어로프가 통하는 곳의 상태
그 외
④ 작업장소의 지반상태

09 산업안전보건법령상, (   ) 안에 알맞은 말을 넣으시오.(2점)

사업주는 순간풍속이 (   )m/s를 초과하는 바람이 불어올 우려가 있는 경우 옥외에 설치되어 있는 주행 크레인에 대하여 이탈방지장치를 작동시키는 등 이탈 방지를 위한 조치를 하여야 한다.

해설
30

10 산업안전보건법령상, 사업주가 근로자의 위험을 방지하기 위하여, 차량계 건설기계를 사용하여 작업을 할 때에는 작업계획을 작성하고 그 작업계획에 따라 작업을 실시하도록 하여야 한다. 이 작업계획에 포함되어야 할 내용을 3가지 쓰시오.(3점)

해설
① 사용하는 차량계 건설기계의 종류 및 성능
② 차량계 건설기계의 운행경로
③ 차량계 건설기계에 의한 작업방법

11 산업안전보건법령상, 콘크리트 공사 시 사용하는 외부 비계의 종류를 5가지만 쓰시오.(5점)

① 강관비계
② 강관틀비계
③ 시스템 비계
④ 달비계
⑤ 달대비계

12 산업안전보건법령상, 달비계 또는 높이 5미터 이상의 비계를 조립, 해체하거나 변경하는 작업을 하는 경우 사업주의 준수사항을 4가지 쓰시오.(4점)

① 근로자가 관리감독자의 지휘에 따라 작업하도록 할 것
② 조립·해체 또는 변경의 시기, 범위 및 절차를 그 작업에 종사하는 근로자에게 주지시킬 것
③ 조립·해체 또는 변경 작업구역에는 해당 작업에 종사하는 근로자가 아닌 사람의 출입을 금지하고 그 내용을 보기 쉬운 장소에 게시할 것
④ 비, 눈, 그 밖의 기상상태의 불안정으로 날씨가 몹시 나쁜 경우에는 그 작업을 중지시킬 것

13 산업안전보건법령상, 발파작업을 할 때에 유해위험을 방지하기 위한 관리감독자의 업무내용을 4가지 쓰시오.(4점)

① 점화 전에 점화작업에 종사하는 근로자가 아닌 사람에게 대피를 지시하는 일
② 점화작업에 종사하는 근로자에게 대피장소 및 경로를 지시하는 일
③ 점화 전 위험구역 내에서 근로자가 대피한 것을 확인하는 일
④ 점화순서 및 방법에 대해 지시하는 일
그 외
⑤ 점화신호를 하는 일
⑥ 점화작업에 종사하는 근로자에게 대피신호를 하는 일

14 산업안전보건법령상, 사다리 설치기준관련 ( )을 채우시오(3점)

> (1) 사다리의 상단은 걸쳐놓은 지점으로부터 (①)cm 이상 올라가도록 할 것
> (2) 사다리식 통로의 기울기는 (②)도 이하로 할 것. 다만, 고정식 사다리식 통로의 기울기는 90도 이하로 하고, 그 높이가 7m 이상인 경우에는 바닥으로부터 높이가 2.5m 되는 지점부터 등받이울을 설치할 것
> (3) 사다리식 통로의 길이가 10m 이상인 경우에는 (③)m 이내마다 계단참을 설치할 것

① 60
② 75
③ 5

01 산업안전보건법령상, 안전교육시간에 관한 ( )를 채우시오.(4점)

> (1) 정기교육 : 사무직 종사 근로자를 대상으로 매 분기 (①)시간 이상
> (2) 정기교육 : 관리감독자의 지위에 있는 사람을 대상으로 연간 (②)시간 이상
> (3) 작업내용 변경 시 교육 : 일용근로자를 제외한 근로자를 대상으로 (③)시간 이상
> (4) 건설업 기초안전보건교육 : 건설 일용근로자 (④)시간 이상

◆해설

① 3
② 16
③ 2
④ 4

교육의 종류	교육시간
정기교육	매 분기 3시간
채용 시	• 일용근로자 : 매 분기 3시간 • 일용근로자 이외 : 매 분기 6시간
작업내용 변경 시	• 일용근로자 : 1시간 • 일용근로자 이외 : 8시간
특별교육	• 일용근로자 : 2시간 • 일용근로자 이외 : 16시간 (단기 근로자는 2시간)
건설업 기초안전보건교육	4시간

02 건설현장의 지난 한해 근무상황이 다음과 같은 경우 도수율, 강도율, 종합재해지수를 구하시오.(5점)

> (1) 연평균근로자수 : 200명
> (2) 1일 작업시간 : 8시간
> (3) 연간작업일수 : 300일
> (4) 출근율 : 90%
> (5) 재해발생건수 : 9건
> (6) 휴업일수 : 125일
> (7) 시간외 작업시간 합계 : 20,000시간
> (8) 지각 및 조퇴시간 합계 : 2,000시간

◆해설

① 도수율

$$= \frac{재해건수}{연근로시간수} \times 1,000,000$$

$$= \frac{9}{(200 \times 8 \times 300 \times 0.9) + (20,000 - 2,000)} \times 1,000,000$$

$$= 20$$

② 강도율

$$= \frac{총요양근로손실일수}{연근로시간수} \times 1,000$$

$$= \frac{125 \times \frac{300}{365}}{(200 \times 8 \times 300 \times 0.9) + (20,000 - 2,000)} \times 1,000$$

$$= 0.228 = 0.23$$

③ 종합재해지수

$$= \sqrt{도수율 \times 강도율}$$

$$= \sqrt{20 \times 0.23} = 2.144 = 2.14$$

03 흙의 동상방지대책 4가지를 쓰시오.(4점)

◆해설

① 지반개량
② 지하수위저하
③ 동결심도 하부에 배수층 설치
④ 단열처리

04 히빙(Heaving)현상의 발생원인 3가지를 쓰시오. (6점)

① 굴착면 하부 피압수층 근접 굴착
② 흙막이벽체의 근입장 부족
③ 흙막이 배면과 굴착저면 흙의 중량차

05 안전난간의 구조 및 설치요건에 관한 ( )를 채우시오. (3점)

(1) 상부 난간대, 중간 난간대, 발끝막이판 및 난간기둥으로 구성할 것. 다만, 중간 난간대, 발끝막이판 및 난간기둥은 이와 비슷한 구조와 성능을 가진 것으로 대체할 수 있다.
(2) 상부 난간대는 바닥면·발판 또는 경사로의 표면(이하 "바닥면 등"이라 한다)으로부터 (①)센티미터 이상 지점에 설치하고, 상부 난간대를 120센티미터 이하에 설치하는 경우에는 중간 난간대는 상부 난간대와 바닥면 등의 중간에 설치하여야 하며, 120센티미터 이상 지점에 설치하는 경우에는 중간 난간대를 2단 이상으로 균등하게 설치하고 난간의 상하 간격은 (②)센티미터 이하가 되도록 할 것
(3) 발끝막이판은 바닥면 등으로부터 (③)센티미터 이상의 높이를 유지할 것. 다만, 물체가 떨어지거나 날아올 위험이 없거나 그 위험을 방지할 수 있는 망을 설치하는 등 필요한 예방 조치를 한 장소는 제외한다.
(4) 난간기둥은 상부 난간대와 중간 난간대를 견고하게 떠받칠 수 있도록 적정한 간격을 유지할 것
(5) 상부 난간대와 중간 난간대는 난간 길이 전체에 걸쳐 바닥면 등과 평행을 유지할 것
(6) 난간대는 지름 2.7센티미터 이상의 금속제 파이프나 그 이상의 강도가 있는 재료일 것

(7) 안전난간은 구조적으로 가장 취약한 지점에서 가장 취약한 방향으로 작용하는 100킬로그램 이상의 하중에 견딜 수 있는 튼튼한 구조일 것

① 90
② 60
③ 10

06 하인리히가 제시한 재해예방을 위한 4원칙을 쓰시오. (4점)

① 예방가능의 원칙
② 손실우연의 원칙
③ 원인계기의 원칙
④ 대책선정의 원칙

07 가설통로의 구조기준에 관한 다음 ( )를 채우시오. (5점)

(1) 견고한 구조로 할 것
(2) 경사는 (①)도 이하로 할 것. 다만, 계단을 설치하거나 높이 2미터 미만의 가설통로로서 튼튼한 손잡이를 설치한 경우에는 그러하지 아니하다.
(3) 경사가 (②)도를 초과하는 경우에는 미끄러지지 아니하는 구조로 할 것
(4) 추락할 위험이 있는 장소에는 안전난간을 설치할 것. 다만, 작업상 부득이한 경우에는 필요한 부분만 임시로 해체할 수 있다.
(5) 수직갱에 가설된 통로의 길이가 (③)미터 이상인 경우에는 (④)미터 이내마다 계단참을 설치할 것
(6) 건설공사에 사용하는 높이 (⑤)미터 이상인 비계다리에는 7미터 이내마다 계단참을 설치할 것

① 30
② 15
③ 15
④ 10
⑤ 8

08 추락방지망 설치기준에 관한 다음 (   )를 채우시오.(3점)

> (1) 추락방호망의 설치위치는 가능하면 작업면으로부터 가까운 지점에 설치하여야 하며, 작업면으로부터 망의 설치지점까지의 수직거리는 (①)미터를 초과하지 아니할 것
> (2) 추락방호망은 수평으로 설치하고, 망의 처짐은 짧은 변 길이의 (②)퍼센트 이상이 되도록 할 것
> (3) 건축물 등의 바깥쪽으로 설치하는 경우 추락방호망의 내민 길이는 벽면으로부터 3미터 이상 되도록 할 것. 다만, 그물코가 (③)밀리미터 이하인 추락방호망을 사용한 경우에는 제14조 제3항에 따른 낙하물 방지망을 설치한 것으로 본다.

① 10
② 12
③ 20

09 지하작업 가스공사 중 가스농도를 측정하는 자를 지정해야 한다. 이때 가스농도를 측정해야 하는 시점 3가지를 쓰시오.(6점)

① 매일 작업시작 전
② 가스 누출이 의심되는 경우
③ 장시간 작업 시 4시간마다 가스농도를 측정해야 한다.

10 산업안전보건법령상 발파작업 시 유해위험 방지를 위한 관리감독자의 업무 중 4가지만 쓰시오.(4점)

① 점화 전 점화작업에 종사하는 근로자의 대피지시
② 점화작업에 종사하는 근로자에게 대피장소 및 경로 교육
③ 점화순서 및 방법에 대한 지시
④ 안전모 등 보호구 착용상태를 감시하는 일

11 구조물 해체공사 시 기계기구의 유압력에 의한 해체공법 3가지를 쓰시오.(3점)

① 압쇄공법
② 대형 브레이커 공법
③ 핸드 브레이커 공법

12 산업안전보건법령상 토공사 시 강우발생을 대비해 빗물 등의 침투에 의한 붕괴재해를 예방하기 위한 사업주의 조치사항 2가지만 쓰시오.(4점)

① 상부에 측구 설치
② 굴착경사면 비닐덮기

13 다음 (   )에 알맞은 내용을 쓰시오.(3점)

> (1) 안전보건개선계획의 수립시행명령을 받은 사업주는 고용노동부장관이 정하는 바에 따라 안전보건개선계획서를 작성하여 그 명령을 받는 날부터 (①)일 이내에 관한 지방고용노동관서의 장에게 제출해야 한다.
> (2) 안전보건개선계획에는 시설, (②), (③) 산업재해예방 및 작업환경의 개선을 위하여 필요한 사항이 포함되어야 한다.

14 연약지반에 구축물을 시공하는 경우 미리 그 지반에 흙쌓기 등에 의해 재하를 함으로써 압밀침하를 촉진시켜 안전시킨 후 성토부를 제거하고 구조물을 축조하는 방법은 어떤 공법인지 쓰시오.(3점)

15 강관비계의 구조에 관한 다음 ( )를 채우시오.(4점)

> (1) 비계기둥의 간격은 띠장 방향에서는 (①) 미터 이하, 장선(長線) 방향에서는 1.5미터 이하로 할 것. 다만, 선박 및 보트 건조 작업의 경우 안전성에 대한 구조검토를 실시하고 조립도를 작성하면 띠장 방향 및 장선 방향으로 각각 2.7미터 이하로 할 수 있다.
> (2) 띠장 간격은 (②)미터 이하로 할 것. 다만, 작업의 성질상 이를 준수하기가 곤란하여 쌍기둥틀 등에 의하여 해당 부분을 보강한 경우에는 그러하지 아니하다.
> (3) 비계기둥의 제일 윗부분으로부터 (③) 미터되는 지점 밑부분의 비계기둥은 2개의 강관으로 묶어 세울 것. 다만, 브래킷 (Bracket, 까치발) 등으로 보강하여 2개의 강관으로 묶을 경우 이상의 강도가 유지되는 경우에는 그러하지 아니하다.
> (4) 비계기둥 간의 적재하중은 (④)킬로그램을 초과하지 않도록 할 것

01 부적격한 와이어로프의 사용금지사항 3가지를 쓰시오.(3점)

해설

① 이음매가 있는 것
② 와이어로프 한 꼬임에서 끊어진 소선의 수가 10% 이상인 것
③ 지름의 감소가 공칭지름의 7%를 초과하는 것

02 투수성이 좋은 사질지반에서 흙막이 주변 수위 차이로 지하수가 모래와 함께 솟구쳐 오르는 현상을 무엇이라고 하는지 쓰시오.(2점)

해설

보일링

03 록볼트의 기능 4가지를 쓰시오.(4점)

해설

① 봉합효과
② 보형성
③ 지압효과
④ 아칭효과

04 산업재해발생 시 기록보존항목 3가지를 쓰시오.(3점)

해설

① 사업장 개요 및 근로자 인적사항
② 재해발생일시 및 장소
③ 재해발생원인 및 과정

05 거푸집 및 동바리 설계 시 고려해야 하는 하중의 종류 3가지를 쓰시오.(3점)

해설

① 연직방향 하중
② 횡방향하중
③ 특수하중

06 TBM(Tool Box Meeting) 활동에 대해 활동시간, 참여인원, 훈련내용을 설명하시오.(3점)

해설

① 활동시간 : 작업시작 전 5~15분, 작업종료 후 3~5분
② 참여인원 : 5~6명
③ 훈련내용 : 현장의 잠재위험을 공유하고 예방을 위한 조치방안

07 산업안전보건법령상, 사업주가 구축물 또는 이와 유사한 시설물의 안전진단 중 안전성 평가를 하여 근로자에게 미칠 위험성을 미리 제거하여야 하는 경우를 3가지 쓰시오.(6점)

해설

① 구축물 또는 이와 유사한 시설물의 인근에서 굴착·항타작업 등으로 침하·균열 등이 발생하여 붕괴위험이 예상될 경우
② 구축물 또는 이와 유사한 시설물에 지진, 동해, 부등침하 등으로 균열·비틀림 등이 발생되었을 경우
③ 구조물, 건축물 그 밖의 시설물이 그 자체의 무게 적설풍압 또는 그 밖에 부가되는 하중 등으로 붕괴 등의 위험이 있을 경우

08 산업안전보건법령상, 지반 굴착 시 굴착면의 기준과 관련하여 (   )에 알맞은 것을 쓰시오.(6점)

> (1) 풍화암 1 : (①)
> (2) 연암   1 : (②)
> (3) 경암   1 : (③)

① 1.0
② 1.0
③ 0.5

09 계단설치기준에 관한 산업안전보건법령상, 다음 (   )에 알맞은 것을 쓰시오.(6점)

> (가) 사업주는 계단 및 계단참을 설치하는 경우 매 제곱미터당 (①)kg 이상의 하중에 견딜 수 있는 강도를 가진 구조로 설치하여야 하며, 안전율은 (②) 이상으로 하여야 한다.
> (나) 사업주는 높이가 3m를 초과하는 계단에 높이 3m 이내마다 너비 (③)m 이상의 계단참을 설치하여야 한다.

① 500
② 4
③ 1.2

10 안전대 종류 및 사용구분에 관한 다음 (   )를 채우시오.(6점)

등급	사용 구분
벨트식, 안전그네식	(①)
	(②)
안전그네식	안전블록
	(③)

① 1개걸이
② U자걸이용
③ 추락방지대

11 산업안전보건법령상, 항타기항발기를 조립하거나 해체하는 경우 사업주가 점검해야 할 사항 3가지를 쓰시오.(3점)

① 본체 연결부 풀림 또는 손상 유무
② 권상용 와이어로프 드럼 및 도르래의 부착상태 이상 유무
③ 권상장치의 브레이크 및 쐐기장치 기능의 이상 유무

12 굴착공사 재해방지를 위한 기본적인 토질에 대한 조사내용 4가지를 쓰시오.(4점)

① 지형
② 지질
③ 지층
④ 지하수

13 산업안전보건법령상, 사업주가 터널 지보공을 설치한 경우 수시로 점검하여야 하며, 이상을 발견한 경우에는 즉시 보강하거나 보수하여야 하는 사항 3가지를 쓰시오.(3점)

① 부재의 손상변형부식변위 탈락의 유무 및 상태
② 부재의 긴압 정도
③ 부재의 접속부 및 교차부 상태

14 산업안전보건법령상, 거푸집동바리 등을 조립하는 경우 사업주의 준수사항에 관한 (   ) 안에 알맞은 것을 쓰시오.(4점)

> (가) 파이프 서포트를 (①)개 이상 이어서 사용하지 아니하도록 할 것
> (나) 높이 3.5m 초과 시 높이 2m 이내마다 수평연결재를 (②)개 방향으로 만들고 수평연결재의 변위를 방지할 것
> (다) 시스템 동바리는 수직 및 수평하중에 의한 동바리 본체의 변위로부터 구조적 안전성이 확보되도록 조립도에 따라 수직재 및 수평재에는 (③)를 견고하게 설치하도록 할 것
> (라) 시스템 동바리 최상단과 최하단의 수직재와 받침철물은 서로 밀착되도록 설치하고 수직재와 받침철물의 연결부 겹침길이는 받침철물 전체길이의 (④) 이상 되도록 할 것

▶**해설**
① 3
② 2
③ 가새재
④ 1/3

01 양중기에 관한 다음 문제를 설명하시오. (4점)

(1) 다음 설명하는 양중기의 종류를 각각 쓰시오.

> ① 훅이나 그 밖의 달기구 등을 사용하여 화물을 권상 및 횡행 또는 권상동작만을 하여 양중하는 것
> ② 달기발판 또는 운반구, 승강장치, 그 밖의 장치 및 이들에 부속된 기계부품에 의하여 구성되고, 와이어로프 또는 달기강선에 의하여 달기발판 또는 운반구가 전용 승강장치에 의하여 오르내리는 설비

(2) 리프트의 종류 2가지를 쓰시오.

해설

(1) ① 호이스트, ② 곤돌라
　　권상 및 횡행, 권상동작만을 하여 양중하는 것이기 때문에 크레인은 회전도 하므로 정답이 아님
(2) ① 건설용 리프트
　　② 산업용 리프트
　　③ 자동차정비용 리프트
　　④ 이삿짐운반용 리프트

02 인간관계의 메커니즘(적응기제) 중 방어기제 및 도피기제를 각각 2가지씩 쓰시오. (4점)

해설

(1) 방어기제
　　① 동일화
　　② 승화
　　③ 보상
　　④ 합리화
(2) 도피기제
　　① 고립
　　② 퇴행
　　③ 백일몽
　　④ 억압

03 산업안전보건법령상, 수자원시설공사(댐)에서 재료비와 직접노무비의 합이 4,500,000,000원일 때 산업안전보건관리비를 구하시오. (3점)

해설

댐공사는 중건설공사이고 45억 공사이므로
5억 원 이상 50억 원 미만 기초액과 계상비율 적용
산업안전보건관리비
= 4,500,000,000 × 0.0235 + 5,400,000
= 111,150,000원

04 PSC(Prestressed Concrete) 구조의 프리스트레스 도입 후 초기 손실이 발생하는 원인을 2가지만 쓰시오. (4점)

해설

(1) PS강재의 쉬스(Sheath)관의 마찰
(2) PS강재 정착장치의 활동

※ PS강재의 응력손실 구분과 원인

초기손실	장기손실
• 콘크리트의 탄성수축 • PS강재의 쉬스(Sheath)관의 마찰 • PS강재 정착장치의 활동	• 응력이완 • 콘크리트 크리프현상 • 콘크리트의 건조수축

05 산업안전보건법령상, 차량계 하역운반기계 등에 화물을 적재하는 경우 사업주의 준수사항을 3가지 쓰시오. (6점)

해설

산업안전보건기준에 관한 규칙 제173조
(1) 하중이 한쪽으로 치우치지 않도록 적재할 것

(2) 구내운반차 또는 화물자동차의 경우 화물의 붕괴 또는 낙하에 의한 위험을 방지하기 위하여 화물에 로프를 거는 등 필요한 조치를 할 것

(3) 운전자의 시야를 가리지 않도록 화물을 적재할 것

06 산업안전보건법령상, 가설통로를 설치하는 경우 사업주의 준수사항을 3가지 쓰시오.(3점)

해설

산업안전보건기준에 관한 규칙 제23조

1. 견고한 구조로 할 것
2. 경사는 30도 이하로 할 것. 다만, 계단을 설치하거나 높이 2미터 미만의 가설통로로서 튼튼한 손잡이를 설치한 경우에는 그러하지 아니하다.
3. 경사가 15도를 초과하는 경우에는 미끄러지지 아니하는 구조로 할 것
4. 추락할 위험이 있는 장소에는 안전난간을 설치할 것. 다만, 작업상 부득이한 경우에는 필요한 부분만 임시로 해체할 수 있다.
5. 수직갱에 가설된 통로의 길이가 15미터 이상인 경우에는 10미터 이내마다 계단참을 설치할 것
6. 건설공사에 사용하는 높이 8미터 이상인 비계다리에는 7미터 이내마다 계단참을 설치할 것

07 산업안전보건법령상, 다음 안전보건표지의 이름을 쓰시오.(4점)

①	②
☠	✹

해설

① 급성독성물질 경고
② 폭발성물질 경고

08 이동식 크레인의 종류를 3가지 쓰시오.(3점)

해설

(1) 트럭크레인   (2) 트럭탑재형 크레인
(3) 크롤러크레인   (4) 험지형 크레인
(5) 전지형 크레인

09 토공사의 비탈면 보호공법의 종류를 4가지만 쓰시오.(4점)

해설

(1) 식생공법
(2) 격자블록공법
(3) 숏크리트공법

※ 비탈면의 보호공법과 보강공법

보호공법	보강공법
• 식생공법 • 격자블록공법 • 숏크리트공법 • 파종공법	• 억지말뚝공법 • 어스앵커공법 • 쏘일네일링공법 • 옹벽축조

10 콘크리트의 파쇄용 화약류 취급 시 준수사항을 2가지만 쓰시오.(4점)

해설

해체공사표준안전작업지침

1. 화약류에 의한 발파파쇄 해체 시에는 사전에 시험발파에 의한 폭력, 폭속, 진동치속도 등에 파쇄능력과 진동, 소음의 영향력을 검토하여야 한다.
2. 소음, 분진, 진동으로 인한 공해대책, 파편에 대한 예방대책을 수립하여야 한다.
3. 화약류 취급에 대하여는 법, 총포도검화약류단속법 등 관계법에서 규정하는 바에 의하여 취급하여야 하며 화약저장소 설치기준을 준수하여야 한다.
4. 시공순서는 화약취급절차에 의한다.

11 흙막이 공법의 종류를 다음과 같이 구분하여 각각 3가지씩 쓰시오.(6점)

(1) 흙막이 지지방식에 의한 분류

(2) 구조방식에 의한 분류

해설

(1) 버팀대, 어스앵커, 타이로드, 레이커
(2) 널말뚝, SCW(Soil Cement Wall), CIP(Cast in Place Pile), 지하연속벽(Slurry Wall)

12 산업안전보건법령상, 안전보건진단을 받아 안전보건개선계획을 수립하도록 명할 수 있는 사업장의 종류를 3가지만 쓰시오.(6점)

해설

제49조(안전보건진단을 받아 안전보건개선계획을 수립할 대상)

법 제49조제1항 각 호 외의 부분 후단에서 "대통령령으로 정하는 사업장"이란 다음 각 호의 사업장을 말한다.

1. 산업재해율이 같은 업종 평균 산업재해율의 2배 이상인 사업장
2. 법 제49조 제1항 제2호에 해당하는 사업장
3. 직업성 질병자가 연간 2명 이상(상시근로자 1천 명 이상 사업장의 경우 3명 이상) 발생한 사업장
4. 그 밖에 작업환경 불량, 화재·폭발 또는 누출 사고 등으로 사업장 주변까지 피해가 확산된 사업장으로서 고용노동부령으로 정하는 사업장

13 가설 시설물의 구조적 특징을 3가지만 적으시오.(5점)

해설

(1) 불안전한 결합이 많다.
(2) 영구적인 구조가 아니다.
(3) 연결재가 적은 구조로 되기 쉽다.

14 산업안전보건법령상 누전에 의한 감전위험을 방지하기 위하여 해당 전로의 정격에 적합하고 강도가 양호하며 확실하게 작동하는 감전방지용 누전차단기를 설치해야 하는 전기·기계·기구를 2가지만 쓰시오.(4점)

해설

산업안전보건기준에 관한 규칙 제304조(누전차단기에 의한 감전방지)

1. 대지전압이 150볼트를 초과하는 이동형 또는 휴대형 전기기계·기구
2. 물 등 도전성이 높은 액체가 있는 습윤장소에서 사용하는 저압용 전기기계·기구
3. 철판·철골 위 등 도전성이 높은 장소에서 사용하는 이동형 또는 휴대형 전기기계·기구
4. 임시배선의 전로가 설치되는 장소에서 사용하는 이동형 또는 휴대형 전기기계·기구

01 정기안전점검 결과, 건설공사의 물리적 기능적 결함 등이 있는 경우, 보수 보강 등의 필요한 조치를 취하기 위한 점검을 무엇이라고 하는지 쓰시오.(2점)

● 해설
정밀안전점검

02 「산업안전보건법령」상 중대재해와 관련하여 다음의 내용을 쓰시오.(4점)

(1) 사업주는 중대재해가 발생한 사실을 알게 된 경우에는 관할 지방고용노동관서의 장에게 전화·팩스, 또는 그 밖에 적절한 방법으로 보고해야 한다. 이때 보고 내용 2가지를 쓰시오(단, 그 밖의 중요한 사항은 제외).

(2) 중대재해의 종류를 2가지 쓰시오.

● 해설
(1) ① 발생개요 및 피해상황
② 조치 및 전망
(2) ① 사망자가 1명 이상 발생한 재해
② 3개월 이상의 요양이 필요한 부상자가 동시에 2명 이상 발생한 재해
③ 부상자 또는 직업성 질병자가 동시에 10명 이상 발생한 재해

03 재해 분석방법 중 통계적 분석법에 대해 2가지 쓰시오.(4점)

● 해설
① 파레토도(Pareto Diagram)
② 특성요인도(어골도, Fish Bone Diagram, 원인결과도, 이시카와 다이어그램)
③ 클로즈도(Close)
④ 관리도(Control Diagram)

⑤ Safe T-score
⑥ 종합재해지수
⑦ 도수율

04 「산업안전보건법령」상 콘크리트 타설작업을 하는 경우, 거푸집 및 동바리 "위험 예방" 관련 사업주의 준수사항을 3가지만 쓰시오. (6점)

● 해설
산업안전보건기준에 관한 규칙 제334조(콘크리트의 타설작업)
1. 당일의 작업을 시작하기 전에 해당 작업에 관한 거푸집 및 동바리의 변형·변위 및 지반의 침하 유무 등을 점검하고 이상이 있으면 보수할 것
2. 작업 중에는 감시자를 배치하는 등의 방법으로 거푸집 및 동바리의 변형·변위 및 침하 유무 등을 확인해야 하며, 이상이 있으면 작업을 중지하고 근로자를 대피시킬 것
3. 콘크리트 타설작업 시 거푸집 붕괴의 위험이 발생할 우려가 있으면 충분한 보강조치를 할 것
4. 설계도서상의 콘크리트 양생기간을 준수하여 거푸집 및 동바리를 해체할 것
5. 콘크리트를 타설하는 경우에는 편심이 발생하지 않도록 골고루 분산하여 타설할 것

05 「산업안전보건법령」상 곤돌라형 달비계를 설치하는 경우 사업주가 달비계에 사용할 수 없는 와이어로프의 조건을 4가지만 쓰시오.(4점)

● 해설
① 이음매가 있는 것
② 와이어로프의 한 꼬임에서 끊어진 소선(素線)의 수가 10% 이상인 것
③ 지름의 감소가 공칭지름의 7%를 초과하는 것
④ 심하게 변형되거나 부식된 것
⑤ 꼬인 것
⑥ 열과 전기충격에 의해 손상된 것

06 「산업안전보건법령」상 도급인은 관계수급인 근로자가 도급인의 사업장에서 작업을 하는 경우, 안전 및 보건에 관한 협의체를 구성할 때, 산업안전보건위원회의 위원을 구성할 수 있는 구성원 4명을 쓰시오.(4점)

산업안전보건법 시행령 제35조(산업안전보건위원회의 구성)

1. 근로자위원
   - 도급 또는 하도급 사업을 포함한 전체 사업의 근로자대표
   - 명예산업안전감독관
   - 근로자대표가 지명하는 해당 사업장의 근로자
2. 사용자위원
   - 도급인 대표자
   - 관계수급인의 각 대표자
   - 안전관리자

07 지난해 총산업재해보상보험 보상액이 214,730,693,000원일 때, 하인리히 방식으로 다음 각 손실비용(원)을 구하시오.(6점)

(1) 직접 손실비용(a)

(2) 간접 손실비용(b)

(3) 총손실비용(a + b)

(1) 직접 손실비용 = 총산업재해보상보험
$$= 214,730,693,000원$$
(2) 간접 손실비용 = 직접손실비용 × 4
$$= 214,730,693,000 × 4$$
$$= 858,922,772,000원$$
(3) 하인리히 방식의 직접비 : 간접비 = 1 : 4이므로
총손실비용 = 직접손실비용 + 간접손실비용
$$= 214,730,693,000 + 858,922,772,000$$
$$= 1,073,653,465,000원$$

08 「산업안전보건법령」상 곤돌라의 운반구에 근로자를 탑승시키려고 할 때, 추락 위험을 방지하기 위한 사업주의 조치사항 2가지를 쓰시오.(4점)

산업안전보건기준에 관한 규칙 제86조(탑승의 제한)

① 운반구가 뒤집히거나 떨어지지 않도록 필요한 조치를 할 것
② 안전대나 구명줄을 설치하고, 안전난간을 설치할 수 있는 구조인 경우이면 안전난간을 설치할 것

09 크레인 관련 다음 (   )에 적합한 것을 쓰시오.(4점)

(가) 크레인의 권상하중에서 훅, 크래브 또는 버킷 등 달기기구의 중량에 상당하는 하중을 뺀 하중 : (   )
(나) 주행레일 중심 간의 거리 : (   )
(다) 원동장치, 감속장치 및 드럼 등을 일체형으로 조합한 양중장치와 이 양중장치를 사용하여 화물의 권상 및 횡행 또는 권상 동작만을 행하는 크레인 : (   )
(라) 수직면에서 지브 각(Angle)의 변화 : (   )

(가) 정격하중   (나) 스팬(Span)
(다) 호이스트   (라) 기복

10 「산업안전보건법령」상 차량계 하역운반기계 등, 차량계 건설기계의 운전자가 운전위치를 이탈하는 경우, 사업주가 운전자에게 준수하도록 해야 할 사항을 2가지 쓰시오.(4점)

산업안전보건기준에 관한 규칙 제99조(운전위치 이탈 시의 조치)

1. 포크, 버킷, 디퍼 등의 장치를 가장 낮은 위치 또는 지면에 내려 둘 것
2. 원동기를 정지시키고 브레이크를 확실히 거는 등 차량계 기계의 갑작스러운 이동을 방지하기 위한 조치를 할 것
3. 운전석을 이탈하는 경우에는 시동키를 운전대에서 분리시킬 것

11 「산업안전보건법령」상 사다리식 통로 등을 설치하는 경우 사업주의 준수사항 3가지를 쓰시오(단, 고정식 사다리 경우는 제외).(5점)

고정식 사다리를 제외한 이동식 사다리는 통로로 설치하는 것으로 볼 수 없으므로 출제 오류에 해당된다.

[참고] 제24조(사다리식 통로 등의 구조)
① 사업주는 사다리식 통로 등을 설치하는 경우 다음 각 호의 사항을 준수하여야 한다. 〈개정 2024. 6. 28.〉
  1. 견고한 구조로 할 것
  2. 심한 손상·부식 등이 없는 재료를 사용할 것
  3. 발판의 간격은 일정하게 할 것
  4. 발판과 벽과의 사이는 15센티미터 이상의 간격을 유지할 것
  5. 폭은 30센티미터 이상으로 할 것
  6. 사다리가 넘어지거나 미끄러지는 것을 방지하기 위한 조치를 할 것
  7. 사다리의 상단은 걸쳐놓은 지점으로부터 60센티미터 이상 올라가도록 할 것
  8. 사다리식 통로의 길이가 10미터 이상인 경우에는 5미터 이내마다 계단참을 설치할 것
  9. 사다리식 통로의 기울기는 75도 이하로 할 것. 다만, 고정식 사다리식 통로의 기울기는 90도 이하로 하고, 그 높이가 7미터 이상인 경우에는 다음 각 목의 구분에 따른 조치를 할 것
    가. 등받이울이 있어도 근로자 이동에 지장이 없는 경우 : 바닥으로부터 높이가 2.5미터 되는 지점부터 등받이울을 설치할 것
    나. 등받이울이 있으면 근로자가 이동이 곤란한 경우 : 한국산업표준에서 정하는 기준에 적합한 개인용 추락 방지 시스템을 설치하고 근로자로 하여금 한국산업표준에서 정하는 기준에 적합한 전신안전대를 사용하도록 할 것
  10. 접이식 사다리 기둥은 사용 시 접혀지거나 펼쳐지지 않도록 철물 등을 사용하여 견고하게 조치할 것
② 잠함(潛函) 내 사다리식 통로와 건조·수리 중인 선박의 구명줄이 설치된 사다리식 통로(건조·수리작업을 위하여 임시로 설치한 사다리식 통로는 제외한다)에 대해서는 제1항 제5호부터 제10호까지의 규정을 적용하지 아니한다.

12 「철골공사 표준안전지침」상 철골공사 중 추락방지를 위해 갖추어야 할 설비 5가지를 쓰시오.(5점)

철골공사 표준안전작업지침 제16조 1호
1. 비계	2. 달비계
3. 수평통로	4. 안전난간대
5. 추락방지용 방망	6. 난간
7. 울타리	8. 안전대 부착설비
9. 안전대	10. 구명줄

13 「산업안전보건법령」상 사업주가 철골공사 작업을 중지해야 하는 기상 조건 관련 ( )에 알맞은 것을 쓰시오.(4점)

> ① 풍속 : ( ) 이상인 경우
> ② 강우량 : ( ) 이상인 경우

산업안전보건기준에 관한 규칙 제383조(작업의 제한)
① 초당 10m = 10m/s
② 시간당 1mm = 1mm/h

14 「산업안전보건법령」상 안전보건개선계획을 수립 관련 ( )에 적합한 내용을 쓰시오.(4점)

> 사업주는 안전보건개선계획을 수립할 때에는 (가)의 심의를 거쳐야 하며, (나)가 설치되어 있지 아니한 사업장의 경우에는 (다)의 의견을 들어야 한다.

산업안전보건법 제49조 2항
가. 산업안전보건위원회
나. 산업안전보건위원회
다. 근로자대표

PART

03

실기 작업형

SECTION 01 굴착작업

1 굴착작업 시 지반의 붕괴 또는 토석의 낙하를 방지하기 위한 작업 시작 전 점검사항

(1) 형상, 지질 및 지층의 상태
(2) 지반의 지하수위 상태
(3) 매설물 등의 유무 또는 상태
(4) 균열, 함수, 용수 및 동결의 유무 또는 상태

2 굴착작업을 하는 경우 지반의 붕괴 또는 토석의 낙하에 의한 근로자의 위험을 방지하기 위한 관리감독자의 역할

(1) 작업장소 및 그 주변의 부석·균열의 유무
(2) 함수·용수의 유무
(3) 동결상태의 변화 점검

3 토사붕괴의 외적 원인

(1) 사면, 법면의 경사 및 기울기의 증가
(2) 절토 및 성토 높이의 증가
(3) 공사에 의한 진동 및 반복 하중의 증가
(4) 지표수 및 지하수의 침투에 의한 토사 중량의 증가
(5) 지진, 차량, 구조물의 하중작용
(6) 토사 및 암석의 혼합층 두께

4 굴착면의 기울기 기준

(1) 풍화암 1 : (1.0)   (2) 연암 1 : (1.0)
(3) 경암 1 : (0.5)

5 흙막이 지보공 정기 점검사항

(1) 부재의 손상·변형·부식·변위 및 탈락의 유무와 상태
(2) 버팀대의 긴압 정도
(3) 부재의 접속부·부착부 및 교차부의 상태
(4) 침하 정도

SECTION 02 철근 콘크리트

① 철근을 인력으로 운반하는 작업을 할 때 주의사항

(1) 1인당 무게는 25kg 정도가 적절하며, 무리한 운반을 삼가야 한다.
(2) 2인 이상이 1조가 되어 어깨메기로 하여 운반하는 등 안전을 도모하여야 한다.
(3) 운반할 때에는 양끝을 묶어 운반하여야 한다.
(4) 내려놓을 때에는 천천히 내려놓고 던지지 않아야 한다.
(5) 공동작업을 할 때에는 신호에 따라 작업을 하여야 한다.

② 백호(Back hoe)로 콘크리트 타설 시 위험요인

(1) 작업장소의 하부 지반 침하로 인한 백호가 전도되어 협착사고가 발생할 수 있다.
(2) 백호 버킷 연결부 등이 작업 중 탈락하여 작업자에게 낙하할 위험이 있다.
(3) 근로자에게 위험을 미칠 우려가 있는 경우 유도자를 배치하지 않아 위험하다.
(4) 붐을 조정할 때 주변 전선 등에 의한 감전위험이 있다.

SECTION 03 건설기계

1 리프트 안전장치

(1) 과부하방지장치 : 적재하중 초과 사용 금지

(2) 권과방지장치 : 운반구의 이탈 등의 위험 방지

(3) 비상정지장치 : 조작스위치 등 탑승 조작 장치

(4) 출입문 연동장치 : 조작반에 잠금장치 설치 시 운반구의 입구 및 출구문이 열린 상태에서는 리미트 스위치가 작동되어 리프트가 동작되지 않도록 하는 장치

2 타워크레인 설치 시 구조적 안전 검토사항

(1) 프레임은 마스트로부터 들어오는 힘을 건물의 고정지지점으로 원활하게 전달하는 구조일 것

(2) 간격지지대는 핀 이탈방지를 위한 분할핀을 체결할 수 있는 구조일 것

(3) 벽체고정 브래킷은 건축 중인 시설물에 지지하는 경우 구조적 안정성에 영향이 없도록 할 것

3 이동식 크레인으로 작업 시 준수사항

(1) 일정한 신호방법을 정하고 신호수의 신호에 따라 작업한다.

(2) 화물을 매단 채 운전석을 이탈하지 않는다.

(3) 작업 종료 후 크레인의 동력을 차단시키고 정지조치를 확실히 한다.

4 와이어로프의 사용 금지사항

(1) 이음매가 있는 것

(2) 심하게 손상되거나 부식된 것

(3) 지름의 감소가 공칭지름의 7%를 초과하는 것

(4) 와이어로프의 한 꼬임에서 끊어진 소선의 수가 10% 이상인 것

(5) 열과 전기충격 등에 의해 손상된 것

5 건설기계의 명칭 및 용도

(1) 스크레이퍼 : 토사 굴착 및 운반, 지반 고르기

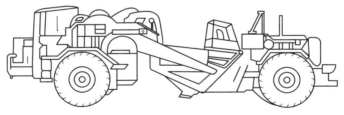

∎ 모터 스크레이퍼 ∎

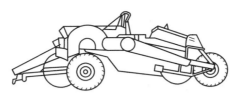

∎ 견인식 스크레이퍼 ∎

(2) 불도저 : 지반정지, 굴착작업, 적재작업, 운반작업

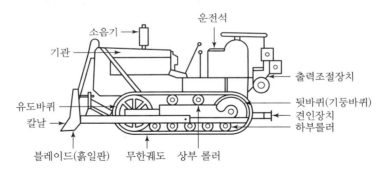

(3) 로더 : 지반 고르기, 적재작업, 운반작업

(4) **아스팔트 피니셔** : 아스팔트 플랜트에서 제조된 혼합재를 덤프트럭으로부터 받아, 자동으로 주행하면서 노면 위에 정해진 너비와 두께로 깔고 다져 마무리하는 기계

(5) **모터 그레이더** : 정지작업, 도로정리, 땅 고르기, 측구굴착, 제설

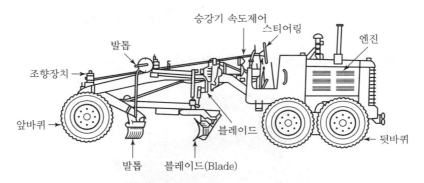

(6) **클램셸** : 좁은 곳의 수직굴착, 수중굴착, 우물통 기초 케이슨 내부 굴착

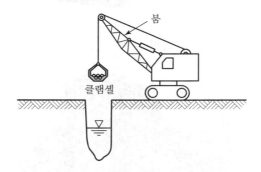

(7) 탬핑롤러 : 초기다짐, 실트, 점토다짐

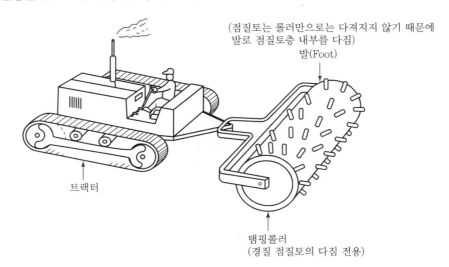

(점질토는 롤러만으로는 다져지지 않기 때문에
발로 점질토층 내부를 다짐)

발(Foot)

트랙터

탬핑롤러
(경질 점질토의 다짐 전용)

(8) 타이어롤러 : 다짐작업, 성토부전압, 아스콘전압

(9) 머캐덤롤러 : 초기다짐, 아스팔트 다짐

밀폐공간

1 밀폐된 공간, 즉 잠함, 우물통, 수직갱 기타 작업에서 산소결핍 기준 및 대책

(1) 산소결핍기준

공기 중의 산소농도가 18% 미만인 농도

(2) 대책

① 산소결핍 우려가 있는 경우에는 산소의 농도를 측정하는 사람을 지명하여 측정하도록 할 것

② 근로자가 안전하게 오르내리기 위한 설비를 설치할 것

③ 굴착 깊이가 20m를 초과하는 경우에는 해당 작업장소와 외부와의 연락을 위한 통신설비 등을 설치할 것

1 발파작업 시 근로자 준수사항

(1) 발파는 선임된 발파책임자의 지휘에 따라 시행하여야 한다.

(2) 발파작업에 대한 특별시방을 준수하여야 한다.

(3) 굴착단면 경계면에는 모암에 손상을 주지 않도록 시방에 명기된 정밀폭약(FINEX 1, 2) 등을 사용하여야 한다.

(4) 지질, 암의 절리 등에 따라 화약량을 충분히 검토하여야 하며 시방기준과 대비하여 안전조치를 하여야 한다.

(5) 발파책임자는 모든 근로자의 대피를 확인하고 지보공 및 복공에 대하여 필요한 조치의 방호를 한 후 발파하도록 하여야 한다.

(6) 발파 시 안전한 거리 및 위치에서의 대피가 어려울 때에는 전면과 상부를 견고하게 방호한 임시 대피장소를 설치하여야 한다.

SECTION 06 가설공사

1 강관비계의 설치기준

(1) 비계기둥에는 미끄러지거나 침하하는 것을 방지하기 위하여 밑받침 철물을 사용하거나 깔판, 깔목 등을 사용하여 밑둥잡이를 설치하는 등의 조치를 할 것

(2) 강관의 접속부 또는 교차부는 적합한 부속철물을 사용하여 접속하거나 단단히 묶을 것

(3) 교차 가새로 보강할 것

(4) 가공전로에 근접하여 비계를 설치하는 경우에는 가공전로를 이설하거나 가공전로에 절연용 방호구를 장착하는 등 가공전로와의 접촉을 방지하기 위한 조치를 할 것

2 비계의 높이가 2m 이상인 작업장소에서 설치하는 작업발판의 설치기준

(1) 발판 재료는 작업할 때의 하중에 견딜 수 있도록 견고한 것으로 할 것

(2) 작업발판의 폭은 40cm 이상으로 하고, 발판 재료 간의 틈은 3cm 이하로 할 것

(3) 추락의 위험성이 있는 장소에는 안전난간을 설치할 것

(4) 작업발판의 지지물은 하중에 의하여 파괴될 우려가 없는 것을 사용할 것

(5) 작업발판재료는 뒤집히거나 떨어지지 않도록 2개 이상의 지지물에 연결하거나 고정시킬 것

(6) 작업발판을 작업에 따라 이동시킬 경우에는 위험방지에 필요한 조치를 할 것

3 시스템 비계를 사용하여 비계 설치 시 준수사항

(1) 비계기둥의 밑둥에는 밑받침 철물을 사용하여야 하며, 밑받침에 고저차가 있는 경우 조절형 밑받침 철물을 사용하여 항상 수평 및 수직을 유지하도록 할 것

(2) 가공전로에 근접하여 비계를 설치하는 경우 가공전로를 이설하거나 가공전로에 절연용 방호구를 설치하는 등 가공전로와의 접촉을 방지하기 위한 필요한 조치를 할 것

(3) 비계 내에서 근로자가 상하 또는 좌우로 이동하는 경우 지정된 통로를 이용하도록 주지시킬 것

(4) 비계 작업 근로자는 같은 수직면상의 위와 아래 동시 작업을 금지할 것

(5) 작업발판에는 제조사가 정한 최대적재하중을 초과하여 적재를 금지하고, 최대적재하중이 표기된 표지판을 부착하고 근로자에게 주지시킬 것

④ 시스템의 비계 구조적 준수사항

(1) 수직재, 수평재, 가새재를 견고하게 연결하는 구조일 것
(2) 수평재는 수직재와 직각으로 설치하여야 하며 체결 후 흔들림이 없도록 견고하게 설치할 것
(3) 수직재와 수직재의 연결철물은 이탈되지 않도록 견고한 구조로 할 것
(4) 벽연결재의 설치간격은 제조사가 정한 기준에 따를 것

⑤ 거푸집 동바리 조립작업 시 준수사항

(1) 깔목의 사용, 콘크리트 타설, 말뚝박기 등 동바리의 침하를 방지하기 위한 조치를 할 것
(2) 개구부 상부에 동바리를 설치하는 경우에는 상부하중을 견딜 수 있는 견고한 받침대를 설치할 것
(3) 동바리 이음은 맞댄이음 또는 장부이음으로 하고 같은 품질의 재료를 사용할 것
(4) 파이프 서포트를 3개 이상 이어서 사용하지 아니할 것
(5) 파이프 서포트를 이어서 사용할 시 4개 이상의 볼트 또는 전용철물을 사용하여 이을 것
(6) 높이가 3.5m를 초과하는 경우에는 높이 2m 이내마다 수평연결재를 2개 방향으로 만들고 수평연결재의 변위를 방지할 것

⑥ 콘크리트 타설작업 시 준수사항

(1) 당일의 작업을 시작하기 전에 해당 작업에 관한 거푸집 동바리 등의 변형, 변위 및 지반의 침하 유무 등을 점검하고 이상이 있으면 보수할 것
(2) 작업 중에는 거푸집 동바리 등의 변형, 변위 및 침하 유무를 감시할 수 있는 감시자를 배치하여 이상이 있으면 작업을 중지하고 근로자를 대피시킬 것
(3) 콘크리트 타설작업 시 거푸집 붕괴의 위험이 발생할 우려가 있으면 충분한 보강조치를 할 것
(4) 설계도서상의 콘크리트 양생기간을 준수하여 거푸집 동바리 등을 해체할 것
(5) 콘크리트를 타설하는 경우에는 편심이 발생하지 않도록 골고루 분산하여 타설할 것

PART

04

실기 작업형
과년도 기출문제

01 추락방호망의 처짐은 짧은 변 길이의 몇 (　)% 이상인지 쓰시오.

해설

추락방호망은 수평으로 설치하고, 망의 처짐은 짧은 변 길이의 12% 이상이 되도록 한다.

추락방호망 설치기준
① 작업면으로부터 망의 설치지점까지 수직거리는 10미터를 초과하지 말 것
② 수평으로 설치하고, 망의 처짐은 짧은 변 길이의 12% 이상이 되도록 할 것
③ 건축물 등의 바깥쪽으로 설치하는 경우 내민 길이는 벽면으로부터 3미터 이상 되도록 할 것

02 장약작업 시 준수사항 3가지를 쓰시오.

─〈화면설명〉─
터널굴착작업을 위한 장약작업을 하고 있다.

해설

① 천공과 장약의 동시작업을 하지 않아야 한다.
② 전기뇌관을 사용할 때에는 전선, 모터 등에 접근하지 않도록 하여야 한다.
③ 장약봉은 목재 등 부도체로 하고 장진구는 마찰, 정전기 등에 의한 폭발 위험성이 없는 절연성의 것을 사용한다.
④ 포장이 없는 화약이나 폭액을 장진할 때에는 화기의 사용을 금하고 흡연하지 않도록 한다.
⑤ 장진할 때는 발파구멍을 잘 청소하여 공저까지 완전히 청소하여 작은 돌 등을 남기지 않아야 한다.

03 동영상에서 설비의 명칭과 사용하는 이유를 2가지 쓰시오.

─〈화면설명〉─
콘크리트 믹서트럭의 바퀴를 물로 세척하고 있다.

해설

(1) 설비 명칭 : 세륜기
(2) 사용 이유
　① 차량운행 도로의 오염 방지
　② 오염물질 확산 방지 및 비산먼지 발생 방지

04 이동식 비계의 올바른 설치기준 3가지만 쓰시오.

─────〈화면설명〉─────
이동식 비계의 설치상태가 불량하여 재해가 발생하였다.

해설

① 작업 중 이동이나 전도방지를 위해 쐐기 등으로 바퀴를 고정시키고 아우트리거를 설치한다.
② 비계 최상부에는 안전난간을 설치한다.
③ 작업발판의 하중은 250kg을 초과하지 않도록 한다.
④ 근로자의 탑승상태에서 이동하지 않도록 한다.
⑤ 승강용 사다리는 견고하게 설치한다.

05 사진의 기계 명칭과 이와 같은 차량계 건설기계를 사용하는 작업의 계획서 작성에 포함되어야 할 사항을 2가지만 쓰시오.

─────〈화면설명〉─────
로더(Loader)의 사진이 나온다.

해설

(1) 기계의 명칭 : 로더
(2) 작업의 계획서 작성에 포함되어야 할 사항
　　① 사용기계의 종류와 성능
　　② 운행경로
　　③ 작업방법

06 사진의 기계 명칭과 기계의 용도를 쓰시오.

─────〈화면설명〉─────
아스팔트 피니셔의 사진이 나온다.

해설

① 기계의 명칭 : 아스팔트 피니셔
② 기계의 용도 : 아스팔트 플랜트에서 덤프트럭으로 운반된 혼합재를 노면 위에 일정규격으로 깔아주는 장비

07 동종재해방지를 위한 안전대책을 2가지 쓰시오.

─────〈화면설명〉─────
지하 밀폐공간에서 방수작업 중 작업자가 쓰러지는 동영상이 나온다.

해설

① 작업시작 전 작업장 환기 및 산소농도 측정
② 송기마스크 등 외부공기 공급이 가능한 호흡용 보호구 착용

③ 관계자 외 출입금지 표지판 설치
④ 입장 및 퇴장 시 인원점검

08 다음 굴착작업 시 굴착면 기울기 기준을 쓰시오.

―〈화면설명〉―
상수도관 매설을 위한 노천굴착작업 동영상이 나온다.

해설

굴착면 기울기 기준(2023.11.14. 개정)

지반의 종류	굴착면의 기울기
모래	1:1.8
연암 및 풍화암	1:1.0
경암	1:0.5
그밖의 흙	1:1.2

01 다음 동영상을 보고 각 물음에 답하시오.

〈화면설명〉

백호로 하수관로 매설작업 중 재해가 발생하였다.

(1) 재해의 발생형태를 쓰시오.

(2) 재해의 발생원인을 쓰시오.

● 해설

(1) 재해발생 형태 : 협착
(2) 재해발생 원인 : 신호수 미배치, 인양 시 2줄걸이 미실시

02 개구부에서 추락을 방지하기 위한 안전조치방법을 3가지 쓰시오.(6점)

● 해설

① 안전난간 설치
② 방호울 설치
③ 수직형 추락방호망 설치
④ 안전대 착용

03 다음 동영상을 보고 각 물음에 답하시오.

〈화면설명〉

근로자가 높은 곳에서 맨손으로 아크용접 중이며 근로자가 트럭에서 가스통을 세게 내려놓자 가스통이 폭발하였다.

(1) 가스용기 운반 시 문제점을 쓰시오.

(2) 용접작업 시 문제점을 쓰시오.

● 해설

(1) 가스용기 운반 시 문제점
① 이동 시 캡을 씌우지 않고 운반
② 운반 시 진동 및 충격을 방지할 수 있도록 해야 하나 미실시
(2) 용접작업 시 문제점
① 보안경 미착용에 의한 시각장해 요인 유발
② 고소작업에 따른 추락위험 발생

04 다음 동영상을 보고 조치사항을 2가지 쓰시오.

──〈화면설명〉──
한파에 폭설이 내린 건설현장에서 백호로 덤프트럭에 적재작업을 하고 있다.

해설

① 동결 발생구간의 얼음 제거
② 염화칼슘 또는 모래 살포로 미끄럼 사전 제거

05 이동식 비계의 올바른 설치기준 3가지만 쓰시오.

──〈화면설명〉──
이동식 비계의 설치상태가 불량하여 재해가 발생하였다.

해설

① 브레이크, 쐐기 등으로 바퀴를 고정시키고 아웃트리거를 설치하는 등 안전조치를 취할 것
② 비계의 상부에는 안전난간을 설치할 것
③ 작업발판은 수평을 유지할 것

06 철근거푸집의 조립순서를 쓰시오.

──〈화면설명〉──
철근거푸집 조립작업 사진이 나온다.

해설

거푸집 조립순서
기둥 > 보받이 내력벽 > 큰보 > 작은보 > 바닥판 > 내벽 > 외벽

07 굴착작업 시 각 지반에 따른 굴착면의 구배기준을 쓰시오.

──〈화면설명〉──
관로매설을 위한 노천굴착작업을 하고 있다.

해설

굴착면 기울기 기준(2023.11.14. 개정)

지반의 종류	굴착면의 기울기
모래	1:1.8
연암 및 풍화암	1:1.0
경암	1:0.5
그밖의 흙	1:1.2

08 다음 동영상을 보고 각 물음에 답하시오.

> ─────〈 화 면 설 명 〉─────
> 근로자가 리프트에서 손수레에 모래를 싣고 작업하다가 재해가 발생하였다.

(1) 리프트 안전장치를 2가지 쓰시오.

(2) 사고의 종류를 쓰시오.

(3) 재해발생 원인을 쓰시오.

해설

(1) 과부하방지장치, 권과방지장치, 비상정지장치
(2) 추락
(3) ① 1인 운반으로 인한 주변 상황 미파악
    ② 초과 적재

01 다음 동영상을 보고 각 물음에 답하시오.

───〈 화 면 설 명 〉───

근로자가 건물 외벽의 낙하물방지망을 수리하는데 상부에서 안전대 미착용 상태에서 낙하물방지망 파이프를 밟고 이동하는 도중에 추락하였다.

(1) 추락방지 안전조치사항을 1가지 쓰시오.

(2) 산업안전보건법령상 낙하물방지망 관련 내용에서 ( ) 안을 채우시오.
- 설치간격 : 높이 (①)m 이내마다 설치
- 내민길이 : 벽면으로부터 (②) 이상
- 설치각도 : 수평면과의 각도는 (③)도 이상 (④)도 이하

해설

(1) 근로자에게 안전대를 착용하고 안전대 부착설비에 걸도록 한다.
(2) ① 10 ② 2 ③ 20 ④ 30

02 다음 건설기계 장비의 이름을 쓰시오.

───〈 화 면 설 명 〉───

다음 건설기계가 콘크리트를 타설하는 장면이 나온다.

해설

콘크리트 펌프카

03 동영상에서 작업장 및 작업자의 안전준수 사항을 지키지 않은 것을 3가지 쓰시오.

───〈 화 면 설 명 〉───

안전통로 없이 철근을 밟고 이동하는 작업자와 이음 작업한 철근이 있다. 철근공이 안전대를 착용하지 않고 운동화를 신었으며 철근 상부에 가설발판이 없는 상태이다.

04 동영상에서 안전조치사항을 2가지 쓰시오.

─── 〈 화면 설명 〉 ───

공사현장에서 근로자가 음료를 마시던 중 다른 근로자가 리프트를 타고 올라가자 음료를 마시던 근로자가 음료수 캔을 버리고 리프트 대신 외부비계를 타고 올라가다 추락한다. 추락한 근로자의 안전모 턱끈이 풀려 있다.

05 다음 동영상을 보고 각 물음에 답하시오.

─── 〈 화면 설명 〉 ───

최대지간길이가 30m인 콘크리트 교량공사현장이 나온다.

(1) 재료, 기구 또는 공구 등을 올리거나 내릴 경우 사업주의 준수사항을 1가지 쓰시오.

(2) 중량물 부재를 크레인 등으로 인양하는 경우 사업주의 준수사항을 1가지 쓰시오.

(3) 자재나 부재의 낙하, 전도 또는 붕괴 등에 의하여 근로자에게 위험을 미칠 우려가 있을 경우 사업주의 준수사항을 1가지 쓰시오.

06 산업안전보건법령상, 동바리로 사용하는 파이프 서포트의 설치 시 준수사항을 1가지를 쓰시오

─── 〈 화면 설명 〉 ───

높이 3.8m인 파이프 서포트가 나온다.

07 동영상에 나오는 재해를 막기 위한 안전시설물을 2가지 쓰시오.

> ─〈화면설명〉─
>
> 근로자가 안전모만 쓰고 구명줄이 걸린 주황색 철골 위를 이동하다가 철골 위에 있는 볼트에 발이 걸려 추락한다.

해설

① 안전대 부착설비 및 구명줄 착용
② 추락방호망 설치

08 산업안전보건법령상, 지반 등을 굴착하는 경우 사업주가 준수해야 하는 풍화암의 굴착면 기울기 기준을 쓰시오.

해설

굴착면 기울기 기준(2023.11.14. 개정)

지반의 종류	굴착면의 기울기
모래	1:1.8
연암 및 풍화암	1:1.0
경암	1:0.5
그밖의 흙	1:1.2

01 산업안전보건기준에 관한 규칙에 의한, 낙하물방지망 관련 사업주의 준수사항을 쓰시오.

─────〈화면설명〉─────
낙하물 방지망 보수작업이 이루어지는 동영상이 나온다.

- 설치간격 : 높이 (①)m 이내마다 설치
- 내민길이 : 벽면으로부터 (②) 이상
- 설치각도 : 수평면과의 각도는 (③)도 이상 (④)도 이하 유지

◐해설
① 10 ② 2 ③ 20 ④ 30

02 산업안전보건기준에 관한 규칙 중 작업발판 및 통로의 끝이나 개구부에 사업주가 설치해야 하는 시설물을 2가지 쓰시오.

◐해설
① 안전난간
② 개구부덮개

03 가스용기를 운반하는 경우 준수사항 3가지를 쓰시오.

─────〈화면설명〉─────
가스용기를 적재한 트럭이 운행되고 있는 동영상이 나온다.

◐해설
① 충격이 가해지지 않도록 한다.
② 캡을 씌운다.
③ 전도의 위험이 없도록 한다.

04 다음 ( ) 안을 채우시오.

(1) 비계기둥 간의 적재하중은 (①)kg을 초과하지 않도록 할 것

(2) 작업발판의 폭은 40cm 이상이어야 하며, 발판 재료 간의 틈은 (②)cm 이하로 할 것. 다만 외줄 비계의 경우 고용노동부장관이 정하는 기준에 따른다.

① 400
② 8

05 Precast Concrete의 장점 3가지를 쓰시오.

〈 화 면 설 명 〉
Precast Concrete 제품의 제작과정 동영상이 나온다.

① 콘크리트 부재의 사용량을 획기적으로 절감할 수 있다.
② 시공기간의 단축이 가능하다.
③ 부재의 내구성확보가 용이하다.

06 공법의 명칭과 종류 2가지를 쓰시오.

〈 화 면 설 명 〉
숏크리트 콘크리트를 타설하는 동영상이 나온다.

① 숏크리트 뿜칠(숏크리트 타설)
② 건식공법, 습식공법

07 크레인에 부착해야 하는 방호장치 2가지를 쓰시오.

〈 화 면 설 명 〉
크레인을 사용해 양중작업을 하는 동영상이 나온다.

① 과부하방지장치
② 비상정지장치

08 철공사표준안전작업지침상 사업주가 철골기둥을 앵커볼트나 다른 철골기둥에 접속시킬 때 준수사항 2가지를 쓰시오.

〈 화 면 설 명 〉
철골공사현장에서 근로자가 철골부재 조립을 하는 동영상이 나온다.

① 작업자는 2인 1조로 철골기둥에 올라야하며 안전대를 기둥 윗부분에 설치한다.
② 기둥을 오르내릴 때에는 승강트랩을 이용한다.

01 산업안전보건법령상, 근로자의 추락 등의 위험을 방지하기 위하여 안전난간을 설치하는 경우 구조에 맞도록 (   )에 알맞은 것을 쓰시오.(5점)

(1) 상부 난간대, 중간 난간대, (①) 및 난간기둥으로 구성할 것. 다만, 중간 난간대, 발끝막이판 및 난간기둥은 이와 비슷한 구조와 성능을 가진 것으로 대체할 수 있다.

(2) 상부 난간대는 바닥면 · 발판 또는 경사로의 표면(이하 "바닥면 등"이라 한다)으로부터 (②) 이상 지점에 설치하고, 상부 난간대를(③) 이하에 설치하는 경우에는 중간 난간대는 상부 난간대와 바닥면 등의 중간에 설치해야 하며, 120센티미터 이상 지점에 설치하는 경우에는 중간 난간대를 (④) 이상으로 균등하게 설치하고 난간의 상하 간격은 (⑤) 이하가 되도록 할 것. 다만, 난간기둥 간의 간격이 25센티미터 이하인 경우에는 중간 난간대를 설치하지 않을 수 있다.

해설
① 발끝막이판
② 90센티미터
③ 120센티미터
④ 2단
⑤ 60센티미터

02 산업안전보건법령상, 권상용 와이어로프의 사용을 금지하는 것 4가지를 쓰시오.(단, 이음매가 있는 것, 꼬인 것 제외)(4점)

해설
(1) 와이어로프의 한 꼬임에서 끊어진 소선의 수가 10% 이상인 것
(2) 지름의 감소가 공칭지름의 7%를 초과한 것
(3) 심하게 변형되거나 부식된 것
(4) 열과 전기충격에 의해 손상된 것

03 산업안전보건법령상, 동바리를 조립하는 경우, 하중의 지지상태를 유지할 수 있도록 동바리의 침하를 방지하기 위한 사업주의 조치사항 2가지를 쓰시오.(4점)

해설
제332조(동바리 조립 시의 안전조치)
사업주는 동바리를 조립하는 경우에는 하중의 지지상태를 유지할 수 있도록 다음 각 호의 사항을 준수해야 한다.
1. 받침목이나 깔판의 사용, 콘크리트 타설, 말뚝박기 등 동바리의 침하를 방지하기 위한 조치를 할 것
2. 동바리의 상하 고정 및 미끄러짐 방지 조치를 할 것
3. 상부 · 하부의 동바리가 동일 수직선상에 위치하도록 하여 깔판 · 받침목에 고정시킬 것

4. 개구부 상부에 동바리를 설치하는 경우에는 상부하중을 견딜 수 있는 견고한 받침대를 설치할 것
5. U헤드 등의 단판이 없는 동바리의 상단에 멍에 등을 올릴 경우에는 해당 상단에 U헤드 등의 단판을 설치하고, 멍에 등이 전도되거나 이탈되지 않도록 고정시킬 것
6. 동바리의 이음은 같은 품질의 재료를 사용할 것
7. 강재의 접속부 및 교차부는 볼트·클램프 등 전용철물을 사용하여 단단히 연결할 것
8. 거푸집의 형상에 따른 부득이한 경우를 제외하고는 깔판이나 받침목은 2단 이상 끼우지 않도록 할 것
9. 깔판이나 받침목을 이어서 사용하는 경우에는 그 깔판·받침목을 단단히 연결할 것
   [전문개정 2023. 11. 14.]

04 산업안전보건법령상 강풍 시 타워크레인의 작업제한에 대한 풍속기준을 쓰시오.(단, 단위 기재할 것)(4점)

───── 〈화면설명〉 ─────
동영상으로 타워크레인 작업상황이 나온다.

◀ 해설 ▶

제37조(악천후 및 강풍 시 작업 중지)
① 사업주는 비·눈·바람 또는 그 밖의 기상상태의 불안정으로 인하여 근로자가 위험해질 우려가 있는 경우 작업을 중지하여야 한다. 다만, 태풍 등으로 위험이 예상되거나 발생되어 긴급 복구작업을 필요로 하는 경우에는 그러하지 아니하다.
② 사업주는 순간풍속이 초당 10미터를 초과하는 경우 타워크레인의 설치·수리·점검 또는 해체 작업을 중지하여야 하며, 순간풍속이 초당 15미터를 초과하는 경우에는 타워크레인의 운전작업을 중지하여야 한다. 〈개정 2017. 3. 3.〉

05 산업안전보건법령상 토공기계의 무너짐 방지방법을 3가지 쓰시오.(6점)

───── 〈화면설명〉 ─────
동영상으로 항타기 작업상황이 나온다.

◀ 해설 ▶

제209조(무너짐의 방지)
사업주는 동력을 사용하는 항타기 또는 항발기에 대하여 무너짐을 방지하기 위하여 다음 각 호의 사항을 준수해야 한다. 〈개정 2019. 1. 31., 2022. 10. 18., 2023. 11. 14.〉
1. 연약한 지반에 설치하는 경우에는 아웃트리거·받침 등 지지구조물의 침하를 방지하기 위하여 깔판·받침목 등을 사용할 것
2. 시설 또는 가설물 등에 설치하는 경우에는 그 내력을 확인하고 내력이 부족하면 그 내력을 보강할 것
3. 아웃트리거·받침 등 지지구조물이 미끄러질 우려가 있는 경우에는 말뚝 또는 쐐기 등을 사용하여 해당 지지구조물을 고정시킬 것
4. 궤도 또는 차로 이동하는 항타기 또는 항발기에 대해서는 불시에 이동하는 것을 방지하기 위하여 레일 클램프(rail clamp) 및 쐐기 등으로 고정시킬 것
5. 상단 부분은 버팀대·버팀줄로 고정하여 안정시키고, 그 하단 부분은 견고한 버팀·말뚝 또는 철골 등으로 고정시킬 것

06 산업안전보건법령상 인화성 가스가 발생할 우려가 있는 지하작업장에서 작업하는 경우(터널 제외) 폭발이나 화재를 방지하기 위해 가스의 농도를 측정하는 사람을 지명하고 그로 하여금 해당 가스의 농도를 측정하도록 해야 하는 경우 3가지를 쓰시오.(6점)

해설

제296조(지하작업장 등)

사업주는 인화성 가스가 발생할 우려가 있는 지하작업장에서 작업하는 경우(제350조에 따른 터널 등의 건설작업의 경우는 제외한다) 또는 가스도관에서 가스가 발산될 위험이 있는 장소에서 굴착작업(해당 작업이 이루어지는 장소 및 그와 근접한 장소에서 이루어지는 지반의 굴삭 또는 이에 수반한 토사 등의 운반 등의 작업을 말한다)을 하는 경우에는 폭발이나 화재를 방지하기 위해 다음 각 호의 조치를 해야 한다. 〈개정 2023. 11. 14.〉

1. 가스의 농도를 측정하는 사람을 지명하고 다음 각 목의 경우에 그로 하여금 해당 가스의 농도를 측정하도록 할 것
   가. 매일 작업을 시작하기 전
   나. 가스의 누출이 의심되는 경우
   다. 가스가 발생하거나 정체할 위험이 있는 장소가 있는 경우
   라. 장시간 작업을 계속하는 경우(이 경우 4시간마다 가스 농도를 측정하도록 하여야 한다)

07 (1) 강관비계와 건물이 연결된 철물의 명칭을 쓰고, (2) 해당철물의 설치기준을 2가지 쓰시오.(6점)

────〈 화 면 설 명 〉────
동영상으로 건물에 연결된 강관틀비계와 철물이 나온다.

해설

(1) 벽이음
(2) 철물의 설치기준

제62조(강관틀비계)

사업주는 강관틀 비계를 조립하여 사용하는 경우 다음 각 호의 사항을 준수하여야 한다.

1. 비계기둥의 밑둥에는 밑받침 철물을 사용하여야 하며 밑받침에 고저차(高低差)가 있는 경우에는 조절형 밑받침 철물을 사용하여 각각의 강관틀비계가 항상 수평 및 수직을 유지하도록 할 것
2. 높이가 20미터를 초과하거나 중량물의 적재를 수반하는 작업을 할 경우에는 주틀 간의 간격을 1.8미터 이하로 할 것
3. 주틀 간에 교차 가새를 설치하고 최상층 및 5층 이내마다 수평재를 설치할 것
4. 수직방향으로 6미터, 수평방향으로 8미터 이내마다 벽이음을 할 것
5. 길이가 띠장 방향으로 4미터 이하이고 높이가 10미터를 초과하는 경우에는 10미터 이내마다 띠장 방향으로 버팀기둥을 설치할 것

08 산업안전보건법령상 사업주가 동영상의 작업에 종사하는 근로자가 준수하도록 할 사항 3가지를 쓰시오.(단, 보호구 관련은 제외)(6점)

────〈 화 면 설 명 〉────
동영상에 터널 공사 중 작업자가 잡담하며 흡연 후 폭발하는 장면이 나온다.

제348조(발파의 작업기준)

사업주는 발파작업에 종사하는 근로자에게 다음 각 호의 사항을 준수하도록 하여야 한다.

1. 얼어붙은 다이나마이트는 화기에 접근시키거나 그 밖의 고열물에 직접 접촉시키는 등 위험한 방법으로 융해되지 않도록 할 것
2. 화약이나 폭약을 장전하는 경우에는 그 부근에서 화기를 사용하거나 흡연을 하지 않도록 할 것
3. 장전구(裝塡具)는 마찰ㆍ충격ㆍ정전기 등에 의한 폭발의 위험이 없는 안전한 것을 사용할 것
4. 발파공의 충진재료는 점토ㆍ모래 등 발화성 또는 인화성의 위험이 없는 재료를 사용할 것
5. 점화 후 장전된 화약류가 폭발하지 아니한 경우 또는 장전된 화약류의 폭발 여부를 확인하기 곤란한 경우에는 다음 각 목의 사항을 따를 것
   가. 전기뇌관에 의한 경우에는 발파모선을 점화기에서 떼어 그 끝을 단락시켜 놓는 등 재점화되지 않도록 조치하고 그 때부터 5분 이상 경과한 후가 아니면 화약류의 장전장소에 접근시키지 않도록 할 것
   나. 전기뇌관 외의 것에 의한 경우에는 점화한 때부터 15분 이상 경과한 후가 아니면 화약류의 장전장소에 접근시키지 않도록 할 것
6. 전기뇌관에 의한 발파의 경우 점화하기 전에 화약류를 장전한 장소로부터 30미터 이상 떨어진 안전한 장소에서 전선에 대하여 저항측정 및 도통(導通)시험을 할 것

01 산업안전보건법령상 추락방호망 설치 시 사업주의 준수사항을 3가지만 쓰시오.(6점)

─〈 화면 설명 〉─
동영상으로 철골 공사현장의 높이가 서로 다른 추락방호망이 4개 설치된 장면이 나온다.

● 해설

산업안전보건기준에 관한 규칙 제42조(추락의 방지)
1. 추락방호망의 설치위치는 가능하면 작업면으로부터 가까운 지점에 설치해야 하며, 작업면으로부터 망의 설치지점까지의 수직거리는 10m를 초과하지 않을 것
2. 추락방호망은 수평으로 설치하고, 망의 처짐은 짧은 변 길이의 12% 이상이 되도록 할 것
3. 건축물 등의 바깥쪽으로 설치하는 경우 추락방호망의 내민 길이는 벽면으로부터 3미터 이상 되도록 할 것

02 다음 질문에 답하시오.(6점)

─〈 화면 설명 〉─
동영상으로 인양 중인 하물 아래에 작업자들이 떼지어 지나거나, 서있으며, 하물이 기울어진 상태로 흔들리는 장면이 나온다.

(1) 산업안전보건법령상, 권상용 와이어로프의 폐기기준 4가지를 쓰시오.

(2) 영상 속 발생 가능한 재해발생형태는 무엇인지 쓰시오.

● 해설

(1) ① 이음매가 있는 것
② 꼬인 것
③ 심하게 변형 부식된 것
④ 와이어로프의 한 꼬임에서 끊어진 소선의 수가 10% 이상인 것
⑤ 지름의 감소가 공칭지름의 7%를 초과하는 것
⑥ 열과 전기충격에 의해 손상된 것
(2) 맞음

03 산업안전보건법령상 안전난간 관련 다음 물음에 답하시오.(4점)

> ─〈 화면 설명 〉─
> 동영상에서 안전난간이 나온다.

(1) 동영상에서 보여주는 안전난간의 구성요소 중 "가"의 명칭을 쓰시오.

(2) 지시하는 것의 설치기준 관련 (   )에 알맞은 것을 쓰시오.
  • 바닥면 등으로부터 (   )cm 이상의 높이를 유지할 것

해설

(1) 발끝막이판
(2) 10

04 산업안전보건법령상 타워크레인에 설치하는 방호장치를 3가지만 쓰시오.(6점)

해설

① 과부하방지장치
② 권과방지장치
③ 비상정지장치
④ 제동장치
⑤ 훅해지장치

05 밀폐공간에서 작업을 시작하기 전에 사업주가 확인해야 하는 사항 4가지를 쓰시오.(4점)

> ─〈 화면 설명 〉─
> 동영상으로 작업자가 승강기를 타고 지상에서 지하로 내려가는 장면이 나온다.

해설

산업안전보건기준에 관한 규칙 제619조(밀폐공간작업 프로그램의 수립·시행)

① 작업일시, 기간, 장소 및 내용 등 작업 정보
② 관리감독자, 근로자, 감시인 등 작업자 정보
③ 산소 및 유해가스 농도의 측정결과 및 후속조치 사항
④ 작업 중 불활성가스 또는 유해가스의 누출·유입·발생 가능성 검토 및 후속조치 사항
⑤ 작업 시 착용하여야 할 보호구의 종류
⑥ 비상연락체계

06 산업안전보건법령상 가설통로 설치 시 준수사항 관련 (   )에 알맞은 것을 쓰시오.(6점)

―――〈화면설명〉―――
동영상으로 수직갱에 계단과 계단참이 설치된 장면이 나온다.

• 산업안전보건기준에 관한 규칙 제23조(가설통로의 구조)
 1. 견고한 구조로 할 것
 2. 경사는 (①)도 이하로 할 것. 다만, 계단을 설치하거나 높이 (②)m 미만의 가설통로로서 튼튼한 손잡이를 설치한 경우에는 그렇지 않다.
 3. 경사가 (③)도를 초과하는 경우에는 미끄러지지 아니하는 구조로 할 것
 4. 추락할 위험이 있는 장소에는 안전난간을 설치할 것. 다만, 작업상 부득이한 경우에는 필요한 부분만 임시로 해체할 수 있다.
 5. 수직갱에 가설된 통로의 길이가 15m 이상인 경우에는 10m 이내마다 계단참을 설치할 것

해설

 ① 30
 ② 2
 ③ 15

07 산업안전보건법령상 안전난간 설치기준 관련 (   )에 알맞은 것을 쓰시오.(4점)

―――〈화면설명〉―――
동영상으로 건물에 연결된 강관틀비계와 철물이 나온다.

• 제13조(안전난간의 구조 및 설치요건)
 사업주는 근로자의 추락 등의 위험을 방지하기 위하여 안전난간을 설치하는 경우 다음 각 호의 기준에 맞는 구조로 설치해야 한다. 〈개정 2015. 12. 31., 2023. 11. 14.〉
 1. 상부 난간대, 중간 난간대, 발끝막이판 및 난간기둥으로 구성할 것. 다만, 중간 난간대, 발끝막이판 및 난간기둥은 이와 비슷한 구조와 성능을 가진 것으로 대체할 수 있다.
 2. 상부 난간대는 바닥면 · 발판 또는 경사로의 표면(이하 "바닥면 등"이라 한다)으로부터 (①)센티미터 이상 지점에 설치하고, 상부 난간대를 (②)센티미터 이하에 설치하는 경우에는 중간 난간대는 상부 난간대와 바닥면 등의 중간에 설치해야 하며, 120센티미터 이상 지점에 설치하는 경우에는 중간 난간대를 2단 이상으로 균등하게 설치하고 난간의 상하 간격은 60센티미터 이하가 되도록 할 것. 다만, 난간기둥 간의 간격이 25센티미터 이하인 경우에는 중간 난간대를 설치하지 않을 수 있다.
 3. 발끝막이판은 바닥면 등으로부터 (③)센티미터 이상의 높이를 유지할 것. 다만, 물체가 떨어지거나 날아올 위험이 없거나 그 위험을 방지할 수 있는 망을 설치하는 등 필요한 예방 조치를 한 장소는 제외한다.
 4. 난간기둥은 상부 난간대와 중간 난간대를 견고하게 떠받칠 수 있도록 적정한 간격을 유지할 것
 5. 상부 난간대와 중간 난간대는 난간 길이 전체에 걸쳐 바닥면 등과 평행을 유지할 것

6. 난간대는 지름 (④)센티미터 이상의 금속제 파이프나 그 이상의 강도가 있는 재료일 것
7. 안전난간은 구조적으로 가장 취약한 지점에서 가장 취약한 방향으로 작용하는 100킬로그램 이상의 하중에 견딜 수 있는 튼튼한 구조일 것

해설

① 90
② 120
③ 10
④ 2.7

08 산업안전보건법령상 이동식 비계를 조립하여 작업을 할 때 다음 물음에 답하시오.(4점)

─〈화면설명〉─
동영상으로 작업자가 이동식 비계를 올라가서 작업하고 내려오던 중 추락한다.

(1) 작업발판의 최대적재하중을 쓰시오.

─〈화면설명〉─
동영상으로 아우트리거를 보여준다.

(2) 영상에서 가리키는 장치 이름을 쓰시오.

해설

(1) 250kg
(2) 아우트리거

Willy.H

| 약력 |
- 건설안전기술사
- 토목시공기술사
- 서울중앙지방법원 건설감정인
- 한양대학교 공과대학 졸업
- 삼성그룹연구원
- 한국건설안전협회 국장
- 서울시청 전임강사(안전, 토목)
- 서울시청 자기개발프로그램 강사
- 삼성물산 강사
- 삼성전자 강사
- 삼성디스플레이 강사
- 롯데건설 강사
- 현대건설 강사
- SH공사 강사
- 종로기술사학원 전임강사
- 포천시 사전재해영향성 검토위원
- LH공사 설계심의위원
- 대법원·고등법원 감정인

| 저서 |
- 「최신 건설안전기술사 Ⅰ·Ⅱ」 (예문사)
- 「건설안전기술사 최신기출문제풀이」 (예문사)
- 「재난안전 방재학 개론」 (예문사)
- 「건설안전기술사 핵심 문제」 (예문사)
- 「건설안전기사 필기·실기」 (예문사)
- 「건설안전산업기사 필기·실기」 (예문사)
- 「No1. 산업안전기사 필기」 (예문사)
- 「No1. 산업안전산업기사 필기」 (예문사)
- 「건설안전기술사 실전면접」 (예문사)
- 「산업안전지도사 1차」 (예문사)
- 「산업안전지도사 2차」 (예문사)
- 「산업안전지도사 실전면접」 (예문사)
- 「산업보건지도사 1차」 (예문사)
- 「산업보건지도사 2차」 (예문사)

건설안전기사 필기·실기

발행일 | 2016. 7. 30   초판발행
2017. 1. 20   개정1판1쇄
2018. 3. 20   개정2판1쇄
2019. 3. 20   개정3판1쇄
2020. 3. 20   개정4판1쇄
2021. 3. 20   개정5판1쇄
2022. 1. 20   개정6판1쇄
2023. 1. 20   개정7판1쇄
2024. 1. 10   개정8판1쇄
2025. 1. 10   개정9판1쇄

저 자 | Willy.H
발행인 | 정용수

발행처 | 예문사

주 소 | 경기도 파주시 직지길 460(출판도시) 도서출판 예문사
T E L | 031) 955 – 0550
F A X | 031) 955 – 0660
등록번호 | 11 – 76호

정가 : 43,000원

ISBN 978–89–274–5604–9 13530